Das technische Eisen

Dritte Auflage

Paul Oberhoffer
† am 16. Juli 1927
(nach einem Gemälde von Helene Beckers, M.-Gladbach)

Das technische Eisen

Konstitution und Eigenschaften

Von

Dr.-Ing. Paul Oberhoffer †

weil. ord. Professor der Eisenhüttenkunde und Vorsteher des Eisenhüttenmännischen
Instituts an der Technischen Hochschule Aachen

Dritte
verbesserte und vermehrte Auflage

von

Dr.-Ing. e. h. **W. Eilender** und Dr.-Ing. habil., Dr. mont. **H. Esser**
o. Professor an der Technischen   a. o. Professor an der Technischen
Hochschule Aachen   Hochschule Aachen

Mit 762 Textabbildungen, 25 Tabellen
und einem Titelbild

Berlin
Verlag von Julius Springer
1936

ISBN 978-3-642-50554-6   ISBN 978-3-642-50864-6 (eBook)
DOI 10.1007/978-3-642-50864-6

Alle Rechte, insbesondere das der Übersetzung
in fremde Sprachen, vorbehalten.

Copyright 1936 by Julius Springer in Berlin.

Softcover reprint of the hardcover 1st edition 1936

Vorwort.

Seit dem Erscheinen der zweiten Auflage dieses Werkes im Jahre 1925 hat die Stahlforschung in metallurgischer und in metallkundlicher Hinsicht derart bedeutende Fortschritte gemacht, daß „Das Technische Eisen" — das klassische Werk des auf der Höhe seiner Schaffenskraft am 16. Juli 1927 verschiedenen großen Eisenhüttenmannes Paul Oberhoffer — eine vollständige Um- und Neubearbeitung erfahren mußte. Hierbei haben die Bearbeiter hinsichtlich des allgemeinen Aufbaues des Werkes die von Oberhoffer selbst noch vor seinem Tode für die Neuauflage festgelegten Richtlinien, soweit dies möglich war, beachtet. So wurde der Einfluß der chemischen Zusammensetzung auf die Eigenschaften des Stahles, der in der 2. Auflage in einem besonderen Abschnitt behandelt ist, organisch mit der System- und Konstitutionslehre verbunden und jeweils im Anschluß an die entsprechenden Zustandsschaubilder besprochen. Ebenso wurde die Theorie des Härtens und Anlassens wiederum wie in der ersten Auflage mit dem entsprechenden Abschnitt der Weiterverarbeitung verbunden, da sich diese Verbindung als zweckmäßiger erwies, als die mit dem Zustandsschaubild Eisen-Kohlenstoff.

Neu aufgenommen wurden die Kapitel über die Systematik der Zwei- und Dreistofflegierungen, über Flocken im Stahl, über die Ausscheidungs- und Nitrierhärtung.

Besondere Sorgfalt wurde auf die Systemlehre der Eisenlegierungen, insbesondere auf die Darstellung der Dreistofflegierungen verwandt. Grundlegend neubearbeitet wurden die Kapitel: Gase im Stahl, Desoxydation, Einfluß der Temperatur auf die Eigenschaften, Rotbruch, Kaltverformung und Rekristallisation sowie Stahlhärtung.

Der Umfang des Buches erfuhr trotz der vorgenommenen Erweiterungen keine nennenswerte Vergrößerung, da durch die Zusammenlegung der Abschnitte II und III der 2. Auflage sowie durch die Streichung vieler überflüssiger Zahlentafeln neuer Raum geschaffen werden konnte.

Das Schrifttum wurde etwa bis Mitte 1935 und teilweise auch bis Ende 1935 berücksichtigt.

Die Neubearbeitung dieses Werkes war nur dadurch möglich, daß sich die im Institut für Eisenhüttenkunde in den Jahren 1932—1936 tätigen wissenschaftlichen Mitarbeiter: Dr.-Ing. K. Bungardt, Dr.-Ing. W. Bungardt, Dr.-Ing. H. Cornelius, Dr.-Ing. H. Eusterbrock, Dr.-Ing. W. Graß, Dr.-Ing. F. Kraemer, Dr.-Ing. H. Majert, Dr.-Ing. G. Müller, Dr.-Ing. W. Oertel, Dr.-Ing. E. Pütz zu einer kameradschaftlichen Zusammenarbeit bei der Überarbeitung des teilweise sehr umfangreichen Schrifttums sowie beim Lesen der

Korrekturen zur Verfügung stellten. Ihnen allen sprechen die Bearbeiter an dieser Stelle ihren herzlichsten Dank aus.

Besonders zu Dank verpflichtet sind wir Herrn Dr.-Ing. F. Kraemer für die Überarbeitung der Zustandsschaubilder, Herrn Dr.-Ing. H. Cornelius für die Bearbeitung der metallurgischen und metallkundlichen Abschnitte, Herrn Dr.-Ing. C. Schwarz für die Durchsicht des Abschnittes „Lunkerbildung und Seigerungen" sowie Fräulein M. Seulen für die mühevolle Bearbeitung der Schrifttumsangaben des am Ende des Buches zusammengefaßten Autoren- und und Schrifttumsverzeichnisses.

Dem Verlag Julius Springer danken wir für das stets entgegengebrachte Verständnis und für die in jeder Hinsicht als vorzüglich zu bezeichnende Ausstattung des Werkes.

Aachen, im Juni 1936.

Walter Eilender, Hans Esser.

Inhaltsverzeichnis.

	Seite
I. Begriffsbestimmung und Einteilung des technischen Eisens	1
II. Die Konstitution des Eisens in Abhängigkeit von der chemischen Zusammensetzung	8
1. Einleitung	8
2. Reines Eisen	8
A. Physikalische Eigenschaften bei höheren Temperaturen	8
B. Physikalische und technologische Eigenschaften	20
3. Übersicht über die Systematik der binären Systeme des Eisens und der ternären Systeme auf der Eisenkohlenstoffbasis	23
A. Die binären Grundschaubilder	23
B. Die ternären Grundmodelle	28
4. Eisen-Kohlenstoff	35
A. Das metastabile System Eisen-Eisenkarbid	35
a) Das Zustandsdiagramm	36
b) Das Gefüge	42
c) Die technisch besonders wichtigen Linien GOS, PSK und ES des Zustandsdiagrammes	47
B. Das System Eisen-elementarer Kohlenstoff. (Stabiles System.) Graues Roheisen	55
C. Physikalische und technologische Eigenschaften	61
5. Eisen und Silizium	67
A. Das Zweistoffsystem Eisen-Silizium	67
B. Das Dreistoffsystem Fe-Fe_3C-FeSi	69
C. Physikalische und technologische Eigenschaften	75
6. Eisen und Mangan	82
A. Das Zweistoffsystem Eisen-Mangan	82
B. Das Dreistoffsystem Eisen-Kohlenstoff-Mangan	86
C. Physikalische und technologische Eigenschaften	90
7. Eisen und Phosphor	93
A. Das Zweistoffsystem Eisen-Phosphor	93
B. Das Randsystem Fe_3C-Fe_3P	95
C. Das Dreistoffsystem Eisen-Kohlenstoff-Phosphor	97
D. Physikalische und technologische Eigenschaften	101
8. Eisen und Schwefel	103
A. Das Zweistoffsystem Eisen-Schwefel	103
B. Das Dreistoffsystem Eisen-Schwefel-Kohlenstoff	107
C. Der Einfluß des Mangans	111
D. Physikalische und technologische Eigenschaften	115
9. Eisen und Arsen	116
A. Das Zweistoffsystem Eisen-Arsen	116
B. Physikalische und technologische Eigenschaften	117

Inhaltsverzeichnis.

Seite

10. Eisen und Kupfer.. 118
    A. Das Zweistoffsystem Eisen-Kupfer................................. 118
    B. Das Dreistoffsystem Eisen-Kohlenstoff-Kupfer..................... 119
    C. Physikalische und technologische Eigenschaften................... 120
11. Eisen und Nickel... 122
    A. Das Zweistoffsystem Eisen-Nickel.................................. 122
    B. Das System Eisen-Kohlenstoff...................................... 128
    C. Das Dreistoffsystem Eisen-Nickel-Kohlenstoff...................... 130
    D. Physikalische und technologische Eigenschaften.................... 134
        a) Eisen-Nickel-Legierungen..................................... 134
        b) Nickelstähle... 135
        c) Nickelstahlguß... 138
12. Eisen und Kobalt... 138
    A. Das Zweistoffsystem-Eisen-Kobalt.................................. 138
    B. Das Dreistoffsystem Eisen-Kohlenstoff-Kobalt...................... 139
    C. Physikalische und technologische Eigenschaften.................... 142
13. Eisen und Chrom.. 143
    A. Das Zweistoffsystem Eisen-Chrom................................... 143
    B. Das Zweistoffsystem Chrom-Kohlenstoff............................. 146
    C. Das Dreistoffsystem Eisen-Chrom-Kohlenstoff....................... 147
    D. Physikalische und technologische Eigenschaften.................... 153
        a) Physikalische Eigenschaften von kohlenstoffarmen Eisen-Chrom-Legierungen.. 153
        b) Die physikalischen Eigenschaften der Chromstähle............. 154
        c) Technologische Eigenschaften der Chromstähle................. 154
        d) Verwendungsgebiete der Chromstähle........................... 155
14. Eisen und Wolfram.. 159
    A. Das Zweistoffsystem Eisen-Wolfram................................. 159
    B. Das Zweistoffsystem Wolfram-Kohlenstoff........................... 162
    C. Das Dreistoffsystem Eisen-Wolfram-Kohlenstoff..................... 164
    D. Physikalische und technologische Eigenschaften.................... 166
        a) Physikalische Eigenschaften von kohlenstoffarmen Eisen-Wolfram-Legierungen.. 166
        b) Physikalische Eigenschaften der Wolframstähle................ 168
        c) Technologische Eigenschaften der Wolframstähle............... 169
        d) Verwendungsgebiete der Wolframstähle......................... 169
15. Eisen und Molybdän... 170
    A. Das Zweistoffsystem Eisen-Molybdän................................ 170
    B. Das Dreistoffsystem Eisen-Kohlenstoff-Molybdän.................... 171
    C. Physikalische und technologische Eigenschaften.................... 173
16. Eisen und Vanadin.. 174
    A. Das Zweistoffsystem Eisen-Vanadin................................. 174
    B. Das Zweistoffsystem Vanadin-Kohlenstoff........................... 177
    C. Das Dreistoffsystem Eisen-Kohlenstoff-Vanadin..................... 179
    D. Physikalische und technologische Eigenschaften.................... 184
17. Eisen und Titan.. 186
    A. Das Zweistoffsystem Eisen-Titan................................... 186
    B. Technologische Eigenschaften...................................... 187
18. Eisen und Aluminium.. 188
    A. Das Zweistoffsystem Eisen-Aluminium............................... 188
    B. Physikalische und technologische Eigenschaften.................... 191
19. Eisen und Beryllium.. 192
    A. Das Zweistoffsystem Eisen-Beryllium............................... 192
    B. Physikalische und technologische Eigenschaften.................... 194

Inhaltsverzeichnis. VII

	Seite
20. Eisen und Zinn	194
A. Das Zweistoffsystem Eisen-Zinn	194
B. Physikalische und technologische Eigenschaften	196
21. Eisen und Zink	196
A. Das Zweistoffsystem Eisen-Zink	196
B. Physikalische und technologische Eigenschaften	198
22. Eisen und Bor	199
A. Das Zweistoffsystem Eisen-Bor	199
B. Das Dreistoffsystem Eisen-Kohlenstoff-Bor	200
C. Physikalische und technologische Eigenschaften	200
23. Eisen und Zirkon	203
A. Das Zweistoffsystem Eisen-Zirkon	203
B. Das Dreistoffsystem Eisen-Kohlenstoff-Zirkon	205
C. Physikalische und technologische Eigenschaften	206
24. Eisen und Antimon	208
25. Eisen und Gold	209
26. Eisen und Platin	209
27. Eisen und Cer	210
28. Eisen und Uran	210
29. Silber, Wismut und Blei	210
30. Eisen und Sauerstoff	210
A. Das Zweistoffsystem Eisen-Sauerstoff	210
B. Das Dreistoffsystem Eisen-Kohlenstoff-Sauerstoff	214
C. Physikalische und technologische Eigenschaften	214
31. Eisen und Stickstoff	218
A. Das Zweistoffsystem Eisen-Stickstoff	218
B. Technologische Eigenschaften	222
32. Gase und Schlackeneinschlüsse im Stahl	223
A. Die mit dem Eisen während dessen Herstellung in Berührung kommenden Gase	223
B. Die Löslichkeit der im Stahl vorkommenden Gase	226
a) Wasserstoff	226
b) Stickstoff	227
c) Kohlenoxyd und Kohlendioxyd	227
d) Sauerstoff	228
C. Die beim Gießen und während der Erstarrung aus dem Stahl entweichenden Gase	228
D. Die während der Erstarrung von Eisen in Form von Gasblasen festgestellten Gase	230
E. Die im erstarrten Eisen vorhandenen Gase	231
a) Wasserstoff im technischen Eisen	233
b) Stickstoff im technischen Eisen	233
c) Sauerstoff im technischen Eisen	235
F. Die Desoxydation des Stahles	236
a) Desoxydation mit Silizium	237
b) Desoxydation mit Aluminium	238
c) Desoxydation mit Mangan	238
d) Die Verwendung mehrerer Desoxydationsmittel	239
G. Einschlüsse von feuerfesten Stoffen und Ofenschlacke	242
H. Einfluß von Schlackeneinschlüssen auf die Festigkeitseigenschaften	246
33. Quaternäre und komplexe Stähle	246
A. Baustähle	248
B. Werkzeugstähle	257
C. Komplexe Stähle für Sonderzwecke	263
34. Der spezifische Einfluß der wichtigsten Elemente auf die Eigenschaften des Stahles	264

Inhaltsverzeichnis.

III. **Einfluß der Temperatur auf die Eigenschaften von Stahl.** .... Seite 267
   1. Unlegierte Stähle 267
   2. Legierte Stähle 272

IV. **Der Einfluß der Weiterverarbeitung auf Gefüge und Eigenschaften von Stahl.** 287
   1. Die Kristallisation des Stahles und die hierbei auftretenden Störungserscheinungen 287
      A. Primäre Kristallisation 287
      B. Kristallseigerung 296
      C. Sekundäre Kristallisation (Abkühlung) 302
      D. Die Lunkerbildung 310
      E. Gasblasen und Gasblasenseigerungen 320
      F. Seigerung in größeren Gußstücken (Gußblockseigerung) 327
      G. Oberflächen- und sonstige Gießfehler 341
      H. Gußspannungen 343
   2. Die Umkristallisation (Glühen) des nicht verarbeiteten Stahles 348
      A. Glühtemperatur 348
      B. Glühdauer 358
      C. Abkühlungsgeschwindigkeit 359
   3. Die Kaltverformung, Kristallerholung, Rekristallisation des Stahles, Blaubrüchigkeit, Alterung und Ermüdung 360
      A. Die Kaltverformung 360
      B. Das Glühen des kaltverformten Stahles (Kristallerholung und Rekristallisation) 371
          a) Kristallerholung 371
          b) Rekristallisation 373
      C. Die Verformungs-, Erholungs- und Rekristallisationshypothesen 383
          a) Der kaltverformte Zustand 383
          b) Kristallerholung und Rekristallisation 389
      D. Blaubrüchigkeit und Alterung 390
      E. Der Dauer- oder Ermüdungsbruch 394
   4. Die Warmverformung des Stahles 397
      A. Rotbruch und Heißbruch 428
      B. Flocken im Stahl 433
   5. Die Umkristallisation (Glühen) des warm verarbeiteten Stahles 436
      A. Sehr weiche, hauptsächlich aus Ferrit bestehende Stähle 436
      B. Stahlsorten mit Kohlenstoffgehalten von etwa 0,2 bis etwa 0,75% .. 439
      C. Stähle mit 0,75 bis 1,0% Kohlenstoff 444
      D. Stähle mit mehr als 1% Kohlenstoff 445
      E. Legierte Stähle 447
      F. Zeilenstruktur 448
      G. Das Verbrennen des Stahles 451
      H. Der Schwarzbruch 453
   6. Das Härten und Anlassen des Stahles 454
      A. Die Theorie des Härtens und Anlassens 454
      B. Die Technik des Härtens und Anlassens des Stahles 477
      C. Störende Nebenerscheinungen 494
      D. Das Härten und Vergüten der wichtigsten Stahlgruppen 505
   7. Die Ausscheidungshärtung 518
      A. Das System Aluminium-Kupfer 518
      B. Das System Fe-Mo, Fe-W, Fe-Be, Fe-Ti 520
      C. Das System Eisen-Kohlenstoff 520
      D. Das System Eisen-Stickstoff 526
      E. Das System Eisen-Kupfer 531

Inhaltsverzeichnis. IX

  F. Das System Eisen-Sauerstoff 533
  G. Das System Eisen-Kohlenstoff-Kupfer 533
  H. Das System Eisen-Kohlenstoff-Stickstoff 534
  I. Theorie der Ausscheidungshärtung 536
 8. Die Oberflächenhärtung des Stahles 537
  A. Die Oberflächenhärtung durch Kohlenstoff 537
  B. Die Rückfeinung und Prüfung einsatzgehärteten Stahles 550
  C. Die Zementation mit anderen Stoffen als Kohlenstoff 553
  D. Die Nitrierhärtung 555

V. Der Temperguß 560

VI. Der Grauguß 575
  A. Konstitution und chemische Zusammensetzung 575
  B. Die Eigenschaften in Abhängigkeit von der chemischen Zusammensetzung 578
  C. Einfluß der Abkühlungsgeschwindigkeit, der Gießtemperatur und der Schmelzüberhitzung 591
  D. Einfluß der Temperatur auf die Eigenschaften von Grauguß 596
  E. Störende Nebenerscheinungen 599
  F. Veredelung des Graugusses 601
  G. Zusammensetzung, Verwendungszweck und Festigkeitseigenschaften technischer Graugußsorten 606

VII. Der Hartguß 608

Literatur- und Namenverzeichnis 611

Sachverzeichnis 634

Druckfehlerverzeichnis.

Seite 59, Zeile 2: Thomsen statt Thomson.
Seite 71, Zeile 42: Hayes statt Heyes.
Seite 106, Anmerkung: Keutmann statt Klutmann.
Seite 121, Anmerkung: Committee statt Comeritta.
Seite 121, vor (*11*) muß eingeschoben werden: Ruer und Kaneko.
Seite 142, Abb. 150: Sundermann statt Gundermann.
Seite 144, Abb. 152: Hashimoto statt Wever u. Hashimoto.
Seite 194, Zeile 10: Hannesen statt Hanessen.
Seite 201, Zeile 2: Wasmuht statt Wasmuth.
Seite 215: Rosenhain statt Rosenheim.
Seite 221, Abb. 237/8: Eilender und Meyer statt Meyer und Eilender.
Seite 222, Abb. 239: Daeves statt Dreves.
Seite 232: Diergarten statt Diergaten.
Seite 233, Anm. 4: (*12*) statt (*1*).
Seite 454, Zeile 14: F. Rapatz u. . . .: (*4*) statt (*1*).
Seite 468, Zeile 21: Oknoff statt Oknof.
Seite 482, Zeile 6: Bei Eilender, Klinar . . . einfügen (*6*).
Seite 496, Zeile 15: Honda, Matsushita u. Idei statt Honda u. Idei.
Seite 521, 9: Masing statt Mesing u. Koch.
Seite 540, Zeile 24 v. u.: Scavia statt Scapia.
Seite 605, Zeile 10: Botschnivar statt Botchvar.

I. Begriffsbestimmung und Einteilung des technischen Eisens.

Das technische Eisen enthält eine Reihe von anderen Elementen, die bei seiner Herstellung teils ohne Absicht infolge der in den Ausgangsrohstoffen enthaltenen Verunreinigungen hineingelangen, teils zur Erzielung besonderer Eigenschaften absichtlich zugesetzt werden. Zur ersten Gruppe dieser sogenannten Fremdkörper gehören Kohlenstoff, Phosphor, Schwefel, Arsen, Kupfer, Silizium und Mangan, von der letzteren seien Nickel, Chrom, Wolfram, Molybdän, Vanadium, Titan, Kobalt und Aluminium erwähnt. Obwohl Kohlenstoff, Silizium, Mangan und Phosphor in keinem technischen Eisen vollständig fehlen, kann auch der Gehalt an diesen Elementen mit Absicht zur Regelung der Eigenschaften bemessen werden. In besonders hervorragendem Maße ist dies der Fall für den Kohlenstoff. Der Gehalt an diesem Element bildet die Grundlage für die Einteilung der technischen Eisensorten, weil bis zu einem Gehalt an Kohlenstoff von etwa 1,7% das Eisen die technisch äußerst wichtige Eigenschaft besitzt, bei höheren Temperaturen ein gewisses Maß von Bildsamkeit oder Formänderungsfähigkeit aufzuweisen, die zu seiner Verarbeitung durch Walzen, Schmieden, Pressen und dergleichen erforderlich ist. Alle technischen Eisensorten mit weniger als etwa 1,7% Kohlenstoff werden als Stahl bezeichnet. Der Begriff Stahl ist durch den Deutschen Normenausschuß folgendermaßen festgelegt worden: Alles schon ohne Nachbehandlung schmiedbare Eisen wird als Stahl bezeichnet.

Die nichtschmiedbaren Eisensorten mit mehr als etwa 1,7% Kohlenstoff heißen Roheisen. Eine scharfe Grenze zwischen beiden Gruppen technischer Eisensorten läßt sich nicht ziehen, weil die Schmiedbarkeit einerseits mit steigendem Kohlenstoffgehalt des Eisens allmählich abnimmt und nicht plötzlich verschwindet, anderseits durch die gleichzeitige Anwesenheit anderer Fremdkörper beeinflußt wird.

Soweit der Stahl über den flüssigen Zustand hergestellt wird, wird er als Flußstahl bezeichnet. Gegenüber dem Flußstahl ist heute der über den teigigen Zustand gewonnene Schweißstahl von untergeordneter Bedeutung.

Das Roheisen wird unterteilt in graues und weißes Roheisen. Ersteres enthält den Kohlenstoff in elementarer Form als Graphit, letzteres gebunden als Karbid. Das halbierte Roheisen enthält den Kohlenstoff teils als Graphit, teils als Karbid.

Aus dem Vorstehenden ergibt sich die folgende Unterteilung:

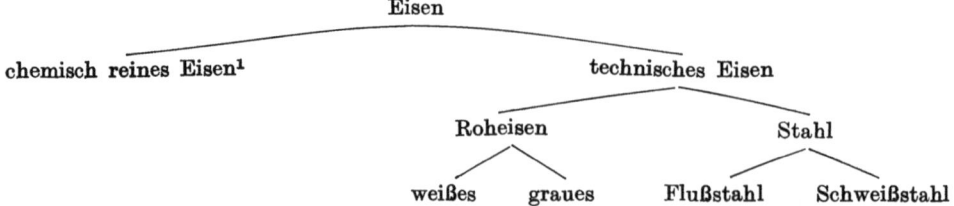

Die früher übliche Unterteilung des schmiedbaren Eisens in Schmiedeeisen (bis etwa 0,4% C) und Stahl (0,4 bis etwa 1,8% C) erfolgte auf Grund der Tatsache, daß Stahl härter, fester und spröder ist als Schmiedeeisen und durch Härten eine größere Härtesteigerung aufweist als dieses. Da sich aber die erwähnten Eigenschaften wie Härte, Festigkeit und Sprödigkeit mit steigendem Kohlenstoffgehalt kontinuierlich verändern und auch die Härtbarkeit bei Gehalten weit unter 0,4% Kohlenstoff bei Anwendung genügend hoher Abschreckgeschwindigkeiten noch vorhanden ist, ist die Unterteilung in Schmiedeeisen und Stahl ungerechtfertigt. Im englischen und französischen Sprachgebrauch ist diese Unterteilung überhaupt nicht bekannt, vielmehr heißt hier jedes schmiedbare Eisen Stahl (steel, acier). Zur besonderen Kennzeichnung wird ein Eigenschaftswort hinzugefügt, wie weich, sehr weich, hart, sehr hart oder mittelhart.

Die technischen Eisensorten, deren grundlegende Unterteilung nach ihrem Kohlenstoffgehalt erfolgt, werden noch nach verschiedenen Gesichtspunkten in Untergruppen eingeteilt*. So wird das Schweißeisen eingeteilt nach Festigkeitseigenschaften und Verwendungszweck.

Die über den flüssigen Zustand erzeugten Stahlsorten bezeichnet man häufig nach dem besonderen Herstellungsverfahren als Thomas-, Bessemer-, Siemens-Martin-, Tiegel- oder Elektrostahl. Da einige Eigenschaften der Stähle vom Herstellungsverfahren beeinflußt werden, hat diese Unterteilung ihre Berechtigung.

Der im flüssigen Zustande erzeugte Stahl wird entweder in Blöcke mit quadratischem, polygonalem, rundem oder besonders geformtem, oder in Brammen mit annähernd rechteckigem Querschnitt (hauptsächlich für Bleche) vergossen, und diese werden sodann weiter verarbeitet durch Walzen, Schmieden oder Pressen. Soll aber die typische Eigenschaft des Stahles, die Schmiedbarkeit, nicht ausgenutzt werden, so kann er zu Stahlguß (Stahlformguß) vergossen werden, d. h. er wird schon durch das Gießen in die gewünschte, endgültige Form gebracht. Blöcke und Brammen werden zunächst zu Zwischenerzeugnissen, wie Riegel, Platinen, Knüppel usw. verarbeitet, die dann zur Herstellung des Fertigerzeugnisses dienen.

Der Stahlguß (Stahlformguß) wird nach Normblatt DIN 1681* eingeteilt in drei Güteklassen.

---

[1] In chemischer und physikalischer Hinsicht vollkommen reines Eisen läßt sich nicht herstellen. Ein Eisen mit einem Reinheitsgrad von 99,99% dürfte schon sehr nahe an der Grenze des heute Erreichbaren liegen.

* Die folgenden Ausführungen lehnen sich größtenteils eng an die Werkstoffnormen Stahl-Eisen des Deutschen Normenausschusses an, 7. Aufl. Berlin SW 19: Beuth-Verlag 1933.

Güteklasse:	Vorgeschriebene Eigenschaftswerte: (Angabe als Mindestwerte)
1. Normalgüte (z. B. Stg 45.81)	Zugfestigkeit und Bruchdehnung.
2. Sondergüte (z. B. Stg 45.81 S)	Zugfestigkeit, Streckgrenze und Bruchdehnung.
3. Stahlguß mit besonderen magnetischen Eigenschaften (z. B. Stg 45.81 D)	Zugfestigkeit, Bruchdehnung und magnetische Induktion.

(Bemerkung: Stg 45.81 bedeutet Stahlguß mit 45 kg/mm² Zugfestigkeit nach DIN 1681.)

Der Flußstahl wird wie folgt eingeteilt (vgl. DIN 1600*):

1. Allgemeiner Baustahl.

a) Maschinenbaustahl, geschmiedet oder gewalzt, s. DIN 1611*: Unlegierte Stähle ohne besondere Ansprüche an Einsetz- und Vergütbarkeit mit Vorschriften für Zugfestigkeit und Bruchdehnung. Z. B. St 70.11, Stahl mit 70 kg/mm² Festigkeit nach DIN 1611.

b) Formstahl, Stabstahl, Breitflachstahl, gewalzt, s. DIN 1612*.

c) Schraubeneisen, Nieteisen, s. DIN 1613*. (Diese Handelsbezeichnungen sind zulässig. Desgleichen I-Eisen, [-Eisen usw. Der Werkstoff indessen heißt Stahl.)

2. Flußstahl für Bleche, Rohre u. dgl. Stahlbleche, s. DIN 1621*, Grobbleche > 3 mm, Feinbleche < 3 mm, s. DIN 1623*. Bezüglich der Güte unterscheidet man: gewöhnliche Bleche oder Handelsware, Baubleche, Schiffsbleche, Kesselbleche und Sonderbleche. Überlappt geschweißte (DIN 1628*) und nahtlos gewalzte Flußstahlrohre (DIN 1629*).

3. Eisenbahnoberbaustoffe.

Schienen und Zungenschienen (DIN 1631*), Stahlschwellen (DIN 1632*), Weichenplatten, Radlenker, Kleineisenzeug wie Laschen, Unterlagsplatten, Hakenplatten, Schwellenschrauben, Hakenschrauben und Federringe.

4. Fahrzeugbaustoffe.

Achsen, Radkörper, Radreifen.

5. Unlegierte Sonderstähle.

Kohlenstoffstähle für Einsatz- und Vergütungszwecke (DIN 1661*). Z. B. St C 60.61, Stahl mit 0,6% C nach DIN 1661.

Eine besondere Gruppe bilden endlich die **Werkzeugstähle**, die sich im wesentlichen von den vorhergehenden Baustählen durch höheren Kohlenstoffgehalt unterscheiden. Dieser liegt etwa zwischen 0,6 und 1,5%, während er bei der vorhergehenden Gruppe etwa 0,1 bis 0,7% beträgt. Ganz allgemein unterscheidet man drei Qualitäten: zähhart, hart, sehr hart. Über den besonderen Verwendungszweck und die Güteabstufungen enthalten die entsprechenden Abschnitte dieses Buches nähere Einzelheiten. Federstähle, Magnetstähle, nichtrostende Stähle und andere Stähle für besondere Zwecke werden ebenfalls später behandelt.

Diese Stähle gehören meist der Gruppe der legierten oder Sonderstähle an, d. h. denjenigen schmiedbaren Eisensorten, die zur Erzielung besonderer Eigenschaften mit beabsichtigtem Zusatz von besonderen Elementen erzeugt werden. Zur Kennzeichnung dient in erster Linie die Art der Legierungselemente, z. B. Nickelstahl, Nickelchromstahl usw. Die legierten Stähle, deren Kohlenstoffgehalt zuweilen nur sehr gering ist, heißen ternär, wenn sie ein Legierungselement, quaternär, wenn sie zwei Legierungselemente, und komplex, wenn sie mehr als zwei Legierungselemente enthalten. Auch die legierten Stähle gehören zwei großen Gruppen, den Baustählen (Hoch-, Maschinen-, Kesselbaustähle) und den Werkzeugstählen, an. Von der Normung waren bis vor kurzem in Deutschland nur die Nickel- und Chrom-Nickel-Stähle erfaßt worden. Es

* a. a. O.

handelt sich um Stähle für hochbeanspruchte Teile im Automobil- und Flugzeugbau, die indessen, wie später gezeigt wird, auch zum Teil als Werkzeugstähle Verwendung finden. Das Normblatt (DIN 1662*) enthält Angaben über die Zusammensetzung und die Eigenschaften im gehärteten (Einsatzstähle) und vergüteten (Vergütungsstähle) Zustande. Einige der Normstähle seien hier angeführt: EN 15, Einsatzstahl mit 0,10—0,17% C, 1,5 ± 0,25% Ni; ECN 25, Einsatzstahl mit 0,1—0,17% C, 2,5 ± 0,25% Ni und 0,75 ± 0,2% Cr; VCN 45, Vergütungsstahl mit 0,3—0,4% C, 4,5 ± 0,25% Ni, 1,3 ± 0,2% Cr. Ein weiteres Normblatt über Chrom- und Chrom-Molybdänstähle liegt zur Zeit im Entwurf vor.

Man unterscheidet allgemein niedrig, mittel und hoch legierte Stähle. Über den besonderen Verwendungszweck enthalten die entsprechenden Abschnitte dieses Buches nähere Einzelheiten.

Insbesondere die legierten Stähle werden von den Herstellern häufig mit besonderen Bezeichnungen benannt, die mit den Eigenschaften oder mit dem Verwendungszweck nichts zu tun haben und lediglich aus kaufmännischen Gründen gewählt werden. Es erübrigt sich, hierauf näher einzugehen.

Die Legierungen mit mehr als 1,7% Kohlenstoff heißen, wie schon erwähnt, Roheisen. Das Roheisen enthält außer Kohlenstoff, wie der Stahl, jedoch meist in höherem Maße als dieser, eine Reihe von Fremdkörpern. Je nach dem Herstellungsverfahren unterscheidet man Koksroheisen, Holzkohlenroheisen, Elektroroheisen und synthetisches Roheisen. Die drei ersten Gruppen umfassen die aus Eisenerzen, eisenhaltigen Zusätzen, Eisenabfällen (Schrott) und schlackenbildenden Zuschlägen durch reduzierendes Schmelzen im Hochofen gewonnenen Erzeugnisse, während das synthetische Roheisen aus Eisenabfällen, kohlenden Mitteln und schlackenbildenden Zuschlägen im Hochofen, Elektro-, Herd- oder Kupolofen gewonnen wird. Mit Rücksicht auf die je nach der Marktlage eintretenden Verschiebungen in der Verwendung des Schrottanteils kann eine scharfe Grenze zwischen beiden Gruppen heute nicht mehr gezogen werden. Die Weiterverarbeitung des Roheisens erfolgt auf verschiedene Weise.

Es wird entweder durch oxydierendes Schmelzen (Frischen) zu Stahl weiterverarbeitet, wobei alle Fremdkörper eine wesentliche Abnahme erleiden,

oder durch eine geeignete Glühbehandlung, das Tempern, wird unter Ausschluß oxydierender Einflüsse der ausschließlich als Eisenkarbid vorhandene Kohlenstoff des in diesem Falle weißen Roheisens ganz oder teilweise in elementaren Kohlenstoff zwecks Erzeugung von Temperguß verwandelt (amerikanisches Verfahren, Schwarzguß),

oder die Glühbehandlung erfolgt mit oxydierenden Mitteln, so daß außer einer Umwandlung der Kohlenstofform eine Abnahme des Gehaltes an diesem Element eintritt (europäischer Temperguß oder Weißguß),

oder das in diesem Falle graue Roheisen wird direkt aus dem zur Erzeugung dienenden Ofen in Formen vergossen zu Gußwaren erster Schmelzung,

oder eine geeignete Mischung oder Gattierung von Roheisensorten wird in einem besonderen Ofen (Kupol-, Herd-, Tiegel-, Elektroofen) lediglich um-

---

* a. a. O.

geschmolzen zu Gußwaren zweiter Schmelzung oder kurzweg Gußeisen oder Grauguß.

Je nach der Art des beabsichtigten Fertigerzeugnisses werden an die einzelnen Ausgangserzeugnisse bezüglich der chemischen Zusammensetzung verschiedenartige Anforderungen gestellt, die eine besondere Einteilung dieser Erzeugnisse bedingen.

Das zur Erzeugung von Stahl dienende Roheisen wird eingeteilt in Puddelroheisen, Thomasroheisen, Bessemerroheisen und Stahleisen. Die nachfolgende Tabelle gibt einen ungefähren Anhalt über die Zusammensetzung einiger wichtiger Eisensorten:

	C	Si	Mn	P	S
Puddelroheisen weiß	2,5	0,5	2,0	0,4	0,04—0,1
,, grau	2,5	2,5	2,0	0,4	0,04—0,1
Stahleisen Rhld.-Westf.	3,5	1,6	2,0	0,3	0,03—0,05
,, Sieg	4,0	0,5	6,0	0,08	0,01—0,03
Bessemerroheisen	3,5	2,0	2,5	0,08	0,01—0,03
Thomasroheisen Rhld.-Westf.	3,8	0,7	1,5	1,8	0,1—0,15
,, Lothr.-Lux. O. M. . .	3,1	0,6	0,3	1,8	0,08—0,15
,, ,, M. M. . .	3,1	0,6	1,5	1,8	0,04—0,07

Zur Erzeugung von europäischem Temperguß dienen Schmiedeeisen, Tempergußschrott und verschiedene Roheisensorten, darunter die eigens für das Verfahren hergestellten Temperroheisen in solcher Mischung unter Berücksichtigung der geringen Veränderungen der chemischen Zusammensetzung durch das Herstellungsverfahren, daß das Endprodukt je nach der Wandstärke etwa

2,3—3,3% Kohlenstoff,
0,4—0,8% Silizium,
0,4% Mangan,
nicht über 0,2% Phosphor und
0,1% Schwefel

enthält. Die nachfolgenden Zahlen geben ein Beispiel für die chemische Zusammensetzung von Temperroheisen wieder:

Temperroheisen, weiß 3,2% C   0,5% Si   0,1% Mn   0,04% P   0,19% S

Zur Erzeugung von Gußwaren zweiter Schmelzung dienen neben Schmiedeeisen und Graugußschrott verschiedene Roheisensorten in einer für die Erzielung der Zusammensetzung des Endproduktes geeigneten Mischung unter Berücksichtigung der Veränderung der chemischen Zusammensetzung durch den Umschmelzprozeß. Die nachfolgende Zusammenstellung enthält die Zusammensetzung einiger wichtiger Roheisensorten für Gießereizwecke.

	C	Si	Mn	P	S
Hämatit	4,0	2—3	max. 1,2	0,1	0,04
Gießereieisen	4,0	2,25—3	,, 1,0	0,7	0,04
,, Rhld.-Westf.	3,8	1,8—2,5	,, 1,0	0,9	0,06
,, Lothr.-Lux.	3,8	1,8—2,5	,, 0,8	1,4—1,8	0,06
,, Qual. engl.	4,0	2—2,5	,, 0,8	1—1,5	0,06

Die früher übliche Beurteilung des Roheisens nach der Körnung des Bruches (I bis V) ist von der zweckmäßigeren Unterscheidung nach der chemischen Analyse verdrängt worden.

Außer den vorstehenden wichtigsten Roheisensorten werden noch eine ganze Reihe von Sorten mit mehr oder minder abweichender chemischer Zusammensetzung, in der Hauptsache bezüglich des Mangans, Siliziums und Phosphors, hergestellt, die bei der Zusammenstellung der Gattierung zur bequemen Regelung der Gehalte an den erwähnten Elementen dienen. Eine Aufzählung würde hier zu weit führen[1]. Diese Roheisensorten bilden den Übergang zu den sogenannten Speziallegierungen, die zum Teil gleichen Zwecken, hauptsächlich bei der Herstellung des Stahles, insbesondere der legierten Stähle, dienen, nur daß die Zahl der in Frage kommenden Elemente größer ist. Zum Teil bezweckt man jedoch auch durch ihren Zusatz die Herbeiführung gewisser chemischer Reaktionen im flüssigen Eisen, die es von schädlichen Stoffen, wie Eisenoxydul und Gasen, befreien sollen.

Eine scharfe Grenze zwischen beiden Gruppen läßt sich nicht ziehen, da mit dem Zusatz der zweiten Gruppe von Legierungen meist, z. T. auch ohne Absicht, eine Anreicherung an dem betreffenden Hauptelement erfolgt. Man rechnet zur zweiten Gruppe dieser Legierungen folgende:

	C	Si	Mn	P	S
Spiegeleisen	4—5	0,4	6—25	0,08	0,01—0,02
Ferromangan	5—7,5	1,3—0,2	30—80	0,3	0,01—0,02
Ferrosilizium, im Hochofen hergestellt	3—1	8—10	0,8	0,07	0,01—0,03
Ferrosilizium, im Elektroofen hergestellt	0,3—0,5	25—75	0—0,4	0,4—0,1	0,005—0,03
Ferromangansilizium, Silikospiegel, im Hochofen hergestellt	1—2,5	5—13	6—20	0,1—0,2	—
Ferromangansilizium, im Elektroofen hergestellt	0,2—1,0	20—35	40—75	0,01—0,05	0,01—0,03

Außer diesen Legierungen verwendet man zum gleichen Zweck Rein-Aluminium, Ferroaluminium, Ferrosilikoaluminium, Ferrovanadin, Titan, Ferrotitan und eine Reihe anderer komplexer Legierungen.

Zur ersteren Gruppe von Legierungen, die also die Einführung gewisser Elemente zur Verbesserung der Eigenschaften zum Zwecke haben, gehören außer den reinen Metallen Nickel, Chrom, Wolfram, Molybdän und Kobalt die Ferrolegierungen des Chroms, Wolframs, Molybdäns, Vanadiums und in neuerer Zeit die des Bors, Urans, Zirkons, wenngleich bezüglich dieser letzteren noch kein abschließendes Urteil vorliegt. Erstrebt wird in der Ferrolegierung neben hohem Gehalt an den Zusatzelementen möglichste Kohlenstofffreiheit[2]. In der Gießereitechnik sowie mitunter zur Erzeugung von phosphorreichem, schmiedbarem Eisen (Preßmuttereisen) verwendet man zur Regelung des Phosphorgehaltes im Hochofen oder Elektroofen hergestelltes Ferrophosphor, das

20—25% P,   0,5—1,8% Si,
0,03—1,2% C,   0,08—3,0% S
0,1—6% Mn,

enthält.

Die vorstehenden Erzeugnisse, Roheisen und Ferrolegierungen, sind Zwi-

---

[1] Vgl. z. B. Geiger: Handb. der Eisen- und Stahlgießerei Bd. 1. Berlin: Julius Springer 1925.

[2] S. bez. Wolfram- und Chrom-Legierungen: B. Matuschka (1).

schenerzeugnisse. Sie werden in diesem Buche ihrer technischen Bedeutung gemäß keine so ausführliche Behandlung erfahren wie die Fertigerzeugnisse.

Die Gießereifertigerzeugnisse werden nach den Eigenschaften und nach dem Verwendungszweck eingeteilt.

Das Gußeisen, das aus Roheisen allein oder mit Brucheisen, Stahlabfällen und anderen Schmelzzusätzen erschmolzen und in Formen gegossen wird, jedoch keiner Nachbehandlung zwecks Schmiedbarmachung unterworfen wird, wird nach Normblatt DIN 1691* unterteilt in:

1. Bauguß und Handelsguß.
2. Feinguß und Kunstguß.
3. Maschinenguß ohne besondere Gütevorschriften.
4. Maschinenguß mit besonderen Gütevorschriften, z. B. Ge 22. 91.
5. Maschinenguß mit besonderen magnetischen Eigenschaften.
6. Hartguß.
7. Säurebeständiger und alkalibeständiger Guß.
8. Feuerbeständiger Guß.
9. Besondere Gußerzeugnisse.

In neuerer Zeit wird dem legierten Gußeisen wachsende Aufmerksamkeit entgegengebracht.

Der Temperguß, früher auch als schmiedbarer Guß bezeichnet, wird auf den bereits beschriebenen Wegen aus weißem Gußeisen überführt in einen zähen, leicht bearbeitbaren und beschränkt schmiedbaren Zustand. Die Bezeichnungen als Temperstahlguß, Halbstahl und Weichguß sind nach DIN 1692* irreführend und daher zu vermeiden. Nach DIN 1692 wird Temperguß wie folgt unterteilt:

1. Handelsüblicher Temperguß (Te 32.92).
2. Hochwertiger weißer Temperguß (Te 38.92).
3. Hochwertiger weißer Temperguß mit besonderen magnetischen Eigenschaften (Te 38.92 D).
4. Hochwertiger schwarzer Temperguß (Te 35.92).
5. Hochwertiger schwarzer Temperguß mit besonderen magnetischen Eigenschaften (Te 35.92 D).

---

* a. o. O.

II. Die Konstitution des Eisens in Abhängigkeit von der chemischen Zusammensetzung.

1. Einleitung.

Das technische Eisen ist kein reines Metall, sondern eine Legierung. Nach der modernen Anschauung ist die Beschreibung einer Legierung erst dann vollständig, wenn zur Angabe von Zahl und prozentualen Mengenanteilen der beteiligten chemischen Elemente die der Form und Anordnung dieser Elemente hinzukommt. Ersteres ist die Aufgabe der chemischen Analyse, letzteres die der Konstitutionslehre oder Metallographie. Bei der Erforschung der Konstitution des Eisens geht man vom reinen Metall aus und untersucht die Veränderung der Konstitution durch den Zusatz derjenigen Elemente, die für das Eisen von praktischer Bedeutung sind. Dabei verfährt man systematisch in der Weise, daß zunächst der Einfluß je eines Elementes in steigenden Mengen, also beispielsweise der Einfluß des Kohlenstoffs, auf die Konstitution des Eisens ermittelt wird. Man stellt sich also reine Eisen-Kohlenstoff-Legierungen her, damit der Einfluß anderer Fremdkörper den des Kohlenstoffs nicht verdeckt. Die Gesamtheit der Legierungen des Eisens mit einem Element nennt man ein binäres oder Zweistoffsystem oder ein System mit zwei Komponenten. Dem Studium der binären Systeme folgt sodann das der bereits weit verwickelteren ternären oder aus drei Komponenten aufgebauten Systeme. Der überragenden Bedeutung des Kohlenstoffs für das Eisen entsprechend bildet dieses Element einen der Grundbestandteile einer ersten Reihe von zu untersuchenden ternären Systemen wie Eisen-Kohlenstoff-Phosphor, Eisen-Kohlenstoff-Schwefel usw. Folgerichtig müßten dann die quaternären, sodann die Systeme höherer Ordnung untersucht werden. Obgleich man bisher neben der Untersuchung der binären Systeme nur wenige ternäre Systeme systematisch untersucht hat, genügen doch schon die vorhandenen Unterlagen für eine zusammenhängende Darstellung der Konstitution des technischen Eisens.

2. Reines Eisen.
A. Physikalische Eigenschaften bei höheren Temperaturen.

Die Aufnahme der Abkühlungs- bzw. Erhitzungskurve von praktisch reinem Eisen ergibt prinzipiell das in Abb. 1 dargestellte Bild. Das Eisen schmilzt und erstarrt bei 1528°, was durch den horizontalen Abschnitt der Abkühlungs- bzw. Erhitzungskurve zum Ausdruck gelangt.

Innerhalb des Existenzgebietes des festen Eisens begegnen wir auf der Abkühlungskurve bei 1401, 898 bzw. 768 und auf der Erhitzungskurve bei 768,

Einleitung.

906 bzw. 1401° weiteren thermischen Effekten. Diese bilden die Grundlage der Annahme, daß das feste Eisen in vier mit δ, γ, β bzw. α bezeichneten Modifikationen, Zustandsformen oder Phasen vorkommen kann, deren Umwandlung reversibel ist. Der Existenzbereich der vier Modifikationen erstreckt sich demnach auf folgende Temperaturen:

Bei der Abkühlung:	Bei der Erhitzung:
δ-Eisen 1528—1401°	α-Eisen bis 768°
γ-Eisen 1401—898°	β-Eisen 768—906°
β-Eisen 898—768°	γ-Eisen 906—1401°
α-Eisen unter 768°	δ-Eisen 1401—1528°

Die Punkte der Temperaturskala, bei denen die Umwandlungen erfolgen, heißen Umwandlungs-, Halte- oder kritische Punkte. Nach dem Vorschlag Osmonds(1) bezeichnet man sie der Einfachheit halber mit dem Buchstaben A (Arrêt = Halten), dem man, falls die Abkühlungskurve gemeint ist, r (refroidissement = Abkühlung), falls die Erhitzungskurve dagegen gemeint ist, c (chauffage = Erhitzung) beifügt. Zur Unterscheidung der einzelnen Umwandlungen erhalten Ar und Ac für die $\delta \rightleftarrows \gamma$-Umwandlung den Index 4, für die $\gamma \rightleftarrows \beta$-Umwandlung den Index 3 und für die $\beta \rightleftarrows \alpha$-Umwandlung den Index 2,

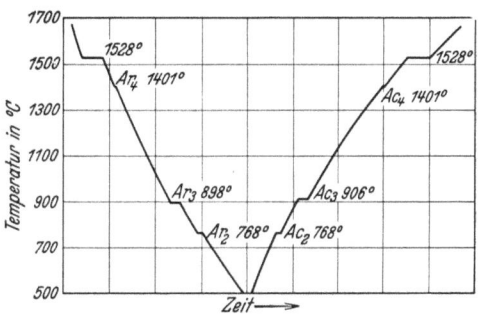

Abb. 1. Schematische Erhitzungskurve (rechts) und Abkühlungskurve (links) von reinem Eisen.

so daß die Bezeichnungen für die Umwandlungen des Eisens folgende sind:

Umwandlung bei der Abkühlung	Umwandlung bei der Erhitzung
$\delta \rightarrow \gamma$ Ar_4	$\gamma \rightarrow \delta$ Ac_4
$\gamma \rightarrow \beta$ Ar_3	$\beta \rightarrow \gamma$ Ac_3
$\beta \rightarrow \alpha$ Ar_2	$\alpha \rightarrow \beta$ Ac_2

Wie man aus Abb. 1 ersieht, stimmen Ar_3 und Ac_3 in ihrer Lage nicht überein. Ac_3 liegt vielmehr um 8° höher als Ar_3. Durch diese Erscheinung, die sogenannte Hysteresis, äußert sich die Neigung des γ-Eisens zur Verzögerung seiner Umwandlung in β-Eisen. Die Hysteresis ist in hohem Maße von der Abkühlungsgeschwindigkeit abhängig. So fanden R. Ruer und F. Goerens(1):

Bei einer Abkühlungsgeschwindigkeit von °C/min.	Ar_3 bei °C
12	892
6	895
4	896
3	897
2	899
1	900

Durch einen besonderen Kunstgriff bestimmten die genannten Verfasser die Gleichgewichtstemperatur der $\gamma \rightleftarrows \beta$-Umwandlung zu 906 $\pm$ 1°. Die Abweichungen zwischen den Angaben der einzelnen Forscher über die Lage von A_3 sind in erster Linie auf Verschiedenheiten der Abkühlungs- und Erhitzungsgeschwindigkeiten zurückzuführen. Daneben spielt natürlich auch der jeweilige Reinheitsgrad eine wesentliche Rolle. A_2 soll im Gegensatz zu A_3 keine Hysteresis aufweisen[1] und daher auch unabhängig sein von der Abkühlungsgeschwindig-

---
[1] vgl. Burgeß u. Crowe (5).

keit[1]. Tatsächlich zeigt jedoch auch A_2 eine Hysteresis, wie durch neuere bisher unveröffentlichte Untersuchungen von H. Esser und H. Cornelius im Eisenhüttenmännischen Institut der Technischen Hochschule Aachen durch sehr empfindliche und genaue Aufnahmen von thermischen Differentialkurven einwandfrei nachgewiesen werden konnte. Die Größe der Hysteresis beträgt maximal nicht mehr als 3—4° C bei Abkühlungsgeschwindigkeiten von 1—10° C/min.

Ehe auf die Bedeutung der Modifikationen des Eisens eingegangen wird, soll untersucht werden, welche weiteren Unterlagen sich aus dem Studium anderer Eigenschaften für ihr Vorhandensein bzw. ihren Charakter gewinnen lassen. Hierbei wird zunächst mit Le Chatelier (1) angenommen, daß allotrope Umwandlungen kristallisierter Körper stets diskontinuierlich verlaufen.

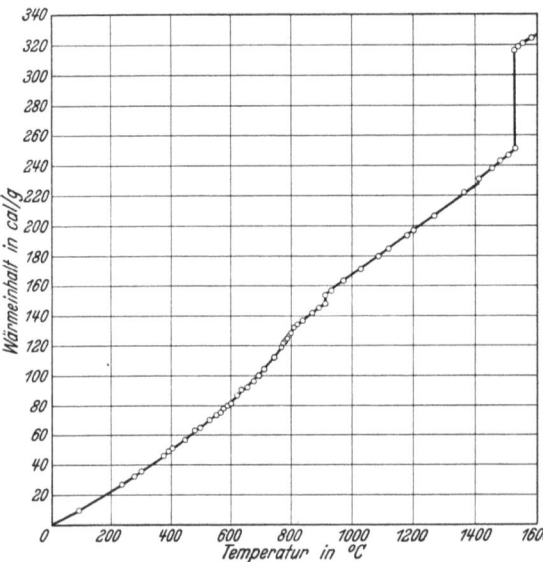

Abb. 2. Q-t-Kurve von Elektrolyteisen [Oberhoffer und Grosse (1)].

Die Bestimmung des Wärmeinhaltes in Abhängigkeit von der Temperatur ergibt direkt und quantitativ die bei den einzelnen Haltepunkten vorhandenen Wärmetönungen (Umwandlungswärmen). Abb. 2 nach Oberhoffer und Grosse (1) zeigt die Abhängigkeit des Wärmeinhaltes des reinen Eisens von der Temperatur. A_4 und A_3 gelangen durch diskontinuierliche Änderungen der Kurve bei 1401 bzw. 906° in Übereinstimmung mit den Ergebnissen der thermischen Untersuchungen zum Ausdruck. Dagegen ist der Charakter der mit A_2 bezeichneten Umwandlung offenbar verschieden von dem der übrigen und dadurch gekennzeichnet, daß eine Änderung, und zwar ein steileres Ansteigen der Kurve schon bei niedrigeren Temperaturen einsetzt, das bis 785° währt. Es ist sehr wahrscheinlich, daß diese Unregelmäßigkeit des Kurvenverlaufs mit dem kritischen Punkt A_2, also mit der $\alpha \rightleftarrows \beta$-Umwandlung zusammenhängt, indessen fehlt zweifellos die Diskontinuität. Die Intensität der einzelnen Wärmetönungen erhellt aus der folgenden Zusammenstellung:

	Durrer cal/g	Grosse cal/g	Klinkhardt cal/g	Esser u. Baerlecken cal/g
Schmelzwärme	49,35	64,38	—	—
Umwandlungswärme A_4 .	1,94	2,53	—	—
„ A_3 .	6,67	6,77	3,8 ± 0,1	3,4 ± 0,2
„ A_2 .	6,56[2]	—	—	—

[1] vgl. E. Maurer (1).
[2] Berechnet durch Extrapolation der beiden angrenzenden Kurven bis zur Mitte (755° C) des Umwandlungsgebietes.

Aus der vorstehenden Zusammenstellung ersieht man, daß zwischen den Angaben der verschiedenen Forscher, besonders hinsichtlich der Schmelzwärme und der Umwandlungswärme bei A_3, große Unterschiede bestehen. Der von Grosse für die Schmelzwärme angegebene Wert dürfte der wahren Größe am nächsten kommen, da auch durch neuere Untersuchungen von Umino(1) ein ähnlicher Wert von 65,65 cal/g gefunden wurde. Die Abweichung bei der A_3-Umwandlungswärme dürfte, wie durch Untersuchungen von Esser und Bungardt(1) festgestellt wurde, auf die verschiedenen Untersuchungsverfahren zurückzuführen sein. Die sichersten Werte sind die von Klinkhardt(1) bzw. von Esser und Baerlecken[1], die auf direktem Wege bestimmt wurden, während die anderen Werte durch Interpolation gefunden wurden. Die Angabe von Durrer über die Größe der A_2-Umwandlungswärme ist ebenfalls mit Vorsicht aufzunehmen, da bekanntlich die magnetische Umwandlung in einem großen Temperaturgebiet abläuft. Die wahre Größe der Umwandlungswärme kann nur durch Integration der Kurven der wahren spezifischen Wärmen des magnetischen und unmagnetischen α-Eisens ermittelt werden.

Einen guten Überblick über das Verhalten des Eisens im gesamten Temperaturgebiet von 0° abs. bis ins Gebiet des geschmolzenen Zustandes vermittelt Abb. 3[2], auf welcher die Atomwärme des Eisens in Abhängigkeit von der absoluten Temperatur dargestellt ist. A_4, A_3 und A_2 gelangen in der Kurve zum Ausdruck. Allerdings unterscheidet sich auch hier A_2

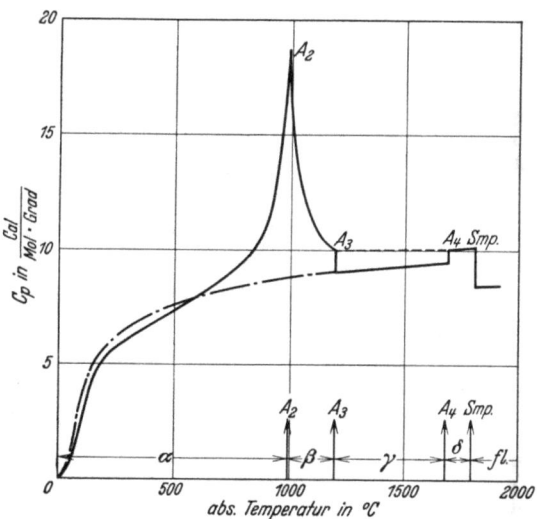

Abb. 3. Atomwärme des Eisens.
——— α-, β-, γ-, δ-Fe in ihren stabilen Gebieten.
—·—·— γ-Eisen im instabilen Gebiet. [s. Anm. [2]]

unverkennbar von A_4 und A_3. An dieser Stelle sei noch darauf hingewiesen, daß diese Form der Cp-Kurve für die Wärmeinhaltskurve beim A_2-Punkt einen Wendepunkt verlangt, so daß es also nicht richtig ist, zwischen A_2 und A_3 einen geradlinigen Verlauf der Wärmeinhaltskurve anzunehmen, wie dies Oberhoffer und Grosse(1) getan haben. Daß die Möglichkeit, Eisen zu magnetisieren, in der Nähe des Haltepunktes A_2 während der Erhitzung aufhört, um bei der Abkühlung wieder einzutreten, ist durch zahlreiche Untersuchungen nachgewiesen worden. Nicht ganz mit Recht wird jedoch häufig angegeben, α-Eisen sei magnetisch, β- und γ-Eisen dagegen seien unmagnetisch.

Die Curieschen Untersuchungen zeigten bereits, daß:
1. die Stärke der Magnetisierbarkeit zwischen 0° abs. und A_2 allmäh-

---
[1] Arch. Eisenhüttenwes. demnächst.
[2] Entnommen aus Handb. d. anorg. Chemie von Abbegg, Auerbach u. Koppel. Leipzig; Hirzel 1931; s. auch dort Lit. zu „Spez. Wärme u. Umwandlungswärme" Bd. 4 Abtlg. 3 Teil 2 S. A 190.

lich abnimmt, und zwar um so stärker, je größer die angewendete Feldstärke ist;

2. der größte Verlust der Magnetisierbarkeit bei A_2 erfolgt;

3. die Magnetisierbarkeit oberhalb A_2 zwar recht gering, doch nicht gleich Null ist und mit steigender Temperatur

a) zwischen A_2 und A_3 rascher,

b) oberhalb A_3 langsamer sinkt, um bei 1280° C plötzlich wieder anzusteigen und oberhalb dieser Temperatur wieder zu sinken.

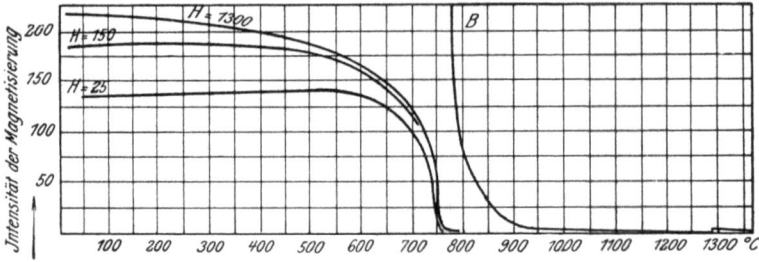

Abb. 4. Magnetisierungsintensität von weichem Flußeisen in Abhängigkeit von der Temperatur für verschiedene Feldstärken (Curie.)

Es sei jedoch gleich zu 3b erwähnt, daß Weiß und Foëx(1) das Wiederansteigen der Magnetisierungsintensität bei rd. 1400°, also in hinreichender Übereinstimmung mit den Ergebnissen der thermischen Untersuchungen bei A_4 fanden.

Die vorstehend geschilderten Verhältnisse gelangen durch die Abb. 4 nach Curie besser zum Ausdruck. Zur Verdeutlichung des Kurvenverlaufs oberhalb A_2 ist im rechten Teile der Figur die Fortsetzung der Kurve für die Feldstärke = 1000 cgs-Einheiten in dem Kurvenstück B in 100facher Vergrößerung des Maßstabes wiedergegeben. Aus der Abbildung geht der unter 1 erwähnte Einfluß der Feldstärke auf den Verlauf der magnetischen Umwandlung hervor. Durch geeignete Wahl der Versuchsbedingungen gelang es Rümelin und Maire(1) bei $Ar_2 = Ac_2 = 768°$ ein scharf ausgeprägtes rechtwinkliges Umbiegen der Kurve zu finden.

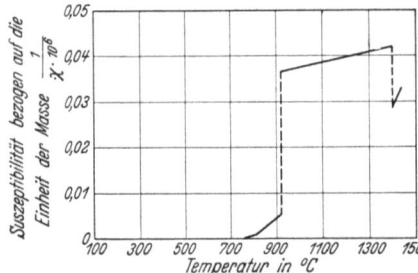

Abb. 5. Suszeptibilität von reinem Eisen, bezogen auf die Einheit der Masse in Abhängigkeit von der Temperatur [Weiß und Foëx(1)].

Dagegen fanden auch diese Forscher, daß oberhalb Ac_2 der Magnetismus nicht plötzlich, sondern allmählich verschwindet. Die Untersuchungen von Weiß und Foëx(1) zeigten ferner, daß erst bei Ac_3 diskontinuierlich fast völliges Verschwinden des Magnetismus (Paramagnetismus) eintritt. Dies gelangt zum Ausdruck in Abb. 5 nach Weiß und Foëx, in der zur besseren Verdeutlichung als Ordinate der reziproke Wert der magnetischen Suszeptibilität für die Masseneinheit (ein der Magnetisierungsintensität proportionaler Wert) eingetragen ist.

In Abb. 6 ist der Temperaturkoeffizient der elektrischen Leitfähigkeit in Abhängigkeit von der Temperatur oder die Änderung der elektrischen Leitfähigkeit pro Temperatureinheit in Abhängigkeit von der Temperatur für praktisch reines Eisen mit 99,83% Fe nach Untersuchungen von Burgeß und Kellberg(1) wiedergegeben. Die gestrichelte Kurve stellt die Erhitzungs-, die ausgezogene die Abkühlungskurve dar. Auch hier ist das Vorhandensein der beiden Unregelmäßigkeiten bei A_2 und A_3, der reversible Charakter der A_2-Umwandlung, die Hysteresis bei A_3 und endlich der verschiedene Charakter der beiden Umwandlungen unverkennbar. Die Veränderung der elektromotorischen Kraft eines Thermoelementes Platin-Eisen (thermoelektrische Kraft) in Abhängigkeit von der Temperatur ist nach Untersuchungen von Burgeß und Scott(2, 3, 4) und von Goetz(1) in Abb. 7 dargestellt.

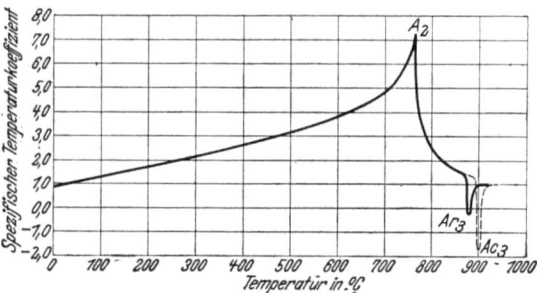

Abb. 6. Änderung des elektrischen Leitwiderstandes von reinem Eisen in Abhängigkeit von der Temperatur [Burgeß und Kellberg(1)].
—— Abkühlung, — — — Erhitzung.

A_2 ist durch eine Richtungsänderung, A_3 und A_4 durch eine scharf ausgeprägte Diskontinuität gekennzeichnet.

Mit Hilfe eines außerordentlich empfindlichen Differentialverfahrens untersuchte Benedicks(1) die Änderung des Ausdehnungskoeffizienten von sehr reinem Eisen mit 99,967% Fe. Seine Ergebnisse sind in Abb. 8 dargestellt. Die bereits früher von Charpy und Grenet(1) und von anderen, sowie später von Driesen(1, 2) bei A_3 gefundene starke, diskontinuierliche und mit Hysteresis verknüpfte Zusammenziehung bei der Erhitzung bzw. Ausdehnung bei der Abkühlung erhellt deutlich aus

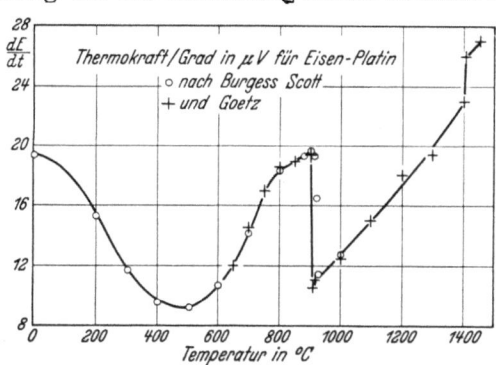

Abb. 7. Thermokraft/Grad für Eisen-Platin [Burgeß und Scott(2, 3, 4); Goetz(1)].

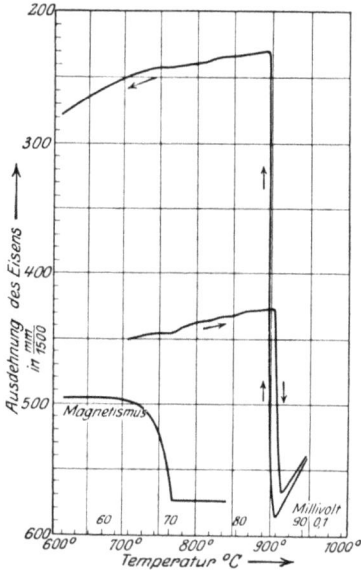

Abb. 8. Längenänderung von reinem Eisen in Abhängigkeit von der Temperatur [Benedicks(1)].

Abb. 8. Nicht so klar sind bezüglich A_2 die Ergebnisse der einzelnen Forscher. Das von Driesen bei 755° auf der Kurve des wahren Ausdehnungskoeffizienten gefundene Maximum steht nach Maurer(1) in keinem Zusammenhang mit A_2. Dagegen erscheint auf der Benedicksschen Kurve und im übrigen auch auf einer von Dejean(1) nach einem anderen, sehr empfindlichen

Verfahren ermittelten Kurve im Zusammenhang mit A_2 (vgl. auch die Kurve des Magnetismus im unteren Teil von Abb. 8) eine Unregelmäßigkeit von anderem Charakter und anderer Größenordnung als die bei A_3 beobachtete. Sie ist reversibel, sie ist ferner, wie A_3, positiv bei der Abkühlung und negativ bei der Erhitzung und beträgt etwa $2{,}2 \cdot 10^{-6}\%$ gegen etwa $0{,}26\%$ bei A_3, und es fehlt ihr im Gegensatz zu A_3 die Diskontinuität. Satô(1) gelang es durch einen Kunstgriff mit einem Spezial-Differential-Dilatometer Ausdehnungskurven bis über den A_4-Punkt hinaus aufzunehmen. Er fand, daß der Umschlag der γ-Modifikation in die δ-Modifikation wieder mit einer positiven Längenänderung verbunden ist. Die in Abb. 9 wiedergegebene Kurve von praktisch reinem Eisen (C = 0,006; Si = 0,0; Mn = Sp.; S = 0,006; P = 0,0; Cu = Sp.) gibt einen guten Überblick über das dilatometrische Verhalten des Eisens in den kritischen Gebieten des $\alpha \to \beta$-, $\beta \to \gamma$- und $\gamma \to \delta$-Umschlags. Man erkennt, daß die $\alpha \to \beta$-Umwandlung einen wesentlich anderen Charakter haben muß als die $\beta \to \gamma$-, bzw. $\gamma \to \delta$-Umwandlung, und es wird die Auffassung bestärkt, daß

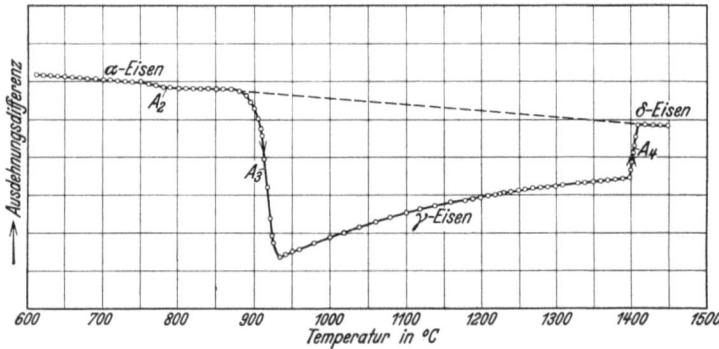

Abb. 9. Differential-Ausdehnungskurve von reinem Eisen. $\alpha \to \beta$-, $\beta \to \gamma$-, $\gamma \to \delta$-Umwandlung [Satô(1)].

die γ-Modifikation lediglich die zwei grundsätzlich gleichen Modifikationen α und δ unterbricht. Satô fand bei dem oben angegebenen reinen Eisen die Längenänderung bei A_3 zu $0{,}282\%$ und bei A_4 eine solche von $0{,}085\%$.

Ein Überblick über das vorhandene Versuchsmaterial lehrt zunächst, daß die auf der Abkühlungs- bzw. Erhitzungskurve durch A_3 gekennzeichnete Umwandlung einer plötzlichen Veränderung aller bisher untersuchten Eigenschaften entspricht und die Annahme einer bei A_3 stattfindenden Modifikationsänderung daher berechtigt ist. Soweit Ergebnisse vorliegen, ist das gleiche für A_4 der Fall. Bezüglich A_2 dagegen scheint die Deutung der Resultate recht schwierig zu sein. Die meisten Eigenschaften weisen zwar in der Nähe von A_2 Anomalien auf, deren Charakter jedoch von dem der bei A_3 beobachteten im allgemeinen abweicht. Die ältere Osmondsche Ansicht, nach der auch A_2 eine bei konstanter Temperatur erfolgende Modifikationsänderung darstelle, hat sehr stark an Boden verloren, und die Tatsache, daß sich die Änderung der Eigenschaften in der Nähe von A_2 auf ein größeres Temperaturintervall zu erstrecken scheint, hat zu neuen Deutungen dieses Vorganges Veranlassung gegeben. An sich wäre die Frage nach der Natur des β-Eisens von keiner allzu großen Bedeutung, wenn sie nicht bei der Erklärung der Vorgänge bei der technisch so wichtigen Härtung zeitweise im Mittelpunkt des Interesses gestanden hätte. Aber, wie Maurer(1) mit

Recht betont, brauchte man mit der Mitwirkung des β-Eisens von vornherein nicht zu rechnen, wenn die allotrope Natur des β-Eisens nicht in Frage käme. Um diese dreht sich daher ein großer Teil der Diskussionen in der einschlägigen Literatur.

Weit verbreitet ist die von Weiß(*1, 2, 3, 4*) entwickelte Anschauung über das Wesen der A_2-Umwandlung. Er definiert ein mit dem α-Bereich zusammenfallendes Gebiet des spontanen Ferromagnetismus, der deshalb als spontan bezeichnet wird, weil er vor Einwirkung eines äußeren Feldes (Magnetisierung) allen ferromagnetischen Metallen eigen, aber ungeordnet ist und erst durch die genannte Einwirkung geordnet und der Beobachtung zugänglich wird. Mit steigender Temperatur setzt die thermische Agitation der Moleküle dem Ordnen oder Ausrichten einen immer größer werdenden Widerstand entgegen, bis bei A_2 das Eisen in ein Gebiet gelangt, in dem durch Einwirkung des äußeren Feldes nur eine schwache, erzwungene Magnetisierung hervorgebracht werden kann. Dieses Gebiet wäre also identisch mit dem Existenzgebiet des β-Eisens, man könnte es bezeichnen als das Gebiet des erzwungenen Ferromagnetismus. Bei A_3 endlich fände die Umwandlung des ferromagnetischen in das para-(schwach-)magnetische Eisen statt, so daß der γ-Bereich mit dem Gebiete des Paramagnetismus zusammenfallen würde. Der Charakter der magnetischen Umwandlung der beiden übrigen ferro-(stark-)magnetischen Metalle Nickel und Kobalt ist nach den Untersuchungen von Weiß der gleiche wie der des Eisens. Die allmähliche Änderung der spezifischen Wärme in der Gegend von A_2, die auch Weiß und Beck(*5*) fanden, ist nach Weiß eine Folge der magnetischen Änderung und in gleicher Weise beim Nickel und beim Magnetit vorhanden. Weiterhin entspricht die zur Entmagnetisierung aufzuwendende Wärmemenge bei Nickel und Magnetit quantitativ der beim Eisen erforderlichen Energie. Nach der Theorie des Magnetismus von Langevin läßt sich der Verlauf der Entmagnetisierung bei A_2 berechnen. Die berechneten Werte stimmen bei Eisen und Nickel qualitativ, bei Magnetit quantitativ mit den gefundenen überein. Maurer(*1*) macht nun darauf aufmerksam, daß die Änderung des elektrischen Widerstandes ebenfalls eine Folge der magnetischen Umwandlung sein könne, und verweist hierfür auf Versuche von Benedicks(*2*) an Wismut. Dagegen wäre die Längenänderung bei A_2 nicht zu erklären. Die Benedickssche Erklärung durch die sogenannte Magnetostriktion (Längung des Eisens in einem Magnetfeld) ist nach Maurer nicht zulässig, da beim Nickel dann ähnliche Verhältnisse vorliegen müßten, was aber nicht zutrifft. Trotz dieses Widerspruchs neigt aber die Ansicht der meisten Forscher dahin, daß die A_2-Umwandlung keine wahre allotrope Umwandlung ist.

Verschiedentlich ist versucht worden, die A_2-Umwandlung auf Grund atomistischer Anschauungen zu erklären. Schon Weiß war auf rechnerischem Wege zu der Annahme gelangt, daß das γ-Eisen die Formel Fe_2, α- und β-Eisen dagegen die Formel Fe_3 besitzen, wobei das β-Eisen sich nur durch die größere thermische Agitation der Moleküle vom α-Eisen unterscheiden würde. Besonders gefördert wurden atomistische Betrachtungen durch die neue Theorie der Allotropie von Smits und Bokhorst(*1*). Nach dieser Theorie wäre eine Phase im bisherigen Sinne ein Pseudosystem von mindestens zwei Molekülarten, die sich im innerlichen Gleichgewicht befinden müßten. Maurer(*1*) bespricht eingehend das Für und Wider der Deutungsversuche auf atomistischer Grundlage und gelangt zu dem

16   Die Konstitution des Eisens in Abhängigkeit von der chemischen Zusammensetzung.

Schluß, daß man nur dann den Tatsachen gerecht wird, wenn man einen Zerfall der α-Moleküle in γ-Moleküle unterhalb A_3 annimmt und bei A_3 einen plötzlichen Zerfall in Übereinstimmung mit dem Verhalten der Eigenschaften. Gegen das Auftreten von γ-Molekülen unterhalb A_3 können Gründe nicht vorgebracht werden, eher dafür. Gegen einen Zusammenhang ihres Auftretens mit A_2 spricht insbesondere das Verhalten von A_2 in silizium-, in chrom- und in vanadiumhaltigen Legierungen, auf das in den betreffenden Kapiteln näher eingegangen wird. In diesen Legierungen zeigt sich die völlige Unabhängigkeit von A_2 und A_3.

Eine große Zahl der bisher untersuchten Eigenschaften des Eisens weist bei 250—500° Störungen im Verlauf der Temperatur-Eigenschafts-Kurven auf. So zeigt beispielsweise Abb. 7 bei 500° ein deutlich ausgeprägtes Minimum der thermoelektrischen Kraft. Ob hieraus auf das Auftreten einer weiteren Umwandlung im reinen Eisen geschlossen werden muß, müssen weitere eingehendere Untersuchungen lehren. Schon Osmond und Cartaud weisen darauf hin, daß das Raumgitter der drei Modifikationen Verschiedenheiten aufweisen könne, und zwar vermuten sie für α-Eisen einfach-, für β-Eisen raum- und für γ-Eisen flächenzentriertes kubisches Gitter. Die moderne Röntgentechnik erlaubt eine Nachprüfung dieser Vermutung. Genau wie Lichtstrahlen zeigen auch Röntgenstrahlen Interferenzerscheinungen beim Durchgang durch ein Gitter. Dabei ist es nicht nötig, Einzelkristalle anzustrahlen [Verfahren von Laue(1) bzw. Bragg(1)], vielmehr genügt nach dem Verfahren von Debye-Scherrer(1, 2) ein Haufwerk kleiner Kristalle, z. B. ein Metallstück, am besten in zylindrischer Form, etwa als Draht. Die einfallenden monochromatischen Röntgenstrahlen kommen zur Reflexion und verstärken sich gegenseitig an solchen Atomebenen, die in einer bestimmten von Bragg[1] festgelegten Winkelbeziehung zum einfallenden Strahl stehen. Aus den auf einem Film sichtbar gemachten Interferenzlinien läßt sich die Art des Kristallgitters und der Atomabstand oder Gitterparameter berechnen. Westgren und Lindh(1) sowie Westgren und Phragmén(2) haben dieses neue Verfahren auf Eisen angewandt und dabei folgendes gefunden:

Temperatur	Modifikation	Gitter		Parameter
16°	α	raumzentriert,	kubisch	2,87
800°	β	raumzentriert	,,	2,90
1100—1425°	γ	flächenzentriert	,,	3,63—3,68
1425°	δ	raumzentriert	,,	2,93

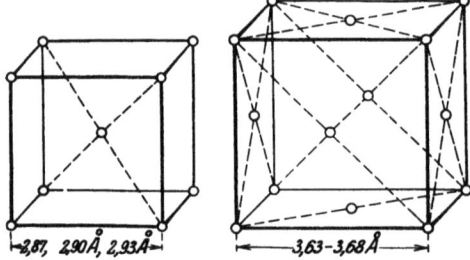

Abb. 10. Anordnung der Atome in raum- bzw. flächenzentrierten Würfeln [Westgren und Phragmén(2)].

Den raum- bzw. flächenzentrierten Würfel zeigt Abb. 10, Abb. 11 einige Originalfilme von Westgren und Phragmén.

Das Versuchsmaterial war im Vakuum umgeschmolzenes Elektrolyteisen mit 99,98% Eisen. Auf diesem einwandfreien Wege ist demnach der Nachweis erbracht, daß α-Eisen und β-Eisen dasselbe Gitter besitzen. Über

---

[1] Braggsche Beziehung $n \cdot \lambda = 2 d \cdot \sin \vartheta$, worin λ = Wellenlänge, n = Ordnungszahl, ϑ = Glanzwinkel und d = Netzebenenabstand.

die Veränderung des Gitterparameters mit der Temperatur bei reinem Eisen liegen neuere Untersuchungen von Bach(1), Schmidt(1), und Esser und Müller(2) vor. In Abb. 12 sind die Ergebnisse dieser Untersuchungen wiedergegeben. Esser und Müller führten ihre Untersuchungen an drei Eisensorten verschiedenen Reinheitsgrades durch, wobei sich die bemerkenswerte Feststellung ergab, daß der Gitterparameter in geringem Maße durch die Menge der vorhandenen Verunreinigungen beeinflußt wird.

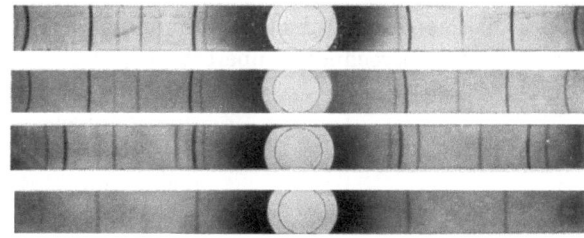

Abb. 11. Debye-Scherrer-Aufnahmen des α-, β-, γ- und δ-Eisens [Westgren und Phragmén(2)].

Gleichzeitig beobachteten sie bei zwei Eisensorten im Gebiete der magnetischen Umwandlung eine Richtungsänderung.

Definiert man, wie dies meist der Fall sein dürfte, Allotropie als Polymorphie, was bedeuten würde, daß zwei Modifikationen einer Substanz verschiedene Kristallstruktur haben, so würde das β-Eisen als selbständige Modifikation nicht

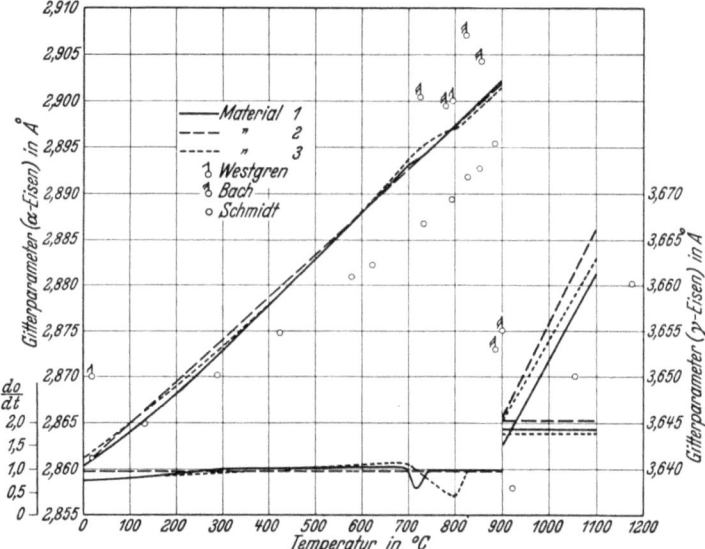

Abb. 12. Abhängigkeit des Gitterparameters von der Temperatur für verschiedene Sorten „reinen" Eisens [Esser und Müller(2)].

bestehen, sondern mit dem α-Eisen identisch sein. Gemäß dieser Feststellung würden auch die bei A_2 beobachteten Eigenschaftsänderungen keine Modifikationsänderungen bedeuten, und die wahrscheinlichste Annahme bliebe die, daß die A_2-Umwandlung denselben Charakter besitzt wie die entsprechenden des Nickels und des Kobalts, die sich auf rein magnetischer Grundlage vollziehen. Im folgenden werden unter Zugrundelegung dieser Annahme β- und α-Eisen als unmagnetisches bzw. magnetisches α-Eisen bezeichnet.

Die Linien des δ-Eisens treten wegen der experimentellen Schwierigkeiten bei den erforderlichen hohen Temperaturen nicht so klar hervor, wie die der anderen Modifikationen. Westgren und Phragmén schließen aus ihren Ergebnissen, daß das δ-Eisen denselben Kristallbau wie das α-Eisen besitzt. Auch die Zunahme des Parameters stimmt mit der mittels des Wärmeausdehnungskoeffizienten berechneten überein. Die bei A_3 erfolgende Umwandlung würde demgemäß wieder bei A_4 in umgekehrter Richtung erfolgen. In der Kurve der magnetischen Suszeptibilität, Abb. 5, wäre demgemäß der rechts von 1401° gelegene Teil die Fortsetzung des links von 906° gelegenen, und in der Tat lassen sich beide Kurventeile, wie dies Westgren und Phragmén vorschlagen, ungezwungen verbinden. Danach stand aber auch zu erwarten, daß der Übergang des dichter besetzten γ- in das weniger dicht besetzte δ-Gitter eine entsprechende Veränderung des Volumens bedingen würde, eine Folgerung, die durch die

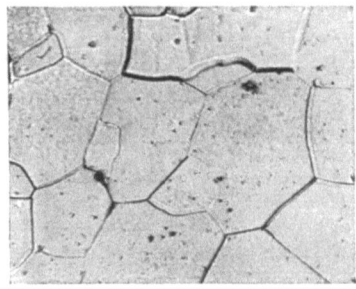

Abb. 13. Reines Eisen, Korngrenzenätzung. × 200.

dilatometrischen Messungen Satôs(1) ihre experimentelle Bestätigung gefunden hat.

Die in der Metallographie übliche mikroskopische Untersuchung an polierten Schnitten im schräg auffallenden Licht wird bei Zimmertemperatur, d. h. innerhalb des Stabilitätsbereiches von α-Eisen vorgenommen. Eine polierte und mit alkoholischer Salpetersäure geätzte Schliffebene einer Probe von reinem, langsam von der Herstellungs- auf Zimmertemperatur abgekühltem Eisen, das sich also im α-Zustand befindet, besitzt das durch die Abb. 13 gekennzeichnete Aussehen. Das α-Eisen trägt die metallographische Bezeichnung Ferrit. Der Gefügebestandteil Ferrit besteht aus unregelmäßigen Polygonen (Körnern), die durch das erwähnte Ätzmittel nicht gefärbt, aber ungleichmäßig angegriffen werden. Dies veranschaulicht schematisch der in Abb. 14 dargestellte Schnitt durch einige Körner. Denkt man sich das Licht in der Pfeilrichtung schräg einfallend, so erklären sich die dunklen Kornbegrenzungen durch die auftretenden Schattenwirkungen. Beim Angriff durch stärkere Ätzmittel (z. B. längere Einwirkung von alkoholischer Salpetersäure, besser noch 12%iger wäßriger Kupferammoniumchloridlösung oder 10%iger wäßriger Ammoniumpersulfatlösung) werden die Ferritkörner verschiedenartig gefärbt, wie dies Abb. 15 zeigt. Durch Tiefätzung läßt sich der Nachweis führen, daß jedes Ferritkorn aus gleichorientierten Kristallelementen aufgebaut und die Orientierung der Kristallelemente von Korn zu Korn verschieden ist. Die Verschiedenheit der Orientierung der Kristallelemente von Korn zu Korn bedingt verschiedene Angreifbarkeit durch das Ätzmittel und, bei sehr starker Ätzung, verschiedenes Reflexionsvermögen für das Licht (dislozierte Reflexion, Czochralski). In der Tiefätzung, Abb. 16, verläuft die Begrenzung zweier Körner durch die Mitte des Gesichtsfeldes. In dem einen

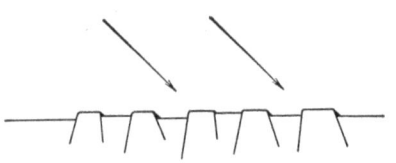

Abb. 14. Schematische Darstellung eines senkrechten Schnittes durch geätzte Ferritkörner.

Korn fällt offenbar die Schliffebene mit der Würfelfläche zusammen, in dem anderen dagegen ist letztere zur Schliffebene unter einem bestimmten Winkel orientiert.

Man kann sich die Entstehungsweise der Körner folgendermaßen vorstellen. Gemäß der schematischen Abb. 17 geht die Erstarrung von Kristallisationszentren[1] aus. Um die einzelnen Zentren ordnen sich die Massenteilchen in

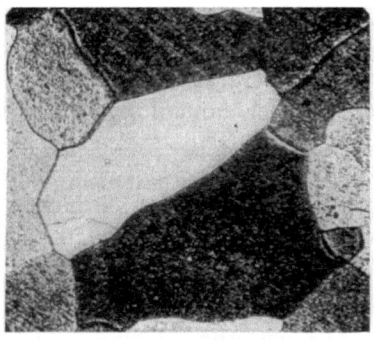

Abb. 15. Reines Eisen, Kornfärbungsätzung. × 200.

Abb. 16. Tiefgeätztes Eisen. × 200.

gleicher kristallographischer Orientierung, die Einzelkristalle wachsen, bis sie notwendigerweise zusammenstoßen und so die Kornbegrenzungen bilden. In Abb. 17 ist der Einfachheit halber vorausgesetzt, daß in den drei betrachteten Körnern die Schnittfläche parallel zur Würfelfläche liegt, was natürlich durchaus nicht der Fall zu sein braucht. Die Anzahl der Kristallisationszentren (KZ) und die Kristallisationsgeschwindigkeit (KG) sind maßgebend für die Größe der Ferrit-

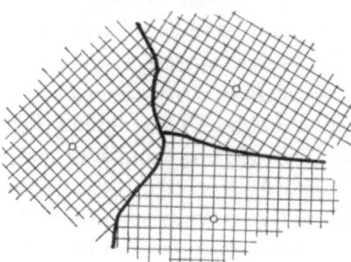

Abb. 17. Schematische Darstellung der Entstehung der Ferritkörner.

Abb. 18. Bei 1000° in Chlorkalzium heißgeätztes Elektrolyteisen. (γ-Eisen.)

körner oder die Korngröße (im Schnitt die Kornfläche) des Ferrits. Das Ferritkorn ist also ein Kristall, der durch die umliegenden Kristalle an der kristallographischen Ausbildung seiner freien Begrenzungsflächen gehindert wurde. Ist ein derartiges Hindernis nicht vorhanden, wie beispielsweise an der freien Oberfläche erstarrender Eisenmassen, so wachsen die Kristalle meistens in der charakteristischen Form, die ihnen die Bezeichnung Tannenbaumkristalle eingetragen hat (vgl. Abb. 363).

---

[1] Vgl. Abschnitt IV.

20 Die Konstitution des Eisens in Abhängigkeit von der chemischen Zusammensetzung.

Man sollte annehmen, daß die mikroskopische Beobachtung polierter Eisenflächen unter dem Mikroskop während der Erhitzung unter Luftabschluß mit gleichzeitiger Ätzung, ein von Oberhoffer (2) angewendetes Verfahren, über etwa vorhandene Unterschiede des Gefüges der Eisenmodifikationen Aufschluß geben müßte. Praktisch lieferte jedoch das Verfahren kein Ergebnis, weil eine bei hoher Temperatur unter Luftabschluß geätzte Metallfläche das bei der Ätztemperatur empfangene Aussehen während der Abkühlung beibehält.

Das durch den Heißätzversuch bei gewöhnlicher Temperatur erhaltene unmagnetische α-Eisen unterscheidet sich nicht vom magnetischen α-Eisen. Das γ-Eisen zeichnet sich dagegen durch Zwillingsstreifung innerhalb der Körner vor den anderen Modifikationen aus, wie Abb. 18, eine mit Chlorkalzium bei 1000° heißgeätzte Probe von reinstem Elektrolyteisen, veranschaulicht. In neuerer Zeit wurde von Esser und Cornelius (3) ein metallographisches Untersuchungsverfahren entwickelt, das gestattet, Gefügebeobachtungen bis zu 1100° im Vakuum vorzunehmen. Bei diesen Versuchen konnte auf eine Ätzung verzichtet werden, da sich das Gefüge bei der Erhitzung selbsttätig auf der Schliffoberfläche entwickelt. Zwischen magnetischem und unmagnetischem α-Eisen konnten auch bei den nach diesem Verfahren vorgenommenen Untersuchungen keine Unterschiede festgestellt werden. Die A_3-Umwandlung zeigte sich deutlich durch eine spontan auftretende Reliefstruktur, die wahrscheinlich durch die mit der Umwandlung verbundene Volumenänderung bedingt ist. In Abb. 19a—c ist das Gefüge bei drei verschiedenen Temperaturen wiedergegeben.

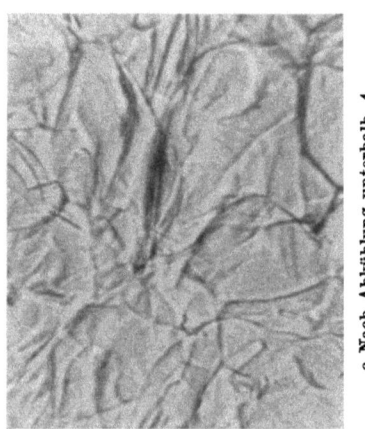
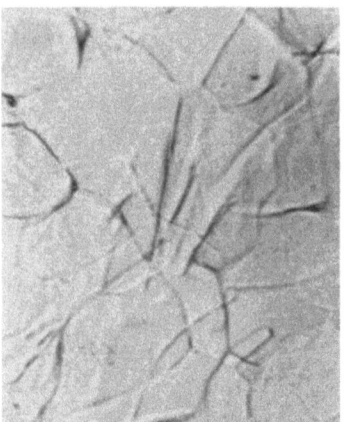
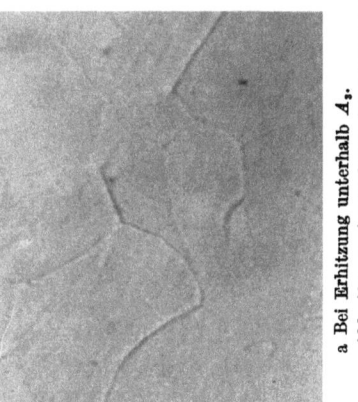

Abb. 19a—c. Auswirkung der α-γ-Umwandlung auf die Schliffläche von Karbonyleisen (ungeätzt, ×200) [Esser und Cornelius (3)].
a Bei Erhitzung unterhalb A_3.
b Bei Erhitzung oberhalb A_3.
c Nach Abkühlung unterhalb A_3.

B. Physikalische und technologische Eigenschaften.

Die technische Verwertung des reinen Eisens findet nur in geringem Umfange statt. Auf Grund der großen Weichheit und Zähigkeit sowie der vorzüglichen magnetischen Eigenschaften des reinsten bisher hergestellten Eisens wäre prinzipiell die Möglichkeit einer solchen Verwertung denkbar, allerdings nur dann, wenn es gelänge, die Herstellungskosten wesentlich zu vermindern und das reine Eisen in größeren Mengen darzustellen.

Von den reinsten bisher fabrikationsmäßig hergestellten Eisensorten sei hier das nach dem Fischerschen Verfahren von den Langbein-Pfanhauserwerken, Leipzig, (später Griesheim-Elektron) hergestellte Elektrolyteisen erwähnt, dessen Analyse[1] lautet:

% C	% Cu	% S	% P	% Si	% Mn
0,008	0,010	0,000	0,005	0,000	0,036

Außerdem enthält das ungeglühte Elektrolyteisen große Mengen Wasserstoff. Ein aussichtsreicheres Verfahren zur Herstellung großer Mengen reinen Eisens wurde von den I. G. Farbenwerken[2] entwickelt. Die Gewinnung vollzieht sich auf dem Sinterwege über Eisenkarbonyl. Der Reinheitsgrad des so gewonnenen Materials ist besonders hinsichtlich aller neben Sauerstoff und Kohlenstoff bei Elektrolyteisen auftretenden Verunreinigungen größer, allerdings stellten kürzlich H. Cornelius und H. Esser (1) im Sinterkarbonyleisen Stickstoffgehalte bis zu mehr als 0,02% fest.

Das im Vakuum umgeschmolzene Elektrolyteisen hat nach Yensen (1) folgende Festigkeitseigenschaften:

Streckgrenze . . . . 11 kg/mm^2
Festigkeit . . . . . 25 ,,
Dehnung . . . . . 60% auf 50,8 mm Meßl.
Kontraktion 85%

Die Brinellhärte des Elektrolyteisens dürfte 60 bis 70 Einheiten betragen. Es muß jedoch bemerkt werden, daß es sich hierbei nicht um die Naturhärte handelt, die bedeutend tiefer liegt, da bei der normalen Härteprüfung eine starke Kaltverfestigung eintritt. Außerdem ist die Härte der reinen Metalle in mehr oder weniger starkem Maße vom Reinheitsgrad abhängig.

Nach Gumlich (1) ergab ein doppelt raffiniertes Elektrolyteisen nach mehrmaligem Glühen folgende physikalische Werte:

Magnetischer Sättigungswert . . . . 21620 ($4\pi J\infty$)
Koerzitivkraft . . . . 0,13 Oersted
Anfangspermeabilität μ_0 . . . . > 800
Spezifischer elektrischer Widerstand . . . . 9,94 ($\mu \cdot \Omega$ cm^{-3})
Temperaturkoeffizient des elektrischen Widerstandes 0,57%
Spezifisches Gewicht . . . . 7,876 (g $\cdot$ cm^{-3})

In Tabelle 1 sind die magnetischen Eigenschaften verschiedener Eisensorten nach verschiedenen Forschern seit 1873 bis 1932 chronologisch geordnet. Die Tabelle zeigt, daß mit Steigerung des Reinheitsgrades eine erhebliche Verbesserung der magnetischen Eigenschaften eintritt. Der Reinheitsgrad scheint auch für die Wärmeleitfähigkeit des Eisens von wesentlicher Bedeutung zu sein. Diese wird entweder in cal $\cdot$ cm^{-1} $\cdot$ sek^{-1} $\cdot$ Grad^{-1} (λ) oder in Watt $\cdot$ sek^{-1} $\cdot$ Grad^{-1} (k) gemessen ($k = \lambda \cdot 4{,}18$). Die reinsten Materialien benutzten offenbar Eucken und Dittrich (1) (vakuumgeschmolzenes Elektrolyteisen). Sie fanden eine Abhängigkeit sowohl von der Kornzahl als auch von der Temperatur. Obwohl ihre Werte vom Mittel der älteren Werte[3] ($\lambda = 0{,}17$) wesentlich verschieden sind, sind sie

---
[1] Vgl. Wüst, Dürrer u. Meuthen: Forsch.-Arb. Heft 204, sowie Messkin u. Kußmann: Die ferromagnetischen Legierungen, S. 302. Berlin: Julius Springer 1932.
[2] Über Herstellung und Eigenschaften vgl. Mittasch (1, 2), L. Schlecht, W. Schubardt und F. Dufschmidt (1, 2).
[3] Nähere Angaben und Literaturverzeichnis im Handbuch der anorganischen Chemie Bd. 4 Abt. 3 Teil 2 A Lfg. 1 (1931) S. 191.

Tabelle 1. Magnetische Eigenschaften verschiedener Eisensorten nach verschiedenen Forschern seit 1873 bis 1932*.

Material	Maximalpermeabilität μ_{max}	Permeabilität μ für $\mathfrak{H}$ =					Koerzitivkraft $\mathfrak{H}_c$ Oersted	Hystereseverlust Erg/cm³ pro Zyklus	Forscher	Jahr
		0	0,01	0,1	0,5	1,0				
Schweißeisen	2500	—	—	—	—	—	—	—	Rowland[2]	1873
Schweißeisen	2600	—	—	—	—	—	—	5000	Ewing[3]	1885
Schwedisches Holzkohleneisen	2600	—	—	—	1000	2000	0,92	2700	Hadfield[4]	1900
Schweißeisen	8350	—	—	—	—	—	0,50	1500	Gumlich und Schmidt[5]	1901
Elektrolyteisen nach d. Ausglühen	11000	—	—	—	—	—	—	—	Terry[6]	1910
Dynamostahl, zweimal geglüht[1]	14800	320	351	872	—	—	0,37	$\eta = 0{,}00054$	Gumlich und Rogowsky[7]	1911
Bleche mit 0,4% Silizium	11600	—	—	—	—	—	0,45	1400	Gumlich und Goerens[8]	1912
Fischersches Elektrolyteisen nach dem Ausglühen	11500	—	—	—	11200	9600	—	1440	Breslauer[9]	1913
In Vakuum geschmolzenes Elektrolyteisen	19000	—	—	—	18800	12500	0,22	810	Yensen[10]	1914
Fischersches Elektrolyteisen nach Glühen in Vakuum (24 Stdn. bei 800°) und langsamem Abkühlen	14400	—	—	—	—	—	0,375	—	Gumlich u. Steinhaus[11]	1915
In Vakuum geschmolzenes Elektrolyteisen	25800	—	—	—	23600	14000	0,20	660	Yensen[12]	1915
In Vakuum geschmolzenes Elektrolyteisen mit Zusatz von 0,15% Si	50000	—	—	—	27000	14500	0,09	290	Yensen[13]	1915
Armco-Eisen	7000	250	260	320	1000	4300	0,72	2100	Arnold und Elmen[14]	1920
In Vakuum geschmolzenes Elektrolyteisen	41500	—	—	1700	27000	14600	0,17	500	Yensen[15]	1920
In Vakuum geschmolzenes Elektrolyteisen	61000	1150	2600	46600	28600	15500	0,09	300	Yensen und Ziegler[16]	1928
In Wasserstoff bei 1480° geglühtes Armcoeisen	190000	6000	50000	110000	—	—	0,025	190	Cioffi[17]	1930

* Entnommen aus Messkin u. Kußmann: Die ferromagnetischen Legierungen, S. 308. Berlin: Julius Springer 1932.
[1] C = 0,044%; Si = 0,004%; Mn = 0,4%; P = 0,044%; S = 0,027%.
[2,3] Ewing: Magnetic Induction in Iron and other Metals, Kap. 4. — [4] Sci. Trans. Roy. Dublin Soc. Bd. 7 (2) (1900) S. 67.
[5] Elektrotechn. Z. Bd. 22 (1901) S. 891. — [6] Physic. Rev. Bd. 30 (1910) S. 133. — [7] Ann. Physik Bd. 34 (1911) Nr. 2 S. 254.
[8] Trans. Faraday Soc. Bd. 8 (1912) S. 98. — [9] Elektrotechn. Z. Bd. 34 (1913) S. 671—674, 705—707; Stahl u. Eisen Bd. 3 (1914) S. 113/114. — [10] Eng. Exper. Stat. Univers. of Illinois 1914 Nr. 72. — [11] J. Franklin Inst. Bd. 195 (1923) S. 62; vgl. Yensen: Met. a. Chem. Bd. 14 (1916) S. 585. — [12,13] Trans. Amer. Inst. electr. Engr. Bd. 34 (1915) S. 2601. — [14] Trans. Amer. Inst. electr. Engr. Bd. 36 (1915) S. 675—677, 691—694. — [15] Trans. Amer. Inst. electr. Engr. Bd. 43 (1924) S. 145. — [16] Vgl. Yensen: J. Franklin Inst. 1928 S. 503—510. — [17] Physic. Rev. Bd. 39 (1932) S. 363.

als zutreffender anzusprechen, da die ersten Zusätze fremder Elemente auch auf die Wärmeleitfähigkeit sehr viel stärker einzuwirken scheinen als die folgenden. Die folgende Zahlentafel, in der die Werte von Eucken und Dittrich für verschiedene Kornzahlen für die Temperaturen 0^0 und -190^0 angegeben sind, enthält auch den Temperaturkoeffizienten der Wärmeleitfähigkeit für dieses Temperaturintervall, ermittelt nach der Formel $\lambda = \lambda_0 (1 + \alpha t)$.

Mittlere Kornzahl	λ_0 cal/cm · sek · Grad	λ —190 cal/cm · sek · Grad	$\alpha \cdot 10^3$ (— 190—0^0)
10	0,223	0,439	— 5,1
170	0,215	0,437	— 5,4
634	0,2016	0,280	— 2,0

Eine bemerkenswerte Eigenschaft des reinen Eisens ist seine gute Schweißbarkeit, sowohl bei der Schmelzschweißung als auch bei der Preßschweißung. Über die Abhängigkeit der letztgenannten Schweißungsart von verschiedenen Faktoren (Korngröße, Oberflächenbeschaffenheit, Schweißdruck und Schweißtemperatur) wurden von H. Esser (4) eingehende Untersuchungen durchgeführt[1]. Abb. 20 gibt die Abhängigkeit der Festigkeit in der Schweißfläche[2] in kg·mm^{-2} von der Schweißtemperatur und dem Schweißdruck wieder. Interessant ist hierbei der Einfluß der A_3 (β/γ)-Umwandlung des Eisens. Unterhalb der Umwandlung besitzt das Eisen eine bessere Schweißfähigkeit als kurz oberhalb. Diese Erscheinung hängt wahrscheinlich mit dem Gitterumbau des Eisens [kubisch-raumzentriert (β) → kubisch-flächenzentriert (γ)] bzw. mit der hierdurch eintretenden Beeinflussung der Oberflächenkraftfelder zusammen.

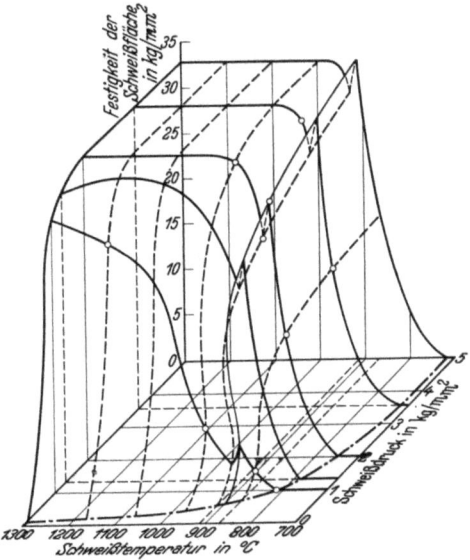

Abb. 20. Druck-Temperatur-Festigkeitskurven bei der Preßschweißung von reinem Eisen [H. Esser(4)].

3. Übersicht über die Systematik der binären Systeme des Eisens und der ternären Systeme auf der Eisenkohlenstoffbasis.

A. Die binären Grundschaubilder.

Es hat sich gezeigt, daß der Polymorphismus des Eisens durch das Zulegieren eines oder mehrerer fremder Elemente in charakteristischer Weise beeinflußt wird, und zwar wird durch den Legierungszusatz der Beständigkeitsbereich der

---

[1] s. a. Sauerwald (1).
[2] Durch einen besonderen Kunstgriff bei der Probenausbildung wurde bei der Prüfung in jedem Falle eine Trennung der geschweißten Probe in der Schweißfläche herbeigeführt.

kubisch-flächenzentrierten γ-Phase entweder erweitert oder verengert. Im ersten Falle wird die Temperatur der A_4-Umwandlung erhöht und die der A_3-Umwandlung erniedrigt; im zweiten Falle ist es umgekehrt. Nach F. Wever (1, 2) können danach zwei Hauptgruppen von Systemen unterschieden werden, die eine mit erweitertem γ-Gebiet und eine mit verengtem γ-Gebiet.

Da in Systemen mit beschränkter Löslichkeit für das Zusatzelement außer den Gleichgewichten zwischen den α- und γ-Mischkristallen noch Gleichgewichte dieser Phasen mit einer dritten Kristallart auftreten können, sind noch Abwandlungen der Hauptgruppen möglich, wodurch für jede Gruppe noch eine Untergruppe unterschieden werden kann.

Bei der Erweiterung des γ-Feldes trifft die ansteigende A_4-Umwandlung mit der Schmelzkurve zusammen und endet in der peritektischen Dreiphasenumsetzung α-Mischkristall + Schmelze $\rightleftarrows$ γ-Mischkristall, während die A_3-Umwandlung erniedrigt wird und unter Raumtemperatur sinkt. Dieser Typ des Zweistoffsystems mit einem bis zum reinen zulegierten Element und bis auf

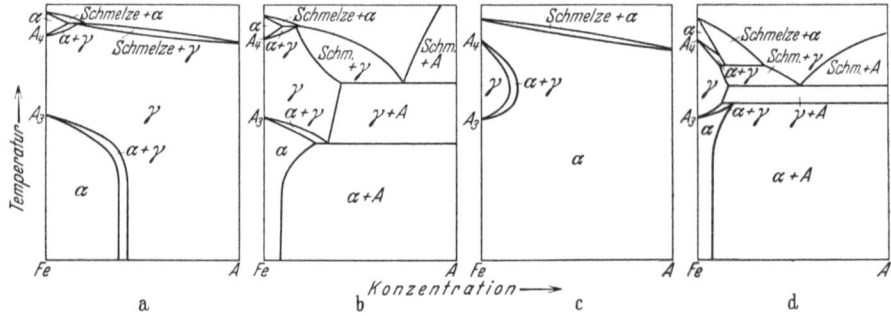

Abb. 21. Schemata der Zweistoffsysteme des Eisens mit erweitertem (a, b) und verengtem (c, d) γ-Feld [Köster und Tonn (1)].

Raumtemperatur hinabreichenden γ-Feld („offenem" γ-Feld) stellt Abb. 21a schematisch dar. Er wird verwirklicht in den Systemen des Eisens mit Mangan, Kobalt und Nickel.

Überwiegt beim Zusatzelement die Neigung, mit der α-Form des Eisens Mischkristalle zu bilden, so wird die A_4-Umwandlung erniedrigt und die A_3-Umwandlung erhöht. Ist die Reihe der gebildeten α-Mischkristalle genügend groß, so treffen beide Umwandlungen zusammen, und das Gebiet des γ-Mischkristalles wird durch ein sichelförmiges Zweiphasengebiet, in dem α-Mischkristalle neben γ-Mischkristallen beständig sind, gegen das α-Feld abgeschlossen. Dieser Typ mit „abgeschlossenem" γ-Feld ist in Abb. 21c wiedergegeben. Er wird durch Zusatz der Elemente Beryllium, Aluminium, Silizium, Phosphor, Titan, Vanadin, Chrom, Arsen, Molybdän, Zinn, Antimon, Tantal und Wolfram gebildet. Unter dieser Gruppe von Elementen befinden sich zwar ausnahmslos die mit der α-Form isomorphen, soweit überhaupt eine Löslichkeit solcher Elemente im Eisen bisher nachgewiesen werden konnte, außerdem aber auch eine Anzahl solcher Elemente, die anderen Kristallsystemen angehören und, was besonders bemerkenswert erscheint, sogar das mit der γ-Form isomorphe Aluminium.

Der Fall, daß die mit zunehmender Konzentration des Zusatzelementes absinkende A_3-Umwandlung auf eine Mischungslücke zwischen dem Eisen und dem

Zusatzelement oder einer intermediären Kristallart stößt, ist in Abb. 21b dargestellt. Die γ-Umwandlung endet dann in der hierdurch bedingten Dreiphasenumsetzung: γ-Mischkristall $\rightleftarrows$ α-Mischkristall + neue Kristallart. Die A_4-Umwandlung bleibt hierbei gegenüber der Grundform Abb. 21a unverändert. Unter diese Untergruppe fallen die Systeme des Eisens mit Kohlenstoff, Stickstoff, Zink, Kupfer und Gold, von welchen Elementen die beiden letzten wieder der γ-Form isomorph sind, die übrigen jedoch verschiedenen, dem Eisen nicht isomorphen Kristallarten angehören.

Den letzten Fall, in welchem das verengte γ-Feld bis an eine Mischungslücke zwischen dem Eisen und dem Zusatzelement oder einer neuen Kristallart heranreicht, gibt Abb. 21d wieder. Der Schmelzpunkt des α-Mischkristalls wird hier unter dem Einfluß des Legierungselementes so stark erniedrigt, daß schließlich der mit der Schmelze im Gleichgewicht befindliche α-Mischkristall gleichzeitig auch an der $\alpha \rightarrow \gamma$-Umwandlung teilnimmt. Die Gleichgewichtslinien des α-Mischkristalls mit dem γ-Mischkristall einerseits und des α-Mischkristalls mit der Schmelze andererseits treffen also zusammen, wodurch beide Umsetzungen gleichzeitig erfolgen bzw. zu einer Dreiphasenumsetzung α-Mischkristall $\rightleftarrows$ γ-Mischkristall + Schmelze führen. Von dieser Umsetzungshorizontalen ab wird das γ-Gebiet durch die Mischungslücke zwischen γ-Mischkristall und Schmelze begrenzt, die ihrerseits nach einer Dreiphasenumsetzung mit einer neu hinzugetretenen Kristallart des Zusatzelementes durch die Mischungslücke zwischen dieser und dem γ-Mischkristall abgelöst wird. An diese Mischungslücke stößt die ansteigende $\alpha \rightarrow \gamma$-Umwandlung, die demnach durch eine peritektoidische Umsetzung γ-Mischkristall + Kristallart des Zusatzelementes $\rightleftarrows$ α-Mischkristall abgeschlossen wird.

Diesem Typ sollen nach Wever die Systeme des Eisens mit Bor, Schwefel, Zirkon und Cer angehören, außerdem wird neuerdings hierzu auch noch das System Eisen-Sauerstoff gerechnet. Es ist beachtenswert, daß die Löslichkeit dieser Elemente im Eisen bis heute stark umstritten ist, die jedenfalls aber, wenn sie überhaupt vorhanden ist, nur sehr gering sein kann. Von diesen Elementen kristallisiert keins in einer dem Eisen isomorphen Kristallart.

Es hat nahegelegen, die Ursache für das Verhalten der Legierungselemente in Bezug auf die Erweiterung oder Verengung des γ-Gebietes in ihrem Kristallbau zu vermuten, indem die Erfahrung über das Verhalten isomorpher Salzkristalle, wonach die Zusätze die Stabilität der mit ihnen isomorphen Phase erhöhen, auch auf die metallischen Systeme übertragen wurde. Das Verhalten der mit einer der Eisenmodifikationen isomorphen Elemente scheint diese Auffassung zu rechtfertigen, da sie, soweit eine Löslichkeit im Eisen bisher nachgewiesen werden konnte, mit Ausnahme des Aluminiums, alle einem ihrer Kristallart entsprechenden Systemtypus angehören. Die Regellosigkeit der Verteilung derjenigen Elemente, die anderen als den Eisenmodifikationen isomorphen Kristallarten angehören, über die zwei bzw. vier Systemtypen läßt jedoch die Vermutung gerechtfertigt erscheinen, daß zumindest im Kristallbau nicht allein die Ursache für eine Erweiterung oder Verengung des γ-Feldes liegen kann. Die Tatsache, daß das Aluminium sich sogar direkt entgegen den aus seinem Kristallbau abzuleitenden Erwartungen verhält, zwingt dazu, die wahren Ursachen für das Verhalten der Elemente in Bezug auf die Stabilisierung der

26   Die Konstitution des Eisens in Abhängigkeit von der chemischen Zusammensetzung.

γ-Modifikation auch in anderen Eigenschaften als ihren kristallographischen zu suchen.

In Anlehnung an eine Arbeit von F. Osmond(2), in welcher die Einwirkung von Zusatzelementen auf die A_3-Umwandlung in Zusammenhang mit der relativen Größe ihres Atomvolumens [nach der Begriffsbestimmung von Lothar Meyer des Volumens eines Grammatoms] zu dem des Eisens gebracht wird, hat F. Wever (1, 2) versucht, das Atomvolumen als rein beschreibenden Beiwert durch eine andere enger mit dem Atombau verknüpfte Zustandsgröße zu ersetzen. Als solche wählte er die Atomradien nach W. L. Bragg(2), die begrifflich bestimmt sind als die aus den Abständen der Atomschwerpunkte in kristallisierten Elementen und Verbindungen ermittelten Halbmesser der kugelig gedachten Atomwirkungsbereiche. In Abb. 22 ist unter Berücksichtigung der Tatsache, daß in die Bestimmung dieser Atomradien Einflüsse des Ladungszustandes der Bausteine des Gitters [Goldschmidt(1)] eingehen und daß die Atomabstände im Gitter in geringem Maße von der Koordinationszahl, der Anzahl der Nachbaratome im Raumgitter [Goldschmidt(2)] abhängen, der Verlauf der Atomradien neutraler Atome für die Koordinationszahl 12 des kubisch-flächen-

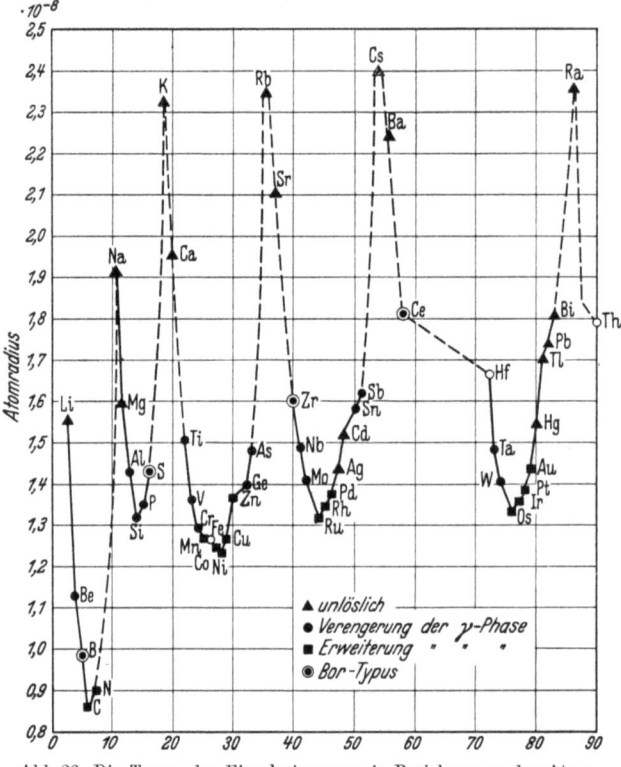

Abb. 22. Die Typen der Eisenlegierungen in Beziehung zu den Atomradien [Wever (1, 2)].

zentrierten Gitters in Abhängigkeit von der Ordnungszahl wiedergegeben. Die Elemente sind in dieser Abbildung nach ihrer Eigenschaft, das γ-Feld zu erweitern oder zu verengen, verschieden kenntlich gemacht. Während die Osmondsche Beziehung unter Anwendung der Werte des Atomvolumens der bekannten Elemente auch heute noch mit alleiniger Ausnahme der Elemente mit sehr kleinem Atomvolumen Gültigkeit besitzt, trifft sie in ihrer ursprünglichen Form für die Atomradien nicht mehr zu. Sie bleibt jedoch, wie Abb. 22 erkennen läßt, immer noch in der abgewandelten Form einer periodischen Beziehung zwischen relativer Atomgröße und Verhalten bestehen. Es muß höchste Bewunderung erregen, wie weit Osmond mit diesen Betrachtungen dem Anschauungskreis seiner Zeit vorausgeeilt ist.

Die Ausnahmestellung der Atome mit geringem Atomvolumen regte Wever (1, 2)

Übersicht über die Systematik der binären Systeme des Eisens. 27

zu einer Überprüfung der Systeme des Eisens mit diesen Elementen an, und gestützt auf die Ergebnisse dieser Untersuchungen kommt er zu der Schlußfolgerung, daß nicht so sehr die absolute Größe des Atoms selbst als vielmehr die Stellung im periodischen System für die Zugehörigkeit eines Elementes zu einer der vier Gruppen von Gleichgewichtssystemen des Eisens maßgebend ist.

Mit Bezug auf die Atomreihe Kohlenstoff, Bor, Beryllium führt er aus, daß in Parallele zu der vom Kohlenstoff zum Beryllium stattfindenden stetigen Zunahme des Atomradius sich in den entsprechenden Zustandsdiagrammen ein allmählicher Übergang vom erweiterten γ-Feld (Fe—C) über das verengte γ-Feld (Fe—B) zum geschlossenen γ-Feld (Fe—Be) vollziehe. (Es sei hier darauf hingewiesen, daß vielfach die Anwendung des Hauptbegriffes des erweiterten und verengten γ-Feldes auf die Systeme mit begrenzter Löslichkeit [Abb. 21b und 21d] beschränkt wird. Für die Systeme mit unbeschränkter Löslichkeit [Abb. 21a und 21c] werden dann die Sonderbezeichnungen — mit offenem und

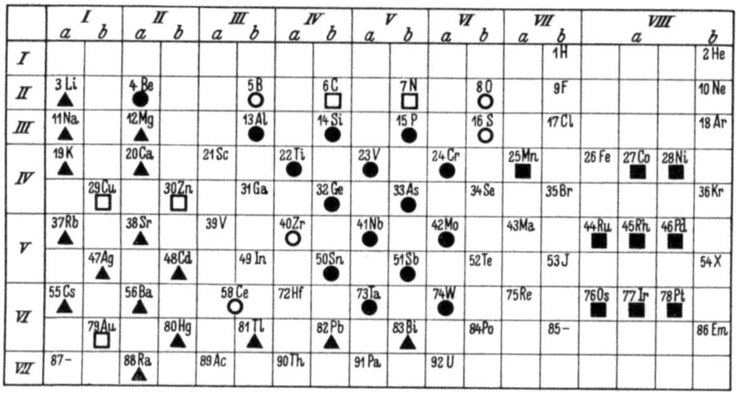

Abb. 23. Die Typen der Eisenlegierungen im periodischen System der Elemente [Wever(1, 2)].

geschlossenem γ-Feld — eingeführt. Ferner sei angemerkt, daß nicht unbedingt ein erweitertes γ-Feld eine absteigende und ein verengtes γ-Feld eine ansteigende A_3-Umwandlung aufzuweisen braucht. Siehe die Systeme Fe—Co und Fe—Cr.)

Wenn an diesem Beispiel die Systematik gekennzeichnet sein soll, nach der innerhalb einer Periode mit zunehmendem Atomradius der Systemtyp sich in der Reihenfolge — erweitertes → verengtes → geschlossenes γ-Feld — abwandelt, so liegt allerdings ein Widerspruch in der Stellung derjenigen Elemente vor, die mit Eisen den gleichen Diagrammtyp wie Bor bilden sollen, nämlich Sauerstoff, Schwefel, Zirkon und Cer. Diese Elemente besitzen in ihrer Periode jeweils den größeren Atomradius gegenüber den Elementen mit geschlossenem γ-Feld, in deren Reihe sie jeweils das Endglied bilden. In Übereinstimmung mit ihrer praktischen Unlöslichkeit schließen sie sich auf der anderen Seite jeweils Elementen an, deren Unlöslichkeit bisher nicht in Frage gestellt ist.

In Abb. 23 hat Wever zur Verdeutlichung seiner Vorstellungen die bisher untersuchten Elemente (es ist noch Sauerstoff hinzugefügt worden) in einem Schema des periodischen Systems nach Art ihrer Einwirkung auf das Eisen kenntlich gemacht. Eine gewisse Ordnung im Sinne einer Beziehung zwischen

Verhalten und Stellung im periodischen System ist danach zwar unverkennbar. Allerdings nehmen auch unter dieser Betrachtungsweise einige Elemente eine Ausnahmestellung ein, wie z. B. Silber, Kadmium und Quecksilber. Die Unlöslichkeit der beiden ersteren ist schwer zu deuten. Es wird demnach weiteren Untersuchungen vorbehalten sein müssen, die endgültige Aufklärung der Zusammenhänge zu bringen.

B. Die ternären Grundmodelle.

In Anlehnung an die von Wever gegebene Systematik der Zweistoffsysteme des Eisens haben es W. Köster und W. Tonn (1) unternommen, auch für die Dreistoffsysteme des Eisens eine Übersicht über die vorkommenden bzw. möglichen Typen zu geben. Sie entwickeln drei ternäre Grundmodelle durch wechselweise Zusammenstellung der beiden in Abb. 21a und 21c dargestellten Grundschaubilder der Zweistoffsysteme. Durch die Zuordnung zweier Systeme mit „offenem" γ-Feld entsteht danach das erste (Abb. 24), durch die zweier Systeme mit „geschlossenem" γ-Feld das zweite Grundmodell (Abb. 25) und durch Koppelung eines Systems mit „offenem" γ-Feld mit einem solchen mit „geschlossenem" γ-Feld das dritte Grundmodell in Abb. 26 und 27. Köster und Tonn haben, um die Modelle besonders anschaulich zu machen, den für alle Dreistoffsysteme des Eisens besonders charakteristischen Zweiphasenraum, in dem α-Mischkristalle neben γ-Mischkristallen bestehen und welcher die einphasigen α- und γ-Räume voneinander scheidet, als Vollkörper dargestellt. Die räumliche Gestaltung der beiden ersten

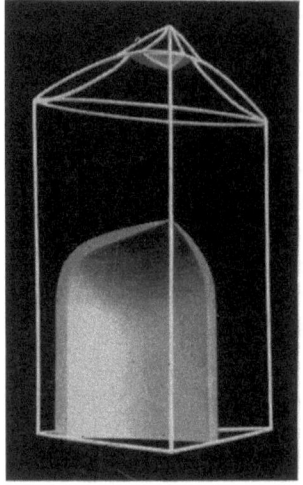

Abb. 24. Erstes ternäres Grundmodell [Köster und Tonn (1)].

Abb. 25. Zweites ternäres Grundmodell [Köster und Tonn (1)].

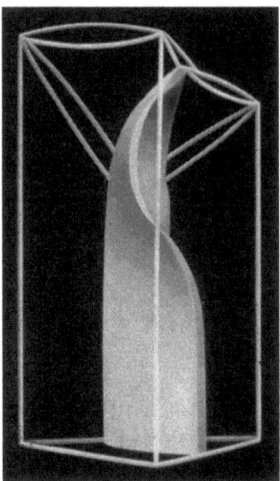

Abb. 26. Drittes ternäres Grundmodell. Ansicht 1 [Köster und Tonn (1)].

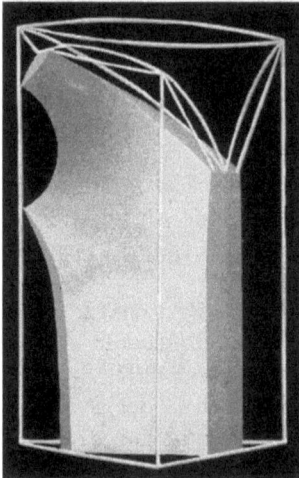

Abb. 27. Drittes ternäres Grundmodell. Ansicht 2 [Köster und Tonn (1)].

Grundmodelle ist sehr einfach. Zur Unterstützung der Vorstellung des schon komplizierteren dritten Grundmodells sind in Abb. 28 noch senkrechte Schnitte durch dieses Modell, und zwar jeweils parallel zu den beiden Randsystemen mit Eisen schematisch dargestellt.

Die charakteristische Raumform, die das eine sichelförmige $(\alpha + \gamma)$-Feld in dem Randsystem mit geschlossenem γ-Feld mit den zwei auf- und absteigenden $(\alpha + \gamma)$-Feldern in dem anderen Randsystem mit offenem γ-Feld verbindet, wurde zuerst von E. Scheil(1) am System Eisen-Kohlenstoff-Silizium grundsätzlich abgeleitet und von R. Vogel(1) am System Eisen-Kohlenstoff-Phosphor versuchsmäßig festgelegt. Beide Systeme stellen aber durch die auftretenden Mischungslücken mit dritten Kristallarten kompliziertere Abwandlungen des dritten Grundmodells dar, welches durch das von F. Wever und W. Jellinghaus(3) ausgearbeitete System Eisen-Chrom-Nickel verwirklicht wird.

Der charakteristische Zweiphasenraum $(\alpha + \gamma)$ ist wie folgt zu beschreiben. Die Begrenzungsfläche gegen den Einphasen-γ-Raum spurt im binären Randsystem mit erweitertem γ-Feld in der Löslichkeitsgrenze des γ-Eisens für das

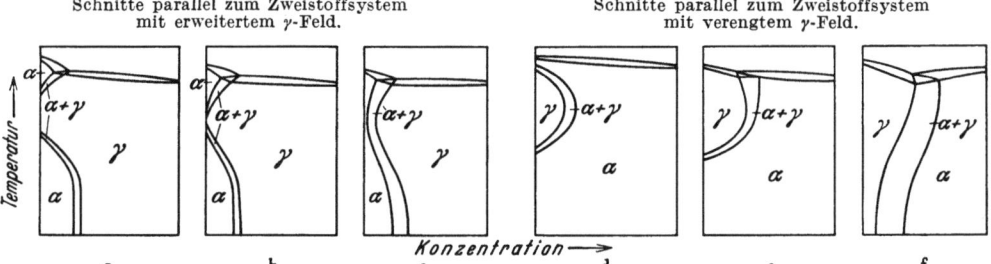

Abb. 28. Schematische Schnitte senkrecht zur Konzentrationsebene durch das dritte ternäre Grundschaubild parallel zu den Randsystemen mit Eisen [Köster und Tonn(1)].

α-Eisen, oder was hier gleichbedeutend ist, der Kurve der $\gamma \to \alpha$-Umwandlung, ausgehend vom Schnittpunkt dieser Kurve mit der Konzentrationsachse bei Raumtemperatur, hinführend zum A_3-Punkt des reinen Eisens. Von diesem Punkt geht die Spur über in das Randsystem mit geschlossenem γ-Feld, dort der Löslichkeitsgrenze des γ-Eisens folgend, die zum A_4-Punkt des reinen Eisens zurückführt, von hier wieder überwechselnd zum Randsystem mit offenem γ-Feld, in diesem der Löslichkeitsgrenze des γ-Eisens für $\alpha(\delta)$-Eisen folgend, die zum Schnittpunkt mit der peritektischen Umsetzungshorizontalen — $\gamma \rightleftarrows \alpha$ + Schmelze — führt. Von hier an wird die Spur identisch mit der Raumkurve, die die Zustandsänderung des an der genannten Dreiphasenumsetzung (die im ternären System univariant wird) beteiligten ternären γ-Mischkristalls darstellt. Das Charakteristische ist, daß diese peritektische Dreiphasenumsetzung mit zunehmender Verringerung der Eisenkonzentration in eine eutektische Dreiphasenumsetzung übergeht und als solche im eisenfreien Randsystem endet. Hier wird die Spur fortgesetzt durch die Löslichkeitsgrenze des Metalls mit der γ-Form für das mit der α-Form. Die isotherme Verbindung dieser Löslichkeitslinie bei Raumtemperatur schließt die Umgrenzung der genannten Fläche.

Die Begrenzungsfläche gegen den α-Raum ist ganz analog zu beschreiben; nur treten als Spuren in den Randsystemen die Löslichkeitsgrenzlinien des α-Eisens auf und im ternären Raum die Kurve der Zustandsänderung des an der Dreiphasenumsetzung beteiligten ternären α-Mischkristalls. Außer den selbstverständlichen Begrenzungsflächen des heterogenen $\alpha + \gamma$-Raumes durch die entsprechenden Mischungslücken in den Randsystemen tritt dann noch eine Begrenzungsfläche gegen den heterogenen Dreiphasenraum auf, in dem sich die bereits beschriebene Dreiphasenumsetzung zwischen α-Mischkristall, γ-Mischkristall und Schmelze vollzieht. Diese Fläche stellt eine sog. Regelfläche dar. Eine solche Fläche entsteht durch Abwärtsgleiten einer horizontalen Geraden (Konoden) längs zweier die Zustandsänderung der an der Dreiphasenumsetzung beteiligten Phasen darstellenden Raumkurven, oder mit anderen Worten durch die geradlinige Verbindung sämtlicher Punkte der einen Raumkurve mit den jeweils auf gleicher Höhe (Temperatur) liegenden Punkten der anderen Raumkurve. Die Verbindungsstrecken solcher Punktepaare sind wieder Konoden. Diese Flächen zeichnen sich also gegenüber den Löslichkeitsflächen (Flächen, die die Grenzzustände der Phasen charakterisieren) durch einen geringen Krümmungsgrad aus, insofern jeder Punkt dieser Regelflächen einer Punktreihe zugeordnet werden kann, die als horizontale Gerade in der Fläche liegt.

Die Verbindung der auf einer Höhe liegenden Punkte aller drei Raumkurven bildet dann ein Konodendreieck, in dem die Eckpunkte die Zustände der drei miteinander im Gleichgewicht stehenden Phasen darstellen. Demnach sind Dreiphasenräume immer begrenzt durch drei Regelflächen (Konodenflächen), so dreikantige Röhren bildend, die beim Einmünden in die Randsysteme zu horizontalen Geraden degenerieren, entsprechend dem nonvarianten Charakter, den die Dreiphasenumsetzungen im Zweistoffsystem annehmen. Die drei ausgezeichneten Punkte dieser Horizontalen entsprechen den Eckpunkten der Konodendreiecke.

Entsprechend dem **univarianten** Charakter der Dreiphasenumsetzungen im Dreistoffsystem sind die Zustände der beteiligten Phasen durch mehr oder weniger gekrümmte **Linien** (Zustandslinien) gekennzeichnet. Die Zustände der an einem **Zweiphasengleichgewicht** teilnehmenden Phasen sind auf Grund des bivarianten Charakters dieser Umsetzung durch uneingeschränkt gekrümmte **Flächen** (Zustandsflächen) dargestellt (im Gegensatz zu den Regelflächen, die keine möglichen Zustände von Phasen wiedergeben), und die **Zustandsräume** entsprechen dann in ihrem dreidimensionalen Charakter dem trivarianten Zustand der in ihnen allein bestehenden homogenen Phase. Ergänzend sei bemerkt, daß ebensowenig wie die Regelflächen die sog. heterogenen oder Mehrphasenräume Zustände von Phasen darstellen, daß vielmehr alle Punkte dieser heterogenen Räume zwar die Konzentration und Temperatur der Gesamtlegierung, nicht aber den Zustand der die Legierungen aufbauenden Phasen darstellen. Umgekehrt ausgedrückt enthalten demnach die homogenen Räume alle realisierbaren Phasenzustände, die gleichzeitig auch Zustand der „homogenen" Legierung sind, ihre **Begrenzungsflächen** die Zustände der Phasen, die an einem Zweiphasengleichgewicht teilnehmen, die **Begrenzungslinien** (Schnittlinien der Flächen) die Zustände der an einem **Dreiphasengleichgewicht** beteiligten und in analoger Fortsetzung die **Eckpunkte** (Schnittpunkte der Linien) den Zustand der an einer **Vierphasenumsetzung** teilnehmenden Phasen. Eine solche Vierphasenumsetzung ist im Dreistoffsystem entsprechend ihrem **nonvarianten** Charakter durch eine horizontale Fläche darzustellen, die so wie die Umsetzungshorizontalen im Zweistoffsystem als degenerierte Dreiphasenräume gedacht werden können, ihrerseits als zur Fläche degenerierter („vierdimensionaler") Vierphasenraum aufgefaßt werden kann. Die Zustände der vier teilnehmenden Phasen sind durch vier ausgezeichnete Punkte dieser Fläche dargestellt, die entweder alle vier als Eckpunkte der in diesem Fall viereckigen Fläche auftreten, oder ein Punkt liegt in der Fläche und nur drei sind Eckpunkte einer Dreiecksfläche. Im ersteren Falle handelt es sich um eine peritektische „Übergangsfläche", so genannt, weil das Vierphasengleichgewicht zustande kommt durch Zusammentreffen zweier Dreiphasengleichgewichte, die darzustellen sind durch Teilung des Vierecks durch eine der beiden Diagonalen in zwei Konodendreiecke, die dann nach Ablauf der Vierphasenumsetzung übergehen in die beiden Dreiphasengleichgewichte, die durch die Teilung nach der anderen Diagonalen entstehen. (Alle vier Phasen sind demnach auch noch nach Beendigung der Vierphasenreaktion, wenn auch in verschiedenen Dreiphasengleichgewichten, realisierbar.) Ist die Übergangsfläche ein Dreieck, so ist die Vierphasenumsetzung eutektischer Natur, sie kommt zustande durch die Dreiphasengleichgewichte, die charakterisiert sind durch die drei Konodendreiecke, die durch Verbindung der Eckpunkte der Fläche mit dem innerhalb dieser Fläche liegenden vierten Punkt entstehen. Alle drei Dreiphasenumsetzungen gehen dann nach Ablauf der Vierphasenumsetzung in eine durch die Eckpunkte der Übergangsfläche charakterisierte Dreiphasenumsetzung über. (Eine Phase, und zwar die innerhalb der Dreiecksfläche liegende, besteht nach Ablauf der Vierphasenreaktion nicht weiter.) Zur Erleichterung der Vorstellung von den räumlichen Verhältnissen in Dreistoffsystemen möge die aus oben Gesagtem abzuleitende allgemeine Regel dienen, wonach Räume (Ein-, Zwei- und Dreiphasenräume) nur immer solchen direkt benachbart sein können (durch Flächen voneinander getrennt), die nur eine Phase mehr oder weniger zählig sind. Dabei sind die Vierphasenumsetzungsebenen als degenerierte Vierphasenräume aufzufassen. Die gleiche Regel gilt auch für die Zweistoffsysteme, wenn man „Felder" an Stelle der „Räume" setzt und die Horizontalen der Dreiphasenumsetzungen als degenerierte Felder anspricht.

Die beschriebenen Vierphasenumsetzungen treten in den drei Grundmodellen der Dreistoffsysteme des Eisens nicht auf. Sie können aber vorkommen, wenn durch Auftreten neuer Kristallarten Abwandlungen entsprechend den Untergruppen der binären Systeme (Abb. 21b und 21d) auftreten. Köster und Tonn haben nun alle wirklichen und die wahrscheinlich möglichen Abwandlungen der drei Grundmodelle systematisch entwickelt und dargestellt, soweit die für die Systeme des Eisens charakteristischen α- und γ-Phasen hierdurch betroffen werden. Entsprechend dem Zweck dieses Buches sei die Wiedergabe auf die im Vordergrund des Interesses stehenden, für die technisch wichtigen Dreistoffsysteme auf der Eisen-Kohlenstoffbasis in Frage kommenden Typen beschränkt.

Eine Abwandlung des ersten Grundmodells findet nur im Hinblick auf die A_3-Umwandlung statt. Der Verlauf der A_4-Umwandlung bleibt immer entsprechend dem ersten Grundschaubild erhalten, weil sie erfahrungsgemäß nicht mit einer Mischungslücke in Berührung kommt. Die erste Abwandlung entsteht somit dann, wenn die A_3-Umwandlung in dem einen der beiden Randsysteme durch eine Dreiphasenumsetzung beendet wird, wie es z. B. beim System Eisen-

Kohlenstoff zutrifft. In diesem besonderen Fall wird die A_3-Umwandlung durch die Perlitlinie abgeschlossen. Die den $(\alpha + \gamma)$-Raum anschneidende Regelfläche geht von den an der Dreiphasenumsetzung im Randsystem teilnehmenden $\alpha - \gamma$-Mischkristallen aus und verläuft in der in Abb. 29a wiedergegebenen Art. Die so im ternären Raum entstehenden Kanten des $\alpha + \gamma$-Raumes stellen die Zustandskurven der an der Dreiphasenumsetzung beteiligten α- und γ-Phasen dar. Die Temperatur des Dreiphasengleichgewichtes wird demnach bis auf Raumtemperatur erniedrigt. Der α-Raum erhält eine neue Begrenzungsfläche, die die Löslichkeitsgrenze des α-Mischkristalls an der als neue Kristallart auftretenden Verbindung darstellt. Diese Fläche spurt einmal in der Raumkurve, die den Zustand des an dem Dreiphasengleichgewicht beteiligten α-Mischkristalls bezeichnet, die demnach auch als Schnittkurve zweier Sättigungsflächen aufgefaßt werden kann und somit die Raumkurve des „doppeltgesättigten" ternären α-Mischkristalls bedeutet, weiter im Randsystem Eisen-Kohlenstoff in der Löslichkeitsgrenze des binären α-Mischkristalls für die Verbindung und schließlich in der die beiden verbindenden Isotherme bei Raumtemperatur. Der homogene γ-Raum wird ebenfalls durch eine neue Sättigungsfläche an der Verbindung begrenzt, die ihrerseits von der Sättigungskurve der γ-Mischkristalle im Randsystem und der Raumkurve des „doppeltgesättigten" an der Drei-

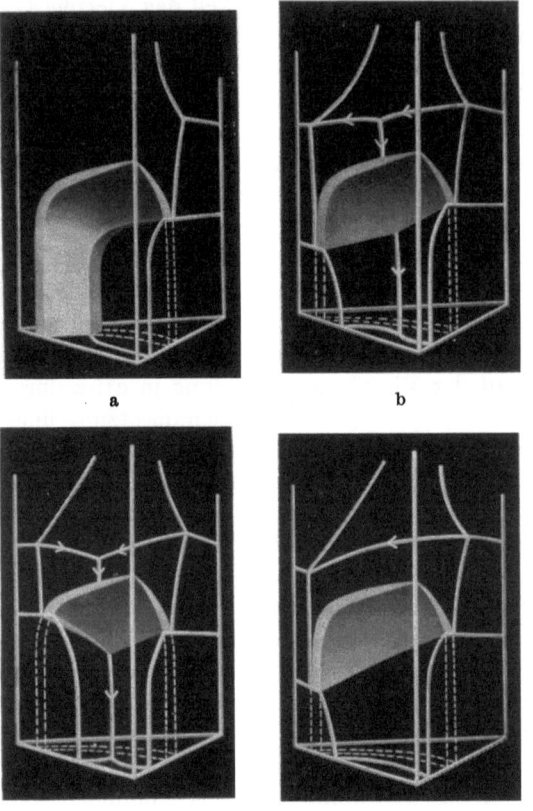

Abb. 29a bis d. Sonderfälle des ersten ternären Grundschaubildes [Köster und Tonn(1)].

phasenumsetzung beteiligten γ-Mischkristalls ausgeht. In dieser Art wird das erste ternäre Grundschaubild durch die Systeme des Eisens mit Kohlenstoff und Nickel, Mangan oder Kobalt abgewandelt, also den Elementen, die mit Eisen ein binäres System mit offenem γ-Feld bilden.

Wird beim ersten Grundmodell jedoch in beiden Randsystemen die Umwandlung des γ-Mischkristalls durch eine Dreiphasenumsetzung beendet, so können die in Abb. 29b, c und d wiedergegebenen Sonderfälle eintreten. Den einfachsten Fall stellt Abb. 29b dar, der zur Voraussetzung die Bildung einer lückenlosen Mischkristallreihe zwischen den beiden Verbindungen der Zweistoffsysteme hat. Es kann dann das eutektoidische Zerfallsgleichgewicht des einen Zweistoffsystems stetig in das des anderen übergehen. Der $(\alpha + \gamma)$-Raum wird

Übersicht über die Systematik der binären Systeme des Eisens. 33

nur von einer Regelfläche angeschnitten, die sich von der Umsetzungshorizontalen des einen Randsystems zu der des anderen spannt. In den hierdurch entstehenden Raumkurven der doppeltgesättigten, an der Dreiphasenumsetzung teilnehmenden α- bzw. γ-Phasen spuren die neuen Sättigungsflächen dieser Phasen an den Mischkristallen der beiden Verbindungen. Die Spuren in den Randsystemen sind die entsprechenden Löslichkeitsgrenzen der α- bzw. γ-Phasen.

Besteht zwischen den beiden binären Verbindungen keine oder nur beschränkte gegenseitige Löslichkeit, so muß eine Vierphasenumsetzung den Übergang der einen in die andere von den Randsystemen ausgehende Dreiphasenumsetzung vermitteln oder beide Umsetzungen beenden. In beiden Fällen kommt von der Seite der beiden Verbindungen ein drittes Dreiphasengleichgewicht zwischen γ-Mischkristall und den beiden Verbindungen oder deren Mischkristallen hinzu. Sinken beide von den Eisenrandsystemen ausgehende Dreiphasenumsetzungen zu niedrigen Temperaturen, so müssen, da die dritte Dreiphasenumsetzung ebenfalls von höherer Temperatur herabkommt, alle drei Umsetzungen in einem eutektoidischen Vierphasengleichgewicht enden. Die γ-Phase verschwindet, und es besteht bei niedriger Temperatur nur das Dreiphasengleichgewicht zwischen dem α-Mischkristall und den Phasen der Verbindungen. Abb. 29c stellt diesen

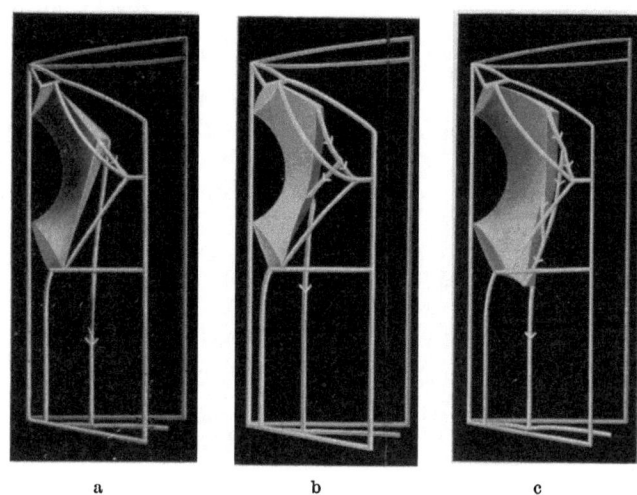

a　　　　　　　b　　　　　　　c
Abb. 30a bis c. Sonderfälle des dritten ternären Grundschaubildes
[Köster und Tonn(1)].

Fall dar. Der im Bild sichtbare Schnittpunkt der beiden Zustandskurven des an den von den beiden Eisenrandsystemen ausgehenden Dreiphasengleichgewichtes teilnehmenden α-Mischkristalle ist der eine Eckpunkt der Vierphasenebene. Die beiden anderen liegen auf gleicher Höhe in den die Verbindung darstellenden Senkrechten. Die drei Zustandskurven der an den drei Umsetzungen teilnehmenden γ-Mischkristalle treffen sich in einem Punkt innerhalb dieses Dreiecks. Von dem α-Eckpunkt der Vierphasenebene führt dann als Schnittkurve der beiden Sättigungsflächen des α-Mischkristalls an den beiden Verbindungen die Zustandskurve des an dem nach der Vierphasenumsetzung beteiligten α-Mischkristalls zu niedrigen Temperaturen.

Die Abb. 30a bis c stellen Abwandlungen des dritten ternären Grundmodells dar, die durch das Auftreten der Mischungslücke im Randsystem mit erweitertem γ-Feld bedingt sind. Je nach der Anzahl der Kristallarten, die bei höheren Gehalten des zulegierten Metalls entstehen, können neue Dreiphasenumsetzungen auftreten. Jede Dreiphasenumsetzung, an der die beiden festen Eisenphasen ($\alpha + \gamma$) beteiligt sind, bedingt eine Abschnitt- (Regel-) Fläche des heterogenen

($\alpha + \gamma$)-Raumes. Jeder Wechsel der dritten beteiligten Kristallart bedingt dann eine Vierphasenfläche, in der sich die durch die Dreiphasenreaktionen bedingten Regelflächen schneiden. Der einfachste Fall (Abb. 30a) ist nun der, daß sich die beiden vom Randsystem Fe—C ausgehenden Dreiphasenumsetzungen (Schmelze $+ \alpha \rightleftarrows \gamma$ und $\gamma \rightleftarrows \alpha +$ Karbid) begegnen, so daß nur diese beiden Anschnittflächen und eine peritektische Vierphasenübergangsfläche auftreten, in der sich die beiden schneiden. Das von der Vierphasenebene ausgehende eutektische Schmelzgleichgewicht endet dann ebenfalls direkt in der entsprechenden Dreiphasenumsetzung im Randsystem Fe—C.

Nimmt dieses Schmelzgleichgewicht, bevor es in das Randsystem übergeht, noch an einer weiteren Vierphasenumsetzung teil (die selbst wieder eutektischer oder peritektischer Natur sein kann), so ist dadurch ein neues Dreiphasengleichgewicht für den α-Mischkristall bedingt, das seinerseits wieder direkt oder indirekt zu einer Vierphasenumsetzung, an der auch der α-Mischkristall beteiligt ist, führen muß. Die Vierphasenumsetzung ist peritektoidischer oder eutektoidischer Natur, da keine flüssige Phase daran teilnimmt. In Abb. 30b ist der erstere Fall und in Abb. 30c der zweite Fall dargestellt; in beiden Fällen sind die Vierphasenumsetzungen, an denen Schmelze beteiligt ist, peritektischer Natur. Wie durch die Dreiphasengleichgewichte, an denen Schmelze beteiligt ist, mehrere Vierphasenumsetzungen auftreten können, so können auch die Dreiphasengleichgewichte, an denen nur feste Phasen teilnehmen, je nach der Zahl der auftretenden festen Phasen, zu weiteren Vierphasenreaktionen führen, die über die Anzahl in den dargestellten Fällen hinausgehen. Bisher ist jedoch unter den untersuchten Dreistoffsystemen auf der Fe—C-Basis kein solches bekannt.

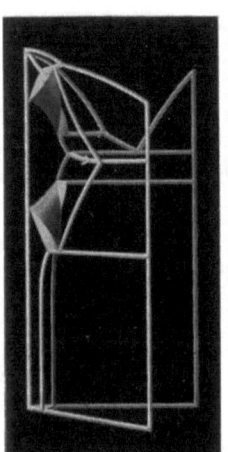 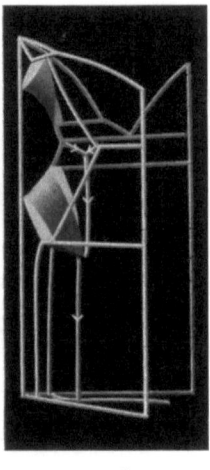

Abb. 31a und b. Sonderfälle des dritten ternären Grundschaubildes [Köster und Tonn(*1*)].

Von den wenigstens z. T. bekannten Systemen entspricht das Dreistoffsystem Eisen-Kohlenstoff-Silizium dem einfachsten Fall in Abb. 30a. Die Systeme Eisen-Kohlenstoff und Phosphor, Chrom oder Wolfram entsprechen dem Fall in Abb. 30b mit einer peritektischen Übergangsfläche. Allerdings wird bei allen drei Systemen die Erstarrung durch eine eutektische Vierphasenfläche abgeschlossen, die an die Stelle der in dem abgebildeten Modell angenommenen zweiten peritektischen Übergangsfläche tritt. Systeme, die die γ-Umwandlung mit einer eutektoidischen Vierphasenreaktion abschließen (Abb. 30c) sind die ternären Eisen-Kohlenstoffsysteme mit Aluminium und Vanadin. Allerdings ist das erstere noch unvollkommen erforscht. In letzterem tritt der besondere Fall ein, daß der γ-Raum bis zum quasibinären System Fe_3C—V_4C_3 durchgeht, wodurch sich auch ein stetiger Übergang des Dreiphasengleichgewichtes $\alpha + \gamma +$ Schmelze vom Randsystem Fe—C zu dem genannten quasibinären System ergibt. Es tritt nur eine eutektische und eine eutektoidische Vierphasenumsetzung auf.

Eine weitere Abwandlung des dritten Grundschaubildes ergibt sich noch durch Zusammentreten eines Systems mit verengtem γ-Feld nach Abb. 21d mit einem solchen mit erweitertem γ-Feld nach Abb. 21b. Solche Dreistoffsysteme könnten durch Zusammentreffen von Eisen und Kohlenstoff mit Bor, Sauerstoff, Schwefel, Zirkon und Cer realisiert werden. Den einfachsten Fall stellt hier wieder Abb. 31a dar, der eine lückenlose Mischkristallreihe im dritten eisenfreien Randsystem zur Voraussetzung hat. Andernfalls, bei Auftreten einer neuen mit der α- oder γ-Phase ein Gleichgewicht bildenden Kristallart werden Vierphasenumsetzungen, wie in Abb. 31b dargestellt, auftreten müssen. Natürlich könnten diese auch peritektischer bzw. peritektoidischer Natur sein.

Von den in Frage kommenden Systemen sind bisher nur Fe—C—B und Fe—C—S untersucht. Beim ersteren konnten z. Z. der Untersuchung die Verhältnisse nicht geklärt werden. Beim zweiten fanden die Autoren keinen Anhalt für eine beschränkte Löslichkeit des Schwefels im festen Zustand. Sie entwickelten das Dreistoffsystem unter dem Gesichtspunkt vollkommener Unlöslichkeit des Schwefels.

4. Eisen und Kohlenstoff.

Im technischen Eisen ist der Kohlenstoff fast durchweg das maßgebende Legierungselement. Daher ist das Zustandsschaubild Eisen-Kohlenstoff für die Kenntnis der technischen Eisensorten von größter Bedeutung.

A. Das metastabile System Eisen-Eisenkarbid.

Der Kohlenstoff kommt im Eisen in mehreren Formen vor. Für den Stahl und das weiße Roheisen besitzt im wesentlichen nur das Eisenkarbid Fe_3C mit 6,68% Kohlenstoff eine praktische Bedeutung, während für die übrigen Eisensorten neben dieser Kohlenstofform auch der elementare Kohlenstoff in Frage kommt. Es wird bei der Besprechung des binären Systems Eisen-Kohlenstoff zunächst angenommen, daß die Gesamtmenge des Kohlenstoffs als Eisenkarbid zugegen sei.

Von den beiden Komponenten dieses Systems ist die eine, nämlich das Eisen, bereits besprochen worden. Aus den röntgenographischen Untersuchungen von Westgren(3) an pulverförmigem, reinem Eisenkarbid nach dem Debye-Scherrer-Verfahren folgt, daß die Struktur des Eisenkarbides eine sehr verwickelte ist. Die Untersuchung eines Einzelkristalls nach dem Laueschen Verfahren ergab, daß der Zementit dem rhombischen System angehört. Wever(4) bestätigte dies und ermittelte die Kantenlängen des Elementargitters sowie die Zahl der Moleküle. Nach den klassischen Untersuchungen von Mylius, Förster und Schöne(1) ist das Eisenkarbid in kalten, verdünnten Säuren unlöslich und daher als graues, kristallinisches und magnetisches Pulver isolierbar; beim Erwärmen dagegen löst es sich unter Entwicklung von Wasserstoff und Kohlenwasserstoffen. Es ist nach den Darlegungen und Versuchen von Ruer(2) wahrscheinlich, daß das reine Eisenkarbid sich im System Fe—Fe_3C aus einer einzigen homogenen Phase bildet (offenes Maximum). Der Schmelzpunkt des reinen Karbides läßt sich jedoch nicht ermitteln, weil es nach Ruer (2) bei der Erhitzung von etwa 1100° an mit merklicher Geschwindigkeit unter Ausscheidung von Kohlenstoff (Graphit) zerfällt. Auf dieser Tatsache beruht zum Teil die Möglichkeit, das harte, weiße Roheisen durch Tempern (lang anhaltendes Glühen mit nachfolgender langsamer Abkühlung) in weichen, leicht bearbeitbaren Temperguß zu überführen.

Bei etwa 210° weist das reine Eisenkarbid eine Anomalie in den Eigenschaftsänderungen auf. Sie wurde von Wologdine (1) auf der Kurve der Magnetisierbarkeit entdeckt. Oberhalb 215° ist das Eisenkarbid unmagnetisch. Der Verlust der Magnetisierbarkeit erfolgt in einem Temperaturintervall von etwa 50 bis 60°. Die Umwandlung ist durch Messung der Ausdehnung, des Widerstandes und der magnetischen Sättigung häufig bestätigt worden. Auch durch die thermische Differentialanalyse ist sie selbst an Stählen mit weniger als 1% C leicht nachzuweisen. Die Intensität dieser mit A_0 bezeichneten Umwandlung nimmt in Eisen-Kohlenstoff-Legierungen naturgemäß mit zunehmendem Karbidgehalt zu. Um sich ein Bild von der Größenordnung der Eigenschaftsänderungen zu machen, genüge der Hinweis, daß die Umwandlung wesentlich schwächer ausgeprägt ist als A_2. Man hat vermutet, daß der Charakter der magnetischen Umwandlung des Eisenkarbides identisch ist mit dem der magnetischen Eisenumwandlung. Dies wurde auf röntgenographischem Wege von Wever (4) bestätigt. Wever fand, daß das Gitter der magnetischen Form sich von dem der unmagnetischen nicht unterscheidet.

a) **Das Zustandsdiagramm.** Unter der Voraussetzung, daß der Kohlenstoff ausschließlich als Eisenkarbid zugegen ist, ergibt sich das durch die ausgezogenen Linien der Abb. 32 veranschaulichte Zustandsdiagramm. Der Teil des Diagramms, der die Vorgänge bei der Erstarrung wiedergibt, besteht aus folgenden Kurven:

AB Beginn der Ausscheidung von δ-Mischkristallen,
BC ,, ,, ,, ,, γ- ,,
CD ,, ,, ,, ,, Eisenkarbid,
AH Ende ,, ,, ,, δ-Mischkristallen,
JE ,, ,, ,, ,, γ- ,,
HJB Umsetzung der Schmelze B mit δ-Mischkristallen H zu γ-Mischkristallen J,
ECF Erstarrung des Eutektikums C: gesättigter γ-Mischkristall E und Eisenkarbid Fe_3C (Ledeburit).

Die Konzentration der besonders ausgezeichneten Punkte ist folgende:

$E = 1{,}7\%$ Kohlenstoff: Maximales Lösungsvermögen des γ-Eisens für Eisenkarbid, gesättigter γ-Mischkristall.
$C = 4{,}3\%$,, Eutektikum, bestehend aus gesättigtem γ-Mischkristall E und Eisenkarbid Fe_3C.
$D = 6{,}68\%$,, Verbindung Fe_3C.
$H = 0{,}07\%$,, Maximales Lösungsvermögen des δ-Eisens für Eisenkarbid, gesättigter δ-Mischkristall.
$J = 0{,}18\%$,, Mit H und B im Gleichgewicht befindlicher γ-Mischkristall.
$B = 0{,}36\%$,, Mit H und J im Gleichgewicht befindliche Schmelze.

Die besonders ausgezeichneten Temperaturen dieses Diagrammteils sind:

$A = 1528°$: Schmelz- bzw. Erstarrungspunkt des reinen Eisens.
$HJB = 1487°$: Temperatur der Umsetzung von δ-Mischkristallen H mit Schmelze B zu γ-Mischkristallen J.

$ECF = 1145^0$: Schmelz- bzw. Erstarrungstemperatur des Eutektikums C.
$D = 1550^0$: Schmelz- bzw. Erstarrungspunkt von Fe_3C.

Die erstarrten Legierungen lassen sich nach vorstehendem in folgende Gruppen einteilen:

1. 0—0,07% Kohlenstoff: δ-Mischkristalle oder feste Lösung von Eisenkarbid in δ-Eisen.
2. 0,07—0,18% „ $\delta + \gamma$-Mischkristalle.
3. 0,18—1,7 % „ γ-Mischkristalle.
4. 1,7 —4,3 % „ Primär ausgeschiedene gesättigte γ-Mischkristalle (1,7% C) + Eutektikum (4,3% C): gesättigte γ-Mischkristalle + Eisenkarbid Fe_3C.
5. Über 4,3 % Kohlenstoff: Primär ausgeschiedenes Eisenkarbid Fe_3C + Eutektikum wie unter 4.
6. 6,68% „ Reines Eisenkarbid Fe_3C.

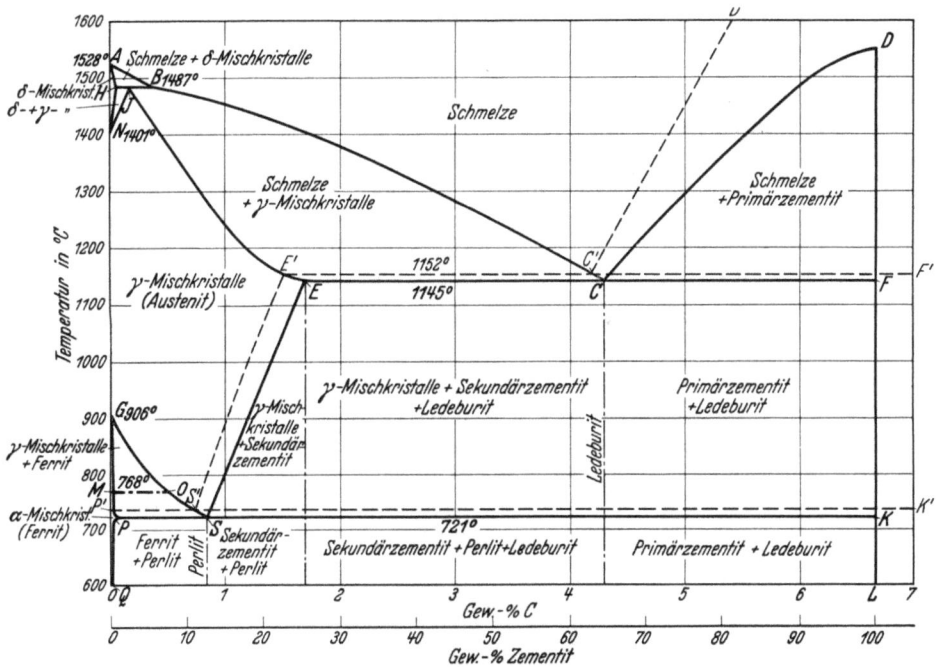

Abb. 32. Das Eisen-Kohlenstoff-Diagramm.
(Die gestrichelten Linien beziehen sich auf das stabile, die ausgezogenen Linien und die Gefügebezeichnungen auf das metastabile System.)

Die drei ersten Gruppen stellen, soweit der Kohlenstoffgehalt allein in Frage kommt, die Gesamtheit der schmiedbaren Eisensorten (Stahl) dar. Die beiden letzteren Gruppen entsprechen dagegen dem Roheisen. Gruppe 4 wird als unter-, Gruppe 5 als übereutektisches Roheisen bezeichnet. Roheisen mit 4,3% Kohlenstoff ist eutektisches Roheisen. Aus der Voraussetzung, daß der Kohlenstoff als Fe_3C zugegen ist, folgt, daß die Gruppen 4 und 5 sogenannte weiße Roheisensorten sind.

Die Vorgänge bei der Erstarrung der Gruppe 1 sind die bei der Mischkristallbildung üblichen. Legierungen mit 0,07—0,18% Kohlenstoff (Gruppe 2) erstarren zunächst in gleicher Weise. Bei 1487° erfolgt die Umsetzung der

δ-Mischkristalle H mit der Schmelze B zu γ-Mischkristallen J. Die Menge der letzteren wächst mit steigendem Kohlenstoffgehalt linear von 0 auf 100%. Es wären also beispielsweise bei 0,15% Kohlenstoff vorhanden:

$$\frac{100 \times 8}{11} = 72{,}7\% \ \gamma\text{-Mischkristalle und } 100 - 72{,}7 = 27{,}3\% \ \delta\text{-Mischkristalle.}$$

Bei 0,18% Kohlenstoff reicht demnach die Menge der Schmelze gerade zur ausschließlichen Bildung von γ-Mischkristallen aus. Zwischen 0,18 und 0,36% Kohlenstoff bleibt nach erfolgter Umsetzung zu γ-Mischkristallen noch Schmelze B übrig, die mit sinkender Temperatur in der bei der Mischkristallbildung üblichen Weise erstarrt. Von 0,36—1,7% Kohlenstoff werden δ-Mischkristalle überhaupt nicht mehr gebildet, vielmehr setzt der Erstarrungsvorgang sofort unter Bildung von γ-Mischkristallen ein. Die Homogenität der festen Lösung ist natürlich um so vollkommener, je vollständiger der Ausgleich der Zusammensetzungen zwischen festem und flüssigem Anteil der Legierung innerhalb des Erstarrungsintervalls durch Diffusion erfolgen kann, d. h. je langsamer das genannte Intervall durchlaufen wird. Der Erstarrungsvorgang des untereutektischen Roheisens (1,7—4,3% Kohlenstoff) wird durch die Ausscheidung primärer Mischkristalle eingeleitet und durch die Bildung des Eutektikums mit 4,3% Kohlenstoff beendet. Die Temperatur des Beginns der Ausscheidung primärer Mischkristalle in Abhängigkeit vom Kohlenstoffgehalt ist durch den dem Konzentrationsintervall 1,7—4,3% Kohlenstoff entsprechenden Teil der Kurve BC gekennzeichnet; die Bildung des Eutektikums erfolgt bei der eutektischen Temperatur 1145°. Unmittelbar nach der Erstarrung bestehen demnach alle Legierungen mit 1,7—4,3% Kohlenstoff aus primären, gesättigten Mischkristallen mit 1,7% Kohlenstoff in einer Grundmasse von Eutektikum. Das eutektische Roheisen mit 4,3% Kohlenstoff erstarrt bei 1145° und besteht ausschließlich aus Eutektikum. Die Mengenanteile der Mischkristalle und des Eutektikums im untereutektischen Roheisen lassen sich leicht auf Grund folgender Überlegung berechnen. Bei 1,7% Kohlenstoff ist der Anteil des Eutektikums gleich Null, bei 4,3% gleich Hundert. Bei einem beliebigen, zwischen 1,7 und 4,3% gelegenen Kohlenstoffgehalt, etwa 3,5%, ist daher der Anteil Eutektikum:

$$\frac{3{,}5 - 1{,}7}{4{,}3 - 1{,}7} \cdot 100 = 69{,}2\%$$

und demnach der Anteil Mischkristalle:

$$100 - 69{,}2 = 30{,}8\%$$

In den Legierungen mit einem Kohlenstoffgehalt von mehr als 4,3% wird der Erstarrungsvorgang durch die primäre Ausscheidung von Eisenkarbid eingeleitet und findet sein Ende in der Bildung des Eutektikums bei 1145° C. Die Temperatur des Beginns der primären Eisenkarbidausscheidung in Abhängigkeit vom Kohlenstoffgehalt ist durch die Kurve CD gekennzeichnet. Nach der Erstarrung bestehen alle Legierungen mit mehr als 4,3% Kohlenstoff aus primärem Eisenkarbid in einer eutektischen Grundmasse. Der Anteil des Eisenkarbids und des Ledeburits läßt sich in einfacher Weise ähnlich wie im untereutektischen Roheisen berechnen. In Abb. 32 ist mit Ruer (2) angenommen worden, daß das Eisenkarbid für Eisen praktisch kein Lösungsvermögen aufweist.

Die Vorgänge bei der Erkaltung von Eisen-Kohlenstofflegierungen, deren Kohlenstoff ausschließlich in Form von Eisenkarbid zugegen ist, werden durch die Kurven NH, NJ, GOS, SE, PSK, GP und PQ dargestellt (s. Abb. 32). Die Gleichgewichtslinien NH und NJ hängen mit der im reinen Eisen bei 1401^0 erfolgenden $\delta \rightleftarrows \gamma$-Umwandlung zusammen, die mit steigendem Kohlenstoffgehalt erhöht wird und sich, wie die Mischkristallbildung, in einem Temperaturintervall vollzieht. NH ist demnach die Kurve beginnender, NJ die Kurve beendeter Umwandlung der δ- in γ-Mischkristalle. Da nur in den Gruppen 1 und 2 δ-Mischkristalle vorhanden sind, kommt diese Umwandlung nur für Legierungen bis 0,18% Kohlenstoff in Frage.

Die übrigen Linien haben folgende Bedeutung:

GO — Beginn der Ausscheidung von unmagnetischem α-Eisen aus den γ-Mischkristallen. Die entsprechenden Haltepunkte werden mit A_3 bezeichnet.

OS — Beginn der Ausscheidung von magnetischem α-Eisen aus den γ-Mischkristallen. Die entsprechenden Haltepunkte werden mit $A_{3,2}$ (häufig auch A_3) bezeichnet.

ES — Beginn der Ausscheidung von Eisenkarbid Fe_3C aus den γ-Mischkristallen bzw. Löslichkeit von Fe_3C in γ-Eisen. Häufige Bezeichnung: A_{cm}-Linie.

PSK — gleichzeitige (eutektoidische) Ausscheidung von magnetischem α-Eisen und Eisenkarbid Fe_3C aus den γ-Mischkristallen. Der entsprechende Haltepunkt wird mit A_1 bezeichnet.

GP — Ende der Umwandlung der γ-Mischkristalle in α-Eisen.

PQ — Ausscheidung von Eisenkarbid Fe_3C aus dem α-Eisen. — Nach Untersuchungen von Köster (2) ist das α-Eisen befähigt, eine geringe Menge Fe_3C zu lösen. Die Löslichkeit beträgt bei Raumtemperatur etwa 0,006% C und erreicht bei der Temperatur der eutektoidischen Umwandlung (721^0) mit etwa 0,04% C ihren Höchstwert. Demnach stellt also auch das α-Eisen einen Mischkristall dar.

Wie bereits erwähnt wurde, besitzt das Eisen bei 768^0 eine magnetische Umwandlung (A_2). Bis zu etwa 0,5% C ist die Temperaturlage der Umwandlung vom C-Gehalt unabhängig, entsprechend der Linie MO. Diese Linie ist in das Gleichgewichtsdiagramm strichpunktiert eingezeichnet worden, womit zum Ausdruck gebracht werden soll, daß sie nicht als Gleichgewichtslinie anzusehen ist. Als solche könnte sie erst dann gelten, wenn der eindeutige Beweis dafür erbracht werden sollte, daß das magnetische und das unmagnetische α-Eisen zwei voneinander verschiedene Phasen darstellen.

Die Konzentrationen der besonders ausgezeichneten Punkte sind:

$O =$ etwa 0,5 % Kohlenstoff,
$S = $,, 0,86% ,, : Eutektoid bestehend aus α-Eisen und Eisenkarbid Fe_3C, Löslichkeit des γ-Eisens für Eisenkarbid bei der Temperatur PSK.

Die besonders ausgezeichneten Temperaturen dieses Diagrammteils sind:

$N = 1401^0 = \delta \rightleftarrows \gamma$-Umwandlung des reinen Eisens A_4,
$G = 906^0 = \gamma \rightleftarrows \beta$- ,, ,, ,, ,, A_3,
$MO = 768^0 = \beta \rightleftarrows \alpha$- ,, ,, ,, ,, A_2,
$PSK = 721^0 =$ Bildungstemperatur des Eutektoids S, A_1.

Die erkalteten Legierungen lassen sich in folgende Gruppen einteilen:

A. 0—0,86% Kohlenstoff.
  a) 0—0,04% Kohlenstoff: α-Mischkristalle und aus diesem ausgeschiedenes Eisenkarbid Fe_3C.

b) 0,04—0,5% Kohlenstoff: Aus den γ-Mischkristallen ausgeschiedenes, unmagnetisches α-Eisen, das bei 768⁰ in magnetisches α-Eisen umgewandelt wurde + Eutektoid α-Eisen—Eisenkarbid Fe_3C.

c) 0,5—0,86% Kohlenstoff: Aus den γ-Mischkristallen ausgeschiedenes, magnetisches α-Eisen + Eutektoid wie unter b.

B. 0,86—1,7% Kohlenstoff: Aus den γ-Mischkristallen ausgeschiedenes Eisenkarbid Fe_3C + Eutektoid wie unter A b und A c.

C. 1,7—4,3% Kohlenstoff: Aus den primär ausgeschiedenen γ-Mischkristallen (1,7% C) und aus denen des Eutektikums (4,3% C) hat sich entsprechend der Linie ES Eisenkarbid Fe_3C ausgeschieden. Die γ-Mischkristalle sind bei A_1 zu Eutektoid zerfallen.

Die Gruppen A und B stellen den Stahl dar, der bei Gehalten unter 0,86% Kohlenstoff als untereutektoidischer, bei einem Gehalt von 0,86% Kohlenstoff als eutektoidischer und bei Gehalten von 0,86 bis 1,7% Kohlenstoff als übereutektoidischer Stahl bezeichnet wird.

Die Vorgänge bei der Erkaltung innerhalb des Konzentrationsintervalles von 0 bis 1,7% seien im folgenden beschrieben:

Eine Legierung mit 0,03% Kohlenstoff besteht oberhalb GO aus γ-Mischkristallen, die bei Unterschreitung von GO unmagnetische α-Eisen-Mischkristalle ausscheiden. Unterhalb GP besteht die gesamte Masse aus unmagnetischen α-Eisen-Mischkristallen, die sich bei 768⁰ in magnetische α-Eisen-Mischkristalle umwandeln. Aus diesen scheidet sich entsprechend der nach PQ mit der Temperatur abnehmenden Löslichkeit des α-Eisens für Kohlenstoff Fe_3C aus. Bei Raumtemperatur enthalten die α-Eisen-Mischkristalle noch etwa 0,006% C in fester Lösung.

Eine Legierung mit 0,35% Kohlenstoff beginnt bei etwa 800⁰ unmagnetische α-Eisen-Mischkristalle aus der γ-Lösung auszuscheiden, die sich bei 768⁰ in magnetische α-Eisen-Mischkristalle umwandeln. Mit weiter sinkender Temperatur scheiden sich aus dem γ-Mischkristall unmittelbar magnetische α-Eisen-Mischkristalle aus. Bei 721⁰ sind im Gleichgewicht α-Eisen (mit etwa 0,04% C) und γ-Eisen (mit 0,86% C). Letzteres zerfällt bei 721⁰ in das Eutektoid aus α-Eisen-Mischkristallen und Eisenkarbid Fe_3C.

Eine Legierung mit 0,6% Kohlenstoff besteht oberhalb 755⁰ aus fester γ-Lösung. Bei 755⁰ beginnt die Abscheidung von magnetischen α-Eisen-Mischkristallen. Die Menge der ausgeschiedenen α-Eisen-Mischkristalle nimmt mit sinkender Temperatur zu, wobei der Kohlenstoffgehalt der zurückbleibenden festen Lösung steigt. Dieser Vorgang erreicht sein Ende, wenn die Temperatur auf 721⁰ gesunken ist. Bei dieser Temperatur zerfällt die zurückbleibende feste Lösung mit 0,86% Kohlenstoff in α-Eisen-Mischkristalle und Eisenkarbid.

Eine Legierung mit 0,86% Kohlenstoff besteht oberhalb 721⁰ aus fester γ-Lösung. Bei 721⁰ zerfällt sie in α-Eisen-Mischkristalle und Eisenkarbid.

Eine Legierung mit 1,21% Kohlenstoff, deren Konzentration also zwischen S und E gelegen ist, besteht oberhalb 900⁰ aus fester γ-Lösung. Bei dieser Temperatur beginnt die Ausscheidung von Eisenkarbid aus der festen Lösung. Die mit sinkender Temperatur vermehrte Menge des ausgeschiedenen Eisenkarbids bewirkt eine Verarmung der Lösung an Kohlenstoff, ihre Konzentration verschiebt sich daher nach links. Der Vorgang der Eisenkarbidbildung aus der festen Lösung ist beendet, wenn die Temperatur auf 721⁰ gesunken ist. Bei dieser Temperatur beträgt der Kohlenstoffgehalt der zurückgebliebenen festen Lösung

0,86%, und der Zerfall dieses Restes der festen Lösung in α-Eisen-Mischkristalle und Eisenkarbid findet bei konstanter Temperatur statt.

Der gesättigte Mischkristall mit 1,7% Kohlenstoff verhält sich ähnlich, nur daß in dieser Legierung die größte Menge Eisenkarbid auf der Kurve ES zur Abscheidung gelangt.

Alle in den Legierungen mit mehr als 1,7% Kohlenstoff enthaltenen gesättigten Mischkristalle, mögen sie primärer oder eutektischer Natur sein, zerfallen während der Abkühlung von 1145 auf 721° in Eisenkarbid und eutektoidisches Gemisch von α-Eisen-Mischkristalle + Eisenkarbid, verhalten sich also wie die Legierungen mit weniger als 1,7% Kohlenstoff.

Das Eisenkarbid kommt hiernach je nach dem Kohlenstoffgehalt der Legierung in fünf verschiedenen Arten vor:

1. als Ausscheidung aus dem α-Mischkristall entlang der Linie PQ.
2. als eutektoidisches Eisenkarbid. Die Bildung aus fester γ-Lösung erfolgt auf der Linie PSK.
3. als sogenanntes sekundäres oder proeutektoidisches Eisenkarbid. Die Bildung aus fester γ-Lösung beginnt längs ES.
4. als eutektisches Eisenkarbid. Die Bildung aus dem Schmelzfluß erfolgt auf der Linie ECF.
5. als sogenanntes primäres oder proeutektisches Eisenkarbid. Die Bildung aus dem Schmelzfluß beginnt längs CD.

In den übereutektoidischen Legierungen läßt sich die Menge des abgeschiedenen Eisenkarbids für eine beliebige, zwischen ES und SK gelegene Temperatur leicht ermitteln. Betrachten wir z. B. eine Legierung mit 1,21% Kohlenstoff bei 800°. Die Ausgangsmenge sei 100 g, x die Menge des Eisenkarbids, so ist $100 - x$ die Menge der γ-Mischkristalle. Die Legierung enthält insgesamt 1,21 g Kohlenstoff, das Eisenkarbid $x \times 6{,}68$ g, die Mischkristalle $(100 - x) \times 1{,}0$ g. Es besteht die Beziehung:

$$x \cdot 6{,}68 + (100 - x) \cdot 1{,}0 = 100 \cdot 1{,}21,$$

$$x = \frac{121 - 100}{5{,}68} = 3{,}69 \text{ Gew.-\% } Fe_3C$$

oder bei 721°

$$x = \frac{121 - 86}{5{,}72} = 6{,}12 \text{ Gew.-\% } Fe_3C.$$

Eine Legierung mit 1,7% Kohlenstoff würde bei 721° enthalten

$$\frac{170 - 86}{5{,}72} = 14{,}68 \text{ Gew.-\% } Fe_3C.$$

Dies ist die höchste Eisenkarbidmenge, die sich nach der Kurve ES abscheiden kann.

Die erkalteten Eisenkohlenstofflegierungen sind als Gemische von α-Eisen-Mischkristallen und Eisenkarbid aufzufassen, deren Mengenverhältnisse sich leicht berechnen lassen. So enthält eine Legierung mit 2% Kohlenstoff bei Raumtemperatur, unter Vernachlässigung des im α-Mischkristall gelösten Kohlenstoffs (0,006 Gew.-% bei Raumtemperatur)

$$\frac{100}{6{,}68} \cdot 2 = 29{,}94 \text{ Gew.-\% } Fe_3C$$

und 70,06 Gew.-% α-Eisen.

Diese Betrachtungsweise berücksichtigt nicht die Tatsache, daß sich in der erkalteten Legierung Karbide verschiedener Entstehungsgeschichte vorfinden. Bei den folgenden Betrachtungen, die diesem Umstande Rechnung tragen, wird wiederum die Löslichkeit des Kohlenstoffs im α-Eisen vernachlässigt:

Das Eutektikum mit 4,3% Kohlenstoff enthält $\frac{4,3-1,7}{6,68-1,7} \cdot 100 = 52,2\%$ eutektisches Fe_3C und 47,8% Mischkristalle. Die Mischkristalle wiederum enthalten 14,68% sekundäres Fe_3C und 85,32% Eutektoid. Dieses enthält $\frac{0,86 \cdot 100}{6,68}$ = 12,87% eutektoidisches Fe_3C und 87,13% α-Eisen. Unter Benutzung dieser Zahlenwerte ergibt sich zum Beispiel für eine Eisen-Kohlenstofflegierung mit 3,4% Kohlenstoff folgende Übersicht über die Mengen der einzelnen Bestandteile:

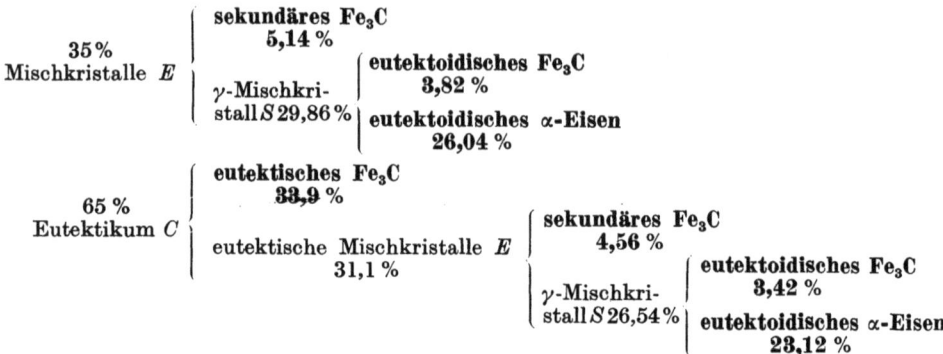

Die nicht fettgedruckten Bestandteile zerfallen bei der Abkühlung der Legierung weiter.

b) **Das Gefüge.** Für die Festlegung der Gleichgewichtslinien des Systems Eisen-Eisenkarbid (Abb. 32) haben die verschiedensten Untersuchungsmethoden, vor allem thermische, Verwendung gefunden[1]. Die Kurven CD und ES sind thermisch nur schwierig zu bestimmen. Jedoch gelang es H. Esser und H. Cornelius[2] durch Steigerung der Empfindlichkeit der thermischen Differentialanalyse die ES-Linie auch auf thermischem Wege festzulegen.

Da die im Gebiet $GOSEING$ vorhandene feste γ-Lösung in ihre Bestandteile α-Eisen-Mischkristall und Eisenkarbid zerfällt, wird in langsam abgekühlten Legierungen nicht das Gefügebild der festen Lösung zu erkennen sein, vielmehr werden die Zerfallsprodukte der Legierung, α-Eisen-Mischkristall und Eisenkarbid, nebeneinander unter dem Mikroskop erscheinen. Die Legierung mit 0,86% Kohlenstoff besteht in ihrer Gesamtheit aus dem Eutektoid: α-Eisen-Mischkristall und Eisenkarbid. Die Menge des Eutektoides muß von 0,86 bis 0,04% Kohlenstoff von 100 auf 0% ab- und die des α-Eisen-Mischkristalls dementsprechend zunehmen. Die Legierungen mit mehr als 0,86% Kohlenstoff enthalten neben dem Eutektoid Eisenkarbid, und zwar in um so größeren Mengen, je höher der Kohlenstoffgehalt ist. Da aber die Menge des Eisenkarbids erst bei einem Koh-

---

[1] Schrifttumszusammenstellung über das System Eisen-Kohlenstoff: Bericht Nr. 180 des Werkstoffausschusses des Vereins Dtsch. Eisenhüttenleute Febr. 1933 von F. Körber u. H. Schottky.

[2] Unveröffentlichte Versuche.

lenstoffgehalte von 6,68% gleich 100% ist, muß die Zunahme des Eisenkarbids in den technischen Kohlenstoffstählen (0,86 bis 1,7% Kohlenstoff) mit dem Kohlenstoffgehalt relativ langsam sein. Dementsprechend nimmt auch die Menge des Eutektoids langsam ab. In den Abb. 30—41 sind Gefügebilder von einigen Eisen-Kohlenstofflegierungen wiedergegeben. Alle Legierungen sind langsam abgekühlt, d. h. die durch die Linien GOS, MO, ES bzw. PSK gekennzeichneten Umwandlungen hatten Zeit, vollständig vor sich zu gehen. Abb. 33 zeigt eine Legierung mit 0,11% Kohlenstoff. Beim Vergleich dieser Abbildung mit der den reinen α-Mischkristall darstellenden Abb. 13 erkennt man neben den unregelmäßigen Polygonen des Ferrits dunkel erscheinende Inseln eines neuen Bestandteils. Es kann sich, wie ein Blick auf das Zustandsdiagramm lehrt, nur um das Eutektoid: α-Eisen und Eisenkarbid handeln, das wegen seines bei der Ätzung häufig auftretenden perlmutterartigen Glanzes die metallographische Bezeichnung Perlit trägt.

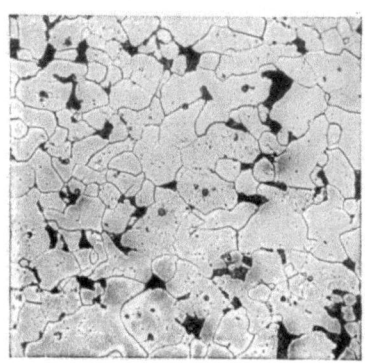

Abb. 33. Eisen-Kohlenstofflegierung mit 0,11% C, Ätzung II*, × 100.

Daß der Perlit tatsächlich aus zwei Bestandteilen aufgebaut ist, zeigt Abb. 34, die den Perlit in besonders guter Ausbildung darstellt. Man erkennt deutlich zwei streifenförmig gelagerte Bestandteile, die beide hell erscheinen, aber den Ätzmitteln gegenüber verschiedene Löslichkeit aufweisen, da der eine von ihnen im Relief steht und demzufolge in der Lichtrichtung Schatten wirft. Dieser letztere Bestandteil ist das Eisenkarbid Fe_3C.

In dem schematischen Schnitt Abb. 35 durch eine Perlitinsel ist angenommen, daß das Licht in der Pfeilrichtung einfällt. Räumlich gedacht besteht also der Perlit aus abwechselnden Lamellen von Ferrit und Eisenkarbid mit der metallographischen Bezeichnung Zementit. Auch der Perlit ist wie der Ferrit in Korneinheiten ausgebildet, deren Kennzeichen gleiche kristallographische Orientierung ist. Belaiew (1) nimmt eine grundsätzliche Parallelität der Lamellen innerhalb der Korneinheit an. Ferner soll nach seinen Beobachtungen die Lamellenbreite des Ferrits im allgemeinen gleich der dreifachen Breite des Zementits sein, also $b = 3a$.

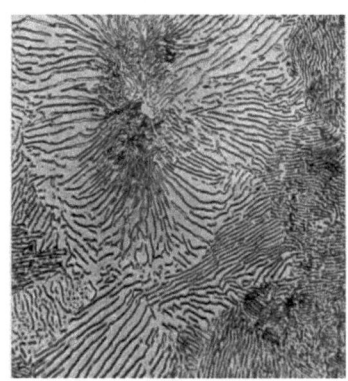

Abb. 34. Perlit, Ätzung II, × 100.

Für die Lamellenbreite a des Zementits fand er Werte von 25—90 $\mu\mu$. Der wirkliche Abstand zweier Lamellen ist $\triangle = a + b$, so daß $a = \frac{1}{4}\triangle$. Die Lamellenbreite $\triangle$ ist in allen Punkten eines und desselben Stahls eine Konstante, falls letzterer in allen Punkten dieselbe Wärmebehandlung erfahren hat, und ist daher für jeden Stahl lediglich von dieser abhängig. Die Wärmebehandlung ist im wesentlichen gekennzeichnet durch die Durchgangs-

---

* Ätzung II bedeutet: Ätzung mit einer mineralischen Säure in verdünnter alkoholischer Lösung.

44 Die Konstitution des Eisens in Abhängigkeit von der chemischen Zusammensetzung.

geschwindigkeit durch Ar_1. Wenn trotzdem, wie Abb. 34 zeigt, und stets bei der mikroskopischen Untersuchung von Perlit beobachtet wird, in ein und demselben Stahl $\triangle$ sehr verschiedene Werte besitzt, so liegt dies daran, daß ein ebener Schnitt die Perlitkörner auf Grund ihrer verschiedenen kristallographischen Orientierung unter den verschiedensten Winkeln ω schneidet. Der wirkliche Lamellenabstand $\triangle_\omega$ wird daher nur in solchen Körnern in Erscheinung treten, in denen, wie in Abb. 35 angenommen wird, der Schnitt normal zu den Lamellen liegt. Ist ω gleich diesem Winkel, so ist der scheinbare Lamellenabstand

$$\triangle_\omega = \frac{\triangle}{\cos \omega}.$$

Wie man sich leicht überzeugen kann, tritt bei $\omega = 80^0$ ein besonders rasches Anwachsen von $\triangle$ ein, und zwar ist etwa

$$\triangle_{80^0} = 5 \triangle$$
$$\triangle_{84^0} = 10 \triangle$$
$$\triangle_{87^0} = 20 \triangle$$

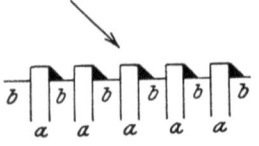

Abb. 35. Schematische Darstellung eines Schnittes durch Perlit, a = Zementit (Eisenkarbid), b = Ferrit.

$\triangle$ kann direkt gemessen werden oder aber bei sehr geringen Werten aus obiger Beziehung

$$\triangle = \triangle_\omega \cdot \cos \omega$$

ungefähr berechnet werden, indem $\triangle_\omega$ für die der Messung leicht zugänglichen Stellen breitesten Lamellenabstandes ermittelt und ω geschätzt wird, was nach Belaiew bei einiger Übung leicht ist.

Abb. 36 zeigt eine Legierung mit 0,26% Kohlenstoff. Die Menge des bei schwachen Vergrößerungen fast gleichmäßig dunkel erscheinenden Perlits

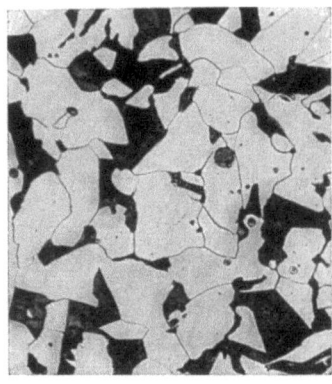 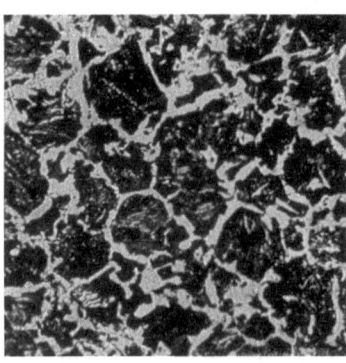

Abb. 36. Eisen-Kohlenstofflegierung mit 0,26% C, Ätzung II, ×100.　　Abb. 37. Eisen-Kohlenstofflegierung mit 0,53% C, Ätzung II, ×100.

ist im Vergleich mit Abb. 33 erheblich größer. Bei 0,53% Kohlenstoff (Abb. 37) ist außer einer weiteren Zunahme des Perlit-Flächenanteils eine prinzipielle Änderung des Gefüges festzustellen. Während die bisherige Anordnung von Ferrit und Perlit eine derartige war, daß die Gefügebestandteile nach allen Richtungen praktisch gleiche Ausdehnung besaßen und die Perlitinseln zwischen den Ferritkörnern eingelagert waren, tritt nunmehr der Ferrit in Form eines

Netzwerkes auf, dessen Maschen der Perlit anfüllt. Man spricht daher von Netz- oder auch von Zellengefüge. Abb. 38 ist eine Legierung mit 0,64% Kohlenstoff. Die Dicke der Zellenwände des Ferrits hat gegenüber Abb. 37 erheblich abgenommen. Abb. 39 zeigt eine eutektoidische Legierung mit 0,86% Kohlenstoff. Das ganze Gesichtsfeld ist von Perlit eingenommen. Man erkennt hier

Abb. 38. Eisen-Kohlenstofflegierung mit 0,64% C, Ätzung II, × 100.

Abb. 39. Eisen-Kohlenstofflegierung mit 0,86% C Ätzung II, × 100.

deutlich, daß der Perlit in Korneinheiten vorkommt. Die helleren Stellen sind durch größeren, die dunkleren durch kleineren scheinbaren Lamellenabstand gekennzeichnet. Eine Legierung mit 1,5% Kohlenstoff (Abb. 40) ist übereutektoidisch, und es erscheint daher als neuer Gefügebestandteil das Eisenkarbid Fe_3C mit der metallographischen Bezeichnung Zementit, weil er im Zementstahl in großen Mengen vorkommt. Dieser Zementit ist seiner Zusammensetzung und seinem Aufbau nach identisch mit dem Zementit des Perlits. Weil er aber bei der Abkühlung einer übereutektoidischen Legierung vor dem Perlit zur Abscheidung gelangt, hat man ihn auch proeutektoidisch genannt. Dementsprechend kann man auch von proeutektoidischem Ferrit sprechen. Der Zementit umschließt in Abb. 40 ähnlich dem Ferrit die Perlitmaschen in Form von Zellen. Gleichzeitig erscheinen auch im Innern des Netzwerkes Zementitnadeln, deren Ausbildung von der kristallographischen Orientierung des Kornes beherrscht wird. Auch der übereutektoidische Zementit wird durch die gewöhnlichen Ätzmittel nicht gefärbt. Er unter-

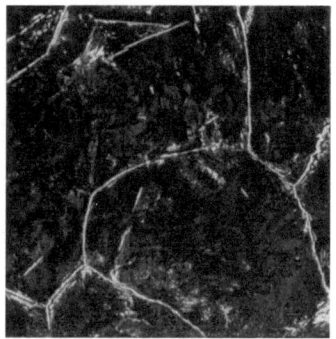

Abb. 40. Eisen-Kohlenstofflegierung mit 1,5% C, Ätzung II, × 100.

scheidet sich jedoch durch seine größere Härte vom Ferrit. Eine gesättigte alkalische Natriumpikratlösung färbt den Zementit dunkel, läßt dagegen den Ferrit hell. Auch der Perlit wird, solange dessen Zementit in nicht zu groben Anhäufungen auftritt, nicht gefärbt. Jedenfalls richtet sich der Grad der Färbung nach der Größe der Zementiteinheiten des Perlits. Abb. 41 ist die in Abb. 40 dargestellte, jedoch mit Natriumpikrat geätzte Stelle, sie zeigt die Dunkelfärbung des zellen- und nadelförmigen Zementits. Mit steigendem Kohlenstoffgehalt wächst die Zementitmenge, jedoch, wie bereits erwähnt, sehr langsam.

46 Die Konstitution des Eisens in Abhängkeit von der chemischen Zusammensetzung.

Die Legierungen mit mehr als 1,7% Kohlenstoff umfassen das untereutektische, eutektische und übereutektische weiße Roheisen.

Abb. 42 ist ein weißes Roheisen mit 4,3% Kohlenstoff, das demnach ausschließlich aus dem Eutektikum C Abb. 32 bestehen muß, und das zu Ehren des

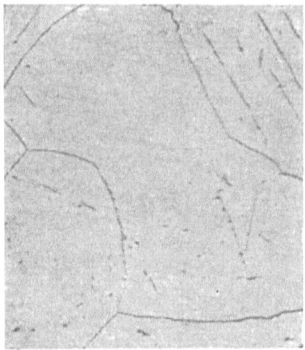

Abb. 41. Dieselbe Stelle wie 40, jedoch mit Natriumpikrat geätzt.

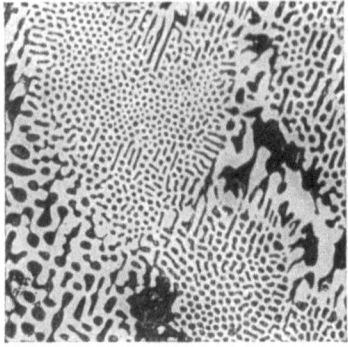

Abb. 42. Ledeburit, Ätzung II, × 100.

deutschen Eisenhüttenmannes Ledebur die Bezeichnung Ledeburit erhielt. Die eutektische Struktur ist unverkennbar.

Abb. 43 ist ein übereutektisches weißes Roheisen, das in einer Grundmasse von Ledeburit primären, also nach der Linie CD abgeschiedenen Zementit enthält, der entsprechend den geringen Widerständen bei seiner Kristallisation in

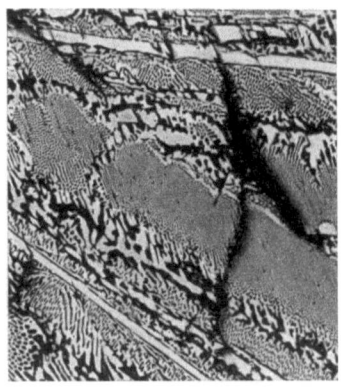

Abb. 43. Übereutektisches weißes Roheisen, Ätzung II, × 100.

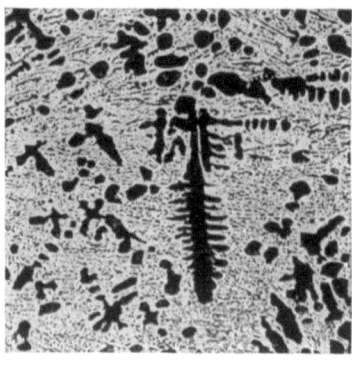

Abb. 44. Untereutektisches weißes Roheisen, Ätzung II, × 100.

einer flüssigen Grundmasse gut ausgeprägte, nadlige Kristallformen zeigt. Nur durch besondere Wärmebehandlung, insbesondere energisches Abschrecken aus dem Schmelzfluß, läßt es sich in reinen Eisen-Kohlenstofflegierungen mit so hohen Kohlenstoffgehalten erreichen, daß der gesamte Kohlenstoff als Fe_3C ausgeschieden wird.

Abb. 44 ist ein untereutektisches weißes Roheisen, das demnach in der Ledeburit-Grundmasse Mischkristalle aufweist. Da diese Kristalle wie der primäre Zementit in einer wenig Widerstand bietenden flüssigen Grundmasse kristalli-

Eisen und Kohlenstoff. 47

sieren, sind ihre Kristallformen verhältnismäßig gut ausgebildet. Sehr häufig ist ein System von zwei zueinander senkrechten Achsen in charakteristischer, tannenbaumförmiger oder dendritischer Anordnung zu erkennen. Die Menge dieser Kristalle nimmt mit steigendem Kohlenstoffgehalt zwischen 1,7 und 4,3% von 100 auf 0 linear ab. Bei Kohlenstoffgehalten wenig oberhalb 1,7% erscheint das Eutektikum in Zellen- bzw. Inselform zwischen den in großem Überschuß befindlichen Mischkristallen eingeschlossen.

Daß sämtliche Mischkristalle, mögen sie nun primär oder eutektisch sein, in sekundären Zementit und Perlit zerfallen, wenn die Abkühlung nicht allzu rasch erfolgt, wurde bereits erwähnt. Abb. 45 zeigt den sekundären Zementit in Nadelform innerhalb der perlitischen Grundmasse. Häufig, insbesondere bei sehr kleinen Mischkristalleinheiten, fehlt scheinbar der sekundäre Zementit. In Wirklichkeit hat er sich am Zementit des Ledeburits, diesen als Keim benutzend, ausgeschieden.

c) **Die technisch besonders wichtigen Linien GOS, PSK und ES des Zustandsdiagrammes.** Für eine große Zahl technischer Operationen sind die durch die Linien GOS, SE und PSK gekennzeichneten Vorgänge von ausschlaggebender Bedeutung. Der Bestimmung dieser Linien ist daher von jeher eine besondere Sorgfalt zugewendet worden. Die in dem Zustandsschaubild Abb. 32 wiedergegebenen Linien sind das Ergebnis von verschiedenen Forschern wiederholt durchgeführter Untersuchungen, bei denen thermische, kalorimetrische, mikroskopische, dilatometrische, magnetische, röntgenographische und resistometrische Verfahren zur Anwendung gelangten. Die Beschrei-

Abb. 45. Sekundärer Zementit in den Mischkristallen, Ätzung II, × 300.

bung dieser Untersuchungsmethoden und die Besprechung der Einzelergebnisse soll im Rahmen dieses Buches nicht vorgenommen werden. Es sei verwiesen auf die Schrifttumsübersicht über das System Eisen-Kohlenstoff von F. Körber und H. Schottky(1). Lediglich die Abschreck- oder mikroskopische Methode soll hier, als unmittelbar in den Rahmen dieses Buches gehörend, beschrieben werden.

Das Prinzip dieser Methode ist folgendes: Man erhitzt Proben der zu untersuchenden Legierungen auf eine Reihe von in der Nähe der mutmaßlichen Temperatur des Beginns beispielsweise der Ferritbildung gelegenen Temperaturen und schreckt sie möglichst energisch ab. Ohne auf die Vorgänge beim Abschrecken oder Härten einzugehen, kann hier bereits gesagt werden, daß es durch Abschrecken gelingt, eine Vorstellung vom Gefügezustand bei der Abschrecktemperatur auch bei gewöhnlicher Temperatur zu schaffen, soweit insbesondere das hier interessierende Verhältnis von fester Lösung und Ferrit bzw. Zementit in Frage kommt. Ist T_L die niedrigste Temperatur, bei der das Gefügebild der abgeschreckten Probe ausschließlich feste Lösung in irgendeiner der später zu besprechenden Erscheinungsformen enthält und T_F die höchste Temperatur, bei der man Ferrit neben der festen Lösung erkennen kann, so muß offenbar die Temperatur des Beginnes der Ferritabscheidung zwischen T_L und T_F gelegen sein. Wählt man das Intervall $T_L - T_F$ klein genug, so muß sich die Temperatur des Beginns der Ferritbildung mit einigen Graden Genauigkeit ermitteln lassen. In der Tat ist die Lage der Kurven *GOS* und *ES* mehrmals nach diesem Verfahren bestimmt worden.

Abb. 46 zeigt eine bei 750°, also entsprechend Abb. 32 etwa 10° unter A_3 abgeschreckte Legierung mit 0,53% Kohlenstoff. In der Grundmasse von fester

Abb. 46. Eisen-Kohlenstofflegierung mit 0,53 % C bei 750° abgeschreckt, Ferrit + Martensit, Ätzung II, ×150.

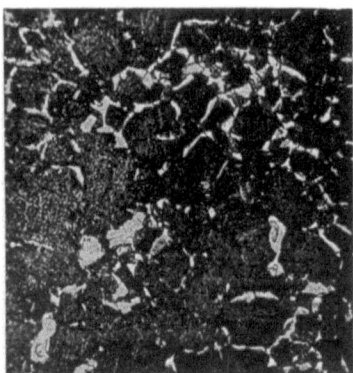
Abb. 47. Dieselbe Legierung wie Abb. 46, jedoch bei 730° abgeschreckt.

Lösung, die hier fast gleichmäßig dunkel erscheint, erkennt man vereinzelte helle Ferritkörner. In der bei 730° abgeschreckten Legierung muß der Hebelbeziehung gemäß mehr Ferrit vorhanden sein. Dies trifft, wie Abb. 47 veranschaulicht, tatsächlich zu.

Mit Hilfe des **Heißätzversuchs** ist es möglich, das Gefüge der Eisenkohlenstofflegierungen auch in dem Gebiete oberhalb des Kurvenzuges *GOSE*, d. h. im Gebiete der festen Lösung des Eisenkarbides in γ-Eisen, und damit auch den Verlauf dieses Kurvenzuges selbst durch mikroskopische Beobachtung festzustellen. Dieser Weg ist von Wark (*1*) sowie von Tschischewski und Schulgin (*1*) beschritten worden. Abb. 48 zeigt die ursprünglich polierte Fläche eines in Stickstoffatmosphäre auf 1260° erhitzten Stahles mit 0,13% Kohlenstoff. Die Ätzwirkung entsteht wahrscheinlich durch die im Stickstoff von der Trocknung her verbliebenen Säurereste. Während die Legierung nach

Abb. 48. Stahl mit 0,13 % C bei 1260° im Stickstoffstrom geätzt, ×200.

Ätzung bei Raumtemperatur im Schliffbild Ferrit und Perlit zeigt, weist der bei 1260°, also oberhalb Ac_3 geätzte Schliff ein polygonales Gefüge auf, das sich von dem des Ferrits durch Zwillingsstreifung in den Körnern unterscheidet. Letztere ist aber das Kennzeichen des γ-Eisens. Dieser Umstand und das völlige Fehlen eines zweiten Gefügebestandteiles beweisen, daß ähnlich wie in flüssigen Lösungen der gelöste Stoff (Eisenkarbid) im Lösungsmittel (γ-Eisen) verschwunden ist, und wir es tatsächlich mit einer festen Lösung zu tun haben.

Eisen und Kohlenstoff. 49

Die unmittelbare mikroskopische Beobachtung des Gefüges bei Temperaturen bis zu 1100° wurde mit Hilfe einer besonderen Versuchseinrichtung von H. Esser und H. Cornelius (3) durchgeführt.

Die Linien *GOS* und *PSK* lassen sich nach allen weiter oben angeführten Untersuchungsmethoden bestimmen. Die magnetische Umwandlung (*MO*) ist lediglich mikroskopisch nicht nachweisbar. *ES* wurde vorwiegend auf mikroskopischem Wege, außerdem resistometrisch, magnetisch und neuerdings auch thermisch[1] nachgewiesen.

Die Linien des Zustandsdiagramms Abb. 32 sind als Gleichgewichtslinien aufzufassen, d. h. sie zeigen die Temperaturen an, bei denen die Vorgänge sowohl bei der Erhitzung wie bei der Abkühlung theoretisch erfolgen. In Wirklichkeit besteht aber (nur A_2 macht unterhalb 0,5% C eine Ausnahme) ein Unterschied zwischen der Temperatur des Vorganges bei der Erhitzung und der des Vorganges bei der Abkühlung, der ja mehrfach bereits erwähnt und Hysteresis genannt wurde. Der Vor-

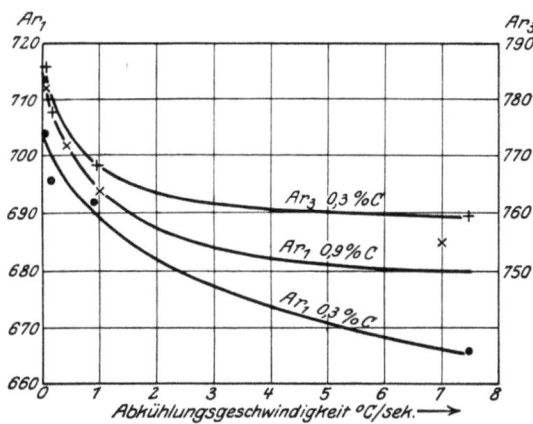

Abb. 49. Einfluß der Abkühlungsgeschwindigkeit auf Ar_3 und Ar_1 in einem Stahl mit 0,3% C und von Ar_1 in einem eutektoidischen Stahl [Schneider(1)].

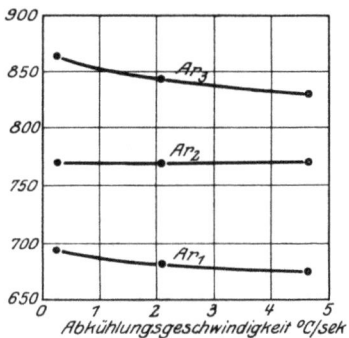

Abb. 50. Einfluß der Abkühlungsgeschwindigkeit auf die Lage von Ar_3, Ar_2, Ar_1 in einem weichen Flußstahl mit 0,06% C [Maurer(1)].

gang bei der Abkühlung erfolgt bei tieferer Temperatur als bei der Erhitzung. Es findet bei der Abkühlung eine sogenannte Unterkühlung statt.

Wir sahen bereits, daß die Lage des Haltepunktes A_3 im reinen Eisen durch die Abkühlungsgeschwindigkeit beeinflußt wird. Gleiches trifft auch für die Haltepunkte der Eisen-Kohlenstofflegierungen zu. Die Abweichungen in den Versuchsergebnissen verschiedener Beobachter sind, abgesehen von der Beeinflussung durch die Verschiedenheit der chemischen Zusammensetzung des Versuchsmaterials, auch auf Verschiedenheiten in diesem Sinne zurückzuführen. Solange die Abkühlungsgeschwindigkeit sich in mäßigen Grenzen bewegt, ansteigend etwa bis zur Luftabkühlung, ist unter sonst gleichen Verhältnissen, insbesondere bezüglich der abzukühlenden Masse, die Änderung der Haltepunkte verhältnismäßig gering.

So werden z. B. nach Schneider(1) Ar_1 und Ar_3 in einem Stahl mit 0,3% Kohlenstoff in der durch Abb. 49 gekennzeichneten Weise durch die Abkühlungsgeschwindigkeit beeinflußt. Abb. 50 zeigt die Versuchsergebnisse von

---

[1] Unveröffentlichte Versuche von H. Esser und H. Cornelius.

Oberhoffer, Techn. Eisen, 3. Aufl. 4

50 Die Konstitution des Eisens in Abhängigkeit von der chemischen Zusammensetzung.

Maurer(1) an einem Stahl mit 0,06% Kohlenstoff. Hier ist auch das Konstantbleiben von A_2 bemerkenswert.

Mit steigender Abkühlungsgeschwindigkeit nimmt also das Bestreben der festen Lösung, unterkühlt zu werden, zu, und zwar zunächst rascher, dann langsamer. Dies tritt bei Ar_1 dadurch noch besonders in Erscheinung, daß im Falle der Unterkühlung die Temperatur nochmals ansteigt, einem Maximum zustrebt und dann erst endgültig sinkt. Bei Abkühlungsgeschwindigkeiten von der Größenordnung, wie sie bei der Abschreckhärtung von Stahl gewählt werden, liegen wesentlich andere Verhältnisse vor. Hierauf ist später noch ausführlich einzugehen.

R. Ruer und F. Goerens(3) versuchten die wirkliche Gleichgewichtstemperatur A_1 zu finden, indem sie etwa ½ Stunde auf die Versuchstemperatur in der Nähe von A_1 erhitzten und Abkühlungskurven aufnahmen. Zur Ermittlung von Ac_1 wurde lediglich auf die betreffende Versuchstemperatur ½ Stunde erhitzt. Die von der niedrigsten Temperatur ausgehende Kurve, die schon den Haltepunkt aufwies, war die unterste Grenze von Ac_1. Zur Ermittlung von Ar_1 wurde die Probe erst in das Gebiet der festen Lösung übergeführt, dann ½ Stunde auf Versuchstemperatur erhitzt. Die von der höchsten Temperatur ausgehende Kurve, die keinen Haltepunkt mehr aufwies, ergab die oberste Grenze für Ar_1. Auf diese Weise gelang es Ruer und F. Goerens, die Hysteresis auf 6° zu verkleinern. Die Gleichgewichtstemperatur A_1 ergab sich als Mittel aus Ac_1 und Ar_1 zu 721°. Zu einem ähnlichen Ergebnis gelangte Schneider. Dieser fand ferner folgende Abhängigkeit von Ac_1 von der Erhitzungsgeschwindigkeit in einem Stahl mit 0,89% Kohlenstoff:

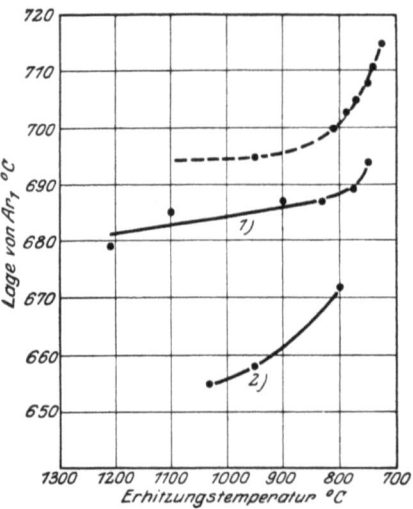

Abb. 51. Einfluß der Erhitzungstemperatur auf die Lage von Ar_1 in einem eutektoidischen Stahl. —— 1) Abkühlungsgeschwindigkeit = 1,1° C/sek (Ofen). —— 2) Abkühlungsgeschwindigkeit = 7,1° C/sek (Luft). - - - - [R. Ruer und F. Goerens(3)].

Erhitzungsgeschwindigkeit °C/sek	Ac_1 °C
0,01	728
0,14	732
0,33	744
3,6	748

Nicht nur die Abkühlungsgeschwindigkeit beeinflußt die Lage von Ar_1, auch die Temperatur, auf die das Probematerial vor Aufnahme der Abkühlungskurve erhitzt wurde, übt einen Einfluß aus. Abb. 51 zeigt entsprechende Ergebnisse von Ruer und F. Goerens sowie von Schneider. Die Ergebnisse Schneiders beziehen sich auf zwei verschiedene Abkühlungsgeschwindigkeiten. Bei langsamer und bei rascher Abkühlung sinkt mit steigender Erhitzungstemperatur der Perlitpunkt, und zwar rascher im letzteren als im ersteren Falle. Man erklärt diese Tatsache durch die Annahme, daß bei der Erhitzung über Ac_1 noch ungelöste Zementitkeime zurückbleiben, die dann bei der Abkühlung den Anstoß zur Perlitbildung geben und daher die Unterkühlung mehr oder weniger verhindern. Je höher die Erhitzungstemperatur, um so weniger Zementit-

Eisen und Kohlenstoff.

keime bleiben zurück, um so größer ist die Neigung zur Unterkühlung und um so niedriger liegt die Temperatur des Perlitpunktes.

Die Temperatur des Beginns der Ferritausscheidung ist von der Erhitzungstemperatur unabhängig, dagegen wohl stark unterkühlbar, so daß die z. B. auf thermischem Wege mit einer Abkühlungsgeschwindigkeit von wenigen hundertstel °C/sek ermittelten Ar_3-Punkte noch unter der Gleichgewichtstemperatur liegen. Da im allgemeinen die Überhitzung ein geringeres Ausmaß besitzt als die Unterkühlung, sollte bei der Ermittlung von Gleichgewichtstemperaturen die Ac-Temperatur stärker berücksichtigt werden als die Ar-Temperatur.

Es bleibt zu untersuchen, welchen Einfluß die Abkühlungsgeschwindigkeit und die Erhitzungstemperatur auf das Gefüge der Eisen-Kohlenstofflegierungen ausüben, wenngleich diese Frage in das Gebiet der Wärmebehandlungslehre und der Theorie der Stahlhärtung gehört, wo sie daher noch eingehend im Zusammenhang mit den entsprechenden Änderungen der technischen Eigenschaften zur Sprache kommen soll. Hier sei lediglich die Ausbildungsform des Perlits besprochen. Die bisher erwähnte lamellare Form ist durchaus nicht immer zu beobachten. Sie entspricht auch nicht dem strukturellen Gleichgewicht. Diesem kommt vielmehr statt der lamellaren oder streifigen die globulare oder körnige zu, wie sie in Abb. 52 dargestellt ist. Anstatt, räumlich gedacht, in Form von Lamellen oder Platten auszukristallisieren, tritt der Zementit hier in Kugelform auf.

F. Körber und W. Köster (2) haben auf Grund der Schrifttumsangaben die Bildungsbedingungen des körnigen Zementits behandelt. Zur Erzeugung von körnigem Zementit sind vier Möglichkeiten vorhanden:

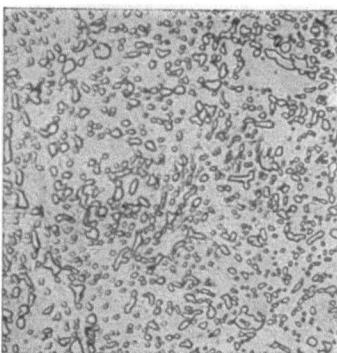

Abb. 52. Körniger Zementit, Ätzung II, × 400.

1. sehr langsames Durchschreiten der A_1-Gleichgewichtstemperatur;
2. kurzes Überschreiten von Ac_1 mit nachfolgender langsamer Abkühlung unter Ar_1 oder mehrmalige Wiederholung dieses Verfahrens (Pendelglühung);
3. langzeitiges Glühen kurz unterhalb der A_1-Gleichgewichtstemperatur;
4. Anlassen abgeschreckter Stähle.

Bei den üblichen Abkühlungsgeschwindigkeiten liegt die Ar_1-Temperatur unterhalb der Gleichgewichtstemperatur. Diese letztere ist dadurch gekennzeichnet, daß bei ihr die Bildungs- und Auflösungsgeschwindigkeit des Eutektoides Perlit gleich Null ist. Mit der Entfernung von der Gleichgewichtstemperatur wächst bei Abkühlung die Umsetzungsgeschwindigkeit zunächst langsam, und schließlich findet bei Ar_1 ein starker Anstieg statt. Unterkühlter Austenit zerfällt daher bei Ar_1 spontan zu streifigem Perlit. In dem Gebiet der geringen Umsetzungsgeschwindigkeit kurz unterhalb der Gleichgewichtstemperatur entsteht dagegen der dem Gefügegleichgewicht angenäherte Zustand, der körnige Zementit. Um ihn zu erzeugen, muß man also eine Unterkühlung des Austenits vermeiden, d. h. die Möglichkeit 1 ausnutzen, bei der die Entstehung von Zementitkeimen kurz unterhalb der Gleichgewichtstemperatur begünstigt und so eine Übersättigung des Austenits vermieden wird. Letzteres wird noch besser erreicht

4*

durch kurzes Erhitzen bis kurz oberhalb Ac_1 (2. Möglichkeit). Hierbei bleiben Zementitkeime ungelöst, die bei der anschließenden, langsamen Abkühlung allmählich weiterwachsen und eine Entmischung ohne Unterkühlung fördern.

Nach den Möglichkeiten 3 und 4 entsteht körniger Zementit ohne Überschreitung der Perlitlinie. Die Zementitlamellen ballen sich bei hinreichend hoher Temperatur unter der Einwirkung der Oberflächenenergie zu Kugeln zusammen, die sich ihrerseits auf dem Wege der Diffusion vergrößern. Letzteres geschieht vorwiegend beim Anlassen gehärteter Stähle, in denen der Zementit zunächst in ultramikroskopischer Verteilung vorliegt.

Das Koagulieren eines im lamellaren Zustande vorliegenden Perlits wird befördert durch eine der Erhitzung unter Ac_1 vorangehende Zertrümmerung oder sogar lediglich Verformung der Lamellen, wie sie etwa das Walzen, Schmieden, Pressen, Ziehen in der Wärme oder Kälte darstellt.

Der Lamellenabstand des Perlits ist in erster Linie von der Abkühlungsgeschwindigkeit, d. h. insbesondere von der Geschwindigkeit abhängig, mit der

 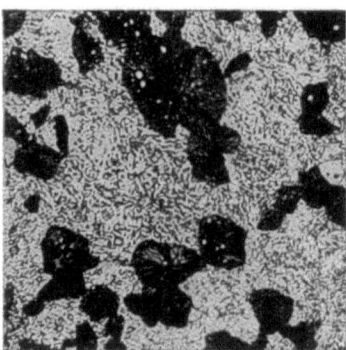

Abb. 53. Sorbit mit feinlamellarem Perlit, Ätzung II, × 300. Abb. 54. Troostit und Martensit, Ätzung II, × 300.

Ar_1 durchlaufen wird. Je nach dieser finden wir daher, daß in den Kohlenstoffstählen diese Abstände in den weitesten Grenzen schwanken können. Wenn nach der Seite kleinster Abkühlungsgeschwindigkeiten der körnige Zementit die Grenze bildet, so ist es nach der anderen Seite ein Gefüge, bei dem selbst unter stärkster Vergrößerung eine Auflösung des Perlits nicht mehr möglich ist. Diese bei höheren Abkühlungsgeschwindigkeiten erzeugten Gefügearten heißen:

Sorbit*, wenn das Färbungsvermögen mit primären Ätzmitteln zwar noch nicht so groß ist, daß schon nach kürzester Ätzdauer gleichmäßige Schwärzung erzielt wird, die Färbung vielmehr noch selektiv ist, und bei starken Vergrößerungen noch innerhalb ein und derselben Korneinheit eine wenn auch nicht auflösbare Differenzierung herrscht. Abb. 53 ist ein Gemisch von feinlamellarem Perlit und Sorbit;

Troostit**, wenn weder selektive Färbung von Korneinheiten noch differenzierende Färbung der Einheit selbst erfolgt, vielmehr nach kürzester Ätzdauer tiefschwarze, gleichmäßige Färbung eintritt. Abb. 54 ist Troostit im Gemisch mit einem später zu besprechenden Bestandteile (Martensit).

* Nach dem englischen Forscher Sorby, der die mikroskopische Metalluntersuchung besonders förderte.
** Nach dem französischen Forscher Troost.

Der Übergang vom körnigen Zementit zum lamellaren Perlit und von diesem zum Sorbit und Troostit ist allmählich, und er vollzieht sich in erster Linie in Abhängigkeit von der Abkühlungsgeschwindigkeit. Der niedrigsten entspricht der körnige Zementit, der höchsten der Troostit, jedoch mit der wichtigen Einschränkung, daß die Geschwindigkeit keinesfalls das Maß erreicht, das zum Härten, d. h. zur wesentlichen und sprunghaften Steigerung der Härte, erforderlich ist, wobei, wie wir sehen werden, auch die übrigen Eigenschaften, wie Magnetismus, elektrische Leitfähigkeit, Dichte und Zerreißfestigkeit sprunghafte Änderungen erleiden. Während man den Sorbit noch als Perlit von geringstem Lamellenabstand und kleinster Lamellenbreite ansprechen könnte, ist heute die Auffassung über das Wesen des Troostits die, daß er einem Zustand feinster Dispersion des Karbides entspricht.

Es ist klar, daß das Koagulieren des Zementits um so leichter erfolgen wird, d. h. bei um so niedrigerer Temperatur und in um so kürzerer Zeit, in je feinerer Form er von vornherein vorliegt. In der Tat haben Versuche dies bestätigt, und es ist schon bei verhältnismäßig niedrigen Temperaturen (etwa 500—600°)

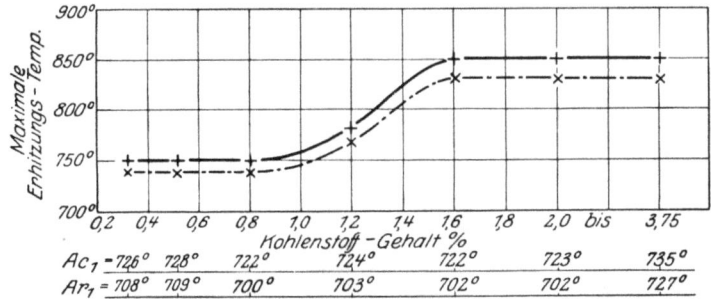

Abb. 55. Perlit in Abhängigkeit von der Erhitzungstemperatur und vom C-Gehalt (Honda und Saito).
+ — + — + — lamellarer Perlit und körniger Zementit, × — · × — · körniger Zementit.

und in kurzer Zeit (weniger als 1 Stunde) möglich, Sorbit und noch leichter Troostit in körnigen Zementit umzuwandeln.

Nach den Ausführungen über den Einfluß der Abkühlungsgeschwindigkeit auf die Lage von Ar_1 sowie auf das Gefüge besteht offenbar ein Zusammenhang zwischen beiden. Je näher Ar_1 an der Gleichgewichtslage gefunden wird, um so mehr muß sich das Gefüge dem körnigen Zementit nähern; je mehr Ar_1 sich etwa 660°, der tiefsten bisher für Ar_1 erwähnten Temperatur, nähert, um so mehr nähert sich das Gefüge dem Troostit.

Die Erhitzungstemperatur übt nun gemäß Abb. 55 einen ähnlichen Einfluß auf Ar_1 aus wie die Abkühlungsgeschwindigkeit, und es ist daher vorauszusehen, daß sie auch auf das Gefüge von ähnlichem Einfluß sein wird. Dies bestätigt die Erfahrung. Je weniger die Erhitzungstemperatur unter sonst gleichen Bedingungen über Ac_1 gewählt wird, um so mehr Zementitreste bleiben ungelöst, um so größer ist infolge deren Keimwirkung die Neigung zur Ausbildung eines Gefüges mit körnigem Zementit. In Abb. 55 ist die Abhängigkeit der Perlitausbildung von der Erhitzungstemperatur für Legierungen mit verschiedenen Kohlenstoffgehalten wiedergegeben.

Das Temperaturintervall, innerhalb dessen die Erhitzung vorgenommen werden muß, damit körniger Zementit gebildet wird, ist bei untereutektoidischen Legierungen kleiner als bei übereutektoidischen, und es nimmt allgemein mit steigendem Kohlenstoffgehalt zu. Daß die Erhitzungstemperatur an und für sich eine Rolle spielt, erklärt sich auch hier aus der Tatsache, daß mit ihrem Anwachsen über Ac_1 die ungelöst zurückbleibenden Zementitkeime immer mehr abnehmen. Bei übereutektoidischen Legierungen spielt ferner der über Ac_1 noch vorhandene proeutektoidische Zementit die Rolle des Kristallisationskeims, und so erklärt es sich, daß in solchen Legierungen die Erhitzungstemperatur besonders hoch sein kann, ohne daß die Bildung von lamellarem Perlit erfolgt*. Werden die Legierungen auf die der oberen Kurve in Abb. 55 entsprechenden Temperaturen erhitzt, so erfolgt neben körnigem Zementit die Bildung von lamellarem Perlit. Mit steigender Temperatur verschwindet der körnige Zementit und der Lamellenabstand des lamellaren Perlits wird immer kleiner; das Gefüge nähert sich dem Sorbit, ohne daß aber, wenigstens bei geringen Abkühlungsgeschwindigkeiten, in reinen Eisen-Kohlenstofflegierungen die Troostitbildung herbeigeführt werden kann.

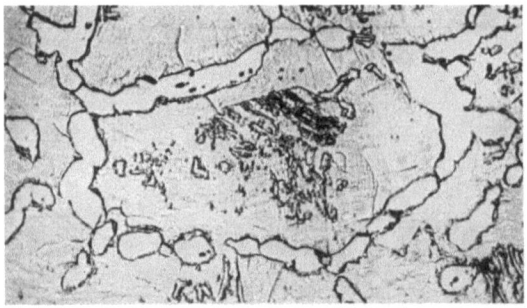

Abb. 56. Stahl mit 1,5% C, Ätzung II, ×50, zwischen A_1 und A_{cm} erhitzt und rasch abgekühlt [Piwowarsky (1)].

Durch wiederholtes Erhitzen übereutektoidischer Stähle zwischen A_1 und A_{cm} ist es möglich, diese Stähle in Ferrit und Zementit zu zerlegen, wobei das Gefügebild je nach der Erhitzungstemperatur aus einem regellosen Gemisch größerer und kleinerer Zementitkugeln in einer Ferritgrundmasse besteht, oder, wie Piwowarsky (1) zeigte, sich nach öfterem Erhitzen zwischen A_1 und A_{cm} der größte Teil des Perlit-Zementits am vorhandenen Zementitnetzwerk abscheidet. Dieses wird verbreitert, und es bleibt schließlich nur im zentralen Teil der Zellen etwas Perlit zurück (Abb. 56). Ist dagegen die Abkühlungsgeschwindigkeit im Perlitintervall genügend klein (bei reinen Eisen-Kohlenstofflegierungen etwa 0,1°/sek), so kann vollkommenes Abfließen des Karbids an das vorhandene Zementitnetzwerk eintreten, wobei jede Spur von Perlitbildung ausbleibt (Abb. 57). Zusatz fremder Elemente beeinträchtigt die Diffusionsgeschwindigkeit des Karbids mehr oder weniger und übt demnach auch einen entsprechenden Einfluß auf den Grad der Koagulation aus. So fand Piwowarsky, daß Phosphor das Zusammenfließen des Karbids nur wenig beeinträchtigte, Nickel und Silizium eine verstärkte Wirkung in dieser Richtung ausübten, während Chrom das Zusammenballen am stärksten hinderte. So zeigt

---

* In ähnlichem Sinne wie ungelöste Karbidteilchen wirkt nach Whiteley (Engineer Bd. 114 (1922) S. 753) auch Verformung im Augenblick möglicher Eutektoidbildung auf deren Verzögerung. So ergaben Stäbe aus weichem Kohlenstoffstahl, die kurz unterhalb des wahren Perlitpunktes um 60° gebogen und darauf abgeschreckt worden waren, an den Stellen stärkster Biegung große Perlitfelder, während die nicht deformierten Schenkel der Stäbe stets das Gefüge der festen Lösung neben Ferrit zeigten.

Abb. 58 das Gefüge eines etwa 0,5% Chrom enthaltenden Stahls von im übrigen der gleichen chemischen Zusammensetzung und Glühbehandlung wie Abb. 56 und 57. Man beachte die gleiche Vergrößerung. Der Zementit ist wohl teilweise körnig geworden, ohne jedoch zu größeren Einheiten zusammengeflossen zu sein. Aber auch in untereutektoidischen Legierungen gelingt es nach Piwowarsky, sogenannten **Korngrenzenzementit** künstlich zu erzeugen unter weitgehender Verhinderung eutektoidischer Gefügeausbildung, und zwar durch langsame Abkühlung aus Temperaturgebieten, die wenig unterhalb der Temperatur des vollkommenen Verschwindens ungelöster Zementitkeime liegen, wofern die Geschwindigkeit der Abkühlung im Perlitintervall den Betrag von etwa 0,015° C/sek nicht überschreitet. Abb. 59 zeigt das Gefüge eines reinen Kohlenstoffstahles mit 0,54% C, der 30 Min. lang bei 760° geglüht und darauf mit 0,015° C/sek abgekühlt wurde. Der größte Teil des Kohlenstoffs liegt als Korngrenzenzementit vor in einer Grundmasse von Ferrit.

Die Abkühlungsgeschwindigkeit, zweifellos der wichtigste der betrachteten Einflüsse, beschäftigte uns bisher nur, soweit sie über eine gewisse Grenze nicht hinausging, die Ar_1 bei etwa 660 statt 721° und als Gefüge Sorbit-Troostit lieferte. Der Einfluß höherer Abschreckgeschwindigkeiten wird in den Abschnitten über Stahlhärtung und Härtungstheorien besprochen.

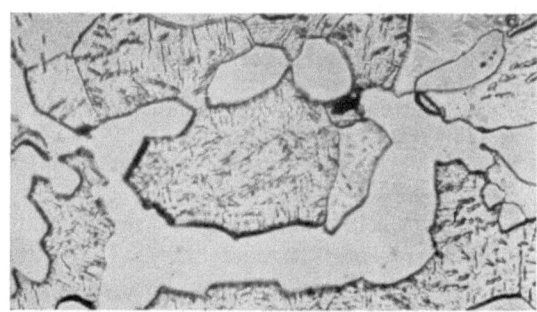

Abb. 57. Wie 56, jedoch langsam abgekühlt [Piwowarsky(1)].

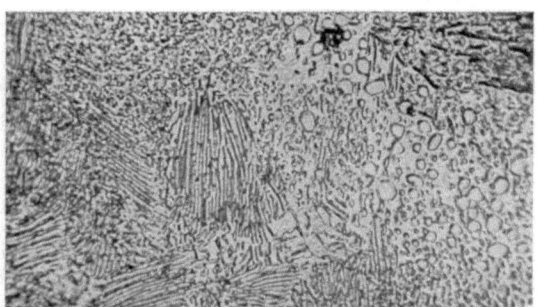

Abb. 58. Stahl mit 1,5% C und 0,5% Cr, Ätzung II, × 50, behandelt wie 57 [Piwowarsky(1)].

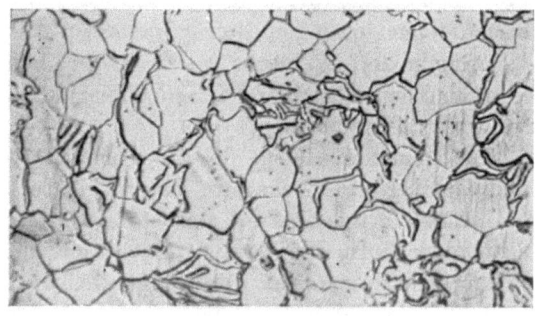

Abb. 59. Stahl mit 0,54% C, 30 Minuten bei 760° geglüht, mit 0,015° C/sek, Ätzung II, × 50 [Piwowarsky (1)].

B. Das System Eisen — elementarer Kohlenstoff. (Stabiles System.) Graues Roheisen.

Die vorstehenden Ausführungen gelten, wie eingangs betont wurde, nur unter der Voraussetzung, daß der Kohlenstoff in seiner Gesamtheit als Eisenkarbid Fe_3C zugegen ist. Diese Voraussetzung braucht jedoch nicht notwendigerweise zuzutreffen. Das Eisenkarbid ist keine stabile Verbindung. Bei Wärmezufuhr zersetzt sie sich unter Bildung von Eisen und elementarem Kohlenstoff. Saniter (1) erhitzte reines, auf üblichem Wege isoliertes Eisenkarbid Fe_3C und fand:

nach der Erhitzung in einem Kupfergefäßchen auf 800°, hierauf abgeschreckt, 0,4% Graphit = 6% des Fe_3C;

nach der Erhitzung in einem Kupfergefäßchen auf 1000°, hierauf abgeschreckt, 0,56% Graphit = 8,4% des Fe_3C;

nach der Erhitzung in Stickstoffatmosphäre auf 1000°, hierauf langsam abgekühlt, 2,45% Graphit = 36,8% des Fe_3C;

nach der Erhitzung in Stickstoffatmosphäre auf 1400°, hierauf langsam abgekühlt, 3,05% Graphit = 45,8% des Fe_3C.

Saniter gibt selbst zu, daß sein Präparat nicht sehr rein war. Ruer (2) stellte fest, daß sein sorgfältig gereinigtes Präparat, unter Luftabschluß erhitzt, bei 1112° erst zu 6 und bei 1132° zu 63% zerfallen war. Geringe Unterschiede in der Herstellung und Zusammensetzung üben nach Ruer einen großen Einfluß aus auf die Zerfallsgeschwindigkeit. Die Ausscheidung des elementaren Kohlenstoffs erfolgte nach den Versuchen des gleichen Verfassers, unabhängig von der Art der umgebenden Gasatmosphäre und ohne daß hierfür ein Grund angegeben werden konnte, von der Oberfläche aus. Es ist ferner bemerkenswert, daß der Zementit als Gefügebestandteil erstarrter, reiner Eisen-Kohlenstofflegierungen eine geringere Zerfallsgeschwindigkeit aufweist als das daraus isolierte reine Karbid. Reine Eisen-Kohlenstofflegierungen mit 2,5—4% Kohlenstoff ohne jede Spur von Graphit ließen sich bis dicht an ihren Schmelzpunkt erhitzen, ohne daß Ausscheidung von elementarem Kohlenstoff erfolgte. Honda (1) sowie später Tammann (1) haben auf einem anderen Wege die Frage der Zerlegbarkeit des Zementits durch Erhitzung untersucht, indem sie die Größe der magnetischen Zementitumwandlung vor und nach der Erhitzung feststellten. Nach Honda ist bereits bei Temperaturen über 400° die Zerlegung des Zementits in Eisen und Kohle durch eine deutliche Verringerung des Magnetometerausschlages bei 210° bemerkbar. Bei längerem Erhitzen über 900° verschwindet der Zementit bis auf einen geringen Betrag, der auch bei langandauerndem Glühen bei 1000° nicht mehr zersetzt wird. Im Gegensatz hierzu stellt Tammann bereits nach fünfstündigem Erhitzen des reinen Karbids auf 500° fest, daß vollständige Spaltung stattgefunden hat.

Die elementare Form des Kohlenstoffs ist unter den Bezeichnungen Graphit und Temperkohle bekannt. Erstere Form bildet einen wichtigen Bestandteil des grauen Roheisens und des Gußeisens, letztere des Tempergusses. Auch die elementare Form des Kohlenstoffs ist im flüssigen Eisen und zu einem gewissen Prozentgehalte auch im festen Eisen löslich. Einen exakten Ausdruck findet das Verhalten von Eisen zu elementarem Kohlenstoff in dem Zustandsdiagramm, dessen beide Komponenten Eisen und elementarer Kohlenstoff sind. Man unterscheidet also zwischen dem System Eisen—Eisenkarbid und Eisen—elementarer Kohlenstoff. Ersteres wird metastabiles, letzteres stabiles System genannt. Abb. 32 enthält die Gleichgewichtslinien beider Systeme, und zwar gehören die gestrichelten Linien dem stabilen System an. Beiden Diagrammen gemeinsam sind die Kurven ABC, AH, HJB, NH, NJ und GOS', neu hinzugetreten sind $C'D'$, $E'C'F'$, $E'S'$ und $P'S'K'$. Die Bedeutung dieser Linien ist analog derjenigen von CD, ECF, ES und PSK im metastabilen System. Hiernach wäre für den Idealfall völliger Gleichgewichtseinstellung im System Fe—C:

$C'D'$ = primäre Abscheidung von elementarem Kohlenstoff. Diese Kohlenstoffform trägt die Bezeichnung primärer oder Garschaumgraphit.
$E'C'F'$ = Erstarrung des Eutektikums γ-Mischkristalle + Graphit. Der eutektische Graphit tritt in feinerer Form auf als der Garschaumgraphit.
$E'S'$ = Ausscheidung von Kohlenstoff in elementarer Form aus den γ-Mischkristallen. Diese Form des elementaren Kohlenstoffs wird Temperkohle genannt.
GOS' = Ausscheidung sehr kohlenstoffarmer α-Mischkristalle von der Konzentration GP'.
$P'S'K$ = Ausscheidung eines Eutektoides α-Mischkristalle—freier Kohlenstoff.

Über den Verlauf der Löslichkeitslinie $P'Q'$ des freien Kohlenstoffs im α-Eisen liegen noch keine Beobachtungen vor.

Die Konzentrationen besonders ausgezeichneter Punkte sind folgende:

C' = 4,25% = Kohlenstoffgehalt des Graphiteutektikums. Erstarrungstemperatur 1152°.
E' = etwa 1,5% = maximale Löslichkeit des elementaren Kohlenstoffs im γ-Eisen.
S' = etwa 0,7% = Kohlenstoffgehalt des Eutektoides Ferrit—elementarer Kohlenstoff, Bildungstemperatur 733°.

Da die Lage der Linie $E'S'$ selbst noch unsicher ist (s. weiter unten), besteht auch Unsicherheit bezüglich der Konzentrationen E' und S'.

Die kristallographische Identität der einzelnen Formen des elementaren Kohlenstoffs ist auf röntgenographischem Wege von Wever (4) nachgewiesen worden. Alle Formen besitzen das bereits von Debye und Scherrer (1, 2) ermittelte Raumgitter, nämlich zwei ineinandergestellte rhomboedrische Gitter, die in Richtung der trigonalen Achse um ein Drittel von deren Länge gegeneinander verschoben sind. Die einzelnen Formen unterscheiden sich lediglich durch die Kristallgröße. So besitzt nach Wever Graphit aus grauem Eisen eine Teilchengröße von 100×10^{-8} cm, Temperkohle dagegen nur von 30 bis 50×10^{-8} cm.

Im Gegensatz zu den meisten Kurven des metastabilen Systems ist ein großer Teil der Kurven des stabilen Systems nicht auf den üblichen Wegen gewonnen worden. Es mußten vielmehr zu ihrer Ermittlung besondere Kunstgriffe angewendet werden. Hierzu sei folgendes bemerkt. Die eutektische Horizontale $E'C'F'$ wurde von Ruer und F. Goerens (3) auf Grund der beim wiederholten Erhitzen und Abkühlen (zwischen 1020 und 1165°) untereutektischer reiner Eisen-Kohlenstofflegierungen auftretenden Wärmetönungen ermittelt. Beim erstmaligen Erhitzen eines ursprünglich weißen Eisens trat bei 1146° die dem Schmelzpunkt des Ledeburits zugehörige Wärmetönung auf; bei den folgenden Erhitzungen zeigte sich bei 1153° ein weiterer Wärmeeffekt, der mit zunehmender Anzahl der Erhitzungen auf Kosten des bei 1146° beobachteten sich vergrößerte und schließlich nur noch allein auftrat. Gleichzeitig war das ursprünglich weiße Eisen in graues übergegangen und zeigte im Gefüge Graphitlamellen in eutektischer Anordnung. Diese Beobachtungen wurden wie folgt gedeutet: Der auf der ersten Erhitzungskurve bei 1146° liegende Haltepunkt entspricht dem Schmelzen des Zementiteutektikums. Bei der wiederholten Erhitzung und Abkühlung geht dieses allmählich vollständig in das Graphiteutektikum über. In dem Maße, in dem dieses geschieht, vermindert sich die Dauer des dem Schmelzen des Zementiteutektikums entsprechenden Haltepunktes bis zum völligen Verschwinden, dafür erscheint und verstärkt sich in gleichem Maße der bei 1153° liegende Haltepunkt, welcher dem Schmelzen des Graphiteutektikums entspricht. Tatsächlich zeigten Reguli, die bei der ersten Abkühlung bereits grau erstarrt waren, nur einen bei 1153° liegenden Haltepunkt auf der Erhitzungskurve. Als untere Grenze für den Schmelzpunkt des stabilen Eutektikums wurde die höchste, bei 1151° an einem Eisen mit 5% Kohlenstoff beobachtete Erstarrungstemperatur angesehen und hieraus als Gleichgewichtstemperatur für Schmelzen und Erstarren das Mittel aus den beiden festgestellten Temperaturen, d. h. 1152°, festgelegt.

Auf Grund der vorstehend beschriebenen Versuche schließen Ruer und F. Goerens und außerdem H. Hanemann (1), daß die Graphitbildung aus der flüssigen Phase erfolgt. Demgegenüber weist O. v. Keil (1) darauf hin, daß die Erstarrung des Eutektikums stets bei 1145° erfolgt, und daß nur der Schmelzpunkt bei zunehmendem Graphitgehalt bei 1152° liegt. Daraus ist der Schluß zu ziehen, daß die Erstarrung nach dem karbidischen System erfolgt. Diese letztere Anschauung wird auch auf Grund von Abschreckversuchen von einer Reihe von Forschern vertreten, die dementsprechend die Graphitbildung nur auf den Karbidzerfall zurückführen. Es kann nicht geleugnet werden, daß bei Abschreckung der Schmelze karbidische Erstarrung eintritt. Weiterhin wird im Schrifttum auch die Ansicht vertreten, daß die Erstarrung je nach der Graphitausbildung einmal karbidisch mit nachfolgender Zersetzung und das andere Mal graphitisch erfolgt sei, daß sich also sowohl Graphit als auch Zementit unmittelbar aus der Schmelze bilden können. O. v. Keil (1) hat Versuche ausgeführt, um die dargelegten Meinungsverschiedenheiten aufzuklären. Er stellte fest, daß die Graphitbildung sowohl aus der flüssigen Phase als auch durch Zersetzung des Eisenkarbides gleich nach der Erstarrung erfolgen kann. Im ersten Falle, Graphitbildung unmittelbar aus der Schmelze (Erstarrung bei 1152°), wird nadeliger, im zweiten Falle, Bildung des Zementiteutektikums (Erstarrung bei 1145°), feinster, graupeliger Graphit erhalten.

Die Kurve $C'D'$ fanden Ruer und Biren (4) dadurch, daß sie geschmolzenes Eisen bei steigenden Temperaturen (1152—2500°) mit überschüssigem Graphit bis zur Sättigung erhitzten und alsdann so schnell abschreckten (in einer engen Metallkokille), daß eine Wiederausscheidung des gelösten Graphits als solcher nicht stattfand. Es zeigte sich übrigens, daß selbst eine Abkühlung des die Schmelze enthaltenden Probierrohres an der Luft auf den Gesamtkohlenstoffgehalt der Schmelze keinen Einfluß ausübte, was bei den Schmelzen über 2000° C insofern von Vorteil war, als die bemerkenswerte Zähflüssigkeit dieser Schmelzen das Abschrecken in engen Kokillen erschwerte. Die Konzentration des Graphiteutektikums bei dessen Erstarrungstemperatur (1152° C) wurde durch Extrapolation der Löslichkeitskurve zu 4,25% C ermittelt, also nur 0,05% unter der Konzentration des bei 1145° erstarrenden Zementiteutektikums.

Bei der Festlegung der $E'S'$-Linie wurde so vorgegangen, daß der Kohlenstoffgehalt reiner Eisen-Kohlenstofflegierungen weitgehend in die Form des elementaren Kohlenstoffs überführt wurde, und sodann Proben unter Ausschaltung des Einflusses der Atmosphäre längere Zeit bei Temperaturen zwischen 720 und 1145° geglüht und dann abgeschreckt wurden. In den abgeschreckten Proben wurde analytisch die Menge des nicht gelösten Graphits ermittelt. Die

Differenz gegenüber dem ursprünglichen Kohlenstoffgehalt ergab alsdann die Löslichkeit. Während Charpy (2), Benedicks (3), Thomson (1), Ruer und Iljin (5) und Ruer und Goerens (3) ein weit geringeres Lösungsvermögen des γ-Mischkristalles für Graphit als für Eisenkarbid feststellten, ist nach Royston (1), Gutowsky (1) und Söhnchen und Piwowarski (1) kein wesentlicher Unterschied in den beiden Löslichkeitswerten vorhanden. Obgleich der neueren Arbeit der beiden letztgenannten erhöhte Bedeutung und Wahrscheinlichkeit beizumessen ist, ist doch die Lage der Linie $E'S'$ zur Zeit noch als unsicher anzusehen.

Der Nachweis des Zerfalls von γ-Eisen in ein eutektoides Gemenge von Ferrit und Temperkohle ist Ruer und Biren (4, 6) tatsächlich gelungen, und zwar auf thermischem Wege, durch Beobachtung des Verhaltens des Perlits bei wiederholter Erhitzung und Abkühlung. Die Versuchsführung war ganz analog der Ermittelung der zwei eutektischen Horizontalen bei 1145° und 1152° C.

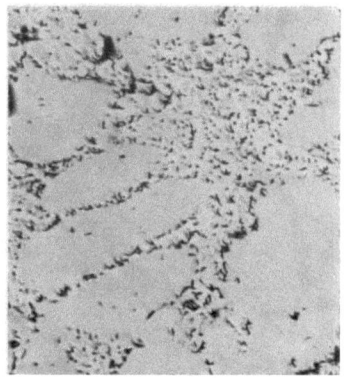

Abb. 60. Eisen-Kohlenstofflegierung mit 3,2% Kohlenstoff. Graphit in eutektischer Anordnung. Ungeätzt, × 50.

Die Mengenverhältnisse der einzelnen Gefügebestandteile lassen sich auch im stabilen System in der gleichen Weise berechnen, wie das weiter oben für das metastabile System bereits gezeigt worden ist. Voraussetzung hierfür ist, daß der Erstarrungs- und Erkaltungsvorgang ausschließlich nach dem stabilen System erfolgt. Diese Voraussetzung trifft allerdings für reine Eisen-Kohlenstofflegierungen nie in vollem Umfange zu.

Zwar ist es im Gegensatz zur älteren Auffassung möglich, in reinen, insbesondere siliziumfreien Eisen-Kohlenstofflegierungen die Erstarrung nach dem stabilen System, zum mindesten teilweise, zu leiten. Die ungeätzten Legierungen zeigen dann das Gefüge der als Beispiel in Abb. 60 dargestellten reinen Eisen-Kohlenstofflegierung mit 3,2% Kohlenstoff. Zwischen den primären (weißen) Mischkristallen treten die feinen, auf dem ungeätzten Schliff schwarz erscheinenden Graphitblättchen in eutektischer Anordnung auf. Indessen gelingt es nicht, wie erwähnt, den Zerfall der

Abb. 61. Wie 60, jedoch Ätzung II, × 150.

Mischkristalle nach dem stabilen System zu leiten. Wäre dies nämlich in der Probe Abb. 60 der Fall gewesen, so müßte man auch auf der ungeätzten Schlifffläche die Temperkohle erkennen können. Das ist aber nicht der Fall, und beim sekundären Ätzen findet man gemäß Abb. 61, daß die Mischkristalle nach dem metastabilen System zerfallen sind. In der Tat besteht das Gefüge aus eutektischen Graphitlamellen, wenig Ferrit zwischen diesen und im übrigen aus einem vorwiegend sorbitischen Perlit. Die übereutektischen Legierungen enthalten den Graphit in zwei Formen, nämlich den primär abgeschiedenen oder Garschaumgraphit* und den eutektischen Graphit, wie in Abb. 60. P. Goerens** berichtet über einen solchen Fall. Abb. 62 ist eine verkleinerte Wiedergabe des Bildes. Der Schliff war ungeätzt. Die Erkaltung unterhalb $E'C'F'$ dürfte sich auch hier im wesentlichen nach dem metastabilen System vollzogen haben.

Abb. 62. Eisen-Kohlenstofflegierung mit 7% C, Garschaumgraphit und Graphiteutektikum. Ungeätzt, × 20 (P. Goerens).

Die technischen Roheisensorten gehören, soweit sie Graphit enthalten, stets sowohl dem stabilen wie dem metastabilen System an. Neben den Graphitlamellen findet sich auf den geätzten Schliffen je nach den Erstarrungs- und Erkaltungsverhältnissen eine verschiedenartig aufgebaute Grundmasse, ohne daß es heute schon möglich wäre, die exakten Beziehungen zwischen der Natur der Grundmasse und den erwähnten Verhältnissen anzugeben. Wir wissen lediglich aus der Erfahrung, daß die Grundmasse bestehen kann aus:

Zementit + Perlit in wechselndem Verhältnis,
 ausschließlich Perlit,
Ferrit + Perlit in wechselndem Verhältnis,
 selten ausschließlich Ferrit,

und können demzufolge sagen: ein graphithaltiges Roheisen besteht aus:

Graphit + Stahl wechselnden Kohlenstoffgehaltes.

Hierbei kennzeichnet der analytisch ermittelte Gehalt an gebundenem Kohlenstoff die Art des Stahles, der nach obigem selten reines Eisen, fast immer entweder untereutektoidisch, eutektoidisch oder übereutektoidisch ist. Der analytisch ermittelte Graphitgehalt ist zwar ein Maßstab für die am Aufbau beteiligten Graphitmengen, jedoch kein Anhalt für die Zahl, Größe, Form und Verteilung der Graphitblätter. Diese praktisch wichtigen Verhältnisse ver-

---

* Die Bezeichnung stammt aus dem Gießereiwesen. Man beobachtet mitunter, daß Graphitteilchen in großen Mengen auf dem Eisen schwimmen bzw. aus dem Eisen herausgeschleudert werden und den Raum wie mit einer Staubwolke anfüllen. Das Roheisen ist dann sehr „garschmelzig", d. h. es enthält viel Silizium, und die Folge ist, wie später gezeigt wird, die Bildung von Garschaumgraphit bei verhältnismäßig niedrigem Kohlenstoffgehalt.

** Met. 1907 S. 137, vgl. Abb. 107. Für die Überlassung eines Teiles des Originaldruckstockes wird Herrn Professor Dr. Goerens an dieser Stelle bestens gedankt.

mag nur die mikroskopische Untersuchung, in groben Zügen allerdings auch die Betrachtung des Bruchaussehens, zu klären. Es bestehen Zusammenhänge zwischen den erwähnten Verhältnissen und der Erstarrungsgeschwindigkeit, jedoch fehlt noch ein exakter Ausdruck für diese Beziehungen. Ihre Tendenz läßt sich allgemein dahin ausdrücken, daß langsame Erstarrung die Bildung weniger und großer, rasche dagegen die Bildung vieler und kleiner Graphitlamellen hervorruft. Über die Verteilung wird hierbei nichts ausgesagt, obwohl auch dieser Punkt recht wichtig ist. Es braucht in der Tat die Verteilung des Graphits keine gleichmäßige zu sein. Im sogenannten melierten Roheisen erkennt man bereits auf dem Bruch die Ansammlungen von dunklen, graphithaltigen Nestern von angenäherter Kugelform in dem im übrigen weißen Bruch. (Abbildung siehe Abschnitt Hartguß.) Die mikroskopische Untersuchung bestätigt, daß in den Nestern tatsächlich ein graphithaltiges System vorliegt im Gegensatz zum Rest mit ausschließlicher Karbidbildung.

C. Physikalische und technologische Eigenschaften.

Mittlere spezifische Wärme. Nach Levin und Schottky(1) ist die mittlere spezifische Wärme von weichen Stählen gegeben durch die Formel:

$$c_{pm} = 0{,}11134 + 0{,}00455\,\text{C}.$$

Hierin ist C der Kohlenstoffgehalt in %. Der Einfluß des Kohlenstoffgehaltes geht aus Abb. 63 hervor. Die Ergebnisse von Levin und Schottky wurden von Honda (2) bestätigt. Über den Einfluß einer Kaltverformung gehen die Versuchsergebnisse und Ansichten auseinander.

Spezifisches Gewicht (Dichte). Nach Levin und Dornhecker (2) nimmt die Dichte des Eisens für 1% Kohlenstoff bis zu der Grenze von 0,9% Kohlenstoff um 0,045 Einheiten ab. Nach Andrew und Honeyman (1) beträgt die Abnahme für 1% Kohlenstoff bis zu der Grenze von 1,8% 0,031 und nach Gumlich (1) 0,030 Einheiten für den geglühten Zustand. Nach letzterem errechnet sich die Dichte nach der Formel: $d = 7{,}876 - 0{,}030 \cdot x$, worin x den C-Gehalt in Gew.-% bedeutet.

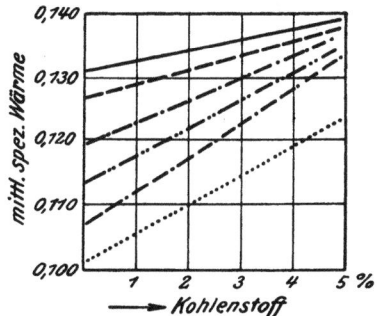

Abb. 63. Einfluß des Kohlenstoffs auf die mittlere spezifische Wärme des Eisens [Levin und Schottky(1)].
Zwischen:
——— 17 u. 680°,
– – – – 17 u. 640°,
–·–·– 17 u. 525°,
–··–··– 11 u. 400°,
–·–·–. 11 u. 250°,
·········· 17 u. 100°.

Der mittlere und wahre Ausdehnungskoeffizient wurde von Driesen (1) bestimmt. Die Ergebnisse sind in den Tabellen 2 und 3 enthalten.

Nach Maurer und Schmidt (2) beträgt der mittlere Ausdehnungskoeffizient zwischen 20—450°

für	0,1 % C	$13{,}86 \times 10^{-6}$
,,	0,2 % C	$13{,}82 \times 10^{-6}$
,,	0,4 % C	$13{,}62 \times 10^{-6}$
,,	0,75% C	$13{,}55 \times 10^{-6}$.

Der mittlere Ausdehnungskoeffizient zwischen Raumtemperatur und $-180°$

Tabelle 2. Mittlere Ausdehnungskoeffizienten der reinen Kohlenstoffstähle $\left(\dfrac{\lambda}{l_0(t-20)}\right)\cdot 10^8$.

Kohlenstoff-gehalt %	0,05/06	0,09	0,22	0,33	0,40	0,56	0,65	0,81	1,25	1,45	1,67	1,97	2,24	3,66	3,80
20—50°	1149	1116	1122	1092	1073	1017	1074	1017	1058	967	1002	972	903	857	843
20—100°	1166	1158	1166	1109	1129	1098	1104	1104	1087	1013	1044	994	961	859	871
20—150°	1206	1206	1196	1170	1145	1144	1134	1143	1114	1038	1051	1002	—	875	876
20—200°	1232	1261	1212	1189	1199	1185	1157	1156	1108	1058	1028	996	964	883	849
20—250°	1256	1272	1249	1238	1207	1227	1188	1193	1146	1116	1083	1052	1025	904	935
20—300°	1302	1301	1278	1272	1247	1265	1231	1243	1187	1167	1138	1114	1096	988	1011
20—350°	1334	1336	1312	1309	1286	1308	1274	1284	1233	1218	1188	1172	1159	1063	1092
20—400°	1365	1363	1338	1342	1326	1340	1316	1321	1275	1268	1234	1221	1215	1135	1152
20—450°	1398	1393	1368	1388	1366	1374	1342	1355	1316	1313	1282	1268	1272	1196	1212
20—500°	1422	1418	1393	1402	1390	1402	1384	1382	1336	1348	1315	1312	1316	1250	1262
20—550°	1433	1438	1417	1420	1417	1427	1393	1408	1386	1378	1338	—	—	1291	—
20—600°	1464	1464	1438	1443	1436	1450	1422	1422	1399	1440	1366	—	—	1323	—
20—650°	1485	1486	1466	1459	1461	1467	1452	1450	1422	1424	1393	—	—	1370	—
20—700°	1501	1503	1481	1476	1476	1481	1465	1467	1441	1442	1424	—	—	1392	—
20—750°	1484	1493	—	—	—	—	—	—	—	—	—	—	—	—	—
20—800°	1467	1461	1293	1133	1172	1246	1268	1422	1478	1513	1502	—	—	1413	—
20—850°	—	—	—	—	—	—	—	—	—	—	—	—	—	—	—
20—900°	1314	1234	1248	1153	1235	1354	1387	1505	1644	1763	1757	—	—	1504	—
20—950°	—	—	—	—	—	—	—	—	—	—	—	—	—	—	—
20—1000°	1335	1332	1316	1308	1325	1438	1476	1570	1743	1950	1961	—	—	1586	—
700—1000°	950	942	940	929	991	1347	1500	1790	2410	2974	3145	—	—	2024	—

Tabelle 3. Wahre Ausdehnungskoeffizienten der reinen Kohlenstoffstähle $\left(\dfrac{l_2-l_1}{l_1(t_2-t_1)}\right)\cdot 10^8$.

Kohlenstoff-gehalt %	0,05/06	0,09	0,22	0,33	0,40	0,56	0,65	0,81	1,08	1,25	1,45	1,67	1,97	2,24	3,66	3,80
20—100°	1166	1158	1166	1108	1129	1098	1104	1104	1077	1087	1013	1044	994	961	851	871
100—200°	1293	1293	1252	1254	1235	1238	1203	1194	1156	1124	1100	1012	997	967	794	793
200—300°	1423	1423	1396	1413	1374	1410	1358	1400	1347	1328	1366	1333	1325	1336	1277	1298
300—400°	1534	1539	1506	1534	1546	1535	1516	1531	1513	1510	1541	1513	1519	1541	1543	1548
400—500°	1627	1622	1592	1618	1622	1626	1596	1622	1648	1608	1646	1555	1644	1697	1679	1679
500—600°	1664	1628	1647	1641	1647	1724	1655	1673	—	1643	1664	1643	—	—	1690	—
600—700°	1703	1714	1703	1647	1685	1648	1713	1645	—	1671	1655	1728	—	—	1768	—
700—800°	+1212	+1159	8	−1176	−871	−346	−74	−1097	—	+1708	+1985	+2014	—	—	+1534	—
800—900°	−589	−530	+882	+1287	+1709	+2166	+2295	+2169	—	+3105	+3674	+3720	—	—	+2198	—
900—1000°	+2218	+2165	+2100	+2100	+2086	+2179	+2138	+2104	—	+2390	+3150	+3710	—	—	+2272	—

nimmt proportional dem C-Gehalt ab. Die Änderung durch 1% C beträgt nach Waggoner (1) $-0,22 \cdot 10^{-6}$.

Die Wärmeleitfähigkeit ist häufig untersucht worden. Die Ergebnisse weichen z. T. stark voneinander ab. Nach Jakob (1) ergeben sich aus den zuverlässigsten Arbeiten des Schrifttums für die Wärmeleitfähigkeit von Stählen mit etwa 0,5% Mn und etwa 0,2% Si in Abhängigkeit vom Kohlenstoffgehalt folgende Werte:

Gew.-% C	0,1	0,3	0,6	1,0	1,5
λ geglüht cal/cm · sec · °C	0,125	0,115	0,105	0,095	0,085
λ geschmiedet cal/cm · sec · °C	0,115	0,105	0,095	0,080	0,065

Diese Werte sollen um nicht mehr als 10% von den vorkommenden Werten abweichen. Für Temperaturen oberhalb 300° kann man nach Jakob unabhängig vom C-Gehalt, ohne daß der Fehler größer als $\pm 15\%$ wird, folgende Werte einsetzen:

300—600° : $\lambda = 0,08$;   600—900° : $\lambda = 0,075$.

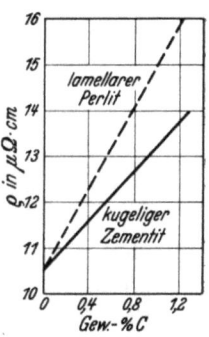

Abb. 65. Einfluß der Ausbildungsform des Zementits auf den elektrischen Widerstand [Bardenheuer und Schmidt(1)].

Eine neuere Arbeit über die Wärmeleitfähigkeit von Stahl stammt von Donaldson (1). Seine Werte liegen für 100° um 10—15% über den von Jakob angegebenen. Nach Donaldson setzt Kohlenstoff bei kleinen Gehalten die Wärmeleitfähigkeit stark herab. Weitere Erhöhung des C-Gehaltes verursacht nur noch geringe Änderungen.

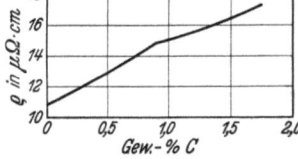

Abb. 64. Einfluß des Kohlenstoffs auf den elektr. Widerstand [Gumlich(1)].

Der elektrische Leitwiderstand wurde von Gumlich (Abb. 64) bestimmt. Unterhalb etwa 0,9% Kohlenstoff wächst der Widerstand mit dem Kohlenstoffgehalt rascher an als in den übereutektoidischen Stählen. Gumlich führt den Knick in dem Kurvenzug darauf zurück, daß in den geglühten, untereutektoidischen Stählen der Zementit in lamellarer Form, in den übereutektoidischen dagegen außerdem auch in Form von Körnern vorlag. Die Ergebnisse von Gumlich sind in Übereinstimmung mit denen von Stäblein(1).

Bardenheuer und Schmidt(1) haben den Einfluß der Ausbildungsform des Zementits geglühter Stähle auf den elektrischen Widerstand bestätigt (Abb. 65).

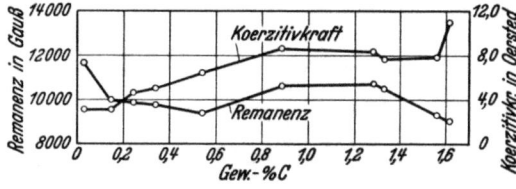

Abb. 66. Einfluß von Kohlenstoff auf Remanenz und Koerzitivkraft [Cheney(1)].

Magnetische Eigenschaften. Die Änderung von Remanenz und Koerzitivkraft mit dem Kohlenstoffgehalt wurde von Cheney (1) an sehr reinen Legierungen bestimmt, die oberhalb Ac_3 im Vakuum geglüht und langsam abgekühlt worden waren. Die Ergebnisse sind in Abb. 66 dargestellt. Die Werte der Remanenz schwanken, was auch Gumlich bestätigte.

Nach Yensen (2) fällt die Koerzitivkraft von Eisen hohen Reinheitsgrades unterhalb 0,008% Kohlenstoff weit stärker ab als oberhalb. Sie beträgt

bei 0,006% C etwa 0,42 Oersted
,, 0,004% C ,, 0,33 ,,
,, 0,002% C ,, 0,16 ,,

und für 0% C ergibt die Extrapolation eine Koerzitivkraft von 0 Oersted.

Die magnetische Sättigung ergibt sich nach Gumlich bei untereutektoidischen, perlitischen Stählen nach der Gleichung:

$$4\pi J_\infty = 21620 - 1580\,p,$$

bei übereutektoidischen, perlitischen Stählen nach der Gleichung

$$4\pi J_\infty = 20100 - 930\,(p - 0,96).$$

p bedeutet in beiden Gleichungen Gew.-% Kohlenstoff.

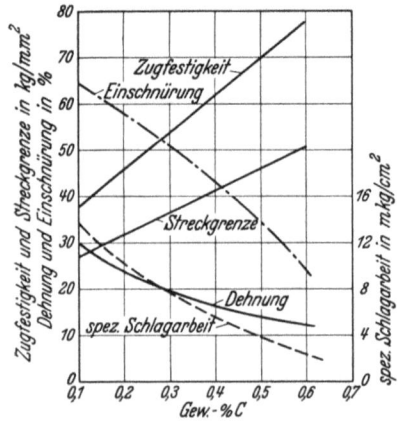

Abb. 67. Festigkeitseigenschaften des geglühten Kohlenstoffstahles in Abhängigkeit vom Kohlenstoffgehalt[1].

Die Härte von Kohlenstoffstählen steigt mit dem C-Gehalt linear an. Legt man für Elektrolyteisen eine Brinellhärte von 60 kg/mm² zugrunde, so beträgt der Härteanstieg etwa 19—20 kg/mm² für je 0,1% C.

Die Festigkeitseigenschaften und die spezifische Schlagarbeit sind für warmverarbeitete und dann geglühte Kohlenstoffstähle in Abb. 67 wiedergegeben[1].

Abb. 68 zeigt die Festigkeitseigenschaften von nicht verarbeitetem, aber geglühtem Stahlformguß nach Oberhoffer (3), Abb. 69 die Härte und spezifische Schlagarbeit für das gleiche Material, dessen Zusammensetzung aus der folgenden Tabelle hervorgeht.

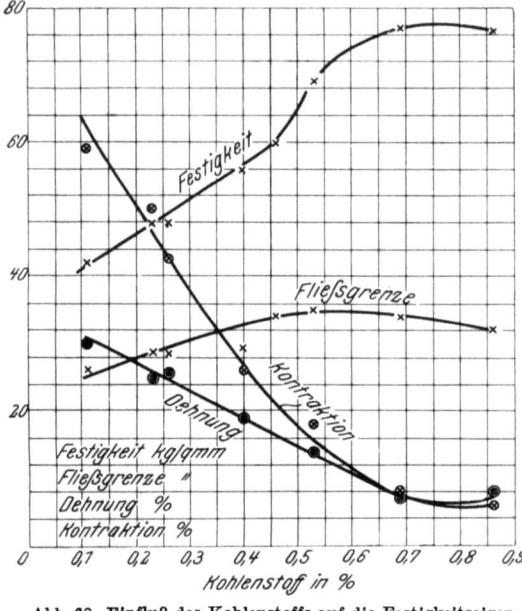

Abb. 68. Einfluß des Kohlenstoffs auf die Festigkeitseigenschaften von geglühtem Stahlformguß [Oberhoffer (3)].

% C	% Mn	% Si	% P	% S
0,11	0,60	0,40	0,030	0,035
0,23	0,98	0,38	0,042	0,038
0,26	0,80	0,25	0,024	0,030
0,40	0,11	0,21	0,027	0,039
0,46	0,92	0,20	0,041	0,042
0,53	0,79	0,25	0,027	0,036
0,69	1,03	0,25	0,021	0,022
0,86	0,90	0,27	0,016	0,028

Der Elastizitätsmodul ist nach P. Goerens (1) bis 0,8% C vom Kohlenstoffgehalt unabhängig. Nach Honda und Hashimoto (3) sowie Honda und Yamada (4) dagegen nimmt er mit steigendem C-Gehalt ab. Die Abnahme soll bei 1,5% C 4—5% betragen.

---

[1] Entnommen aus dem Werkstoffhandbuch Stahl u. Eisen 1927.

Die Kohlenstoffstähle sind zum Teil genormt. Es sei verwiesen auf DIN 1611, DIN 1661 und DIN 1681.

Die Dauerstandfestigkeit des Stahles wird behandelt in dem Abschnitt: Einfluß der Temperatur auf die Eigenschaften des Stahles.

Die Biege-Wechsel-Festigkeit von Stahl im geschmiedeten Zustand bei Raumtemperatur ergibt sich zu etwa

$$0{,}47 \cdot \sigma_B \quad \text{bzw.} \quad 0{,}16 \cdot H \quad \text{bzw.} \quad 0{,}28\,(\sigma_S - \sigma_B)\,.$$

σ_S = Streckgrenze, σ_B = Zugfestigkeit beim normalen Zugversuch, H = Brinellhärte.

Die rechnungsmäßig aus dem Zugversuch abgeleitete Biege-Wechsel-Festigkeit kann um 20% von der versuchsmäßig bestimmten abweichen. Für weiche Stähle gelten im allgemeinen höhere Verhältniszahlen als für härtere.

Für Zug-Druck-Beanspruchung ist die Wechselfestigkeit etwa 0,6 bis 1,0-mal, für Verdrehungsbeanspruchung 0,55—0,7 mal so groß wie die für Biegungsbeanspruchung.

Die Ursprungsfestigkeit beträgt angenähert das 1,5—2fache der Wechselfestigkeit.

Bei Dauerschlagbiegeversuchen hängt die ertragene Zahl von Schlägen gleicher Stärke von der Höhe der Streckgrenze ab.

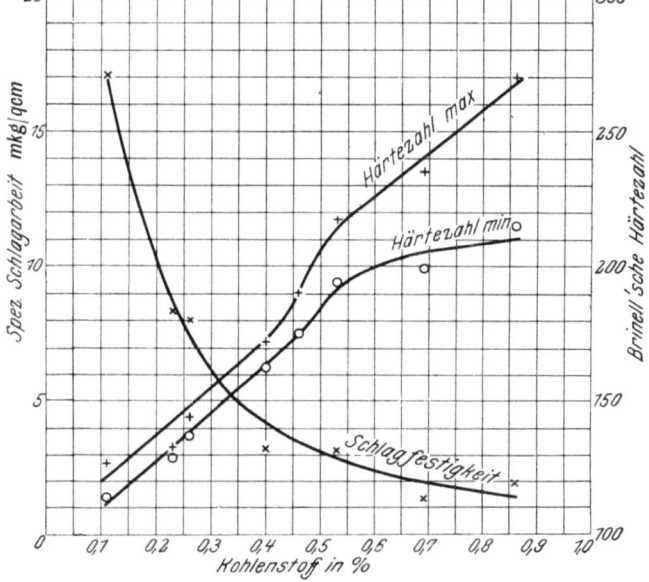

Abb. 69. Einfluß des Kohlenstoffs auf Härte und Schlagfestigkeit von Stahlformguß [Oberhoffer (3)].

Unter der Voraussetzung zweckmäßiger Behandlung geht die Warmbildsamkeit oder Schmiedbarkeit erst bei etwa 2—2,5% Kohlenstoff verloren.

Ein zahlenmäßiger Ausdruck für die Kaltbildsamkeit ist die Querschnittsverminderung bis zum Bruch beim Ziehprozeß, jedoch nur unter der Voraussetzung gleicher Bedingungen bezüglich der Anzahl der Züge und der Querschnittsverminderung pro Zug. Hierüber teilt P. Goerens (1) folgende unter annähernd gleichen Bedingungen erhaltenen Zahlen mit:

Die Prüfung der Tiefziehfähigkeit von Blechen geschieht mit dem Erichsen-Prüfer oder ähnlichen Einrichtungen. Für Gegenstände, die eine große Plastizität im kalten Zustande besitzen sollen, wählt man den Kohlenstoffgehalt möglichst

Ursprünglicher Querschnitt in mm²	% Kohlenstoff	Querschnittsverminderung des bis zur Bruchgrenze gezogenen Materials
21,2	0,1	96,5 %
22,6	0,5	86,5 %
22,06	0,8	67,5 %

Tabelle 4.
Kohlenstoff in Gew.-%

0,00	0,10	0,20	0,30	0,40	0,50	0,60	0,70	0,80	0,90	1,00	1,10	1,20	1,40
Leicht schweißbar mit Sand									Borax		schwierig		gar nicht
Schmiedetemperatur			1000°			950°			900°		850°	800°	750°
Härtetemperatur				850°				800°					750°

Telephon-, Telegraphen-, Takelage-Seile — ungehärtet / gehärtet — Draht — Kraftleitungs-, Aufzug — Klavier-Saiten — Federn / Feilen mittelgrobe / feine — Raspeln — Reib-ahlen

Holzschrauben / Stanzbleche — Nahtlose Rohre / Dampfkessel — Fahrräder — Spiral-, Jalousien- — Eisenbahnwagen-, Große Uhren- — Taschenuhren-

Wagenachsen — Säbel — Messer: Tisch-, Schlacht-, Chirurgische, Schnitz-, Taschen-, Rasier-

Geschmiedete Maschinenteile | Panzer — Kanonen, Zapfen — Friktionsteile — Gewehrläufe — Weiche Sensen — Steinmetz-werkzeuge — Fuchs-schwänze — Gewinde-Bohrer — Schneide-Fräser — Dreh-stähle

Bleche, Dampfkessel, Fahrzeuge, Schutzschilder — Panzergranaten — Sägen: gewöhnliche, Kreis-, Band- — Dorne gehärtet — ungehärtet

Träger — Spanten — Schienen — Bandagen — Tischlerwerkzeug — Äxte — Scheren kalt — warm — Matrizen

Radreifen — Schlittenkufen, Warmkreissägen — Niet-meißel — Meißel kalt — warm niedrig. Draht für Feinzug soll 0,06—0,07% enthalten. Über den Kohlenstoffgehalt des Stanzbleches sind die Ansichten geteilt. Während manche Fachleute den für Feinzugdraht genannten Gehalt empfehlen, sind andere der Ansicht, der Kohlenstoffgehalt müsse höher, und zwar 0,09—0,12% sein. Letztere begründen dies damit, daß die Festigkeit den hohen Beanspruchungen beim Stanzen entsprechend nicht zu niedrig sein dürfe.

Der Wert der Angaben über die Feuerschweißbarkeit hängt in hohem Maße von der Art der Schweißprobe ab. Die Schweißung soll in der Weise vorgenommen werden, daß die zu verschweißenden Enden auf Weißglut gebracht, zusammengelegt und mit kräftigen Hammerschlägen bearbeitet werden. In der Regel gelingt die Schweißung bis zu einem Kohlenstoffgehalt von 0,5%, jedoch ist dieser Gehalt kein genaues Maß für die Schweißbarkeit, weil in der Schweißhitze eine sehr schnelle Entkohlung der Oberfläche eintritt, also in Wirklichkeit stets ein kohlenstoffärmeres Eisen zur Verschweißung gelangt. Zur Verflüssigung der Oxyde gibt man zweckmäßig etwas Sand auf die zu verschweißende Oberfläche. Schweißpulver dienen außer zu dem vorgenannten Zwecke der Verflüssigung der Oxyde auch noch zum Schutz gegen Oxydation.

Die überragende Bedeutung des Kohlenstoffs für die Eigenschaften des Stahles wird noch dadurch erhöht, daß die Gegenwart des Kohlenstoffs die Möglichkeit des Härtens und Vergütens, und damit eine weitere Beherrschung der Eigenschaften des schmiedbaren Eisens innerhalb weitester Grenzen ermöglicht.

Über Verwendung von schmiedbaren Eisensorten mit Kohlenstoff als Grundbestandteil (Kohlenstoffstähle) orientiert die auf Vollständigkeit keinen Anspruch erhebende Tabelle 4. Vgl. ferner im Abschnitt Härten und Anlassen die Zusammenstellung über Verwendungszweck von Werkzeugstählen.

5. Eisen und Silizium.
A. Das Zweistoffsystem Eisen-Silizium.

Das System Eisen-Silizium ist wiederholt Gegenstand eingehender Untersuchungen gewesen. Es kommen hier die Arbeiten folgender Forscher in Betracht: Guertler und Tammann (*1*), Sanfourche (*1*), Ruer und Klesper (*7*), Murakami (*1*), Lowzov (*1*), Baker (*1*), Phragmén (*1, 2*), Oberhoffer und Heger (*4*), Kurnakow und Urasow (*1*), Wever und Giani (*5*), Bamberger, Einerl und Nußbaum (*1*), Esser und Oberhoffer (*5*), Körber (*3*), Oberhoffer und Kreutzer (*5*), Haughton und Maurice L. Becker (*1*). Auf Grund der bis heute vorliegenden Ergebnisse können die Gleichgewichtsverhältnisse des binären Zustandsschaubildes Eisen-Silizium als im wesentlichen geklärt angesehen werden mit Ausnahme des Bereiches um 50% Silizium.

In Abb. 70 ist das Zustandsschaubild der reinen Eisen-Siliziumlegierungen dargestellt. Danach lösen sich Silizium und Eisen im flüssigen Zustande in allen Verhältnissen. Im festen Zustande findet Mischkristallbildung statt bis zu einem Gehalt von 18% Si bei 1205°. Mit sinkender Temperatur sinkt die Sättigungskonzentration des α-Mischkristalles an Silizium bis auf 16,8% bei Zimmertemperatur. Der Kurvenast AC entspricht dem Beginn, AE dem Ende der Mischkristallbildung. Längs des Astes CDR beginnt die Ausscheidung der Verbindung FeSi mit 33,7% Si, deren Schmelzpunkt etwa zwischen 1410° und 1435°

liegt. Die experimentellen Ergebnisse sind bezüglich der Temperaturlage nicht ganz einheitlich. Auf der bei 1205° verlaufenden Horizontalen erstarrt ein Eutektikum von gesättigten α-Mischkristallen und der Verbindung FeSi; die Konzentration des Punktes C beträgt 22,5% Si. Die Kristallisationsvorgänge bei höheren Siliziumgehalten sind unter Berücksichtigung der von Phragmén auf röntgenographischem Wege einwandfrei nachgewiesenen Verbindung $FeSi_2$ unter Annahme eines offenen Maximums dargestellt, wobei dieser Verbindung ein beschränktes Lösungsvermögen sowohl für Eisen als auch für Silizium zugesprochen wird. Die neueren Untersuchungen von Haughton und Becker ergaben ein Silizid etwa der Zusammensetzung Fe_2Si_5, dessen Existenzgebiet zwischen 53,5 und 56,0% Si liegen soll. Es ist jedoch auf Grund der Phragménschen Untersuchungen wahrscheinlicher, daß die Verbindung in ihrer Zusammensetzung etwa $FeSi_2$ entspricht. Im Punkte R erstarrt einheitlich ein zweites Eutektikum, das sich aus der Verbindung FeSi und der Phase $FeSi_2$ zusammensetzt und entsprechend im Punkte X ein drittes Eutektikum, das aufgebaut wird, wiederum aus der Phase $FeSi_2$ und reinem Silizium. Ob im übrigen reines Silizium Eisen in fester Lösung zu halten vermag, ist nicht eindeutig entschieden. Im vorliegenden Zustandsschaubild ist angenommen worden, daß keine Löslichkeit besteht. Längs des Kurvenastes ZX scheidet sich aus der Schmelze reines Silizium aus. Die eutektischen Horizontalen durch R bzw. X haben notwendigerweise eine verschiedene Temperaturlage, jedoch ist der Unterschied als gering anzusehen.

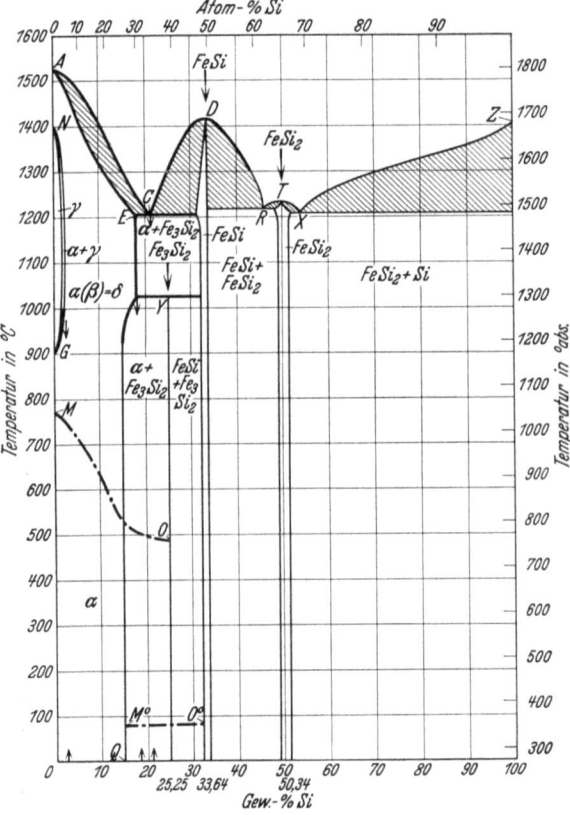

Abb. 70. Zustandsschaubild des Systems: Eisen-Silizium.

Die übrigen Gleichgewichtslinien des Zustandsschaubildes entsprechen den Umwandlungen der Eisen-Siliziumlegierungen im festen Zustande. Ausgehend von den prinzipiell übereinstimmenden Versuchen von Ruer und Klesper und Sanfourche, wonach die vom Punkte N ausgehende δ—γ-Umwandlung sehr rasch mit steigendem Si-Gehalt absinkt, und ferner nach Baker und Sanfourche die von G ausgehende α—γ-Umwandlung ansteigt, konnten Esser und Oberhoffer wie auch Wever und Giani den Stabilitätsbereich des γ-Eisens mit steigendem Si-Gehalt abgrenzen. Die sich hierbei ergebenden Gleichgewichtsverhältnisse sind von Oberhoffer und Kreutzer auf röntgenographischem Wege bestätigt worden. Danach muß also angenommen werden, daß oberhalb 2,5% Si die A_3- und die A_4-Umwandlung unmittelbar ineinander übergehen. Von Wever und Giani wurde als Grenzkonzentration für das abgeschnürte γ-Gebiet 1,85% Si gefunden. Der niedrigere Wert ist wahrscheinlich auf einen geringeren Kohlenstoffgehalt zurückzuführen. Unterhalb einer Si-Konzentration von 2,2% bildet sich beim Erhitzen die γ-Phase, während im Konzentrationsbereich zwischen 2,2 und 2,5% Si der α- und γ-Mischkristall nebeneinander beständig sind. Für das Verschwinden des γ-Feldes oberhalb eines Si-Gehaltes von 2,5% spricht ferner die Tatsache, daß Oberhoffer und Heger bei der Heißätzung einer 4%igen Eisen-Siliziumlegierung im Temperaturgebiet von 1000 bis 1200° das typische Gefüge des γ-Eisens, insbesondere die Zwillingsstreifung, nicht beobachten konnten. Außerdem zeigen derartige Legierungen keine α-Äderung, die als Kennzeichen einer stattgefundenen ($\gamma \rightarrow \alpha$-)Umwandlung anzusehen ist. Das Ende der ferromagnetischen Umwandlung der α-Phase des Eisens ist beim Erhitzen längs MO praktisch erreicht. Die im Konzentrationsintervall von 18—33,7% Si bei 1020° sich abspielende Umwandlung, die auf thermischem Wege zuerst von Sanfourche beobachtet wurde und von Kurnakow und Urasow, Murakami und Haughton und Becker bestätigt werden konnte, ist nach Murakami gekennzeichnet durch eine Umsetzung des Si-reichen α-Mischkristalles mit FeSi zu einer neuen Eisen-Siliziumverbindung Fe_3Si_2, zu deren Bildung jedoch langsamste Abkühlung vorausgesetzt werden muß. Die schon früher von G. de Chalmot (1) und W. Pick (1) in langsam abgekühlten Schmelzen mit 25—28% Si beobachteten oktaedrischen Kristalle der Zusammensetzung Fe_3Si_2 sprechen für die Richtigkeit der Murakamischen Deutung. Ebenso konnte Phragmén aus Debye-Scherrer-Aufnahmen das Vorhandensein einer neuen Verbindung mit geringerem Si-Gehalt als 33,7% ableiten, deren Zusammensetzung er auf Grund mikroskopischer Untersuchungen zu 21—22% Si angibt. Aus den Abschreckversuchen folgert Phragmén für dieses Eisensilizid eine Bildungstemperatur von etwa 1000°. Der Kurvenzug M^0—O^0 bei 82° stellt eine der ferromagnetischen Umwandlung des reinen Eisens ähnliche Umwandlung der Verbindung Fe_3Si_2 dar.

Als charakteristisch für das binäre System Eisen-Silizium haben wir somit das Vorhandensein dreier Silizide: Fe_3Si_2, FeSi und $FeSi_2$ als gesichert anzunehmen. Sämtliche Silizide besitzen eine große Härte und sind äußerst spröde. Die erstgenannte Verbindung, deren Feinbau noch nicht ermittelt werden konnte, ist gegen alle Säuren außer Flußsäure, jedoch nicht gegen heiße konzentrierte Laugen, beständig. Auch von Königswasser wird sie nach Hönigschmidt (1) allmählich zersetzt. Das tetraedrisch kristallisierende Monosilizid FeSi wird von Säuren außer Flußsäure und von Alkalihydratlösungen nicht angegriffen. Ebenso bildet das letzte Silizid mit tetragonalem Feinbau gegen Säuren, kalte verd. Flußsäure einbegriffen, äußerst widerstandsfähige Kristalle.

B. Das Dreistoffsystem Fe—Fe_3C—FeSi.

Dem Studium der Gleichgewichtsverhältnisse des technisch bedeutsamen Dreistoffsystems Eisen-Eisenkarbid-Eisensilizid sind in der Vergangenheit eine Reihe bemerkenswerter Untersuchungen von Gontermann (1),

Honda und Murakami (5), Kriz und Poboril (1) und S. Satô (2) gewidmet worden.

Von der größten Bedeutung für den Ausbau des Dreistoffsystems ist die auf phasentheoretischen Betrachtungen beruhende Arbeit Scheils (1), der zuerst die Kristallisationsvorgänge in der Eisenecke des Raumdiagramms klar erkannte und das in Abb. 71 dargestellte Gleichgewichtsschaubild entwarf. Zwar konnte dieses Diagramm auch durch die später durchgeführten Untersuchungen Satôs nicht in allen Punkten experimentell bestätigt werden, es kann jedoch mit Sicherheit ausgesagt werden, daß es den tatsächlichen Gleichgewichtsverhältnissen in befriedigender und theoretisch einwandfreier Weise nahekommt.

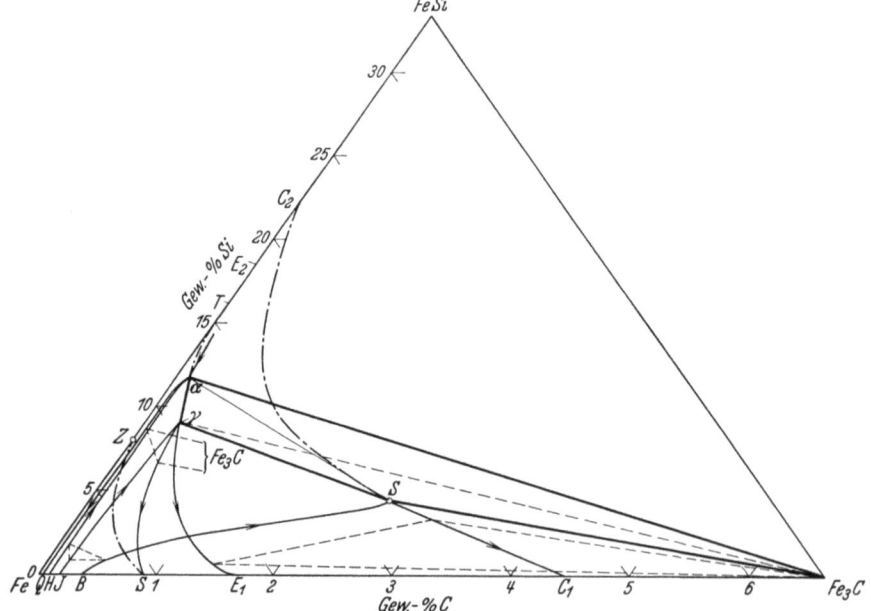

Abb. 71. Ternäres System: Eisen-Eisenkarbid-Eisensilizid [Scheil (1)].
—·—·—·— nach Gontermann und Honda und Murakami.   ——▶—— Richtung sinkender Temperatur.

Der durch Scheil erzielte Fortschritt tritt klar zutage, wenn man zum Vergleich die ältere Arbeit von Gontermann heranzieht, die im übrigen Honda und Murakami 1924 bestätigt haben wollen, die darüber hinaus den Verlauf des ternären Perlitpunktes ermittelten. Er ist im wesentlichen dadurch charakterisiert, daß die Raumkurve des doppeltgesättigten γ-Mischkristalles nicht, wie die letztgenannten Forscher annehmen, über $E\gamma$ (vgl. Abb. 71) hinaus in die C-freie Eisen-Siliziumlegierung mit etwa 16,8% Si (maximale Sättigung des α-Mischkristalles an Si) einläuft, sondern in den Endpunkt γ eines Vierphasengleichgewichtes einmündet. Es ist leicht einzusehen, daß dadurch die Widersprüche der älteren Gleichgewichtsschaubilder behoben werden.

Das theoretisch Interessante des ternären Zustandsschaubildes Fe—Si—C, wie es Abb. 72 für die Eisenecke räumlich angibt, liegt in der Kombination eines Systemes mit offenem γ-Feld (Fe—C) mit einem zweiten binären Zustandsschaubild mit abgeschlossenem γ-Feld (Fe—Si).

Der spezielle Einfluß des Siliziums auf die Konstitution der Eisen-Eisenkarbidlegierungen, nämlich die Begünstigung der grauen Erstarrung, ist die Ursache dafür, daß namentlich bei höheren Si-Gehalten im Gefüge Graphit auftritt. Man wird somit dazu geführt, neben den Gleichgewichtskennzeichen einer metastabilen Kristallisation diejenigen einer stabilen festzulegen, wie es hypothetisch bereits von Scheil versucht worden ist.

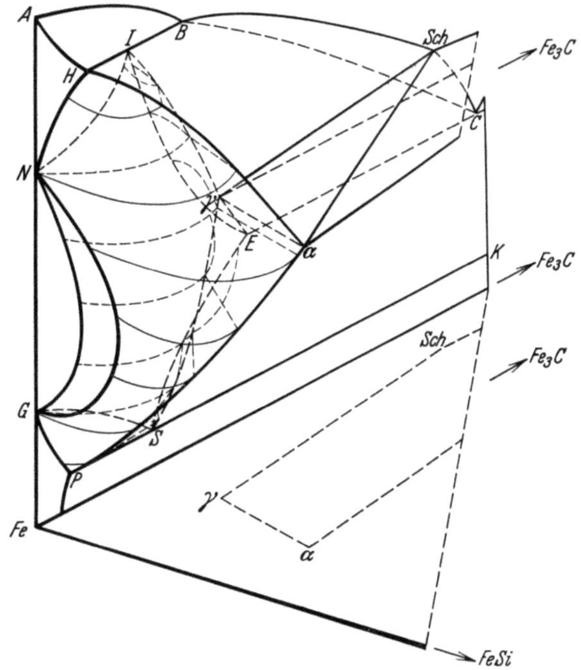

Als experimentell gesichert dürften in erster Linie die sekundären Kristallisationsvorgänge des ternären γ-Mischkristalls angesehen werden. Aus Abb. 73, in der zu dem außer den Meßergebnissen von Kriz und Gontermann die von Wüst und Petersen (1) wie auch die von Gumlich(1) eingetragen sind, geht hervor, daß mit zunehmendem Si-Gehalt der Beginn der Perlitbildung zu höheren Temperaturen verschoben wird; ebenso wandert die Temperatur des Ledeburiteutektikums (und auch die Temperatur der maximalen Kohlenstoffsättigung im γ-Mischkristall) zu höheren Temperaturen, wie Abb. 74 zeigt. Die Verschiebung der Kohlenstoffkonzentration des Perlits und Ledeburits geben die beiden Abb. 75 und 76 wieder. In beiden Fällen nimmt mit zunehmendem Si-Gehalt die Kohlenstoffkonzentration ab. Zu erwähnen ist noch, daß in Abb. 75 die Arbeiten von Heyes und Wakefield (1) Beachtung gefunden haben.

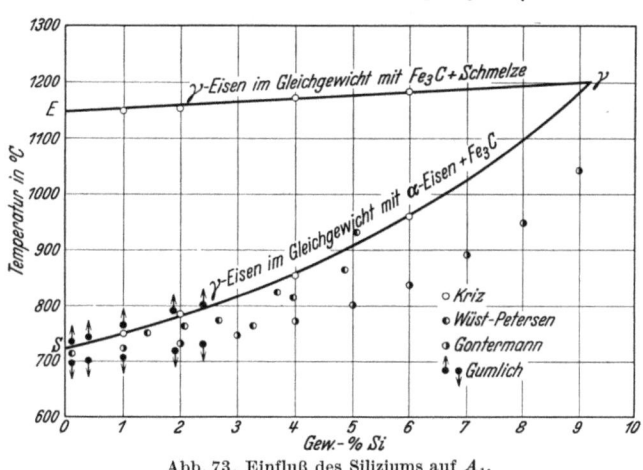

Abb. 72. Raummodell des ternären Systems Eisen-Eisenkarbid-Eisensilizid (Eisenecke) [Scheil(1)].

Abb. 73. Einfluß des Siliziums auf A_1.

Hinsichtlich der ferromagnetischen Umwandlung des α-Mischkristalls findet, wie Abb. 77 nach Gumlich zeigt, mit zunehmendem Silizium eine beträchtliche Temperaturerniedrigung statt. Er konnte ferner feststellen, daß der A_2-Punkt praktisch hysteresisfrei ist. Wie Abb. 77 erkennen läßt, muß bei einer bestimmten Si-Konzentration ein Überschneiden der A_2- und A_1-Linie eintreten, da mit zu-

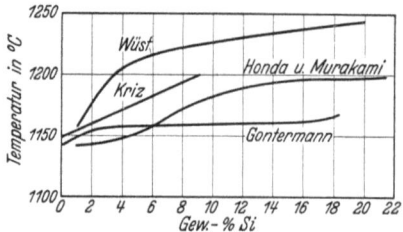

Abb. 74. Einfluß des Siliziums auf die Temperaturlage des Eutektikums.

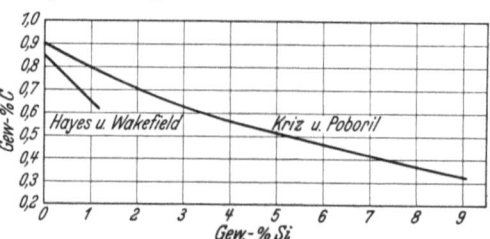

Abb. 75. Einfluß des Siliziums auf den Kohlenstoffgehalt des Eutektoids (Perlit).

nehmendem Si-Gehalt die A_1-Umwandlung ansteigt, während A_2 fällt. Darin hat man jedoch nichts Besonderes zu sehen, wie Scheil zu Recht betont, denn die ferromagnetische Umwandlung ist eine Eigentümlichkeit der α-Phase, während bekanntlich die Perlitumwandlung einen Zerfall des γ-Mischkristalls darstellt. Aus der unterschiedlichen Anstiegstendenz der Verschiebung des Perlitwie Ledeburitpunktes folgt, daß sich die beiden Kanten im Raume in einem Punkte γ schneiden müssen, der nach der Scheilschen Auswertung der Meßergebnisse von Kriz und Poboril bei 9,1% Si und 0,32% C liegt. Im Raummodell (Abb. 72) erkennt man die Temperaturkonzentrationswege sowohl für die beginnende perlitische Erstarrung längs $S\gamma$ und den Weg des

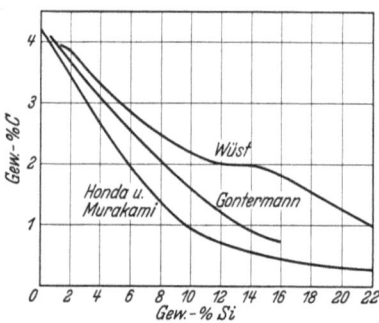

Abb. 76. Einfluß des Siliziums auf den eutektischen Kohlenstoffgehalt.

gesättigten γ-Mischkristalls längs $E\gamma$. Das dritte Dreiphasengleichgewicht des reinen Karbidsystems: α (δ)-Mischkristall, γ-Mischkristall und Schmelze, charakterisiert durch den Zustandspunkt J des reinen Eisenkarbidsystems, verschiebt sich mit zunehmendem Si-Gehalt längs der doppeltgesättigten Kante $J\gamma$. Diesen Eckpunkt γ haben wir nach der Scheilschen Auffassung der ternären Kristallisationsvorgänge als den Eckpunkt einer Vierphasenfläche anzusehen, die bei etwa 1200° liegt. In ihr sind im Gleichgewicht die Phasen α(δ)-Mischkristall, γ-Mischkristall, Schmelze und Zementit. Das vierte mögliche Dreiphasen-

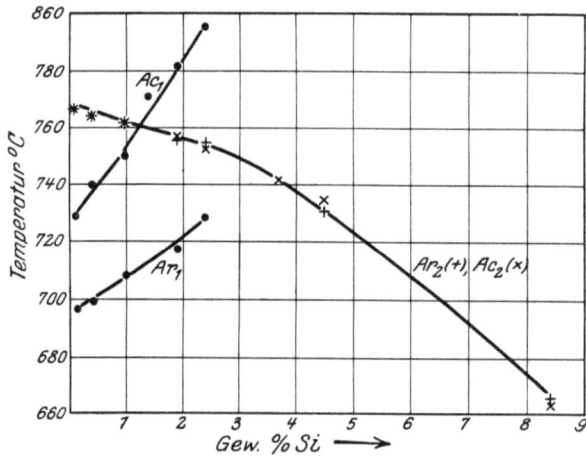

Abb. 77. Einfluß des Siliziums auf A_1 und A_2 [Gumlich(1)].

gleichgewicht: α-Mischkristall, Schmelze und Zementit kommt von einer höher gelegenen hypothetischen Vierphasenfläche her, die in Abb. 72 nicht dargestellt ist, und mündet in den Eckpunkt α ein. Die Kristallisationsverhältnisse in dieser zweiten höher gelegenen Vierphasenfläche, an der zudem ein Silizid Anteil hat, sollen hier außer Betracht bleiben.

Die räumliche Lage der erstgenannten Vierphasenfläche läßt sich an Hand der bisher vorliegenden Meßergebnisse nach Scheil mit einiger Wahrscheinlichkeit angeben. Sie ist zudem in Abb. 71 zur Darstellung gelangt. Die Gleichgewichtsverhältnisse in ihr entsprechen einem nonvarianten Gleichgewicht zweiter Art nach Sahmen (1). Sie ist dadurch ausgezeichnet, daß beim Durchschneiden der Vierphasenfläche keine der am Gleichgewicht teilnehmenden Phasen verschwindet, sondern lediglich die Anordnung zu Dreiphasengleichgewichten oberhalb und unterhalb verschieden ist. Infolgedessen tritt beim Durchgang zu höheren Temperaturen eine Aufteilung längs der Diagonalen αS auf, während bei der Abkühlung das Vierphasengleichgewicht längs der punktiert eingezeichneten Linie γ---Fe_3C in die beiden Dreiphasengleichgewichte $\alpha(\delta)$-Mischkristall, γ-Mischkristall und Zementit sowie γ-Mischkristall, Schmelze und Zementit zerfällt. Bezüglich der Lage der Eckpunkte kann angenommen werden, daß der Zementitpunkt in der Nähe der Zementitlinie LD des reinen Eisenkarbidsystems liegt, da sowohl Honda und Murakami, wie auch Tammann und Ewig (2) nachweisen konnten, daß das Lösungsvermögen des Zementits für Silizium äußerst gering ist. Unsicher ist die Lage von S, jedoch muß dieser Punkt auf der Ledeburitlinie liegen. Die Konzentration des an Zementit und an Silizium gesättigten γ-Punktes ist nach Scheil bereits zu 0,32% C und 9,1% Si angegeben worden. Der Punkt α liegt in der Nähe des binären Randsystems Eisen-Silizium und ist wahrscheinlich von γ nicht weit entfernt. Schließlich ersieht man noch aus der Abb. 72 die räumliche Ausdehnung des Zustandsgebietes für den homogenen ternären γ-Mischkristall. Projiziert man den Zustandsraum des ternären γ-Mischkristalls auf die Seite des reinen Eisen-Siliziumsystems, so erhält man Abb. 78, aus der hervorgeht, wie mit wachsendem Kohlenstoffgehalt das Existenzgebiet des homogenen Mischkristalls zu höheren Si-Gehalten wandert.

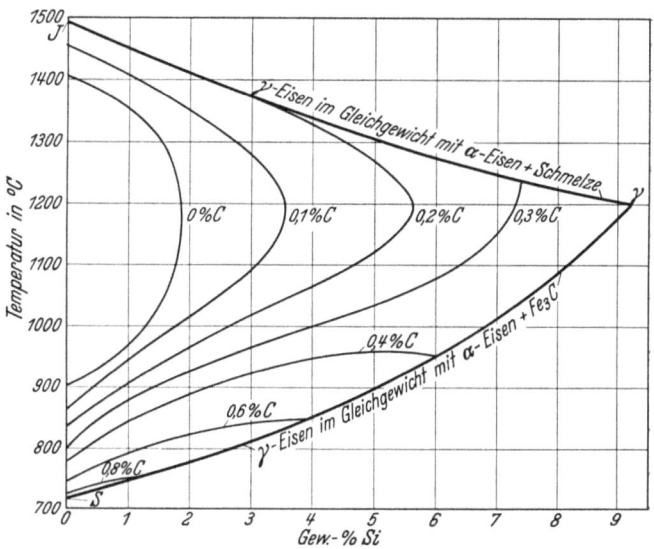

Abb. 78. Projektion auf die Seite Eisen-Silizium [Scheil (1)].

Die bereits erwähnten Untersuchungen von Honda und Murakami konnten ferner zeigen, daß die magnetische Umwandlung des Zementits (A_0) bis etwa 5,5% Si beobachtet werden kann. Sie leiten ferner aus ihren Magnetisierungskurven im Konzentrationsgebiet zwischen 4 und 16% Si eine Verbindung vorerst unbekannter Zusammensetzung ab, bestehend aus dem Silizid Fe_3Si_2, Eisen und Kohlenstoff. Diese Verbindung ist sehr instabil und zerfällt bereits bei 700—1000° unter Kohlenstoffabscheidung. Dem Studium dieses Silikokarbides ist später ein Beitrag von Sawamura(1) gewidmet worden, auf den hier nur verwiesen sei.

Das Gefüge aller ternären Eisen-Kohlenstoff-Siliziumlegierungen mit 0 bis 0,8% C und 0 bis 5% Si besteht nach Guillet und Portevin(1) aus Ferrit und Perlit. Das Silizium ist also in überwiegender Menge im Ferrit gelöst und führt nicht zur Bildung eines neuen Gefügebestandteiles. Da aber Silizium die Graphitbildung begünstigt, ist selbst bei niedrigem C-Gehalt Temperkohlebildung möglich.

Charpy und Cornu(3, 4) fanden, daß nach einstündigem Erhitzen einer Legierung mit 0,14% Kohlenstoff, 3,8% Silizium und 0,35% Mangan auf 800° der gesamte Kohlenstoff als Temperkohle zugegen war. Da eine solche Legierung keinen Perlitpunkt mehr besitzt, war diese Behandlung ein Mittel, um auf der Abkühlungskurve A_2 von A_1 zu unterscheiden. Der Punkt, der sich durch die erwähnte Behandlung zum Verschwinden bringen ließ, mußte offenbar A_1 sein.

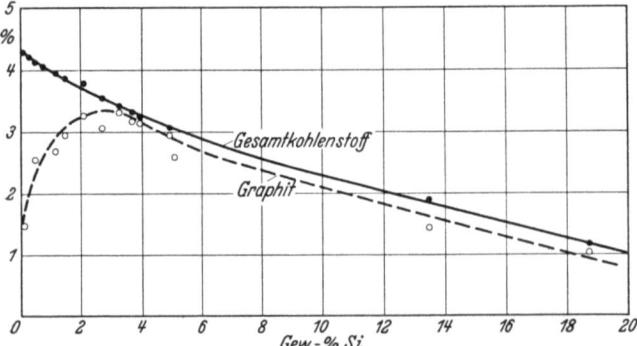

Abb. 79. Einfluß des Siliziumgehaltes auf das Sättigungsvermögen des Eisens für Kohlenstoff und die Graphitbildung [Wüst und Petersen(1)].

Bezüglich der Konstitution des Si-haltigen Roheisens gestattet das in Abb. 71 dargestellte ternäre Zustandsschaubild nur beschränkte Schlüsse. Das hat seinen Grund darin, daß Silizium wie kein anderer Stoff die Graphitisierung begünstigt. Bereits bei einem Si-Gehalt von 4% ist die Gesamtmenge des Kohlenstoffs als Graphit zugegen, wie Abb. 79 zeigt.

Die Zerlegung des Karbides durch Silizium nimmt merkwürdigerweise, wie die Untersuchungen von Hague und Turner(1), Hatfield(1) und Maurer und Holtzhausen(3) zeigen konnten, mit zunehmendem Si-Gehalt nicht kontinuierlich zu, sondern es besteht ein gewisser kritischer Si-Gehalt, bei dem die Graphitmenge sprunghaft zunimmt. Dieser kritische Si-Gehalt, der zwischen 1 und etwa 1,6% Silizium liegt, ist zudem von der Gießtemperatur abhängig, und zwar nimmt er mit zunehmender Gießtemperatur zu[1]. Nicht allein die chemische Zusammensetzung, sondern auch die Erstarrungsbedingungen beeinflussen die Graphitbildung. Diese Tatsache ist für die praktische Verwendung des Si-Zusatzes von größter Bedeutung, indem man dem Einfluß der Erstarrungsgeschwindigkeit durch Messung des Siliziumzusatzes entsprechend der Wandstärke begegnet. Da Silizium nicht nur die Graphit- und Temperkohlebildung beeinflußt, sondern auch die Neigung des Eisenkarbids, durch Erhitzung auf

---

[1] Vgl. insbesondere: Piwowarsky: Hochwertiger Graguß. Berlin: Julius Springer 1929, wo eine eingehende Darstellung des gesamten Graphitisierungsproblems gegeben wird.

verhältnismäßig niedrige Temperaturen (800—1000°) zerlegt zu werden, so ist auch beim Temperprozeß, wo von dieser Tatsache Gebrauch gemacht wird, die richtige Bemessung des Siliziumgehaltes von größter Bedeutung. Letzteres um so mehr, als hier widersprechende Forderungen sich gegenüberstehen. Einmal verlangt man vom Rohguß (Temperguß vor dem Glühen) vollständiges Fehlen des elementaren Kohlenstoffs, also Erstarrung nach dem metastabilen System, aber gleichzeitig muß beim Tempern reichliche Bildung von Temperkohle erfolgen. Silizium verhindert ersteres und begünstigt letzteres. Den richtigen Mittelweg bei der Bemessung des Siliziumgehaltes zu finden ist also eine wichtige Aufgabe.

Abb. 74 und 76 verleihen ferner einer für die Gießereitechnik wichtigen Tatsache Ausdruck. Der eutektische Punkt C des Eisen-Kohlenstoffsystems wird, wie gezeigt worden ist, mit zunehmendem Silizium zu niedrigeren C-Gehalten verschoben, wobei gleichzeitig die eutektische Temperatur ansteigt. Durch den Eintritt des Siliziums in das System Eisen-Kohlenstoff wird demnach die eutektische Struktur bei wesentlich niedrigeren Kohlenstoffgehalten erreicht, als in siliziumfreien Legierungen, oder anders ausgedrückt, es kann ein siliziumhaltiges Gußeisen bereits übereutektisch sein bei einem Kohlenstoffgehalt, der im siliziumfreien Eisen untereutektische oder eutektische Struktur bedingt. Es tritt also übereutektischer oder Garschaumgraphit auf, dessen grobe Lamellen die Festigkeitseigenschaften nachteilig beeinflussen und die man daher zu vermeiden sucht. Auch dieser Umstand ist bei der Bemessung des Siliziumgehaltes zu berücksichtigen.

Stellt man unter gleichbleibenden Bedingungen bezüglich der Zeit und der Temperatur mit Kohlenstoff gesättigte Eisen-Kohlenstoff-Silizium-Legierungen her (Wüst und Petersen), so kann man feststellen, daß die von der Schmelze aufgenommenen Kohlenstoffmengen mit steigendem Siliziumgehalt abnehmen. Man kann diese Tatsache durch den Satz zum Ausdruck bringen, daß Silizium das Lösungsvermögen des Eisens für Kohlenstoff erniedrigt. Die hierauf bezüglichen Ergebnisse von Wüst und Petersen lassen sich in folgende Formel fassen:

$$C = 4{,}26 - \frac{\mathrm{Si}}{3{,}6}.$$

In derselben Richtung liegen die Untersuchungen von Schichtel und Piwowarsky (1), welche die Verschiebung der Linie $C'D'$ des Eisen-Kohlenstoffdiagramms durch Zusätze von Silizium (sowie Phosphor und Nickel) ermitteln.

C. Physikalische und technologische Eigenschaften.

Der günstige Einfluß des Siliziums auf die technologischen Eigenschaften des Stahles insbesondere auf die Zugfestigkeit, Streckgrenze, Dehnung und Kontraktion, der, wie Mars (1) im Jahre 1922 zusammenfassend feststellt, sich bis zu etwa 2% Si in einer Steigerung der Bruch- und Proportionalitätsgrenze kundtut, ohne daß das Formänderungsvermögen, gemessen an Einschnürung und Dehnung, wesentlich verringert wird, ist bereits früh erkannt worden, ohne daß zunächst diese günstigen Verhältnisse zur Qualitätsverbesserung des niedrig gekohlten Baustahles praktisch ausgenutzt wurden. Der günstige Einfluß des

Siliziums auf die Lage der Streckgrenze hat zwar bei höher gekohlten Stählen schon früh Verwendung gefunden, so z. B. bei den Federstählen und während des Krieges, da es an Chrom und Nickel mangelte, zur Herstellung von Infanterieschutzschilden. In einer späteren Untersuchung von Pomp (1) an niedrig gekohlten Si-haltigen Baustählen, die in gewalzten Platinen von 11 mm Stärke vorlagen, konnte, wie Abb. 80 zeigt, der günstige Einfluß von etwa 1% Si erkannt werden. Zahlenmäßig ergab sich, daß der Stahl B mit 1,17% Si und 0,07% C bei einer Zugfestigkeit von 47,5 kg/mm² gleichzeitig eine Streckgrenze von 33,4 kg/mm² aufwies; das Verhältnis von Streckgrenze zu Zugfestigkeit beträgt also rd. 70%.

Durch den Si-Zusatz wird die Dehnung von 29,6% und die Einschnürung mit etwa 71% nur unwesentlich verringert.

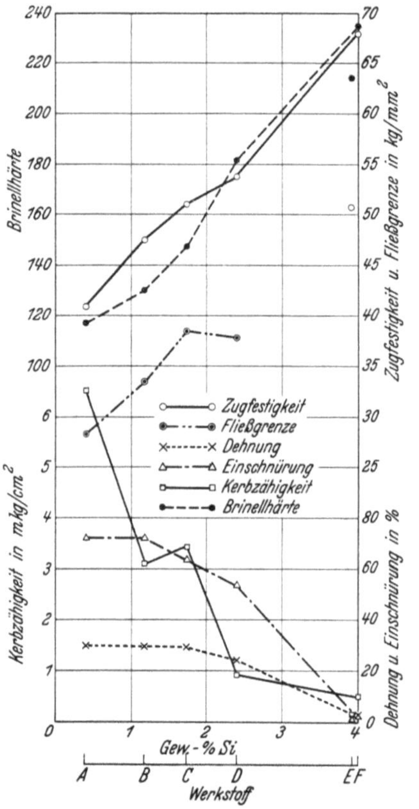

Auf Veranlassung des Vereins Deutscher Eisenhüttenleute wurde im Jahre 1926 von den verschiedensten Materialprüfungsstellen eine eingehende Untersuchung über die Eigenschaften des niedrig gekohlten hochsiliziumhaltigen Baustahles durchgeführt, die bezüglich der Festigkeitseigenschaften einen klärenden Abschluß brachte[1]. Die Zusammensetzung der untersuchten Stähle geht aus Tabelle 5 hervor.

Tabelle 5.

Schmelze Nr.	C %	Si %	Mn %	P %	S %	Ni %
A	0,10	0,89	0,66	0,039	0,026	0,12
B	0,10	0,92	0,48	0,040	0,026	0,16
C	0,10	1,10	0,58	0,062	0,037	0,14
D	0,11	0,67	0,56	0,043	0,037	0,20
E	0,14	0,77	0,88	0,057	0,031	0,25
F	0,13	0,93	0,66	0,047	0,026	0,31

Die durchgeführten Festigkeitsuntersuchungen ergaben im Gesamtmittel für den Walzzustand Werte, die in der Tabelle 6 zum Ausdruck kommen.

Werkstoff	C %	Si %	Mn %	P %	S %
A	0,05	0,39	0,25	0,014	0,049
B	0,07	1,17	0,32	0,013	0,034
C	0,05	1,73	0,35	0,014	0,030
D	0,06	2,89	0,16	0,010	0,016
E	0,05	3,94	0,11	0,014	0,021
F	0,12	4,00	0,20	0,017	0,014

Abb. 80. Die Festigkeitseigenschaften in Abhängigkeit vom Siliziumgehalt [Pomp (1)].

Tabelle 6.

	im Walzzustand	ausgeglüht
Streckgrenze kg/mm²...	35,8	31,7
Zugfestigkeit kg/mm²...	51,6	47,0
Streckgrenze zu Zugfestigkeit in %......	69,5	67,6
Dehnung in %.....	27,9	30,1
Einschnürung in %...	63,2	65,8

Es hat sich ferner gezeigt, daß die Festigkeitseigenschaften, insbesondere die Streckgrenze, in hohem Maße von der Profilstärke des gewalzten Materials ab-

---

[1] Stahl u. Eisen Bd. 46 (1926) S. 493.

Eisen und Silizium.

hängig sind. Der Einfluß einer Glühbehandlung nach beendigter Formgebung im Vergleich zum Walzzustand ist nach der angeführten kritischen Untersuchung aus der Tabelle 6 zu ersehen. Daraus kann gefolgert werden, daß die Glühbehandlung eine beträchtliche Erweichung mit sich bringt.

Die Veränderung der Härte wie auch der spez. Schlagarbeit mit zunehmendem Si-Gehalt erkennt man aus den Pompschen Versuchsergebnissen (Abb. 80), die mit den älteren Befunden von Paglianti (1) und Guillet (2) übereinstimmen (s. Abb. 81 und 82). Danach nimmt die Härte zu, während die spez. Schlagarbeit bei Zimmertemperatur mit zunehmendem Si-Gehalt stark abfällt. Im Temperaturgebiet zwischen 50—300 ° C zeigen die Si-Stähle eine deutliche Zunahme der Kerbzähigkeit, was für die Kaltbehandlung von silizierten Blechen nicht ohne Vorteil ist.

Größte praktische Bedeutung hat das Legierungselement Silizium für die Dynamo- und Transformatorenindustrie. Dies hat seinen Grund darin, daß die der Wechselstrommagnetisierung ausgesetzten ferromagnetischen Werkstoffe bei Si-Zusatz geringere Wattverluste besitzen

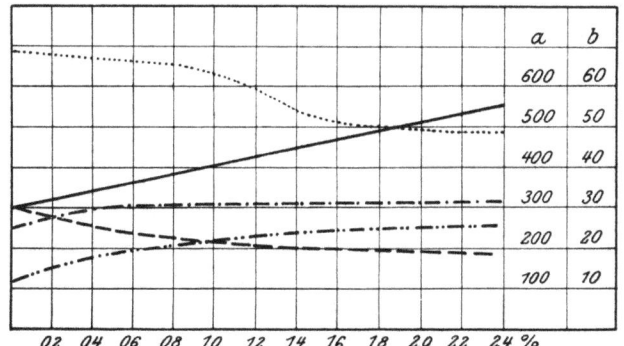

Abb. 81. Einfluß des Siliziums auf Festigkeitseigenschaften und Härte von weichem Flußeisen [Paglianti(1)].

Maßstab		Eigenschaft
b	————	Zugfestigkeit kg/mm²
b	– – – –	Dehnung %
b	–·–·–	Streckgrenze kg/mm²
a	–··–··–	Härte (Brinell)
b	········	Kontraktion %

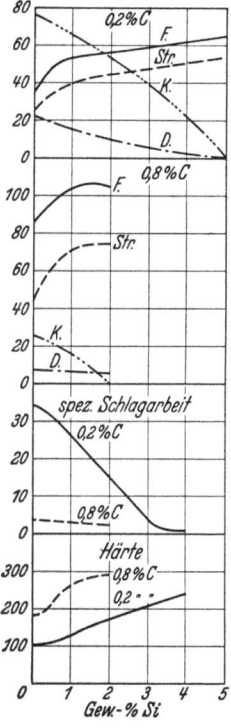

Abb. 82. Einfluß des Siliziums auf Festigkeitseigenschaften, Härte und spezifische Schlagarbeit von Stahl mit 0,2 bzw. 0,8% C [Guillet (2)].

als unlegierte Bleche. Als Richtlinien für die heute üblichen Zusammensetzungen von Dynamo- und Transformatorenblechen können die in Tabelle 7 nach DIN 6400 mitgeteilten Analysen gelten.

Bezüglich der zulässigen Verlustzahlen der Magnetisierbarkeit und der Alterung muß auf das DIN-Normblatt 6400 verwiesen werden.

Der Wattverlust ist eine zusammengesetzte Größe, die sich darstellt als Summe von magnetischen und elektrischen Verlusten. Die ersteren nennt man Hysteresisverluste; sie sind dem von einer vollständigen Magnetisierungsschleife umschriebenen Flächeninhalte proportional. Die elektrischen Verluste oder Wirbelstromverluste sind eine Funktion des elektrischen Leitwiderstandes und fernerhin von der Körperform abhängig. Nach dem Vorschlage von

Tabelle 7.

Normenbezeichnung DIN 6400	Chemische Zusammensetzung				
	C % höchstens	Si %	Mn %	P % höchstens	S % höchstens
1. Normale Dynamobleche (Dynamo-*A*-Bleche)....	0,10	0,5—0,8	0,2—0,35	0,04	0,04
2. Schwachlegierte Bleche (Dynamo-*B*-Bleche)....	0,10	0,9—1,2	0,2—0,35	0,04	0,04
3. Mittelstarklegierte Bleche (Dynamo-*C*-Bleche)....	0,10	1,8—2,3	0,2—0,3	0,04	0,04
4. Hochlegierte Bleche (Transformatorenbleche)..	0,08	3,8—4,2	0,1—0,2	0,025	0,025

P. Steinmetz (*1, 2*) pflegt man die Größe der Wattverluste bei gegebener Frequenz und Höchstinduktion darzustellen als:

$$V = V_H + V_W = \eta B_{max}^{1,6} \cdot v + c B_{max}^2 v^2,$$

η und c werden Steinmetzscher Hysteresis- bzw. Wirbelstromwert genannt.

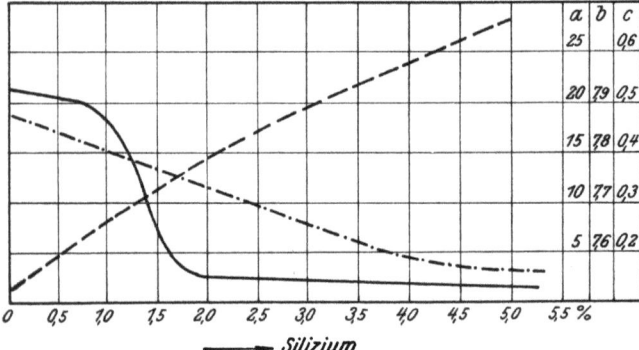

Abb. 83. Einfluß des Siliziums auf die spezifische Schlagarbeit, das spezifische Gewicht und den elektrischen Leitwiderstand [Paglianti(*1*)].

Maßstab   Eigenschaft
a ———— Spez. Schlagarbeit mkg/cm²
b —·—·—·— Spez. Gewicht
c − − − − Elektr. Widerstand in m/Ohm·mm².

Die Einführung der silizierten Werkstoffe geht auf die Gumlichsche Beobachtung zurück, wonach die Wirbelstromverluste bei einem Si-Zusatz von 4% auf 0,16 Watt/kg bei 10 000 Gauß Höchstinduktion und 0,37 Watt/kg bei 15 000 Gauß Höchstinduktion zurückgehen. Zieht man die von Steinhaus (*1*) für ein unlegiertes Blech angegebenen reinen Wirbelstromverluste für eine Höchstinduktion von 10 000 Gauß zu 1,15 Watt/kg und für eine Höchstinduktion von 15 000 Gauß zu 2,28 Watt/kg zum Vergleich heran, so tritt die verbessernde Wirkung des Siliziums deutlich hervor. Die günstige Einwirkung des Siliziums auf den Wirbelstromverlust findet ihre Erklärung in der beträchtlichen Zunahme des elektrischen Leitwiderstandes mit zunehmendem Si-Gehalt, wie man aus Abb. 83 erkennt.

Auch bezüglich der Hysteresisverluste wirkt Silizium verbessernd (s. Abb. 84), und zwar insofern, als sein bei höheren Temperaturen zur Auswirkung gelangender graphitisierender Einfluß den magnetisch äußerst schädlichen Zementit in den magnetisch unschädlichen Graphit überführt.

Darüber hinaus finden sich im Schrifttum zahlreiche Hinweise[1], die der Ermittlung einer günstigsten Wärmebehandlung gewidmet sind. Als Ergebnis zahlreicher Untersuchungen, von denen die von Yensen (*2*), Daeves(*1*), Eichen-

---

[1] Vgl. F. Wever u. G. Hindrichs (*6*); in dieser Abhandlung befindet sich eine umfassende Schrifttumsübersicht.

berg und Oertel (1), von Moos, Oberhoffer und Oertel (1) und von Moos, Oertel und Scherer (2) genannt sein mögen, darf als bewiesen gelten, daß zwischen der Verlustziffer und der Korngröße ein eindeutiger Zusammenhang derart besteht, daß mit zunehmender Korngröße die Wattverluste geringer werden und für ein gleichmäßig eingeformtes grobes Korn — bestehend aus reinem Siliziumferrit — am geringsten sind.

Bei der Glühbehandlung von Dynamo- und Transformatorenblechen hat man, worauf Daeves (2) zuerst hingewiesen hat, Überglühungen zu vermeiden, da dadurch eine Verschlechterung der Verlustziffern bedingt ist. Die Verschlechterung beruht in folgendem: Durch einen Glühprozeß bei 800° gelangt der graphitisierende Einfluß des Siliziums voll zur Auswirkung. Steigert man die Temperatur

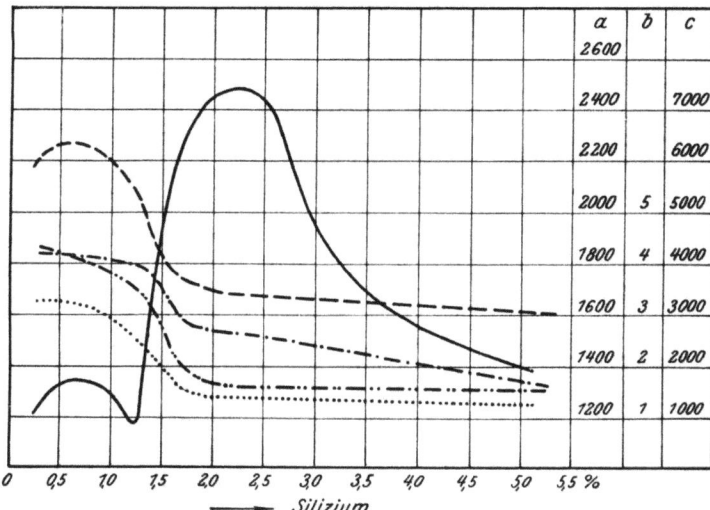

Abb. 84. Einfluß des Siliziums auf die magnetischen Eigenschaften von weichem Flußstahl [Paglianti(1)].

Maßstab		Eigenschaft
a	————	Permeabilität bei $\mathfrak{B} = 10000$
b	··········	Koerzitivkraft bei $\mathfrak{B} = 10000$
b	—·—·—·—	Wattverluste/kg bei $\mathfrak{B} = 10000$, $p = 50$, $\delta = 0,5$
c	————	Remanenz bei $\mathfrak{B} = 10000$
c	—··—··—	Hysteresis Erg/cm³.

bis zu etwa 900°, so geht wegen der Zunahme der Löslichkeit ein Teil Kohlenstoff in Lösung, der bei folgender Abkühlung als Perlit ausgeschieden wird. Eine streifige Perlitausbildung ist ebenso wie der in Lösung befindliche Kohlenstoff auf die Größe der Wattverluste nachteilig. Kugeliger Zementit wirkt nicht so ausgesprochen verschlechternd, jedoch steigen allgemein die Hysteresisverluste mit zunehmendem Zementitgehalt.

Von den übrigen Beimengungen, die wir im technischen Eisen vorfinden, wirken nach Yensen Schwefel und Mangan verschlechternd auf die Hysteresisverluste silizierten Materials ein, während Phosphor nur bis zu etwa 0,015% ungünstig ist. Ein höherer P-Gehalt als etwa 0,14% ist ohne nachteiligen Einfluß. Nach K. Daeves (2) ist ein Mn-Gehalt von 0,05—0,3% nicht nachteilig. W. Eilender und W. Oertel (1) stellen bezüglich gleichzeitiger Anwesenheit von Sauerstoff und Kohlenstoff fest, daß die Verlustziffer nicht verschlechtert wird, wenn die Schmelzführung so vorgenommen wird, daß im Rohblock Sauerstoff und Kohlenstoff in äquivalenten Mengen vorhanden sind. Danach besteht die Möglichkeit, daß während der weiteren Fertigung beide Stoffe unter vollständiger Aufzehrung ausreagieren. Es ist jedoch in Anlehnung an die von v. Moos, Oertel und Scherer gemachte Erfahrung zu beachten, daß ein hoher Sauerstoffgehalt einer gleichmäßig eingeformten Gefügeausbildung entgegenwirkt, also als schädlich anzusehen ist.

Eine weitere Verbesserung der Wattverluste kann nach F. Wever und G. Hindrichs (6) dann erzielt werden, wenn man die Schmelze über den allgemein üblichen Grad hinaus zusätzlich mit Aluminium desoxydiert. Die von diesen Forschern magnetisch untersuchten Schmelzen enthielten 0,61—4,33% Si, 0,04—3,37% Al, weniger als 0,03% C und etwa 0,1% Mn. Die Proben wurden nach der Walzung mit gewöhnlichen Transformatorenblechen zusammen in Kanalöfen bei etwa 880° 3 bis 4 1/2 Std. geglüht. Die Ergebnisse der Wattverlustmessungen kommen in Abb. 85 zur Darstellung. Man kann daraus eine beachtenswerte Verbesserung von silizium- und aluminiumhaltigen Stählen gegenüber den reinen Siliziumstählen ableiten. Besonders deutlich wird der verbessernde Einfluß des Aluminiumzusatzes bei niedrigen Si-Gehalten. Er ist aber auch bei den Transformatorenblechen (also höhere Si-Gehalte) noch gut zu erkennen. Über einen gewissen Aluminiumgehalt hinauszugehen, verbietet sich, da damit keine praktische Verbesserung mehr erzielt werden kann.

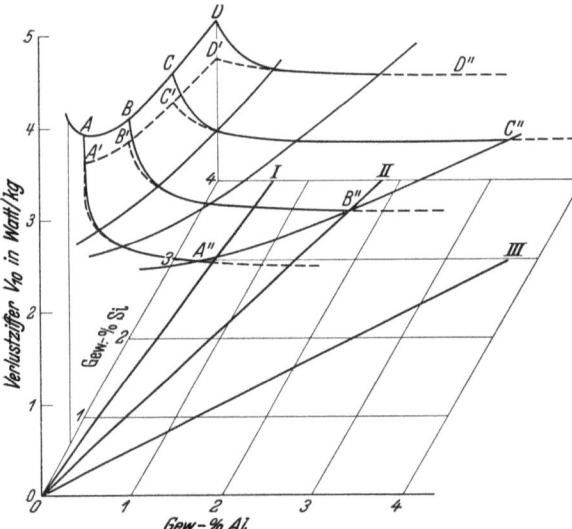

Abb. 85. Verlustziffer von Aluminium-Silizium-Stählen in Abhängigkeit vom Aluminium- und Siliziumgehalt [Wever und Hindrichs (6)].

Die Ansichten darüber, ob die Schmiedbarkeit des Eisens durch Silizium verschlechtert wird, sind geteilt. Zwar haben Hadfield (1) und Guillet (1) gezeigt, daß erst bei 5% Schwierigkeiten bei der Verarbeitung auftreten, doch widerspricht dem die an vielen Stellen gemachte Erfahrung, daß weiches, mit Ferrosilizium siliziertes Flußeisen schlecht schmiedbar ist. Dies führen u. a. Ledebur (1) und Mars (1) darauf zurück, daß der beim Siliziumzusatz im Metall enthaltene Sauerstoff sich zu Kieselsäure binde, die entweder im Eisen löslich oder emulsionsartig darin verteilt sei. Wenn aber, wie bei den sauren Stahlherstellungsverfahren das Silizium von vornherein als solches zugeben und in Lösung sei oder gleichzeitig mit Mangan, etwa als Silikospiegel, zugegeben werde, so übe das Silizium keine nachteilige Wirkung aus. Pourcel[1] will sogar den direkten Nachweis der Gegenwart von Kieselsäure durch Verflüchtigung je eines mit Ferrosilizium und Silikospiegel hergestellten Eisens im Chlorstrom erbracht haben.

---

[1] Siehe Mars: Spezialstähle S. 193. 1922.

Er fand im ersteren Falle einen Rückstand von Kieselsäure, im letzteren dagegen keinen Rückstand. Ob der Erklärungsversuch richtig ist oder nicht, Tatsache bleibt jedenfalls, daß an manchen Orten ein wahrscheinlich nicht berechtigtes Mißtrauen gegen siliziertes Material besteht.

Man vermeidet im allgemeinen auch die Verwendung des silizierten schmiedbaren Eisens zu jenen Zwecken, die eine große Kaltbildsamkeit voraussetzen. Feinzugdraht, Siederöhren und Stanzblech werden daher meist ohne Siliziumzusatz (unberuhigt) hergestellt.

Aber auch bezüglich der Schweißbarkeit gilt Ähnliches. So fand Hadfield als oberste Grenze 0,2%. Ledebur verwirft für Flußeisen, das schweißbar sein soll, den Siliziumzusatz überhaupt, wogegen ein Eisen, dessen Siliziumgehalt auf ein Abbrechen des Frischvorganges zurückzuführen ist, selbst bei verhältnismäßig hohem Siliziumgehalt noch schweißbar sein soll. Mit Recht weist aber Hadfield auf den Widerspruch hin, der zwischen der Gefährlichkeit eines angeblich in Form von Kieselsäure vorhandenen Siliziumgehaltes und der Tatsache besteht, daß Sand beim Schweißen von Flußeisen ein wichtiges Hilfsmittel ist.

In einer neueren Untersuchung von H. Grahl (1) konnte eine Grenze der Schweißbarkeit bis zu 1,35% Si nicht nachgewiesen werden. Die Untersuchung, die an Preßschweißungen durchgeführt wurde, benutzt zur Beurteilung neben chemischer Analyse und Gefügebeobachtungen den Zugversuch, Warm- und Kaltbiegeproben, wie auch Kerbschlaguntersuchungen. Sie ist ausgedehnt worden auf Hammerschweißungen bei Erhitzung im Koksfeuer und elektrischer Widerstandsschweißung. Hinsichtlich der Feuerschweißung ergibt sich folgendes Bild: Die festigkeitserhöhenden Eigenschaften des Siliziums gehen beim Schweißen verloren. Ein feuergeschweißter Si-Stahl mit 1,35% Si zeigt nach Luftabkühlung in der Schweißstelle eine Festigkeit von 37,8 kg/mm². Mißt man die Schweißbarkeit an dem Verhältnis Zugfestigkeit (feuergeschweißt) zu Zugfestigkeit (nicht geschweißter Werkstoff), so zeigt sich, daß bis zu einem Si-Gehalt von 0,8% zunächst ein beträchtlicher Abfall auf etwa 62% einsetzt. Bei höheren Si-Gehalten tritt keine wesentliche Verschlechterung bei sorgfältiger Verschweißung ein. Als günstigste Schweißtemperatur wird für Feuerschweißungen 1435° angegeben. Die Abschmelzschweißung verhält sich anders. Selbst bei einem Si-Gehalt von 1,35% beträgt die Festigkeit der Schweißnaht noch 97% des Mutterwerkstoffs. Die Temperaturabhängigkeit der Kerbzähigkeit zeigt für elektrische Schweißungen gegenüber dem nicht behandelten Werkstoff einen durchaus ähnlichen Verlauf. Allerdings scheint der Übergang von der Hoch- zur Tieflage zu höheren Temperaturen verschoben zu werden. Nach Grahl ist hervorzuheben, daß bei der Preßschweißung Si-haltigen Stahles das Verfahren den Vorzug verdient, bei dem eine möglichst schnelle Erreichung der Schweißtemperatur erzielt wird und bei dem nur wenig Sauerstoff an die Schweißnaht herantreten kann (ummantelte Schweißstähle, Schutzgasschweißung).

Hinsichtlich der chemischen Eigenschaften sind die Siliziumstähle insbesondere bei höheren Gehalten (0,55—0,7% C; 18—12% Si) durch einen hohen Korrosionswiderstand ausgezeichnet. Es ist schon darauf hingewiesen worden, daß die Silizide des Eisens gegen den Angriff von Säuren äußerst widerstandsfähig sind; und zwar nimmt der Korrosionswiderstand mit zunehmendem Si-Gehalt zu. Der wertvollen chemischen Eigenschaft hochsilizierter Legierungen stehen jedoch hinsichtlich ihrer praktischen Ausnutzung insofern beträchtliche Schwierigkeiten entgegen, als die Formgebung und Bearbeitbarkeit mit zunehmendem Si-Gehalt erschwert werden. Dies erklärt sich daraus, daß die Silizide des Eisens sehr hart sind und eine grobkörnige Kristallisation begünstigen. Eine Warmformgebung durch Schmieden und Walzen bei Gehalten von mehr als 5% Si ist praktisch nicht mehr durchführbar. Gußstücke mit höheren Gehalten (etwa 10—12%) sind nicht zerspanbar. Durch eine Erhöhung des C-Gehaltes kann nach R. Walter (1) die Sprödigkeit verringert werden, so daß technisch brauchbare säurebeständige Gußstücke bis 20% Si (Thermisilizid) hergestellt werden können.

Ferrosilizium (bis 12% Si im Hochofen und in höheren Si-Gehalten bis über 90% Si im Elektroofen hergestellt) findet lediglich zu metallurgischen Zwecken (Desoxydation) und als Legierungszusatz Verwendung.

Eine weitere Bedeutung hat das Silizium z. B. in der Stahlgießerei wegen seiner vorzüglichen Wirkung bei der Erzielung dichten Gusses. (Hierüber s. w. u.).

Die nachstehende Tabelle gibt einen Überblick über die Hauptverwendungszwecke der Siliziumstähle.

Verwendungszweck	% C	% Si	% Mn
Siliziumbaustahl	0,15	2—1	0,5—0,8
Federn, Bruchbänder und dgl.	0,5—0,6	0,6—0,7	0,8—1,0
Mittelharter Federstahl	0,45—0,55	1,0—1,5	0,4—0,5
Harter Federstahl	etwa 0,3	2,5	—
Dynamoblech	weniger als 0,1	2,0	0,3
Transformatorenblech	weniger als 0,1	4,0	weniger als 0,1

6. Eisen und Mangan.

A. Das Zweistoffsystem Eisen-Mangan.

Nach den thermischen und mikroskopischen Untersuchungen von M. Levin und G. Tammann (3) stellen die Legierungen von Eisen und Mangan eine ununterbrochene Reihe von Mischkristallen dar. G. Rümelin und K. Fick (2) konnten durch thermische Analyse die peritektische $\delta \rightarrow \gamma$-Umsetzung nachweisen; auch fanden sie bei reinem Mangan etwa bei 1150° einen Umwandlungspunkt, der bei Zusatz von 5% Fe etwas erniedrigt wurde. P. Dejean (2) untersuchte den Einfluß des Mangans auf die $\alpha \rightarrow \gamma$-Umwandlung des Eisens und fand eine kontinuierliche Senkung der Begrenzungslinie des γ-Eisens von 900° im reinen Eisen bis auf Zimmertemperatur bei einer Legierung mit 14% Mn. H. Esser und P. Oberhoffer (5) fanden, daß bei gleichzeitiger Erniedrigung des A_3-Punktes mit steigendem Mangangehalt die Temperaturhysterese stark zunimmt. Ihre Ergebnisse stimmen, ebenso wie die der thermischen Untersuchungen von R. Hadfield (2), gut mit denen von Dejean überein. Die ersten röntgenographischen Untersuchungen wurden von E. C. Bain (1) gemacht. Die Photogramme seiner langsam abgekühlten Legierungen enthalten bis 20% Mn nur die Linien der α-Fe-Phase und von etwa 20—60% Mn nur die γ-Fe-Phase. Bei höheren Mangangehalten treten die Linien der Manganmodifikationen auf.

W. Schmidt (2) machte bei seinen röntgenographischen Untersuchungen über das vorliegende System die interessante Entdeckung einer neuen bisher nicht bekannten Phase mit hexagonal dichtester Kugelpackung, die bei seinen Legierungen zwischen 12 und 29% Mn auftrat. L. Oehman(1) hat das System, ebenfalls auf röntgenographischem Wege, einer eingehenden Revision unterzogen. Er konnte die von Schmidt entdeckte ε-Phase als hexagonale Phase dichtester Kugelpackung bestätigen. Doch spricht er sie als eine instabile Phase an, die durch Zerfall der γ-Phase entsteht, aber sofort wieder zerfällt unter Bildung von Mangan-übersättigter α-Fe-Phase. Durch Abschrecken ist es dann möglich, den Zerfall der ε-Phase in einem gewissen Konzentrationsbereich wenigstens teilweise zu verhindern. Durch röntgenographische Hochtemperaturaufnahmen konnte Oehman nachweisen, daß die ε-Phase oberhalb 500° nicht stabil ist, andererseits beim Abschrecken von Temperaturen unterhalb 500° auch nicht mehr entsteht. An einer von 1100° abgeschreckten Legierung mit 22,9 Atom-% Mn bestimmte er die Gitterdimensionen der ε-Phase zu $a=2{,}541$ Å und $c=4{,}106$ Å mit dem Verhältnis $c:a=1{,}616$. Übereinstimmend mit Schmidt kommt er zu dem Ergebnis, daß die Gitterdimensionen dieser Phase mit zunehmendem Mangangehalt bei gleichbleibendem Achsenverhältnis größer werden. Aus dem Volumen pro Atom, das Oehman an der obigen Legierung für die ε-Phase zu 11,37 Å^3 und für die γ-Phase zu 11,62 Å^3 berechnete, schließt er auf eine Kontraktion bei der γ-ε-Umwandlung. Etwas später, jedoch unabhängig von Schmidt, fand T. Ishivara (1) in dem gleichen Konzentrationsbereich auf dilatometrischem Wege eine neue Umwandlung, die mit einer deutlichen Kontraktion verbunden war. Die neue Phase wurde von A. Ōsawa (1) unabhängig von Schmidt und Oehman als hexagonale Phase dichtester Kugelpackung auf röntgenographischem Wege bestimmt. Es besteht somit kein Zweifel, daß es sich um die gleiche von Schmidt mit ε bezeichnete Phase handelt. Jedoch findet Ōsawa bei zunehmendem Mangangehalt eine Abnahme der Gitterdimensionen bei gleichbleibendem Achsenverhältnis, und er deutet an, daß es sich um die Verbindung Fe$_3$Mn (16,47% Mn) handeln könne. Im Gegensatz zu Oehman spricht Ishivara diese neue hexagonale Phase als stabile Phase an, die im Bereich von etwa 3—17% Mn auf Grund einer peritektoiden Umsetzung der γ- und α-Mischkristalle entstehen soll, bei höheren Konzentrationen (bis etwa 30% Mn) jedoch durch direkte Umwandlung der γ-Phase in die ε-Phase gebildet wird.

Es ist nun beachtlich, daß Ishivara diese Phase bzw. die Umwandlung γ→ε beim „Abkühlen von hohen Temperaturen" beobachtet. Er macht keine Angaben über die Abkühlungsgeschwindigkeit bei seinen Versuchen. Es ist möglich, daß die Beobachtungen Ishivaras an unterkühlten Legierungen stattfanden. Einige Kurven aus dem Grenzgebiet zwischen ε-Phase und α-Phase deuten darauf hin, daß drei Phasen α + ε + γ gleichzeitig vorhanden waren, ähnlich wie bei Schmidt, woraus sich zwangsläufig ergibt, daß die Legierungen nicht im Gleichgewichtszustand vorlagen. Die Beobachtungen Ishivaras lassen sich auch durchaus im Sinne der Oehmanschen Auffassung deuten. Der Ausdehnungseffekt bei der Erhitzung wäre dann als Zerfall der unterkühlten ε-Phase in die α-Phase zu verstehen, der ja folgerichtig mit einer Ausdehnung verbunden sein müßte. Im übrigen sind die Ausführungen Ishivaras nicht erschöpfend genug, um eine eingehende Kritik seiner Versuchsergebnisse zu gestatten.

Bezüglich der Legierungen mit höherem Mangangehalt, also der Legierungen auf der Manganseite des Diagramms, bestehen von seiten der verschiedenen

Forscher keine grundsätzlichen Meinungsverschiedenheiten. Mangan zeigt zwei Umwandlungspunkte im festen Zustand, über deren Lage die Ergebnisse etwas auseinandergehen. Oehman hält jeweils die höheren von M. Gayler (1) an sehr reinem Mangan auf thermischem Wege ermittelten Temperaturen für die richtigen. Danach würde die Umwandlung der nach dem Erstarren beständigen γ_{Mn}-Modifikation in die β_{Mn}-Modifikation bei 1191° stattfinden und die der β_{Mn}-Modifikation in die α_{Mn}-Modifikation bei 742°.

Die α_{Mn}- und β_{Mn}-Phasen wurden von A. Westgren und G. Phragmén (4) und fast gleichzeitig von A. I. Bradley (1) als komplizierte kubische Strukturen erkannt, deren Gitterabmessungen nach den letzten Untersuchungen von Oehman (1) an reinstem vakuumdestilliertem Mangan (von Gayler hergestellt) folgende sind:

$$a_{\alpha Mn} = 8{,}894 \pm 0{,}006 \text{ Å}; \qquad a_{\beta Mn} = 6{,}300 \pm 0{,}004 \text{ Å}.$$

Im Elementarbereich des α_{Mn} befinden sich 58 Atome und in dem des β_{Mn} 20 Atome. Über die Struktur und die Anordnung der Atome in den Elementarbereichen sind eingehende Untersuchungen von Westgren und Phragmén, A. I. Bradley und I. Thewlis (2) sowie G. D. Preston (1) gemacht worden. Die Struktur der γ_{Mn}-Phase erwies sich nach den fast gleichzeitig erfolgten Untersuchungen von E. Persson und E. Oehman (1) sowie S. Sekito (1) als flächenzentriert tetragonal und identisch mit dem von Westgren und Phragmén sowie Bradley untersuchten elektrolytisch hergestellten γ-Mangan.

Westgren und Phragmén geben als Gitterdimension $a_{\gamma Mn} = 3{,}774 \pm 0{,}003$ Å an mit dem Achsenverhältnis $\frac{c}{a} = 0{,}937$. Persson und Oehman fanden durch Extrapolation aus Mangan-Kupferlegierungen Werte, die mit diesen sehr gut übereinstimmen. Ihre Beobachtung, daß mit zunehmendem Kupfergehalt das Achsenverhältnis sich dem Werte 1 nähert, konnte Oehman auch für Mangan-Eisenlegierungen bestätigen. Gleiches beobachtete Ôsawa. Die von Oehman für die γ_{Fe}-Phase mit steigendem Mangangehalt gemessene Zunahme des Gitterparameters stützt die von allen Forschern getätigte Schlußfolgerung, daß das tetragonale γ_{Mn}-Gitter kontinuierlich in das kubische γ_{Fe}-Gitter übergeht, daß somit im Existenzbereich der γ-Phasen eine lückenlose Mischkristallreihe besteht. Oehman weist allerdings darauf hin, daß ein kontinuierlicher Übergang von einem Kristallsystem in ein anderes bisher nicht bekannt sei und es sehr schwer sei, die Nichtexistenz einer vielleicht nur schmalen Mischungslücke an der Übergangsstelle, in der beide Strukturen nebeneinander vorhanden wären, experimentell nachzuweisen. Er hat daher eine solche in seinem Diagrammentwurf angedeutet. In Abb. 86 ist zur Veranschaulichung des Übergangs der γ_{Fe}-Phase in die γ_{Mn}-Phase die Änderung der Gitterparameter und des Volumens pro Atom der γ-Phasen in Abhängigkeit von der Zusammensetzung wiedergegeben.

In Abb. 87 ist das Zweistoffsystem von Fe-Mn auf Grund der Ergebnisse von Oehman wiedergegeben, da diese als die zuverlässigsten, den wahren Gleichgewichtsverhältnissen am nächsten kommenden angesprochen werden. Die Erstarrung der Legierungen und die δ-γ-Umwandlung wurden nach Rümelin und Fick gezeichnet. Die hypothetische Mischungslücke nach Oehman zwischen γ_{Fe}- und γ_{Mn}-Mischkristallen wurde fortgelassen, so daß das Diagramm bei hohen

Temperaturen eine lückenlose Mischkristallreihe zeigt. Auf der Eisenseite sinkt mit zunehmendem Mangangehalt die γ-α-Umwandlung; bei etwa 30% Mn ist

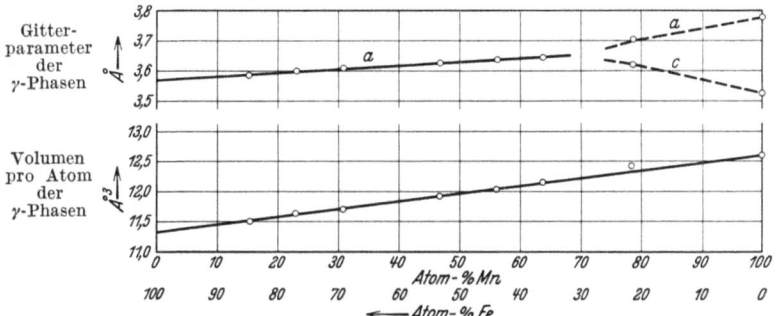

Abb. 86. Die Änderung der Gitterparameter und des Volumens pro Atom der γ-Phasen mit der Zusammensetzung [Oehman (*1*)].

sie bis auf 500° gesunken. Bei dieser Temperatur steht der γ-Mischkristall mit einem α-Mischkristall im Gleichgewicht, der nur wenig, etwa 3% Mn, in Lösung hält. Zu niedrigeren Temperaturen kann das Gleichgewicht nicht verfolgt werden, weil die Einstellung zu langsam, praktisch überhaupt nicht erfolgt. Die Legierungen mit mehr als 30% Mn bis etwa 47% Mn bestehen daher bis zu Raumtemperatur hinab aus homogener γ-Phase.

Auf der Manganseite wird die $\gamma_{Mn} \rightarrow \beta_{Mn}$-Umwandlung durch Eisenzusatz zunächst wenig, dann stärker erniedrigt, wogegen die $\beta_{Mn} \rightarrow \alpha_{Mn}$-Umwandlung durch Eisenzusatz kaum erniedrigt wird. Beide Umwandlungen führen bei einer Temperatur nicht unter 720° zu einer eutektoiden Dreiphasen-Umsetzung, bei der der β_{Mn}-Mischkristall in einen α_{Mn}- und einen γ_{Fe}-Mischkristall zerfällt. Die Löslichkeit sowohl der β_{Mn}- wie der α_{Mn}-Modifikation für Eisen nimmt mit sinkender Temperatur stark zu und erreicht für γ_{Mn} bei der eutektoiden Umsetzung etwa 35% Fe und für β_{Mn} bei 500° etwa 38% Fe. Nach der eutektoiden Umsetzung nimmt die

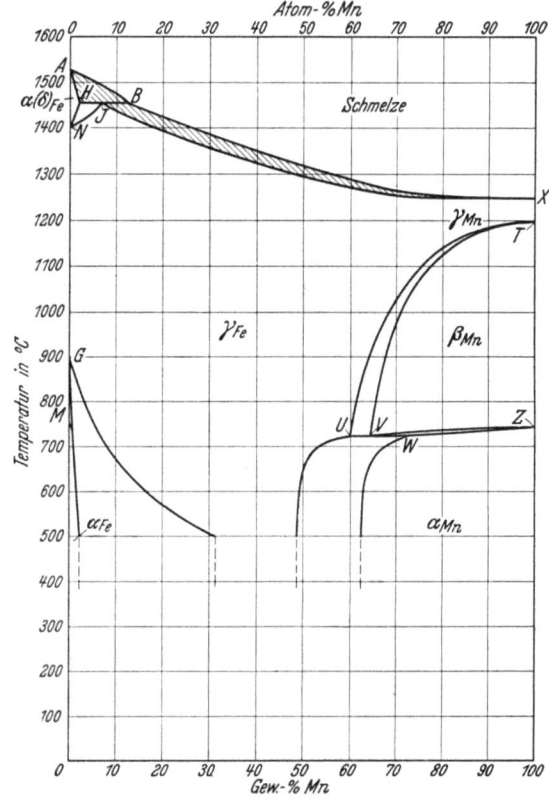

Abb. 87. Zustandsdiagramm der Eisen-Manganlegierungen [Rümelin und Fick (*2*), Oehman (*1*)].

Konzentration des mit dem α_{Mn}-Mischkristall im Gleichgewicht stehenden γ_{Fe}-Mischkristalls an Mangan etwa in dem Maße ab, wie die des α_{Mn}-Mischkristalls an Eisen zunimmt. Bei 500° C beträgt sie etwa 47% Mn.

B. Das Dreistoffsystem Eisen-Kohlenstoff-Mangan.

Wegen der technischen Bedeutung der Manganstähle ist dieses System schon frühzeitig Gegenstand eingehender Untersuchungen gewesen, doch haben diese noch nicht zur endgültigen Klärung des Diagramms führen können. Das von F. Wüst (2) und P. Goerens (2) entwickelte Schaubild gibt nur einigen Aufschluß über die Erstarrungsverhältnisse auf der Eisen-Kohlenstoffseite. Abgesehen davon, daß von ihnen in der Eisenecke natürlicherweise die peritektische Umsetzung der α-(δ)-Mischkristalle mit Schmelze zu γ-Mischkristallen noch nicht berücksichtigt wurde, gehen sie auch bezüglich der Randsysteme Fe—Mn und Mn-Mn_3C von unzulänglichen Voraussetzungen aus. Infolge der Polymorphie des Mangans ist als sicher anzunehmen, daß das System Mn-Mn_3C eine wesentlich andere Deutung erfahren muß, als sie von A. Stadeler (1) gegeben wurde. Die Versuchsergebnisse Stadelers weisen übrigens schon darauf hin, daß die Verhältnisse nicht so einfach liegen. Tatsächlich gibt K. Kido (1) schon eine wesentlich andere Deutung dieses Diagramms für den festen Zustand, doch wird diese nicht den durch die Polymorphie des Mangans bedingten Verhältnissen gerecht. Es bedarf schon grundlegend neuer Versuche, um dieses System befriedigend zu klären.

Gegen die von Goerens auf Grund der Wüstschen Untersuchungen entwickelte Ansicht, daß sich die von der Fe-Fe_3C-Seite ausgehende Mischungslücke (γ-Mischkristall + Zementit) mit zunehmendem Mangangehalt schließt, können auf Grund des Verlaufs der Schmelzkurven in dem Randsystem Bedenken erhoben werden. Experimentell gesichert erscheint lediglich die Tatsache, daß die Temperatur des der Bildung des binären Eutektikums (γ-Mischkristall + Zementit) zugerechneten Haltepunktes mit zunehmendem Mangangehalt der Legierungen, und zwar bis 30% Mn, um einige Grade sinkt, während darüber hinaus ein Haltepunkt sich zu höheren Temperaturen verschiebt. Der Kohlenstoffgehalt der doppeltgesättigten Schmelze nimmt dabei zunächst mit zunehmendem Mangangehalt ab. Nach den Untersuchungen von H. Lütke (1) verändert sich dabei die Kohlenstoffkonzentration des doppeltgesättigten γ-Mischkristalls bis 10% Mn kaum; erst bei Gehalten von etwa 50% Mn soll eine Verschiebung der Löslichkeit zu höheren Kohlenstoffgehalten eintreten. Bemerkenswert ist jedenfalls, daß Lütke noch bei hohen Mangangehalten eutektische Gefügebestandteile beobachtete. Dieser Befund spricht daher auch gegen die von P. Goerens (2) und F. Wüst (2) gegebene Darstellung, die zudem auch prinzipiell vom Standpunkt der Gleichgewichtslehre aus unhaltbar ist.

Über die Verhältnisse im festen Zustand wäre nach den Untersuchungen von Wüst so viel zu sagen, daß die Temperatur der eutektoiden Umwandlung mit zunehmendem Mangangehalt sinkt. Dabei konnten oberhalb 6% Mn keine Effekte mehr beobachtet werden. Jedoch geben diese Versuche sicherlich nicht einmal angenähert die wahren Gleichgewichtsverhältnisse wieder. Aus den Ergebnissen kann nur entnommen werden, daß die Unterkühlungsfähigkeit der Legierungen mit zunehmendem Mangangehalt stark zunimmt. In neuerer Zeit haben in dieser Hinsicht E. C. Bain, E. S. Davenport und W. S. N. Waring (2) wertvolle Untersuchungen angestellt, bei denen sie sich bemüht haben, die wirklichen Gleichgewichte, soweit praktisch möglich, zu erreichen. Allerdings benötigten dabei schon die Temperaturen wenig unter 600° Einstellzeiten bis zu mehreren

Monaten, weshalb sie den Verlauf der Perlitlinie, der Kurve des doppeltgesättigten γ-Mischkristalls unterhalb dieser Temperatur nicht weiter verfolgen konnten.

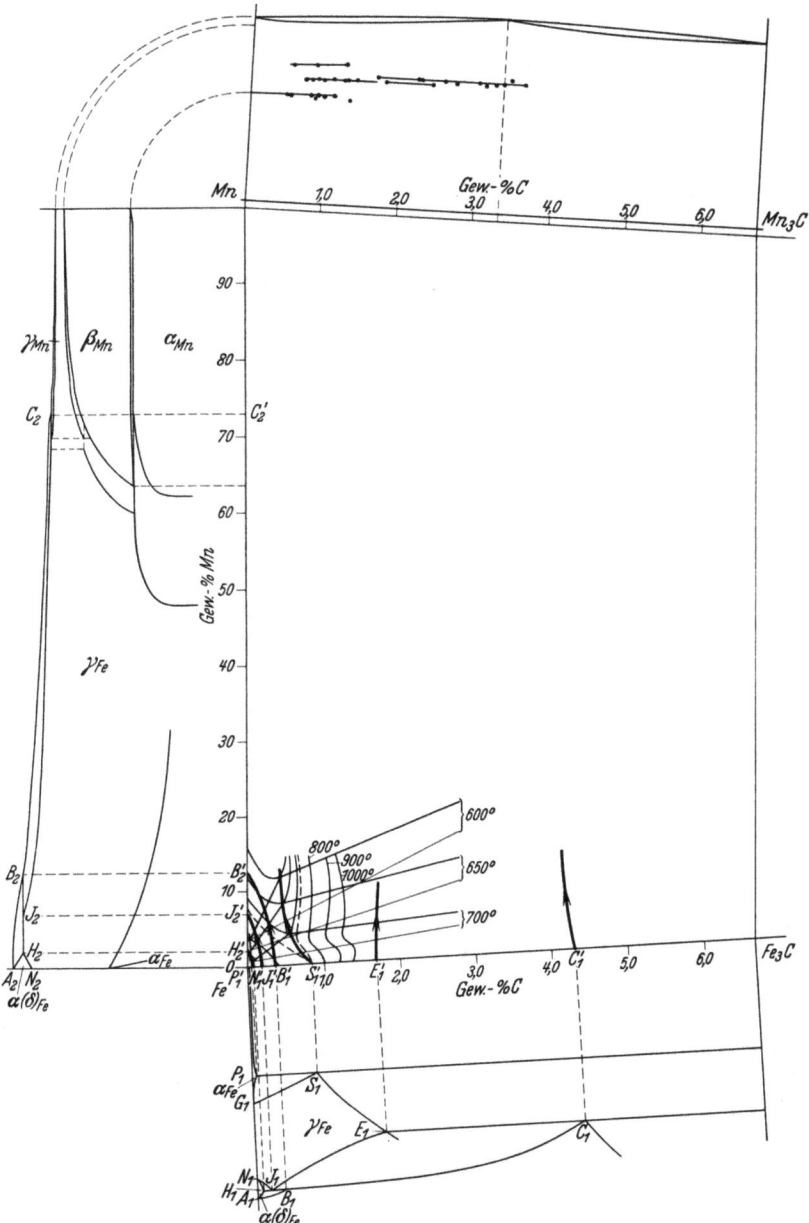

Abb. 88. Dreistoffsystem der Eisen-Mangan-Kohlenstofflegierungen [Wüst (2), Bain, Davenport u. Waring (1)] [Randsysteme: Öhman (1), Stadeler (1).]

Sie beobachteten ebenfalls eine Erniedrigung der Temperatur der Perlitumwandlung bei gleichzeitiger Verminderung der Kohlenstoffkonzentration des doppeltgesättigten γ-Mischkristalls. Jedoch ist der Temperaturabfall weniger steil als nach den Wüstschen Untersuchungen; die Umwandlungstemperatur ist erst bei etwa 12% Mn auf 600° gesunken. Bemerkenswert ist auch der eigenartig gekrümmte Verlauf der Sättigungsfläche des ternären γ-Mischkristalls für Zementit. Danach nimmt die Löslichkeit des γ-Mischkristalls für Zementit bei gleicher Temperatur (900—1000 °C) mit steigendem Mangangehalt zunächst wenig zu, dann stärker ab und später erst wieder zu, so daß eine Ausbauchung der Sättigungsfläche in den Austenitraum hinein entsteht, die mit sinkender Temperatur schwächer wird. Es erscheint nicht unwahrscheinlich, daß die Richtungsänderung im Verlauf der Kurve des doppeltgesättigten γ-Mischkristalls (die Verlangsamung der Kohlenstoffabnahme) mit der Ausbauchung in innerem Zusammenhang steht. In dem in Abb. 88 wiedergegebenen Teilentwurf des Dreistoffsystems ist durch die Einzeichnung der Isothermen und Konoden, wie sie durch freie Rekonstruktionen aus den von Bain und Mitarbeitern gegebenen pseudobinären Schnitten erhalten wurden, versucht worden, den Verlauf der Löslichkeitsflächen im festen Zustand anschaulich zu machen.

Im übrigen sind die Gleichgewichtslinien nur so weit eingezeichnet, wie sie durch experimentelle Untersuchung belegt sind. Als Randsysteme sind die Original-Diagramme von Stadeler für das System Mn-Mn₃C und von Oehman für das System Fe-Mn gewählt. Die Einzeichnung der Zustandskurven der an der peritektischen α (δ) → γ-Umwandlung beteiligten Phasen erfolgte, weil diese aus theoretischen Gründen hinreichend gestützt sind. Zwischen den Karbiden Mn₃C und Fe₃C ist mit Wüst und Goerens eine lückenlose Mischkristallreihe angenommen worden.

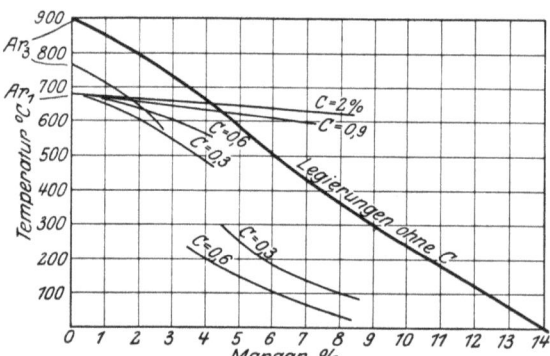

Abb. 89. Einfluß des Mangans auf die Haltepunkte der Eisen-Kohlenstoff-Manganlegierungen [Dejean (2)].

Über die Veränderungen der Eisen-Kohlenstoff-Mangan-Legierungen während der Abkühlung im festen Zustand liegen noch eine Reihe wertvoller Untersuchungen vor, doch betreffen diese ausnahmslos den unterkühlten Zustand und nicht den Gleichgewichtszustand. Leider ist bei diesen Versuchen allgemein der Abkühlungsgeschwindigkeit nicht genügend Beachtung gewidmet worden, so daß bei der Bedeutung derselben für die beobachteten Phänomene die Versuche für eine quantitative Auswertung nicht brauchbar sind. Dies gilt von den Untersuchungen von Dejean (2), Gumlich (2) und auch von Guillet (3). Bei den in Abb. 89 wiedergegebenen Versuchen von Dejean ist offenbar bei den Legierungen mit 0,6 und 0,3% C bei Überschreiten eines Mangangehaltes von etwa 3,5% Mn die kritische Abschreckgeschwindigkeit erreicht. Im übrigen entsprechen die hochgelegenen Kurvenzüge prinzipiell den Ergebnissen von Bain und Mitarbeitern. Die Untersuchungen von Dejean geben keinen Aufschluß über die Hystereserscheinung, die wie bei reinen Fe-Mn-Legierungen mit zunehmendem Mangangehalt stark anwächst, wie Abb. 90 nach Gumlich lehrt. In Abb. 91 ist das Strukturdiagramm der Eisen-Kohlenstoff-Mangan-Legierungen wiedergegeben, wie es Guillet bei langsamer Abkühlung seiner Legierungen erhielt. Er unterscheidet danach perlitische, martensitische und austenitische Manganstähle. Die erste Gruppe, die Perlitstähle, unterscheidet sich nicht grundsätzlich von den reinen Eisen-Kohlenstoff-Stählen. Selbst ihre Härtung erfolgt analog diesen, bei Berücksichtigung der Erniedrigung der Umwandlungspunkte

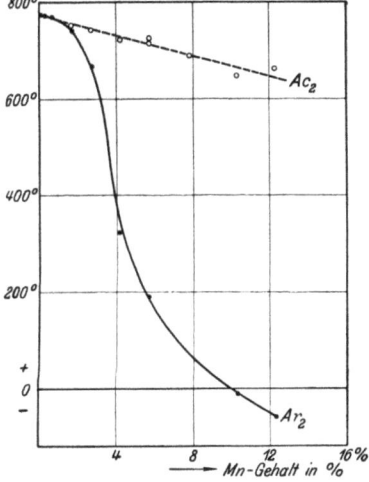

Abb. 90. Magnetische Umwandlung von Manganstählen [Gumlich (2)].
—— Abkühlung, ------ Erhitzung.

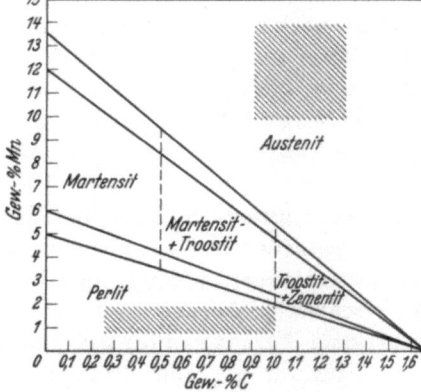

Abb. 91. Strukturdiagramm der Fe—Mn—C-Legierungen [Guillet (3)].

durch Mangan. Die Martensitstähle lassen sich durch keinerlei Wärmebehandlung in ihrem Aufbau beeinflussen. Lediglich in den Übergangsfeldern kann durch scharfes Abschrecken Austenitgefüge bzw. durch Ausglühen und Anlassen Perlitgefüge erzielt werden. Für die in der Grenzzone liegenden Perlitstähle besteht die Gefahr zur Bildung groben Martensits durch geringfügiges Überschreiten der

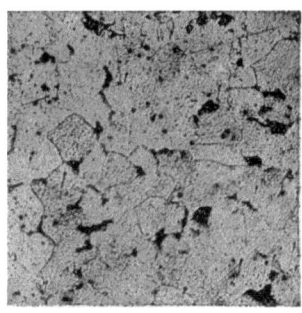
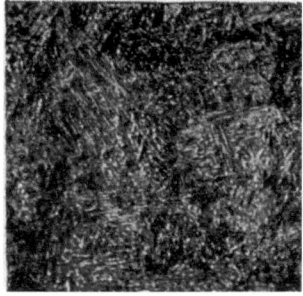
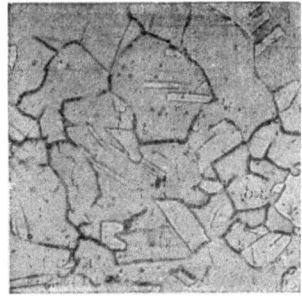

Abb. 92. Perlitischer Manganstahl 0,058% C, 4,2% Mn, Ätzung II, × 200 [Guillet (3)].

Abb. 93. Martensitischer Manganstahl, 0,034% C, 6,1% Mn, Ätzung II, × 200 [Guillet (3)].

Abb. 94. Austenitischer Manganstahl, 0,922% C, 10% Mn, Ätzung II, × 200 [Guillet (3)].

richtigen Härtungstemperatur. Mit zunehmendem Kohlenstoffgehalt tritt in der Gruppe der Martensitstähle Troostit neben Martensit auf und schließlich noch freier Zementit. Durch Glühen bzw. Anlassen der Austenitstähle wird eine teilweise Umwandlung des Austenits in Martensit herbeigeführt, wodurch unliebsame Steigerung der Härte bei verminderter Dehnung auftritt. Die z. Z. in der Technik Verwendung findenden Manganstähle sind durch die schraffierten Konzentrationsbereiche gekennzeichnet. In den Abb. 92, 93, 94 sind nach Guillet

90 Die Konstitution des Eisens in Abhängigkeit von der chemischen Zusammensetzung.

die Haupttypen der Gefügebilder der Manganstähle wiedergegeben. Abb. 92 aus der Gruppe der Perlitstähle ähnelt durchaus einer manganfreien Legierung: dunkle Perlitfelder in heller Ferritgrundmasse. Das Mangan ist in Lösung, und zwar auf Ferrit und Perlit (Zementit) verteilt. Das Gefügebild Abb. 93 ist trotz langsamer Abkühlung wie bei abgeschreckten Kohlenstoffstählen rein martensitisch und das der Abb. 94 polyedrisch mit typischer Zwillingsstreifung, dem Kennzeichen des Austenits.

Es bleibt noch zu erwähnen, daß Mangan die graphitische Erstarrung der Legierungen schon von geringen Gehalten ab beeinträchtigt. Allerdings genügt nach Wüst und Meißner (3) die Gegenwart von 1,5% Si, um den Einfluß des Mangans auf die Graphitbildung zu unterbinden. Bei Legierungen mit 0,1—2,5% Mn und 1,5% Si waren von 0,3% Mn an aufwärts rd. 80% des Kohlenstoffs als Graphit ausgeschieden. Eigenartigerweise war allerdings bei den niedrigeren Mangangehalten die Graphitbildung erschwert. (Hierüber s. unter Gußeisen.) Nach O. v. Keil und F. Kotyza (2) soll Mangan in Gegenwart von Silizium bei hohen Kohlenstoffgehalten die Ausscheidung der stabilen Phase, bei niedrigen dagegen die Beständigkeit des Karbids begünstigen.

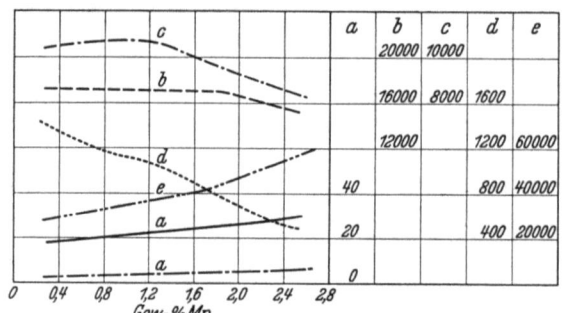

Abb. 95. Einfluß des Mangans auf elektrische und magnetische Eigenschaften von weichem Flußstahl [Lang (1)].

Maßstab	Eigenschaft	Maßstab	Eigenschaft
a	——— Elektr. Widerstand Mikroohm/cm³	a	—·—·— Koerzitivkraft cgs.
b	— — — Max. Induktion, cgs.	d	········ Permeabilität cgs.
c	—··— Remanenz, cgs.	e	—···— Hysteresis Erg/cm³

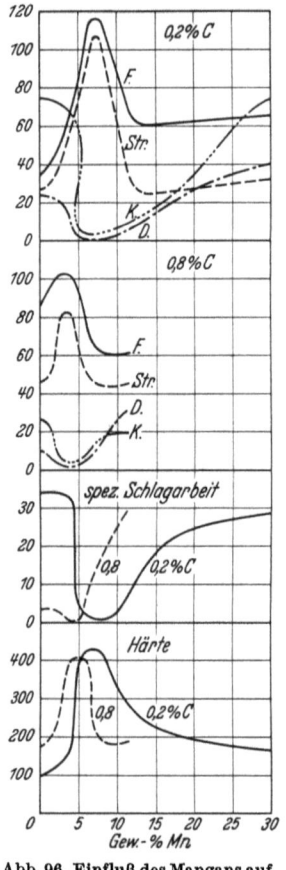

Abb. 96. Einfluß des Mangans auf Festigkeitseigenschaften, Härte und spezifische Schlagarbeit von Stahl mit 0,2 bzw. 0,8 % C [Guillet (1)].

C. Physikalische und technologische Eigenschaften.

Der Einfluß des Mangans auf einige physikalische Eigenschaften des Eisens geht aus Abb. 95[1] hervor. Abb. 96 zeigt den Einfluß von Mangan auf Festigkeitseigenschaften, Härte und spezifische Schlagarbeit von Stahl nach Guillet (1); Abb. 97[2] enthält ähnliche Angaben von geschmiedetem, geglühtem und vergütetem Stahl.

---

[1] Nach Untersuchungen von Lang (1).   [2] Nach Mars (2).

Auf die Schmiedbarkeit scheint Mangan nur einen geringen Einfluß auszuüben. Dies trifft ohne wesentliche Einschränkungen jedoch nur für perlitische Stähle zu (bei 0,2% Kohlenstoff bis 5 und bei 0,8% Kohlenstoff bis 3% Mangan, vgl. im übrigen das Strukturdiagramm, Abb. 91). Die austenitischen Manganstähle (bei 0,2% Kohlenstoff mehr als 12 und bei 0,8% Kohlenstoff mehr als

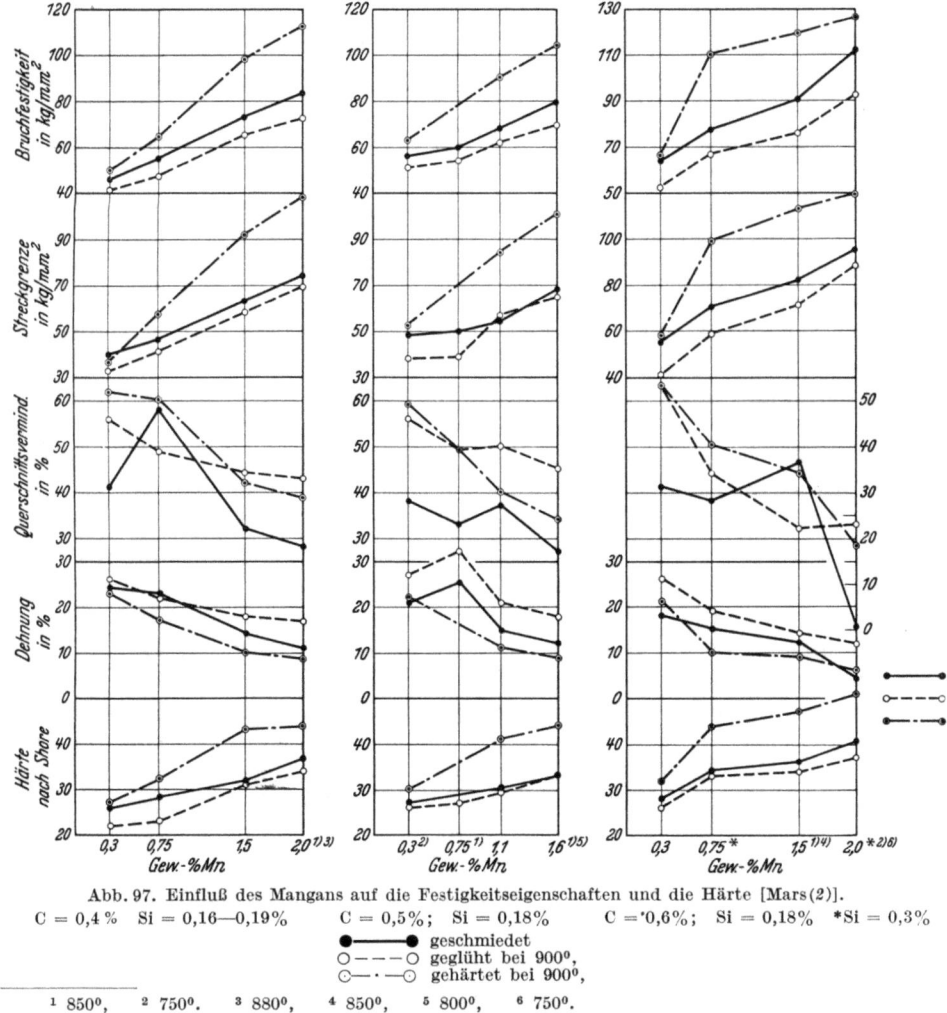

Abb. 97. Einfluß des Mangans auf die Festigkeitseigenschaften und die Härte [Mars (2)].
C = 0,4% Si = 0,16—0,19%   C = 0,5%; Si = 0,18%   C = 0,6%; Si = 0,18%   *Si = 0,3%
●———● geschmiedet
○----○ geglüht bei 900°,
○—·—○ gehärtet bei 900°,

[1] 850°, [2] 750°. [3] 880°, [4] 850°, [5] 800°, [6] 750°.

7% Mangan) lassen sich schlecht schmieden, wenn sie sehr heiß gegossen werden. Sie weisen dann ausgesprochen dendritische Struktur auf, gleichgültig ob das Gießen in Sand- oder Metallform erfolgt. Bei niedriger Gießtemperatur entsteht hingegen ein die Schmiedbarkeit förderndes feinkörniges Gefüge. Die österr. Patentschrift 57610 Kl. 18b beschreibt ein Verfahren, das auch die leichte und sichere Verarbeitung von Manganstahl mit dendritischem Gefüge ermöglichen soll. Das Wesentliche dieses Verfahrens ist die gleichmäßige Erhitzung der Blöcke auf etwa 1250°, d. h. bis nahe an das beginnende Schmelzen. Hierdurch wird wahrscheinlich auf dem Wege der Diffusion die ungleichmäßige Verteilung des Mangans aufgehoben.

Die Kaltbildsamkeit der perlitischen Stähle scheint durch Mangan erniedrigt zu werden. Jedenfalls vermeidet man in kalt zu verarbeitendem Material, z. B. Tiefstanzblech, einen Mangangehalt von mehr als 0,4—0,5%.

Nach I. R. Bain verhindert Mangan Rotbruch, wenn das Verhältnis zum Schwefelgehalt 3:1 ist und der Sauerstoffgehalt unter 0,04% liegt.

Die Schweißbarkeit soll nach Ledebur (1) bei einem Mangangehalt von mehr als 1% verringert werden. Diegel (1) schreibt für schweißbares Material einen Mangangehalt von 0,7—0,8% vor. Nach Untersuchungen von Hahn (1) ergibt sich bis zu 3,4% Mn keine Grenze der Schweißbarkeit, trotzdem das Material mit dem höchsten Mangangehalt auch noch 0,34% C enthielt.

Die metallurgische Bedeutung des Mangans beruht auf der desoxydierenden Wirkung dieses Stoffes; sie wird an anderer Stelle[1] eingehend behandelt.

Die drei Hauptgefügefelder des Guilletschen Strukturdiagramms gelangen auch im Diagramm der Festigkeitseigenschaften klar zum Ausdruck. Insbesondere zur Erhöhung der Streckgrenze und der Festigkeit wird Mangan in perlitischen Stählen verwendet, jedoch höchstens bis zu einem Gehalt von etwa 2%. Dehnung und Kontraktion sinken dabei nur um unwesentliche Beträge und die spezifische Schlagarbeit steigt sogar bei niedrigem Kohlenstoffgehalt. Die martensitischen Manganstähle haben bisher keine Verwendung gefunden, weil sie sich praktisch nicht bearbeiten lassen. Die austenitischen Manganstähle sind bereits 1888 durch Hadfields(3) Untersuchungen bekannt geworden. Sie besitzen bei mittlerer Festigkeit außerordentlich hohe Dehnung, Kontraktion und insbesondere hohe spezifische Schlagarbeit und Kalthärtbarkeit. Dabei ist ihre Brinellhärte und Bearbeitbarkeit gering. Der letztere der beiden Umstände beeinträchtigt ihre Anwendbarkeit, da die Bearbeitung durch Schleifen erfolgen muß, fördert sie aber für alle diejenigen Zwecke, für die hoher Widerstand gegen Abnutzung gefordert wird. Durch besondere Wärmebehandlung (Glühen und Abschrecken bei 1000—1100° zur Verhinderung der Bildung von Martensit oder Troostit) kann die Bearbeitbarkeit, insbesondere aber die Zähigkeit dieser Stähle noch wesentlich dem Rohzustande gegenüber gesteigert werden. Die starke Abnahme der magnetischen Permeabilität, sowie die Zunahme der Hysteresis, Remanenz und Koerzitivkraft mit steigendem Mangangehalt legen eine Verwertung dieser Eigenschaften bei der Herstellung permanenter Magnete nahe. Indessen scheint wohl wegen der günstigen mit Chrom und Wolfram gemachten Erfahrungen eine Veranlassung zur Verwertung des Mangans nach dieser Richtung nicht vorzuliegen. In Dynamo- und Transformatorenblechen sucht man den Mangangehalt möglichst niedrig zu halten.

Die nachfolgende Zusammenstellung enthält die wesentlichen Verwendungszwecke der perlitischen Manganstähle*.

Für Federn verwendet man auch oft Mangan-Silizium-Stähle, doch soll der Mangangehalt 1,2% nicht übersteigen. Die Verwendbarkeit der Stähle mit 0,8—1,0% C und 1,0—1,5% Mn als Werkzeugstähle kann man durch Zusatz von Chrom bis 0,5% noch merklich verbessern.

---

[1] Siehe S. 238.   * Nach Mars: Spez.-St. u. Werkstoffhandbuch.

Verwendungszweck	% C	% Mn	% Si
Warmgesenke, Warmmatrizen, Ambosse, vergütete Bauteile	0,4	0,8—1,2	—
Messer aller Art, Schmiedewerkzeuge, Hämmer, Beile u. a.	0,4—0,6	0,8—1,0	—
Spezialhohlkörper, Flaschen u. dgl.	0,25—0,35	1,3—1,4	—
Radreifen, Achsen, Kurbelwellen	0,3—0,4	1,3—1,4	—
Federn, Walzdorne	0,4—0,5	1,6—2,0	—
Federn	0,6—0,7	1,0—1,2	—
Stehbolzenbohrer, Gewindebohrer, Schneideisen	0,8—1,0	1,0—1,2	—

Der hochprozentige Manganstahl (Hadfieldstahl, mit z. B. 1,2% C und 14% Mn) kann überall da Verwendung finden, wo hohe Festigkeit und zugleich hohe Zähigkeit und große Widerstandsfähigkeit gegen Abnutzung erforderlich sind, z. B. für Schwalbungen für die Briketterzeugung, Baggerbolzen, Baggerbüchsen, Siebbleche, Geldschränke u. dgl. Als Stahlguß verwendet man ihn für Herz- und Kreuzungsstücke im Eisenbahn- und Straßenbahnbau, Brechbacken, Brechringe, Brikettpreßteile. Die Verschleißfestigkeit dieser austenitischen Manganstähle beruht auf ihrer starken Kalthärtbarkeit. Diese bedingt auch die Schwierigkeiten bei der spanabhebenden Verformung. Der Verschleißwiderstand ist bei Beanspruchungen, die keine Kalthärtung hervorrufen (schmirgelnder Angriff) nicht besonders groß.

7. Eisen und Phosphor.
A. Das Zweistoffsystem Eisen-Phosphor.

In Abb. 98 ist das System Eisen-Phosphor auf Grund der Untersuchungen von Gerke (*1*), Saklatwalla (*1*), Konstantinow (*1*), Haughton (*2*), Esser und Oberhoffer (*5*), Oberhoffer und Kreutzer (*5*) und Vogel (*1*) dargestellt. Hiernach beginnt die Erstarrung in Legierungen von 0—10% P nach Überschreiten der Liquiduslinie AC durch Ausscheiden eines α-Mischkristalls, dessen Konzentrationen sich längs der Kurve AE ändert. Die Legierungen von 0—2,6% P bestehen nach vollendeter Erstarrung aus homogenem α-Eisen. Die maximale Löslichkeit des α-Eisens für Phosphor beträgt 2,6% bei 1050°. Mit abnehmender Temperatur verringert sich diese bis auf 1,2% bei Raumtemperatur.

In Legierungen von 2,6—15,6% P wird die Erstarrung bei 1050° durch Ausscheiden eines Eutektikums beendet, bestehend aus dem α-Mischkristall E und der Verbindung Fe_3P. Diese Verbindung wird primär in Legierungen mit 10 bis 15,2% P ausgeschieden längs der Kurve CD. Die Konzentration des Eutektikums ist 10% P. Oberhalb 15,2% P scheidet sich primär längs des Kurvenzuges DRT die Verbindung Fe_2P mit 21,8% P aus. Diese setzt sich in den Legierungen zwischen D und R bei der Temperatur 1166° mit der Schmelze D peritektisch unter Bildung der Verbindung Fe_3P um. Oberhalb 21,8% P wird nach Haughton die Erstarrung beendet durch Ausscheiden eines Eutektikums, das aus der Verbindung Fe_2P und einer neuen Kristallart besteht, die eine weitere Eisen-Phosphorverbindung mit höherem P-Gehalt darstellen soll.

Nach Konstantinow besteht außer dem stabilen Gleichgewicht auch noch ein instabiles, das durch die gestrichelten Linien des Diagramms angedeutet ist.

Über den Einfluß des Phosphors auf die Umwandlungen des Eisens geben die Untersuchungen von von Schwarze (1), Esser und Oberhoffer (5), Haughton (2) und Vogel (1) Aufschluß. Übereinstimmend stellen diese fest, daß A_3 steigt und A_4 fällt, daß ferner die Umwandlungsintensität stark abnimmt und die Umwandlung in einem stetig wachsenden Temperaturgebiet erfolgt. Die Gleichgewichtslinien der α/γ- bzw. γ/δ-Umwandlung bilden somit einen geschlossenen Kurvenzug. Dem Schaubild ist zu entnehmen, daß γ-Eisen im Höchstfalle 0,25%

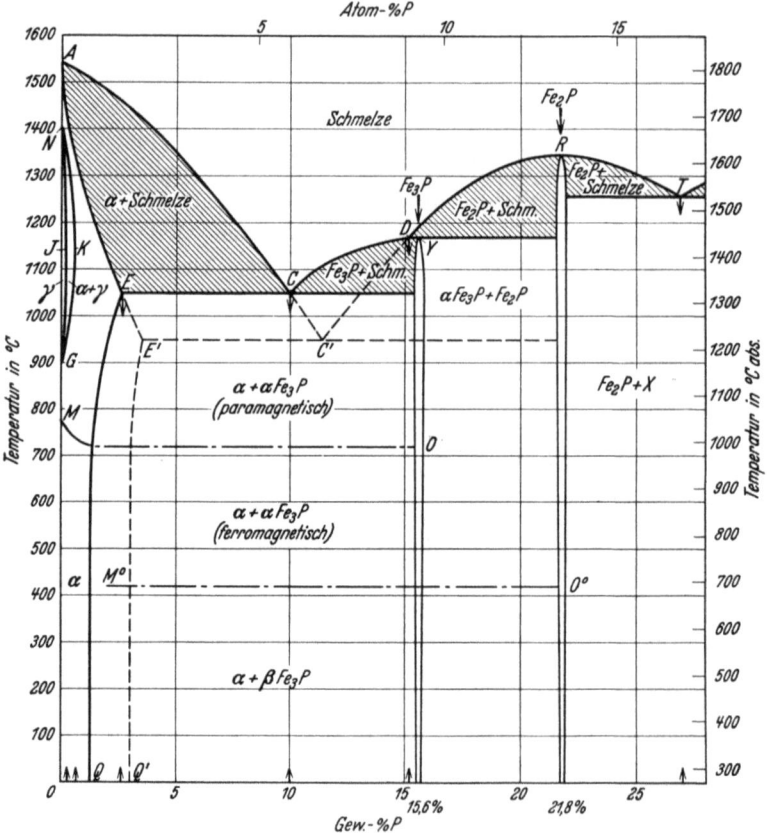

Abb. 98. Zustandsdiagramm Eisen—Phosphor.

Phosphor zu lösen vermag, und daß dieser gesättigte γ-Mischkristall bei etwa 1150° mit einem α-Mischkristall von ungefähr 0,6% Phosphor im Gleichgewicht ist. Diese von Vogel gefundenen Konzentrationen liegen etwa 0,2% höher als die von Esser und Oberhoffer dilatometrisch bestimmten Gleichgewichte. Eine Erklärung hierfür dürfte in verschiedenem Reinheitsgrad der untersuchten Legierungen liegen.

Die magnetische Umwandlung wird nach Vogel von 768° bei reinem Eisen mit zunehmendem Phosphorgehalt auf etwa 720° bei 1,2% P erniedrigt. Von dieser Konzentration ab bleibt die Temperaturlage der Umwandlung praktisch unverändert.

B. Das Randsystem Fe_3C—Fe_3P.

Die Untersuchung eines Dreistoffsystems setzt normalerweise die Kenntnis aller drei Randsysteme voraus, da hierdurch in den meisten Fällen der grundsätzliche Aufbau des Systems vorausbestimmt werden kann. Wenn diese Voraussetzung bezüglich der in der Eisenecke zusammentreffenden Systeme auch fast ausschließlich erfüllt wird, so ist doch in vielen Fällen die Festlegung des dritten Randsystems — also des Systems zwischen Kohlenstoff und der Nichteisenkomponente — nur sehr unvollkommen oder überhaupt nicht möglich gewesen. Da das System Eisen-Kohlenstoff selbst nur bis zur Verbindung Fe_3C (strenggenommen nicht einmal bis zu dieser Verbindung) bekannt ist, hat man sich in den meisten Fällen auf Untersuchung der Dreistoffsysteme nicht über diesen Kohlenstoffgehalt hinaus beschränkt. Es ist naheliegend, das Dreistoffsystem durch einen Schnitt abzuschließen, der, ausgehend von der Verbindung Fe_3C, entweder zu der reinen dritten Komponente führt, oder auch, wenn Verbindungsbildungen zwischen dem Eisen und dieser Komponente auftreten, zu einer dieser Verbindungen. Erweist sich dieser Schnitt als quasibinär, d. h. es verhalten sich die Verbindung Fe_3C und die Verbindung des Eisens mit dem dritten Stoff wie reine Stoffe und bilden untereinander ein normales Zweistoffsystem, so ist das Dreistoffsystem exakt begrenzt, und es kann von einem abgeschlossenen Dreistoffsystem zwischen Eisen, Eisenkarbid und der dritten Komponente (Verbindung oder reiner Stoff) gesprochen werden. Sind jedoch auf

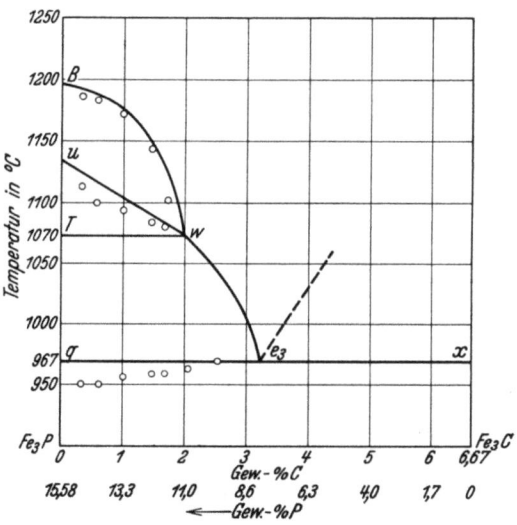

Abb. 99. Schnittdiagramm Fe_3P—Fe_3C [Vogel (1)].

einen solchen Schnitt die Gesetzmäßigkeiten der binären Systeme nicht anwendbar, so ist diese Begrenzung als mehr oder weniger willkürlich anzusehen.

R. Vogel (1) hat das System Eisen-Kohlenstoff-Phosphor bis zu dem Schnitt Fe_3P—Fe_3C experimentell untersucht. Die Untersuchungen dieses Schnittes führten zu dem in Abb. 99 wiedergegebenen Diagramm. Nach der Deutung, die Vogel mit diesem Diagramm seinen Versuchsergebnissen gegeben hat, handelt es sich hier um den eigenartigen Fall, daß sich das Diagramm unterhalb der Horizontalen Tw quasibinär, oberhalb dieser Horizontalen jedoch pseudobinär verhält. Die Verhältnisse werden dadurch verursacht, daß die Verbindung Fe_3P zwar innerhalb ihres Existenzbereiches mit Fe_3C ein quasibinäres System zu bilden vermag, daß jedoch die Verbindung Fe_3P selbst unter peritektischer Umsetzung zu Fe_2P schmilzt. Diese im Zweistoffsystem Fe—P nonvariante Umsetzung wird durch das Hinzutreten der dritten Komponente, des Kohlenstoffs, univariant, vollzieht sich also innerhalb eines Temperaturintervalls. Die Erstarrung der Legierungen des Schnittes Fe_3P—Fe_3C vollzieht sich demnach bis zur Konzentration des Punktes w in der Weise, daß zwar die Kurve Bw den Be-

96 Die Konstitution des Eisens in Abhängigkeit von der chemischen Zusammensetzung.

ginn der Erstarrung angibt, daß sich jedoch nicht Fe_3P, sondern Fe_2P, also eine Phase, deren Konzentration außerhalb des Schnittes und außerhalb des Konzentrationsfeldes Fe—Fe_3C—Fe_3P liegt, ausscheidet. Die Konzentration der mit dem ausgeschiedenen Fe_2P im Gleichgewicht befindlichen Schmelze verändert sich daher auch nicht längs der Kurve Bw, sondern schiebt sich mit zunehmender Abkühlung in das Konzentrationsfeld Fe—Fe_3C—Fe_3P hinein, und zwar folgt die

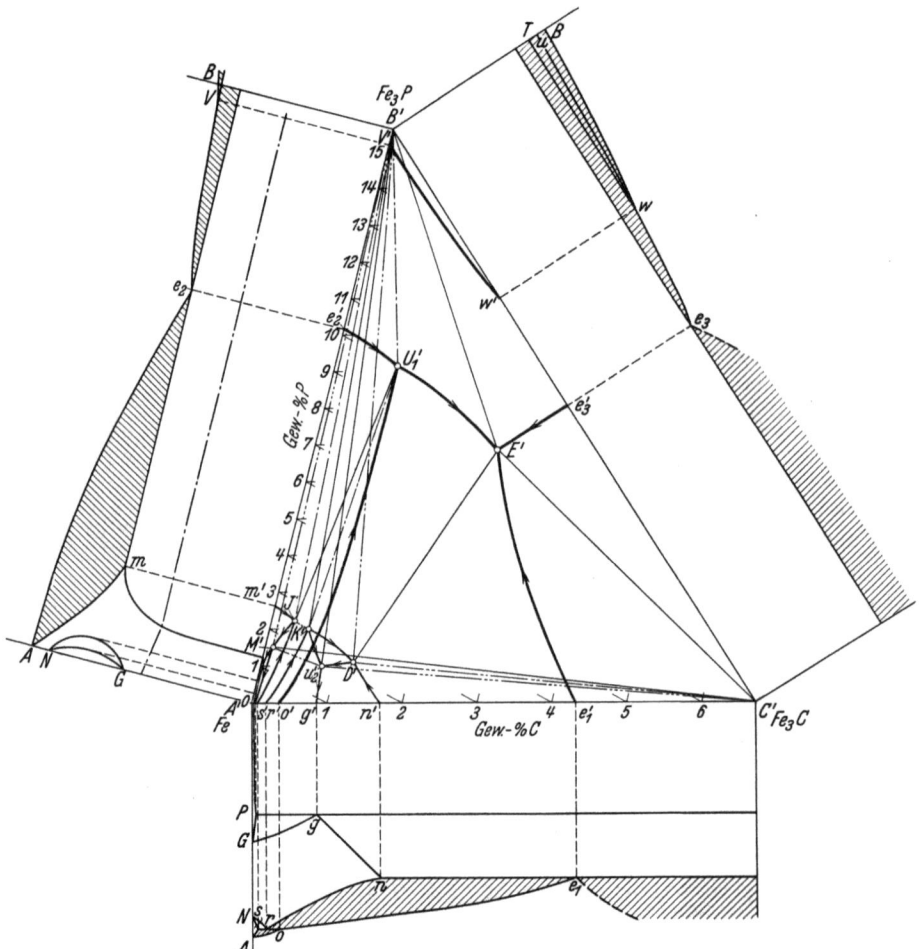

Abb. 100. Dreistoffsystem der Eisen-Kohlenstoff-Phosphorlegierungen [Vogel (1)].

Konzentrationsveränderung der Schmelze der Fortsetzung der geradlinigen Verbindung der Konzentration der Verbindung Fe_2P mit der Konzentration der Ausgangslegierung. Hat die Legierung die Temperatur auf der Kurve u—w erreicht, so beginnt die oben erwähnte univariante Umsetzung Schmelze + Fe_2P ⇌ Fe_3P. Hierdurch wird eine Richtungsänderung in der bisher geradlinigen, von dem Schnitt Fe_3P—Fe_3C fortführenden Veränderung der Schmelze bedingt, und zwar muß sie sich nunmehr wieder dem Schnitt nähern. Die Schmelze folgt dabei der in Abb. 100 mit $V'w'$ bezeichneten Kurve. Ist die Umsetzung beendet, d. h. ist sämtliches Fe_2P in Fe_3P übergeführt, so muß die restliche Schmelze wieder eine

Konzentration, die auf dem Schnitt Fe_3P—Fe_2P liegt, angenommen haben. Die Legierung hat dabei die Temperatur der Horizontalen Tw erreicht, und die Schmelze die Konzentration des Punktes w. Unterhalb dieser Temperatur verhalten sich dann alle Legierungen des Schnittes Fe_3P—Fe_3C quasibinär. Die Schmelzen ändern sich also längs der Kurve we_3. Im Punkte e_3 ist die Schmelze gleichzeitig auch an Fe_3C gesättigt, und die Kristallisation wird daher durch Ausscheiden des binären Eutektikums $Fe_3P + Fe_3C$ beendet. Die primäre Ausscheidung von Fe_3C konnte Vogel versuchsmäßig nicht festlegen, da bei Legierungen mit mehr als 3% C das Auftreten von Graphit nicht mehr verhindert werden konnte. Auf der Seite des Zementits ist daher das Diagramm lediglich hypothetisch. Die Konzentration des Eutektikums wurde zu 3,2% C und 0,8% P festgestellt.

C. Das Dreistoffsystem Eisen-Kohlenstoff-Phosphor.

Die Untersuchung von Vogel (*1*) ergab, daß in dem Konzentrationsbereich Fe—Fe_3C—Fe_3P keine neue Kristallart von singulärer Zusammensetzung auftritt. Es scheiden sich daher aus den Schmelzen dieses Gebietes die fünf Kristallarten aus, die auch in den binären Grenzsystemen vorkommen, nämlich Fe_3C, Fe_3P und Fe_2P, sowie die Mischkristalle des $\alpha(\delta)$- und γ-Eisens, die hier aber ternärer Natur sind, da sie neben Kohlenstoff noch Phosphor in Lösung halten. Einer jeden Kristallart entspricht demgemäß eine Sättigungsfläche der Schmelze aus dieser Kristallart. In Abb. 100 sind die Schnittkurven dieser Flächen sowie

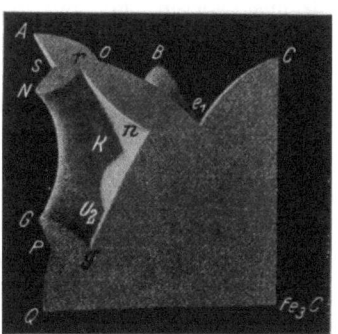
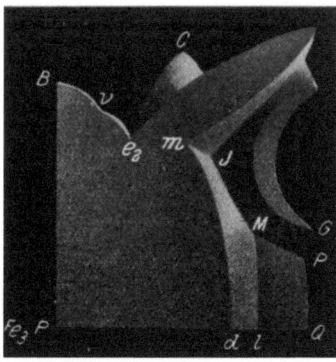

Abb 101a und b. Gipsmodell des ternären Idealdiagramms; a = Vorderseite entsprechend dem System Fe—Fe_3C, b = Vorderseite entsprechend dem System Fe—Fe_3P [Vogel(*1*)].

auch der Sättigungsflächen der kristallisierten Phasen, also die Kurven der Zustandsänderung der doppelt gesättigten Phasen, als Projektion auf die Konzentrationsebene dargestellt. Dabei sind die ersteren stark, die letzteren weniger stark und die als Konoden auftretenden Schnittgeraden der Regelflächen am dünnsten bzw. strichpunktiert gezeichnet. Die Pfeile an den Kurven weisen in Richtung abnehmender Temperatur. In Verbindung mit den in die Konzentrationsebene geklappten Randsystemen vermitteln sie eine angenäherte Vorstellung von der räumlichen Gestaltung des Dreistoffsystems.

Die Abb. 101a und b zeigen ein Gipsmodell eines Dreistoffsystems, das prinzipiell dem System Fe—Fe_3C—Fe_3P entspricht. Lediglich die Konzentrationen

98 Die Konstitution des Eisens in Abhängigkeit von der chemischen Zusammensetzung.

sind verändert, um die räumlichen Verhältnisse anschaulicher zu machen. Die heterogenen Räume sind voll dargestellt, so daß die Zustandsräume der Phasen als Hohlkörper erscheinen. Abb. 101a zeigt den Blick in den γ-Raum von der Eisen-Kohlenstoffseite. Man erkennt für jede mit dem γ-Mischkristall im Gleichgewicht stehende Phase eine Sättigungsfläche: $NrKU_2gG$ für den α-Mischkristall, $rKDN$ für die Schmelze, NDU_2g für Fe_3C und U_2DK für Fe_3P. Durch die verdeckte Lage des Punktes D sind die Flächen mit Ausnahme der Sättigungsfläche für α-Mischkristall teilweise bzw. ganz verdeckt. Abb. 101b vermittelt den Blick in den α-Raum. Die auftretenden Sättigungsflächen sind: $NSJMPG$ für den γ-Mischkristall, $ASJm$ für die Schmelze, $mJMld$ für die Verbindung Fe_3P und $lMPQ$ für das Karbid Fe_3C.

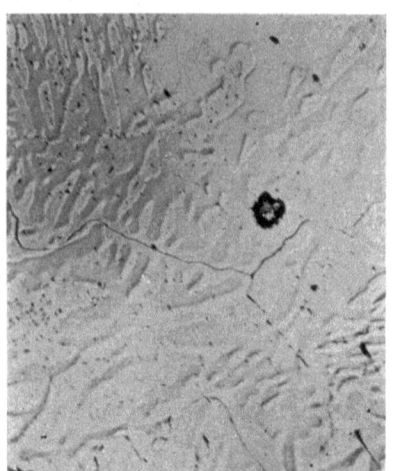

Abb. 102. Verwaschenes Umwandlungsgefüge einer Legierung mit 0,3% P nach gewöhnlicher Abkühlung, Ätzung II, × 100 [Vogel (1)].

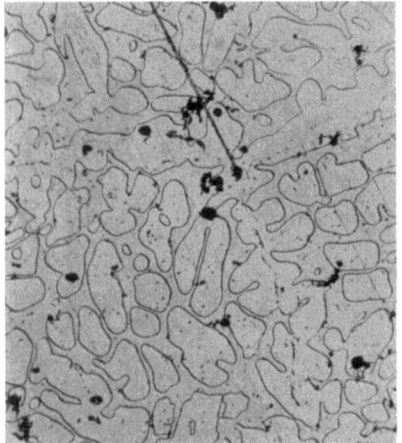

Abb. 103. Umwandlungsgefüge der Legierung mit 0,3% P nach längerer Erhitzung auf höhere Temperatur (¼ h auf 1120°, dann abgeschreckt). Zusammenballung der ausgeschiedenen γ-Mischkristalle, Ätzung II, ×'100 [Vogel (1)].

Für die technisch bedeutsamen Eisenlegierungen kommt von dem beschriebenen Dreistoffsystem nur ein verhältnismäßig schmaler Teil parallel zum Randsystem Fe—C in Betracht, da in Stählen Phosphorgehalte über 0,2 bis 0,3% P wohl nicht vorkommen, und in technischen Roheisensorten, gedacht ist hier speziell an Thomasroheisen, 1,8—2,0% P kaum überschritten werden dürften. Daraus ergibt sich, daß in Stählen mit geringen Phosphorgehalten die Umwandlungen im festen Zustand grundsätzlich in gleicher Weise verlaufen wie in reinen Fe—C-Stählen. Allerdings findet sich gelegentlich in Schweißeisen, speziell in reinen Eisen-Phosphorlegierungen, an Stelle des zu erwartenden homogenen Eisen-Mischkristalls ein Gefüge mit heterogenem Charakter, wie es Abb. 102 zeigt. Diese Erscheinung erklärt sich aus der sehr geringen Diffusionsgeschwindigkeit des Phosphors im Eisen. Beim Abkühlen durchlaufen die reinen Eisen-Phosphorlegierungen bis 0,6% P das Zweiphasengebiet der $\alpha \rightarrow \gamma$-Umwandlung. In diesem steht ein α-Mischkristall mit höherem P-Gehalt, entsprechend der Zustandslinie NKG, mit einem γ-Mischkristall niedrigeren P-Gehaltes, entsprechend NJG, im Gleichgewicht. Abb. 103 zeigt ein solches Gefüge, das erhalten wurde bei einer Legierung mit 0,3% P, die bei 1120° ¼ Std. geglüht und dann abgeschreckt wurde. α- und γ-Mischkristalle sind scharf gegeneinander abgegrenzt; unter dem Einfluß der Oberflächenspannung sind die γ-Mischkristalle zusammengeballt. In Legierungen mit zunehmendem Kohlenstoffgehalt dehnt sich das Zweiphasengebiet bis zu höheren Phosphorgehalten aus. Es ist gekennzeichnet durch die Sättigungsflächen des γ-Mischkristalls und des α-Mischkristalls (s. oben). Bei weiterer Abkühlung müssen sich die γ-Mischkristalle wieder in α-Mischkristalle umwandeln. Bei mittleren Abkühlungsgeschwindigkeiten wird jedoch der Konzentrationsausgleich zwischen den phosphorarmen aus der Umwandlung der γ-Mischkristalle stammenden und den phosphorreichen primären α-Mischkristallen nur unvollkommen sein, so daß α-Mischkristalle verschiedenen Phosphorgehaltes nebeneinander bestehen, die auch von dem Ätzmittel verschieden angegriffen werden. Abb. 102 zeigt diesen Zustand, der bei der gleichen Legierung wie in Abb. 103 bei normaler Abkühlung erhalten wurde. Es ist noch bemerkenswert, daß die Korngröße des Eisens durch Phosphor vergrößert wird, ein Umstand, der sich auch im Bruchgefüge von Stählen mit geringem Kohlenstoffgehalt durch das Auftreten sehr großer Kristallflächen von silberweißer Farbe äußert und daher zur Schätzung des Phosphorgehaltes beim Thomasprozeß dient.

Die sehr geringe Diffusionsgeschwindigkeit des Phosphors im Eisen zeitigt auch bei der Primärkristallisation außergewöhnliche Folgeerscheinungen. Zunächst die Schichtkristallbildung, so genannt, weil die Konzentration der Mischkristalle nicht homogen, sondern sich schichtenförmig von der Mitte der Kristalliten zum Rande hin steigert; sie entsteht dadurch, daß zuerst Kristallindividuen mit geringer Konzentration an dem zulegierten Element ausgeschieden werden, um die sich bei weiterer Abkühlung Schichten mit höherer Konzentration legen, wie sie der jeweiligen Zusammensetzung der angereicherten Schmelze entsprechen. Normalerweise müßten durch Diffusion die ärmeren Kristallkerne auf die Konzentration der jeweils mit der Schmelze im Gleichgewicht stehenden Randschichten angereichert werden. Infolge der geringen Diffusionsfähigkeit des Phosphids erfolgt dieser Ausgleich jedoch nur sehr unvollkommen, so daß die schichtenförmigen Konzentrationsunterschiede erhalten bleiben und auch bei den nachfolgenden Umwandlungen im festen Zustand nicht verschwinden.

Das Unterbleiben der Anreicherung des ärmeren Kristallzentrums bzw. der inneren Zonen auf die mit der Schmelze im Gleichgewicht stehenden äußeren Kristallschichten bedingt eine übermäßige Anreicherung der Restschmelze, die schließlich bis zur Sättigung der Restschmelze an Phosphid führen kann, so daß eine eutektische Ausscheidung erfolgt. Es treten dann in der erstarrten Legierung Gefügeerscheinungen bzw. Phasen auf, die auf Grund der Konzentration der Ausgangslegierung nicht erwartet werden können.

Die Inhomogenität der Mischkristalle, die, wie Abb. 102 zeigt, bereits beim Ätzen mit sekundären Ätzmitteln also z. B. mit mineralischen Säuren in verdünnter alkoholischer Lösung sichtbar wird, kann durch primäre, also kupferhaltige Ätzmittel besonders deutlich gemacht werden; sie ist dann bereits bei sehr schwachen Vergrößerungen bzw. mit bloßem Auge erkennbar. Diese ungleichmäßige Verteilung des Phosphors bei der Erstarrung bleibt auch in langsam erkalteten Legierungen erhalten, so daß durch sie mit Hilfe der primären Ätzmittel ein getreues Abbild der Erstarrungsvorgänge selbst erhalten werden kann. Aus diesem Grunde werden diese Ätzmittel als primäre bezeichnet im Gegensatz zu den sekundären, die ein Bild der Zerfallsvorgänge der festen Lösung geben.

Die Abb. 104 und 105 zeigen die Schichtkristallbildung einmal in einer reinen Eisen-Phosphorlegierung, das andere Mal in einer ternären Legierung mit Kohlenstoff. Bei der gewählten Beleuchtung sind die hellen Teile phosphorärmer als die dunklen Zwischenräume der Kristalliten, die an Phosphor angereichert sind.

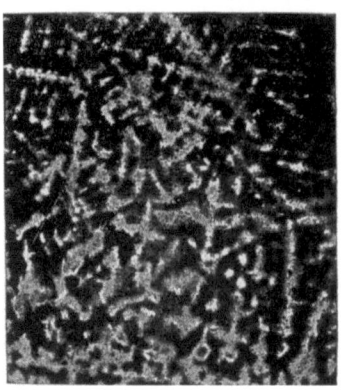
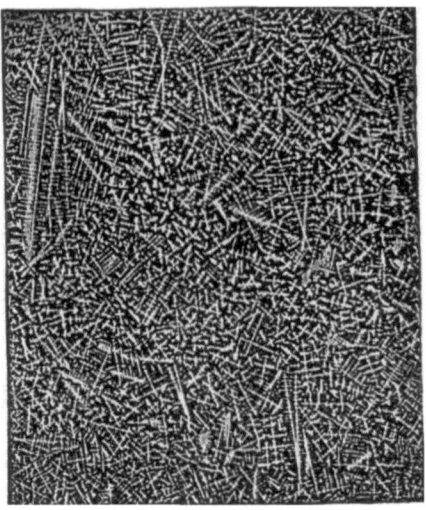

Abb. 104. Schichtkristalle in einer Eisen-Phosphorlegierung mit 0,8% P, Ätzung I, × 4.

Abb. 105. Dentritische Schichtkristalle in einem Stahl mit 0,8% C und 0,13% P, Ätzung I, × 2.

Die Abb. 106 zeigt ein Thomasroheisen mit 3—3,5% C und 1,5—2% P. Wie das Diagramm des Dreistoffsystems (Abb. 100) zeigt, liegt diese Legierung praktisch in der Kurve doppelter Sättigung der Schmelze, so daß eutektische Ausscheidung von γ-Mischkristallen neben Zementit zu erwarten ist. Da die Legierung aber auch im Gebiet der eutektischen Vierphasenumsetzung liegt, muß die Kristallisation durch das ternäre Eutektikum beendet werden. Die Abb. 106 zeigt die gute eutektische Ausbildung der γ-Mischkristalle und des Zementits und läßt zwischen diesen Phasen eingebettet das zuletzt erstarrte ternäre Eutektikum erkennen. Um die heterogene Natur dieses ternären Eutektikums zu zeigen, sind allerdings stärkere Vergrößerung und besondere Ätzmittel erforderlich. Abb. 107 zeigt die grobe Ausbildung des ternären Eutektikums bei langsamer Abkühlung in einer Legierung mit 2,24% C und 6,9% P, also fast ternärer eutektischer Zusammensetzung. Die Ätzung erfolgte mit starker alkoholischer eisenchloridhaltiger Salpetersäure.

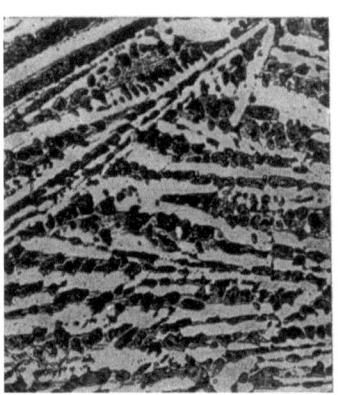

Abb. 106. Thomasroheisen, Ätzung II, × 50.

Die Abb. 108 zeigt das Phosphideutektikum im grauen Roheisen. Es ist eine Streitfrage gewesen, ob dieser Gefügebestandteil, in der englischen Literatur vielfach nach dem verdienstvollen englischen Forscher J. E. Stead mit Steadit bezeichnet, der in graphitisch erstarrenden Eisen-Kohlenstoff-Phosphorlegierungen zur Ausscheidung gelangt, binärer oder ternärer Natur ist. Gutowsky (2) hat versucht darzustellen, daß es sich um das binäre Eisen-Eisenphosphid-Eutektikum mit 10,5% P handeln müsse, da er einen dritten Gefügebestandteil nicht feststellen konnte. M. Künkele (1, 2) hat zeigen können, daß sich bei der Erstarrung der ternären Schmelze bei langsamer Abkühlung während der Kristallisation des Eutektikums Kohlenstoff abscheidet, der sich an die vorhandenen Graphitlamellen anlagert, so daß ein binäres Eutektikum vorgetäuscht wird. In Wirklichkeit entsteht aber bei langsamer Abkühlung das stabile Eutektikum Eisenmischkristall—Eisenphosphid—Graphit, während bei schneller Abkühlung das instabile Eutektikum aus Zementit, Phosphid und Mischkristallen entsteht.

Es kann von vornherein nicht angegeben werden, und gleiches gilt von allen übrigen graphithaltigen Systemen, wie groß der Anteil des stabil bzw. metastabil erstarrenden Systems sein wird. Es kann lediglich unter sonst gleich-

Abb. 107. Grobe Ausbildung des ternären Eutektikums nach langsamer Abkühlung (2,24% C und 6,9% P), × 150.

bleibenden Bedingungen, insbesondere bezüglich der die Graphitbildung ebenfalls beeinflussenden Erstarrungsgeschwindigkeit empirisch ermittelt werden, in welchem Sinne Phosphor die Graphitbildung beeinflußt. Nach Untersuchungen von Wüst und Stotz (4) würde ein Phosphorgehalt bis 2,5—3% keinen Einfluß auf die Graphitbildung ausüben, darüber hinaus jedoch eine Förderung der Graphitisierung bewirken. Nach O. v. Keil und R. Mitsche (3) soll Phosphor die Graphitbildung sogar hemmen. Die Abweichungen der früheren Forscher von diesem Ergebnis erklärt er auf Grund der Verschiebung der Sättigungsgrenze der Schmelze und des γ-Mischkristalls unter dem Einfluß des Si-Gehaltes der Legierungen zu niedrigeren Kohlenstoffgehalten und durch Unterschiede in den Abkühlungsgeschwindigkeiten. Wie dem auch sei, bis zu den in technischen Eisenlegierungen vorkommenden Phosphorgehalten dürfte eine Beeinflussung der Graphitisierung nicht in Frage kommen.

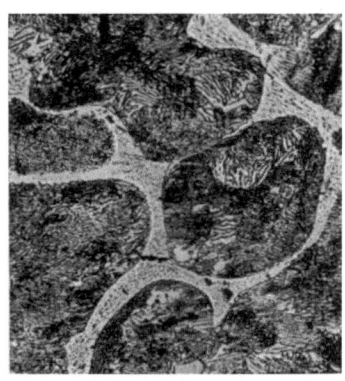

Abb. 108. Graues Roheisen mit Phosphideutektikum, Steadit, Ätzung II, × 100.

D. Physikalische und technologische Eigenschaften.

In den Abb. 109 und 110 ist der Einfluß des Phosphors auf einige physikalische und technologische Eigenschaften eines weichen Flußstahles nach Untersuchungen von d'Amico (1) wiedergegeben. Das untersuchte Material enthielt (außer Phosphor in zunehmenden Mengen) etwa 0,1—0,15% C, 0,4—0,55% Mn, 0,05 bis 0,08% S und 0,17—0,25% Si.

Die Warmbildsamkeit wird durch Phosphor kaum beeinflußt, wenigstens nicht innerhalb der im technischen Eisen vorkommenden Gehalte. Aber auch darüber hinaus bis 1,1% konnte d'Amico(1) Flußstahl mit 0,1—0,15% C walzen. Dagegen leidet die Kaltbildsamkeit sehr stark unter der Gegenwart von Phosphor, denn dieser erzeugt Kaltbruch. 0,25% genügen bei einem weichen Flußstahl mit 0,1—0,15% C, um die Schlagfestigkeit praktisch auf Null zu erniedrigen.

Über den Einfluß des Phosphors auf die Schweißbarkeit liegen nur wenig Angaben vor. Diegel(1) gibt als einzuhaltende Grenze nach oben für Flußeisen 0,03—0,05% an. Schweißeisen, dessen manchmal recht hoher Phosphorgehalt auf die Anwesenheit phosphorhaltiger Schlacke zurückgeführt wird, kann nach Ledebur(1) noch bei 0,4% schweißbar sein.

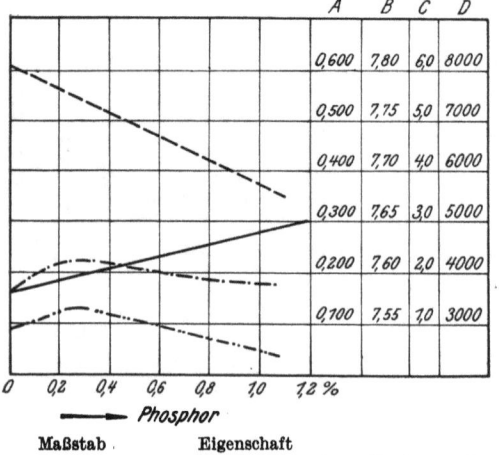

Maßstab   Eigenschaft
A ——— Elektr. Widerst. in Ohm/m·mm²
B ——— Spez. Gewicht
C —·—·— Koerzitivkraft ($\mathfrak{B} = 13000$)
D —··—··— Hysteresis ($\mathfrak{B} = 10000$)

Abb. 109. Einfluß des Phosphors auf den elektrischen Widerstand, das spezifische Gewicht, die Koerzitivkraft und die Hysteresis von weichem Flußstahl [d'Amico(1)].

Mit Rücksicht auf seine unbestrittene Rolle als Erzeuger des Kaltbruches gehört Phosphor zu den im Eisenhüttenwesen unbeliebten Elementen, wenngleich nach Stead(1) sein schlechter Ruf übertrieben ist, und er auch gute Eigenschaften besitzt. So wird z. B. Phosphor verwendet zur Erzeugung von Legierungen für Gegenstände mit sauberer und glatter Oberfläche (Fahrradteile). Beim Schleuderguß ist ein gewisser Phosphorgehalt unerläßlich. Die untere Grenze beträgt 0,8%, doch soll man sich nach Irresberger(1) der oberen Grenze von 1,5% möglichst nähern, besonders bei Rohren mit kleinem Innendurchmesser. Ein weiteres Anwendungsgebiet hat der Phosphor bei der Herstellung von Preßmuttern gefunden, bei denen ein Gehalt von etwa 0,2% die Herstellung eines sauberen und scharfen Gewindes ermöglicht. Merkwürdigerweise soll aber ein nach völliger Entphosphorung durch Ferrophosphorzusatz erzeugter Phosphorgehalt von ungleich schlechterer Einwirkung auf die Qualität des Produktes sein als ein ohne künstlichen Zusatz durch Abbrechen der Charge erzeugter. Christen(1) hält nach neueren Forschungen im Gegensatz hierzu die Phosphorung einer weichen Flußstahl-

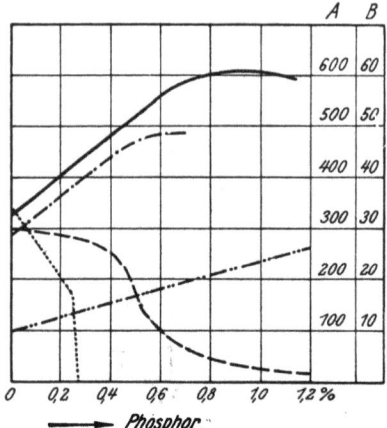

Maßstab   Eigenschaft
B ——— Zugfestigkeit kg/mm²
B ——— Dehnung %
B —·—·— Streckgrenze kg/mm²
A —··—··— Härte (Brinell)
B ········ Schlagfestigkeit mkg/cm²

Abb. 110. Einfluß des Phosphors auf die Festigkeitseigenschaften, Härte und Schlagfestigkeit chem. Flußstahl [d'Amico(1)].

schmelze für das zweckmäßigste Preßmuttereisenherstellungsverfahren. Auf die magnetischen Eigenschaften sind die im technischen Eisen vorkommenden Phosphorgehalte ohne wesentlichen Einfluß.

In Nickelstählen und besonders in Chrom-Nickelstählen erhöht Phosphor die Neigung zur Anlaßsprödigkeit[1]. Der in Edelstählen übliche Gehalt an Phosphor von höchstens 0,03% übt keinen merklichen Einfluß aus[2]. Mit höherem Mangangehalt zusammen wirkt Phosphor dagegen stark sprödigkeitssteigernd, doch lassen sich durch geeignete Wärmebehandlungen — Abschrecken nach dem Anlassen, das nach Bennek die die Kerbzähigkeit vermindernde Phosphorausscheidung unterbindet — gute Kerbschlagwerte erzielen. Bei Verformungsgraden über 30% entsteht in gewöhnlichen Stählen bei oxydierendem Glühen starkes Kornwachstum, das von Stellen mit Phosphoranreicherungen ausgeht[3]. Beim Glühen zwischen A_1 und A_3 wird der Kohlenstoff aus den phosphorreichen Stellen verdrängt. Bei schwach verformten Proben erstreckt sich das Wachstum nur auf die phosphorreichen Stellen, bei Verformung über dem Schwellenwert wird das ganze Korn in Mitleidenschaft gezogen. Auch ohne oxydierende Atmosphäre zeigt sich die gleiche Erscheinung, doch in schwächerem Maße.

8. Eisen und Schwefel.
A. Das Zweistoffsystem Eisen-Schwefel.

Die ersten systematischen Untersuchungen über das Zustandsschaubild Eisen-Schwefel wurden von W. Treitschke und G. Tammann (1) durchgeführt. Sie griffen dabei auf Teiluntersuchungen von Le Chatelier und W. Ziegler (2) zurück, die festgestellt hatten, daß in der Legierungsreihe Eisen-Schwefel keine weiteren Eisen-Schwefelverbindungen bis zur Konzentration der Verbindung FeS bestehen. Spätere Untersuchungen von K. Friedrich (1) sowie die systematischen Untersuchungen von R. Loebe und E. Becker (1) mit Hilfe der thermischen Differentialanalyse konnten das von Treitschke und Tammann entworfene Teildiagramm Fe—FeS in wesentlichen Punkten nicht bestätigen. Besonders konnte im flüssigen Zustand keine Mischungslücke, wie letztere annahmen, festgestellt werden, was in neuerer Zeit auch durch Untersuchungen von B. Bogitsch (1) einwandfrei belegt wurde.

Für das in Abb. 111 dargestellte Zustandsdiagramm wurden daher bis zur Konzentration FeS im wesentlichen die Ergebnisse von Loebe und Becker zugrunde gelegt. Über diese Konzentration hinaus beruht das Diagramm auf theoretischen Überlegungen in Anlehnung an die von C. Benedicks und H. Löfquist (4) gegebene Darstellung. Danach besteht im flüssigen Zustand bis zur Konzentration der Verbindung FeS (36,5% S) homogene Schmelze. Der Schmelzpunkt der Verbindung FeS liegt bei 1193°. Die Konzentration des Eutektikums beträgt 84,6% FeS bzw. 30,9% S; es wird gebildet bei 985°. Loebe und Becker beobachteten den thermischen Effekt des Eutektikums bis zu einer Konzentration von 35,9% S und auf der Eisenseite bis zu 0,85% S. Sie nehmen daher an, daß praktisch weder eine Löslichkeit des Eisens für Schwefel noch des Schwefeleisens für Eisen besteht. In Übereinstimmung hiermit finden sie, daß

---
[1] Siehe Greaves und Jones (1).   [2] Vgl. dagegen H. Bennek (1).
[3] Siehe Heike und Brenscheidt (1).

104 Die Konstitution des Eisens in Abhängigkeit von der chemischen Zusammensetzung.

die Umwandlungen des Eisens bei A_3 und A_2 und die des Schwefeleisens bei 298° praktisch unabhängig von der Konzentration sind. Über die A_4-Umwandlung liegen kaum Beobachtungen vor. Doch ist aus theoretischen Gründen nach Vogel und Tonn (2) aus dem Verlauf der Umwandlungen im ternären System Fe—Ni—S anzunehmen, daß auch sie durch Schwefel nicht verändert wird.

Nach speziellen Untersuchungen von F. Rinne und H. E. Boeke (1) zeigt reines FeS nicht die bereits von Le Chatelier und Ziegler sowie von Treitschke und Tammann festgestellte Umwandlung der Fe-FeS-Legierungen.

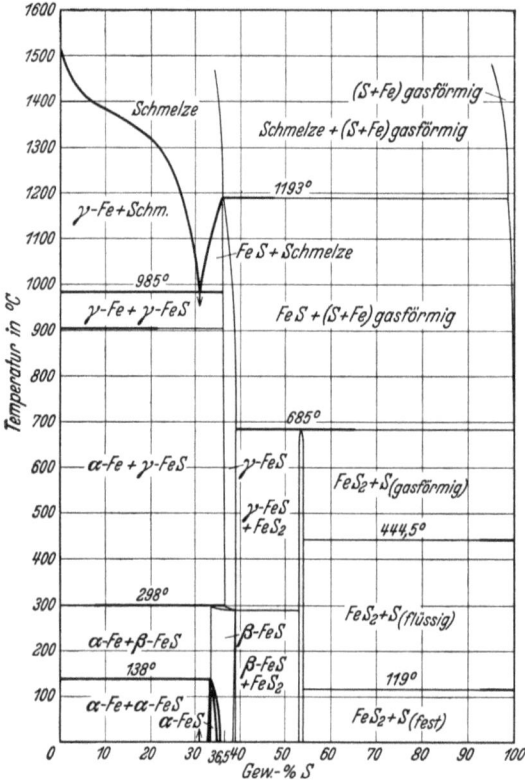

Abb. 111. Zustandsschaubild Eisen-Schwefel.

Nach Rinne und Boeke liegt der Umwandlungspunkt bis zu einer Konzentration von 7% Fe und 93% FeS (oder 33,9% S) bei 138°. Mit zunehmendem Schwefel-Gehalt, also mit steigendem Reinheitsgrad des FeS, findet die Umwandlung bei sinkender Temperatur, und zwar in einem Temperaturintervall statt. Bei 5% Fe und 95% FeS (also etwa 34,7% S) läuft die Umsetzung zwischen 98 und 90° ab. Bei weiterer Abnahme des Eisens konnten sie keinerlei Umwandlung oberhalb 0° beobachten.

Sowohl die Umwandlung bei 138° als auch die bei 298° wurden im Diagramm als peritektische Umsetzungen gedeutet. Danach würde bei sehr tiefen Temperaturen eine α-Modifikation des FeS bestehen, die eine gewisse Löslichkeit für Fe besitzt, deren Umwandlungstemperatur jedoch durch die Lösung von Fe in zunehmendem Maße und bei der maximalen Sättigung von etwa 7% Fe auf 138° gehoben wird. Oberhalb dieses Umwandlungsintervalles besteht eine β-Modifikation des FeS, deren maximale Löslichkeit für Fe etwas geringer ist, und oberhalb der Umwandlung bei 298° eine γ-Modifikation des FeS, deren Löslichkeit für Fe nach Loebe und Becke nur sehr gering sein kann. Nach N. Alsén (1) kristallisiert FeS unterhalb 138° (α-FeS) hexagonal und oberhalb 138° (β-FeS) nach E. T. Allen, J. L. Crenshaw und J. Johnston (1) rhombisch. Die α/β-Modifikationsänderung ist mit einer deutlichen Kontraktion und die β/α-Modifikationsänderung mit einer starken Dilatation verbunden.

Auf der Eisenseite soll nach J. Arnold und A. M'William (1) bei 1150° 0,01—0,02% S, nach Ziegler (1) weniger als 0,03% und nach Fry (1) bei 990° 0,015—0,02% S in Lösung gehen. Die hohe Löslichkeit von 1,5% S, die

Treitschke und Tammann bei 750° annahmen, konnte in keiner Weise bestätigt werden. Ob die von Arnold und M'William sowie von Fry auf Grund von Diffusionsversuchen erhaltenen Ergebnisse als Beweis für eine echte Löslichkeit im Sinne der Bildung eines Substitutions- oder Einlagerungsmischkristalls gelten können, muß vorerst noch in Frage gestellt werden. Es wäre jedenfalls auch denkbar, daß lediglich dampfförmiger Schwefel längs der Korngrenzen einwanderte und sich dort in Gitterlücken ablagert. Jedenfalls sind die in Frage kommenden Mengen S so gering, daß von einer Einzeichnung der evtl. Löslichkeit des Schwefels im Eisen abgesehen wurde.

In dem Teil des Diagramms Fe—S mit höheren S-Gehalten als der Verbindung FeS entspricht, interessiert noch die Verbindung FeS_2, die bei 685° in FeS und gasförmigen Schwefel dissoziiert. Eine Löslichkeit des FeS_2 für FeS oder S besteht praktisch nicht; wohl soll FeS nach Allen, Crenshaw und Johnston etwa 6% S (FeS + S = 100%) bei 600° zu lösen vermögen, welche Löslichkeit mit steigender Temperatur (bis zum Schmelzpunkt des FeS auf 3% S?) wiederabnehmen soll. Es ist zu bemerken, daß der Dampfdruck des Schwefels (in diesem Falle 760 mm Hg) für die Aufstellung dieses Teiles des Diagramms von wesentlicher Bedeutung ist.

Nach dem in Abb. 111 wiedergegebenen Diagramm würde FeS_2 unterhalb 119° (Schmelzpunkt des Schwefels) mit festem Schwefel zwischen 119° und 444,5° (Siedepunkt des Schwefels) mit flüssigem und oberhalb 444,5°—685° mit gasförmigem Schwefel im Gleichgewicht stehen. Zwischen 685°—1193° stände festes FeS mit gasförmigem Schwefel und geringeren Mengen gasförmigen Eisens und oberhalb 1193° flüssiges FeS mit gasförmigem Schwefel + Eisen im Gleichgewicht. Bei weiterer Temperatursteigerung würde die Konzentration der Schmelze an Schwefel abnehmen, die der Gasphase an Eisen zunehmen.

Im Gefügebild der Eisen-Schwefellegierungen muß gemäß den Angaben des Zustandsdiagrammes das Eutektikum mit 30,8% Schwefel in um so größeren Mengen erscheinen, je mehr sich der Schwefelgehalt dem eutektischen nähert. Der eutektische Gefügebestandteil besitzt, wie die Betrachtung des Gefügebildes einer Legierung mit 2,0% Schwefel in Abb. 112 lehrt, ein einheitliches Aussehen und unter dem Mikroskop die charakteristische gelblichbraune Färbung des Schwefeleisens. Von dem zweiten Bestandteil des Eutektikums, dem Eisen, ist nichts zu erkennen. Man muß aber berücksichtigen, daß das Eutektikum nur 15% Eisen enthält. Ferner kommen für die Beurteilung des Gefügebildes nicht Gewichts-, sondern Volumenprozente in Frage. Unter Zugrundelegung eines spezifischen Gewichts von 4,72 (Becker) für reines Schwefeleisen beträgt der Volumenanteil des Eisens am Eutektikum nur rund 9%. Die wenigen Eisenkörner, die demnach im Gefügebild des Eutektikums erscheinen müßten, werden kaum zu erkennen sein, außerdem, wie Becker annimmt, beim Schleifen bzw. Polieren leicht aus der Schlifffläche herausgerissen werden. Es ist ferner möglich, daß sich der ferritische Bestandteil des Eutektikums an die bereits ausgeschiedenen primären Eisenkristalle angelagert hat. Je niedriger der Schwefelgehalt, um so dünner erscheint das Netzwerk, dessen Maschen mit den primären Eisenkristallen angefüllt sind. Bei niedrigen Schwefelgehalten fehlt es ganz, und statt seiner erscheinen rundliche Ansammlungen von Schwefeleisen. Abb. 113 zeigt dies an einer reinen Eisen-Schwefellegierung mit 0,2% Schwefel.

Beim Erhitzen an der Luft nehmen schwefelreiche Legierungen, wie Becker nachwies, Sauerstoff in größeren Mengen auf, und das Eutektikum Eisen-Schwefeleisen verwandelt sich in ein anderes, sauerstoffhaltiges mit deutlich eutektischer Struktur. Der eine der beiden Bestandteile ist das gelbliche FeS, der andere ein dem FeO nahestehender, unter dem Mikroskop dunkelgrauer Körper. Dieses

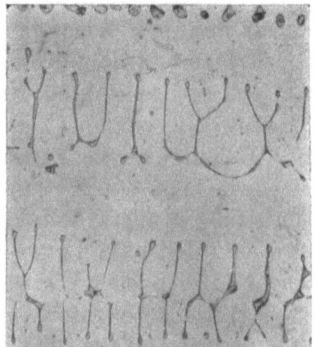
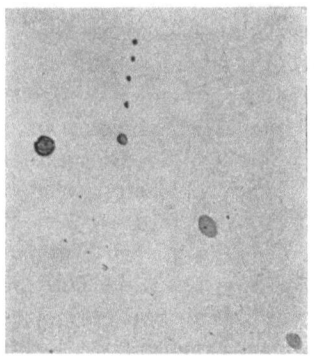

Abb. 112. Eisen-Schwefellegierung mit 2% S, ungeätzt, ×50.

Abb. 113. Eisen-Schwefellegierung mit 0,2% S, ungeätzt, ×500.

Eutektikum wurde bereits von Le Chatelier und Ziegler in Handelsschwefeleisen gefunden. Es entsteht durch Erhitzung des Fe—FeS-Eutektikums in sauerstoffhaltiger Atmosphäre, und zwar um so vollständiger, je höher die Temperatur ist. Der direkte Versuch, Schwefeleisen und Eisenoxydoxydul (in Ermangelung reinen Oxyduls) zusammenzuschmelzen, führte zur Aufstellung des einfachen Diagramms, Abb. 114. Die Angaben des Diagramms bestätigte die mikroskopische Untersuchung, wie Abb. 115a—c an einer Schmelze mit primärem FeO in eutektischer Grundmasse (links), einer eutektischen (Mitte) und einer Schmelze mit primärem FeS lehrt (rechts). Das Verhalten von MnO zu FeS ist ebenfalls untersucht worden[1]. Beide Stoffe reagieren miteinander unter Bildung von MnS oder einem dieser Verbindung nahestehenden Körper sowie einer komplexen Verbindung oder einem Mischkristall von FeS und MnS. Das System ist also kein binäres, vielmehr ein quaternäres. Abb. 116 ist ein Gemisch von MnO und FeS mit 50% MnO. Der in rundlichen Kristallen ausgeschiedene Körper ist das taubengraue MnS, das auch im Eutektikum vertreten ist. Neben MnS ist, im Bilde tiefschwarz, das dunkelblaugraue MnO sowohl im Eutektikum wie außerhalb zu erkennen, schließlich, in gleicher Ausscheidungsform, die im Bilde hell erscheinende, hellblaugraue, komplexe Komponente. Es fehlt also nur das gelbliche FeS. Zur Feststellung der Komponenten diente außer der Farbe das Anlaßverfahren und die Behandlung im

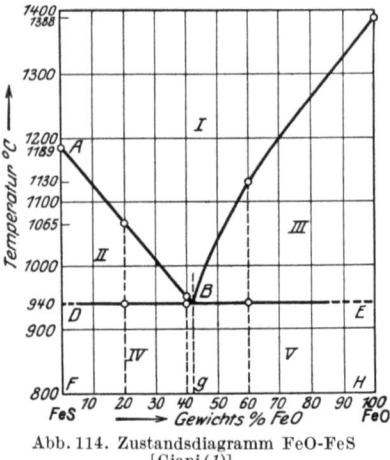

Abb. 114. Zustandsdiagramm FeO-FeS [Giani(1)].

---

[1] Dipl.-Arbeit Klutmann(1).

Wasserstoffstrom. Schon Röhl hatte gefunden, daß das edlere MnS gegen FeS stets um einige Stufen zurück ist, und Matweieff (1), daß Wasserstoff-Oxyde stärker als Sulfide und von diesen FeS stärker als MnS angreift. Die komplexe Komponente stand bezüglich ihres Verhaltens zwischen FeS und MnS.

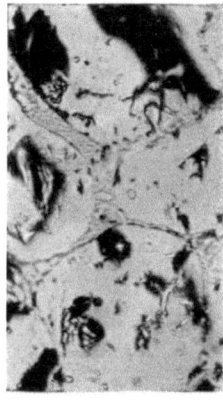 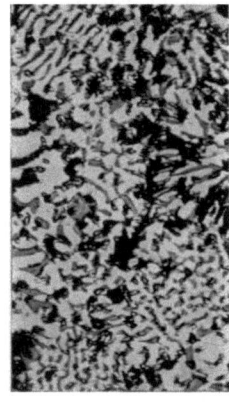 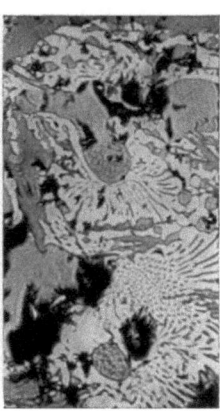

a b c

Abb. 115a—c. Gemische von FeO-FeS: links primäres FeO + Eutektikum, Mitte Eutektikum, rechts primäres FeS + Eutektikum. Ungeätzt, × 100 [Giani(1)].

Über die Frage, ob durch festes Eisen Schwefel hindurchdiffundieren kann, liegen widersprechende Versuchsergebnisse vor. Die Versuche von Fry (1) haben aber gezeigt, daß Diffusion in erheblichem Maße nur bei Gegenwart von Phosphor stattfindet. Fehlt dieser, so diffundieren nur recht unerhebliche Mengen, und zwar 0,025%. Hieraus schließt Fry im Rahmen seiner Ausführungen über die Diffusion fester Stoffe, daß bis zu diesem Betrage Löslichkeit des Schwefels im festen Eisen vorliege. Es ist danach nicht unwahrscheinlich, daß eine dampfförmige Verbindung des Schwefels mit Phosphor der Hauptträger der Diffusion war. Es kann als sicher gelten, daß Eisen aus der schwefligen Säure von Verbrennungsgasen Schwefel aufzunehmen vermag. Da diese Gase meist oxydierend sind, bildet sich auf dem Eisen Glühspan, das den Schwefel, wahrscheinlich unter Bildung des oben erwähnten

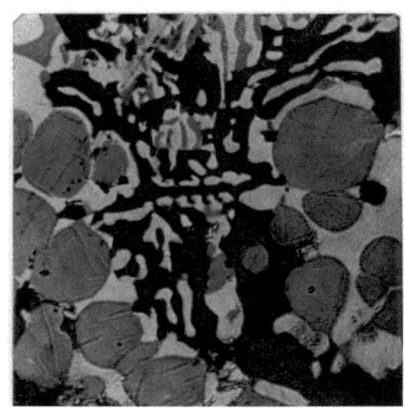

Abb. 116. Gemisch von MnO und FeS mit 50% MnO (ungeätzt), × 100.

Eutektikums, begierig aufnimmt, auf diese Weise aber auch das Eisen selber vor Schwefelaufnahme schützt. Eine von Oberhoffer untersuchte Probe von Glühspan aus einem Ofen für große Schmiedestücke enthielt 0,2% Schwefel.

B. Das Dreistoffsystem Eisen-Schwefel-Kohlenstoff.

Über den Einfluß des Kohlenstoffs in Eisen-Schwefellegierungen liegen einige ältere Arbeiten vor. So fanden F. Wüst und A. Schüller (5), T. Liesching (1), M. D. Levy (1) und B. Bogitch (1), daß selbst geringe Mengen

108 Die Konstitution des Eisens in Abhängigkeit von der chemischen Zusammensetzung.

Kohlenstoff die vollkommene Mischbarkeit im flüssigen Zustand beeinträchtigen. **Benedicks** und **Löfquist** (*4*) benutzten die Angaben der oben genannten Autoren über die Zusammensetzung der nebeneinander bestehenden flüssigen Phasen zu einem Entwurf des ternären Teilsystems Fe—FeS—Fe$_3$C. Im Grundsätzlichen deckt sich dieser Entwurf mit dem Diagramm von **Hanemann** und **Schildkötter** (*2*), das diese auf Grund von umfangreichen Ver-

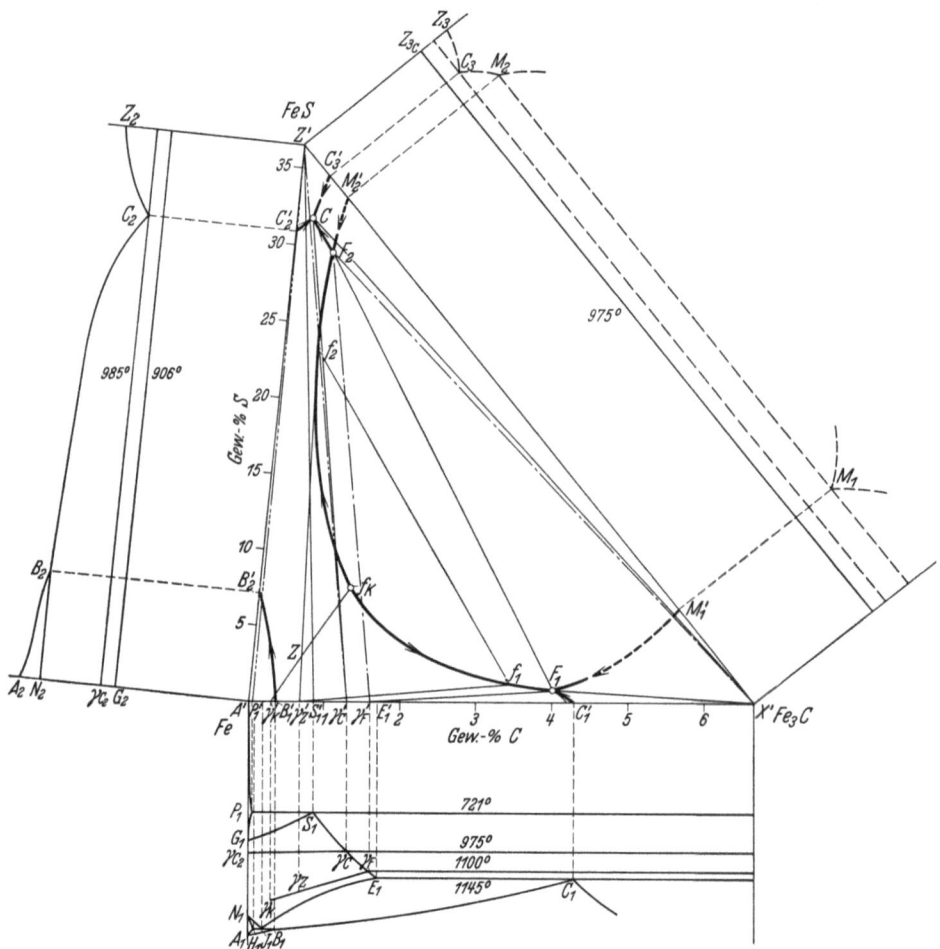

Abb. 117. Zustandsschaubild Fe—FeS—Fe$_3$C [Vogel und Ritzau(*3*)].

suchen zum Zwecke der Festlegung der Mischungslücke im flüssigen Zustand aufstellten. Diese Ergebnisse werden bestätigt durch systematische Versuche von **Vogel** und **G. Ritzau** (*3*), die auch eine eingehende Darstellung der theoretischen Grundlagen geben, und deren Unterlagen für die in Abb. 117 wiedergegebene Darstellung des Teilsystems Fe—FeS—Fe$_3$C im wesentlichen maßgeblich waren.

Es handelt sich bei diesem System um den Fall, daß im flüssigen Zustand zwei Komponentenpaare (Fe—FeS und Fe—Fe$_3$C) vollkommen mischbar sind, das dritte dagegen (Fe$_3$C—FeS) eine Mischungslücke aufweist. Im festen Zustand besteht für das Randsystem Fe—FeS praktisch keine Löslichkeit, im System

Fe—Fe$_3$C auf der Eisenseite eine beschränkte Löslichkeit. Hanemann und Schildkötter (2) vermuten, daß der Schnitt Fe$_3$C—FeS sich quasibinär verhält, doch können sie über die Tatsache der Mischungslücke im flüssigen Zustand hinaus keine sicheren Angaben über dieses Randsystem machen. Nach den Ergebnissen der Untersuchungen am Dreistoffsystem ist in der Nähe der Komponente FeS mit der Existenz eines Eutektikums zu rechnen. Die Mischungslücke befindet sich demnach auf der Seite der Zementitabscheidung, so daß also im Randsystem Fe$_3$C—FeS ein Dreiphasengleichgewicht — kohlenstoffreiche Schmelze ⇌ schwefelreiche Schmelze + Zementit — auftreten wird. Für den vorliegenden Entwurf des Dreistoffsystems ist ferner angenommen, daß eine gegenseitige Löslichkeit der Komponenten FeS und Fe$_3$C im festen Zustand nicht besteht.

Abb. 117 ist die Projektion des Dreistoffsystems auf die Konzentrationsfläche mit den anliegenden Randsystemen wiedergegeben. Abb. 118a und b zeigt im Gipsmodell die grundsätzlichen Verhältnisse des behandelten Systems, wobei

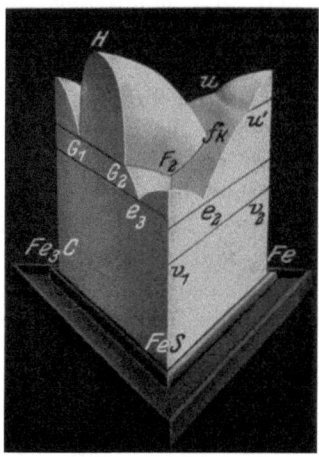 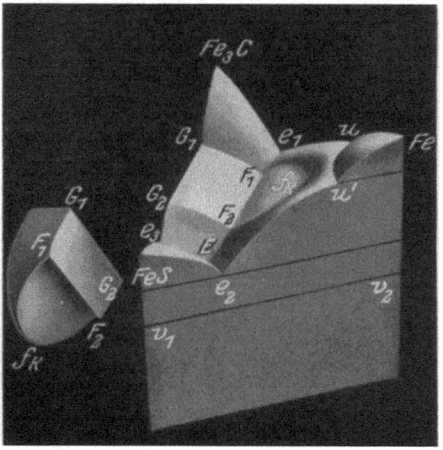

a b
Abb. 118. Gipsmodell zur Veranschaulichung der räumlichen Verhältnisse im Dreistoffsystem Eisen-Eisensulfid-Eisenkarbid [Vogel und Ritzau(3)].

zugunsten größerer Anschaulichkeit auf eine Wiedergabe der wirklichen Konzentrationen und Temperaturen des Realdiagramms verzichtet wurde.

Die Mischungslücke im flüssigen Zustand, der heterogene Raum zweier flüssiger Phasen, überdeckt, ausgehend vom Randsystem Fe$_3$C—FeS, einen Teil der Sättigungsfläche der Schmelzen für Zementit und über diese hinausreichend einen Teil der Sättigungsfläche der Schmelzen für die γ-Phase. Die Grenzen der Mischungslücke bilden die Schnittlinien der Entmischungsfläche (der Fläche gegenseitiger Sättigung der beiden flüssigen Phasen) mit den Sättigungsflächen für Zementit und γ-Mischkristalle. Diese Schnittkurven sind demnach Kurven doppelt gesättigter Schmelzen, die also an Dreiphasengleichgewichten teilnehmen, wobei einerseits Zementit, andererseits ein γ-Mischkristall als dritte Phase neben den beiden flüssigen Phasen auftritt.

Alle Legierungen des Dreistoffsystems bestehen bei Raumtemperatur praktisch aus drei Phasen: α-Eisen, FeS und Fe$_3$C. Je nach der Ausgangskonzentration nehmen die Legierungen an den im vorhergehenden beschriebenen Umsetzungen teil: Praktisch alle Legierungen an der eutektoidischen Vierphasenumsetzung bei 721°; den kohlenstoffarmen Legierungen bis zur Linie $Z'S_1'$ geht dieser die Umsetzung des binären γ-Mischkristalls in α-Mischkristall voraus; bei den Legierungen zwischen $Z'S_1'$ und $Z'\gamma_C'$ die Ausscheidung des Zementits aus dem binären γ-Mischkristall. Alle Legierungen des Konzentrationsbereiches $Z'X'$ beendigen die Erstarrung durch die eutektische Vierphasenumsetzung bei 975°, und die Legierungen im Gebiet $Z'\gamma_C'X'$ nehmen außerdem an der die Entmischung der flüssigen Phasen beendigenden Vierphasenumsetzung bei 1100° teil.

Die Konzentration des ternären Eutektikums (C) soll nach Hanemann und Schildkötter (2) 0,17% C und 31,7% S betragen, nach Vogel und Ritzau (3) nur 0,15% C und 31,0% S. Da der γ-Mischkristall, der an der eutektischen Vierphasenumsetzung teilnimmt, auf der Gleichgewichtslinie E_1S_1 im Randsystem Fe—Fe$_3$C liegen muß, und bei der Temperatur der Umsetzung von 975° demnach einen Kohlenstoffgehalt von mindestens 1,3% C haben wird (die Angabe von Vogel und Ritzau von 1,0% C für γ_C' beruht offenbar auf einem Irrtum) kann die von Vogel und Ritzau angegebene Konzentration des ternären Eutektikums nicht zutreffen, da dann der Punkt C außerhalb der eutektischen Vierphasenfläche liegen würde. Selbst bei der von Hanemann und Schildkötter angegebenen Konzentration liegt der Punkt C nur unter der Voraussetzung einer gewissen Löslichkeit des Eisens in FeS innerhalb der eutektischen Erstarrungsfläche. Jedenfalls kann der Anteil der Zementitphase am ternären Eutektikum nur sehr gering sein. Z. B. würde bei einer angenommenen Löslichkeit von 1,4 Teilen Eisen in 98,6 Teilen FeS

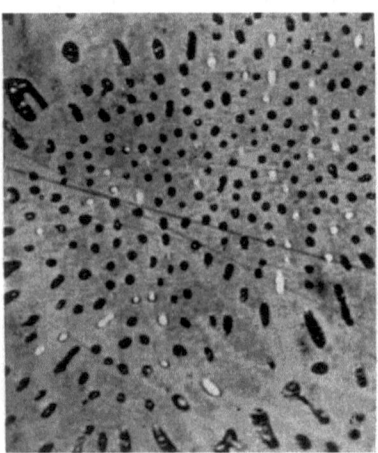

Abb. 119. Ternäres Eutektikum. Schmelze mit 0,2% C und 31,96% S, mit 1%iger alkoholischer Salpetersäure geätzt, × 1500 [Hanemann und Schildkötter (2)].

der Anteil des Zementits am Eutektikum nur 0,26% betragen. In Abb. 119 ist das ternäre Eutektikum — FeS + γ-Mischkristall + Fe$_3$C — nach Ätzung mit 1%iger alkohol. Salpetersäure in 1500facher Vergrößerung wiedergegeben. Nach Hanemann und Schildkötter sind die hellen Teilchen als Zementit, die dunklen als perlitisch zerfallene γ-Mischkristalle und die Grundmasse als FeS anzusprechen. Der Anteil der Zementitphase ist hier verhältnismäßig viel größer als nach obigen Ausführungen zu erwarten wäre. Es müßte demnach die Löslichkeit des FeS für Fe größer sein, oder die Konzentration des Eutektikums einen noch höheren Kohlenstoffgehalt aufweisen, wenn man nicht annehmen will, daß die Zementitkörner wenigstens z. T. primär ausgeschieden sind.

Die Konzentrationen der übrigen ausgezeichneten Punkte des Diagramms geben Vogel und Ritzau, wie folgt an:

Schmelze f_K	bei 1300°	mit 1,2% C und	7,5% S
γ-Mischkristall γ_K'	„ 1300°	„ 0,3% C	
Schmelze F_1	„ 1100°	„ 4,0% C	„ 0,8% S
Schmelze F_2	„ 1100°	„ 0,25% C	„ 29,5% S
γ-Mischkristall γ_F'	„ 1100°	„ 1,6% C.	

Es sei noch besonders auf die Vorgänge hingewiesen, die sich in dem Konzentrationsgebiet abspielen, in welchem die primäre Ausscheidung von γ-Mischkristallen durch eine sekundäre Entmischung der Schmelze abgelöst wird, wodurch das bivariante Zweiphasengleichgewicht — Schmelze $\rightleftarrows \gamma$-Mischkristall — in das univariante Dreiphasengleichgewicht — primäre Schmelze $\rightleftarrows \gamma$-Mischkristall + sekundäre Schmelze — übergeht. Der Raum dieses Dreiphasengleichgewichtes bekommt seine eigenartige Gestalt durch die zur Mischungslücke einseitig orientierte Veränderung des γ-Mischkristalls längs der Kurve $\gamma'_K \gamma'_F$.

Im grauen Roheisen ist die Lage der Eisensulfideinschlüsse keine wohldefinierte; sie erscheinen vielmehr willkürlich in Globuliten und Adern. Auf die Graphitbildung selbst übt aber der Schwefel einen stark negativen Einfluß aus, indem er die Erstarrung nach dem stabilen System, also die Graphitbildung, schon von geringen Gehalten ab stark beeinträchtigt.

In allen technischen Eisenlegierungen findet man das Eisensulfid nicht als Bestandteil eines Eutektikums, weder des binären, wie es theoretisch bei Legierungen mit weniger als 1,6% C, noch des ternären, das in Legierungen mit mehr als 1,6% C zu erwarten wäre. Als Erklärung hierfür darf wohl wie bei den reinen Fe—S-Legierungen angenommen werden, daß sowohl die verhältnismäßig kleinen Mengen der euktektisch abgeschiedenen Eisenphase wie die verschwindend geringen Mengen des ternär-eutektisch abzuscheidenden Zementits sich an die bereits ausgeschiedenen Primärkristalle ankristallisiert haben.

C. Der Einfluß des Mangans.

Da Mangan sowohl die Erscheinungsform wie auch die Menge des Schwefels in technischen Eisenlegierungen in charakteristischer Weise beeinflußt, so daß hierdurch in ganz bedeutendem Maße die Festigkeitseigenschaften berührt werden, sei im folgenden näher auf die Einwirkung des Mangans auf das System Eisen-Schwefel eingegangen. Auch hier liegen zahlreiche wichtige Einzelbeobachtungen vor. Carnot und Goutal (1) isolierten auf analytischem Wege die Verbindung MnS in schwefel- und manganhaltigem Eisen. Von Arnold und Waterhouse (2) sowie von Le Chatelier und Ziegler (2) sind diese Beobachtungen bestätigt und erweitert worden. Es gelang Arnold und Waterhouse festzustellen, daß sich das Schwefelmangan unter dem Mikroskop auf der ungeätzten Schliffläche durch seine taubengraue Färbung kennzeichnet und daher leicht von dem gelblich-braunen Schwefeleisen zu unterscheiden ist. Röhl (1) fand, daß 1%ige Lösungen organischer Säuren in Methylalkohol bei 5 min Ätzdauer das Schwefeleisen stärker dunkeln als das Schwefelmangan. Auch die Ätzanlaßmethode erwies sich als brauchbar zur Unterscheidung beider Sulfide. Beim Anlassen auf dunkelgelb färbt sich das Eisensulfid blau, das Mangansulfid dagegen fahlweiß. Bei der Seigerungsprobe nach Baumann[1] färbt, wie Oberhoffer und Welter (6) zeigten, Schwefelmangan das Bromsilber erheblich stärker als Schwefeleisen.

In neuester Zeit haben R. Vogel und H. Baur (4), gestützt auf experimentelle Untersuchungen, das Gleichgewichtsschaubild für den Bereich Fe—FeS—

---

[1] Sowohl Schwefel- als auch Phosphorwasserstoff färben Bromsilberpapier dunkelbraun bis schwarz; vgl. J. van Royen und E. Ammermann (1).

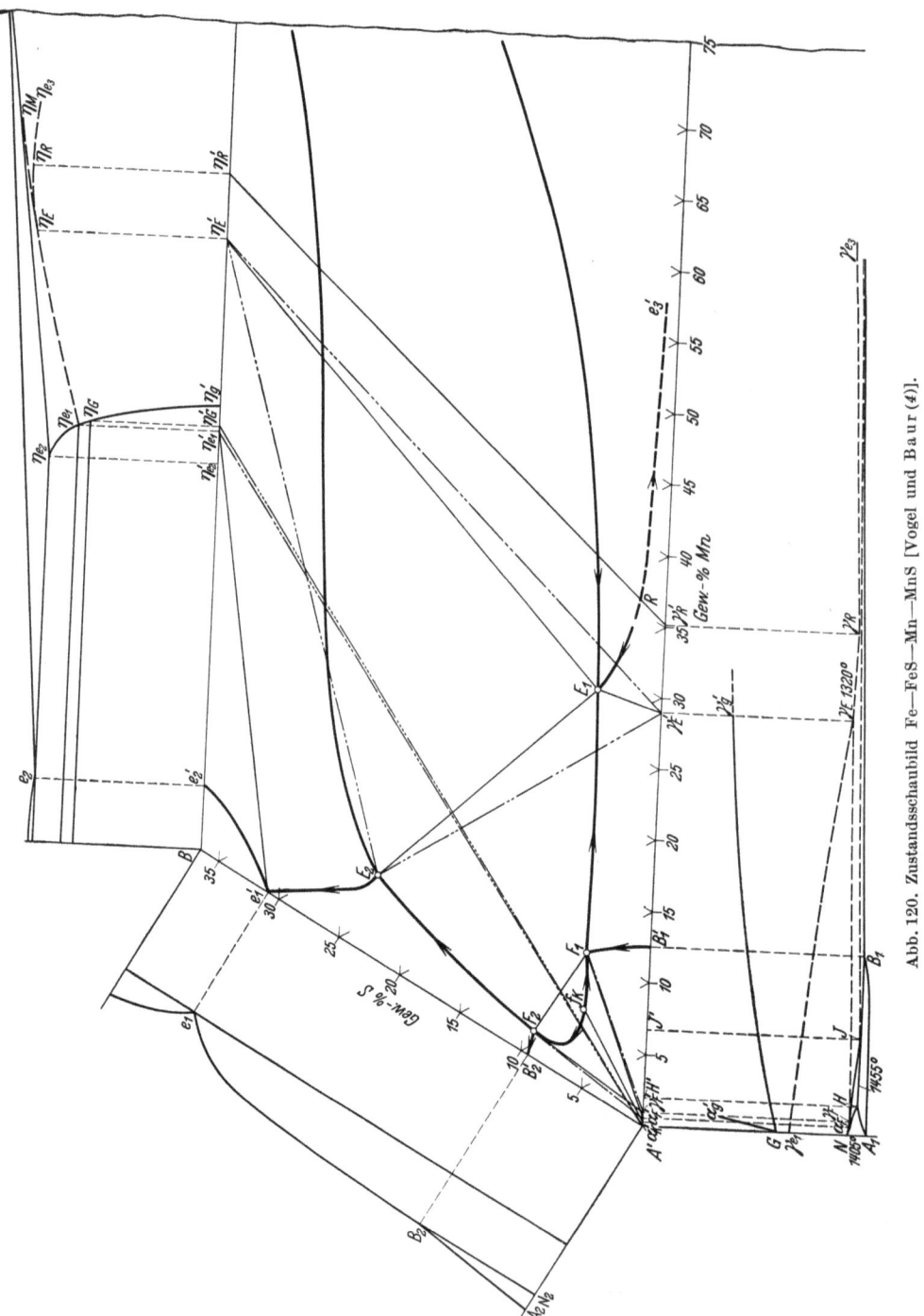

Abb. 120. Zustandsschaubild Fe—FeS—Mn—MnS [Vogel und Baur (4)].

MnS—Mn entwickelt. Mit Benedicks und Löfquist (4) nehmen sie bezüglich des Randsystems Mn—MnS an, daß zwischen 20 und 35% Schwefel eine Mischungs-

Eisen und Schwefel. 113

lücke im flüssigen Zustand und auf der Manganseite ein sehr sulfidarmes Eutektikum (0,14% S) besteht. Der binäre Schnitt Eisensulfid—Mangansulfid wurde im wesentlichen nach G. Röhl angenommen, nach dessen Untersuchungen dieser Schnitt als quasibinär angesehen werden kann. Jedoch wurde an Stelle der von Röhl vermuteten ternären Verbindung $Fe_3Mn_2S_5$, der Deutung von Benedicks und Löfquist entsprechend, ein gesättigter ternärer Mischkristall angenommen. Im übrigen weist das Diagramm (s. Abb. 120) im flüssigen Zustand vollkommene Mischbarkeit der beiden Verbindungen FeS und MnS auf. Der Schmelzpunkt von MnS wurde von Röhl an sehr reinem Mangansulfid zu 1620° bestimmt. Festes Schwefeleisen löst kein Schwefelmangan, wohl aber letzteres bis zu 60% Schwefeleisen. Dieser gesättigte Mangansulfid-Eisensulfidmischkristall bildet mit Eisensulfid ein bei 1181° erstarrendes Eutektikum mit 7% Schwefelmangan.

Bezüglich des Randsystems Eisen-Mangan nehmen Vogel und Baur für die α—γ-Umwandlung der eisenreichen Mischkristalle den von E. Oehman (1) röntgenographisch bestimmten Verlauf an.

In Abb. 120 ist das von Vogel und Baur entwickelte Diagramm wiedergegeben. Das Charakteristische und für die technischen Legierungen Bedeutungsvolle ist, daß die vom Randsystem Mn—MnS ausgehende Mischungslücke sich bis dicht an die Eisenecke schiebt, sogar noch einen Teil der Ausscheidungsfläche der α—(δ)-Mischkristalle aus der Schmelze überdeckend. Es entstehen somit ganz ähnliche Verhältnisse, wie sie im

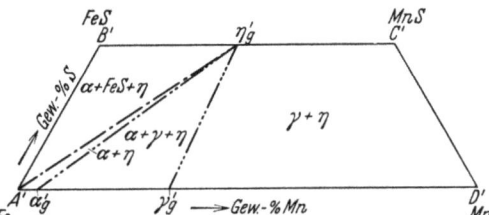

Abb. 121. Zusammensetzung der Legierungen bei Raumtemperatur [Vogel und Baur (4)].

System Fe—FeS—Fe_3C durch die Mischungslücke hervorgerufen werden.

Über die Zusammensetzung der Legierungen bei Raumtemperatur gibt das Schaubild Abb. 121 nach Vogel und Baur Aufschluß. Alle ternären Legierungen innerhalb des Gebietes $A'B'C'D'$ (Abb. 121) bestehen aus heterogenen Gemischen, und zwar die des Feldes $A'\eta'_g B$ aus den drei Phasen α-Eisen, Eisensulfid und dem Mischkristall η'_g, die des Feldes $A'\alpha'_g\eta'_g$ aus zwei Phasen, dem Mischkristall η'_g und einem α-Mischkristall der Seite $A'\alpha'_g$, die des Feldes $\alpha'_g\gamma'_g\eta'_g$ aus den durch diese drei Buchstaben gekennzeichneten Phasen und in dem restlichen Feld durch zwei Phasen, einem Mischkristall der Reihe $\eta'_g C$ und einem solchen der Reihe $\gamma'_g D$. (Die Konzentrationen der Mischkristalle $\alpha'_g, \gamma'_g, \eta'_g$ bei Raumtemperatur sind nicht bestimmt. Sie hängen in starkem Maße von der Abkühlungsgeschwindigkeit ab, siehe System Fe—Mn.) Bei allen Legierungen diesseits der Konode $A'\eta'_g$, bei denen also der Mangangehalt den Schwefelgehalt überwiegt, müßte demnach der gesamte Schwefel an einen Mangansulfid-Eisensulfid-Mischkristall gebunden sein, der bis zu Konzentrationen der Konode $\gamma'_g\eta'_g$ identisch mit η'_g ist. Es ist dies für die Festigkeitseigenschaften der technischen Legierungen von außerordentlicher Bedeutung, da der Mangansulfid-Eisensulfid-Mischkristall im Gegensatz zu reinem Eisensulfid nicht spröde ist. Hinzu kommt noch, daß die Legierungen bis zu den in technischen Eisensorten vorkommenden Schwefelgehalten alle dem Gebiet der primären Abscheidung der $\alpha(\delta)$-Mischkristalle und somit schon bei geringen Mangangehalten (mehr als der Linie $\alpha'_F F_2$ entspricht) dem Gebiet der sekundären bzw. tertiären Entmischung angehören. Durch die Entmischungserscheinung erfolgt eine mehr oder weniger weitgehende Zerteilung der Schmelze in feine Tröpfchen, die im Laufe der Kristallisation, da jedes Tröpfchen von sich aus auch feste Phase ausscheidet, leicht umwachsen werden können.

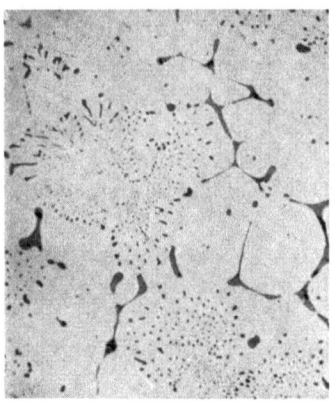

Abb. 122. Gefüge einer Legierung mit 94,7% Fe, 3% Mn und 2,3% S. Ungeätzt. × 100 [Vogel und Baur (4)].

Da im Laufe der weiteren Erstarrung jedes dieser Schmelztröpfchen über die Dreiphasenreaktion — Schmelze ($E_2\,e'_1$) $\rightleftarrows$ γ-Mischkristall ($\gamma'_E \gamma'_{e_1}$) + MnS—FeS-Mischkristall ($\eta'_E\,\eta'_{e_1}$) — zur Ausscheidung von Mangansulfid-Eisensulfid-Mischkristallen kommt, so finden wir diese vielfach in feinverteilter Form vor, so daß man sie mit einer eutektischen Verteilung verwechseln könnte. In Legierungen, deren Schwefelgehalt den Mangangehalt übersteigt, so daß sie in das Konzentrationsfeld $A\eta'_{e_1}B$ fallen, würde durch die eutektische Erstarrung der binären Restschmelze auch reines FeS ausgeschieden werden. Es ist bei diesen Betrachtungen natürlich zu berücksichtigen, daß infolge Nichteinstellung der absoluten Gleichgewichte, die bei der Isolierung der einzelnen Schmelztröpfchen immerhin leicht denkbar wäre, die Verhältnisse im einzelnen verschoben werden können.

In Abb. 122 ist ein solches Gefüge, wie es auf Grund der Tröpfchenbildung durch sekundäre Entmischung zustande gekommen ist, wiedergegeben. Man sieht, wie die feinen Teilchen das Innere der Kristallite, ein Eutektikum vortäuschend,

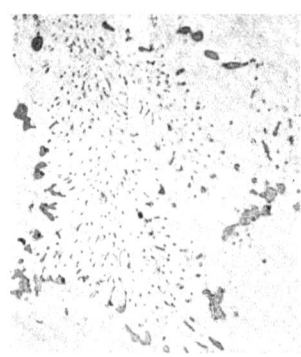

Abb. 123. Gefüge einer Stahlgußlegierung mit wenig Kohlenstoff, ungeätzt, × 200.

durchsetzen, während anscheinend größere Komplexe der Schmelze an die Korngrenzen gedrängt und hier erstarrt sind. Für die technischen Legierungen ist es natürlich von Bedeutung, welchen Einfluß der Kohlenstoff auf die Lage der Mischungslücken ausübt. Sichere Unterlagen hierüber bestehen noch nicht. Wie die überraschende Ähnlichkeit der Abb. 123, die das Gefüge bei einem Stahlguß mit niedrigem Kohlenstoffgehalt wiedergibt, mit der Abb. 122 zeigt, ist bei geringen Kohlenstoffgehalten jedenfalls eine grundsätzlich ähnliche Erstarrungsweise anzunehmen. In kohlenstoffreichen Legierungen, z. B. in den Roheisensorten, findet sich nach Wüst und Miny (6) das manganreiche Sulfid in wohlausgebildeten geradlinig begrenzten Kristallen, woraus geschlossen wird, daß dieses Sulfid sich ungehindert aus der Mutterlauge ausgeschieden hat. Nach den gleichen Autoren wirkt Mangan in schwefelreichen grauen Roheisen auf die Graphitbildung begünstigend ein, weil durch die Bildung von manganreichem Sulfid der Schmelze Schwefel entzogen wird, bevor die Graphitbildung einsetzt.

D. Physikalische und technologische Eigenschaften.

Der Schwefel hat den Ruf, ein unerwünschtes und gefährliches Begleitelement der technischen Eisensorten zu sein. Besonders seine Eigenschaft, Rotbruch zu erzeugen, ist die Ursache für die allgemeine Auffassung von der Gefährlichkeit des Schwefels. Auf breiter Grundlage ausgeführte Untersuchungen von Unger (1, 2), die im wesentlichen durch die Untersuchungen von Niedenthal (1) bestätigt wurden, haben jedoch ergeben, daß bis zu einem Gehalt von 0,2% S keine wesentliche Beeinträchtigung der Verarbeitbarkeit und der Festigkeitseigenschaften eintritt (Abb. 124). Unger konnte Nieten, Ketten, Rohre, U-Eisen, Grobbleche, Schienen, Achsen, Preß-* Schmiede- und Gesenkstücke aus Material mit einem S-Gehalt bis zu 0,2% und einem gleichzeitigen Mn-Gehalt von 0,43% anstandslos herstellen.

Die Frage des Rot- und Heißbruches wird in einem besonderen Abschnitt (s. Rotbruch) behandelt.

Bezüglich der Kaltbildsamkeit ergaben die Ungerschen Versuche, daß bis zu 0,2% kaum eine Beeinträchtigung dieser Eigenschaft erfolgt. Aus schwefelhaltigem Material ließen sich nicht allein anstandslos Stanzbleche und Draht herstellen, die Fertigmaterialien bestanden auch die üblichen Abnahmeproben einwandfrei.

Nimmt man hierzu noch den nach Unger und Niedenthal relativ unbedeutenden Einfluß auf die Festigkeitseigenschaften sowie die von Unger festgestellte Tatsache, daß auch die warm fertiggestellten Teile den Lieferungsvorschriften durchaus entsprachen (wenn auch zweifellos die Schlagfestigkeit mit steigendem Schwefelgehalt abnimmt, vgl. Abb. 124), so ist das Gesamtbild der Wirkung des Schwefels innerhalb der Grenzen 0—0,2% nicht so ungünstig, wie vielfach angenommen wird. Nun besitzt aber der Schwefel in höchstem Maße die Neigung zur ungleichmäßigen Verteilung, zum Seigern, so daß der aus der Chargenprobe sich ergebende Schwefelgehalt durchaus nicht dem in dem oberen, mittleren Blockteil vorhandenen zu entsprechen braucht, letzterer den durchschnittlichen Gehalt vielmehr um ein Vielfaches (bis zu 300—400%) übersteigen kann. Dieser Umstand zwingt natürlich zur größten Vorsicht bei der Beurteilung der höchsten zulässigen Schwefelmengen.

Nach Holtz (1) ist Schwefel auf die magnetischen Eigenschaften des Elektrolyteisens ohne nennenswerten Einfluß.

Material mit 0,07—0,12% Schwefel bei einem Mangangehalt von 0,75—1,0%

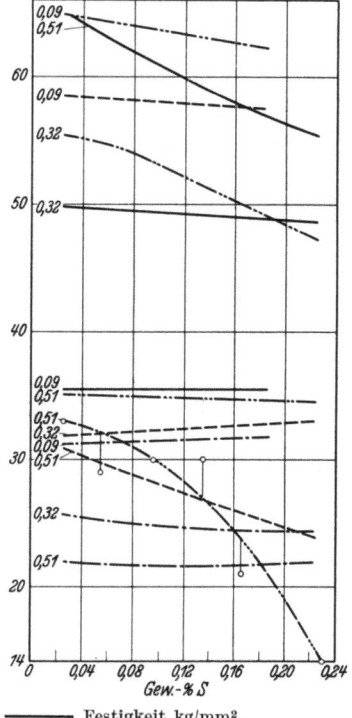

——— Festigkeit kg/mm²,
– – – Elast.-Grenze,
–·–·– Dehnung %,
– – – – Kontraktion %
········· Schlagfest., Anzahl der Schläge.

Abb. 124. Einfluß des Schwefels auf die Festigkeitseigenschaften bei verschiedenen C-Gehalten (0,09; 0,32; 0,51% C) [Unger (1, 2)].

---

* Darunter z. B. Automobilträger.

wird von solchen Abnehmern verlangt, die hohe Ansprüche bezüglich der Geschwindigkeit des Bohrens, Drehens oder Gewindeschneidens stellen (Automatenstahl). Das Anwendungsgebiet des Schwefels als Legierungselement für weiches Flußeisen scheint aber noch keineswegs erschöpft zu sein.

9. Eisen und Arsen.
A. Das Zweistoffsystem Eisen-Arsen.

In Abb. 125 ist das Zustandsdiagramm der Eisen-Arsenlegierungen dargestellt. Der von Oberhoffer und Gallaschik (7) festgelegte Teil des Diagramms von 0—8% Arsen schließt sich zwanglos an das von Friedrich (1) aufgestellte Teildiagramm von 8—56% Arsen an. Die erstgenannten Verfasser fanden ferner Friedrichs Angaben im Konzentrationsintervall 8—34% bestätigt. Gemäß Abb. 125 wird die δ/γ-Umwandlung ähnlich beeinflußt wie im System Eisen-Kohlenstoff. Arsen löst sich bis zu 6,8% im festen Eisen. Ein Zerfall der festen Lösung konnte weder thermisch noch mikroskopisch festgestellt werden, vielmehr zeigten Eisen-Arsenlegierungen bis zu einem Gehalt von 6,8% Arsen das typische Aussehen fester Lösungen. Zu einer etwas niedrigeren Löslichkeit von rd. 5% As gelangt Hägg (1) auf röntgenographischem Wege, indem er die Verschiebungen der α-Eisenlinien mit steigendem Arsengehalt verfolgte. Auf magnetometrischem Wege war A_2 bis zu einem Gehalt von 3% zu beobachten, und zwar bei der Erhitzung in unveränderter Lage (MD'), während bei der Abkühlung mit einer Geschwindigkeit von 0,017°/sek bei 0,5% Arsen ein plötzlicher Abfall um etwa 80° eintrat und weitere Steigerung des Arsengehaltes keine wesentliche Änderung mehr hervorrief (MD). Über 6,8% Arsen tritt ein Eutektikum auf mit 30,3% Arsen und einem Schmelzpunkt von 827°, das aufgebaut ist einerseits aus gesättigten Mischkristallen mit 6,8% Arsen und einer Kristallart, die nach Friedrichs Untersuchungen Fe_2As sein dürfte. Zwischen 6,8 und 30,3% Arsen erscheint daher im Kleingefüge in eutektischer Grundmasse der primäre Mischkristall, über 30,3% Arsen primäres Fe_2As.

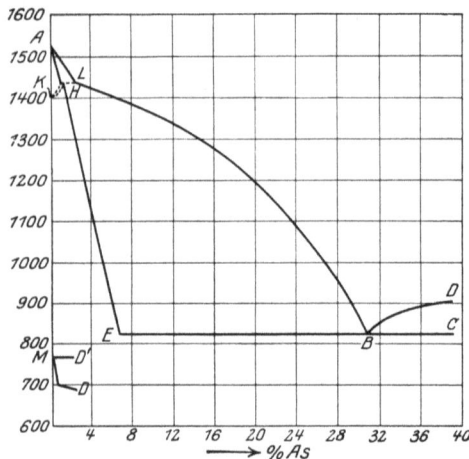

Abb. 125. Zustandsdiagramm der Eisen-Arsenlegierungen [Oberhoffer und Gallaschik (7)].

Nach den wenigen Versuchen Osmonds (3) an Legierungen mit geringem Kohlenstoffgehalt wird A_3 durch Arsen erhöht, A_2 bleibt unbeeinflußt. Liedgens (1) teilt nebenstehende Zahlen für die Haltepunkte von weichem Flußeisen mit etwa 0,08% Kohlenstoff, 0,43% Mangan, 0,2% Kupfer und steigendem Arsengehalt mit.

% Arsen	Oberer (?) Haltepunkt	Unterer (?) Haltepunkt
0,3	858°	678°
0,7	859°	659°
1,4	848°	658°
1,9	—	655°
2,5	—	650°
3,3	—	639°
3,5	—	630°

Es ist anzunehmen, daß mit dem oberen Haltepunkt Ar_3, mit dem unteren Ar_1 gemeint ist. Danach würden beide erniedrigt und ersterer bei etwa 1,5% verschwinden.

In neueren Untersuchungen stellt O. Bauer (1) fest, daß Arsengehalte von 0,05—0,11% bei gleichzeitigen Phosphor- und Schwefelgehalten von 0,015 bis 0,094% P und 0,033—0,052% S ohne Einfluß auf A_3, A_2 und A_1 sind. Jedenfalls sind zur Klärung der Verhältnisse bei höheren Arsengehalten noch eingehendere Untersuchungen erforderlich, für die allerdings nur ein rein wissenschaftliches Interesse vorhanden sein dürfte.

B. Physikalische und technologische Eigenschaften.

In den Abb. 126 und 127 ist nach den Untersuchungen von Liedgens der Einfluß des Arsens auf einige physikalische und technologische Eigenschaften dargestellt.

Arsen verursacht wie Schwefel Rotbruch, jedoch erst bei Gehalten, die weit außerhalb der im technischen Eisen beobachteten Gehalte (bis 0,2%) liegen. Harbord und Tucker (1) fanden bis 1,2% keinen Rotbruch; nach Stead (2) ließ sich Flußeisen mit Arsengehalten bis zu 4%, nach Liedgens (1) bei 0,4% Mangan bis 2,8% Arsen und bei 0,1% Mangan bis 1,25% Arsen gut walzen. Liedgens bestätigte seine aus dem Verhalten beim Walzen gezogenen Schlußfolgerungen durch besondere Rotbruchproben.

Als Maßstab für die Kaltbildsamkeit arsenhaltigen Materials können die Versuche von Liedgens dienen, der Feinblech von 0,5 mm Stärke herstellte und daraus sogenannte Maschinentöpfe (85 mm Durchmesser und 90 mm Höhe) herstellte. Dies gelang anstandslos bis zu einem Arsengehalt von 1,5%. Wählt

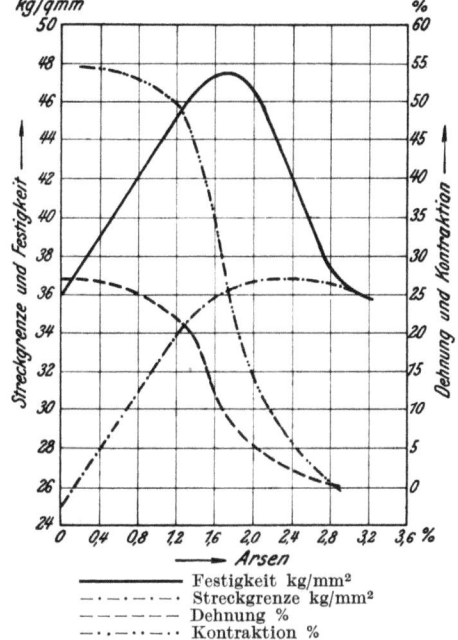

Abb. 126. Einfluß des Arsens auf die Festigkeitseigenschaften von weichem Flußstahl [Liedgens(1)].

— Festigkeit kg/mm²
—·—·— Streckgrenze kg/mm²
— — — Dehnung %
—··—··— Kontraktion %

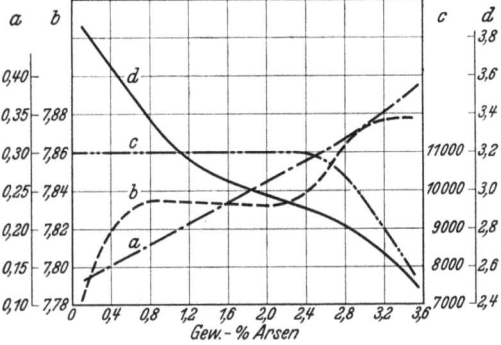

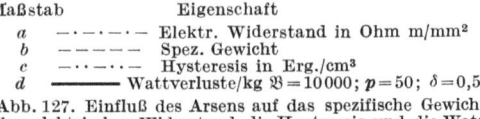

Maßstab   Eigenschaft
a —·—·— Elektr. Widerstand in Ohm m/mm²
b — — — Spez. Gewicht
c —··—··— Hysteresis in Erg./cm³
d ———— Wattverluste/kg $\mathfrak{B} = 10000$; $p = 50$; $\delta = 0{,}5$.

Abb. 127. Einfluß des Arsens auf das spezifische Gewicht, den elektrischen Widerstand, die Hysteresis und die Wattverluste von weichem Flußstahl [Liedgens(1)].

man als Maßstab für die Kaltbildsamkeit die Kaltbiegeprobe, so dürfte ein Arsengehalt von 0,2% nach Harbord und Tucker keinen merklichen Einfluß ausüben; dagegen zersprang eine Stange mit 1% Arsen bereits beim Fallen auf eine eiserne Platte. Ein zahlenmäßiger Ausdruck für den Einfluß von Arsen auf die Schlagfestigkeit fehlt leider noch. Die von Liedgens durchgeführte Kaltbruchprobe (Biegung eines in Wasser abgeschreckten Vierkantstabes um 180° durch Hammerschläge) ergab von 0,4% Arsen ab eine deutliche Zunahme der Kaltbrüchigkeit. Jedenfalls gilt bezüglich der Kaltbildsamkeit, daß die im technischen Eisen vorkommenden Arsengehalte keinen Einfluß auf diese Eigenschaft ausüben.

Die Schweißbarkeit wird nach den übereinstimmenden Ergebnissen von Harbord und Tucker, Stead sowie Liedgens bereits durch geringe Arsengehalte verringert. Erstere beobachteten bereits bei 0,1%, letzterer zwischen 0,12 und 0,27% eine deutliche Abnahme der Schweißbarkeit. Diese letztere Angabe bezieht sich auf das Schweißen im Feuer. Nach Liedgens läßt sich dagegen die autogene und die elektrische Widerstandsschweißung bis zu einem Gehalt von etwa 1,4% mit gutem Ergebnis durchführen.

In magnetischer Beziehung stellten übereinstimmend Burgess und Aston (6) sowie Liedgens fest, daß infolge der Widerstandserhöhung bei gleichbleibender Hysteresisarbeit (bis rd. 3,00%) die Wattverluste etwas abnehmen. Dies läßt sich aber auf andere Weise leichter und billiger erreichen.

Das Arsen ist demnach, soweit die im technischen Eisen beobachteten Gehalte (0,02—0,05%) in Frage kommen, weder nützlich noch schädlich und sein schlechter Ruf kann als übertrieben bezeichnet werden.

10. Eisen und Kupfer.
A. Das Zweistoffsystem Eisen-Kupfer.

In Abb. 128 ist das Zustandsschaubild Eisen-Kupfer wiedergegeben. Die grundlegenden Untersuchungen zu diesem System wurden von R. Sahmen (1), R. Ruer und K. Fick (8), R. Ruer und F. Goerens (9) und A. Müller (1, 2) durchgeführt. Eine neuere Bearbeitung des Systems wurde von R. Vogel und W. Dannöhl (5) vorgenommen. Sie bestätigten die von F. Ostermann (1) und von A. Müller vertretene Auffassung, daß die im flüssigen Zustand bestehende Mischungslücke sich oberhalb der Schmelzkurve schließt, und legten den Verlauf der Löslichkeitslinie EJ des Kupfers im γ-Eisen neu fest.

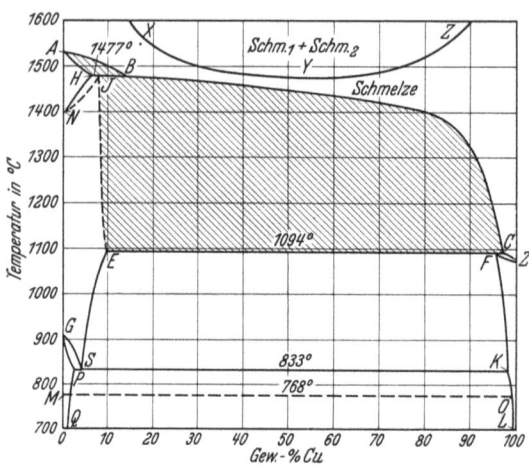

Abb. 128. Das Zweistoffsystem Eisen-Kupfer. [Vogel und Dannöhl (5)].

Im flüssigen Zustand bestehen oberhalb XYZ zwei Schmelzen. Unterhalb dieses Kurvenzuges dagegen liegt völlige Löslichkeit im flüssigen Zustand vor.

Die Temperaturlage der magnetischen Umwandlung des Eisens wird durch

Kupfer nicht beeinflußt. Die A_3-Umwandlung wird erniedrigt auf 833°, die A_4-Umwandlung erhöht auf 1477°, die Temperatur der peritektischen Umsetzung zwischen δ-Mischkristall (H) und Schmelze B zu γ-Mischkristall J.

Eine weitere peritektische Reaktion findet bei 1094° statt. Die kupferreiche Schmelze C reagiert mit dem γ-Mischkristall E unter Bildung des kupferreichen Mischkristalls F. Der eutektoide Zerfall des γ-Mischkristalls S bei 833° führt zur Bildung des α-Mischkristalls P und des kupferreichen Mischkristalls K.

Buchholz und Köster (1) haben auf Grund von elektrischen Leitfähigkeitsmessungen die Löslichkeit des α-Fe bei 810°, welche Temperatur sie als die der eutektoiden Umsetzung ansprechen, zu 3,4% berechnet, und eine Abnahme dieser Löslichkeit mit sinkender Temperatur bis zu 0,4% bei 600° bestimmt. Es tritt also in einem verhältnismäßig kleinen Temperaturintervall eine starke Verminderung der Löslichkeit ein, eine Erscheinung, die für die Ausscheidungshärtung der Eisen-Kupferlegierung maßgebend ist. In Übereinstimmung mit Ruer und Fick, die auf mikroskopischem Wege keine eutektoiden Ausscheidungen des kupferreichen Mischkristalls beobachten konnten, bzw. erst bei relativ hohen Kupfergehalten, schließen sie aus ihren elektrischen und magnetischen Messungen, daß der kupferreiche Mischkristall sich in submikroskopischer Größe ausscheidet und selbst bei hohen Temperaturen nur geringe Neigung zur Zusammenballung zeigt.

B. Das Dreistoffsystem Eisen-Kohlenstoff-Kupfer.

Eine systematische Untersuchung des Dreistoffsystems Eisen-Kohlenstoff-Kupfer erfolgte durch Ishiwara, Yonekura und Ishigaki (2). Zwar liegen auch ältere Beobachtungen über den Einfluß des Kohlenstoffs auf Eisen-Kupfer-Legierungen vor, doch sind sie z. T. sehr widersprechend. Ruer und Fick beobachteten den Einfluß des Kohlenstoffs auf die Entmischung im flüssigen Zustand, Breuil (1) auf die Haltepunkte im festen Zustand. Doch sind die Ergebnisse des letzteren schwer zu deuten. In neuerer Zeit haben A. F. Stogoff und W. S. Messkin (1) die Ergebnisse der Japaner in bezug auf die Erniedrigung der eutektoiden Umwandlung durch Kupferzusatz wenigstens qualitativ bestätigt.

In Abb. 129 ist das Dreistoffsystem im wesentlichen auf Grund der Untersuchungen von Ishiwara, Yonekura und Ishigaki wiedergegeben, deren experimentelle Untersuchungen sich allerdings auf das Gebiet bis zu 30% Cu und 5% C beschränken. Sie entwarfen zwar ein vollständiges Diagramm für den Bereich Fe—Fe$_3$C—Cu unter Zugrundelegung eines hypothetischen quasibinären Schnitts Cu—Fe$_3$C, für den jedoch jegliche experimentelle Stütze fehlt. Da weiterhin nach den Untersuchungen von Vogel und Dannöhl (5) das von Ishiwara, Yonekura und Ishigaki zugrunde gelegte Zweistoffsystem Fe bis Cu nicht zutreffen dürfte, wird von einer eingehenden Beschreibung der Abb. 129 abgesehen.

Über den Einfluß des Kupfers auf die Graphitausscheidung liegen eingehende Untersuchungen nicht vor. Zwar erhielten die Japaner bei einer Legierung mit 2,3% C und 5% Cu nach kurzer Erhitzung wenig über 1100° Graphitausscheidungen im Gefüge, woraus sie auf eine Begünstigung der Graphitisierung durch Kupfer

120 Die Konstitution des Eisens in Abhängigkeit von der chemischen Zusammensetzung.

schließen, doch braucht man wohl mit einer wesentlichen Beeinflussung durch die im technischen Gußeisen vorkommenden Kupfermengen nicht zu rechnen.

C. Physikalische und technologische Eigenschaften.

Der Einfluß der im technischen Eisen vorkommenden Kupfermengen wurde von Lipin (*1*), Dillner (*1*), Müller (*1, 2*) u. a. untersucht und festgestellt, daß eine Ver-

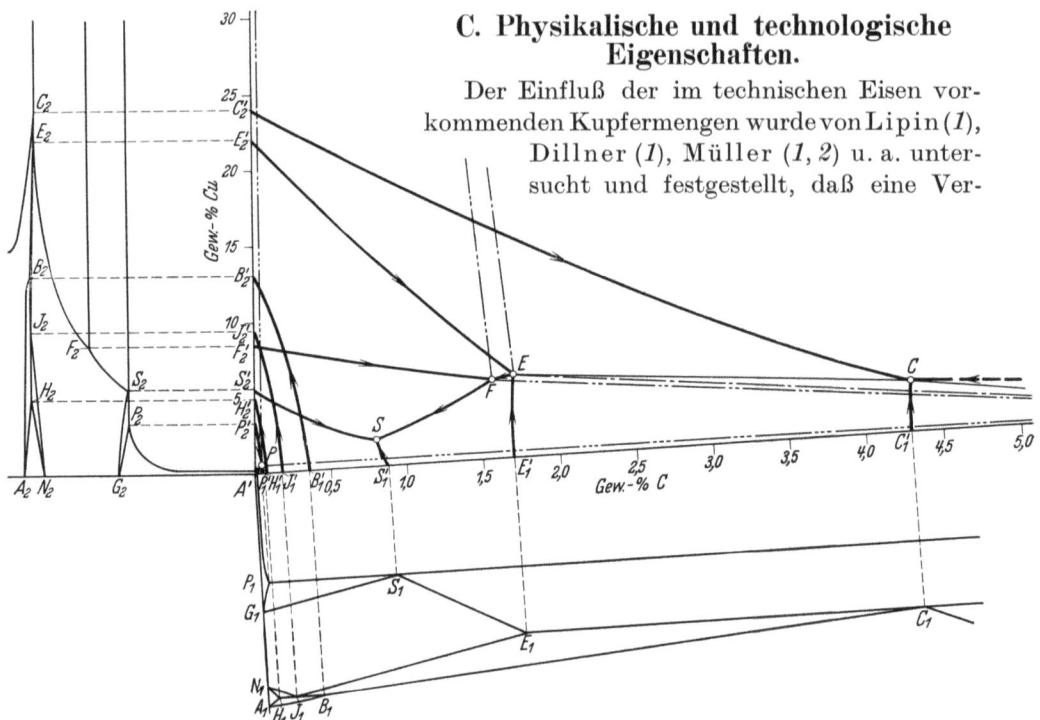

Abb. 129. Das Dreistoffsystem Eisen-Kohlenstoff-Kupfer [Ishiwara, Yonekura und Ishigaki (*2*)].

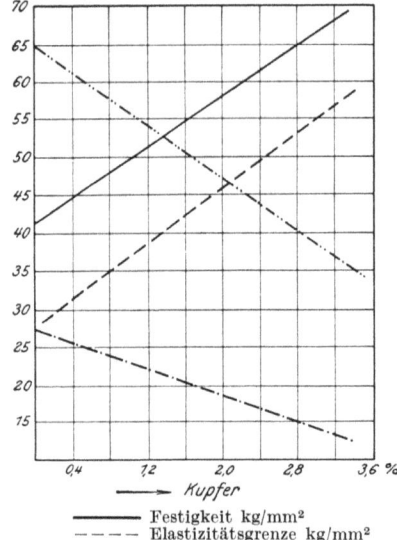

Abb. 130. Einfluß des Kupfers auf die Festigkeitseigenschaften von Flußstahl mit 0,1% [Lipin (*1*)].

schlechterung der Eigenschaften nicht hervorgerufen wird, sondern, wie Abb. 130 zeigt, die Festigkeitseigenschaften verbessert werden. Bei den Untersuchungen von Stogoff und Messkin (*1*) an Stählen mit hohem Kohlenstoff- und Kupfergehalt ergaben sich ähnliche Werte (Abb. 131). Auch die Härte wird durch geringe Kupferzusätze gesteigert (Abb. 132).

Nach übereinstimmenden Versuchen von Stead (*3*), Lipin, Colby (*1*), Breuil (*2*) sowie Burgess und Aston (*6*) üben die im technischen Eisen vorkommenden Kupfermengen (bis 0,27%) auf seine **Warmbildsamkeit** keinen Einfluß aus. Rotbruch trat erst auf:

nach Stead bei 4% Kupfer
„ Lipin „ 4,7% „ (0,1% Kohlenstoff)
„ Lipin „ 1,6% „ (0,4% „)
„ Breuil „ 4% „
„ Burgess
u. Aston „ 2% „

Die Wasumsche (1) Beobachtung, daß bei hohem Schwefel- und Kupfergehalt Rotbruch auftritt, ist möglicherweise lediglich auf den Einfluß des hohen Schwefelgehaltes seiner Versuchsproben zurückzuführen. Bei Zusatz von Kupfer zu reinem Eisen genügen geringere Kupfergehalte zur Erzeugung von Rotbruch als bei gleichzeitiger Anwesenheit von Chrom oder Mangan. Die starken Unterschiede (1,6—4,7% Cu) in den oben angegebenen Werten dürften wahrscheinlich auch auf unterschiedliche Mangangehalte zurückzuführen sein.

Die Kaltbildsamkeit, am Verhalten der Kaltbiegeprobe gemessen, wird ebenfalls durch geringe Kupfergehalte nicht beeinflußt. Lipin fand erst oberhalb 1%, Wigham (1) oberhalb 0,6% eine merkliche Verschlechterung. Die an kupferhaltigen Bessemerschienen von Stead und Evans vorgenommene Schlagbiegeprobe lieferte vollkommen zufriedenstellende Ergebnisse.

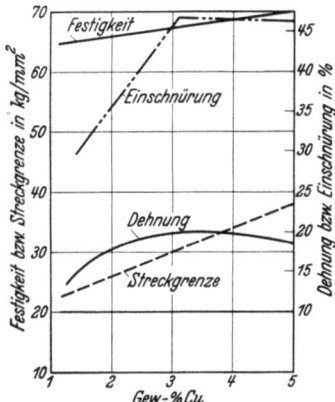

Abb. 131. Festigkeitseigenschaften von geglühten Kupferstählen in Abhängigkeit vom Kupfergehalt bei einem Kohlenstoffgehalt von 1,1%. Gefüge: körniger Zementit [Stogoff und Messkin (1)].

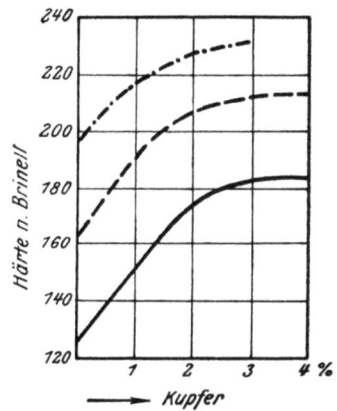

——— 0,15—0,17% C   - - - - 0,34—0,41% C
—·—·— 0,55—0,79% C

Abb. 132. Einfluß des Kupfers auf die Härte von Stahl mit verschiedenen Kohlenstoffgehalten [Breuil (1)].

Die Schweißbarkeit leidet nach Colby und Lipin erst von einem Gehalt von 0,6% an.

Kupferhaltige Stähle zeichnen sich durch erhöhte Dauerstandfestigkeit in der Wärme aus.

Nehl (1) und Buchholtz und Köster (1) haben die Möglichkeit einer Ausscheidungshärtung bei Stählen mit einem Kupfergehalt von mehr als 0,6% festgestellt. Die größte Anlaßwirkung wird bei einer Temperatur von 450°—500° und einer Anlaßdauer von 4—8 Stunden erreicht. Die Anlaßwirkung ist auf eine disperse Ausscheidung des Kupfers aus dem an ihm übersättigten α-Eisen zurückzuführen. Hierbei tritt eine Gütesteigerung auf, da die Erhöhung von Streckgrenze, Schwingungsfestigkeit und Zugfestigkeit ohne entsprechende Erniedrigung der Formänderungswerte erfolgt. **Warmstreckgrenze und Dauerstandfestigkeit nehmen ebenfalls höhere Werte an.**

Besondere Bedeutung erhält der gekupferte Stahl durch seine **Witterungsbeständigkeit.** In Amerika waren es hauptsächlich Buck (1), E. A. und L. T. Richardson (1), Kalmus und Blake (1) und die American Society for Testing Materials[1], in Deutschland O. Bauer (2), Carius (1) und Daeves (3),

---

[1] Proc. Amer. Soc. Test. Mat. Reports of the Comeritta A 5 on Corrosion of Iron and Steel.

122 Die Konstitution des Eisens in Abhängigkeit von der chemischen Zusammensetzung.

welche sich mit dem Korrosionswiderstand gekupferten Stahles beschäftigten. Die Ansichten fast aller Forscher stimmen darin überein, daß ein Kupferzusatz von 0,25—0,3% die Lebensdauer der verschiedensten Flußeisen- und Stahlsorten an der Atmosphäre erhöht. Am auffallendsten zeigt sich diese Wirkung am erblasenen Material. In Abb. 133 hat Daeves die Ergebnisse verschiedener Forscher graphisch dargestellt. Untersuchungen in künstlichen und natürlichen Wässern, die ebenfalls von den Materialprüfungsanstalten und dem Komitee A-5 der Amer. Soc. Test. Mat. durchgeführt wurden, ergaben hingegen, daß ein Zulegieren von Kupfer im allgemeinen keine wesentliche Wirkung ausübt. Die Angaben über die Widerstandsfähigkeit von gekupferten Stählen in Säuren widersprechen sich zu stark, um ein zusammenfassendes Urteil abgeben zu können.

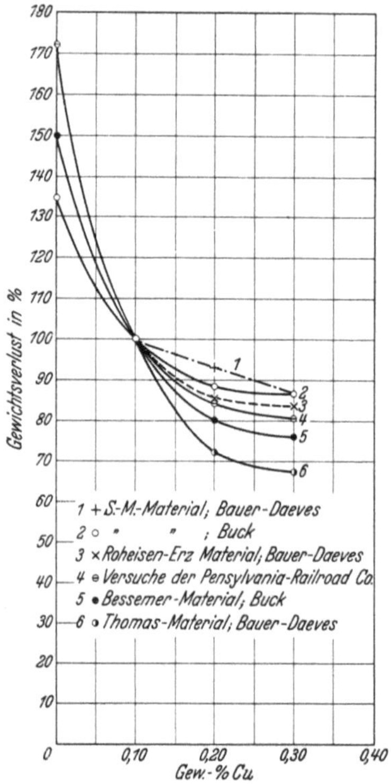

11. Eisen und Nickel.
A. Das Zweistoffsystem Eisen-Nickel.

Durch die neuesten Untersuchungen über die Lage der Schmelzkurve im Zustandsdiagramm der Eisen-Nickellegierungen von H. Bennek und P. Schafmeister (2) wurden die diesbezüglichen Ergebnisse der früheren Untersuchungen von D. Hanson und I. R. Freemann (1) als richtig bestätigt. Die ersten systematischen Arbeiten zur Aufstellung des Zweistoffsystems Eisen-Nickel wurden von W. Guertler und G. Tammann (2) ausgeführt. Die von ihnen erstmalig festgelegte Schmelzkurve zeigte bei etwa 35% Ni einen deutlichen Knick und im Bereich von etwa 67% Ni ein Minimum. R. Ruer und E. Schütz (10) überprüften diese Ergebnisse, konnten die Diskontinuität bei 35% Ni jedoch nicht bestätigen, wohl aber das Minimum bei etwa 70% Ni und 1435°. Die peritektische Umwandlung auf der Eisenseite, die auf Grund der polymorphen Umwandlung des α(δ)-Eisens in γ-Eisen stattfinden

Abb. 133. Einfluß des Kupfergehaltes auf den Gewichtsverlust. Zusammenstellung der verschiedenen Versuchsergebnisse [Daeves (3)].

muß, die jedoch erst später erstmalig beim System Eisen-Kobalt (11) beobachtet wurde, entging ihnen, da der niedrigste Nickelgehalt ihrer untersuchten Legierungen 10% betrug. Im übrigen stimmt die von ihnen festgelegte Schmelzkurve gut mit den späteren Untersuchungen von D. Hanson und I. R. Freemann überein. Diese letzteren beobachten auch erstmalig die Erhöhung der Temperatur der α(δ) → γ-Umwandlung mit zunehmendem Nickelgehalt; sie nehmen die hierdurch bedingte peritektische Umsetzung zwischen Schmelze und α(δ)-Mischkristallen zu γ-Mischkristallen bei 1502° an und die Konzentration des reagierenden α(δ)-Mischkristalls bei 3% Ni und die der Schmelze bei 6% Ni.

R. Vogel (6) gelangte bezüglich dieser peritektischen Umwandlungshorizontalen auf Grund von Untersuchungen über die Schmelzkurve der Eisen-Nickellegierungen anläßlich einer eingehenden Arbeit über die Struktur der Eisen-Nickelmeteoriten zu einem stark abweichenden Ergebnis. Hiernach soll die peritektische Horizontale bei 1455° liegen und sich von 6% Ni, der Konzentration des α(δ)-Mischkristalls, bis zu 35% Ni, der Konzentration der reagierenden Schmelze, erstrecken, und die Konzentration des sich bildenden γ-Mischkristalls soll etwa 30% Ni betragen. Diese Ergebnisse konnten durch die Untersuchungen von Kasé (1, 2, 3) und ebenfalls durch die von Bennek und Schafmeister nicht bestätigt werden. Beide Versuchsreihen zeigten eine weit bessere Übereinstimmung mit den Befunden von Hanson und Freemann.

Die in Abb. 134 gegebene Darstellung des Zustandsdiagramms stützt sich auf die Angaben von Bennek und Schafmeister, soweit diese das System untersuchten. Die Umsetzungshorizontale ist jedoch bei 1502°, der von Hanson und Freemann angegebenen Temperatur, gezeichnet. Diese schneidet dann die Schmelzkurve bei etwa 10% Ni. Der mit dieser Schmelze im Gleichgewicht stehende α(δ)-Mischkristall enthält etwas mehr als 3% Ni in Lösung, während der γ-Mischkristall dieses Dreiphasengleichgewichts eine Konzentration von etwa 7% Ni besitzt. Auf der Nickelseite ist das Minimum in der Schmelzkurve in Übereinstimmung mit Ruer und Schütz, Hanson und Freemann und Kasé bei rund 70% Ni gezeichnet. Die Schmelzkurven dieser Forscher stimmen in diesem Teil gut überein und bilden eine zwanglose Fortsetzung der Schmelzkurve, soweit sie von Bennek und Schafmeister gefunden wurde

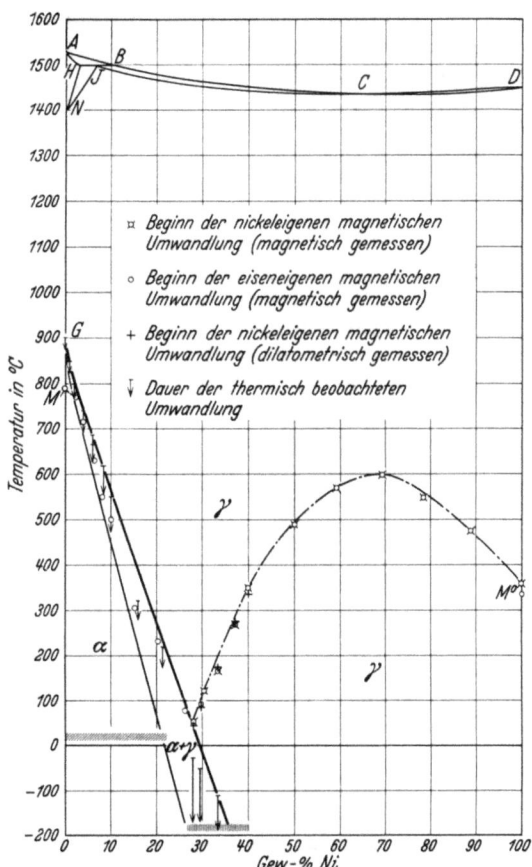

Abb. 134. Zustandsschaubild Eisen-Nickel [Bennek und Schafmeister (2)].

Aus dem Verlauf der Schmelzkurve und der α(δ) → γ-Umwandlung ergibt sich somit, daß in dem Zustandsdiagramm von der Eisenseite bis zur Nickelseite ein ununterbrochenes Gebiet der flächenzentrierten Gammaphase besteht, daß demnach die Eisennickellegierungen in diesem Gebiet eine stetige Reihe von homogenen, einphasigen Legierungen bilden. Mit der Veränderung dieser Legierungen mit sinkender Temperatur bzw. mit der Festlegung des Zustandsdiagramms im Gebiete der festen Phasen beschäftigen sich T. Kasé, ferner Ruer und Schütz sowie Tammann und Guertler. Aus der neueren Zeit liegt noch eine Unter-

124 Die Konstitution des Eisens in Abhängigkeit von der chemischen Zusammensetzung.

suchung von D. Hanson und Hilda E. Hanson (2) und von K. Honda und S. Miura (6) vor. Die erwähnte Arbeit von Vogel bringt keine neuen experimentellen Untersuchungen, wohl beschäftigt sie sich mit der theoretischen Auswertung der früheren Ergebnisse. Es kann nun ganz allgemein festgestellt werden, daß gegenüber den experimentellen Befunden von Tammann und Guertler keine der neueren Arbeiten, abgesehen von einer gewissen Vervollständigung, grundlegend neues Material gezeitigt hat, wozu noch bemerkenswert ist, daß auch schon Tammann und Guertler eine befriedigende Übereinstimmung ihrer Ergebnisse mit den früheren Untersuchungen, besonders denen von Osmond (4) feststellen. Von der umfangreichen Zahl älterer Forschungen über die Änderung von physikalischen Eigenschaften der Eisen-Nickellegierung im festen Zustand mit der Temperatur seien noch die von Hopkinson (1, 2, 3), Guillaume (1, 2, 3) und Dumont (1) genannt.

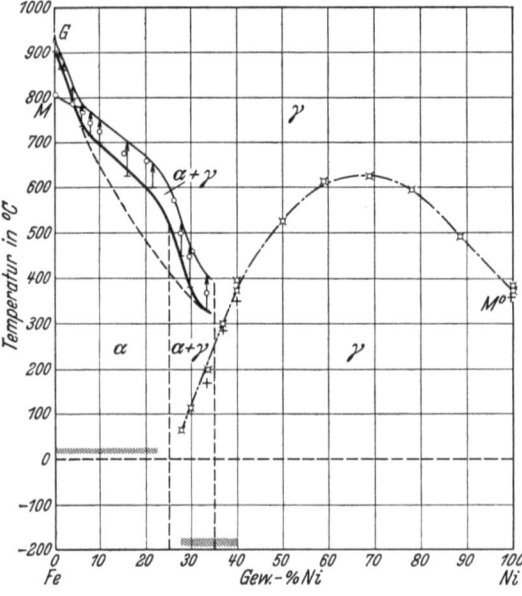

Abb. 135. Zustandsschaubild Eisen-Nickel (Erhitzung) [Kasé (1, 2, 3)].

Zusammenfassend läßt sich über die Umwandlung der Fe—Ni-Legierungen im festen Zustand sagen: Bei normaler langsamer Abkühlung wird die A_3-Umwandlung mit zunehmendem Nickelgehalt erniedrigt, und zwar praktisch geradlinig, so daß die Null-Grad-Isotherme etwa bei 30% Ni durch die $\gamma \rightarrow \alpha$-Umwandlungslinie geschnitten wird. Die Temperatur der magnetischen Umwandlung bzw. die Wiederkehr des Ferromagnetismus wird ebenfalls durch Nickel herabgesetzt, jedoch nicht in dem starken Maße wie die A_3-Umwandlung, so daß zwangsläufig beide Umwandlungen bei einem gewissen Nickelgehalt zusammentreffen und der Verlauf der magnetischen Umwandlung von diesem Gehalt an durch die A_3-Umwandlung bestimmt wird. Bei den nickelreichen Legierungen wird, ausgehend vom reinen Nickel, die Temperatur des dem Nickel eigenen magnetischen Effekts (Wiederkehr bzw. Verlust des Magnetismus beim Nickel!) durch Eisenzusatz zunächst gesteigert und nach Durchlaufen einer Maximaltemperatur in dem Konzentrationsbereich von 65—70% Ni wieder gesenkt, so daß sie in dem Bereich von etwa 30% Ni bei Temperaturen nicht viel höher als Raumtemperatur mit der $\gamma \rightarrow \alpha$-Umwandlung zusammentrifft.

In den Abb. 134 und 135 sind mit Absicht die Umwandlungslinien bei der Abkühlung und bei der Erhitzung getrennt dargestellt, um keinen Anlaß zu der leicht möglichen irrigen Vorstellung zu geben, als ob die bei der Erhitzung gewonnene Kurve die Begrenzung des Gebietes der γ-Phase und die bei der Abkühlung erhaltene Kurve die Begrenzung der α-Phase in einem normalen Gleichgewichtsdiagramm darstelle, wobei das von beiden Kurven eingeschlossene Gebiet die Mischungslücke vorstellen würde.

Die eingetragenen Zeichen für die Umwandlungen sind durch Auswertung des Kaséschen Versuchsmaterials gewonnen, soweit dieses veröffentlicht bzw. zugänglich ist, wobei bei den Abkühlungsversuchen der Beginn der Wiederkehr und bei der Erhitzung das Ende des Verlustes des Magnetismus eingetragen ist. Die Pfeile stellen dar, in welchem Temperaturbereich bei der thermischen Differentialanalyse bzw. bei der dilatometrischen Analyse der Umwandlungseffekt beobachtet wird.

Betrachtet man zunächst das bei der Abkühlung gewonnene Diagramm, so ist festzustellen, daß der Beginn der $\gamma \rightarrow \alpha$-Umwandlung, gekennzeichnet durch den Querstrich der abwärtsgerichteten Pfeile, mit einiger Annäherung durch die stark ausgezogene Kurve wiedergegeben wird. Die Abweichung in einzelnen Versuchen von dieser Kurve, besonders die Tatsache, daß der durch besondere Versuche mittels magnetischer Messung bestimmte Beginn der Wiederkehr des Magnetismus fast allgemein bei tieferen Temperaturen liegt, braucht nicht als besonders auffällig zu erscheinen, da sie aus der Verschiedenheit der Versuchsumstände und der nur relativen Genauigkeit der Temperaturmessung erklärt werden können. Theoretisch muß jedenfalls gefordert werden, daß von der Konzentration an, bei welcher die vom A_2-Punkt des reinen Eisens ausgehende, sich mit zunehmendem Nickelgehalt neigende magnetische Umwandlungslinie auf die Mischungslücke zwischen α- und γ-Phase stößt, also die Sättigungsgrenze der α-Mischkristalle für Nickel erreicht, die Wiederkehr des Magnetismus an die Umwandlung der γ-Phase in α-Phase gebunden ist, d. h., daß die γ—α-Umwandlung zwar unabhängig von der magnetischen, diese aber nicht unabhängig von ersterer ist. Würde man sich vorstellen, daß die Lage der γ—α-Umwandlung eine Folge einer mehr oder weniger starken Unterkühlung sei, so würde, wenn die Unterkühlung durch irgendwelche Mittel verhindert werden könnte, die Wiederkehr des Magnetismus nach seiner Eigengesetzlichkeit sicherlich höher liegen, und zwar im Zuge des im homogenen α-Gebiet liegenden Teils der magnetischen Kurve. Tatsächlich finden wir ja auch bei den Erhitzungsversuchen das Ende des Verlustes des Magnetismus bedeutend höher, allerdings gebunden an den Bestand des raumzentrierten Eisengitters. Wenn daher die magnetische Umwandlung noch in einem großen Bereich der A_3-Umwandlung folgt, so ist der Bereich im α-Gebiet, in dem sie sich unabhängig gestaltet, doch größer geworden.

Die Breite der Mischungslücke zwischen α- und γ-Mischkristallen bzw. die Kurve der Sättigung der α-Mischkristalle für Nickel ist durch die dünn ausgezogene Linie angedeutet. Für die wirkliche Lage dieser Gleichgewichtslinie bietet das vorhandene Versuchsmaterial keinerlei sichere Anhaltspunkte. Wohl weisen verschiedene Forscher darauf hin, daß sich bei der Umwandlung praktisch sofort ein α-Mischkristall von der Konzentration des sich umwandelnden γ-Mischkristalls ausscheide, wonach die Mischungslücke sehr schmal sein müßte. Die Tatsache, daß sich die bei der thermischen und dilatometrischen Analyse beobachteten Effekte über größere Temperaturgebiete ausdehnen, weist jedoch in entgegengesetzte Richtung. Einen zahlenmäßigen Anhalt findet man in den röntgenographischen Untersuchungen von L. W. McKeehan (1) an Eisen-Nickellegierungen, bei denen dieser von 0—65% Fe flächenzentriert kubisches Gitter, bei zwei Legierungen mit 25% und 30% Ni raum- und flächenzentriertes Gitter und bei einer mit etwa 11% Ni nur raumzentriertes Gitter fand. Bei der Legierung mit 30% Ni fand er das raumzentrierte Gitter nur nach Abkühlen in flüssiger Luft, während er bei der Legierung mit 35% Ni auch nach einer solchen Abkühlung kein raumzentriertes Gitter beobachten konnte. A. Osawa (2) konnte diese Befunde durch ähnliche Untersuchungen bestätigen und die Mischungslücke bei Raumtemperatur durch die Konzentration 22,5% Ni und 32,5% Ni und bei den in flüssige Luft eingetauchten Proben durch die Konzentration 27,5 und 35,5% Ni einengen.

Sehr aufschlußreiche Ergebnisse, die diese Röntgenbefunde gut ergänzen, liefern die Versuche Kasés an einigen Legierungen aus dem Übergangsgebiet zwischen „irreversiblen" und „reversiblen" Legierungen. Er untersuchte diese Legierungen sowohl dilatometrisch als auch magnetisch und stellte zunächst die Fortsetzung der A_3-Umwandlung unter Raumtemperatur fest. Bei einer Legierung von 33,4% Ni tritt die A_3-Umwandlung erst bei $-110°$ ein. Von Wichtigkeit ist, daß sich bei diesen Legierungen (im Bereich um 30% Ni) bei der Abkühlung, vor Eintritt der $\gamma \to \alpha$-Umwandlung, ein magnetischer Effekt zeigt, der auch dilatometrisch zu beobachten ist, der demnach notwendigerweise der flächenzentrierten Phase eigen und somit als die dem Nickel eigene magnetische Umwandlung anzusprechen ist. Der Beweis hierfür wird durch die Erhitzungskurven vervollständigt, wobei die magnetischen Kurven deutlich zwei getrennte Effekte zeigen, wovon der untere mit einem entsprechenden Effekt in der Dilatometerkurve übereinstimmt, der in der Temperatur niedriger liegt als der Effekt, der der Phasenumwandlung, also der A_3-Umwandlung entspricht, der obere aber mit dieser übereinstimmt. Der untere magnetische Effekt bei den Erhitzungskurven zeigt gegenüber dem ersten Effekt auf den Abkühlungskurven nur eine schwache Temperatur-Hysterese, so daß diese Effekte sich auch hierdurch der magnetischen Umwandlung, die dem Nickel eigen ist, als zugehörig erweisen. Beim Abkühlen und Erhitzen spielen sich demnach bei diesen Legierungen folgende Vorgänge ab: Unterschreitet eine Legierung von beispielsweise 30% Ni bei der Abkühlung die Temperatur der von der Nickelseite ausgehenden magnetischen Umwandlungskurve (etwa $+100°$) so wird der flächenzentrierte(!) Mischkristall magnetisch. Die Phasenumwandlung vom flächenzentrierten zum raumzentrierten Gitter erfolgt jedoch unabhängig hiervon erst bei wesentlich tieferer Temperatur ($-50°$) und gleichzeitig damit ein nochmaliger magnetischer Effekt, der in einer erheblichen Zunahme der magnetischen Permeabilität besteht. Dies ist der dem Eisen eigene magnetische Effekt, der an das Auftreten der raumzentrierten Phase gebunden ist. Es ist wahrscheinlich, daß bei einer Abkühlung bis auf $-190°$ die Legierung sich noch im Gebiet der Mischungslücke befindet, daß demnach beide Phasen, $\alpha + \gamma$, nebeneinander bestehen. Bei der Erhitzung untersteht nun die $\alpha \to \gamma$-Umwandlung einer erheblichen Temperatur-Hysterese, indem sie erst bei etwa $+330°$ einsetzt. Inzwischen erleidet jedoch die flächenzentrierte Phase des heterogenen Gemisches der Legierung den Verlust des Magnetismus bei nur wenig höherer Temperatur, als die Wiederkehr bei der Abkühlung einsetzte. Die Legierung als solche ist jedoch damit nicht unmagnetisch, da noch die α-Phase des Gemisches magnetisch ist. Diese verliert ihren Magnetismus erst bei ihrer Umwandlung in die γ-Phase, womit die Legierung als solche erst unmagnetisch ist.

Voraussetzung für einen derartigen Verlauf ist natürlich, daß die Legierung tief genug (unter 0°) abgekühlt wird, daß wenigstens eine teilweise Umwandlung der γ- in die α-Phase erfolgt ist. Es ist nun erklärlich, weshalb Legierungen in diesem Konzentrationsbereich von einigen Forschern als reversible, von anderen als irreversible Legierungen angesprochen worden sind.

Es bleibt noch der etwas auffällig gekrümmte Verlauf der durch die Erhitzungsversuche gewonnenen Umwandlungskurve zu erklären. Schon Tammann und Guertler haben darauf hingewiesen, daß die Hysteresiserscheinung durch die Annahme einer ungewöhnlich starken Neigung zur Unterkühlung bei den Eisen-Nickellegierungen erklärt werden könne. (Ähnliche Verhältnisse liegen auch bei den Eisen-Manganlegierungen vor.) Das schließt aber nicht aus, daß ebenfalls Überhitzungserscheinungen ihren Anteil an dem Ausmaß der Hysteresis haben. Wenn man auch im allgemeinen geneigt sein wird anzunehmen, daß die bei der Erhitzung gewonnenen Umwandlungspunkte der wahren Gleichgewichtslage näher liegen als die aus den Abkühlungsversuchen erhaltenen, so muß doch bei so ungewöhnlichen Ausmaßen wie beim Nickel (und auch Mangan!), zumal die eigentliche Ursache für die eventuelle Umwandlungsverzögerung durchaus unbekannt ist, mit der Möglichkeit einer größeren Abweichung von der Gleichgewichtslage auch bei der Erhitzung gerechnet werden.

Es sei demnach angenommen, die wahre Gleichgewichtslage für die α → γ-Umwandlung läge bei der in Abb. 135 gestrichelt gezeichneten Kurve. Die zunehmende Verlagerung der Umwandlung zu höheren Temperaturen wäre dann durch die zunehmende Neigung zur Überhitzung auf Grund des ansteigenden Nickelgehaltes zu erklären. Daß von etwa 25% Ni wieder eine Annäherung an die hypothetische Gleichgewichtslage erfolgt (steilere Neigung der Kurve) hat seine besondere Ursache: Es darf wohl angenommen werden, daß, wenn irgendeine Hemmung für die Umwandlung der α-Phase in die γ-Phase besteht, diese geringer sein wird, wenn schon ein Teil der Legierung in der Form der umzubildenden Phase vorliegt, also bei den Legierungen, die aus einem heterogenen Gemisch der beiden Phasen α + γ bestehen, da die bereits vorhandenen γ-Kristalle einen starken Anreiz zur Umwandlung der α-Kristalle ausüben werden. Bei den Legierungen, die sich jedoch vor der Erhitzung im Zustand der homogenen α-Lösung befinden, wird sich die Umwandlungshemmung voll auswirken. Tatsächlich sind es die Legierungen, die auf Grund ihrer Konzentration und ihres Abkühlungsgrades wohl den heterogenen Zustand, nicht aber das Gebiet der homogenen α-Phase erreichen konnten, welche einen weniger starken Überhitzungsgrad erreichen, als nach dem Verlauf der Umwandlungskurve der nickelärmeren Legierungen, die schon bei Raumtemperatur im Gebiet der homogenen α-Phase liegen würden, erwartet werden konnte. Die von K. Honda und S. Miura ausgeführten dilatometrischen Untersuchungen über die Lage der Mischungslücke zwischen dem Gebiet des α- und dem des γ-Mischkristalls weichen hinsichtlich der Temperaturlage der Umwandlungslinien von dem in Abb. 134 bzw. 135 gezeichneten Verlauf etwas ab, und zwar liegen die Umwandlungslinien tiefer und sind die Mischungslücken selbst (sowohl bei Abkühlung als auch bei Erhitzung) breiter. Da aber auf Grund der Neigung zur Unterkühlung bei Abkühlungsversuchen den höheren Werten die größere Wahrscheinlichkeit zukommt, der wahren Gleichgewichtslage näher zu liegen, so ist die nach Kasé gezeichnete Lage wohl die richtigere, abgesehen davon, daß auch die Röntgenbefunde von Mc Keehan und Osawa hierfür sprechen. Im übrigen gibt die beim reinen Eisen von Honda im Rahmen dieser Untersuchung gefundene Lage der Umwandlung Anlaß zu der Vermutung, daß seine Temperaturmessung leicht 50° zu niedrig liegt, wonach auch die gezeichnete Lage der Umwandlungslinien im Erhitzungsdiagramm als zu Recht bestehend erscheint.

Unter dieser Betrachtungsweise erhält somit das Zustandsdiagramm der festen Eisen-Nickellegierungen ein verhältnismäßig einfaches Gepräge. Die Gitterumwandlung wird durch Nickel herabgesetzt und erfährt zudem bei der Abkühlung eine starke Unterkühlung und bei der Erwärmung eine Überhitzung. Letztere wird gemildert, wenn die Legierungen nicht bis in den Zustand der homogenen α-Phase überführt worden sind. Der dem Eisen eigene magnetische Effekt wird ebenfalls durch Nickel in der Temperatur erniedrigt, wird aber im weitaus größten Bereich der Legierungen durch die A_3-Umwandlung bestimmt. Die Temperatur des dem Nickel eigenen magnetischen Effekts wird durch Eisen zunächst erhöht und dann erniedrigt, bis durch die A_3-Umwandlung der Existenzbereich der flächenzentrierten Phase begrenzt wird. Ob dem Maximum in dieser Kurve, das man leicht geneigt sein wird in Beziehung zu dem Minimum in der Schmelzkurve zu bringen, eine Verbindung (etwa $FeNi_2$) entspricht, ist bisher durch keinerlei Anhaltspunkte erhärtet.

Im Hinblick auf die in neuerer Zeit gemachten Beobachtungen bezüglich des Auftretens einer hexagonalen Zwischenphase bei der $\gamma \rightarrow \alpha$-Umwandlung der Eisen-Manganlegierungen, sei darauf hingewiesen, daß bei der Verwandtschaft dieser Legierungen das Auftreten ähnlicher Verhältnisse im Umwandlungsmechanismus der Eisen-Nickellegierungen nicht unmöglich erscheint. Es wird Aufgabe der modernen Röntgenstrukturforschung sein, hier Aufklärung zu schaffen.

B. Das System Nickel-Kohlenstoff.

Das System Nickel-Kohlenstoff wurde erstmalig von K. Friedrich und A. Leroux (2) untersucht und, wie die späteren Untersuchungen von O. Ruff und W. Bormann (1) sowie von T. Kasé (4) ergeben haben, in großen Zügen als richtig bestätigt. Abb. 136 zeigt das Diagramm, wie es sich auf Grund der genannten Arbeiten als wahrscheinlich ergibt. Die eutektische Temperatur wurde bei 1318° gezeichnet und die eutektische Konzentration nach den übereinstimmenden Ergebnissen der beiden letztgenannten Arbeiten bei 2,2% C angenommen. Die maximale Konzentration des Nickel-Kohlenstoff-Mischkristalls ist nach T. Kasé bei der eutektischen Temperatur etwa zu 0,55% C anzunehmen. Sie vermindert sich mit sinkender Temperatur und beträgt bei Raumtemperatur etwa 0,25% C. Die magnetische Umwandlung des Nickels wird durch die Kohlenstoffaufnahme etwas erniedrigt.

Der Verlauf der Löslichkeitsgrenze der Nickel-Kohlenstofflegierungen für Kohlenstoff im flüssigen Zustand wurde durch O. Ruff und W. Martin (2) bestimmt und durch spätere Untersuchungen von Ruff und Mitarbeitern als ziemlich sicher bestätigt. Der plötzliche Knick dieser Kurve bei 2100° und der

Eisen und Nickel.

Konzentration von 6,42% C, welche der Zusammensetzung des Nickelkarbids Ni_3C (6,38% C) entsprechen würde, deutet mit großer Wahrscheinlichkeit auf das Bestehen dieses Karbids hin. Ruff und Martin fanden auch in ihren abgeschreckten Legierungen einen braunen Gefügebestandteil, den sie auf Grund seines Verhaltens als Nickelkarbid ansprachen. Allerdings ist die Menge des in gebundener Form vorliegenden Kohlenstoffanteils verhältnismäßig sehr gering. Anderen Forschern wie E. Briner und R. Seuglet (1) sowie T. Kasé ist der Nachweis des Nickelkarbids als selbständiger Gefügebestandteil der festen Legierungen nicht gelungen. O. Ruff und E. Gersten (3) haben nun die Bildungswärmen des Mangankarbids Mn_3C, des Eisenkarbids Fe_3C und des Nickelkarbids Ni_3C bestimmt:

	Mn_3C	Fe_3C	Ni_3C
Bildungswärme.....	$+12,9 \pm 2,4$	$-15,3 \pm 0,2$	ca. -394 ± 10 cal

In diesen Zahlen spiegelt sich die Stabilität der genannten Karbide wider. Aus der außerordentlich stark negativen Wärmetönung des Nickelkarbids erklärt sich daher seine sehr geringe Stabilität.

Es muß einigermaßen überraschen, daß T. Kasé in seinen untereutektischen Legierungen einen verhältnismäßig großen Anteil an gelöstem Kohlenstoff feststellt, der z. T. die Löslichkeitsgrenze des festen Nickels (0,55% C) um das Mehrfache übersteigt (0.8—1,2—1,38% C), ohne daß es ihm möglich gewesen wäre, freies Nickelkarbid mikroskopisch nachzuweisen, wogegen Ruff und Martin in ihren übereutektischen Legierungen nur zwischen 0,2—0,1% gebundenen (gelösten?) Kohlenstoff fanden (im Mittel weniger als der Löslichkeitsgrenze von 0,55% C entspricht) und trotzdem in allen Reguli Nickelkarbid als freien Gefügebestandteil beobachten konnten. Es mag sein, daß die Höhe der Temperatur, der die Legierungen vor dem Abschrecken ausgesetzt gewesen sind, hierfür von Bedeutung ist, da die

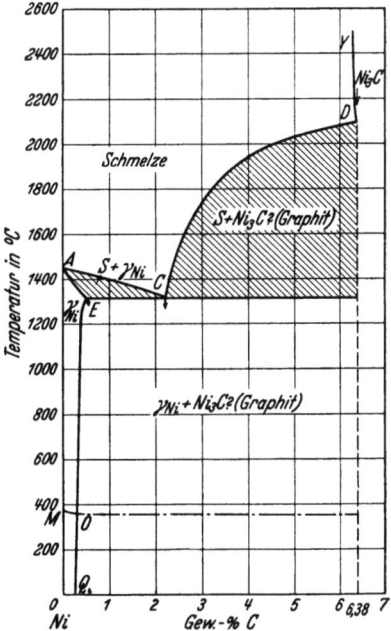

Abb. 136. Das System Nickel-Kohlenstoff [Friedrich und Leroux (2), Ruff und Bormann (1), Kasé (4)].

ersteren Legierungen Temperaturen von 1550° kaum überschritten haben dürften, wogegen die letzteren von Temperaturen zwischen 1600° und 2500° abgeschreckt wurden, also jedenfalls Temperaturen ausgesetzt gewesen waren, bei welchen das Nickelkarbid als beständig angesehen wird.

Allerdings müßte dann die Höhe des gelösten (gebundenen?) Kohlenstoffs bei den ersteren durch eine beträchtliche Übersättigungsfähigkeit des Nickelkohlenstoffmischkristalls erklärt werden. Tatsächlich weisen magnetische Untersuchungen von T. Kasé an solchen Legierungen in diese Richtung. Er fand in abgeschreckten Legierungen mit hohem Gehalt an gebundenem Kohlenstoff den magnetischen Punkt des Nickels zunächst unverhältnismäßig stark erniedrigt, dann, nach der Erhitzung auf höhere Temperaturen, bei der Abkühlung wesentlich höher als bei der voraufgegangenen Erhitzung und bei weiterer Erhitzung und Abkühlung in normaler Lage (bei der Erhitzung höher als bei der Abkühlung). Dieser Vorgang aber läßt sich durch die Annahme einer Übersättigung, die durch die nachfolgende stärkere Erhitzung aufgehoben wird durch Ausscheiden der übersättigten Phase, zwanglos erklären. Es wäre interessant gewesen festzustellen, ob nach einer solchen thermischen Behandlung der Anteil an gebundenem Kohlenstoff zurückgeht (durch Zerfall des ausgeschiedenen Ni_3C) oder ob nunmehr das eventuell ausgeschiedene Nickelkarbid als Gefügebestandteil zu beobachten ist. T. Kasé hat hierüber keine Angaben gemacht.

Die Existenz des Nickelkarbids in erstarrten Nickel-Kohlenstofflegierungen und damit die Frage, ob die Löslichkeitslinien, sowohl der festen wie der flüssigen homogenen Nickelphase (C—D und Q—E) die des Nickelkarbids oder die des elementaren Kohlenstoffs (des Graphits) sind, muß daher nach den bisher vorliegenden Untersuchungen als ungeklärt angesehen werden.

Von praktischer Bedeutung bleibt jedenfalls die außerordentlich starke Neigung der Nickel-Kohlenstofflegierungen zur graphitischen Ausscheidung des Kohlenstoffs.

C. Das Dreistoffsystem Eisen-Nickel-Kohlenstoff.

T. Kasé (4) hat umfangreiche thermische, thermomagnetische und mikroskopische Untersuchungen angestellt, um das Dreistoffsystem Fe—Ni—C aufzustellen. Das von ihm gegebene Diagramm, das für normale Abkühlungsverhältnisse (Ofenabkühlung) gelten soll, entspricht in großen Zügen dem aus den Randsystemen (soweit sie bekannt sind) abzuleitenden theoretischen Gleichgewichtsdiagramm. Man muß dann allerdings, um dem Konflikt, der sich aus der Frage nach der karbidischen oder graphitischen Ausscheidung des Kohlenstoffs ergibt, aus dem Wege zu gehen, die nicht (oder nur für einen kleinen Bereich in der Eisenecke) zu realisierende Voraussetzung machen, daß nur die karbidische Erstarrung stattfindet.

Dieses theoretische Diagramm ist in Abb. 137 für die Eisenecke dargestellt, und zwar unter freier Auswertung des von Kasé gebrachten Untersuchungsmaterials. Es würde das vom Randsystem Ni—Ni_3C ausgehende eutektische Dreiphasengleichgewicht — Schmelze $\rightleftarrows$ Nickelmischkristall (γ_{Ni}) + Nickelkarbid — stetig in das entsprechende Dreiphasengleichgewicht — Schmelze $\rightleftarrows$ Eisenmischkristall (γ_{Fe}) + Eisenkarbid — im Randsystem Fe—Fe_3C übergehen. Ein ternäres Eutektikum tritt nicht auf. Die Temperatur des Beginns der binär-eutektischen Erstarrung sinkt also stetig von 1318° (Ni—Ni_3C) auf 1145° (Fe—Fe_3C). Die durch die Phasenumwandlung des Eisens bedingte peritektische Umsetzung vollzieht sich, wie in den Systemen mit Mangan, Kobalt, Kupfer usw. Die Temperatur dieser Umsetzung sinkt von 1502° im System Fe—Ni stetig bis auf 1487° im System Fe—Fe_3C. Die Kurve der doppelt gesättigten Schmelzen $B_1' B_2'$ grenzt den Bereich der primären Abscheidung der $\alpha(\delta)$-Mischkristalle von dem der γ-Mischkristalle ab. Die eutektoide Umsetzung, der Zerfall des γ-Mischkristalls im Randsystem Fe—Fe_3C: — γ-Mischkristall $\rightleftarrows \alpha$-Mischkristall + Fe_3C —, findet in den beiden anderen Randsystemen keine entsprechende Dreiphasenumsetzung, in die sie übergehen bzw. mit der zusammen sie zu einer eventuellen Vierphasenumsetzung führen könnte. Wenigstens ist eine solche bis herab zum isothermen Schnitt bei Null Grad nicht zu beobachten und nach der Kenntnis des Randsystems Fe—Ni bis zu — 190° auch nicht zu erwarten. Wohl wird die Temperatur dieser Dreiphasenumsetzung durch Nickelzusatz erniedrigt. Die Kurve des doppeltgesättigten ternären γ-Mischkristalls $S'_1\gamma$, also die eutektoidische Zerfallskurve, würde die Null-Grad-Isotherme etwa bei 30% Ni und 0,25%C im Punkte γ durchschreiten. Die Abnahme des Kohlenstoffgehalts des doppeltgesättigten γ-Mischkristalls infolge des Ni-Zusatzes ist zunächst sehr stark, wird bis 4% Nickel schwächer und bleibt von diesem Gehalt ab dem Nickelzusatz proportional. Versuchsmäßig gestützt ist diese Kurve bis etwa 10% Ni. Die Punkte γ und α, die die Konzentration der bei Null Grad miteinander im Gleichgewicht stehen-

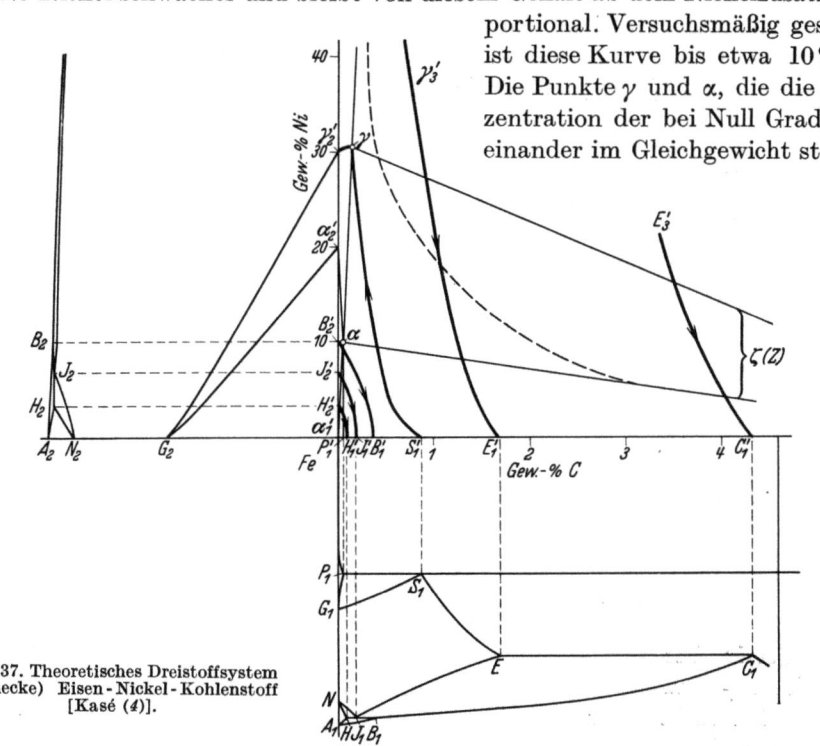

Abb. 137. Theoretisches Dreistoffsystem (Eisenecke) Eisen-Nickel-Kohlenstoff [Kasé (4)].

den ternären Phasen andeuten, sind lediglich auf Grund des praktischen Strukturdiagramms angenommen. Nach den theoretischen Voraussetzungen für das Diagramm (Abb. 137) wäre zu erwarten, daß die dritte an diesem Gleichgewicht teilnehmende Phase, der Zementit, Nickel lösen bzw. mit Nickelkarbid einen Mischkristall bilden würde. Der auf magnetischem Wege von Kasé in den ternären Legierungen erfolgte Nachweis des Zementits spricht allerdings vollkommen dagegen. Das Konodendreieck α—γ—ζ, das durch den isothermen Schnitt bei Null Grad gegeben ist, wurde daher so gezeichnet, als ob die reine Verbindung Fe_3C die dritte an dem Gleichgewicht teilnehmende Phase darstelle. Es sei darauf hingewiesen, daß der Punkt α, durch den die Lage der Konode αZ gegeben ist, in welcher wiederum die die Beendigung der eutektoiden Dreiphasenreaktion anzeigende Regelfläche die Null-Grad-Isothermenfläche schneidet, gegenüber der Lage des Punktes α'_2 im Randsystem Fe—Ni durch den Einfluß

132 Die Konstitution des Eisens in Abhängigkeit von der chemischen Zusammensetzung.

des Kohlenstoffs zu unverhältnismäßig niedrigem Nickelgehalt verschoben ist. Es darf angenommen werden, daß diese Lage der Konode αZ nicht angenähert dem wahren Gleichgewichtszustand entspricht, sondern daß der Einfluß des Kohlenstoffs bei Legierungen mit mehr als 10% Ni durch eine bedeutend stärkere Herabsetzung der kritischen Abkühlungsgeschwindigkeit in Erscheinung tritt, wodurch eine Beobachtung der wahren Gleichgewichtsverhältnisse oberhalb 10% Ni sehr erschwert wird. Praktisch wirkt sich diese plötzliche Zunahme der Unterkühlungsfähigkeit dieser Legierungen so aus, als ob die Regelfläche $P'_1 \alpha Z$, nachdem sie die Konode αZ unter normaler Temperaturerniedrigung bei etwa 450° erreicht hat, plötzlich senkrecht abfiele, wodurch die Null-Grad-Konode αZ mit der 450°-Konode αZ identisch wird. Osmond (4) beobachtete diese plötzliche Erniedrigung der Ar_1-Umwandlung zwischen 9 und 12% Ni. Nach neueren Untersuchungen von Dejean (3) liegt sie bei 10% Ni, was mit den Befunden von

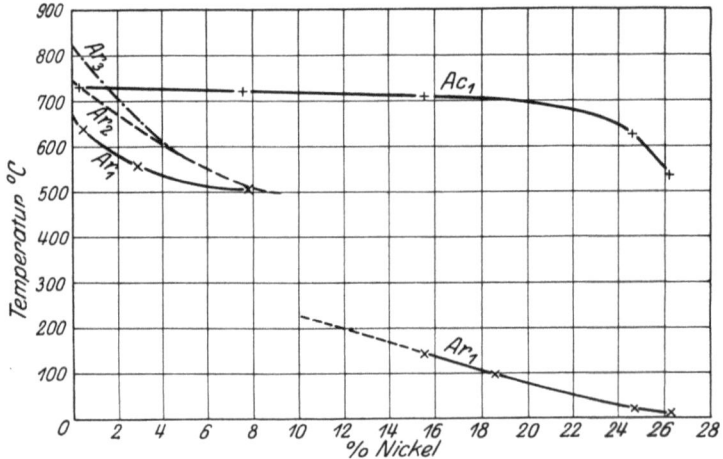

Abb. 138. Haltepunkte der Nickelstähle [Osmond (4)].

Kasé übereinstimmt. Bemerkenswert ist, daß eine Unstetigkeit in der Erniedrigung der A_1-Umwandlung durch Nickelzusatz bei der Erhitzung nicht festzustellen ist. Abb. 138 zeigt diese Verhältnisse an Legierungen mit 0,16% C nach Osmond.

Auf Grund des hypothetischen Diagramms würden sich durch den Schnitt bei Raumtemperatur die in Abb. 139 gesondert gezeichneten Zustandsfelder der ternären Fe—Ni—C-Legierungen ergeben. In dem sehr schmalen Gebiet $A\alpha'_1 \alpha \alpha'_2$ beständen demnach homogene Legierungen aus ternärem α-Mischkristall; im Gebiet $\alpha'_1 \alpha \zeta'_1$ existieren zweiphasige Legierungen mit ternärem α-Mischkristall neben freiem Zementit (ζ), ebenso im Gebiet $\alpha'_2 \alpha \gamma \gamma'_2$ mit α-Mischkristall neben γ-Mischkristall und im Gebiet $\gamma'_3 \gamma \zeta'_1$ mit γ-Mischkristall und Zementit (ζ). Diese drei Zweiphasengebiete schließen den Bereich der dreiphasigen Legierungen ($\alpha\gamma\zeta$) aus α-Mischkristall + γ-Mischkristall + Zementit (ζ) ein. Als zweites Gebiet homogener Legierungen, bestehend aus γ-Mischkristallen, bleibt dann noch $\gamma'_2 \gamma \gamma'_3$.

Die gestrichelten Linien $S'_1 \gamma$, die die Projektion der eutektoiden Kurve des doppeltgesättigten γ-Mischkristalls darstellen, und $P'_1 \alpha$ sind lediglich gezeichnet zur Vermittlung des Übergangs zu dem in Abb. 140 nach Kasé wiedergegebenen Strukturdiagramm. Die nahen Beziehungen dieses Diagramms zum isothermen Schnitt des hypothetischen Diagramms sind offensichtlich. Das Gebiet der homogenen α-Legierungen ist praktisch nicht vorhanden und daher im Strukturdiagramm fortgelassen. Das Gebiet der Legierungen, die aus α-Mischkristall + Zementit bestehen, ist durch die eutektoidische Kurve unterteilt in das Feld I mit Ferrit + Perlit und das Feld II mit Perlit + Zementit. Ebenso ist das Gebiet der Dreiphasenlegierungen durch die eutektoidische Kurve unterteilt in die Gebiete III und IV. In dem Gebiet III treten als Strukturelemente Martensit und Austenit auf, daher die Verschmelzung des Zweiphasengebietes $\alpha_2' \alpha \gamma \gamma_2'$ (Abb. 139) mit dem Gebiet III. Zementit tritt in diesem Bereich als Strukturelement nicht auf, da die Legierungen untereutektoidisch sind, wohl dagegen im Gebiet IV und IVa der übereutektoidischen Legierungen. Neben Zementit, Martensit und Austenit tritt aber bei langsamer Abkühlung in diesem Bereich (IV und IVa) immer Graphit auf.

Zwischen die Felder I und II einerseits und III und IV andererseits schiebt sich das Feld Ia ein, das den Übergang vom Perlit zum Martensit durch das Auftreten von Troostit darstellt. Das Feld V entspricht den homogenen Legierungen mit Austenit und das Feld VI den austenitischen Legierungen mit Graphit.

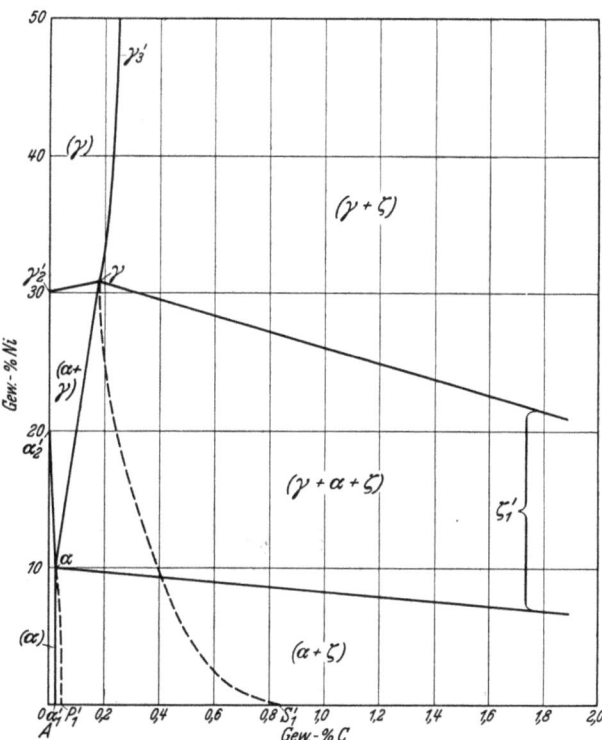

Abb. 139. Zustandsfelder der ternären Legierung Fe—Ni—C bei Raumtemperatur [Kasé (4)].

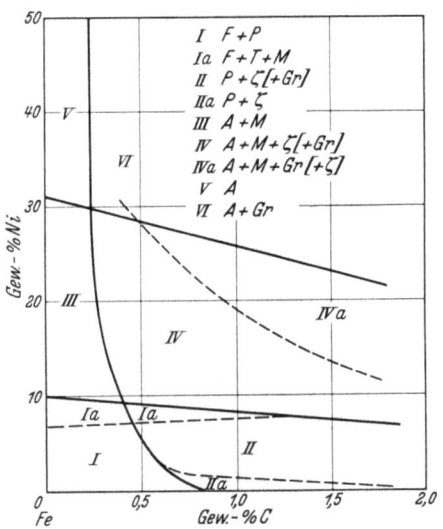

Abb. 140. Strukturdiagramm der Nickelstähle [Kasé (4)].

Wir erhalten somit durch die eutektoidische Kurve und durch die Löslichkeitsgrenze der nickelreichen Legierungen für Kohlenstoff bei Raumtemperatur als

134 Die Konstitution des Eisens in Abhängigkeit von der chemischen Zusammensetzung.

Fortsetzung dieser Kurve eine Unterteilung der Fe—Ni—C-Legierungen in Richtung steigenden Kohlenstoffgehaltes in solche ohne Graphit (untereutektoidische Legierungen) und solche mit Graphit bzw. mit Graphit + Zementit als Strukturelemente (übereutektoidische Legierung). In Richtung steigenden Nickelgehaltes erfolgt durch die Konoden der eutektoidischen Dreiphasenreaktion bei Raumtemperatur eine Dreiteilung, wie sie ähnlich schon durch das Guilletsche Strukturdiagramm (1) gegeben wurde: Die Felder I und II mit Perlit, III und IV mit Martensit-Austenit und die Felder V und VI mit Austenit.

In den Abb. 141, 142 und 143 sind typische Gefügebilder von Nickelstählen nach Guillet wiedergegeben. Die Nickelstähle zeigen somit große Ähnlichkeit mit den Manganstählen, wobei die martensitischen und austenitischen Nickelstähle zweifellos noch stabiler sind als die entsprechenden Manganstähle. Allerdings beträgt die zur Bildung von Martensit bzw. Austenit erforderliche Menge Nickel etwa das 2,2fache der entsprechenden Mangangehalte, und es hat sich als prak-

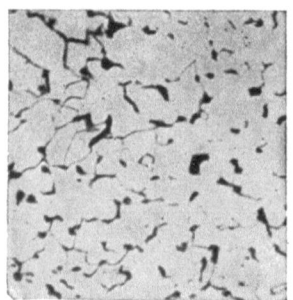
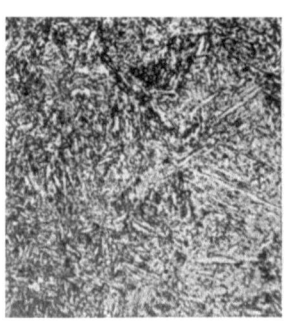
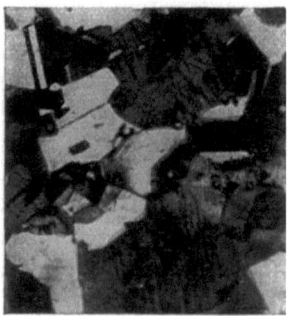

Abb. 141. Perlitischer Nickelstahl, 0,12% Kohlenstoff, 2% Nickel. Ätzung II, × 150 [Guillet(1)].

Abb. 142. Martensitischer Nickelstahl, 0,12% Kohlenstoff, 15% Nikkel, Ätzung II, × 150 [Guillet(1)].

Abb. 143. Austenitischer Nickelstahl, 0,12% Kohlenstoff, 25% Nikkel, Ätzung II, × 150 [Guillet(1)].

tisch erwiesen, bei Hinzutritt von Mangan zu den Nickelstählen zur Ermittlung des Einflusses der zugesetzten Manganmengen auf das Gefüge, diese unter Berücksichtigung der oben angegebenen Verhältniszahl in Nickel umzurechnen.

D. Physikalische und technologische Eigenschaften.
a) Eisen-Nickellegierungen.

Die Änderung des spezifischen Gewichtes von Eisen-Nickellegierungen hängt weitgehend ab von der Beeinflussung des Gefügeaufbaues durch Nickel. Entsprechend dem großen spezifischen Volumen des Martensits weisen die martensitischen Eisen-Nickellegierungen ein spezifisches Gewicht auf, das geringer ist als das des Eisens. Mit dem Übergang zu austenitischer Struktur steigt das spezifische Gewicht an und erreicht bei etwa 30% Ni den Wert 8,0. Zu diesem Anstieg trägt wohl auch das höhere spezifische Gewicht des γ-Eisens bei, das ab 30% Ni auftritt. Von diesem Gehalt ab erfolgt ein allmähliches Ansteigen bis zum spezifischen Gewicht des Nickels von 8,75.

Die Beeinflussung der spezifischen Wärme des Eisens zwischen 25 und 100° durch Nickelzusatz zeigt bis 25% Nickel in Abhängigkeit von der Wärmebehandlung starke Schwankungen. Eine Legierung mit 25% Ni besitzt eine spezifische Wärme von etwa 0,118, eine Legierung mit 36% Ni eine solche von 0,123. Zu höheren Ni-Gehalten hin erfolgt ein Abfall auf 0,12 bei 50% und auf 0,1168 bei 100% Ni.

Die Wärmeleitfähigkeit fällt bis 14% Ni rasch, dann langsamer bis 20% Ni ab, erreicht mit nur 0,02 cal/cm · °C·sek (gegenüber 0,16 für Eisen) ein Minimum und steigt dann kontinuierlich wieder an bis auf den Wert des Nickels (0,14).

Die Wärmeausdehnung wird ebenfalls durch Ni verschiedenartig beeinflußt. Neben Legierungen mit sehr großer finden sich Legierungen mit auffallend kleiner Wärmeausdehnung. Der kleinste Wert liegt bei 35,6% Ni. Hier beträgt der lineare Ausdehnungskoeffizient für 20 bis 100° etwa 1 bis 2 × 10⁻⁶, je nach der Wärmebehandlung.

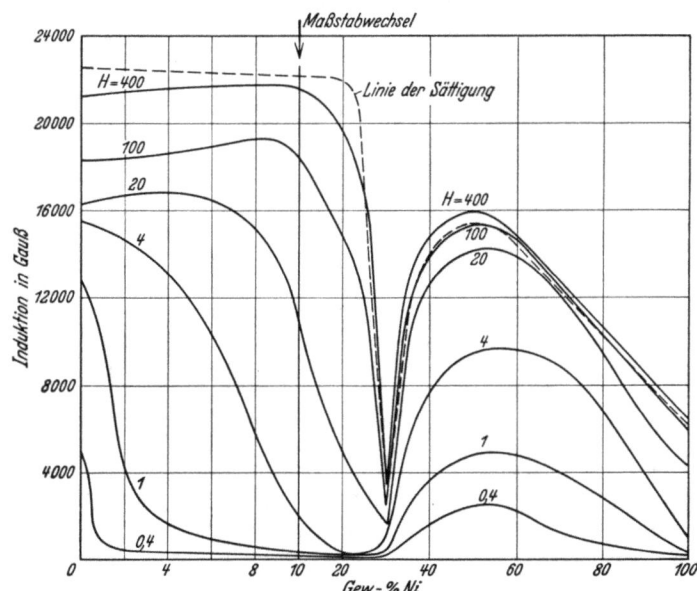

Abb. 144. Induktion bei verschiedenen Feldstärken und Sättigung der Eisen-Nickellegierungen [Yensen(3)].

Der elektrische Widerstand erreicht zwischen 35—36% Nickel mit 0,85 Ω mm²/m ein Maximum. — In magnetischer Hinsicht zeigen die Eisen-Nickellegierungen mannigfaltige Erscheinungen, auf die an dieser Stelle nicht näher eingegangen werden kann. Einen Überblick vermitteln die Abb. 144, 145, 146 und die Tabelle 8[1].

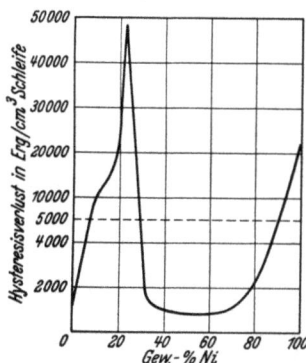

Abb. 145. Hysteresisverluste der Eisen-Nickellegierungen für eine Induktion $\mathfrak{B} = 10000$ Gauß [Yensen(3)].

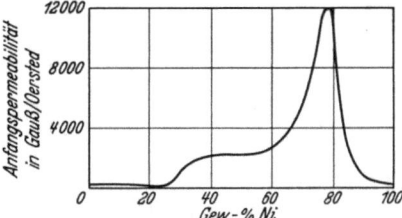

Abb. 146. Anfangspermeabilität der Eisen-Nickellegierungen [Arnold und Elmen(1)].

b) Nickelstähle.

Da Nickel beim Schmelzen nicht oxydiert, kann es bereits zu Beginn der Schmelzung in Form von nickelhaltigem Schrott, Gußeisen oder Nickelabfällen

---

[1] Entnommen aus dem Nickelhandbuch des Nickelinformationsbüros G. m. b. H., Frankfurt.

Tabelle 8. Nickellegierungen mit besonderen magnetischen Eigenschaften.

Eigenschaften	Bezeichnung	Ni	Fe	Cr	C	Mn	Cu	versch.	Verwendung
hohe Induktion, hohe Festigkeit		1—5	98—94	0—1,5	0,2—0,4	0,5	—	—	Rotorwellen, Rotorkörper, Jochringe, Pole
Sättigung in Abhängigkeit von der Temperatur	Climax[1]	30	70	—	—	—	—	—	Elektr. Zähler, Drehspulmeßgeräte, Tachometer, magn. Schalter u. a. m.
	Thermalloy A[1]	67,5	—	—	0,15	—	30	0,15 Si	
	Thermalloy B[1]	57,8	—	—	0,15	—	40	0,15 Si	
hohe Anfangspermeabilität, niedrige Hysteresisverluste, konstante Permeabilität bei kleinen Feldern bei verringerter Anfangspermeabilität	Rhometall	40—45	51,5—46,5	5	—	—	—	3 Si	Stromwandler, Radiobestandteile, Krarupkabel, Pupinspulen, Telefonkabel, Telefonempfangsapparate, für Schallwiedergabe (Tonfilm). Relais, Tachometer u. a. elektrische Meßapparate u. m.
	Permenorm 4801[2]	48	52	—	—	—	—	—	
	Megaperm 4510	45	45	—	—	10	—	—	
	Hipernik[1] Conpernik[3]	50	50	—	—	—	—	—	
	Megaperm 6510	65	25	—	—	10	—	—	
	Permalloy A	7,85	21,5	—	—	0,5	—	3 Mo	
	Permalloy C	7,85	18	2	—	—	5	—	
	Mumetall	76	17	—	—	—	—	—	
konstante Permeabilität bei kleinen Feldern	Perminvar	45	30	—	—	—	—	25 Co	Pupinspulen, Übertragertransformatoren für Schallwiedergabe (Tonfilm), elektr. Meßinstrumente u. a. m.
Nichtmagnetisierbarkeit		21—27	74—71	5—0	0,1—0,5	0,5	—	—	Wicklungskappen, Bandagendrähte, Schiffskompaßgehäuse, Schalttafeln, Apparateteile und dergl.
		12—16	76—79	5—0	0,5—0,6	5	—	—	Wicklungskappen, Bandagendrähte, Schiffskompaßgehäuse, Aufbauten von Vermessungsschiffen, als Baustähle bei tiefen Temperaturen
	Nimol Ni-Resist[1]	13—16	73—67	2—4	2,8—3,0	—	6—8	2 Si	Lagerschilde, Gehäuse u. a. Gußstücke
	Nomag	12	77	—	3	6	—	2 Si	

[1] In Amerika gebräuchliche Bezeichnungen. [2] Eine ähnliche Legierung ist in England unter der Bezeichnung Radio Metal gebräuchlich. [3] Conpernik unterscheidet sich von Hipernik nur durch besondere Wärmebehandlung.

dem Einsatz zugefügt und so wiedergewonnen werden. Die Vergießbarkeit, Warm- und Kaltbildsamkeit sowie die Schweißbarkeit werden durch Nickel nicht beeinträchtigt.

Das spezifische Gewicht beträgt bei Stählen mit 3 bzw. 5% Ni 7,87 bzw. 7,88.

Wärmeausdehnungskoeffizient und Wärmeleitfähigkeit nehmen mit steigendem Ni-Gehalt ab.

Über die magnetischen Eigenschaften gibt die Tabelle 8 Auskunft.

Die Nickel-Stähle lassen sich entsprechend dem Strukturdiagramm unterteilen in perlitische, martensitische und austenitische. Die martensitischen Stähle zeichnen sich aus durch Härte, hohe Streckgrenze und Festigkeit, sind aber wegen ihrer Sprödigkeit und schlechten Bearbeitbarkeit in der Praxis nicht im Gebrauch.

Die perlitischen Stähle bilden eine wichtige Gruppe der Baustähle. Nickel erhöht die Elastizitäts-, Streck- und Bruchgrenze und verbessert gegenüber Kohlenstoffstahl das Streckgrenzenverhältnis, ohne die Zähigkeit des Stahles merklich zu vermindern; weiterhin besitzen besonders die höher legierten Ni-Stähle eine gute Widerstandsfähigkeit gegen Rosten und Verzundern sowie gegen Verschleiß-, Schlag-, Stoß- und Biegebeanspruchung und Ermüdung.

Die Nickel-Baustähle eignen sich als Einsatz- und Vergütungsstähle zur Herstellung von hochbeanspruchten Bauteilen für Maschinen, Automobile und Flugzeuge.

Im Einsatzstahl beruht die günstige Wirkung des Nickels, außer auf der schon erwähnten Verbesserung der technologischen Eigenschaften, auf der Verminderung des Kornwachstums während der Einsatzglühung oberhalb Ac_3. Die Ni-Einsatzstähle werden mit 0,09—0,18% C und 1,25—1,75% Ni (Normstahl EN 15), 3% und 5% Ni hergestellt. Sie zeichnen sich nach der Einsatzhärtung durch glasharte Oberfläche und zähen Kern aus und finden Verwendung für Zahn- und Kettenräder, Nocken, Daumenwellen, Zapfen, Bolzen usw.

Für die Nickel-Vergütungsstähle mit 0,25—0,35% C und 3 bzw. 5% Ni ist im Hinblick auf die größere Durchhärtung und damit Durchvergütung die Tatsache wesentlich, daß Nickel die kritische Abschreckgeschwindigkeit stark erniedrigt. Bei den angeführten Zusammensetzungen kann daher die Härtung in Öl vorgenommen werden. Die Nickel-Vergütungsstähle finden im geglühten oder vergüteten Zustand Verwendung für hochbeanspruchte Kurbelwellen, Nockenwellen, Achsen, Pleuelstangen, Zahnräder, Nockenräder, Zapfen und dgl., sowie für die Herstellung von Geschützrohren und den Brückenbau.

In der folgenden Zusammenstellung (Tabelle 9) sind die Festigkeitswerte für zwei Nickel-Baustähle nach Abschreckung von 850° in Öl und anschließendem ½stündigem Anlassen bei 550° wiedergegeben (vergüteter Querschnitt: 50 mm Ø). Da die Nickel-Stähle zur Anlaßsprödigkeit neigen, werden sie nach beendetem Anlassen in Öl abgekühlt.

Tabelle 9.

C %	Ni %	Streckgrenze σ_s kg/mm²	Festigkeit σ_{max} kg/mm²	Einschnürung %	Dehnung (1 = 10d) %	$\dfrac{\sigma_s}{\sigma_{max}}$
0,33	3,30	85,0	91,5	67	10	~0,93
0,27	4,98	86,0	96,0	57	17	~0,9

Die austenitischen Nickelstähle werden auf Grund verschiedener Eigenschaften technisch verwertet. Einmal besitzen sie wie die entsprechenden Manganstähle hohen Widerstand gegen Abnutzung, sind aber besser bearbeitbar. Der 25%-ige Nickelstahl ist unmagnetisch und wird für Panzergehäuse von Kreiselkompassen, Periskoprohre und Wicklungskappen verwendet. Wegen ihres hohen elektrischen Widerstandes finden die Stähle mit 25—28% Ni und 0,3—0,5% C für elektrische Widerstände Verwendung. Die Platinit genannte Legierung mit 46% Ni und 0,15% C besitzt einen Ausdehnungskoeffizienten, der gleich dem des Platins und des Glases ist. Sie dient zur Einfassung von Linsen und außerdem als Glühlampendraht. Ihr hoher Widerstand gegen Rostangriff und ihr niedriger Ausdehnungskoeffizient machen die austenitischen Nickelstähle geeignet als Werkstoff zur Herstellung von chronometrischen, geodätischen und ähnlichen Präzisionsinstrumenten.

Dem sogenannten **Invarstahl** mit 35—38% Nickel und 0,3—0,5% Kohlenstoff wird häufig ein Stahl mit 42% Nickel zur Herstellung von Längennormalmaßen vorgezogen, weil er stabiler als jener ist, schwächer oxydiert und geringere Wärmeausdehnung als Platin besitzt. Bei zweckmäßiger Erzeugung und Wärmebehandlung übersteigt die spezifische Ausdehnung nicht $\pm 0,1 \times 10^{-6}$ mm, so daß bei einer geforderten Genauigkeit der Längenmessungen von einem millionstel Millimeter die Kenntnis der Temperatur auf $10°$ genau erforderlich ist. Für technische Präzisionsmessungen zur Prüfung von Lehren u. dgl. wird eine 56%-ige Eisen-Nickellegierung verwendet, die unveränderlicher als Stahl ist und ungefähr gleiche Ausdehnung, aber geringere Neigung zur Korrosion besitzt.

c) Nickelstahlguß.

Ganz allgemein ist die Verwendung von legiertem Stahlguß auf die Forderung der Industrie zurückzuführen, schwierige Schmiedestücke durch billigere Gußstücke gleicher Güte zu ersetzen. Ni-Stahlguß mit 0,5—5% Ni bei 0,1—0,6% C hat bei feinem Korn hohe Bruchgrenze, Elastizitätsgrenze und Zähigkeit. Bei niedrigem C-Gehalt ist er geeignet für Einsatzhärtung, da der Kern bei sehr harter Schale zäh bleibt.

12. Eisen und Kobalt.
A. Das Zweistoffsystem Eisen-Kobalt.

Das Zustandsdiagramm der Eisen-Kobaltlegierungen ist in Abb. 147 nach Ruer und Kaneko (*11*) und Masumoto (*1*) dargestellt. Im flüssigen Zustand lösen sich die beiden Metalle in allen Verhältnissen. Die Schmelzkurve zeigt bei 65% Co ein Minimum (Verbindung $FeCo_2$ [?]). Alle Legierungen erstarren zu homogenen Mischkristallen. Die $\alpha(\delta) \rightarrow \gamma$-Umwandlung wird in ähnlicher Weise wie bei den Eisen-Kohlenstoff-, Eisen-Kupfer-, Eisen-Mangan- und Eisen-Nickellegierungen beeinflußt. Bis zur Konzentration des Punktes H sind alle Legierungen vorübergehend in Form von $\alpha(\delta)$-Mischkristallen vorhanden. Im Gebiet unterhalb $NJCZ$ besteht vom reinen Eisen bis zum reinen Kobalt eine ununterbrochene Reihe von γ-Mischkristallen. Die A_3-Umwandlung beginnt an der Eisenseite im Punkte G, steigt mit wachsendem Co-Gehalt schwach an und fällt dann steil zum Punkt K ab. Kobalt wird durch α-Eisen homogen gelöst, und zwar bis 79% Co bei Zimmertemperatur. Von dieser Konzentration ab bis zu 94% Co ist die feste Lösung von γ-Eisen und γ-Kobalt bei Raumtemperatur beständig. Masumoto stellte für reines Kobalt eine allotrope Umwandlung fest, die bei der Erhitzung bei 477° und bei der Abkühlung bei 403° verlief. Die Umwandlungstemperaturen sind noch nicht sicher, sie wurden von anderen Autoren bei Temperaturen, die zwischen den genannten liegen, gefunden. Wahrscheinlich spielt der Reinheitsgrad hierbei eine wesentliche Rolle. Durch geringe Zusätze von Eisen wird die Umwandlungstemperatur stark herabgesetzt. Bei 6% Fe ist der Haltepunkt schon auf Raumtemperatur gesunken.

Masumoto nimmt auf Grund von Röntgenuntersuchungen für die α-Modifikation des Kobalts ein hexagonal dicht gepacktes Gitter und für die γ-Form ein flächenzentriertes kubisches Gitter an.

Diese Annahmen wurden durch röntgenographische Untersuchungen von A. Osawa (3) bestätigt. Dieser gibt an, daß der Gitterparameter des flächenzentriert kubischen Gitters von Kobalt bei Raumtemperatur 3,525 Å beträgt.

Neben der polymorphen Umwandlung besitzt reines Kobalt noch eine magnetische Umwandlung bei etwa 1100° (Punkt O^0). Diese wird ebenfalls durch Eisenzusatz herabgedrückt

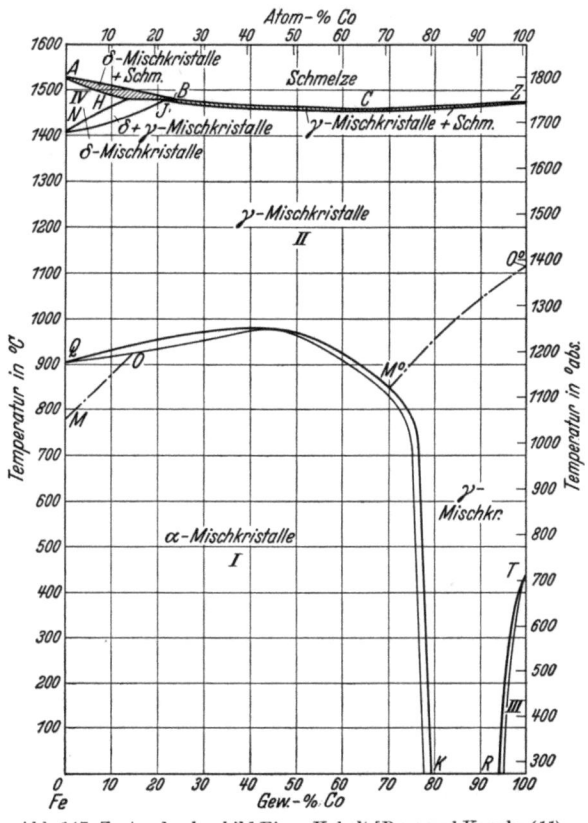

Abb. 147. Zustandsschaubild Eisen-Kobalt [Ruer und Kaneko (11), Masumoto (1)].

längs des Linienzuges O^0 bis M^0. Die magnetische Umwandlung des Eisens wird durch Kobalt heraufgesetzt (M bis O). Von O bis M^0 fällt die magnetische Umwandlung mit der A_3-Umwandlung zusammen.

Der Nachweis der magnetischen Umwandlung wurde für reines Kobalt von Wüst, Durrer und Meuthen (7) auch auf kalorimetrischem Wege erbracht. Die Umwandlungen der erstarrten Legierungen sind von Ruer und Kaneko auf thermischem und magnetischem Wege ermittelt worden.

B. Das Dreistoffsystem Eisen-Kohlenstoff-Kobalt.

Über die Einwirkung von Kobalt auf Eisen-Kohlenstofflegierungen liegen außer älteren Einzelbefunden von Guillet (4) und von Dumas (1) neuere umfangreichere Untersuchungen von R. Vogel und W. Sundermann (7) vor.

140 Die Konstitution des Eisens in Abhängigkeit von der chemischen Zusammensetzung.

Beide Untersuchungen stimmen darin überein, daß zunächst der Perlitpunkt durch Kobaltzusatz gehoben wird (Abb. 148), und daß die Legierungen bis etwa 80% Co perlitisches Gefüge aufweisen, sich in dieser Hinsicht also von reinen Eisen-Kohlenstofflegierungen nicht unterscheiden. Vogel und Sundermann haben die Ergebnisse ihrer Untersuchungen in einem Diagrammentwurf niedergelegt, der in Abb. 149 im wesentlichen wiedergegeben ist. Hiernach gehört dieses Dreistoffsystem dem in Abb. 29 S. 32 dargestellten Typ an, wonach, trotz der anfänglichen Erhöhung der Temperatur des Perlitgleichgewichtes, diese bei weiterem Zusatz von Kobalt schließlich doch auf Raumtemperatur herabgesetzt wird. Die eutektoidische Kurve $[S_1'][S][s]$ des an α-Eisen und Zementit gesättigten γ-Mischkristalls zeigt somit einen analogen Verlauf wie die Kurve der γ—α-Umwandlung im Randsystem Eisen-Kobalt. Das Konodendreieck des Perlitgleichgewichtes muß daher im Kulminationspunkt $[S]$ zu einer Geraden zusammenschrumpfen. $[p][s][X']$ ist das Konodendreieck dieses Gleichgewichts bei 500°, bis zu welcher

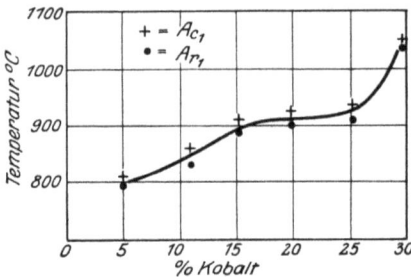

Abb. 148. Einfluß des Kobalts auf A_1 [Dumas (1)].

Temperatur herab Vogel und Sundermann den Verlauf der eutektoidischen Kurve verfolgen konnten.

Als wichtigstes Ergebnis dieser Untersuchung kann jedoch die Feststellung einer außerordentlich starken Begünstigung der Einstellung der Gleichgewichte nach dem stabilen System, also der Graphitisierung der Legierungen durch Kobaltzusatz gelten. Dieser Einfluß des Kobalts ist so stark, daß schon bei geringen Gehalten an Kobalt in übereutektoidischen Legierungen primär immer Graphit ausgeschieden wird. Aber auch im festen Zustand bewirkt Kobalt einen graphitischen Zerfall der γ-Phase, und zwar derart, daß Graphit sowohl aus der gesättigten γ-Phase ausgeschieden wird, als auch bei der eutektoidischen Umsetzung neben α-Eisen an Stelle von Zementit auftritt.

Allerdings sind mit abnehmendem Kohlenstoffgehalt immer größere Kobaltgehalte notwendig, um unter normalen Abkühlungsverhältnissen von vornherein die Einstellung des Graphitgleichgewichtes zu erhalten. In Abb. 149 ist dieses Gebiet von dem Gebiet in der Eisenecke, in welchem das Zementitsystem vorherrscht, durch eine schmale schraffierte Zone getrennt. Bemerkenswert ist, daß innerhalb dieser Übergangszone Graphit neben Zementit gleichzeitig aufzutreten pflegt, und daß ganz geringe Änderungen des Kobaltgehaltes genügen, um ein eindeutiges Umschlagen in das eine oder andere System zu erzwingen. Das Dreistoffdiagramm in Abb. 149 stellt daher auch nur eine Kompromißlösung in der Wiedergabe beider Systeme dar. Das Zementitsystem kann man als vom Randsystem Fe—Fe$_3$C ausgehend und das Graphitsystem als vom Randsystem Co—C herkommend betrachten. In letzterem Randsystem, das nach den Untersuchungen von G. Boecker (1) sowie O. Ruff und F. Keilig (4) dargestellt wurde, konnte von den genannten Forschern auch bei schroffster Abkühlung der Legierungen niemals eine karbidische Phase beobachtet werden.

In Abb. 150 ist das Gefüge einer Legierung mit 1,5% C und 14,77% Co aus dem Übergangsgebiet zwischen dem Zementit- und Graphitsystem wiedergegeben.

In der perlitischen Grundmasse sieht man sekundäre Graphitausscheidungen und Zementit nebeneinander.

Untersuchungen über den Einfluß des Abschreckens auf das Gefüge ergaben,

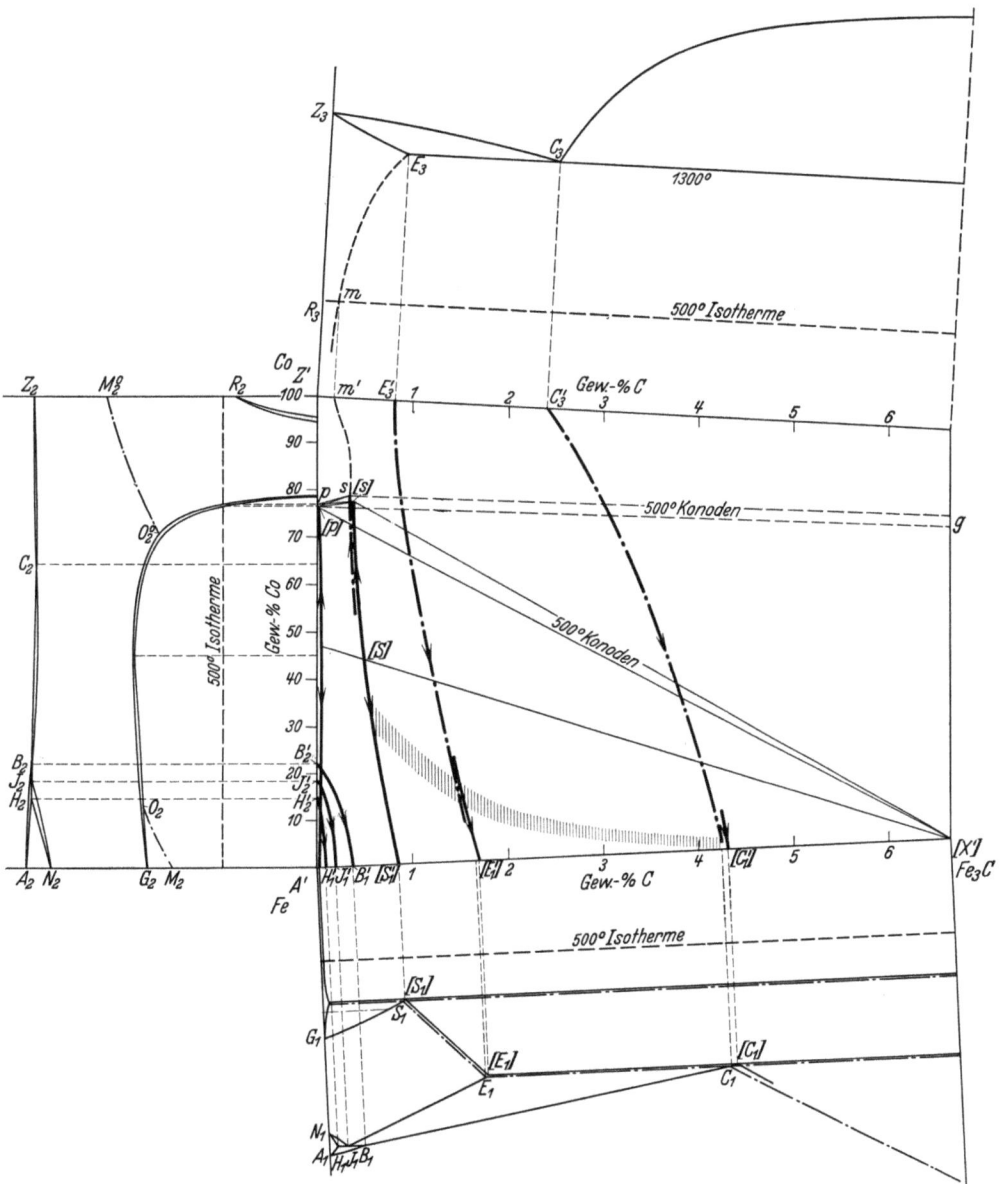

Abb. 149. Dreistoffsystem Eisen-Kohlenstoff-Kobalt [Vogel und Sundermann (7)].

daß bei einer Legierung mit 2% C und 2% Co ebensowenig wie bei einer Legierung mit 0,2% C und 10% Co bei einer Abschreckgeschwindigkeit von 65°/sek martensitisches Gefüge zu erhalten war. Dieses trat nur auf bei Legierungen mit weniger Kobalt, als der Verbindungslinie der genannten Konzentrationen ent-

142 Die Konstitution des Eisens in Abhängigkeit von der chemischen Zusammensetzung.

spricht; Austenitgefüge war in keinem Fall zu erzielen. Auch trat kein Sorbit oder Troostit auf. Bei höheren Kobaltgehalten war wohl teilweise der streifige Charakter des Perlits feiner als bei langsamer Abkühlung.

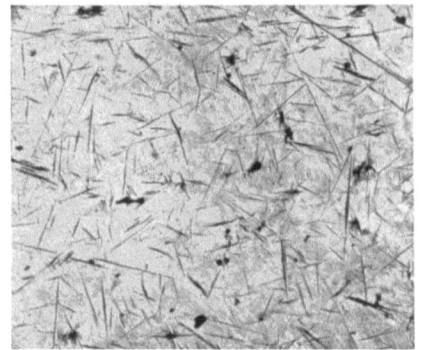

Abb. 150. Gefüge einer Probe mit 1,5 % C, 14,77 % Co und 83,73 % Fe. Perlit mit sekundärem Graphit und Zementit nebeneinander. (Geätzt mit Salpetersäure.) × 110 [Vogel u. Gundermann (7)].

C. Physikalische und technologische Eigenschaften.

Die Eigenschaften der Kobaltstähle sind allein deswegen schon interessant, weil sie trotz der nahen Verwandtschaft des Kobalts mit dem Nickel von denjenigen der Nickelstähle völlig abweichen. Während das Gefügediagramm der Nickelstähle ein perlitisches, martensitisches und austenitisches Feld aufweist, fand Guillet (5), daß alle von ihm hergestellten Kobaltstähle (bis 60% Kobalt) perlitisch waren. Mit steigendem Kobaltgehalt verändern sich in Übereinstimmung hiermit die Festigkeitseigenschaften nicht sprungweise wie bei Nickelstählen, sondern allmählich und erreichen dabei, wie die folgende Zusammenstellung nach Dumas (1) (vgl. a. Abb. 151) und Guillet lehrt, recht bemerkenswerte

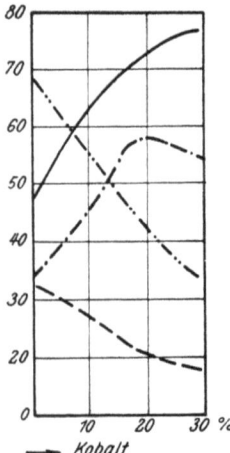

——— Festigkeit kg/mm²
—·—· Streckgrenze kg/mm²
— — — Dehnung %
—··—··· Kontraktion %

Abb. 151. Einfluß des Kobalts auf die Festigkeitseigenschaften von Stahl mit 0,2 % C [Dumas (1)].

	% C	% Co	Festigkeit kg/mm²	Streckgrenze kg/mm²	Dehnung %	Kontraktion %
Dumas	0,25	5,12	46,7	33,5	32	68
	0,27	10,80	60,6	44,1	27,5	53
	0,29	15,40	66,7	49,7	25,5	55
	0,16	19,76	73,8	59,8	18,5	42
	0,18	25,16	74,2	56,3	18,5	39
	0,12	29,24	76,8	54,9	18	34
Guillet	0,89	4,45	121,8	46,6	6	10,6
	0,74	6,72	102,3	51,1	7	14,6
	0,81	9,76	122,6	44,0	5	6,8
	0,75	29,30	118,5	50,5	6	11,5

Zahlen. Allison (1) stellte fest, daß mit zunehmendem Kobaltgehalt Streckgrenze, Festigkeit und Härte geradlinig zu-, Dehnung und Einschnürung dagegen geradlinig abnehmen. Der Grad der Zu- bzw. Abnahme der Festigkeitseigenschaften soll nach dem letztgenannten Forscher nur gering sein. In Übereinstimmung hiermit stellt Scherer (1) fest, daß die Härte zwischen 1,0 und 3,0% Kobalt konstant verläuft. Die Schneidhaltigkeit wird nach Scherer infolge der Erhöhung des Verschleißwiderstandes durch Kobalt in den Grenzen von 0,0—3,0% Kobalt wesentlich verbessert. Auch Guillet (4) und Sasagawa (1) untersuchten den Einfluß des Kobalts auf den Schnellarbeitsstahl. Guillet fand, daß 5% Kobalt der höchste übliche Zusatz ist und wahrscheinlich den leistungsfähigsten Stahl ergibt. Das wichtigste Ergebnis beider Arbeiten ist die Feststellung, daß

Kobaltstähle bei tieferen Abschrecktemperaturen dieselbe Schneidfähigkeit zu erhalten scheinen wie kobaltfreie Schnellstähle erst bei höheren Temperaturen, so daß ihre Härtung erleichtert wird. Ein zweites wichtiges Ergebnis ist, daß ein Anlassen auf 600° in sehr hoch abgeschrecktem Kobaltstahl die Härte noch bedeutend steigert, und daß diese Härte bei längerem Anlassen auf 700° erhalten bleibt.

An dieser Stelle sind auch die sogenannten Stellite (Akrit, Celsit, Percit) oder Schneidlegierungen zu erwähnen, die aus Kobalt und zwei oder mehreren Metallen der Chromgruppe (Chrom, Wolfram, Molybdän) bestehen können. Schulz und Jenge (1) geben die mittlere Zusammensetzung dieser Legierungen an:

Die kennzeichnenden Eigenschaften der Stellite, die diese zur Verwendung als Schneidmaterial vorzüglich geeignet machen,

% Co	% Cr	% W	% C	% Fe	% Si + Mn
50	27	12	2,5	5	Rest

sind hohe Härte und Verschleißfestigkeit. Auf Grund der Tatsache, daß die genannten Eigenschaften auch noch bei hohen Temperaturen gegenüber Raumtemperatur wenig veränderte Werte aufweisen, lassen sich die Schneidlegierungen nicht warm verformen; eine Bearbeitung ist vielmehr nur durch Schleifen mit Schmirgelscheiben möglich.

Die Kalt- und Warmbildsamkeit sowie die Schweißbarkeit scheinen nur wenig durch Kobalt beeinflußt zu werden.

In magnetischer Beziehung bemerkenswert ist nach Yensen (4) eine im Vakuum erschmolzene reine Eisen-Kobaltlegierung mit 33,34% Kobalt. Wegen ihrer hohen Permeabilität dürfte sie für die Herstellung der Zähne von Dynamo-Armaturen geeignet sein. Masumoto (2) findet ein Maximum der Permeabilität in den Magnetisierungs-Konzentrationskurven bei 35% Kobalt.

13. Eisen und Chrom.
A. Das Zweistoffsystem Eisen-Chrom.

Entsprechend der Bedeutung des Chroms als Legierungselement des Eisens ist das Zweistoffsystem Eisen-Chrom häufig Gegenstand der Untersuchung verschiedenster Forscher gewesen. Die Ergebnisse dieser Untersuchungen sind allerdings durchaus nicht einheitlich. Es scheint dies seine Ursache darin zu haben, daß Chrom infolge seines hohen Schmelzpunktes nur sehr schwer homogene Schmelzen mit dem Eisen bildet, so daß leicht durch ungelöste Chromreste eine falsche Analyse zur Grundlage der Untersuchung wurde.

Die ersten Untersuchungen stammen von W. Treitschke und G. Tammann (2). Weiter untersuchten das System P. Monnartz (1), E. Jänecke (1), T. Murakami (2), E. Pakulla und P. Oberhoffer (1), A. v. Vegesack (1), P. Oberhoffer und H. Esser (8), A. Westgren, G. Phragmén und T. Negresco (5) sowie F. Wever und W. Jellinghaus (7). Für die Aufstellung des vorliegenden Diagramms (Abb. 152) waren für die Schmelzkurve die Untersuchungen von A. v. Vegesack maßgebend. Alle Untersuchungen mit Ausnahme der von Jänecke, der allein die Existenz eines Eutektikums annimmt, stimmen bezüglich dieses Teiles des Diagramms in der Auffassung überein, daß alle Eisen- und Chromlegierungen kurz nach der Erstarrung homogene Mischkristalle bilden. Vegesack findet allerdings eine bedeutend höhere Lage der Schmelzpunkte, besonders der chromreichen Legierungen, und er glaubt auf Grund seiner Versuche auch den Schmelzpunkt des reinen Chroms bedeutend höher als bisher annehmen zu müssen, und zwar höher als den von Bor, welche Annahme von Haschimoto (1) bestätigt werden konnte, der 1705° ± 10° fanden. Das Minimum der Schmelzkurve nimmt Vegesack bei etwa 1490° und 28% Cr an. Die Verfasser glauben jedoch unter Zugrundelegung der auf den Erhitzungskurven von Vegesack gefundenen Effekte in zwangloser Weise den im Diagramm wiedergegebenen Kurvenzug in Vorschlag bringen zu sollen, wobei die Überlegung maßgebend war, daß infolge von eventuellen Verunreinigungen eher ein zu niedriger als zu hoher Schmelzpunkt gefunden werden kann. Danach würde ein zwangloser Linienzug der Liquiduskurven das Minimum bei einer Konzentration von etwa 38% Cr und einer Temperatur von etwa 1470° ergeben. Der Verlauf der Soliduskurve ist zwischen den Konzentrationen von etwa 20 bis 45% Cr als nahezu horizontal anzusprechen. Bei den chromreichen Legierungen entfernt sich die Soliduslinie ziemlich stark von der Liquiduslinie. Die Annahme des Minimums bei etwa 38% Cr (gegenüber 12—14% nach Pakulla und 28% nach Vegesack) würde sich auch zwangloser in den Verlauf der Schmelzisothermen einfügen, die Vegesack selbst für das Dreistoffsystem Eisen-Kohlenstoff-Chrom angibt, wonach die Krümmung der Isothermen bis herauf zu 1450° ein Berühren der Fe—Cr-Linie etwa bei 40% Cr erwarten läßt.

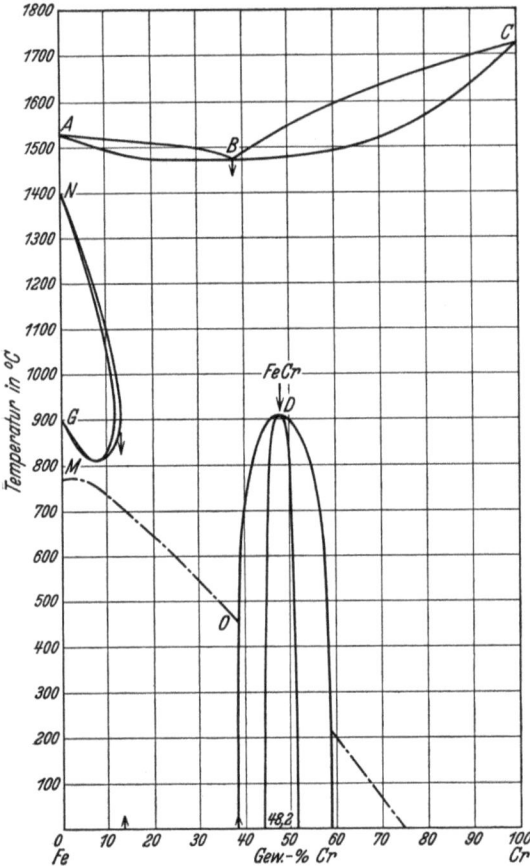

Abb. 152. Zustandsschaubild Eisen-Chrom [Vegesack (1), Wever und Haschimoto (1), Oberhoffer und Esser (8), Wever und Jellinghaus (7)].

Das abgeschnürte γ-Gebiet ist nach den Untersuchungen von Esser und Oberhoffer von anderer Seite bestätigt. Bemerkenswert ist das zunächst starke Absinken des A_3-Punktes mit zunehmendem Cr-Gehalt. Es erscheint nicht ausgeschlossen, daß die sich hieraus ergebende Form des abgeschnürten γ-Gebietes auf den noch in geringen Mengen vorhandenen Kohlenstoff der Legierung zurückzuführen ist.

Die ursprüngliche Annahme, daß Eisen-Chrom auch bei Raumtemperatur eine ununterbrochene Reihe von Mischkristallen bilden würde, ist durch die neueren Untersuchungen von Wever und Jellinghaus widerlegt worden.

Allerdings legten schon röntgenographische Untersuchungen C. Kreutzers (1) die Annahme einer Entmischung bzw. die Existenz zweier Phasen im festen Zustande nahe. Anderseits beobachtete auch P. Chevenard bei der Ausdehnung von Eisen-Chromlegierungen von mehr als 42% Cr eine Unregelmäßigkeit und vermu-

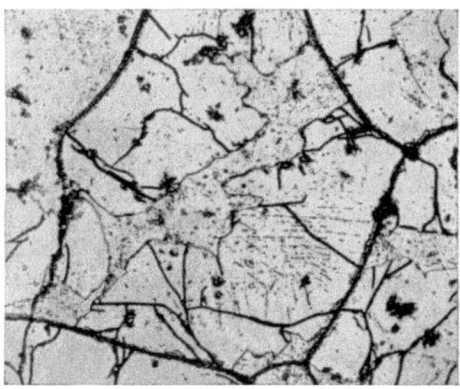 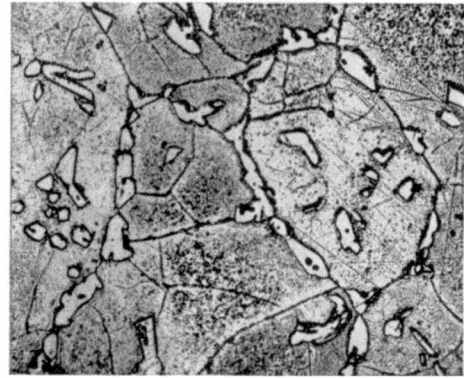

Abb. 153. 44,4% Cr, 70 h bei 600° geglüht, langsam abgekühlt, × 100 [Wever und Jellinghaus (7)].

Abb. 154. Dieselbe Probe wie Abb. 153, weitere 5 h bei 1200° geglüht und abgeschreckt, × 100 [Wever und Jellinghaus (7)].

tete daher das Bestehen einer Verbindung. Ebenso zeigten E. C. Bain und W. E. Griffiths(3) an Gefügen von Eisen-Chrom- und Eisen-Chrom-Nickellegierungen, daß bei hinreichend langsamer Abkühlung oder einer über Tage ausgedehnten Glühung unterhalb 950° bei Legierungen von etwa 50% Cr ein harter, spröder und unmagnetischer Gefügebestandteil gebildet wird, der durch Glühen oberhalb dieser Temperatur und nachfolgendes Abschrecken wieder zum Verschwinden gebracht werden kann. Diese Beobachtungen und Vermutungen konnten durch die Gefüge- und Feinstrukturuntersuchungen von Wever und Jellinghaus dahin festgelegt werden, daß sich im festen Zustand aus dem Eisen-Chrom-Mischkristall bei einer Temperatur von etwas mehr als 900° mit sehr geringer Geschwindigkeit die Verbindung FeCr bildet. Diese Verbindung vermag Eisen und Chrom im Überschuß zu lösen.

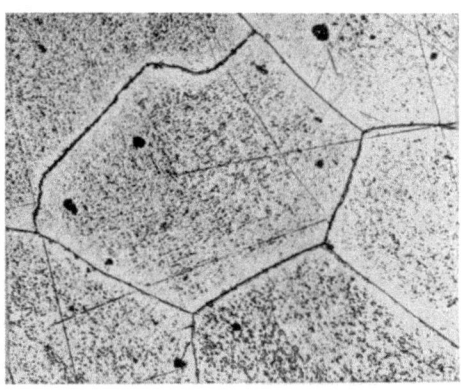

Abb. 155. Dieselbe Probe wie Abb. 153 und 154, 20 h bei 1200° geglüht und abgeschreckt, × 100 [Wever und Jellinghaus (7)].

Der im Diagramm gezeichnete Existenzbereich der Verbindung stützt sich auf die metallographischen und röntgenographischen Befunde der genannten Autoren. Die Abb. 153, 154 und 155 zeigen, wie die durch Glühen bei 600° entstandene Verbindung durch Glühen bei 1200° wieder verschwindet, was übrigens auch für die Annahme einer ununterbrochenen Mischkristallreihe kurz unterhalb der Schmelzkurven spricht.

Der von Murakami bestimmte Verlauf der magnetischen Umwandlung erfährt durch die Einschiebung des Existenzbereiches der unmagnetischen Verbindung FeCr lediglich eine Unterbrechung.

B. Das Zweistoffsystem Chrom-Kohlenstoff.

Für den Entwurf des Dreistoffsystems Eisen-Chrom-Kohlenstoff ist noch die Kenntnis des binären Grenzsystems Chrom-Kohlenstoff von wesentlicher Bedeutung. Bezüglich dieses Systems dürfte feststehen, daß mehrere Chromkarbide auftreten. Als einwandfrei feststehend kann das bereits von H. Moissan (1) beschriebene Karbid Cr_3C_2 gelten, der auch bereits ein Karbid Cr_4C annahm. O. Ruff und Th. Foehr (5) kommen auf Grund einer systematischen Untersuchung zu der Feststellung eines weiteren Karbids Cr_5C_2, können allerdings das Karbid Cr_4C nicht nachweisen. Wohl glauben sie zwischen Cr_5C_2 und Cr_3C_2 noch ein weiteres Karbid gefunden zu haben, für das sie die Formel Cr_4C_2 vermuten. In neuerer Zeit haben Westgren und Phragmén (6) durch Feinstruktur-Untersuchungen im einzelnen die Untersuchungen von Moissan und Ruff und Foehr bestätigt. Danach können drei Karbide auftreten:

Cr_4C, kubisches Chromkarbid,
Kantenabstand: 10,638 Å,
120 Atome im Elementar-Kubus,

Cr_7C_3, trigonales Chromkarbid (nicht Cr_5C_2).
Kantenabstände:
$a_1 = 13,98$ Å,
$a_3 = 4,536$ Å,
80 Atome im Elementarprisma

und Cr_3C_2, orthorombisches Chromkarbid,
$a_1 = 2,821$ Å,
$a_2 = 25,52$ Å,
$a_3 = 11,46$ Å,
20 Atome im Parallelepipedon.

Sie beobachteten weiter in einer erstarrten Schmelze, etwa der Zusammensetzung des kubischen Chromkarbids Cr_4C, primär ausgeschiedenes trigonales Chromkarbid Cr_7C_3 zusammen mit sekundären Kristallen des kubischen Chromkarbids Cr_4C, umgeben von einem Eutektikum, bestehend aus kubischem Karbid Cr_4C und Chrom. Bei genügend hoher Abkühlungsgeschwindigkeit konnte peritektische Struktur sogar bei Legierungen erhalten werden, die 1—2% C weniger enthielten, als der Zusammensetzung Cr_4C entsprach. Die Konzentration des Cr—Cr_4C-Eutektikums ist nach dem metallographischen Befund dieser Forscher nicht höher als 3,3% C. Die Temperatur des Eutektikums gibt eine neuere Arbeit von Friemann und Sauerwald (1) bei 1510° an. Diese Arbeit ist wohl als eine Fortsetzung der von Kraiczeck und Sauerwald (1) veröffentlichten Untersuchungen über das Cr—C-System bzw. als eine Überprüfung der in dieser Arbeit vertretenen Schlußfolgerungen aufzufassen, die im Gegensatz zu den Feststellungen Westgrens und Phragméns standen. Das von Friemann und Sauerwald entworfene Gleichgewichtsdiagramm deckt sich im grundsätzlichen mit den Ergebnissen Westgrens und Phragméns, so daß außer dem Karbid Cr_3C_2 das Bestehen der umstrittenen Karbide Cr_4C und Cr_7C_3 als gesichert gelten kann. Lediglich bezüglich des Eutektikums und der Schmelze, die an der peritektischen Umsetzung: Schmelze + $Cr_7C_3 \rightleftarrows Cr_4C$ teilnimmt, nehmen Westgren und Phragmén niedrigere Konzentrationen an Kohlenstoff an. In dem Grenzdiagramm in Abb. 156 ist das Zustandsdiagramm nach Friemann und Sauerwald wiedergegeben. Nach diesem Diagramm besteht neben dem stabilen System noch ein gut ausgebildetes metastabiles System, das bei hinreichend großer Abkühlungsgeschwindigkeit durch Unterdrückung der bereits oben gekennzeichneten peritektischen Umwandlung entsteht. Bemerkenswert ist die hohe Schmelztemperatur des reinen Chroms, die nach den in der gleichen Arbeit bekanntgegebenen Untersuchungen von Wintrich oberhalb 1900° liegen soll. Hiernach wird eine wesentliche Erniedrigung der Schmelztemperatur durch Aufnahme von Stickstoff bewirkt, woraus sich die widersprechenden Angaben über die Schmelztemperatur des Chroms erklären würden.

C. Das Dreistoffsystem Eisen-Chrom-Kohlenstoff.

Über das Dreistoffsystem Fe—Cr—C selbst liegen, abgesehen von zahlreichen Einzeluntersuchungen, nur wenige umfassende Untersuchungen vor. Mit der Bestimmung der Liquidus-Solidusflächen befaßt sich nur die Untersuchung von A. v. Vegesack (1), durch welche mittels thermischer Analyse und Gefügeuntersuchungen der Verlauf der Konzentrationslinien bzw. der Raumkurven der univarianten

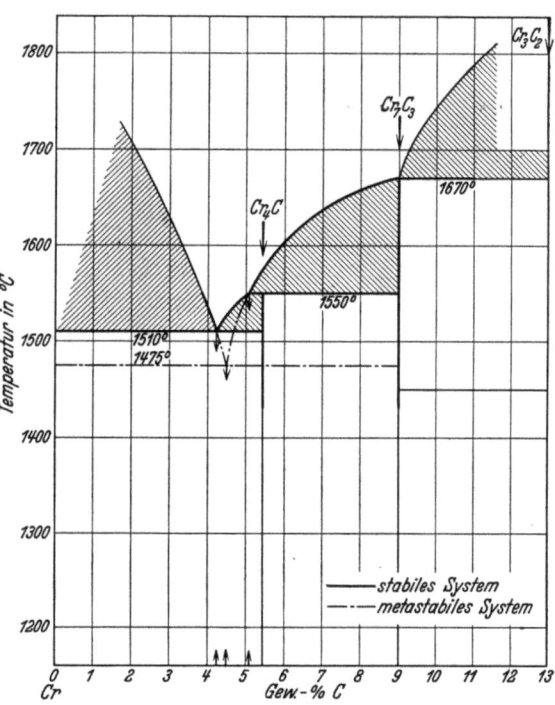

Abb. 156. Zustandsdiagramm Chrom-Kohlenstoff [Friemann und Sauerwald (1)].

Gleichgewichte festgelegt wurde, die die Gebiete verschiedener Primärkristallisation voneinander abgrenzen. Nach v. Vegesack ergab die Gefügeuntersuchung der Schmelzen drei verschiedene Primärkristallisationsflächen:

1. Primäre Ausscheidung von Fe—Cr-Mischkristallen, sekundäre von univariantem Eutektikum, bestehend aus diesen Mischkristallen und Karbiden;
2. Primäre Ausscheidung von Zementit, sekundäre von univariantem Eutektikum von Zementit und Doppelkarbiden bzw. von Zementit und Mischkristallen und weiterhin von univariantem ternären Eutektikum, bestehend aus Zementit, Mischkristallen und Doppelkarbiden;
3. Primäre Ausscheidung von Doppelkarbiden, sekundäre von univariantem Eutektikum aus diesen Karbiden + Mischkristallen.

In neuerer Zeit haben A. Westgren, G. Phragmén und Fr. Negresco (5)

148 Die Konstitution des Eisens in Abhängigkeit von der chemischen Zusammensetzung.

in einer eingehenden Arbeit durch Feinstruktur- und Gefügeuntersuchungen die Ergebnisse A. v. Vegesacks bestätigen und das von ihm entworfene Bild der Erstarrungsvorgänge erweitern können. Nach ihren Angaben ist das in Abb. 157 wiedergegebene Zustandsbild im wesentlichen gezeichnet. A. v. Vegesacks Befund deckt sich mit den Kurvenzügen l'_1—E, l'_3—D—B—E und c—E. Neu hinzugekommen sind die Linien univarianter Dreiphasengleichgewichte peritektischer Umsetzung b'_1—B und d'_3—D, wodurch die Primär-

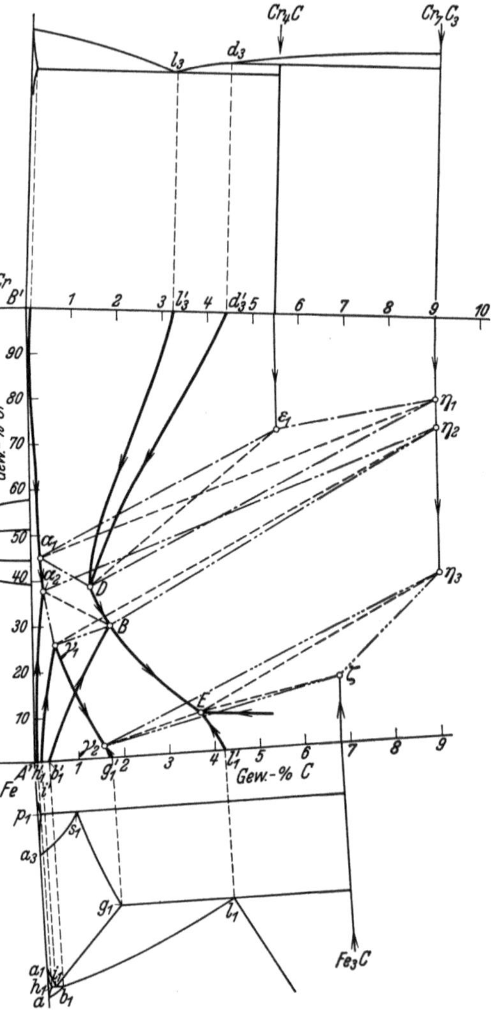

Abb. 157. Dreistoffsystem Eisen-Chrom-Kohlenstoff [Westgren, Phragmén und Negresco (5)].

fläche der Mischkristalle unterteilt wird in eine solche der Ausscheidung primärer α-Mischkristalle und primärer γ-Mischkristalle, und wodurch in der Primärausscheidungsfläche der Chromkarbide die Ausscheidungsfläche des kubischen Chromkarbids umgrenzt wird. Die röntgenographischen Untersuchungen der genannten Forscher haben nun erbracht, daß im Fe—Cr—C-System Doppelkarbide im eigentlichen Sinne des Wortes — nämlich Karbide, die zu ihrer Bildung notwendigerweise sowohl Eisen als auch Chrom gleichzeitig benötigen — nicht auftreten. Die Karbide, die gefunden wurden, sind entweder Chromkarbide, in denen die Chromatome teilweise durch Eisenatome ersetzt sind (Mischkristallkarbide), oder Zementit, in dem einzelne Eisenatome gegen Chromatome ausgetauscht sind. Dabei kann im Zementit (Fe, Cr)$_3$C das Eisen bis zum Betrage von etwa 15% im kubischen Chromkarbid (Cr, Fe)$_4$C die Chromatome durch Eisenatome bis zu 25% ersetzt werden. Im trigonalen Chromkarbid (Cr, Fe)$_7$C$_3$ kann der Betrag an Eisen bis zu 55% steigen, wogegen im orthorhombischen Chromkarbid (Cr, Fe)$_3$C$_2$ nur wenige Prozent Eisen an Stelle des Chroms treten können. Im Zusammentreffen des univarianten Dreiphasengleichgewichts eutektischer Abscheidung der festen Phasen α (Fe—Cr)-Mischkristalle + kubischem Chromkarbid (Cr, Fe)$_4$C (Linienzug l'_3—D) und des univarianten Dreiphasengleichgewichts peritektischer Abscheidung der festen Phasen kubisches Chromkarbid (Cr, Fe)$_4$C + trigonales Chromkarbid (Cr, Fe)$_7$C$_3$ (Linienzug d'_3—D) ergibt sich somit ein nonvariantes Vierphasengleichgewicht, bestehend aus Schmelze D, α-(Fe, Cr) Mischkristall, kubischem Chromkarbid und trigonalem Chromkarbid.

In Abb. 157 sind außer den Kurven, die die Konzentration der Schmelzen der univarianten Dreiphasengleichgewichte anzeigen, die demnach die Projektion der Schnittkurven der Primärerstarrungsflächen darstellen, noch die Projektionen der Schnittkurven der Flächen der Beendigung der Erstarrung gezeichnet, die also Kurven darstellen, die die Konzentration der festen Phasen der univarianten Dreiphasengleichgewichte anzeigen, so daß sich die Zusammensetzung aller Legierungen direkt nach Beendigung der Erstarrung ablesen läßt.

Es muß hierzu bemerkt werden, daß die Festlegung der Ordinaten der hierbei in Frage kommenden festen Phasen keinen Anspruch auf quantitative Richtigkeit erhebt, sondern vielmehr schematischer Natur ist, was auch besonders hinsichtlich der Konzentration des an Chrom gesättigten γ-Mischkristalls gilt. Nach der Darstellung von Westgren, Phragmén und Negresco sowie T. Murakami, K. Oka und S. Nishigori (3) reicht das Gebiet des homogenen γ-Mischkristalls bis etwa 22% Cr, während nach der Darstellungsweise von V. N. Krivobock und M. A. Großmann (1) das Gebiet des homogenen Austenits noch bis über 33% hinausreichen muß. Die letztgenannten Arbeiten befassen sich besonders mit dem Studium der Umwandlungen der Fe—Cr—C-Legierungen im festen Zustand. Dabei untersuchten Murakami und Mitarbeiter 53 Stähle (aus dem Gebiete, das gekennzeichnet ist durch die Konzentrationen 0,04% C und 9,5% Cr, 0,04% C und 30% Cr, 1% C und 16% Cr sowie 1% C und 23% Cr) mikroskopisch, dilatometrisch und magnetometrisch. Krivobock und Großmann untersuchten 10 Stähle mit 0,15—0,63% C und 20—34% Cr ebenfalls mikroskopisch und magnetisch, außerdem durch Rockwell-Härtmessungen. Ihre Untersuchungsergebnisse haben die letzteren zusammengefaßt in der Darstellung dreier Parallelschnitte durch das Dreistoffsystem, die jeweils durch den Chromgehalt von 22%, 28% und 34% Cr gekennzeichnet sind. Eine kritische Würdigung ihrer Arbeit führt allerdings zu dem Ergebnis, daß ihre primitive Darstellung der Schnitte weder den theoretisch zu erwartenden Verhältnissen im Dreistoffsystem noch ihren eigenen Versuchsbefunden gerecht wird. Vielmehr läßt sich widerspruchsfrei eine Deutung ihrer Versuche auf der Basis der in Abb. 157 und 158 wiedergegebenen Darstellung durchführen, wonach sich zudem gerade aus ihren Versuchen ergibt, daß zwar bei 22% Cr wohl noch, bei 28% Cr jedoch das Gebiet des homogenen Austenits nicht mehr geschnitten wird. Die Abb. 159, 160 und 161 zeigen drei Schnitte durch das Dreistoffsystem auf Grund der Darstellung

150 Die Konstitution des Eisens in Abhängigkeit von der chemischen Zusammensetzung.

in Abb. 157 und 158 bei den entsprechenden Cr-Gehalten, in welchem die von Krivobock und Großmann bestimmten Gefügezusammensetzungen sich gut einfügen.

Bezüglich des Einflusses des Chroms auf die Perlitumwandlung stimmen die meisten Beobachtungen darin überein, daß die Temperatur der A_1-Umwandlung mit steigendem Cr-Gehalt gehoben wird, wobei sich das univariante Dreiphasengleichgewicht γ-Mischkristall + α-Mischkristall + (Fe, Cr)$_3$C zu niedrigeren C-Ge-

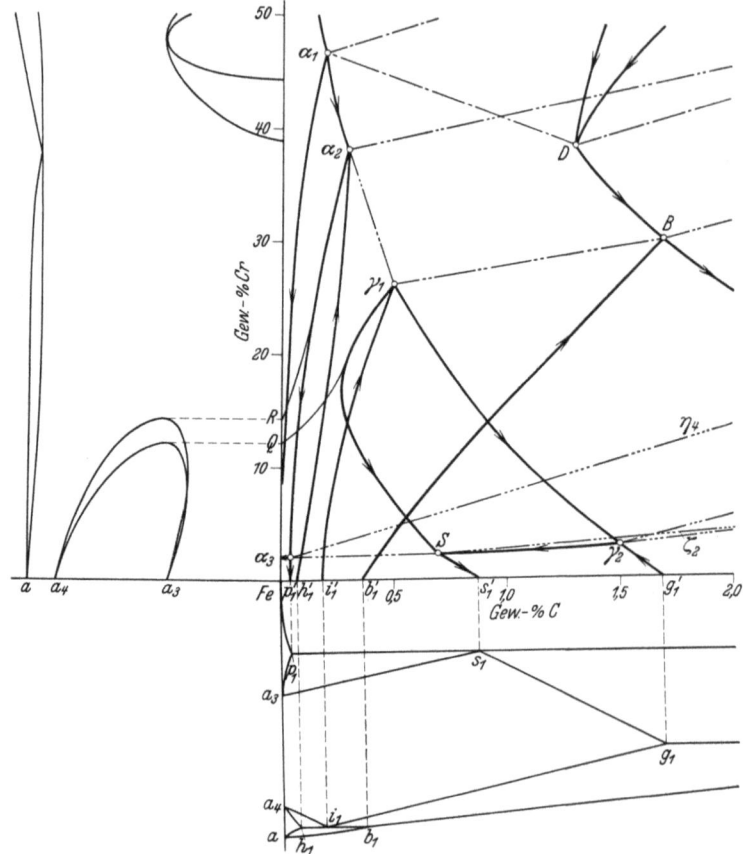

Abb. 158. Dreistoffsystem Eisen-Chrom-Kohlenstoff (Eisenecke).

halten verschiebt. Moore (1) beobachtete, daß bei hohen Cr-Gehalten Ac_1 über Ac_2 liegt, Ac_1 ferner mit dem Cr-Gehalt steigt. Bei einer Legierung mit 6,42% Cr fand er Ac_1 bei 821°. Russell (1) bestätigt die Mooreschen Befunde an zwei Stahlreihen. Auch Murakami (2) gelangte bezüglich der Lage von A_1 zu ähnlichen Ergebnissen. Nach McWilliam und Barnes (1) scheint unter dem Einfluß von 2% Cr A_3 erniedrigt, A_2 nicht verändert und A_1 gehoben zu werden. Gleichzeitig beobachten sie eine Vergrößerung der Hysteresis, und zwar stärker mit steigendem C-Gehalt.

Westgren, Phragmén und Negresco fanden, daß in Kugellagerstählen mit weniger als 2% Cr das freie Karbid in jedem Falle identisch ist mit Zementit, gleichgültig, ob es in kleinen Ausscheidungen oder in größeren streifigen Anhäufungen, vielfach als „Doppelkarbide" angesprochen, vorlag, oder ob es durch heißes Natrium-Pikrat angegriffen wurde oder nicht. Ihre eingehenden Untersuchungen ergaben, daß in allen diesen Fällen das Röntgenbild die typischen Linien des aus einer reinen Fe—C-Legierung gewonnenen Zementits ergab. Sie fanden ferner, daß der C-Gehalt des Karbids 6,8% C betrug, also in guter Übereinstimmung mit der Formel (Fe, Cr)$_3$C, und daß der Cr-Gehalt in geglühten Legierungen zu $^9/_{10}$ im Karbid enthalten war. Allerdings ergab sich eine Abnahme der Gitterabmessungen mit zunehmendem Cr-Gehalt, was eine Ausnahme von der allgemeinen Regel über die Veränderung der Gitterparameter bei festen

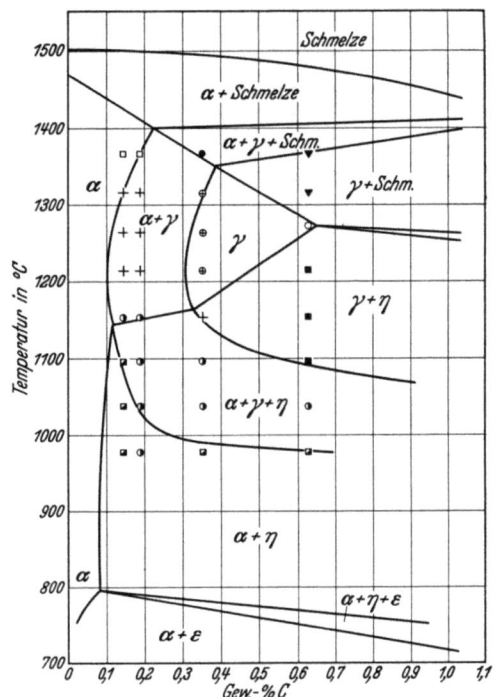

Abb. 159. Schnitt bei 22% Cr.
[Krivobock und Großmann (1).]

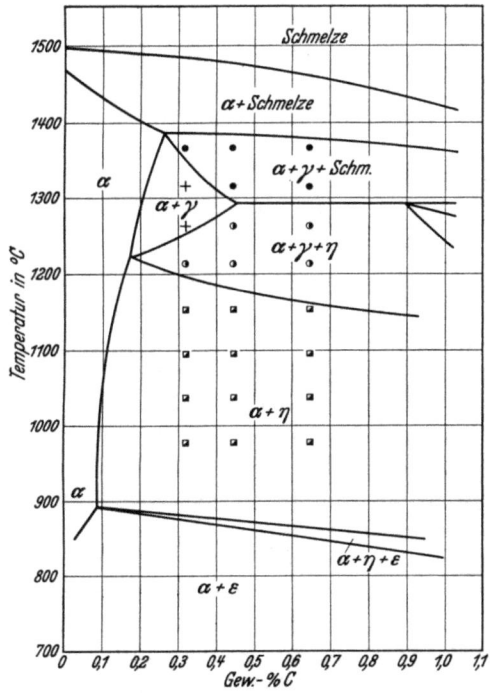

Abb. 160. Schnitt bei 28% Cr.
[Krivobock und Großmann (1).]

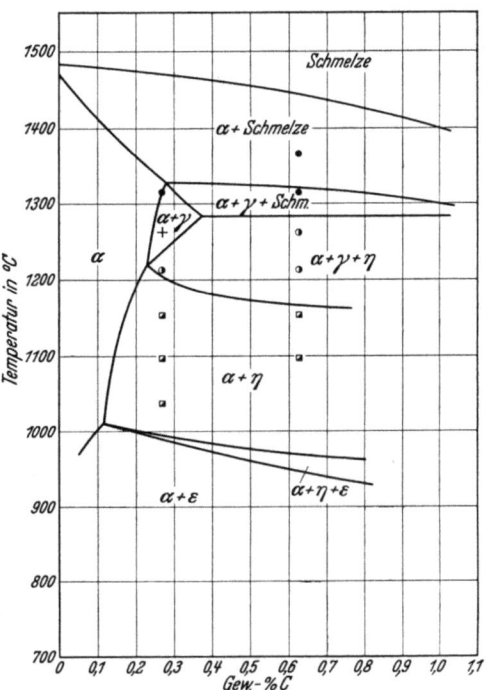

Abb. 161. Schnitt bei 33% Cr.
[Krivobock und Großmann (1).]

152 Die Konstitution des Eisens in Abhängigkeit von der chemischen Zusammensetzung.

Lösungen bedeutet. (Die gleiche Anomalie wurde festgestellt, wenn die Fe-Atome im Zementit durch Mn ersetzt sind.)

Abb. 162 zeigt die Veränderung der Gitterabmessungen in Abhängigkeit vom Cr-Gehalt bei Fe—Cr-Mischkristallen, kubischem Karbid und trigonalem Karbid. Bezüglich des Zementits reichten ihre Beobachtungen nicht für die Aufstellung einer ähnlichen Kurve aus, zumal sie neben dem des Cr-Gehaltes noch einen Einfluß der Abschrecktemperatur auf die Gitterabmessungen annehmen zu müssen glaubten. Als Ursache für die verschiedene Ätzbarkeit des Zementits glauben sie geringe Unterschiede im Cr-Gehalt ansprechen zu können, wofür auch ihre Röntgenbefunde sprechen, räumen aber auch hier der Abschrecktemperatur und noch mehr dem Verteilungsgrad, der Größe der Karbidteilchen, einen Einfluß ein. Jedenfalls bestreiten sie das Bestehen eines Doppelkarbides und erklären die als „Doppelkarbide" angesprochenen Karbidzeilen als unregelmäßige Ausscheidungen von Zementit, die durch die Abkühlungsverhältnisse bedingt sind.

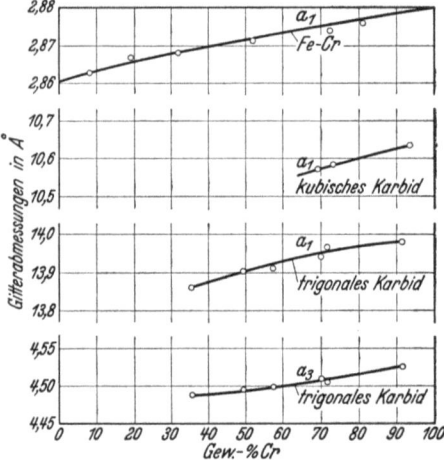

Abb. 162. Veränderung der Gitterabmessungen in Fe—Cr-Legierungen und in durch Fe substituierten Cr-Karbiden [Westgren, Phragmén und Negresco (5)].

In neuerer Zeit wurden im Rahmen einer Arbeit von F. Wever und W. Jellinghaus (7) über den Einfluß der Abkühlungsgeschwindigkeit auf die Umwandlungen und das Gefüge der Chromstähle die Ergebnisse der Untersuchungen von Westgren, Phragmén und Negresco vollkommen bestätigt. Danach besitzt das Karbid der Chromstähle bis zu Gehalten von 2% Cr die Kristallstruktur des Zementits. Sie bestätigten weiter durch thermische und dilatometrische Analysen, daß in diesen Stählen die Temperatur des A_1-Punktes steigt. Ab 3% Cr stellen sie das Auftreten eines weiteren Karbides, des trigonalen $(Cr, Fe)_7C_3$ fest, das auch die oben genannten Forscher bei höheren Gehalten als 2% Cr nachweisen konnten. Man darf daher weiter schließen, daß zwischen 2—3% Cr das Dreiphasengleichgewicht α-Mischkristall + γ-Mischkristall + $(Fe, Cr)_3C$ in das nonvariante Vierphasengleichgewicht $α + γ + (Fe, Cr)_3C + (Cr, Fe)_7C_3$ übergeht. Die Temperatur dieses Vierphasengleichgewichtes wurde auf Grund der thermischen Daten von Wever und Jellinghaus auf etwa 800° geschätzt. Im Punkte S (Abb. 158) des Vierphasengleichgewichtes treffen notwendigerweise auch die Dreiphasengleichgewichte $α + γ + (Cr, Fe)_7C_3$ vom Punkte $γ_1$ ausgehend und $γ + (Cr, Fe)_7C_3 + (Fe, Cr)_3C$ vom Punkte $γ_2$ ausgehend zusammen, und da die Gleichgewichte mit steigendem Cr- bzw. C-Gehalt sich zu höheren Temperaturen verschieben, kann angenommen werden, daß der Punkt S außerhalb des Konzentrationsdreiecks $α_3—ζ_2—η_4$ der drei Phasen α-Mischkristall, Zementit und trigonalem Karbid liegt, die mit dem γ-Mischkristall im Gleichgewicht stehen können. Der Einphasenraum des homogenen γ-Mischkristalls wird daher eingeschlossen von den Ausscheidungsflächen dieser Phasen, und zwar von der Fläche $γ_1 S γ_2$ als der Ausscheidungsfläche des trigonalen Karbids, $γ_2 S s_1' g_1'$

als der des Zementits und $s'_1 S \gamma'_1 Q a'_3$ als der des α-Mischkristalls. Nach oben wird der Einphasen-γ-Raum begrenzt durch die Fläche der Beendigung der Erstarrung $i'_1 \gamma_1 \gamma_2 g'_1$ und durch die Fläche $Q \gamma_1 i'_1 a_4$ der Fortsetzung der Ausscheidungsfläche des α-Mischkristalls, die somit zur Fläche der Beendigung des umgekehrten Vorganges, der δ—γ-Umwandlung wird.

In Abb. 163 ist ein isothermer Schnitt bei 700° durch das Dreistoffsystem nach Westgren, Phragmén und Negresco gelegt. Danach ergeben sich 5 Gebiete verschiedener Gefügebestandteile, 2 Dreiphasengebiete, die begrenzt werden durch 3 Zweiphasengebiete. Auf Grund dieser Darstellung schiebt sich der Dreiphasenraum, in dem α-Mischkristall + kubisches Karbid + trigonales Karbid miteinander im Gleichgewicht stehen,

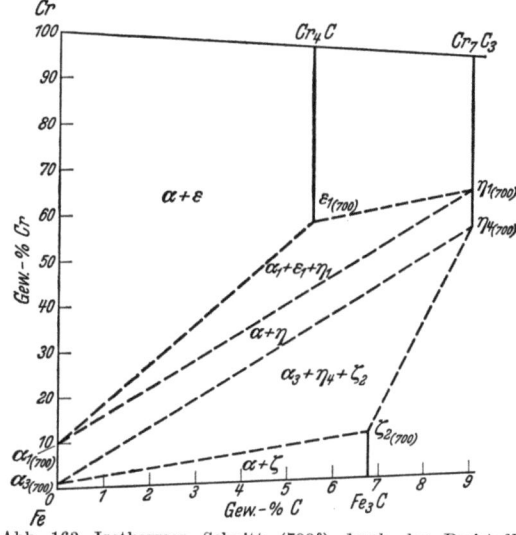

Abb. 163. Isothermer Schnitt (700°) durch das Dreistoffsystem Eisen-Chrom-Kohlenstoff [Westgren, Phragmén und Negresco (5)].

bei niedrigen Temperaturen zu bedeutend niedrigeren Cr-Gehalten vor.

Dieser Schnitt zeigt eine große Ähnlichkeit mit dem von Murakami aufgestellten Strukturdiagramm, das er bei langsamer Abkühlung der bei 900° geglühten Stähle erhielt (Abb. 164). Die 5 verschiedenen Gefügefelder sollen der Verschiedenartigkeit der Karbide Rechnung tragen. Auf Grund der Ergebnisse der Untersuchungen von Westgren, Phragmén und Negresco ergibt sich demnach eine neue Deutungsmöglichkeit.

D. Physikalische und technologische Eigenschaften.

a) Physikalische Eigenschaften von kohlenstoffarmen Eisen-Chromlegierungen.

Die physikalischen Eigenschaften von praktisch reinen Eisen-Chrom-Legierungen wurden von F. Stäblein (2) an kleinen Gußproben aus Elektrolyteisen und aluminothermischem Chrom nach dem Ausschmieden und Glühen bei

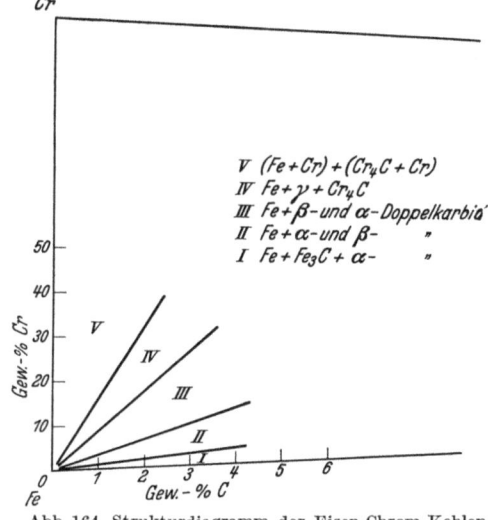

Abb. 164. Strukturdiagramm der Eisen-Chrom-Kohlenstoff-Legierungen [Murakami (3)].

800° und nachfolgender langsamer Abkühlung ermittelt. Die Versuchswerkstoffe enthielten im Mittel 0,03% C bei Cr-Gehalten von 5,1 bis 24,2%.

Das spezifische Gewicht wird durch 1% Cr um 0,0083 erniedrigt. Die Meßwerte zeigen gute Übereinstimmung mit den nach der Mischungsregel errechneten Werten.

Für den spezifischen Widerstand gilt die Benedicksche Regel nur bei Cr-Gehalten bis zu 2%. Der Widerstand des Eisens wird in diesem Konzentrationsbereich durch 1% Cr um 0,062 $\Omega \cdot$ mm²/m erhöht. Für höhere Cr-Gehalte bleiben die gemessenen Widerstandswerte allmählich hinter den berechneten Werten zurück.

Durch einen Cr-Zusatz von 5% wird die Wärmeleitfähigkeit des reinen Eisens sehr stark vermindert (0,08 cal/cm·sek·°C), bleibt dann aber bis etwa 13% Cr unverändert, erreicht bei 17% Cr mit 0,05 cal/cm·sek·°C einen Tiefstwert und steigt dann wieder etwas an.

Der mittlere Ausdehnungskoeffizient des reinen Eisens zwischen 0 und 700° ($14,9 \times 10^{-6}$) wird durch 10% Cr auf 12,9, durch 24% Cr auf $12,0 \times 10^{-6}$ erniedrigt.

b) Die physikalischen Eigenschaften der Chromstähle.

Das spezifische Gewicht wird durch Zusatz von Chrom erniedrigt:

% C	% Cr	Spez. Gewicht
0,07	0,22	7,777
0,14	0,57	7,759
0,10	13,00	7,75
0,77	5,19	7,712
1,27	11,13	7,675

Die Wärmeleitfähigkeit wird durch Chrom stark verringert:

% C	% Cr	Wärmeleitfähigkeit Kcal/h·m·°C
0,3	—	0,100
0,3	10	0,052

Eine ähnliche Erniedrigung zeigt die elektrische Leitfähigkeit. Der elektrische Widerstand von rostfreiem 12%igen Cr-Stahl beträgt 0,6—0,7 Ω mm²/m, ist also etwa sechsmal so groß wie bei reinem Eisen.

Von großer Bedeutung für die Verwendung der Cr-Stähle zur Herstellung von Dauermagneten ist die Tatsache, daß die Stähle mit Cr-Gehalten bis zu etwa 3% in gehärtetem Zustande eine hohe Remanenz ($\sim$ 11000 Gauß) bei gleichzeitig hoher Koerzitivkraft ($\sim$ 60 Örsted) besitzen.

c) Technologische Eigenschaften der Chromstähle.

In den Stählen mit etwa 1% C und 1—3% Cr ist das Auftreten von Flocken eine häufig beobachtete Fehlerscheinung. Bei geringeren C- und Cr-Gehalten bis zu 1,5% sowie bei hohen C-Gehalten und gleichzeitig hohen Cr-Gehalten treten keine Flocken auf. Die Berichte über die Ursache der Flockenbildung gehen, wie an anderer Stelle noch gezeigt wird, noch weit auseinander. Wahrscheinlich wirken Vorgänge beim Erschmelzen und Vergießen, beim Schmieden und Walzen (Formänderungsgeschwindigkeit), das Auftreten von Seigerungen und Einschlüssen sowie Wasserstoff bei der Entstehung von Flocken zusammen. Daher ist bei der Herstellung, dem Vergießen, Warmverformen sowie bei der Abkühlung der von Flocken bedrohten Cr-Stähle größte Sorgfalt zu beobachten. Unter den übrigen Cr-Stählen macht sich ein ungünstiger Einfluß des Chroms bei der Warmformgebung nur bei niedrigen C-Gehalten etwas bemerkbar.

Eisen und Chrom.

Chrom erniedrigt, wie die meisten Legierungselemente des Eisens, die kritische Abschreckgeschwindigkeit beträchtlich. Daher müssen Cr-Stähle, die der spanabhebenden Formgebung unterworfen werden sollen, schon bei mäßigen Cr-Gehalten nach dem Schmieden oder Walzen langsam gekühlt oder weichgeglüht werden.

Hammer- und Preßschweißbarkeit werden schon durch Chromgehalte von 0,2—0,3% sehr stark beeinträchtigt. Die Schmelzschweißbarkeit ist dagegen auch bei den hochchromhaltigen Stählen noch gut.

Der Einfluß des Chroms auf die Festigkeitseigenschaften, die Härte und die spezifische Schlagarbeit von rohgeschmiedeten Stählen mit durchschnittlich 0,2 und 0,8% C geht aus Abb. 165 hervor. Die martensitischen Stähle (mittlere Cr-Gehalte) können nach Guillet durch Glühen oberhalb Ac_3 und nach sehr langsamer Abkühlung noch in perlitische Stähle übergeführt werden. Bei einer derartigen Wärmebehandlung wird demnach das Gebiet der martensitischen Stähle gegenüber den Guilletschen Angaben zu höheren Cr-Gehalten verschoben. Im gleichen Sinne wird diese Wärmebehandlung auch das Gebiet der austenitischen Cr-Stähle beeinflussen.

d) Verwendungsgebiete der Chromstähle.

Die Verbesserungsmöglichkeit der Festigkeitseigenschaften und die verbesserte Durchhärt- und Vergütbarkeit durch Cr-Zusatz machen die Cr-Stähle mit niedrigen C- und Cr-Gehalten als Baustähle geeignet. Bei Cr-Gehalten bis zu 2% finden die Stähle mit weniger als 0,18% C als Einsatzstähle, mit bis zu 0,5% C als Vergütungsstähle Anwendung.

Die Verwendung der Cr-Stähle als Werkzeugstähle beruht auf der durch Cr hervorgerufenen Härte. Von Bedeutung ist sowohl die unmittelbare Härtesteigerung, die durch die Mischkristallbildung mit dem Ferrit und dem Gehalt an Karbid bzw. durch eine höhere Härte dieses Karbides[1] hervorgerufen wird, als auch die durch Härtung erzielbare, mittelbare Härtesteigerung.

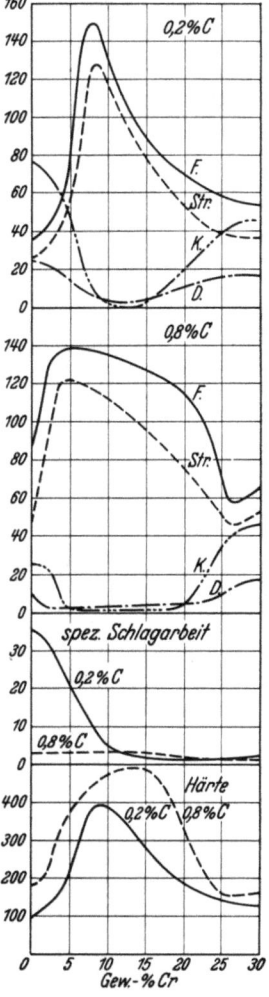

Abb. 165. Einfluß des Chroms auf die Festigkeitseigenschaften, Härte und spezifische Schlagarbeit von Stahl mit 0,2 bzw. 0,8% C [Guillet (6)].

Vergütungsstähle:
0,25—0,4% C; 0,8—1,2% Cr; 0,4—0,6% Mn; 0,035% S; 0,035% P.

Zustand	Zugfestigkeit kg/mm²	Streckgrenze in % der Zugfestigkeit kg/mm²	Bruchdehnung % $l = 10d$
Bei 720° geglüht vergütet.	60	60	20—15
850° Öl/650—550° angelassen	80—100	70	15—11

[1] Cornelius, H. und H. Esser: Arch. Eisenhüttenw. Bd. 8 (1934/35) S. 125.

156 Die Konstitution des Eisens in Abhängigkeit von der chemischen Zusammensetzung.

Werkzeugstähle.

% C	% Cr	Anwendungsgebiete
1,4	0,4—0,6	Rasiermesser, Zieheisen
0,3—0,5	1,0—1,5	Meißel
1,0	1—2	Sägen

Der gute Verschleißwiderstand und die verhältnismäßig hohe Zähigkeit der gehärteten Chromstähle macht sie vorzüglich geeignet zur Verwendung als Werkstoff für Kugeln und Kugellager. Das Gefüge soll für beide Verwendungszwecke aus Martensit mit kugeligem Zementit bestehen. Der Härtung muß also eine Glühung zur Überführung des Zementits, des Perlits und des sekundären Zementits in die globulare Form voraufgehen. Als Kugellagerwerkstoff finden Stähle mit etwa 1,1% C und 1,4–1,8% Cr, als Kugelwerkstoff solche mit 0,7—1,0% C und 1,1—0,6% Cr Verwendung.

Die hochkohlenstoff- und chromhaltigen Stähle sind durch das Auftreten von Eutektikum im Gefüge gekennzeichnet. Da Chrom die maximale Löslichkeit des γ-Eisens für Kohlenstoff zu geringeren Kohlenstoffgehalten verschiebt (Kurve $g_1' \gamma_2 \gamma_1$ in Abb. 158), tritt Eutektikum in hochchromhaltigen Stählen bereits bei Kohlenstoffgehalten weit unter 1,7% auf. Beispielsweise enthält ein Stahl mit 1% C und 10% Cr schon Eutektikum. Derartige Legierungen mit 1,2 bis 2,5% Cr finden nach Härtung von 900—950° in Öl oder Preßluft Verwendung für Zieheisen und Preßteile.

Außer den älteren Untersuchungen von Curie (1) und von Mars (3) hat eine neuere von Gumlich (3) den Nachweis der Brauchbarkeit des Chroms als Legierungselement für Dauermagnete erbracht und dessen Konkurrenzfähigkeit mit dem bisher meist verwendeten Wolfram bewiesen. Abb. 166 zeigt die wesentlichen Ergebnisse der Gumlichschen Arbeit an den bei 850° in Wasser gehärteten Legierungen, die außer Chrom und Kohlenstoff nur unwesentliche Mengen anderer Legierungsbestandteile, insbesondere des schädlichen Siliziums ($\sim 0,3\%$), enthielten. Die Untersuchung erfolgte im kleinen Joch

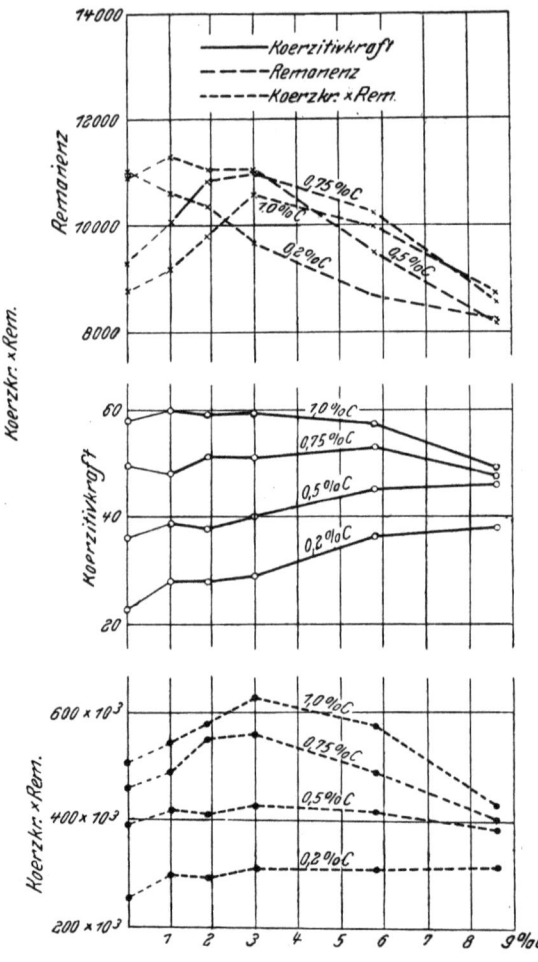

Abb. 166. Koerzitivkraft und Remanenz von Chromstahl mit verschiedenem Kohlenstoffgehalt. Alle Legierungen sind bei 850° gehärtet [Gumlich (3)].

an 22 cm langen Stäben, und zwar wurden die Schleifen bis zur Feldstärke $H = 300$ ermittelt und bei der Berechnung durch eine Scherung verbessert. Die Koerzitivkraft wurde mit dem Magnetometer ermittelt. Das Produkt aus Remanenz und Koerzitivkraft $(R \cdot K)$ dient als brauchbarer Maßstab für den Vergleich von Magnetstählen. Was zunächst den Kohlenstoffgehalt betrifft, so ging aus den Untersuchungen hervor, daß eine Steigerung über 1—1,1% hinaus keine wesentlichen Vorteile bot. Mit steigendem Chromgehalt steigt bis rd. 6% Chrom die Koerzitivkraft, und zwar stärker bei niedrigen als bei höheren Kohlenstoffgehalten. Die Remanenz zeigt dagegen bei etwa 3% Chrom und 0,75 sowie 1% Kohlenstoff ein Maximum. Bei niedrigen Kohlenstoffgehalten sinkt die Remanenz, bei höheren (zwischen 1 und 1,75%) steigt sie kontinuierlich mit dem Chromgehalt, doch schließt im letzteren Falle der verhältnismäßig niedrige Betrag eine praktische Verwertungsmöglichkeit aus. Das Optimum der Eigenschaften $(R \cdot K)$ wird bei den gewählten Behandlungsarten (Härten bei 850° und 900°) bei etwa 1% Kohlenstoff und 3% Chrom erreicht. Die heute üblichen Cr-legierten Dauermagnetstähle enthalten entsprechend den obigen Ausführungen 0,9—1,2% C, 0,3—0,5% Mn und 1,5—3% Cr. Die Härtetemperatur muß so hoch gewählt werden, daß das magnetisch wenig wirksame Karbid möglichst vollständig aufgelöst wird. Um Karbidausscheidung (Troostitbildung) bei der Abschreckung zu vermeiden, wird als Abschreckmittel Wasser verwendet. Die Haltbarkeit der Chromstahlmagnete gegen Erschütterungen und Temperaturschwankungen steigt im allgemeinen sowohl mit dem Chrom- wie mit dem Kohlenstoffgehalt, wogegen ein verhältnismäßig geringer Siliziumgehalt (0,3—0,6%) außer der Haltbarkeit auch die Leistungsfähigkeit herabmindert. Der Siliziumgehalt sollte daher 0,1% nicht übersteigen. Jede Glühbehandlung wirkt ebenfalls verschlechternd auf die magnetischen Eigenschaften. Weichglühen soll daher nur in dem Maße erfolgen, wie es für die mechanische Bearbeitung erforderlich ist.

Eine außerordentlich wichtige Eigenschaft der Chromstähle mit höheren Chromgehalten ist ihre hohe Beständigkeit gegenüber Rosten und Säureangriff. Diese chemische Widerstandsfähigkeit der nichtrostenden Stähle rührt daher, daß ein Chromzusatz die Neigung des Eisens verstärkt, in Berührung mit oxydierenden Mitteln (z. B. Salpetersäure) in den passiven Zustand überzugehen. Die Ursache der Passivität liegt sehr wahrscheinlich in der Ausbildung einer schützenden Oxydhaut [Oxydhauttheorie], die auf chemischem und optischem Wege nachgewiesen werden konnte. Bei röntgenographischen Untersuchungen an passiviertem Eisen-Nickel- und Chrompulver wurden keine Oxydlinien festgestellt und hieraus der Schluß gezogen, daß die Oxydhäutchen dünner als 10 Å sein müssen.

Die Schutzwirkung durch Passivwerden besteht nur unter Bedingungen, die die Entstehung eines dichten Oxydfilms begünstigen. Die chemische Beständigkeit der nichtrostenden Stähle ist daher gut gegenüber oxydierenden Einflüssen, sowie gegenüber neutralen oder schwach alkalischen Lösungen. Unter Bedingungen, die die Ausbildung einer Oxydhaut verhindern bzw. eine bestehende zerstören (aggressive Reduktionsmittel, wasserstoffentwickelnde Säuren) ist die chemische Widerstandsfähigkeit der nichtrostenden Stähle mehr oder weniger unzureichend.

158 Die Konstitution des Eisens in Abhängigkeit von der chemischen Zusammensetzung.

Des engen Zusammenhanges wegen sollen an dieser Stelle auch die rostfreien Cr—Ni- und Cr—Ni—Mo-Stähle besprochen werden, obgleich sie eigentlich in den Abschnitt „Komplexe Stähle" gehören. Die rostfreien Stähle lassen sich nach Houdremont (1) in 3 Gruppen einteilen, zwischen denen Übergänge vorhanden sind:

1. ferritische Stähle,
2. martensitische Stähle,
3. austenitische Stähle.

Gefüge	% C	Cr %	Ni %	Mo %
ferritisch	0,20/0,40	25/32	—	—
ferritisch/karbidisch	0,4/2,0	25/35	—	(2,0)
halbferritisch	0,1/0,2	13/18	(bis 2,0)	—
martensitisch	0,15/25	13/15	0,5/2,0	—
	0,35/45	13/15	0,5/2,0	(bis 2,0)
austenitisch	bis 0,4	18/22	7/10	(bis 3,0)
	0,1/0,4	18/26	15/80	—

Die nebenstehende Zahlentafel enthält Zusammensetzungen gebräuchlicher nichtrostender Stähle.

Gegen Salpetersäure und zahlreiche andere Stoffe sind diese rostfreien Stähle bei niedriger Temperatur vollkommen beständig. Ihr Verhalten gegenüber kochender Salpetersäure geht aus Abb. 167 hervor.

Die Einteilung der nichtrostenden Stähle nach ihrer Gefügeausbildung in 3 Hauptgruppen ergibt sich im wesentlichen aus der Beeinflussung der Umwandlungen des Eisens durch Chrom und Nickel. Die Grenzkonzentration des abgeschnürten γ-Gebietes liegt in Abhängigkeit vom Reinheitsgrad im System Eisen-Chrom bei 12—15%. Die üblichen rostsicheren Stähle mit mehr als 13% Cr und die säurebeständigen mit mehr als 15% Cr durchlaufen bei der Abkühlung

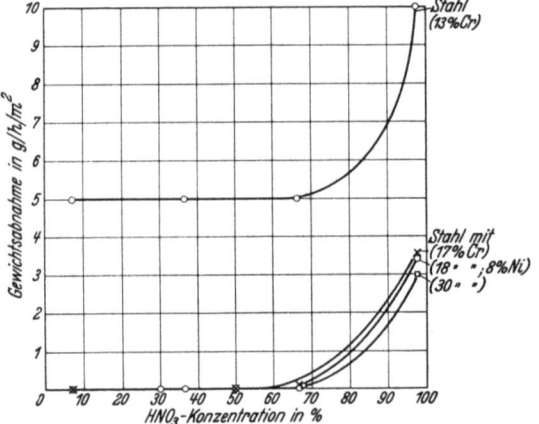

Abb. 167. Gewichtsabnahme in g/hm² von nichtrostenden Chrom- und Chromnickelstählen in kochender Salpetersäure [Schafmeister und Naumann (1)].

das γ-Gebiet und bei den höheren Cr-Gehalten auch das heterogene $\alpha + \gamma$-Gebiet nicht mehr und sind daher halb- oder ganzferritisch. Nach Bain (4) erstreckt sich bei einem C-Gehalt von 0,4% das Gebiet des γ-Eisen-Chrommischkristalls bis etwa 30% Chrom. Damit ist die Möglichkeit gegeben, bis zu Chromgehalten von 25% die verschiedensten martensitischen Cr-Stähle zu erzeugen. Diese können durch Abschreckung in den austenitischen Zustand überführt werden. Diese durch Abschreckung austenitisch gemachten rostfreien Stähle sind infolge nichtaufgelöster Karbide auf den Korngrenzen und einer gewissen Grobkörnigkeit zumeist verhältnismäßig spröde. Sie dürfen nicht verwechselt werden mit den nach langsamer Abkühlung infolge der Beeinflussung der A_3-Umwandlung durch Nickel rein austenitischen Chrom-Nickel-Stählen.

Für die Herstellung der rostfreien Stähle kommen vorwiegend Elektrostahlöfen in Betracht. Das Walzen und Schmieden muß bei Temperaturen oberhalb 1100° erfolgen. Die austenitischen Stähle sind am schlechtesten walzbar und erfordern wegen ihres hohen Formänderungswiderstandes die höchste Walzarbeit. Die Kaltverformung erfolgt durch Walzen, Hämmern, Ziehen und Tiefziehen. Die

Tiefziehfähigkeit der austenitischen Stähle (V 2 A-Gruppe) ist höher als die von Siemens-Martinstahl für Tiefziehbleche und dürfte von keinem anderen Stahl überboten werden.

Die Festigkeitswerte sind bei den martensitischen Stählen durch Wärmebehandlung in weiten Grenzen einstellbar. Sie liegen zwischen 55 und 220 kg/mm². Die Festigkeit eines austenitischen Stahls (V 2 A) mit 0,15% C, 18% Cr und 8—10% Ni beträgt etwa 60—75 kg/mm².

Der Zusammenbau von Einzelteilen wie Blechen, Röhren usw. kann durch Verschrauben, Vernieten oder Verschweißen erfolgen. Die austenitischen Chrom-Nickel-Stähle, die bisher in der chemischen Großindustrie die weiteste Verbreitung gefunden haben, werden bei der Herstellung aller möglichen Konstruktionen durch Schweißen verbunden. Die durch die Erwärmung beim Schweißen veranlaßte Beeinträchtigung der Eigenschaften (Verschlechterung der Kerbschlagzähigkeit, Neigung zu interkristalliner Korrosion = Korngrenzenzerfall durch Korrosion) in der Umgebung der Schweißstelle (Karbidausscheidungen) läßt sich durch nachträgliches Vergüten der gesamten Konstruktion wieder rückgängig machen. Ein derartiges Vorgehen ist bei sehr großen Konstruktionen im Hinblick auf die Größe der Öfen nicht mehr durchführbar. Der Firma Krupp ist es gelungen, Stahlmarken zu schaffen, deren Eigenschaften infolge Bindung des Kohlenstoffs an Elemente, wie z. B. Tantal, deren Karbide im Eisen praktisch unlöslich sind, bei gleicher chemischer Widerstandsfähigkeit wie V 2 A-Stahl durch Schweißen nicht beeinträchtigt werden. Somit können auch große Konstruktionen aus rostfreiem Stahl geschweißt werden.

Die nichtrostenden Stähle haben ein weites Anwendungsgebiet in der chemischen Industrie gefunden, z. B. in der Salpetersäure-, Kunstseide-, Film-, Farben-, Öl-, Seifen-, Zellstoff- und Textilindustrie. Weiterhin werden sie verwendet zur Herstellung von Gebrauchsgegenständen wie Messer, Gabel, Löffel, Haushaltungsgegenstände usw. Ein weiteres Anwendungsgebiet ist den rostfreien Stählen durch die Verwendung in der Architektur als Bekleidungsbleche, Beschlagteile usw. erschlossen worden.

14. Eisen und Wolfram.
A. Das Zweistoffsystem Eisen-Wolfram.

Über das Zweistoffsystem Eisen-Wolfram sind eine Reihe von Untersuchungen ausgeführt worden,

H. Harkort (1) bestimmte mittels thermischer Analyse die Liquiduskurve und die A_3 und A_2-Umwandlung. Bezüglich der letzteren stellte er keine Beeinflussung in dem untersuchten Bereich bis zu 22% W fest. Interessant ist, daß er A_4 bei 0,75% W um 50° gesenkt fand, daß Ac_3 nach seinen Untersuchungen einwandfrei noch bis 5% W, bei 7% jedoch nicht mehr nachzuweisen ist und mit steigendem W-Gehalt gehoben wird. S. Osawa (1) untersuchte ebenfalls thermisch das System, und bemerkenswert ist auch nach ihm, daß A_3 mit zunehmendem W-Gehalt steigt, daß ein Eutektikum bei 33% W und 1520° auftritt und außerdem bei höheren W-Gehalten durch peritektische Umsetzung bei 1660° die Verbindung Fe_2W gebildet werden soll. Das von W. P. Sykes (1) entworfene Zustandsdiagramm entspricht prinzipiell dem auf Grund der weiteren Untersuchungen bis heute als wahrscheinlich richtig anzusprechenden Dia-

160 Die Konstitution des Eisens in Abhängigkeit von der chemischen Zusammensetzung.

gramm. Er fand ebenfalls, daß A_3 mit steigendem W-Gehalt steigt, A_4 jedoch sinkt und beide Umwandlungen bei etwa 6% W ineinander übergehen und so zur Abschnürung des γ-Gebietes führen. Die maximale Sättigung des α-Mischkristalls, die bei 1520° etwa 33% W beträgt, geht mit sinkender Temperatur stark zurück und beträgt bei 600° nur noch 8% W. Die Lage des Eutektikums nimmt er bei höherer Konzentration an Wolfram an. Wesentlich ist, daß nach Sykes dieses Eutektikum aus dem gesättigten α-Mischkristall und der Verbindung Fe_3W_2 besteht, an Stelle der von Osawa angenommenen Verbindung Fe_2W, und daß auch bei der von Osawa gefundenen peritektischen Umsetzung die Verbindung Fe_3W_2 (68,7% W) entsteht.

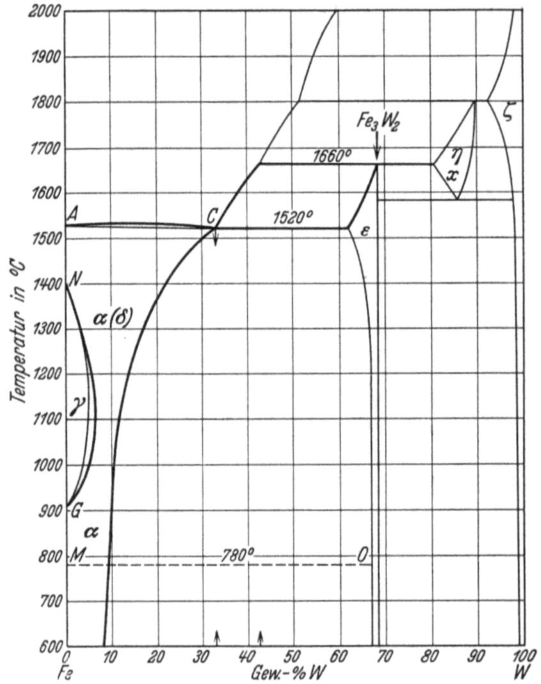

A. Arnfelt (1) bestätigte durch Röntgenuntersuchungen diese Verbindung Fe_3W_2, die nach ihm trigonal kristallisiert. Außerdem soll aber auch noch die Verbindung Fe_2W (62,2% W) mit hexagonalem Typ existieren. Sein Diagramm, das im übrigen dem von Sykes gleicht, enthält demnach eine peritektische Horizontale bei 1300°, bei welcher die Umsetzung von $\alpha(\delta) + Fe_3W_2 \rightleftarrows Fe_2W$ erfolgen soll.

In neuester Zeit hat B. Takeda (1) die gesamten Ergebnisse einer eingehenden kritischen Prüfung unterzogen und gestützt, z. T. auf neue thermische Gefüge- und Feinstrukturuntersuchungen, das in Abb. 168 wiedergegebene Diagramm aufgestellt. Er bestätigt die von Sykes gefundene Abschnürung des γ-Gebietes, die Sättigungsgrenze des $\alpha(\delta)$-Mischkristalls und die Verbindung

Abb. 168. Zweistoffsystem Eisen-Wolfram [Takeda (1)].

Fe_3W_2 (ε-Phase). Der eutektische Punkt liegt nach ihm unterhalb 35% W, jedoch nicht tiefer als 33% W, und er nimmt mit K. Honda und T. Murakami (7) an, daß bei dieser Konzentration die maximale Sättigung des α-Mischkristalls mit dem eutektischen Punkt zusammenfällt.

Abb. 169 zeigt eine Legierung mit 33,02% W, die im Ofen, also langsam, abgekühlt war. Man könnte geneigt sein, die Struktur als eutektisch anzusehen, besonders wenn man damit Abb. 170, eine Legierung mit 35,12% W, vergleicht, bei der man deutlich primär ausgeschiedene hellere Nadeln (ε-Phase) eingebettet in der scheinbar eutektischen Grundmasse, bestehend aus dem dunklen Bestandteil [$\alpha(\delta)$-Mischkristall] und den kleinen hellen Nadeln (ε-Phase), unterscheiden kann. Abb. 171 zeigt jedoch, daß durch Glühen bei höheren Temperaturen schon ein beträchtlicher Teil der scheinbar eutektischen ε-Phase in Lösung gegangen ist und Abb. 172, daß bei 1510° fast die gesamte ε-Phase in Lösung ist. Es folgt

Eisen und Wolfram.

hieraus, daß die kleinen ε-Nadeln, infolge der Löslichkeitsabnahme der α (δ)-Phase für ε, mit sinkender Temperatur sekundär ausgeschieden und nicht eutektischer Natur sind. Aus dem Zusammenfallen des eutektischen Punktes mit dem Punkt maximaler Sättigung des α-Mischkristalls ergibt sich, daß bei der eutektischen Temperatur praktisch nur gesättigte α-Mischkristalle aus der Schmelze

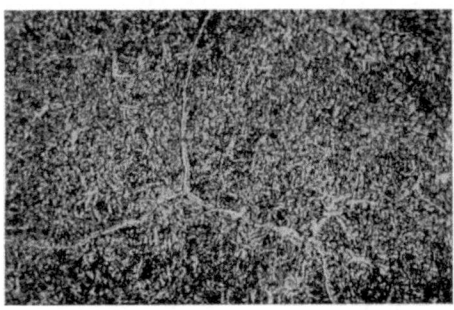

Abb. 169. 33,02% W, im Ofen abgekühlt: α+ε; mit Pikrinsäure geätzt, × 100 [Takeda (1)].

Abb. 170. 35,12% W, im Ofen abgekühlt, ε (primär aus der Schmelze abgeschieden, + δ; mit Pikrinsäure geätzt, × 100 [Takeda (1)]

ausgeschieden werden, wobei jedoch mit beginnender Abkühlung sofort aus der α-Phase die ε-Phase in kleinen Nadeln ausgeschieden wird.

Bezüglich der Vielfältigkeit der Eisen-Wolfram-Verbindungen, die nach Angaben in der Literatur bestehen sollen, angefangen mit Fe_3W [A. Carnot und Goutal (2) und T. Swinden (1)], dann Fe_2W [außer Osawa und Arnfelt noch L. Behrens und A. R. van Linge (1)], Fe_3W_2 [außer Sykes und Arnfelt und

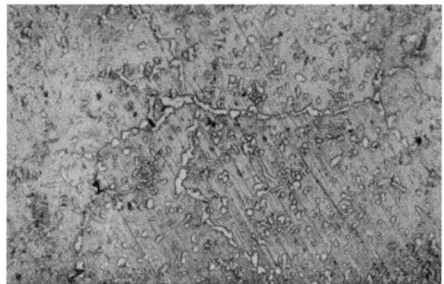
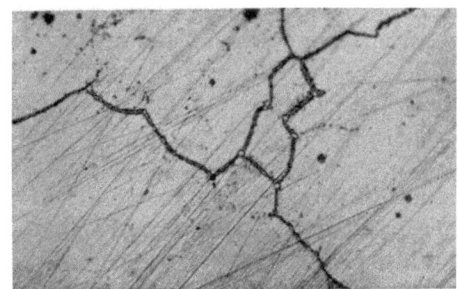

Abb. 171. 33,02% W, von 1300° abgeschreckt, ε+α; mit Pikrinsäure geätzt, × 100 [Takeda (1)].

Abb. 172. Wie Abb. 171, von 1510° abgeschreckt, ε+α; mit Pikrinsäure geätzt, × 100 [Takeda (1)].

Takeda noch E. Vigouroux (1)], FeW [E. C. Bain (1)] bis Fe_3W_2 [T. Poleck und Grützner (1)], kommt Takeda zu der gut begründeten Annahme, daß nur die Verbindung Fe_3W_2 besteht, deren Nachweis durch das Untersuchungsverfahren von Sykes, durch die eigene röntgenographische Untersuchung und durch die analytische Bestimmung allein als wirklich gesichert gelten könne. Die anderen Ergebnisse seien auf fehlerhafte Bestimmungsmethoden oder auf Verwechselung mit dem in neuerer Zeit von A. Westgren und G. Phragmén (7) gefundenen Doppelkarbid Fe_4W_2C bzw. Fe_3W_3C zurückzuführen.

In Übereinstimmung mit Harkort gibt Takeda noch an, daß die A_2-Umwandlung durch Wolfram praktisch unbeeinflußt bleibt.

Oberhoffer, Techn. Eisen, 3. Aufl.

Bezüglich des Zweistoffsystems Eisen-Wolfram kann man also nach den bisherigen Untersuchungen als gesichert annehmen: Die Abschnürung des γ-Gebietes, das maximal bis 6% W reicht; die Grenzkonzentrationen des homogenen α- bzw. δ-Mischkristalles, die bei 1520° etwa 33% W und bei 600° 8% W betragen; die Lage des eutektischen Punktes bei etwa 33% W und 1520°; das Bestehen und die peritektische Bildung der Verbindung Fe_3W_2; die Löslichkeit des Eisens in Wolfram bei hohen Temperaturen bis etwa 1,2% Fe, die jedoch bei Raumtemperatur praktisch Null wird; die Unveränderlichkeit der magnetischen Umwandlung im α-Mischkristall.

B. Das Zweistoffsystem Wolfram-Kohlenstoff.

Wolfram-Kohlenstofflegierungen sind für die Technik von außerordentlicher Bedeutung geworden. Es sei nur auf die unter verschiedenen Handelsnamen wie „Carboloy" und „Widia" bekannt gewordene intermetallische Verbindung WC hingewiesen, die wegen ihrer außerordentlichen Härte, die zwischen der von Korund und Diamant liegt, als Schneidmetall Verwendung findet. Trotz des regsten Interesses, das der Untersuchung dieses Systems schon wegen der Bedeutung für die Industrie seit langem entgegengebracht worden ist, konnte das Gleichgewichtsdiagramm noch nicht festgelegt werden, was auf die großen Schwierigkeiten zurückzuführen ist, die sich der Untersuchung und der Herstellung dieser Legierungen entgegenstellten.

Die ersten Angaben über ein Wolfram-Karbid finden sich bei Moissan (2). Er stellte durch Reduktion und Schmelzen eines Gemisches von Wolframsäure und Kohlepulver im Lichtbogen ein Produkt her, das nach seinen Analysen 3,16% C besaß, weshalb er ihm die Formel W_2C zuschrieb. Ein anderes Karbid erhielt Williams (1) als Rest beim Auflösen von wolframhaltigem, weißem Roheisen in Säure, dessen Analyse 0,12% C ergab und wofür er demnach die Formel WC annahm. Hilpert und Ornstein (1) berichten, daß sie durch Aufkohlen von Wolframpulver mit Methan oder Kohlenoxyd bei 800° dasselbe Karbid erhielten. Bei 1000° war das Produkt kohlenstoffreicher, weshalb sie im Karbid W_3C_4 vermuteten. Auf Grund von eingehenden chemischen und metallographischen Untersuchungen konnten Ruff und Wunsch (6) das Karbid WC bestätigen. Außerdem fanden sie, daß dieses Karbid beim Schmelzen zerfällt, und zwar nach ihrer Annahme in mehrere Karbide, wovon sie als kohlenstoffärmstes W_3C feststellten. Sie konnten zwar W_2C nicht einwandfrei nachweisen, doch halten sie das Bestehen dieses Karbids für wahrscheinlich. Sie bestimmten auch, wenn auch wenig genau, die Schmelzpunkte ihrer Legierungen, doch stellten sie kein Gleichgewichtsdiagramm auf.

Hultgren (1) erhielt ebenfalls durch Auflösen von wolframhaltigem, weißem Roheisen, das bei höheren Temperaturen längere Zeit geglüht und dann abgeschreckt war, in verdünnter Schwefelsäure als ungelösten Rest WC. Außerdem glaubt er auch W_3C als weicheres Karbid beobachtet zu haben. Er nimmt an, daß WC nicht nur direkt aus der Schmelze oder dem Austenit ausgeschieden wird, sondern auch durch Zerfall eines Doppelkarbides (FeWC) entsteht.

Westgren und Phragmén (8) haben erstmalig röntgenographisch W—C-Legierungen untersucht, die sie sowohl durch Aufkohlen von Wolframfäden in Kohlenoxyd erhielten als auch durch Schmelzen im Vakuumofen. Sie stellten einwandfrei zwei Phasen fest, WC und W_2C, doch schrieben sie der letzteren mehr den Charakter einer festen Lösung zu. In der Verbindung WC bilden nach ihnen die W-Atome ein einfaches hexagonales Gitter mit den Abmessungen $a = 2,91$ Å und $c = 2,83$ Å, in dem die vermutlichen Ordinaten des C-Atoms ($^1/_3$, $^2/_3$, $^1/_2$) sind. In W_2C dagegen bilden die W-Atome ein dichtest gepacktes hexagonales Gitter mit $a = 2,986$ Å und $c = 4,712$ Å und den Atomkoordinaten W (000), W ($^1/_3$, $^2/_3$, $^1/_2$) und C ($^2/_3$, $^1/_3$, $^1/_4$). Wolfram selbst hat ein kubisch raumzentriertes Gitter mit $a = 3,157$ Å.

In neuester Zeit hat Becker (1, 2, 3, 4, 5) in chemischen, physikalischen, mikroskopischen und röntgenographischen Untersuchungen ebenfalls das Bestehen dieser beiden Verbindungen WC und W_2C bestätigt. Doch führt Becker bezüglich W_2C den Nachweis, daß es sich nicht um eine feste Lösung, sondern ebenfalls um eine wohldefinierte chemische Verbindung handelt. Er fand auch, daß W_2C in zwei allotropen Modifikationen vorkommt, von denen das β-(W_2C) oberhalb und das α-(W_2C) unterhalb 2400° beständig ist. Der Gittertyp von β-(W_2C) wurde nicht bestimmt, doch folgert er aus der Ähnlichkeit des Debye-Scherrer-Röntgenogramms, daß β-(W_2C) wahrscheinlich durch einfache Atomumlagerung entsteht. Vermutet wird noch das Karbid W_3C_2, doch ist dieses bei Temperaturen unter 2600° nicht

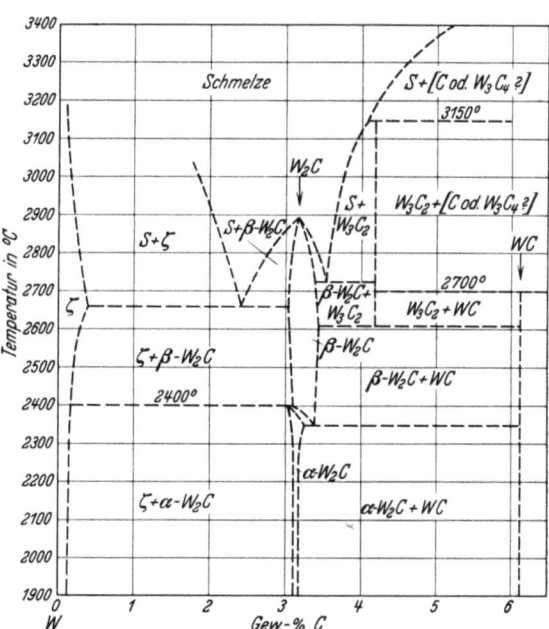

Abb. 173. Zustandsschaubild Wolfram-Kohlenstoff [Takeda (2)].

nachzuweisen, weshalb sein Existenzbereich nur bis kurz unter dem Schmelzpunkt angenommen wird, wo es dann in WC und W_2C (?) zerfallen soll. Vom W_2C wird angenommen, daß es bei genügend hohem C-Druck unzersetzt schmilzt, während WC bei etwa 2700° sich auf jeden Fall zersetzt, und zwar unter Abscheidung von C (oder W_3C_4?) zu W_3C_2 (?), das sich bei Abkühlung wieder zersetzt (WC + W_2C?).

Nach Friedrich und Sittig (1) liegt die Schmelztemperatur des vor dem Schmelzen sich zersetzenden WC bei 3150°.

S. Takeda (2) hat es nun unternommen, aufbauend auf den aus der Literatur bekannten Daten ein hypothetisches Diagramm zu entwerfen, das bis zur Konzentration von W_2C dem in Abb. 173 entspricht. Für den Teil jenseits dieser Konzentration nimmt er an, daß die peritektische Reaktion Schmelze + C $\rightleftarrows$ WC sich bei 2700° vollzieht, und daß WC mit W_2C bei etwa 2600° ein Eutektikum bildet. Für diesen Teil des Systems ließen sich die Beobachtungen auch so deuten, wie in Abb. 173 dargestellt ist, daß WC sich bei 2700° zersetzt in eine kohlenstoffreiche (W_3C_4 oder C) und eine kohlenstoffärmere Phase (W_3C_2 ?), daß aber erst bei der von Friedrich und Sittig angegebenen Temperatur 3150° die kohlenstoffärmere Phase (W_3C_2 ?) unter peritektischer Umsetzung in eine C-ärmere Schmelze und eine C-reichere feste Phase (C oder W_3C_4 ?) übergeht. Bei einer Temperatur oberhalb oder unterhalb 2700° würde dann W_3C_2 mit W_2C ein Eutektikum bilden und bei einer Temperatur oberhalb 2600° würde W_3C_2 in WC und W_2C zerfallen.

C. Das Dreistoffsystem Eisen-Wolfram-Kohlenstoff.

Entsprechend der Wichtigkeit sind über diese Legierungsgruppe vielfach Untersuchungen angestellt worden, doch gehen die meisten älteren nicht über die Bedeutung von Einzeluntersuchungen hinaus. Es ist auch nicht überraschend, daß sie sich in vielfacher Hinsicht widersprechen, da s. Z. wichtige Erkenntnisse wie beispielsweise die Abschnürung des Gammagebietes und die Scheilsche Lösung der Kombination eines Systems mit abgeschnürtem Gammagebiet mit einem solchen mit erweitertem Gammagebiet noch nicht vorlagen und somit der Deutung vieler Erscheinungen unüberwindliche Schwierigkeiten entgegenstanden. Solche Einzeluntersuchungen liegen vor von Osmond (3), Carnot und Goutal (2, 3), Hadfield (4), Böhler (1), Guillet (7), Swinden (2), Arnold und Read (3) u. a. Guillet brachte erstmalig ein Strukturdiagramm, in dem er ein Perlit- und ein Doppelkarbidfeld unterscheidet. Honda und Murakami (8) untersuchten mikroskopisch und magnetisch Legierungen mit weniger als 1,6% C und unter 30% W und stellten für diesen Konzentrationsbereich ein Strukturdiagramm auf, in dem sie 6 verschiedene Felder unterscheiden. Oberhoffer und Daeves (9) bzw. Oberhoffer, Dawes und Rapatz (10) bestimmten auf mikroskopischem Wege die Löslichkeitsgrenze des Eisens für Kohlenstoff in Abhängigkeit vom Wolframgehalt. Sehr ausführlich beschäftigt sich Hultgren (1) mit der Konstitution der Wolframstähle und gelangt dabei zu der Aufstellung eines hypothetischen Strukturdiagramms.

In einer großangelegten, systematischen und eingehenden Untersuchung hat es in neuester Zeit Takeda (2, 3) unternommen, das Dreistoffsystem Fe—C—W festzulegen. In dem ersten Teil dieser Arbeit beschäftigt er sich mit der Untersuchung der Natur der Karbide, die in Wolframstählen vorkommen. Durch magnetische und mikroskopische Untersuchungen stellt er fest, daß die folgenden karbidischen Phasen bestehen: die η-Phase, die Verbindung WC und die θ-Phase. Die beiden ersten sind unmagnetisch, die letztere dagegen ferromagnetisch. WC ist ein grauer harter Bestandteil und die θ-Phase ist zu identifizieren mit Zementit (Fe_3C), der Wolfram und Eisen in Lösung zu halten vermag (Mischkristallkarbid).

Bezüglich des Charakters der η-Phase konnte er durch Aufkohlung einer Eisen-Wolframlegierung mit 40% W und 60% Fe, die primär ausgeschiedene ε-Phase (Fe_3W_2) neben fester α-Lösung enthielt, nachweisen, daß die η-Phase nicht, wie Osawa annahm, eine gesättigte feste Lösung von Fe_3C in Fe_3W_2 darstellt. Es zeigte sich im Gefügebild nach dem Ätzen mit $K_3Fe(CN)_6$ eine neue braungefärbte Phase, deren Begrenzung gegenüber den weißen Fe_3W_2-Kristallen so ausgesprochen scharf war, daß von einem allmählichen Übergang, wie man es bei einem Inlösunggehen von Fe_3C in Fe_3W_2 hätte erwarten müssen, nicht gesprochen werden konnte.

Die chemische Zusammensetzung dieser neuen η-Phase bestimmte er an dem durch Elektrolyse einer Legierung mit 30% W und 1,2% C erhaltenen Anodenrückstand zu 92% W und 1,6% C, was ungefähr der Formel Fe_3W_3C entspricht. Er identifiziert daher die η-Phase mit dem von Westgren und Phragmén (7) bestimmten Doppelkarbid, zumal das Röntgenspektrum, das er von dem Anodenrest erhielt, das gleiche war.

In Abb. 174 ist die Zementitecke des Fe—W—Fe_3C-Diagramms in größerem Maßstab wiedergegeben. Dieser Teil hat allerdings nur qualitative Bedeutung, da in Legierungen dieser Konzentrationen immer auch die stabilen Phasen auftreten und dadurch die Verwirklichung der instabilen Gleichgewichte vereiteln.

Im zweiten Teil seiner umfangreichen Arbeit unternimmt es Takeda, die Umwandlungsvorgänge im festen Zustand in der Eisenecke des Dreistoffsystems zu klären. Etwa 70 Legierungen, deren Gehalt an Kohlenstoff und Wolfram zwischen 0 und 1,4% C und 0 und 16,0% W schwankten, untersuchte er dilatometrisch, magnetisch und mikroskopisch.

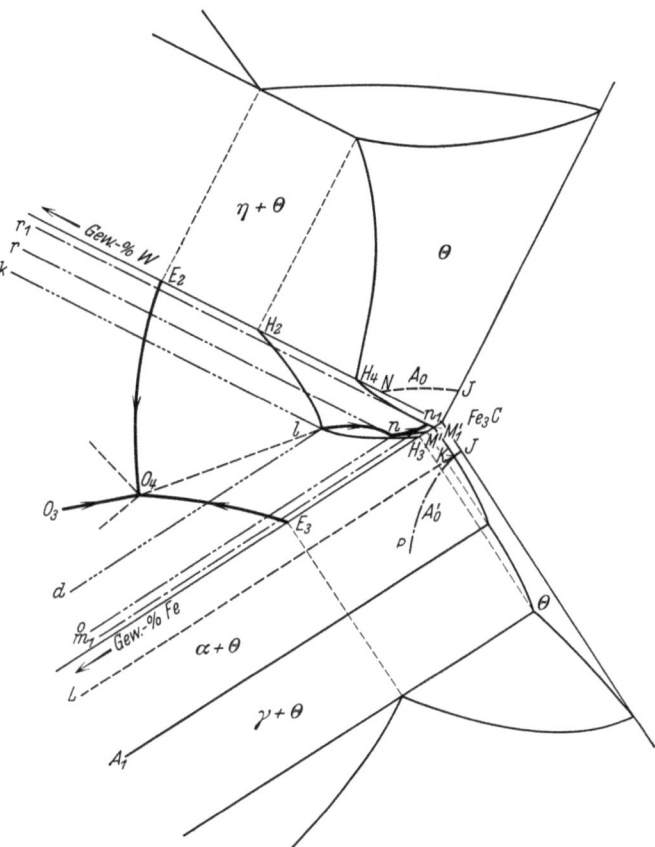

Abb. 174. Zementitecke des Systems Fe—Fe_3C—W [Takeda (2, 3)].

Mittels der dilatometrischen und magnetischen Analyse bestimmte er die Umwandlungstemperaturen bis etwa 1000°; zur Bestimmung der Natur der einzelnen Umwandlung benötigte er jedoch die mikroskopische Untersuchung, da die einzelnen Umwandlungen, wie z. B. die Umwandlung $\gamma \rightleftarrows \alpha$ und die $\gamma \rightleftarrows \alpha + \eta$, durch eine Volumencharakteristik allein nicht voneinander zu unterscheiden waren.

Diese Untersuchungen führten zur Aufstellung des in Abb. 175 wiedergegebenen Schaubildes der Umwandlungsvorgänge im festen Zustand bei Eisen-Kohlenstoff-Wolfram-Legierungen.

Weiterhin folgert Takeda aus seinen Untersuchungen, daß die metastabilen Phasen η und θ durch Glühen in die stabilen Phasen WC und Graphit übergeführt werden können. Dies soll nicht direkt durch Zersetzung erfolgen,

166 Die Konstitution des Eisens in Abhängigkeit von der chemischen Zusammensetzung.

sondern indirekt über die γ-Phase, die für die metastabilen Phasen eine größere Löslichkeit besitzt als für die stabilen und daher nach Inlösunggehen der ersteren beim Erhitzen nach längerem Glühen bei hohen Temperaturen letztere ausscheidet.

Da nach Ansicht von Takeda aus dem schmelzflüssigen Zustand eine direkte Ausscheidung von WC und Graphit ebenfalls möglich ist, muß man

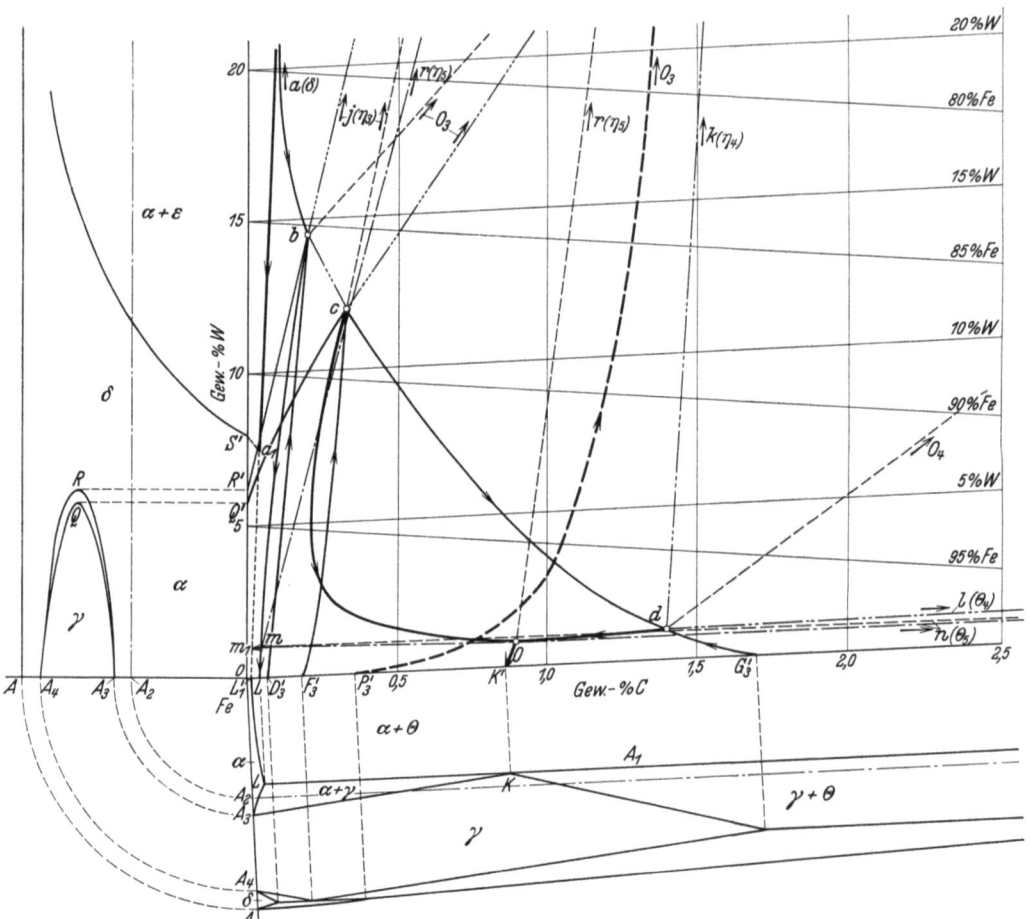

Abb. 175. Umwandlungsvorgänge im festen Zustand im System Fe—Fe₃C—W [Takeda (2, 3)].

in Analogie zum System Eisen-Kohlenstoff auch im Dreistoffsystem Eisen-Kohlenstoff-Wolfram ein stabiles und metastabiles System annehmen.

Diese beiden Dreistoffsysteme sind in Abb. 176 und 177 dargestellt. Eine eingehendere Behandlung dürfte sich im Hinblick auf die Unsicherheit der Versuchsunterlagen erübrigen.

D. Physikalische und technologische Eigenschaften.

a) Physikalische Eigenschaften von kohlenstoffarmen Eisen-Wolframlegierungen.

Die physikalischen Eigenschaften von praktisch reinen Eisen-Wolframlegierungen wurden von F. Stäblein (2) an ausgeschmiedeten kleinen Schmelzen aus Elektrolyteisen und reinem Wolframpulver nach mehrstündiger Glühung bei

800° und anschließender langsamer Abkühlung ermittelt. Die Verunreinigungen der Versuchswerkstoffe betrugen im Mittel: 0,01% C; 0,03% Si; 0,01% Mn und 0,06—0,26% Al. Die Wolframgehalte lagen zwischen 5,6 und 28,4%.

Das spezifische Gewicht wird durch 1% W um 0,048 erhöht. Die experimentell ermittelten Dichten stimmen mit den nach der Mischungsregel errechneten gut überein.

Der spezifische Widerstand steigt bis etwa 7% W um 0,017 Ω · mm²/m, bleibt aber ab

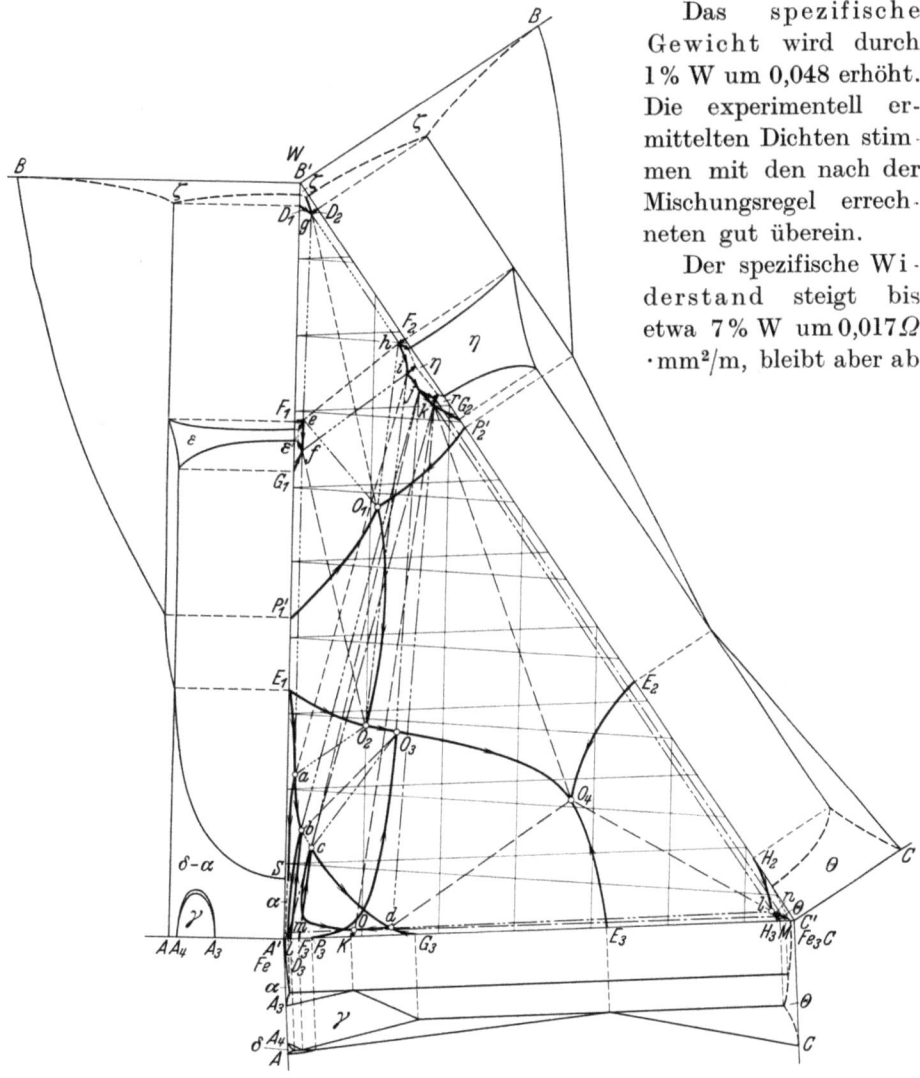

Abb. 176. Das metastabile System Eisen-Eisenkarbid-Wolfram [Takeda (2, 3)].

8% W fast unveränderlich. Dieser Befund deutet auf die Bildung einer verhältnismäßig gut leitenden Verbindung oberhalb 8% W hin.

Auf die Wärmeleitfähigkeit hat Wolfram einen geringeren Einfluß als Chrom. Sie liegt zwischen 14—30% Wolfram ungefähr bei 0,09 cal/cm·sek·°C.

Die Wolframlegierungen zeichnen sich durch eine im Verhältnis zur magnetischen Sättigung hohe Remanenz aus. Die Koerzitivkraft beginnt zwischen 5 und 10% Wolfram steil anzusteigen (Verbindungsbildung) und erreicht bei 15% W mit 25 Oersted einen Höchstwert.

168 Die Konstitution des Eisens in Abhängigkeit von der chemischen Zusammensetzung.

Der mittlere Ausdehnungskoeffizient zwischen 0—700°, der für reines Eisen etwa $14{,}9 \cdot 10^{-6}$ beträgt, wird durch 10% Wolfram auf $13{,}9 \cdot 10^{-6}$, durch 25% auf $13{,}3 \cdot 10^{-6}$ erniedrigt.

b) Physikalische Eigenschaften der Wolframstähle.

Die über die physikalischen Eigenschaften der reinen Eisen-Wolframlegierungen gemachten Angaben gelten grundsätzlich auch für die Wolframstähle.

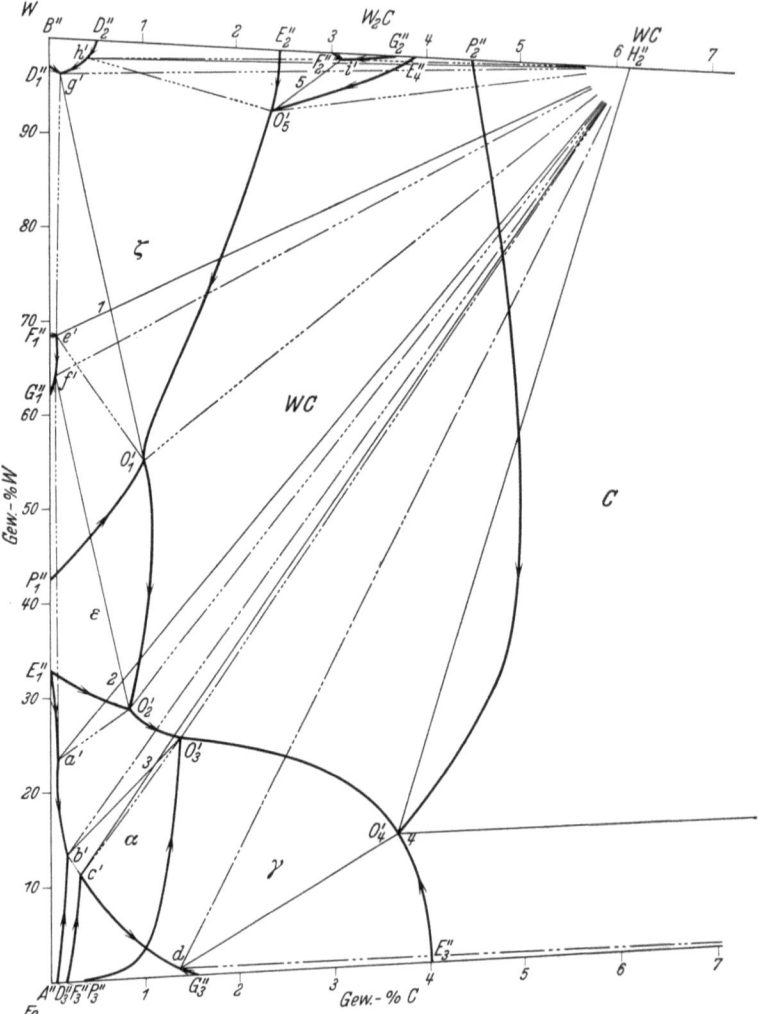

Abb. 177. Das stabile System Eisen-Kohlenstoff-Wolfram [Takeda (2, 3)].

Besonders zu erwähnen sind jedoch noch die magnetischen Eigenschaften. Die wahre Remanenz und die Koerzitivkraft erreichen bei einem C-Gehalt von etwa 0,7% und einem gleichzeitigen W-Gehalt von etwa 5,5% W Werte von 9500 bis 11000 Gauß bzw. 55—70 Oersted.

Eisen und Wolfram. 169

c) Technologische Eigenschaften der Wolframstähle.

Die Vergießbarkeit der Wolframstähle ist gut. Es lassen sich auch kleine Werkstücke (Magnete, Werkzeuge) durch Gießen herstellen.

Die Warmbildsamkeit wird durch Wolfram nicht vermindert. Da jedoch der Formänderungswiderstand der Wolframstähle weit größer ist als der der unlegierten Kohlenstoffstähle, wählt man die Warmformgebungstemperaturen für die Wolframstähle aus Gründen der Kraftersparnis höher als für die Kohlenstoffstähle (1200—950°).

Wolframstähle mit niedrigen C-Gehalten sind ohne weiteres kalt verformbar. Bei höheren C-Gehalten macht die starke Verfestigung nach jeder Kaltwalzung bzw. jeden Kaltzug eine Zwischenglühung erforderlich.

Die Schweißbarkeit ist schon bei niedrigen Gehalten gering. Sie wird ermöglicht durch Zuhilfenahme eines Schweißmittels (Eisenfeilspäne und Borax). Die Wolframstähle lassen sich auch ohne Schwierigkeit hartlöten.

Wolfram erniedrigt die kritische Abschreckgeschwindigkeit beträchtlich, jedoch weniger stark als Chrom, wohl aber stärker als Nickel[1]. Bezüglich Weichglühen vor der spanabhebenden Verformung, Durchhärtung und Vergütung gelten dieselben Bemerkungen wie beim Chrom. Durch Herabsetzung der Kohlenstofflöslichkeit geht bei hohen Wolframgehalten die Härtbarkeit verloren.

Neuere umfassende Untersuchungsergebnisse über die Festigkeitseigenschaften der Eisen-Wolfram-Kohlenstofflegierungen bestehen nicht. Daher wird in Abb. 178 der Einfluß des Wolframs auf die Festigkeitseigenschaften von Stahl mit 0,2 bzw. 0,8% Kohlenstoff nach älteren Untersuchungen von Guillet (1) wiedergegeben.

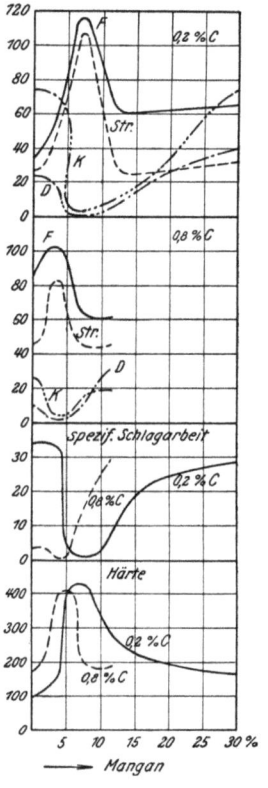

Abb. 178. Einfluß des Wolframs auf die Festigkeitseigenschaften, Härte und spezifische Schlagarbeit von Stahl mit 0,2 bzw. 0,8 % C [Guillet (1)].

d) Verwendungsgebiete der Wolframstähle.

Wolframstähle finden weitgehende Verwendung zur Herstellung von Werkzeugen, die gute Schneidkraft und Widerstandsfähigkeit gegen Abnutzung aufweisen müssen. Diese Eigenschaften bei gleichzeitig guter Zähigkeit besitzen die Stähle mit 0,9—1,25% C und bis zu 1,5% W. Aus ihnen werden hergestellt: Spiralbohrer, Gewindebohrer, Gewindeschneidbacken, Hobelmesser, Metallsägeblätter und dgl. Die Stähle mit 1,5—1% C und 3,5—10% W sind nach Abschreckung in Wasser so hart, daß sie als Riffelstähle, d. h. zur Zerspanung härtester Werkstoffe, z. B. Hartguß, Verwendung finden. Da mit den höheren Wolframgehalten eine hohe Anlaßbeständigkeit des Martensits verbunden ist, können hochwolframhaltige Stähle für Warmarbeit herangezogen werden. Für

---

[1] Esser, H., W. Eilender und H. Majert (6).

einen Sonderzweck, nämlich für die Herstellung von Gewehrläufen, sind Stähle mit 1—3% W und 0,6—0,75% C sehr geeignet.

Zwei Haupteigenschaften der Wolframstähle, die hohe Remanenz und Koerzitivkraft, die sie als Werkstoff für Dauermagnete hervorragend geeignet machen, wurden weiter oben bereits erwähnt. Die Wolframdauermagnetstähle mit 0,5 bis 0,8% C und 4—7% W sind Lufthärter. Sie müssen daher entweder nach dem Walzen sehr langsam abgekühlt oder weichgeglüht werden, um in den bearbeitbaren Zustand zu gelangen. Im Hinblick auf die magnetischen Eigenschaften wirkt eine Glühung insofern verschlechternd, als die dabei ausgeschiedenen Karbide (s. Chrom) nur durch langes Halten bei der günstigsten Härtetemperatur von 820° wieder aufgelöst werden können. Die Menge der ausgeschiedenen Karbide steigt mit der Glühtemperatur. Diese ist daher so niedrig wie möglich zu wählen, nämlich zu 700° und darunter.

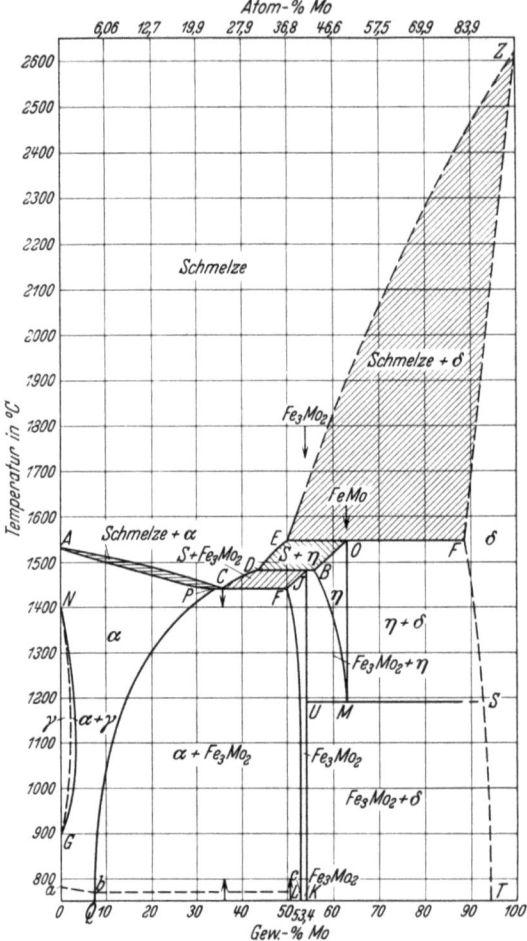

Abb. 179. Zweistoffsystem Eisen-Molybdän.

15. Eisen und Molybdän.

A. Das Zweistoffsystem Eisen-Molybdän.

Eine vollständige Untersuchung des Systems Eisen-Molybdän wurde von P. Sykes (2) durchgeführt. Das von ihm aufgestellte Zustandsschaubild wurde von T. Takei und T. Murakami (1) überprüft. W. Köster und W. Tonn (3) haben die Ergebnisse der drei genannten Forscher zu einem Zustandsschaubild zusammengefaßt. Auf gleiche Weise ist das Diagramm in Abb. 179 entstanden.

Der Schmelzpunkt des Eisens wird durch Zusatz von Molybdän entsprechend der Linie AC erniedrigt. Bei 1440° erstarrt das Eutektikum C. Es besteht aus α-Mischkristallen und der Verbindung Fe_3Mo_2. Letztere ist nur unterhalb 1480° beständig. Sie entsteht bei der Abkühlung durch unmittelbare Ausscheidung aus der Schmelze CD, durch eutektische Erstarrung der Schmelze C und durch die peritektische Reaktion der Schmelze D mit der Kristallart η. Diese ist von Takei und Murakami aufgefunden und in der Erörterung zu ihrer Arbeit von Sykes (3) bestätigt worden. Die η-Phase entspricht etwa der Verbindung FeMo.

Ihr Existenzbereich liegt zwischen etwa 1200° und 1540°. Sie entsteht unmittelbar aus Schmelze DE und durch die peritektische Reaktion zwischen der Schmelze E und dem Mo-reichen Mischkristall δ. Dieser scheidet sich bei Unterschreitung der Linie EZ unmittelbar aus der Schmelze aus.

A_3 wird durch Molybdän erhöht, A_4 erniedrigt. Der Scheitelpunkt des abgeschlossenen γ-Feldes liegt nach Sykes (2) bei 2,75% Mo. Die A_2-Umwandlung wird bis zur Löslichkeitslinie des α-Mischkristalles für Fe_3Mo_2 wenig erniedrigt und verläuft dann horizontal weiter bis an das Existenzgebiet der Verbindung Fe_3Mo_2. Diese ist, ebenso wie die Verbindung FeMo, unmagnetisch.

Die Löslichkeit des Fe_3Mo_2 im α-Mischkristall nimmt mit der Temperatur stark ab. Wie Sykes zuerst gezeigt hat, besitzt der α-Mischkristall entsprechend dem Konzentrationsbereich PQ eine beträchtliche Ausscheidungshärtbarkeit*. Die α-Löslichkeit beträgt nach Sykes bei der Temperatur des Eutektikums 24% und bei Raumtemperatur 6% Mo. Die Werte nach Takei und Murakami sind etwa 37% bei der eutektischen Temperatur und etwa 7% bei 500°. Von dieser Temperatur ab fällt die Löslichkeit nur noch wenig.

Die η-Phase zersetzt sich bei der Erkaltung kurz unterhalb 1200° zu einem Eutektoid aus Fe_3Mo_2 und molybdänreichem δ-Mischkristall von der Konzentration S. Nach Sykes (2, 3) beträgt die Löslichkeit des Molybdäns für Eisen bei 1540° 11% und bei Raumtemperatur etwa 5%.

Nach Sykes (3) sind die Fe—Mo-Legierungen in dem Konzentrationsbereich von 40—80 Gew.-% Mo so spröde, daß man ihre Rockwellhärte nicht bestimmen kann. Ihre Härte liegt aber so hoch, daß sie Glas leicht ritzen.

B. Das Dreistoffsystem Eisen-Kohlenstoff-Molybdän.

Dieses System ist anscheinend bisher noch nicht aufgestellt worden. Die Untersuchungen von Swinden (3) geben nur bis zu einem gewissen Grade einen Einblick in den Aufbau der Molybdänstähle.

Das Gefüge der langsam abgekühlten Molybdänstähle unterscheidet sich innerhalb des untersuchten Konzentrationsgebietes (bis 1,3% Kohlenstoff und bis 8% Molybdän) dem Wesen nach nicht von dem der Kohlenstoffstähle, d. h. je nach dem Kohlenstoffgehalt sind die Stähle untereutektoidisch, eutektoidisch bzw. übereutektoidisch. Während in molybdänfreien Stählen die Grenze zwischen unter- und übereutektoidischem Gefüge bei 0,86% Kohlenstoff liegt, sinkt dieser Gehalt mit steigendem Molybdängehalt, und zwar soll er bei 8% Molybdän bei etwa 0,4% Kohlenstoff liegen. Die Gefügebestandteile Ferrit, Perlit und Zementit sind dieselben wie die der reinen Eisen-Kohlenstofflegierungen, wenn auch ihre Ausbildungsform mit steigendem Molybdängehalt etwas verändert wird. Da demnach in den Molybdänstählen ein neuer Gefügebestandteil nicht auftritt, muß angenommen werden, daß das Molybdän (vgl. Chrom) auf Ferrit und Zementit verteilt ist.

In einem gewissen Widerspruch mit den Swindenschen Beobachtungen stehen die Guilletschen, nach denen zwei Gefügefelder, ein perlitisches und ein doppelkarbidisches unterschieden werden. Dieser Widerspruch läßt sich aber auch hier

---

* Eine Legierung mit 20% Mo kann durch Ausscheidungshärtung auf eine Härte von 550 Brinelleinheiten gebracht werden, ist aber grobkörnig und spröde.

172 Die Konstitution des Eisens in Abhängigkeit von der chemischen Zusammensetzung.

wie bei Chrom und Wolfram durch die Annahme lösen, deren Berechtigung ja auch nachgewiesen wurde, daß das Doppelkarbid nichts anderes als ein dem Ledeburit analoger Bestandteil ist und die Sättigungskonzentration der Mischkristalle für Kohlenstoff auch durch Molybdän erniedrigt wird. In dieser Hinsicht dürfte Molybdän noch wesentlich stärker als Wolfram wirken.

T. Murakami und T. Takei (4) haben die von T. Swinden bereits eingehend untersuchte Erscheinung der Erniedrigung der kritischen Punkte in Molybdänstahl näher verfolgt. Sie untersuchten Legierungen mit 0—70% Mo und 0—6% C mittels magnetischer und dilatometrischer Messungen. Die Erniedrigung der kritischen Punkte tritt dann ein, wenn eine bestimmte, vom Kohlenstoff- und Molybdängehalt abhängige Glühtemperatur überschritten wird.

In Abb. 180 ist die Magnetisierungsstärke eines Stahles mit 0,5% C und 3,9% Mo in Abhängigkeit von der Temperatur bei Ofenabkühlung (Kurven 1—4) und Luftabkühlung (Kurven 5—8) wiedergegeben. Bei Ofenabkühlung vollziehen sich die Umwandlungen normal, allerdings in einem großen Temperaturbereich. Bei Abkühlung von 900° und stärker von 1000° Glühtemperatur tritt eine Spaltung auf. Die Umwandlung läuft zum Teil bei der zu erwartenden, zum Teil bei einer niedrigeren Temperatur ab. Nach Glühung bei 1100° verläuft die Umwandlung ungeteilt in einem niedrig gelegenen Temperaturintervall. Dieser letztere Fall tritt bei Luftabkühlung schon bei der Erkaltung von 1000° ein. Erwartungsgemäß wirkt also die Erhöhung der Abkühlungsgeschwindigkeit im gleichen Sinne wie die Erhöhung der Glühtemperatur auf die Lage der Umwandlungen ein.

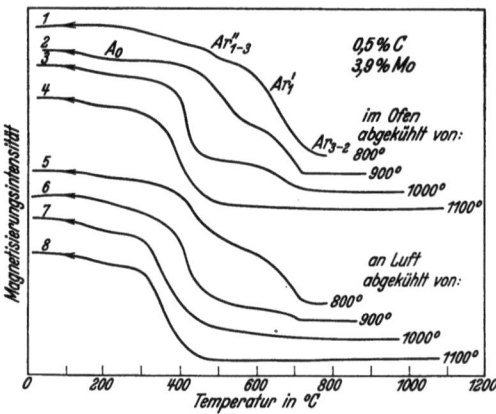

Abb. 180. Abhängigkeit der Lage der Haltepunkte eines Stahles mit 0,5% C und 3,9% Mo von der Glühtemperatur nach Ofen- und Luftabkühlung [Murakami und Takei (4)].

Maßgebend ist die Abkühlungsgeschwindigkeit in dem Temperaturbereich, in dem normalerweise (Abkühlung von 800°) die Umwandlung vor sich geht. Wählt man eine sehr geringe Abkühlungsgeschwindigkeit, so tritt die Umwandlung ohne Verzögerung ein, auch wenn die Glühtemperatur sehr hoch lag. Aber die Glühtemperatur ist doch von Bedeutung. Kühlt man nämlich einen Stahl von 1100° ab, hält ihn während der Abkühlung ½ Std. bei 800° und läßt ihn dann weiter erkalten, so liegen die Umwandlungen bei Temperaturen, die man bei ununterbrochener Abkühlung von 1100° erhalten hätte. Die für die Abkühlung von 800° gültige Temperaturlage der Haltepunkte erhält man erst wieder nach vollständiger Erkaltung und erneuter Erhitzung auf 800°.

Aus Abb. 181 geht hervor, in welchen Konzentrationsbereichen die Erniedrigung der Umwandlung gefunden wurde. Dieser Bereich ist für eine Glühtemperatur von 800° wesentlich kleiner als für eine solche von 1000°. Die erniedrigte Umwandlung liegt zwischen 550 und 400°. Diese Umwandlungstemperatur ist von der Zusammensetzung abhängig. Die tiefste Temperaturlage wird bei Kohlenstoffgehalten von 0,6—1,2% und Molybdängehalten von 4—10% erreicht.

Die auf magnetischem Wege erhaltenen Ergebnisse wurden durch dilatometrische Untersuchungen bestätigt.

Das Gefüge der Stähle mit erniedrigter Umwandlungstemperatur zeigte eine

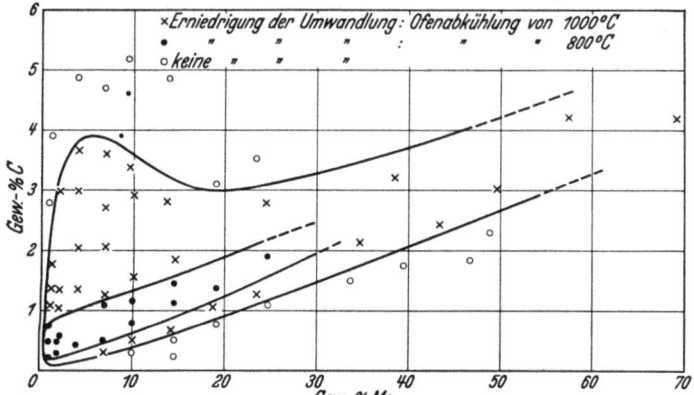

Abb. 181. Abhängigkeit der Erniedrigung der Umwandlung vom Kohlenstoff- und Molybdängehalt [Murakami und Takei (4)].

nadelige Ausbildung des Ferrits. Murakami und Takei kommen auf Grund ihrer Untersuchungen zu dem Schluß, daß die erniedrigte Umwandlung zur Martensitbildung führt. Luft- oder Ofenkühlung genügen aber nicht, um den Martensit zu erhalten. Dieser zerfällt vielmehr bei der Abkühlung unterhalb der erniedrigten Umwandlungstemperatur unter Ausscheidung von Karbid.

C. Physikalische und technologische Eigenschaften.

In seinem Einfluß auf die Eigenschaften des Stahles unterscheidet sich Molybdän von Chrom und Wolfram dem Grade nach. Schon geringe Molybdängehalte üben eine starke Wirkung aus (Abb. 182). Aus diesem Grunde hat sich das Molybdän trotz seines hohen Preises einen Platz in der Metallurgie des Stahles erobert. Hinzu kommt, daß es im Siemens-Martin- oder Elektroofen bereits bei Beginn der Schmelzung dem Stahlbade als Ferromolybdän, als Kalziummolybdat oder im Schrott zugesetzt werden kann, ohne daß es während des ganzen Schmelz- und Frischprozesses aus dem Bade herausoxydiert wird. Molybdän kann also ähnlich wie Nickel mit dem Schrott wieder eingesetzt und so zurückgewonnen werden.

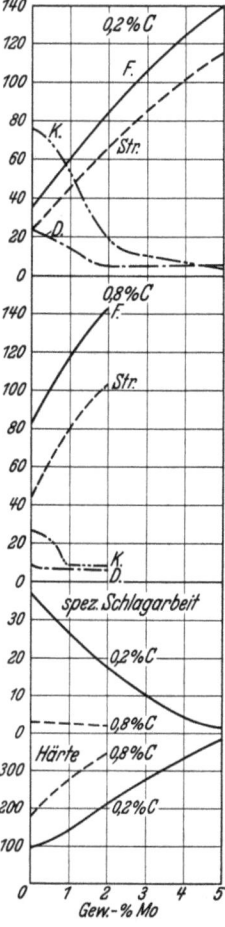

Abb. 182. Einfluß des Molybdäns auf Festigkeitseigenschaften, Härte und spezifische Schlagarbeit von Stahl mit 0,2 bzw. 0,8% C [Guillet (1)].

Molybdän kommt vor allem als Legierungselement in quaternären und komplexen Stählen vor. Stähle, die nur Molybdän enthalten, werden verhältnismäßig selten verwendet. Sie zeichnen sich durch hohe Dauerstandfestigkeit bei erhöhten Temperaturen aus[1]. So ist ein Stahl mit bis zu 0,2% C und 0,3% Mo gut ge-

---

[1] Prömper, P., und E. Pohl (1).

eignet für die Herstellung von Druckbehältern für Betrieb bei hohen Temperaturen, wie Kessel, Rohre und Trommeln für Dampfkesselanlagen. Der Stahl ist preßschweißbar. Ganz allgemein werden Molybdän-Kohlenstoff-Stähle da verwendet, wo die Forderung nach Feuerschweißbarkeit, die durch Molybdän nicht beeinträchtigt wird, die Verwendung einer anderen Legierung ausschließt. Als Beispiel sei ein Stahl angeführt, aus dem geschweißte Schaufelbleche hergestellt werden[1]: 0,4—0,5% C; 0,4—0,6% Mn; 0,7—0,9% Mo.

Ferner hat sich Molybdän als alleiniger Zusatz zu Stahlguß bewährt, da derartiger Stahlguß wegen seiner guten Dauerstandfestigkeit für Heißdampfarmaturen besonders geeignet ist.

Auf die Verwendbarkeit der Molybdänstähle als Magnetstähle haben A. F. Stogoff und W. S. Messkin (2) erneut hingewiesen. Stahl mit 0,9—1% C und 2—2,5% Mo soll in magnetischer Hinsicht erheblich besser als die üblichen Cr- und W-Magnetstähle sein, diese bezüglich der Abnahme des magnetischen Momentes durch Alterung jedoch nicht übertreffen. In Bearbeitbarkeit und Preis (niedriger Mo-Gehalt) besteht ebenfalls kein Unterschied. Die Eigenschaften von zwei Molybdänstählen mit 0,74 und 0,66% C und 4,25 bzw. 7,50% Mo beschreiben E. Maurer und Schilling (4).

Aus den angeführten Beispielen geht hervor, daß die Molybdängehalte in ternären Stählen im allgemeinen niedrig sind. Diese niedrigen Gehalte rufen eine praktisch bedeutsame Änderung der physikalischen Eigenschaften nicht hervor.

16. Eisen und Vanadin.
A. Das Zweistoffsystem Eisen-Vanadin.

Die Schmelzkurve des Systems Eisen-Vanadin wurde erstmalig von R. Vogel und G. Tammann (8) bestimmt. Sie fanden ein Minimum in der Schmelzkurve bei etwa 32% V und 1435°. Unterhalb der Schmelzkurve nehmen sie eine lückenlose Reihe von Eisen-Vanadin-Mischkristallen an (vgl. Abb. 183). Die Beeinflussung der polymorphen Umwandlung des Eisens durch Vanadin entzog sich ihrer Beobachtung, da ihre niedrigst legierte Probe 10% V enthielt. P. Pütz (1) beobachtete an allerdings kohlenstoffhaltigen Vanadinstählen eine Erhöhung des A_3-Punktes und auch des A_1-Punktes durch Vanadinzusatz. Die gleiche Beobachtung machte A. Portevin (1). E. Maurer (5) konnte erstmalig an Eisen-Vanadinlegierungen mit verhältnismäßig geringem Kohlenstoffgehalt (0,04—0,09% C) systematisch die Erniedrigung des A_4-Punktes bei gleichzeitiger Erhöhung des A_3-Punktes nachweisen, und er weist darauf hin, daß Vanadin das Stabilitätsgebiet des γ-Eisens verkleinert und ähnlich wie Silizium ein abgeschlossenes γ-Gebiet bewirkt. Er konnte die Umwandlungseffekte bis 2,1% V verfolgen.

In neuerer Zeit haben M. Oya (1), F. Wever u. W. Jellinghaus (8) und R. Vogel und E. Martin (9) das Zweistoffsystem, besonders die Verhältnisse im festen Zustand überprüft. Die Abschnürung des γ-Gebietes wurde von allen bestätigt. Oya nimmt als Grenzkonzentration des γ-Bereiches 2,5% V an, Wever und Jellinghaus nur 1,1% V und Vogel und Martin zwischen 1,5 und 2,0% V.

---
[1] Climax Comp. „Molybdän in Stahl und Eisen" (1928).

Nach dem angegebenen Reinheitsgrad der angewandten Legierungen zu urteilen, käme der letzteren Angabe von Vogel und Martin die größere Wahrscheinlichkeit zu. Bezüglich der magnetischen Umwandlung stimmen die drei letztgenannten Arbeiten ebenfalls darin überein, daß mit zunehmendem Vanadingehalt zunächst die Temperatur des A_2-Punktes erhöht wird. Von Gehalten über 20% V hinaus gehen die Angaben jedoch weit auseinander. Oya beobachtete von etwa 20% V ab einen steilen Abfall von 840° bei dieser Konzentration bis auf 0° bei 22% V. Bei 32% V beobachten Wever und Jellinghaus für den Ar_2-Punkt eine Temperatur von 800°, während Vogel und Martin sogar 900° angeben. Über diese Konzentration hinaus beobachteten letztere den magnetischen Effekt nicht. Wever und Jellinghaus nehmen einen Abfall der Temperatur bis auf 0° bei etwa 60% V an. Letztere Autoren finden auch bei Zusammensetzungen zwischen 29 und 60% V deutliche thermische Effekte, deren Temperaturen eine stetig verlaufende Gleichgewichtslinie QRT (Abb. 183) mit einem Maximum von 1234° bei 48% V ergeben. Dieses entspricht dem stöchiometrischen Verhältnis FeV mit 47,7% V sehr genau. Sie schließen daraus, daß die primär als homogene Mischkristalle erstarrten Legierungen bei den Temperaturen der Gleichgewichtslinie QRT unter Bildung einer Verbindung FeV zerfallen. Die Wärmetönung dieser Umwandlung ist nicht unbeträchtlich; sie entspricht im Maximum etwa der der A_3-Umwandlung des reinen Eisens.

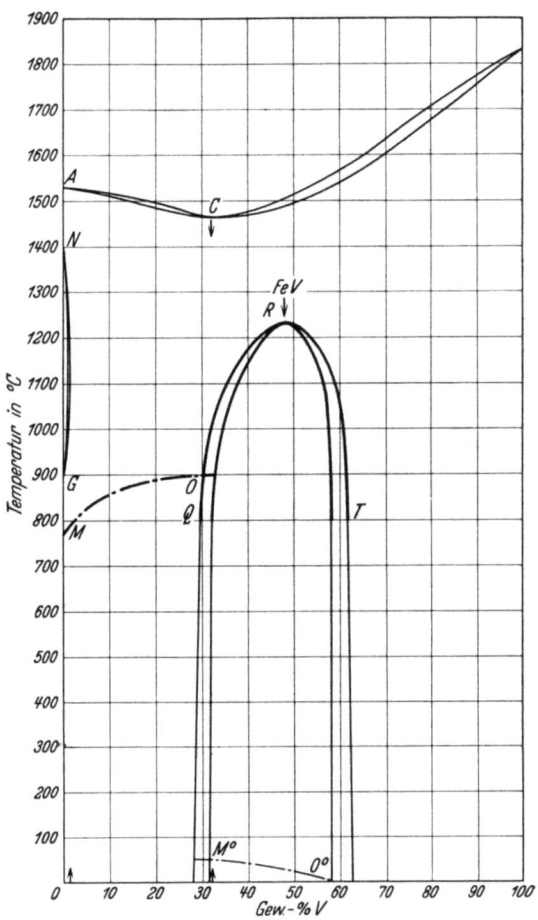

Abb. 183. Zweistoffsystem Eisen-Vanadin [Wever und Jellinghaus (8)].

Die außerhalb des Umwandlungsintervalls liegenden oder oberhalb der Umwandlungstemperatur abgeschreckten Legierungen bestehen aus großen homogenen Polyedern. Abb. 184 zeigt ein solches Gefüge einer nach längerer Homogenisierung bei Temperaturen dicht unterhalb der Schmelztemperatur von 1400° abgeschreckten Probe. Die feinen Ausscheidungen innerhalb der Polyeder lassen erkennen, daß die Umwandlung nur unvollkommen unterdrückt ist. Die Legierungen des heterogenen Übergangsgebietes zwischen Mischkristall und Zustandsfeld der Verbindung zeigen eigenartige Zerfallsgefüge (Abb. 185). Die Legierungen aus dem Gebiet der Verbindung (Abb. 186) bestehen aus einer sehr spröden, beim Schleifen leicht ausbrechenden Kristallart. Die aus homogenen Mischkristallen bestehenden Legierungen auf der Eisenseite sind hart und zäh und werden auf der Vanadinseite allmählich spröde.

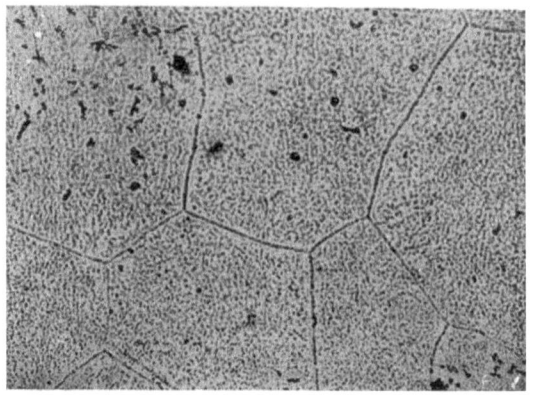

Abb. 184. 52,2% V; von 1400° abgeschreckt, × 100 [Wever und Jellinghaus (8)].

Bei den außerhalb des Umwandlungsbereiches liegenden und bei den oberhalb der Umwandlungslinie abgeschreckten Legierungen wurde von Wever und Jellinghaus mittels Debye-Scherrer-Aufnahmen die kubisch-raumzentrierte Form des α-Eisens bzw. des damit isomorphen Vanadins gefunden. Die aus den Aufnahmen berechneten Kantenlängen der Elementarzelle steigen mit zunehmendem Vanadingehalt nach einer Kettenlinie an (Abb. 187); die von Oya beobachtete Abweichung vom Vegardschen Gesetz wurde damit bestätigt.

Die langsam abgekühlten bzw. bei niedrigerer Temperatur geglühten Legierungen des Umwandlungsbereiches zeigten ein völlig neues, durch einen Linienreichtum auffallendes Interferenzmuster, das der Verbindung FeV zugehört. Die Struktur der Verbindung FeV wurde bisher nicht ermittelt.

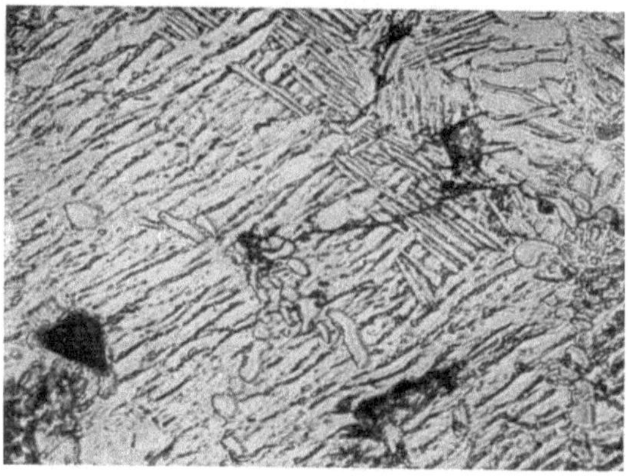

Aus der Abwesenheit von Linien des Eisengitters bei Legierungen aus der Nachbarschaft der Konzentration der Verbindung (von etwa 40—52% V) wurde auf ein erhebliches Lösungsvermögen der Verbindung für ihre Komponenten geschlossen. Eine genaue Abgrenzung des Existenzgebietes der Verbindung FeV sowie der Bereiche der heterogenen Zustände wurde nicht durchgeführt. Einen ungefähren Anhalt geben die Angaben, daß

Abb. 185. 58,2% V; langsam abgekühlt, × 100 [Wever und Jellinghaus (8)].

bei Legierungen mit 38,4% und 56,9% V neben den Interferenzen der Verbindung die des kubisch-raumzentrierten Mischkristalls beobachtet wurden. Allerdings spricht die magnetische Untersuchung an einer Legierung mit 33,5% V dafür, daß das Existenzgebiet der Verbindung noch bis unterhalb dieser Konzentration reicht. Diese Untersuchung läßt auch vermuten, daß die Legierungen aus dem Existenzbereich der Verbindung FeV, die im Gleichgewichtszustand nach langsamer Abkühlung bis fast herab auf Raumtemperatur unmagnetisch bzw. schwach magnetisch sind, zwischen 20 und 50°

einen Curiepunkt besitzen. Eine Legierung mit 29,5% V zeigte einen ganz ähnlichen Effekt.

Es sei noch vermerkt, daß Wever und Jellinghaus auch die Schmelzkurve der Eisen-Vanadinlegierungen kontrollierten. Sie fanden grundsätzlich den gleichen Verlauf wie Vogel und Tammann. Lediglich die Temperaturen im Bereich des Schmelzminimums fanden sie etwa 20 bis 30° höher.

Das Zustandsdiagramm in Abb. 183 stützt sich hinsichtlich der Schmelzkurve, der Abschnürung des γ-Gebietes, der Begrenzung der Verbindung FeV und der magnetischen Umwandlung der Verbindung bei Raumtemperatur auf die Angaben von

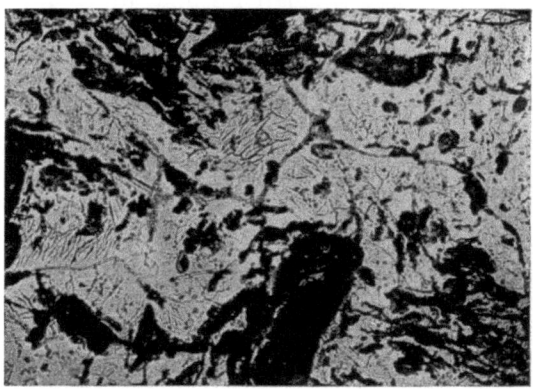

Abb. 186. 47,2% V; langsam abgekühlt, × 100 [Wever und Jellinghaus (8)].

Wever und Jellinghaus. Der Verlauf der magnetischen Umwandlung der eisenreichen Mischkristalle wurde nach Vogel und Martin gezeichnet.

B. Das Zweistoffsystem Vanadin-Kohlenstoff.

Das System Vanadin-Kohlenstoff ist bisher der direkten Untersuchung wegen der Höhe der Schmelztemperaturen unzugänglich geblieben. Im Hinblick auf die Beeinflussung der Kohlenstoffstähle durch Vanadin hat jedoch die Frage nach der Bildung von Vanadinkarbiden immer starkes Interesse geweckt. Die Untersuchungen der verschiedenen Forscher haben zu der Behauptung der Existenz von Karbiden verschiedenster Zusammensetzung geführt. Moissan (3,4) gibt z. B. die Karbide V_2C, V_4C_3, V_2C_2 und V_3C_4 an. Nicolardot (1) berichtet, daß V_4C_3 und V_3C_4 ein Doppelkarbid mit Zementit bilden. Pütz (1) schlägt die Formeln V_2C_3 oder $V_{2n}C_{3n}$ vor. Becker und Ebert (6) analysierten röntgenographisch ein

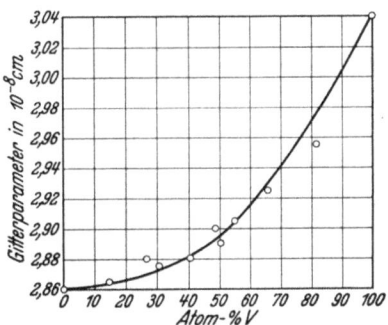

Abb. 187. Gitterparameter der Eisen-Vanadium-Mischkristalle [Wever und Jellinghaus (8)].

Karbid, von dem sie annahmen, daß es der Formel VC entspreche. Nach Maurer (5) dürfte es jedoch wahrscheinlich sein, daß in Vanadiumstählen neben Zementit nur das Karbid V_4C_3 auftritt, ohne daß die beiden Karbide ein Doppelkarbid bilden. In neuerer Zeit haben A. Osawa und M. Oya (4) auf Grund von röntgenographischen und mikroskopischen Untersuchungen ein hypothetisches Diagramm V—V_4C_3 bekanntgegeben (Abb. 188). Nach ihnen besteht außer dem Karbid V_4C_3 in der Reihe der Vanadin-Kohlenstofflegierungen noch das Karbid V_5C. Dieses Karbid soll ein hexagonaldichtgepacktes Gitter mit dem Achsenverhältnis 1,59 besitzen und wie das Karbid V_4C_3 dem kubischen System angehören mit flächenzentrierter Verteilung der Vanadinatome; die Atomverteilung entspräche dabei wahrscheinlich einem abgewandelten Steinsalztyp. R. Vogel und E. Martin (9) gelangen durch Extrapolation von einem pseudo-binären Schnitt durch das Dreistoffsystem Fe—C—V parallel

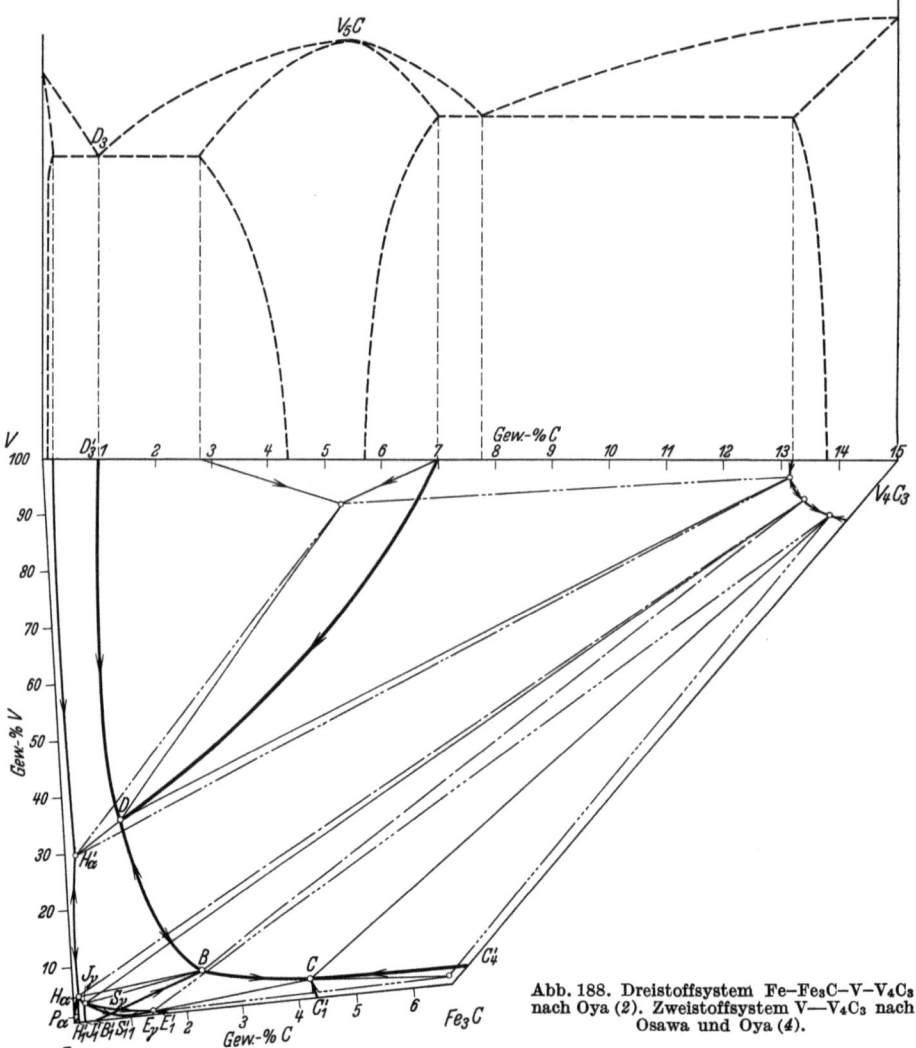

Abb. 188. Dreistoffsystem Fe–Fe$_3$C–V–V$_4$C$_3$ nach Oya (2). Zweistoffsystem V—V$_4$C$_3$ nach Osawa und Oya (4).

zur Fe—C-Seite bei der Konzentration von 60% V ebenfalls zu einem hypothetischen Diagramm V—V$_4$C$_3$ (Abb. 189), das insofern prinzipiell mit dem von Osawa und Oya gegebenen Diagramm übereinstimmt, als sie ebenfalls im festen Zustand außer den begrenzenden Phasen des Vanadins und des Karbids V$_4$C$_3$ eine weitere feste Phase innerhalb dieser Konzentrationsseite annehmen. Hinsichtlich der Deutung dieser Phase, die offenbar die Stelle des von Osawa und Oya angenommenen Karbids V$_5$C einnimmt, weichen sie jedoch von diesen grundsätzlich ab, da sie diese Phase als mit der γ-Modifikation des Eisens isomorph ansprechen. Welcher von beiden Auffassungen, und das gilt zwangsläufig auch von der übrigen Gestaltung des Diagramms, die größere Wahrscheinlichkeit zukommt, dürfte ohne erneute Untersuchungen schwer zu entscheiden sein. Für die Auffassung von Osawa und Oya spricht ihre Röntgenuntersuchung; für die

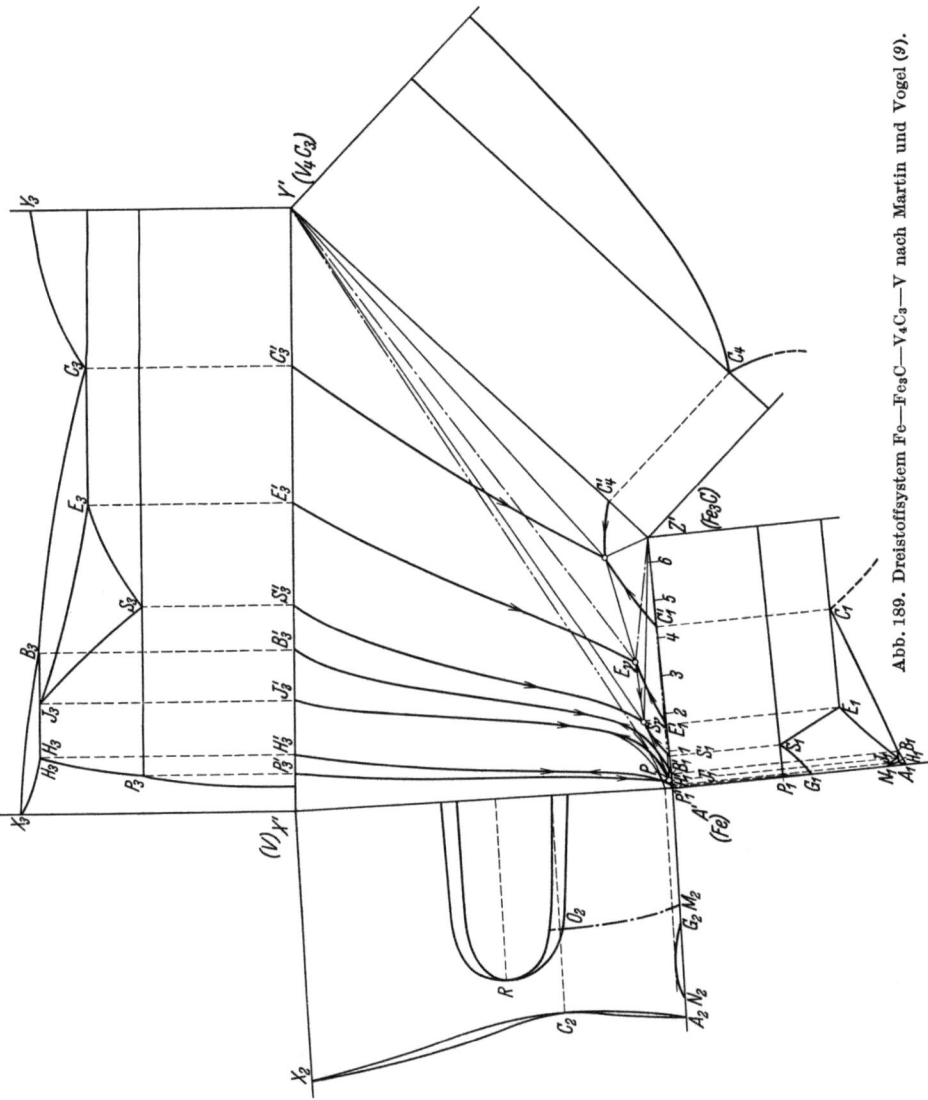

Abb. 189. Dreistoffsystem Fe—Fe$_3$C—V$_4$C$_3$—V nach Martin und Vogel (9).

von Martin und Vogel sprechen Überlegungen, die sich aus der Untersuchung des Systems Fe—Fe$_3$C—V$_4$C$_3$—V ergeben.

C. Das Dreistoffsystem Eisen-Kohlenstoff-Vanadin.

In den Untersuchungen des Dreistoffteilsystems Fe—Fe$_3$C—V$_4$C$_3$—V, mit welchem sich in grundsätzlicher Weise die bereits im vorigen Abschnitt genannten Autoren R. Vogel und E. Martin (9) befaßten, lieferten unabhängig von diesen fast gleichzeitig M. Oya (2) sowie H. Hougardy wesentliche Beiträge. Da für die Aufstellung der Dreistoffsysteme die Randsysteme von entscheidender Bedeutung sind, kann es nicht überraschen, daß sich die von Oya gegebene Auffassung des Systems, da er sich hierbei auf das von ihm gemeinsam mit Osawa aufgestellte Randsystem V—V_4C_3 stützt (Abb. 188), von der Darstellung des Dreistoffsystems durch Vogel und Martin, deren abweichendes Ergebnis hinsichtlich des Randsystems V—V_4C_3 (Abb 189) weiter oben gekennzeichnet wurde, in wesentlichen Punkten unterscheidet. Bezüglich des notwendigen quasibinären Schnittes Fe_3C—V_4C_3 stimmen jedoch die Auffassungen dieser Forscher grundsätzlich überein. Danach schmelzen die Legierungen dieses Schnittes nach dem einfachen V-Typus; das Eutektikum, aus Fe_3C und V_4C_3 bestehend, liegt nahe bei Fe_3C. Im Gegensatz zu Oya nehmen Vogel und Martin im festen Zustand keine gegenseitige Löslichkeit der Karbide an. Die Temperatur der eutektischen Erstarrung liegt nach letzteren bei 1151°.

Zum Schluß ihrer Ausführungen über das Dreistoffsystem Fe—C—V gehen Vogel und Martin kurz auf die während der Drucklegung ihrer eigenen Arbeit erschienenen Untersuchungen Oyas ein. Sie räumen ein, daß die Auffassung eines Gliedes aus der Reihe der Mischkristalle, die sie in dem Randsystem V—V_4C_3 zwischen 3 und 6% annehmen als Verbindung, wie Oya es tut, mit ihrer Vorstellung vereinbar ist; allerdings ist nach ihren Versuchsergebnissen dann keine kongruent, sondern eine inkongruent schmelzende Verbindung zu erwarten. Im übrigen lehnen sie die Deutung des Dreistoffsystems durch Oya, als im Widerspruch zu ihren eigenen Versuchsergebnissen stehend, ab, zumal Oya für die verschiedenen Gleichgewichtslinien keine versuchsmäßige Begründung gibt.

Zieht man die Ergebnisse Hougardys zur Entscheidung der Frage heran, welche Auffassung über das Dreistoffsystem, die von Vogel und Martin oder die von Oya die wahrscheinlich richtigere sein wird, so muß man, trotz der Übereinstimmung mit Oya hinsichtlich der Erhöhung des A_1-Punktes, zu dem Ergebnis kommen, daß die Arbeit Hougardys hinsichtlich der wichtigen Frage der Ausgestaltung des γ-Raumes eine volle Bestätigung des entsprechenden von Vogel und Martin gegebenen Diagrammteils darstellt. Der Verlauf der Sättigungsflächen des γ-Mischkristalls für α-Mischkristall einerseits und für Fe_3C andererseits und damit auch der Schnittkurve dieser beiden Flächen, der Kurve des an diesen beiden Phasen gesättigten γ-Mischkristalls (Perlitkurve), ist bei Hougardy praktisch vollkommen der gleiche wie bei Vogel und Martin. Hiernach nimmt die Lösungsfähigkeit des γ-Mischkristalls für Kohlenstoff mit steigendem Vanadingehalt zunächst stark zu, und zwar annähernd geradlinig. Da die Mischungslücke zwischen dem γ-Mischkristall und dem α-Mischkristall sich mit zunehmendem Vanadingehalt ebenfalls zu höheren Kohlenstoffgehalten erweitert, wird der γ-Raum praktisch in seinem unteren Teil durch Parallelverschiebung der entsprechenden Sättigungslinien des Systems Fe—Fe_3C zu höheren C-Gehalten mit zunehmendem V-Gehalt erzeugt. Hougardy beobachtete also ebenso wie Vogel und Martin bei 6% V noch ein großes Feld der homogenen γ-Phase. Nach Oya würde aber das Existenzgebiet der homogenen γ-Phase höchstens bis 3,4% V reichen. Auch würde nach ihm die Löslichkeit der γ-Phase für Kohlenstoff mit zunehmendem Vanadingehalt sehr stark abnehmen.

Zu der von Hougardy beobachteten Temperaturerhöhung des A_1-Punktes ist zu sagen, daß sie zu Widersprüchen mit seinen übrigen Beobachtungen führt. Als entscheidend für den Charakter der Vierphasenumsetzung kann unter Umständen die Konzentration des an der Reaktion teilnehmenden γ-Mischkristalls angesprochen werden. Er beobachtet die Sättigungsflächen der γ-Phase für die α-Phase und Zementit und damit auch die Schnittkurve dieser Flächen, also die Kurve doppelter Sättigung des γ-Mischkristalls an den genannten Phasen, die vom Randsystem Fe—Fe$_3$C ausgeht, noch bis zu einem Gehalt von 5,8% V. Gleichzeitig stellt er schon bei viel niedrigeren Gehalten an Vanadin das Karbid V_4C_3 fest. Das bedeutet aber, daß die binär-eutektoide Reaktion über die Fläche der Vierphasenreaktion, auf Grund derer im Bereich der Sättigungsflächen des γ-Mischkristalls für α-Phase und Fe$_3$C das Vanadinkarbid V_4C_3 nur ausgeschieden werden kann, hinwegreichen muß bzw. daß die Konzentration des γ-Mischkristalls innerhalb der durch die drei anderen Phasen gekennzeichneten Konzentrationsfläche liegen wird. Hieraus folgt aber zwangsläufig, daß der Charakter der Vierphasenumsetzung eutektoidischer Natur sein muß und daß demnach die Temperatur dieser Umsetzung niedriger sein muß als die der Perlitumwandlung im Randsystem Fe—Fe$_3$C. Für die beobachtete Erhöhung dieser Temperatur müssen demnach die Gründe außerhalb des reinen Systems Fe—C—V gesucht werden, sei es in der Auswirkung von Verunreinigungen oder in anderen Unzulänglichkeiten der Untersuchung. Nach den Ergebnissen Hougardys dürfte auch die Konzentration des bei der Vierphasenreaktion zerfallenden γ-Mischkristalls nicht unter 5,8% V liegen, da bis zu diesem Vanadingehalt bei einem Kohlenstoffgehalt von etwas weniger als 2% die von ihm beobachtete eutektoide Perlitkurve führt. Diese Konzentration liegt nahe bei der von Vogel und Martin für den dreifach gesättigten γ-Mischkristall, also den ternär-eutektoidischen Punkt S_γ, gegebenen Konzentration von 6% V und 1,8% C.

Da somit die von Vogel und Martin gegebene Auffassung des Diagramms bis zu 6% V, also in dem technisch wichtigsten Gebiet, durch die Untersuchungen Hougardys eine wertvolle Bestätigung erfahren hat, wird man auch für den übrigen Teil des Diagramms ihrer Auffassung das größere Gewicht zumessen dürfen, bis erneute Versuche auf diesem Gebiet mehr Klarheit schaffen.

Zu höheren Temperaturen hin ist der γ-Raum abgeschlossen durch die Sättigungsfläche für Schmelze, die durch den Kurvenzug $J'_1 J'_3 E'_3 E_\gamma E'_1 J'_1$ gekennzeichnet ist. Die Abb. 190—192 vermitteln eine Vorstellung von diesem System an einem idealisierten Raummodell nach Vogel und Martin.

Abb. 193 zeigt das von Vogel und Martin richtiggestellte bzw. ergänzte Strukturdiagramm von Guillet. Dieses unterscheidet sich von dem von Guillet aufgestellten Diagramm lediglich durch das neu gezeichnete Gebiet des α-Mischkristalls. Das von Guillet angegebene Feld des Auftretens von Perlit (Zementit + α-Mischkristalle) stimmt mit den Ergebnissen der Arbeit von Vogel und Martin sehr nahe überein. Das Feld, in dem nach Guillet Perlit + Karbid auftreten, entspricht dem ternären Perlit, dagegen zerfällt das „Karbidfeld" in Wirklichkeit in zwei Felder, ein α-Feld und ein Feld, in dem der aus $α_V$-Mischkristall und V_4C_3 bestehende Perlit auftritt.

In den Abb. 194—199 sind eine Reihe von charakteristischen Gefügebildern nach Vogel und Martin wiedergegeben.

In Abb. 194 sieht man primär ausgeschiedenes Vanadin-Karbid in wohlausgebildeten Dendriten. Nach der Zusammensetzung dieser Legierung (8% C, 27% V) müßte die Grundmasse aus ternärem Eutektikum bestehen. Man er-

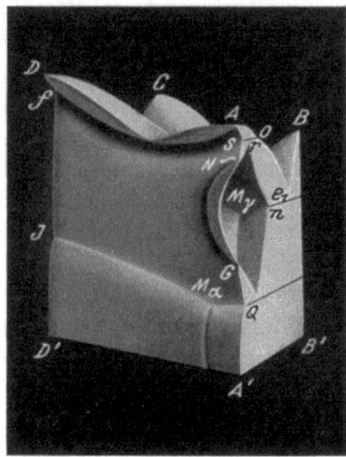

Abb. 190. Gipsmodell des ternären Systems. (Im Vordergrund die Eisenecke.) [Vogel und Martin (9)].

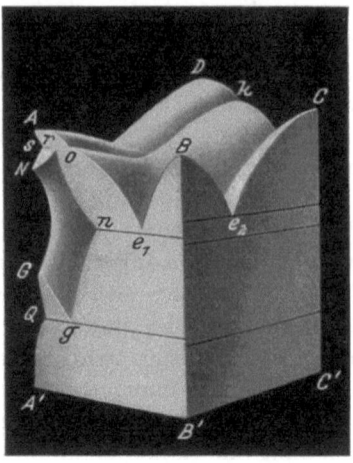

Abb. 191. Gipsmodell des ternären Systems. (Im Vordergrund die Zementitecke.) [Vogel und Martin (9)].

kennt jedoch nur graue Zementitnadeln mit hellen Säumen aus γ-Mischkristallen. Der dritte Bestandteil, das Vanadin-Karbid, ist bei der schwachen Vergrößerung nicht zu erkennen. Er ist aber auch anteilmäßig nur gering und dabei in sehr feinen Teilchen vertreten. Abb. 195 zeigt das ternäre Eutektikum bei stärkerer Vergrößerung. Hierbei wurde der Schliff so weit angelassen, daß der Zementit rot, der γ-Mischkristall blau gefärbt wurde, während das Vanadinkarbid gelb

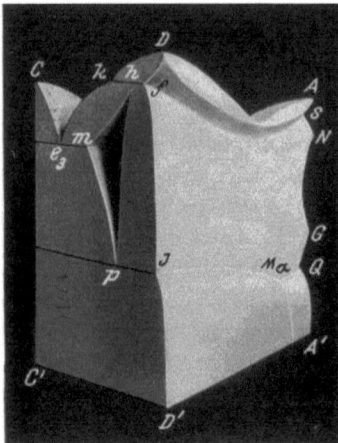

Abb. 192. Gipsmodell des ternären Systems. (Im Vordergrund die Vanadinecke.) [Vogel und Martin (9)].

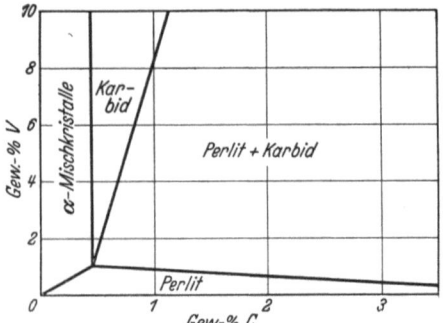

Abb. 193. Strukturdiagramm der Eisen-Kohlenstoff-Vanadinlegierungen [Vogel und Martin (9)].

blieb. Im Bild erscheint daher der Zementit dunkel, der γ-Mischkristall heller und die feinen Körnchen des Vanadinkarbids ganz hell. Aus der Schmelze, also bei der Bildung des ternären Eutektikums, müssen diejenigen V_4C_3-Teilchen entstanden sein, die im Zementit eingebettet sind, während diejenigen, die im γ-Mischkristall liegen, zum Teil auch im festen Zustand aus dem γ-Mischkristall ausgeschieden sein können.

Die Abb. 196—199 zeigen Gefügeformen, die im festen Zustand durch Zerfall der homogenen ternären γ-Mischkristalle entstehen. Die Legierung in Abb. 196 gehört mit einem Gehalt von 1,9% C und 2,2% V dem Gebiet der Sättigungsfläche für Zementit an. Die dunkeln Nadeln sind dementsprechend aus dem γ-Mischkristall primär ausgeschiedene Zementitnadeln. Das Perlitgefüge der

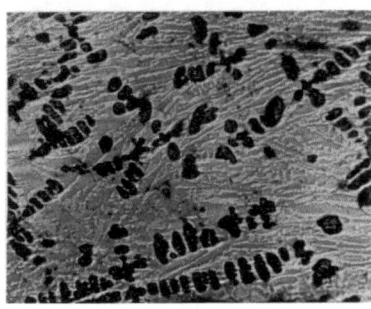 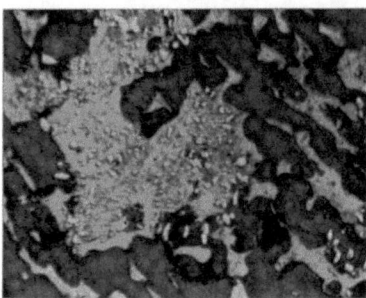

Abb. 194. Legierung mit 8% C und 27% V, × 80 [Vogel und Martin (9)].

Abb. 195. Legierung mit 6,2% C und 12% V; ungeätzt, × 800 [Vogel und Martin (9)].

Grundmasse ist, da der Perlitzementit von Natriumpikrat nicht angegriffen wird, nicht sichtbar geworden.

Die Legierung der Abb. 197 gehört mit 3% C und 10% V in das Gebiet der primären Ausscheidung von V_4C_3. Theoretisch müßte sich bei dieser Legierung nach der primären Ausscheidung von V_4C_3 ein binäres Eutektoid $V_4C_3 + Fe_3C$ und schließlich das ternäre Eutektoid $V_4C_3 + Fe_3C +$ ternärer α-Mischkristall ausscheiden. In Wirklichkeit sind diese drei Abschnitte meist nicht deutlich ausgebildet und so auch in Abb. 197 nicht deutlich zu erkennen. Man erkennt

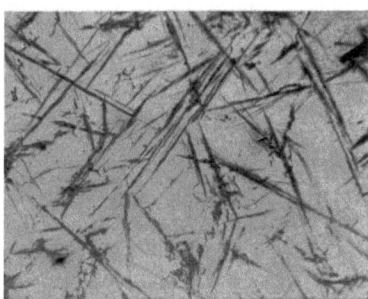 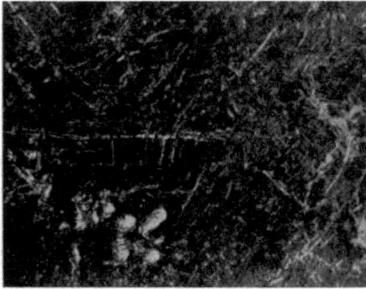

Abb. 196. Legierung mit 1,9% C und 2,2% V; alkal. Natriumpikrat, × 200 [Vogel und Martin (9)].

Abb. 197. Legierung mit 3% C und 10% V; alkohol. Salpetersäure, × 100 [Vogel und Martin (9)].

lediglich die rundlichen primären Ausscheidungen des Vanadinkarbids, außerdem die feinen Zementitnadeln in der dunklen Grundmasse, dem ternären Perlit. Die optische Auflösung dieses Perlits gelingt erst bei starken Vergrößerungen, wie Abb. 198 zeigt. Man erkennt deutlich verhältnismäßig grobe Körnchen von Vanadinkarbid, dagegen ist die Absonderung von Zementit und γ-Mischkristall, eines Vanadinferrit mit 0,2% C und 0,8% V, erst an der Grenze der Wahrnehmbarkeit angelangt. In dieser Form wird der ternäre Vanadinperlit unter gewöhnlichen Abkühlungsverhältnissen (1°/sek) erhalten. Aber selbst beim Ausglühen

184 Die Konstitution des Eisens in Abhängigkeit von der chemischen Zusammensetzung.

macht die Ausbildung des sorbitischen Vanadinferrit-Zementitgefüges nur langsame Fortschritte. Die Geschwindigkeit des Perlitzerfalls im Kohlenstoffstahl nimmt mit zunehmendem Vanadingehalt ab, bis die Grenze für das Auftreten des ternären Perlits erreicht wird. Während nun die Ausscheidungsgeschwindig-

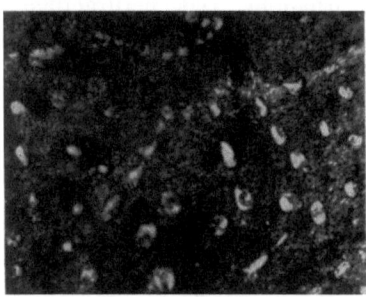

Abb. 198. Legierung mit 1,8% C und 6% V; alkohol. Salpetersäure, ×1200 [Vogel und Martin (9)].

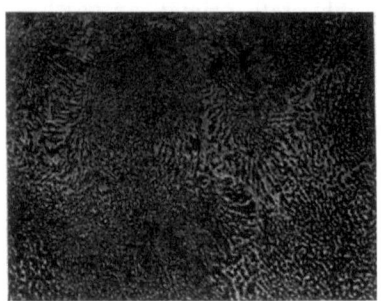

Abb. 199. Legierung mit 2,5% C und 12% V [Vogel und Martin (9)].

keit des Zementits durch Vanadin sehr stark herabgesetzt wird, ist im Gegensatz hierzu die Ausscheidungsgeschwindigkeit des Vanadinkarbids aus den γ-Mischkristallen so groß, daß sie sich auch durch Abschrecken nicht unterdrücken läßt; das Abschrecken bewirkt nur eine feinere Ausbildung der Karbidteilchen.

Schließlich ist in Abb. 199 noch das Entmischungsgefüge einer Legierung mit 2,5% C und 12% V gegeben. Die hier verhältnismäßig grobe eutektoidische Entmischung steht im Gegensatz zu der unter gleichen Abkühlungsbedingungen noch sehr unvollkommenen Entmischung des zementithaltigen Perlits und entspricht andererseits der schon erwähnten großen Ausscheidungsgeschwindigkeit des Vanadinkarbids.

D. Physikalische und technologische Eigenschaften.

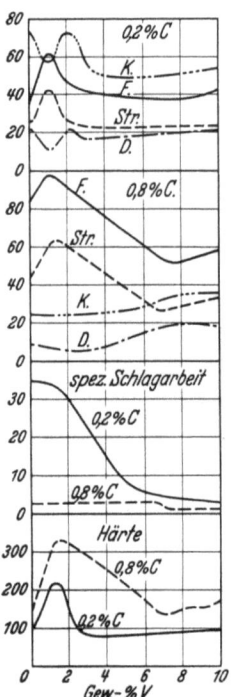

Abb. 200. Einfluß des Vanadiums auf Festigkeitseigenschaften, Härte und spezifische Schlagarbeit von Stahl mit 0,2 bzw. 0,8% C [Guillet (1)].

Der Einfluß des Vanadiums auf die Festigkeitseigenschaften des Stahles geht aus Abb. 200 nach Guillet (1) hervor. Niedrige Vanadingehalte von 0,15—0,3%, wie sie in den ternären V-Stählen vorliegen, bewirken eine Steigerung der Elastizitätsgrenze, Streckgrenze und Zugfestigkeit, ohne gleichzeitig Dehnung und Einschnürung zu vermindern. Die große Verwandtschaft des Vanadins zum Sauerstoff macht es zum vorzüglichen Desoxydationsmittel. Als solches findet es in Gestalt von Ferrovanadin bei Stahlarten Verwendung, die im Siemens-Martin-Ofen erschmolzen werden, wo wegen der oxydierenden Ofenatmosphäre eine völlige Desoxydation nicht immer sicher erreicht werden kann. Für einwandfrei erschmolzenen Tiegel- oder Elektrostahl rechtfertigen die durch Vanadinzugabe erzielbaren Verbesserungen die Kosten des Vanadinzusatzes nicht, es sei denn, daß es sich um legierte Stähle handelt, bei denen das Vanadin nicht nur zur Verbesserung der Desoxydation, sondern auch, in Gemeinschaft mit anderen Legierungselementen, zur Beeinflussung der mechanischen Eigenschaften des Stahles zugesetzt wird.

Die Schmiedbarkeit wird durch Vanadin zu höheren C-Gehalten verschoben. Eisen-Kohlenstofflegierungen mit 2,0—2,5% C ließen sich bereits bei Zugabe von nur 0,4% V gut schmieden[1]. Die Ursache hierfür ist darin zu erblicken, daß das Vanadin einen Teil des Kohlenstoffgehaltes fest bindet und daß das einmal ausgeschiedene Karbid nur schwer wieder in feste Lösung geht. Der Vanadinstahl verhält sich also beim Schmieden wie ein Stahl niedrigeren C-Gehaltes.

Die Erhöhung der kritischen Abschreckgeschwindigkeit durch Vanadin bei Anwendung üblicher Härtetemperaturen ist darauf zurückzuführen, daß durch Bildung von Vanadinkarbid der Kohlenstoffbetrag, der bei normalen Härtetemperaturen in Lösung gehen kann, verringert wird. Bei Anwendung sehr hoher Härtetemperaturen, bei denen das Vanadinkarbid aufgelöst wird, wirkt Vanadin erniedrigend auf die kritische Abschreckgeschwindigkeit, erhöht also die Durchhärtbarkeit.

Vanadinzusätze erhöhen die Widerstandsfähigkeit des Stahles gegen dynamische Beanspruchung, Wechselbeanspruchung und Verschleiß. Als weitere besondere Eigenschaft der Vanadinstähle ist ihr günstiges Verhalten bei erhöhter Temperatur zu erwähnen, das darin zum Ausdruck kommt, daß Streckgrenze und Elastizitätsgrenze bis zu 500° nur wenig abfallen. Ein Stahl mit 0,15% C und 0,2% V besitzt bei 500° noch eine Streckgrenze von 18 kg/mm^2, gegenüber 9—10 kg/mm^2 bei reinem Kohlenstoffstahl.

Nur mit Vanadin legierte Stähle finden hauptsächlich Verwendung als hochwertige Kesselbaustoffe. Als Beispiel sei der folgende Stahl angeführt:

$$0,1\text{—}0,2\%\ \text{C} \quad 0,5\text{—}0,8\%\ \text{Mn} \quad 0,15\text{—}0,25\%\ \text{V.}$$

Festigkeitswerte im normal geglühten Zustande:

Streckgrenze .... 30 kg/mm^2 Dehnung ($l = 10d$) . 25%
Zugfestigkeit .... 40 kg/mm^2 Einschnürung 55%

Als Einsatzstahl mit glasharter Außenschicht und besonders zähem Kern kann der vorstehend aufgeführte Stahl dann verwendet werden, wenn der Mangan-Gehalt nicht mehr als 0,6% beträgt.

Vanadinlegierter Baustahl findet vorwiegend in Amerika Verwendung. Aus ihm werden Kolbenstangen, Achsen, Wellen, Steuerungsteile und dgl. für Lokomotiven hergestellt. Die Zusammensetzung ist:

$$0,2\text{—}0,6\%\ \text{C} \quad 0,5\text{—}1\%\ \text{Mn} \quad 0,2\text{—}0,3\%\ \text{V.}$$

Vanadinlegierter Stahlguß mit 0,25—0,45% C, 0,70—0,95% Mn und 0,15 bis 0,20% V hat sich wegen seiner Dichtigkeit und guten Festigkeitseigenschaften gut bewährt für Lokomotivrahmen, Lokomotivräder und Turbinenteile, sowie wegen seines guten Verhaltens bei Temperaturen bis 500° für Armaturen für überhitzten Dampf. Vergüteter Vanadinstahlguß zeigt bei einer Streckgrenze von 51 kg/mm^2 und einer Zugfestigkeit von 67 kg/mm^2 ein gutes Streckgrenzenverhältnis bei einer Dehnung von 26%.

---

[1] Hougardy, H. (1).

Aus dem Vorstehenden geht hervor, daß das Vanadin seine Wirkung auf den Stahl schon bei geringen Zusätzen ausübt. Vanadinstahl ist daher trotz des hohen Preises des Ferrovanadins preislich anderen Stählen gegenüber nicht unterlegen.

17. Eisen und Titan.
A. Das Zweistoffsystem Eisen-Titan.

Das Zustandsdiagramm der Eisen-Titanlegierungen ist in Abb. 201 dargestellt. Für den Verlauf der Gleichgewichtslinien wurden die Untersuchungen von Lamort (1) und von Michel und Bénazet (1) herangezogen. Beide Metalle lösen sich im flüssigen Zustande vollkommen. Im festen Zustande beträgt die Löslichkeit des Eisens für Titan bei der Temperatur der Eutektikalen (1298° C) etwa 6,3% Ti. Es wurde angenommen, daß sich aus dem maximal gesättigten α-Eisen-Titanmischkristall mit sinkender Temperatur etwa entsprechend der Gleichgewichtslinie DF die Verbindung Fe_3Ti ausscheidet. Für diese Annahme[1] spricht die Beobachtung, daß Eisen-Titanlegierungen zur Ausscheidungshärtung neigen. Der genaue Verlauf der Linie muß noch festgelegt werden.

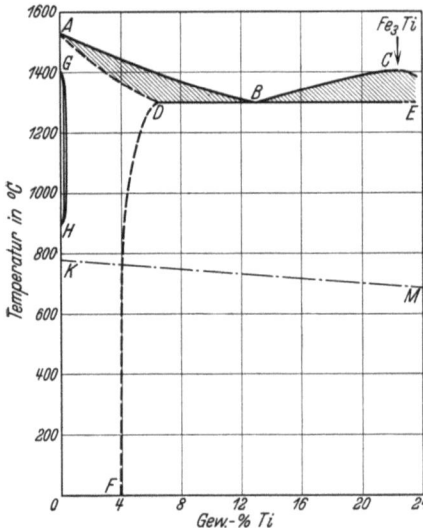

Abb. 201. Zustandsschaubild Eisen-Titan [Lamort (1), Michel und Bénazet (1)].

Auf dem Kurvenast AB beginnt die Ausscheidung von $α(δ)$-Mischkristallen, die bei AD beendet ist. Legierungen mit 6,3—13,2% Ti scheiden primär Mischkristalle der Zusammensetzung AD aus. Der Erstarrungsvorgang wird bei diesen Legierungen jedoch durch die Ausscheidung des Eutektikums B mit 13,2% Ti bei 1298° C beendet. Legierungen mit 13,2—22,3% Ti scheiden primär entlang BC wahrscheinlich die Verbindung Fe_3Ti mit 22,3% Ti aus. Das Ende des Erstarrungsvorganges bildet die Ausscheidung des Eutektikums B.

Nach den Arbeiten von Michel und Bénazet ist anzunehmen, daß Titan ebenfalls zu den Elementen gehört, die von einer gewissen Konzentration ab die Bildung der γ-Phase des Eisens unterbinden. Bei der Aufstellung des vorstehenden Zustandsschaubildes wurde, unter Berücksichtigung der erwähnten Untersuchung, eine Grenzkonzentration für das abgeschnürte γ-Gebiet von rd. 1% angenommen. Da jedoch die von Michel und Bénazet benutzten Legierungen einen Kohlenstoffgehalt von 0,04—0,17%, einen Siliziumgehalt von 0,20—1,03% und einen Aluminiumgehalt von 0,08—0,47% besitzen, ist der Wert mit Vorsicht aufzunehmen, da er wahrscheinlich zu hoch liegt.

Die magnetische Umwandlung wird nach Lamort durch einen Titanzusatz von 21% Ti auf 690° erniedrigt.

---

[1] Siehe Wasmuht, R. (1).

Titan wird wegen seiner großen Affinität zum Sauerstoff und zum Stickstoff als Desoxydations- und Entgasungsmittel benutzt. Mit Stickstoff bildet es ein Nitrid, das im festen Eisen unlöslich ist und unter dem Mikroskop entsprechend Abb. 202 nach Lamort in Form von quadratischen, rötlich gefärbten Kristallen bereits auf dem ungeätzten Schliff zu erkennen ist. Diese Einschlüsse sind ein unverkennbares Anzeichen für die Behandlung eines Stahls mit Titan. Besonders bemerkenswert an ihnen ist der von Comstock (1) erwähnte Umstand, daß sie durch die mechanische Formgebung im Gegensatz zu Einschlüssen anderer Art nicht deformiert werden.

Auf das Gefüge der Eisen-Kohlenstofflegierungen ist Titan nach Guillet (1) ohne wesentlichen Einfluß. Dieses Ergebnis wurde durch Untersuchungen von Vogel (10) bestätigt, der fand, daß die Temperatur der Perlitumwandlung nicht verändert wird und von gewissen Gehalten an (bei 1% Kohlenstoff, 6% Titan) Titan verzögernd auf die Lage von Ar_1 einwirkt, ohne daß es jedoch bis zur Bildung martensitischen Gefüges kommt.

Aus neueren Untersuchungen von Tamaru (1) darf geschlossen werden, daß das ternäre System Eisen-Kohlenstoff-Titan keinen eutektischen Punkt besitzt, daß vielmehr die Gleichgewichtslinien von der Eisen-Kohlenstoffseite zur Eisen-Titanseite kontinuierlich verlaufen. Tamaru stellt ferner fest, daß durch Titanzusatz der eutektische Punkt C und der Sättigungspunkt E nach links verschoben werden. Gleichzeitig tritt bei der eutektischen Linie ECF eine Temperaturverschiebung nach höheren Temperaturen ein.

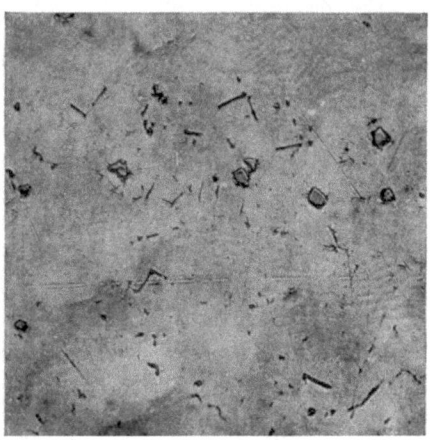

Abb. 202. Titannitrid in Ferro-Titan mit 11,9% Titan, ungeätzt, × 250 [Lamort (1)].

B. Technologische Eigenschaften.

Die Festigkeitseigenschaften der Fe—C—Ti-Legierungen sind in hohem Maße von ihrem Gehalt an Titannitrid und Titankarbid abhängig, von denen das erstere äußerst hart und das zweite sehr brüchig ist. Die Bildung des Titannitrids läßt sich durch Anwendung einer Wasserstoffatmosphäre bei der Herstellung der Legierungen verhindern. Dagegen ist die Verhütung der Bildung von Titankarbid, von dem sich immer etwas auf Kosten des in der Schmelze gelösten Kohlenstoffes bildet, schwieriger.

Über die Beeinflussung der Graphitbildung durch Titan bestehen widersprechende zahlenmäßige Unterlagen. Piwowarsky (2) stellte fest, daß bereits bei 0,1% Ti 85% des Kohlenstoffs als Graphit ausgeschieden sind und weiterer Titanzusatz hieran nichts mehr ändert. Störend war auch hier die zum Teil erfolgende Titan-Karbidbildung.

H. Mathesius (1) untersuchte Versuchsschmelzen, erschmolzen aus sehr reinem Elektrostahl und aluminothermisch hergestelltem Ferrotitan. Die Versuchsstähle enthielten unter 0,1% C, Spuren bis 0,7% Si, 0,23—0,41% Mn und 0,38—3,21% Ti. Schwefel lag in allen Schmelzen nur in Spuren vor, so daß die

Annahme berechtigt erscheint, daß Titan entschwefelnd wirkt. Die günstigsten Festigkeitswerte wurden an einer Legierung mit 0,06% C und 1,42% Ti erhalten. ($\sigma_B = 63$ kg/mm²; Dehnung für $l = 5d$: 21%; Kontraktion: 43%.)

Eine größere Schmelze aus dem Boßhardt-Ofen enthielt 0,16% C; 0,33% Si; 0,50% Mn; 0,01% S und 0,23% Ti. Kaltbiegeprobe, Warmbiegeprobe und Lochprobe waren gut. Der ausgeschmiedete Stahl zeichnete sich aus durch ein Streckgrenzenverhältnis von 0,79—0,84. Titannitrid- oder Zyan-Stickstoff-Titankristalle traten im Gefüge nur vereinzelt auf. Es wurde beobachtet, daß Titan die Blockseigerung vermindert, Verschleißfestigkeit und Kerbzähigkeit erhöht.

18. Eisen und Aluminium.
A. Das Zweistoffsystem Eisen-Aluminium.

Das Zustandsschaubild des Zweistoffsystems Eisen-Aluminium konnte trotz wiederholter Untersuchungen durch A. G. C. Gwyer (1), Kurnakow, Urasow und Grigorjew (2), Gwyer und H. W. L. Philipps (2) und F. Wever und A. Müller (9) bislang nicht in allen Konzentrationsbereichen eindeutig festgelegt werden. Während auf der eisenreichen Seite bis zu etwa 40% Aluminium und auf der aluminiumreichen Seite bis zu etwa 40% Eisen die Kristallisationsvorgänge von allen Forschern übereinstimmend beschrieben werden, gehen im Bereich zwischen 40 und 60% Al die Auffassungen über den Kristallisationsvorgang auseinander. Das in Abb. 203 nach Gwyer und Philipps — unter Berücksichtigung der von Wever und Müller festgelegten Beeinflussung der A_3- und A_4-Umwandlung mitwachsendem Aluminiumgehalt — dargestellte Zustandsdiagramm wird daher in diesem Gebiete noch einer experimentellen Bestätigung bedürfen.

Nach dem Diagramm sind im schmelzflüssigen Zustande die beiden Komponenten vollkommen ineinander löslich. Längs der Liquiduslinie AB, die bereits Roberts-Austen (1) festlegen konnte, scheiden sich $\alpha(\delta)$-Mischkristalle aus, deren jeweilige Konzentration an Aluminium die Soliduslinie AE angibt. Dem Punkt B entspricht ein Al-Gehalt von 42%. Die maximale Löslichkeit von Aluminium in $\alpha(\delta)$-Eisen beträgt bei 1232° (Punkt E) 34,5%. Mit sinkender Temperatur nimmt nach Iwasé und Murakami das Lösungsvermögen ab und beträgt bei Zimmertemperatur etwa 30% Al. Den Versuchsergebnissen Gwyers zufolge soll das Lösungsvermögen des $\alpha(\delta)$-Mischkristalles mit sinkender Temperatur auf etwa 35,3% Al zunehmen; jedoch kann diese Feststellung als unwahrscheinlich angesehen werden. Längs des Kurvenastes BC scheidet sich aus der Schmelze eine neue Kristallart aus, die mit sinkender Temperatur zerfällt. Den offenen Maxima in der Schmelzkurve bei D ($= 54,81$% Al) und T ($= 59,28$% Al) entsprechen zwei chemische Verbindungen der ungefähren Zusammensetzung Fe_2Al_5 und $FeAl_3$. Im Punkte C ($= 50,5$% Al) findet bei 1165° eine eutektische Kristallisation statt. Ebenso erstarrt im Punkte R (etwa 58% Al) ein zweites Eutektikum, dessen Temperatur nur um wenige Grade von der Schmelztemperatur der Verbindung $FeAl_3$ verschieden ist. Die das erste Eutektikum aufbauenden festen Phasen sind die Verbindung Fe_2Al_5 und ein Mischkristall V; das zweite Eutektikum wird von den beiden Verbindungen $FeAl_3$ und Fe_2Al_5 gebildet. Beide Verbindungen sind im Konzentrationsintervall zwischen 55,5 und 58,9% Al nebeneinander beständig und können infolge ihrer verschiedenen Farbe und ihres verschiedenen Verhaltens gegen Ätzmittel erkannt werden. FeAl$_3$ soll im ungeätzten Zustande grünlich-blau und Fe$_2$Al$_5$ weiß aussehen. Verwendet man als Ätzmittel verdünnte Natronlauge, so wird FeAl$_3$ blau oder grün gefärbt, während Fe$_2$Al$_5$ rot oder orange erscheint. Die Existenz der von Kurnakow im Intervall zwischen 42 und 51% Al angenommenen Verbindung Fe$_2$Al$_3$ (mit 42,12% Al), die bei der Abkühlung bei etwa 1100° zerfallen soll, konnte Gwyer nicht bestätigen. Der Verlauf der Schmelzkurve TXZ auf der aluminiumreichen Seite des Diagramms ist gut bekannt, und die Forschungsergebnisse über die Temperaturlage und die Zusammensetzung des Eutektikums X weichen nur unerheblich voneinander ab. Nach Gwyer ist eine eutektische Zusammensetzung von 98,11% Al wahrscheinlich; die eutektische Temperatur wird von ihm zu 653° angegeben.

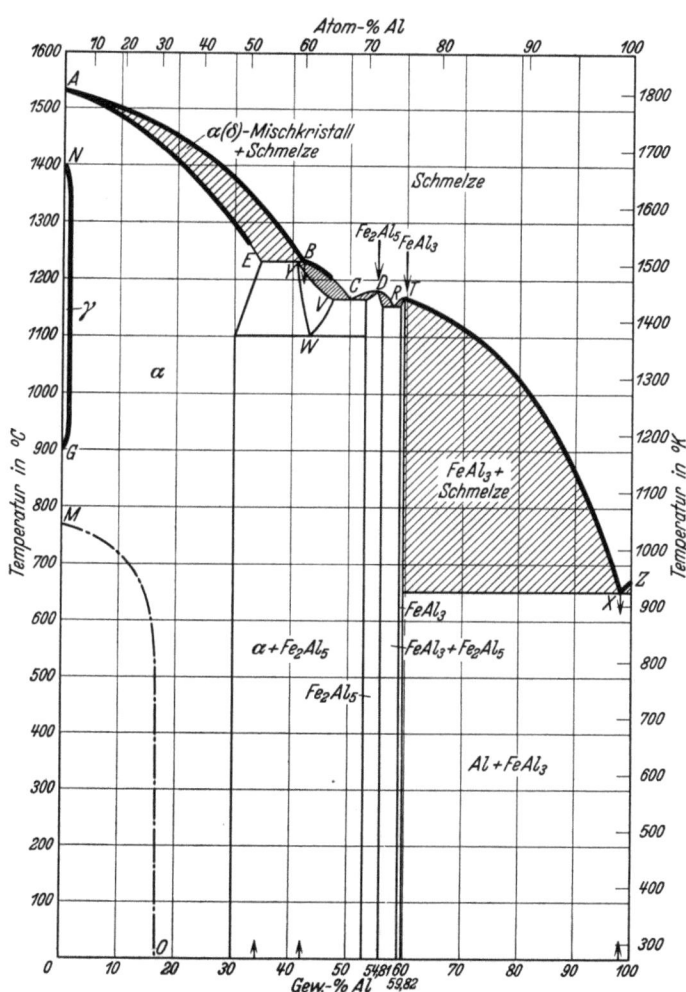

Abb. 203. Zweistoffsystem Eisen-Aluminium [Gwyer und Phillips (2); Wever und Müller (9)].

Von den Umwandlungsvorgängen innerhalb des festen Zustandes wissen wir aus den Untersuchungen von Wever, daß die A_3-Umwandlung des reinen Eisens mit steigendem Al-Gehalt zunächst schwach abfällt, um dann stärker anzusteigen, wie es in analoger Weise von Oberhoffer und Esser (8) am System Eisen-Chrom beobachtet werden konnte. Die A_4-Umwandlung sinkt mit steigendem Al-Gehalt. Beide Gleichgewichtslinien gehen ineinander über und bilden den Kurvenzug NG, der den Stabilitätsbereich der γ-Phase abgrenzt. In allen Legierungen mit mehr als 1% Al tritt die γ-Phase des Eisens nicht mehr auf. Bei 1232° findet eine peritektische Umwandlung der Schmelze B mit dem gesättigten α-Mischkristall unter Bildung einer neuen Kristallart mit 41% Al (Punkt Y)

statt. Diese Kristallart besitzt nur eine begrenzte Stabilität. Selbst bei schroffer Abschreckung aus ihrem Zustandsfeld oberhalb YWV kann die eutektoidische Umsetzung bei 1103° nicht unterdrückt werden. Die thermischen Effekte auf den Abkühlungskurven längs YW werden von Gwyer durch die Ausscheidung einer nicht näher definierten Kristallart gedeutet. Wahrscheinlich wird es sich um die Ausscheidung des aluminiumreichen α-Mischkristalls handeln. In analoger Weise erklären sich die thermischen Effekte längs VW als Zerfallsvorgänge, wobei eine zweite neue Kristallart ausgeschieden werden soll. Es wird sich vermutlich um die Ausscheidung der Verbindung Fe_2Al_5 handeln, denn erstens konnte Gwyer das Vorhandensein des lamellaren Eutektoides W (= 43% Al) bis 52,7% Al beobachten und zweitens wird die ausgeschiedene Kristallart wie die Verbindung Fe_2Al_5 von verdünnter Natronlauge in ähnlicher Weise gefärbt. Diese Kristallart nimmt nämlich beim Ätzen eine graue bis braune Färbung an. Nach dieser vorerst hypothetischen Deutung zerfällt bei 1103° der Mischkristall Y bei der Abkühlung in einen aluminiumreichen α-Mischkristall und Fe_2Al_5. Schließlich beobachteten Gwyer und Philipps auf ihren Abkühlungskurven im Konzentrationsintervall zwischen 47 und 52,7% Al bei 1158° — also 7° unter der eutek-

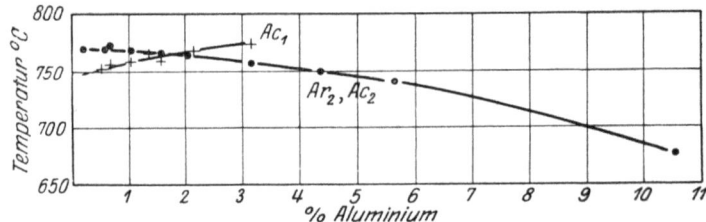

Abb. 204. Einfluß des Aluminiums auf die Haltepunkte von Aluminiumstählen [Gumlich (4)].

tischen Temperatur C — einen weiteren schwach ausgeprägten Effekt, den sie auf einen Zerfallsvorgang des am Eutektikum teilnehmenden Mischkristalls V zurückführen. Es darf jedoch als wahrscheinlicher angesehen werden, daß dieser Effekt durch eine verzögerte Kristallisation hervorgerufen wird. Demzufolge hat der Effekt in dem mitgeteilten Zustandsdiagramm keine Berücksichtigung gefunden. Nach den Untersuchungen Murakamis nimmt der A_2-Punkt des reinen Eisens mit steigendem Al-Gehalt längs MO ab; bei etwa 16,5% Al erreicht er Zimmertemperatur.

Eine erschöpfende Darstellung der Kristallisationsvorgänge im ternären System Eisen-Aluminium-Kohlenstoff besteht in der Literatur noch nicht; es liegen lediglich eine Anzahl Einzelbeobachtungen über den Zerfall des ternären γ-Mischkristalls vor, deren Ergebnis die Abb. 204 mitteilt.

Aus den von Gumlich (4) an kohlenstoffhaltigen Proben mit 0,12% C gewonnenen Beobachtungen geht gemäß Abb. 204 hervor, daß Ac_2, wie durch Silizium, erniedrigt, Ac_1 dagegen erhöht wird, so daß beide Haltepunkte sich bei ca. 2,0% Aluminium kreuzen. Wie bei den Siliziumlegierungen sind Ac_1 auf thermischem, Ac_2 und Ar_2 auf magnetischem Wege ermittelt worden. Ar_2 war nach Gumlich sehr undeutlich. Ar_1 war ebenfalls undeutlich und lag etwa 40—50° unter Ac_1.

Die von Gumlich festgestellte Verschiebung des Perlitpunktes zu höheren Temperaturen deckt sich nicht mit der von O. v. Keil und O. Jungwirth (4) ermittelten Temperaturverschiebung der beginnenden Perlitbildung. Nach diesen Forschern soll entsprechend Abb. 205 zunächst bis 3,5% Al eine schwache Erniedrigung und dann eine Steigerung bis zu 8% Al stattfinden. Gleichzeitig nimmt die Intensität ab und verschwindet bei 8%. Die eutektische Temperatur nimmt, wie Abb. 206 erkennen läßt, mit zunehmendem Al-Gehalt zu. Mit wachsender Al-Konzentration verringert sich sowohl der perlitische wie auch der lede-

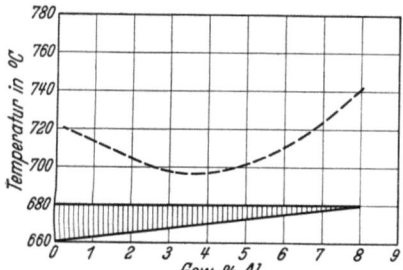
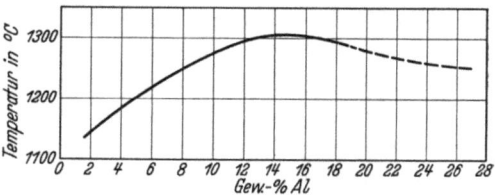

Abb. 205. Lage und Intensität der Perlitumwandlung [v. Keil und Jungwirth (4)].

Abb. 206. Eutektische Temperaturen in Abhängigkeit vom Aluminiumgehalt [v. Keil und Jungwirth (4)].

buritische C-Gehalt. Die Lösungsfähigkeit des Eisens für Kohlenstoff wird durch Aluminium herabgedrückt, und zwar für 1% Al um rd. 0,1%.

Wie Silizium übt Aluminium auch eine stark graphitisierende Wirkung aus, wie Abb. 207 für die eutektischen Legierungen erkennen läßt. Man ersieht daraus, daß bereits zwischen 2—3% Al der gesamte Kohlenstoff als Graphit vorliegt, ebenso über 18% Al. Im Intervall zwischen 11—18% Al soll der graphitisierende Einfluß des Aluminiums praktisch Null werden.

B. Physikalische und technologische Eigenschaften.

Nach Hadfield (5) und Guillet (8) tritt bis zu einem Gehalt von 2—3% Al nur eine unwesentliche Änderung der Festigkeitseigenschaften ein, mit Ausnahme der Kerbschlagzähigkeit und der Kontraktion, die ziemlich rasch sinken. Wie Silizium verbessert Aluminium die magnetischen Eigenschaften des kohlenstoffarmen Eisens im Hinblick auf dessen Verwendung zur Herstellung von Dynamo- und Transformatorenblechen.

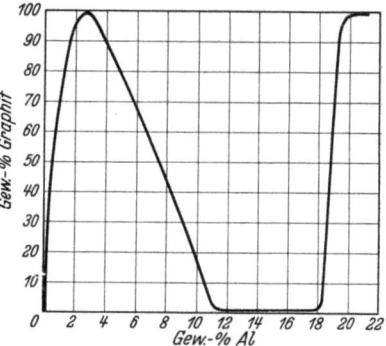

Abb. 207. Einfluß des Aluminiums auf die Graphitbildung der eutektischen Legierungen [v. Keil und Jungwirth (4)].

Die Remanenz ist bei einem Al-Gehalt von 5% gleich Null. Gumlich (4) fand, daß Aluminium wie Silizium, jedoch keineswegs ebenso günstig wirkt. Dieses Ergebnis konnte in jüngster Zeit von Wever und Hindrichs (6) bestätigt werden. Aus der Erkenntnis, daß die Verlustziffer in hohem Maße vom Desoxydationsgrad abhängig ist und ferner bei gleichzeitiger Gegenwart von Silizium und Aluminium die an Eisen gebundenen Sauerstoffmengen geringer sind als bei alleiniger Anwesenheit von Silizium, entwickeln die genannten Forscher für Dynamo- und Transformatorenbleche einen Si- und Al-Stahl. Sie finden, daß sowohl für niedriglegierte Stähle als auch für hochlegierte Transformatorenstähle ein geringer Al-Zusatz die Verlustziffer bemerkenswert vermindert, und zwar am ausgeprägtesten bei niedriglegierten Si-Stählen. Über einen gewissen optimalen Al-Zusatz hinauszugehen verbietet sich, da damit praktisch keine Verbesserungen mehr erzielt werden können. Der elektrische Leitwiderstand wird durch Al erhöht. Das spezifische Gewicht sinkt nach Hadfield linear, und zwar um 0,12/1% Al. Die Schmiedbarkeit wird nach Hadfield erst bei einem Gehalt von etwa 5% beeinträchtigt. Guillets im Tiegel hergestellte Legierungen mit 0,2% C und 0—7% Al bzw. 0,8% C und 0—15% Al ließen sich ohne Schwierigkeit walzen. Die Schweißbarkeit dagegen soll wiederum nach Hadfield bereits bei einem Gehalt von etwa 0,4% verloren sein. Burgess und Aston (8) fanden, daß eine kohlenstofffreie Eisen-Aluminiumlegierung mit 2,5% Al schmiedbar aber nicht schweißbar war.

Ein weiterer Verwendungszweig des Aluminiums ist das von der Firma Krupp empfohlene[1] sog. Alitieren, ein dem Zementieren ähnliches Verfahren, bei dem also Aluminium von der Oberfläche des Gegenstandes aus in diesen eindringt. Hierdurch wird der Widerstand gegen oxydierende Einflüsse bei hohen Temperaturen wesentlich erhöht. So erwähnt Wendt, daß ein Flußeisentiegel nach 20stündigem Erhitzen auf 1000° stark verzundert war, während ein alitierter Flußeisentiegel nach 60 Stunden kaum Spuren einer Veränderung erkennen ließ.

Die metallurgische Bedeutung des Aluminiums beruht auf seiner hervorragenden Eignung als Beruhigungsmittel.

Technisch beachtenswert ist endlich die Tatsache, daß die sogenannten Seigerungen durch Al-Zusatz vermindert werden. Indessen sind die Ansichten über die Zweckmäßigkeit des Al-Zusatzes geteilt, weil häufig beobachtet wurde, daß Blöcke, die mit einem Al-Zusatz hergestellt wurden, sich schlecht verarbeiten ließen. Ob dies, wie vielfach vermutet wird, auf die Bildung von Tonerdehäutchen zwischen den Kristalliten zurückzuführen ist, muß noch entschieden werden.

19. Eisen und Beryllium.
A. Das Zweistoffsystem Eisen-Beryllium.

Das System Eisen-Beryllium wurde zunächst von G. Oesterheld (1) im Rahmen einer größeren Arbeit über das Verhalten des Berylliums gegenüber Aluminium, Kupfer, Silber und Eisen untersucht. Den Schmelzpunkt von 99,5%igem Beryllium bestimmte er zu 1278° ± 5°. Gleichzeitig beobachtete er eine außergewöhnlich große Schmelzwärme, die er aus der Größe des Kältepunktes zu 277 cal/g schätzt. (Die Berechnung nach Crompton würde 341 cal/g ergeben.)

Aus dem Verlauf der Schmelzkurve, die sich aus seinen Untersuchungen für das System Fe—Be ergibt, schließt Oesterheld auf die Existenz einer Eisen-Beryllium-Verbindung, und zwar hält er die Formel $FeBe_2$ für wahrscheinlich. Diese würde in dem Diagramm ein offenes Maximum bilden und zwischen 1400° und 1450° schmelzen. Das Eutektikum, das er in Legierungen mit mehr als 6,5% Be beobachtet, würde demnach aus einem Eisen-Beryllium-Mischkristall und der Verbindung $FeBe_2$ als zweite Phase bestehen.

---
[1] Wendt (1).

Bei der Erstarrung der eisenreichen Legierungen scheidet sich ein α(δ)-Mischkristall aus, dessen maximaler Gehalt an Beryllium zu 6,5% angegeben wird, da bis zu dieser Konzentration das Eutektikum beobachtet werden konnte.

Bezüglich der Beeinflussung der polymorphen Umwandlungen des Eisens durch Beryllium konnte Oesterheld keine Beobachtungen machen, weil die Effekte zu schwach waren. Die Temperatur der magnetischen Umwandlung wird durch Beryllium erniedrigt. Die Temperatur dieser Umwandlung beim gesättigten α-Mischkristall würde nach Oesterheld etwa bei 650° liegen.

F. Wever und H. Müller (9) haben in neuerer Zeit das System auf der Eisenseite bis zu einem Gehalt von 2,3% Be thermisch und röntgenographisch nachgeprüft. Sie finden die Erstarrungstemperaturen etwas niedriger als Oesterheld. In Abb. 208, die das Schmelzdiagramm nach Oesterheld wiedergibt, waren diese Beobachtungen von Wever und Müller für die Zeichnung dieses Teils der Schmelzkurve maßgebend. Den A_4-Punkt finden Wever und Müller schon bei geringen Berylliumzusätzen stark erniedrigt, bei 0,39% Be auf etwa 1190° und den A_3-Punkt erhöht bei der gleichen Konzentration auf etwa 976°. Hieraus ergibt sich mit großer Wahrscheinlichkeit, daß Eisen mit Beryllium ein abgeschlossenes γ-Feld bildet. Den Scheitelpunkt des abgeschnürten γ-Gebietes schätzen Wever und Müller auf 0,45% Be. Für die magnetische Umwandlung beobachten sie wie Oester-

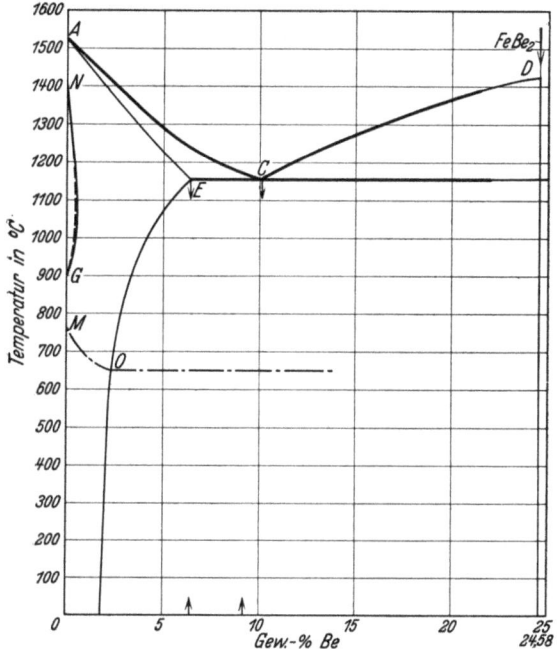

Abb. 208. Zustandsschaubild Eisen-Beryllium [Oesterheld (1); Wever und Müller (9)].

held eine Erniedrigung der Temperatur mit zunehmendem Be-Gehalt. Allerdings fällt nach ihnen die Temperatur etwas steiler ab als nach Oesterheld. Es ist daher wahrscheinlich, daß die Konzentration des gesättigten α-Mischkristalls bei der Temperatur der magnetischen Umwandlung niedriger ist, als sie nach Oesterheld angenommen werden muß, was auch mit den Beobachtungen von W. Kroll (1) über die Ausscheidungshärtung von Fe—Be-Legierungen besser übereinstimmen würde. Die Löslichkeit des α-Mischkristalls für Be nimmt daher von seinem Maximalgehalt bei der eutektischen Temperatur mit sinkender Temperatur bedeutend ab, was die Fähigkeit zur Ausscheidungshärtung in sich schließt. Eine technische Verwendung dieser Eigenschaften ist aber kaum möglich, da durch Beryllium eine starke Vergröberung des Kornes hervorgerufen wird und die Legierungen außerordentlich spröde werden. Durch Nickelzusatz lassen sich die mechanischen Eigenschaften weitgehend verbessern.

B. Physikalische und technologische Eigenschaften.

Beryllium erhöht die Härte und die Zugfestigkeit, vermindert aber gleichzeitig die Zähigkeit und die Verarbeitbarkeit. H. Bennek und P. Schafmeister (3) untersuchten rostfreie Cr—Ni-Stähle mit einem Berylliumgehalt, der Ausscheidungshärtung möglich machte. Derartige Stähle waren im voll ausgehärteten Zustande sehr spröde, ihre Korrosionbeständigkeit war verringert.

20. Eisen und Zinn.
A. Das Zweistoffsystem Eisen-Zinn.

Die erste systematische Bearbeitung des Systems Eisen-Zinn erfolgte durch E. Isaak und G. Tammann (1). Die von ihnen festgelegten Gleichgewichtslinien haben im wesentlichen auch nach der Überprüfung durch F. Wever u. W. Reinecken (10) und nach der letzten Bearbeitung von C. A. Edwards u. A. Preece (1) noch Geltung. Verschiedenheiten bestehen grundsätzlich nur hinsichtlich der auftretenden Eisen-Zinnverbindungen. Isaak und Tammann vermuten zwar auch ein oder zwei Verbindungen, doch verzichten sie wegen der Schwierigkeit der Bestimmung ihrer stöchiometrischen Verhältnisse auf nähere Angaben. Nach der älteren Literatur, von der Isaak und Tammann eine umfassende Zusammenstellung geben, sollen Eisen-Zinnverbindungen in fast allen stöchiometrischen Verhältnissen zwischen Fe_9Sn und $FeSn_6$ auftreten. Wever und Reinecken glauben, die beiden Verbindungen Fe_3Sn und $FeSn_2$ nachgewiesen zu haben. Edwards und Preece bestreiten entschieden auf Grund ihrer Untersuchungen die Existenz der Verbindung Fe_2Sn, bestätigen jedoch als sicher die Verbindung $FeSn_2$ und glauben mit sehr großer Wahrscheinlichkeit, außerdem die beiden Verbindungen $FeSn$ und Fe_2Sn gefunden zu haben.

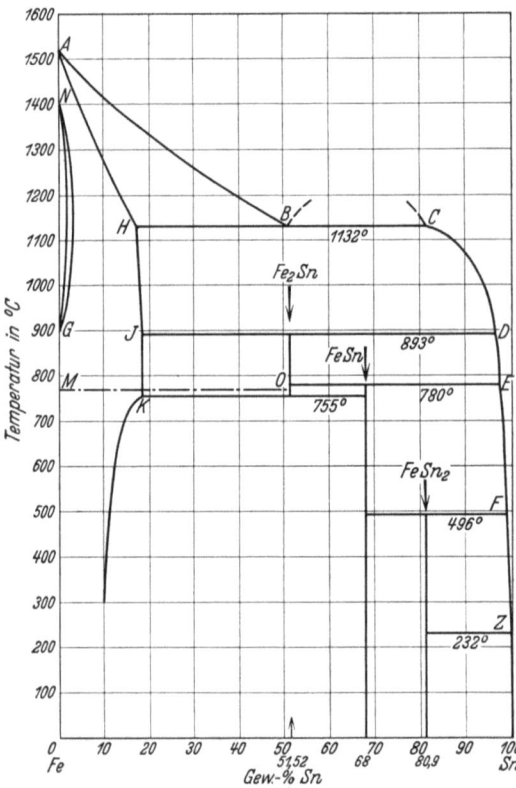

Abb. 209. Zustandsschaubild Eisen-Zinn [Isaak und Tammann (1); Wever und Reinecken (10); Edwards und Preece (1)].

In Abb. 209 ist das Zweistoffsystem dargestellt; die Gleichgewichtslinien entsprechen mit geringfügigen Temperaturunterschieden denen von Isaak und Tammann. Lediglich die Umwandlungslinie bei 755°, die Wever und Reinecken sowohl wie Edwards und Preece beobachteten, sowie die von Wever und Reinecken festgelegten Linien, die das γ-Gebiet begrenzen, wurden hinzugefügt. Die Verbindungen wurden nach Edwards und Preece angenommen.

Die Entscheidung über die Existenz der Verbindung Fe_3Sn in dem Temperaturbereich von 1132—893° (wie sie Wever und Reinecken annehmen) ist gleichzeitig auch die Entscheidung über die von Isaak und Tammann gefundene, von Wever und Reinecken jedoch bestrittene Mischungslücke im flüssigen Zustand, da beide Annahmen sich auf Grund der Phasenregel gegenseitig ausschließen. Der horizontale Verlauf der Linie HBC, der von allen Autoren mit großer Zuverlässigkeit, wenn auch bei etwas abweichenden Temperaturen, beobachtet wurde, spricht für die Existenz der Mischungslücke. Die auffallenden Seigerungserscheinungen bei Legierungen zwischen 40 und 80% Sn werden von Edwards und Preece als für, von Wever und Reinecken als gegen die Annahme einer Mischungslücke sprechend gedeutet. Isaak und Tammann beobachteten eine deutliche Schichtbildung im flüssigen Zustand; Wever und Reinecken erklären diese Erscheinung durch unvollkommenes Schmelzen, da sie nach gutem Durchrühren niemals Schichtbildung fanden. Edwards und Preece führten jedoch einen überzeugenden Versuch durch, wonach sie bei einer Ausgangslegierung von 59% Sn trotz guter Durchmischung bei hoher Temperatur nach Absetzenlassen bei niedriger Temperatur durch Dekantieren in der obersten Schicht 70% Sn gegenüber 56% in der Bodenschicht feststellten.

Auf Grund ihrer Gefügeuntersuchungen an Legierungen zwischen 19—60% Sn, für deren Gleichgewichtseinstellung sie besondere Vorsichtsmaßnahmen trafen, kommen sie zu einer Verneinung der Existenz einer Verbindung, speziell der Verbindung Fe_3Sn, in dem Temperaturintervall unterhalb der Umwandlungslinie bei 1132°, weil sie mit zunehmendem Sn-Gehalt eine stetige Abnahme des einen der beiden Gefügebestandteile beobachteten. Speziell eine Legierung, deren Konzentration dem stöchiometrischen Verhältnis der Verbindung Fe_3Sn nahe kam, zeigte beide Gefügebestandteile fast zu gleichen Teilen. Ein dritter Gefügebestandteil in der Legierungsreihe wurde überhaupt nicht festgestellt. Die Nichtexistenz einer Verbindung in dem Temperaturintervall unterhalb der Schmelzhorizontalen bei 1132° würde aber die Annahme der Mischungslücke verlangen. Berücksichtigt man ferner, daß der von Wever und Reinecken erbrachte Nachweis der Verbindung Fe_3Sn nicht sehr überzeugen kann — die Analyse ihres Anreicherungsproduktes ergab einen Zinngehalt von 48,8% statt 41,3% Sn, der der Formel Fe_3Sn entsprechen würde —, so erscheint die Annahme einer Mischungslücke im flüssigen Zustand zur Erklärung der Untersuchungsbefunde berechtigt.

Das abgeschnürte γ-Gebiet wurde durch Wever und Reinecken mit Hilfe der thermischen Differentialanalyse an im Vakuum erschmolzenen Legierungen mit maximal 0,02% C festgelegt. Mit zunehmendem Sn-Gehalt wurden die Wärmetönungen so schwach, daß oberhalb 1,3% Sn die Umwandlungen nicht mehr beobachtet werden konnten. In Analogie zu den übrigen Systemen mit abgeschnürtem γ-Gebiet erscheint es jedoch berechtigt, die Kurvenzüge zu schließen. Wever und Reinecken beobachteten einen starken Einfluß geringer C-Gehalte auf die Lage der Umwandlungen, so daß bei Legierungen, die noch ärmer an Kohlenstoff sind, eine stärkere Einengung des γ-Gebietes zu erwarten ist.

Die Lage der magnetischen Umwandlung wurde nahezu unverändert gefunden. Mit Hilfe von magnetometrischen Untersuchungen konnte die Umwandlung bis etwa 51% bei praktisch unveränderter Temperatur beobachtet werden.

B. Physikalische und technologische Eigenschaften.

Eine technische Verwendung finden die Eisen-Zinnlegierungen im eigentlichen Sinne nicht. Zinn bildet wohl einen wertvollen Schutzüberzug für Eisen, der auf Grund der Mischkristallbildung sehr gut haftet; dagegen macht er das Eisen spröde und ist auch in magnetischer und elektrischer Beziehung kein wertvoller Zusatz. Kohlenstofffreie Zinn-Eisenlegierungen sind nach Burgess und Aston (7, 8) bis zu einem Gehalt von 2% Sn schmiedbar und schweißbar. Weiches Flußeisen zeigt bei einem Gehalt von 1,5% Sn deutlich Rotbruch. Nach Whiteley und Braithwaite (1) macht sich der schlechte Einfluß des Zinns auf Dehnung und Einschnürung besonders stark bei höheren C-Gehalten bemerkbar, während bei den weichen Stählen vor allem die Warmbearbeitbarkeit beeinflußt wird. Ein Gehalt von 0,06% Sn soll unter allen Umständen vermieden werden. Neuere Untersuchungen über den Einfluß von Zinn auf Stahl führten I. H. Andrew und I. B. Peile (2) durch. Proben mit 0,1—0,3% C und 0—0,6% Sn waren sämtlich rotbruchfrei. Zugfestigkeit, Streckgrenze, Dehnung und Einschnürung wurden durch Sn nicht wesentlich beeinflußt. Die Kerbzähigkeit dagegen nahm ab und war besonders gering nach Abschrecken und Anlassen mit langsamem Durchgang durch das Gebiet von 400—200°.

Zinn soll das Lösungsvermögen des γ-Eisens für Kohlenstoff erniedrigen und so zur Bildung von Korngrenzenzementit Anlaß geben.

21. Eisen und Zink.
A. Das Zweistoffsystem Eisen-Zink.

Die ersten systematischen Untersuchungen über das Zustandsdiagramm der Eisen-Zinklegierungen wurden von A. v. Vegesack (2) durchgeführt. Allerdings beschränkte er sich auf die zinkreichen Legierungen bis zu 24% Eisen, da Legierungen mit höherem Eisengehalt wegen des Verdampfens des Zinks bei den Temperaturen oberhalb 930°, dem Siedepunkt des Zinks, bei Atmosphärendruck nicht herzustellen waren. Von U. Raydt und G. Tammann (1) wurde später das von v. Vegesack aufgestellte Diagramm in einigen Punkten vervollständigt, ohne daß jedoch der Verlauf der Schmelzkurve bis zur Eisenseite festgelegt werden konnte. Das gleiche gilt auch von den neueren Untersuchungen von Y. Ogawa und T. Murakami (1) sowie von Y. Ogawa (2) und A. Osawa, welche im Grundsätzlichen die bekannten Ergebnisse von v. Vegesack und von Raydt und Tammann bestätigen. Das in Abb. 210 wiedergegebene Diagramm stützt sich bezüglich Temperaturen und Konzentrationen auf die jüngsten Angaben.

Nach A. v. Vegesack scheidet sich bei den zinkreichen Legierungen aus einer homogenen Schmelze eine unbekannte Kristallart (die von den späteren Autoren als γ-Mischkristall angesprochen wird) ab, die bei 777° (nach Ogawa 767°) mit der Schmelze unter peritektischer Umsetzung die Eisen-Zinkverbindung $FeZn_3$ bildet. Diese Verbindung setzt sich bei weiterer Abkühlung in den zinkreicheren Legierungen mit der Schmelze bei 662° ebenfalls peritektisch zu einer neuen Verbindung FeZn$_7$ um. Bei weiterer Abkühlung soll dann bei einer Temperatur, die 3° über dem Schmelzpunkt des reinen Zinks von 419° liegt, ein Mischkristall der Verbindung FeZn$_7$, dessen Konzentration bei etwa 7,3% Fe (92,7% Zn) mit der zinkreichen Schmelze unter erneuter peritektischer Umsetzung einen weniger als 1% Fe enthaltenden Mischkristall ausscheiden. Die Konzentration der peritektisch gebildeten Phasen fand v. Vegesack bei 22,0% Fe bzw. bei 11,0% Fe, die den errechneten Konzentrationen der angegebenen Formeln der Verbindungen recht nahe kommen (FeZn$_3$ = 22,2% Fe und FeZn$_7$ = 10,88% Fe).

Raydt und Tammann vervollständigten das Diagramm nach der Eisenseite durch magnetische Untersuchung von eisenreicheren Legierungen, die sie durch Schmelzen unter hohem Druck herstellten. Sie beobachteten bei Legierungen mit mehr als 26% Fe bis 67% Fe die Wiederkehr des Ferromagnetismus innerhalb der Fehlergrenze von ± 7° bei der konstanten Temperatur 647°; bei höheren Eisengehalten stieg diese Temperatur mit zunehmendem Eisengehalt an und wurde bei 96% Fe zu 771° gemessen. Raydt und Tammann folgern aus dem Verlauf der magnetischen Umwandlungskurve und gestützt auf mikroskopische Untersuchungen, daß bei 647° eine eutektoidische Umsetzung eines γ-Eisen-Mischkristalls mit etwa 20% Zink in einen α-Eisen-Mischkristall mit nur

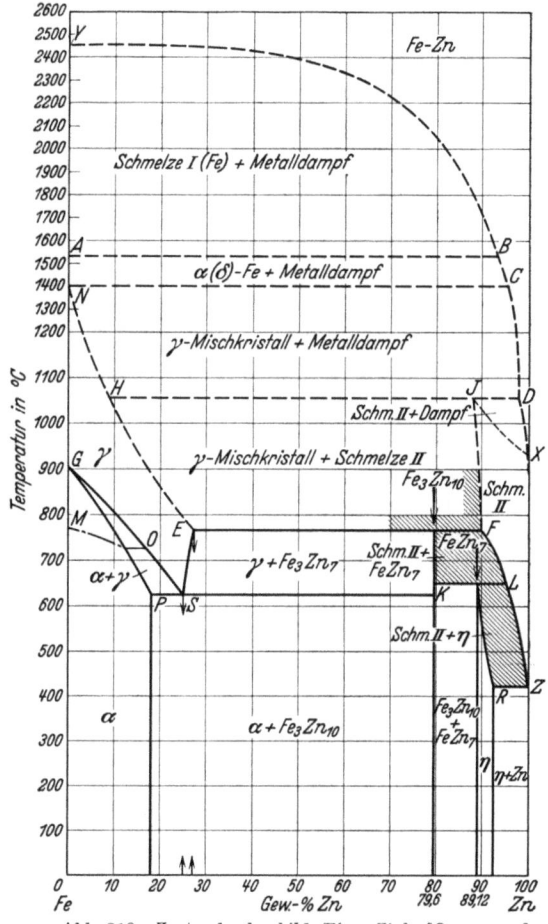

Abb. 210. Zustandsschaubild Eisen-Zink [Ogawa und Murakani (1); Ogawa und Osawa (2)].

wenig höherem Eisengehalt und in die Verbindung FeZn$_3$ erfolgt. Die γ—α-Umwandlung, die bei den eisenreichsten Legierungen nicht mehr mit der magnetischen Umwandlung identisch verläuft, zeichneten sie auf Grund theoretischer Überlegungen.

Ogawa und Mitarbeiter haben nun in neuerer Zeit im wesentlichen das bis dahin bekannte Zustandsdiagramm auf Grund von thermischen, dilatometrischen, magnetischen und röntgenographischen Untersuchungen bestätigen können.

Statt der Verbindung FeZn$_3$ nehmen sie die Verbindung Fe$_3$Zn$_{10}$ an, da diese Formel besser mit den Ergebnissen ihrer Röntgenuntersuchung übereinstimmt. Als Bildungstemperatur geben sie 765⁰ an. Die Verbindung FeZn$_7$ bestätigen sie, ebenfalls die Lösungsfähigkeit dieser Verbindung für Zn, so daß der Mischkristall dieser Verbindung zwischen 7,3% und 10,89% Fe besteht. Die Existenz des zinkreichen Mischkristalls, der durch peritektische Umsetzung der Verbindung FeZn$_7$ mit der zinkreichen Schmelze bei 3⁰ oberhalb des Zinkschmelzpunktes entstehen soll, bestreiten sie jedoch; sie finden in Legierungen zwischen 0 und 7,3% Fe den Haltepunkt genau bei 419⁰, so daß die Mischungslücke zwischen den Phasen des reinen Zinks und des an Zink gesättigten Mischkristalls der Verbindung FeZn$_7$ besteht. Die magnetische Umwandlung des Eisens finden die Japaner ebenfalls durch Zusatz bis zu 25% Zink erniedrigt. Bei Legierungen mit mehr als 25% Zink bleibt die Umwandlung konstant bei etwa 623⁰. Sie nehmen bei dieser Temperatur mit Raydt und Tammann den eutektoiden Zerfall des γ-Mischkristalls, dessen Konzentration somit 25% Zn beträgt, in die Verbindung Fe$_3$Zn$_{10}$ und den α-Mischkristall mit etwa 18% Zn an. Die Konzentration des γ-Mischkristalls, der mit der zinkreichen Schmelze unter peritektischer Umsetzung die Verbindung Fe$_3$Zn$_{10}$ bildet, geben sie zu 27% Zn an.

Was das Gleichgewichtsdiagramm bei Temperaturen, die höher als der Siedepunkt des Zinks liegen, anbetrifft, so haben Ogawa und Murakami ein hypothetisches Diagramm entwickelt, das in Abb. 210 durch die gestrichelten Linien angedeutet ist. Die Temperaturen und Konzentrationen sind naturgemäß stark willkürlich. Punkt X stellt den Siedepunkt des Zinks (930⁰ nach Ramsay), Y den des Eisens (2450⁰ nach Greenwood), A den Schmelzpunkt und N den A_4-Punkt des Eisens dar. Da bei Atmosphärendruck Eisen bei diesen hohen Temperaturen nur sehr geringe Mengen Zink in Lösung halten dürfte, würden AB und NC Horizontalen darstellen, die durch den Schmelzpunkt bzw. den A_4-Punkt gehen.

Die Horizontale DJH würde die Temperatur bezeichnen, bei welcher die Umsetzung: Metalldampf + γ-Mischkristall $\rightleftarrows$ zinkreiche Schmelze II (J) stattfindet.

Oberhalb dieser Temperatur besteht keine zinkreiche Schmelze, sondern nur Gleichgewicht zwischen Metalldampf und Eisen. Diese Temperatur könnte, je nachdem unter welchem Druck das System gehalten wird, verschieden sein, so daß sie bei genügend hohen Drucken nach so hohen Temperaturbereichen verschoben werden könnte, daß das Gebiet der Schmelze II sich bis zum Schmelzpunkt des Eisens (A) ausdehnen würde, wodurch die vollständige Mischbarkeit beider Metalle im flüssigen Zustand verwirklicht sein würde.

B. Physikalische und technologische Eigenschaften.

Die Eisen-Zinklegierungen haben bisher keine besondere technische Bedeutung erlangt. Die Härte des Eisen-Zink-Mischkristalls übertrifft etwas die des Eisens. Eine Legierung mit 4% Zn ist im kalten Zustand noch hämmerbar, jedoch ist sie spröder als Eisen. Beim Heißschmieden nimmt der Zinkgehalt ab. Eine Legierung mit 20% Zn ist kalt nicht mehr bearbeitbar und sehr spröde. Noch spröder werden die Legierungen, wenn sie neben dem gesättigten α-Mischkristall noch die Verbindung Fe$_3$Zn$_{10}$ enthalten. Wie das Zinn vermag auch das Zink einen wertvollen Schutzüberzug für das Eisen zu bilden, der vermöge der Fähigkeit des Zinks, mit Eisen Mischkristalle zu bilden, gut haftet.

Es sei noch erwähnt, daß die Legierungen im Gebiete des Mischkristalles der Verbindung FeZn$_7$ den Hauptbestandteil des Hartzinks bilden, das sich am Boden von Verzinkungsgefäßen bei der Herstellung von galvanisiertem Eisen absetzt.

Zink-Eisenlegierungen finden weiter Verwendung als Zwischenlegierung bei der Herstellung von Deltametall.

22. Eisen und Bor.
A. Das Zweistoffsystem Eisen-Bor.

Die ersten versuchsmäßigen Studien über den Kristallisationsverlauf von Eisen-Borlegierungen stammen von Hanessen (1) und Tschischewski und Herdt (2). Diese beiden Arbeiten vermochten jedoch keine restlose Klarheit bezüglich des binären Zustandsschaubildes zu bringen.

Die bestehenden Gegensätze und Widersprüche finden nach F. Wever und A. Müller (9) durch die Annahme ihre zwanglose Erklärung, daß wahrscheinlich sowohl die Schmelzen von Hanessen als auch die Schmelzen von Tschischewski und Herdt durch Silizium und Kohlenstoff verunreinigt waren. Diese beiden Elemente verdecken die Wirkung des Bors und müssen wegen ihres großen Einflusses, selbst bei geringen Mengen, zu Fehlschlüssen Veranlassung geben. Die Untersuchungen von Wever und Müller führten unter

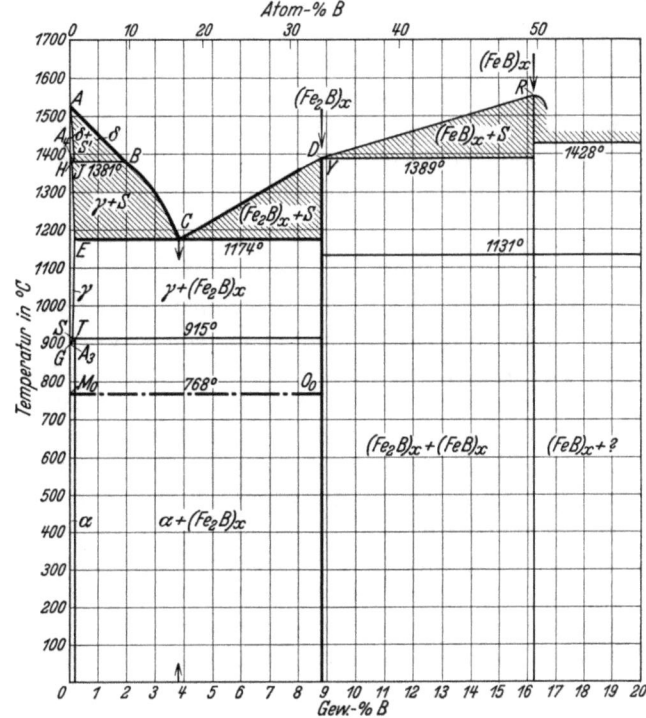

Abb. 211. Zustandsschaubild (idealisiert): Eisen-Bor [Wever und Müller (9)].

Berücksichtigung des spezifischen Einflusses von Verunreinigungen zu dem in Abb. 211 dargestellten Kristallisationsschaubild. Bor gehört demnach zu den Elementen, die das Zustandsfeld des γ-Mischkristalls verengen.

Das Lösungsvermögen des α-Mischkristalls soll sich mit sinkender Temperatur nicht merklich ändern. Die ferromagnetische Umwandlung des Eisens wird durch Borzusatz nicht beeinflußt.

Infolge der Schwierigkeiten, die der Untersuchung des Systems Eisen-Bor entgegenstehen, bedingt durch die Beimengungen an Si, C und auch Al in den Versuchsproben, haben Wever und Müller ihre Forschung durch metallographische Gefügestudien und Feinstrukturuntersuchungen ergänzt. Diese Untersuchungen beweisen das Vorhandensein der Verbindungen $(Fe_2B)_x$ und $(FeB)_x$. Bezüglich des Feinbaues von $(Fe_2B)_x$ haben spätere Untersuchungen von G. Hägg (2) die von Wever und Müller vertretene Ansicht widerlegt. Nach Hägg kristallisiert Fe_2B tetragonal raumzentriert mit 4 Fe_2B in der Elementarzelle. Nach Wever und Müller besitzt das Eisen-Monoborid $(FeB)_x$ tetragonale Struktur mit 16 Molekülen FeB im Elementarbereich.

Bezüglich der Feinstruktur der Verbindung Fe_2B stehen die theoretischen Überlegungen Häggs in Übereinstimmung mit einer früheren Arbeit von T. Bjurström und H. Arnfelt (1), die gleichfalls eine raumzentrierte tetragonale Phase Fe_2B feststellen. Nach diesen Forschern soll allerdings der zweiten Eisen-Borverbindung FeB im Konzentrationsbereich von 0—19% B keine tetragonale, sondern eine rhombische Struktur zukommen.

Die nahe Übereinstimmung der Größe des Atomvolumens von C und B — beide gehören zu den Elementen mit kleinem Atomvolumen — ließ vermuten, daß die Einordnung des Bors im α- bzw. γ-Mischkristall mit dem Einbau des Kohlenstoffs in den betreffenden α- oder γ-Mischkristallen übereinstimmt. Wever und Müller beweisen röntgenographisch jedoch, daß Bor mit dem α-Eisen und wahrscheinlich auch mit dem γ-Eisen keinen Einlagerungs-, sondern einen Substitutionsmischkristall bildet.

B. Das Dreistoffsystem Eisen-Kohlenstoff-Bor.

Die ternären Kristallisationsvorgänge im System Eisen, Eisenkarbid (Fe_3C) und Eisenborid (Fe_2B) sind zuerst von Vogel und Tammann (11) beschrieben worden. Jedoch dürften die Voraussetzungen, unter denen das System entwickelt wurde, heute in wesentlichen Teilen als nicht mehr berechtigt angesehen werden. Es ist bereits darauf hingewiesen worden, daß bezüglich des Randsystemes Fe—B die Tammannsche Auffassung durch Wever und Müller erheblich berichtigt wurde, namentlich im Hinblick auf die Vorgänge innerhalb der festen Phase. Der erwähnte ternäre Diagrammentwurf vernachlässigt ferner die δ-Phase des Eisens. Unter diesen Verhältnissen scheint es angebracht, auf eine Wiedergabe der Tammannschen Auffassung zu verzichten. Eine Klärung der Kristallisationsvorgänge in diesem Dreistoffsystem — insbesondere in der praktisch bedeutsamen Eisenecke — wird erst eine zukünftige eingehende Untersuchung erbringen können.

C. Physikalische und technologische Eigenschaften.

Die Bedeutung eines Borzusatzes zu technischen Eisenlegierungen mit Bezug auf die physikalischen, chemischen und technologischen Eigenschaften des Werkstoffes ist noch nicht erschöpfend studiert worden. Zwar existieren eine Reihe zum Teil sehr alter Hinweise über die spezifische Wirkung des Bors als technisches Legierungselement. Jedoch eine umfassende systematische Untersuchung steht noch aus, und es muß der zukünftigen Forschung überlassen bleiben, die technische Bedeutung dieses sowohl in technologischer wie metallurgischer Hinsicht interessanten Begleitelementes zu klären.

Soweit unsere Kenntnisse zur Zeit reichen, ergibt sich bezüglich der Eigenschaftsbeeinflussung etwa folgendes Bild:

Die Härte nimmt mit steigendem Borgehalt zu, wie Abb. 212 nach Wasmuth (2) zeigt; die Zusammensetzung der benutzten Stähle gibt die Tabelle 10 an.

Über die Festigkeitseigenschaften reiner Eisen-Borlegierungen und mit Bor legierter Kohlenstoffstähle liegen keine neueren Ergebnisse vor, obwohl die älteren Beobachtungen von Moisson und Charpy (5) und Guillet (9) einen Anreiz zu umfassenderem Studium enthalten. So beobachtete Guillet an einem Stahl mit:

0,22 % C	0,16 % Si
0,46 % B	0,015 % S
0,29 % Mn	0,015 % P

der im Tiegelofen durch Zusatz von Ferrobor mit

2,85 % C
32,1 % B
0,03 % S
0,005 % P

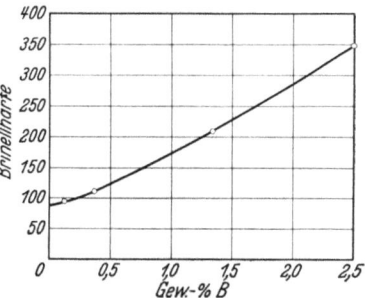

Abb. 212. Abhängigkeit der Härte von Eisen-Borlegierungen vom Borgehalt. Normalisiert 930° mit anschließender Ofenabkühlung [Wasmuth (2)].

hergestellt worden war, nach dem Glühen bei 900° folgende Werte:

39,6 kg/mm² Festigkeit,
20,2 kg/mm Streckgrenze,
27% Dehnung auf 100 mm Meßlänge,
55% Kontraktion
3 mkg/cm² Kerbschlagzähigkeit (Frémontprobe, Guilleryhammer),
105 Brinellhärte.

Nach dem Härten bei 850° ergaben sich folgende außergewöhnliche Zahlen:

147,5 kg/mm² Festigkeit,
100 kg/mm² Streckgrenze,
6,5% Dehnung,
30,6% Kontraktion,
6 mkg/cm² Kerbschlagzähigkeit,
311 Brinellhärte.

Der gehärtete Stahl besitzt also eine höhere Kerbschlagzähigkeit als der ungehärtete und ist noch bearbeitbar. Darüber hinaus tritt eine beachtenswerte Zunahme der Brinellhärte durch den Abschreckvorgang ein.

Die in Tabelle 10 von 1—5 aufgeführten borlegierten Stähle sind von R. Wasmuth von 750° und 1000°, also unterhalb und oberhalb A_3, in Wasser gehärtet worden, mit dem Ergebnis, daß praktisch keine Härteänderung gegenüber dem normalisierten Zustand eintrat. Guillet beobachtete, wie oben erwähnt, eine beträchtliche Härtezunahme; da seine Stähle sich von denen Wasmuths merklich im C-Gehalt unterscheiden, scheint für die Härtezunahme der Kohlenstoff im wesentlichen verantwortlich zu sein.

Wird Borstählen gleichzeitig Mangan zulegiert (Tabelle 10 Stähle 11—13), so läßt sich nach Wasmuth bei Abschreckung von 1000° in Wasser eine deutliche Härtezunahme um etwa 200 Brinelleinheiten feststellen. Die erreichte Härte liegt zwischen 340—400 Brinelleinheiten. Durch eine nachträgliche Anlaßbehandlung kann die Härte wieder vermindert werden; zum völligen Erweichen müssen Temperaturen von 700° angewendet werden. Die Erklärung für die durch

Tabelle 10. Chemische Zusammensetzung der untersuchten Borstähle.

Stahl Nr.	Gruppe	Chemische Zusammensetzung in %							
		C	Si	Mn	P	S	B	Cr	Ni
1	Ohne Legierungszusätze ..	0,02	0,28	0,39	0,01	0,03	0,06	—	—
2		0,02	0,25	0,33	0,01	0,03	0,11	—	—
3		0,03	0,25	0,43	0,01	0,03	0,34	—	—
4		0,02	0,36	0,41	0,01	0,04	1,34	—	—
5		0,04	0,78	0,40	0,01	0,03	2,53	—	—
11	Manganzusatz	0,04	0,10	2,28	0,01	0,024	0,37	—	—
12		0,06	0,30	2,42	0,01	0,024	0,62	—	—
13		0,06	0,42	2,00	0,01	0,030	1,26	—	—
21	Siliziumzusatz	0,06	1,97	0,51	0,01	0,024	0,11	—	—
22		0,05	1,99	0,56	0,01	0,024	0,30	—	—
23		0,06	1,01	0,58	0,01	0,024	1,27	—	—
24		0,07	2,57	0,69	0,01	0,024	1,30	—	—
30	Nickel-Chrom-Zusatz (V2A)	0,14	0,66	0,77	—	—	0,24	17,8	7,96
31		0,16	0,71	0,27	—	—	0,37	19,8	9,7
32		0,15	0,56	0,55	—	—	0,44	18,4	8,06
33		o,16	0,51	0,41	—	—	0,55	17,3	7,5
34		0,17	0,71	0,56	—	—	1,14	17,3	7,5

Manganzusatz ermöglichte Abschreckhärtung erfolgt aus der Tatsache, daß Mangan das Zustandsfeld des γ-Eisens erweitert, wodurch gleichzeitig größere Bormengen gelöst werden können. Der Härtungsvorgang, der sich beim Abschrecken abspielt, ist demjenigen der Martensitbildung in Kohlenstoffstählen ähnlich.

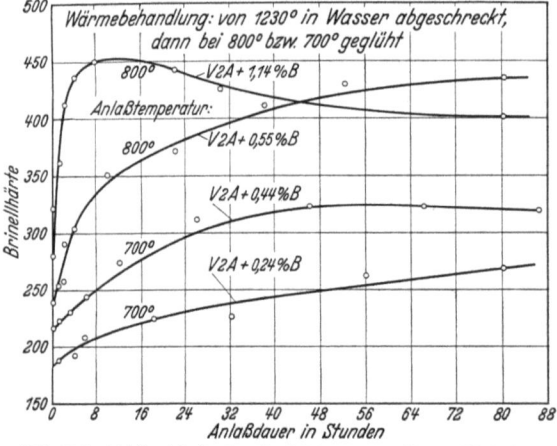

Abb. 213. Abhängigkeit der Aushärtung von Chrom-Nickel-Borstahl vom Borgehalt [Wasmuth (2)].

Ein Siliziumzusatz zu Borstählen in den in Tabelle 10 (Stähle 21—24) angegebenen Grenzen verursacht keine Abschreckhärtung.

Sämtliche Legierungen, die bisher erwähnt wurden, Borstähle ohne Legierungszusätze, solche mit Mangan und endlich solche mit Siliziumzusatz sind nicht ausscheidungshärtungsfähig.

Die in Tabelle 10 (Stahl Nr. 30—34) aufgeführten nichtrostenden Chrom-Nickelstähle mit Borzusatz lieferten keine Abschreckhärtung, wiesen aber eine charakteristische Ausscheidungshärtung auf, wie Abb. 213 zeigt. Nach Abschreckung von 1230—800° waren alle Stähle verhältnismäßig weich. Die günstigste Aushärtungstemperatur ist 700°; der Härteanstieg erfolgt um so steiler, je höher der Borgehalt ist.

Die von Wasmuth gleichzeitig verfolgten Festigkeitsänderungen von Chrom-Nickelstählen durch Borzusatz ergaben eine nicht unbedeutende Erhöhung der Streckgrenze und Zugfestigkeit bei gleichzeitiger Abnahme von Dehnung und Kerbzähigkeit. Durch Borzusatz wird endlich die Schwingungsfestigkeit infolge der Ausscheidungshärtung merklich verbessert. H. Bennek und P. Schafmeister (3) ergänzen die Untersuchungen Wasmuths bezüglich der Ausscheidungshärtung nichtrostender Stähle mit dem praktisch wichtigen Ergebnis, daß die hohe Zähigkeit nichtrostender Stähle durch Zusätze von Beryllium, Bor oder Titan verlorengeht. Voll ausgehärtete Legierungen sind für praktische Zwecke zu spröde. Wichtig ist ferner, daß die gute Korrosionsbeständigkeit des reinen Cr—Ni-Stahles nicht annähernd erreicht wird.

Festes hocherhitztes Eisen nimmt Bor auf; es läßt sich also analog dem Zementieren „borieren". Dem Studium dieses Vorganges, dessen Entdeckung auf Tschischewski (3) zurückgeht, und die ihn begleitenden Änderungen der Oberflächeneigenschaften sind eine Reihe von Arbeiten gewidmet worden, von denen folgende erwähnt zu werden verdienen: T. P. Campbell und H. Fay (1), Feszenko-Czopiwski (1) und als wichtigste J. Laissus (1). Diese Beobachter stellen fest, daß, wenn Eisen oder Kohlenstoffstähle zwischen 800—1100° mit amorphem Bor oder Ferrobor „zementiert" werden, folgende Änderungen stattfinden:

1. eine beträchtliche Oberflächenhärtung (n. d. Abschreckung),
2. eine geringe Oxydierbarkeit der Oberfläche bis zu Temperaturen von 800°,
3. eine beachtlicher Widerstand gegen 50%ige Salzsäure.

Die Dicke der borierten Schicht, die entsprechend dem Zustandsschaubild aus einer festen Lösung und der Verbindung Fe_2B besteht, nimmt mit der Temperatur und der Zeit zu. Mit zunehmendem Kohlenstoffgehalt des Werkstoffes findet Laissus eine Abnahme der Dicke der borierten Schicht, und er beobachtet, insbesondere bei dem eutektoidischen Stahl, das Auftreten einer ternären Verbindung zwischen Bor, Kohlenstoff und Eisen. Endlich scheint Bor wie Aluminium, Silizium, Titan und Vanadium hervorragende desoxydierende Eigenschaften zu besitzen. Die Erforschung des Einflusses dieses Elementes auf die Eigenschaften des Stahles ist keinesfalls erschöpft.

23. Eisen und Zirkon.
A. Das Zweistoffsystem Eisen-Zirkon.

Über das System Eisen-Zirkon finden sich die ersten allerdings nur unvollkommenen Angaben in einer Arbeit von T. E. Alibone und P. Sykes (1). In Legierungen bis zu 30% Zirkon finden sie ein Eutektikum, dessen Konzentration sie mit 12% Zr angeben, ferner eine Erniedrigung der γ—α-Umwandlung durch Zirkon und eine Löslichkeit im festen Zustand bis zu 0,3% Zr. Die magnetische Umwandlung bleibt unverändert. Systematisch untersucht und festgelegt wurde das System erst durch A. Vogel und W. Tonn (12). Diese stellen das Bestehen einer Fe—Zr-Verbindung fest, die mit offenem Maximum schmilzt und somit das Diagramm Fe—Zr in zwei Teilsysteme zerlegt. Die Konzentration dieser als Verbindung angesprochenen Phase finden sie durch Extrapolation der Haltezeiten etwas höher als 50% Zr, weshalb sie der Verbindung die Formel Fe_3Zr_2 zusprechen (51,96% Zr). Das allgemeine Verhalten der Fe—Zr-Legierungen weist ebenfalls auf die Unterscheidung zweier Hauptgruppen von Legierungen hin, wie sie durch das Auftreten der Verbindung Fe_3Zr_2 gekennzeichnet sind. Zirkon neigt beim Zulegieren zum Eisen bei hohen Temperaturen sehr stark dazu, mit Stickstoff, Sauerstoff, Wasserstoff und Kohlenoxyd zu reagieren. Beim Einschmelzen unter Argon konnte die Bildung der betreffenden Zirkonverbindungen in Legierungen mit höheren Zirkongehalten als dem der Verbindung Fe_3Zr_2 nur sehr unvollkommen, in solchen mit niedrigeren dagegen nahezu vollständig unterdrückt werden. Ebenso wirkten die zirkonarmen Schmelzen kaum, die mit mehr als 50% Zr dagegen sehr erheblich auf die Gefäßwände ein. Diesem Übelstand wirkten die Forscher durch möglichste Abkürzung der Schmelzzeiten entgegen. Bis zu der Verbindung Fe_3Zr_2 erscheint das System (Abb. 214) durch die Untersuchungen der obengenannten Forscher zuverlässig festgelegt; jenseits der Verbindung bis zum reinen Zirkon muß jedoch die genauere Festlegung des Diagramms nach den vorliegenden Ergebnissen als noch offen angesehen werden.

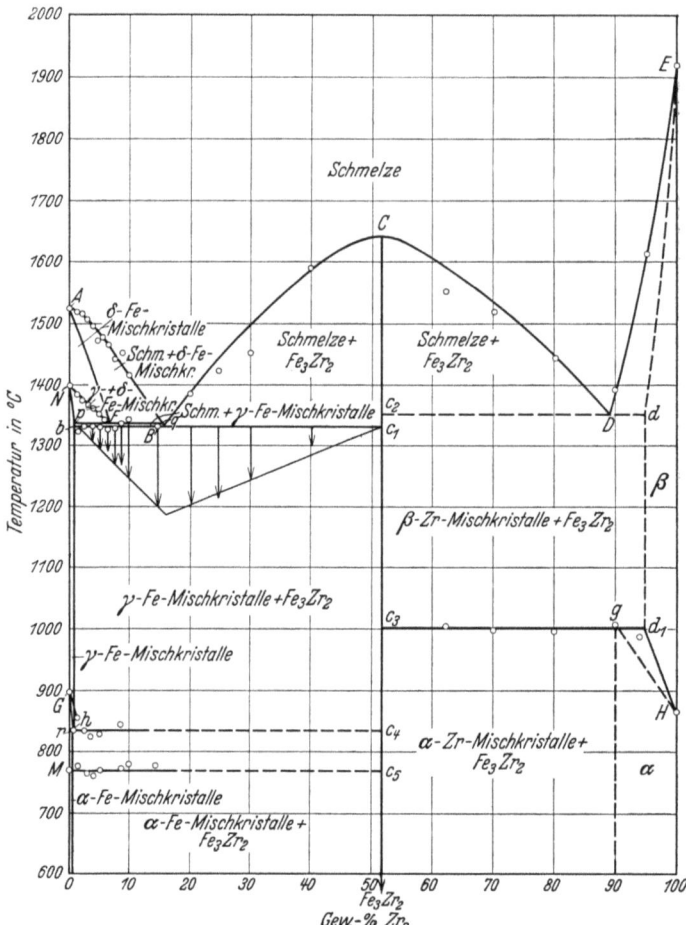

Abb. 214. Zustandsschaubild der Eisen-Zirkonlegierungen [Vogel und Tonn (12)].

Der Schmelzpunkt des Eisens wird mit zunehmendem Zirkongehalt herabgesetzt, und zwar bis 1330°, der eutektischen Temperatur, die bei 16% Zr erreicht wird. Die beiden Phasen, die das Eutektikum bilden, sind ein γ-Mischkristall mit 0,7% Zr, welche Konzentration durch thermische Analyse bestimmt wurde, und die Verbindung Fe_3Zr_2. Die Schmelztemperatur der Verbindung, die unzersetzt schmilzt, wurde durch Extrapolation der Schmelzkurve der Legierungen zwischen der eutektischen Konzentration und der Verbindung zu etwa 1640° bestimmt. Wegen der Höhe des Schmelzpunktes konnte dieser nicht direkt mit Hilfe des Pt—PtRh-Thermoelementes bestimmt werden.

Die Umwandlung des Eisens bei 900° wird, wie Abb. 214 zeigt, durch 0,3% Zr bis auf 835° herabgedrückt. Bei dieser Temperatur erfolgt dann ein eutektoider Zerfall des γ-Mischkristalls dieser Konzentration in einen α-Mischkristall mit geringerer Konzentration und in die Verbindung Fe_3Zr_2: γ-Mischkristall $\rightleftarrows$ α-Mischkristall $+$ Fe_3Zr_2.

Die Konzentration des α-Mischkristalls kann daher im Höchstfall nur 0,3% Zr betragen. Die magnetische Umwandlung bei 768° wird durch Zirkon nicht merklich beeinflußt.

Der Schmelzpunkt des reinen Zirkons liegt bei 1857°. Durch Zusatz von Eisen wird der Schmelzpunkt des Zirkons sehr schnell herabgesetzt. Der Schmelzpunkt der Verbindung Fe_3Zr_2 wird durch weiteres Zulegieren von Zirkon ebenfalls erniedrigt. Die Extrapolation führt zu einem Schnittpunkt beider Schmelzkurven bei einer Temperatur von schätzungsweise 1350° und einer Konzentration von etwa 88% Zr.

In Abb. 215 ist ein Gefügebild einer Legierung mit 3% Zr wiedergegeben; das Eigentümliche dieses Gefüges, das durch primär ausgeschiedene α(δ)-Mischkristalle und geringe Mengen des sekundär ausgeschiedenen Eutektikums gebildet wird, besteht darin, daß das Eutektikum sich nicht nur an den Grenzen der Mischkristalle befindet, sondern auch inselförmig im Kristallinnern eingelagert ist. Diese Inseln bilden sich bei der von einzelnen Punkten ausgehenden teilweisen Wiederaufschmelzung, die auf Grund der α(δ)→γ-Umwandlung vor sich geht. Daß wie hier der zuletzt entstandene Bestandteil kein eigentlich eutektisches Gefüge zeigt, sondern nur aus der einen Komponente (hier der Verbindung Fe_3Zr_2) besteht, wird häufig dann beobachtet, wenn sich nur kleine Mengen der eutektischen Schmelze abscheiden. In Legierungen mit höheren Zirkongehalten, in denen die Menge des Eutektikums größer ist, zeigt sich die normale Ausbildung. Die primären Ausscheidungen der eisenreichen

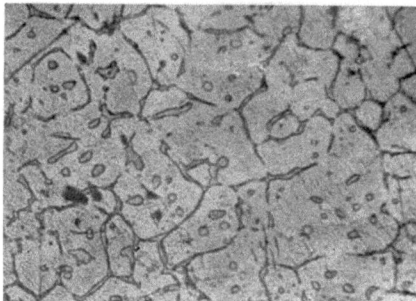

Abb. 215. Gefüge der Legierung mit 3% Zr. (Geätzt mit verdünnter Salpetersäure.) [Vogel und Tonn (12).]

Mischkristalle zeigen dabei zum Teil noch abgerundete Formen, während die primären Kristalle der Verbindung deutlich polyedrisch, fast quadratisch ausgebildet sind.

B. Das Dreistoffsystem Eisen-Kohlenstoff-Zirkon.

Über das Zustandsschaubild der ternären Legierungen aus Eisen, Zirkon und Kohlenstoff besteht nur eine, allerdings grundsätzliche und systematische Arbeit aus der neuesten Zeit von R. Vogel und K. Löhberg (13). Das System wurde aufgestellt auf Grund von thermischen und mikroskopischen Untersuchungen und Härtemessungen an 20 g schweren Proben, die in Tiegeln aus Pythagorasmasse im Kohlewiderstandsofen aus Kruppschem WW-Eisen aus sehr reinem Zirkon und aus Kohlenstoffstäbchen unter Argon erschmolzen wurden. Schmelzen mit höherem Kohlenstoffgehalt und gleichzeitig hohem Zirkongehalt waren nur schwer oder gar nicht mehr herzustellen, da eine höhere Temperatur als 1708° nicht zu erreichen war. Die hochprozentigen Legierungen zeigten häufig zirkonreiche Inseln, während die niedrigprozentigen gleichmäßiges Gefüge aufwiesen. Deshalb kann das erhaltene Schaubild nur in der Eisenecke, etwa bis zu einem C-Gehalt bis 2,5% und einem Zr-Gehalt bis 20% als genau gelten. Darüber hinaus wurden die Ergebnisse im wesentlichen durch Extrapolation gewonnen.

Für die Aufstellung des Zustandsschaubildes konnten nur die binären Grenzsysteme Fe—Fe$_3$C und Fe—Fe$_3$Zr$_2$ als bekannt vorausgesetzt werden. Die naheliegende Frage, ob die beiden Verbindungen Fe$_3$C und Fe$_3$Zr$_2$ echte Gleichgewichte und somit einen abschließenden quasibinären Schnitt bilden würden, konnte auf Grund von Untersuchungen an einzelnen Legierungen aus dem Schnitt Fe$_3$C—Fe$_3$Zr$_2$, deren Abkühlungskurven und Strukturen ausgesprochen ternären Charakter zeigten, verneint werden. Dagegen ergab die Untersuchung des Schnittes Fe—ZrC, der bis 16% Zr verfolgt werden konnte, ein quasibinäres Schaubild, das in Abb. 216 wiedergegeben ist. Dieses quasibinäre Diagramm ist vom gleichen Typ wie das Fe—Fe$_3$C-Diagramm. Es ergibt sich hieraus die relativ einfache Gestaltung des Zustandsdiagramms für die von diesen beiden Systemen eingeschlossenen Legierungen. Da bezüglich der peritektischen Umsetzung — Schmelze + α-Mischkristall $\rightleftarrows$ γ-Mischkristall — in beiden Systemen die gleichen Phasen beteiligt sind, geht dieses Dreiphasengleichgewicht unverändert von einem System in das andere über. Die Temperatur der Umsetzung liegt im quasibinären Schnitt Fe—ZrC lediglich wenige Grade höher als im Randsystem Fe—Fe$_3$C.

In Abb. 217 ist das Dreistoffsystem nach Vogel und Löhberg dargestellt.

Bei Raumtemperatur besteht das Gefüge der festen Legierungen in dem Teilsystem Fe—Fe$_3$Zr$_2$—ZrC aus Ferrit, Zirkonkarbid und Eisenzirkon und in dem Teilgebiet Fe—Fe$_3$C—ZrC aus Ferrit, Zementit (oder Graphit) und Zirkon.

Über das Erstarrungsgefüge der ternären Legierungen ist allgemein zu sagen, daß es in dem erstgenannten Teilgebiet weitgehend dem Gefüge der Eisen-Zirkonlegierungen ähnelt, während es in dem anderen Teilgebiet den Eisen-Kohlenstofflegierungen gleicht. In dem Bereich zwischen 4,3% C und 0% Zr bis etwa 5% C und 10% Zr fördert Zirkon die Ausscheidung von Graphit. Dieser tritt sowohl primär ausgeschieden als auch im Eutektikum der betreffenden Legierungen auf. Bei höheren Zirkongehalten tritt nur Zementit auf.

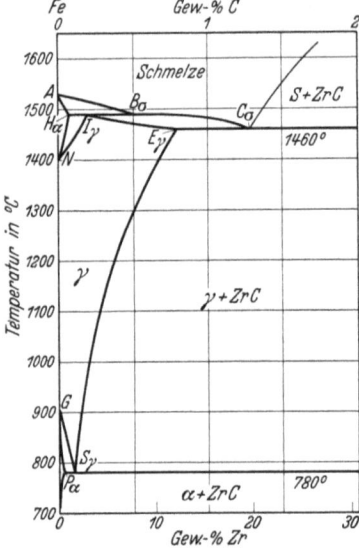

Abb. 216. System Fe—ZrC [Vogel und Löhberg (13)].

Untersuchungen an einigen Zirkonstählen ergaben, daß das Auftreten der Eisen-Zirkonverbindung eine Verminderung der Härte verursacht; mit steigendem Gehalt an Zirkonkarbid nimmt die Härte zu. Das Gefüge der abgeschreckten Zirkonstähle besteht aus Martensit, der weniger spröde als reiner Eisen-Kohlenstoff-Martensit sein soll.

C. Physikalische und technologische Eigenschaften.

A. Feild (1) führte umfangreiche Untersuchungen über den Einfluß von Zirkon auf Stahl durch. Die Wirkung des Zirkons als Desoxydationsmittel geht aus dem Vergleich von Blöcken der gleichen Schmelzung hervor, die entweder mit Zirkon oder mit Ferrosilizium beruhigt wurden. Erstere zeigten einen Gesamtsauerstoffgehalt von 0,0049, letztere von 0,0106%. Der Stickstoffgehalt wird durch Zirkonzusatz ebenfalls herabgesetzt. Ein hellgelber, in Würfelform gut kristallisierter Gefügebestandteil wird als Zirkonnitrid erkannt. Wird Zirkon in größerer

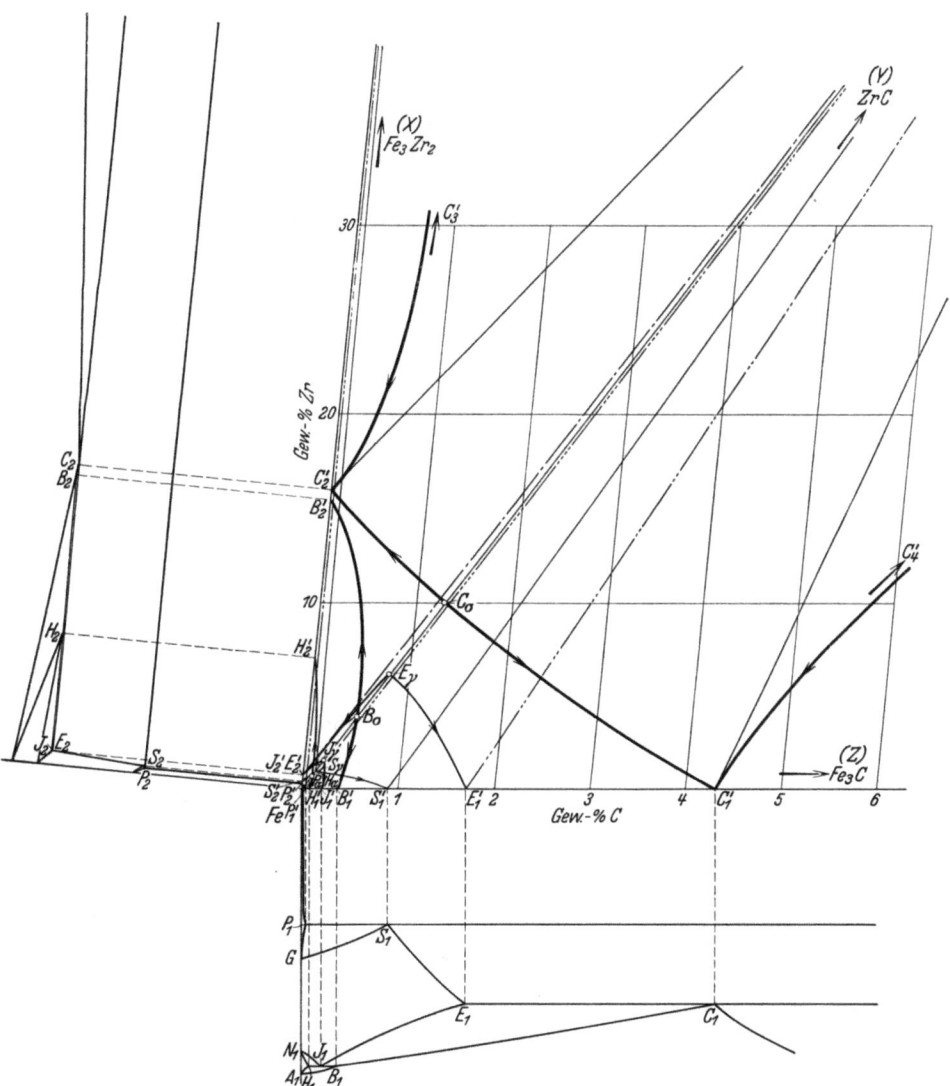

Abb. 217. Das Dreistoffsystem Eisen-Kohlenstoff-Zirkon [Vogel und Löhberg (13)].

Menge als 0,15% zugesetzt, so verbindet es sich außer mit Sauerstoff und Stickstoff auch mit dem Schwefel. Das Zirkonsulfid geht zum großen Teil in die Schlacke, wodurch eine Entschwefelung bewirkt wird. Zirkon soll die Walzbarkeit von Stählen mit hohen Schwefelgehalten verbessern. Blöcke mit 0,185 bis 0,2% Schwefel und nur 0,15% Mangan konnten bei Gegenwart von 0,22% Zirkon zu Blechen ausgewalzt werden, während Blöcke ohne Zirkon schon bei den ersten Stichen in Stücke brachen.

208 Die Konstitution des Eisens in Abhängigkeit von der chemischen Zusammensetzung.

Bei dem Vergleich von Stählen mit 0,14—0,70% Kohlenstoff und 0,04 bzw. 0,15% Zirkon zeigte sich kein bedeutender Einfluß des Zirkons auf die Festigkeitseigenschaften. Bei 0,04% Zirkon war die Ermüdungsfestigkeit höher, bei 0,15% die Streckgrenze niedriger als bei den zirkonfreien Stählen. Beim Anlassen der abgeschreckten Zirkonstähle auf 300—450° dagegen sollen sehr günstige Festigkeitseigenschaften erreicht werden.

Die Beeinflussung der Kerbzähigkeit durch Zirkon ist bei üblichen Stählen nur gering. Bei Stählen mit 0,14—0,79% Kohlenstoff und 0,118—0,174% Phosphor wird dagegen durch 0,15% Zirkon die Kerbschlagzähigkeit wesentlich erhöht.

Nach W. Zieler (1) vermindert Zirkon infolge seiner Einwirkung auf Sauerstoff und Schwefel die Zahl der nichtmetallischen Einschlüsse im Stahl. Die Zugabe von Zirkon erfolgt am besten in der Pfanne. Das gebildete Sulfid hat die Formel ZrS_2; das Nitrid ist ZrN. Auch L. Persoz (1) erklärt die günstige Wirkung von Zusätzen bis zu 0,15% Zirkon zum Stahl mit der desoxydierenden, denitrierenden und entschwefelnden Wirkung des Zirkons.

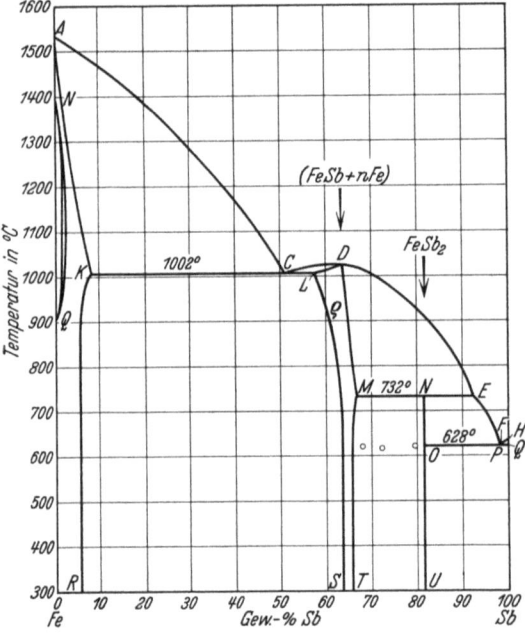

Abb. 218. Das Zustandsschaubild Eisen-Antimon [Kurnakow und Konstantinow (3); Wever (1)].

24. Eisen und Antimon.

Das System Eisen-Antimon ist von N. S. Kurnakow und N. S. Konstantinow (3) eingehend untersucht worden. C. Hägg (3) hat das aufgestellte Zustandsschaubild röntgenographisch für den Bereich von 55 bis 65% Sb bestätigt. Nach F. Wever (1) soll das System Eisen-Antimon ein geschlossenes γ-Feld aufweisen. Das Zustandsschaubild Eisen-Antimon ist in Abb. 218 wiedergegeben. Den Konzentrationsbereich von 55 bis 65% Antimon untersuchten neuerdings R. Vogel und W. Dannöhl (5). Die Ergebnisse zeigten Übereinstimmung mit denen von Hägg.

Im flüssigen Zustand herrscht vollkommene Löslichkeit.

Bei 1002° erstarrt ein Eutektikum aus α-Mischkristall K und der Kristallart ϱ von der Konzentration L. Die Löslichkeit von α-Eisen in der (FeSb + nFe)-Phase nimmt mit fallender Temperatur stark ab. Bei der peritektischen Umsetzung der Schmelze E mit der Kristallart ϱ von der Konzentration M entsteht die Verbindung $FeSb_2$ (N). Ein weiteres Eutektikum erstarrt bei 628°, bestehend aus reinem Antimon, das demnach im festen Zustande keine Löslichkeit für Eisen besitzt, und der Verbindung $FeSb_2$.

Über den Verlauf der magnetischen Umwandlung liegen keine Angaben vor.

Bereits ein Gehalt von 1% Antimon soll das Eisen gänzlich unbrauchbar machen.

25. Eisen und Gold.

Das in Abb. 219 wiedergegebene Zustandsschaubild Eisen-Gold entspricht Untersuchungen von Isaak und Tammann (1). Hiernach ist als erwiesen anzusehen, daß Gold und Eisen im flüssigen Zustande vollkommen ineinander löslich sind, und daß weiterhin das feste Eisen eine beschränkte Löslichkeit für Gold und das feste Gold eine beschränkte Löslichkeit für Eisen besitzt. Da der Verlauf der A_4-Umwandlung nicht bekannt ist, und die unbeeinflußte Temperaturlage von A_3 in einem gewissen Widerspruch steht zu der Löslichkeit von Gold im γ- und α-Eisen, erscheint es fraglich, ob das Schaubild im einzelnen zutreffend ist.

26. Eisen und Platin.

Das in Abb. 220 wiedergegebene Zustandsschaubild Eisen-Platin wurde von E. Isaak und G. Tammann (2) aufgestellt. Die Kurve des Beginns der Kri-

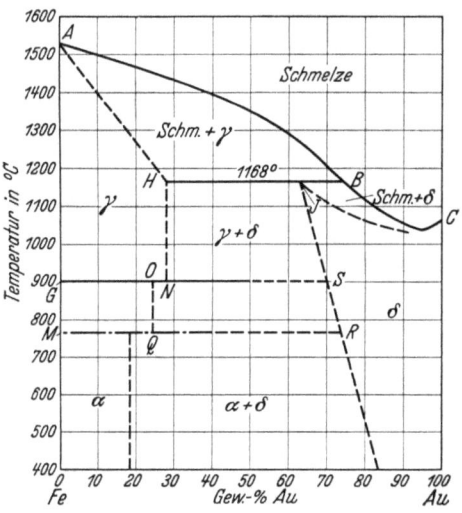

Abb. 219. Zustandsschaubild Eisen-Gold [Isaak und Tammann (1)].

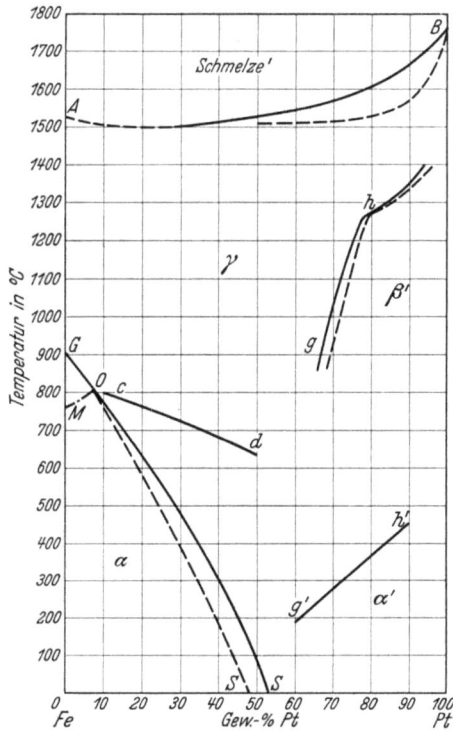

Abb. 220. Das Zustandsschaubild Eisen-Platin [Isaak und Tammann (2)].

stallisation besitzt ein Minimum bei 20% Platin. Die $\alpha \rightleftarrows \gamma$-Umwandlung wird ähnlich wie durch Nickel beeinflußt. GOS entspricht Ac_3, GOS' entspricht Ar_3*. Die magnetische Umwandlung des Eisens wird erhöht (MO)*. Legierungen mit 10—50% Platin verlieren ihren Magnetismus bei der Erhitzung bei cd, sie werden bei der Abkühlung wieder magnetisch in der Nähe der Ac_3-Umwandlung. Die Kurve gh entspricht thermischen Effekten, die bei Legierungen mit 70, 80 und 90% Platin gefunden wurden. Eine Deutung für gh wurde noch nicht gegeben. Die Legierungen mit 60—90% Platin waren unterhalb ungefähr 500° schwach magnetisch. Bei $g'h'$ kehrte bei der Abkühlung der Magnetismus zurück.

---

* Die Temperaturen von A_2 und A_3 des reinen Eisens, die in der Originalarbeit wesentlich zu tief angegeben worden sind, sind berichtigt worden.

Über den Verlauf der A_4-Umwandlung sind keine Angaben gemacht worden. Er dürfte ähnlich dem im System Eisen-Nickel sein.

Einige Eigenschaften der Eisen-Platinlegierungen sind von Nemilow (*1*) untersucht worden. Es sei hier auf die Originalarbeit verwiesen.

27. Eisen und Cer.

Das System Eisen-Cer wurde von R. Vogel (*14*) untersucht. Hiernach sind beide Metalle im flüssigen Zustand vollkommen ineinander löslich. Das feste Cer vermag kein Eisen zu lösen; das γ-Eisen dagegen löst bei 1090° etwa 16% Cer, das α-Eisen bei Raumtemperatur etwa 12%.

Die wichtigste Eigenschaft der Eisen-Cerlegierungen ist ihre Pyrophorität (Feuersteine). Nach Vogel sind alle die Legierungen pyrophor, die mindestens eine der Verbindungen des Cers mit dem Eisen ($CeFe_2$ oder Ce_2Fe_5) enthalten. Die Pyrophorität ist in Legierungen mit 70% Cer leicht erregbar, in Legierungen mit etwa 50% ist sie schwerer erregbar, erreicht aber ihre größte Intensität.

28. Eisen und Uran.

Wesentliche Angaben über dieses System liegen nicht vor.

Nach Polushkin (*1*) steigen in Stählen mit 0,25—0,45% Kohlenstoff Streckgrenze und Festigkeit mit steigendem Urangehalt, ohne daß die Dehnung sinkt. Bei mehr als 0,6% Kohlenstoff fallen aber Dehnung und Kontraktion rasch. Eine wesentliche Verbesserung der Festigkeitseigenschaften durch Uranzusatz tritt nur in vergüteten Stählen ein, jedoch ist ein Zusatz von mehr als 0,6% Uran zwecklos. Im übrigen können nach Polushkin die durch Uran erzielbaren Verbesserungen der Eigenschaften durch andere Zusätze besser erreicht werden.

In neuerer Zeit wurde der Einfluß des Urans auf die Gefügebeschaffenheit, Härtbarkeit und Anlaßbeständigkeit von unlegierten Stählen von H. Bennek und C. G. Holzscheiter (*4*) untersucht. Durch Zusatz von niedrigprozentigem Ferrouran ließen sich praktisch seigerungsfreie Blöckchen herstellen. Die Schmiedbarkeit blieb bis zu 5% U erhalten. Die Durchhärtung wird etwas erhöht und die Überhitzungsempfindlichkeit geringfügig vermindert. Uran bildet ähnlich wie Chrom Sonderkarbide.

29. Silber, Wismut und Blei.

Silber, Wismut und Blei einerseits und Eisen andererseits sind im geschmolzenen Zustande ineinander vollkommen unlöslich.

30. Eisen und Sauerstoff.

A. Das Zweistoffsystem Eisen-Sauerstoff.

Auf Grund der im Schrifttum enthaltenen Angaben haben C. Benedicks und H. Löfquist (*5, 6*) unter Mitwirkung von G. Phragmén ein vollständiges Zustandsschaubild des Systems Eisen-Sauerstoff entworfen. Das Zustandsschaubild Eisen-Sauerstoff in Abb. 221 ist bis zu 28% Sauerstoff einer Arbeit von Vogel und Martin (*15*) entnommen und für die höheren Sauerstoffgehalte ergänzt nach L. B. Pfeil (1). Vogel und Martin haben selbst das Konzentrationsintervall von 22—28% Sauerstoff untersucht. Ihre Ergebnisse sind in guter Übereinstimmung mit denen von Pfeil. Vor der Besprechung des Diagramms in Abb. 221 sei bereits darauf hingewiesen, daß die angegebene Löslichkeit des Sauerstoffs im festen Eisen wahrscheinlich viel zu hoch liegt. Hierauf wird weiter unten ausführlicher eingegangen.

Nach Abb. 221 wird der Schmelzpunkt des Eisens durch Sauerstoff bis zur Temperatur HBC erniedrigt. Die Aufnahmefähigkeit des flüssigen Eisens für Sauerstoff ist durch den Kurvenzug BB' (Schmelze S_1) gekennzeichnet, bei dessen Überschreitung eine flüssige Lösung (S_2) von der Zusammensetzung CC' als weitere Phase auftritt. Innerhalb der Mischungslücke $BB'C'C$ liegen beide flüssigen Lösungen nebeneinander vor.

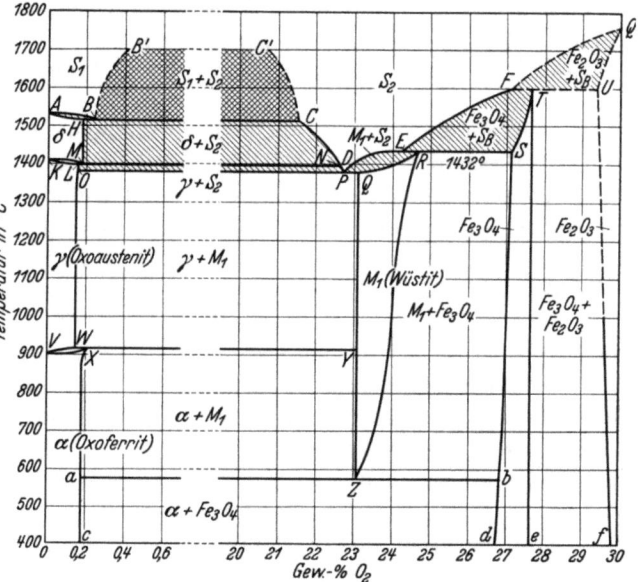

Abb. 221. Das Zustandsschaubild Eisen-Sauerstoff [Vogel und Martin (15); Pfeil (1)].

Die Erstarrungsvorgänge sind wie folgt gekennzeichnet:

1. Legierungen mit einem Sauerstoffgehalt von O bis H% erstarren unter Bildung des δ-Mischkristalls von der größtmöglichen Konzentration H.

2. Legierungen mit H bis B% Sauerstoff scheiden ebenfalls primär δ-Mischkristalle ab. Hat die Schmelze die Konzentration B erreicht, so zerfällt sie bei Unterschreitung von HBC zu δ-Mischkristallen H und Schmelze C. Unter weiterer Ausscheidung von δ-Mischkristallen ändert sich die Zusammensetzung der Schmelze bis N. Bei Unterschreitung der Temperatur LMN zerfallen die δ-Mischkristalle unter Bildung von γ-Mischkristallen L und Schmelze D. Bei der Änderung der Zusammensetzung der Schmelze von D bis P scheiden sich gleichzeitig γ-Mischkristalle LO ab. Bei Unterschreitung der Temperatur OPQ erstarrt die Restschmelze unter Bildung des Eutektikums P aus γ-Mischkristall und der Kristallart M_1.

3. Legierungen mit B bis C% Sauerstoff bilden im flüssigen Zustand zwei Schmelzen, die bei der Temperatur BC die Konzentration B und C besitzen. Die Erstarrung erfolgt wie unter 2. Die Erstarrung von Schmelzen der Konzentration CD geht ebenfalls aus 2. hervor.

4. Legierungen der Konzentration DE scheiden primär die Kristallart M_1 (Wüstit) ab. Ihr niedrigster Sauerstoffgehalt, Q, liegt noch um etwa 1% über dem Sauerstoffgehalt des Eisenoxyduls. Eine Phase von der Zusammensetzung des Eisenoxyduls kommt überhaupt nicht vor. Schmelzen von der Zusammen-

setzung PQ enthalten nach der Erstarrung neben primär gebildetem Wüstit das Eutektikum P aus Wüstit und γ-Mischkristall. Das sauerstoffreiche Endglied der Kristallart M_1 (R) bildet sich bei der peritektischen Reaktion zwischen der Schmelze E und dem Mischkristall S.

5. Legierungen der Zusammensetzung EF scheiden primär Fe_3O_4-Mischkristalle von der Konzentration TS aus. Fe_3O_4 selbst bildet sich bei der peritektischen Umsetzung der Schmelze F mit dem Fe_2O_3-reichen Mischkristall U.

6. Legierungen der Zusammensetzung FQ scheiden Fe_2O_3-reiche Mischkristalle QU aus.

Die Vorgänge bei der Erkaltung:

1. Bei Unterschreitung von $KLMN$ ist der δ-Mischkristall vollständig in γ-Mischkristall umgewandelt. Dieser kann bei entsprechender Konzentration längs OW die Kristallart M_1 ausscheiden. Die Umwandlung in den α-Mischkristall ist beendet bei VXY. Auch der α-Mischkristall kann längs Xa M_1 abscheiden.

2. Die im Zustandsfeld $OQWY$ vorkommenden γ-Mischkristalle W und der Wüstit Y erfahren bei WXY eine peritektische Umsetzung. Hierbei wird bei den Konzentrationen WX α-Mischkristall gebildet, während bei den Konzentrationen XY neben dem gebildeten α-Mischkristall auch M_1 erhalten bleibt. Bei der Temperatur aZb zerfällt M_1 eutektoidisch zu α-Mischkristall und Fe_3O_4-Mischkristall von der Konzentration b. Dieser eutektoide Zerfall wird im Gefüge erst nach sechstägigem Tempern bei aZb (575°) bemerkbar. Die übrigen Vorgänge bei der Erkaltung sind aus dem Zustandsschaubild ohne weiteres ersichtlich.

Die in den linken Teil des Zustandsschaubildes eingezeichnete Löslichkeit des festen Eisens für Sauerstoff ist häufig mit stark wechselnden Ergebnissen untersucht worden. Einige Werte sollen im folgenden angegeben werden. R. Schenk (1) fand zunächst für 700° etwa 2,05% und für 1000° etwa 2,8%. In einer neueren Arbeit (2) gab der gleiche Verfasser wesentlich niedrigere Werte an, nämlich 0,4—0,5% bei 800 und 1000°. P. Oberhoffer, Schiffler und Hessenbruch (11) ermittelten eine Löslichkeit des Sauerstoffs im festen Eisen von 0,05%, W. Krings und Kempkens (1) eine solche von 0,11% bei 715°, während C. Dünwald und H. Wagner (1) aus ihren Versuchen folgern, daß bei 800 und 1000° weniger als 0,01% Sauerstoff im festen Eisen gelöst sein könne. Diesen letzteren Wert hält H. Esser (7) auf Grund verschiedener Beobachtungen für den wahrscheinlichsten der bis dahin bestimmten Werte und einen noch kleineren für möglich. Nach Ziegler (1) ist die Löslichkeit von Sauerstoff in festem Eisen bei Temperaturen unterhalb 800° so gering, daß sie innerhalb der Fehlergrenzen der Bestimmung liegt und daher vernachlässigt werden kann. Die Löslichkeit nimmt oberhalb 900° rasch zu und erreicht einen Höchstwert von 0,1% bei etwa 1000°.

Nach C. Benedicks und H. Löfquist (5) ist die Sauerstofflöslichkeit im γ-Eisen etwas höher als 0,05% anzunehmen, da mehrmals eine Beeinflussung der Temperaturlage von A_3 durch Sauerstoff gefunden wurde. Diese Beeinflussung ist aber nach den Schrifttumsangaben so unsicher, daß zahlenmäßige Angaben nicht gemacht werden können und auch der Beweis nicht erbracht erscheint, daß der Sauerstoff die Ursache für die Erniedrigung von A_3 war. Schenk und Hengler (1) beobachteten eine Erniedrigung von A_4 um wenige Grad bis zu 0,2% Sauerstoff und bis zur gleichen Konzentration eine Erhöhung von A_3

ebenfalls nur um wenige Grad (s. Abb. 221). Oberhalb 0,2% Sauerstoff blieben beide Umwandlungstemperaturen konstant. Rosenhain (1) fand im Gegensatz zu Schenk und Hengler eine Erhöhung von A_4 und eine Erniedrigung von A_3 durch Sauerstoff. Eine Beeinflussung der Umwandlungstemperaturen des Eisens durch Sauerstoff erscheint nach Vorstehendem nicht klar erwiesen, und demnach die Forderung einer Löslichkeit im festen Zustande auf Grund der sich widersprechenden Angaben über diese Beeinflussung nicht berechtigt. Man gelangt also zu dem Schluß, daß aus den Schrifttumsangaben kein sicheres Bild über die Größe und die Temperaturabhängigkeit der Sauerstofflöslichkeit im festen Eisen zu gewinnen ist. Doch erscheint die Feststellung berechtigt, daß die in Abb. 221 angegebene Löslichkeit des festen Eisens bei weitem zu hoch liegt.

Abb. 222. Elektrolyteisen im Sauerstoffstrom geschmolzen, eutektische Anordnung der sauerstoffhaltigen Teilchen, ungeätzt, × 50.

Auf Grund der mikroskopischen Beobachtung von Eisenoxyduleinschlüssen in Elektrolyteisen bei Temperaturen bis zu 1100° kamen H. Esser und H. Cornelius (8) zu der Annahme, daß der Sauerstoff im festen Eisen praktisch unlöslich sei. Sie führten ferner die eutektische Anordnung der Sauerstoffeinschlüsse (Abb. 222), die man erhält, wenn man eine reine Eisen-Sauerstofflegierung nach beendeter langsamer Erstarrung aus Temperaturgebieten unterhalb der Soliduslinie verhältnismäßig langsam abkühlt, darauf zurück, daß die in der Schmelze bei der Abkühlung sich bildenden Eisenkristalle die noch flüssigen, sauerstoffreichen Schmelzteilchen an den Kristallgrenzflächen vor sich hergeschoben haben. Nach den bisherigen Auffassungen entsteht diese Anordnung durch den (häufig als eutektisch bezeichneten) Zerfall der Schmelze B zu Mischkristall H und Schmelze C. Auf Grund des mikroskopischen Befundes über die Löslichkeit des Sauerstoffs im festen Eisen bei hohen Temperaturen und der Erklärung des Zustandekommens einer nur scheinbar eutektischen Anordnung des Sauerstoffs im Eisen, zeichneten Esser und Cornelius die Eisenseite des Zustandsschaubildes Eisen-Sauerstoff (Abb. 223) ohne Lös-

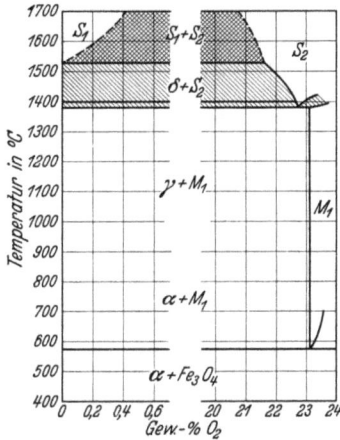

Abb. 223. Die Eisenseite des Zustandsschaubildes Eisen-Sauerstoff nach H. Esser und H. Cornelius (8).

lichkeitsgebiete des festen Eisens für Sauerstoff und dementsprechend mit unbeeinflußter Temperaturlage des Schmelzpunktes und der Umwandlungen des Eisens. Unter Fortlassung der Umsetzung bei C (Abb. 221) wurde die Mischungslücke im flüssigen Zustand bis zur Seite des reinen Eisens ausgedehnt.

Es ist bekannt, daß beim Glühen von Eisen in Eisenoxyden der Sauerstoff in das Eisen eindringt. Neuerdings haben Schenk und Hengler diese Diffusion von Sauerstoff in Eisen untersucht, und zwar für Glühtemperaturen von 1000,

1100 und 1200°. Der Sauerstoffgehalt im Kern der Proben nahm bei der verwendeten Probengröße mit der Glühtemperatur und der Glühdauer bis 600 Std. zu. Bei längerer Versuchsdauer schien der Sauerstoffgehalt den Betrag von 0,2% nicht zu überschreiten. Diese Tatsache des Eindringens von Sauerstoff (nach Abb. 221 muß es sich um Wüstit der Konzentration QYZ handeln) in Eisen könnte dahin gedeutet werden, daß der Wüstit im Eisen löslich sei. Doch ist dieser Schluß nach den Beobachtungen von Fry (1), nach denen eine Löslichkeit im festen Zustande keine unbedingte Voraussetzung für die Diffusionsfähigkeit ist, nicht zwingend. Vielmehr vermag durch Reaktion des betreffenden Stoffes mit Eisen ein Eindringen stattzufinden, ein von Fry mit Reaktionsdiffusion bezeichneter Vorgang.

Abb. 224 läßt das Gefüge an der Berührungsstelle zwischen Eisen und Fe_3O_4 (Glühspan, Hammerschlag, Walzzunder) nach Glühung bei etwa 1050° erkennen. Gleiche Verhältnisse werden erhalten, wenn das Oxydationsmittel nicht wie hier fest, sondern gasförmig ist. Man kann fast stets drei Schichten unterscheiden. Die innerste Zone weist Oxydpünktchen in regelloser Verteilung auf. Dann folgt eine Schicht, in der außer den Oxydpünktchen noch mehr oder minder zusammenhängende Häutchen auftreten. Schließlich besteht eine dritte Zone als Übergang vom kompakten Oxyd zum Eisen, in der sehr grobe, homogene, mehr oder minder globulare Einschlüsse in der Eisengrundmasse vorhanden sind. Enthält das Eisen Kohlenstoff, so findet außer dem Eindringen des Sauerstoffs Entkohlung statt (vgl. Temperprozeß).

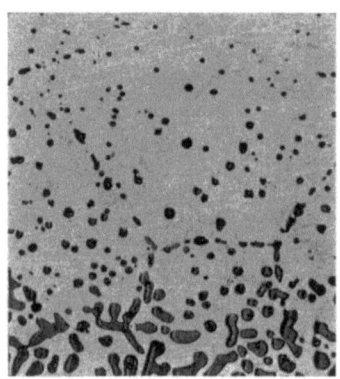

Abb. 224. Diffusion von Sauerstoff in Eisen, erhalten durch Glühen von Fe_3O_4 im Eisentiegel 10 Stunden bei 1050 bis 1100°; Grenzschicht, ungeätzt, × 100.

Bezüglich des Gefüges des Zunders sei auf die bereits erwähnte Arbeit von Vogel und Martin verwiesen, deren Gefügeaufnahmen von Eisen-Sauerstofflegierungen mit 22,3—27% Sauerstoff in Übereinstimmung mit dem Zustandsschaubild sind.

B. Das Dreistoffsystem Eisen-Kohlenstoff-Sauerstoff.

Ziegler (1) hat die Löslichkeitsgrenzen von Sauerstoff in Eisenlegierungen mit verschiedenen Kohlenstoffgehalten bestimmt. Die Isothermen für Raumtemperatur, 900° und 1000° C sind in Abb. 225 wiedergegeben.

Die Gegenwart von Kohlenstoff setzt den Sättigungswert des Eisens für Sauerstoff bei allen Temperaturen beträchtlich herab. Ziegler selbst legt es nahe, die Kurven in Abb. 225 mehr qualitativ als quantitativ zu bewerten. Diese Äußerung ist als Hinweis auf die schon behandelte Unsicherheit der Ergebnisse bei der Untersuchung der Eisenseite des Systems Eisen-Sauerstoff(-Kohlenstoff) aufzufassen.

C. Physikalische und technologische Eigenschaften.

In diesem Abschnitt wird nur der Einfluß von Sauerstoff auf die physikalischen und technologischen des Eisens behandelt. Die Frage der Vergießbarkeit und der Warmverarbeitbarkeit sauerstoffhaltiger Schmelzen sowie die Möglichkeit einer Ausscheidungshärtung des Eisens durch Sauerstoff werden in besonderen Abschnitten besprochen. (Siehe Desoxydation; Rotbruch und Heißbruch; Ausscheidungshärtung.)

Die Dichte nimmt mit steigendem Sauerstoffgehalt ab.

Der elektrische Leitwiderstand war nach Untersuchungen von Rosenheim (1) bei einem Eisen mit 0,23% Sauerstoff um 4% höher als bei einem Eisen mit 0,08% Sauerstoff. Beide Materialien besaßen einen hohen Reinheitsgrad. K. Inouyé (1) stellte einen Anstieg des elektrischen Widerstandes um 0,07 Ω mm²/m fest.

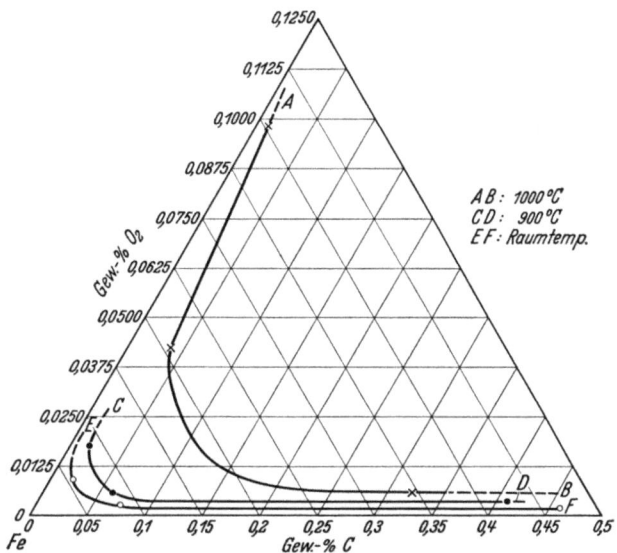

Abb. 225. Löslichkeitsgrenzen für Sauerstoff in Eisen-Kohlenstofflegierungen bei verschiedenen Temperaturen [Ziegler (1)].

Den ersten umfassenden Bericht über die Beeinflussung der Festigkeitseigenschaften des Eisens durch Sauerstoff hat A. Wimmer (1) gegeben. Die Versuchsschmelzen wurden in Tiegeln mit Magnesitauskleidung aus weichem Flußstahl und reinem Fe_2O_3 hergestellt und in vorgewärmte Kokillen vergossen. Zur Untersuchung gelangten nur die Fußstücke der Blöckchen. Sie wurden bei 950° ausgeschmiedet, bei der gleichen Temperatur geglüht und in Kieselgur abgekühlt. Die Versuchsergebnisse sind in Abb. 226 wiedergegeben.

Im Gegensatz zu Wimmer fand Austin (1) mit steigendem Sauerstoffgehalt ein Ansteigen der Härte. Diese letztere Feststellung stimmt überein mit Versuchsergebnissen von A. Niedenthal (1), der einen geringfügigen Anstieg der Härte mit zunehmendem Sauerstoffgehalt bis 0,13% beobachtete. Die folgenden Angaben entstammen ebenfalls der Arbeit von Niedenthal und gelten für Legierungen mit max. 0,13% O_2. Hiernach wird die Kerbzähigkeit durch Sauerstoff ungünstig beeinflußt. Die Festigkeit

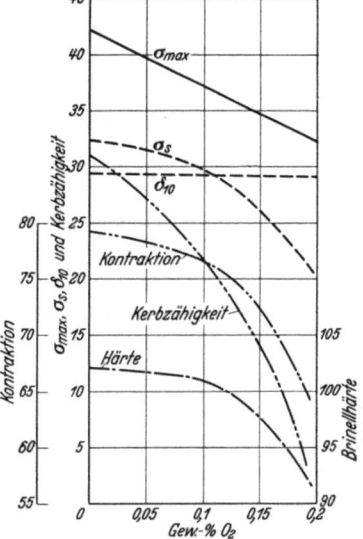

Abb. 226. Einfluß von Sauerstoff auf die Eigenschaften des Eisens [Wimmer (1)].

zeigt mit zunehmendem Sauerstoffgehalt einen etwas stärkeren Abfall als die Streckgrenze, was bis 0,10% Sauerstoff auch aus den Ergebnissen von Wimmer hervorgeht. Während dieser die unwahrscheinliche Feststellung machte, daß der

216 Die Konstitution des Eisens in Abhängigkeit von der chemischen Zusammensetzung.

Sauerstoffgehalt keinen Einfluß auf die Dehnung ausübt, nimmt die Dehnung mit steigendem Sauerstoffgehalt nach Niedenthal stark ab. Letzterer konnte bei Erhöhung des Mn-Gehaltes von 0,1 auf 0,43% bei einer Legierung mit 0,125% Sauerstoff eine Verbesserung sämtlicher untersuchten Festigkeitseigenschaften feststellen.

Bei der Beurteilung des Einflusses des Sauerstoffs auf die Festigkeitseigenschaften des Eisens ist zu berücksichtigen, daß im technischen Eisen Sauerstoffgehalte von 0,1% nur in seltenen Fällen erreicht werden. Im Flußstahl liegt die Sauerstoffkonzentration durchweg sehr weit unter diesem Wert. Wie die Ergebnisse von Wimmer und Niedenthal übereinstimmend zeigen, ist aber die Verschlechterung der Festigkeitseigenschaften bei Gehalten unterhalb 0,05% Sauerstoff unwesentlich.

Nach Rosenhain (1) zeigte ein reines Eisen mit 0,08% Sauerstoff eine gute Kaltbildsamkeit beim Auswalzen zu Blech, während sich ein Eisen mit 0,23% Sauerstoff und im übrigen ebenfalls hohem Reinheitsgrade beim Kaltwalzen als kaltbrüchig erwies. Wimmer (1) stellte in Übereinstimmung hiermit

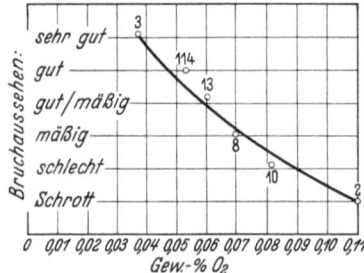
Abb. 227. Einfluß von Sauerstoff auf das Bruchgefüge von Chrom-Kugel- und Kugellagerstahl [Eilender und Oertel (1)].

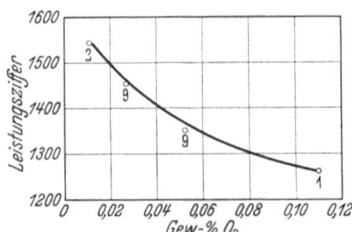
Abb. 228. Einfluß von Sauerstoff auf die Würschmidtsche Leistungsziffer bei Wolframmagnetstahl [Eilender und Oertel (1)].

bei der Hin- und Herbiegeprobe ab 0,13% Sauerstoff eine Abnahme der Kaltbildsamkeit fest, die bei 0,16% Sauerstoff besonders deutlich in Erscheinung trat.

Die Oberflächengüte bei der spanabhebenden Verformung (Hobeln) soll sich mit steigendem Sauerstoffgehalt verschlechtern.

Während der vorstehend beschriebene Einfluß des Sauerstoffes auf die Eigenschaften des Eisens an Versuchsschmelzen festgestellt worden ist, haben W. Eilender und W. Oertel (1) versucht, die Abhängigkeit der Gütewerte vom Sauerstoffgehalt an betriebsmäßigen Schmelzungsproben mit Hilfe der Großzahlforschung zu erhärten, soweit sich die Güte eines Stahles überhaupt zahlenmäßig feststellen läßt.

Abb. 227 zeigt den Einfluß von Sauerstoff auf die Güte von Chrom-Kugel- und -Kugellagerstahl, beurteilt nach dem Bruchaussehen. Die angeschriebenen Zahlen bedeuten hier wie in den beiden folgenden Abbildungen die Anzahl der untersuchten Schmelzungen. Bei Wolframmagnetstahl konnte eine deutliche Verminderung der Würschmidtschen Leistungszahl ($L = \mathfrak{B} \times \mathfrak{H}_{max}$) bei steigenden Sauerstoffgehalten festgestellt werden (Abb. 228).

Besonders stark wirkt sich der Sauerstoff aus auf die Wattverluste von Transformatoreisen. Schon Gumlich (5) hat vermutet, daß die Verbesserung der magnetischen Eigenschaften der Transformatorenbleche beim Glühen auf die Reduktion der Oxyde durch Kohlenstoff zurückzuführen sei. Wolff (1) sowie Eichenberg und Oertel (1) haben diese Reduktion bestätigt, bei der Sauerstoff und Kohlenstoff aus dem Werkstoff entfernt werden. Eilender und Oertel konnten nachweisen, daß die Differenz zwischen Kohlenstoffgehalt und Sauerstoffgehalt von ausschlaggebender Bedeutung ist. Für % C—% O_2 = 0 ergeben sich die kleinsten Wattverluste (Abb. 229).

P. Oberhoffer, H. Schiffler und W. Hessenbruch (11) untersuchten den Einfluß von Sauerstoff auf Kohlenstoffstähle mit 0,1—0,8% C, Siliziumstähle mit 0,25—0,5% Si, Manganstähle mit 0,8% Mn, Mangan-Siliziumstähle mit 0,45% Si und 0,8% Mn, Aluminiumstähle mit 0,1—2,2% Al, Nickelstähle mit 3% Ni und Chromstähle mit 2% Cr. Die Stähle mit paarweise gleicher Zusammensetzung unterschieden sich dadurch, daß jeweils der eine Stahl durch Einblasen von Luft vor dem Gießen mit Sauerstoff angereichert wurde. Bei der so möglichen vergleichenden Untersuchung wurden folgende Ergebnisse erhalten:

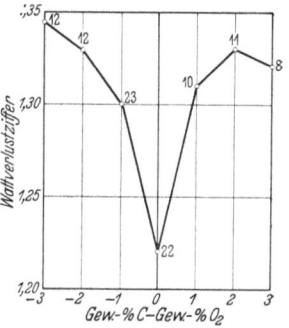
Abb. 229. Einfluß von C—O_2 auf die Wattverlustziffer von Transformatorenblech [Eilender und Oertel (1)].

Die sauerstoffreichen Stähle neigten bei der Härtung zur Überhitzung (Bildung von grobem Martensit), d. h. sie besitzen einen kleinen Härtebereich.

Bei Überhitzungsversuchen ergaben sich bei den sauerstoffreichen Stählen gröberes Korn, Nadelferrit und ungleichmäßiger Gefügeaufbau.

Schmiedeversuche führten bei sauerstoffreichen Stählen leicht zu Schiefer- und Holzfaserbruch.

Das Gefüge der sauerstoffreichen Stähle zeigte Nitridnadeln, die wahrscheinlich auf den Herstellungsprozeß zurückzuführen sind. Es ist daher fraglich, ob die beobachteten Erscheinungen auf dem Sauerstoffgehalt allein beruhen, oder ob nicht vielmehr auch der Stickstoff seinen Einfluß geltend gemacht hat.

Eine Untersuchung von Eisen-Sauerstofflegierungen, die durch Pressen, Sintern und Verdichtung durch Warmstauchen von Gemischen aus Eisenpulver und Eisenoxyd und anderen Oxyden hergestellt wurden, führten J. Reschka, E. Scheil und E. H. Schulz (1) durch. Die Porosität der so hergestellten Legierungen betrug bei niedrigen Sauerstoffgehalten 1,5%, bei 4% O_2 (als Eisenoxydul) stieg sie auf 3%.

Das spezifische Volumen der Preßlinge stieg von 0,129 cm³/g bei 0% Sauerstoff auf etwa 0,139 bei 4% Sauerstoff.

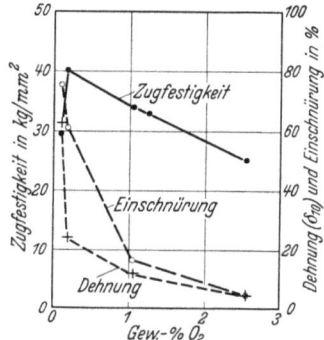
Abb. 230. Zugfestigkeit, Dehnung und Einschnürung in Abhängigkeit vom Sauerstoffgehalt [Reschka, Scheil und Schulz (1)].

Die Zunahme des elektrischen Widerstandes betrug nur 0,01 Ω mm²/m für je 1% Sauerstoff.

Die Abhängigkeit einiger Festigkeitseigenschaften der Sinterkörper vom Sauerstoffgehalt nach 1stündiger Glühung in Stickstoff bei 900° zeigt Abb. 230. Auffallend ist vor allem der Anstieg der Zugfestigkeit bis zu einem Sauerstoff-

218 Die Konstitution des Eisens in Abhängigkeit von der chemischen Zusammensetzung.

gehalt von 0,18%. Diese Erscheinung wurde von Wimmer und von Niedenthal nicht beobachtet.

Im Gegensatz zu den Feststellungen von Wimmer wird die Bearbeitbarkeit durch spanabhebende Verformung bei steigenden Sauerstoffgehalten nicht verschlechtert, sondern verbessert.

31. Eisen und Stickstoff.
A. Das Zweistoffsystem Eisen-Stickstoff.

Die Herstellung der für die Entwicklung des Systems Eisen-Stickstoff erforderlichen Legierungen gelingt nur in beschränktem Umfange über den flüssigen Zustand. Durch Einleiten von Stickstoff bzw. Ammoniakgas in geschmolzenes Elektrolyteisen nimmt dieses selbst bei höheren Drücken nur in geringem Maße Stickstoff auf. Strauß (1) erzielte bei einem Ammoniakdruck von einer Atmosphäre Stickstoffgehalte bis zu 0,04% und Andrew (3) bei einem Stickstoffdruck von 200 Atmosphären nur 0,3% N_2. Durch Diffusion dagegen läßt sich Stickstoff bis zu hohen Gehalten in das feste Eisen einführen, wenn man dieses bei 600—700° in einer stickstoffabgebenden, strömenden Gasphase — z. B. Ammoniak — glüht. Man erzielt hierbei Höchstgehalte von etwa 11% N_2. Die in dieser Art durchgeführte Nitrierung führt bei größeren Abmessungen nicht zu einem über den Probenquerschnitt gleichmäßig verteilten Stickstoffgehalt, sondern es entsteht eine große Mannigfaltigkeit von Ge-

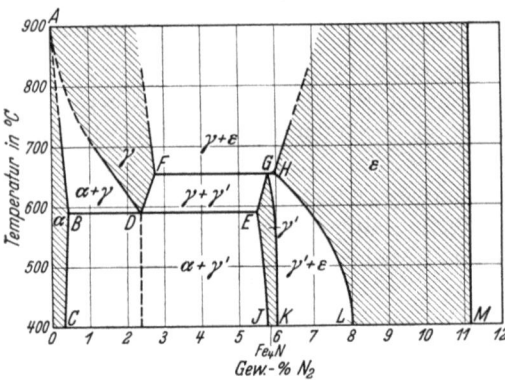

Abb. 231. Eisen-Stickstoffzustandsschaubild zwischen 400 und 800° C [Eisenhut und Kaupp (1)].

fügebandteilen, entsprechend dem vom Rande zur Mitte der Probe abnehmenden Stickstoffgehalt.

Die Gleichgewichtsverhältnisse des Systems Eisen-Stickstoff wurden in einer größeren Arbeit zuerst von A. Fry (2) untersucht. Er stellte bereits das Zustandsschaubild auf, das bis 2% Stickstoff in späteren Arbeiten im wesentlichen bestätigt wurde. Durch Fry und andere, z. B. Brill (1) und Hägg (3), wurde die Existenz der beiden Verbindungen Fe_4N und Fe_2N sichergestellt. Durch die röntgenographischen Arbeiten von Eisenhut und Kaupp (1) und die magnetischen Untersuchungen von Lehrer (1) gelang es, das Zustandsschaubild bis zu einem Stickstoffgehalt von 11% zu klären.

Als Ergebnis all dieser Untersuchungen kann das in Abb. 231 nach dem Vorschlage von Eisenhut und Kaupp wiedergegebene Zustandsschaubild gelten, in dem die Phasen α, γ, γ' und ε vorkommen. Die Phasen α, γ und γ' gehören dem kubischen und die ε-Phase dem hexagonalen Kristallsystem an. γ' mit 5,9% N_2 ist mit Fe_4N identisch und ε mit 11,1% N_2 entspricht Fe_2N.

Das Zustandsschaubild ist ferner gekennzeichnet durch folgende eutektoidische und peritektoidische Umsetzungen: bei 591° bildet sich das Eutektoid

Braunit mit 2,35% N_2 nach dem Schema:

γ-Mischkristalle $D \rightleftarrows \alpha$-Mischkristalle B (0,45% N_2) + γ'-Mischkristalle E (5,5% N_2).

Bei 650° verläuft eine peritektoide Umsetzung gemäß:

γ-Mischkristalle F (2,75% N_2) + ε-Mischkristall H (5,8—5,9% N_2) $\rightleftarrows \gamma'$-Misch-
kristall (5,75—5,85% N_2).

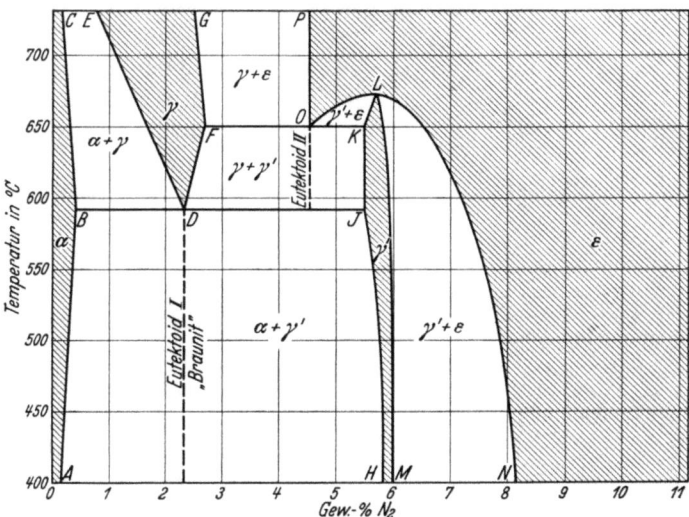

Abb. 232. Zustandsschaubild Eisen-Stickstoff [Lehrer (1)].

Die magnetischen Untersuchungen Lehrers führten im wesentlichen zu den gleichen Ergebnissen. Lediglich zwischen 5 und 7% N_2 treten Abweichungen auf. Nach Lehrer (s. Abb. 232) tritt bei 650° keine peritektoide, sondern eine zweite eutektoide Umsetzung ein:

ε-Mischkristall O (4,55% N_2) $\rightleftarrows \gamma$-Mischkristall F (2,7% N_2)
+ γ'-Mischkristall K (5,5% N_2).

Eine endgültige Entscheidung darüber, welche Auffassung zu Recht besteht, steht noch aus. Nach mikroskopischen Untersuchungen von W. Köster (4) kommt der Deutung von Lehrer größere Wahrscheinlichkeit zu.

Die Löslichkeitsänderungen der einzelnen Phasen mit der Temperatur sind aus Abb. 231 und 232 zu erkennen. Von großer praktischer Bedeutung ist das Lösungsvermögen des α-Mischkristalls bei verschiedenen Temperaturen. Von verschiedenen Forschern wurde übereinstimmend eine Abnahme der Löslichkeit mit sinkender Temperatur festgestellt. Über die Größe des bei verschiedenen Temperaturen in Lösung gehaltenen Betrages an Stickstoff gehen die Ansichten indessen auseinander. Die Löslichkeit soll betragen:

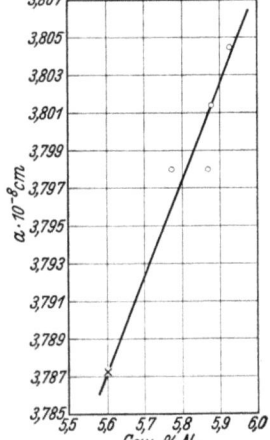

Abb. 233. Änderung der Gitterkonstanten des γ' (Fe_4N) mit steigendem N_2-Gehalt [Eisenhut und Kaupp (1)].

Nach Fry: 0,5% bei 580°, 0,015% bei Raumtemperatur; nach Eisenhut und Kaupp: 0,42% bei 591°, 0,34% bei 450°; nach Köster dagegen: 0,02% bei 400°, 0,01% bei 300°, 0,005% bei 200° und 0,001% bei 20°.

Die γ'- oder Fe_4N-Phase besitzt ein flächenzentriertes Gitter; die Stickstoffatome sitzen in der Würfelmitte. Mit zunehmendem N_2-Gehalt erkennt man (Abb. 233) eine sehr beträchtliche Gitteraufweitung. Die ε-Phase des Systems Eisen-Stickstoff besitzt eine hexagonale Anordnung der Eisenatome. In Abhängigkeit vom Stickstoffgehalt ergeben sich die in Abb. 234 wiedergegebenen Änderungen der c- und a-Achse und des Verhältnisses c/a. Über die Anordnung der Stickstoffatome innerhalb des hexagonalen Gitters wissen wir bis jetzt nichts Zuverlässiges. Für α- und γ-Eisen ergeben sich die in Abb. 235 und 236 wiedergegebenen Gitteraufweitungen.

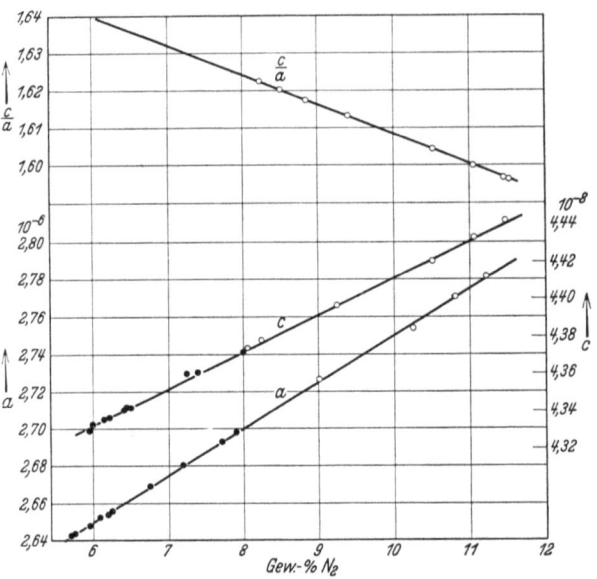

Abb. 234. Abhängigkeit des Verhältnisses c/a vom N_2-Gehalt [Eisenhut und Kaupp (1)].

Der Gefügeaufbau einer bei 600° im Ammoniakstrom nitrierten und langsam auf Zimmertemperatur abgekühlten reinen Eisenprobe, wie ihn Abb. 237 zeigt, läßt sich an Hand des Zustandsschaubildes leicht deuten. Die äußerste Nitridschicht besteht aus der ε-Phase

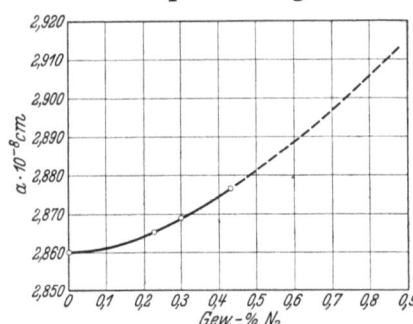

Abb. 235. Änderung der Gitterkonstanten des α-Fe mit steigendem N_2-Gehalt [Eisenhut und Kaupp (1)].

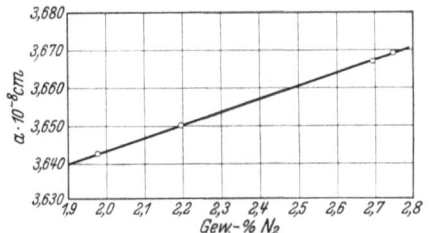

Abb. 236. Änderung der Gitterkonstanten des γ-Fe mit steigendem N_2-Gehalt [Eisenhut und Kaupp (1)].

mit 5,8 (bzw. 4,5) bis 11% N_2. Dann folgt eine hellere Schicht, die aus der γ'-Phase aufgebaut ist. Die nach dem Inneren der Probe sich anschließende dunkle Schicht besteht aus dem Eutektoid Braunit, daß sich nur bei günstigen Abkühlungsbedingungen gut ausbildet. Es fehlt ganz bei der Nitrierung unterhalb seiner Bildungstemperatur (s. Abb. 238). Weiter im Innern beobachtet man schließlich ein ferritisches Gefüge, in dem zahlreiche, nadelige Ausscheidungen vorliegen, die auf die mit sinkender Temperatur abnehmende Löslichkeit des α-Eisens für Stickstoff zurückzuführen sind und aus Fe_4N (γ')

× 100   × 1000

Abb. 237. Gefügeaufbau einer bei 600° nitrierten und langsam abgekühlten Probe aus reinem Eisen [Meyer und Eilender (2)].

bestehen. Noch näher zum Probenkern hin nimmt die Menge der nadelförmigen Ausscheidungen ab, und schließlich tritt nur noch Ferrit auf, der Stickstoffgehalte

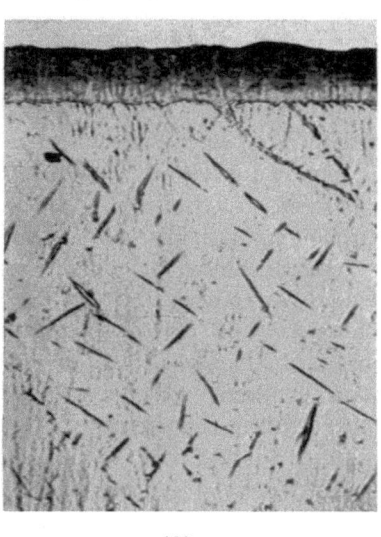 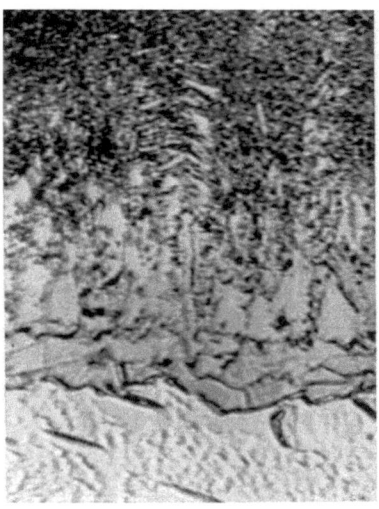

× 100   × 1000

Abb. 238. Gefügeaufbau einer bei 550° nitrierten und langsam abgekühlten Probe aus reinem Eisen [Meyer und Eilender (2)].

gleich oder kleiner als die Löslichkeit des α-Eisens für Stickstoff bei Raumtemperatur in Lösung enthält.

Bei schneller Abkühlung, z. B. Abschreckung von 680° in Wasser, ist es schwieriger, den Gefügeaufbau einer nitrierten Probe zu deuten, weil die γ- und die ε-Phase sich je nach ihrem Stickstoffgehalt verschieden verhalten. Es ist schon darauf hingewiesen worden, daß z. B. die γ-Phase bei der Abschreckung je nach ihrem Stickstoff-Gehalt als Austenit oder Stickstoffmartensit auftreten kann. Im allgemeinen wird man bei der oben genannten Abschreckbehandlung zunächst wieder einen äußeren stickstoffreichen Rand aus ε-Phase vorfinden. Im Anschluß daran tritt ein polyedrisches Gefüge auf, das die unterkühlte γ-Phase mit mehr als 2% N_2 darstellt. Weiter im Innern tritt dann ein martensitartiges Gefüge auf, das aus dem Zerfall der γ-Phase mit weniger als 2% N_2 herrührt. Anschließend findet man ein unklares Gefüge, das während des Abschreckens dort gebildet worden ist, wo die Probe auf Grund ihres Stickstoffgehaltes bei der Abschrecktemperatur dem heterogenen α + γ-Gebiet angehörte. Es dürfte aus Stickstoffmartensit und übersättigtem α-Mischkristall bestehen. Letzterer liegt weiter nach dem Probeninnern zu allein vor.

Auf die technische Bedeutung des Stickstoffs wird vor allem in den Abschnitten „Ausscheidungshärtung" und „Nitrierhärtung" noch eingegangen.

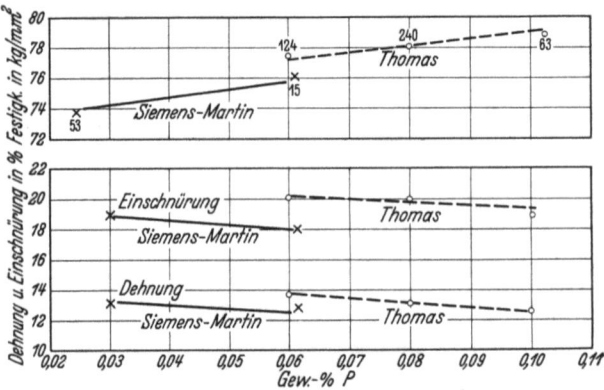

Abb. 239. Häufigkeitswerte der Festigkeitseigenschaften [Dreves (4)].

B. Technologische Eigenschaften.

Da es, wie eingangs bereits erwähnt wurde, nicht möglich ist, Stähle mit höherem Stickstoffgehalt als etwa 0,03% bei gleichmäßiger Verteilung des Stickstoffs herzustellen, ist es schwierig, einen Anhalt zu gewinnen über den Einfluß des Stickstoffs auf die Festigkeitseigenschaften des Stahles. Aus den von K. Daeves (4) ausgeführten Häufigkeitsuntersuchungen über die mechanischen Eigenschaften von Thomas- und Siemens-Martinstählen scheint dieser Einfluß jedoch ableitbar zu sein. In Abb. 239 sind die Häufigkeitswerte der Festigkeitseigenschaften nach K. Daeves für Thomas- und Siemens-Martinstahl in Abhängigkeit vom Phosphorgehalt bei gleichem Kohlenstoff-, Silizium-, Mangan- und Schwefelgehalt aufgetragen. Der Abstand der Linien oder der ihrer Verlängerungen muß dann die durch das Herstellungsverfahren bedingten Unterschiede anzeigen. Der auffallendste derartige Unterschied besteht nach Berücksichtigung des abweichenden Phosphorgehaltes in den Stickstoffgehalten, die beim Siemens-Martinstahl 0,005—0,008%, beim Thomasstahl 0,01 bis 0,03% betragen. Es liegt daher nahe, die beim Thomasstahl gegenüber Siemens-Martinstahl erhöhte Festigkeit, Dehnung und Einschnürung dem Einfluß des Stickstoffs zuzuschreiben. Wieweit dieser Schluß zutreffend ist, haben jedoch weitere Untersuchungen zu entscheiden.

32. Gase und Schlackeneinschlüsse im Stahl.

A. Die mit dem Eisen während dessen Herstellung in Berührung kommenden Gase.

Während des Herstellungsprozesses kommt das Eisen in Berührung mit Gasen, die seine Konstitution beeinflussen. Die Art dieser Gase ist für alle Prozesse die gleiche, nur ihre Menge und die Mengenanteile der einzelnen Gase schwanken verhältnismäßig stark.

Was die Art der mit dem Eisen in Berührung kommenden Gase betrifft, so finden wir stets:

1. **Sauerstoff** und
2. **Stickstoff**, die aus der Atmosphäre stammen und mit Absicht (Bessemer-, Thomasprozeß) oder ohne Absicht (Siemens-Martin-, Elektro-, Tiegelschmelzverfahren) mit dem Eisen in Berührung kommen;
3. **Wasserstoff**, der im wesentlichen aus der Zersetzung der Luftfeuchtigkeit oder dem Feuchtigkeitsgehalt der Einsatzstoffe stammt;
4. **Kohlenoxyd** und
5. **Kohlendioxyd**, die entweder
    a) aus den Feuergasen (Siemens-Martinprozeß) oder
    b) aus in der Ofenbeschickung vor sich gehenden Reaktionen (Siemens-Martin-, Elektro-, Tiegelschmelzverfahren) stammen.

Die unter 1 und 5b genannten Gase sind zur Durchführung des Prozesses mehr oder minder notwendig und stehen in einer gewissen Beziehung zueinander, während Wasserstoff und Stickstoff zum Teil entbehrt werden könnten und daher mit dem Verfahren nichts zu tun haben. Am klarsten zeigt sich dies bei den Windfrischverfahren. Hier dient der Sauerstoff zur Oxydation der Fremdkörper des Roheisens, wobei aus dem Kohlenstoff entweder direkt oder wahrscheinlicher indirekt über das im Überschuß vorhandene Eisen Kohlenoxyd oder Kohlendioxyd entsteht:

$$C + O = CO \quad \text{oder} \quad \begin{cases} Fe + O = FeO \\ FeO + C = Fe + CO \end{cases}$$

und ähnlich für CO_2. Beim Siemens-Martin-Verfahren ist es nicht der Sauerstoff der Luft, wenigstens nicht direkt, der die Bildung der zur Kohlenstoffverbrennung erforderlichen festen Sauerstoffverbindungen (in geringem Maße kommt auch MnO und SiO_2 in Betracht) veranlaßt, sondern insbesondere das unter 5a genannte Kohlendioxyd aus den Feuergasen, das die Bildung von Sauerstoffverbindungen in großen Mengen während der Einschmelzperiode hervorruft (Schrott-Roheisenverfahren, Schrott-Kohleverfahren). Mitunter wird die feste Sauerstoffverbindung in Form von Eisenerz zugesetzt (Roheisen-Erzverfahren bzw. Erzzusatz beim Schrott-Roheisenverfahren, wenn Mangel an Sauerstoffverbindungen herrscht). Elektro- und Tiegelverfahren sollten eigentlich reine Umschmelzverfahren und infolgedessen unabhängig von den obigen Reaktionen sein, indessen trifft dies einmal für das erstgenannte Verfahren nicht immer zu, indem auch im Elektroofen Frischarbeit geleistet werden kann, anderseits enthält der Einsatz beim Raffinieren im Elektroofen bzw. beim Tiegelschmelzen feste Sauerstoffverbindungen in geringen Mengen, die dann mit dem Kohlenstoff des Einsatzes reagieren, oder beim Tiegelschmelzen reagiert das SiO_2-haltige

Tiegelmaterial. In allen Fällen erfolgt Kohlenoxyd- und in geringerem Maße jedenfalls auch Kohlendioxydbildung. Freier Sauerstoff kann bei den in Betracht kommenden Temperaturen in Gegenwart von Eisen nur in geringen Mengen bestehen, und im wesentlichen sind nur seine Reaktionsprodukte FeO (MnO, SiO_2) oder CO und CO_2 existenzfähig.

Die Menge der mit dem Eisen in Berührung kommenden Gase wird wohl am größten bei den Windfrischprozessen sein, werden doch beim Thomasprozeß rd. 300 l Luft für das Kilogramm Eisen oder etwa das 2200fache des Eisenvolumens durchgeblasen. Hierzu kommen noch etwa 70 l Kohlenoxyd aus der Verbrennung des Kohlenstoffs unter der Annahme, daß dieser ausschließlich zu Kohlenoxyd verbrennt. Beim Siemens-Martin-Prozeß befindet sich nach dem Einschmelzen zwar eine schützende Schlackenschicht über dem Eisenbade, aber einerseits ist bei den hohen Temperaturen kein Stoff undurchlässig für Gase, und dann kommt das Eisen während der sogenannten Kochperiode mit der Ofenatmosphäre in Berührung. Immerhin wird zweifellos die Menge der Gase, die bei diesem Prozeß mit dem Eisen in Berührung gelangt, wesentlich geringer sein als bei den Windfrischverfahren, wenngleich an sich das aus inneren Reaktionen entstehende CO und CO_2 für beide Verfahren in gleichen Mengen entwickelt wird. Nur muß berücksichtigt werden, daß der Kohlenstoffgehalt des Einsatzes, wenigstens beim Schrott-Roheisenverfahren, meist wesentlich niedriger ist als bei den Windfrischverfahren. Beim Elektroverfahren ist die Menge der mit dem Eisen in Berührung kommenden Gase noch geringer als beim vorhergehenden Verfahren. Es kommen hier nur die durch die Ofentüren eintretende Luft bzw. bei Elektrodenöfen die aus der Verbrennung der Elektroden stammenden Gase in Betracht. Wird wie im Siemens-Martin-Ofen geschmolzen, so sind die Mengen der Reaktionsgase, gleichen Einsatz vorausgesetzt, gleich. Wird lediglich raffiniert, so ist natürlich die Menge der entwickelten Gase sehr gering. Am geringsten werden wohl die Gasmengen beim Tiegelschmelzverfahren sein, da die Tiegel mit Deckeln verschlossen und die Fugen zwischen Tiegel und Deckel sorgfältig verschmiert werden. Der Zutritt von Gasen ist daher nur durch Diffusion möglich. Die so in den Tiegel gelangende Gasmenge ist gering. Die Menge der Reaktionsgase ist beim Tiegelschmelzverfahren bei nicht zu stark oxydhaltigem Einsatz und bei genügendem Graphitgehalt der Tiegelwände erheblich geringer als bei den übrigen Schmelzverfahren.

Der Mengenanteil der einzelnen Gase ist bei den verschiedenen Verfahren recht unterschiedlich und unterliegt auch während des Verfahrens beträchtlichen Schwankungen. Wird bei den Windfrischverfahren vom Sauerstoff der Luft abgesehen, der sich sofort zu Sauerstoffverbindungen umsetzt, so überwiegt zweifellos Stickstoff, während Kohlenoxyd und -dioxyd nur während der Kohlenstoffverbrennungsperiode beträchtliche Werte annehmen. In Anbetracht der hohen Luftmengen sind die mit dem Eisen in Berührung kommenden Wasserstoffmengen ziemlich groß, aber vom Feuchtigkeitsgehalt der Luft abhängig. Bei den Siemens-Martin-Verfahren sind die Stickstoffmengen natürlich kleiner als bei den Windfrischverfahren und hängen von der Art des verwendeten Brennstoffs sowie vom Luftüberschuß ab. Beträchtlich sind die Kohlendioxyd- und die Wasserstoffmengen in den Feuergasen, da zu dem aus der Zersetzung des Wasserdampfgehaltes der Luft stammenden Wasserstoff noch der vom Brennstoff her-

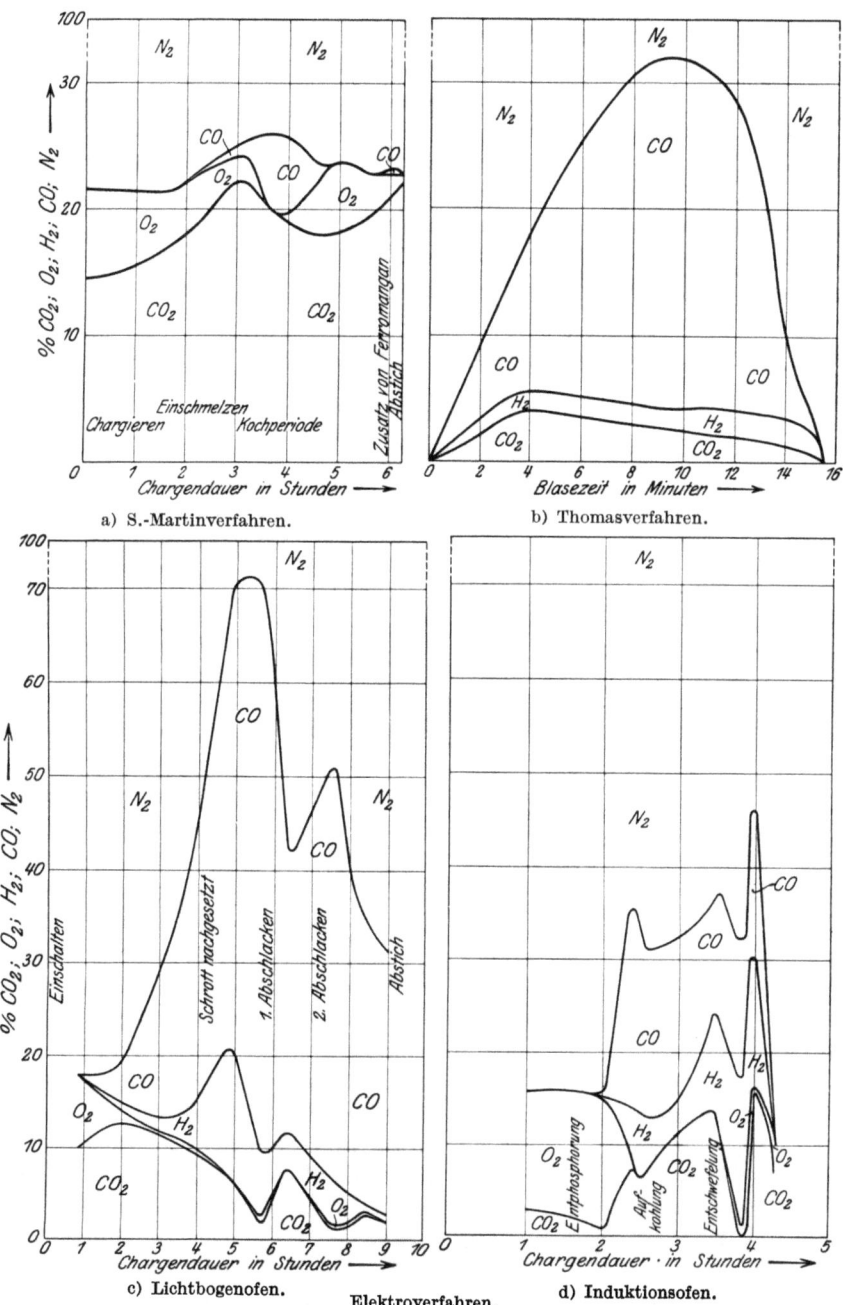

Abb. 240 a—d. Zusammensetzung der Ofenatmosphäre bei den verschiedenen metallurgischen Verfahren.

rührende hinzukommt. Besonders hoch ist natürlich der Wasserstoff- bzw. Wasserdampfgehalt in hoch wasserstoffhaltigen Feuerungsgasen, wie insbesondere bei Koksofengas. Beim Elektroverfahren wird die Zusammensetzung der Gasatmosphäre vom Ofensystem und vom Einsatz, beim Tiegelschmelzverfahren vom Einsatz und vom Tiegelmaterial abhängig sein.

In Abb. 240a—d ist die Zusammensetzung der einzelnen Ofenatmosphären in großen Zügen graphisch veranschaulicht.

Im allgemeinen wechselt die Ofenatmosphäre verhältnismäßig stark, und nur beim Siemens-Martin-Verfahren ändert sie sich in geringen Grenzen: während der Kochperiode erfolgt ein Ansteigen des CO-Gehaltes um einige Prozent, und das Öffnen der Türen macht sich durch einen Anstieg des Sauerstoffgehaltes bemerkbar. Bemerkenswert ist der überaus hohe Anstieg des CO-Gehaltes im Elektroofen mit Elektroden. Es muß berücksichtigt werden, daß in den mitgeteilten Gasanalysen der Wasserdampfgehalt fehlt.

B. Die Löslichkeit der im Stahl vorkommenden Gase.

a) Wasserstoff.

Die Aufnahmefähigkeit des festen und flüssigen Eisens für Wasserstoff ist zuerst von Sieverts (2, 3) eingehend untersucht worden. Die Ergebnisse seiner Untersuchungen sind durch die ausgezogene Kurve in Abb. 241 gekennzeichnet und bezogen auf $0°$ und 760 mm Hg-Druck.

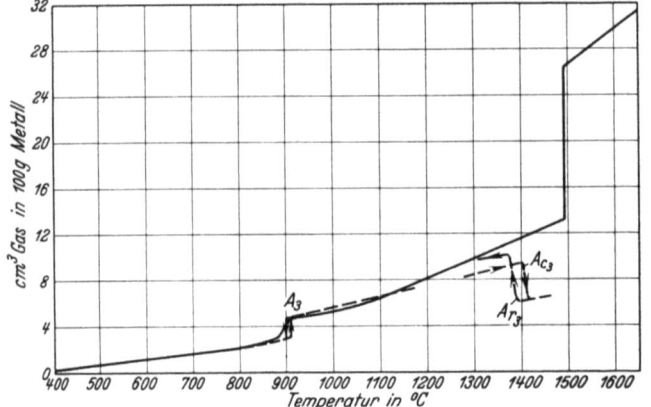

Abb. 241. Aufnahme von Wasserstoff durch reines Eisen [Sieverts (2, 3)].

Echte Gaslöslichkeit ist dadurch gekennzeichnet, daß die bei einer bestimmten Temperatur gelöste Menge der Quadratwurzel aus dem Gasdruck proportional ist. Diese Gesetzmäßigkeit trifft für die Löslichkeit des Eisens für Wasserstoff und — was hier schon vorausgeschickt sei — Stickstoff zu.

Die Löslichkeit des flüssigen Eisens für Wasserstoff nimmt nach Abb. 241 mit sinkender Temperatur bis zum Erstarrungspunkt des Eisens linear ab. Bei der Erstarrung verringert sich die Löslichkeit des Eisens für Wasserstoff beträchtlich; erstarrendes, mit Wasserstoff gesättigtes Eisen gibt demnach große Wasserstoffmengen ab. Aber auch bei der Abkühlung entweicht aus dem festen Eisen noch Wasserstoff, da mit sinkender Temperatur eine Abnahme des Lösungsvermögens eintritt. Nach Sieverts tritt bei der A_3-Umwandlung eine unstetige Änderung der Löslichkeit ein. Die Sievertsschen Versuchsergebnisse wurden in neuerer Zeit von E. Martin (1) bis zu Temperaturen von $1200°$ bestätigt. Nach Martin stellt sich das Gleichgewicht zwischen Eisen und Wasserstoff sehr schnell ein. Schließlich wurde die Löslichkeit des Eisens für Wasserstoff erneut von L. Luckemeyer-Hasse und H. Schenk (1) untersucht. Die Ergebnisse sind durch die gestrichelte Kurve in Abb. 241 dargestellt. Wie der Kurvenverlauf in der Umgebung von A_3 zeigt, wird bei Erhitzung und Abkühlung das Gleichgewicht erreicht. Im Gegensatz zu Sieverts finden Luckemeyer-Hasse und Schenk auch bei A_4 eine diskontinuierliche Löslichkeitsänderung.

Schreckt man oberhalb 900° in Wasserstoff geglühtes Eisen in Wasser ab und hält so den Wasserstoff in übersättigter Lösung, so ist, wie Heyn (1) zuerst beobachtete, das Eisen brüchig. Übereinstimmend fanden Luckemeyer-Hasse und Schenk an aus Wasserstoffatmosphäre von hohen Temperaturen abgeschreckten Proben eine geringere Kerbzähigkeit als an Proben, die vor der Abschreckung im Vakuum geglüht worden waren. Ein Einfluß des Wasserstoffs auf die Härte konnte jedoch nicht festgestellt werden.

Wasserstoffaufnahme bei Raumtemperatur erfolgt, wenn das Eisen mit naszierendem Wasserstoff in Berührung kommt, wie dies beim technischen Beizvorgang der Fall ist. Die nach dem Beizen häufig beobachtete Beizbrüchigkeit wird, in Analogie zu dem Ergebnis der Abschreckversuche, der Wasserstoffaufnahme zugeschrieben. Diese Brüchigkeit geht in dem Maße zurück, wie der Wasserstoff beim Lagern — schneller beim Anlassen — aus dem Eisen entweicht.

H. Esser und H. Cornelius (8) zeigten, daß an Stählen sowie an Elektrolyteisen nach Glühen in Wasserstoff bei A_1 und A_3 je zwei Wärmetönungen beobachtet werden können.

Über die Art, wie der Wasserstoff vom festen Eisen aufgenommen wird, geben Untersuchungen von F. Wever und B. Pfarr Auskunft. Sie stellten fest, daß der Gitterparameter des α-Eisens durch ein Atomprozent gelösten Wasserstoffs um 0,12% aufgeweitet wird. Hiernach ist anzunehmen, daß der Wasserstoff durch Einlagerung in die Lücken des Eisengitters von diesem in feste Lösung aufgenommen wird.

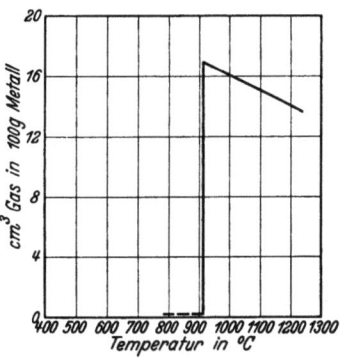

Abb. 242. Löslichkeit von Stickstoff in Eisen [Martin (1)].

b) Stickstoff.

Die Löslichkeit des Stickstoffs im festen Eisen ist in Abb. 242 nach Martin (1) wiedergegeben. Der Löslichkeitsverlauf stimmt grundsätzlich mit dem von Sieverts (1) ermittelten überein. Unterhalb A_3 konnte keine Löslichkeit festgestellt werden, obgleich eine geringe Löslichkeit auf mittelbarem Wege bereits beobachtet worden ist. Mit dem Übergang des α-Eisens in das γ-Eisen nimmt die Löslichkeit sprungartig einen beträchtlich hohen Wert an. Mit steigender Temperatur sinkt die Löslichkeit des Stickstoffs im γ-Eisen ab.

Durch Einleiten von Stickstoff in flüssiges Eisen werden Stickstoffgehalte bis zu 0,04% bei Raumtemperatur erreicht. Es ist anzunehmen, daß beim Übergang in den flüssigen Zustand die Löslichkeit des Eisens für Stickstoff ähnlich ansteigt wie die für Wasserstoff.

Das Zustandsschaubild Eisen-Stickstoff, das Auftreten des Stickstoffs im Gefüge (s. Nitrierung) sowie der Einfluß des Stickstoffs auf die Eigenschaften des Stahles (s. a. Ausscheidungshärtung) werden an anderer Stelle behandelt.

c) Kohlenoxyd und Kohlendioxyd.

Die bei der Erhitzung von metallischem Eisen unter Kohlenoxyd auftretende Volumenverminderung der Gasphase wurde früher dahingehend ausgelegt, daß dieses Gas im Eisen löslich sei. Aus Versuchen von P. Klinger (1) dagegen geht hervor, daß das Kohlenoxyd vom festen Eisen nicht gelöst wird, sondern mit ihm in Reaktion tritt nach folgender Gleichung:

$$4\,\text{Fe} + \text{CO} \rightleftarrows \text{Fe}_3\text{C} + \text{Fe}\,\text{O}\,.$$

Auch im flüssigen Eisen konnte Klinger keine Löslichkeit des Kohlenoxyds feststellen. Hiermit in Übereinstimmung ist die Feststellung von Sieverts (1), wonach kein Metall bekannt ist, das Kohlenoxyd im einfachen Absorptionsvorgange aufnimmt und abgibt.

Das Kohlendioxyd ist nach Klinger ebenfalls im Eisen nicht löslich. Damit wird die von E. Maurer (6) und auch P. Oberhoffer (12) vertretene Ansicht bestätigt, wonach Kohlenoxyd und Kohlendioxyd lediglich als Reaktionsgase aus dem flüssigen Eisen entweichen, und im festen Eisen nur eingeschlossen vorliegen können.

d) Sauerstoff.

Gasförmiger Sauerstoff ist in Berührung mit Eisen bei höheren Temperaturen nicht beständig, sondern bildet mit dem Eisen Oxyde. Eine echte Gaslöslichkeit liegt zwischen Eisen und Sauerstoff nicht vor. Die Eisen-Sauerstofflösungen (s. Zustandsdiagramm) stellen Lösungen der Oxyde im Metall dar. Wie bereits erwähnt, entstehen aus der Umsetzung der Oxyde mit dem Kohlenstoff im Stahl Kohlenoxyd und Kohlendioxyd.

C. Die beim Gießen und während der Erstarrung aus dem Stahl entweichenden Gase.

Nach den vorstehenden Ausführungen ist zu erwarten, daß die aus dem flüssigen Stahl bei konstanter Temperatur austretenden Gase im wesentlichen aus den im Eisen unlöslichen Reaktionsgasen, Kohlenoxyd und Kohlendioxyd (Methan), bestehen müssen, da ja für Stickstoff und Wasserstoff im flüssigen Zustande eine hohe Löslichkeit besteht. Da die Löslichkeit des flüssigen Eisens für Wasserstoff und wohl auch für Stickstoff mit fallender Temperatur sinkt, ist bei der Abkühlung der Schmelze eine Ausscheidung von Stickstoff und Wasserstoff zu erwarten. Diese beiden Gase müssen zu Beginn der Erstarrung infolge des Löslichkeitssprunges in vergrößerter Menge austreten.

Piwowarsky (3) hat eine einfache Vorrichtung geschaffen zum Aufsaugen der Gase beim Kokillenguß von unten. Sie besteht aus einem gasdicht mit dem Kokillenrand verkitteten Deckel, der eine Bohrung besitzt, durch die das Gas mit Hilfe einer Saugflasche angesaugt werden kann. Es lassen sich leider auf diesem Wege nur ungefähre Anhalte über Gasmenge und -zusammensetzung gewinnen, weil die Temperatur und damit natürlich auch die Menge und Art der entweichenden Gase nicht über den ganzen Querschnitt die gleiche ist und beispielsweise die Erstarrung an den Kokillenwänden schon eingesetzt hat, während der Rest des Kokilleninhaltes noch flüssig ist. Anderseits erfolgen Messung und Analyse nicht kontinuierlich, es können vielmehr nur Werte gewonnen werden, die sich über ein größeres Zeitintervall erstrecken.

Piwowarsky hat mit dieser Vorrichtung die beim Gießen und Erstarren des Stahles frei werdenden Gase aufgefangen und untersucht. Später berichtete P. Klinger (2) über ähnliche Versuche, deren Ergebnisse hier wiedergegeben werden sollen. Klinger benutzte die von Piwowarsky angegebene Vorrichtung. Es wurden zehn Güsse aus einem 50—60 t-Siemens-Martin-Ofen untersucht, die unberuhigt, mit Siliziumaluminium halbberuhigt und mit Ferrosilizium vollkommen beruhigt vergossen wurden.

Die Ergebnisse von Klinger (Abb. 243 bis 245) bestätigen grundsätzlich die älteren, von Müller (1, 2, 3) gemachten Angaben. Die beim Gießen und bei der Erstarrung auftretenden Gase bestehen im wesentlichen aus Kohlenoxyd, Wasserstoff und Stickstoff, während Kohlendioxyd und Methan mengenmäßig von geringerer Bedeutung sind. Wie schon erwähnt wurde, lassen sich die aus dem flüssigen und die aus dem erstarrenden Stahl entweichenden Gase mit dem angewandten Verfahren nicht getrennt bestimmen, da beim Guß der Stahl in der Kokille zum Teil sofort, zum Teil erst nach einer gewissen Zeit erstarrt. Es kön-

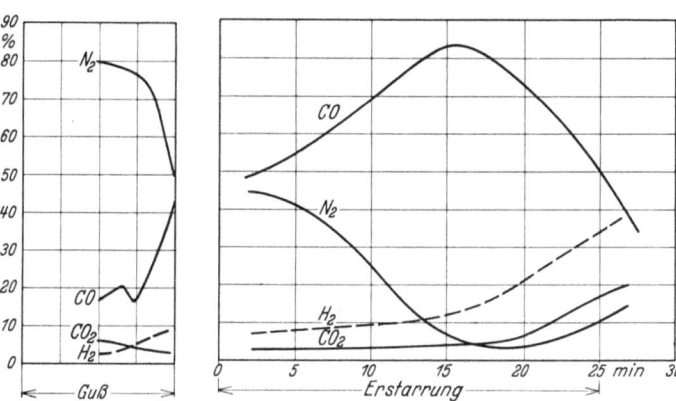

Abb. 243. Unberuhigte Schmelzung [Klinger (2)].

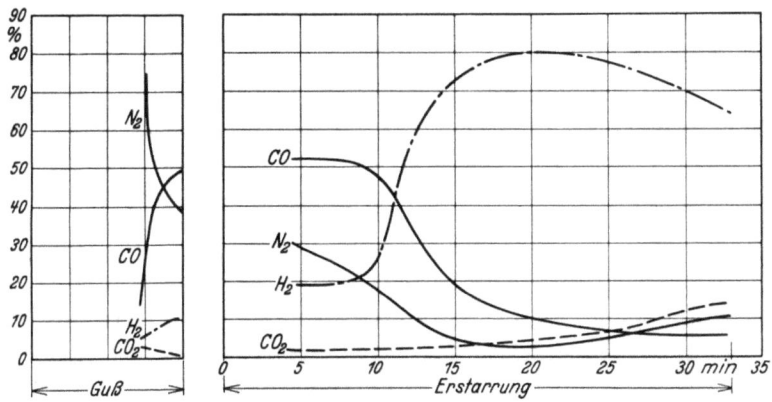

Abb. 244. Halbberuhigte Schmelzung [Klinger (2)].

nen also in einer Gasprobe Gase aus dem abkühlenden, dem erstarrenden und erstarrten Guß vorliegen. Weiterhin ist es möglich, daß die aus dem flüssigen Stahl entweichenden Reaktionsgase gelöste Gase mit sich reißen.

Nach Klinger hat die Zeitdauer vom Abstich bis zum Guß keinen Einfluß auf die aus dem erstarrenden Guß entweichenden Gase.

Bei nichtberuhigtem Stahl durchläuft das Kohlenoxyd, bei halbberuhigtem dagegen der Wasserstoff ein Maximum, das etwa einer Temperatur von 800 bis 750° entspricht. Bei unberuhigtem Stahl zeigt der Wasserstoff steigende Richtung. Der Stickstoffgehalt fällt mit fallender Temperatur sowohl bei unruhigen als auch bei ruhigen Güssen, erreicht ein Minimum und steigt dann wieder an. Mit fortschreitender Abkühlung tritt das Kohlendioxyd mehr in Erscheinung.

Bei beruhigten Schmelzen war es nicht möglich, während des Gusses Gasproben zu nehmen, da die entweichende Gasmenge zu gering war, um die Luft aus der Versuchsvorrichtung zu verdrängen. Diese Verhinderung des Entweichens von Gas aus der flüssigen Schmelze als Folge der Beruhigung wurde früher so ausgelegt, daß das Beruhigungsmittel, z. B. Silizium, die Löslichkeit des flüssigen Eisens für Gase erhöhe. Nun wurde aber bereits gezeigt, daß Kohlenoxyd im flüssigen Stahle überhaupt nicht löslich ist. Die Wirkungsweise der Beruhigungsmittel (Silizium-Aluminium) ist daher wohl so zu erklären, daß die durch Kohlenstoff leicht reduzierbaren Oxydulverbindungen zum großen Teil bereits durch die Beruhigungsmittel reduziert werden, und so der Sauerstoff in eine sehr stabile Form (Al_2O_3; SiO_2) überführt wird, wodurch die Bildung von CO erschwert wird. Desgleichen wird besonders durch Aluminium auch der Stickstoff in ein stabiles Nitrid überführt. Mit dieser Auslegung ist die Feststellung von Klinger gut vereinbar, wonach in den bei der Erstarrung von beruhigtem Stahl entweichenden Gasen der Wasserstoff vorherrschend ist.

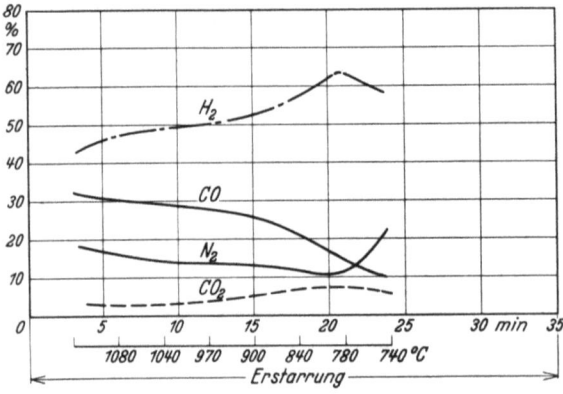

Abb. 245. Beruhigte Schmelzung [Klinger (2)].

Weiterhin hat Martin (1) bei der Untersuchung der Löslichkeit von Wasserstoff und Stickstoff in Eisen-Siliziumlegierungen bis 1200° festgestellt, daß bei niedrigen Siliziumgehalten zwar eine geringfügige Erhöhung der Lösungsfähigkeit für beide Gase eintritt, daß aber bei höheren Siliziumgehalten die Lösungsfähigkeit der Eisen-Siliziumlegierungen unter der des reinen Eisens liegt. Lediglich im Gebiet des α-Eisens zeigten sämtliche Legierungen eine gegenüber reinem Eisen erhöhte Löslichkeit für Stickstoff.

Eine Bestimmung der gesamten Gasmengen wurde von Klinger zwar durchgeführt, doch erwies sich das Untersuchungsverfahren als nicht ausreichend genau.

D. Die während der Erstarrung vom Eisen in Form von Gasblasen festgehaltenen Gase.

Die während der Erstarrung im Stahle freiwerdenden Gase werden zum Teil von dem in den festen Zustand übergehenden Stahl festgehalten und bilden so die im fertigen Gußstück vorliegenden Gasblasen. Auf Grund der Tatsache, daß die Gasblasenbildung durch Beruhigung des Stahles weitestgehend vermieden und der Feststellung, daß die Beruhigung im wesentlichen einer Unterbindung der Kohlenoxydbildung gleichkommt, ist zu schließen, daß die eigentliche Ursache der Gasblasenbildung das Reaktionsgas Kohlenoxyd ist.

Über die Menge der Gasblasen kann nur durch Zerschneiden des Gußstückes ein Anhalt gewonnen werden, ein kostspieliges aber empfehlenswertes Verfahren, das auch über die recht wichtige Verteilung der Gasblasen Aufschluß gibt*. Allerdings ist ein einfaches Verfahren zur Messung der Menge der Gasblasen noch nicht gefunden, und man ist auf die Betrachtung des freigelegten Schnittes bzw. auf die Erfahrung angewiesen. Hingegen läßt sich die Art der in den Gasblasen enthaltenen Gase durch Anbohren des Stückes unter Wasser ermitteln, ein zuerst von F. C. G. Müller (*1, 2, 3*) angewandtes Verfahren.

Die Zusammensetzung des in den Gasblasen enthaltenen Gases nach F. C. G. Müller erläutert die nachfolgende Tabelle:

Material	Wasserstoff %	Stickstoff %	Kohlenoxyd %	Gasmenge %
Poröser Bessemer Schienenstahl	90,3	9,7	—	48
Poröser Bessemer Federstahl	81,9	18,1	—	21
Bessemerstahl vor dem Spiegeleisenzusatz	88,8	10,5	0,7	60
Bessemerstahl nach dem Spiegeleisenzusatz	77,0	23,0	—	45
Martinstahl vor dem Spiegeleisenzusatz	67,0	30,8	2,2	25

Spätere Versuche von Stead (*4*), Münker (*1*), Kahrs (*1*) und von Maltitz (*1*) ergaben beim Anbohren von Stahl unter Wasser ebenfalls, daß die freiwerdenden Gase in der Hauptsache aus Wasserstoff und Stickstoff bestehen. Die von F. Rapatz (*1*) nach dem Bohrverfahren durchgeführten Versuche ergaben im bearbeiteten Stahl nur Wasserstoff und Stickstoff, in Gußproben dagegen auch wesentliche Mengen Kohlenoxyd. Kahrs (*1*) stellte den Wert des Bohrverfahrens sehr in Frage durch die Beobachtung, daß Menge und Zusammensetzung der freiwerdenden Gase von der Bohrdauer, der Temperatur des Bohrwassers und der Menge feiner Späne abhängig war. Mit steigender Versuchsdauer wurde das Gas wasserstoffreicher.

Nach Klinger (*1*) spricht das Vorherrschen von Wasserstoff und Stickstoff in den Gasblasen nicht gegen die Auffassung, daß das Kohlenoxyd im wesentlichen die Gasblasenbildung veranlaßt und bei seiner Entstehung Wasserstoff und Stickstoff mitreißt. Das Kohlenoxyd zerfällt in Berührung mit den erhitzten Blasenwänden. Infolge des so entstehenden Unterdruckes wandert Wasserstoff (und Stickstoff) aus dem umgebenden Metall in den Blasenraum ein.

Es ist ohne weiteres anzunehmen, daß auch die infolge der Abkühlung der Schmelze und ihrer Erstarrung freiwerdenden Gase (Wasserstoff, Stickstoff) im erstarrenden Metall festgehalten werden und so zur Gasblasenbildung führen.

E. Die im erstarrten Eisen vorhandenen Gase.

Diese liegen in drei Formen vor, nämlich als
1. Gasblasen,
2. gelöste Gase (Wasserstoff, Stickstoff),
3. Verbindungen zwischen Gas und Metall (Hydride, Nitride, Oxyde).

Die Bestimmung und Zusammensetzung der in den Gasblasen enthaltenen Gase ist bereits behandelt worden.

---

* Vereinzelt, z. B. bei der Herstellung von Qualitätsröhren, wird von einem hierhergehörigen Verfahren mitunter Gebrauch gemacht, indem die Blöcke gebrochen werden. Die Menge und Verteilung der Gasblasen entscheidet über den Verwendungszweck der Blöcke.

Bevor Näheres über die im Eisen gelöst und gebunden vorliegenden Gase ausgeführt wird, müssen die Verfahren zu ihrer Bestimmung kurz gestreift werden. Es lassen sich zwei große Gruppen unterscheiden, die Kaltumsetzungs- und Heißextraktionsverfahren. Die Kaltumsetzungsverfahren beruhen auf der Tatsache, daß das Eisen sich mit gewissen Salzen wie Quecksilber- und Kupferchlorid, sowie mit Brom und Jod umsetzt, wobei das Eisen molekular zerteilt wird und die gelösten Gase frei werden. Das Verfahren ist auch zur Bestimmung des Schlackengehaltes angewandt worden, da ja die nichtmetallischen Schlackeneinschlüsse sich nicht umsetzen, sondern mit dem Kohlenstoff im Rückstand verbleiben. Klinger (3) hat diese Verfahren einer eingehenden Prüfung unterzogen und festgestellt, daß sie keine zuverlässigen Werte für den Gasgehalt liefern. Die Heißextraktionsverfahren wurden zunächst so durchgeführt, daß die zerkleinerte Probe (Späne) im Vakuum erhitzt wurde und die dabei frei werdenden Gase abgesaugt und analysiert wurden. Das Verfahren wurde von P. Goerens (4, 5, 6) sowie von P. Oberhoffer (12, 13, 14) und seinen Mitarbeitern in der Weise vervollkommnet, daß nach Zugabe von Zinn und Antimon zur Erniedrigung des Schmelzpunktes die Probe verflüssigt wurde. Der Vorteil dieses Verfahrens ergibt sich aus der Überlegung, daß die Gase aus dem geschmolzenen Metall rascher und vollständiger abgesaugt werden können. Spätere Untersuchungen zeigten jedoch, daß die Überführung der Probe in den flüssigen Zustand allein zur vollständigen Erfassung des Gasgehaltes nicht genügt, sondern daß die Versuchstemperatur ebenfalls von großer Bedeutung ist. In neuester Zeit wird daher die Entgasung an stückförmigen Proben im Kohlespiral-[1] und Hochfrequenzofen[2] bei Temperaturen von 1600^0 bis 1800^0 vorgenommen. Der im Stahl oder Eisen enthaltene Kohlenstoff reagiert dabei mit dem an das Eisen und die Eisenbegleiter gebundenen Sauerstoff unter Bildung von Kohlenoxyd. Um zu vermeiden, daß die Reduktion der Oxyde nur so weit erfolgt, als Kohlenstoff in der Probe vorhanden ist, muß für einen Überschuß an Kohlenstoff (entgastes Roheisen, Graphittiegel) Sorge getragen werden. Die Entgasung bei 1600^0 bei Anwesenheit von Kohlenstoff liefert den Gesamtgasgehalt der untersuchten Probe. Dabei ist zu berücksichtigen, daß Kohlenoxyd (und Kohlendioxyd) aus der Reduktion der Oxyde durch den Kohlenstoff stammen, also ursprünglich nicht als Gase im Stahl vorlagen. Die gebildeten Gase werden durch eine Pumpe rasch aus dem Reaktionsraum entfernt, durch eine Gassammelpumpe[3] gesammelt und im Analysator untersucht.

Neben diesem, im Eisenhüttenmännischen Institut der Technischen Hochschule in Aachen entstandenen und weiterentwickelten Verfahren (P. Oberhoffer, Hessenbruch, Diergarten) sind als Kohlenstoff-Vakuum-Reduktionsverfahren zu erwähnen das Verfahren des Bureau of Standards (Jordan und Eckmann) und das des Metallographischen Instituts in Stockholm (v. Seth).

Eine Fehlerquelle liegt bei all diesen Verfahren darin, daß das gebildete Kohlenoxyd mit im Ofen entstehenden Metallbeschlägen reagiert[4].

Bei der Bestimmung des Gesamtgasgehaltes ist keine Unterscheidung zwischen den an verschiedene Elemente gebundenen Gasen (vor allem Sauerstoff) möglich. Bei der Reduktion mit trockenem Wasserstoff bei 1200^0 läßt sich dagegen der an

---

[1] Siehe W. Hessenbruch und P. Oberhoffer (1).
[2] Siehe H. Diergarten (1).   [3] Siehe O. Meyer und R. J. Castro (1).
[4] Siehe W. Eilender und H. Diergaten (3).

Eisen und Mangan als Oxydul gebundene Sauerstoff in weichen Stahlsorten[1] bestimmen. Der an Silizium und Aluminium gebundene Sauerstoff wird bei dem Wasserstoffreduktionsverfahren nur zu einem sehr geringen Teil erfaßt[2]. Um ihn zu bestimmen, finden die Rückstandsverfahren Anwendung, bei denen das metallische Eisen durch Chlor, Brom oder verdünnte Säuren von der Kieselsäure und der Tonerde getrennt und der verbleibende Rückstand analysiert wird.

Soll nur der Stickstoffgehalt bestimmt werden, so kann das von Wüst und Duhr (8) abgeänderte Kjeldahlsche Verfahren Anwendung finden. Ist dagegen damit zu rechnen, daß in Säuren schwer- bzw. unlösliche Nitride[3] [Chrom, Titan, Aluminium, Silizium, Wolfram und Vanadin] vorliegen, so liefert das Klingersche Aufschlußverfahren[4] den Gesamtstickstoffgehalt.

a) Wasserstoff im technischen Eisen.

Die folgenden Angaben über Wasserstoffgehalte im technischen Eisen beziehen sich lediglich auf Bestimmungen nach den Heißextraktionsverfahren, so daß Unterschiede in den Gehalten, die auf Bestimmung nach unzulänglichen Verfahren zurückgehen [s. Klinger (3)], nicht in Betracht zu ziehen sind.

Bezeichnung	Analyse Gew.-%	H_2-Gehalt Gew.-%
Elektrolyteisen	0,02% C	0,001
Armcoeisen	0,02% C	0,0007
Elektrolyteisen	—	0,0011
Schwed. Nageleisen	0,04% C	0,0012
Versuchsschmelze*	0,25% C	0,0015
,,	0,72% C	0,0003
Thomasstahl		
vor der Desoxydation	0,04% C	0,0009
nachher	0,04% C	0,0007
Bas. S.M.-Stahl	0,1% C	0,0005
,, ,,	0,47% C	0,0006
,, ,,	1,2% C	0,0014
S.-Martin-Stahl	1,02% C; 1,47% Co	0,0004
S.-Martin-Stahl	0,23—0,30% Al	0,0002—0,0004
Elektrostahl	1,03% C; 1,47% Cr; 0,27% Ni	0,0002

Wie die Tabelle zeigt, liegt der Wasserstoffgehalt des Stahles zumeist unter 0,001 Gew.-%, beträgt also weniger als 1 mg (= 11,1 cm³) auf 100 g Eisen.

b) Stickstoff im technischen Eisen.

Wird die Stickstoffbestimmung unter Verwendung der Heißextraktionsverfahren durchgeführt, so wird zumeist der Stickstoffgehalt als Differenz aus der ermittelten Gesamtgasmenge und deren Gehalt an Wasserstoff, Kohlenoxyd, Kohlendioxyd (und Methan) bestimmt. L. Jordan und J. R. Eckmann (1) dagegen ermitteln die extrahierte Stickstoffmenge nach Bindung an Kalzium mittels

---
[1] Siehe P. Oberhoffer (15) und E. Czermak und O. v. Keil (1).
[2] Siehe P. Bardenheuer und Chr. A. Müller (2).
[3] Siehe E. Friedrich und L. Sittig (2).
[4] Siehe Oberhoffer, Piwowarsky, Pfeiffer-Schießl und Stein (1).
* Schmelzen im Graphittiegel. Die in Tiegeln aus keramischen Massen erhaltenen Werte wurden nicht berücksichtigt.

der Kjeldahlschen Methode. Die Übereinstimmung der mittels Heißextraktion erhaltenen Stickstoffwerte mit den nach Wüst und Duhr und Klinger ermittelten Werten ist zufriedenstellend.

Die in der folgenden Zusammenstellung enthaltenen Angaben über die Stickstoffgehalte im technischen Eisen entstammen teils eigenen Versuchen von Meyer und Eilender, teils zuverlässigen Schrifttumsangaben.

Tabelle 11.

Werkstoff	% Stickstoff
Roheisen	0,001—0,006
Gußeisen.	0,001—0,010
Thomasstahl	0,006—0,030
Bessemerstahl . . .	0,006—0,030
Saurer S.M.-Stahl . .	0,001—0,008
Basischer S.M.-Stahl .	0,001—0,008
Elektrostahl	0,006—0,040
Tiegelstahl	0,001—0,008

Die Anhaltszahlen schwanken für den gleichen Werkstoff in weiten Grenzen. Trotzdem ist erkennbar, daß sich die im Konverter erblasenen Stahlsorten durch einen besonders hohen Stickstoffgehalt auszeichnen. Ein sicheres Unterscheidungsmerkmal ist aber der Stickstoffgehalt nicht, da die niedrigsten Gehalte der Thomas- und Bessemerstähle auch von den übrigen Stahlsorten erreicht und überschritten werden können.

Die Bedingungen für die Stickstoffaufnahme sind für einige Stahlherstellungsverfahren schon beschrieben worden. Aus neueren Arbeiten über den metallurgischen Verlauf des Thomasverfahrens [F. Körber und G. Thanheiser (4) sowie P. Bardenheuer und G. Thanheiser (3)] geht hervor, daß der Stickstoffgehalt mit der Blasezeit bis zur achten Minute nur langsam und gegen Ende der Schmelzung stärker zunimmt. Dieses Ergebnis stimmt mit den älteren Arbeiten überein. Darüber hinaus stellten Wüst und Duhr (9) eine Zunahme der Stickstoffaufnahme mit steigender Badtemperatur und wahrscheinlich auch Windpressung fest. Zu ähnlichen Resultaten gelangten auch E. H. Schulz und Frerich (2) und O. Quadrat und M. Pilz (1). Nach Schulz und Frerich nimmt der Stickstoffgehalt mit steigender Gesamtblasezeit zu. Von besonderer Bedeutung soll aber die Länge der Blasezeit in der Entphosphorungsperiode sein. Ganz ähnliche Bedingungen, wie sie beim Thomasverfahren festgestellt wurden, beherrschen nach Svetchnikoff (1) auch die Stickstoffaufnahme beim Bessemer-Verfahren.

Das Verhalten des Stickstoffs beim basischen Herdfrischverfahren wurde neuerdings von Scott (1) untersucht. Er konnte zeigen, daß der Stickstoffgehalt im Bade während der Entphosphorungsperiode abnahm. Nach P. Bardenheuer (4) vermindert besonders das Kochen des Stahlbades im (basischen) Siemens-Martin-Ofen die Menge der im Metall gelösten Gase.

Die Nitridbildung im Lichtbogenofen ist von E. Willey (1) behandelt worden, die ungünstige Wirkung von stickstoffhaltigem Koks beim Elektroverfahren von F. Wüst und J. Duhr (9). Nach F. Adcock (1) und N. Hamilton (1) kann die Anwesenheit bestimmter Legierungselemente (z. B. Chrom) die Stickstoffaufnahme durch das Eisenbad begünstigen. Weiterhin kann der Stickstoffgehalt von Stahlbädern durch Zugabe stickstoffhaltiger Desoxydationsmittel und Legierungselemente erhöht werden, und zwar vorwiegend durch Ferrochrom, Ferromangan, sowie auch durch Ferrosilizium, Ferrowolfram, Ferromolybdän, Ferrotitan und Ferrovanadin. Schließlich kann durch Verwendung von Thomasschrott im Siemens-Martin- oder Elektroofen der erhaltene Stahl einen erhöhten Stickstoffgehalt aufweisen.

c) Sauerstoff im technischen Eisen.

Es wurde schon mehrfach darauf hingewiesen, daß die bei den Heißextraktionsverfahren erhaltenen CO- und CO_2-Gase Reaktionsgase aus der Umsetzung zwischen Kohlenstoff und den im Eisen enthaltenen Oxyden sind. Der aus den

Tabelle 12. Sauerstoffgehalte des technischen Eisens.

Werkstoff	Zusammensetzung Gew.-%	Sauerstoffgehalt Gew.-%
Elektrolyteisen	0,02 C	0,010
Elektrolyteisen	—	0,052—0,055
Stahl im Vakuum geschmolzen	0,005 C	0,01—0,012
Armcoeisen	0,02 C	0,062
Armcoeisen	—	0,075—0,088
Schwed. Nageleisen	0,04 C	0,152
Stahl im Vakuum geschmolzen	0,03 C	0,01
Nicht desoxydierte Vorproben	0,01—0,04 C; — Si; 0,3 Mn	0,05—0,09
Thomasstahl vor der Desoxydation	0,05 C	0,076
,, ,, ,, ,,	—	0,067
,, nach der Desoxydation	0,05 C	0,034
,, ,, ,, ,,	—	0,035
Thomasstahl	—	0,014—0,018
,,	—	0,0165—0,018
Thomasstahl	0,03—0,05 C; 0,45 Mn; — Si	0,012—0,021
Weicher S.-M.-Stahl vor Desoxydation	0,02 C	0,033—0,035
desgl., desoxydiert mit Ferrosilizium	0,02 C	0,034—0,035
Weicher S.-M.-Stahl vor Desoxydation	—	0,049—0,054
desgl., desoxydiert mit Aluminium	—	0,048—0,052
Weicher S.M.-Stahl	—	0,017—0,025
,, ,,	—	0,0036—0,0047
,, ,,	—	0,017—0,021
,, ,, , Vorprobe	—	0,029
,, ,,	—	0,034—0,050
Basischer S.-M.-Stahl	—	0,0043—0,0039
,, ,,	—	0,014—0,03
Saurer ,,	—	0,0017
,, ,,	—	0,005—0,01
Siemens-Martin-Stahl	0,39% C; 0,55 Mn; 0,45 Cr; 1,51 Ni	0,0043
Saurer S.-M.-Stahl	0,3 Cr	0,0019
Siemens-Martin-Stahl	0,3 Cr	0,004—0,0055
desgl.	1,02% C	0,005
Sägeblätterstähle	—	0,0033—0,0078
Elektrostahl	—	0,0013
,,	—	0,009—0,011
,,	—	0,0092—0,013
Legierter Elektrostahl	—	0,001
Elektrostahl	1,03 C	0,003
Tiegelstahl	0,9% C	0,004
,,	0,9 C; 0,4 W	0,0015
,,	1,25 C; 0,3 Cr	0,0008
Gußeisen	—	0,002—0,014

extrahierten Kohlenoxyd- und Kohlendioxydmengen ermittelte Sauerstoffgehalt ist demnach, wenigstens soweit die Extraktion — wie bei den neueren Verfahren — bei Temperaturen von etwa 1600°, bei Anwesenheit von überschüssigem Kohlenstoff und Verwendung von Graphittiegeln* durchgeführt wird, ein Maß für die

---

* Die Verwendung von Tiegeln aus feuerfester Masse birgt die Gefahr, daß die Tiegelmasse selbst reduziert wird.

gesamten im Eisen enthaltenen Oxyde und für den möglicherweise gelösten Sauerstoff.

In Tabelle 12 sind einige Angaben über Sauerstoffgehalte im technischen Eisen wiedergegeben, die sämtlich nach dem neuzeitlichen Heißextraktionsverfahren ermittelt worden sind.

Wie aus der Tabelle hervorgeht, werden bei hohen Kohlenstoffgehalten naturgemäß niedrige Sauerstoffwerte beobachtet. Die nach bestimmten Schmelzverfahren hergestellten Stähle sind im allgemeinen nicht durch eine bestimmte Größenordnung ihres Sauerstoffgehaltes gekennzeichnet. Lediglich der Elektrostahl und besonders der Tiegelstahl weisen durchweg sehr niedrige Sauerstoffgehalte auf, die aber auch von S.-M.-Stählen erreicht werden. Nach F. Beitter (1) liegt der Sauerstoffgehalt saurer S.-M.-Stähle unter dem der basischen S.-M.-Stähle. Näheres über das Verhalten des Sauerstoffs bei den Schmelzverfahren folgt in dem Abschnitt Desoxydation.

F. Die Desoxydation des Stahles.

Die Entstehung der Oxyde und ihre Aufnahme durch den Stahl während seiner Herstellung wurde schon kurz gestreift. Sie sind zur Erzielung der Frischwirkung erforderlich. Dabei ist es unvermeidlich, daß mehr Eisen oxydiert wird als zur Durchführung der einzelnen Verfahren erforderlich ist. Dies gilt ganz besonders für die Windfrischverfahren. Zwar üben die Eisenbegleiter wie Kohlenstoff, Mangan, Silizium und Phosphor infolge ihrer im Vergleich zum Eisen höheren Affinität zum Sauerstoff eine gewisse Schutzwirkung aus. Doch ist das Eisen in so großem Überschuß vorhanden, daß seine Oxydation, vorwiegend zu Eisenoxydul (FeO), leicht stattfinden kann. Die Oxydation macht um so schnellere Fortschritte, je geringer die Konzentration der schützenden Begleitelemente ist (z. B. gegen Ende der Blasezeit bei den Windfrischverfahren). Es ist anzunehmen, daß im Stahl vor der Desoxydation auch geringe Mengen von Nichteisenoxyden, wie z. B. MnO und SiO_2 bzw. aus ihnen zusammengesetzte Lösungen vorhanden sind. Jedoch ist das FeO weitaus im Überschuß.

Die Erfahrung hat gelehrt, daß ein nicht desoxydierter Stahl ungünstige technologische Eigenschaften aufweist, daß er sich insbesondere schlecht weiterverarbeiten läßt, weil er in der Rotglut keine hohe Formänderungsfähigkeit aufweist und daher beim Schmieden oder Walzen rissig wird. Man hat diese Eigenschaft Rotbrüchigkeit genannt. Die Erfahrung hat ferner gelehrt, daß der Zusatz gewisser Stoffe, wie Mangan, Silizium, Kohlenstoff, die Rotbrüchigkeit zu beseitigen vermag. Man hat diesen technisch äußerst wichtigen Vorgang als Desoxydation bezeichnet. Die mit diesem Vorgang verknüpften Änderungen der Konstitution des Eisens sind im wesentlichen Änderungen der Form, Menge und Verteilung oxydischer Bestandteile. Nur im Hinblick auf diese Änderungen wird die Desoxydation an dieser Stelle besprochen.

Die Vorgänge bei den üblichen Desoxydationsverfahren werden durch folgende Gleichungen in ihren Grundzügen wiedergegeben:

$$FeO + Mn \rightleftarrows MnO + Fe$$
$$2\,FeO + Si \rightleftarrows SiO_2 + 2\,Fe$$
$$3\,FeO + 2\,Al \rightleftarrows Al_2O_3 + 3\,Fe$$
$$FeO + C \rightleftarrows CO + Fe.$$

Titan, Vanadin, Zirkon, Cer, Chrom, Wolfram und Molybdän führen zu ähnlichen Reaktionen, während dies für edlere Metalle wie Kupfer, Nickel und Kobalt nicht zutreffen dürfte.

Die wiedergegebenen Gleichungen stellen Gleichgewichtsreaktionen dar, die stark im Sinne des oberen Pfeiles verlaufen. Wird dem reinen, flüssigen System Fe—FeO Mangan zugesetzt, so wird nicht das gesamte FeO in MnO umgewandelt, sondern ein Teil FeO bleibt entsprechend dem der Desoxydationstemperatur entsprechenden Gleichgewichtszustand erhalten. Die Desoxydationsprodukte bei der Desoxydation mit Mangan gehören demnach dem System MnO—FeO, bei der Desoxydation mit Silizium und Aluminium entsprechend den Systemen FeO—SiO_2 und FeO—Al_2O_3 an. Die Desoxydationsvorgänge liegen nun in Wirklichkeit nicht so einfach, wie die Reaktionsgleichungen sie darstellen, da einmal das zu desoxydierende Bad nie das reine System Fe—FeO darstellt, und zum anderen häufig mehrere Desoxydationsmittel angewendet werden. So werden bei der Desoxydation beispielsweise mit Mangan und Aluminium die Desoxydationsprodukte im wesentlichen dem System FeO—MnO—Al_2O_3 angehören. Ein weiterer Umstand, der den Aufbau der Desoxydationsprodukte kompliziert gestaltet, ist dem Eintritt von CaO, MgO, SiO_2 und Al_2O_3 aus dem feuerfesten Material der Ausgußrinne, der Pfanne und Zubehör und bei steigendem Guß des Trichters und der Kanalsteine zuzuschreiben.

Kohlenstoff liefert als einziges Desoxydationsmittel ein gasförmiges Desoxydationsprodukt.

Der Sinn der Desoxydation kann nicht nur sein, das FeO durch eine für die Eigenschaften, insbesondere die Warmbildsamkeit, weniger nachteilige Sauerstoffverbindung zu ersetzen. In diesem Falle würde keine Entfernung des Sauerstoffs, sondern nur seine Umwandlung in eine unschädliche Form erfolgen. Vielmehr soll die gebildete neue Sauerstofform im Gegensatz zu FeO die Fähigkeit besitzen, aus dem Eisenbade auszuscheiden, indem sie nicht wie FeO im flüssigen Eisen löslich, sondern unlöslich ist, und auf Grund ihres in jedem Falle im Verhältnis zum Eisen niedrigen spezifischen Gewichtes an die Badoberfläche zu steigen vermag*. Die Leichtigkeit, mit der sich ein Desoxydationsprodukt vom Bade trennt, würde dann auch von seiner Fähigkeit, sich zu größeren Einheiten zusammenzuballen, abhängen, da diese maßgebend ist für den Auftrieb.

a) Desoxydation mit Silizium.

Die Desoxydation mit Silizium[1] liefert Desoxydationsprodukte, die dem System Eisenoxydul-Kieselsäure[2] angehören (Abb. 246). Die Zusammensetzung der Desoxydationsprodukte hängt ab von dem Siliziumgehalt des Metalles.

Bei niedrigem Siliziumgehalt (unter etwa 0,04%) werden Einschlüsse gebildet, deren SiO_2-Gehalt etwas unter dem der Verbindung $2 FeO \cdot SiO_2$ (Fayalit) liegt. Bei wachsendem Si-Gehalt im Metall gehen die Einschlüsse über in eine

---
* Auch für den Fall, daß die Vorstellung von der Löslichkeit des FeO im flüssigen Eisen unrichtig, und in Wirklichkeit eine Suspension oder eine Emulsion vorhanden ist, kommt der geschilderte Vorgang in Betracht. Der neugebildeten Sauerstoffverbindung müßte dann ein größeres Zusammenballungsvermögen zugeschrieben werden, wodurch die Trennung in Anbetracht des höheren Auftriebes erleichtert wird.

[1] Siehe C. H. Herty (1).   [2] Siehe C. H. Herty, Fitterer und Byron (2).

glasige Form mit 75—85% SiO_2. Wie aus dem Zustandsschaubild hervorgeht, sind die Desoxydationsprodukte bei niedrigem Si-Gehalt im Metall offenbar in flüssiger Form in der Schmelze enthalten, während die hochkieselsäurehaltigen Einschlüsse in fester Form aus der Schmelze ausgeschieden werden.

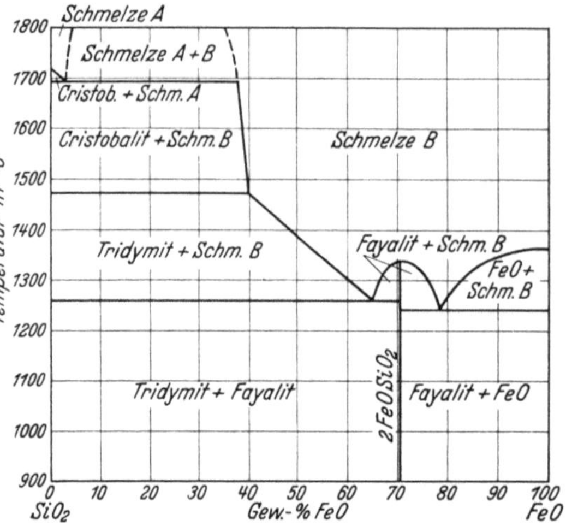

Wie die Gleichgewichtskonstante der Umsetzung $2 FeO + Si \rightleftarrows SiO_2 + 2 Fe$ ($K = [FeO]^2 \cdot [Si]$* $= 1{,}49$—$1{,}65 \cdot 10^{-4}$ nach C. H. Herty (1)) zeigt, bewirkt Silizium eine weitgehende Überführung von FeO in SiO_2. Dagegen erfolgt die Abscheidung der Desoxydationsprodukte nur langsam, so daß die Reinheit des mit Silizium desoxydierten Stahles hinsichtlich oxydischer Einschlüsse unbefriedigend ist.

Abb. 246. Zustandsschaubild Eisenoxydul-Kieselsäure.

b) Desoxydation mit Aluminium.

Ein Teilschaubild des Systems der Desoxydationsprodukte, die bei der Desoxydation mit Aluminium entstehen, ist in Abb. 247 nach Herty, Fitterer und Byrns (2) wiedergegeben. Hieraus geht hervor, daß nur in einem sehr kleinen Konzentrationsbereich die Eisenoxydul-Tonerde-Gemische bei den Temperaturen der Stahlerzeugungsverfahren im flüssigen Zustande vorliegen.

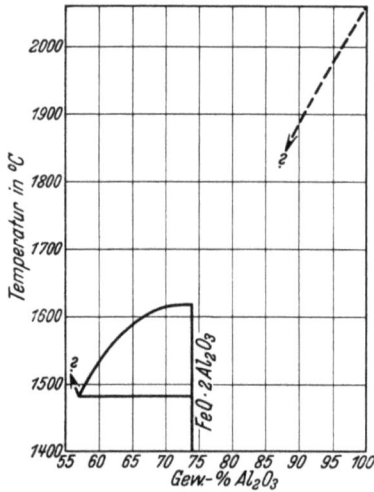

Abb. 247. Teilschaubild des Systems $FeO - Al_2O_3$ [Herty, Fitterer und Byrns (2)].

Bei der Desoxydation mit Aluminium scheidet sich daher normalerweise ein festes Produkt aus.

Es ist bekannt, daß Aluminium unter den gebräuchlichen Desoxydationsmitteln am energischsten wirkt. Indessen zeigen die Desoxydationsprodukte nur eine geringe Neigung zum Aufsteigen innerhalb des Metallbades, so daß auch der mit Aluminium allein desoxydierte Stahl bezüglich Einschlüsse nur einen unbefriedigenden Reinheitsgrad zeigt.

c) Desoxydation mit Mangan.

Das Zustandsschaubild der bei der Desoxydation mit Mangan erhaltenen Produkte ist von Herty (1) und Mitarbeitern festgelegt worden (s. Abb. 248). Hiernach besteht für FeO und MnO im flüssigen und im festen Zustande vollkommene Löslichkeit. Die Desoxydationsprodukte sind bei niedrigen Mangangehalten bei der Temperatur des flüssigen Stahles ebenfalls flüssig. Sie erscheinen

---

* Die eckigen Klammern enthalten die Konzentrationen im Metallbade.

Gase und Schlackeneinschlüsse im Stahl. 239

im abgekühlten Stahl als kugelige, häufig heterogene Einschlüsse (Abb. 249). Bei hohen Mangangehalten im Stahlbade und demzufolge hohem MnO-Gehalt der Desoxydationsprodukte kristallisieren diese bereits, während der Stahl noch flüssig ist. Derartige kristalline Desoxydationsprodukte zeigt die Abb. 250.

Eine ausführliche Behandlung hat die besonders wichtige Desoxydation mit Mangan durch F. Körber (5) erfahren.

Zwischen der Wirkung von Silizium und Aluminium einerseits und der von Mangan andererseits besteht bei der Desoxydation ein wichtiger Unterschied. Während Silizium und Aluminium den Sauerstoff in eine Bindungsform überführen, die durch Kohlenstoff bei den Temperaturen der Stahlherstellungsverfahren nur wenig reduziert werden kann,

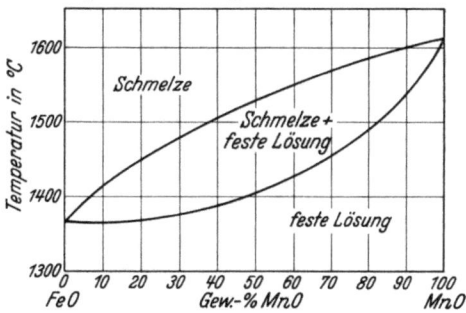

Abb. 248. Zustandsschaubild des Systems Eisenoxydul-Manganoxydul [Herty (1)].

gilt dies für Mangan nicht. Vielmehr sind die MnO—FeO-Lösungen durch Kohlenstoff im flüssigen Stahl leicht reduzierbar. Während also bei der Desoxydation mit Silizium und Aluminium gleichzeitig eine Unterbindung der Kohlenoxydentwicklung, d. h. eine Beruhigung des Stahles eintritt, kann durch Desoxydation mit Mangan allein keine gleichzeitige Beruhigung erreicht werden.

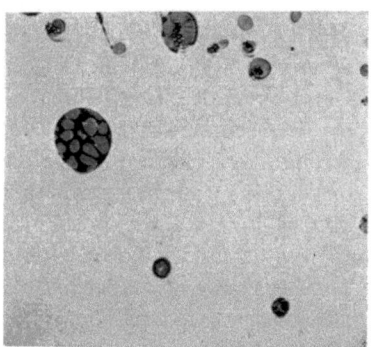

Abb. 249. Zusammengesetzte, nicht kristallisierte Einschlüsse in mit Mangan desoxydiertem, sauerstoffhaltigem Eisen, ungeätzt, × 150.

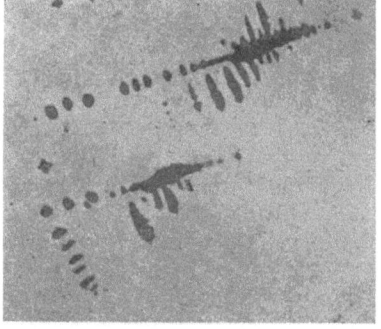

Abb. 250. Einheitliche, kristallisierte Einschlüsse in mit Mangan desoxydiertem, sauerstoffhaltigem Eisen, ungeätzt, × 200.

d) Die Verwendung mehrerer Desoxydationsmittel.

Bei der gleichzeitigen Verwendung von Aluminium und Mangan zur Desoxydation gelangt infolge seiner höheren Affinität zum Sauerstoff fast nur das Aluminium zur Wirkung. Die Einschlüsse bestehen vorwiegend aus Al_2O_3. Hieraus geht hervor, daß zweckmäßig zuerst mit Mangan desoxydiert wird und anschließend die Beruhigung mit Aluminium herbeigeführt wird. Auf diese Weise kommt man mit geringeren Al-Mengen zum Ziel.

Die gleichzeitige Desoxydation mit Aluminium und Silizium ist von Herty (1) untersucht worden. Das Zustandsschaubild des Systems Kieselsäure-Tonerde ist in Abb. 251 wiedergegeben. Daraus geht hervor, daß nur in der Nähe der eutektischen Zusammensetzung mit Desoxydationsprodukten zu rechnen ist, die bei den Temperaturen der Stahlherstellungsverfahren flüssig sind. Die Untersuchung der Desoxydationsprodukte hat gezeigt, daß sie, wenn der Stahl nicht sehr hohe Siliziumgehalte aufwies, aus 75—95% Al_2O_3 und 5—25% SiO_2 bestanden. Das war auch dann der Fall, wenn dem Stahl nur geringe Mengen Aluminium zugesetzt worden waren. Im Gegensatz zu der Desoxydation mit Aluminium allein zeigen die bei der Desoxydation mit Silizium und Aluminium erhaltenen Desoxydationsprodukte noch eine mäßige Zusammenballungsfähigkeit und damit das Bestreben, sich im oberen Blockteil anzusammeln. Kieselsäurereichere Einschlüsse wurden nur dann erhalten, wenn der Siliziumgehalt des Stahles bei der Desoxydation im Vergleich zu seinem Aluminiumgehalt sehr hoch lag.

Die Desoxydation mit Mangan und Silizium ist ebenfalls von C. H. Herty und Mitarbeitern (3) behandelt worden*. Das Zustandsschaubild der hierbei zu erwartenden Desoxydationsprodukte zeigt die Abb. 252 nach Herty und Fitterer (2), die über die Schmelzpunkte von Kieselsäure-Manganoxydul-Eisenoxydulgemischen unterrichtet. Indessen ergaben sich bei der Desoxydation mit Silizium und Mangan Produkte, die nur wenig FeO enthielten. Wie das Schaubild Manganoxydul-Kieselsäure in Abb. 252 erkennen läßt, sind MnO—SiO_2-Gemische mit bis zu 60% SiO_2 bei den Temperaturen der Stahlerzeugungsverfahren flüssig. Desoxydationsprodukte aus MnO—SiO_2 (—FeO) zeigten gute Zusammenballungsfähigkeit und die damit verbundene erwünschte Neigung, sich aus dem flüssigen Stahl abzuscheiden. Für die Bildung derartiger, gut abscheidbarer Desoxydationsprodukte ist eine geeignete Reihenfolge des Zusatzes von Mangan und Silizium erforderlich.

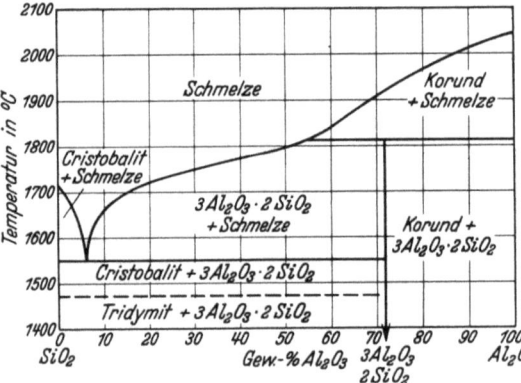

Abb. 251. Zustandsschaubild des Systems Kieselsäure-Tonerde.

Wird Silizium vor Mangan zugesetzt, so wird durch Silizium so viel Sauerstoff gebunden, daß nicht mehr genügend Sauerstoff zur Bildung von Manganoxydul in ausreichender Menge übrigbleibt. Infolgedessen bilden sich auch die leicht abscheidbaren MnO—SiO_2 (—FeO)-Lösungen nur in untergeordnetem Maße. Hält man dagegen bei der Zugabe der Desoxydationsmittel die umgekehrte Reihenfolge ein, so wird eine gute Desoxydation und Abscheidung der Desoxydationsprodukte erreicht. Bei der gleichzeitigen Verwendung von Mangan und Silizium müssen auf 1 Teil Silizium 4—7 Teile Mangan verwendet werden, da Silizium rascher desoxydiert als Mangan. Auch bei gleichzeitigem Zusatz bilden sich große, leicht abscheidbare Suspensionen der Oxydullösungen mit hohem MnO-Gehalt.

Es wurde schon mehrfach darauf hingewiesen, daß bei der Desoxydation neben der Überführung des Sauerstoffs in eine unschädliche Form die Abscheidung der Desoxydationsprodukte aus dem Stahl eine wichtige Forderung dar-

---

* S. a. F. Körber (5).

stellt. Die wichtigsten Voraussetzungen zur Erfüllung dieser Forderung sind kurz zusammengefaßt folgende:

1. Die Desoxydationsprodukte sollen einen solchen Flüssigkeitsgrad aufweisen, daß die einzelnen Teilchen zu größeren Einheiten zusammentreten können. Die Bedeutung dieser Forderung erhellt daraus, daß die Aufsteiggeschwindigkeit einer Kugel in einer Flüssigkeit entsprechend dem Quadrat des Kugelhalbmessers zunimmt. Eine gute Koagulationsfähigkeit setzt eine geringe Oberflächenspannung und einen geringen Flüssigkeitsgrad der Desoxydationsprodukte voraus.

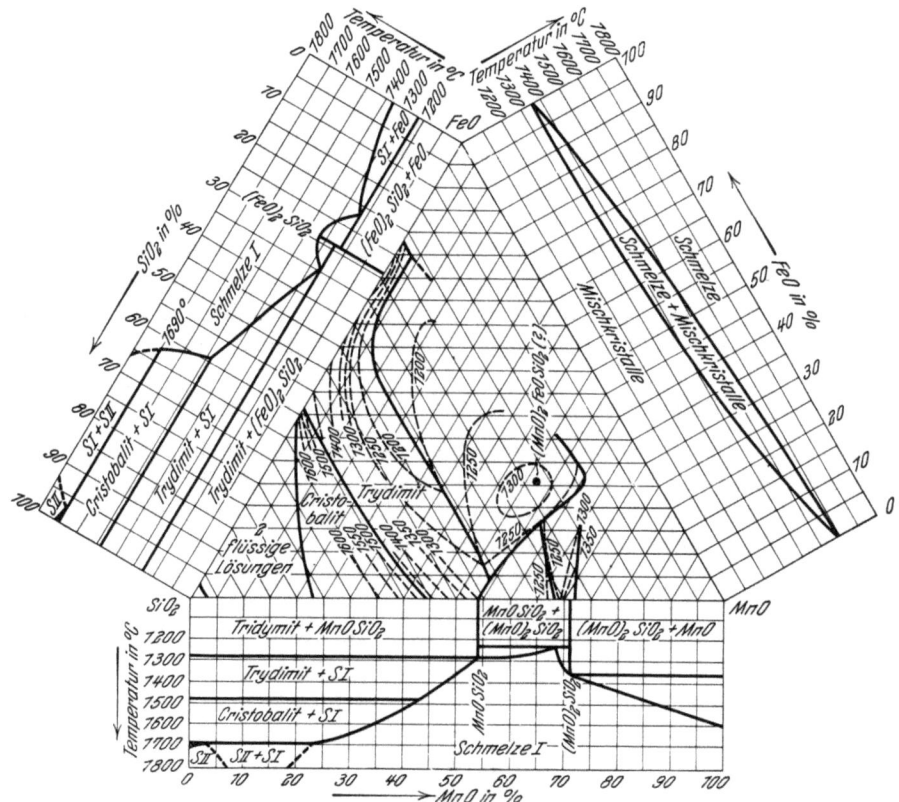

Abb. 252. Zustandsschaubild des Systems FeO—MnO—SiO$_2$ [Herty und Fitterer (2)].

2. Der beim Aufsteigen der Desoxydationsprodukte im Stahl zurückzulegende Weg soll möglichst kurz, die Zeit zwischen Desoxydation und Erstarrung des Stahles genügend lang sein. Weiterhin geht das Aufsteigen um so leichter vor sich, je dünnflüssiger der Stahl ist. Da der Flüssigkeitsgrad des Stahles mit steigender Temperatur zunimmt, soll dafür gesorgt werden, daß die Badtemperatur nach der Desoxydation hoch genug liegt.

3. Die Aufsteiggeschwindigkeit nimmt proportional der Differenz zwischen der Dichte des Stahles und der der Desoxydationsprodukte zu.

Die Stokessche Formel vereinigt die aufgeführten Forderungen in mathematischer Kürze. Sie lautet:

$$v = \frac{2}{9} \frac{g}{\eta} \cdot r^2 (d - d') \text{ cm/sek.}$$

Hierin bedeuten:

v die Aufsteiggeschwindigkeit der (kugelförmigen) Desoxydationsprodukte,
g die Erdbeschleunigung,
η den Zähigkeitskoeffizienten des Stahlbades,
d und *d'* die Dichten des Stahlbades und der Desoxydationsprodukte.

Im vorstehenden wurden lediglich die wichtigsten und am häufigsten verwendeten Desoxydationsmittel besprochen. Weiterhin sind noch von Bedeutung Titan, Zirkon und Vanadin, während Natrium und Kalzium eine praktische Bedeutung nicht zukommt.

In einer Arbeit von F. Latta, E. Killing und F. Sauerwald (1) wird das Auftreten von nichtmetallischen Einschlüssen (außer Ofenschlacke und feuerfesten Stoffe) in schweren Schmiedestahlblöcken behandelt. Die Untersuchungen über das S.-M.-Verfahren führten zu der Feststellung, daß folgende Faktoren von Einfluß auf die Entstehung von Einschlüssen sind: das Ofenalter, die Schmelzdauer, der Zeitpunkt des letzten Erzzusatzes vor der Desoxydation, der Zeitpunkt der Desoxydation vor dem Abstich, das Abstehen der Schmelze im Ofen, die Abstichgeschwindigkeit, das Abstehen in der Pfanne, die Gießtemperatur und Gießgeschwindigkeit. Bezüglich der Größe und Richtung des Einflusses all dieser Faktoren sei hier auf die Originalarbeit verwiesen.

G. Einschlüsse von feuerfesten Stoffen und Ofenschlacke.

Es ist zweifellos möglich, daß der Stahl, der nach seiner Herstellung mit der feuerfesten Masse der Rinne, der Pfanne, des Stopfens und des Ausgusses sowie beim Guß von unten des Trichters und der Kanalsteine in innige Berührung kommt, Teilchen loslöst, mitreißt und aus Mangel an Zeit nicht wieder abscheidet. Ebenso können beim Stahlformguß Teilchen der Formmasse mitgerissen werden und im Gußstück verbleiben. Dabei ist es leicht möglich, daß die mitgerissenen Teilchen von feuerfesten Stoffen mit den im Stahl vorhandenen Desoxydationsprodukten in Berührung gelangen, von ihnen durchsetzt oder aufgelöst werden.

Die Bedingungen für die Entstehung von Einschlüssen aus feuerfesten Stoffen hat Pacher (1) behandelt und folgende allgemeine Gesichtspunkte aufgestellt. Beim Martinverfahren erhöht zu große Neigung der Rinne die Ausflußgeschwindigkeit des Stahls und damit die Neigung zum Mitreißen von Teilchen der Rinnenauskleidung. Hochgebaute Pfannen sind ungünstig wegen der Erhöhung des Aufpralles auf den Pfannenboden sowohl wie des Druckes, unter dem der Stahl die Stopfenöffnung (Ausguß, Büchse) verläßt. Gefährlicher ist der letztere Umstand, weil die mitgerissenen Teilchen in der Kokille kaum Gelegenheit zum Aufsteigen haben, während in der Pfanne Zeit dazu vorhanden ist. Aus diesem Grunde ist auch die Pfannenauskleidung von geringem Einfluß, hingegen können die aus Trichter und Kanalsteinen mitgerissenen Teilchen kaum noch vollständig aus dem Stahl entweichen. Größere Teilchen trennen sich leichter als kleinere, die im Eisen suspendiert bleiben als solche oder mit den Desoxydationsprodukten bzw. mit dem Schwefel Gemische eingehen. Daß die Qualität des feuerfesten Materials aller in Betracht kommenden Teile, insbesondere ihre mechanische und ihre Feuerfestigkeit eine große Rolle spielen, ist verständlich. Nachstehend seien zwei Analysen wiedergegeben, die im Zusammenhang mit dem Vorgesagten stehen:

Nr.	Herkunft und Art des Materials	Chemische Zusammensetzung				
		SiO$_2$	CaO	Al$_2$O$_3$	FeO	MnO
1	Gelbliches Pulver im Lunker des verlorenen Kopfes eines großen Stahlformgußstückes ..	28,3	26,0	38,3	3,5	4,7
2	Gelbbraune Schlacke im Lunkerteil eines verarbeiteten Erzeugnisses..........	69,0	2,4	18,5	9,1	1,1

Diese Stoffe stehen demnach dem feuerfesten Material nahe und dürften im wesentlichen aus der Formmasse bzw. aus der Pfannen- und Gießtrichterauskleidung sowie aus den Kanalsteinen stammen. Um einen Vergleich der Zusammensetzung solcher Produkte mit den in Betracht kommenden, feuerfesten Materialien zu ermöglichen, seien einige Analysen letzterer hier mitgeteilt:

Gew.-%	Al$_2$O	SiO$_2$	Fe$_2$O$_3$	MgO	CaO
Rinnensteine...............					
Pfannensteine					
Stopfenstangenrohre	21,80	75,32	2,23	0,13	0,52
Trichter, Trichterrohre					
Gießrohre					
Stopfen................	~35	~62	n. b.	n. b.	n. b.
Ausgüsse					
Kanalsteine	11,68	85,70	1,70	Sp.	0,72
Vierwegsteine					

Aber auch die Lauf- oder Ofenschlacke vermag in den Stahl hineinzugelangen. Während des Verfahrens sind Stahl und Schlacke zeitweise innigst durchmischt. Dies gilt bei den Windfrischverfahren während der ganzen Dauer des Verblasens und bei den Herdfrischverfahren und Elektroverfahren mit kaltem Einsatz insbesondere während der Kochperiode, während bei dem als Raffinierverfahren geführten Elektroverfahren sowie beim Tiegelschmelzverfahren die Durchmischungsmöglichkeit geringer ist. Ist vor dem Abguß keine genügende Zeit zur Entmischung vorhanden, was allerdings nur in Ausnahmefällen zutreffen dürfte, da ja meist auch noch in der Pfanne eine Ruhepause eintritt, so könnte auf dieser Grundlage Gelegenheit zur Aufnahme von Ofenschlacke gegeben sein. Meist aber wird, wie Pacher für das Siemens-Martin-Verfahren eingehend ausführt, die Entstehung von Wirbeln während des Abstiches die Ursache eines Gehaltes an Ofenschlacke im Stahl sein können. Bei Beginn des Abstiches liegen die Verhältnisse günstiger beim feststehenden Ofen, da keine Ofenschlacke zum Ablauf kommt, dagegen entstehen zum Schluß des Abstiches leicht Wirbel, Stahl und Schlacke verlassen den Ofen gleichzeitig und die Emulsion beider Stoffe hat nur noch in der Pfanne die häufig nicht gegebene Zeit zur Trennung. Beim kippbaren Ofen liegen die Verhältnisse insofern günstiger, als eine Regelung des Ablaufes von vornherein möglich ist. Schnelles Ankippen ist ratsam, da bei zu langsamem Kippen die zuerst in die Pfanne gelangende und erstarrende Schlacke nachher im nachstürzenden Stahle wieder schmilzt und Anlaß zur Entstehung einer Emulsion gibt. Auch beim Pfannenguß können Wirbel entstehen, und zwar bei hochgebauten Pfannen leichter als bei breitgebauten, beim Abfluß des oberen Pfanneninhaltes leichter als bei dem des unteren. Schlecht vorgewärmte, womöglich feuchte Pfannen bedingen heftige Bewegung des Pfanneninhaltes infolge der stürmischen Gasentwicklung und geben damit Anlaß zur Durchmischung von Stahl und Schlacke.

Daß Schweißeisen so viele Schlackeneinschlüsse enthält, ist darauf zurückzuführen, daß gegen Ende des Puddelverfahrens feste Eisenkristalle gebildet werden, die Teile der Schlacke einschließen. Durch das Zängen der Luppen wird nur ein Teil dieser dann noch flüssigen Schlacke herausgequetscht. Die Zusammensetzung dieser Schlacke läßt sich daher leicht ermitteln. Sie war in einem untersuchten Falle:

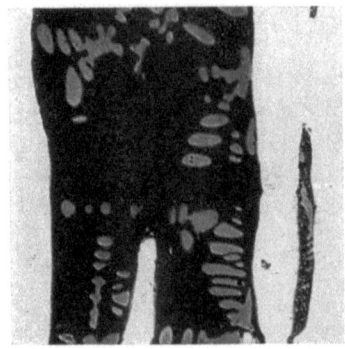

Abb. 253. Schlackeneinschlüsse im Schweißeisen, ungeätzt, × 250.

SiO_2	FeO	Fe_2O_3	MnO	P_2O_5
5,63	63,3	13,4	6,31	3,43 Gew.-%

Abb. 253 zeigt den üblichen Aufbau der im Schweißeisen vorkommenden Einschlüsse. Gemäß obiger Analyse sowie dem Zustandsdiagramm FeO—SiO_2 dürften die Primärkristalle im wesentlichen 2 FeOSiO_2 sein und die Grundmasse das Eutektikum FeO—2 FeOSiO_2 darstellen.

Zum Vergleich mit der Zusammensetzung etwa aufgefundener Einschlüsse im Flußeisen sei die Zusammensetzung der Fertigschlacken einiger Verfahren wiedergegeben.

Nr.	Verfahren	SiO_2	CaO	Fe	Fe_2O_3	FeO	MnO	Al_2O_3	MgO	S	P_2O_5
1.	Bas. S.-M.-Verfahren, Schrott-Roheisen-Verfahren (Diss. Bulle, Aachen 1923)										
	a)	16,41	18,04	11,31	—	11,55	18,93	32,84	2,18	0,3	n. b.
	b)	13,66	36,04	15,75	—	15,45	18,15	7,24	7,02	0,44	n. b.
	c)	20,40	40,22	8,29	—	7,07	12,98	—	7,75	0,25	1,80
2.	Hoeschverfahren (Petersen: Stahl u. Eisen 1910 S. 1) . .	12,40	46,28	—	—	17,03	10,25	1,90	5,92	0,34	5,0
3.	Roheisen-Erzverfahren Julienhütte O.-S. (Petersen: Stahl u. Eisen 1910 S. 1)	20,85	43,89	—	—	12,69	7,60	4,26	6,90	0,04	3,24
4.	Talbotverfahren (Petersen: Stahl u. Eisen 1910 S. 1)	10,44	48,42	—	—	15,22	4,72	—	4,68	0,22	14,33
5.	Saures S.-M.-Verfahren (Campbell: Stahl u. Eisen 1893 S. 873) . .	49,82	n. b.	n. b.	—	21,9	27,93	19,60	n. b.	n. b.	n. b.
6.	Thomasverfahren (Mathesius)	6—12	44—48	—	3—5	7—18	4	—	3—6	—	12—22
7.	Bessemerverfahren										
	a) Ledebur	53,95	2,32	n. b.	—	5,54	35,14	2,31	Sp.	n. b.	n. b.
	b) Horn: Stahl u. Eisen 1903 S. 563	62,2	0,87	n. b.	—	n. b.	13,72	2,76	0,29	0,011	—
8.	Elektroverfahren										
	a) Induktionsofenschlacke (Wolfram-Stahl)	10	67	—	1,6	2	0,9	2,6	16,5	0,4	0,1
	b) Lichtbogenofenschlacke (Chrom-Nickel-Stahl) . . .	24	59,6	—	1,1	1,1	0,5	4,6	6	0,3	0,05

Nach F. Hartmann (*1*) bezeichnet man die beim Abdrehen von Stahl zum Vorschein kommenden, makroskopischen, glasigen oder sandigen Einschlüsse, die entweder aus feuerfesten Stoffen oder aus Schlacke bestehen, mit dem Sammelnamen Sandeinschlüsse. Die Untersuchung derartiger Sandeinschlüsse mittels des Polarisationsmikroskopes wird von Hartmann ausführlich behandelt. Die metallographische Bestimmung der Natur von Schlackeneinschlüssen durch die stufenweise Ätzung nach G. F. Comstock (*2*) vermag einen Anhalt über die ungefähre chemische Zusammensetzung, das Vorhandensein von Eisenoxyd, Mangansilikat usw. zu geben.

Neuerdings hat sich K. Daeves (*5*) mit dem Auftreten von Sandstellen in schweren Schmiedestücken befaßt. Auf Grund statistischer Feststellungen kommt er zu dem Schluß, daß die Ursache für das Auftreten von Sandeinschlüssen nicht allein in dem Mitreißen von Ofenschlacke oder feuerfesten Stoffen liegt, sondern vor allem in der Einwirkung der im Stahl enthaltenen Mangan-Sauerstoffverbindungen auf die feuerfesten Stoffe. Der Weg zur Verminderung der Sandeinschlüsse führt damit über die Erzielung eines möglichst geringen MnO-Gehaltes im fertigen Stahl und die Verwendung von feuerfesten Stoffen mit hoher Widerstandsfähigkeit gegenüber dem Angriff von flüssigen Manganoxyden.

Es ist im Vorstehenden mehrfach der Ausdruck Schlackeneinschlüsse oder kurzweg Einschlüsse gebraucht worden. Es herrscht nun durchaus keine Übereinstimmung bezüglich der Definition der Schlackeneinschlüsse. Sie werden häufig als nichtmetallische Einschlüsse bezeichnet, weil man sie schon auf der ungeätzten polierten Oberfläche auf Grund ihrer sulfidischen und oxydischen Natur erkennen kann. Mit demselben Recht müßte man dann aber auch andre nichtmetallische Verbindungen des Eisens, wie Fe_3P, Fe_2N, ja sogar Fe_3C, als Einschluß bezeichnen können. Mitunter wird ihre Farbe als Unterscheidungs- und Einteilungsmöglichkeit herangezogen. Die hochschwefelhaltigen oder sulfidischen Einschlüsse, die bereits bei den Eisen-Schwefellegierungen besprochen wurden, besitzen charakteristische gelblichbraune bis hellgraue Färbung. Oxydische, d. h. aus Sauerstoffverbindungen des Eisens und seiner Begleitelemente bzw. aus Kalk, Magnesia und Tonerde aufgebaute Einschlüsse sind meist dunkelgrau bis schwarz gefärbt. Eine scharfe Trennung in oxydische und sulfidische Einschlüsse ist aber nicht streng durchführbar, weil auch Gemische beider möglich sind, ebensowenig bietet die Farbe ein sicheres Unterscheidungsmerkmal, um so weniger, als die Einschlüsse nicht immer homogen, sondern recht häufig heterogen aufgebaut sind. Ein weiteres Unterscheidungsmerkmal soll die Löslichkeit der Einschlüsse im flüssigen Eisen abgeben. Ist Löslichkeit vorhanden, so scheiden sich die Einschlüsse mit sinkender Temperatur nach den für Legierungen geltenden Gesetzen ab, und man spricht von Segregationseinschlüssen. Beim Fehlen der Löslichkeit können die Einschlüsse suspendiert oder emulgiert gewesen sein, und man spricht von Suspensionseinschlüssen. Während im ersten Falle eine gesetzmäßige Form und Anordnung der Einschlüsse (primäre, eutektische Kristallisation) beobachtet wird, ist kugelige Ausscheidungsform das Kennzeichen von Suspensionen und Emulsionen. Dieses Unterscheidungsmerkmal ist aber nicht in allen Fällen mit Sicherheit anwendbar, besonders dann nicht, wenn durch die Verarbeitung die Merkmale des Ausscheidungsvorganges zerstört worden sind.

Wie die vorstehenden Ausführungen lehren, ist keine der vorgeschlagenen Definitionen und Einteilungen völlig einwandfrei. In diesem Werke sind mit den Ausdrücken Einschlüsse oder Schlackeneinschlüsse sulfidische und oxydische Einlagerungen gemeint, deren Entstehungsweise geschildert wurde. Diese wird als einziges Unterscheidungsmerkmal in Betracht gezogen.

J. Einfluß von Schlackeneinschlüssen auf die Festigkeitseigenschaften.

Über den Einfluß der Schlackeneinschlüsse auf die Festigkeitseigenschaften besteht keine Übereinstimmung in den Ansichten. Die häufig vertretene Anschauung von der Gefährlichkeit der Schlackeneinschlüsse schlechthin ist nicht vereinbar mit den Untersuchungsergebnissen von Dauerbrüchen an Kurbelwellen, die keinen Zusammenhang zwischen Dauerbruch und Schlackeneinschlüssen erkennen ließen. Von F. Latta, E. Killing und F. Sauerwald (1) über die Beeinflussung von Streckgrenze, Festigkeit, Dehnung, Einschnürung und Dauerfestigkeit durch mikroskopisch sichtbare Einschlüsse durchgeführte Versuche ergaben keinen Anhalt für einen Einfluß der Einschlüsse auf die genannten Eigenschaften.

33. Quaternäre und komplexe Stähle.

Während unsere Kenntnis der binären und auch der ternären Legierungen des Eisens durch die Erforschung der entsprechenden Systeme in dem letzten Jahrzehnt ganz beträchtlich erweitert worden ist, wissen wir recht wenig über die Konstitution der quaternären und komplexen Systeme, deren außerordentliche Mannigfaltigkeit eine exakte Erforschung sehr erschwert. Die bisherige Erfahrung hat gelehrt, daß die in Betracht kommenden Elemente in komplexen Stählen durchweg im gleichen Sinne wie in den ternären Systemen wirken. Von den ständigen Begleitern des Eisens bildet also nur der Schwefel ein neues Gefügeelement, das sich als Schwefeleisen- oder Schwefelmangan-Eutektikum oder als Gemisch aus beiden in den primären Korngrenzen vorfindet, und dessen Erstarrung den Gesamterstarrungsvorgang zum Abschluß bringt bzw. bei höheren Mangan- und Kohlenstoffgehalten einleitet.

Wenn größere Mengen von Spezialelementen zugegen sind, kann von vornherein über das Ergebnis nichts ausgesagt werden, obwohl auch dann jedes Element seine typische Wirkungsweise beizubehalten scheint. Von besonderer Bedeutung wird dies natürlich, wenn Elemente zweier verschiedener Gruppen zugesetzt werden. So zeigt das nachfolgende Beispiel quaternärer Chromnickelstähle nach Guillet (10, 11), daß Nickelmengen, die in chromfreien Stählen eine konstante und nicht allzu große Temperaturhysteresis herbeiführen, diese in Nickelchromstählen wesentlich vergrößern, und zwar hauptsächlich durch Erniedrigung des Haltepunktes bei der Abkühlung. Das Gefüge dieser Stähle wird martensitisch, wenn der Haltepunkt bei der Abkühlung auf 350° gesunken ist (A'').

Die Ursache für die Entwicklung der quaternären und komplexen Stähle liegt darin, daß die ständig gesteigerten Anforderungen an die Eigenschaften der Sonderstähle sich bei Verwendung nur eines Legierungselementes außer Kohlenstoff nicht mehr erfüllen ließen. Schon in den sechziger Jahren des vorigen Jahrhunderts ging daher Mushet dazu über, mehrere Legierungselemente in einem

Stahl zu verwenden. Indessen fehlte es damals noch an der Erkenntnis der Bedeutung einer zweckmäßigen Wärmebehandlung, durch die die hochwertigen quaternären und komplexen Stähle erst zur vollen Auswirkung ihrer Eigenschaften gelangen können. Die Zahl der möglichen Kombinationen ist natürlich außerordentlich groß, und ihr Studium bietet sicherlich auch heute noch neue Möglichkeiten. Aus den einschlägigen Arbeiten erkennt man das Bestreben der Industrie, vorwiegend zwei große Stahlgruppen zu entwickeln: hochwertige Bau- und Werkzeugstähle.

Zusammensetzung			Haltepunkte	
Kohlenstoff %	Nickel %	Chrom %	Erhitzung °C	Abkühlung °C
0,15	2,13	0,06	670	640
0,16	2,05	0,90	705	615
0,26	2,20	1,00	700	590
0,15	2,04	1,99	715	430
0,23	2,36	3,00	715	350
0,22	2,19	4,84	730	240
0,24	2,20	5,29	720	230
0,19	2,52	7,17	715	210
0,34	1,90	10,25	720	—
0,07	3,89	0,00	655—725	630—550
0,16	4,28	0,95	700	425
0,13	4,24	1,90	700	360
0,15	4,30	3,05	705	250
0,18	3,88	5,85	715	230
0,18	4,01	8,26	715	200
0,27	4,17	13,87	715	—

Wie auf dem Gebiet der ternären Sonderstähle verdanken wir auch auf dem der quaternären Guillet (12) eine größere Arbeit, die in gewisser Beziehung als grundlegend zu gelten hat, weil sie sich auf große Konzentrationsgebiete erstreckt. Dies hat den Vorteil, die Grenzen der Anwendungsfähigkeit der Stähle im großen und ganzen festzulegen. Die Arbeit enthält ein großes Zahlenmaterial über die Festigkeitseigenschaften folgender quaternärer Stähle:

1. Nickel-Siliziumstähle,
2. Nickel-Manganstähle (s. Tab. 13),
3. Nickel-Chromstähle (s. Tab. 14),
4. Nickel-Molybdänstähle,
5. Nickel-Aluminiumstähle,
6. Nickel-Wolframstähle (s. Tab. 15),
7. Mangan-Siliziumstähle,
8. Mangan-Chromstähle (s. Tab. 16),
9. Nickel-Vanadiumstähle (s. Tab. 17),
10. Chrom-Wolframstähle (s. Tab. 18).

Die wichtigsten Ergebnisse der Guilletschen Arbeit sind in den Tabellen 13 bis 18 wiedergegeben.

Aus der Guilletschen Arbeit geht hervor, daß die in ternären Stählen ähnlich wirkenden Elemente beim Zusammentreten im quaternären Stahl ihre grundsätzliche Wirkung addieren, demnach also Mangan und Nickel den Zerfall der festen Lösung oder die Umwandlung des γ-Eisens in α-Eisen nach niedrigeren Temperaturgebieten verschieben, während Chrom, Wolfram, Molybdän und Vanadium die Konzentration des Perlitpunktes und auch die Löslichkeit des γ-Eisens für Kohlenstoff erniedrigen, ohne die Temperaturen des Zerfalls der festen Lösung wesentlich zu beeinflussen, wenngleich eine Verzögerung dieses Zerfalls und damit die Bildung metastabiler Gefügebestandteile durch die Gegenwart dieser Elementengruppen zweifellos begünstigt wird.

Eine streng additive Wirkung verschiedener Legierungselemente auf spezielle Eigenschaften, z. B. die Festigkeitseigenschaften von quaternären und komplexen Stählen liegt nicht vor. Jedoch wirkt im allgemeinen jedes Legierungselement, das in einem ternären Stahl eine Eigenschaft in einer bestimmten Rich-

Tabelle 13. Nickel-Mangan-Stähle.

% C	% Ni	% Mn	% Si	% S	% P	Gefüge	F kg/mm²	E.Gr. kg/mm²	D %	K %	Schl mkg/cm²	H
0,13	1,40	5,76	0,51	0,014	0,008	Martensit	141,4	99,0	6,0	55,5	9	311
0,17	2,16	6,84	0,99	0,023	0,020	Martensit u. γ-Eisen	—	—	—	—	3	364
0,6	2,08	15,70	0,86	0,017	0,018	γ-Eisen	70,2	29,3	7,0	58,8	40	187
0,10	12,24	5,30	0,56	0,013	0,005	Martensit u. γ-Eisen	107,4	41,2	15,5	26,0	25	212
0,20	12,02	8,75	0,51	0,020	0,025	γ-Eisen	61,8	35,3	36,5	75,5	36	146
0,18	12,00	15,84	0,47	0,015	0,008	γ-Eisen	65,7	46,0	35,5	64,9	37	170
0,36	31,12	5,04	0,93	0,030	0,018	γ-Eisen	70,6	27,0	30,0	70,4	40	149
0,19	31,12	8,02	0,51	0,030	0,021	γ-Eisen	72,2	27,0	22,0	64,2	32	124
0,24	31,05	16,48	1,10	0,028	0,018	γ-Eisen		nicht schmiedbar				
0,09	4,96	0,52	0,17	0,014	0,021	Martensit	115,3	92,2	7,0	26,5	7	217
0,17	6,88	1,42	0,49	0,033	0,023	Martensit	148,1	79,3	6,0	37,6	10	387
0,43	3,32	1,35	0,65	0,046	0,021	α-Eisen u. Martensit	—	—	—	—	5	402
0,40	4,96	0,97	0,74	0,022	0,024	α-Eisen u. Martensit	—	—	—	—	4	375
0,60	4,10	0,60	0,55	0,028	0,026	Martensit a. d. Grenze	119,1	?	6,5	18,0	3	217
0,29	5,10	11,80	1,24	0,013	0,028	γ-Eisen u. ein wenig Martensit	100,6	50,4	30,0	20,1	42	137
0,26	7,20	5,10	1,63	0,012	0,037	Martensit u. γ-Eisen	70,5	70,5	2,0	—	5	207
0,43	5,40	7,80	0,65	0,020	0,029	Martensit u. γ-Eisen	86,8	47,1	47,9	41,0	7	114
0,81	4,00	3,30	1,68	0,013	0,020	Martensit u. γ-Eisen	57,0	15,9	5,0	—	—	187
0,67	1,76	4,79	0,45	0,018	0,010	γ-Eisen } a. d. Grenze	73,8	43,6	3,0	10,5	3	277
0,81	2,32	7,03	1,21	0,013	0,020	γ-Eisen	80,3	49,6	18,0	25,4	7	235
0,73	2,00	14,40	0,80	0,021	0,028	γ-Eisen	100,8	41,6	11,5	13,1	33	212
0,62	12,08	5,52	0,47	0,009	0,023	γ-Eisen	93,2	25,5	32,0	62,9	40	174
0,75	12,15	7,65	0,60	0,015	0,021	γ-Eisen	86,9	27,0	30,0	50,0	40	174
0,73	31,00	7,92	0,51	0,025	0,016	γ-Eisen					28	196

In den Tabellen 13—18 bedeutet
F = Zugfestigkeit, D = Dehnung, $Schl$ = spezifische Schlagarbeit,
$E.Gr.$ = Elastizitätsgrenze, K = Kontraktion, H = Brinellhärte.

tung beeinflußt, auch beim Zusammenwirken mit mehreren Legierungselementen in der gleichen Richtung auf die betreffende Eigenschaft ein.

A. Baustähle.

Die Anforderungen an die Baustähle beziehen sich im wesentlichen auf die Festigkeitseigenschaften. Neben der absoluten Höhe von Festigkeit, Streckgrenze und Dehnung ist vor allem das Verhältnis von Streckgrenze zu Festigkeit wichtig. Hinzu tritt die Forderung nach hoher Widerstandsfähigkeit gegen stoßweise sowie gegen wechselnde Beanspruchung. In vielen Fällen werden auch besondere Eigenschaften wie Rostbeständigkeit, Hitzebeständigkeit, Schweißbarkeit u. a. verlangt.

Als Baustähle gelangen vorwiegend diejenigen Stähle zur Verwendung, die wir als perlitische bezeichnet haben, deren Gefüge sich also grundsätzlich nicht von dem der Kohlenstoffstähle unterscheidet, und die demnach die Zusatz-

Quaternäre und komplexe Stähle.

Tabelle 14. Nickel-Chrom-Stähle.

% C	% Ni	% Cr	% Si	% S	% P	% Mn	Bemerkungen	Gefüge	F kg/mm²	E.Gr. kg/mm²	D %	K %	Schl mkg/cm²	H
0,23	4,56	2,53	0,11	0,006	0,015	0,25	—	Martensit u. Ferrit	101,2	82,8	10	47	7	248
0,17	4,96	9,37	0,22	0,017	0,013	0,08	—	Martensit	114	69	8	44,4	7	402
0,27	5,40	18,20	0,17	0,006	0,006	Spur.	nicht schmiedbar	—	—	—	—	—	—	—
0,20	12,04	3,18	0,28	0,005	0,003	,,	—	Reiner Martensit	166	166	6	39	7	430
0,21	12,50	10,15	0,51	0,044	0,016	0,06	—	Martensit u. Spuren v. Karbid	123	66	14	14,3	6	277
0,31	10,60	20,55	0,61	0,013	0,010	Spur.	—	γ-Eisen u. Karbid	92	77,8	20	44,4	6	225
0,14	30,24	3,18	0,75	0,025	0,024	0,19	—	γ-Eisen	69	49	26	62	27	121
0,18	32,32	10,03	0,42	0,010	0,005	0,25	—	γ-Eisen u. Spuren v. Karbid	90,5	68,9	10	52	6	143
0,30	29,44	20,44	0,88	0,015	0,005	0,22	—	Martensit	153	153	1,5	—	5	255
0,78	5,639	3,39	0,56	0,015	0,012	0,11	—	Martensit u. Spuren v. Karbid	144	144	2	—	5	555
1,04	4,64	9,65	0,22	0,013	0,013	Spur.	nicht schmiedbar	—	—	—	—	—	—	—
0,89	4,92	20,29	Spur.	0,020	0,024	0,56	—	Martensit	122,5	79,5	29,5	29,8	6	311
0,78	12,08	2,32	0,56	0,013	0,010	0,06	—	γ-Eisen u. geringe Spur. v. Karbid	83	40	33,5	66	22	286
0,97	12,20	10,35	0,06	0,025	0,005	0,42	nicht schmiedbar	—	—	—	—	—	—	—
0,92	11,48	20,34	Spur.	0,015	0,018	0,18	,,	—	—	—	—	—	—	—
0,71	32,28	3,24	0,42	0,015	0,080	0,31	,,	—	—	—	—	—	—	—
0,69	29,12	10,15	0,10	0,016	0,016	0,63	—	Perlit	61,8	42,6	24,4	54,4	17	137
0,73	29,40	20,61	0,31	0,008	0,005	0,23	—	Perlit	62	40,2	23	62,9	26	146
0,33	2,20	0,50	0,23	0,015	0,025	0,11	—	Perlit u. Martensit	69,2	45,8	20	20	6	166
0,18	2,48	0,98	0,12	0,008	0,018	0,31	—	Martensit	139	139	—	—	6	275
0,21	2,56	1,91	0,17	0,003	0,016	0,29	—	Martensit	162	135	4,5	—	6	248
0,29	2,76	3,26	0,23	0,020	0,020	0,08	—	Martensit u. Ferrit	76	45,5	18	22,9	20	183
0,35	2,60	5,27	0,17	0,018	0,015	0,09	—	Martensit	114	88	10	48,2	16	269
0,14	5,88	0,52	0,10	0,003	0,018	0,10	—	Martensit	120	103	12	44,2	8	286
0,17	5,36	1,02	0,12	Spur.	0,023	0,12	—	Martensit	157	123	7	29,2	8	375
0,20	6,00	0,93	0,06	0,005	0,020	0,19	—	stark martensit.	168	136	6	48,2	9	402
0,19	5,92	1,70	0,08	0,006	0,019	0,05	—	,,	109	109	6	—	5	460
0,24	6,00	4,95	0,10	0,005	0,020		—	,,						
0,21	6,23	5,44	0,12	0,006	0,020									

Tabelle 15. Nickel-Wolfram-Stähle.

% C	% Ni	% W	% Mn	% Si	% S	% P	Gefüge	F kg/mm²	E.Gr. kg/mm²	D %	K %	Schl mkg/cm²	H
0,19	0,68	0,27	0,12	0,47	0,005	0,025	Perlit, Ferrit u. Martensit	54,9	44,8	21,0	61,1	25	146
0,15	5,60	0,29	0,28	0,12	0,004	0,029	Perlit, Ferrit u. Martensit	68,0	55,5	17,0	35,3	12	179
0,20	5,92	0,71	0,10	0,10	0,004	0,025	Ferrit u. Martensit	64,0	57,0	16,0	33,1	15	192
0,16	5,82	2,27	0,07	0,10	0,004	0,021	Ferrit u. Martensit	74,1	57,0	14,0	46,8	12	207
0,19	6,20	5,94	0,20	0,07	0,003	0,024	Ferrit u. Martensit	88,2	63,8	16,0	46,8	12	226
0,42	2,88	0,34	0,15	0,05	0,004	0,021	Perlit, Ferrit u. Martensit	65,8	47,0	13,5	46,8	6	196
0,40	3,60	0,71	0,08	0,06	0,006	0,024	Perlit, Ferrit u. Martensit	62,2	45,5	15,5	33,1	7	174
0,45	4,00	1,90	0,07	0,09	Spuren	0,024	Ferrit, Martensit u. Spur. v. Karbid	74,1	63,0	13,0	46,8	6	207
0,31	3,60	4,96	0,09	0,12	0,006	0,024	Ferrit, Martensit u. Karbid	76,5	60,3	14,0	46,8	7	217

Tabelle 16. Mangan-Chrom-Stähle.

% C	% Mn	% Cr	% Si	% S	% P	Gefüge	F kg/mm²	E.Gr. kg/mm²	D %	K %	Schl mkg/cm²	H
0,22	2,76	3,05	0,17	0,010	0,013	Martensit u. Ferrit	96,8	63,2	5,0	6,4	4	293
0,19	2,91	4,82	0,23	0,008	0,015	Martensit	122,5	122,5	0,0	0,0	0	444
0,26	9,80	3,45	0,22	0,008	0,006	γ-Eisen u. Martensit	88,6	48,5	4,0	3,5	9	248
0,23	10,23	5,25	0,31	0,006	0,004	γ-Eisen	76,2	23,5	29,0	64,3	32	196
0,13	14,02	2,98	0,18	0,012	0,017	γ-Eisen	88,4	28,2	19,5	43,7	28	114
0,89	1,92	2,87	0,32	0,021	0,013	Troostit u. Martensit	95,6	84,2	8,0	9,0	6	364
0,73	2,25	4,52	0,41	0,013	0,010	Troostit u. Karbid	83,4	65,1	10,0	11,5	2	302
0,92	11,76	3,72	0,16	0,010	0,021	γ-Eisen	71,4	53,2	25,0	17,5	29	183
0,87	12,28	4,77	0,54	0,010	0,016	γ-Eisen	86,2	41,3	14,0	17,5	25	217

Tabelle 17. Nickel-Vanadium-Stähle.

% C	% Ni	% Va	% Mn	% Si	% S	% P	Gefüge	F kg/mm²	E.Gr. kg/mm²	D %	K %	Schl mkg/cm²	H
0,16	6,2	0,12	0,13	0,06	0,014	0,021	Ferrit u. Spur. v. Martensit	61,0	49,0	24,5	44,2	20	166
0,19	5,5	0,35	0,16	0,07	0,012	0,023	Ferrit u. Spur. v. Martensit	76,0	57,6	18,0	48,2	10	192
0,15	6,08	0,60	0,11	0,02	0,009	0,032	Ferrit u. Spur. v. Martensit	72,5	58,2	19,0	44,2	8	235
0,19	6,08	0,68	0,20	0,12	0,006	0,024	Ferrit u. Martensit	84,0	65,5	15,5	46,1	9	235
0,40	3,60	0,135	0,09	0,40	0,007	0,015	Perlit	67,8	49,0	21,0	44,2	8	179
0,41	2,88	0,335	0,25	0,35	0,006	0,023	Perlit	69,2	52,0	20,0	46,1	6	196
0,33	3,40	0,60	0,09	0,12	0,011	0,034	Perlit	73,0	57,0	19,0	44,2	8	183
0,44	2,60	0,68	0,42	0,22	0,008	0,031	Perlit m. schwacher Neigung zu Martensit	77,0	56,2	16,0	60,7	6	166

elemente auf Ferrit und Perlit in einem bestimmbaren Verhältnis verteilt enthalten. Die martensitischen Stähle scheiden aus wegen ihrer großen Sprödigkeit und schlechten Bearbeitbarkeit. Austenitische Stähle finden wegen einiger besonderer Eigenschaften, vor allem wegen ihrer Rostbeständigkeit und Hitzebeständigkeit (Cr—Ni-Stähle) Verwendung.

Die Baustähle lassen sich in drei große Gruppen unterteilen: Hochbau-, Kesselbau- und Maschinenbaustähle. Sie alle sind so umfangreich, daß ihre Besprechung nur in großen Zügen erfolgen kann.

In der ersten Gruppe ist zunächst der Chrom-Kupferstahl zu erwähnen, dessen Analyse nach E. H. Schulz (3) wie folgt lautet:

~ 0,5% C; ~ 0,25% Si;
~ 0,8% Mn;
0,5—0,8% Cu;
~ 0,4% Cr.

Bei einer Streckgrenze von 36 kg/mm² und einer Zugfestigkeit von 53 kg/mm² besitzt der Stahl also das gute Streckgrenzenverhältnis von 68%. Er ist gut schweißbar und besitzt eine höhere Korrosionsbeständigkeit als gekupferter C-Stahl. I. A. Jones (1) untersuchte Cr—Cu-Stähle mit ~0,3% C und fand

Tabelle 18. Chrom-Wolfram-Stähle.

% C	% Cr	% W	% Mn	% Si	% S	% P	Gefüge	F kg/mm²	E.Gr. kg/m²	D %	K %	Schl mkg/cm²	H
0,14	1,73	2,04	Spuren	0,14	0,007	0,013	Perlit	54,7	27,9	17,0	64,0	37	126
0,20	1,79	15,14	,,	0,09	0,002	0,005	Karbid	67,6	25,4	10,0	19,7	2	153
0,23	9,76	1,98	,,	0,19	0,018	0,020	Martensit	171,3	148,5	4,5	14,3	5	477
0,26	9,85	15,10	,,	0,24	0,004	0,007	Martensit, γ-Eisen u. Karbid	86,4	33,1	10,5	32,8	0	196
0,18	19,82	1,98	,,	0,76	0,011	0,020	Karbid u. γ-Eisen	50,4	25,9	20,0	55,0	4	174
0,67	2,60	1,98	,,	0,18	0,006	0,028	Martensit mit ein wenig Karbid	126,0	101,0	4,5	27,5	4	518
0,76	2,40	14,15	,,	Spuren	0,003	0,011	Martensit u. Karbid	156,0	140,0	1,0	0,0	2	652
0,82	10,42	1,98	,,	0,18	0,009	0,010	Karbid u. Martensit	144,0	126,0	3,0	6,2	3	253
0,84	21,14	2,12	,,	0,43	0,022	0,013	Karbid u. γ-Eisen	89,6	37,7	10,0	16,9	3	207
0,74	20,44	14,82	0,14	0,52	0,014	0,015	Karbid u. γ-Eisen	79,0	46,0	18,0	26,3	5	179
0,12	2,93	13,48	0,14	0,18	0,006	0,031	Karbid u. Martensit	64,0	33,6	16,5	46,8	4	166
0,43	3,36	13,95	0,29	0,32	0,016	0,014	Karbid u. Sorbit	92,0	41,0	10,0	22,9	3	223
0,61	4,01	13,08	0,20	0,23	0,016	0,040	Karbid u. Sorbit	91,8	47,4	12,0	29,1	3	228
0,71	3,34	13,32	0,08	0,18	0,015	0,031	Karbid u. Sorbit	95,6	57,8	10,0	9,7	4	288
0,85	3,25	13,87	0,08	0,23	0,012	0,010	Karbid u. Sorbit	86,0	63,4	15,0	46,8	4	217
0,42	3,21	4,12	0,37	0,37	0,011	0,026	Martensit u. γ-Eisen	73,0	45,0	16,5	36,9	4	166
0,73	3,22	9,04	0,07	0,28	0,009	0,031	Karbid u. Sorbit	89,6	65,5	9,0	23,4	3	217
0,54	3,22	14,50	0,09	0,25	0,007	0,031	Karbid u. Sorbit	87,8	51,0	11,5	35,0	3	217
0,26	3,12	20,30	0,11	0,23	0,011	0,016	Karbid u. Sorbit	64,3	53,0	7,0	22,9	4	156
0,46	0,94	13,00	0,33	0,32	0,014	0,035	Karbid u. Troostit	82,0	57,8	—	9,7	3	228
0,52	3,17	13,63	0,14	0,28	0,010	0,034	Karbid u. Troostit	87,8	51,0	11,5	35,0	4	217
0,65	8,33	13,63			0,006		Karbid u. Troostit	89,5	74,6	6,0	9,7	3	228

die günstigsten Eigenschaften im normalisierten Zustand an einem Stahl mit rund 0,5% Mn, 0,8% Cr und 1,2% Cu. Das Streckgrenzenverhältnis beträgt $\frac{44}{64} \cdot 100 = 69\%$ bei guter Dehnung und Kerbzähigkeit.

Weitere, mehrfach legierte Hochbaustähle sind der Mn—Si-Stahl (etwa 1,2% Mn, 0,8—1,0% Si) sowie der niedrig legierte Cr—Mo-Stahl.

Die Gruppe der Kesselbaustähle umfaßt ein sehr weites Gebiet. Die Entwicklung der Hochleistungskessel mit hohen Drücken und hohen Dampftemperaturen macht Stähle mit hoher Dauerstandfestigkeit bei erhöhten Temperaturen erforderlich. Die mehrfach legierten Stähle, die diese Anforderung erfüllen, enthalten in den meisten Fällen Molybdän, das Legierungsmetall, das nach unseren heutigen Kenntnissen den günstigsten Einfluß auf die Dauerstandfestigkeit perlitischer Stähle bei erhöhten Temperaturen ausübt. So sind die Stähle mit 0,2 bis 0,3% Cu und 0,2—0,3% Mo oder vor allem mit 0,8—1,0% Cr und bis 0,5% Mo hochwertige Kesselbaustoffe. Stähle mit 0,8% Cr, 0,5% Mo und 1,5% Si sind nicht nur warmfest, sondern sie besitzen auch eine weitere für den Kesselbau wichtige Eigenschaft, nämlich erhöhte Zunderbeständigkeit. Die letztere Eigenschaft besitzen neben den hochlegierten Chromstählen vor allem die Chrom-Silizium-, Chrom-Aluminium- und Chrom-Silizium-Aluminiumstähle. Die Zunderbeständigkeit reicht bei Stählen mit ∼ 6% Cr und 1,5% Si bis 800°, bei 18% Cr und 2% Si bis 1000° und schließlich bei 30% Cr und weniger als 1% Si bis 1200°. Hochlegierte, austenitische Cr—Ni-Stähle besitzen neben guter Zunderbeständigkeit auch gute Festigkeitseigenschaften bei hohen Temperaturen. Ein Zusatz von einigen Prozenten Wolfram wirkt sich hierbei besonders günstig aus. Bei Kohlenstoffgehalten von 0,1—0,35% kommen Cr-Gehalte von 10—20% und Nickelgehalte von 20 bis zu 70% zur Anwendung. Nickel kann zum Teil durch geringere Mengen Mangan ersetzt werden. Die zunderbeständigen Stähle finden nicht nur im Kesselbau (Rußbläser, Rekuperatoren), sondern auch als Ofenarmaturen und grundsätzlich für alle Bauteile, die hohen Temperaturen ausgesetzt sind, Anwendung[1].

Im Anschluß an die Kesselbaustoffe sind die gegen den Angriff von Wasserstoff widerstandsfähigen Chrom-Vanadin-Molybdänstähle (∼ 6% Cr; ∼ 0,5% Mo; ∼ 0,3% V) zu erwähnen, die für Anlagen der Ammoniaksynthese Verwendung finden. Für Kohle- und Ölspaltanlagen (Crackanlagen) sind neben 5—6%igen Chromstählen Chrom-Molybdänstähle (∼ 3% Cr; ∼ 0,3% Mo) geeignet.

Hochwertige Maschinenbaustähle, wie sie im Automobil- und Flugzeugbau und für hochbeanspruchte Maschinen sowie für Geschützrohre und Panzerplatten verwendet werden, umfassen vorwiegend die folgenden Stahlgruppen:

Nickel-Chromstähle,   Chrom-Molybdänstähle,
Nickel-Wolframstähle,   Nickel-Chrom-Vanadiumstähle,
Nickel-Vanadiumstähle,   Mangan-Siliziumstähle,
Chrom-Vanadiumstähle,   Chrom-Manganstähle.

Die wichtigste Gruppe stellen die Nickel-Chromstähle dar, deren Gefüge in Abb. 254 wiedergegeben ist. Als eigentliche Baustähle findet nur die perlitisch-ferritische Gruppe Verwendung. Die Chrom-Nickelstähle werden unter-

---

[1] Die Eigenschaften des Stahles bei hohen Temperaturen werden in einem besonderen Abschnitt dieses Buches besprochen.

teilt in Einsatz- und Vergütungsstähle. Für die ersteren liegt der Kohlenstoffgehalt zwischen 0,09—0,18%, der Nickelgehalt zwischen 2,30—4,5% und der Chromgehalt zwischen 0,55—1,30%. Die Vergütungsstähle weisen Kohlenstoffgehalte von 0,25—0,4% auf bei Ni-Gehalten von 1,25—4,5% und Chromgehalten unter 1—2%. Die Cr—Ni-Baustähle zeichnen sich aus durch ein gutes Streckgrenzenverhältnis bei guter Dehnung und Kerbzähigkeit sowie bei den höheren Legierungsgehalten durch Widerstandsfähigkeit gegen Stoß, Biegung, Torsion und wechselnde Beanspruchung. Sie sind genormt nach Normblatt DIN 1662.

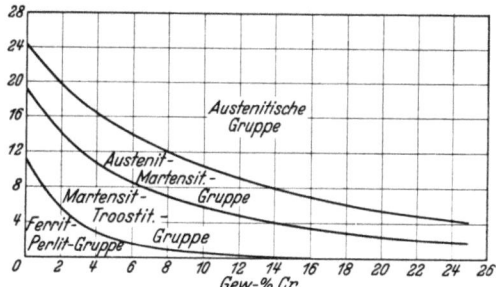

Abb. 254. Gefügeschaubild der Chrom-Nickelstähle mit geringem Kohlenstoffgehalt (~ 0,2% C).

Die Abb. 255 und 256 geben kennzeichnende Eigenschaftskurven[1] zweier vergüteter Nickel-Chromstähle (VCN 15 und VCN 45 nach DIN 1662) wieder. Die Abschreckung erfolgte von 830° in Öl. Nach dem ½ stündigen Anlassen bei jeder Temperatur wurden die Proben von 50 mm Durchmesser zur Vermeidung von Anlaßsprödigkeit, die bei Cr—Ni-

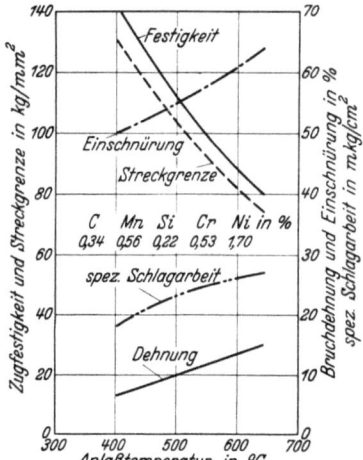

Abb. 255. Vergütungsschaubild eines Stahles mit 0,53% Cr und 1,7% Ni (VCN 15). Zerreißstabdurchmesser: 10 mm, Z = 10 d.

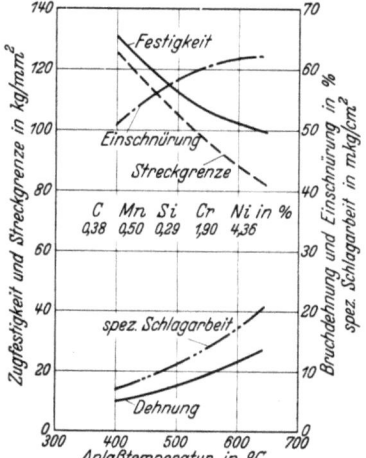

Abb. 256. Vergütungsschaubild eines Stahles mit 4,36% Ni und 1,9% Cr (VCN 45). Zerreißstabdurchmesser: 10 mm, Z = 10 d.

Stählen nach langsamer Abkühlung nach dem Anlassen häufig auftritt, wiederum in Öl abgekühlt.

Die rostfreien Cr—Ni-Stähle sind an anderer Stelle bereits besprochen worden.

Der Wolframgehalt der Ni—W-Stähle dürfte 2% wohl selten übersteigen, während der Ni-Gehalt ebenso wie bei den Ni—V-Stählen zwischen 2—5% liegt. Der Vanadingehalt der letzteren schwankt zwischen 0,1 und 0,5%.

---

[1] Entnommen aus dem Werkstoffhandbuch Stahl und Eisen 1927.

Von größerer Bedeutung als diese beiden Stahlarten sind die Chrom-Vanadiumstähle. Vanadium wird Chrom-Vergütungsstählen zur Verbesserung der Durchhärtung und Erhöhung von Streckgrenze und Zugfestigkeit zugesetzt. Darüber hinaus wirkt Vanadium desoxydierend. Die mechanischen Eigenschaften der Vanadiumstähle entsprechen etwa denen der Chrom-Nickelstähle. Bei Kohlenstoffgehalten zwischen 0,1—0,55% und Chromgehalten von 0,6—1,2% beträgt der Vanadiumgehalt nur etwa 0,1—0,2%. Vanadium übt seine Wirkung also schon bei sehr geringen Gehalten aus. Trotzdem sind die Cr—V-Stähle wegen des hohen Preises des Vanadiums nicht billiger als die ihnen in den Eigenschaften entsprechenden Cr—Ni-Stähle.

Vanadium wird in Höhe von 0,1—0,25% auch Cr—Ni-Stählen zur Erzielung hoher Festigkeit zugefügt.

Ein Chrom-Vanadium-Vergütungsstahl mit 0,4—0,5% C, weniger als 0,4% Si, etwa 0,6% Mn, 0,9—1,2% Cr und 0,1—0,2% V hat im geglühten Zustand eine Zugfestigkeit bis zu 80 kg/mm². Auf hohe Festigkeit vergütet weist er etwa folgende Werte auf: σ_{max} 150—165 kg/mm², $\sigma_S \geqq$ 80 kg/mm², δ_5 = 9—7%.

Molybdän übt ebenfalls im Cr-Stahl schon bei Gehalten von wenigen zehntel Prozent seine Wirkung aus. Im Gegensatz zu Vanadium wird außerdem das Molybdän bei der Stahlherstellung nicht in wesentlichem Ausmaß oxydiert. Trotz des verhältnismäßig hohen Preises des Molybdäns sind daher Cr—Mo-Stähle billiger als die zu gleichen Zwecken verwendeten Cr—Ni-Stähle. Molybdän erhöht die Durchhärtung und vermindert die Anlaßsprödigkeit, so daß infolge dieser zweiten Wirkung die Cr—Mo-Stähle eine gute Kerbzähigkeit auch bei langsamer Abkühlung nach dem Anlassen aufweisen. Bei den Cr—Ni-Stählen mindestens gleichwertigen Eigenschaften besitzen die Molybdän enthaltenden Stähle den technisch wichtigen Vorzug eines größeren Härtebereichs, d. h. sie vertragen beim Erhitzen auf Härtetemperatur eine etwaige Überhitzung, ohne daß die Eigenschaften darunter leiden. Dies ist besonders wichtig auch für Einsatzstähle, da diese ja längere Zeit auf sehr hohe Temperaturen erhitzt werden müssen. Ferner sinken Streckgrenze und Festigkeit beim Anlassen nicht so rasch mit steigender Anlaßtemperatur, wie dies für die anderen Stähle der Fall ist.

Besonders hervorzuheben sind die Bestrebungen, in Deutschland die Chrom-Nickel-Stähle durch die besonders in Amerika schon seit längerer Zeit weitgehend verwendeten Chrom-Molybdän-Stähle zu ersetzen. Diese Bestrebungen sind im wesentlichen darauf zurückzuführen, daß Deutschland keine Nickelerzlagerstätten von Bedeutung aufzuweisen hat und deshalb darauf angewiesen ist, Nickel als Metall einzuführen.

In Tabelle 19 ist das deutsche Vornormblatt für Chrom- und Chrom-Molybdänstähle wiedergegeben.

Die nachfolgende Übersicht erlaubt einen Vergleich der Eigenschaften je

| Zusammensetzung der Stähle | | | | Festigkeit | Streckgr. | Dehnung | Kontraktion | Izod-Kerbzäh. |
% C	% Ni	% Cr	% Mo					
0,62	—	—	—	126,2	84,4	—	43,6	5
0,49	—	0,60	—	125,5	107,2	18,0	56,3	56,5
0,40	3,6	—	—	128	112,5	18,8	61,4	54,5
0,43	1,6	0,48	—	128	111,0	19,8	61,3	54,0
0,32	—	0,8	0,27	125,7	112,5	21,0	68,0	90,0

Tabelle 19. Vornormblatt der Chrom- und Chrom-Molybdänstähle.

Marken-bezeich-nung	geglüht		gehärtet bzw. vergütet				Chemische Zusammensetzung in %				
	Brinell-härte H kg/mm² höchstens	Zug-festigkeit σ_B kg/mm² höchstens	Zug-festigkeit σ_B kg/mm²	Streck-grenze σ_S kg/mm² mindestens	Bruchdehnung $l=5d$ % mindestens	Bruchdehnung $l=10d$ % mindestens	C	Cr	Mo	Mn	Si höchstens
					Einsatzstähle						
EC 30	160	55	55—70 Wasser	35	14	10	0,10—0,16	0,30—0,50	—	0,40—0,60	0,35
EC 60	185	65	70—90 Wasser	50	12	9	0,12—0,18	0,60—0,90	—	0,40—0,60	0,35
ECMO 80	200	70	90—115 Öl	60	10	8	0,14—0,20	0,80—1,10	0,20—0,30	0,60—0,80	0,35
ECMO 100	215	75	115—135 Öl	80	7	5	0,17—0,23	1,00—1,30	0,20—0,30	0,80—1,10	0,35
					Vergütungsstähle						
VCMO 125	200	70	65—80 Wasser/Öl	42	17	12	0,22—0,29	0,90—1,20	0,15—0,25	0,50—0,80	0,35
VC 135	215	75	75—90 Wasser/Öl	50	10	8	0,30—0,37	0,90—1,20	—	0,50—0,80	0,35
VCMO 135	215	75	80—100 Wasser/Öl	56	10	8	0,30—0,37	0,90—1,20	0,15—0,25	0,50—0,80	0,35
VCMO 140	215	75	95—110 Wasser/Öl	70	9	6	0,38—0,45	0,90—1,20	0,15—0,25	0,50—0,80	0,35
VCMO 240	230	80	110—130 Öl	85	8	5	0,38—0,45	1,60—1,90	0,30—0,40	0,50—0,80	0,35

eines Kohlenstoff-, Nickel-, Chrom-, Chrom-Nickel- und Chrom-Molybdänstahls, die alle auf ungefähr gleiche Festigkeit vergütet worden sind.

Daß eine Überschreitung der zweckmäßigsten Härtetemperatur um den großen Betrag von 300° die Eigenschaften eines Molybdänstahls mit 0,27% Kohlenstoff, 0,42% Molybdän und 0,83% Chrom kaum beeinflußt, lehren die nachfolgenden, der gleichen Quelle wie oben entnommenen Zahlen. Leider fehlen die Kerbzähigkeitswerte.

Auch für den Brückenbau wird der Chrom-Molybdänstahl empfohlen. Nach Wadell (1) ist die zweckmäßigste Zusammensetzung 0,25% Kohlenstoff, 0,75% Mangan, 0,75% Chrom, 0,75% Molybdän. Die Steigerung des Preises soll durch die Gewichtsersparnis reichlich aufgewogen werden. Als Rohre und Bleche finden Cr—Mo-Stähle Anwendung im Flugzeugbau.

Die Analysengrenzen für Cr—Mo-Stähle sind etwa folgende:

Härte-temperatur	Anlaß-temperatur	Elasti-zitäts-grenze	Festig-keit	Deh-nung	Brinell-härte
810°	570°	98	115	18,5	319
870°	570°	98	114	17	321
930°	570°	97	113	17,5	321
990°	570°	97	114	18	319
1040°	570°	98	112	16,8	317
1100°	570°	98	110	17	317

0,25—0,55% C; max 0,4% Si; 0,4—0,6% Mn; 0,9—1,2% Cr und 0,15—0,3% Mo.

Den Cr—Ni-Stählen wird 0,2—0,4% Molybdän zugesetzt zur Erhöhung der Durchhärtung bei großen Querschnitten, der Widerstandsfähigkeit gegen Dauerbeanspruchung und zur Erzielung einer besseren Kerbzähigkeit bei hoher Festigkeit. Ein Stahl mit 0,45—0,6% C, 0,7—1,0% Cr, 1,75—2,25% Ni und 0,25 bis 0,4% Mo kann für Maschinenteile, die keine stoßweise Beanspruchung erfahren, bis auf 185 kg/mm² vergütet verwendet werden.

Nickel-Molybdänstähle sollen für die Herstellung von Panzermaterial geeignet sein. Ein Stahl mit 0,1—0,15% C, 1,5—2,0% Ni und 0,15—0,3% Mo hat sich als Einsatzstahl bewährt.

Für die Herstellung von Federn aller Art (Spiralfedern für Uhren bis Blattfedern für Automobile) werden vorwiegend Silizium-Manganstähle verwendet, die bei Kohlenstoffgehalten von zumeist 0,45—0,65% Siliziumgehalte bis zu 2,2% und Mangangehalte bis zu 1,7% aufweisen.

Über rostbeständige Chrom-Mangan-Stähle berichtet neuerdings F. M. Beckert (1). Stähle mit mehr als 16% Cr und etwa 8% Mn zeichnen sich bei niedrigem Kohlenstoffgehalt durch sehr hohe Kerbzähigkeit und Tiefziehfähigkeit aus. Während bei 12—16% Cr ein Mangangehalt die Korrosionsbeständigkeit verringert, ist dies bei Stählen mit mehr als 16% Cr nicht der Fall. Ein Vorzug der Cr—Mn-Stähle gegenüber den rostfreien Cr—Ni-Stählen soll in ihrer Beständigkeit gegen Schwefelverbindungen bei hohen Temperaturen (900°) liegen.

Die Stähle mit Kohlenstoffgehalten unter 0,1%, aber Chromgehalten über 17% sind auch durch Ablöschen nicht in den rein austenitischen Zustand überführbar. Stähle mit über 0,2% C und mehr als 7% Mn und hohen Chromgehalten dagegen sind vollständig austenitisch.

Ein Zusatz von Wolfram oder Kobalt zu Cr—Mn-Stählen erhöht ihre Warmfestigkeit. Ein Kupfergehalt bis zu 3% erhöht gegenüber vielen Einwirkungen (ähnlich wie bei den rostbeständigen Cr- und Cr—Ni-Stählen) die Korrosionsbeständigkeit. Weiterhin weisen Cr—Mn—Cu-Stähle auch noch eine verbesserte Tiefziehfähigkeit auf. Bei Cu-Gehalten über 3% tritt Rotbrüchigkeit auf.

Die folgende Tabelle gibt eine Übersicht über die wichtigsten quaternären und komplexen Maschinenbaustähle und ihre Anwendungsgebiete.

Wie aus der folgenden Tabelle hervorgeht, läßt sich unter Berücksichtigung des Verwendungszweckes eine vollkommene Trennung in Bau- und Werkzeugstähle nicht durchführen. Die in Klammern angegebenen Verwendungszwecke zeigen, daß die Baustähle auch teilweise als Werkzeugstähle Anwendung finden.

B. Werkzeugstähle.

Unter den ternären und komplexen Werkzeugstählen kommt den Schnelldrehstählen (Schnellarbeitsstählen) die weitaus größte Bedeutung zu. Der Analyse nach sind diese Stähle schon durch die Arbeiten von Mushet seit 1861 bekannt. Ihre typische Eigenschaft, im gehärteten und angelassenen Zustande auch bei dunkler Rotglut eine hohe Härte und Schneidfähigkeit beizubehalten, ist indessen erst von Taylor und White durch systematische Arbeiten über die Steigerungsmöglichkeit der Schnittgeschwindigkeit entdeckt worden.

Der Schnittgeschwindigkeit von gewöhnlichem (Kohlenstoff-)Werkzeugstahl ist durch die Wärmeentwicklung beim Bearbeitungsvorgang (z. B. beim Drehen) nach oben hin eine Grenze gesetzt, weil diese Wärmeentwicklung im Werkzeug Anlaßwirkung hervorruft und damit dem Stahl die Härte und Schneidfähigkeit nimmt. Im Gegensatz dazu verläuft die Anlaßwirkung in einem Schnellstahl selbst bei dunkler Rotglut mit so geringer Geschwindigkeit, daß die Schneide eines Schnellstahles, die beim Bearbeitungsvorgang diese Temperatur erreicht, lange Zeit ihre hohe Schneidfähigkeit beibehält, vorausgesetzt, daß die voraufgegangene Wärmebehandlung richtig durchgeführt worden ist.

Die älteren Mushetstähle wurden wie gewöhnliche Kohlenstoffstähle bei Rotglut in Wasser gehärtet und waren infolgedessen außerordentlich hart und fast nicht zu bearbeiten. Das wesentliche Verdienst von Taylor und White ist die Auffindung derjenigen Wärmebehandlung durch die der Schnelldrehstahl die erstaunlichen Schnittleistungen erhält. Gledhill (1) gibt an, daß vor dieser Entdeckung die üblichen Schnittgeschwindigkeiten 45—75 m/min betrugen, während mit modernen Schnelldrehstählen 150—180, in Ausnahmefällen sogar bis zu 240 m/min erzielt werden. Es muß aber berücksichtigt werden, daß die Schnittgeschwindigkeit allein kein richtiges Bild von der Leistung eines Schnelldrehstahls gibt. Außer ihr ist zur Beurteilung der Leistung die Kenntnis des Vorschubes und des Spanquerschnittes erforderlich. Schließlich ist es klar, daß nicht etwa das absolute Maximum dieser Faktoren das erstrebenswerte Ziel darstellen kann, vielmehr das Maximum, das sich für eine rationelle Schnittdauer (Zeit bis zum Wiederanschleifen) ergibt. Zur Feststellung der Arbeitsleistung eines Schnelldrehstahls geht man daher entweder von einer zweckmäßigen Schnittdauer aus und ermittelt die maximale Geschwindigkeit, nachdem Vorschub und Spandicke festgelegt sind, oder man ermittelt die Zeit bis zum Stumpfwerden des Werkzeuges bei festgelegten übrigen Faktoren, z. B. Spandicke = 4 mm, Vorschub = 1,5 mm, Schnittgeschwindigkeit = 70 m, Festigkeit des zu bearbeitenden Materials = 70 kg/mm². Es würde hier zu weit führen, auf die

Die Konstitution des Eisens in Abhängigkeit von der chemischen Zusammensetzung.

Einzelheiten solcher Messungen einzugehen, um so mehr als noch eine weitere Reihe von Faktoren wie Spanmenge, Drehmaterial, Drehdurchmesser, Stahlform, Winkel, Kühlung u. a. m. zu berücksichtigen sind.

Nr.	Normen-bezeichnung	C	Mn	Ni	Cr	V	Mo	Verwendungszweck
				Einsatzstähle				
1.	ECN 25	0,1—0,17	< 0,5	2,5±0,25	0,75±0,2	—	—	Für Bauteile mittlerer bis hoher Beanspruchung im Masch.-, Automobil- und Flugzeugbau
2.	ECN 35	0,1—0,17	< 0,5	3,5±0,25	0,75±0,2	—	—	Wie 1., aber für hohe Beanspruch. Getriebe, Zahnräder, Kettenräder, Zapfen, Bolzen u. dergl.
3.	ECN 45	0,1—0,17	< 0,5	4,5±0,25	1,1±0,2	—	—	Wie 1., aber für höchste Beanspruchg. Antriebs-, Steuerungsteile, Stirn-, Teller-Räder, Nockenwellen
4.	—	0,1—0,15	< 0,6	—	0,6—0,9	0,1—0,2	—	Nockenwellen, Kolbenbolzen, Kugellagerringe
5.	—	0,1—0,15	< 0,6	1,5—2,0	—	—	0,15—0,3	Zahnräder mittlerer Kernfestigkeit, Rollen u. Rollenlager, Nockenwellen, Kurbelzapfen
				Vergütungsstähle				
1.	VCN 15w VCN 15h	0,25—0,32 0,32—0,4	0,4—0,8	1,5±0,25	0,5±0,2	—	—	Hochbeanspruchte Teile im Masch.-, Flugzeug-, Automobilbau. Steuerschenkel, Wagenachsen, Pleuelstangen, Kolbenstangen, gekröpfte Wellen (Äxte, Meißel, Beile, Gesenke, Matrizen, Preßstempel)
2.	VCN 25w VCN 25h	0,25—0,32 0,32—0,4	0,4—0,8	2,5±0,25	0,75±0,2	—	—	Bessere Durchhärtung als 1. Vorderachsen, Getriebeachsen, Kurbelwellen, Pleuelstangen, gekröpfte Wellen (Gesenke, Matrizen, Preßstempel für höhere Beanspruchung)
3.	VCN 35w VCN 35h	0,20—0,27 0,27—0,35	0,4—0,8	3,5±0,25	0,75±0,2	—	—	Ähnlich wie 2. Höhere Beanspruchbarkeit
4.	VCN 45	0,3—0,4	0,4—0,8	4,5±0,25	1,3±0,2	—	—	Höchstbeanspruchte Teile. Dicke u. gekröpfte Wellen, Kurbelwellen, Kolbenstangen, Zahnräder (Warmgesenke, Matrizen, Preßstempel, Rezipienten)
5.	—	0,20—0,27	0,4—0,8	3,5±0,25	0,75±0,2	0,15—0,25	—	Flugzeugkurbelwellen
6.	—	0,25—0,4 0,4—0,5 0,5—0,55	0,4—0,7 0,6—0,9	—	0,9—1,2	0,1—0,2	—	Treibachsen, Kolbenstangen, Vorderachsen, Kurbelwellen u. Zapfen, hochwert. Bleche. Ölgehärtete Zahnräder, Schnecken usw. Hochwertiger Federstahl
7.	—	0,25—0,4 0,40—0,55	0,4—0,7 0,4—0,6	—	0,9—1,2	—	0,15—0,3	Hebel, Achsen, Stangen, Wellen, Zahnräder Ölgehärtete Zahnräder, Nockenwellen, Hinterachsen, Federn, Flugzeugzylinder. Gewalzt als Schienen u. Träger hoher Festigkeit
8.	—	0,3—0,4	0,4—0,7	3,0—4,0	0,9—1,2	—	0,2—0,4	Wichtige Maschinenteile mit hoher Festigkeit u. Kerbzähigkeit
9.	—	0,2—0,4	0,3—0,45	3,0—5,0	—	—	0,2—0,4	Panzerplatten

Die nachfolgende Zusammenstellung nach Taylor kennzeichnet die Entwicklung der Schnelldrehstähle:

	% C	% Si	% Mn	% Cr	% W	% V
Kohlenstoffstahl bis 1894 .	1,05	0,21	0,20	0,20	—	—
Mushetstahl bis 1900. . . .	2,15	1,04	1,58	0,40	5,44	—
Erster Schnelldrehstahl 1900	1,85	0,15	0,30	3,80	8,00	—
Schnelldrehstahl 1906 . . .	0,67	0,04	0,11	5,47	18,91	0,29

Die letzte Analyse ist das Ergebnis der ausgedehnten Untersuchungen von Taylor und White, die auch für heute übliche Schnellstähle hinsichtlich C-, Cr- und W-Gehalt noch maßgebend ist. Aus wirtschaftlichen Gründen sind außerdem Stähle mit niedrigeren Wolframgehalten (12—14% statt 18—20%) entwickelt worden, die geringeren Anforderungen genügen.

In neuerer Zeit werden Schnellstähle mit höheren Vanadiumgehalten verwendet. Nach Hohage und Grützner (1) steigert Vanadium bis zu 1,6% in Schnelldrehstahl mit 18% Wolfram die Leistung ganz bedeutend. Auf Schnelldrehstahl mit 24% Wolfram dagegen übt Vanadium keinen Einfluß aus. Bei einem Stahl mit 16% W ergab ein Zusatz von 1% Vanadium eine Leistungssteigerung um 90—100%.

Bei Vanadiumgehalten oberhalb 2% und normalen Kohlenstoffgehalten (0,6—0,7%) nimmt die Härtbarkeit wahrscheinlich infolge Bildung eines selbst bei hohen Temperaturen sehr schwer löslichen Vanadinkarbides stark ab. Oertel und Eilender stellten Schnellstähle hoher Leistungsfähigkeit mit bis zu 5% Vanadium her, indem sie den Kohlenstoffgehalt derart erhöhten, daß trotz der Vanadinkarbidbildung genügend Kohlenstoff in der Grundmasse verbleibt, um die Härtbarkeit zu sichern. Vanadium wirkt auch im Schnellstahl infolge seiner Affinität zu Sauerstoff und Stickstoff als Desoxydations- und Reinigungsmittel.

Als vollwertiger Ersatz für Wolfram-Chrom-Schnelldrehstähle sind in Deutschland während des Weltkrieges (1916) Schnelldrehstähle auf der Basis Molybdän-Chrom hergestellt worden, die etwa folgende Zusammensetzung aufwiesen:

0,5—0,8% C; 0,2—0,4% Mn; 0,2—0,4% Si; 6,0—10,0% Mo; 3,0—6,0% Cr;
0,75—2,0% V; 1,5—3,5% Co.

Pölzguter stellte aber fest, daß die Molybdänstähle schwerer schmiedbar und sehr empfindlich bei der Wärmebehandlung sind. So fand Pölzguter bei der Feststellung der Härtebereiche, daß die Molybdänstähle (6% Mo) schon bei der Härtung von 1150—1200° eine bedeutende Vergröberung des Bruches aufwiesen, was bei niedrig legierten Wolframstählen erst bei 1250° und bei hoch legierten sogar erst bei 1300° eintrat. Nach dem Kriege ist man von reinen Molybdänschnellstählen wieder abgegangen und benutzt heute Molybdän nur noch als Zusatz von 1—2% zum Wolfram-Schnellarbeitsstahl. Hier verbessert Molybdän die Schnittleistung und erhöht die Härte.

In einer neueren Arbeit von Pohl, Pollack und Scherer (1) wurde ein Stahl mit 4% Cr, 8% Mo, 2% W und 1% V in Vergleich gesetzt zu einem üblichen Schnellarbeitsstahl mit 18% W, 4% Cr und 1% V. Bei der Warmverarbeitung mußte besondere Sorgfalt auf Entkohlen und Verdampfen von Molybdän gelegt werden. Die Leistungsfähigkeit beider Stähle war praktisch gleich.

Kobalt ist erst in neuerer Zeit als Legierungselement in den Schnelldrehstahl eingeführt worden. Schlesinger (1) schließt auf eine bemerkenswerte Steigerung der Leistung und Lebensdauer von Schnelldrehstählen durch Kobaltzusatz. Dieser Schlußfolgerung wurde jedoch von interessierten Firmen widersprochen. Auf Grund eigener Versuche teilt die Poldihütte mit, daß lediglich sogenannte niedriglegierte Schnelldrehstähle (3,5% Chrom, 13% Wolfram) eine Steigerung der Leistung aufweisen, ohne daß aber die Leistungen der bestbekannten Schnelldrehstähle übertroffen werden. Hochlegierte Stähle (5% Chrom, 17% Wolfram) wurden durch Kobaltzusatz überhaupt nicht beeinflußt. Aus neueren Versuchen scheint aber hervorzugehen, daß ein Einfluß des Kobaltzusatzes auch bei hochlegierten Stählen besteht, daß er aber erst bei Anwesenheit eines höheren Vanadiumzusatzes voll zur Auswirkung kommt. Pölzguter hat auch den Einfluß eines Kobaltzusatzes (bis 9%) eingehend untersucht und festgestellt, daß zwar ein Einfluß besteht, daß er aber erheblich geringer ist als der des Vanadiums, wie die nachfolgende Tabelle lehrt:

Bezeichnung des Stahls*	Schnittdauer**	Bezeichnung des Stahls*	Schnittdauer**
6 Mo	8 min 10 sek	8 Mo 2 V 6 Co	22 min 00 sek
6 Mo 3 Co	10 ,, 20 ,,	13 W 0,4 V	14 ,, 30 ,,
6 Mo 6 Co	11 ,, 30 ,,	12 W 0,4 V 5 Co	17 ,, 45 ,,
8 Mo 9 Co	13 ,, 00 ,,	18 W 0,4 V	16 ,, 40 ,,
8 Mo 1 V	18 ,, 30 ,,	17 W 0,4 V 5 Co	20 ,, 00 ,,
8 Mo 1 V 6 Co	20 ,, 00 ,,		

Oertel und Scherer erprobten den Einfluß von 5—24% Kobalt auf einen Stahl mit 19% W, 4% Cr, 0,8% C und 1,5% V. Die Leistung der Schnellstähle bei der Bearbeitung eines Ni—Cr-Baustahles von 85 kg/mm² Festigkeit stieg bei Zulegierung von 5% Co um 100%, bei 10% Co um 200% und bei 15 bis 16% Co um 400%.

Dem Schnellarbeitsstahl ist eine Konkurrenz entstanden in der Stellit genannten, im Jahre 1912 von Haynes in Amerika zum Patent angemeldeten Metallegierung, die aus Kobalt und zwei oder mehreren Metallen der Chromgruppe, d. i. vorzugsweise Chrom, Wolfram und Molybdän besteht, wobei die Menge des Metalles oder der Metalle, die neben Kobalt und Chrom anwesend sind, 5—60% beträgt. Die kennzeichnende Eigenschaft des Stellits, die ihn zur Verwendung als Schneidmetall vorzüglich geeignet macht, ist seine hohe Härte, die er bis zu den höchsten Temperaturen beibehält. In der Abb. 257

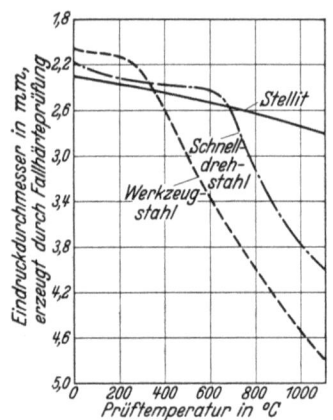

Abb. 257. Warmhärte bei einem Werkzeugstahl, einem Schnelldrehstahl und bei Stellit [Oertel und Pölzguter (2)].

---

* Die vor den Symbolen stehenden Zahlen bedeuten die ungefähren Prozentgehalte an den betr. Elementen.

** Schnittgeschw. = 17 m/min.; Spantiefe = 4 mm; Vorschub = 1,4 m; Festigkeit des bearbeiteten Materials = 75 kg/mm².

ist die Härte eines Werkzeug-(Kohlenstoff-)Stahles, eines Schnelldrehstahles und eines Stellits, ausgedrückt durch den ∅ des bei der Fallhärteprüfung erzeugten Kugeleindrucks, bis zu einer Temperatur von 1100° in Vergleich gesetzt. Eine weitere bemerkenswerte Eigenschaft des Stellits ist seine Verschleißfestigkeit bei hohen Temperaturen. Die Verwendung des Stellits zur Herstellung spanabhebender Werkzeuge gestattet eine erhebliche Steigerung der Schnittgeschwindigkeit. Besonders gut eignet sich das Hartmetall zur Bearbeitung von homogenem zähen Material, weniger gut für die Bearbeitung von karbidhaltigem, wie z. B. übereutektoidem Kohlenstoffstahl. Infolge seiner hohen Härte bis kurz unter den Schmelzpunkt, der bei ungefähr 1250° festgestellt wurde, läßt sich Stellit nicht warm verformen, eine Bearbeitung ist vielmehr nur durch Schleifen mit Schmirgelscheiben möglich. Seine relative Härte liegt ein wenig tiefer als die eines gehärteten Schnellarbeitsstahles. Es läßt sich zwar auch die Härte durch Änderung der Legierung noch steigern, doch geschieht dies auf Kosten der Zähigkeit. Stellit eignet sich in erster Linie für ruhige gleichmäßige Schneidarbeit, weniger für stoßweise Beanspruchung (Hobelmaschinen usw.). Von größter Bedeutung ist die richtige Wahl des Kohlenstoffgehaltes. Sowohl in den Patenten von Haynes als auch in der bisher nur spärlichen Literatur über Stellit ist dieser Punkt stets unberücksichtigt geblieben. Vorteilhaft zur Herstellung von Schneidwerkzeugen ist eine Stellitlegierung mit 1—3% C; 40—55% Co; 15—33% Cr; 10—17% W. Das Gefüge des Stellits besteht aus komplexen Karbiden, die in einer eutektischen Grundmasse eingebettet sind. Mit Rücksicht auf den hohen Preis wird der Stellit besser in aufgeschweißtem Zustand verwendet. Am geeignetsten ist das elektrische Stumpfschweißverfahren, aber auch ein Auflöten mittels Kupfer ist möglich. Gemäß dem Gefügeaufbau verlangen Werkzeuge aus Stellit eine besondere Behandlungsweise, z. B. darf der Stellit von hoher Temperatur keinesfalls in einem Härtemittel abgeschreckt werden. Bemerkenswert ist der hohe Widerstand von Stellit gegen die Einwirkung von Gasen, Wasser und Säuren. Er rostet nicht und widersteht der Oxydation bei hohen Temperaturen. Stellit wird daher in vieler Beziehung an Stelle von nichtrostendem Stahl verwendet werden können.

Nach Schulz (4) wirkt ein Eisengehalt von 5%, nach Oertel und Pakulla (1) ein solcher von 10% vermindernd auf die Leistung von Stellit. Der Stellit ist daher kaum noch als Eisenlegierung anzusprechen.

Neuere Schneidmetalle sind Miramant (Röchling), Widia (Krupp) und Carboloy (General Electric Comp.). Miramant ist wie der Stellit eine gegossene Legierung, während Widia und Carboloy durch Sinterung hergestellt werden. Das Widia-Schneidmetall besteht aus den sehr harten Wolframkarbiden, die in eine weichere Grundmasse aus Kobalt, Nickel oder Eisen eingebettet sind.

Die als Werkzeugstähle verwendeten Chromstähle, Nickelstähle, Wolframstähle und Vanadiumstähle sind bereits früher besprochen worden. Auf die Verwendung der Chrom-Nickelbaustähle auch als Werkzeugstähle wurde bereits hingewiesen. Als weitere Werkzeugstahlgruppe sind noch die Chrom-Manganstähle zu erwähnen.

Zur Ergänzung der früheren Angaben über Analyse und Verwendungszweck von Werkzeugstählen mögen die folgenden Tabellen dienen:

Werkzeugstähle (Kohlenstoffstähle).

Analyse			Verwendungszweck
% C	% Mn	% Si	
1,25—1,38	0,35	0,25	Dreh- und Hobelmeißel normaler Beanspruchung, Fräser, Spiralbohrer, Rasiermesser, Sägefeilen
1,40—1,50	0,35	0,25	Dreh- und Hobelmeißel normaler · Beanspruchung, Fräser, Spiralbohrer, Rasiermesser, Sägefeilen usw.
0,99—1,10	0,35	0,25	Kompl. Schnitte und Stanzen, Prägestempel, Bohrer, Gewindebohrer, Feilen, Feilenhauermeißel, Kaltmatrizen und Scherenmesser usw.
0,90—0,98	0,35	0,25	Hand- und Schrotmeißel, Holzbearbeitungswerkzeuge, Kaltsägen und Metallkreissägen mit gestauchten, geschränkten und gewellten Zähnen, Gesenke
0,70—0,79	0,35	0,25	Döpper, Hämmer, Warmmatrizen, Stanzen für weiche Bleche
0,90—1,00	0,9—1,0	0,40	Für alle Arten Holzsägen und Messer, für Bearbeitung von Holz, Kork, Gummi, Leder, Papier, Tuch, Tabak usw. sowie für den landwirtschaftlichen Gebrauch, ferner besonders geeignet für Lehren
0,85—0,92 bzw. 0,78—0,84	0,60	0,40	Für alle Arten Holzsägen und Messer, für Bearbeitung von Holz, Kork, Gummi, Leder, Papier, Tuch, Tabak usw. sowie für den landwirtschaftlichen Gebrauch, geeignet für Lehren
0,80—0,83	0,35	0,25	Allgemeine Werkzeuge, Dorne, Körner, Drehstähle auf Eisen usw.
1,10—1,20	0,35	0,25	Drehmeißel für Maschinenguß, Spiralbohrer, Reibahlen
0,45	0,60—0,65	0,40—0,45	Schweißstahl, Gesteinsbohrer
0,50—0,60	0,95—1,10	0,40—0,50	Stammblätter, Sägen, Messer
0,55	1,00	0,35—0,45	Stammblätter, Sägen, Messer
0,50—0,60	0,50—0,60	0,35	Gesenke

Legierte Werkzeugstähle.

Analyse					Verwendungszweck
% C	% Mn	% Si	% Mo	% Cr	
0,85—1,05	0,60	0,40	—	0,5—0,6	Lange Gewindebohrer, Stehbolzenbohrer, Kaltsägen, Metall-, Lang- und Kreissägen, Sägefeilen, Rasiermesser, Schlitzfräser, Schienensägen
1,0—1,20	0,35	0,25	0,5—0,7	1,0—1,2	Kaltsägen, Metallkreissägen, Schlitzfräser, Schienensägen, Metall-Langsägen, hochbeanspruchte Fräser, Drehstähle a. Hartguß
0,35—0,45	0,7—1,0	0,3—0,4	—	0,7—1,0	Warmpreßstempel, Ventile, Panzerplatten

Quaternäre und komplexe Stähle.

Schnellarbeitsstähle.

Analyse								Verwendungszweck
% C	% Mn	% Si	% W	% Cr	% Mo	% Co	% V	
0,50—0,60	0,35	0,25	13—14	4,0—4,5	—	—	—	Dreh-, Schlicht- und Schrubb- arbeit, ferner für Spiralboh- rer, Warmge- senke, Metall- sägen, Fräser usw.
0,50—0,60	0,35	0,25	13—14	4,0—4,5	—	—	0,3—0,5	
0,55—0,65	0,35	0,25	18—20	4,0—5,0	—	—	—	
0,55—0,65	0,35	0,25	18—20	4,0—5,0	—	—	0,3—0,5	
0,60—0,70	0,35	0,10	22—25	4,0—5,0	—	—	1,0	
0,6—0,65	0,35	0,35	9,0—9,5	4,2—4,6	3,5—4,0	—	0,2—0,5	
0,6—0,7	0,35	0,35	12—13	4,0—5,0	3,5—4,0	1,5	0,3—0,5	
1,5—1,6	0,45	0,3—0,4	—	11—12	0,5—0,4	3,5	—	

Kugellager- und Zieheisenstahl.

Analyse				Verwendungszweck
% C	% Mn	% Si	% Cr	
0,85—1,05	0,35	0,25	0,9—1,3	Kugeln
0,85—1,05	0,35	0,24	1,4—1,8	Kugellager
1,00	0,25	0,40	1,5—1,7	Magnete
2,20—2,50	0,35	0,25	2,8—3,3	Zieheisen
2,20—2,50	0,35	0,25	11,0—12,0	Hochbeanspruchte Schnitte und Stan- zen, Ziehdorne und Zieheisen

C. Komplexe Stähle für Sonderzwecke.

Auf die nichtrostenden Chrom-Nickel und Chrom-Manganstähle wurde bereits hingewiesen. Zu erwähnen ist noch, daß ein Zusatz von Molybdän oder von Kupfer zu rostbeständigen Chromstählen deren Korrosionswiderstand gegen ver- schiedene Einwirkungen erhöht.

Die Zusammensetzung und die wichtigsten Eigenschaften einiger komplexer Dauermagnetstähle sind in der folgenden Tabelle enthalten:

C %	Cr %	Co %	Mo %	W %	Remanenz $\mathfrak{B}_r$	Koerz.-Kraft $\mathfrak{H}_c$	$\mathfrak{H}_r \cdot \mathfrak{B}_c$ mittel
0,9—1,2	5—6	5—6	—	—	9—9,8 × 10³	85—100	390 × 10³
0,9—1,2	8—11	8—11	1,0—1,5	—	7—9,5 × 10³	140—165	600 × 10³
0,9—1,2	9—11	14—17	1,0—1,5	—	7,5—9,5 × 10³	170—200	700 × 10³
0,8—1,05	1,5—5	30—40	0—4,5	5—9	8—9 × 10³	200—250	900 × 10³

Ausscheidungshärtbare Fe—Co—Mo- (oder W-) Legierungen nach Köster (5) besitzen maximal 350 Oersted Koerzitivkraft bei einer Remanenz von 7300 Gauß. Der neue K.S.-Stahl von Honda (9) ist ebenfalls ausscheidungshärtbar und besitzt bei 660⁰ angelassen bei einem Gehalt von 15—36% Co, 10—25% Ni und 8—25% Ti eine Remanenz von 6400—7600 und eine Koerzitivkraft von 800—920.

Als Ventilstähle, die vor allem bei hohen Temperaturen eine gute Dauer- standfestigkeit und Zunderbeständigkeit besitzen müssen, kommen die folgenden Werkstoffe in Betracht:

Bis zu 750⁰: 0,3—0,4% C; 2—3% Cr; 10—13% W.
0,45—0,55% C; 2,5—3,5% Si; 8—9% Cr.
Bis zu 900⁰: 0,4—0,5% C; ~ 1% Si; 1% Mn; 12—15% Cr; 12—15% Ni; 2—3% W.

Über weitere Ventilstahllegierungen siehe Handforth (1).

34. Der spezifische Einfluß der wichtigsten Elemente auf die Eigenschaften des Stahles.

Der Versuch, den spezifischen Einfluß der wichtigsten Elemente auf die Festigkeitseigenschaften, die Härte, die Kerbschlagzähigkeit, das spezifische Gewicht und den elektrischen Widerstand zahlenmäßig festzulegen, ist von P. Oberhoffer (16) bereits gemacht worden. Der absolute Wert derartiger Zahlenangaben ist aber aus folgenden Gründen gering:

Für die Festlegung des spezifischen Einflusses ist die Berücksichtigung eines möglichst großen Zahlenmaterials über die Eigenschaftswerte erforderlich, das, soweit es überhaupt vorliegt, an verschiedenen Stellen erhalten worden ist und daher in den meisten Fällen die wichtigste Forderung der gleichen Behandlung des Probematerials (Herstellung, Verarbeitung, Wärmebehandlung) nicht erfüllt. Anderseits ist es fraglich, ob es überhaupt möglich ist, die Versuchsbedingungen so zu wählen, daß vergleichbare Werte geschaffen werden. Ein Beispiel möge dies erläutern. Unter sonst gleichen Bedingungen ist die härtende Wirkung beschleunigter Abkühlung z. B. bei Chromstählen größer als bei reinen Kohlenstoffstählen. Geht man von der Auffassung aus, daß diese eine (indirekte) spezifische Wirkung des Chroms darstellt, so wären Chrom- und Kohlenstoffstähle nach gleicher Behandlung vergleichbar. Eine andere Auffassung wäre die, einen Vergleich nur an Stählen von gleicher mikroskopischer Gefügebeschaffenheit, für die ein Maßstab noch festzulegen wäre, für zulässig zu erklären. In diesem Falle würde die direkte spezifische Wirkung der Elemente zum Ausdruck gelangen. Endlich wäre es bei Baustählen möglich, den zu vergleichenden Stählen eine solche Behandlung zu erteilen, daß eine wichtige Eigenschaft, z. B. die Festigkeit, für alle Stähle den gleichen Wert erreicht, der innerhalb der an Baustähle zu stellenden Anforderungen liegt. Die übrigen Eigenschaften, insbesondere die Streckgrenze, Dehnung und Kerbschlagzähigkeit sind dann vergleichbar. Die beiden ersten Verfahren dürften wohl zunächst aus Gründen leichterer Durchführbarkeit dem letzteren vorzuziehen sein.

Der Wert der Darstellung des Einflusses gleichzeitig anwesender Mengen C, Mn, Si, P und S auf die Eigenschaften des Stahles an Hand von Formeln empirischer Natur ist aus den angeführten Gründen ebenfalls nur gering.

Schließlich sei noch darauf hingewiesen, daß eine vergleichende Übersicht über den spezifischen Einfluß der Elemente auf die Eigenschaften des Eisens sich auf den geglühten Zustand beziehen müßte. Viele Stähle werden aber gerade auf Grund der Eigenschaften verwendet, die sie nach geeigneter Wärmebehandlung aufweisen. Der praktische Wert einer derartigen Übersicht würde daher nicht bedeutend sein.

In diesem Zusammenhang sei ein erfolgreicher Versuch erwähnt, den Maurer gemeinsam mit Schmidt (2) unternahm, um in Kohlenstoff-, Mangan-, Nickel-

Der spezifische Einfluß der wichtigsten Elemente auf die Eigenschaften des Stahls. 265

und Chromstählen einige Eigenschaften aus der Zusammensetzung der Stähle zu errechnen. Diese Eigenschaften, und zwar der Ausdehnungskoeffizient zwischen 20 und 450°, die Kugeldruckhärte und die Koerzitivkraft wurden zunächst für

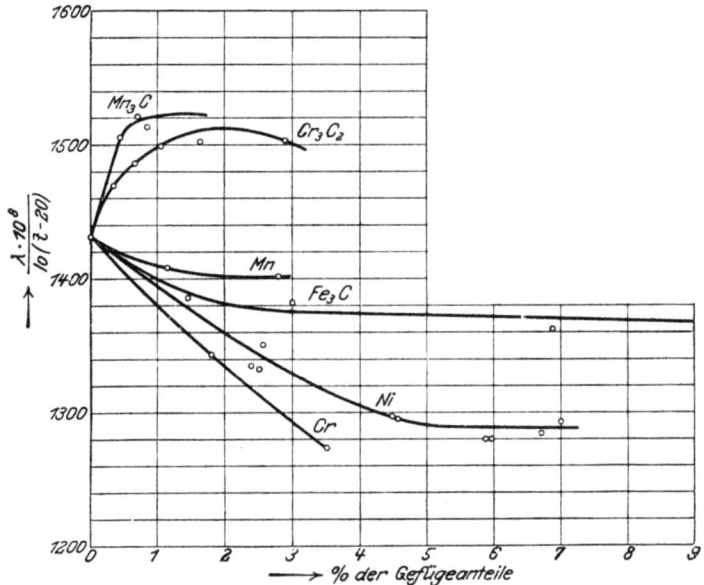

Abb. 258. Einfluß verschiedener Gefügebestandteile auf den mittleren Ausdehnungskoeffizienten des Eisens [Maurer und Schmidt (2)].

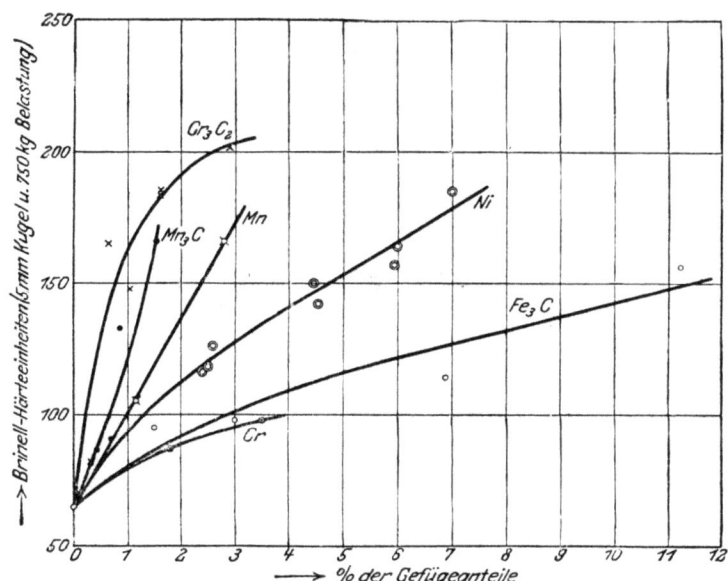

Abb. 259. Einfluß verschiedener Gefügebestandteile auf die Härte des Eisens [Maurer und Schmidt (2)].

eine Reihe von Stählen verschiedenster Zusammensetzung ermittelt. Sodann wurden die auf Ferrit und Sonderkarbid entfallenden Beträge der betreffenden Legierungselemente ermittelt und der Einfluß der einzelnen Gefügebestandteile

266 Die Konstitution des Eisens in Abhängigkeit von der chemischen Zusammensetzung.

berechnet. Die Ergebnisse sind in den Abb. 258—260 dargestellt und bedürfen keiner besonderen Erläuterung. Die Tatsache, daß die aus diesen Angaben berechneten Werte mit dem an den geglühten Stählen gefundenen in hinreichender

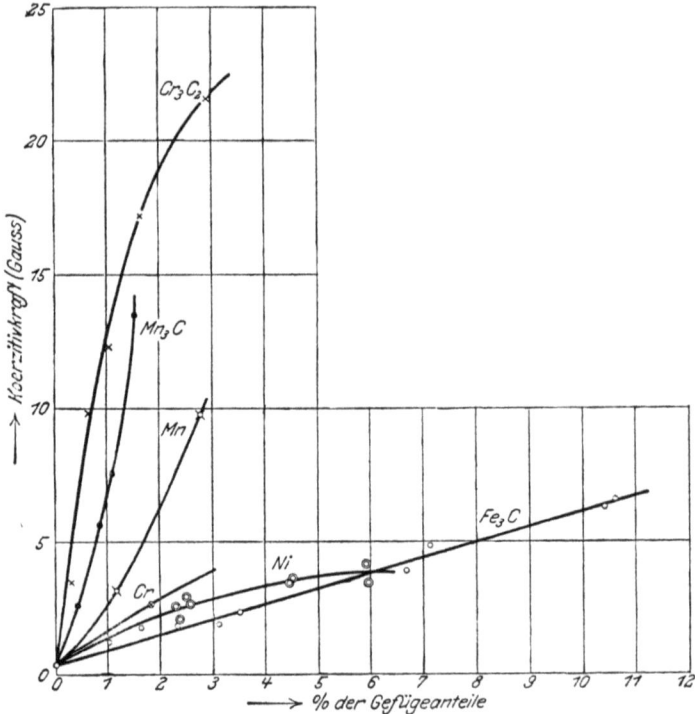

Abb. 260. Einfluß verschiedener Gefügebestandteile auf die Koerzitivkraft des Eisens [Maurer und Schmidt (2)].

Übereinstimmung standen, beweist, daß sich die Wirkung der einzelnen Bestandteile in einfacher Weise addiert. Bemerkenswert ist dann ferner, daß dies auch für die quaternären Nickelchromstähle zutrifft.

III. Einfluß der Temperatur auf die Eigenschaften von Stahl.

Im Abschnitt II wurde gezeigt, daß das Studium der Temperaturabhängigkeit gewisser Eigenschaften wertvolle Aufschlüsse über die Konstitution zu geben vermag. Im vorliegenden Abschnitt soll der gleiche Gegenstand mehr vom technischen Standpunkt aus behandelt werden. Die Tatsache, daß der Stahl normalerweise Temperaturen von -25 bis $+40^0$ ausgesetzt wird, zwingt zur Untersuchung der Frage, wie sich die technischen Eigenschaften, insbesondere die Festigkeitseigenschaften innerhalb dieses Temperaturgebietes verhalten. Aber darüber hinaus ist die Kenntnis des Verhaltens des Stahles bei hohen Temperaturen erforderlich, da mit der Entwicklung des Maschinenbaues die Temperaturen, denen die Baustoffe ausgesetzt sind, ständig gestiegen sind. Dies gilt besonders für den Bau von Hoch- und Höchstdruckkesselanlagen und die Ausgestaltung der Heißdampfmaschinen, Gasmaschinen und Turbinen. Auch in der chemischen Industrie sind häufig Druckbehälter bei hohen Temperaturen beträchtlichen mechanischen Beanspruchungen ausgesetzt (Hydrier-Spaltanlagen). Eine dem Verwendungszweck angepaßte Eigenschaftsermittlung vermag wichtige Aufschlüsse über das Verhalten eines Materials zu geben bzw. dessen Auswahl für einen bestimmten Zweck zu erleichtern. In anderen Fällen wurde versucht, Zusammenhänge zwischen der Temperaturabhängigkeit einzelner mechanischer Eigenschaften mit anderen Eigenschaften technologischer Art (Formänderungsfähigkeit, Schnitthaltigkeit) herzustellen. Endlich gibt der Umstand, daß das Eisen leicht oxydiert, Anlaß zum Studium der Frage, ob diese bei der Verwendung manchmal recht unangenehme Eigenschaft sich durch Legierungszusätze in günstigem Sinne verändern läßt. So besitzt das Studium der Temperaturabhängigkeit der Eigenschaften des Eisens nicht nur wissenschaftliche, sondern eine außerordentliche praktische Bedeutung.

1. Unlegierte Stähle.

In Abb. 261 sind die Festigkeitseigenschaften von Stahl in Abhängigkeit von der Temperatur schematisch dargestellt. Während die Elastizitäts- und die Streckgrenze mit wachsender Temperatur stetig zu niedrigeren Werten absinken, zeigen Zugfestigkeit, Dehnung und Kontraktion ein wesentlich anderes Verhalten. Die Zugfestigkeit nimmt, ausgehend von niedrigen Temperaturen, zunächst mit steigender Temperatur stark ab, beginnt aber je nach dem Kohlenstoffgehalt zwischen 50 und 200^0 wieder anzusteigen, wobei die für Raumtemperatur geltende Zugfestigkeit überschritten wird, und fällt nach Erreichen eines Höchstwertes bei $200-300^0$ mit weiter steigender Prüftemperatur rasch

268   Einfluß der Temperatur auf die Eigenschaften von Stahl.

auf sehr niedrige Festigkeitswerte ab. Die Umwandlung von α- in γ-Eisen gelangt auf der Festigkeitskurve zum Ausdruck [Rosenhain und Humfrey (2)].

Die Dehnungs- und Einschnürungsschaulinien nehmen oberhalb Raumtemperatur einen der Zugfestigkeitslinie nahezu reziproken Verlauf, da den Höchstwerten der Zugfestigkeit Mindestwerte der Einschnürung bei nahezu den gleichen Temperaturen, solche der Dehnung bei in der

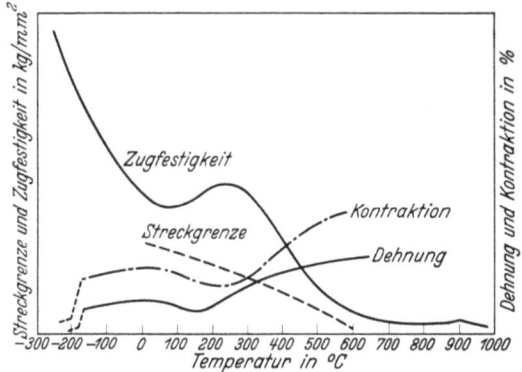

Abb. 261. Einfluß der Temperatur auf die Festigkeitseigenschaften.

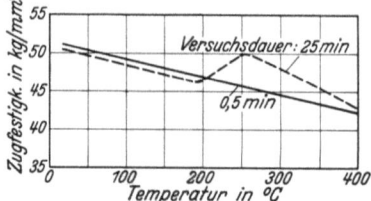

Abb. 262. Abhängigkeit der Zugfestigkeit eines Stahles mit 0,2 % C von der Temperatur und von der Zerreißgeschwindigkeit [Knipp (1)].

Regel etwas tieferen Temperaturen entsprechen. Bei — 140 bis — 180° sollen Dehnung und Kontraktion eine plötzliche Verminderung um etwa 80% erfahren.

Es ist sehr wahrscheinlich, daß die Höchstwerte der Zugfestigkeit und die Mindestwerte der Dehnung und Kontraktion verursacht werden durch Ausscheidungsvorgänge, die während des Zugversuches stattfinden. Alterungsbeständige Stähle zeigen diese Unstetigkeiten nicht. E. Knipp (1) hat gezeigt, daß das Auftreten des Höchstwertes der Zugfestigkeit abhängig ist von der Zerreißgeschwindigkeit. Bei hoher Zerreißgeschwindigkeit tritt kein Zugfestigkeitsmaximum auf (s. Abb. 262). Dieses Ergebnis wird von

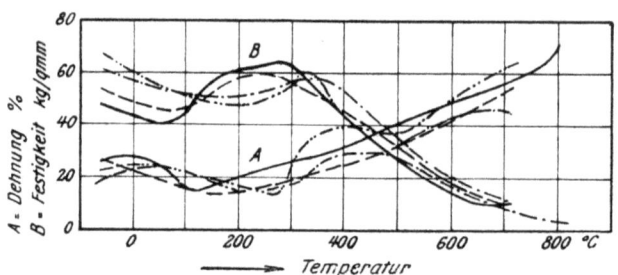

Abb. 263. Abhängigkeit der Festigkeit und Dehnung von der Temperatur [Reinhold].
——— 0,04 % C,   ---- 0,13 % C,
—·—·— 0,51 % C,   —··—··— 0,81 % C.

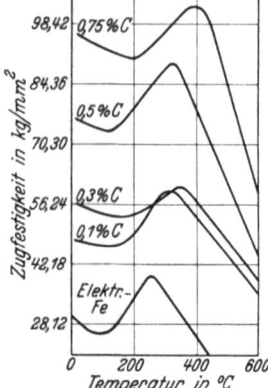

Abb. 264. Zugfestigkeit von Elektrolyteisen und Stählen mit verschiedenen C-Gehalten [Sauveur und Lee (1)].

Knipp so gedeutet, daß bei der hohen Zerreißgeschwindigkeit nicht genügend Zeit für das Ablaufen der durch die Verformung eingeleiteten Ausscheidungsvorgänge zur Verfügung stand.

Bei Durchführung des Zugversuches mit normaler Geschwindigkeit werden indessen stets die Unstetigkeiten zwischen etwa 50 und 500° erhalten, wie die Abb. 263 und 264 an Stählen mit verschiedenen Kohlenstoffgehalten erkennen lassen.

Unlegierte Stähle. 269

Ein besonderes Verhalten zeigt beim Warmzerreißversuch die Streckgrenze. Wie Abb. 265 zeigt, ist sie nur bis zu Temperaturen von etwa 300° im Spannungs-Dehnungsschaubild erkennbar. An Stelle der eigentlichen Streckgrenze wird daher bei Temperaturen oberhalb 300° (s. Abb. 261) die Spannung bestimmt, bei der die bleibende Dehnung 0,2% der Meßlänge erreicht (0,2-Grenze, $\sigma_{0,2}$). Dieser Wert ist auf Grund praktischer Erwägungen festgelegt worden.

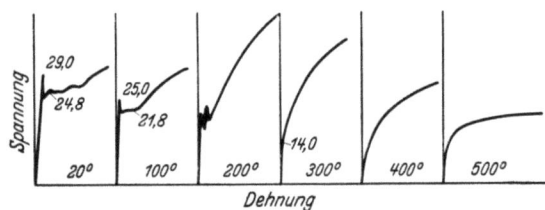

Abb. 265. Ausbildung der Streckgrenze von Kesselblech bei höheren Temperaturen [Körber (7)].

Die Härte zeigt erwartungsgemäß eine Temperaturabhängigkeit, die grundsätzlich mit der der Zugfestigkeit übereinstimmt (Abb. 266).

Eine schematische Darstellung der Kerbzähigkeit in Abhängigkeit von der Temperatur zeigt Abb. 267.

Mit fallender Temperatur steigt die Kerbzähigkeit bis etwa 600° an, durchläuft dann in einem Temperaturgebiet um 500°, in dem die Festigkeitseigenschaften keine auffälligen Änderungen zeigen, einen Tiefstwert, um dann erneut an-

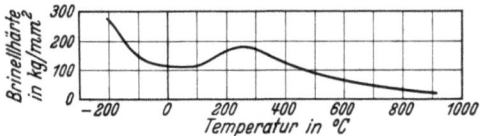

Abb. 266. Abhängigkeit der Härte von der Temperatur (Stahl mit 0,10 % C).

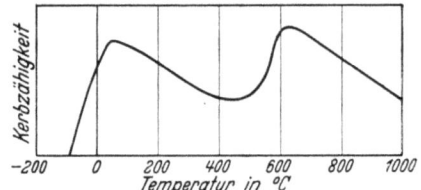

Abb. 267. Abhängigkeit der Kerbschlagzähigkeit von der Temperatur (schematisch).

zusteigen. Ein zweiter Abfall, der sogenannte Steilabfall, liegt in der Umgebung der Raumtemperatur und ist daher von besonderer Bedeutung.

In der Umgebung des Minimums der Kerbzähigkeit bei etwa 500° laufen die Bruchflächen blau an. Diesem Umstande sowie der längst bekannten Sprödigkeit des Eisens bei 300—500° verleiht die Bezeichnung „Blaubrüchigkeit" Ausdruck. Jede Formänderung innerhalb des genannten Temperaturintervalls soll tunlichst vermieden werden, was insbesondere beim Schmieden, Biegen, Bördeln usw. zu beachten ist. Die Tatsache, daß die Sprödigkeit sich innerhalb des Blaubruch-Temperaturintervalls auf der Kerbschlagzähigkeits-, nicht aber auf der Zugfestigkeits- und Dehnungskurve äußert, ließ zunächst vermuten, daß man es mit verschiedenen Erscheinungen zu tun habe.

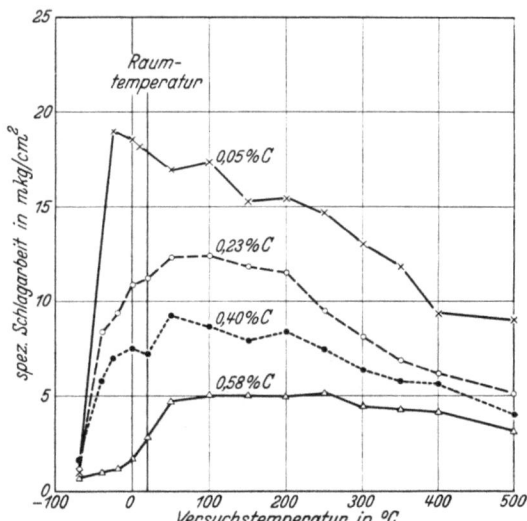

Abb. 268. Kerbschlagzähigkeit für vier gewalzte Kohlenstoffstähle zwischen — 70 und + 500° [Körber und Pomp (8)].

Versuche von A. Le Chatelier (3), die in einem gewissen Widerspruch zu denen von Knipp (1) stehen, haben ergeben, daß das Zugfestigkeitsmaximum sich durch Steigerung der Versuchsgeschwindigkeit nach höheren Temperaturen verschiebt und beim Schlagzerreißversuch bei 400—500°, also in ähnlicher Lage wie beim Kerbschlagversuch, auftritt. Im übrigen soll die Erscheinung des Blaubruchs noch in einem besonderen Abschnitt behandelt werden.

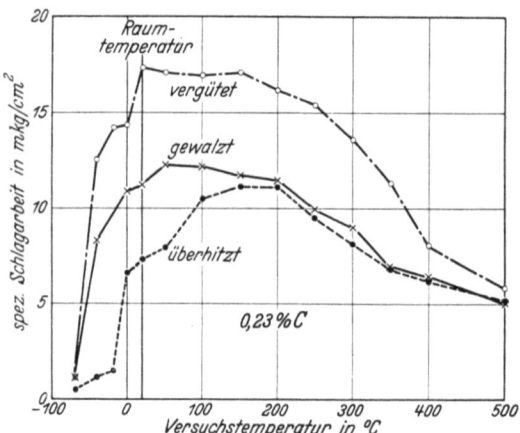

Abb. 269. Kerbschlagzähigkeit von gewalztem, vergütetem und überhitztem Stahl mit 0,23 % C in Abhängigkeit von der Prüftemperatur [Körber und Pomp (8)].

Der Steilabfall der Kerbschlagzähigkeit nahe der Raumtemperatur ist deswegen von besonderer Wichtigkeit, weil ein Stahl, der sich bei normaler Temperatur in der Hochlage der Kerbschlagzähigkeit befindet, bei sinkender Temperatur, also z. B. im Winter, in die Tieflage sinken kann, d. h. er wird spröde. In Abb. 268 ist die Kerbzähigkeit einiger gewalzter Kohlenstoffstähle zwischen $-70°$ und $+500°$ nach F. Körber und A. Pomp (8) wiedergegeben. Die Abb. 269, die der gleichen Arbeit entnommen ist, läßt den Einfluß verschiedener Wärmebehandlungen auf die Lage des Steilabfalles erkennen. Während die Vergütung den Steilabfall zu niedrigeren Temperaturen verschiebt, also eine günstige Wirkung ausübt, wird er durch Überhitzung zu höheren Temperaturen verschoben, also ungünstig beeinflußt. Durch Alterung (s. den entsprechenden Abschnitt), wird der Steilabfall ebenfalls zu höheren Temperaturen verlegt.

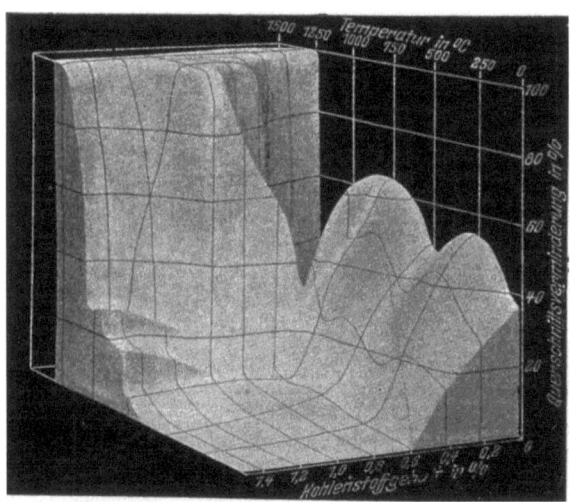

Abb. 270. Abhängigkeit der Kontraktion von der Temperatur und vom C-Gehalt [Dupuy (1)].

Als Maß für die Sprödigkeit hat Dupuy (1) statt der Kerbschlagzähigkeit die Kontraktion benutzt. Seinen Ergebnissen verleiht das Raumdiagramm Abb. 270 Ausdruck. Bis 0,6 % Kohlenstoff treten zwei mit steigendem Kohlenstoffgehalt an Intensität abnehmende Maxima bei etwa 250 und 850° auf. Jedem Maximum folgt ein Minimum, von denen das erste im Blaubruchintervall liegt. Dem zweiten Minimum folgt dann ein vom Kohlenstoffgehalt unabhängiges Maximum. Stähle mit mehr als 0,6 % Kohlenstoff reißen bis 1000° fast ohne Kontraktion, weisen aber oberhalb dieser Temperatur eine rasche Steigerung der Kontraktion auf. Ob die Anomalien bei höheren Temperaturen, wie Dupuy glaubt, auf die Zustandsänderungen zurückzuführen sind, müssen weitere Versuche lehren.

Da die Streckgrenze und Festigkeit der Kohlenstoffstähle bei Temperaturen oberhalb 400° sehr rasch abfallen (s. a. die späteren Ausführungen über die Dauerstandfestigkeit) und ihre Zunderbeständigkeit außerdem sehr gering ist, kommt ihre technische Verwendung bei hohen Temperaturen (oberhalb 400°) nicht in Betracht.

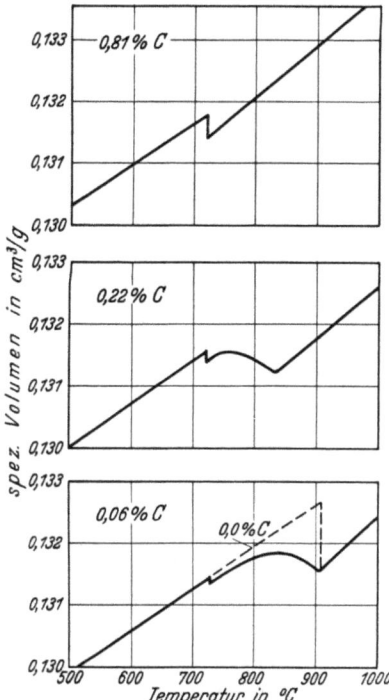

Abb. 271. Abhängigkeit des spezifischen Volumens bei verschiedenen Kohlenstoffstählen von der Temperatur [Driesen (1, 2); Tammann und Bandel (3)].

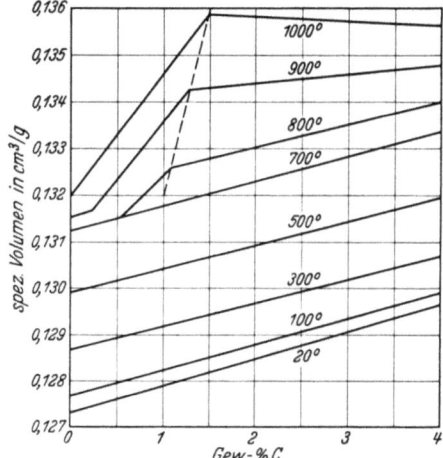

Abb. 272. Isothermen des spezifischen Volumens in Abhängigkeit vom Kohlenstoffgehalt [Driesen (1, 2); Tammann und Bandel (3)].

Die Abhängigkeit des mittleren linearen Ausdehnungskoeffizienten und der Wärmeleitfähigkeit von Kohlenstoffstählen von der Temperatur ist bereits in dem Abschnitt „Einfluß des Kohlenstoffs auf die Eigenschaften des technischen Eisens" behandelt worden.

In Abb. 271 ist die Änderung des spezifischen Volumens mit der Temperatur, von G. Tammann und G. Bandel (3) errechnet aus Angaben von Driesen (1, 2) über die Wärmeausdehnung, wiedergegeben. Die Umwandlungen prägen sich im Kurvenverlauf deutlich aus.

Abb. 272 gibt Isothermen des spezifischen Volumens für Kohlenstoffgehalte bis zu 4% ebenfalls nach Tammann und Bandel wieder. Der Einfluß der Umwandlungsvorgänge macht sich

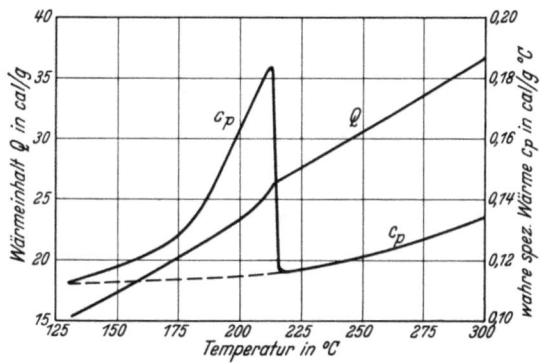

Abb. 273. Wärmeinhalt und wahre spezifische Wärme bei einem Stahl mit 1,16% C [Umino (2)].

272　Einfluß der Temperatur auf die Eigenschaften von Stahl.

auch in dieser Darstellung bemerkbar. Die gestrichelt eingezeichnete Gerade deutet die ES-Linie des Eisen-Kohlenstoffschaubildes an.

Aus der in Abb. 273 dargestellten Abhängigkeit des Wärmeinhaltes und der wahren spezifischen Wärme eines Stahles mit 1,16% C von der Temperatur [Umino (2)] ist deutlich die Temperaturlage und der Charakter der A_0-Umwandlung zu entnehmen. Es zeigt sich, daß die magnetische Umwandlung des Zementits ähnlich wie die des α-Eisens sich über ein großes Temperaturgebiet erstreckt.

2. Legierte Stähle.

Untersuchungen von F. P. Fischer und K. Schleip (1) an Nickelstahl mit 3 und 5% Ni, von F. Körber und A. Pomp (9) an Stahlguß und von A. Pomp (2) an Stählen mit bis zu 4% Silizium decken sich in ihren Ergebnissen mit der in Abb. 261 dargestellten Charakteristik.

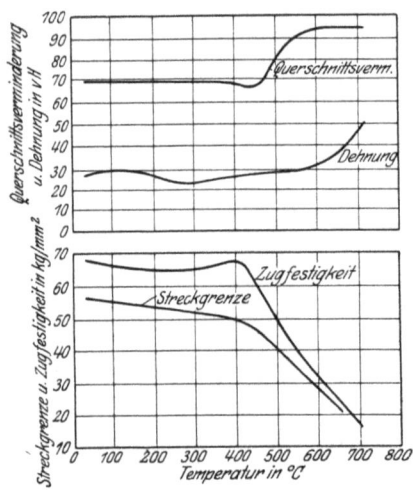

Abb. 274. Festigkeitseigenschaften eines Chromnickelstahles mit 0,34% C, 0,59% Mn, 0,1% Si, 2,4% Ni, 0,38% Cr in der Wärme [Mc Perrhan (1)].

Zumeist macht sich jedoch der Einfluß von Legierungselementen bei den perlitischen Stählen in der Weise bemerkbar, daß die Kurven der Festigkeitseigenschaften ausgeglichener erscheinen, das Sprödigkeitsmaximum in der Blauwärme fast verschwindet und der sogenannte Erweichungspunkt* nach höheren Temperaturgebieten verschoben wird. Nickel und Chrom, in Gehalten, wie sie bei den Konstruktionsstählen Anwendung finden, wirken in diesem Sinne. Abb. 274 nach Mc Perrhan (1) belegt dies zahlenmäßig.

Vanadin und besonders Molybdän bewirken gerade bei sehr geringen Gehalten eine ausgesprochene Verbesserung der Festigkeitseigenschaften in der Wärme. In der Abb. 275 nach P. Prömper und E. Pohl (1) sind die Streckgrenzen von Kohlenstoffstahlblech, Vanadin- und Molybdänstahlblech bis zu Temperaturen von 500° gegenübergestellt. Der Vanadin- und Molybdänstahl hatten folgende Zusammensetzung:

Vanadinstahl　0,19% C;　— Si;　0,47% Mn;　0,19% V

Molybdänstahl 0,15% C;　— Si;　0,50% Mn;　—　; 0,34% Mo.

Im Gußzustand weisen diese Stähle die gleiche große Überlegenheit gegenüber dem Kohlenstoffstahl auf. Als weiteres Legierungselement, das die Warmfestigkeitseigenschaften des Stahles schon bei geringen Gehalten günstig beeinflußt, ist das Kupfer zu nennen.

Ein rein austenitischer Nickelstahl zeigte die in der Abb. 276 dargestellten Eigenschaftsänderungen in Abhängigkeit von der Temperatur. Die Festigkeit beginnt bei verhältnismäßig niedriger Temperatur abzufallen, während die

---

* Das ist der Punkt, bei dem die Härte mit steigender Temperatur beginnt rasch abzufallen.

Dehnung zunächst erheblich ansteigt, um erst von 500° an unter den ursprünglichen Wert zu sinken; ebenso sinkt von dieser Temperatur an die Kontraktion. Die Tendenz der beiden letztgenannten Eigenschaften ist also hier die entgegengesetzte von der bei perlitischen Stählen beobachteten.

E. Houdremont und V. Ehmcke (2) haben den Einfluß von Legierungselementen auf die Festigkeitseigenschaften von Stahl in der Wärme nach allgemeinen Gesichtspunkten behandelt. Hiernach gilt bis zu Temperaturen von maximal 500° die Regel, daß alle die Elemente, die die Festigkeit und Streckgrenze bei Raumtemperatur erhöhen, im gleichen Sinne auf die gleichen Eigenschaften auch bei erhöhter Temperatur einwirken. Bei Temperaturen oberhalb 500° erscheint es wichtig, die Art und Höhe des Legierungszusatzes so zu wählen, daß die Kristallerholung und Rekristallisation zu hohen Temperaturen verlegt wird, da ein Werkstoff, solange er unterhalb der Rekristallisations- bzw.

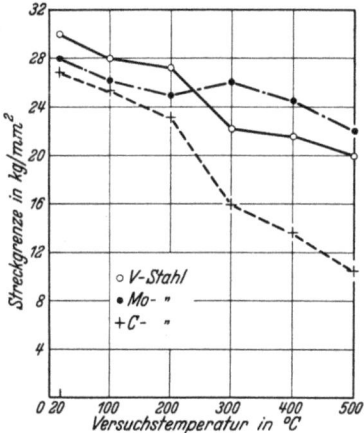

Abb. 275. Warmstreckgrenze von Vanadin- und Molybdän-Stahlblech verglichen mit der von Kohlenstoffstahlblech [Prömper und Pohl (1)].

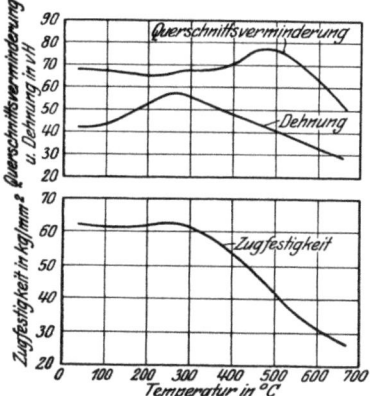

Abb. 276. Festigkeitseigenschaften eines Nickelstahls mit 33% Ni, 0,25% C, 0,55% Mn, 0,25% Si in der Wärme [Mc Perrhan (1)].

Kristallerholungstemperatur beansprucht wird, bei einer plastischen Verformung einer weiteren Formänderung durch Verfestigung Widerstand entgegensetzen kann. In dieser Hinsicht kommt Chrom, Wolfram, Molybdän und Vanadin in höheren Prozentgehalten eine Bedeutung zu. Chrom- und Wolframstähle mit mehr als 10% Legierungszusatz weisen bereits eine erheblich höhere Rekristallisationstemperatur auf als Kohlenstoffstähle. Auch einige austenitische Stähle besitzen eine beträchtliche Rekristallisationsträgheit unterhalb 650°.

Für die Festigkeitseigenschaften legierter Stähle bis zu 650° ist von wesentlicher Bedeutung die Wärmebehandlung. Als solche kommt im Grunde nur die Vergütung in Frage. Die Stähle können im vergüteten Zustande gute Warmfestigkeitseigenschaften aufweisen, die nach Überführung in den gehärteten Zustand erst bei hohen Anlaßtemperaturen Veränderungen erfahren, also anlaßbeständig sind. Die Verwendung kann alsdann bei Temperaturen erfolgen, die unterhalb derjenigen liegen, bei der beim Anlassen der Gleichgewichtszustand herbeigeführt wurde. Der anlaßbeständigste Stahl ist der Schnellarbeitsstahl. Er erhält seine höchste Härte und Festigkeit nach dem Ablöschen von hohen Temperaturen erst nach Anlassen auf 600° und anschließender Abkühlung infolge des Zerfalls des Restaustenits zu Martensit. (Sekundärhärte.) Wird der nun aus sehr anlaßbeständigem Martensit bestehende Stahl bei erhöhten Temperaturen beansprucht, so zeigt sich, daß seine Härte (Abb. 277) und entsprechend seine Zugfestigkeit bei Prüftemperaturen bis 600° nicht sehr wesentlich unterschieden sind von den Eigenschaftswerten bei Raumtemperatur.

Oberhalb Temperaturen von 650° gehen aber auch die anlaßbeständigsten Schnellstähle mehr oder weniger vollkommen in den ausgeglühten Zustand über, so daß sie bei 700 und 800° nur noch verhältnismäßig niedrige Warmfestigkeitseigenschaften aufweisen.

Vergleicht man einen Schnellstahl bei seiner Schmelztemperatur (etwa 1350°) mit einem weichen Stahl, so ist der Formänderungswiderstand des Schnellstahles gleich Null, während der des weichen Stahles, dessen Schmelzpunkt bei 1350° noch nicht erreicht ist, noch einen gewissen Wert aufweist. Aus dieser Betrachtung eines Grenzfalles ist zu schließen, daß für die Festigkeitseigenschaften bei sehr hohen Temperaturen der Schmelzpunkt von Bedeutung ist. Zur Erzielung hochwarmfester Stähle ist es daher erforderlich, Legierungselemente zu verwenden, deren Schmelzpunkte nach Möglichkeit höher oder etwa gleich hoch liegen wie der von Eisen (Nickel, Chrom, Wolfram, Molybdän).

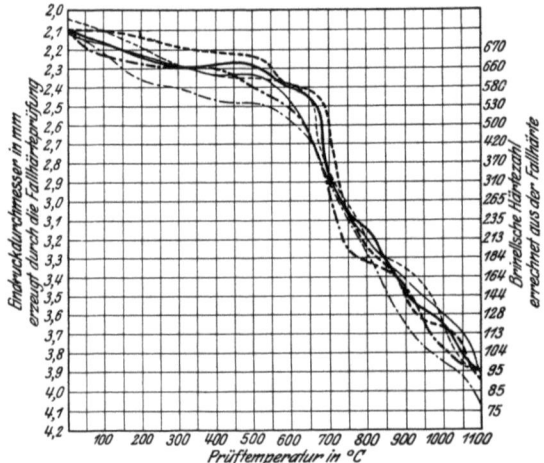

	C	Mn	Si	Cr	W	Mo	Co	V
———	0,79	0,68	0,21	4,87	12,01	—	5,1	0,41
- - -	0,83	0,36	0,77	4,47	13,31	—	—	0,44
-·-·-	0,79	0,56	0,25	4,42	—	6,34	5,05	

angelassen auf 600° {——— ; -·-·-} In Öl gehärtet {——— bei 1200°; -·-·- bei 1150°}

Abb. 277. Warmhärte von Schnellarbeitsstahl [Pölzguter (1)].

Auf Grund der Feststellung, daß der Austenit einen höheren Formänderungswiderstand besitzt als das α-Eisen, und auf Grund der bei manchen austenitischen Stählen sehr hoch liegenden Rekristallisationstemperatur, sind viele austenitische Stähle besonders gut als warmfeste Stähle geeignet. H. Schottky und H. Jungbluth (1) beobachteten bei einem austenischen Stahl mit 7% Nickel und 20% Chrom die Rekristallisationstemperatur nach einer 50%igen Verformung bei 900°.

C %	Si %	Mn %	Ni %	Cr %	W %	V %	Stahlart	Warmfestigkeit kg/mm² bei 800°
1,5				13,5			Basis α-Eisen	9,5
1,4				11,2	2,0	0,8	desgl.	8,1
0,55	3,00			11,0			desgl.	5,5
0,55	3,00			11,0	1,5		desgl.	7,5
0,6				13,8	14,8	2,0	Basis γ-Eisen	25,0
0,6			4,8		13,3	5,0	desgl.	23,1
0,7			4,7		14,5		desgl.	22,4

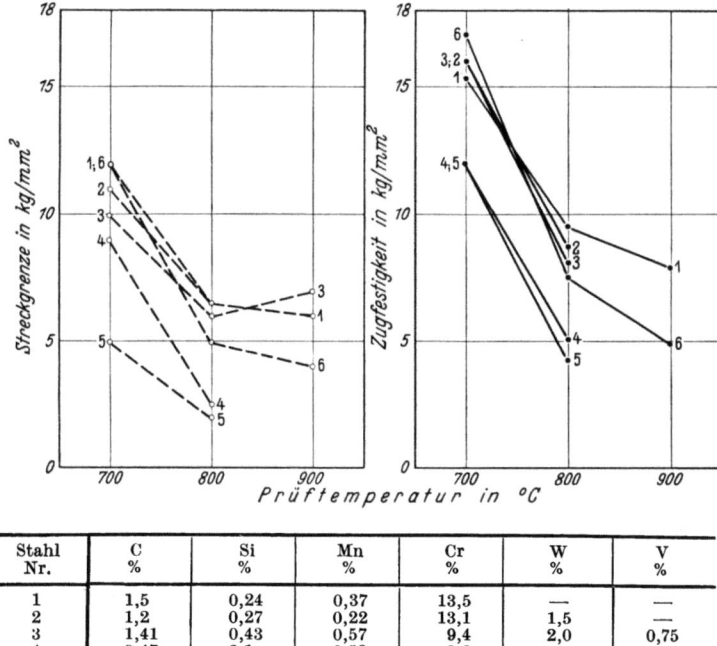

Abb. 278. Streckgrenze und Festigkeit von Stählen auf der Basis des 12%igen Chromstahles bei 700, 800 und 900° [Houdremont und Ehmcke (2)].

Stahl Nr.	C %	Si %	Mn %	Cr %	W %	V %
1	1,5	0,24	0,37	13,5	—	—
2	1,2	0,27	0,22	13,1	1,5	—
3	1,41	0,43	0,57	9,4	2,0	0,75
4	0,47	3,1	0,50	8,2	—	—
5	0,55	2,92	0,22	11,0	—	—
6	0,54	2,62	0,27	10,1	1,5	—

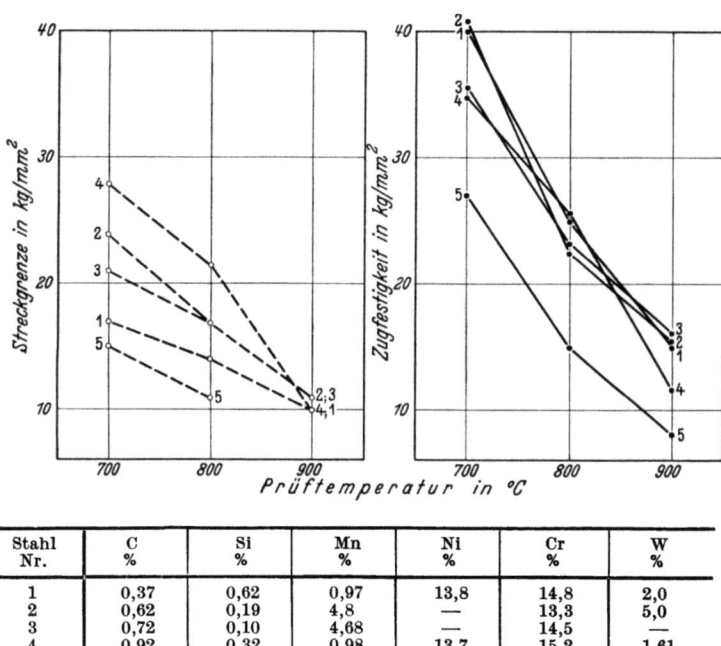

Stahl Nr.	C %	Si %	Mn %	Ni %	Cr %	W %
1	0,37	0,62	0,97	13,8	14,8	2,0
2	0,62	0,19	4,8	—	13,3	5,0
3	0,72	0,10	4,68	—	14,5	—
4	0,92	0,32	0,98	13,7	15,2	1,61
5	0,39	0,22	0,30	7,4	12,8	—

Abb. 279. Streckgrenze und Festigkeit von Stählen auf der Basis des hochprozentigen Chrom-Nickel-Stahles bei 700, 800 und 900° [Houdremont und Ehmcke (2)].

276 Einfluß der Temperatur auf die Eigenschaften von Stahl.

Die nach vorstehendem zu erwartenden, guten Festigkeitseigenschaften austenitischer Stähle bei hohen Temperaturen (oberhalb 650°) gehen aus der Tabelle auf S. 274 nach Houdremont und Ehmcke (2) hervor.

Die folgende Tabelle zeigt, ebenfalls nach Houdremont und Ehmcke, den günstigen Einfluß von Chrom und Wolfram auf die Warmfestigkeit austenitischer Stähle:

C	Mn	Ni	Cr	W	Streckgrenze in kg/mm² bei 800°	Festigkeit
0,60	4,5	14,9			8,0	14,0
0,55	4,6	12,9	3,0		11,3	20,6
0,70	4,7		14,5		17,0	22,4
0,55	4,5	14,6		4,8	16,2	23,6
0,56	4,5	14,4		9,9	18,1	24,4
0,30		11,0	4,0	17,0	22,0	23,7

Weitere Angaben über die Warmfestigkeitseigenschaften verschiedener, hochlegierter Stähle werden durch die Abb. 278 bis 282 nach Houdremont und Ehmcke vermittelt.

Die Abb. 278 bis 282 lassen erkennen, daß selbst bei Verwendung geeigneter, hochlegierter Stähle bei Temperaturen von 800—900° nur noch mit verhältnismäßig geringen Streckgrenzen und Festigkeitswerten zu rechnen ist. Dabei ist zu berücksichtigen, daß sämtliche in dem vorliegenden Abschnitt bisher angegebenen Festigkeitswerte im Kurzzerreißversuch, d. h. im Zerreißversuch von maximal ½ stündiger Dauer, erhalten worden sind. Für die technische Verwendung von Stahl bei hohen Temperaturen sind aber, wie die Erfahrung gelehrt hat, die im Kurzzerreißversuch ermittelten Festigkeitswerte nicht maßgebend. Vielmehr ist es erforderlich, bei Angaben über die Beanspruchbarkeit von Stahl bei hohen Temperaturen die starke Abhängigkeit der Ergebnisse der Festigkeitsermittlung bei erhöhten Temperaturen von der Versuchsdauer zu berücksichtigen.

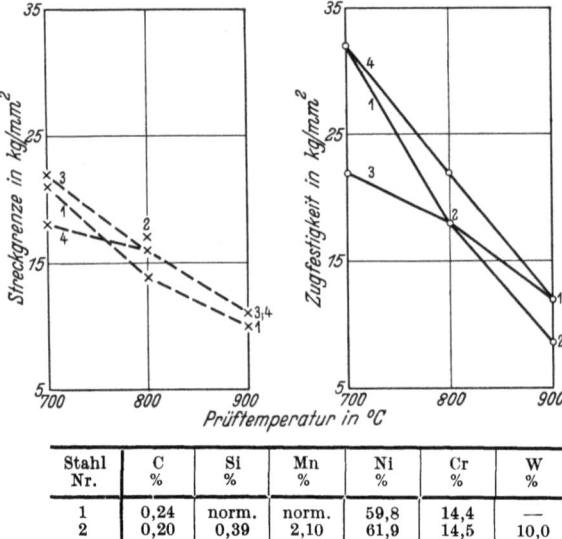

Stahl Nr.	C %	Si %	Mn %	Ni %	Cr %	W %
1	0,24	norm.	norm.	59,8	14,4	—
2	0,20	0,39	2,10	61,9	14,5	10,0
3	0,75	0,32	1,57	54,7	14,5	—
4	0,10	—	—	20,0	25,0	—

Abb. 280. Streckgrenze und Festigkeit von Chrom-Nickel-(Mangan)-Stählen mit hohen Nickelgehalten bei 700, 800 und 900° [Houdremont und Ehmcke (2)].

Abb. 283 zeigt den Einfluß der Zeit auf die Festigkeit nach A. L. Mellanby und W. Kerr (1). Die eingezeichneten Schaulinien sind einer Arbeit von F. C. Lea (1) entnommen. Schaulinie A zeigt die Zugfestigkeit eines Stahles mit 0,3% Kohlenstoff in Abhängigkeit von der Temperatur. Bei einer Belastung von 13,4 kg/mm² zerreißt die Probe in 6 sek, wenn die Temperatur 800° beträgt (Punkt 1). Bei der gleichen Belastung, aber bei einer Versuchstemperatur von 700° tritt der Bruch nach drei Minuten ein (Punkt 2), bei einer Temperatur von 600—650° nach 28 Stunden (Punkt 3), bei 550—600° erst nach 956 Stunden (Punkt 4) und bei 500—550° trat nach 3400 Stunden noch kein Bruch ein

(Punkt 5). Die Schaulinie B gibt für einen ähnlichen Stahl mit 0,32% Kohlenstoff nach Lea die Grenzbelastungen („Kriechfestigkeit") an, oberhalb deren ein ständiges Dehnen („Kriechen") des Werkstoffes bis zum Bruch eintritt. Aus dem Vergleich der Linien A und B ergibt sich, daß die der praktischen Beanspruchung besser entsprechende Linie A oberhalb 300° eine weit geringere Beanspruchbarkeit des Werkstoffes erkennen läßt, als die im Kurzzerreißversuch ermittelte Linie A.

Die Notwendigkeit, beim Zugversuch bei hohen Temperaturen den Einfluß der Zeit zu berücksichtigen, führte zur Entwicklung von Verfahren zur Ermittlung der Dauerstandfestigkeit [A. Pomp und A. Dahmen (3), Pomp und Enders (4, 5)]. Da die Ermittlung der wahren Dauerstandfestigkeit sehr zeitraubend ist und unter Umständen Monate und Jahre erfordert, begnügt man sich für viele Zwecke mit der Ermittlung der praktischen Dauerstandfestigkeit im Abkürzungsverfahren. Als praktische Dauerstandfestigkeit gilt die Spannung, unter der die Dehngeschwindigkeit in einer gewissen Zeit nach Aufbringen der Last (25. bis 35. Stunde) einen gewissen Betrag (0,0015 bzw. 0,0005 %/Std.) nicht überschreitet. Die Abb. 284 zeigt nach Versuchen von Pomp und Enders (4, 5) die 0,2-Grenze und die Dauerstandfestigkeit (0,0015%/Std. zwischen der 25. und 35. Stunde) von Stählen für Überhitzerrohre. Es ist klar zu erkennen, daß die 0,2-

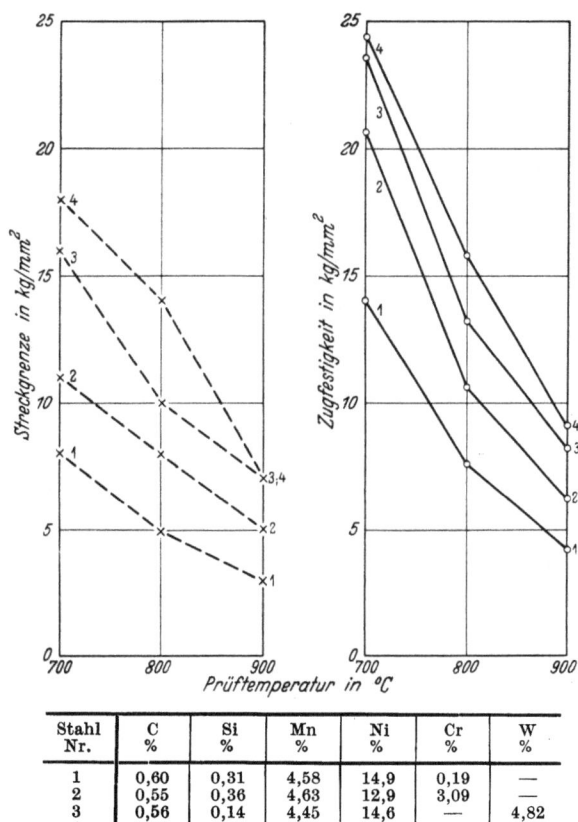

Stahl Nr.	C %	Si %	Mn %	Ni %	Cr %	W %
1	0,60	0,31	4,58	14,9	0,19	—
2	0,55	0,36	4,63	12,9	3,09	—
3	0,56	0,14	4,45	14,6	—	4,82
4	0,59	0,25	4,95	14,4	—	9,88

Abb. 281. Einfluß von Chrom und Wolfram auf Streckgrenze und Festigkeit von Nickel-Mangan-Stählen [Houdremont und Ehmcke (2)].

Grenze keinen Anhalt bietet für die Beanspruchbarkeit der Stähle bei höheren Temperaturen. Der günstige Einfluß von Molybdän und der verhältnismäßig schwache Einfluß von Nickel auf die Dauerstandfestigkeit bei höheren Temperaturen gehen ebenfalls aus den Kurvenzügen hervor. Die Eigenschaftswerte des Cr—Mo-Stahles wurden ebenfalls erreicht bzw. noch übertroffen durch einen Stahl mit 0,09% C, 0,49% Mn und 0,83% Cu.

Für die Verwendung von Stahl bei Temperaturen oberhalb 600° tritt neben die Forderung nach ausreichenden mechanischen Eigenschaften die nach Hitzebeständigkeit, d. h. Widerstandsfähigkeit gegenüber chemischen Einflüssen, wie oxydierende oder reduzierende Ofengase, Wasserdampf, Schwefelwasserstoff, glühende Kohle auf Rostfeuerungen, Schmelzen von Salzen, Metallen, Glas usw. Gegenüber den meisten dieser Einflüsse ist der Kohlenstoffstahl wenig beständig. So reicht seine Zunderbeständigkeit (Widerstandsfähigkeit gegenüber oxydierenden Mitteln) nur bis etwa 600° C.

Das wichtigste Legierungselement im Hinblick auf die Erzielung von Hitzebeständigkeit ist das Chrom. Hitzebeständige Chromstähle enthalten bis zu 30% Chrom. Als Zusatzelemente zu den Chromstählen kommen Aluminium und Silizium in Frage. Die Chrom-Nickelstähle weisen bei Gehalten von 10—60% Ni und bis zu 30% Cr eine ausgezeichnete Hitzebeständigkeit auf. In ihren höheren Gehalten leiten sie über zu den hitzebeständigen Chrom-Nickellegierungen (80% Ni; 20% Cr).

Einen besonderen Hinweis verdient das Aluminium. Wie weiter unten gezeigt wird, zählen gewisse Aluminiumstähle zu den hitzebeständigen Stählen.

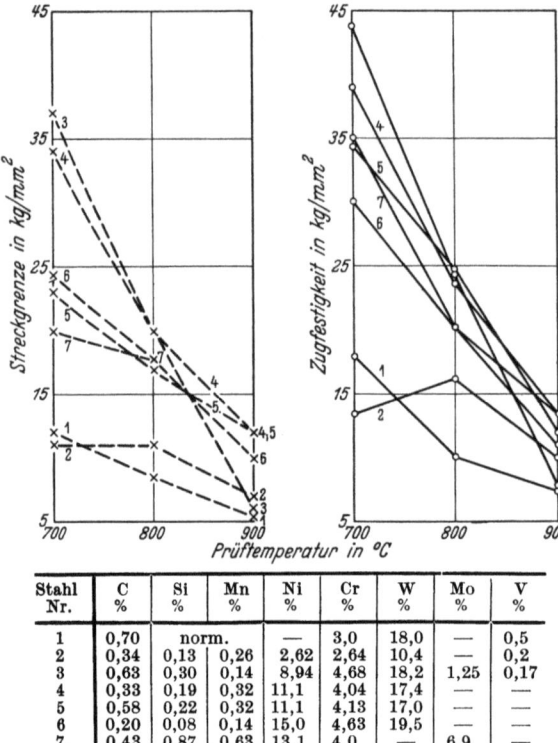

Stahl Nr.	C %	Si %	Mn %	Ni %	Cr %	W %	Mo %	V %
1	0,70	norm.	—	—	3,0	18,0	—	0,5
2	0,34	0,13	0,26	2,62	2,64	10,4	—	0,2
3	0,63	0,30	0,14	8,94	4,68	18,2	1,25	0,17
4	0,33	0,19	0,32	11,1	4,04	17,4	—	—
5	0,58	0,22	0,32	11,1	4,13	17,0	—	—
6	0,20	0,08	0,14	15,0	4,63	19,5	—	—
7	0,43	0,87	0,63	13,1	4,0	—	6,9	—

Abb. 282. Streckgrenze und Festigkeit von Stählen auf der Schnelldrehstahl-Basis bei 700, 800 und 900° [Houdremont und Ehmcke (2)].

Darüber hinaus werden Stahlgegenstände in ihrer Außenschicht auf dem Wege der Diffusion an Aluminium angereichert. Sie überziehen sich, wenn sie bei hohen Temperaturen mit oxydierenden Mitteln in Berührung gelangen, mit einer dünnen, aber dichten Schicht aus Aluminiumoxyd, die das Voranschreiten der Oxydation verhindert. Ganz ähnlich dürfte die Wirkung des Al auch in Al- und Cr—Al-Stählen sein.

Abb. 285 veranschaulicht den Widerstand einiger Stahlsorten gegen Oxydation. Die folgende Tabelle nach R. Scherer und G. Riedrich (2) gibt einen Überblick über die Zusammensetzung, die mechanischen Eigenschaften und die Zunderbeständigkeit einer Reihe von wichtigen, hitzebeständigen Stählen.

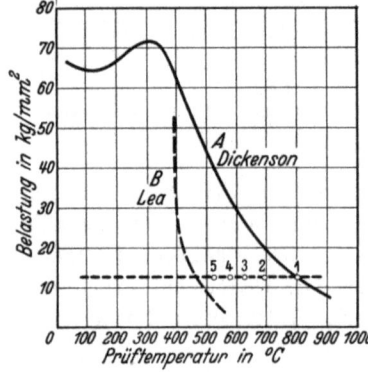

Abb. 283. Einfluß der Zeit auf die Festigkeit [Mellanby und Kerr (1)].

Die in der Tabelle angegebenen Temperaturen, bis zu denen die Stähle verwendet werden können, gelten für normale, aber nicht für schwefelhaltige Ofenatmosphären; denn Fälle in der Praxis

Legierte Stähle. 279

haben gezeigt, daß vor allen die austenitischen hochhitzebeständigen Stähle von schwefelhaltigen Ofengasen sehr schnell zerstört werden. Besonders gefährlich scheint der Schwefel in Form von Schwefelwasserstoff zu sein. Einen typischen Fall einer Zerstörung eines 3 mm starken Bleches aus einem Stahl mit 60% Ni und 15% Cr zeigt die Abb. 286. Durch das Eindringen der schwefelhaltigen Gase, das zunächst längs der Korngrenzen vor sich geht, wurde das Blech von 3 auf 6 mm aufgebläht (Nikkelsulfidbildung).

Die Überlegenheit von Gegenständen aus hitzebeständigem Stahl gegenüber solchen aus Kohlenstoffstahl zeigt Abb. 287.

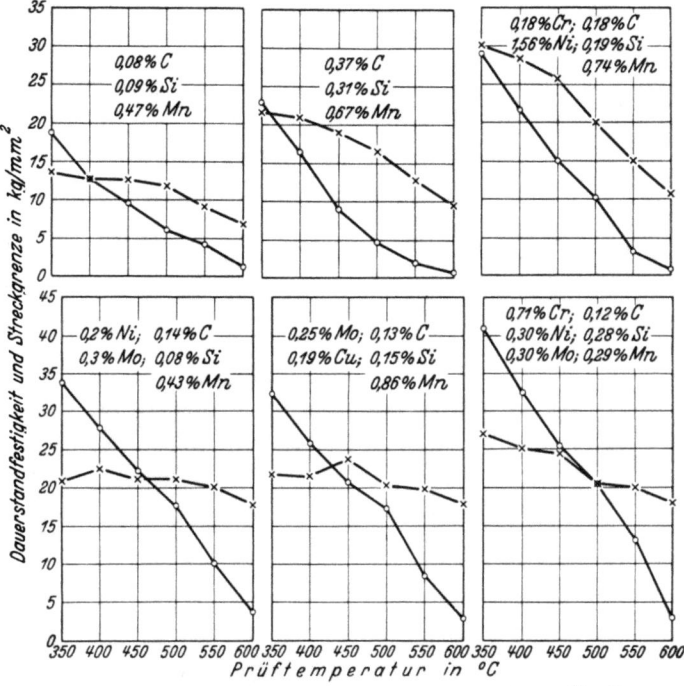

Abb. 284. 0,2-Grenze und Dauerstandfestigkeit von Stählen für Überhitzerrohre [Pomp und Enders (4, 5)].

In der Abbildung ist die Gewichtsabnahme zwischen 400 und 1100° nach 80- bis 100-stündiger Glühung für einen unlegierten Siemens-Martinstahl, für einen 30%igen Chromstahl und für einen Chrom-Nickelstahl mit 25% Cr und 25% Ni in Gramm pro Quadratmeter und Stunde aufgetragen.

Die Ergebnisse der Untersuchungen von E. Scheil und E. H. Schulz (2) über die Zunderbeständigkeit von Chromstählen, Aluminiumstählen und Chrom-Aluminiumstählen finden sich in den Abb. 288 bis 291. Die Proben von 20 × 13 × 13 mm wurden im trockenen Luftstrom

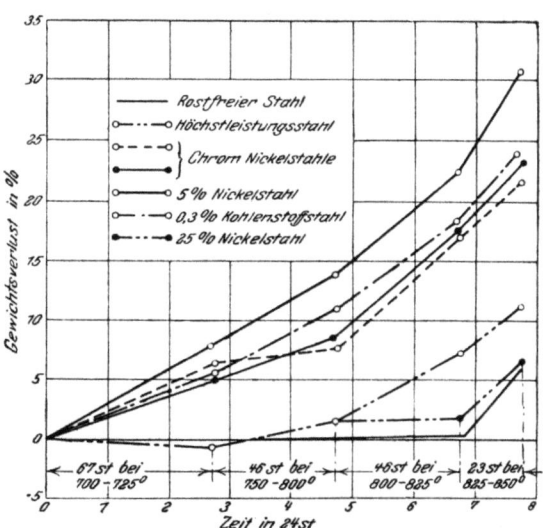

Abb. 285. Oxydierbarkeit einiger Stahlsorten [French (1)].

bei jeder Temperatur 4 Stunden geglüht. Der durchschnittliche Kohlenstoffgehalt lag unterhalb 0,1%. Die Abb. 288 zeigt das Verhalten von Cr-Stählen, die Abb. 289 das von Al-Stählen. In Abb. 290 ist der Zunderverlust von Al—Cr-

280 Einfluß der Temperatur auf die Eigenschaften von Stahl.

Zusammensetzung	Streckgrenze kg/mm²	Festigkeit kg/mm²	Dehnung %	Zunderbeständigkeit °C	Verwendung
a) austenitische hochhitzebeständige Stähle:					
10 Ni/20 Cr 25 Ni/25 Cr	35—40	65—70	30—35	bis 1000 „ 1100	Ofenbauteile und Glühbehälter
60 Ni/15 Cr 80 Ni/20 Cr	30—35	60—65	35—40	„ 1200	Einsatzkästen und Widerstandsdrähte
b) ferritische hochhitzebeständige Stähle:					
18—20 Cr 23—25 Cr 28—30 Cr	35—40	55—65	18—20	bis 950 „ 1000 „ 1100	Ofenbauteile bei geringer mechanischer Beanspruchung und Glühbehälter
10 Cr/2,5 Al 20 Cr/2,5 Al	30—35	55—65	10—15	„ 1000 „ 1200	
10 Cr/5 Al 11 Cr/8 Al	30—35	55—65	10—15	„ 1100 „ 1200	Widerstandsdrähte

Abb. 286. 60 Ni/15 Cr-Stahl, durch schwefelhaltige Ofengase zerstört [Scherer und Riedrich (2)].

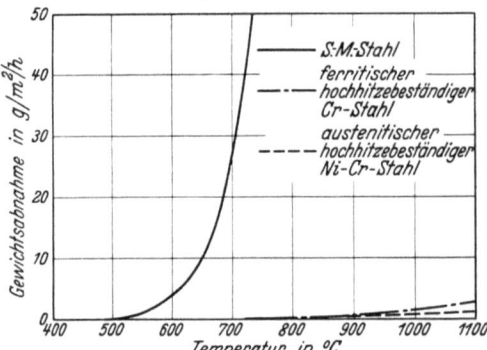

Abb. 287. Vergleich der Zunderbeständigkeit von hochhitzebeständigen Stählen und S.-M.-Stahl [Scherer und Riedrich (2)].

Stählen, in denen der Al-Gehalt etwa 3,5 mal so hoch wie der Chromgehalt ist, in Abb. 291 dagegen der Zunderverlust von Cr—Al-Stählen, in denen der Al-Gehalt etwa 0,75 mal so hoch wie der Chromgehalt ist, aufgetragen. Die Aluminiumstähle und Chrom-Aluminiumstähle mit 3,5 mal so hohem Al-Gehalt wie Chromgehalt zeigen ein außerordentlich günstiges Verhalten. Die Gewichtsabnahme durch Verzunderung in Gramm/m²Std. ist in Abb. 292 für einige ferritische Chromsiliziumstähle in Abhängigkeit von der Glühtemperatur aufgetragen[1].

Die Abb. 293 stellt die Verzunderung von austenitischen Chrom-Nickelstählen in Abhängigkeit von der Temperatur dar.

Es sei darauf hingewiesen, daß die hochhitzebeständigen Legierungen bei den höchsten Temperaturen, bei denen sie noch eine gute Beständigkeit aufweisen, selbstverständlich nur noch äußerst geringen mechanischen Beanspruchungen gewachsen sind. Abb. 294 zeigt als Beispiel die Kriechfestigkeit von Chrom-Nickelstahl (18 % Cr; 8 % Nickel) bei hohen Temperaturen [Grunert (1)].

---
[1] Entnommen aus dem Krupp-Prospekt „Hitzebeständige Stähle".

Legierte Stähle. 281

Für die Verwendung von legierten Stählen bei hohen Temperaturen ist die Kenntnis der Abhängigkeit zumindest einiger physikalischer Eigenschaften von der Temperatur von Bedeutung. Die Stähle, die bei Temperaturen unterhalb

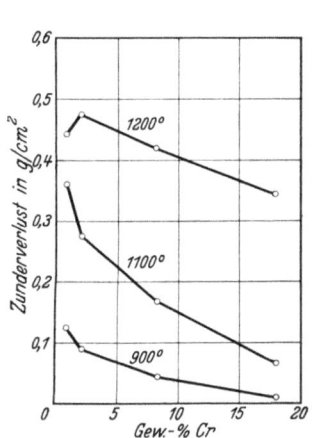
Abb. 288. Abhängigkeit der Zunderbeständigkeit vom Chromgehalt [Scheil und Schulz (2)].

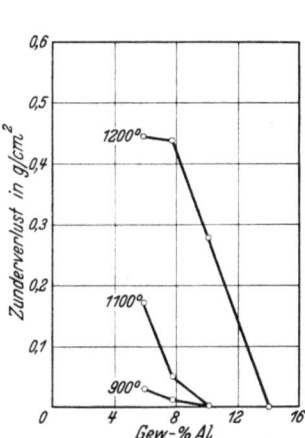
Abb. 289. Abhängigkeit der Zunderbeständigkeit vom Aluminiumgehalt [Scheil und Schulz (2)].

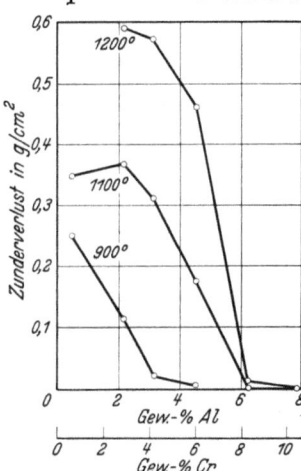
Abb. 290. Zunderbeständigkeit bei Al—Cr-Stählen [Scheil und Schulz (3)].

600—550° Verwendung finden, sind größtenteils niedrig legierte Mo-, V-, Cu-, MoCu-, Mo-Stähle. In ihren physikalischen Eigenschaften und deren Abhängigkeit von der Temperatur gleichen sie weitgehend den Kohlenstoffstählen.

Die hitzebeständigen Legierungen dagegen sind hochlegierte Stähle, die sich in ihren physikalischen Eigenschaften und deren Abhängigkeit von der Temperatur zum Teil wesentlich von den Kohlenstoffstählen unterscheiden. Das gleiche gilt für die

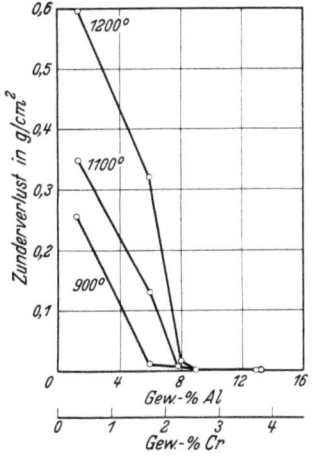
Abb. 291. Zunderbeständigkeit bei Cr-Al-Stählen [Scheil und Schulz (2)].

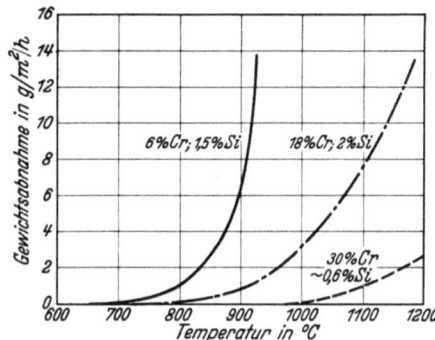
Abb. 292. Zunderverluste von ferritischen Chrom—Silizium-Stählen.

Schnelldrehstähle und ähnliche. Die folgenden Angaben beziehen sich daher vor allem auf hochlegierte Stähle.

Die Kenntnis der Temperaturabhängigkeit des elektrischen Leitwiderstandes ist besonders bei den Eisenlegierungen von Bedeutung, die für die Verwendung als Heizelemente geeignet erscheinen. Die Abb. 295—298 nach E. Scheil und E. H. Schulz (2) zeigen die Änderung des elektrischen Widerstandes von Al-, Cr- und AlCr- bzw. CrAl-Stählen mit weniger als 0,1% C. Die an die Symbole der Legierungselemente angeschriebenen Zahlen geben den Prozentgehalt

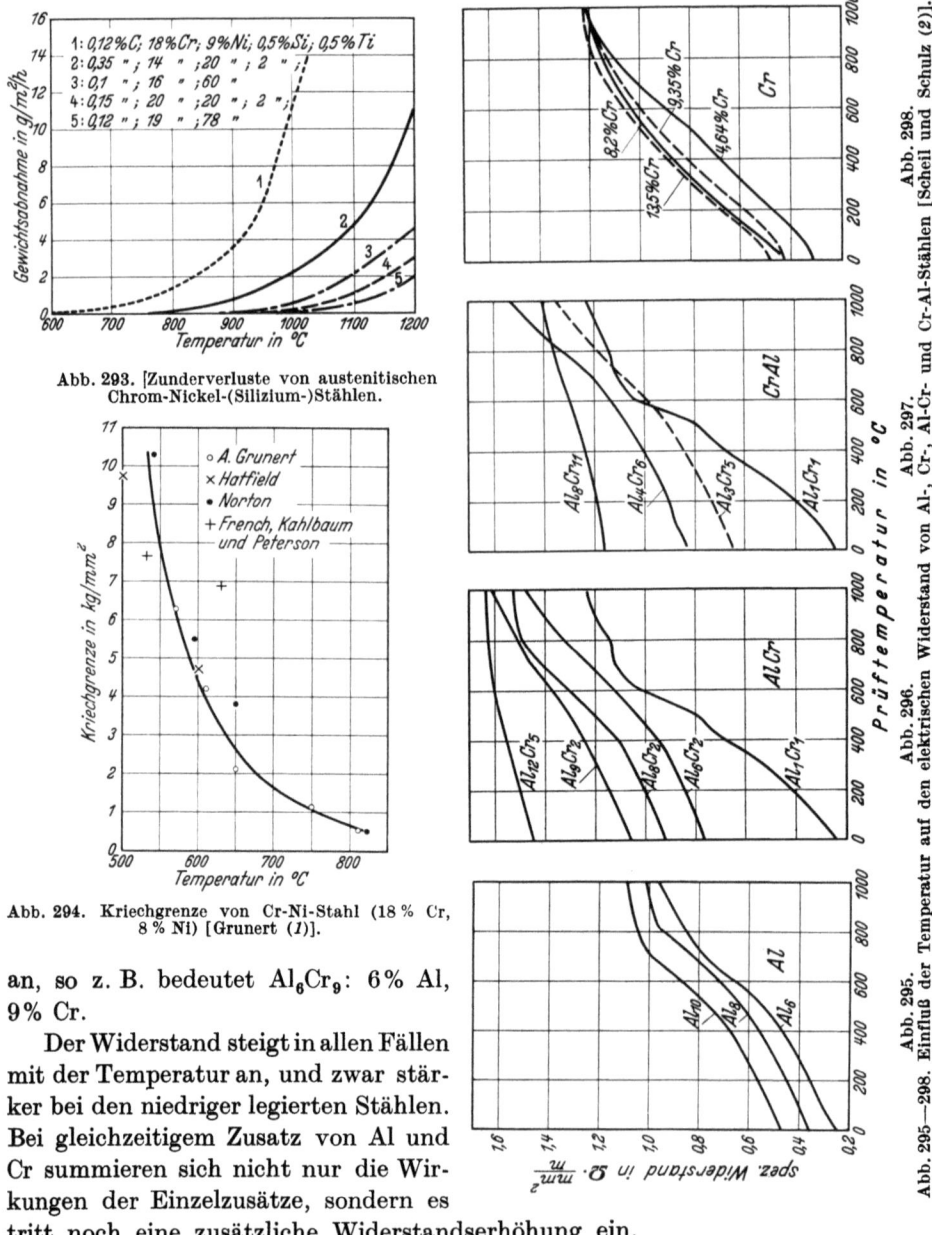

Abb. 293. [Zunderverluste von austenitischen Chrom-Nickel-(Silizium-)Stählen.

Abb. 294. Kriechgrenze von Cr-Ni-Stahl (18% Cr, 8% Ni) [Grunert (1)].

Abb. 295—298. Einfluß der Temperatur auf den elektrischen Widerstand von Al-, Cr-, Al-Cr- und Cr-Al-Stählen [Scheil und Schulz (2)].

an, so z. B. bedeutet Al_6Cr_9: 6% Al, 9% Cr.

Der Widerstand steigt in allen Fällen mit der Temperatur an, und zwar stärker bei den niedriger legierten Stählen. Bei gleichzeitigem Zusatz von Al und Cr summieren sich nicht nur die Wirkungen der Einzelzusätze, sondern es tritt noch eine zusätzliche Widerstandserhöhung ein.

In Abb. 299 ist der spezifische elektrische Widerstand von Legierungen mit 65% Fe, 5% Al und 30% Cr, bzw. 20% Fe, 65% Ni und 15% Cr verglichen mit dem Widerstand einer Chrom-Nickellegierung[1] (80% Ni; 20% Cr).

[1] Die Heräus-Vakuum-Schmelze. Hanau: Albertis 1933.

Bezüglich der Änderung des elektrischen Leitwiderstandes von Metallen und Legierungen gilt der folgende allgemeine Satz: Der Widerstand der reinen Metalle nimmt mit steigender Temperatur rascher zu als der der Legierungen, so daß die durch den Fremdstoff bedingte Widerstandszunahme mit wachsender Temperatur abnimmt.

Es ist bekannt, daß die **Wärmeleitfähigkeit** von Eisen und Stahl durch Legierungszusätze erniedrigt wird. Hochlegierte Stähle (z. B. Schnelldrehstähle) erfordern daher bei der Wärmebehandlung zur gleichmäßigen Durchwärmung eine wesentlich längere Zeit als unlegierte Stähle gleichen Kohlenstoffgehaltes. Wird hierauf keine Rücksicht genommen und beispielsweise ein Schnelldrehstahl nicht langsam genug erhitzt, so besteht die Gefahr, daß die infolge der Temperaturunterschiede zwischen Rand und Mitte entstehenden Wärmespannungen zur Rißbildung führen. Ist dagegen die gleichmäßige und durchgreifende Erwärmung

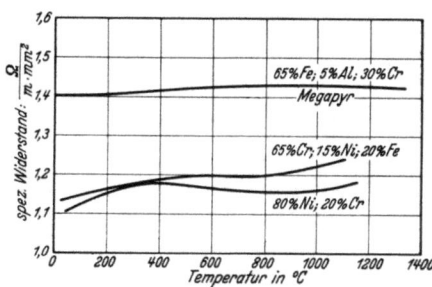

Abb. 299. Spezifischer Widerstand in Abhängigkeit von der Temperatur von zwei Eisenlegierungen sowie von einer Cr-Ni-Legierung.

bis zu einer Temperatur durchgeführt worden, bei der der Werkstoff eine derartige Plastizität aufweist, daß sich die Wärmespannungen leicht ausgleichen können, so kann die weitere Erwärmung ohne Gefahr der Rißbildung zur Vermeidung von Entkohlung bei hohen Temperaturen rascher vorgenommen werden.

Die Temperaturabhängigkeit der Wärmeleitfähigkeit läßt sich für reines Eisen durch die Formel darstellen:

$$\lambda = \lambda_0 (1 + \alpha t).$$

In diesem Ausdruck besitzt der Temperaturkoeffizient der Wärmeleitfähigkeit, α, einen negativen Wert, so daß die Leitfähigkeit mit steigender Temperatur abnehmen muß[1]. Die Temperaturabhängigkeit von α ist noch nicht genau bekannt. Der Mittelwert nach Hall (1) beträgt $-2{,}5 \cdot 10^{-4}$.

Für verschiedene legierte Stähle wurden von Sedström (1) nebenstehende Werte ermittelt.

Eisen-Nickel- und Eisen-Manganlegierungen sowie die Legierung mit 1,5% Si zeigen bei 100° eine geringere Leitfähigkeit als bei 0°. Die Legierung mit 0,6% Si zeigt ein umgekehrtes Verhalten, und bei den Al-Legierungen zeigt sich zwischen 0 und 100° kein Einfluß der Temperatur auf die Wärmeleitfähigkeit.

	Wärmeleitfähigkeit in cal/cm · sek · °C	
	bei 0°	bei 100°
0 % Ni	0,182	0,172
1,0% Ni	0,148	0,136
2,0% Ni	0,129	0,122
0 % Mn	0,182	0,172
0,6% Mn	0,148	0,129
1,0% Mn	0,132	0,115
0,6% Si	0,108	0,120
1,5% Si	0,0766	0,0742
0,5% Al	0,127	0,127
1,5% Al	0,0981	0,0981

---

[1] Über das entgegengesetzte Verhalten hochlegierter Stähle vgl. die Schrifttumsübersicht von F. Bollenrath und W. Bungardt (1).

Tabelle 20.

Werkstoff	Analyse in %												Temperatur °C	$\beta \times 10^6$	Beobachter
	C	Si	Mn	P	S	Cu	Ni	Cr	W	Mo	V			
Unlegierte Kohlenstoffstähle	0,06	0,05	0,13	—	—	—	—	—	—	—	—	0—100	11,0	Le Chatelier (4)
												500—600		
												600—700		
												700—800		
	0,1	—	—	—	—	—	—	—	—	—	—	−191 bis +16	9,2	L. Holborn (1)
	0,25	0,00	0,06	0,012	0,035	2	—	—	—	—	—	25—100	11,1	Souder u. Hidnert (1)
												25—300	12,5	
												25—600	14,3	
	0,41	0,086	0,64	0,052	0,06	—	—	—	—	—	—	25—100	11,1	
												25—300	12,7	
												25—600	14,3	
	0,49	0,12	1,21	0,05	0,05	—	—	—	—	—	—	25—100	11,3	
												25—300	12,7	
												25—600	14,7	
	0,59	0,25	0,92	0,024	0,033	—	—	—	—	—	—	25—100	11,1	
												25—300	12,9	
												25—600	14,6	
	0,5	—	—	—	—	—	—	—	—	—	—	−191 bis +16	8,96	L. Holborn (1)
	0,2 bis 0,8	—	—	—	—	—	—	—	—	—	—	0—100	11,0	Le Chatelier (4)
												400—500	14,5	
												500—600	17,0	
												600—700	16,5	
	1,4	—	—	—	—	—	—	—	—	—	—	−180 bis +20	8,4	Dorsey (1)
Gußeisen	3,08	1,68	—	—	—	—	—	—	—	—	—	25—100	8,4	Souder u. Hidnert
												25—300	11,6	
	3,5	—	—	—	—	—	—	—	—	—	—	−191 bis 16	8,66	L. Holborn (1)
Siliziumstahl	0,09	3,7	0,19	—	—	—	0,05	0,18	—	—	0,05	25—100	11,1	Souder u. Hidnert
												25—300	12,6	
												25—600	14,0	
Manganstahl	—	—	14	—	—	—	—	—	—	—	—		24,5	Le Chatelier (4)
Kupferstähle	0,14	0,03	0,10	0,030	0,035	1,85	—	1,15	—	—	0,21	25—100	11,2	Souder u. Hidnert
												25—300	12,7	
												25—600	14,3	
	0,34	0,09	0,28	0,011	0,043	2,7	—	0,82	—	—	0,26	25—100	11,6	
												25—300	12,1	
												25—600	14,6	
Nickelstähle	—	—	—	—	—	—	10	—	—	—	—	0—20	13,0	Kaye (1)
	—	—	—	—	—	—	20	—	—	—	—	0—20	19,5	
	—	—	—	—	—	—	30	—	—	—	—	0—20	12,0	

Legierte Stähle.

Stahlart	C	Si	Mn	P	S	Ni	Cr	W	Mo	V	Temperatur °C	α·10⁶	Beobachter
Chromstähle	—	—	—	—	—	—	—	—	—	—	0—20	6,0	Souder u. Hidnert
	—	—	—	—	—	—	—	—	—	—	0—20	0,97	
	—	—	—	—	—	—	—	—	—	—	0—20	12,5	
	0,38	0,10	1,17	0,055	0,067	40	—	—	—	—	25—100	11,2	
						50					25—300	12,9	
						80					25—600	14,5	
	0,41	0,12	1,11	0,053	0,049	0,81	—	—	—	—	25—100	11,6	
											25—300	12,6	
											25—600	14,4	
	0,33	0,09	0,78	0,014	0,035	2,0	—	—	—	—	25—100	10,9	
						3,59					25—300	12,9	
											25—600	13,8	
	0,14	—	—	—	—	34,5	—	—	—	—	25—100	3,7	
											25—300	9,2	
						36,1					25—600	13,6	
	—	—	—	—	—		—	—	—	—	−191 bis 18	0,98	Valentiner u. Wallot (I)
											−126 bis 22	0,81	
											−64 bis 22	0,45	
	0,39	—	0,39	—	—	36,1	—	—	—	—	15—100	1,5	Charpy u. Grenet (I)
											200—400	11,8	
											400—600	17,0	
											600—900	20,3	
Chromstähle	1,28	—	0,37	—	—	—	0,19	—	—	—	25—100	11,0	Souder u. Hidnert
											25—300	12,0	
	0,3 bis 0,4	—	—	—	—	—	13	—	—	—	25—600	14,1	
											25—100	10,0	
											25—300	11,0	
											25—600	12,2	
Nickel-Chromstähle	0,17	0,14	0,01	0,01	0,026	3,94	2,50	—	—	0,39	25—100	10,8	Souder u. Hidnert
											25—300	12,1	
											25—600	13,3	
Wolframstähle	0,51	1,45	0,42	0,016	0,021	—	—	1,58	—	—	25—100	10,4	Souder u. Hidnert
											25—300	12,2	
											25—600	14,2	
	0,40	0,10	0,25	0,012	0,023	—	—	3,96	—	—	25—100	11,1	
											25—300	12,5	
											25—600	14,2	
Chrom-Molybdän-stähle	0,17	0,04	0,08	0,010	0,029	—	0,92	—	0,64	0,24	25—100	11,3	Souder u. Hidnert
											25—300	12,5	
											25—600	14,2	
Vanadinstahl	0,44	0,16	0,57	0,013	0,033	—	—	—	—	0,14	25—100	11,2	Souder u. Hidnert
											25—300	12,7	
											25—600	14,5	

Die folgende Tabelle enthält Wärmeleitfähigkeitswerte für 100, 200, 300 und 400° von Flußstählen mit verschiedenen Kohlenstoffgehalten, Temperguß und verschiedene Gußeisensorten nach I. W. Donaldson (2)

Werkstoff	Chem. Zusammensetzung in %					Wärmeleitfähigkeit in cal/cm · sek · °C			
	C	Si	Mn	P	S	100°	200°	300°	400°
Weicheisen	Spur	0,09	0,20	0,007	0,014	0,175	0,172	0,170	0,168
Flußstahl	0,1	0,001	0,34	0,031	0,041	0,161	0,158	0,155	0,152
,,	0,26	0,14	0,61	0,025	0,053	0,134	0,132	0,130	0,128
,,	0,44	0,11	0,67	0,024	0,037	0,129	0,126	0,124	0,121
,,	0,92	0,18	0,56	0,032	0,039	0,120	0,119	0,117	0,115
,,	1,09	0,06	0,46	0,034	0,023	0,118	0,116	0,113	0,111
Temperguß, schwarz	2,36[1]	1,03	0,13	0,135	0,080	0,150	0,146	0,143	0,139
,, weiß	2,80[2]	0,39	0,10	0,061	0,093	0,115	0,111	0,108	0,105
Gußeisen	2,89	1,87	0,32	0,27	0,046	0,112	0,110	0,107	0,105
,,	2,87	2,81	0,28	0,28	0,045	0,105	0,103	0,101	0,098
,,	3,02	4,20	0,28	0,30	0,043	0,097	0,095	0,094	0,092
,,	3,34	1,90	0,76	0,18	0,065	0,117	0,114	0,112	0,110
,,	3,40	1,90	0,92	0,59	0,060	0,115	0,113	0,110	0,107
,,	3,30	2,00	1,00	0,95	0,050	0,111	0,109	0,106	0,103
,,	2,75	6,49	—	—	—	0,089	0,087	0,084	0,082
,,	1,81[3]	6,42	—	—	—	0,070	0,068	0,066	0,064

[1] Davon 2,23% Graphit. [2] Davon 2,04% Graphit. [3] Außerdem 18,65% Ni; 2,02% Cr.

Auch diese Werte von Donaldson lassen den Einfluß der Legierungszusätze und der Temperatur erkennen. Jedoch ist der letztere Einfluß wesentlich geringer als bei Sedström. Dies dürfte darauf beruhen, daß die Unsicherheit bei der Bestimmung der Wärmeleitfähigkeit noch so groß ist, daß nur selten an verschiedenen Stellen erhaltene Werte eine befriedigende Übereinstimmung zeigen. Die Donaldsonschen Werte liegen durchweg um 12—15% höher als ältere, zuverlässige Werte des Schrifttums. (Vgl. auch Wärmeleitfähigkeit in dem Kapitel: „Eisen-Kohlenstoff".)

Nach Denzaburo Hattori (1) beträgt die Abnahme der Wärmeleitfähigkeit von Werkzeugstählen zwischen 80 und 280° 2—5%. Ein geringer Abfall der Wärmeleitfähigkeit mit der Temperatur für niedriglegierte Stähle und eine kleine Zunahme für die hochlegierten Stähle (Schnellarbeitsstähle) ist wahrscheinlich. Aus der Feststellung, daß die Wärmeleitfähigkeit der (übereutektoidischen) Kohlenstoffstähle mit steigender Abschrecktemperatur, also zunehmendem Restaustenitgehalt abfällt, läßt sich ableiten, daß der Austenit ein besonders kleines Wärmeleitvermögen besitzt.

Der Einfluß der Legierungselemente auf den Wärmeausdehnungskoeffizienten ist, wie aus den bei den einzelnen Stahlarten weiter vorn schon gemachten Angaben hervorgeht, bei den im Stahl vorkommenden Gehalten verhältnismäßig gering. Ein besonderes Verhalten zeigen die Eisen-Nickellegierungen. Mit steigender Temperatur nimmt die Wärmeausdehnung durchweg etwas zu. Die Zunahme ist bei den Nickelstählen so stark, daß sich ihr Ausdehnungskoeffizient bei hohen Temperaturen nicht von dem der gewöhnlichen Stähle unterscheidet. Die Tabelle auf S. 284 und 285 gibt eine Zusammenstellung des mittleren, linearen Ausdehnungskoeffizienten[1] für eine Reihe technischer Eisensorten.

---

[1] Siehe Werkstoffhandbuch Stahl und Eisen. Düsseldorf: Verlag Stahleisen.

IV. Der Einfluß der Weiterverarbeitung auf Gefüge und Eigenschaften des Stahles.

Unter Weiterverarbeitung sollen die Vorgänge verstanden werden, denen das Eisen nach seiner metallurgischen Fertigstellung unterliegt, also z. B. Gießen, Schmieden, Walzen, Kalt- und Warmziehen, Härten, Vergüten, Zementieren usw. Die Desoxydation, die eine Zwischenstellung zwischen den Herstellungs- und Weiterverarbeitungsverfahren einnimmt, ist bereits an anderer Stelle besprochen worden.

1. Die Kristallisation des Stahles und die hierbei auftretenden Störungserscheinungen.

Eisen erstarrt wie alle Metalle nicht amorph sondern kristallin, gleichgültig ob der Reinheitsgrad hoch oder niedrig ist. Der primären Kristallisation folgt bei der weiteren Abkühlung eine sekundäre, deren Ursache die im festen Eisen auftretenden Modifikations- und Löslichkeitsänderungen für die verschiedenen Begleitelemente ist. Diese Vorgänge finden im Zustandsschaubild Eisen-Kohlenstoff in den Linien GOSE und PSK (vgl. Abb. 32) ihren Ausdruck. Da die Kristallisationsvorgänge meist nicht so verlaufen, wie die in den Zustandsschaubildern zum Ausdruck gelangende Lehre von den heterogenen Gleichgewichten es verlangt, können Störungserscheinungen auftreten, die für die chemische und physikalische Gleichmäßigkeit des erzeugten Produktes von ausschlaggebender Bedeutung sind. Weitere Ungleichmäßigkeiten können dadurch bedingt sein, daß die Kristallisation mit oftmals erheblichen Volumenänderungen verbunden ist, daß ferner die Temperaturverteilung innerhalb der kristallisierenden Massen nicht immer sehr gleichmäßig ist, und daß schließlich auch noch zwischen dem flüssigen Metall und den Gußformen Wechselwirkungen auftreten können. Alle diese Nebenerscheinungen sollen entsprechend ihrer Bedeutung in den folgenden Abschnitten behandelt werden.

A. Primäre Kristallisation.

Die primäre Kristallisation beginnt in einzelnen Punkten, den Kristallisationszentren, in denen zuerst die dem flüssigen Zustande entsprechende, regellose Anordnung der Atome oder Moleküle in die von kristallographischen Gesetzen beherrschte Raumgitteranordnung des festen Zustandes übergeht*. Von den Zentren ausgehend, wachsen die Kristalle in der Mutterlauge, bis sie an benachbarte stoßen und dadurch am weiteren Wachstum zu vollausgebildeten

---

* Vgl. die hiervon abweichenden Anschauungen von O. Lehmann (1).

Kristallen gehindert werden. Ein polierter und geätzter Schliff eines derartigen polykristallinen Metalls, das bei der Abkühlung keine Umwandlung durchläuft, zeigt daher unregelmäßig verlaufende Begrenzungslinien der Einzel-Primär-Kristallite. Die Größe der Kristallite ist abhängig von der Zahl der in der Volumeneinheit während der Zeiteinheit gebildeten Kristallisationszentren oder der mit ihr im wesentlichen identischen Kernzahl (KZ) und der Kristallisationsgeschwindigkeit (KG), d. h. der in Millimetern ausdrückbaren Geschwindigkeit, mit der das Wachstum der Kristalle von den Zentren aus erfolgt. KZ und KG und damit die Korngröße sind, wie Tammann (4) für viele nichtmetallische Stoffe nachweisen konnte, hauptsächlich von dem Grade der Unterkühlung abhängig, d. h. von der Anzahl von Temperaturgraden, um die man den flüssigen Stoff unter seinen wahren Schmelzpunkt abkühlen kann, ehe die Kristallisation einsetzt. Die Unterkühlungsfähigkeit der Metalle ist nicht sehr groß. Sie schwankt zwischen 2—15° C. So konnte Lange (1) nachweisen, daß sich bei Zinn, Zink und Blei im günstigsten Falle Unterkühlungen bis zu etwa 14° erzielen lassen. Es ist sehr wahrscheinlich, daß zwischen Reinheitsgrad, Abkühlungsgeschwindigkeit und Unterkühlungsfähigkeit gesetzmäßige Beziehungen bestehen. Allgemein läßt sich folgendes sagen:

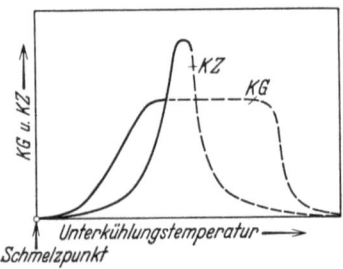

Abb. 300. **Kristallisationsgeschwindigkeit (KG) und Kernzahl (KZ) in Abhängigkeit von der Unterkühlungstemperatur (schematisch).**

1. Die Kernzahl nimmt mit wachsender Unterkühlung von Null bis zu einem Höchstwert zu, sodann wahrscheinlich wieder auf Null ab. Letzteres würde bedeuten, daß ein Stoff „glasig" oder amorph erstarrt.

2. Die Kristallisationsgeschwindigkeit verändert sich mit steigender Unterkühlung angenähert nach einem ähnlichen Gesetz.

3. Der Höchstwert in der Kurve Kernzahl — zunehmende Unterkühlung braucht nicht mit dem Höchstwert in der Kurve Kristallisationsgeschwindigkeit — zunehmende Unterkühlung zusammen zu fallen.

Diese Verhältnisse gelangen schematisch in Abb. 300 zum Ausdruck, der die für die Metalle wahrscheinliche Annahme zugrunde gelegt ist, daß das Gebiet maximaler KZ noch im Gebiet maximaler KG liegt. Bei geringer Unterkühlung wachsen die Kristalle als flächenreiche Polyeder, bei größerer aber als Kristallfäden, weil die Abhängigkeit der KG senkrecht zu den einzelnen Flächen des Kristalls von der Unterkühlung meist sehr verschieden ist. Da beim Stahl mit dem Grade der Unterkühlung (Abkühlungsgeschwindigkeit) die Korngröße abnimmt, kann man annehmen, daß mit ihr auch die relative Zunahme der KZ die der KG übersteigt. Abgesehen von diesen allgemeinen Schlußfolgerungen aus den Tammannschen Arbeiten, sind unsere Kenntnisse von dem Übergang flüssig-fest und den sich bei diesem Zustandswechsel abspielenden inneren Vorgängen noch sehr lückenhaft.

Die Form der Kristalle ist nicht allein von KZ und KG sowie den Beziehungen dieser Faktoren zueinander, sondern noch von weiteren Bedingungen abhängig. Man kann beim Stahl im wesentlichen zwei Gruppen von Kristallformen unterscheiden, und zwar die polyedrische oder besser die globulitische und die dendritische oder Tannenbaumform. An freien Erstarrungsflächen, haupt-

Die Kristallisation des Stahles und die hierbei auftretenden Störungserscheinungen. 289

sächlich im Lunker von Blöcken und Stahlgußstücken, finden sich beide Formen. So zeigt die Abb. 363 ausgezeichnet ausgebildete Dendriten, die sich im Lunker eines Stahlformgußstückes vorfanden.
Dagegen wies eine von Oberhoffer untersuchte Martinofensau polyedrische Kristallbildung auf, wobei die Durchmesser der Kristalle mehrere Zentimeter betrugen. Der Unterschied zwischen den Erstarrungsgeschwindigkeiten beider Fälle ist offenkundig. Man kann behaupten, daß im Falle der Martinofensau eine Unterkühlung so gut wie ausgeschlossen war, was im ersten Falle nicht zutrifft. Auf Grund des Vorhandenseins der noch zu besprechenden Kristallseigerung besteht die Möglichkeit, die Größe und Form der primären Kristalle auch an ebenen Schnitten festzustellen. Dies geschieht durch Anwendung der kupferhaltigen Ätzmittel von der Art des von Oberhoffer umgeänderten Rosenhainschen

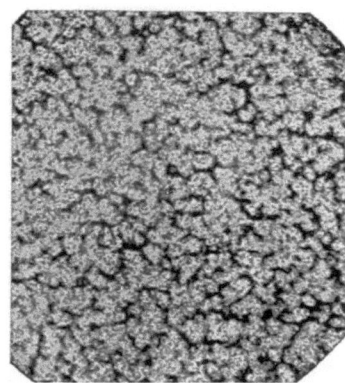

Abb. 301. Globulitische Kristallseigerung in weichem Flußeisen, geschmiedet, Ätzung I, × 4.

Ätzmittels, die daher primäre genannt worden sind. Dendritisches Primärgefüge wurde bereits durch Abb. 105 in einem Stahl mit etwa 0,8% Kohlenstoff veranschau-

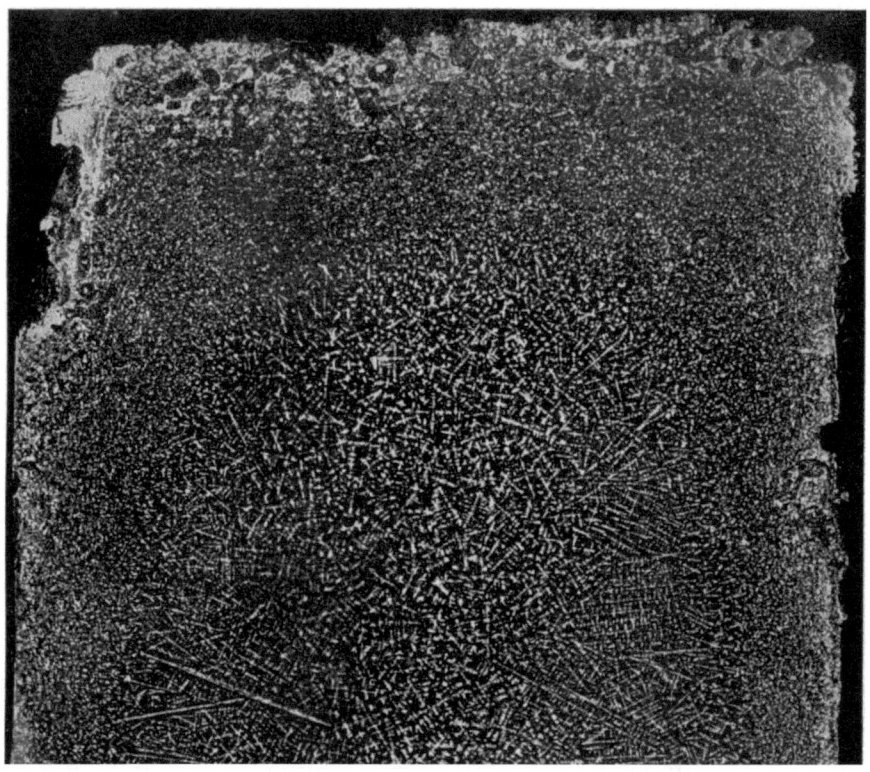

Abb. 302. Ein halber Querschnitt durch ein Stahlgußblöckchen; am Rande globulitische, in der Mitte dendritische Kristallseigerung, Ätzung I, × 2,5.

290 Der Einfluß der Weiterverarbeitung auf Gefüge und Eigenschaften des Stahles.

licht, globulitisches in einem weichen Flußeisen mit etwa 0,1% Kohlenstoff ist in Abb. 301 dargestellt. Ganz allgemein scheinen Globuliten kleinstem Primärkorn

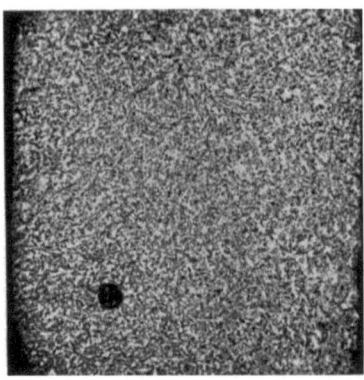

a: Wandstärke = 12 mm.

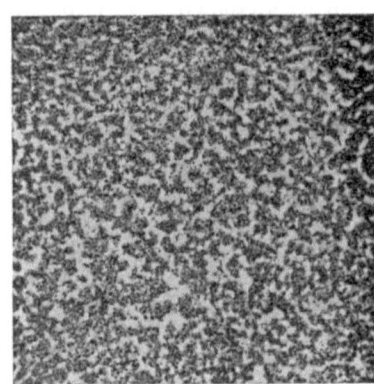

b: Wandstärke = 40 mm.

Abb. 303. Primärätzung in der Mitte von Stahlgußstücken [Oberhoffer und Weisgerber (*17*)].

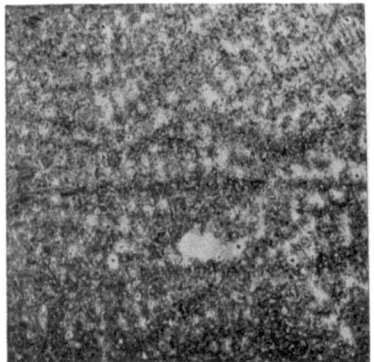

c: Wandstärke = 200 mm.

zu entsprechen, Dendriten größerem. Daher finden wir z. B. am Rande von Gußstücken, wo infolge der Wärmeableitung durch die Gußform die Erstarrungsgeschwindigkeit (KG) am größten ist, Globuliten, und in der langsamer erstarrenden Mitte der Gußstücke Dendriten. Abb. 302 ist ein hierfür typisches Beispiel (Stahlguß mit 0,15% Kohlenstoff). Unter sonst gleichen Verhältnissen ist die Wandstärke ein Maß für die Erstarrungsgeschwindigkeit. Oberhoffer und Weisgerber (*17*) konnten daher feststellen, daß in einem Stahlguß mit rund 0,17% Kohlenstoff bei einer Wandstärke von 12 mm globulitische Kristalle von großer Feinheit auftreten (Abb. 303a). Bei 45 mm Wandstärke traten bereits deutliche Anzeichen dendritischer Struktur auf, die bei 200 mm Wandstärke noch ausgeprägter und wesentlich gröber war (Abb. 303b und c).

Beim Erstarren des in eine Kokille gegossenen Stahles entstehen drei Zonen verschiedener Ausbildung der Primärkristalle. Die äußere Zone ist feinkörnig (globulitisch). Sie entsteht dadurch, daß infolge der Berührung der Schmelze mit der Kokillenwand Unterkühlung eintritt, so daß die Kristallisation von vielen Keimen aus gleichzeitig einsetzt. Es schließt sich nach innen eine Zone an, in der die Kristallite stengel- oder säulenförmig ausgebildet sind und mit ihrer langen Achse senkrecht auf den wärmeabfüh-

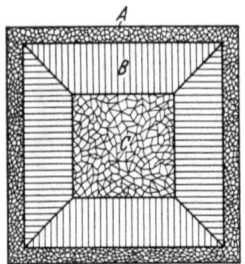

Abb. 304. Schematische Darstellung der drei Primärkristallisationszonen im Stahlblock.

renden Flächen (Kokillenwand) stehen. Dieses Wachsen von Kristallen senkrecht zu abkühlenden Flächen nannte Czochralski Transkristallisation. Die in

Gußblöcken beobachtete Zone mit großen stengeligen Kristallen ausgesprochener Richtung heißt entsprechend Transkristallisationszone. Den Kern des Blockes nehmen wieder feinkörnigere Kristallite ein. Eine gerichtete Kristallisation findet im Blockkern nicht statt. Der Übergang zwischen den drei verschiedenen Zonen ist verhältnismäßig schroff. Die Abb. 304 ist eine schematische Darstellung der beim Vergießen von Stahl (und fast aller Metalle und Metallegierungen) in Kokillen erhaltenen drei Primärkristallisationszonen.

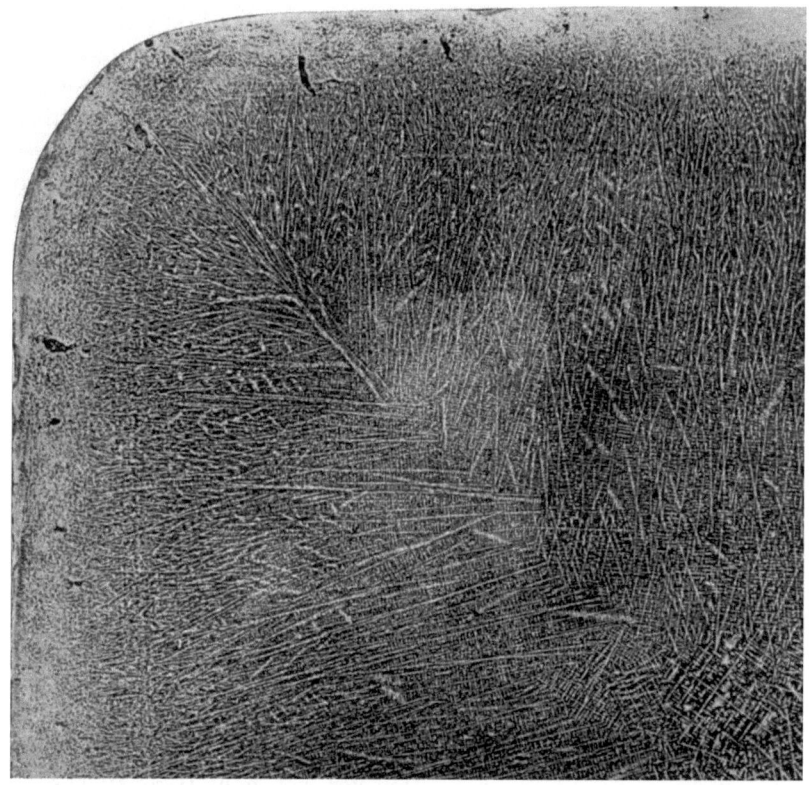

Abb. 305. Querschnitt durch die Ecke eines Stahlblocks mit 0,8 % C und 0,1 % P, Transkristallisation, Ätzung I, × 2.

Die einfache Erklärung für die Entstehung der Randzone wurde bereits gegeben. Wie hat man sich nun die Entstehung der Transkristallisationszone zu denken? Es ist nicht anzunehmen, daß in der Transkristallisationszone Keimbildung im wesentlichen Ausmaß erfolgt, da die Unterkühlung der Schmelze, der die Randzone ihre Feinkörnigkeit verdankt, aufgehoben wird durch die bei der Kristallisation der Randschicht freiwerdende Wärme. Die Transkristallisation wird demnach ausgehen von Keimen der Randschicht.

Nach Tammann ist für das gerichtete Wachsen von Kristallen das Vorhandensein eines Wärmeflusses bestimmend, dem die Kristalle entgegenwachsen. Der Wärmefluß ist nach den Kokillenwänden (bzw. nach dem Boden und nach oben) gerichtet. Das Kristallwachstum erfolgt demnach nach der Blockmitte zu, stets senkrecht zu den wärmeableitenden Flächen.

292   Der Einfluß der Weiterverarbeitung auf Gefüge und Eigenschaften des Stahles.

Wann und aus welchen Gründen hört nun die Transkristallisation auf, und wie ist die Entstehung der für die Ausbildung der feinkörnigeren Kernzone erforderlichen Unterkühlung der Schmelze (Keimbildung) denkbar? Eine befriedigende Antwort auf diese Fragen hat im Schrifttum wohl erstmalig F. Körber (*10*) etwa in folgender Form gegeben: Für das Voranschreiten der Transkristallisation ist es erforderlich, daß an der Frontseite der Stengelkristalle jeweils die Schmelztemperatur aufrechterhalten bleibt. Sobald aber die für die Aufrechterhaltung der Schmelztemperatur erforderliche Wärmemenge, die sich aus der freiwerdenden Kristallisationswärme und aus der aus dem Kern nach außen abströmenden Wärme zusammensetzt, nicht mehr geliefert wird, sinkt die Temperatur an der Frontfläche und die Transkristallisation schreitet nunmehr langsamer voran. Jetzt erst ist die Möglichkeit zu einer Unterkühlung und damit zu erneuter Keimbildung gegeben, die zur Entstehung des feineren, unorientierten Primärgefüges im Blockkern führt.

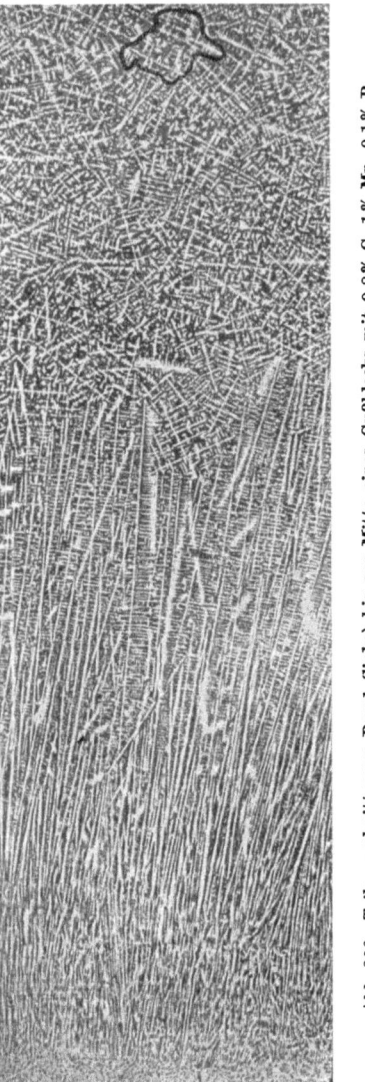

Abb. 306. Teilquerschnitt vom Rand (links) bis zur Mitte eines Gußblocks mit 0,8 % C, 1 % Mn, 0,1 % P, Ätzung I, × 1.

Die Erklärung dafür, daß plötzlich — der Übergang von der transkristallisierten zur Kernzone ist ziemlich schroff — eine Änderung des Kristallisationsvorganges eintritt, obgleich die äußeren Bedingungen für die Abkühlung sich nicht ändern, gibt Körber ebenfalls. Maßgebend für die freiwerdende Wärmemenge ist einmal die Größe der Fläche, in der die Kristallisation vor sich geht (Grenzfläche zwischen erstarrter und flüssiger Fläche), zum andern die Geschwindigkeit, mit der die Grenzfläche sich verschiebt. Je mehr die Erstarrung nach innen fortschreitet, um so kleiner wird die Grenzfläche, um so kleiner wird auch die nach außen abzuführende Wärmemenge. Gleichzeitig verringert sich auch die in dem restlichen flüssigen Kern noch vorliegende Wärmemenge. Außerdem verringert sich im Laufe des ganzen Vorganges auch die Kerntemperatur, so daß auch aus diesem Grunde die nach außen fließende Wärmemenge kleiner wird. Andererseits wird mit zunehmender Menge des Erstarrten dessen Aufnahmefähigkeit für Wärme größer. Während also zunächst die freiwerdende und die nach außen abzuleitende Wärmemenge ausreicht, um an der Grenzfläche die Schmelztemperatur aufrechtzuerhalten,

Die Kristallisation des Stahles und die hierbei auftretenden Störungserscheinungen. 293

kann der Zeitpunkt eintreten, in dem diese Bedingung nicht mehr erfüllt ist. In diesem Augenblick hört die Transkristallisation auf, und es ist die Möglichkeit einer Unterkühlung der restlichen Schmelze unter den Schmelzpunkt und damit die Voraussetzung für eine spontane Keimbildung und ungerichtete Kristallisation gegeben.

Zur Ergänzung der schematischen Abb. 304 seien einige Blockteilquerschnitte in Primärätzung wiedergegeben Abb. 305 zeigt einen Querschnitt durch die Ecke eines Stahlbockes mit 0,8% C und 0,1% P. Die feinkörnige, globulitische Randzone (Überwiegen von KZ) ist gut erkennbar, desgleichen die

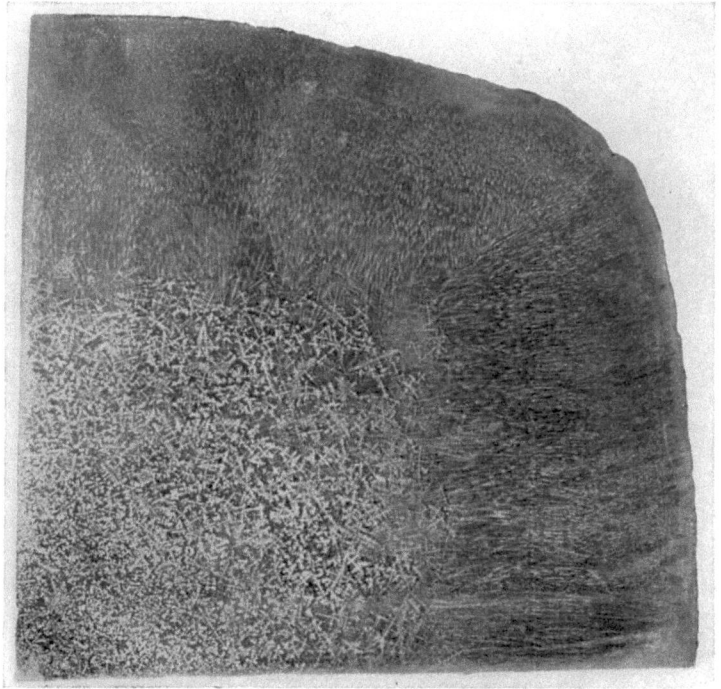

Abb. 307. Transformatorenmaterial, ¹/₄ Gußblock, Ätzung I, × 1.

gerichteten Stengelkristalle in der Transkristallisationszone (Vorherrschen von KG) und die ungerichteten, feineren Dendriten in der Kernzone (in der weder KG noch KZ überwiegt). Noch deutlicher zeigt Abb. 306 ähnliche Verhältnisse an einem vom Blockrand (Mitte einer Seite) bis zur Blockmitte reichenden Teilquerschnitt aus einem ähnlichen Material. Schließlich geht Gleiches hervor aus den Abb. 307 und 308, die je einen Viertelblock aus Transformatorenmaterial mit 4% Silizium in primärer und sekundärer (Kornfärbungs-) Ätzung zeigen. Die Tatsache, daß bei einem derartigen Stahl auch die Kornfärbungsätzung das Primärgefüge aufdeckt, ist darauf zurückzuführen, daß ein 4%iger Siliziumstahl bei der Abkühlung keine Umwandlung im festen Zustande durchläuft und das bei der Erstarrung gebildete Gefüge unverändert bei Raumtemperatur erhalten wird.

Es erhebt sich die Frage, ob ein Einzeldendrit gleich ist einem Kristall oder

Korn*. Eine genauere Betrachtung der bisher wiedergegebenen Primärätzungen lehrt zweifellos, daß obiges nicht zutrifft oder zum mindesten, daß man häufig, wenn nicht immer, Bereiche erkennt, die aus einer größeren oder kleineren Zahl von gleich orientierten Dendriten bestehen. In Abb. 306 ist an der rechten Seite ein solcher Bereich umzeichnet, in dem eine Würfelfläche parallel zur Zeichenebene liegt. Als eigentliche Kornbegrenzung ist die den Bereich gleicher Orientierung einfassende Linie anzusehen, wiewohl auch die einzelnen Dendriten dieses Bereiches selbständige Einheiten darstellen**. Mitunter sind die Bereiche gleicher Dendriten-Orientierung von der Art der in Abb. 306 begrenzten auch daran deutlich zu erkennen, daß sie von mehr oder

Abb. 308. Transformatorenmaterial, $^1/_4$ Gußblock, Ätzung II, × 1.

minder breiten Säumen eingefaßt erscheinen. Ob es sich hier um eine ähnliche Erscheinung wie bei den eutektischen Strukturen handelt, wo durch Stauung der Kristallisationswärme Kerne feinen Gefüges von Säumen gröberen eingefaßt erscheinen (vgl. a. Abb. 42), oder ob es sich lediglich um Konzentrationsverschiebungen infolge von Kristallseigerungen handelt, ist noch unentschieden. Nach Leitner (1) läßt sich durch kombinierte Anwendung von Primär- und Sekundärätzung zeigen, daß jeder Kristallit (Umrandung in Abb. 306) ein System gleichgerichteter Dendriten enthält.

Das Auftreten der Transkristallisationszone im Stahlblock ist eine unerwünschte Erscheinung. Die ausgedehnten, zur Richtung der Beanspruchung

---
* Nach Tammann: Kristallit, d. h. Kristall, dem die kristallographisch orientierten Begrenzungsflächen fehlen.

** Die Frage ist nicht unwichtig wegen des Zusammenhanges zwischen primärer und sekundärer Kristallisation.

Die Kristallisation des Stahles und die hierbei auftretenden Störungserscheinungen. 295

meist ungünstig gelagerten Trennungsflächen der Einzelkristalle sowohl wie der einzelnen Kristallkomplexe gleicher Orientierung brauchen nun zwar an sich keine Flächen geringen Widerstandes zu sein, und die Tatsache, daß der Bruch meist intra- und nicht intergranular erfolgt, spricht sogar gegen eine solche Annahme. Aber es wird noch gezeigt werden, daß sich zwischen den primären Kristallen alle Verunreinigungen, wie Oxyde, Sulfide und auch die Gase ansammeln. In diesem Falle ist der Zusammenhang natürlich wesentlich geringer im transkristallisierten als im nicht transkristallisierten Metall.

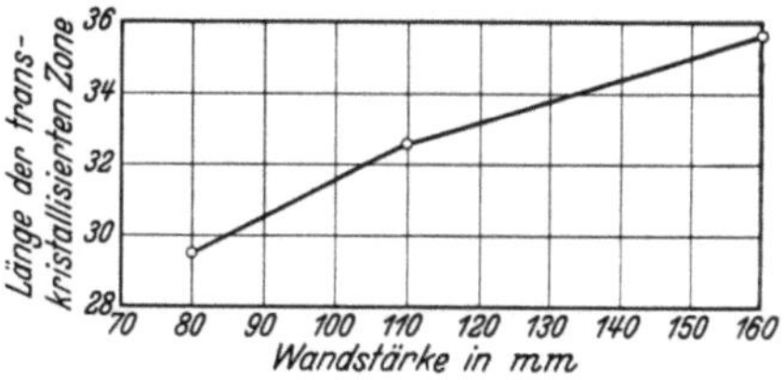

Abb. 309. Transkristallisierte Zone und Kokillenwandstärke [Bardenheuer (5)].

Nach den über die Bedingungen für das Entstehen und Voranschreiten der Transkristallisation gemachten Ausführungen ist zu erwarten, daß alle Faktoren, die die Fortleitung der Wärme aus der Gußform beeinflussen, auch einen Einfluß ausüben auf die Ausdehnung der Transkristallisationszone. Solche Faktoren sind: 1. Gießtemperatur. 2. Gießgeschwindigkeit. 3. Querschnittsgröße der Kokille. 4. Kokillenwandstärke und -temperatur.

Überragende Bedeutung kommt der Gießtemperatur zu. Je höher sie ist, um so länger ist die Zeitdauer vom beginnenden Guß bis zu dem Zeitpunkt, in dem die Schmelztemperatur an der Grenzfläche zwischen Transkristallen und Schmelze nicht mehr aufrechterhalten werden kann, um so größer wird die Transkristallisationszone. Im Hinblick auf ihre Einschränkung ist also eine niedrige Gießtemperatur einzuhalten. Die Regelung der Gießgeschwindigkeit kann weitgehend auf den Einfluß der Gießtemperatur einwirken.

Den Einfluß der Kokillenwandstärke zeigt die Abb. 309 nach F. Bardenheuer (5). Auch dieser Einfluß ist nicht unabhängig von der Gießgeschwindigkeit. Der Einfluß der Kokillentemperatur wirkt im gleichen Sinne wie die Gießtemperatur.

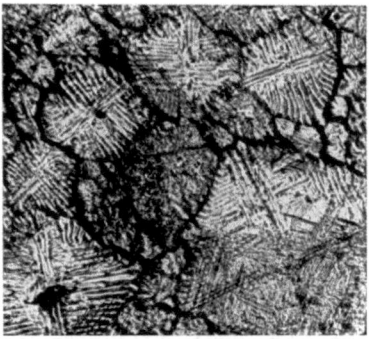

Abb. 310. Freie Erstarrungsoberfläche von Stahl mit 0,4 % C im Vakuum geschmolzen und erstarrt, Kristallisationskeime, ungeätzt, × 4.

Auf die Bedeutung des Primärgefüges für die Eigenschaften des Stahles wird im Abschnitt Kristallseigerung noch näher eingegangen. Von ganz besonderer Bedeutung ist dieses Gefüge für die Stähle mit Eutektikum (z. B. Schnellschnittstähle). Das Eutektikum durchzieht die ganze Stahlmasse in Form eines Netzwerks, dessen Maschengröße von den Erstarrungsbedingungen abhängig ist und bei rascher Erstarrung kleiner ist als bei langsamer. Je gleichmäßiger aber das Eutektikum mit den darin enthaltenen Karbiden verteilt ist, um so besser werden die Eigenschaften des Stahls sein. Es ist also verständlich, daß rasche Erstarrung für Stähle mit Eutektikum, mögen sie nun im geschmiedeten oder im gegossenen Zustande Verwendung finden, zweckmäßiger ist als langsame Erstarrung. Im Abschnitt Warmverarbeitung wird dies noch an einem Beispiel erläutert werden.

296 Der Einfluß der Weiterverarbeitung auf Gefüge und Eigenschaften des Stahles.

Zur Bildung der Kristallisationszentren geben häufig als Keime wirkende Einschlüsse den Anstoß, wie z. B. in Abb. 310, der freien Erstarrungsoberfläche eines im Vakuum geschmolzenen Stahls, zu erkennen ist. Doch kommen für eine derartige Keimwirkung nur die im flüssigen Eisen zu Beginn der Erstarrung bereits in unlöslicher Form vorhandenen Einschlüsse in Frage.

B. Kristallseigerung.

Es wurde bereits gezeigt, daß man innerhalb der technischen Konzentrationsgrenzen den Stahl kurz nach beendigter Erstarrung im wesentlichen als komplexe feste Lösung ansehen kann. Ausnahmen machen die Stähle, in denen sich der Einfluß von Chrom, Wolfram, Molybdän und Vanadin so auswirkt, daß das Eutektikum bereits bei Kohlenstoffgehalten beträchtlich unter 1,7% (vgl. System Eisen-Kohlenstoff) auftritt (Stähle mit Eutektikum oder Leburitstähle). Weiterhin machen Schwefel und Sauerstoff eine Ausnahme, da sie zu den manchmal recht komplizierten, unter dem Namen „Schlackeneinschlüsse" zusammengefaßten Erscheinungsformen führen. In diesen Ausnahmefällen sind also die betreffenden Elemente bzw. Legierungsbestandteile nicht in Lösung.

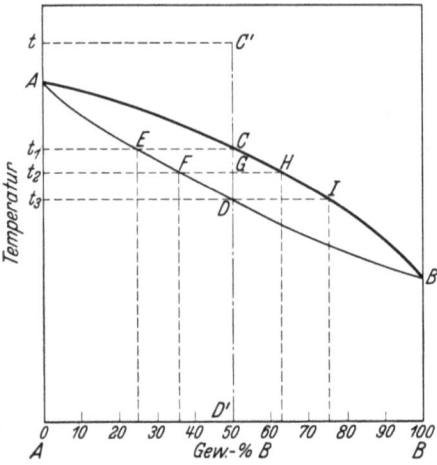

Abb. 311. Zustandsschaubild zweier Stoffe, die im festen und flüssigen Zustande vollkommen ineinander löslich sind.

Im Falle vollkommner Löslichkeit der Komponenten im flüssigen und festen Zustande (Mischkristallbildung) ergibt sich grundsätzlich für den Erstarrungsvorgang von Legierungen mit zwei Komponenten das in Abb. 311 dargestellte Zustandsschaubild. Hieraus geht hervor, daß alle Legierungen in einem Temperaturintervall erstarren, das nach oben durch die Kurve ACB, nach unten hin durch ADB begrenzt ist. Oberhalb ACB sind alle Legierungen flüssig, unterhalb ADB fest, zwischen beiden Kurven bestehen sie aus Gemischen von Kristallen mit Schmelze. ACB ist also die Kurve beginnender, ADB die Kurve beendeter Erstarrung. Die als Beispiel herausgegriffene, durch die Vertikale $C'D'$ gekennzeichnete Legierung mit 50% B ist bei der Temperatur t vollkommen flüssig. Bei der Abkühlung setzt dann mit Erreichung der Temperatur t_1 (Schnittpunkt von $C'D'$ mit ACB) der Erstarrungsvorgang durch Ausscheidung von Kristallen ein, deren Zusammensetzung der Schnittpunkt E der Horizontalen CE mit der Kurve der beendeten Erstarrung ADB angibt. Diese Kristalle enthalten demnach nur 25% B, obwohl die Ausgangsschmelze 50% B enthielt. Unter der Voraussetzung eines idealen Verlaufes der Erstarrung — worin dieser besteht, soll gleich gezeigt werden — ist bei der Temperatur t_2 ein Gemisch fester Kristalle mit 36% B und flüssiger Schmelze mit 63% B vorhanden. Bei einer beliebigen, innerhalb des Erstarrungsintervalles gelegenen Temperatur können nach der Phasenregel nur zwei Phasen gleichzeitig nebeneinander bestehen, wenn Gleichgewicht herrschen soll, und zwar werden die jeweils miteinander im Gleichgewicht befindlichen Phasen durch eine Horizontale wie FGH bestimmt, deren Schnittpunkte F und H mit den Kurven beginnender und beendeter Erstarrung die B-Gehalte der festen und der flüssigen Phase bei der Temperatur t_2 angeben. Jede Temperaturänderung bedingt demnach eine Änderung der Zusammensetzung dieser Phasen, und daraus folgt, daß alle zwischen t_1 und t_2 gebildeten Kristalle, deren B-Gehalte zwischen 25—36% B liegen, in solche von 36% B verwandelt sein müssen, wenn Gleichgewicht herrschen soll. Diese Umwandlung der niedrigprozentigen Kristalle in höherprozentige erfolgt durch B-Aufnahme aus der Schmelze auf dem Wege der Diffusion. Wird also einerseits durch Ausscheidung niedrigprozentiger Kristalle der B-Gehalt der Schmelze angereichert, so wird gleichzeitig durch die Diffusionsvorgänge der Schmelze B entzogen, das zur Anreicherung der Kristalle von 25 auf 36% dient. Das Diagramm gibt ferner über die bei einer beliebigen Temperatur vorhandenen Mengen von Kristallen und Schmelze Aufschluß. Es besteht z. B. bei der Temperatur t_2 folgende Beziehung (Hebelbeziehung):

$$\frac{\text{Menge der Kristalle}}{\text{Menge der Schmelze}} = \frac{GH}{FG}.$$

Bei den in Abb. 311 zugrunde gelegten Verhältnissen verlangt diese Beziehung für eine Ausgangsmenge der Schmelze von 100 g 48,1 g Kristalle und 51,9 g Schmelze. Bei der Temperatur t_3, dem Schnittpunkt der Vertikalen $C'D'$ mit der Kurve beendeter Erstarrung ADB ist der Erstarrungsvorgang, einen idealen Verlauf vorausgesetzt, beendet. Die Hebelbeziehung ergibt in der Tat bei dieser Temperatur 100 g Kristalle und 0 g Schmelze. Alle vor der Temperatur t_3 aus-

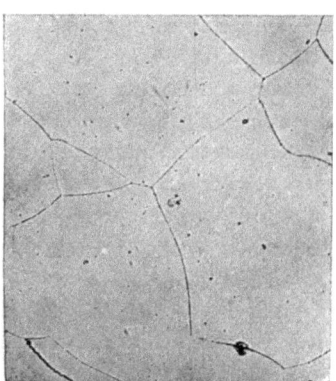

Abb. 312. Eisen-Siliziumlegierung mit 4% Si, homogene Mischkristalle, Ätzung II, × 100.

geschiedenen Kristalle haben durch Diffusion aus der Schmelze B aufgenommen mit der Maßgabe, daß bei dieser Temperatur ausschließlich homogene Mischkristalle (oder feste Lösung) vorhanden sind. Während des Temperaturabfalles von t_3 auf t_2 stieg dabei der B-Gehalt der Schmelze von 63 auf 75%. Metallische Mischkristalle müssen, den geschilderten idealen Verlauf der Erstarrung vorausgesetzt, unter dem Mikroskop vollkommen homogen erscheinen, insbesondere durch das Ätzmittel gleichmäßig angegriffen werden. Sie dürfen daher dem reinen Eisen gegenüber keine grundsätzlichen Gefügeunterschiede aufweisen, wie denn auch der Begriff der flüssigen Lösung das vollkommene Verschwinden des gelösten Stoffes im Lösungsmittel bedingt. Wenn nun auch zum Beispiel gemäß Abb. 312 und auch 308 eine 4%ige Eisen-Siliziumlegierung (Transformatorenblech) diesen beiden Forderungen: völlige Homogenität bei der Ätzung und Fehlen eines neuen Gefügebestandteils genügt, weil Silizium bis zu einem Gehalte von 18% mit Eisen Mischkristalle bildet, so ist dies durchaus nicht immer der Fall, wie alle bisher besprochenen Primärätzungen zeigten. Aber selbst im Falle der Siliziumlegierung trifft es auch nicht vollständig zu, wie die primär geätzte Fe—Si-Legierung Abb. 307 lehrt. Im besonderen ist es anscheinend der Phosphor, bei dem die Voraussetzung für den idealen Verlauf des Erstarrungsvorganges, das Stattfinden der geschilderten Diffusionsvorgänge zwischen Kristallen und Schmelze, in hohem Maße fehlt. Erfolgt die Diffusion mangelhaft oder gar nicht, weil entweder das Diffusionsvermögen der beteiligten Elemente zu gering, oder die für jeden Diffusionsvorgang erforderliche Zeit nicht gegeben ist, so führt der Erstarrungsvorgang zu einem anderen Ergebnis. In diesem Falle ist beispielsweise bei der Temperatur t_2 kein Gemisch fester Kristalle mit 36% B und flüssiger Schmelze mit 63% B vorhanden, weil die zwischen t_1 und t_2 gebildeten Kristalle mit 25—36% B nicht in der Lage gewesen sind, sich durch B-Aufnahme aus der Schmelze auf dem Wege der Diffusion in homogene Kristalle mit 36% B zu verwandeln. Wäre überhaupt keine Diffusion erfolgt, so würden bei der Temperatur t_2 in der Schmelze Kristalle vorhanden sein, von deren Aufbau man sich folgende Vorstellung machen kann. In dem zuerst gebildeten Mittelpunkt jedes Kristallindividuums beträgt der B-Gehalt 25% und dieser nimmt nach dem Rande jedes Individuums hin zu. In der Randschicht muß aber der B-Gehalt höher sein als 36%. Dies ergibt sich aus folgender Überlegung: Nach der Phasenregel kann stets nur ein Kristall bestimmter Zusammensetzung mit einer Mutterlauge ebenfalls bestimmter Zusammensetzung im Gleichgewicht sein. Diese miteinander im Gleichgewicht befindlichen Zusammensetzungen findet man aus den Schnittpunkten von Horizontalen, wie z. B. FGH mit den Kurven beginnender und beendeter Erstarrung. Nun ist aber infolge Ausbleibens der Diffusionsvorgänge nicht diejenige Menge B der Schmelze entzogen worden, die erforderlich ist, um die zuerst ausgeschiedenen niedrigprozentigen Kristalle durch Diffusion auf den höheren Gehalt zu bringen. Infolgedessen ist der B-Gehalt der Schmelze höher als bei idealem Verlauf des Erstarrungsvorganges. Die Schmelze mit mehr als 63% ist nur im Gleichgewicht mit der äußeren Randschicht der vorhandenen Kristalle. Die von dieser Randschicht eingeschlossenen Schichten mit niedrigem B-Gehalt verhalten sich der Mutterlauge gegenüber wie Fremdkörper, d. h. aber, daß die Summe der bei der Temperatur t_2 wirklich im Gleichgewicht befindlichen Mengen kleiner ist als 100 g. Überträgt man die für die Temperatur t_2 geschilderten Verhältnisse sinngemäß auf t_3, die Temperatur beendeter Erstarrung bei idealem Verlauf des Erstarrungsvorganges, so ergibt sich, daß unter der Voraussetzung des Ausbleibens der Diffusion der Erstarrungsvorgang bei dieser Temperatur noch nicht beendet ist, und der B-Gehalt der bei dieser Temperatur vorhandenen Schmelze mehr als 75% betragen muß, daß endlich neben der Schmelze Kristalle vorhanden sind, deren Mittelpunkt 25% B enthält und deren B-Gehalt nach dem Rande hin zunimmt. Es ist leicht einzusehen, daß die natürliche Grenze des Vorganges erreicht ist, wenn die Zusammensetzung der Schmelze 100% B beträgt und die Temperatur gleich der Erstarrungstemperatur des reinen Körpers B ist. Man braucht sich nur zu vergegenwärtigen, daß mit dem kleinsten Temperaturabfall eine Verringerung der wirklich im Gleichgewicht befindlichen Mengen erfolgt, sozusagen eine neue Ausgangslegierung entsteht. Während bei idealem Verlauf des Erstarrungsvorganges die Legierung dauernd durch die Vertikale $C'D'$ gekennzeichnet ist, verschiebt sie sich bei vollständigem Ausbleiben der Diffusion von $C'D'$ kontinuierlich nach rechts. Eine unter diesen Bedingungen erstarrte Legierung besteht nicht aus homogenen Kristallen, sondern aus solchen, deren B-Gehalt von der Mitte nach dem Rande zu kontinuierlich von 25—100% zunimmt. Es ist schwer, innerhalb des Zustandsschaubildes Abb. 311 die besprochenen Vorgänge graphisch darzustellen. Eine angenäherte graphische Darstellung gibt Giolitti (1), eine exakte Darstellung ist auf mathematischem Wege möglich. Natürlich braucht in Wirklichkeit die Diffusion nicht ganz auszubleiben. Dies stellt vielmehr den einen, der ideale Verlauf den anderen Grenzfall dar. Die Wirklichkeit wird meist zwischen beiden liegen. Wenn tatsächlich bei ganzem oder teilweisem Ausbleiben der Diffusion der B-Gehalt der Kristalle von innen nach außen zunimmt, so müssen die Kristalle unter dem Mikroskop bei Anwendung geeigneter Ätzmittel aus Schichten verschiedener Färbung bestehen und dürfen keinesfalls homogen erscheinen. Diese Annahme hat sich als richtig erwiesen. Bei einer großen Zahl von Legierungen sind derartige Schichtkristalle beobachtet

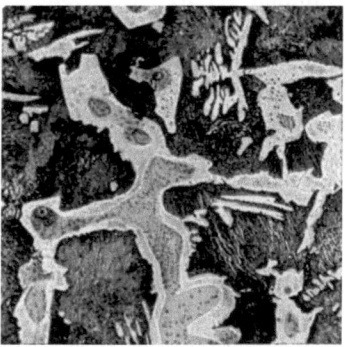

Abb. 313. Legierung mit 0,2 % C und 0,6 % P, ungleichmäßige Verteilung des Phosphors (Kristallseigerung), Ätzung II, × 100.

worden, so z. B. bei Eisen-Mangan-, Eisen-Phosphor-, Kupfer-Nickel-, Kupfer-Arsen- und vielen anderen Legierungen. Man bezeichnet diese Erscheinung wohl am besten mit Kristallseigerung zum Unterschiede von anderen Seigerungsarten, die in diesem Zusammenhange noch besprochen werden sollen. Die Kristallseigerung in einer reinen Eisen-Phosphorlegierung mit 0,8% Phosphor wurde bereits in Abb. 104 dargestellt. Die Ätzung erfolgte mit dem umgeänderten Rosenhainschen Ätzmittel[1]. Im angewendeten schräg auffallenden Lichte erscheinen die phosphorreichen Zonen dunkler als die phosphorärmeren. Auch die Abb. 105, 301, 303a—c, 307 und 308 sind Belege für die Kristallseigerung. Abb. 313 zeigt die Kristallseigerung in einer Legierung mit 0,2 % Kohlenstoff und 0,6 % Phosphor, und zwar genügt hier die

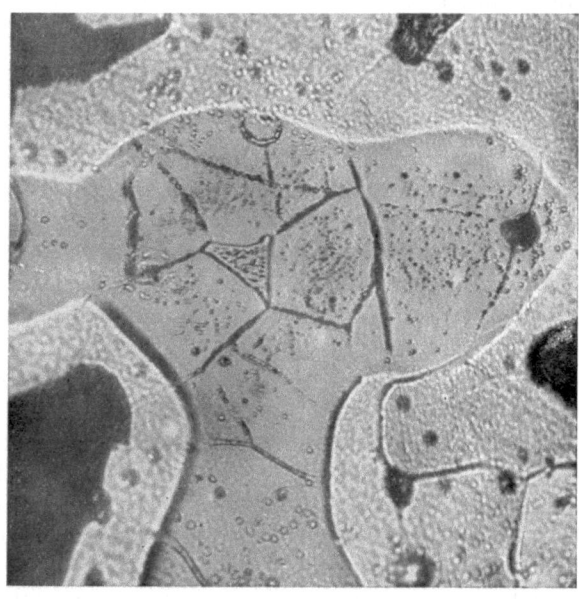

Abb. 314. Stärkere Vergrößerung einer Stelle aus Abb. 313, in der Mitte Eutektikum mit 10,2 % P, × 900.

sekundäre Ätzung zu ihrer Entwicklung. Die ferritischen Zonen verschiedenen Phosphorgehaltes sind an der verschiedenen Färbung zu erkennen. Daß die dunkleren ferritischen Zonen phosphorreicher als die hellen sind, und wie

[1] Vgl. P. Oberhoffer (18).

groß die durch mangelnde Diffusion herbeigeführte Anreicherung des Phosphors sein kann, beweist die starke Vergrößerung Abb. 314. Mitten in der dunklen ferritischen Zone erkennt man eine deutlich eutektische (zuletzt zur Erstarrung gelangte) Zone, die offenbar aus dem Eutektikum Fe-Fe$_3$P mit 10,2% Phosphor besteht, ein deutlicher Beweis für die mögliche Größe der Kristallseigerung. Die verhältnismäßig scharfe Abgrenzung einer offenbar phosphorreicheren Zone um das Eutektikum in Abb. 314 legt die Vermutung nahe, daß der Erstarrungsvorgang nicht kontinuierlich erfolgt.

An der Kristallseigerung können neben Phosphor alle Elemente beteiligt sein, die mit dem Eisen Mischkristalle bilden. Der Kohlenstoff zeigt insofern ein besonderes Verhalten, als er nur zu einem minimalen Teil im α-Eisen in Lösung gehalten wird und durch sein Austreten aus der γ-Lösung den Anlaß zur sekundären Kristallisation gibt.

Die Größe der Kristallseigerung ist von mehreren Faktoren abhängig, und zwar in erster Linie von der Zeit, die zum Durchlaufen des Erstarrungsvorganges gegeben ist. Unter sonst gleichen Umständen werden die Diffusionsvorgänge um so vollständiger verlaufen, je mehr Zeit zur Verfügung steht. Es können daher Legierungen, die weniger zur Kristallseigerung neigen, diese aufweisen, wenn die Erstarrung zu rasch erfolgte. Über einen derartigen Fall berichten Levin und Tammann (3) bei einer 50%igen Eisen-Manganlegierung.

Eine wesentliche Rolle spielt die Größe des Diffusionsvermögens. Je größer dieses unter sonst gleichen Umständen ist, um so geringer ist die Neigung zur Kristallseigerung. Der Kohlenstoff besitzt oberhalb der Temperatur der A_3-Umwandlung ein hohes Diffusionsvermögen in Eisen (s. Abschnitt „Zementation"). Nach Fry (1) diffundieren auch Silizium, Phosphor, Mangan und Nickel in dieser Reihenfolge mit abnehmender Geschwindigkeit in Eisen. Versuche, die im Institut für Eisenhüttenkunde der Technischen Hochschule Aachen über das Diffusionsvermögen einer Reihe von Metallen in Eisen durchgeführt wurden, ergaben abnehmende Diffusionsgeschwindigkeit in der Reihenfolge: Titan, Chrom, Silizium, Molybdän, Vanadin.

Alle vorstehenden Angaben beziehen sich auf Versuche im Vakuum und an Elektrolyteisen. Eine Übertragung auf kohlenstoffhaltigen oder legierten Stahl ist nicht ohne weiteres möglich.

In dritter Linie ist es die absolute Größe des Erstarrungsintervalles, von der die Kristallseigerung in besonderem Maße beeinflußt wird. Es ist in der Tat verständlich, daß je größer dieses Intervall ist, um so größer auch der absolute Betrag sein muß, um den während der Erstarrung die Schmelze über ihren Ausgangsgehalt hinaus angereichert wird, und um so größer ferner der absolute Unterschied zwischen den Gehalten der miteinander im Gleichgewicht befindlichen Zusammensetzungen von Kristall und Schmelze ist. Einen Überblick über die in Betracht zu ziehenden Verhältnisse vermittelt Abb. 315, in der die Schmelzintervalle einiger Eisenlegierungen in Abhängigkeit von der Konzentration bis zu Gehalten von 1,8% aufgetragen sind. Nimmt man den Abstand der Kurven beginnender und beendeter Erstarrung als maßgebende Größe für den Betrag der Kristallseigerung an, so würden die vorbezeichneten Elemente unter sonst gleichen Umständen in der nachstehenden Reihenfolge zur Kristallseigerung neigen müssen: Chrom, (Nickel), Silizium, Mangan, Kohlenstoff, Phosphor und

Schwefel. Diese Reihenfolge erweist sich, wie Ergebnisse der Praxis gezeigt haben, grundsätzlich als zutreffend. Besonders Nickel und Silizium seigern so gut wie gar nicht, Mangan schwach, Kohlenstoff wesentlich stärker und Phosphor sehr stark. Schwefel nimmt wegen seiner (wahrscheinlichen) Unlöslichkeit im festen Eisen eine Sonderstellung ein. Er findet sich im Eutektikum (Fe—FeS) auf den Korngrenzen. Es ist nicht sicher, ob der an Mangan gebundene Schwefel sich ähnlich wie der an Eisen gebundene verhält.

Ist ein System nicht aus zwei, sondern aus mehreren Komponenten aufgebaut, wie dies beim technischen Eisen stets der Fall ist, so wird hierdurch der Wert der vorangegangenen Ausführungen nicht beeinträchtigt, da die Verhältnisse wenigstens qualitativ in den komplexen Legierungen ähnlich liegen wie in den binären. Auch die Tatsache, daß eine ganze Reihe wichtiger Systeme, wie: Eisen-Kohlenstoff, Eisen-Silizium, Eisen-Phosphor usw. keine unbeschränkte

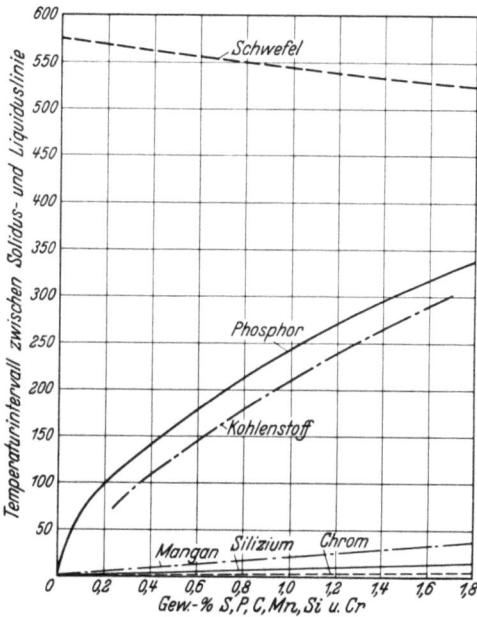

Abb. 315. Größe des Erstarrungsgebietes einiger binärer Eisenlegierungen in Abhängigkeit von der Zusammensetzung.

Löslichkeit der Komponenten aufweist, vielmehr von einem bestimmten Gehalt an ein Eutektikum auftritt, dessen eine Komponente stets der gesättigte Mischkristall ist, beeinflußt die obige Darstellung nur insofern, als im Falle unvollständigen Konzentrationsausgleichs durch Diffusion die Randschichten der geseigerten Kristalle nicht der reinen Komponente B, sondern eben dem Eutektikum zustreben. Dies wurde bereits durch Abb. 314 gezeigt. Ein weiteres Beispiel für diesen Fall ist der in Chrom-, Molybdän-, Wolfram-, Vanadinstählen und in den entsprechenden komplexen Stählen im Gußzustande auftretende Ledeburit. Abb. 316 zeigt diesen Bestandteil in einem Stahl mit 0,7% Kohlenstoff und nur 3% Wolfram.

Während die Kristallseigerung in reinen Eisen-Manganlegierungen [Levin und Tammann (3)], reinen Eisen-Phosphorlegierungen

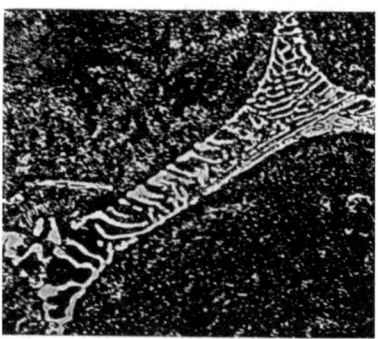

Abb. 316. Ledeburitähnlicher Gefügebestandteil in einem Stahl mit 3% W und 0,7% C (Kristallseigerung), ungeschmiedet, Ätzung II, × 250.

[Oberhoffer und Knipping (19)] und auch in der Legierung Abb. 316 durch Glühen der Legierungen bei 1000—1200° entfernt werden konnte, wobei die ungleichmäßig verteilten Elemente durch Diffusion zum Ausgleich ihrer Konzentration gelangten, ist es durch gleiche Behandlung nicht möglich, in reinen Eisen-

302 Der Einfluß der Weiterverarbeitung auf Gefüge und Eigenschaften des Stahles.

Kohlenstoff-Phosphorlegierungen, z. B. von der Art der in Abb. 313 und 314 dargestellten, den Ausgleich herbeizuführen. Auch in Handelsmaterialien, die fast immer Kristallseigerung aufweisen, gelingt der Ausgleich schwieriger, und es sind nach Giolitti und Forcella (2, 3) bzw. nach Oberhoffer und Heger (20) Glühtemperaturen und -zeiten erforderlich, die über den Rahmen dessen hinausgehen, was von einer vernünftigen, d. h. praktisch anwendbaren Wärmebehandlung verlangt wird. So zeigt Abb. 317 den Erfolg eines 23stündigen Glühens bei 1200° an einem Stahl mit 0,8% C und 0,13% P. Man sieht, daß die Kristallseigerung zwar abgeschwächt, aber noch nicht verschwunden ist.

Schließlich interessiert praktisch die Frage, ob die Kristallseigerung von nachteiligem Einfluß auf die Festigkeitseigenschaften ist. Sie kann aber, soweit

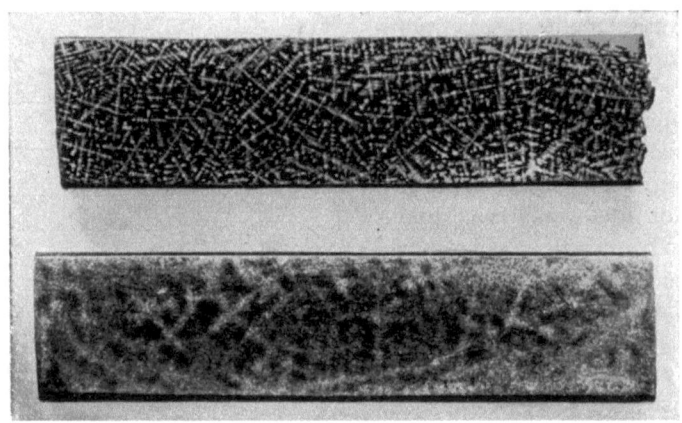

Abb. 317. Stahl mit 0,8 % C ungeglüht (oben) bzw. 23 Stunden bei 1200° geglüht (unten) zur Entfernung der Kristallseigerung, Ätzung I, × 1 [Oberhoffer und Heger (20)].

sie bisher gelöst erscheint, erst im Anschluß an die Kapitel über das Glühen beantwortet werden.

C. Sekundäre Kristallisation (Abkühlung).

Die bei der Primärkristallisation gebildete feste Lösung wird in zwei Fällen nach völliger Abkühlung bei Raumtemperatur erhalten. Der erste Fall ist der, daß unter dem Einfluß von Legierungselementen (Mangan, Nickel) die Umwandlungstemperatur unter Raumtemperatur sinkt. Der primär gebildete γ-Mischkristall bleibt so bei der Abkühlung erhalten. Im zweiten Falle führt die Wirkung von Legierungselementen, die die Abschnürung des γ-Gebietes bzw. γ-Raumes bewirken, dazu, daß Stähle entsprechender Konzentration bei der Abkühlung keine Umwandlungen durchlaufen. In diesem Falle bleibt der primär gebildete $\delta(\alpha)$-Mischkristall bei der Abkühlung erhalten. In allen übrigen Fällen, z. B. ausnahmslos bei den Kohlenstoffstählen, zerfällt die bei der primären Kristallisation gebildete feste Lösung bei der Abkühlung. Zerfallstemperaturen sowie Art und Menge der neugebildeten Phasen sind von der chemischen Zusammensetzung abhängig, deren Einfluß nach diesen Gesichtspunkten im zweiten Teil dieses Buches eingehend erörtert wurde. Dem Kohlenstoff kommt eine beherrschende Rolle zu.

Das Gefüge des aus dem Schmelzfluß abgekühlten Stahles heißt Gußgefüge und hat eine hohe praktische Bedeutung. Die Korngröße und Form

Die Kristallisation des Stahles und die hierbei auftretenden Störungserscheinungen. 303

des Gußgefüges sowie die Anordnung der Zerfallprodukte Ferrit, Perlit und Zementit ist in hohem Maße abhängig von den bei der primären Kristallisation vorhandenen Bedingungen. Wir sahen, daß in erster Linie die Abkühlungsgeschwindigkeit die Größe des primären Kristallkorns beeinflußt. J. P. Arend (1) stellte an Kohlenstoffstählen fest, daß auch die Korngröße des (sekundären) Gußgefüges von der ein Maß für die Abkühlungsgeschwindigkeit darstellenden

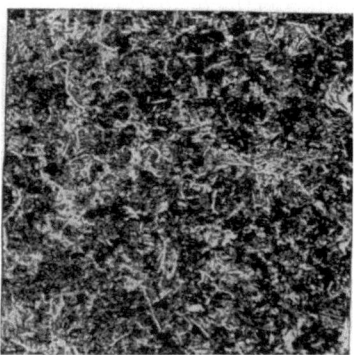

Abb. 318. Gußgefüge im Stahlguß mit 0,35% C, Ätzung II, ×50. Infolge kleinster Wandstärke feinkörniges und gleichmäßiges Ferrit-Perlitgemisch [Arend (1)].

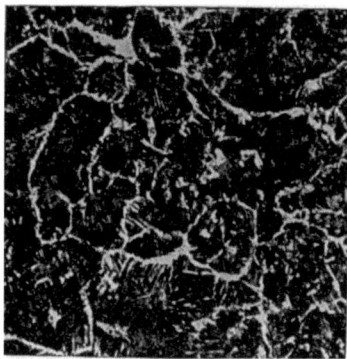

Abb. 319. Wie Abb. 318, jedoch größere Wandstärke: Netzförmige Anordnung des Ferrits um die Perlitinseln [Arend (1)].

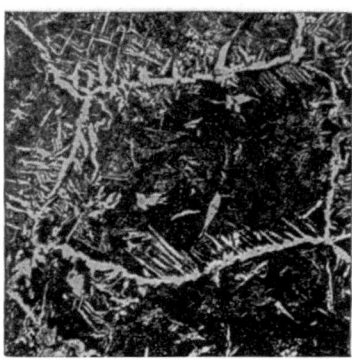

Abb. 320. Wie Abb. 318, jedoch Wandstärke größer als in Abb. 319. Grobmaschiges Ferritnetz, Auftreten paralleler Ferritstreifen, als erste Anzeichen der Widmannstättenschen Struktur [Arend (1)].

Abb. 321. Wie Abb. 318, jedoch Wandstärke größer als in Abb. 320. Äußerst grobmaschiges Ferritnetz, innerhalb der Maschen Ferrit-Perlitgemisch [Arend (1)].

Wandstärke des Gußstückes abhängig ist. Aber auch die Anordnung des Gußgefüges wechselte mit der Korngröße. Die Abb. 318—321 veranschaulichen nach Arend an 4 typischen Gußgefügearten den Einfluß der Erstarrungsgeschwindigkeit.

Bei größter Wandstärke und entsprechend langsamer Abkühlung tritt nach Arend Widmannstättensche Struktur auf. Sie wird am besten gekennzeichnet durch die Abb. 322—324 nach Belaiew (2). Innerhalb des gesamten Gesichtsfeldes ist die Kristallorientierung die gleiche, und in der Tat ist das Auftreten der Widmannstättenschen Figuren in der vorliegenden idealen Ausbildung gleichbedeutend mit gröbster Körnung. Die Kornbegrenzungen sind mehr oder minder durch ein Ferritnetzwerk angedeutet. Diese Struktur ist von Widmannstätten 1808 an Meteoriten und von Osmond (5) an schmiedbarem Eisen entdeckt und nach Widmannstätten benannt worden. Ihr Kennzeichen ist die Lagerung des Ferrits und Perlits innerhalb eines und desselben Korns nach kristallographischen Gesetzen, so daß entsprechend Abb. 322 in einem zur Würfelfläche parallelen Schnitt zwei unter 90° sich schneidende Systeme von Figuren, in einem der Oktaederfläche parallelen drei unter 60° sich schneidende (Abb. 323) und in einem zur Rhombendodekaederfläche parallelen zwei unter 109° 28′ 16″ sich schneidende Systeme sowie zwei weitere jedoch zusammenfallende auftreten, die den genannten Winkel halbieren (Abb. 324).

Über die Bedingungen, die zur Entstehung der Widmannstättenschen Struktur führen, bestehen verschiedene Ansichten. N. T. Belaiew (3) kennzeichnet die

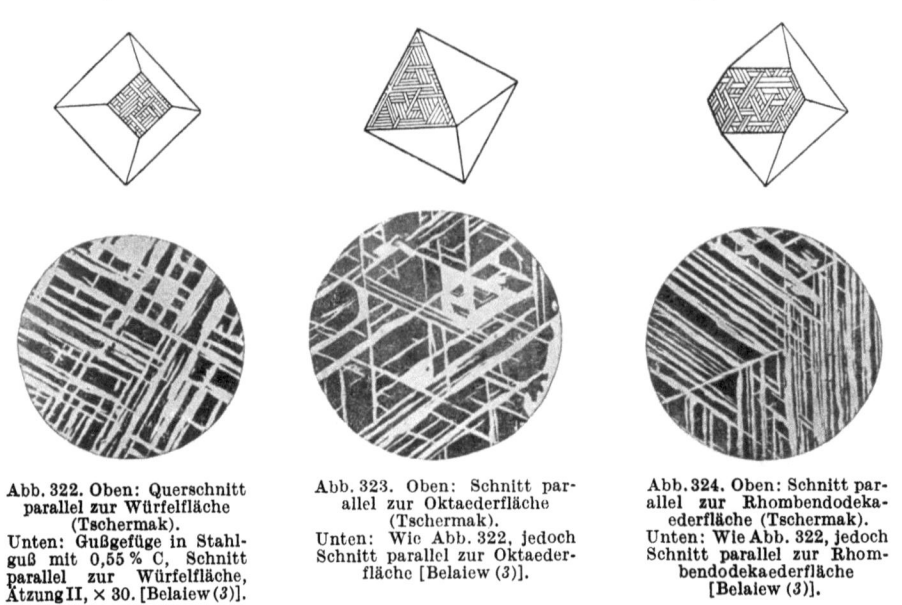

Abb. 322. Oben: Querschnitt parallel zur Würfelfläche (Tschermak). Unten: Gußgefüge in Stahlguß mit 0,55% C, Schnitt parallel zur Würfelfläche, Ätzung II, × 30. [Belaiew (3)].

Abb. 323. Oben: Schnitt parallel zur Oktaederfläche (Tschermak). Unten: Wie Abb. 322, jedoch Schnitt parallel zur Oktaederfläche [Belaiew (3)].

Abb. 324. Oben: Schnitt parallel zur Rhombendodekaederfläche (Tschermak). Unten: Wie Abb. 322, jedoch Schnitt parallel zur Rhombendodekaederfläche [Belaiew (3)].

Entstehung des Widmannstättenschen Gefüges wie folgt: Wenn der aus groben γ-Mischkristallen bestehende, untereutektoidische Stahl verhältnismäßig rasch durch das Umwandlungsgebiet abgekühlt wird, findet der sich ausscheidende Ferrit nicht Zeit, an die Korngrenzen abzuwandern und scheidet sich daher auf den Spaltflächen des Kristalles ab. Versuche von Kasé (2) bestätigten die Anschauung von Belaiew. Nicht in Übereinstimmung mit der Belaiewschen Auslegung fand V. N. Krivobok (2), ausgehend von Stahl, in dem er durch langsame Abkühlung von der Erstarrung bis kurz oberhalb Ar_3 ein grobes γ-Korn erzeugt hatte, nach raschem Durchlaufen des Umwandlungsgebietes ein grobmaschiges Ferritnetz mit nur geringen Ansätzen zu Widmannstättenschem Gefüge, nach sehr langsamem Durchgang durch das Umwandlungsgebiet dagegen wurde durchweg Widmannstättensches Gefüge erzielt. Krivobok nimmt daher im Gegensatz zu Belaiew an, daß sich das Widmannstättensche Gefüge nur bei sehr langsamer Abkühlung bildet. Hierbei soll die keimbildende Wirkung der γ-Korngrenzen nicht ausgenutzt werden, und der Ferrit sich daher nicht auf den Korngrenzen, sondern längs der Spaltflächen ausscheiden. Versuche von Oberhoffer und Weisgerber (17) an Stählen mit verschiedenen C-Gehalten lassen erkennen, daß die Entstehung des Widmannstättenschen Gefüges durch niedrige C-Gehalte begünstigt wird. Oberhoffer und Weisgerber fanden in einem Stahlguß mit 0,17% C bei 12 und bei 45 mm Wandstärke in der Randschicht Ferroperlit*, in der Mitte dagegen, also in der Zone langsamerer Abkühlung, Widmannstättensches Gefüge. Letzteres herrschte auch in einem Probekörper mit 100 mm Wandstärke vor, jetzt aber nicht mehr in der Mitte, sondern am Rande, d. h. in der Zone rascherer Abkühlung. Diese Ergebnisse zeigen, daß andere Faktoren als die Abkühlungsgeschwindigkeit von wesentlicher Bedeutung für die Frage sind, ob Widmannstättensches Gußgefüge entsteht oder nicht.

Mit steigendem Kohlenstoffgehalt verschieben sich die Verhältnisse. Bei 0,27% Kohlenstoff war bei 12 und bei 45 mm Wandstärke Ferroperlit und bei 200 mm dieser im Gemisch mit Widmannstätten-Gefüge, wobei der Ferroperlit mit steigender Wandstärke gröber wurde. Es läßt sich bei diesem Kohlenstoffgehalt also noch nicht angeben, ob Widmannstätten-Gefüge über oder unter 200 mm Wandstärke auftritt. Bei 0,43% Kohlenstoff tritt mit der Wandstärke gröber werdendes Zellengefüge auf. Immerhin muß man bedenken, daß die Wandstärke nicht die einzige Variable ist und diese Ausführungen insbesondere nur für eine bestimmte Gießtemperatur gelten.

Bei reinen Metallen und homogenen Mischkristallen sind Festigkeit und Dehnung einerseits und Korngröße anderseits derartig miteinander verknüpft, daß kleinster Korngröße höchste Festigkeit und niedrigste Dehnung, größter Korngröße niedrigste Festigkeit und höchste Dehnung entsprechen. Diese Beziehung erklärt sich aus der Tatsache, daß die zwischen den Kristallen befindlichen Grenzschichten höhere Festigkeit als das Kristallinnere besitzen. Mit steigender Gesamtzahl verfestigter Grenzschichten pro Querschnittseinheit, oder zunehmender Feinheit des Kristallkorns muß hiernach die Festigkeit steigen. Die höhere Festigkeit der Grenzschichten in reinen Metallen und festen Lösungen wird bewiesen durch die Beobachtung, daß der Bruch nicht den Kristallgrenzen entlang (intergranular), sondern quer durch die Körner (intragranular) erfolgt. Mit steigender Temperatur nimmt jedoch die Korngrenzenfestigkeit stärker ab als die Festigkeit im Innern der Kristallite, so daß bei hohen Temperaturen der Bruch intergranular erfolgt.

Den Grund für die bei nicht zu hohen Temperaturen erhöhte Korngrenzenfestigkeit erblickte Rosenhain (3) in der Ausbildung einer amorphen Zwischensubstanz an den Randschichten der Kristallite. Wahrscheinlicher und zwangloser erscheint die Annahme [Guertler (3)], daß die in einem vielkristallinen Körper im allgemeinen unterschiedliche Orientierung benachbarter Kristallite auf den Korngrenzen zu Orientierungsstörungen und damit zu dem verschiedenen Verhalten von Korninnerem und Grenzschicht führen. Außer durch diese Orientierungsstörungen dürfte dieses unterschiedliche Verhalten noch bedingt sein durch die Oberflächenspannung der Kristallite [Martens und Heyn (1), v. Möllendorf, Czochralski] und durch die auf den Korngrenzen abgeschiedenen Ver-

---

* Der Perlitanteil erweckt den Eindruck eines höheren C-Gehaltes als tatsächlich vorhanden, d. h. der C-Gehalt des Perlits ist geringer, als dem Gleichgewicht entspricht, ein Folge verhältnismäßig rascher Abkühlung.

306 Der Einfluß der Weiterverarbeitung auf Gefüge und Eigenschaften des Stahles.

unreinigungen. Die Umorientierung bzw. der Ausgleich der Spannungen in den Grenzschichten und damit die Entfestigung dieser Schichten unter dem Einfluß erhöhter Temperatur ist ohne weiteres verständlich.

Die Frage, ob in dem heterogenen Gemisch von Ferrit und Perlit (Stahl) die bei reinen Metallen und bei Legierungen aus homogenen Mischkristallen beobachtete Abhängigkeit der Festigkeitseigenschaften von der Korngröße ebenfalls besteht, wurde von H. Hanemann und R. Hinzmann (3) untersucht. Der untersuchte Stahl hatte folgende Zusammensetzung: 0,12% C; 0,26% Si; 0,64% Mn; 0,033% P; 0,034% S. Die verschiedenen Korngrößen wurden durch zweistündiges Glühen bei verschiedenen Temperaturen und anschließende langsame Abkühlung erzeugt. Abb. 325 zeigt die erreichten Korngrößen in Abhängigkeit von der Glühtemperatur.

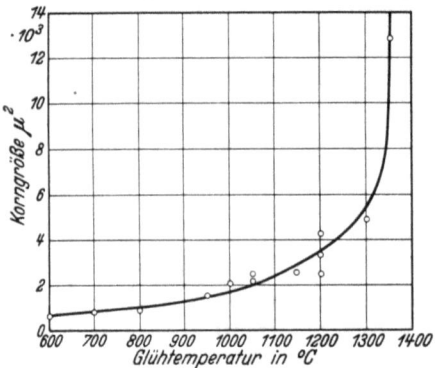

Abb. 325. Abhängigkeit der Korngröße von der Glühtemperatur [Hanemann und Hinzmann (3)].

Den Einfluß der Korngröße auf die Ergebnisse des Zugversuches und der Brinellhärtebestimmung gibt Abb. 326 wieder. Obwohl die Korngröße zwischen 600 μ^2 und 13000 μ^2, also in weiten Grenzen schwankt, erfährt die Zerreißfestigkeit nur eine geringe Beeinflussung. Sie beträgt bei der kleinsten Korngröße 44 kg/mm^2 und fällt bei der größten auf 40,5 kg/mm^2, d. h. um 8%. Bruchdehnung und Einschnürung zeigen im Gegensatz zu dem Verhalten reiner Metalle und Legierungen aus homogenen Mischkristallen mit steigender Korngröße einen geringfügigen Abfall. Die Brinellhärte wird praktisch durch die Korngröße nicht beeinflußt. Ein größerer Einfluß macht sich auf die Streckgrenze bemerkbar, die indessen ab 5000 μ^2 nicht mehr zu beobachten war. Eine einfache Abhängigkeit der Festigkeit von der Korngröße wie bei den reinen Metallen scheint demnach beim Stahl nicht zu bestehen.

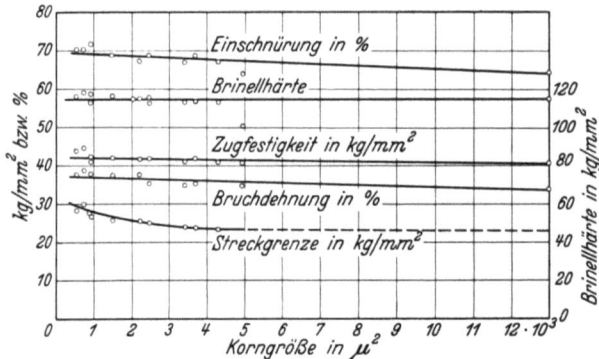

Abb. 326. Festigkeitseigenschaften und Härte in Abhängigkeit von der Korngröße [Hanemann und Hinzmann (3)].

Bei Untersuchung des Einflusses der Korngröße durch den Zugversuch ist zu berücksichtigen, daß der Probestabquerschnitt konstant gehalten wird, während die Korngröße der Gefügebestandteile dagegen veränderlich ist. Nun läßt sich allgemein über die Beziehungen zwischen Korngröße und Probestabquerschnitt folgendes aussagen:

Ist der Kornquerschnitt (bei ungefähr gleicher Ausdehnung des Kornes nach allen Richtungen) im Verhältnis zum Probestabquerschnitt unendlich klein und dementsprechend die Zahl der Körner sehr groß, so bezeichnet man das Metall nach Voigt (*1*) als quasiisotrop, d. h. die Eigenschaften sind nach allen Richtungen gleich, die des einzelnen Kristallindividuums treten nicht hervor. Dies trifft aber im entgegengesetzten äußersten Grenzfalle, wenn der Probestabquerschnitt gleich dem Kornquerschnitt, der Stab also aus einem einzigen Kristall besteht, nicht zu. Hier äußert sich die Individualität des Kristalls, die Verschiedenheit der Eigenschaften nach verschiedenen Richtungen und demzufolge die Orientierung des Kristalls zur Zerreißstabachse. So stellte Osmond an isolierten Kristallen aus reinem α-Eisen folgende Härtezahlen fest:

        Würfelfläche 66
        Oktaederfläche 76
        Rhombendodekaederfläche . . . 69

Demgegenüber beobachteten H. Gries und H. Esser (*1*) an Eiseneinkristallen zwar auch den niedrigsten Härtewert auf der Würfelebene, aber den höchsten nicht auf der Oktaeder-, sondern auf der Rhombendodekaederfläche.

Sehr überzeugend sind die von Czochralski (*1*) an Kupfer- und Aluminium-Einkristallen erhaltenen Ergebnisse, aus denen einwandfrei die Abhängigkeit der Eigenschaften von der kristallogaphischen Orientierung hervorgeht.

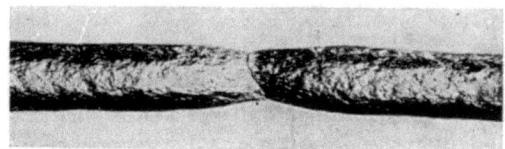

Abb. 327. Zerreißstab mit narbiger Oberfläche, typisch für ungeglühten, grobkristallinen Stahlguß.

So zeigte sich z. B. bei Kupfer, daß die Festigkeit zwischen 12 und 35 kg/mm² und die Dehnung zwischen 10 und 55% schwankte.

Weitere, zahlreiche Beweise über die Abhängigkeit der Eigenschaften von Metalleinkristallen von ihrer kristallographischen Orientierung sind im neueren Schrifttum enthalten.

Es ist leicht einzusehen, daß bei gleichem Stabquerschnitt der Einfluß der Kristallorientierung wie der der verfestigten Grenzschichten mit steigender Kornzahl abnehmen und schließlich bei einer gewissen Kornzahl verschwinden muß. Czochralski schätzt das hierzu erforderliche Verhältnis von Korn zu Arbeitsstückvolumen, die sogenannte „Körnigkeit", auf $\frac{1}{1000}$. Ist dieses Verhältnis kleiner, so äußert sich die Lagerung der Einzelkristalle bereits beim Zerreißversuch auf der Staboberfläche, die ein narbiges oder knittriges Aussehen erhält, wie dies Abb. 327 zeigt. Infolge von Zufälligkeiten der Lagerung der Einzelkristalle schwanken ferner die an Stäben ein und desselben Materials gewonnenen Ergebnisse außerordentlich, wie die nebenstehenden Beispiele[1] (ungeglühter Stahlformguß) zeigen.

Bei einer genauen zahlenmäßigen Ermittelung des Einflusses der Primär- und Sekundärstruktur wäre also, was bisher noch nicht geschehen ist, der Einfluß der Korngröße durch geeignete Wahl des Probestabquerschnittes auszuschalten.

% C	Streckgrenze kg/mm²	Festigkeit kg/mm²	Dehnung %
0,26	24,3	38,2	5,1
	22,9	47,6	23,3
	22,9	44,4	11,0
0,40	30,0	56,8	13,0
	28,8	54,4	10,8
	31,2	60,6	8,4
0,53	22,3	66,2	12,0
	25,6	60,7	4,1
	25,5	58,6	3,4

[1] Vgl. P. Oberhoffer (*21*).

308 Der Einfluß der Weiterverarbeitung auf Gefüge und Eigenschaften des Stahles.

Nicht allein die von Kernzahl und Kristallisationsgeschwindigkeit, also im wesentlichen von der Erstarrungsgeschwindigkeit abhängige Korngröße des primären Kristalls beeinflußt Gestalt und innere Anordnung des sekundären Kristalls, auch die bei der primären Kristallisation besprochene Kristallseigerung, oder Anreicherung des Phosphors und anderer Begleitelemente des Eisens sowie der im flüssigen Eisen löslichen Einschlüsse (hauptsächlich sulfidischer Natur) übt einen wesentlichen Einfluß auf das bei der sekundären Kristallisation entstehende Gefüge aus. Die Anreicherungen finden sich in den Kristallbegrenzungen. Die im festen Eisen unlöslichen Einschlüsse wirken bei der Ferritbildung als Kristallisationskeime, die beim Überschreiten der Linie $GOSE$ des Zustandsdiagramms der Eisen-Kohlenstofflegierungen die Bildung von Ferrit- bzw. Zementitzentren

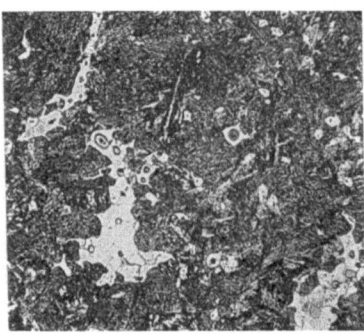

Abb. 328. Stahlguß mit 0,3 % C, 30° unter Ar_3 abgeschreckt, Keimwirkung der Schlakkeneinschlüsse. Ätzung II, × 200.

begünstigen. Den direkten Nachweis hierfür bietet Abb. 328, die ein an Einschlüssen reiches Material mit 0,3% Kohlenstoff, 30° unter Ar_3 abgeschreckt zeigt. Die bei dieser Temperatur aus der festen Lösung abgeschiedenen Ferritkristalle bilden sich dort, wo Einschlüsse, in diesem Falle sulfidischer Natur, vorhanden sind.

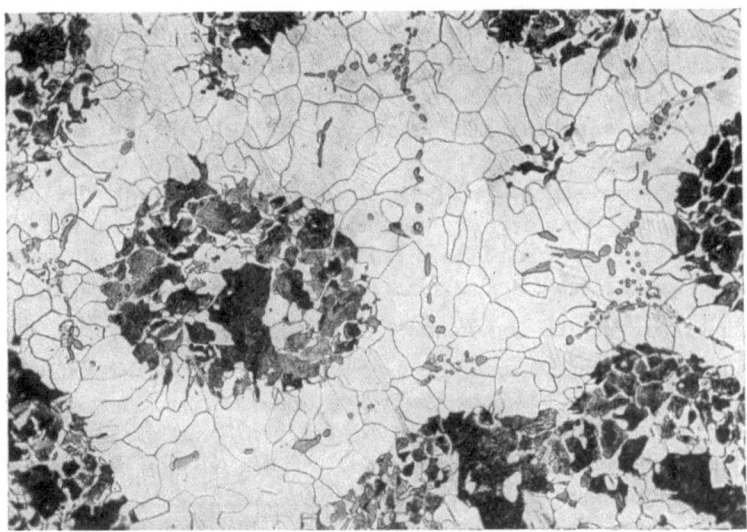

Abb. 329. Netzwerk von Schlackeneinschlüssen mit Ferritnetzwerk. Ätzung II. Langsame Abkühlung.

Die Anordnung der Einschlüsse an der Begrenzung polygonaler Körner führt daher zur Ausbildung eines polygonalen Ferritnetzwerks, wie es beispielsweise in Abb. 329 wiedergegeben ist. Rasche Abkühlung aus dem γ-Gebiet wirkt der Keimwirkung der Einschlüsse entgegen, weil auch bei der sekundären Kristallisation die Zahl der Kristallisationszentren wahrscheinlich mit dem Grade der Unterkühlung zunimmt. Bei rascher Abkühlung sind daher Keime bereits

Die Kristallisation des Stahles und die hierbei auftretenden Störungserscheinungen. 309

in genügender Anzahl vorhanden, und eine Auswahl besonders für die Ferritbildung geeigneter Orte erfolgt nicht. Langsame Abkühlung verbreitet das Ferritnetzwerk, weil dann die Kernzahl gering ist, die Keimwirkung der Einschlüsse also zur vollen Entfaltung gelangt und die um die Einschlüsse gebildeten Ferritkristalle ihrerseits als Keime wirken.

Eine besondere Rolle bei der sekundären Kristallisation spielt der Phosphor. Der Ferrit findet sich im sekundären Gefüge stets dort, wo außer den im flüssigen Eisen löslichen Einschlüssen auch der Phosphor angereichert ist, d. h. in den Verästelungen der Dendriten oder außer in diesen als große Zellen um die Bereiche gleicher Dendritenorientierung. Dementsprechend findet sich der Kohlenstoff (Perlit) in den Achsen der Dendriten, also in der Mitte der Kristalle, was im Widerspruch steht zu der mehrfach betonten Tatsache, daß infolge des Ausbleibens der Diffusion die Anreicherung sämtlicher kurz nach der Erstarrung in Lösung befindlichen Stoffe, also auch des Kohlenstoffs, in den äußeren Begrenzungen der Kristalleinheiten stattfindet. Es ist nun anzunehmen, daß infolge einer wahrscheinlichen keimbildenden Wirkung der Phosphor-

Abb. 330. Stahlguß mit dendritischer Anordnung von Ferrit und Perlit, Ätzung II, × 5.

anreicherungen in den Außenbezirken der Primärkristallite hier die Ferritbildung bei Unterschreitung von GOS einsetzt. Bei fortschreitender Abkühlung und entsprechend zunehmender Ferritbildung an den Stellen der ersten Ferritkristallisation reichert sich (entsprechend dem Verlauf der Linie GOS) der Kohlenstoff im Innern der Kristallite an, bis hier die Perlitbildung erfolgt. Die aus Abb. 330 ersichtliche Anordnung des Perlits in den Achsen der Dendriten wäre demnach eine Folge der auf die Kristallseigerung des Phosphors bei der Primärkristallisation zurückzuführenden Keimwirkung bei der sekundären Kristallisation.

Die Keimwirkung phosphorreicher Gefügeteile bei der sekundären Kristallisation ist indessen nicht die einzige Ursache für die Ferritanreicherung in der Umgebung von

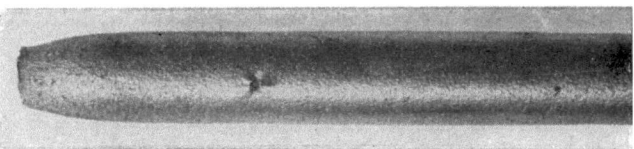

Abb. 331. Zerreißstab mit Querrissen.

Phosphorseigerungen. Die Betrachtung des ternären Zustandsschaubildes Eisen-Kohlenstoff-Phosphor lehrt, daß mit steigendem Phosphorgehalt die Löslichkeit des Kohlenstoffs im Austenit erniedrigt wird. Daher nahm Heger (1) an, daß, infolge des durch Kristallseigerung in den Randzonen der Primärkristalle erhöhten Phosphorgehaltes, der Kohlenstoff schon im γ-Gebiet entsprechend den Gleichgewichtsbedingungen in die Mitte der Primärkristalle abwandert.

Die Phosphoransammlungen schaffen zwar mit Rücksicht auf den verfestigenden Einfluß dieses Elements in den Kristallbegrenzungen und Dendritenverästelungen verfestigte Grenzschichten und üben dadurch auf die Festigkeit einen er-

310 Der Einfluß der Weiterverarbeitung auf Gefüge und Eigenschaften des Stahles.

höhenden Einfluß aus. Die in diesen Zonen vorhandene Kohlenstoffarmut bzw. -freiheit bewirkt ihrerseits Festigkeitserniedrigung. Hierzu kommt der ebenfalls in gleichem Sinne aber ungleich stärker wirkende Einfluß von Ansammlungen spröder Einschlüsse in den Grenzschichten, deren Resultat intergranularer Bruch und damit äußerst niedrige Festigkeit und Dehnung beim Zerreiß- und Kerbschlagversuch ist. Ein äußeres Anzeichen für das Vorhandensein von Einschlüssen ist das lokale Auftreten frühzeitigen Bruches auf der Zerreißstaboberfläche, die Bildung sogenannter Querrisse Abb. 331. Je kleiner bei gleicher Form und Verteilung der Anreicherungen der Probestabquerschnitt ist, um so deutlicher tritt ihr Einfluß hervor, um so weiter entfernt sich das Material auch in diesem Sinne vom Zustande der Quasiisotropie.

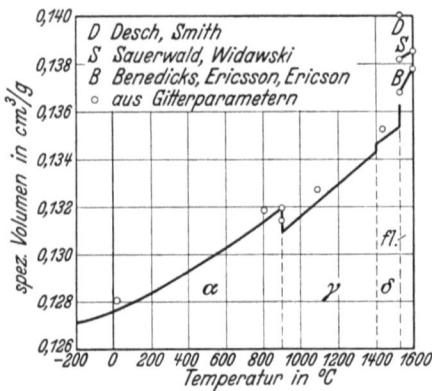

Abb. 332. Spez. Volumen von reinem Eisen in Abhängigkeit von der Temperatur [Tammann und Bandel (3)].

D. Die Lunkerbildung.

Das spezifische Volumen jedes festen Körpers nimmt mit steigender Temperatur nach einem bestimmten Gesetze zu. Beim Übergang aus dem festen in den flüssigen Zustand erfolgt meistens eine sprunghafte Änderung, die sowohl positiv als negativ sein, also ebensowohl einer Ausdehnung wie einer Zusammenziehung entsprechen kann. Das spezifische Volumen des flüssigen Körpers nimmt sodann mit steigender Temperatur meistens wieder zu. Abb. 332 zeigt an reinem Eisen die Änderungen des spezifischen Volumens von unterhalb Raumtemperatur bis oberhalb des Schmelzpunkts [Tammann und Bandel (3)]. Wie die A_3- und A_4-Umwandlung, so prägt sich auch das Schmelzen durch eine unstetige Änderung des spezifischen Volumens, und zwar durch eine sprunghafte Zunahme, aus. Die Größe der Zunahme ist nur angenähert bekannt. Sie beträgt nach:

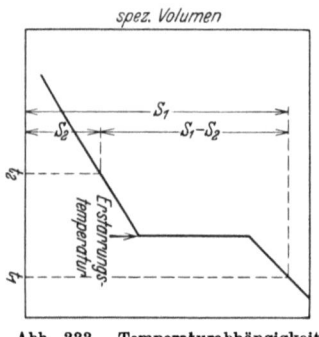

Abb. 333. Temperaturabhängigkeit des spez. Volumens (schematische Darstellung).

Desch und Smith (1, 2) . . . . 0,061 cm³/g
Benedicks, Ericsson und Ericson (7) 0,0019 „
Widawski und Sauerwald (1) . . . . 0,0037 „
Im Mittel . . . . 0,0039 cm³/g

Erfolgt ganz allgemein die Änderung des spezifischen Volumens mit der Temperatur entsprechend der schematischen Darstellung in Abb. 333, ist also, wie beim Eisen, der Übergang aus dem flüssigen in den festen Zustand mit einer Volumenverringerung verknüpft, so ist der Unterschied $s_1 - s_2$ der Betrag, um den sich das spezifische Volumen verkleinert, wenn die Temperatur von t_1 auf t_2 sinkt.

Würde die Erstarrung eines Gußstückes von der Volumeneinheit von innen nach außen allmählich vonstatten gehen, so würde es die Form nicht ausfüllen, sondern um den Betrag $s_1 - s_2$ kleiner sein als die Form. Dies würde die kaum zu

Die Kristallisation des Stahles und die hierbei auftretenden Störungserscheinungen. 311

erfüllende Voraussetzung haben, daß die Temperatur im Innern des Gußstückes niedriger ist als an den Außenrändern. Die Erstarrung beginnt aber in Gußstücken im allgemeinen an den Wänden der Form und schreitet nach und nach ins Innere fort, weil die Temperatur im Gußstück von innen nach außen abnimmt. Nach dem Schema der Abb. 334 entsteht z. B. in einem Gußblock zunächst eine feste Kruste *1* an der Wand, bzw. am Boden der Kokille. (Es wird der Einfachheit halber zunächst vorausgesetzt, daß der Blockkopf keine feste Kruste ansetzt.) Das Volumen dieser festen Kruste ist nach Abb. 333 kleiner als das Volumen einer gleichen, flüssig gedachten Kruste. Infolgedessen wird die zurückbleibende Flüssigkeit, die ursprünglich bis zum Rande der Form reichend gedacht war, die Kokille nicht mehr bis dorthin anfüllen. Der Flüssigkeitsspiegel sinkt infolgedessen, und dieser Vorgang wiederholt sich bei der Erstarrung der nächstfolgenden Krusten,

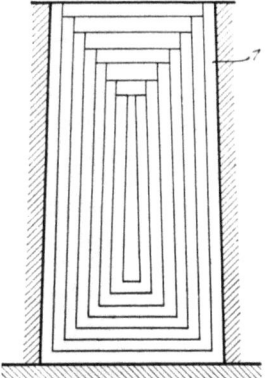

Abb. 334. Schematische Darstellung der Lunkerbildung.

so daß im oberen Teile des Blockes ein nach oben offener, trichterförmiger Hohlraum von der in Abb. 334 angedeuteten Form zurückbleibt. In den meisten Fällen bildet sich auch an der Oberfläche eine feste Kruste, und der Lunker kann aus einem vollständig abgeschlossenen Hohlraum bestehen, der häufig durch horizontale Zwischenwände unterteilt ist, wie sie in den Abb. 337 bis 341 an Wachsblöcken und in Abb. 335 an einem Stahlblock zu erkennen sind. Die Entstehung der Zwischenwände oder Brücken hat man sich wie folgt vorzustellen. Die zunächst erstarrende Oberflächenschicht wird, da mit fortschreitender Erstarrung sich unter ihr ein Unterdruck bildet, durch den Atmosphärendruck eingedrückt, und die Blockoberfläche wird nach oben konkav. Der Flüssigkeitsspiegel sinkt mit weiter fortschreitender Erstarrung unter der Oberflächenkruste, wodurch der obere Hohlraum entsteht. Es erstarrt alsdann eine zweite Kruste, unter der sich wieder ein Unterdruck bildet usw. Es kann infolge des Atmosphärendruckes zum Durchbrechen der einzelnen Krusten kommen, was aber am Vorgang selbst kaum etwas ändert und nur die Form der Krusten beeinflussen kann. Ferner ist es hiervon abhängig ob die Lunkerwände oxydiert sind oder nicht.

Wie aus Abb. 336 links hervorgeht, setzt sich der eigentliche Lunker nach unten hin durch einen zunächst rohrförmigen Hohlraum fort, der sich manchmal im unteren Blockdrittel nach den vier unteren Blockecken gabelt. Man hat vielfach einen Unterschied gemacht zwischen dem oberen trichterförmigen Teil des den Block durchziehenden Hohlraums, den man Lunker im eigentlichen Sinne oder Schrumpfungshohlraum nannte, und dem unteren rohrförmigen Teil, den man Schwindungshohlraum nannte. Der

Abb. 335. Lunkerausbildung bei einem 3,3-t-Stahlblock (Brückenbildung).

312 Der Einfluß der Weiterverarbeitung auf Gefüge und Eigenschaften des Stahles.

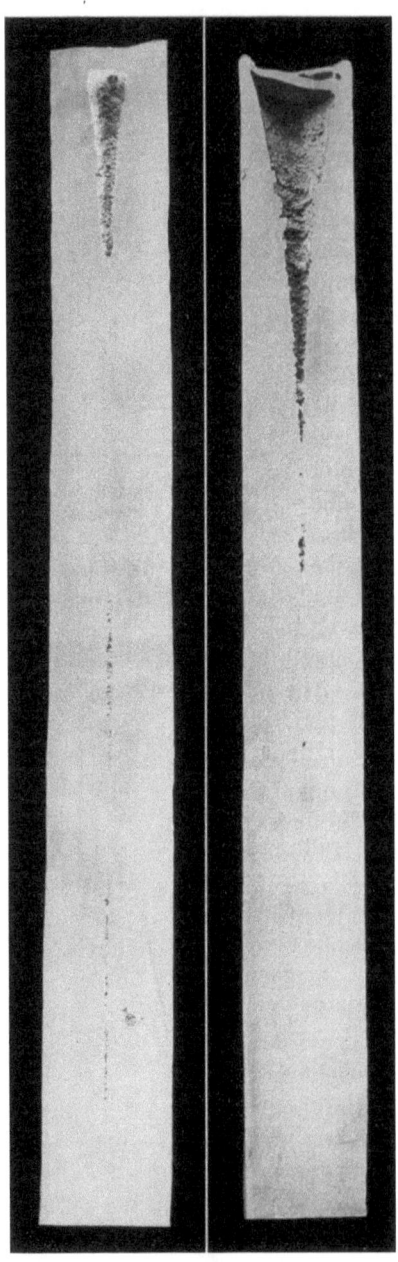

Abb. 336. Längsschnitte durch Blöcke aus weichem Siemens-Martin-Flußeisen (Rohrqualität), links mit ausgedehntem Schwindungshohlraum (Fadenlunker). × 1/7.

erstere wird auf die bei der Erstarrung, der Schwindungshohlraum dagegen auf die bei der Erkaltung erfolgende Volumenverkleinerung zurückgeführt. Es ist verständlich, daß der Schwindungshohlraum (auch als Sekundärlunker bezeichnet) besonders dann leicht auftritt, wenn 1. die Blockform ein zu kleines Verhältnis des Querschnitts zur Höhe aufweist, und wenn 2. besonders bei dünnen Blöcken und entsprechender Stahlzusammensetzung (hochsilizierter Stahl, Chromstähle) die Transkristallisationszone bis zur Blockmitte reicht. Dann ist naturgemäß der Zusammenhang dort besonders gering, wo die Transkristalle, aus entgegengesetzten Richtungen aufeinander zu wachsend, zusammenstoßen. Bei der Zusammenziehung während des Erkaltens entsteht hier der Sekundärlunker (Fadenlunker), der durchaus nicht immer kontinuierlich durchzugehen braucht und dessen Abmessungen sehr stark schwanken können, wie schon aus den beiden Beispielen Abb. 336 hervorgeht, die sich auf das gleiche Material, nämlich weiches Flußeisen beziehen.

Die Entstehung des Sekundärlunkers wird leicht verständlich, wenn man annimmt, daß die Außenzonen eines erstarrten Blockes nicht nur wie in der Wirklichkeit eine geringere Temperatur haben als der Kern, sondern bereits vollkommen abgekühlt sind, während der Kern noch eine beträchtliche Temperatur besitzt. Kühlt sich nun auch der Kern ab, so ist er bestrebt, sich zusammenzuziehen. Da er aber mit der erkalteten Blockaußenwandung starr verbunden ist, kann dies nicht durch Verminderung des Kerndurchmessers geschehen. Die daher entstehenden inneren Spannungen führen zu Aufreißungen des Kernes, sobald die Spannungen die Höhe der Kern- (Warm-)Festigkeit überschreiten.

Da infolge der Lunkerbildung ein Teil des Blockes der unmittelbaren Verwertung verlorengeht, ist die Verhütung bzw. Einschränkung der Lunkerbildung von großer wirtschaftlicher Bedeutung. Auf Grund der Kenntnis der Faktoren, die die Lunkerbildung beeinflussen, ist die Möglichkeit zu ihrer

Bekämpfung gegeben. Mit einer ersten Gruppe zu diesem Zweck angewandter Mittel sucht man den Temperaturunterschied zwischen einem Teil des Blockkopfes als Speicher für flüssigen Werkstoff und dem übrigen Block möglichst groß zu halten, um das Nachfließen in den sich bildenden Hohlraum zu ermöglichen. Durch Vermeidung zu hoher Gießtemperatur wird der absolute Betrag der Volumenverminderung (vgl. Abb. 333, $s_1 - s_2$) und demnach auch der Lunker verkleinert. Langsames Gießen führt zu demselben Ziele, wie Howe und Stoughton (1) an Wachsblöcken nachwiesen. Abb. 337 nach Howe zeigt einen in 30 sek, Abb. 338 einen gleichen, aber in 1 Std. und 39 min gegossenen Wachsblock. Der Lunker reicht im ersten Falle 90, im zweiten 13% ins Innere des Blockes.

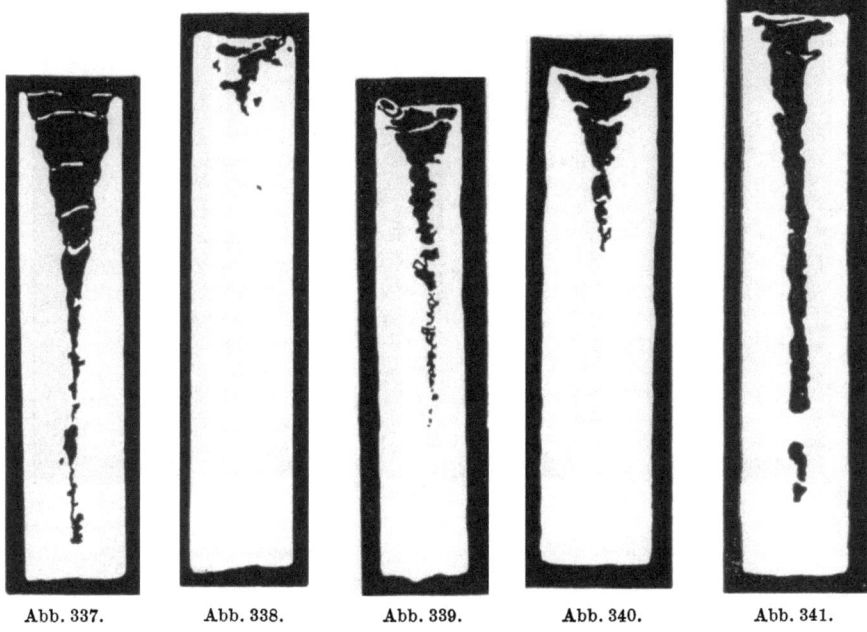

Abb. 337. Abb. 338. Abb. 339. Abb. 340. Abb. 341.

Abb. 337. Wachsblock in 30 Sekunden gegossen [Howe und Stoughton (1)].
Abb. 338. Wachsblock in 1 Stunde 39 Minuten gegossen [Howe und Stoughton (1)].
Abb. 339. Wachsblock unter einseitiger Abkühlung gegossen [Howe und Stoughton (1)].
Abb. 340. Wachsblock unter Warmhalten des Kopfes gegossen [Howe und Stoughton (1)].
Abb. 341. Wie Abb. 340, jedoch ohne Warmhalten des Kopfes gegossen [Howe und Stoughton (1)].

Temperatur und Material der Gußform beeinflussen die Ausbildung des Lunkers ebenso wie einseitige Abkühlung Verschiebung des Lunkers aus der Mittelachse bewirkt; letzteres ist in Abb. 339 ebenfalls nach Howe und Stoughton an einem links langsam, rechts rasch abgekühlten Block veranschaulicht. Flüssighalten des oberen Blockteils (Kopfes) ist ein weiteres, mit großem Vorteil zur Verkleinerung des Lunkers anwendbares Mittel. Das im Blockkopf lange flüssig bleibende Eisen füllt den durch die Kontraktion des unteren Blockteils entstehenden Hohlraum aus, letzterer „saugt", wie dies z. B. zutrifft beim verlorenen Kopf von Formgußstücken, einer Anwendung des obigen Verfahrens. Die Wirksamkeit des Verfahrens an Wachsblöcken zeigen nach Howe und Stoughton die Abb. 340, ein im Kopf warmgehaltener, und 341, ein durchweg rasch abgekühlter Wachsblock. Im ersten Falle reicht der Lunker 26, im zweiten 85% ins Innere des

314 Der Einfluß der Weiterverarbeitung auf Gefüge und Eigenschaften des Stahles.

Blockes. Das Warmhalten des Kopfes geschieht in der Praxis häufig durch Aufsetzen einer vorher auf Rotglut erwärmten Haube aus feuerfester Masse auf die Kokille. Hierbei ist zu beachten, daß der ⌀ der Haube nicht kleiner ist als der des Blockes, sonst ist das Mittel unwirksam, weil die Erstarrung an der engen Übergangsstelle rasch einsetzt und hierdurch ein Nachfließen des Materials aus der Haube in den Block verhindert wird. Lange schmale Blöcke mit parallelen Seiten oder nach oben sich verjüngende Blöcke können durch Aufsetzen einer Haube nicht dicht gemacht werden, weil die Erstarrung unterhalb der Haube zu rasch einsetzt. Das Warmhalten des Kopfes führte Riemer (1, 2) mit einer mit Gasgebläsebrennern versehenen Haube durch. Ein weiteres Mittel zur Erreichung des gleichen Zweckes stellt die elektrische Lichtbogenbeheizung des Blockkopfes

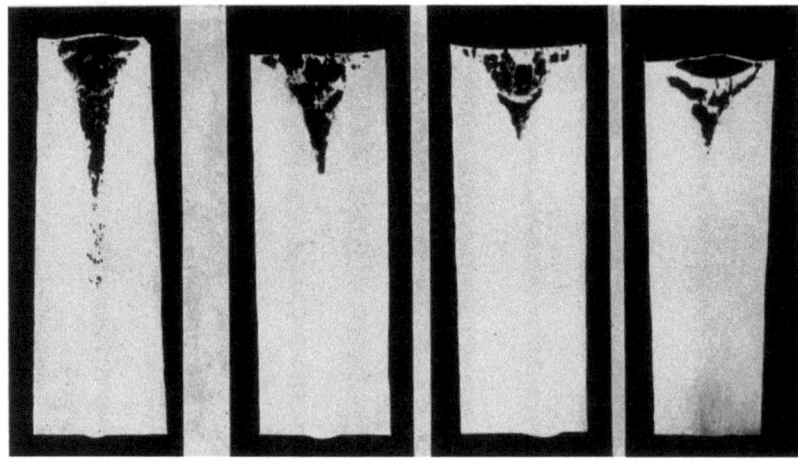

a   b   c   d
a: normal konisch (6,6 %)   c: umgekehrt konisch (1,6 %)
b: umgekehrt konisch (0,3 %)   d: umgekehrt konisch (6,6 %)
Abb. 342. Lunkerbildung in einem beruhigten Stahl mit 0,72 % C, 0,68 % Mn und 0,26 % Si beim Gießen in normal konische und umgekehrt konische Blockformen verschiedenen Konizitätsgrades.

dar, die Letixerant (1) beschrieben hat. Sehr umfangreiche Anwendung zum Warmhalten des Blockkopfes finden die sogenannten Lunkermittel. Die Lunkerthermite sind Pulver, die, auf den Blockkopf aufgebracht, hohe Temperaturen erzeugen und so für langes Flüssigbleiben des Stahles im Blockkopf sorgen. Weitere Lunkerpulver finden hauptsächlich als Schutz gegen Wärmeabgabe Verwendung. Sie entwickeln nur wenig Wärme und bestehen z. B. aus Tonerde + einige % Aluminium und aus Braunkohlenstaub.

Das Gießen von Blöcken mit dem größeren Querschnitt nach oben, das heute für größere Blöcke und bei Qualitätsstahl durchweg angewandt wird, bewirkt ebenfalls eine Verkleinerung des Lunkers, weil hierbei leicht zu erreichen ist, daß die Erstarrung von unten nach oben fortschreitet. Den Einfluß des Konizitätsgrades zeigt Abb. 342. Versuche von Badenheuer (1) erwiesen, daß die günstige Auswirkung des Gießens in umgekehrt konische Kokillen besonders bezüglich des Sekundärlunkers noch verbessert werden kann durch Verstärkung der Blockformwand im unteren Teil. Bei etwa 3—4 % Konizität und Verstärkung der Kokillenwand am Fußende wurden einwandfreie Blöcke erzielt.

Die in den Abb. 337—341 an Wachsblöcken von Howe und Stoughton erhaltenen Ergebnisse sind von A. W. und H. Brearley (1) in gleicher Weise und in weitgehendem Maße nachkontrolliert und bestätigt worden. Außer dem bereits besprochenen Einfluß der Gießtemperatur und -geschwindigkeit, sowie der Blockform besprechen sie den Einfluß einer Reihe von anderen wichtigen Faktoren, wie z. B. der Gießart, der Konizität und des Querschnitts der Kokillen. Was die Gießart betrifft, so herrscht vielfach die Auffassung, der Guß von unten oder steigende Guß sei dem von oben oder fallenden Guß vorzuziehen. Bezüglich des Lunkers ist dies eine Frage der Gießgeschwindigkeit und des Nachgießens von unten. Ohne eine Einschränkung ist aber der Satz nicht gültig. Es lassen sich beim Guß von oben bei Anwendung eines verlorenen Kopfes ebenso gute Blöcke (bezüglich des Lunkers) erzeugen wie beim Guß von unten. Abb. 343 zeigt eine Blockform mit Haube für den Guß von oben.

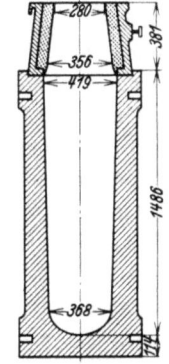

Abb. 343. Blockform mit Haube für den Guß von oben.

Die Konizität der üblichen (nach oben verjüngten) Blöcke liegt zwischen nahe 0 und 10%. Ist die Konizität zu groß, so kann die Erstarrung im Blockfuß später beendet sein als im oberen Blockteil, so daß selbst bei Flüssighalten des Blockkopfes das Metall nicht in den Fuß nachfließen kann. In diesem Falle bilden sich zwei Lunker aus, von denen der eine im oberen, der andere im unteren Blockteil liegt.

Der stark rechteckige Blockquerschnitt (Brammen) gibt im allgemeinen zu größeren W-förmigen Lunkern Anlaß; besser bewährt hat sich statt des ▭ der ◯ Querschnitt. Der ◯-Querschnitt soll vor dem ▭ Vorteile besitzen, die sich aber weniger auf den Lunker als auf die Oberflächenfehler beziehen. Das gleiche gilt für den ◯-Querschnitt. Wie schon erwähnt wurde, ist das direkte experimentelle Studium der die Größe und Form des Lunkers beeinflussenden Faktoren an Stahlblöcken kostspielig und umständlich. Immerhin sind auch auf diesem Wege bereits wertvolle Erkenntnisse gesammelt worden. Es sei hier auf eine Arbeit von Brüninghaus und Heinrich (1) sowie auf die bereits erwähnte Arbeit von P. Bardenheuer und die Berichte des Iron and Steel Instituts verwiesen.

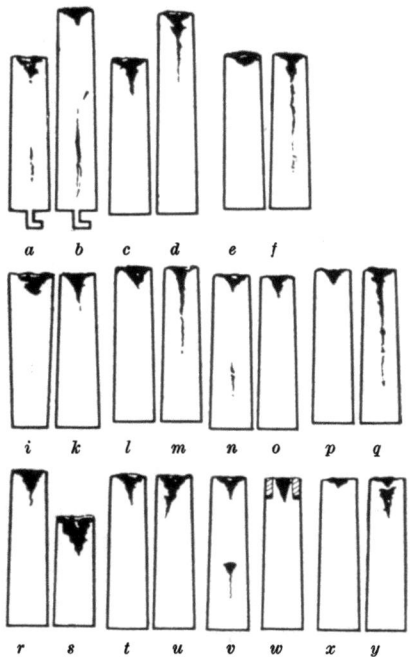

Abb. 344. Schematische Darstellung der Lunkerbildung [Pacher (1)].

Außer einem Verfahren zur Berechnung des Lunkers aus der Form des Blockes sowie aus der Schrumpfung des Metalls enthält die Arbeit von Brüninghaus eine Reihe von Beispielen, die den Einfluß des Massekopfes, der Blockgröße und der Gießart anschaulich in dem hier bereits im wesentlichen besprochenen Sinne lehren.

Eine übersichtliche Darstellung des Einflusses verschiedener Faktoren auf die Ausbildung des Lunkers in Stahlblöcken vermittelt Abb. 344 nach Pacher (*1*). Es genüge eine kurze Beschreibung der einzelnen Blocktypen: *a*) Beim steigenden Guß (hauptsächlich bei Gewichten bis zu 5 t angewandt) ist bei Blöcken normaler Länge der Lunker ziemlich klein. Im unteren Blockteil zeigen sich Anfänge lockeren Gefügeaufbaues (Schwindungshohlraum). *b*) Bei größeren Blocklängen und Gewichten zeigen sich bei steigendem Guß im unteren Blockteil leicht Schwindungshohlräume vor allem dann, wenn zu wenig nachgegossen wurde oder Konizität bzw. Blocklänge falsch gewählt ist. Beim fallenden Guß kann bei langen schmalen Blöcken (*d*) der Lunker in schmaler Form etwas tiefer in den Block reichen als bei kürzeren (*c*). Schwindungshohlräume im unteren Blockteil wie bei (*b*) treten gelegentlich auf. Niedrige Gießtemperatur (*e*) verkürzt den Lunker, hohe Temperatur (*f*) verlängert ihn. Die nach oben erweiterte Blockform (*i*) wirkt lunkerverkürzend entgegen der nach oben verjüngten Blockform (*k*), siehe auch Abb. 342. *l* zeigt einen langsam gegossenen, *m* einen schnell gegossenen, *n* einen anfangs schnell, zum Schlusse langsam gegossenen Block (im unteren Teil Schwindungshohlraum). Block *o* ist langsam angegossen, zum Schluß schnell fertig gegossen; heißes Metall im oberen Blockteil wirkt also günstig. Block *p* ist in eine kalte, Block *q* in eine heiße Blockform gegossen. Daß eine übermäßige Vergrößerung der Blocklänge schädlich ist, zeigten Block *b* und *d*. Eine übermäßige Verkürzung der Blocklänge übt den in *s* im Vergleich zur normalen Länge *r* gezeigten Einfluß aus. Starke einseitige Erwärmung der Gußform zeigt Block *u*, während Block *t* unter gleichen Verhältnissen in eine gleichmäßig erwärmte Gußform gegossen ist. Fall *v* kann eintreten, wenn der Gießvorgang durch eine Störung (z. B. an der Pfanne) unterbrochen werden mußte. Fall *w* zeigt einen mit Schamottehaube gegossenen Block. In *x* und *y* sind von oben nachgegossene Blöcke dargestellt, während im Fall *x* das Nachgießen rechtzeitig erfolgte, zeigt Block *y* den Mißerfolg durch zu spätes Nachfüllen flüssigen Stahles. Dieses Nachgießen von oben birgt aber stets Gefahren in sich, da hierbei sehr leicht Verunreinigungen aus dem bereits gebildeten Lunker in das Innere des Blockes gelangen. Besonders gefährlich ist es, mit Lunkerpulvern behandelte Blöcke in dieser Weise dicht gießen zu wollen.

Durch eine zweite Gruppe von Verfahren sucht man auf rein mechanischem Wege den Lunker vollständig zu beseitigen. Es wird auf den äußerlich erstarrten, innen jedoch noch flüssigen oder vielmehr teigigen Block bei den Verfahren von Harmet, Withworth, Illingworth sowie Robinson und Rodger auf hydraulischem Wege, beim Talbotschen (*1*) Verfahren durch Walzen, Druck ausgeübt, der die Ausbildung des Lunkers verhindern soll. Abb. 345 ist ein nach dem Harmet-Verfahren komprimierter vollständig lunkerfreier Block, während der in Abb. 346 dargestellte aus derselben Charge normal erstarrte und daher den üblichen Lunker aufweist. Von den angeführten Verfahren hat sich am besten das Harmet-Verfahren bewährt. Allerdings erfordert seine Durchführung [Eichholz und Mehovar (*1*)] große Sachkenntnis und Sorgfalt. Die durch das Verfahren verursachten Kosten entstehen in erster Linie durch den Kapitalaufwand bei der Aufstellung der Presse.

Während in Stücken, die durch Walzen, Pressen oder Schmieden eine Weiterverarbeitung erfahren, also hauptsächlich in Blöcken, Aussicht auf das Schlie-

Die Kristallisation des Stahles und die hierbei auftretenden Störungserscheinungen. 317

ßen des Lunkers vorhanden ist, oder aber nach Bedarf die lunkerhaltigen Teile an der Blockschere mehr oder minder vollständig entfernt werden können, stellen in Stahlformgußstücken etwa vorhandene Lunker bedeutende und nicht mehr zu beseitigende Schwächungen dar. Der Lunker tritt besonders leicht dort auf, wo stärkere Teile mit schwächeren zusammenstoßen. Mit der weiteren Abkühlung der rascher erstarrenden Teile ist eine Zusammenziehung der letzten verbunden, die z. B. in einem Induktorrad das „Nachsaugen" aus dem noch flüssigen Innern der Nabe und die Entstehung eines Lunkerhohlraumes im Übergang vom stärkeren zum schwächeren Teil zur Folge hat (vgl. Abb. 347 links). Die Verhütung des Lunkers in Gußstücken ist eine besonders wichtige Aufgabe des Konstrukteurs, der in erster Linie für eine gießtechnisch richtige Verteilung der Massen verantwortlich ist. Im folgenden werden einige falsch und richtig konstruierte Gußstücke miteinander

Abb. 345. Nach dem Harmet-Verfahren komprimierter Block [Heyn und Bauer (2)].

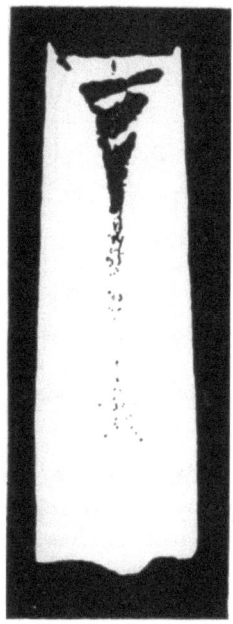

Abb. 346. Aus der gleichen Charge wie Abb. 345 gegossener Block, jedoch nicht komprimiert [Heyn und Bauer (2)].

verglichen. So zeigt Abb. 347 nach Krieger links ein falsch, d. h. mit zu schroffen Übergängen, rechts ein richtig dimensioniertes und daher auch lunkerfreies Induktorrad. Durch sachgemäßes, d. h. nach Größe, Zahl und Stellung richtig bemessenes Aufsetzen der sogenannten verlorenen Köpfe auf das Gußstück läßt sich meist erreichen, daß der Lunker nicht im Gußstück, sondern im bis zuletzt flüssigen Teil des verlorenen Kopfes entsteht. Abb. 348 ebenfalls nach Krieger, zeigt unter 1 und

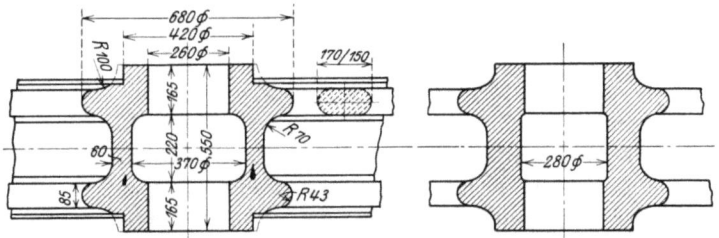

Abb. 347. Falsch und richtig konstruiertes Induktorrad [Krieger (1)].

2, daß trotz Aufsetzens eines verlorenen Kopfes die in der Abbildung dargestellte Kammwalze nicht dicht zu gießen ist und selbst im günstigsten Fall (2) ein Lunker zwischen Ballen und Zapfen entsteht. Die Lösung 3 verhindert zwar die Entstehung eines Lunkers in der eigentlichen Walze, bedingt aber einen Mehraufwand an Material von 20%. An günstigsten ist Lösung 4, die durch Kombination eines richtig dimensionierten verlorenen Kopfes mit zweckmäßiger Gießart erzielt worden ist. Das Gießen wird unterbrochen, wenn der Stahl gerade in den oberen Zapfen

318 Der Einfluß der Weiterverarbeitung auf Gefüge und Eigenschaften des Stahles.

tritt, nach reichlich einer Minute wird bis zur Zapfenmitte weitergegossen, nochmal unterbrochen, dann die Form gefüllt, mit Asche abgedeckt und der Trichter am Ende des Gusses mit frischem Stahl nachgefüllt.

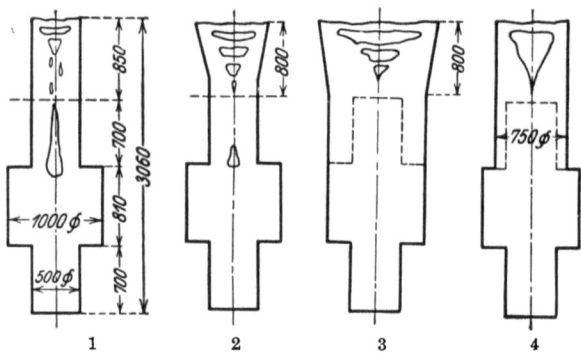

Abb. 348. Kammwalze in verschiedenen Ausführungsformen [Krieger (1)].

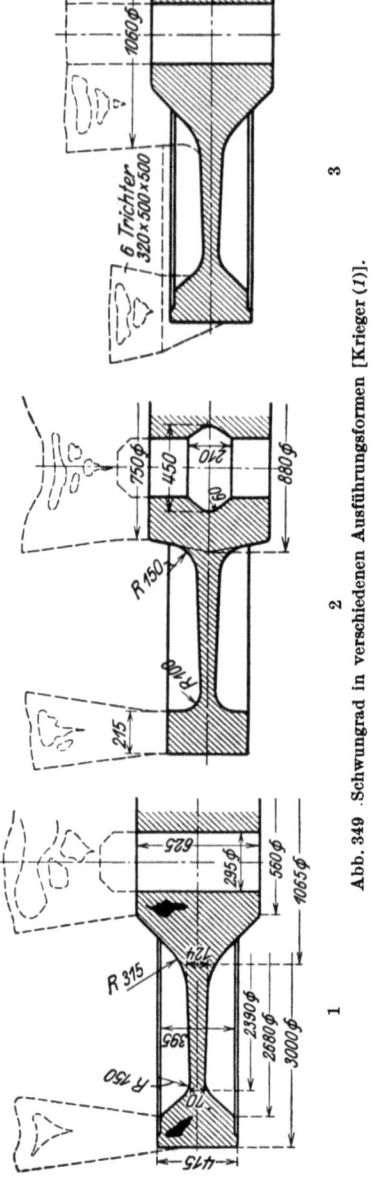

Abb. 349. Schwungrad in verschiedenen Ausführungsformen [Krieger (1)].

Auch das in Abb. 349 nach Krieger dargestellte Schwungrad kann wie unter 1 gezeichnet, trotz der verlorenen Köpfe nicht lunkerfrei gegossen werden: an den Verengerungen zwischen Gußstück und verlorenen Köpfen treten Lunker auf. Es muß entweder wie unter 2 eine konstruktive Abänderung getroffen oder wie unter 3 dem verlorenen Kopf eine andere, die Verengerung beseitigende Form gegeben werden, was aber einen Mehraufwand an Material von 13% bedingt. Man kann ferner den Unterschied zwischen den Erstarrungsgeschwindigkeiten der stärkeren und der schwächeren Teile, etwa durch raschere Abkühlung ersterer ausgleichen, indem man diese sofort nach dem Guß von der die Wärme schlecht leitenden Formmasse befreit oder an den stärkeren Stellen eiserne, also gut leitende Teile, sogenannte Schreckplatten oder Kokillen einbaut. Diese letztere Maßnahme erweist sich mitunter als notwendig, wenn das Zusammentreffen großer und kleiner Querschnittsteile bei Motorgehäusen oder Polrädern unvermeidlich ist und verlorene Köpfe entweder aus konstruktiven Gründen nicht angebracht werden können oder ihre Verwendung wegen der zu hohen Kosten nicht angängig ist. Wie aus Abb. 350 nach Krieger ersichtlich, ist die Wirkung der erwähnten Maßnahme aber begrenzt und im Fall 2 schon nicht mehr vorhanden. Die Anwendung der Schreckplatte bleibt daher ein Notbehelf, dessen Wirksamkeit noch dazu von Fall zu Fall auszuprobieren ist. Ein mit noch größerer Vorsicht anzuwendendes

Verfahren ist, wie der Erfolg zeigt, in Abb. 351 dargestellt. Diese zeigt einen primär geätzten Querschnitt durch einen Stahlgußrahmen, bei dem zur Ver-

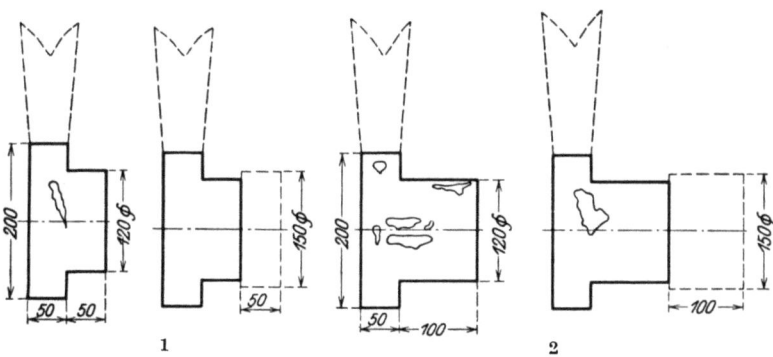

meidung des Lunkers ein Quadrateisen (Kühleinlage) in die Form eingesetzt worden war. Abgesehen davon, daß das Quadrateisen mit dem Stahlguß nicht verschweißte, wurde, wohl infolge der übertrieben abkühlenden Wirkung des Quadrateisens, die Form nicht ausgefüllt und der entstandene Hohlraum ist dann nachträglich, wie an der linken Seite der Abbildung zu erkennen ist, autogen zugeschweißt worden. Der Zweck hätte vielleicht erreicht werden können durch bessere Vorwärmung des Quadrateisens oder durch ein solches von geringerem Querschnitt. Abb. 352 nach Krieger zeigt deutlich den Einfluß der richtigen Bemessung der Kühleinlage. Mit einer Kühleinlage von 35 mm Durchmesser ist das fragliche Stück nicht dicht zu gießen, dagegen gelingt die Herstellung eines dichten Gußstückes mit einer Kühleinlage von 55 mm Durchmesser.

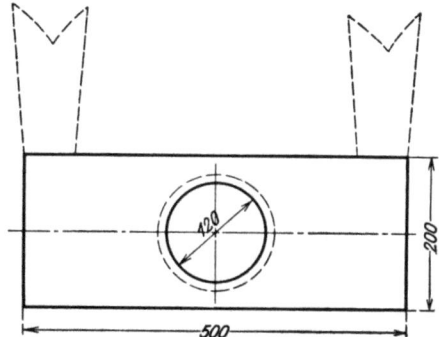

Abb. 350. Wirkung von Schreckplatten auf den Lunker [Krieger (*1*)].

Die vorstehenden Beispiele erschöpfen den Gegenstand keineswegs. Der Stahlgießer steht vielmehr vor der schwierigen Aufgabe, die Mittel zur Erzielung lunkerfreier Güsse von Fall zu Fall zu wählen. Leider sind vielfach seine Bestrebungen durch den wirtschaftlichen Wettbewerb und durch die mitunter sehr große Verständnislosigkeit der Abnehmerkreise Grenzen gesetzt.

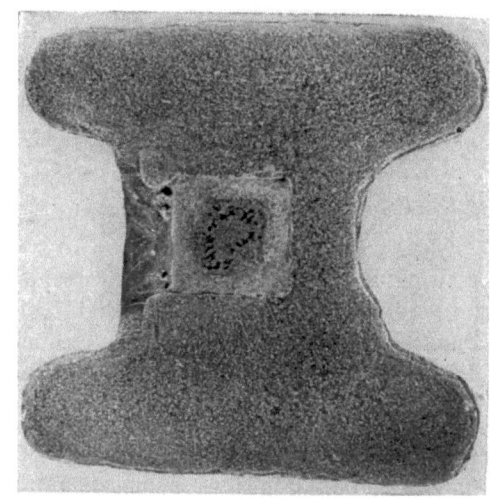

Abb. 351. Querschnitt durch ein Stahlgußstück mit eingeformtem Quadrateisen zur Verhütung des Lunkers. Ätzung I, × 1.

320   Der Einfluß der Weiterverarbeitung auf Gefüge und Eigenschaften des Stahles.

Schließlich sei eine häufig bei Zerreißstäben aus Stahlguß beobachtete Erscheinung erwähnt, die man mit Mikrolunker bezeichnen könnte. Wie mehrfach erläutert wurde, geht die Kristallisation der flüssigen Masse von Zentren aus. Sie ist beendet, wenn die Kristallindividuen oder Körner aneinanderstoßen.

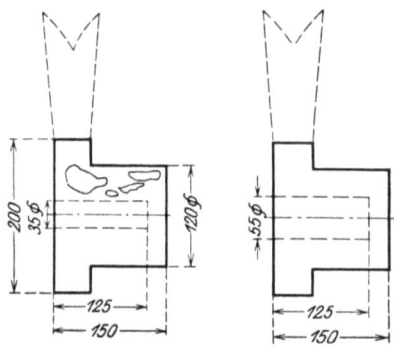

Abb. 352. Wirkung einer Kühleinlage auf den Lunker [Krieger (1)].

Erfolgt nun die Kristallisation sehr rasch und praktisch gleichzeitig in allen Punkten der Masse, wie dies bei geringer Wandstärke des Gußstückes zutrifft, so können zwischen den Kristallen Zwischenräume entstehen, die unter dem Mikroskop als feine, haarförmige Risse an den Kristallbegrenzungen entsprechend Abb. 353 erscheinen. Beim Zugversuch reißen dann die Stäbe unter Bloßlegung der geringen oder keinen Zusammenhang besitzenden Grenzschichten. Abb. 354 zeigt den Bruch eines derartigen Stabes mit unverletzten Kristallbegrenzungsflächen.

Die vorstehend geschilderten Mikrolunker verdanken ihre Entstehung der Tatsache, daß infolge Nichtvorhandenseins von Temperaturunterschieden die flüssige Masse sich in allen Punkten fast gleichzeitig dem Erstarrungspunkt nähert und erstarrt. Gleiches trifft auch in größeren Gußstücken (Blöcken) besonders dann zu, wenn nach Ansetzen einer dünnen Kruste ständige Gas-

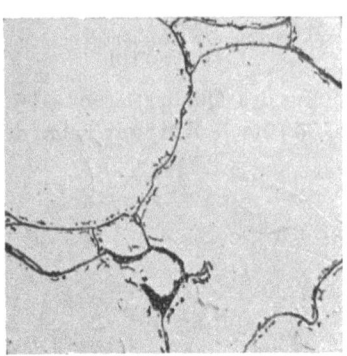

Abb. 353. Mikrolunker im Schnitt durch einen Zerreißstab, ungeätzt, × 30.

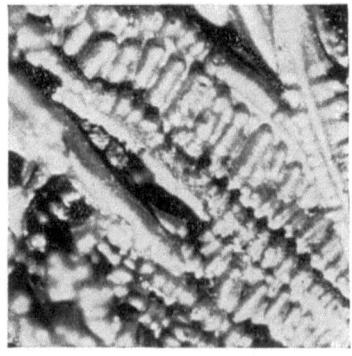

Abb. 354. Bruch des Zerreißstabes Abb. 353 mit Dendriten, × 4.

entwicklung die Temperaturunterschiede im flüssigen Blockkern ausgleicht (unberuhigter Stahl), dessen Erstarrung dann praktisch gleichzeitig in allen Punkten erfolgt. Ein eigentlicher Lunker wird dann nicht gebildet, die Volumendifferenz verteilt sich vielmehr auf die in diesem Falle in großer Zahl vorhandenen Gasblasen.

E. Gasblasen und Gasblasenseigerungen.

Die Entstehung der Gasblasen und die Zusammensetzung der in ihnen enthaltenen Gase sind schon in einem früheren Abschnitt dieses Buches behandelt worden.

Die Kristallisation des Stahles und die hierbei auftretenden Störungserscheinungen. 321

Die Menge und Verteilung der Gasblasen im gegossenen Stahl ist sehr verschiedenartig. Erstere ist abhängig vom Anfangsgasgehalt der Schmelze. Unter diesem ist sowohl der Gehalt an gelösten Gasen wie auch der am besten mit potentiellem Gasgehalt zu bezeichnende zu verstehen. Letzterer bezeichnet die Menge der durch Kohlenstoff leicht reduzierbaren Sauerstoffverbindungen, in erster Linie FeO. Für die Verteilung und die Lage der Gasblasen im Block ist neben dem Anfangsgasgehalt der Schmelze vor allem auch die Art der Erstarrung und die Viskosität der Schmelze maßgebend.

Das Auftreten von Gasblasen in Stahlblöcken wird vermieden durch den Zusatz von Aluminium und Silizium (Beruhigung) oder ähnlich wirkender Elemente wie Titan. Die Wirkung einer derartigen Beruhigung beruht darauf, daß die durch sie bewirkte Desoxydation bis zur Entfernung der neugebildeten Sauerstoffverbindungen aus dem Bade verläuft und damit der Anlaß zur Gasbildung aufhört, und daß die neugebildeten Sauerstoffverbindungen, falls sie im Bade verbleiben, durch Kohlenstoff nicht mehr reduzierbar sind, so daß aus diesem Grunde eine wesentliche Kohlenoxydbildung unterbleibt. Stahl mit höherem Kohlenstoffgehalt (über 0,3%) neigt zwar weniger zur Gasblasenbildung, da infolge des erhöhten Kohlenstoffgehaltes der Sauerstoffgehalt der fertigen Schmelze niedriger liegt und ohne den Zusatz von Beruhigungsmitteln eine mit wachsendem C-Gehalt geringere Kohlenoxydbildung beim Gießen und bei der Erstarrung stattfindet. Diese unzureichende Gasentwicklung beim Vergießen solcher Stähle führt zu Überschlägen und sehr starken Seigerungen. Diese Stähle werden daher stets beruhigt vergossen. Wie früher bereits gezeigt wurde, ist die Bildung von Kohlenoxyd als der wesentliche, die Gasblasenbildung bedingende Faktor anzusehen.

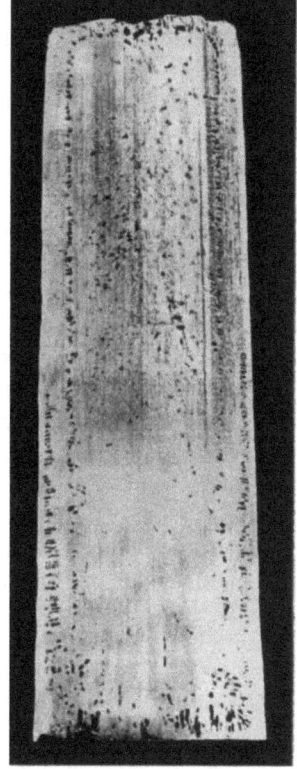

Abb. 355. Gasblasenanordnung in einem Block aus weichem, unberuhigtem Stahl (Längsschnitt).

Die Anordnung der Gasblasen in unberuhigt vergossenen Blöcken ist gewöhnlich eine gesetzmäßige. Zumeist tritt neben einem vorwiegend im unteren Blockteil vorhandenen, äußeren Randblasenkranz ein zweiter, innerer Blasenkranz auf. Abb. 355 zeigt die Anordnung der Gasblasen in einem Block aus unberuhigtem, weichem Flußstahl.

Die Entstehung dieser Anordnung kann man sich etwa folgendermaßen vorstellen[1]:

Die unter dem Einfluß der Kokillenwandung rasch erfolgende Erstarrung der Blockaußenwand gibt den Gasen keine Möglichkeit, sich in diese äußere, feinkörnige Kristallschicht einzulagern. Die Gase werden vielmehr von der von der Kokille aus wachsenden Kristallwand in den noch flüssigen Kokilleninhalt

[1] Vgl. A. Stadeler und H. J. Thiele (2).

Oberhoffer, Techn. Eisen, 3. Aufl.

gedrängt, steigen hierin auf und können aus dem Metallbad entweichen, solange die Temperatur noch hoch genug ist.

Mit dem Einsetzen der Transkristallisation treten Bedingungen auf, die die Entstehung des Randblasenkranzes begünstigen. Die gerichteten Dendriten wachsen in die Schmelze hinein. Hierbei entsteht aber nicht sofort ein dichtes Gefüge, sondern zwischen den Dendriten und in ihren Verästelungen befindet sich noch dickflüssigere Schmelze, die bei der fortschreitenden Erstarrung Gase abgibt. Diese können infolge der Behinderung durch die Transkristalle nicht nach oben steigen und sammeln sich daher zwischen ihnen zu Gasblasen. So erklärt sich die Lage der Randblasen parallel zu den gerichteten Dendriten in der Transkristallisationszone. Durch die mit der weiteren Erstarrung verbundene Gasbildung wachsen die Gasblasen und verdrängen dabei einen Teil der zwischen den Transkristallen noch befindlichen Schmelze in den flüssigen Blockkern. Das Fortschreiten der Gasblasen nach innen wird hervorgerufen durch die Gasentwicklung je Zeiteinheit, bedingt durch die mit der fortschreitenden Abkühlung abnehmende Gaslöslichkeit und die Kohlenoxydbildung. Die Abkühlung des Gases selbst wirkt in Richtung einer Verminderung des von ihm eingenommenen Volumens und bremst daher das Fortschreiten der Blasen. Mit fallender Temperatur, die nicht nur durch die an sich immer mehr nachlassende Wärmeableitung nach außen, sondern auch durch den Wärmeverbrauch der Kohlenoxydbildung bedingt ist, wird die Restschmelze immer zähflüssiger, so daß dem Vordringen der Gasblasen ein stets wachsender Widerstand entgegengesetzt wird. Außerdem hat die Durchsetzung des bereits erstarrten Blockrandes mit den noch einseitig offenen Gasblasen eine Verminderung des für die abfließende Wärme zur Verfügung stehenden Metallquerschnittes zur Folge, so daß die Erstarrungsgeschwindigkeit an sich verkleinert wird. Das Zusammenwirken aller dieser Umstände führt zu einem Schließen der Blasen in einem ziemlich scharf definierten Abstand vom Blockrand aus. Sowohl dieser Abstand als auch der Abstand des Beginns des ersten Blasenkranzes hängen ab von der Gießtemperatur — hohe Gießtemperatur vermindert die blasenfreie Außenzone — und von der Gießgeschwindigkeit. Eine Verkleinerung der Gießgeschwindigkeit wirkt im entgegengesetzten Sinne wie eine Erhöhung der Gießtemperatur. Selbstverständlich ist ein möglichst großer Abstand des Blasenkranzes vom Blockrand anzustreben. Allerdings kann eine allzu geringe Gießgeschwindigkeit zu Überschlägen und damit zur Bildung von Randblasen führen, die mit den bisher besprochenen Vorgängen nichts zu tun haben.

Der obere Blockteil (s. Abb. 355) weist zumeist eine wesentlich schwächere Randblasenbildung auf. Nach dem Blockkopf zu nimmt der ferrostatische Druck ab, und damit das Lösungsvermögen des Eisens für Gase. Bei der anfänglichen Abkühlung werden daher im Blockoberteil wesentlich mehr Gase entweichen als im Blockfuß. Dazu kommt der Einfluß der starken Wirbelbewegung im Blockkopf, die für die Ausbildung des Randblasenkranzes von ausschlaggebender Bedeutung ist[1]. Weiterhin ist zu bedenken, daß die Erstarrung im unteren Blockteil zu einem bestimmten Zeitpunkt weiter fortgeschritten ist als im Blockoberteil. Das beruht darauf, daß im Blockfuß die Erstarrung zeitlich

---

[1] Siehe Herzog (1).

früher einsetzt und im Blockoberteil eine Anreicherung der den Schmelzpunkt erniedrigenden Elemente C, P und S stattfindet. Hat sich nun der Blockkopf durch Bildung eines festen Deckels geschlossen, so sammeln sich unter diesem die aufsteigenden Gase an und bewirken eine Erhöhung des Flüssigkeitsdruckes, die sich in dem noch flüssigen Oberteil des Blockes in einer Erhöhung der Gaslöslichkeit, also einer Verminderung der ausgeschiedenen Gasmenge auswirkt. Da zu dem gleichen Zeitpunkt die Gasblasen im unteren Blockteil schon größtenteils von festem Metall eingeschlossen sind, wird sich hier die Druckerhöhung nur unwesentlich auswirken. Die besprochenen Vorgänge führen dazu, daß im oberen Blockteil überhaupt kein äußerer Randblasenkranz entsteht. Im Einklang mit diesen Gedankengängen steht auch, daß bei Unterschreiten einer gewissen Blockhöhe (ca. 1300 mm) bei größeren Blöcken die Bildung des äußeren Blasenkranzes unterbleibt.

Sind die bei der Deckelbildung im Blockkopf sich ansammelnden Gasmengen zu groß, so kann der Druck derart steigen, daß die bereits erstarrte Oberfläche von dem flüssigen Kern mit Gewalt durchbrochen wird. Die Schmelze wird hierbei so stark bewegt, daß auch Gase, die sonst festgehalten würden, zum Teil mit nach oben gerissen werden.

Der neben dem äußeren Randblasenkranz vorhandene, ziemlich scharf abgegrenzte innere Blasenkranz (Abb. 355 und 357) liegt wahrscheinlich an der inneren Begrenzung der transkristallisierten Schicht. Auf Grund ihrer Unebenheit bietet diese Grenzschicht für die Zurückhaltung der Gase schon durch bloße Adhäsion eine gute Möglichkeit. Außerdem wirkt die Zähflüssigkeit des Blockkernes zur Zeit der Entstehung des inneren Blasenkranzes im gleichen Sinne.

Nun ist zu der Erklärung einiger Erscheinungen bei der Ausbildung der Gasblasen das Verhalten der im Eisen löslichen Gase (Wasserstoff und Stickstoff) herangezogen worden. Es wurde aber früher schon darauf hingewiesen, daß das im Eisen unlösliche Reaktionsgas Kohlenoxyd, das während der Erstarrung unberuhigter Blöcke in großem Maße entsteht, für die Gasblasenbildung in erster Linie verantwortlich zu machen ist. Nach W. Eichholz und J. Mehovar (1) spielt bei der Erklärung der Gasblasenbildung die Rückläufigkeit der Reaktion $FeO + C \rightleftarrows Fe + CO$ eine wichtige Rolle. Die Reaktion, die infolge Drucksteigerung von rechts nach links verlaufen kann, (Le Chateliersches Prinzip), wirkt sich in diesem Falle im gleichen Sinne aus wie eine Erhöhung der Löslichkeit für Wasserstoff und Stickstoff infolge Drucksteigerung, d. h. in einer Verminderung der eingeschlossenen Gasmenge. Die Verknüpfung der Vorstellung über die Druckabhängigkeit der Reaktion $FeO + C \rightleftarrows Fe + CO$ mit den Ausführungen über die Druckverhältnisse und das Verhalten von H_2 und N_2 in den Gasblasen bei der Erstarrung läßt die Wirkung des Kohlenoxydes bei der Blasenbildung klar erkennen.

Maßgebend für die Entfernung der Randblasen von der Blockoberfläche ist die Geschwindigkeit, mit der die Erstarrung erfolgt, im wesentlichen also die Gießtemperatur. Je höher diese ist, um so geringer ist die Dicke der feinkörnigen Randschicht, um so näher liegen die Randblasen an der Blockoberfläche. Weiterhin wirken neben der Gießtemperatur alle die Faktoren, die die Größe der Erstarrungsgeschwindigkeit beeinflussen, auf eine Änderung der Entfernung der Randblasen von der Oberfläche ein. Es sind zu nennen Gießgeschwindigkeit,

Kokillenform und Kokillentemperatur. Den Einfluß der Kokillentemperatur untersuchten A. Stadeler und H. J. Thiele (2) an weichem Flußstahlbrammen. Eine günstige Lage der Randblasen, also ihre größte Entfernung vom Rande, wurde bei Kokillentemperaturen von 60° und oberhalb 500° vorgefunden. Da ein Vergießen in Kokillen von mehr als 500° Anfangstemperatur praktisch Schwierigkeiten bereitet, ist als geeignete Kokillenanfangstemperatur 60° zu wählen.

Die Ausbildung der Blasen in unberuhigten Blöcken gibt Abb. 356 wieder[1] in ihrer Abhängigkeit vom Sauerstoff- und Kohlenstoffgehalt des Stahles. Die Abmessungen der Versuchsblöckchen waren $2,5 \times 2,5 \times 13,5$ Zoll. Die Gießzeit mit $11 \pm 1/2$ sek war für alle Blöcke konstant und ist als reichlich kurz zu bezeichnen. Infolge der Kleinheit der Blöcke kommen die unmittelbar unter der Oberfläche liegenden Gasblasen, wie sie bei halbberuhigtem Material auftreten, nicht zur Geltung. Dies muß unbedingt beachtet werden, da gerade diese Gasblasen zu erheblichen Ausfällen infolge von Oberflächenfehlern bei der Verarbeitung der Blöcke führen.

Bei unberuhigt erstarrten Blöcken liegt zumeist kein nennenswerter Lunker vor. Das ist darauf zurückzuführen, daß der von den Gasblasen beanspruchte Hohlraum in den meisten Fällen dem Schwindungshohlraum entspricht. Nehmen die Gasblasen mehr Raum ein, so steigt der Block, nehmen sie weniger ein, so entstehen Fadenlunker.

Bei kleinen Blockabmessungen zeigen auch die unberuhigt vergossenen Blöcke zumeist keinen äußeren Randblasenkranz. Die Hauptgründe hierfür sind der geringe ferrostatische Druck und die frühzeitige Steigerung der Viskosität. Werden diese kleinen Blöcke noch schnell gegossen, so tritt eine ganz unregelmäßige Anordnung der Gasblasen ein.

Die Innenflächen der Gashohlräume sind, da die Gasblasen keine oxydierenden Gase enthalten, blank und verschweißen daher bei einer dem Gießen folgenden Warmverformung, sofern nicht starke Seigerungen und Anreicherung von Einschlüssen ein einwandfreies Verschweißen beeinträchtigen. Stehen die Randblasen dagegen mit der Atmosphäre in Verbindung, so oxydieren ihre Innenflächen, und eine Verschweißung kann nicht stattfinden. Ist daher bei der Stahlherstellung das Entstehen von Gasblasen nicht zu vermeiden, so ist darauf zu achten, daß zwischen Blockoberfläche und Randblasen eine genügend dicke, porenfreie Schicht das Eindringen von Luft in die Randblasen auch beim Abschmoren der Oberflächenschicht im Tiefofen verhindert.

Im unverarbeiteten, also rohgegossenen Stahl wirkt die Gegenwart von Gasblasen natürlich sehr nachteilig, da die Gesamtfestigkeit des Gußstückes durch den stellenweise fehlenden Materialzusammenhang stark beeinträchtigt wird. Hierzu kommt noch, daß bei Beanspruchungen auf Zug und Druck an den Grenzen der Hohlräume beträchtliche lokale Spannungserhöhungen auftreten. In hochwertigen, dünnwandigen Stahlgußstücken sind also Gasblasen unbedingt zu vermeiden, doch gelten für solche Gußstücke nicht ohne weiteres die für größere Gußblöcke aufgestellten Bedingungen zur Erreichung größter Dichtig-

---

[1] Siehe Fifth Report on the Heterogeneity of steel in gots. Iron Steel Inst. 1933. Vgl. auch Edwards und Jones (2).

Die Kristallisation des Stahles und die hierbei auftretenden Störungserscheinungen. 325

keit. Insbesondere ist zu berücksichtigen, daß der Faktor Gießtemperatur nicht im gleichen Sinne ausgenützt werden kann. So würde zu niedrige Gießtemperatur

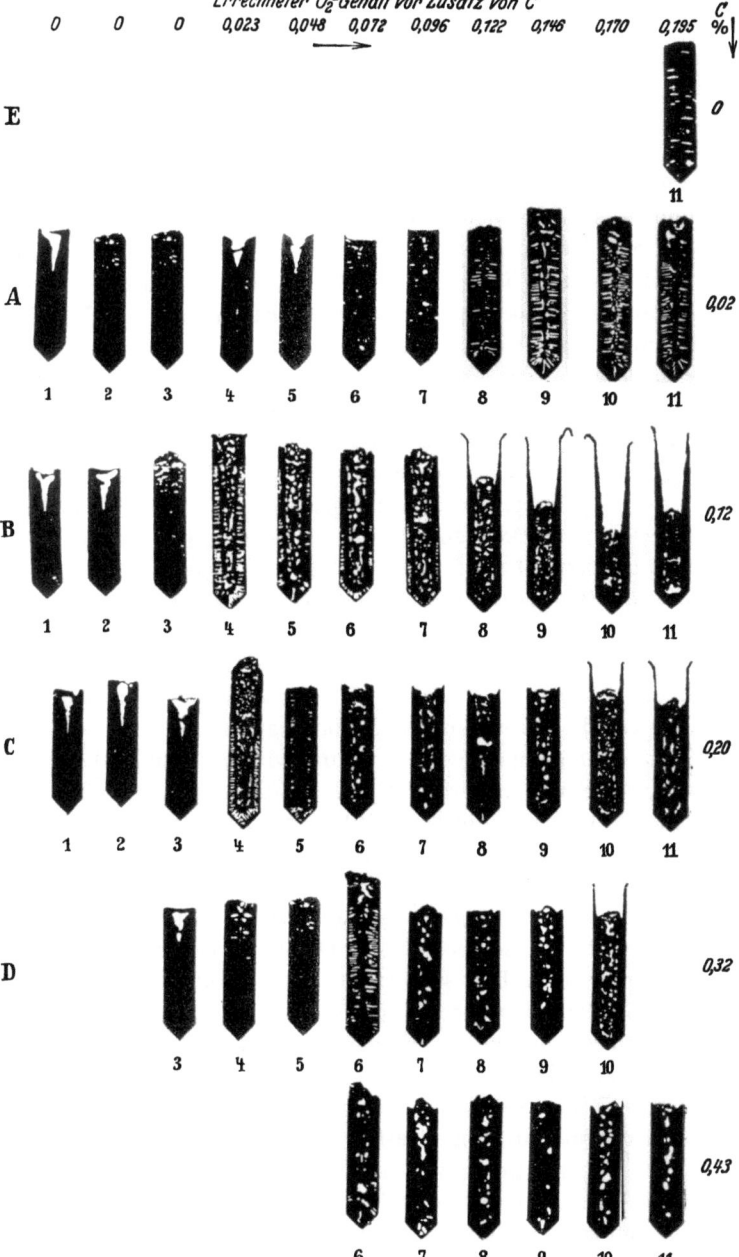

Abb. 356. Ausbildung der Gasblasen in unberuhigten Blöcken in Abhängigkeit vom Kohlenstoff- und Sauerstoffgehalt.

das Ausfüllen der Formen verhindern. Stahlguß für dünnwandige Gußstücke ist daher möglichst heiß zu vergießen und der Gasblasengehalt durch Verringerung des Anfangsgasgehaltes (Tiegel- oder Elektrostahlguß) und Zusatz von Silizium und Aluminium (Beruhigung) zu erstreben.

Im Zusammenhang mit dem Auftreten von Gasblasen sind die Gasblasenseigerungen zu behandeln, die zuerst von P. Oberhoffer beschrieben wurden. Ihre Entstehung hat man sich etwa wie folgt vorzustellen[1]:

Das in der Gasblase eingeschlossene Gas füllt diese zunächst vollständig aus und schiebt sogar infolge neuer Gasabscheidung an der dem Blockinneren zugekehrten Seite noch Schmelze vor sich her. Wird nun nach erfolgter Deckelbildung durch die Gassammlung unter dem Deckel der Flüssigkeitsdruck und damit auch die Gaslöslichkeit erhöht, so kann der Zeitpunkt eintreten, zu dem infolge der durch Drucksteigerung bewirkten erneuten Gasabsorption (von H_2 und N_2), die Reaktion $Fe + CO \rightarrow FeO + C$ und durch die Drucksteigerung selbst die Gashohlräume sich ganz oder teilweise mit der an Fremdstoffen angereicherten Mutterlauge füllen. Dieser Vorgang wird dadurch befördert, daß das Volumen des in den Gasblasen enthaltenen Gases mit sinkender Temperatur erheblich rascher abnimmt als das des Hohlraumes, so daß zu der Druckwirkung noch eine Saugwirkung hinzutritt. Auf diese Weise können sich Randblasen in kleinen Blöcken und im Oberteil von großen Blöcken vollständig schließen, so daß an Stelle der ursprünglich vorhandenen Blasen nur noch Seigerungsstreifen auftreten.

Form 1 Form 2 Form 3
Abb. 357. Ausbildungsformen von Gasblasenseigerungen [Keil und Wimmer (5)].

O. v. Keil und Wimmer unterscheiden drei Ausbildungsformen der Gasblasenseigerungen, die in Abb. 357 wiedergegeben sind. Zwischen diesen drei Formen bestehen noch Übergangsformen. Zwischen der Form der Gasblasenseigerungen und dem Seigerungsgrade bestehen Gesetzmäßigkeiten, die bis zu einem gewissen Grade durch die Entstehungsweise bedingt sind.

Form 1 zeigt unregelmäßige Begrenzung, der ursprüngliche Hohlraum ist ganz ausgefüllt, der Seigerungsgrad ist gering. Es ist anzunehmen, daß die Blase infolge Druckwirkung (siehe oben) gefüllt worden ist, wobei das Gas entweder gelöst (N_2; H_2) oder verdrängt (CO) oder zerfallen (CO) sein muß.

Form 2 zeigt eine unvollständig gefüllte Gasblase mit ebenfalls unregelmäßigen Begrenzungen. Der höhere Seigerungsgrad spricht dafür, daß die Entstehung zeitlich später erfolgte als die der Form 1. Die die Blase umgebende, infolge vorgeschrittener Erstarrung schon stärker an Fremdstoffen angereicherte Mutterlauge scheint nicht mehr flüssig genug gewesen zu sein, um den Hohlraum infolge des wirkenden Druckes und der in diesem Stadium der Erstarrung anzunehmenden Saugwirkung zu füllen.

Form 3 dürfte sich im spätesten Stadium der Erstarrung gebildet haben. Die kugelige und oft halbmondförmige Gestalt und der hohe Seigerungsgrad sprechen dafür, daß dieser Typus durch gewaltsames Ansaugen des letzten Restes der nun stark an Fremdstoffen angereicherten Mutterlauge entstanden ist.

Nach Vorstehendem erscheint die Annahme gerechtfertigt, daß der Seigerungsgrad der Gasblasenseigerungen abhängig ist von dem Ausmaß der Blockseigerung, die im folgenden Abschnitt behandelt wird. Nach Wimmer beträgt die mittlere Phosphoranreicherung 200%, die Schwefelanreicherung nur 150%. Wimmer fand auch erhöhte Sauerstoffgehalte in den Gasblasenseigerungen.

---

[1] Vgl. O. v. Keil und A. Wimmer (5), sowie A. Wimmer (2).

Die Kristallisation des Stahles und die hierbei auftretenden Störungserscheinungen. 327

Abb. 358 ist ein primär geätzter Teilquerschnitt eines Blockes mit 0,77% Kohlenstoff, 1,28% Mangan, 0,03% Phosphor, 0,029% Schwefel und 0,21% Silizium nach Oberhoffer. In der hier angewandten senkrechten Beleuchtung erscheinen die Phosphoranreicherungen dunkel. Daß sie auch an Schwefel angereichert sind, zeigt die Aufnahme des ungeätzten Querschnitts Abb. 359 in 200facher Vergrößerung. Die sulfidischen Kristalle sind offenbar in flüssiger **Mutterlauge kristallisiert**, was außerhalb der angereicherten Zone (vgl. Abb. 360) nicht der Fall ist.

Abb. 358. Gasblasenseigerung in Stahl mit rd. 0,8 % C, Ätzung I, × 2.

Die in Abb. 359 dargestellte Stelle ist in Abb. 361 mit verdünnter alkoholischer Salpetersäure und in Abb. 362* mit Natriumpikrat geätzt wiedergegeben, dies zur Veranschaulichung der Tatsache, daß der Kohlenstoffgehalt weit über 0,9% beträgt, da freier Zementit auftritt.

F. Seigerung in größeren Gußstücken (Gußblockseigerung).

In kleineren Gußstücken erfolgt die Erstarrung insofern fast gleichzeitig und gleichartig über den ganzen Querschnitt, als die etwa angereicherte Mutterlauge zwischen den zahlreichen (kleinen) Kristallindividuen eingeschlossen wird.

---

* Die auf Abb. 361 nicht hervortretenden sulfidischen Einschlüsse sind in Abb. 362 tiefschwarz gefärbt. Comstock (3) benutzt die Natriumpikratätzung zur Unterscheidung sulfidischer Einschlüsse von oxydischen. Letztere werden durch Natriumpikrat nicht gefärbt.

328 Der Einfluß der Weiterverarbeitung auf Gefüge und Eigenschaften des Stahles.

Innerhalb der erstarrten Einzelkristalle sind daher, wie unter A geschildert wurde, Unterschiede der Zusammensetzung vorhanden (Kristallseigerung), doch verteilen sich diese Unterschiede gleichmäßig über den ganzen Querschnitt, zwischen Rand und Mitte des Gußstückes fehlen sie. Anders verhält es sich bei größeren Blöcken, in denen die Erstarrung nicht gleichzeitig oder nahezu gleichzeitig in allen Punkten erfolgt, vielmehr an den kälteren Kokillenwänden beginnt und mit steigendem Temperaturausgleich zwischen Rand und Mitte nach letzterer zu allmählich fortschreitet. Denkt man sich den Erstarrungsvorgang, wie dies in Abb. 363 angenommen wurde, schichtenweise erfolgend, so wird die erste sehr rasch an den Kokillenwänden, am Boden und vielleicht auch an der Oberfläche erstarrende Kruste sehr rein, d. h. an Fremdkörpern arm sein müssen, entsprechend den allgemeinen Vorgängen bei der Mischkristallbildung, bzw. beim System Eisen-Schwefel aus praktisch reinem Eisen bestehen. Die Mutterlauge hat aber Gelegenheit, dem Eingeschlossenwerden durch die Kristalle nach dem Blockinnern auszuweichen, und so schiebt die an Dicke ständig zunehmende, an der Oberfläche mit in die Mutterlauge wachsenden Kristallen* versehene, erstarrte Wand eine an Fremdkörpern sich ständig anreichernde Mut-

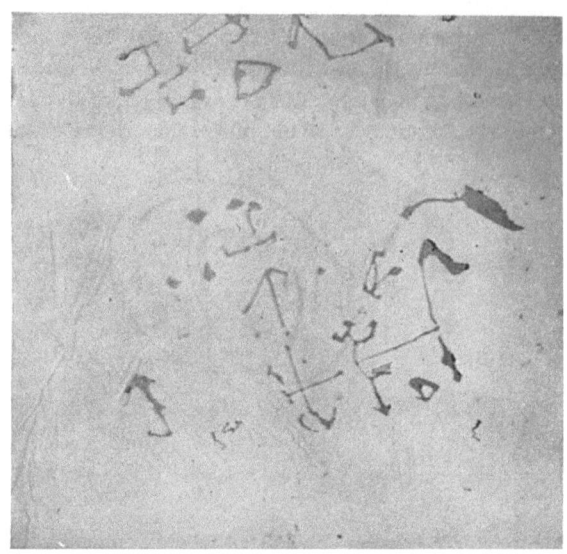

Abb. 359. Schwefelhaltige Einschlüsse innerhalb der Gasblasenseigerung Abb. 358, ungeätzt, × 200.

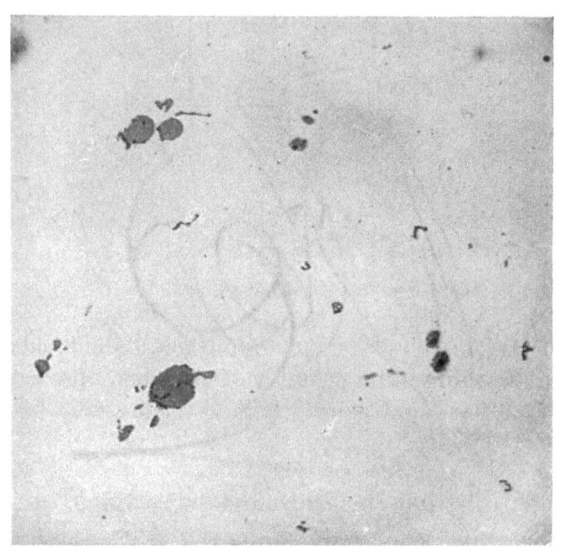

Abb. 360. Schwefelhaltige Einschlüsse außerhalb der Gasblasenzone, ungeätzt, × 200.

* Abb. 363 nach einem im Besitz der Firma Krupp befindlichen Schaustück zeigt die dendritischen Kristalle von beträchtlicher Größe. Es entstammt einem verlorenen Kopf eines Stahlgußstückes. Die den Hohlraum ursprünglich ausfüllende Mutterlauge ist von dem Gußstück „nachgesaugt" worden. Für die Überlassung der Abbildung sei der Firma Krupp auch an dieser Stelle verbindlichst gedankt.

Die Kristallisation des Stahles und die hierbei auftretenden Störungserscheinungen. 329

terlauge vor sich her, bis die letzte an Fremdkörpern reichste Schicht unterhalb des Lunkers erstarrt. Gelegenheit zur Diffusion ist nur in beschränktem Maße vorhanden, denn mit der Dicke der Schicht wächst der vom diffundierenden Element zurückzulegende Weg und damit die Schwierigkeit des Ausgleichs, insbesondere wenn letzterer mit dem Kristallwachstum nicht gleichen Schritt halten kann. Außerdem weisen dicht benachbarte Schichten nur geringes Konzentrationsgefälle auf.

Die Gußblockseigerung ist also eine Folgeerscheinung der Kristallisationsvorgänge bei der Erstarrung des Stahles. Die genaue Kenntnis ihrer Größenordnung für die in einem Werk gebräuchlichen Blockgrößen und Formen ist Vorbedingung für die richtige Auswahl und Verwendung des Stahles, für die Erzielung der erforderlichen Gleichmäßigkeit der Erzeugnisse und für die Vermeidung von unnötigem Ausschuß.

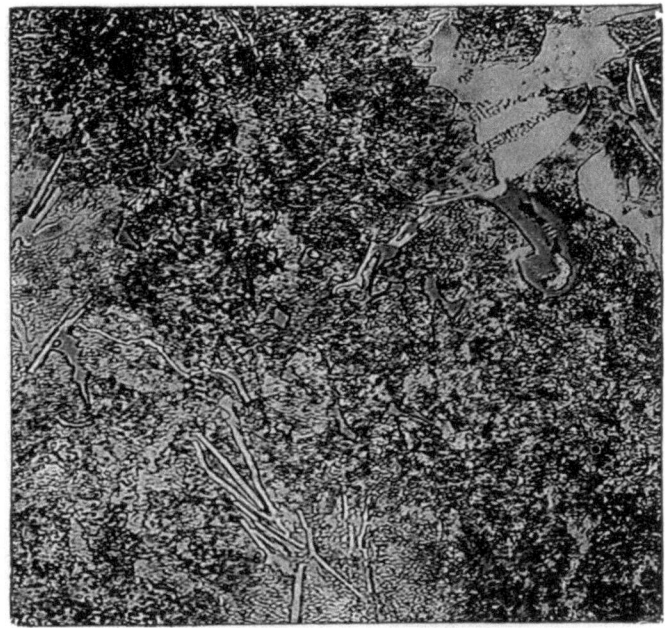

Abb. 361. Zementit innerhalb der Gasblasenseigerung. Ätzung II, × 200.

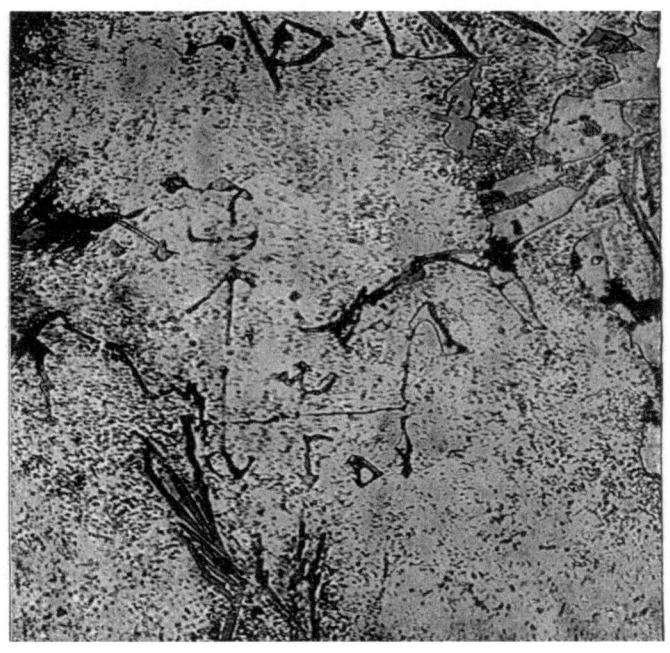

Abb. 362. Dieselbe Stelle wie Abb. 361, jedoch mit Natriumpikrat geätzt.

In unlegierten Kohlenstoffstählen sind an der Entstehung der Blockseigerung im wesentlichen S, P, O_2, N_2 und C beteiligt. Mangan und Silizium seigern nur in

330 Der Einfluß der Weiterverarbeitung auf Gefüge und Eigenschaften des Stahles.

unerheblichem Ausmaße. Die Größenordnung und die Ausbildung der Seigerung ist in unberuhigt und beruhigt (z. B. durch Zugabe von Silizium oder Aluminium) erstarrenden Stählen grundverschieden.

In beruhigt erstarrtem Stahl sind die Übergänge zwischen den Bereichen verschiedener Konzentration allmählich, und der Grad der Seigerung ist verhältnismäßig gering. Der unberuhigt erstarrte Stahl weist dagegen eine sehr reine, in der unteren Blockhälfte allerdings randblasige Zone auf, an die sich unvermittelt der, besonders im oberen Blockteil, stark angereicherte Kern anschließt. Diese Ausbildungsform der Blockseigerung ist auf die einige Zeit nach Beginn einer ruhigen Erstarrung durch starke Gasabscheidung gestörte Kristallisation der angereicherten Restschmelze zurückzuführen. Infolge der durch die Gasausscheidung im Blockkern hervorgerufenen Bewegung wird hier die Schmelze bis zur Erstarrung gut durchmischt. Der Kern erstarrt daher mehr oder weniger blasenreich, ziemlich gleichmäßig angereichert und scharf abgesetzt gegen die reine Außenschicht.

Abb. 363. Tannenbaum-Kristalle. × ¼.

Einige Beispiele aus der Literatur mögen die Verteilung der Seigerungen in Gußblöcken näher erläutern. Für die Darstellung der Ergebnisse ist folgendes Verfahren gewählt worden. Die Stellen, an denen Proben für die Analyse gebohrt wurden, sind in den maßstäblich im Längsschnitt wiedergegebenen Profilen der Blöcke ebenfalls maßstäblich eingetragen. Die diese Punkte verbindenden Horizontalen stellen den gleich 100 gesetzten Mittelwert an Kohlenstoff, Phosphor und Schwefel dar. Mangan und Silizium sind in den Diagrammen nicht aufgenommen, weil die Seigerung dieser Elemente zu gering ist und die Diagramme durch die Einzeichnung beinahe horizontal verlaufender Linien an Deutlichkeit eingebüßt hätten. Verläuft also die Kurve über der Horizontalen, so liegt positive,

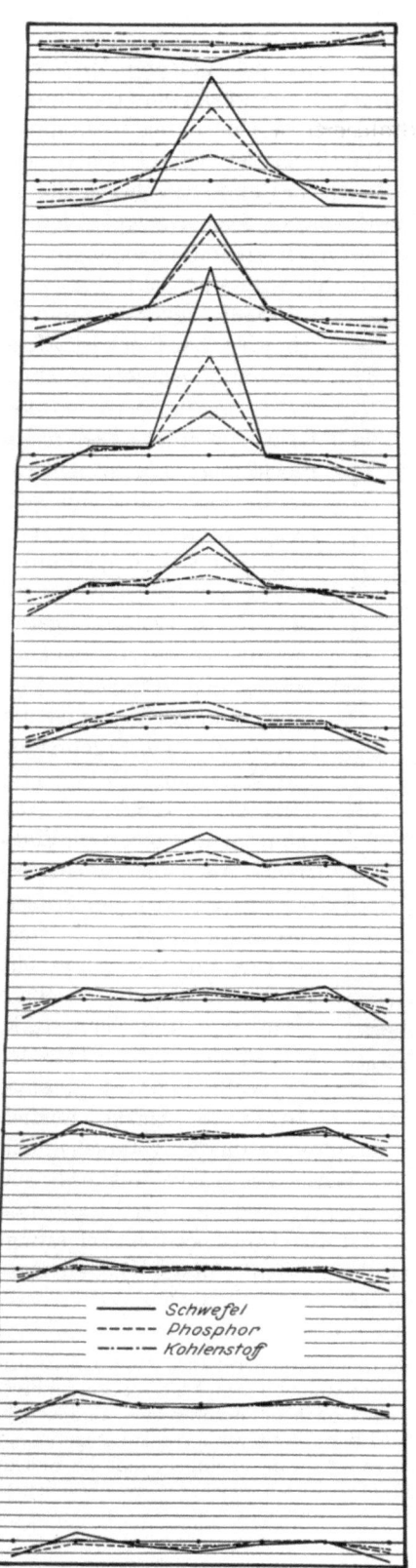

Abb. 364. Diagramm der Gußblockseigerung in einem Schienen-Stahlblock [Talbot (1)].
Guß von unten: Blockabmessungen: 330 × 407 × 728. Blockgewicht: 1360 kg. Chargenanalyse: 0,43 % C, 0,55 % Mn, 0,062 % P, 0,007 % S.

verläuft sie dagegen unterhalb der Horizontalen, so liegt negative Seigerung vor. Die Größe der Seigerung in Prozenten wird durch das System von Horizontalen angegeben, deren Abstand gleich 20 % ist. Das Mittel aus sämtlichen Werten muß dem aus der Chargenanalyse sich ergebenden Werte

Abb. 365. Längsschnitt durch den Block Abb. 364.

entsprechen, was bei den Talbotschen Versuchen der Fall ist.

In Abb. 364 sind Ergebnisse von Talbot an einem Schienenstahlblock in der geschilderten Weise dargestellt. Alle Einzelheiten bezüglich Gewicht, Analyse und Blockabmessungen sind der Abbildung beigefügt. Der Blocktypus ist höchstwahrscheinlich* der in

* Talbot hat zwar keine Photographien der Blocklängsschnitte in der Veröffentlichung aus dem Jahre 1905 reproduziert. Da aber die in der zweiten

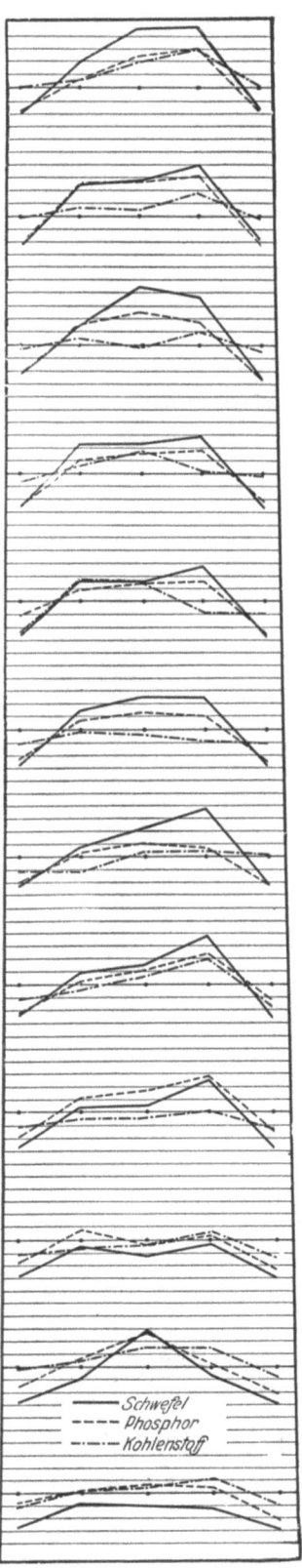

Abb. 366. Diagramm der Gußblockseigerung in einem Block aus weichem Flußeisen [Wüst und Felser (*10*)].
Wüst und Felser: Martinblock, 340 kg, 210 ⌀, 1150 mm hoch. Chargenanalyse: 0,065 % C, 0,48 % Mn, 0,05 % P, 0,04 % S, 0,016 % Si.

Abb. 365 dargestellte, bei härteren und silizierten Stahlsorten vorherrschende: die Hauptseigerung ist in nächster Umgebung des Lunkers vorhanden. Der Block ist bis auf relativ unbedeutende Zonen im Rande des oberen Blockteils frei von Gasblasen. Bemerkenswert ist die negative Seigerung in den Randzonen, in der obersten und in den untersten Schichten, worauf noch zurückzukommen sein wird. Der Block ist offenbar unter Ansetzung einer an Fremdkörpern armen Kruste erstarrt. Die in das Blockinnere hineinwachsenden Kristalle haben die sich stetig anreichernde Mutterlauge vor sich hergedrängt, und der am längsten flüssige und am stärksten angereicherte Teil erstarrt in der Umgebung des Lunkers. Von ganz anderem Typus ist der in Abb. 367 nach Ergebnissen von Wüst und Felser (*10*) dargestellte Block von weichem, nicht siliziertem Flußeisen. Auch in diesem erstarrte zunächst eine ärmere Randschicht, aber die Gasentwicklung war schon mit Rücksicht auf die weichere Materialqualität sehr stark, so daß der untere Teil der Randzone und die gesamte Mittelzone blasig ausfiel,

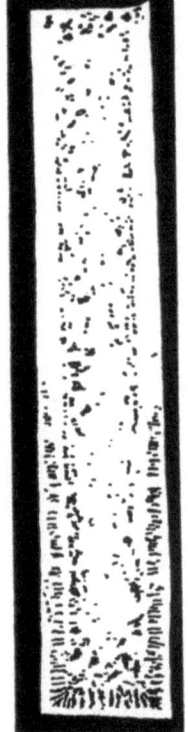

Abb. 367. Längsschnitt durch den Block Abb. 366.

Abb. 367; letztere erstarrte wahrscheinlich ziemlich gleichzeitig. Die Kurven der Abb. 366 zeigen dementsprechend in der Randzone negative, in der Mittelzone positive Seigerung, deren Betrag innerhalb dieser Zonen fast gleichmäßig ist.

Veröffentlichung (J. Iron Steel Inst. 1913 I S. 30) in gleicher Weise untersuchten und hier photographierten Blöcke aus gleichem Material sich ähnlich wie der in Abb. 364 dargestellte in bezug auf Seigerungen verhalten, ist es sehr wahrscheinlich, daß die Blöcke beider Veröffentlichungen gleichen Typus besaßen.

Die Kristallisation des Stahles und die hierbei auftretenden Störungserscheinungen. 333

Die Reihenfolge für die Größe der Anreicherung ist sowohl in Abb. 365 wie 367 folgende:

Schwefel   Kohlenstoff   (Silizium).
Phosphor   (Mangan)

Sie entspricht der Reihenfolge, die sich aus der Größe des Erstarrungsintervalles für die Kristallseigerung ergibt.

Die Abb. 368 und 369 zeigen nach H. Meyer (1, 2) die Blockseigerung und die Anordnung der Gasblasen in einem unberuhigten Stahlblock in Querschnitten unterhalb der Blockmitte und in der Nähe des Kopfes. Der unvermittelte Übergang von der negativ geseigerten Randzone zu dem positiv geseigerten Kern ist deutlich erkennbar.

Den Einfluß der Beruhigung auf die Blockseigerung zeigt Abb. 370 nach Talbot (1). Alle Einzelheiten gehen aus der Abbildung hervor, so daß sich eine Erläuterung erübrigt. Aluminium und ähnlichwirkende Beruhigungsmittel verhindern demnach nicht nur die Gasblasenbildung, sondern üben auch eine günstige Wirkung bezüglich der Blockseigerung aus, wenn auch nicht in allen Fällen eine derartige Gleichmäßigkeit der Zusammensetzung wie in Abb. 370 erzielt wird.

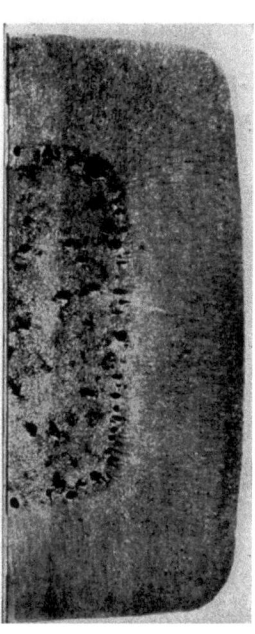

Abb. 368 u. 369. Blockseigerung und Gasblasenanordnung in einem unberuhigten Stahlblock [Meyer (1, 2)].

Die Seigerungsverhältnisse in weichen unberuhigten und harten, mit Silizium beruhigten Stahlblöcken (Schienenstahl) von etwa 5000 kg Gewicht wurden eingehend von H. Meyer (1, 2) untersucht. Die Darstellung der Kohlenstoffseigerung im Blocklängsschnitt enthält Abb. 371. Ein ähnliches Bild ergab sich auch für die Phosphor- und Schwefelverteilung. Der Seigerungsgrad, bezogen auf die Schmelzungsanalyse, erreicht in den einzelnen, in Abb. 371 mit Zahlen bezeichneten Bereichen die in der folgenden Tabelle in Prozent angegebenen Beträge. Obgleich mit steigendem Kohlenstoffgehalt die Neigung zum Seigern zunimmt*, zeigt der kohlenstoffreichere, silizierte Schienenstahl einen ganz wesentlichen geringeren Seigerungsgrad als der weiche, aber unsilizierte Stahl.

---

* Hierunter ist der Seigerungsgrad und nicht etwa das von der geseigerten Zone eingenommene Volumen zu verstehen.

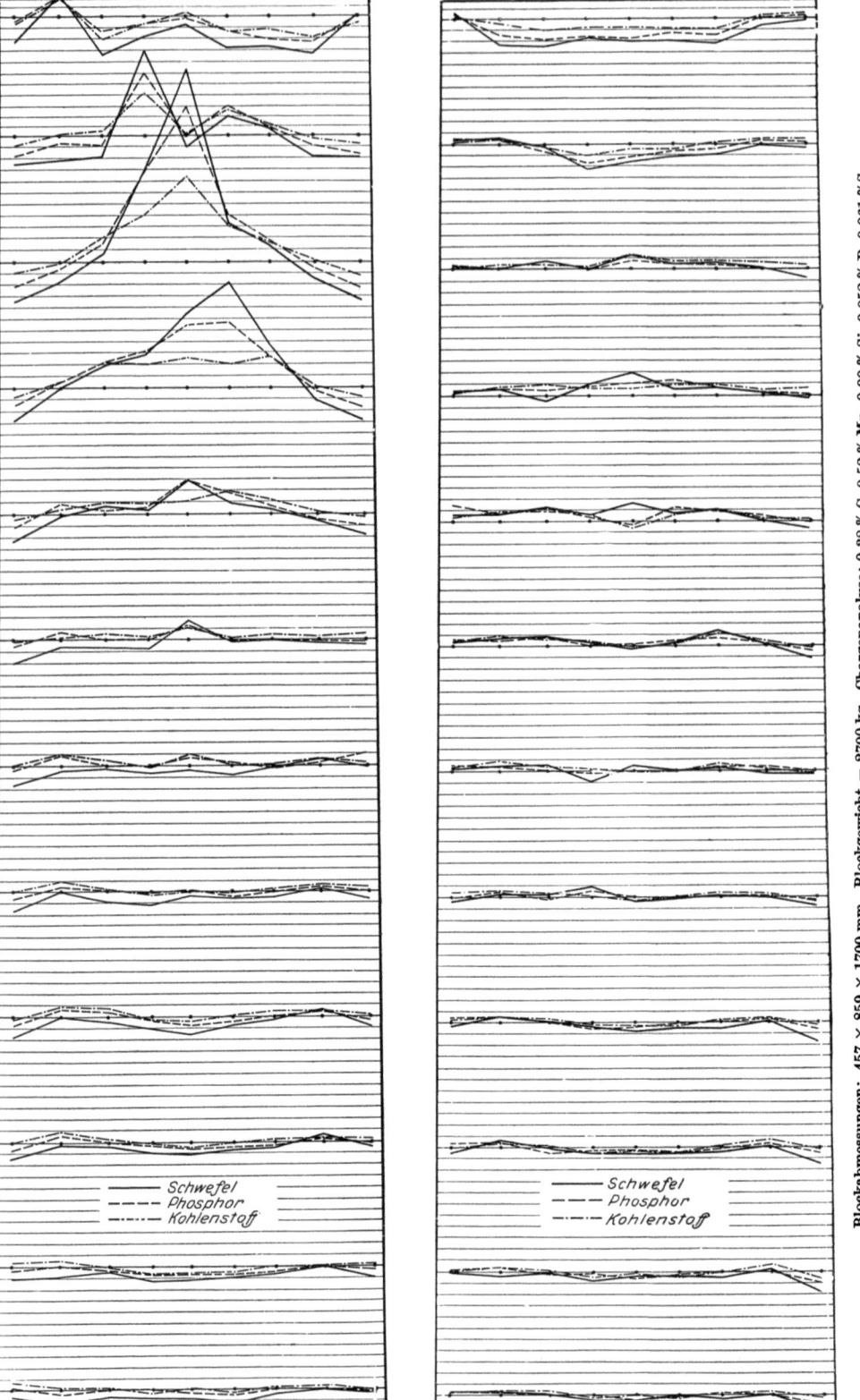

Abb. 370. Einfluß des Aluminiums auf die Gußblockseigerung. Beide Blöcke sind auf demselben Gespann gegossen, der linke ohne, der rechte mit 113 g/t Aluminiumzusatz [Talbot (1)].

Blockabmessungen: 457 × 859 × 1700 mm. Blockgewicht = 2700 kg. Chargenanalyse: 0,38 % C, 0,52 % Mn, 0,00 % Si, 0,052 % P, 0,061 %S.

Die Kristallisation des Stahles und die hierbei auftretenden Störungserscheinungen. 335

Tabelle 21. Höchste Abweichung von der Schmelzungsanalyse in % (positive und negative Seigerung) gemäß Abb. 371.

		Seigerungsbereich							
		1	2	3	4	5	6	7	8
Schwefel	unsilizierter Stahl	−45	+50	+70	+130	+205	+315	+375	+600
	silizierter Stahl	−27	−9	+23	+32	+46	+55	+68	
Phosphor	unsilizierter Stahl	−25	+20	+40	+90	+120	+150	+200	+360
	sizilierter Stahl	−14	−6	+7	+11	+16	+28	+36	
Kohlenstoff	unsilizierter Stahl	−40	−17	+8	+33	+72	+125	+150	+210
	silizierter Stahl	−14	−11	−6	+3	+7	+13	+20	

Die Seigerungsverhältnisse in einem 20 t schweren Stahlblock sind durch die Angabe der Höchstbeträge der positiven und negativen Seigerung in der folgenden Tabelle gekennzeichnet:

	Positive Seigerung %	Negative Seigerung %
Schwefel	9,4	22
Phosphor	50	0
Kohlenstoff . . .	24	24

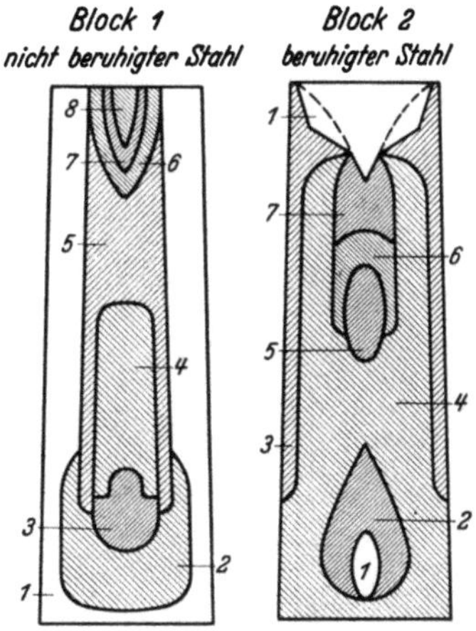

Auffallend ist der geringe Betrag der positiven und das Überwiegen der negativen Schwefelseigerung. Diese Verhältnisse entsprechen nicht den allgemeinen Erfahrungen. Weiter fällt das Fehlen einer negativen Phosphorseigerung auf, während für Kohlenstoff positive und negative Seigerung übereinstimmen.

Der Sauerstoff ist in nicht oder nur unvollständig desoxydierten Stählen hauptsächlich als

Abb. 371. Kohlenstoffseigerung bei beruhigten und unberuhigten Stahlblöcken (s. Tabelle 21) [Meyer (1, 2)].

Eisenoxydul vorhanden. Durch die Desoxydation wird er zum Teil in Oxyde des Mangans, Siliziums, Aluminiums oder des Titans u. dgl. überführt, die wie das Eisenoxydul im festen Eisen praktisch unlöslich sind. Es ist daher anzunehmen, daß sich die Sauerstoffverbindungen bei der Gußblockseigerung wie die Sulfide verhalten, die im festen Eisen ebenfalls unlöslich sind.

Schon P. Goerens stellte bei der Untersuchung der Verteilung des Sauerstoffs in C-reichen Blöcken mittels des Heißextraktionsverfahrens die höchsten Sauerstoffgehalte in der Blockmitte fest. Wimmer (3) fand aber, daß, entgegen dem Verhalten von Phosphor, Schwefel und Kohlenstoff, der Sauerstoff im Blockfuß stärker als in der Blockmitte angereichert war. Bei der Untersuchung der Seigerung von Silikaten beobachtete J. H. S. Dickenson (1) ebenfalls deren Anreicherung im Blockfuß und führte diese Erscheinung darauf zurück, daß in der Schmelze gebildete Kristalle, die infolge des durch ihre Reinheit bedingten höheren spezifischen Gewichtes in der Schmelze nach unten sinken und hierbei die aufsteigenden Schlackenteilchen mitreißen. Die Feststellung, daß nichtmetallische Einschlüsse bei beruhigten Stählen im negativ geseigerten Teil der unteren Blockhälfte (hierüber siehe weiter unten) angereichert sind, wurde in zahlreichen

Fällen auch vom englischen Ausschuß zur Klärung der Frage der Ungleichmäßigkeit von Stahlblöcken[1] gemacht. Besonders eingehend befaßt sich mit der Verteilung der Einschlüsse der 4. dieser Berichte. Es wird gezeigt, daß unter 12 Blöcken, die in gleiche Kokillen (siehe Abb. 343) gegossen und in gleichen Punkten über den Längsquerschnitt analysiert worden waren, bezüglich der Anordnung der Einschlüsse drei verschiedene Gruppen unterschieden werden konnten, wie sie Abb. 372 zeigt. Die eingetragenen Ziffern geben den örtlichen Silikatgehalt in % des Durchschnittssilikatgehaltes der einzelnen Blöcke wieder. (Mittlerer Silikatgehalt = 100%.) Die eingezeichneten Linien sind Linien gleichen Silikatgehaltes.

P. Oberhoffer (22) untersuchte die Sauerstoffseigerung an drei weichen Flußstahlblöcken von 2550, 3400 und 4760 kg Gewicht. In den ersten beiden Blöcken war die Seigerung des Sauerstoffs, verglichen mit der von Schwefel, Phosphor und Kohlenstoff nur unbedeutend. In dem schwersten Block dagegen fanden sich an den Stellen der höchsten Schwefel-, Phosphor- und Kohlenstoffgehalte die geringsten Sauerstoffgehalte.

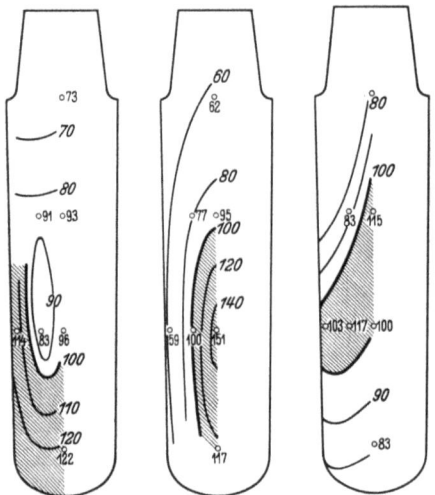

Abb. 372. Verschiedene Verteilung von Silikaten in Stahlblöcken.

Wimmer und Oberhoffer führten die Sauerstoffbestimmungen nach dem Wasserstoffreduktionsverfahren durch, dessen Ergebnisse, wie P. Bardenheuer und C. A. Müller (6, 7) zeigten, durch den Stickstoff- und Schwefelgehalt des Stahles nur wenig, stärker aber durch den Phosphorgehalt beeinflußt werden können. Bei der Durchführung der Sauerstoffbestimmung nach dem Heißextraktionsverfahren im Hochfrequenzofen ergab sich, daß der Sauerstoff an den gleichen Stellen angereichert war, an denen sich auch die Seigerungen der übrigen Elemente fanden.

Die mit Versuchsblöckchen durchgeführten Versuche ließen weiterhin erkennen, daß der Sauerstoffgehalt in unsilizierten, weichen Kohlenstoffstählen die Seigerung von Schwefel, Phosphor und Kohlenstoff beeinflußt, und zwar war deren Seigerung um so stärker, je höher der Sauerstoffgehalt war.

Die Überprüfung der an den Versuchsblöcken gemachten Feststellungen an Blöcken des praktischen Betriebes[2] zeigte im wesentlichen die gleichen Ergebnisse. Im Gegensatz zu den Versuchsblöcken seigerte in den Betriebsblöcken der Sauerstoff etwas stärker als der Phosphor. Die niedrigsten Sauerstoffgehalte wurden in der Zone zwischen Blockrand und Blockmitte aufgefunden, wie Abb. 373 an einem mit Mangan desoxydierten, unsilizierten Block mit 0,09% C, 0,43% Mn, Spur Si, 0,054% P, 0,087% S und 0,21% Cu zeigt.

---

[1] J. Iron Steel Inst., I. Bericht, 113 (1926) S. 39; II. Bericht, 117 (1928) S. 401; III. Bericht, 119 (1929) S. 305; IV. Bericht, 1932 (Special Report Nr. 2).

[2] Siehe Bardenheuer und Müller (6, 7).

Die Kristallisation des Stahles und die hierbei auftretenden Störungserscheinungen. 337

Auch H. Diergarten (2) stellte an einem weichen Stahlblock fest, daß Sauerstoff stärker als Phosphor und nur etwas weniger stark als Schwefel seigert. Große Unterschiede im Sauerstoffgehalt fanden sich in Blockkopf und Blockmitte. (Bestimmung nach dem Heißextraktionsverfahren.) Es ergaben sich folgende Werte:

	Rand	Mitte
Blockkopf . . .	0,013	0,043
Blockmitte . .	0,018	0,052

Im Blockfuß war der Sauerstoff gleichmäßig verteilt. Da auch der Stickstoffgehalt des Stahles dessen

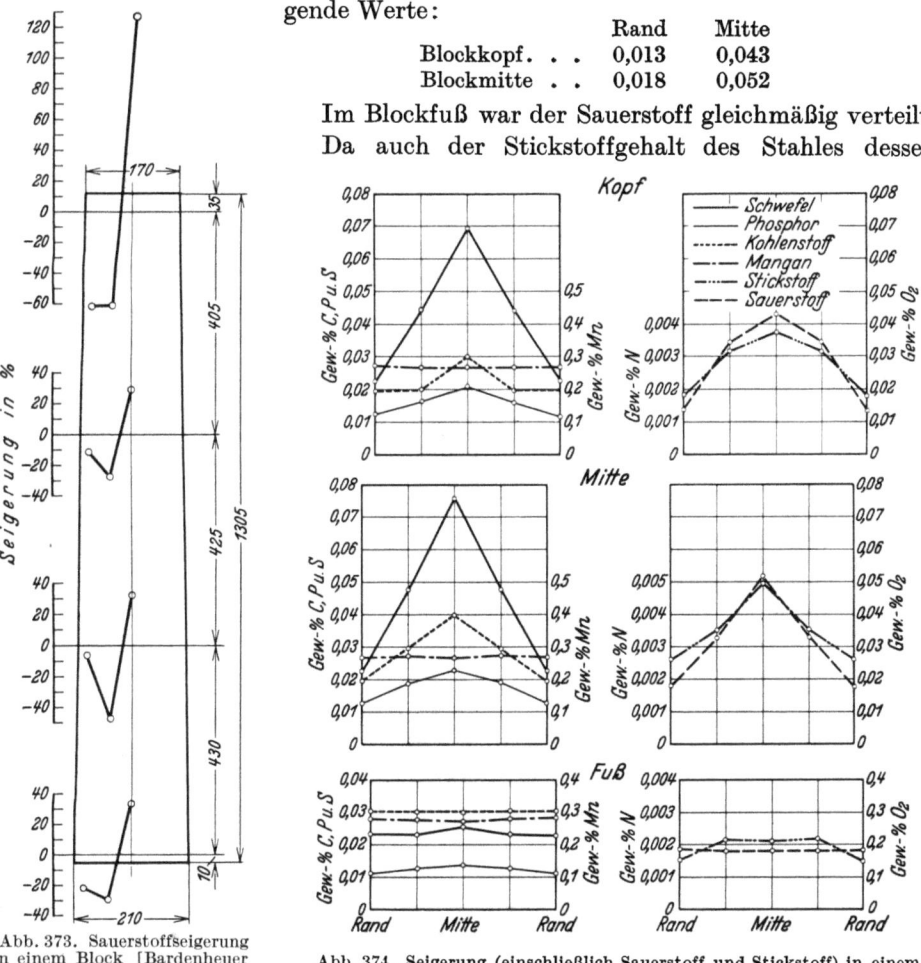

Abb. 373. Sauerstoffseigerung in einem Block [Bardenheuer und Müller (6, 7)].

Abb. 374. Seigerung (einschließlich Sauerstoff und Stickstoff) in einem basischen S.-M.-Stahlblock [Diergarten und Eilender (3)].

Eigenschaften beeinflussen kann, ist es von Bedeutung, die Verteilung des Stickstoffs im Stahlblock zu kennen. W. Köster (6) hat bereits die Wahrscheinlichkeit einer Stickstoffseigerung erkannt. In Übereinstimmung hiermit fanden H. Diergarten und W. Eilender (3) in einem basischen, unberuhigten Siemens-Martin-Stahlblock eine ausgesprochene Stickstoffseigerung. Die Abb. 374 ermöglicht einen Vergleich der Seigerung des Stickstoffs mit der von S, P, C, O_2 und Mn.

Im allgemeinen neigen die Legierungselemente des Eisens, ähnlich wie dies für Silizium und Mangan aus den bisherigen Ausführungen hervorgeht, nur in geringem Maße zur Blockseigerung.

Soweit die als Schlackeneinschlüsse bezeichneten Fremdkörper im flüssigen

338 Der Einfluß der Weiterverarbeitung auf Gefüge und Eigenschaften des Stahles.

Eisen löslich sind und sich bei der Erstarrung ausscheiden, folgen sie den allgemeinen Gesetzen der Seigerung. Praktisch liegt bei Abwesenheit größerer Manganmengen der gesamte Schwefelgehalt in Form von derartigen Einschlüssen vor, und daß der Schwefel qualitativ wie Phosphor und Kohlenstoff seigert, wurde gezeigt. Bezüglich der im flüssigen Eisen bereits in unlöslicher Form vorhandenen Einschlüsse gilt der Grundsatz, daß außer ihrem spezifischen Gewicht noch die Fähigkeit, sich zusammenzuballen für die Möglichkeit ihrer Ansammlung im oberen Blockteil in Frage kommt.

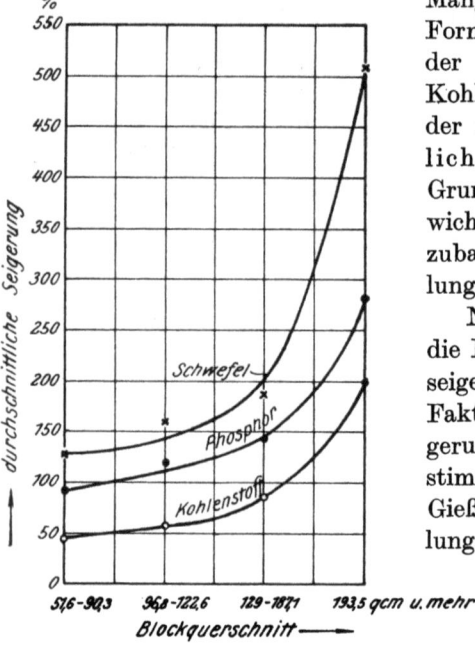

Abb. 375. Einfluß der Blockgröße auf die Gußblockseigerung von Schwefel, Phosphor und Kohlenstoff [Howe (2)].

Neben dem beherrschenden Einfluß, den die Beruhigung auf die Ausbildung der Blockseigerung ausübt, ist eine Reihe von weiteren Faktoren zu erwähnen, die ebenfalls den Seigerungsgrad und die Art der Seigerung bestimmen. Hierzu gehören die Gießtemperatur, Gießgeschwindigkeit, Blockgröße und Abkühlungsgeschwindigkeit u. a. Die Kokillentemperatur ist nach Stadeler und Thiele (2) ohne Einfluß. Besonders zu bemerken ist auch, daß beim Gespannguß (von unten) beruhigten Stahles die Seigerungen in der Längsrichtung der Blöcke geringer sind als beim Guß von oben.

Der absolute Betrag der Blockseigerung steigt mit der Blockgröße an, wie Abb. 375 nach Howe (2) für praktisch kaum vorkommende Blöcke, Abb. 376 nach P. Oberhoffer (23) aber für Betriebsblöcke erkennen läßt. Dieses Verhalten ist durchaus erklärlich, denn mit steigender Blockgröße nimmt nicht nur die Erstarrungsdauer zu, sondern auch der Temperaturunterschied zwischen Rand und Mitte des Blockes. In Abb. 376 ist die prozentuale Seigerung auf die Schmelzungsanalyse (0,06% C; 0,043% P; 0,06% S) bezogen. Es ist hier hervorzuheben, daß nach Untersuchungen von Křiž (2, 3) sowie von Eichholz und Mehovar (1) die nach dem Harmetverfahren gepreßten Blöcke sich durch das Fehlen von starken Seigerungen nach bestimmten, durch den Preßvorgang bedingten Richtungen auszeichnen.

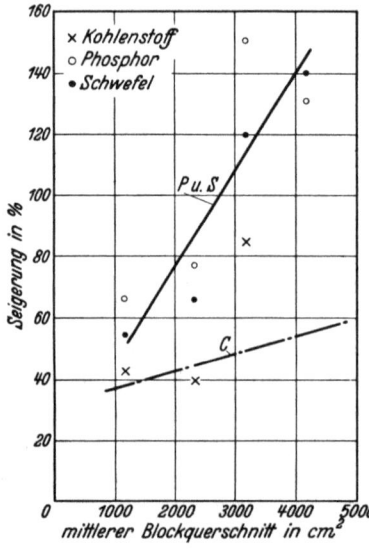

Abb. 376. Einfluß der Blockgröße auf die Seigerung von Kohlenstoff, Phosphor und Schwefel [Oberhoffer (23)].

Bei beruhigt erstarrenden, großen Blöcken ist der Kern der unteren Blockhälfte ärmer an P, S und C als die Randzone und enthält sogar weniger Begleitelemente, als der Durchschnittszusammensetzung des Stahles entspricht (siehe Abb. 371 rechts). Das Zustandekommen dieser Erscheinung steht möglicherweise im Zusammenhang mit dem Absinken von eisenreichen Mischkristallen[1] in dem größtenteils noch flüssigen Blockkern. Die Bildung dieser eisenreichen Mischkristalle setzt voraus, daß, nachdem bei der vom Rande her einsetzenden Erstarrung sich eine feste Kruste gebildet hat, auch im Blockkern die Neigung und ein Anlaß zur Unterkühlung und damit zur spontanen Kristallisation vorhanden ist.

Dieses Auftreten einer Kernzone von größerem Reinheitsgrade als die Randzone im unteren Blockteil großer beruhigter Blöcke leitet über zu der Erscheinung der umgekehrten Seigerung. Bauer und Arndt (3) kennzeichneten die umgekehrte Blockseigerung als einen Vorgang, der anscheinend in Widerspruch steht zu den aus den Erstarrungsschaubildern abzuleitenden Schlüssen bei der Kristallisation von Mischkristallen, da in den Fällen ihres Auftretens die zuerst erstarrten Randschichten, z. B. die eines kleinen Blöckchens, nicht reicher, sondern ärmer sind an der Komponente mit dem höheren Schmelzpunkt. Die umgekehrte Seigerung bildet keinen Gegensatz zu der positiven und negativen Seigerung, d. h. also über und unter dem Durchschnitt gelegener Zusammensetzung. Viel mehr liegt positive und negative Seigerung sowohl bei der normalen als auch bei der umgekehrten Blockseigerung vor, da, wie H. Meyer (2) nachwies, Zusammensetzung und Raumanteil von Rand- und Kernzone in wechselseitiger Beziehung zur Durchschnittszusammensetzung eines Gußblockes stehen.

Die umgekehrte Blockseigerung ist vorwiegend an Metallegierungen beobachtet worden, so von Bauer und Arndt (3) an den Legierungspaaren Cu—Sn; Cu—Mn; Al—Zn; Al—Cu, Ag—Cu, nicht dagegen an den Legierungsreihen Cu—Ni, Hg—Pb, Au—Ag, Fe—C, Cu—Zn. Diesem Befund scheinen die an beruhigten Stahlblöcken beobachteten Seigerungsverhältnisse zu widersprechen. Vor allem sind die Untersuchungen von Rapatz (2) heranzuziehen, der an 26 von 38 Blöcken im Blockfuß eine Anreicherung des Kohlenstoffs im Blockrand über die Durchschnittsgehalte hinaus feststellte. F. Badenheuer (1) gelangte auf Grund seiner Untersuchungen über den Einfluß der Desoxydation auf die Kristallisation ruhig erstarrender Blöcke zu dem Schluß, daß das Vorliegen einer der umgekehrten Seigerung entsprechenden Verteilung der Eisenbegleiter im Blockfuß am besten mit dem Absinken reiner Mischkristalle erklärt werden kann. Rapatz (2) und Schottky[2] vertreten die gleiche Ansicht. Rapatz und Badenheuer halten jedoch das vorliegende Versuchsmaterial nicht für ausreichend zur Beurteilung der Frage, ob „wirkliche" umgekehrte Seigerung bei Stahlblöcken angenommen werden kann. Badenheuer neigt auf Grund seiner Untersuchungen zu der gegenteiligen Auffassung.

Bezüglich der umgekehrten Blockseigerung von Nichteisen-Metallegierungen und der Versuche zur Klärung ihrer Ursachen sei hier auf das Schrifttum[3] verwiesen.

Zum Schluß muß noch auf Erscheinungen hingewiesen werden, die weniger auf chemisch-physikalische als auf rein mechanische Ursachen zurückzu-

---

[1] Vgl. Rapatz (2).
[2] Vgl. Erörterung zu dem Bericht von Rapatz (2).
[3] Masing (1); O. Bauer und H. Arndt (3); G. Masing und C. Haase (2); W. Fraenkel und W. Gödecke (1); S. M. Woronoff (1).

340   Der Einfluß der Weiterverarbeitung auf Gefüge und Eigenschaften des Stahles.

führen sind. Wie die Berechnungen von Lightfoot[1] C. Schwarz (2) und anderen, und die Untersuchungen von Matuschka (2) zeigen, kann die Erstarrungszeit eines Blockes in drei Zeiträume zerlegt werden. Wie aus Abb. 377 hervorgeht, tritt etwa nach 2—3 min vom Zeitpunkt der Benetzung der Kokillenwand ab gerechnet eine Störung des Verlaufes der Temperatur-Zeitkurve der Kokillenwand ein, die durch das Abheben des Blockes von der Kokillenwand infolge der Schrumpfungsvorgänge bedingt ist. Dies verursacht eine erhebliche Behinderung des Wärmeabflusses und damit eine Verminderung der Erstarrungsgeschwindigkeit. Im weiteren Verlauf der Erstarrung bei nunmehr gleichbleibenden Abkühlungsbedingungen tritt, wie Abb. 378 und 379 zeigt, im Innern des Blockes ein Abbau der Überhitzungstemperatur ein, der nach der Berechnung, die den Abb. 378 und 379 zugrunde liegt, nach etwa 1,1 Stunden beendet ist. Diesem zweiten Abschnitt der Erstarrungsvorgänge folgt als dritter die Zeit, in welcher der flüssige Kern des Blockes keine Temperaturunterschiede mehr aufweist, so daß die in der Mitte des Blockes aufgenommene Zeit-Temperaturkurve einen Haltepunkt zeigt. Der bei seiner Erstarrungstemperatur dickflüssige Stahl erstarrt nun allmählich in der Richtung von außen nach innen, nach Maßgabe der Ableitungsmöglichkeit für die Erstarrungswärme. In dem durch die längere Temperaturkonstanz gekennzeichneten Gebiet haben zunächst Ausscheidungsvorgänge mit sich nahezu ausgleichenden Wärmetönungen Gelegenheit sich abzuspielen. Außerdem sinkt die verhältnismäßig zähflüssige Stahlmasse infolge der Schwindung bei der Erstarrung in sich zusammen. Dieses Zusammensinken ist die Ursache von Gefügestörungen (V-Seigerungen).

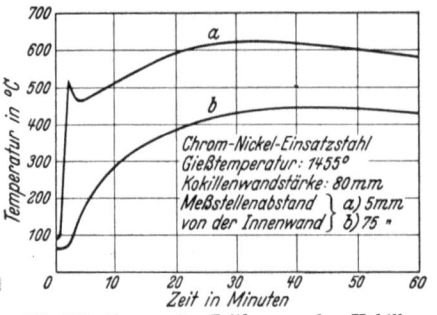

Abb. 377. Temperatur-Zeitkurven der Kokillenwand [Matuschka (2)].

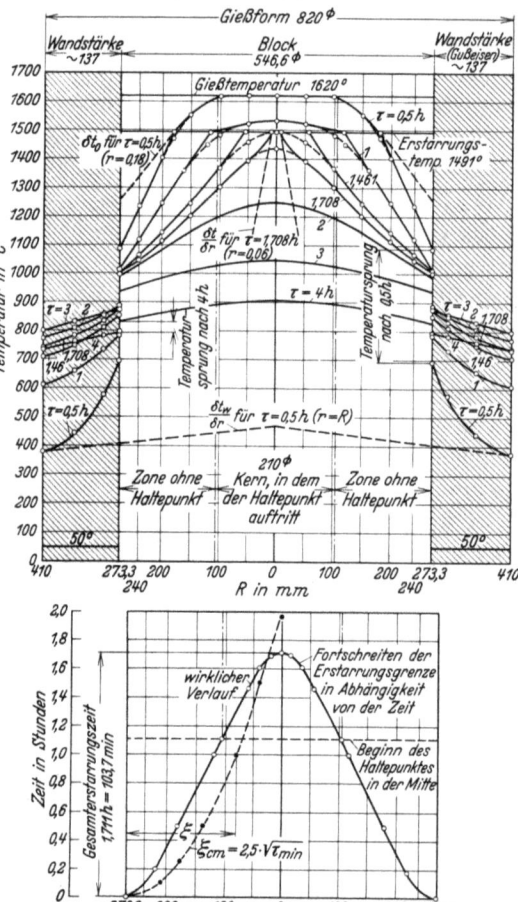

Abb. 378. Erstarrungsverlauf in der Blockform [Schwarz (2)].

---

[1] Siehe IV. Report Heterogeneity (Special Report Nr. 2) 1932 S. 162.

Die Kristallisation des Stahles und die hierbei auftretenden Störungserscheinungen. 341

G. Oberflächen- und sonstige Gießfehler.

Außer den in diesem Abschnitt bereits besprochenen, bei der Kristallisation des Stahles entstehenden physikalischen und chemischen Ungleichmäßigkeiten kommen noch eine Reihe von anderen vor, die unter der Bezeichnung Oberflächen- und sonstige Gießfehler zusammengefaßt werden können. Eine Zusammenstellung dieser Fehler nach Pacher (1) ist in Abb. 380 wiedergegeben. Diese Fehler haben im wesentlichen drei Ursachen. Die Blockoberfläche wird auf Grund der Tatsache, daß sie hocherhitzt ist, durch die geringste Beanspruchung

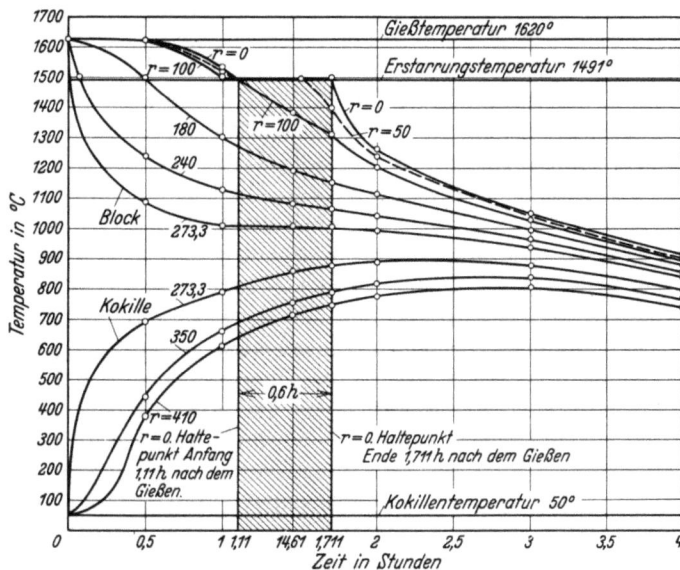

Abb. 379. Erstarrungsverlauf in der Blockform (s. a. Abb. 378) [Schwarz (2)].

verformt, und die Verformung kann wegen der niedrigen Festigkeit sehr rasch bis zum Bruch führen. Es entstehen dann die mehr oder minder tief in den Block hineinreichenden Risse, die je nach der Ursache der Spannungen verschiedenartigen Verlauf aufweisen können. Spannungen können dadurch entstehen, daß die gleichmäßige Zusammenziehung der abkühlenden Stahlmasse und ihre Ablösung von der Kokille behindert wird. Dies ist beispielsweise der Fall, wenn beim Guß von unten der aus dem Kanalstein austretende Strahl längere Zeit mit großer Gewalt seitlich gegen die Kokillenwand läuft und an der betreffenden Stelle eine Höhlung in der Kokillenwand entsteht. Beim Zusammenziehen des Blockes kann dieser an der Höhlung „hängen", d. h. das gleichmäßige Zusammenziehen und Ablösen wird verhindert, und es kann ein

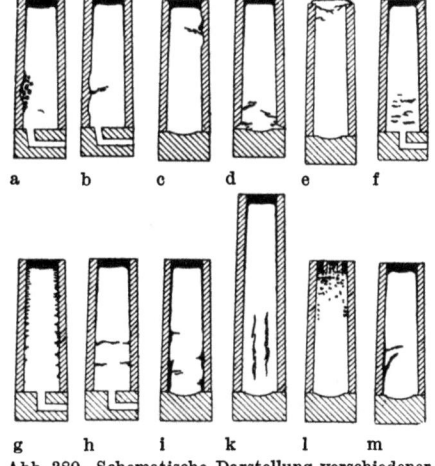

Abb. 380. Schematische Darstellung verschiedener Oberflächen- und Gießfehlerarten [Pacher (1)].

Riß entstehen. Der Riß tritt dann besonders leicht ein, wenn infolge einseitiger Lage des Steigloches übermäßige Erwärmung der Kokille und damit an der Stelle, wo der Stahl auftrifft, ein Verschweißen des Stahls mit der Kokille eintritt. Dieses „Angießen" ist dann besonders gefährlich, wenn es an mehreren Stellen erfolgt. Die Fälle b und c der Abb. 380 zeigen schematisch den geschilderten Fehler, und zwar b beim Guß von unten, c beim Guß von oben. Auch Fall d ist ähnlicher Art, hier lag von vornherein ein Oberflächenfehler der Kokille vor. Im Fall e ist das Auftreten von Oberflächenrissen darauf zurückzuführen, daß die Kokille zu voll gegossen wurde. Das ganze Gewicht des Blockes hängt an der über die Kokille hinausragenden Stahlmasse. Fall f zeigt reichliche Schalenbildung, die beim Auswalzen zu schuppiger Oberfläche führt. Alle bisher geschilderten Blockrisse verlaufen mehr oder minder horizontal. Die senkrecht verlaufenden Risse, Fall k der Abb. 380, reichen meist tief in das Blockinnere. Sie sind darauf zurückzuführen, daß die sich bildende Metallkruste dem Druck des flüssigen Kerns nicht standhält und aufplatzt. Allerdings ist das Auftreten dieser Risse seltener — es sei denn, daß stark gemaserte Kokillen verwendet werden, so daß das Schrumpfen der Oberfläche in senkrechter Richtung zur Blockachse behindert wird. Häufiger treten als Folge zu schneller Steigerung des ferrostatischen Druckes solche Risse an den Blockkanten auf (zu schnelles Gießen!). Versucht man der Kantenrißgefahr durch allzu scharfkantige Kokillen ($r < 25$ mm) zu begegnen, so erhält man leicht Überschläge an den Kanten, die zu Kantenquerrissen beim Verwalzen führen. Da das Hängen der Blöcke und somit auch das Auftreten von Rissen auch durch windschiefe Kokillenflächen sowie durch ungrade Kokillenkanten hervorgerufen werden kann, ist der Form der Kokillen eine nicht untergeordnete Bedeutung beizumessen. Bei Harmetblöcken treten nach Brearley Längsrisse besonders leicht auf, was auf Grund der angegebenen Entstehungsursache erklärlich erscheint. Jedoch läßt sich nach Ridsdale (1) bei sachgemäßer Anwendung des Harmetverfahrens das Auftreten von Rissen mit Sicherheit vermeiden.

Fehler anderer Art entstehen dadurch, daß das Aufsteigen des Eisens in der Kokille nicht kontinuierlich erfolgt. Wellenförmige Bewegung des Stahls in der Kokille, insbesondere bei stürmisch erfolgendem Guß von oben, bewirkt die Erstarrung dünner Krusten an der Kokillenwand, die vom nachsteigenden Stahl nicht gelöst werden. Die gebildeten Krusten können beim Aufsteigen des Stahls schon von der Kokillenwand abgelöst sein, so daß dieser in die Trennungsfuge hineinfließt. Hierdurch entstehen unsaubere, d. h. nicht glatte Oberflächen, landkartenartige Stellen, die häufig von Rissen durchsetzt sind (vgl. Abb. 380 m). Die sogenannte Mattschweiße (Abb. 380 g, h) entsteht sowohl beim Guß von oben wie von unten dadurch, daß der erste Stahl bei letzterer Gußart, insbesondere aber matter Stahl bei beiden Gußarten sehr rasch an den Kokillenwänden erstarrt und ohne aufgelöst zu werden vom nachfolgenden heißeren Metall überholt wird (Überschläge). Der Vorgang wiederholt sich öfter und gibt unsaubere Blockoberfläche gemäß Abb. 380 g, h. Steigend gegossene Blöcke von kleinerem Querschnitt weisen den erwähnten Fehler besonders leicht auf, wenn man nicht sehr heiß und flüssig vergießt.

Zu den bisher besprochenen Fehlerursachen kann, entweder in Verbindung mit jenen oder allein, ein neuer hinzutreten, die örtliche Blasenbildung an der Blockoberfläche, scharf in ihren Ursachen getrennt von der bereits besprochenen Gasblasenbildung und leicht von ihr zu unterscheiden eben durch die Tatsache, daß sie meist an der Blockoberfläche und örtlich begrenzt auftritt. Die hier zu besprechende Blasenbildung kann verschiedene Ursachen haben. Rauhe Kokillenoberfläche, insbesondere lokale Aushöhlung kann die Zurückhaltung des im

Stahl von Anfang an enthaltenen Gases bewirken (Fall a Abb. 380). Das Gas kann aber auch während des Gießens entstehen, einmal durch Einwirken von Feuchtigkeit in der Gußform, dann aber auch von unsauberer, etwa verrosteter Kokillenoberfläche auf den Kohlenstoff des Stahls unter Bildung von CO nach dem schematischen Vorgang FeO + C = Fe + CO oder durch gleiche Einwirkung etwaiger während des Gießens oxydierter Stahlteilchen. Letzteres kann z. B. eintreten beim Guß von oben, wenn durch zu heftiges Auftreffen des Gießstrahls auf die Grundplatte Stahltröpfchen gegen die Kokillenwand geschleudert werden, sich dort ansetzen, oxydieren und mit dem aufsteigenden Stahl zusammentreffen. Es tritt dann lokal eine Reaktion von der oben genannten Art ein und das gebildete Gas kann zurückgehalten werden. Man hilft sich hier durch Gießen mittels Wannen, wodurch die Heftigkeit des Auftreffens gemildert wird. Nach oben konkave Form der Grundplatte wirkt in gleichem Sinne. Einsetzen eines (sorgfältig gereinigten) Ringes aus Feinblech vermag ebenfalls zur Vermeidung des Fehlers zu führen. Die bereits geschilderten, infolge wellenförmiger Bewegung des Kokilleninhalts oder infolge zu stürmischen Gießens oder bei zu mattem Stahl gebildeten Ansätze an der Kokillenwand können ähnlich wie die Stahlspritzer oxydieren und ergeben dann eine ähnliche Wirkung wie diese. Abb. 380l zeigt die auf dieser Grundlage erfolgte Gasblasenbildung im oberen Teil eines Blockes. Beim Guß von unten ist ein Kokillenanstrich von aufgeschlämmtem Graphit, Teer oder noch besser eigens zu diesem Zweck hergestelltem Kokillenlack zweckmäßig. Durch die Wärmeschutzwirkung dieser Anstriche wird für den ersten Augenblick der Benetzung die vorzeitige Erstarrung des Stahles verzögert, so daß Überschläge vermieden werden, ohne daß man zu schnell gießen muß. Bei unberuhigten Stählen hat sich das regelmäßige oder auch nur zeitweilige Ausblasen der Kokillen mit Sandstrahlgebläse bewährt. Dies ist besonders dann zu empfehlen, wenn die Gefahr der Rostbildung infolge längerer Betriebsstillstände (Sonntags) gesteigert wird.

H. Gußspannungen.

Ihre Entstehung, ihre Wirkungen und die Mittel zu ihrer Vermeidung und Beseitigung sollen hier näher erörtert werden.

Die Abkühlung eines Stoffes erfolgt nach dem Newtonschen Abkühlungsgesetz

$$t = t_0 e^{-kz}, \qquad (1)$$

t_0 = Anfangstemperatur,
z = Zeit,
e = Basis des natürlichen Logarithmensystems,
k = eine von der Natur und der Form des betrachteten Stückes abhängige Konstante.
  Unter Form ist insbesondere das Verhältnis von Masse zu Oberfläche zu verstehen. Je kleiner dieses Verhältnis ist, um so größer ist unter sonst gleichen Umständen der Temperaturverlust durch Strahlung.

Gibt eine hocherhitzte Metallmasse bei der Abkühlung die Wärme nicht gleichmäßig an die Umgebung ab, so ist ungleichmäßige Temperaturverteilung die hierdurch bedingte Folge. Dies wäre beispielsweise der Fall in einem Gußstück, in dem größere Querschnittsteile mit kleineren abwechseln. Letztere haben ein anderes k als erstere, sie kühlen rascher ab. In einem Stück von durchweg gleichem Querschnitt könnte ungleichmäßige Temperaturverteilung dadurch eintreten, daß die Wärmeableitung infolge verschiedenartiger Wärmeleitfähigkeit der Formmasse ungleichmäßig ist.

Außer Temperatur und Zeit sind auch Temperatur und Volumen gesetzmäßig miteinander verknüpft, und zwar lautet das der Einfachheit halber nicht auf das Volumen, sondern auf die Länge bezogene Gesetz

$$l = l_0 \left[1 + \alpha \left(t_0 - t\right)\right], \tag{2}$$

wo l_0 und t_0 = den zugeordneten Werten für Anfangslänge und -temperatur sind, α = dem Ausdehnungskoeffizienten, der bekannterweise beim Eisen Anomalien aufweist, von denen zunächst bei diesen Betrachtungen abgesehen werden soll. Ist ferner t_0 = der Gießtemperatur, so wird α = dem Schwindungskoeffizienten.

Betrachten wir nun den einfachen, in Abb. 381 dargestellten Fall, daß ein dünner Stab d und ein dicker Stab D aus gleichem Material von gleicher Anfangstemperatur t_0 aus abkühlen, wobei wichtige Grundvoraussetzung ist, daß die beiden Stäbe miteinander fest verbunden sind, wie dies in der Abbildung angenommen ist. Das Abkühlungsgesetz der beiden Stäbe ist verschieden und schematisch in Abb. 381 dargestellt. Im Zeitpunkt z ist der dünne Stab d auf niedrigerer Temperatur als der dicke Stab D, und da die Länge der Stäbe eine einfache Funktion ihrer Temperatur ist gemäß Gleichung (2), so geben die beiden Kurven der Abb. 381 auch eine relative Vorstellung von der Längenänderung in Abhängigkeit von der Zeit.

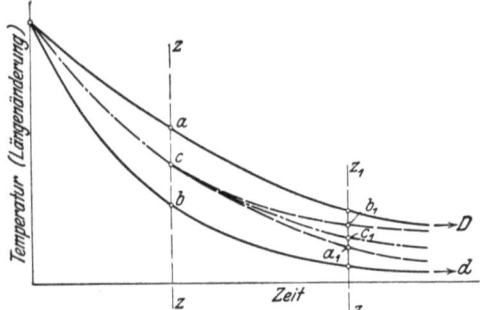

Abb. 381. Entstehung von Wärmespannungen in einem System zweier fest verkuppelter Stäbe [Martens und Heyn (1)].

Demnach stellen die Ordinaten auch, in anderem Maßstab natürlich, die Längenänderungen der Stäbe dar. In Abb. 381 ergibt also die senkrechte Strecke ab nicht nur den Temperatur- sondern auch den Längenunterschied der beiden Stäbe, aber letzteres mit der Einschränkung, daß dieser Längenunterschied ab nur dann zustande kommt, wenn die beiden Stäbe sich frei zusammenziehen können. Ist dies nicht der Fall, und diese Voraussetzung wurde ja gemacht, indem die Stäbe fest verbunden angenommen wurden, so müssen sich die Stäbe auf eine gemeinsame Länge einstellen und die Gesamtlängenänderung des Systems würde durch den zwischen a und b gelegenen Punkt c dargestellt. Der dicke Stab D wäre also um das Stück ac kürzer, der dünne Stab d um cb länger, als wenn beide Stäbe nicht verbunden wären. Es läßt sich leicht zeigen, daß die Lage des Punktes c abhängig ist von dem Verhältnis der Querschnitte der beiden Stäbe. Jedenfalls würde Stab D unter Druckspannung, Stab d unter Zugspannung stehen. Ist nun im Zeitpunkt z die Temperatur des Stabmaterials so hoch, daß die geringste Beanspruchung eine Formänderung hervorruft, ist mit anderen Worten die Elastizitätsgrenze gleich Null, so resultieren aus dem in Abb. 381 geschilderten Stand der Dinge bleibende oder plastische Formänderungen, und zwar eine Verkürzung des Stabes D um ac

und eine Verlängerung des Stabes d um bc. Spannungen sind also nicht vorhanden. Was für den Zeitpunkt z gilt, läßt sich natürlich für jeden beliebigen anderen Zeitpunkt in Abb. 381 darstellen, und zwar würde die gestrichelte, zwischen D und d verlaufende Kurve die Abhängigkeit der Gesamtlängenänderung des festverbundenen Systems der beiden Stäbe von der Zeit darstellen. Wird nun die Voraussetzung gemacht, daß vom Zeitpunkt z an, also bei weiterer Abkühlung der Stäbe nicht mehr plastische, sondern nur noch elastische Formänderungen auftreten, so würde folgendes eintreten: Im Zeitpunkt z haben beide Stäbe zwar gleiche Länge, aber verschiedene Temperatur, und die weitere Abkühlung erfolgt nach dem für jeden Stab von vornherein gültigen Abkühlungsgesetz. Stab D ändert also vom Zeitpunkt z an seine Länge gemäß der gestrichelten Kurve parallel zur Kurve D im Abstand ac von dieser und Stab d gemäß der Kurve parallel zu d und im Abstand bc von dieser Kurve. Im Zeitpunkt z_1 werden beide Stäbe, da sie fest verbunden sind, sich auf die Längenänderung c_1 eingestellt haben. Wie man sieht, ist nunmehr die Längenänderung von Stab D um $a_1 c_1$ kleiner, die von Stab d um $b_1 c_1$ größer als die gemeinsame Längenänderung, d. h. die Verhältnisse haben sich umgekehrt, der dicke Stab erfährt eine Verkürzung,

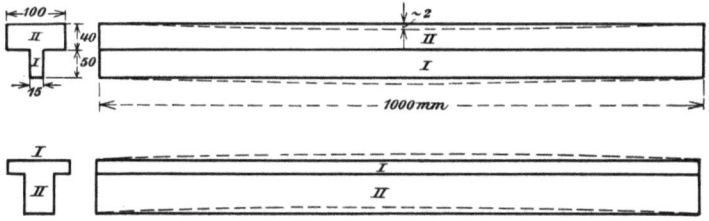

Abb. 382. Verziehen zweier T-förmiger Querschnitte [Martens und Heyn (1)].

der dünne Stab eine Verlängerung. Da ferner vorausgesetzt wurde, daß die Formänderungen vom Zeitpunkt z_1 ab elastischer Natur sind, steht also der langsam abgekühlte dicke Stab unter Zug-, der rasch abgekühlte dünne Stab unter Druckspannung.

Im Zeitpunkt $z = \infty$, d. h. nach vollständiger Abkühlung des Systems werden beide Stäbe sich auf die gemeinsame Längenänderung c_∞ eingestellt haben, und der Betrag der elastischen Spannungen wird sein:

für Stab $D = -bc =$ Zug,
für Stab $d = +ac =$ Druck.

Die hier in Anlehnung an Martens und Heyn (1) gegebene Darstellung entspricht in zwei Punkten nicht ganz der Wirklichkeit. Einmal erfolgt der Übergang der beiden Stäbe D und d aus dem Gebiet der plastischen in das der elastischen Formänderungen, also aus dem spannungsfreien in den mit Spannungen behafteten Zustand nicht im gleichen Zeitpunkt, doch wird hierdurch, wie leicht einzusehen ist, nur die Lage des Punktes c zwischen a und b beeinflußt. Ferner erfolgt der Übergang von einem Gebiet in das andere nicht plötzlich, sondern es werden vielmehr z. B. in Abb. 381 rechts von z neben elastischen auch noch plastische Formänderungen vorkommen. Qualitativ wird aber das Ergebnis nicht beeinflußt werden. Der Zweck der vorangegangenen Darstellung kann aber anderseits nur der sein, qualitativ die Verhältnisse zu schildern, die sich nach Heyn in folgendem Satz von allgemeiner Gültigkeit zusammenfassen lassen:

Kühlen zwei miteinander fest verkuppelte Stäbe eines metallischen Stoffes, die an der Biegung verhindert sind, von einer hohen Temperatur, die innerhalb des Gebietes der vorwiegend plastischen Formänderungen liegt, bis auf gewöhnliche Temperatur ab, so verbleiben nach der Abkühlung in dem schneller abgekühlten Stabteil Druck-, in dem langsamer abgekühlten Zugspannungen. Liegen die Spannungen unter der Elastizitätsgrenze, so sind die Deformationen elastischer Natur, überschreiten sie diese Grenze, so sind sie plastisch. In beiden Fällen tritt sogenanntes Verziehen ein.

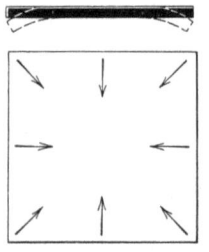

Abb. 383. Verziehen einer quadratischen Platte.

Dementsprechend werden z. B. gemäß Abb. 382 nach Heyn in den beiden T-förmigen Querschnitten die gestrichelt angedeuteten Verformungen eintreten. Im oberen Beispiel ist der stegförmige Teil dünner als der flanschförmige. Ersterer kühlt also schneller ab und verzieht sich, da er unter Druckspannungen steht, so daß eine nach unten konvexe Krümmung entsteht. Im unteren Beispiel ist die Massenverteilung und demgemäß auch das Verziehen umgekehrt. Eine quadratische Platte von der in Abb. 383 dargestellten Form[1] wird sich, da die Ränder rascher abkühlen als die Mitte, in der punktiert angedeuteten Weise verziehen. In Speichenrädern irgendwelcher Art treten in den Speichen sowohl als in den Armen Spannungen auf, deren Art von der Massenverteilung abhängig sein wird. Bei verhältnismäßig dünnem Kranz und dicken Armen (Riemenscheiben) treten in letzteren im wesentlichen Zugspannungen auf, Druckspannungen dagegen bei umgekehrten Verhältnissen (Schwungräder). Die Spannungen bieten insofern eine Gefahr, als sie schon von vornherein eine mehr oder minder wesentliche Anfangsbeanspruchung des Stückes darstellen, wenn die Betriebsspannungen das gleiche Vorzeichen besitzen wie die Gußspannungen. In diesem Falle kann das betreffende Konstruktionselement nicht mehr den vollen Betrag der Spannungen mit der Sicherheit aufnehmen, mit der es berechnet wurde. Im entgegengesetzten Falle können sich die inneren Spannungen günstig auswirken.

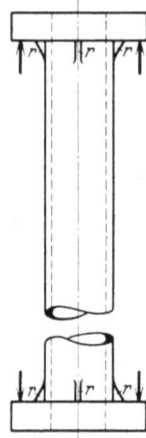

Abb. 384. Schwindungsrippen in einem Flanschenrohr [Martens und Heyn (1)].

Übersteigen die Spannungen die Bruchgrenze, so tritt der Riß ein. Man unterscheidet Warm- und Kaltrisse, je nach der Temperatur, bei der der Riß auftritt. Erstere weisen im Gegensatz zu letzteren oxydierte Wände auf. Warmrisse entstehen an Gußstücken leicht dort, wo dicke Querschnittteile mit dünneren zusammentreffen. Letztere sind bereits erstarrt, wenn erstere im Inneren noch flüssig sind, oder zum mindesten können erstere bereits wesentlich abgekühlt und daher fester sein, während erstere noch hocherhitzt sind und daher geringe Festigkeit besitzen. Dort, wo die Querschnitte zusammenstoßen, z. B. bei einem Flanschrohr am Übergang zwischen Flansch und Rohr, tritt dann leicht ein Riß auf. Man hilft sich in solchen Fällen durch An-

---

[1] Vgl. Geiger (1).

bringung von Schwindungsrippen wie Abb. 384 zeigt. An der Schwindungsrippe wird die Erstarrung des Flansches beschleunigt, und die rasch erstarrenden Schwindungsrippen können die entstehenden Spannungen aufnehmen. Bei plattenförmigen Gegenständen läßt sich durch dieses Hilfsmittel leicht dem Verziehen vorbeugen. Auch durch rasche Entfernung des Formmaterials an den stärkeren Querschnittsteilen lassen sich die Spannungen vermindern, weil hierdurch die Erstarrung und Erkaltung dieser Teile beschleunigt wird. Gleichzeitig werden hierdurch in vielen Fällen Warmrisse vermieden, die auf die Unnachgiebigkeit des Formmaterials zurückzuführen sind. An in diesem Sinne gefährdeten Stellen wählt man zweckmäßigerweise das Form-

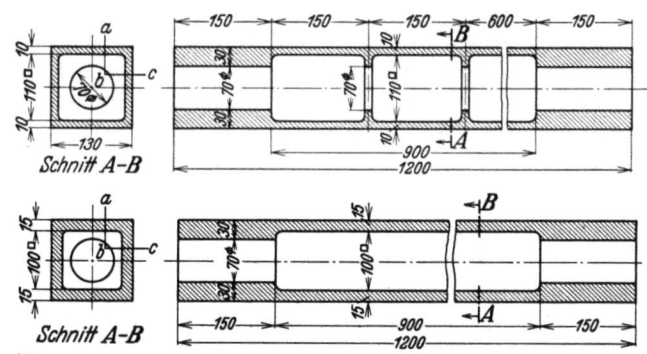

Abb. 385. Meißelschlitten, falsch (unten) und richtig (oben) konstruiert.

material besonders elastisch. Statt des Losmachens der Form an den dicken Querschnittsteilen kann man hier auch Schreckplatten in die Form einbauen. Das beste Gegenmittel dürfte aber auch hier sein, schroffe Querschnittsübergänge schon bei der Konstruktion der Gußstücke zu vermeiden und nur im Notfalle zu den oben angegebenen Hilfsmitteln zu greifen. Daß aber auch in solchen Fällen der konstruktiven Durchbildung der Gußstücke die notwendige Aufmerksamkeit zu schenken ist, zeigt Abb. 385 nach Krieger an einem Meißelschlitten, der nur dann spannungsfrei zu gießen ist, wenn die Möglichkeit des raschen Losmachens der Form besteht. Dies ist in der oberen Ausführung nicht möglich, während die untere Ausführung ein rasches Losmachen gestattet.

Die Entfernung der Spannungen kann durch Glühen erfolgen, d. h. durch Erhitzen der Stücke auf bestimmte Temperaturen mit nachfolgendem langsamen Abkühlen. Es ist zunächst die Frage zu beantworten, wie hoch zu diesem Zwecke die Glühtemperatur zu wählen ist. Es kommt darauf an, ob die Glüh-

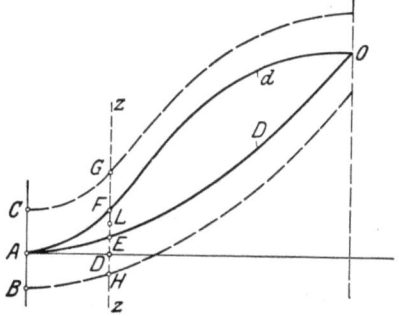

Abb. 386. Einfluß zu rascher Erhitzung auf die Spannungen [Martens und Heyn (1)].

temperatur im Gebiet vorwiegend elastischer oder vorwiegend plastischer Formänderungen gewählt wird. Ersterer Fall ist in Abb. 386 dargestellt. Der schnell abgekühlte dünne Stab kann natürlich, wenn die Erhitzung zu schnell erfolgt, auch schneller heiß werden als der langsamer abgekühlte dicke Stab D. Zu Beginn des Glühens, d. h. im Punkt A haben beide Stäbe zwar dieselbe Länge, doch stehen sie unter elastischer Spannung, die für Stab d gleich $+ AC$, also einer Druckspannung ist, für Stab D gleich $- AB$, also einer Zugspannung. Würden demnach die beiden Stäbe frei sein, so würden die Längenänderungen

$+AC$ bzw. $-AB$ eintreten. Nach der Zeit z wird Stab d wärmer sein als Stab D. Demzufolge wird ersterer eine größere Längenzunahme aufweisen als Stab D. Wenn beide Stäbe frei wären, würde Stab d im Zeitpunkt z eine Dehnung aufweisen von $AC + DF = GF + DF = DG$ und Stab D eine Gesamtdehnung $DE - AB = DE - EH = -DH$. Da die beiden Stäbe sich nun nicht frei ausdehnen können, muß der Gesamtbetrag der Längenänderungen $= GH$ angeglichen werden, indem sich beide Stäbe auf eine gemeinsame Längenänderung, die durch den Punkt L dargestellt wird, einstellen. L hängt ab vom Verhältnis der Querschnitte zueinander sowie von den Faktoren k. Jedenfalls wird aber Stab d unter Druck, Stab D unter Zug stehen, indessen ist die Größe der Spannungen nicht mehr gleich der ursprünglichen. Vielmehr nehmen, wie man sieht, die Spannungen infolge der ungleichmäßigen Erwärmung zu. Erreichen sie die Streckgrenze, so tritt bleibende Deformation auf, wird die Bruchgrenze erreicht, so kann das Glühen sogar zu Rissen führen. Die Steigerung der Anfangsspannungen kann vermieden werden, wenn die Erhitzung so langsam erfolgt, daß kein Temperaturunterschied zwischen den beiden Stäben entsteht. Aber selbst in diesem Falle ist der Erfolg des Glühens gleich Null, denn wenn die Glühtemperatur lange genug konstant gehalten wird, gleichen sich die Längenänderungen der Stäbe d und D in Abb. 386 zwar aus, aber da wir uns noch immer im Gebiet der elastischen Formänderungen befinden, bleiben die Anfangsspannungen $+AC$ bzw. $-BA$ bestehen. Erst wenn die Glühtemperatur innerhalb des Gebietes der plastischen Formänderungen gewählt wird, kann ein Ausgleich der Spannungen durch solche Formänderungen geschaffen werden, vorausgesetzt, daß nicht nur die Erhitzung, sondern auch, wie leicht einzusehen ist, die Abkühlung so langsam erfolgt, daß sich kein Temperaturunterschied zwischen den einzelnen Querschnitten der Gußstücke ausbildet. Zum mindesten innerhalb des Gebietes der elastischen Formänderungen muß also die Abkühlung langsam erfolgen. Die zur Erzielung der Spannungsfreiheit erforderlichen Glühtemperaturen ergeben sich aus der Abhängigkeit der Elastizitätsgrenze und der Streckgrenze von der Temperatur. Für viele Stähle liegt die Streckgrenze bei 500—600° bereits so niedrig, daß diese Temperaturen zur Erzielung des Spannungsausgleiches durch plastische Verformung ausreichen.

2. Die Umkristallisation (Glühen) des nicht verarbeiteten Stahles.

Mit Umkristallisation seien die Vorgänge beim Erhitzen oder Glühen des aus dem Schmelzfluß abgekühlten Stahles (Stahlguß) bezeichnet, soweit sie mit einer Gefügeänderung und nicht lediglich mit Entfernung von Spannungen verknüpft sind. Die Höhe der Glühtemperatur, die Zeitdauer des Glühens und die Geschwindigkeit der Abkühlung sind die hierbei maßgebenden Faktoren.

A. Glühtemperatur.

Wird bei der Erhitzung untereutektoidischer* Stähle die Temperatur der Horizontalen PSK (Abb. 32) erreicht, so geht der im vorher langsam abgekühlten Stahl vorhandene Perlit in feste Lösung über. Wird die Perlitlinie PSK über-

---
* Diese kommen vorwiegend in Betracht.

schritten, so geht außer dem Perlit um so mehr Ferrit in feste Lösung über, je höher die Erhitzungstemperatur ist. Sowie die Temperatur der Linie GOS erreicht wird, ist das gesamte Ferrit-Perlitgemisch in feste γ-Lösung verwandelt. Die Hebelbeziehung ergibt die bei einer bestimmten Temperatur und einem bestimmten Kohlenstoffgehalt miteinander im Gleichgewicht befindlichen Mengen Ferrit und feste γ-Lösung.

Bei der Abkühlung der über PSK erhitzten Legierung scheidet sich nach Maßgabe des Zustandsdiagramms wieder Ferrit und Perlit ab, die Legierung kristallisiert um. Die Umkristallisation kann nur dann vollständig sein, wenn bei der Erhitzung die Linie GOS überschritten, die Legierung also bis in das Temperaturgebiet der homogenen festen γ-Lösung gebracht worden ist. Sowohl die Perlit- als auch die Ferritlinie werden bei der Erhitzung in höherer Temperaturlage als bei der Abkühlung gefunden (Hysteresis). Über den Einfluß der Legierungselemente auf die Lage von GOS und PSK vgl. die Angaben über die Dreistoffsysteme.

Der bei der Erhitzung erfolgende Lösungsvorgang ist, wie jeder derartige Vorgang, an die Zeit gebunden und außer von der Korngröße der Bestandteile Ferrit und Perlit von dem Gehalt an Legierungselementen abhängig. Alle die Elemente, die die Umwandlungstemperatur erniedrigen, bewirken auch eine Verzögerung der Umwandlungsgeschwindigkeit und machen eine längere Glühdauer erforderlich. Bei Chromstählen lösen sich außerdem die chromhaltigen Karbide schwer auf, so daß schon aus diesem Grunde für Chromstähle höhere Glühtemperaturen als für Kohlenstoffstähle angewendet werden müssen.

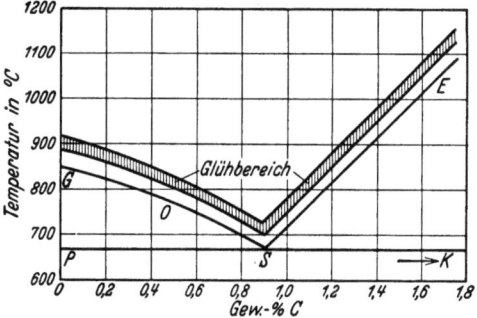

Abb. 387. Glühbereich für Stähle mit einem mittleren Mangangehalt von 0,8 %.

Ausschlaggebend ist aber der Kohlenstoffgehalt. Die Angaben verschiedener Forscher bezüglich der Abhängigkeit der Temperatur beginnender Ferritbildung (Ar_3) bzw. vollendeter Auflösung (Ac_3) vom Kohlenstoffgehalt zeigen merkliche Abweichungen. [Vgl. die Zusammenstellung der Versuchsgrundlagen für das Eisen-Kohlenstoffschaubild von F. Körber und W. Oelsen (11).] Jedoch dürfte die GOS-Linie in Abb. 32 dem wahrscheinlichen Verlauf der α—γ-Umwandlung in Abhängigkeit vom Kohlenstoffgehalt für reine Eisen-Kohlenstofflegierungen weitgehend entsprechen. Die zweckmäßige Glühtemperatur für Kohlenstoffstähle ist damit etwa 30° oberhalb GOS in Abb. 32 zu wählen.

Über die geeignete Glühtemperatur bei Anwesenheit von Legierungselementen entscheidet am besten der direkte Versuch. In Abb. 387 sind die PSK-, GOS- (und SE-)Linien für Stähle mit rund 0,8 % Mn wiedergegeben. Zur Erzielung völliger Umkristallisation ist bei untereutektoidischen Stählen eine Erhitzung in das oberhalb GOS gelegene, schraffierte Gebiet erforderlich. Der Vollständigkeit halber ist auch der Glühbereich für die übereutektoidischen Stähle miteingezeichnet. Er liegt etwa 30° oberhalb der Temperatur der vollständigen Auflösung des Sekundärkarbids. Da aber als Stahlguß praktisch nur untereutektoidische Stähle

350 Der Einfluß der Weiterverarbeitung auf Gefüge und Eigenschaften des Stahles.

in Betracht kommen, sollen die folgenden Ausführungen sich auf diese beschränken.

Die auf ihre Bildungstemperatur erhitzte feste Lösung besitzt ein Minimum der Korngröße, da kurz oberhalb GOS die Zahl der Kristallisationskeime sehr groß ist. Ausgehend von der Annahme, daß die Korngrenzen keimbildend wirken, ist zu erwarten, daß das aus dem Minimum der Korngröße der festen Lösung bei nachfolgender Abkühlung entstehende Ferrit-Perlitgemisch ebenfalls ein Minimum der Korngröße aufweisen wird. Je weiter die Erhitzung in das Gebiet der festen Lösung hinein erfolgt, um so größer wird das Wachstumsbestreben der γ-Kristalle und demzufolge wird das bei der Abkühlung entstehende Ferrit-Perlitgemisch auch um so gröber. Das in Abb. 388 und 389 dargestellte Beispiel nach Meyer (3) erläutert dies an einem bei 840°, also zwischen Ar_1 und Ar_3 abgeschreckten Probematerial mit 0,3% Kohlenstoff und 0,25% Mangan, das vor dem Abschrecken einmal auf 1100° (Abb. 388), das andere Mal nur auf 980°

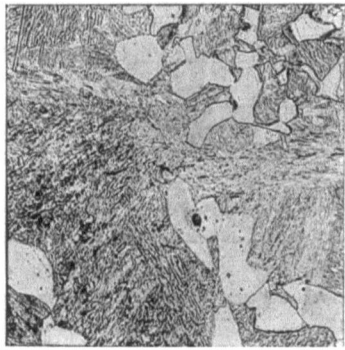
Abb. 388. Stahl mit 0,3% C auf 1100° erhitzt, bis 840° abgekühlt, dann abgeschreckt, Ätzung II, × 225 [Meyer (3)].

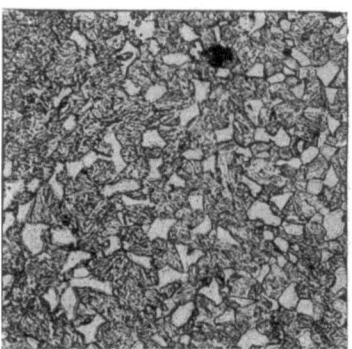
Abb. 389. Derselbe Stahl wie Abb. 388, jedoch auf 980° erhitzt, bis 840° abgekühlt, dann abgeschreckt, Ätzung II, × 225 [Meyer (3)].

(Abb. 389) erhitzt und dann in beiden Fällen mit gleicher, geringer Geschwindigkeit auf 840° abgekühlt worden war. Die Zahl der Ferritkeime ist im ersten Falle bedeutend kleiner als im letzten.

Da die Korngröße der festen Lösung bei ihrer Bildungstemperatur ein Minimum ist, wird bei der teilweisen Umkristallisation durch Glühen innerhalb des Gebietes $GOSP$ lokal, und zwar, soweit bei der Erhitzung Auflösung erfolgte, Verfeinerung des Gefüges stattfinden. Indessen bleibt, solange nicht die Linie GOS überschritten wird, das ursprüngliche grobe Korn unzerstört, und die Folge des Glühens ist lediglich eine scheinbare Verfeinerung, und zwar ein Zerfall in gleichorientierte Elemente. Glühen bei der Temperatur PSK bewirkt natürlich nur Umkristallisation des Perlits, der dadurch sowohl in seiner Korngröße als in seinem Aufbau verändert wird. Glühen bei Temperaturen unterhalb PSK beeinflußt lediglich die Ausbildung des Perlits und führt, wenn die Höhe der Temperatur genügt und Zeit zur Verfügung steht, zur Zusammenballung der Zementitlamellen des Perlits, den man dann körnigen Perlit nennt. Körber zieht der Bezeichnung „körniger Perlit" die Benennung als „körniger Zementit" vor, da es nicht möglich ist, im Schliffbild den aus dem lamellaren Perlit entstandenen körnigen Zementit von dem aus dem aus sekundärem Zementit (in übereutektoidischen Stählen) entstandenen zu unterscheiden. Über die Bedingungen zur Erzielung körnigen Zementits ist bereits weiter oben berichtet worden.

Abb. 390 zeigt ungeglühten Stahlguß mit 0,27 % Kohlenstoff und 0,88 % Mangan. Das Gußgefüge weist Widmannstättensche Struktur auf. Die zur völligen Umkristallisation erforderliche Glühtemperatur für diesen Stahlguß ergibt sich

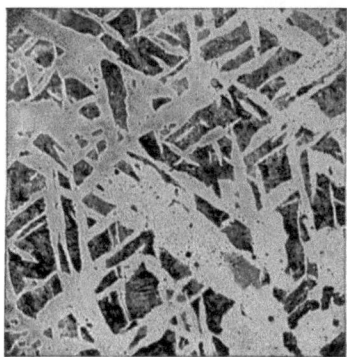

Abb. 390. Stahlguß mit 0,27 % C, ungeglüht, Ätzung II, × 80.

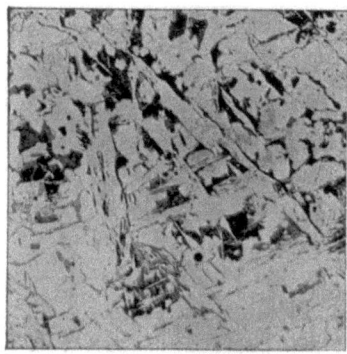

Abb. 391. Stahlguß mit 0,27 % C, bei 750° geglüht, Ätzung II, × 80.

aus Abb. 387 zu 815 + 30°. Abb. 391 zeigt das Gefüge des bei 750° geglühten Werkstoffes. Bei dieser Temperatur sind nach der Hebelbeziehung 50 % Ferrit und 50 % feste Lösung mit 0,56 % Kohlenstoff vorhanden. Von den 50 % fester Lösung entfallen etwa 30 auf die zur Perlitbildung erforderliche feste Lösung, so daß von der Temperatur PSK bis 750° 20 % Ferrit in die feste Lösung übergegangen sind. Dementsprechend ist nach der 750°-Glühung die größte Menge des Ferrits in der ursprünglichen Anordnung verblieben und eine Gefügeverfeinerung

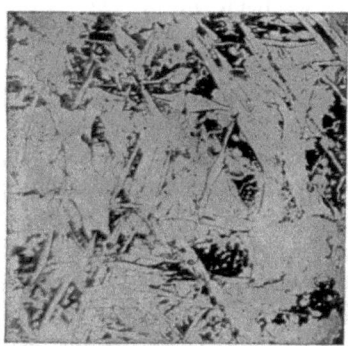

Abb. 392. Stahlguß mit 0,27 % C, bei 800° geglüht, Ätzung II, × 80.

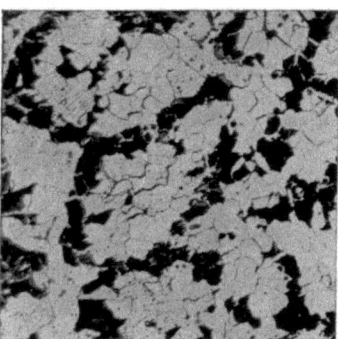

Abb. 393. Stahlguß mit 0,27 % C, bei 850° geglüht, Ätzung II, × 80.

nur in den Bezirken eingetreten, die bei der Erhitzung in feste γ-Lösung übergegangen waren. Diese lokale Gefügeverfeinerung ist praktisch bedeutungslos, da Ferrit und Perlit noch gleichorientiert sind, demnach das grobe Gußgefüge in Wirklichkeit nicht beseitigt ist. Mit zunehmender Glühtemperatur erstreckt sich infolge zunehmender Auflösung des Ferrits die Umkristallisation auf immer größere Bezirke (Abb. 392). Bei 850° (Abb. 393) ist die Gesamtheit des Ferrits ge-

352   Der Einfluß der Weiterverarbeitung auf Gefüge und Eigenschaften des Stahles.

löst. Die Umkristallisation bei der Abkühlung ist vollständig. Die Ferritkristalle sind nicht mehr nadelig, sondern haben nach allen Richtungen annähernd gleiche Ausdehnung und individuelle Orientierung. Wir haben es hier mit einer wahren, im Gegensatz zu der bei den niedrigeren Glühtemperaturen beobachteten scheinbaren Korngröße des Ferrits zu tun. In der Anordnung des

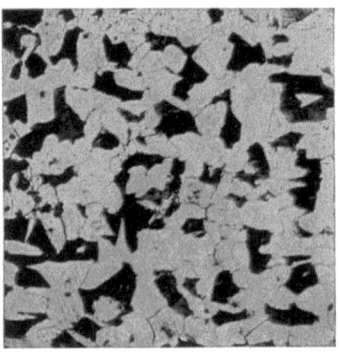

Abb. 394. Stahlguß mit 0,27 % C, bei 900° geglüht, Ätzung II, × 80.

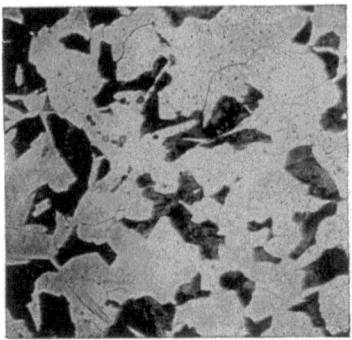

Abb. 395. Stahlguß mit 0,27 % C, bei 1000° geglüht, Ätzung II, × 80.

Perlits ist eine gewisse Regelmäßigkeit zu erkennen, die sich in seiner netzwerkähnlichen Anordnung äußert. Schon das vorhergehende Bild deutet diese Struktur an. Der Lösungsvorgang beginnt bei der Erhitzung in den perlitischen Teilen der Legierung. Mit steigender Temperatur nimmt der gelöste Ferritanteil zu. Aber selbst wenn die Linie GOS bei der Erhitzung erreicht wird, hängt die Homogenität der Lösung von der Zeit ab, die dem Kohlenstoff zur gleichmäßigen Verteilung (durch Diffusion) zur Verfügung steht, und es ist leicht einzusehen, daß diese Zeit mit steigender Korngröße wachsen muß. Die Abb. 393 ist ein Beispiel für unvollständigen Ausgleich des Kohlenstoffgehaltes. In den kohlenstoffärmeren Mittelpunkten des Netzwerks beginnt bei der Abkühlung die Ferritbildung, und mit sinkender Temperatur wird infolge weiterer Ferritausscheidung der Kohlenstoff in die sich ständig anreichernde Lösung getrieben. Dieser Vorgang nimmt ein Ende bei der Temperatur der Perlitlinie PSK, und der Perlit muß

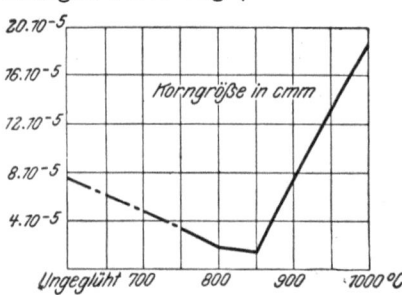

Abb. 396. Abhängigkeit der Korngröße in Stahlguß mit 0,27 % C von der Glühtemperatur.

notgedrungen an den Grenzflächen der Ferritagglomerate kristallisieren. Rasche Erhitzung oder kurze Erhitzung auf Temperaturen nahe an der Linie GOS bzw. längere auf wenig unterhalb GOS gelegene Temperaturen führen wahrscheinlich zur Ausbildung dieser Gefügeart. Abb. 394, die das Gefüge des 50° über die Linie GOS erhitzten Stahlgusses zeigt (vgl. Abb. 387), weist schon keine Spur des geschilderten Perlitnetzwerkes mehr auf, dafür ist aber die Korngröße des Ferrits gewachsen. Durch Erhitzung auf noch höhere Temperatur, z. B. 1000°, wird eine weitere Vergrößerung des Perlit-Ferritgemisches (Abb. 395) erzeugt. Die an dieser Versuchsreihe festgestellten Korngrößen des Ferrits sind in Abb. 396 graphisch

Die Umkristallisation (Glühen) des nicht verarbeiteten Stahles. 353

dargestellt, indessen muß berücksichtigt werden, daß die links vom Minimum gelegenen Werte scheinbare sind und nur die rechts hiervon eingetragenen wirklichen Korngrößen veranschaulichen.

Es ist einzusehen, daß bei ständiger Steigerung der Glühtemperatur gröbste Körnung und schließlich wieder ein Gefüge erreicht würde, das dem des ungeglühten Stahls sehr nahe kommt. Der Perlit findet sich dann nicht mehr an den Grenzen der Ferritkörner, vielmehr bilden Ferrit + Perlit das Korn und ordnen

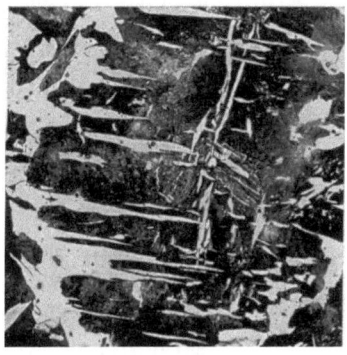

Abb. 397. Stahlguß mit 0,4 % C, ungeglüht, Ätzung II, × 100.

Abb. 398. Stahlguß mit 0,4 % C, bei 730° geglüht, Ätzung II, × 100.

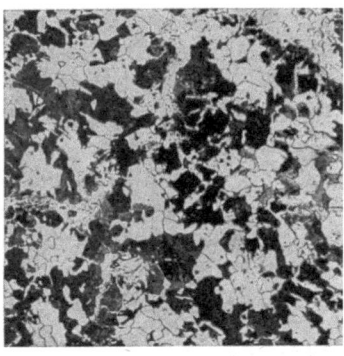

Abb. 399. Stahlguß mit 0,4 % C, bei 800° geglüht, Ätzung II, × 100.

Abb. 400. Stahlguß mit 0,4 % C, bei 1000° geglüht, Ätzung II, × 100.

sich innerhalb dieses nach kristallographischen Gesetzen an, es entsteht Widmannstättensches Gefüge oder eine andre Abart der Gußstruktur, je nach den besonderen Versuchsbedingungen. In diesem Falle bezeichnet man den Stahl als überhitzt. Die Gußstruktur und die Struktur des überhitzten Stahls können demnach identisch sein. Mit steigendem Kohlenstoffgehalt sinkt die zur Überhitzung erforderliche Temperatur. Während in dem vorhergehenden Beispiel eines Stahlgusses mit 0,27% Kohlenstoff bei 1000° noch keine Überhitzung zu erkennen ist, tritt sie deutlich bei dieser Temperatur in einem Stahlguß mit 0,4% Kohlenstoff (Umkristallisationstemperatur = 805°) auf, wie das in den Abb. 397—400 veranschaulichte Beispiel zeigt, das im übrigen auch die am ersten Beispiel entwickelten allgemeinen Grundsätze bestätigt.

Außer dem mikroskopischen Gefüge verändert sich auch das Bruchgefüge mit der Glühtemperatur, und zwar bleibt der meist grobkristalline Bruch des ungeglühten Stahls so lange erhalten, bis die Temperatur der Linie GOS erreicht ist, dies in Übereinstimmung mit der Tatsache, daß innerhalb des Gebietes $GOSP$ nur eine scheinbare Kornverfeinerung erfolgt. Eine bedeutende Verfeinerung des Bruchgefüges ist mit dem Erreichen der Linie GOS beim Glühen verknüpft, und eine Vergröberung wird erst dann wieder bewirkt, wenn das Glühen in höheren Temperaturlagen erfolgt, insbesondere wenn Überhitzung stattgefunden hat.

Hand in Hand mit den Gefügeänderungen beim Glühen gehen die Änderungen der Festigkeitseigenschaften, wie aus den Kurven Abb. 401—403 nach Untersuchungen von P. Oberhoffer (24) hervorgeht. Die Zusammensetzung der untersuchten Werkstoffe, sowie die aus dem Kohlenstoff- und Mangangehalt berechneten Temperaturen, bei der die Umkristallisation beendet ist, sind aus der nachfolgenden Zusammenstellung ersichtlich:

Temp. der vollst. Umkristallisation bei der Erhitzung	Nr.	% C	% Mn	% Si	% P	% S
890°	1	0,11	0,60	0,40	0,030	0,035
847°	2	0,23	0,98	0,38	0,042	0,038
848°	3	0,26	0,80	0,25	0,024	0,030
784°	4	0,40	1,11	0,21	0,027	0,039
766°	5	0,46	0,92	0,20	0,041	0,042
743°	6	0,53	0,79	0,25	0,027	0,036
698°	7	0,69	1,03	0,25	0,021	0,022
674°	8	0,86	0,90	0,27	0,016	0,028

In allen Fällen ist ein Anstieg der Kurven in der Nähe der berechneten Umkristallisationstemperatur zu beobachten. Wenn die Temperatur dieses Anstiegs mit der berechneten nicht vollkommen übereinstimmt und nicht für alle Eigenschaften gleich ist, so gilt doch der bereits erwähnte Grundsatz, daß 30° oberhalb der berechneten Temperatur der Anstieg der Kurven vollzogen und eine Verbesserung der Eigenschaften eingetreten ist.

Kohlenstoff %	Streckgrenze kg/mm²		Festigkeit kg/mm²		Dehnung %	
	vor	nach	vor	nach	vor	nach
	unkristallisierender Glühung					
0,26	24,3	27,9	38,2	48,3	5,1	25,1
	22,9	25,7	47,6	47,1	23,3	25,3
	22,9	26,0	44,4	46,9	11,0	21,5
0,40	30,0	28,6	56,8	55,6	13,0	18,5
		28,4		56,3		17,5
	28,8	30,8	54,4	56,5	10,8	19,9
	31,2	29,8	60,6	55,7	8,4	21,5
0,53	22,3	35,2	66,2	68,8	12,0	13,1
	25,6	33,6	60,7	68,6	4,1	13,9
	25,5	35,2	58,6	69,5	3,4	14,9

Vor allen Dingen ist nach vollzogener Umkristallisation die Abweichung der Einzelwerte vom Mittel bedeutend geringer, das Material nähert sich dem Zustande der Quasiisotropie. Die nebenstehenden Zahlen veranschaulichen dies. Die Proben wurden rund 30° oberhalb GOS geglüht.

Aus der Betrachtung der Kurven Abb. 401—403 ergibt sich:

1. Die Dehnung wird in allen Fällen erhöht. (Die Kontraktion verhält sich ebenso.) Eine Verbesserung der Kerbschlagzähigkeit ist dagegen nur bis zu einem Kohlenstoffgehalt von 0,53% zu erkennen. Materialien mit höherem Gehalt besitzen im gegossenen Zustande an sich so niedrige Kerbschlagzähigkeit, daß eine Verbesserung nicht eintritt oder jedenfalls so gering ist, daß sie mit den zur Verfügung stehenden Hilfsmitteln nicht zu erkennen ist.

Die Umkristallisation (Glühen) des nicht verarbeiteten Stahles.

2. Die Festigkeit wird im allgemeinen, jedoch nicht immer erhöht. Die Streckgrenze verhält sich ebenso.

3. Der Grad der Verbesserung schwankt außerordentlich.

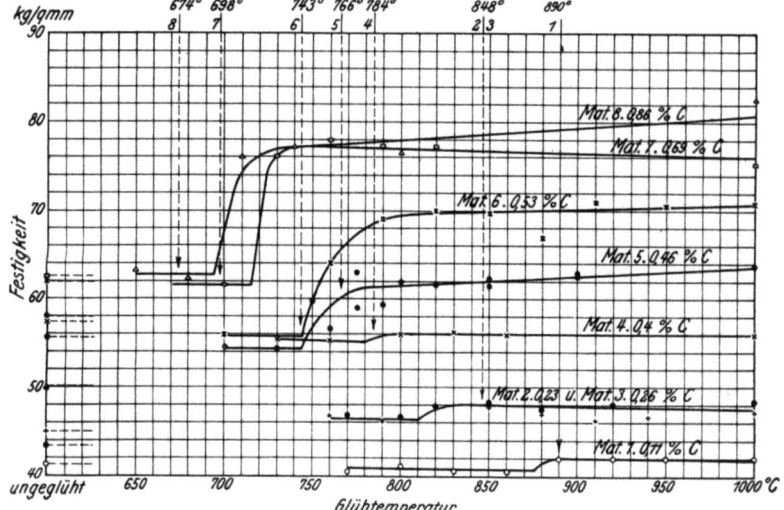

Abb. 401. Abhängigkeit der Festigkeit verschiedener Stahlgußsorten von der Glühtemperatur.

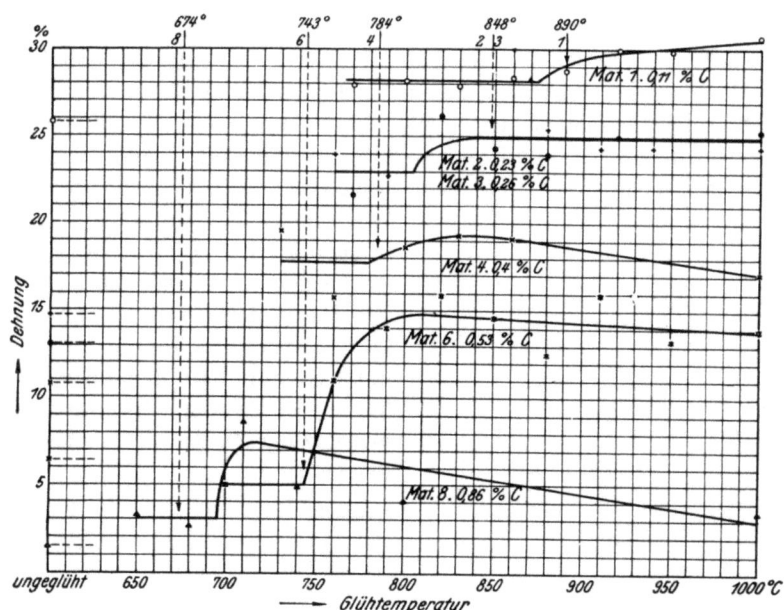

Abb. 402. Abhängigkeit der Dehnung verschiedener Stahlgußsorten von der Glühtemperatur.

Den letzteren Umstand erklärte Oberhoffer dadurch, daß der Ausgangswerkstoff, der ungeglühte Stahlguß, bei gleicher Analyse sich infolge von Verschiedenheiten der Herstellungsbedingungen in verschiedenem Anfangszustand befinden kann. Unter Anfangszustand sei der in erster Linie durch die Ge-

356 Der Einfluß der Weiterverarbeitung auf Gefüge und Eigenschaften des Stahles.

schwindigkeit der Erstarrung (Gießtemperatur, Querschnitt) und der Abkühlung bedingte Zustand zu verstehen. Abb. 404 nach Arend (1) veranschaulicht die Abhängigkeit der Druckfestigkeit von der Wandstärke bei gleicher Gießtemperatur, i. a. W. den Einfluß der Erstarrungsgeschwindigkeit und damit der

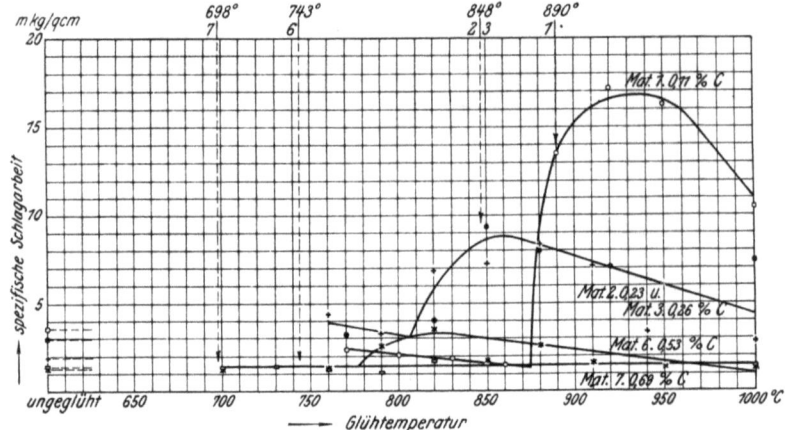

Abb. 403. Abhängigkeit der Kerbschlagzähigkeit verschiedener Stahlgußsorten von der Glühtemperatur.

von letzterer abhängigen Korngröße. Die Festigkeit von Stahlguß mit 0,35 % Kohlenstoff würde nach Abb. 404, solange die Wandstärke zwischen 50 und 80 mm liegt, durch das Glühen erhöht, bei Wandstärken von 10—50 mm dagegen erniedrigt werden, und auch der Grad der Erniedrigung bzw. der Erhöhung wäre von der Wandstärke abhängig. Hinsichtlich des Gußgefüges würde das Widmannstättensche Gefüge niedrige, das feinkörnige Ferrit-Perlitgemisch hohe Festigkeit bedingen, Stahlguß mit 0,23 % Kohlenstoff zeigt qualitativ ähnliche Verhältnisse, doch ist hier das Gebiet der Festigkeitserhöhung weit ausgedehnter. Zu ähnlichen Ergebnissen bezüglich des Einflusses der Wandstärke gelangten, wie die Abb. 405 und 406 für Festigkeit und Dehnung zeigen, Oberhoffer und Weisgerber (17). Die mittlere, innerhalb der einzelnen Probekörper sehr wenig schwankende Zusammensetzung der drei Versuchsreihen war folgende:

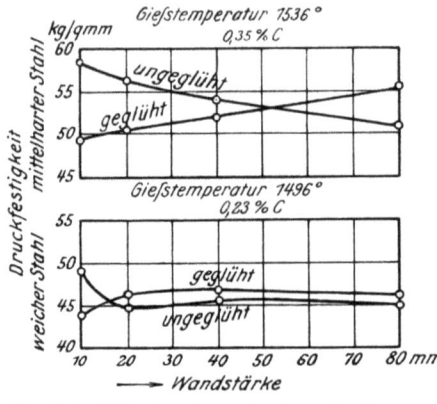

Abb. 404. Abhängigkeit der Druckfestigkeit von der Wandstärke von Stahlguß [Arend (1)].

Versuchsreihe	1	2	3
% C	0,15	0,27	0,43
% Mn	0,67	0,95	0,91
% Si	0,34	0,37	0,35
% P	0,028	0,049	0,028
% S	0,032	0,038	0,039

Wie man aus den Abb. 405 und 406 ersieht, besteht für jede Versuchsreihe eine kritische Wandstärke, bei der weder Erhöhung noch Erniedrigung der Festigkeit eintritt. Die folgende Tabelle enthält die extrapolierten Zahlenwerte für die kritische Wandstärke in Abhängigkeit vom Kohlenstoffgehalt:

Die Umkristallisation (Glühen) des nicht verarbeiteten Stahles. 357

Wie schon an andrer Stelle betont wurde, sind die Festigkeitswerte für das geglühte Material wahrscheinlich ohne Fehler, im Gegensatz zu denen für das ungeglühte Material, die mit einem prinzipiellen Fehler behaftet sein können, weil der Einfluß der

% Kohlenstoff	Kritische Wandstärke in mm
0,0	9
0,1	11
0,2	13,5
0,3	18,5
0,4	27
0,5	39

Quasiisotropie durch geeignete Wahl der Zerreißstabdurchmesser nicht berücksichtigt ist. Eine Nachprüfung nach dieser Richtung erscheint wünschenswert. Hervorzuheben bleibt noch das Verhalten der Dehnung, die zwar durch das Glühen wesentlich gehoben wird, aber sowohl im geglühten wie im ungeglühten Guß steigende Tendenz in Abhängigkeit von der Wandstärke aufweist. Jedenfalls ist zu berücksichtigen, daß bei gleicher Analyse und Glühbehandlung Gußstücke verschiedener Wandstärke bzw. alle Teile eines und desselben Gußstückes mit größeren Verschiedenheiten der Wandstärke nicht dieselben Festigkeitseigenschaften aufweisen können. Durch die mikroskopische Untersuchung, im besonderen durch primäre Ätzung, ist man in der Lage, derartige Verschiedenheiten des in diesem Sinne zu verstehenden Anfangszustandes leicht aufzudecken.

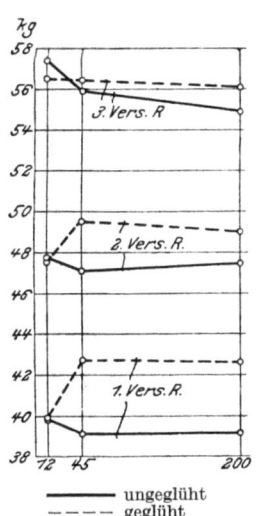

Abb. 405. Zerreißfestigkeit in Abhängigkeit von der Wandstärke in mm [Oberhoffer und Weisgerber (17)].

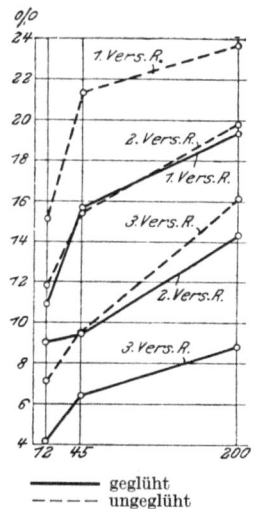

Abb. 406. Dehnung in Abhängigkeit von der Wandstärke in mm [Oberhoffer und Weisgerber (17)].

Die Rolle des Phosphors und des Schwefels wurde bereits im Kapitel: Sekundäre Kristallisation beleuchtet, und es ist hervorgehoben worden, daß diese Körper bzw. Legierungsprodukte wegen ihrer ungleichmäßigen Verteilung einen die Quasiisotropie vermindernden Einfluß ausüben. Durch das Glühen wird nun lediglich die Ausbildung des Ferrit-Perlitgemisches, nicht aber die Phosphor- und Schwefelverteilung beeinflußt. Letztere ist sozusagen eine Materialkonstante, erstere ein mit der Art der Wärmebehandlung veränderlicher Faktor, und beide beherrschen die primäre Kristallisation. So bewirkt z. B. rasche Erstarrung nicht nur die Ausbildung eines feinkörnigen primären und damit auch sekundären Kristallisationsproduktes, sondern auch feine und gleichmäßige Verteilung der Phosphor- und Schwefelanreicherungen. Das bei langsamer Abkühlung entstehende grobmaschige Netzwerk von Phosphor- und Schwefelanreicherungen führt in zweckmäßig geglühtem und daher verfeinertem Material aus bekannten Gründen zur Ausbildung eines grobmaschigen Ferritnetzwerks. Je höher demnach, bis zu einer gewissen Grenze, der absolute Phosphor- und Schwefelgehalt ist, um so eher vermag im Verein mit zweckmäßiger Beherrschung des veränderlichen Ferrit-Perlitgemisches beim Glühen auch durch Beschleunigung der Erstarrungs-

358 Der Einfluß der Weiterverarbeitung auf Gefüge und Eigenschaften des Stahles.

geschwindigkeit dem auf Verminderung der Quasiisotropie und Beeinträchtigung der Festigkeitseigenschaften gerichteten Einfluß dieser Fremdkörper die Waagschale gehalten zu werden. Es leuchtet ein, daß nicht in allen Fällen die zweckmäßige Beherrschung des Ferrit-Perlitgefüges zum Ziele führen kann, insbesondere nicht bei ungünstiger, also grobmaschiger Anordnung des Phosphor- und Schwefelnetzwerks oder bei übermäßig hohem Gehalt an den beiden Elementen. Folgende Beispiele erläutern dies an zwei bezüglich der Phosphor- und Schwefelgehalte verschiedenen Stahlgußqualitäten.

Stahlguß I.

0,26% C   0,027% P
0,80% Mn   0,030% S
0,25% P

Behandlung	Streckgrenze kg/mm²	Festigkeit kg/mm²	Dehnung %	Kontraktion %	Kerbschlagzähigkeit mkg/cm²
Ungeglüht	24,3	38,2	5,1	5,3	2,77
	22,9	47,6	23,3	27,7	3,25
	22,9	44,4	11,0	9,6	2,80
Geglüht bei 850°	27,1	47,1	22,4	36,0	9,9
	28,5	48,5	26,9	45,3	9,9
	29,8	48,5	23,8	40,1	8,4

Stahlguß II.

0,24% C   0,083% P
0,62% Mn   0,065% S
0,30% Si

Behandlung	Streckgrenze kg/mm²	Festigkeit kg/mm²	Dehnung %	Kontraktion %	Kerbschlagzähigkeit mkg/cm²
Ungeglüht	n. b.	46,4	6,5	7,2	1,3
	,,	45,8	9,5	11,1	1,2
	,,	46,8	11,5	14,8	1,4
Geglüht	31,3	48,3	9,5	13,3	2,0
	31,4	48,5	10,0	17,1	1,8
	32,4	50,2	13,5	18,4	2,0

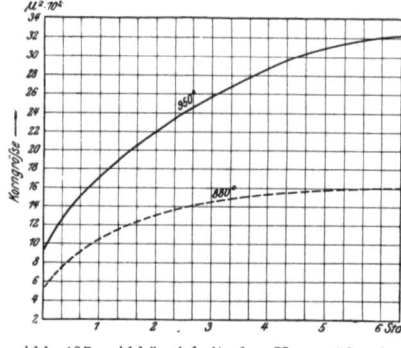

Abb. 407. Abhängigkeit der Korngröße des Ferrits von der Glühdauer.

B. Glühdauer.

Das Kristallwachstum wird durch die Zeit gefördert, und zwar um so mehr, je höher gleichzeitig die Temperatur ist. Erfolgt das Glühen im Gebiet der festen Lösung, so wachsen mit steigender Glühdauer die γ-Kristalle und bei der Umkristallisation auch die Elemente des Ferrit-Perlitgemisches. Verlängerung der Glühdauer wirkt also in ähnlichem Sinne wie Erhöhung der Glühtemperatur. Abb. 407 erläutert den Einfluß der

Glühdauer bei 880° bzw. 950° auf die Größe des Ferritkornes im Stahlguß II der vorhergehenden Beispiele.

Das Wachstum des Ferrits wird durch gleichzeitig vorhandenen Perlit gehindert und sinkt demnach mit steigendem Kohlenstoffgehalt, es ist aber wahrscheinlich, daß dann das Wachstumsbestreben des Perlitkorns zunimmt. In den üblichen, kohlenstoffärmeren Stahlgußqualitäten wirkt die Vergrößerung des Ferritkornes erhöhend auf die Dehnung, erniedrigend auf Festigkeit und Kerbschlagzähigkeit. Abgesehen hiervon gelangt aber der die Quasiisotropie mindernde Einfluß der Phosphor- und Schwefelanreicherungen um so deutlicher zum Ausdruck, je gröber das Korn ist, so daß zur Erhöhung der Dehnung von dem Mittel der verlängerten Glühdauer nur mit besonderer Vorsicht Gebrauch zu machen ist.

C. Abkühlungsgeschwindigkeit.

Ebenso wie Beschleunigung der Erstarrung zur Ausbildung einer feinkörnigen festen Lösung führt, begünstigt auch Beschleunigung der Abkühlung durch das

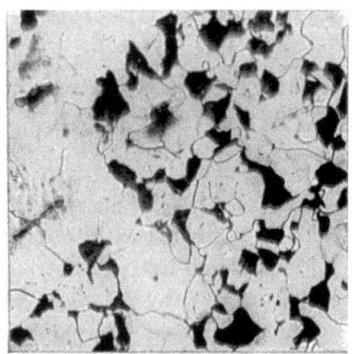
Abb. 408. Ferritnetzwerk bei rascher Abkühlung, Ätzung II, × 80.

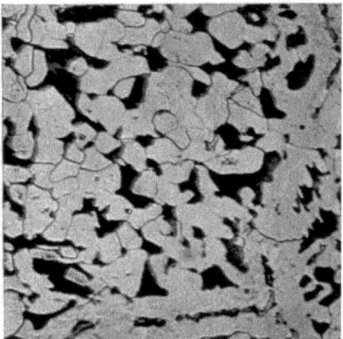
Abb. 409. Ferritnetzwerk bei langsamer Abkühlung, Ätzung II, × 80.

Gebiet $GOSP$ die Ausbildung eines feinkörnigen Ferrit-Perlitgemisches. Leider kann von diesem Mittel kein allzu ausgiebiger Gebrauch gemacht werden, weil die Gefahr des Auftretens von Spannungen infolge ungleichmäßiger Abkühlung zu nahe liegt. Diese Gefahr ist dadurch herabzumindern, daß man nach beendetem Glühen durch Entfernung des Brennmaterials von den Rosten oder durch Abstellen des Gases und Eintretenlassen kalter Luft die Temperatur rasch auf Dunkelrotglut sinken und die weitere Abkühlung durch Schließen der Rauchschieber wieder langsam erfolgen läßt. Rasche Abkühlung durch das Gebiet $GOSP$ hat insofern eine weitere günstige Wirkung, als größere Ferritansammlungen um die Schlackeneinschlüsse verhindert und die Quasiisotropie erhöht wird. Abb. 408 ist ein Stahlguß mit ausgeprägtem Netzwerk sulfidischer Einschlüsse und entsprechendem Ferritnetzwerk nach rascher Abkühlung, Abb. 409 derselbe Stahlguß, jedoch sehr langsam durch das Gebiet $GOSP$ hindurch abgekühlt. Die Verbreiterung des Ferritnetzwerks ist unverkennbar. Die Abb. 410 und 411 zeigen deutlich den Einfluß der Abkühlungsgeschwindigkeit auf die Korngröße. Abgesehen von der Korngröße wird auch die Ausbildung des Perlits durch die Geschwindigkeit des Überschreitens der Linie PSK beeinflußt. Langsame Abkühlung bewirkt die Entstehung der körnigen bis lamellaren, rasche

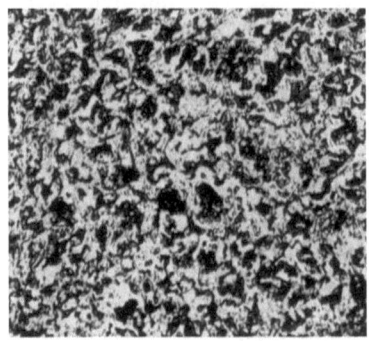

Abb. 410. Stahl mit 0,25 % Kohlenstoff nach Luftabkühlung, Ätzung II, × 200.

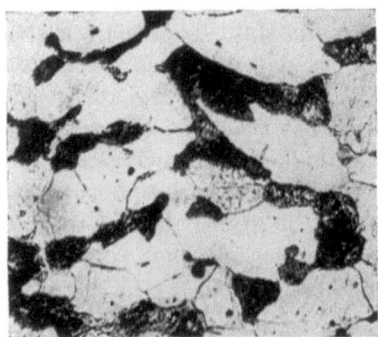

Abb. 411. Wie Abb. 410, jedoch nach Ofenabkühlung, Ätzung II, × 200.

die Ausbildung der sorbitischen Form des Perlits. Letztere zeichnet sich durch höhere Festigkeit bei wenig verminderter Dehnung aus.

3. Die Kaltverformung, Kristallerholung und Rekristallisation des Stahles, Blaubrüchigkeit, Alterung und Ermüdung.

Es hat sich als notwendig erwiesen, zwischen Kalt- und Warmverformung zu unterscheiden. Erstere kommt in Betracht bei den Verarbeitungs- oder Formgebungsvorgängen des Ziehens, Kaltwalzens, Hämmerns und Pressens usw., letztere bei denen des Warmwalzens, -schmiedens und -pressens usw. Da die typischen Begleiterscheinungen der Kaltverformung, wie insbesondere die Steigerung der Festigkeit (Verfestigung) und der Härte, die Abnahme der Dehnung und der Zähigkeit, die Erhöhung des elektrischen Widerstandes und der Säurelöslichkeit u. a., sowie besondere Gefügemerkmale sich nicht nur dann feststellen lassen, wenn die Verformung bei Raumtemperatur erfolgt, sondern auch dann noch, wenn die Temperatur ziemlich erheblich gesteigert wird, so hat man sich mehrfach bemüht, eine Temperaturgrenze zwischen Kalt- und Warmverformung festzulegen. So hat man die A_3-Umwandlung als natürliche Grenze der beiden Formgebungsintervalle angesehen, weil im γ-Gebiet nach Rosenhain und Humfrey (2) der Bruch den Korngrenzen entlang, also interkristallin erfolgt, ohne daß das Korn seine Gestalt merklich verändert, während unter A_3 eine Kornverzerrung stattfindet und gleichzeitig der Bruch intrakristallin erfolgt. Martens und Heyn (1) glaubt an einen allmählichen Übergang der beiden Intervalle ineinander. Es erscheint zweckmäßig, die Frage nach der Grenze zwischen Kalt- und Warmverformungsgebiet erst zu behandeln, nachdem in den folgenden Abschnitten die erforderlichen Grundlagen besprochen worden sind.

A. Die Kaltverformung.

Zunächst seien die von jeder Hypothese unabhängigen Änderungen des Gefüges und der Eigenschaften besprochen, wobei zu betonen ist, daß es sich um

Die Kaltverformung, Kristallerholung und Rekristallisation des Stahles. 361

Kaltverformungen handelt, die einer Überschreitung der Elastizitätsgrenze entsprechen, also um plastische Formänderungen. Im übrigen werden die Eigenschaften und das Gefüge nicht verändert, solange die Elastizitätsgrenze nicht überschritten ist*, d. h. solange die Formänderungen elastischer Natur sind. Mit dem Überschreiten der Elastizitätsgrenze lassen sich auf mikroskopischem und makroskopischem Wege typische Kennzeichen feststellen, die sich mit dem Grade der Verformung ändern und besonders eingehend am weichen, d. h. hauptsächlich aus Ferrit bestehenden Eisen studiert worden sind. Zunächst seien die mikroskopischen Kennzeichen erörtert.

Sowie bleibende Formänderungen auftreten, beobachtet man an den Kristallen oder Körnern eines polierten und geätzten Stabes das Auftreten von individuell orientierten Linien, sogenannten Translations- oder Gleitlinien, wie sie in Abb. 412 dargestellt sind, und deren geradliniger Verlauf besonders hervorzuheben ist. Sie lassen sich besonders leicht und mit Sicherheit in austenitischen Manganstählen hervorrufen. Mitunter treten Erscheinungen von der in Abb. 413 dargestellten Art

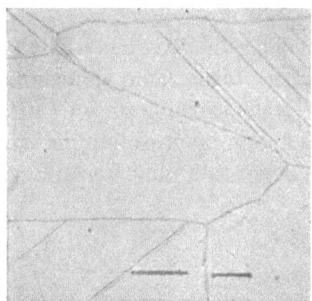

Abb. 412. Translationslinien in reinem Eisen, Ätzung II, × 100.

Abb. 413. Zwilling in deformiertem α-Eisen, × 100.

auf, indem innerhalb eines Kornes geradlinig begrenzte und durch verschiedene Färbung gekennzeichnete, offenbar individuell orientierte Bereiche auftreten, die man Zwillingslamellen genannt hat. In ein und demselben Kristall können mehrere Zwillingslamellen auftreten. Beim γ-Eisen ist Zwillingsbildung die Regel, beim α-Eisen tritt sie sehr selten auf. Abb. 413 zeigt eine Zwillingslamelle in α-Eisen (Elektrolyteisen). Man kann nach Osmond und Cartaud (6) durch Aufschlagen einer Spitze auf polierte Flächen Zwillingsbildung erzeugen. Nach den gleichen Verfassern sind die Zwillingsstreifungen identisch mit den in der Mineralogie bekannten Neumannschen Linien. Wie die Betrachtung der Abb. 412 lehrt, weisen nicht alle Kristalle eines Haufwerks gleichzeitig Gleit- oder Translationslinien auf. Mit steigender Beanspruchung wächst die Zahl der Körner mit Gleitlinien, ebenso wie die Zahl der Gleitlinien pro Korn. In manchen Fällen, insbesondere bei kleinstem Korn, treten sie erst nach erheblicher Über-

---
* Die Feststellung, ob eine solche Überschreitung stattgefunden hat, ist nicht so einfach, wie es auf den ersten Blick hin scheinen mag, da infolge von ungleichmäßiger Verteilung der Spannung lokal eine Überschreitung stattfinden kann, obwohl die Gesamtspannung keine solche anzeigt. Die lokale Spannungserhöhung kann z. B. eintreten als Folge der Kerbwirkung (vgl. Ermüdungserscheinungen).

schreitung der Elastizitätsgrenze oder überhaupt nicht auf. Die beim Tiefätzen des Ferrits beobachteten Helligkeitsdifferenzen (n. Czochralski: dislozierte Reflexion) bleiben in diesem Stadium der Formänderung noch erhalten.

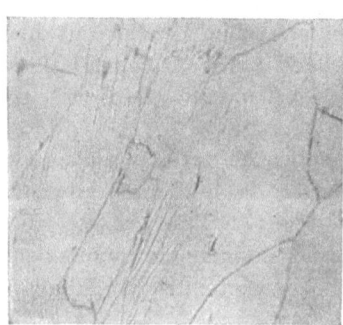

Abb. 414. Banale Fließlinien und Korndeformation in kalt deformiertem, reinem Eisen, Ätzung II, × 200.

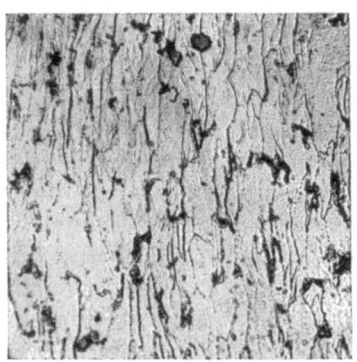

Abb. 415. Gezogene Zone eines um 180° gebogenen Stabes aus weichem Flußeisen, Ätzung II, × 100.

Mit steigender Gesamtverformung ändern sich die für das α-Eisen charakteristischen Translationslinien. Sie verlieren ihren bisherigen geradlinigen Verlauf und nehmen mehr oder minder gekrümmte, wellenförmig verlaufende Bahnen an, sie werden „banalisiert" und sind schließlich nur noch abhängig vom Spannungsverlauf. Gleichzeitig erleidet auch die Korngestalt eine Veränderung, und

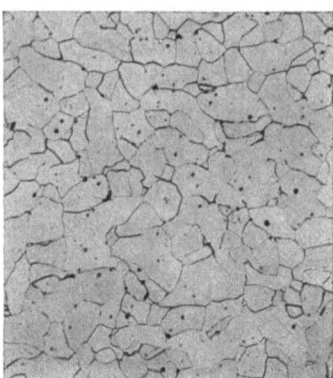

Abb. 416. Neutrale Zone eines um 180° gebogenen Stabes aus weichem Flußeisen, Ätzung II, × 100.

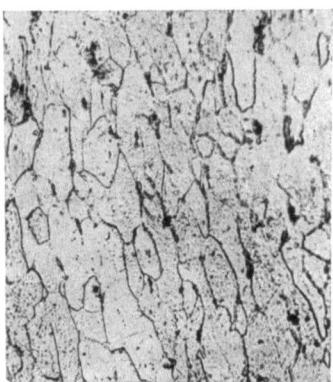

Abb. 417. Gedrückte Zone eines um 180° gebogenen Stabes aus weichem Flußeisen, Ätzung II, × 100.

zwar wird das Korn bei Zug in der Beanspruchungsrichtung, bei Druck senkrecht dazu gestreckt. Abb. 414 zeigt die Veränderung des Kornes sowie den von der Orientierung des einzelnen Kornes unabhängigen Verlauf der „Fließlinien" in der durch Pfeile angedeuteten Streckrichtung. Die Abhängigkeit der Korngestalt von der Art der Beanspruchung geht auch aus dem in den Abb. 415—417 dargestellten Beispiel hervor. Abb. 415 entspricht dem unter Zug, Abb. 417 dem unter Druckbeanspruchung stehenden Teil eines im Winkel von 180° gebogenen Flußeisenstabes, während Abb. 416 die neutrale Zone veranschaulicht. Die Abbildungen sind in ihrer natürlichen Stellung im Objekt (Krümmung nach oben) wiedergegeben. Die Abhängigkeit der Korndeformation von der Größe der Beanspruchung, der sogenannte Streckungsgrad, wird weiter unten besprochen.

Mit steigender Verformung wächst die Zahl der Fließlinien, man kann sie einzeln nicht mehr unterscheiden, und beim Ätzen erscheint die Schlifffläche gleichmäßig gefärbt, die sogenannte dislozierte Reflexion tritt nicht mehr auf.

Der Perlit spielt im kohlenstoffhaltigen Eisen eine ganz besondere Rolle wegen seiner Neigung zu ausschließlich banaler Formänderung, die stets der des Ferrits vorauseilt, so daß im letzteren erst Fließlinien erscheinen, wenn der Perlit längst unter dem Einfluß der äußeren Kräfte Gestaltsveränderungen erlitten hat. Im übrigen ist es schwierig, in dem Ferrit der Stähle, die aus Gemisch von Ferrit und Perlit bestehen, Gleitlinien im ersteren aufzufinden. Bei höheren Verformungsgraden findet eine Verzerrung des Gefüges statt. Die ge-

Abb. 418. Kalt gezogener Stahl mit 0,49% C (50%ige Verformung) [Hanemann und Schrader (4)].

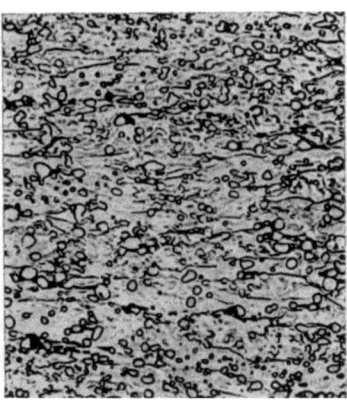
Abb. 419. Stahl mit körnigem Zementit (0,91 % Kohlenstoff), kaltgezogen [Hanemann und Schrader (4)].

streckten Perlitinseln liegen eingepreßt zwischen gestreckten Ferritfasern (Abb. 418)[1].

Stahl mit etwa eutektoidischer Zusammensetzung kann durch Glühen auf körnigen Zementit in einen leichter kaltverformbaren Zustand überführt werden. Die beim Drahtziehen z. B. erforderlich werdenden Zwischenglühungen können alsdann zur Erhaltung des körnigen Zementits unterhalb Ac_1 vorgenommen werden. Abb. 419 zeigt einen von 2,18 mm Durchmesser auf 1,52 mm Durchmesser kaltgezogenen Draht mit 0,91% Kohlenstoff. Die Ferritkörner sind stark gestreckt, der Zementit dagegen hat an der Verformung nicht teilgenommen. Er liegt noch in der körnigen Ausgangsform vor. Die in der Nähe vieler großer Zementitteilchen auftretenden kleinen Löcher sind darauf zurückzuführen, daß der Ferrit beim Ziehen um die Zementitteilchen herumgeflossen ist, ohne sich hinter ihnen wieder schließen zu können. Der Draht wird nach der Formgebung (z. B. zu Nadeln) gehärtet.

Werden die Zwischenglühungen bei etwa eutektoidischen Stählen oberhalb $GOSE$ durchgeführt, so erfolgt anschließend rasche Abkühlung in flüssigem

---

[1] Siehe Hanemann u. Schrader: Atlas metallographicus. Berlin: Gebr. Bornträger 1933.

364 Der Einfluß der Weiterverarbeitung auf Gefüge und Eigenschaften des Stahles.

Blei (Patentieren). Das so erhaltene, sorbitische bis troostitische Gefüge ermöglicht weitgehende Kaltverformung. Abb. 420 zeigt einen patentierten Draht mit 0,89% C nach dem letzten Kaltzug. Die hell bis dunkel getönten Sorbitbereiche sind stark gestreckt. Der Draht wird in diesem Zustand (z. B. als Saitendraht) verwendet.

Auf Grund der vorstehenden Ausführungen kann man sich über die Gefügeänderungen bei der Kaltverformung übereutektoidischer Stähle leicht ein Bild machen.

Die Schlackeneinschlüsse werden im allgemeinen, wie im Abschnitt über Warmverarbeitung geschildert werden wird, durch diese gestreckt, weil sie bei hoher Temperatur relativ plastisch sind. Eine Kaltverformung vermögen sie jedoch wegen ihrer Sprödigkeit nicht zu ertragen, brechen vielmehr häufig quer zur Streckrichtung. Derartiges Zubruchgehen ist auch an größeren Zementitgebilden bei der Kaltverformung zu beobachten.

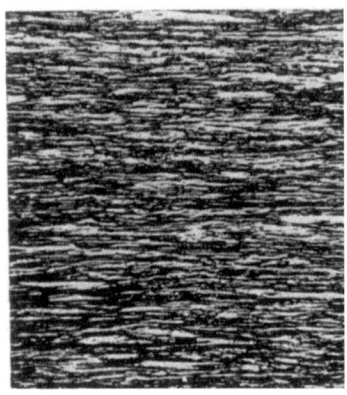

Abb. 420. Patentierter Stahl mit 0,89% C nach dem Kaltziehen [Hanemann und Schrader (4)].

Das Erreichen bzw. Überschreiten der Elastizitätsgrenze äußert sich außer durch die vorerwähnten mikroskopischen Merkmale auch noch durch andere, mit bloßem Auge erkennbare, also makroskopische. Es ist längst bekannt, daß auf blanken, insbesondere polierten Zerreißstäben typische, meist geradlinige, unter einem Winkel von 45—60° oder senkrecht oder in beiden Richtungen zur Stabachse verlaufende, mehr oder minder breite Streifen im Relief auftreten, deren Erscheinen mit dem Überschreiten der Elastizitätsgrenze einsetzt, die bei Flachstäben mit scharf abgesetzten Schultern von den Kopfecken ausgehen und sich mit steigender Beanspruchung nach und nach über den ganzen Stab erstrecken, um bei weiterer Steigerung der Beanspruchung wieder zu verschwinden. Diese Fließfiguren, Hartmannschen oder Lüdersschen Linien treten im übrigen nicht nur beim Zug-, sondern auch beim Druckversuch und bei jeder anderen Art von Kaltverformung auf. Abb. 421 zeigt Fließfiguren auf einem blanken Zerreißstab.

Wird die Oberfläche des Versuchskörpers mit einer Oxydschicht versehen, so springt der Zunder an den Stellen ab, wo die Fließfiguren auftreten. Diese erscheinen so als metallische Streifen in einer oxydierten Umgebung an der Oberfläche. Eine ähnliche Erscheinung läßt sich im übrigen häufig auf den

Abb. 421. Zerreißstab mit Fließfiguren.

Die Kaltverformung, Kristallerholung und Rekristallisation des Stahles. 365

Lagerplätzen von Eisenhüttenwerken beobachten. Bei der Adjustage erleiden die in Frage kommenden Gegenstände wie Träger, Schienen, Rohre usw. durch die Beanspruchung in der Richtmaschine bleibende Formänderungen. Der Zunder springt den Hartmannschen Linien entlang ab, und an diesen blanken Stellen rostet dann das Eisen früher. Abb. 422 zeigt auf solchem Wege entstandene Fließfiguren an einem Rohr und an mehreren U-Eisen. Sehr typisch äußert sich auch die auf gleichem Wege, d. h. durch Rosten erhaltene Erscheinung auf der in Abb. 423 dargestellten Eisenbahnschwelle*. Die durch das Stanzen, Nieten und Kappen hervorgerufenen Deformationen äußern sich durch Fließfiguren.

Die Beobachtungen über die Entwicklung der Fließlinien durch den Rostvorgang führten

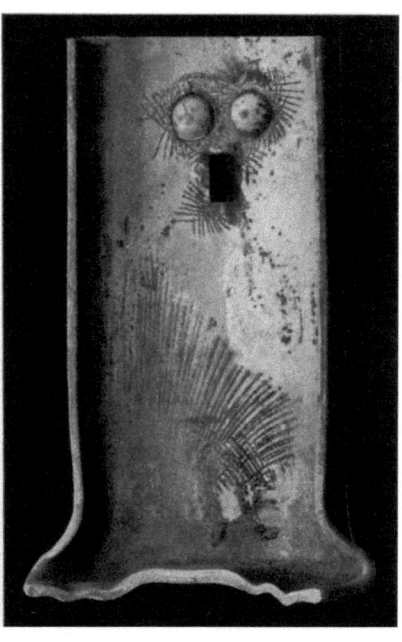

Abb. 422. Kalt gerichtetes Rohr und U-Eisen mit den durch Rosten entwickelten Fließfiguren.

Abb. 423. Durch Rosten entwickelte Fließfiguren auf einer Eisenbahnschwelle, infolge von Stanzen, Nieten, Kappen.

zu Versuchen, die Fließfiguren durch ein geeignetes Ätzmittel an ebenen Schnitten durch kaltverformte Stahlproben sichtbar zu machen. Erst Fry (3) gelang es, ein zweckentsprechendes Ätzverfahren zur Entwicklung der Fließfiguren ausfindig zu machen. Abb. 424 ist ein schwach gebogenes Stück Kesselblech, in dem die Fließfiguren (nach Fry: Kraftwirkungsfiguren) durch Ätzung entwickelt worden sind. Sie verlaufen in einem Winkel von etwa 45° zur Blechoberfläche. In der Blechoberfläche verlaufen sie senkrecht zur Bild-

---

* Für die Überlassung der Bilder wird auch an dieser Stelle Herrn Stark vom Eisenwerk Witkowitz der beste Dank ausgesprochen.

366 Der Einfluß der Weiterverarbeitung auf Gefüge und Eigenschaften des Stahles.

ebene und parallel zueinander. Während ihr Verlauf in dem verhältnismäßig einfachen Fall der Abb. 424 entsprechend einfach ist, verwickelt sich das entstehende Ätzbild bei komplizierteren Beanspruchungen. Zur Erläuterung diene Abb. 425, ein Schnitt durch eine mit Kugeleindruck versehene Kesselblechprobe. Der Wert der Ätzung auf Fließfiguren ist zunächst ein rein statistischer, indem

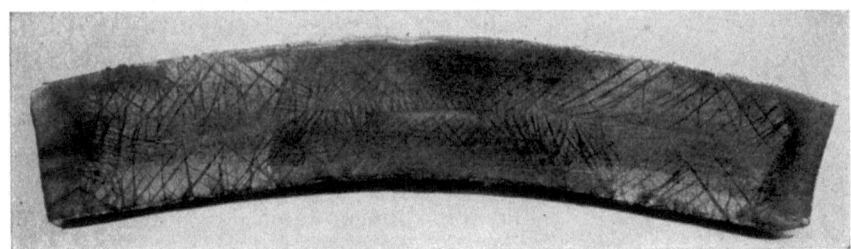

Abb. 424. Gebogenes Blech nach Fry geätzt.

diese Messung die Beantwortung der Frage ermöglicht, ob lokale Überschreitungen der Elastizitätsgrenze stattgefunden haben, wobei noch die bereits erwähnte Tatsache zu berücksichtigen ist, daß die Figuren bei Überschreitung der Elastizitätsgrenze [nach Meyer und Eichholz (4) um etwa 1 kg/mm²] wieder verschwinden, bzw. eine mehr oder minder gleichmäßige Dunkelung (vgl. Abb. 425) erfolgt. Sodann vermag die Ätzung Aufschluß über die Art der Beanspruchung (Spannungsverteilung) zu geben, doch ist eine erschöpfende Antwort auf diese Frage in erster Linie vom Festigkeitstheoretiker anzustreben*. Erwähnenswert ist noch, daß die Entwicklung der Fließfiguren eine gewisse Vorbehandlung der Probe voraussetzt. Fry gibt als solche eine Erhitzung auf etwa 200° an, während Meyer und Eichholz feststellten, daß

Abb. 425. Kugeleindruck in Kesselblech nach Fry geätzt [Meyer und Eichholz (4)].

---

* v. Kármán äußert sich zu den Kraftwirkungsfiguren wie folgt: die Kraftwirkungsfiguren dürfen vom Standpunkt der Mechanik keinesfalls als Richtungen der Kraftausbreitung oder -übertragung aufgefaßt werden. Wovon hängt nun ihre Gestalt ab und warum sind einzelne Linien ausgezeichnet? Bei zähen Stoffen, bei denen die Elastizitätsgrenze für Zug und Druck identisch ist, ist für die Überschreitung der Elastizitätsgrenze die Differenz der Hauptspannungen bzw. die größte Schubspannung maßgebend. Die Orientierung der Linien erklärt sich aus dem Umstand, daß die größte Schubspannung immer unter 45° zwischen der größten und kleinsten Hauptspannung liegt. So erleidet z. B. beim Lochen das Material in radialer Richtung Druck, dazu senkrecht Zug. Die größten Schubspannungen treten an Flächen auf, die vom Radius unter 45° gerichtet sind. Die Linien müssen also eine Kurve bilden, die die radiale Richtung immer unter 45° schneidet; das ist eine logarithmische Spirale. Beim gebogenen Blech ist die Schubspannung am Rande Null, da hier nur Zug bzw. Druck auftritt, d. h. die Hauptrichtung

sie schon bei 50° schwach und mit steigender Temperatur deutlicher erschienen. In den meisten Fällen verschwinden sie wieder, wenn die Anlaßtemperatur 600° übersteigt. Zu ähnlichen Ergebnissen gelangt man, wenn das Erhitzen nicht nach der Verformung, sondern gleichzeitig mit ihr erfolgt. Die Bedeutung des Anlassens bei der Entwicklung der Kraftwirkungsfiguren mit dem Fryschen Ätzmittel gelangt in dem Abschnitt „Ausscheidungshärtung" zur ausführlichen Behandlung.

Es wurde bereits erwähnt, daß durch Kaltverformung neben dem Gefüge auch eine große Zahl von Eigenschaften eine Änderung erfährt. Der Einfluß der Kaltverformung auf die Festigkeit läßt sich aus den Ergebnissen eines Zerreißversuches ableiten. Ermittelt man beim Zerreißversuch die scheinbaren Spannungen (σ) aus der jeweiligen Last und dem Anfangsquerschnitt des Probestabes, so erhält man Spannungs-Dehnungsdiagramme, in denen die Spannung einem Höchstwert, der Zugfestigkeit (σ_{max}), zustrebt, der mit dem Beginn der örtlichen Kontraktion zusammenfällt. Mit fortschreitender Kontraktion sinkt die Spannung ab. Ermittelt man aber die wahren Spannungen (σ') aus der jeweiligen Last und dem jeweiligen kleinsten Querschnitt [v. Möllendorf und Czochralski (1), Körber (12)], so gelangt man zu der in Abb. 426 dargestellten Abhängigkeit der wahren Spannungen von der Querschnittsabnahme, aus der hervorgeht, daß die wahren Spannungen (σ') im Gebiet der örtlichen Einschnürung proportional zur Querschnittsabnahme zunehmen. Der Verlauf der Kurve Spannung-Einschnürung wird daher mit dem Beginn der örtlichen Kontraktion geradlinig. Die Steigung der Geraden nennt Körber Verfestigungszahl (α). α stellt demnach die Zunahme der wahren Spannung je Einheit der Querschnittsabnahme dar.

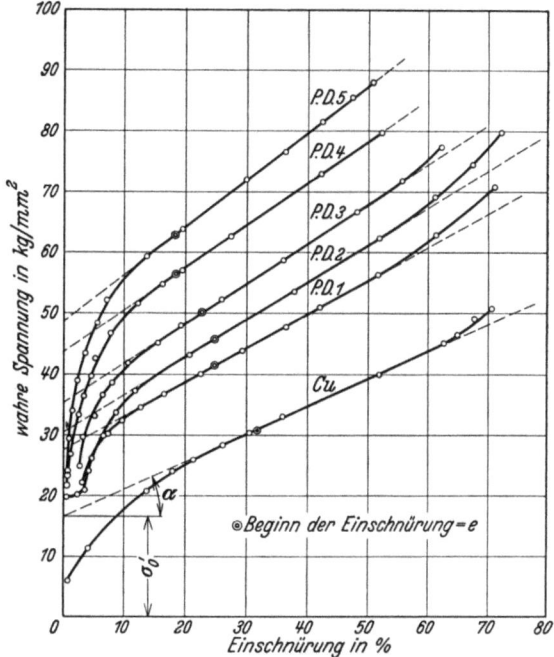

$1 = 0,1 \%$ C, $2 = 0,2 \%$ C, $3 = 0,3 \%$ C, $4 = 0,4 \%$ C, $5 = 0,5 \%$ C
Abb. 426. Schaubild der auf den jeweiligen Querschnitt bezogenen „wahren" Spannung [Körber (12)].

---

liegt unter 45°. In der neutralen Faser verschwindet die Normalspannung, es tritt nur Schubspannung auf. Die Linien müssen also unter 45° geneigt, von da an senkrecht zum Rand verlaufen. Man kann also mit Hilfe der Kraftwirkungsfiguren die Spannungsverteilung in solchen Fällen experimentell ermitteln, wo sich mathematisch Schwierigkeiten ergeben. Der Winkel der Kraftfiguren mit der Hauptspannungsrichtung ist eine Funktion der Sprödigkeit bzw. der Abweichung zwischen der Elastizitätsgrenze für Zug und Druck. Je spröder der Stoff, um so spitzer der Winkel. Die Frage, warum diskrete Linien auftreten, ist schwieriger zu beantworten. Dies bedeutet offenbar, daß die Überschreitung der Streckgrenze nicht gleichmäßig, sondern in bevorzugten Stellen erfolgt, vielleicht auf Grund dort vorhandener Fehlstellen.

368 Der Einfluß der Weiterverarbeitung auf Gefüge und Eigenschaften des Stahles.

Rohland (1) hat die Konstanten σ_0' (Schnittpunkt der verlängerten Geraden mit der Nullordinate) und α für eine große Zahl von reinen Metallen, Kohlenstoff- und Spezialstählen bestimmt und gefunden:

1. daß der Gültigkeitsbereich des linearen Verfestigungsgesetzes sämtliche plastischen Metalle (Kupfer, Nickel, Aluminium, Eisen) und Legierungen umfaßt;
2. daß in reinen Metallen σ_0' und α sich im allgemeinen gleichartig verändern;
3. daß in Legierungen aus homogenen Mischkristallen der geradlinige Verlauf der σ_0'-Linie vielfach schon vor dem Beginn der Einschnürung auftritt und σ_0' nur wenig beeinflußt wird, während α z. T. sehr stark ansteigt;
4. daß in langsam abgekühlten Eisen-Kohlenstofflegierungen σ_0' nahezu proportional dem Kohlenstoffgehalt steigt, während α sich bedeutend weniger verändert. Dies deutet Rohland dahin, daß der Ferrit hier der Träger der Deformation und damit der Verfestigung ist. Die mit dem Kohlenstoffgehalt zunehmende Perlitmenge schiebt lediglich die Verfestigungskurve zu höheren Spannungswerten, ohne daß der Grad der Verfestigung wesentlich geändert wird.

Von größter praktischer Bedeutung ist die Änderung der Eigenschaften beim Vorgang der „aufgenötigten" Formänderung, wie Czochralski (2) die im Gesenk, Zieheisen und Walzwerk stattfindende Formänderung genannt hat im Gegensatz zur „freiwilligen" Formänderung bei der Zug-, Biege- oder Verdrehungsbeanspruchung in der Materialprüfung. Keine der physikalischen Eigenschaften des Stahles wird durch Kaltbearbeitung so stark verändert wie die Festigkeit. Sie kann beim Drahtziehen auf das 3- oder 4fache ihres Wertes im ausgeglühten Zustand gesteigert werden. Die Dehnung sinkt aber gleichzeitig in noch stärkerem Maße. In Abb. 427 ist die Änderung der Zugfestigkeit für einen weichen Stahl bei dem Ziehen zu Draht nach Pfeil(2) wiedergegeben. Weitere Angaben über die Änderung der Festigkeitseigenschaften beim Drahtziehen enthält die nebenstehende Tabelle 22 nach Goerens (1) und Hatfield (2). Darüber hinaus ist noch hervorzuheben, daß die Streckgrenze durch Kaltbearbeitung ebenfalls stark erhöht wird

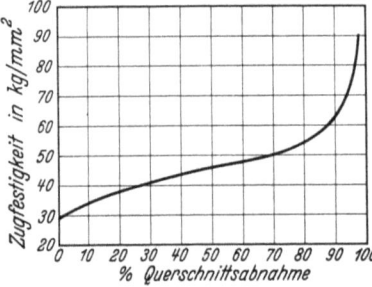

Abb. 427. Zugfestigkeit in Abhängigkeit von der Querschnittsabnahme bei weichem Stahl [Pfeil (2)].

Tabelle 22.
Stahlzusammensetzung: 0,08% C; 0,4—0,6% Mn; Spur Si.

⌀	Abnahme des Querschnittes beim Ziehen	Zugfestigkeit	Elastizitätsgrenze	Dehnung	Kontraktion
mm	%	kg/mm²		%	
I. Warm gewalzt auf 14,3 mm ⌀, dann kalt gezogen bis an 9,7 mm ⌀					
14,3	0	38,3	27,1	29	59,5
13,0	17,4	51,0	32,5	9,5	54
12,0	29,8	59,4	39,5	7	46
10,8	42,8	62,2	43,0	6	32
9,7	54,0	65,0	43,8	4	23
II. Warm gewalzt auf 5,2 mm ⌀, dann kalt gezogen bis an 1,18 mm					
5,2	0	41,8	26,5	31	73
2,83	70,5	83,5	63,0	6	31
2,00	85,2	95,0	78,5	6	30
1,37	93,0	104	81,5	5	20
1,18	95,0	108	85,0	5	25

Die Kaltverformung, Kristallerholung und Rekristallisation des Stahles. 369

und bereits bei mäßigen Kaltverformungsgraden sehr nahe bei der Zugfestigkeit liegt.

Der Einfluß des Kaltwalzens deckt sich, wie aus neueren Ergebnissen von Pomp und Weichert (6) u. a. hervorgeht, mit dem des Ziehens. Die durch Walzen erzielbare Verfestigung ist senkrecht zur Walzrichtung am größten.

Der Elastizitätsmodul wird durch Kaltbearbeitung erniedrigt. Dieses Verhalten des Stahles steht nach Kawai (1) in einem gewissen Gegensatz zu dem der Nichteisenmetalle, deren Modul durch geringe Verformung zwar erniedrigt, durch größere aber erhöht wird.

Die Härte wird durch Kaltverformung erhöht. Die Kalthärtbarkeit ist von praktischer Bedeutung für solche Metalle (Eisen, Kupfer, Silber, Gold, Platin usw.) und Legierungen (umwandlungsfreie Stähle), die durch Wärmebehandlung nicht härtbar sind.

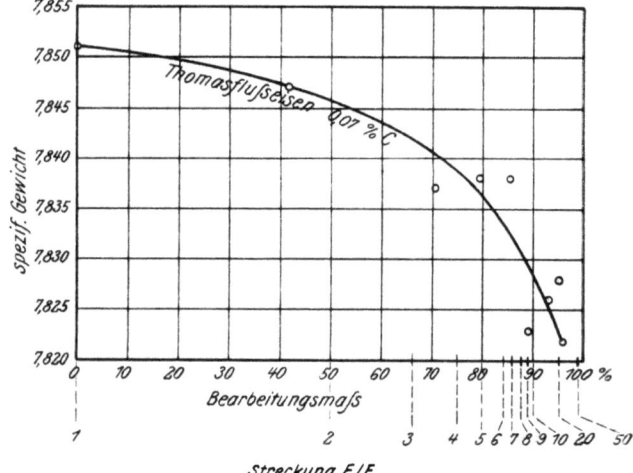

Abb. 428. Veränderung des spezifischen Gewichts durch Kaltziehen [P. Goerens (1)].

Die prozentuale Härtezunahme nimmt für Stähle mit steigendem Kohlenstoffgehalt ab, da der Träger der Kalthärtung der Ferrit ist. Mit der Kalthärtung ist als Nachteil die Erniedrigung der Kerbschlagzähigkeit verbunden.

Ähnliche Eigenschaftsänderungen, wie sie im vorstehenden für weichen Stahl beschrieben worden sind, finden sich auch bei härteren Stählen.

Das spezifische Gewicht wird durch Kaltverformung erniedrigt [Abb. 428 nach P. Goerens(1)]. Tamaru(2) fand an Elektrolyt- und Armco-Eisen den

Abb. 429. Längsschnitt durch überzogenen Draht [P. Goerens (1)].

Effekt in gleicher Größe wie Goerens und stellte ferner fest, daß die Dichteabnahme mit steigendem Kohlenstoffgehalt geringer wird. Die Ursache für die Änderung des spezifischen Gewichtes bei der Kaltbearbeitung ist nach O. Mügge (1) die Entstehung von Hohlkanälen bei der Deformation durch einfache Schiebung. Bei sehr starken plastischen Deformationen treten sogar makroskopisch sichtbar Hohlräume im Metall auf. Abb. 429 (nach P. Goerens) ist ein Längsschnitt durch „überzogenen" Draht. Im Innern des Drahtquerschnitts ist offenbar das Arbeitsvermögen, ausgedrückt durch die maximale Querschnittsverminderung, eher erschöpft als am Rande. Die inneren Schichten werden demnach beim Drahtziehen stärker gereckt als die äußeren. Es ist aber nicht unwahrscheinlich, daß die frühere Erschöpfung der Innenzone wenigstens z. T. auf die hier vorhandenen Seigerungen zurückgeht.

370   Der Einfluß der Weiterverarbeitung auf Gefüge und Eigenschaften des Stahles.

Die Änderung des elektrischen Widerstandes durch Kaltverformung ist gering. Goerens (7) fand bei einem Deformationsgrad von 95,2% eine Zunahme um 3—4%, Guillet und Balley (13) dagegen maximal 0,5%.

Das Verhalten einiger magnetischer Eigenschaften nach P. Goerens (7) wird durch die Abb. 430 und 431 für drei Stähle mit verschiedenen C-Gehalten erläutert.

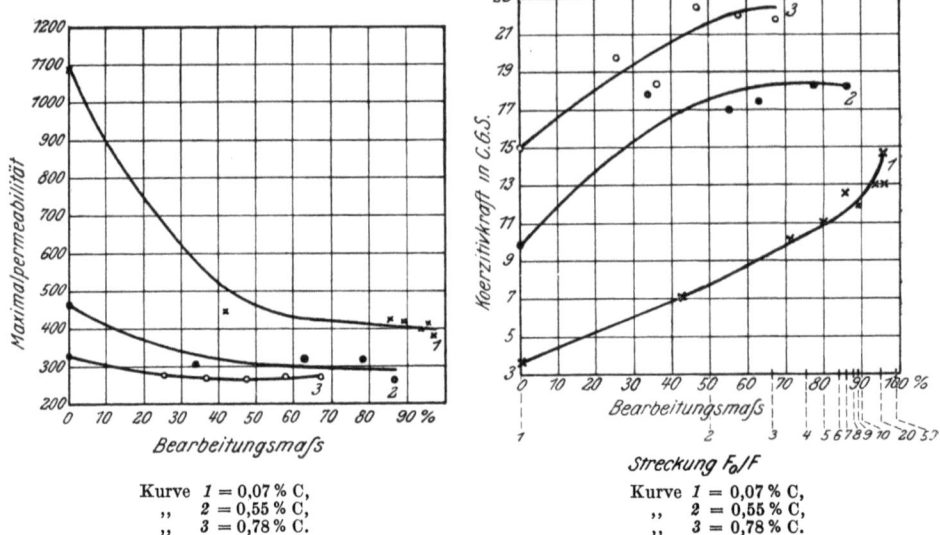

Kurve 1 = 0,07% C,
  „   2 = 0,55% C,
  „   3 = 0,78% C.

Abb. 430. Veränderung der max. Permeabilität von Drähten mit verschiedenen Kohlenstoffgehalten durch Kaltziehen [P. Goerens (7)].

Kurve 1 = 0,07% C,
  „   2 = 0,55% C,
  „   3 = 0,78% C.

Abb. 431. Veränderung der Koerzitivkraft von Drähten mit verschiedenen Kohlenstoffgehalten durch Kaltziehen [P. Goerens (7)].

Entgegen früheren Annahmen erfährt auch das Kristallgitter bei der Kaltverformung eine Änderung. G. Masing und M. Polanyi (3) vertraten bereits 1923 den Standpunkt, daß bei der Kaltreckung im Raumgitter Veränderungen eintreten. W. P. Davey (1) stellte eine Verbreiterung der Debye-Scherrer-

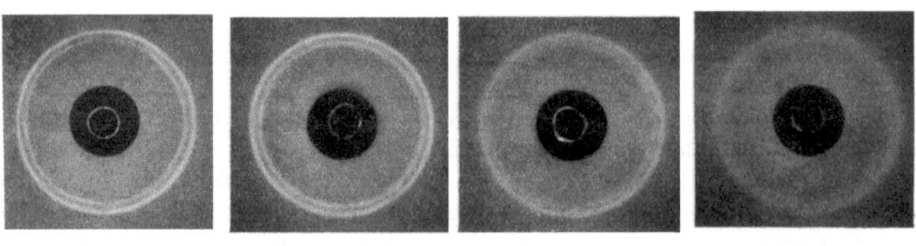

Ausgangszustand   2% Dehnung   10% Dehnung   25% Dehnung
Abb. 432. Rückstrahlaufnahmen von kaltgerecktem Flußstahl [Wever und Pfarr (11)].

Linien durch Kaltbearbeitung fest. In der Folge wurde diese Beobachtung durch A. E. van Arkel (1, 2) an Wolfram und durch U. Dehlinger (1) an Silber, Kupfer, Tantal, Uran und Messing bestätigt. Der letztere stellte fest, daß die Röntgenlinien von Aluminium und Zink bis zu sehr hohen Verformungen scharf bleiben. Es würde zu weit führen, auf die große Zahl von Arbeiten, die die Gitteränderungen infolge Kaltverformung behandeln, noch weiter einzugehen. In Abb. 432 und 433 ist das Ergebnis einer neueren Arbeit von F. Wever und

Die Kaltverformung, Kristallerholung und Rekristallisation des Stahles. 371

B. Pfarr (11) wiedergegeben. Die Abb. 432 läßt klar erkennen, daß die beiden scharfen Interferenzen mit zunehmender Dehnung ein mehr und mehr verwaschenes Aussehen annehmen und schließlich ineinander übergehen. Auf die Deutung der Änderungen im Feinbau, die durch die Änderung der Linienbreite angezeigt werden, wird später noch einzugehen sein. Die verhältnismäßig stärksten Gitterstörungen treten nach Abb. 433 bei kleinen plastischen Formänderungen auf. Demnach dürfte ein Zusammenhang zwischen Linienbreite und Verfestigung bestehen.

Die Widerstandsfähigkeit von Kohlenstoffstahl gegenüber vielen chemischen Einflüssen (verdünnte H_2SO_4, Rostangriff) wird durch Kaltbearbeitung vermindert.

Im Interesse einer geschlossenen Darstellung werden die auf die Kaltverformungsvorgänge bezüglichen Hypothesen erst nach Erörterung der Rekristallisationserscheinungen besprochen.

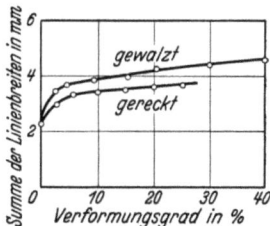

Abb. 433. Abhängigkeit der Linienbreite von der Verformung bei Flußstahl [Wever und Pfarr (11)].

B. Das Glühen des kaltverformten Stahles (Kristallerholung und Rekristallisation).

a) Kristallerholung.

Beim Erhitzen des kaltverformten Stahles (und grundsätzlich aller Metalle und Legierungen) verschwinden die durch die Kaltverformung hervorgerufenen Eigenschaftsänderungen wieder, und aus dem verformten (meist faserigen) Gefüge bildet sich der körnige Gefügezustand zurück. Der Zusammenhang zwischen dem Gefüge und den Eigenschaften, z. B. körniges Gefüge — weicher Zustand, faseriges Gefüge — harter Zustand, ist aber nur scheinbar. In Wirklichkeit spielen sich zwei Vorgänge: die Wiederkehr der dem unverformten Zustande entsprechenden Eigenschaften (Kristallerholung) und die Rückbildung des körnigen Gefügezustandes (Rekristallisation) in dieser Reihenfolge getrennt voneinander ab. So kann man nach Polanyi und Koref einen kaltverformten Wolfram-Einkristall durch Glühen bei 600° in den weichen Zustand überführen (Erholung der Härte), während die Rekristallisation erst oberhalb 1200° einsetzt. Beim Eisen und Stahl liegen die Verhältnisse nicht für alle Eigenschaften so klar; vielmehr können Ende der Erholung und Beginn der Rekristallisation sich in ihrer Temperaturlage überdecken. Zunächst soll die Erholung des Stahles von den Folgen der Kaltbearbeitung behandelt werden[1].

Bei einer Temperatursteigerung des kaltverformten Werkstückes geht ein Teil der Eigenschaftsänderung rasch zurück. Der Rest verschwindet aber auch nach längerem Halten bei der gleichen Temperatur nicht. Bei erneuter Temperaturerhöhung läuft die Erholung zu einem weiteren Teil schnell ab; aber wiederum ist die restliche Erholung nicht abzuwarten. Die Erholung tritt demnach bei stufenweiser Steigerung der Temperatur sprunghaft ein. Die in Abb. 434 für Zugfestigkeit und Dehnung wiedergegebenen Änderungen treten in der gleichen Art bei der Erholung aller Eigenschaften auf. In Abb. 435 ist die Erholung von Zugfestigkeit und Dehnung in Abhängigkeit von der Glühtemperatur bei einer

---
[1] Vgl. G. Tammann (5).

bestimmten Glühdauer dargestellt. Die Streckgrenze und die Einschnürung ändern sich ähnlich wie Zugfestigkeit und Dehnung. Von besonderer Bedeutung ist die von F. C. Lea (1) an kaltgezogenen Rohren festgestellte starke Zunahme der Proportionalitätsgrenze für Druck, die beim Anlassen bei etwa 450° eintritt.

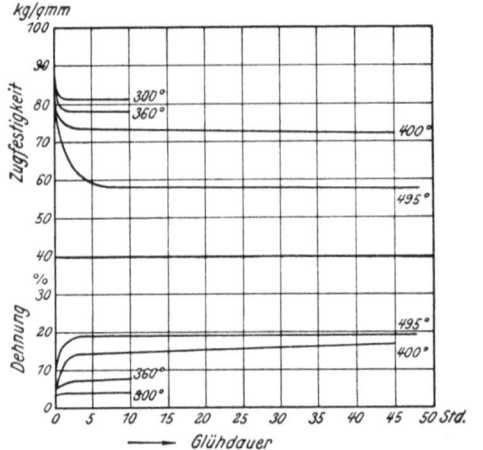
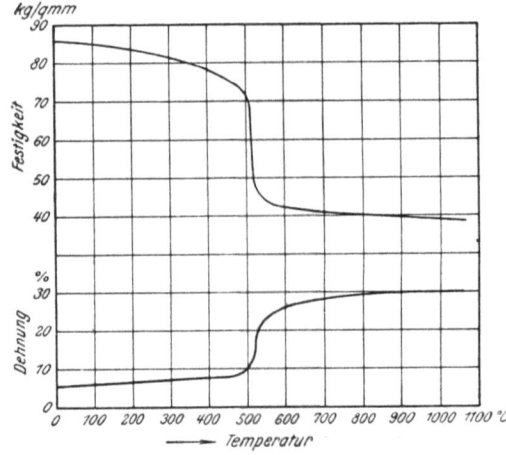

Abb. 434. Abhängigkeit der Festigkeit und der Dehnung kalt gezogenen Flußstahldrahtes von der Glühtemperatur und Glühdauer [P. Goerens (1, 7)].

Abb. 435. Abhängigkeit der Festigkeit und Dehnung kalt gezogenen Flußstahldrahtes von der Glühtemperatur [P. Goerens (1, 7)].

Abb. 436 gibt die Erholungskurven des elektrischen Widerstandes von auf gleichen Durchmesser kaltgezogenen Elektrolyteisendrähten verschiedenen Verformungsgrades an. (In dem Ausdruck $\frac{\Delta W}{W} \times 100$ bedeutet ΔW den Widerstand des weichen Drahtes minus W. W ist der Widerstand des kaltgezogenen Drahtes.) Die Wendepunkte aller Kurven liegen bei der gleichen Temperatur von 250°. Die Lage des Wendepunktes ist demnach für Stahl — im Gegensatz zu dem Verhalten von Silber und Kupfer — unabhängig vom Verformungsgrade.

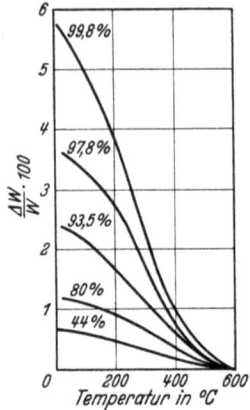

Abb. 436. Erholungskurven des elektrischen Widerstandes für verschiedene Ziehgrade (97,8% bezieht sich auf Walzstreifen) [Tammann (5)].

Die Erholung verschiedener Eigenschaften geht bei verschiedenen Temperaturen vor sich. In Abb. 437 sind die Erholungskurven des elektrischen Widerstandes $\left(\frac{\Delta W}{W} \times 100\right)$, der Durchmesser D von Kugeleindrücken auf Streifen von 90% Walzgrad, deren Auf-

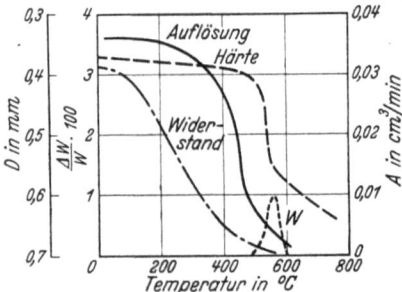

Abb. 437. Erholung verschiedener Eigenschaften des Eisens [Tammann (5)].

lösungsgeschwindigkeit A in 2·n-H_2SO_4 in cm³/min und die Entwicklung der Wärme W, der potentiellen Energie, die bei der Kaltbearbeitung von tordierten Drähten zurückgehalten wurde, aufgetragen. Hiernach ist es möglich, einem hartgezogenen Draht durch Anlassen auf etwa 400° die Leitfähigkeit des weichen

Die Kaltverformung, Kristallerholung und Rekristallisation des Stahles. 373

Eisens zu verleihen, ohne daß die Härte wesentlich verringert wird. Mit der Erholung der Härte (vgl. die Festigkeitseigenschaften) und der potentiellen Energie erfolgt bereits teilweise Rekristallisation.

Die Wirkung der Erhitzung nach Kaltbearbeitung auf das spezifische Gewicht,

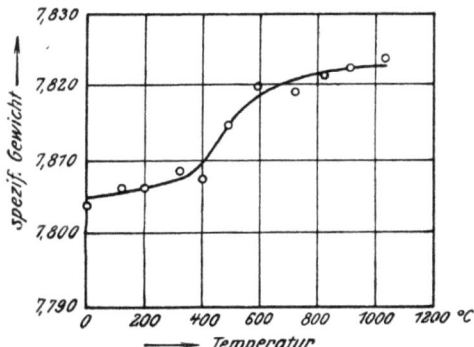

Abb. 438. Abhängigkeit des spezifischen Gewichts kalt gezogenen Flußstahldrahtes von der Glühtemperatur [P. Goerens (1, 7)].

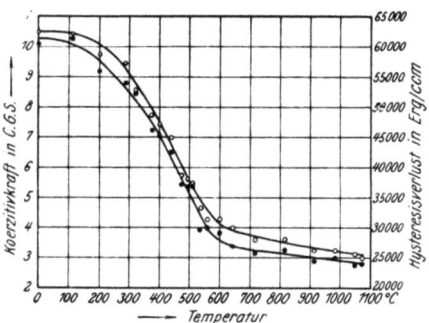

Abb. 439. Abhängigkeit der Koerzitivkraft und der Hysteresis kalt gezogenen Flußstahldrahtes von der Glühtemperatur [P. Goerens (1, 7)]

die Koerzitivkraft und die Hysteresis von weichem Flußstahl erläutern die Abb. 438 und 439.

Die Erholung des Kristallgitters des Eisens von der Kaltbearbeitung wurde von F. Wever und B. Pfarr untersucht (11). Die Rückstrahlaufnahmen zeigten nach 80%iger Verformung nur einen verwaschenen Ring, der nach Erhitzung auf 400° sich in zwei unscharfe Ringe auflöste. Nach Erhitzung auf 500° waren beide Ringe wieder scharf. Abb. 440 zeigt die Abhängigkeit der Linienbreite bei etwa 80% verformten Elektrolyteisen in Abhängigkeit von der Glühtemperatur. Da bereits bei 450° Rekristallisation festgestellt wurde, führen Wever und Pfarr die durch die Änderung der Linienschärfe angezeigten Vorgänge im Feinbau des Eisens nur zum geringeren Teil auf Erholung, zum größeren Teil dagegen auf die Rekristallisation zurück.

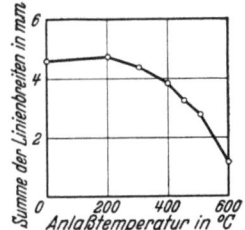

Abb. 440. Linienbreite von kalt gezogenem Elektrolyteisen in Abhängigkeit von der Anlaßtemperatur [Wever und Pfarr (11)].

b) **Rekristallisation.**

Rekristallisation ist die Neubildung des Gefüges eines verformten Metalles. Hierbei wachsen die neugebildeten Kristallite von Keimen aus. Die Rekristallisation ist beendet, wenn die verformte Metallmasse durch die anwachsenden Keime völlig aufgezehrt ist. Das nach diesem Zeitpunkt noch mögliche Wachsen einzelner Kristallite auf Kosten benachbarter fällt nicht mehr unter den Begriff Rekristallisation, sondern wird als Kornvergrößerung bezeichnet [Hanemann (5)]. Bei der Rekristallisation verschwinden alle Merkmale der Verformung, wie Translationslinien, Zwillingsstreifung, banale Formänderungslinien und Kornstreckung.

Die ersten Beobachtungen über das Wachsen kaltdeformierter Ferritkörner durch Glühen unter Ac_3 stammen von Stead (5). Die Arbeiten von Martens und Heyn (1) und von P. Goerens (1, 7) gipfeln in der Erkenntnis, daß

374 Der Einfluß der Weiterverarbeitung auf Gefüge und Eigenschaften des Stahles.

zwischen 400 und 500⁰ die mikroskopischen Merkmale der Kaltverformung verschwinden. Aber erst Czochralski (3) erkennt die Zusammenhänge zwischen Verformungsgrad, Temperatur und Korngröße. Rekristallisation bedeutet nicht Kornwachstum oder etwa Erreichen eines besonders groben Korns, sondern Entstehung eines neuen Korns überhaupt.

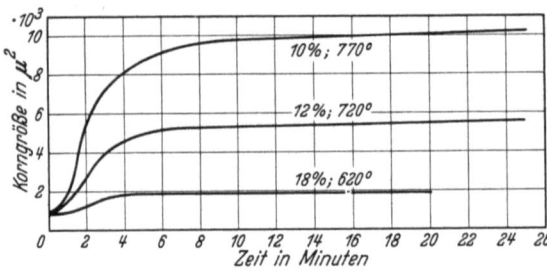

Abb. 441. Rekristallisation von Weicheisen [Hanemann (5)].

In der Hauptsache im Anschluß an die Arbeiten von Czochralski wurde früher unter Rekristallisation lediglich die Neubildung der Kristallite beim Erhitzen nach voraufgegangener Kaltdeformation verstanden, obgleich schon Chappel (1) darauf hingewiesen hatte, daß auch die Kornverfeinerung als Folge einer Warmverformung einen Rekristallisationsvorgang darstellt. Hierauf machten später Schneider und Houdremont (2) erneut aufmerksam.

Die Gesetzmäßigkeiten, die sich für die Rekristallisation nach Kaltverformung und für die Rekristallisation nach Verformung bei der Rekristallisationstemperatur ergeben, sind grundsätzlich gleich. Hanemann (5), der die Rekristallisationsvorgänge eingehend untersuchte und an dessen Feststellungen die folgenden Ausführungen sich anlehnen, nahm die Verformung bei der jeweiligen Rekristallisationstemperatur vor.

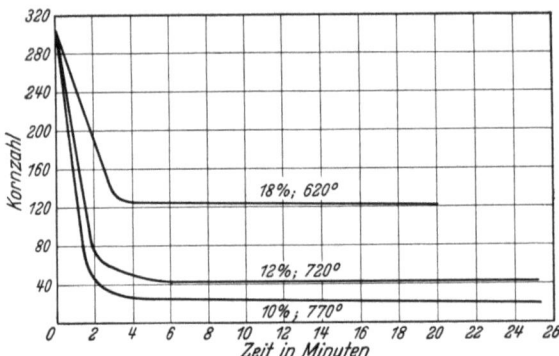

Abb. 442. Kornzahl bei der Rekristallisation von Weicheisen in Abhängigkeit von der Temperatur [Hanemann (5)].

Im folgenden sei zunächst die Rekristallisation von Weicheisen besprochen. Die Abb. 441 und 442 zeigen die Korngröße und die Kornzahl in Abhängigkeit von der Zeit. An die Kurvenzüge sind die Verformungsgrade und die Rekristallisationstemperaturen angeschrieben.

Nach Abb. 441 tritt bei den gewählten Verformungsgraden nur Zunahme der Korngröße mit der Zeit auf. Infolgedessen muß die Kornzahl der gleichen Proben (Abb. 442) mit der Zeit abnehmen. Obgleich es nicht möglich ist, im Schliffbild die bei der Rekristallisation neu gebildeten Körner mit Sicherheit von den noch nicht rekristallisierten zu unterscheiden, lassen sich doch aus der Änderung der Gesamtkornzahl mit der Zeit (Abb. 442) Schlüsse auf die Wachstumsgeschwindigkeit der neu entstehenden Körner ziehen. Die Kurven der Kornzahl haben zunächst ein gerades Stück, das mit scharfer Biegung in einen schwach gekrümmten Kurventeil übergeht. Diese Form läßt sich folgendermaßen deuten: Im ersten Zeitabschnitt der Rekristallisation wachsen die neuen Körner von Keimen aus mit gleichbleibender Geschwindigkeit an. Infolgedessen ändert sich die Kornzahl proportional mit der Zeit

(Gerades Kurvenstück.) Mit fortschreitendem Anwachsen der neuen Körner gelangen diese schließlich zur gegenseitigen Berührung. An den Berührungsstellen wird das Kornwachstum aufhören oder sehr geringe Werte annehmen. Die Kornzahl ändert sich daher um so langsamer, je mehr sich die neuen Körner berühren. (Knie der Kurven.) Nach vollständiger Berührung (Ende der Rekristalli-

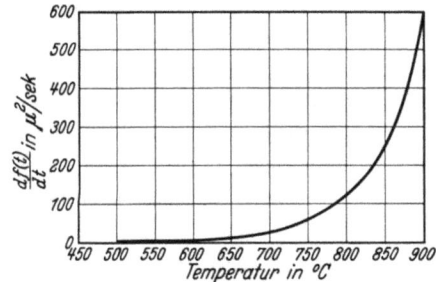

Abb. 443. Rekristallisationsgeschwindigkeit für Weicheisen im α-Gebiet [Hanemann (5)].

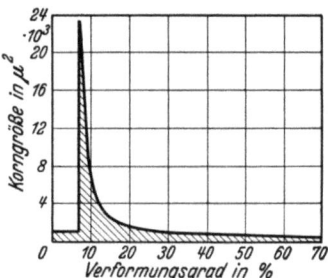

Abb. 444. Korngröße in Abhängigkeit vom Verformungsgrad bei 750° für Weicheisen [Hanemann (5)].

sation) ändert sich die Kornzahl nur noch sehr geringfügig (schwach gekrümmter Teil der Kurven) infolge Kornvergrößerung. Letztere bedeutet Kornwachstum durch Verschiebung der Korngrenzen ohne Keimbildung. Während die Rekristallisation zu größerem, gleichbleibendem und kleinerem Korn führen kann, kann bei der Kornvergrößerung, wie schon die Bezeichnung ausdrückt, nur größeres Korn gebildet werden.

Die Geschwindigkeit, mit der die rekristallisierenden Körner anwachsen, hängt nur wenig vom Reckgrad ab, ist vielmehr überwiegend durch die Temperatur bedingt. Die Rekristallisationsgeschwindigkeit für Weicheisen im α-Gebiet zeigt Abb. 443. Die Rekristallisationsgeschwindigkeit ist ausgedrückt durch die Änderung des mittleren Flächeninhaltes ($f(t)$) der aus den Keimen wachsenden Körner mit der Zeit (t). Die Kurve besitzt einen annähernd exponentiellen Verlauf.

Die Abhängigkeit der Korngröße vom Verformungsgrad (Abb. 444) zeigt einige Besonderheiten. So tritt nach Verformung mit geringen Verformungsgraden überhaupt keine Rekristallisation ein. Es liegt also ein Schwellenwert der Verformung vor. Sobald der Schwellenwert erreicht ist, führt Rekristallisation zu sehr grobem Korn. Die Korngrößen nach Verformung oberhalb des Schwellenwertes liegen auf einer hyperbolischen Kurve (Korngrößenhyperbel).

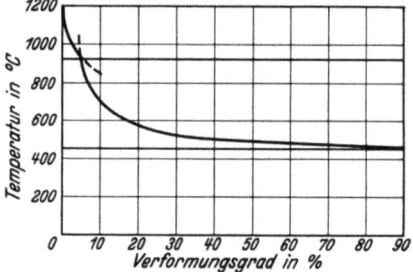

Abb. 445. Rekristallisationskurve für Weicheisen [Hanemann (5)].

Der Schwellenwert nimmt um so geringere Werte an, je höher die Rekristallisationstemperatur ist. Trägt man die Schwellenwerte in Abhängigkeit von der Temperatur auf, so erhält man ebenfalls eine hyperbolische Kurve, die für Weicheisen bei der α/γ-Umwandlungstemperatur abgeschnitten ist. Nach Kaltverformung ist daher die Rekristallisation des Eisens nur unterhalb A_3 durchführbar. Wird A_3 überschritten, so findet Umkristallisation statt. Nach Warmverformung oberhalb A_3 und anschließender Rekristallisationsglühung wird auch für das γ-Eisen eine hyperbolische Rekristallisationskurve erhalten (Abb. 445).

376 Der Einfluß der Weiterverarbeitung auf Gefüge und Eigenschaften des Stahles.

Unterhalb und links des Kurvenzuges in Abb. 445 wurde keine Rekristallisation beobachtet. Er wird daher als Rekristallisationskurve bezeichnet, bei deren Überschreitung nach oben hin erst Rekristallisation eintritt. Bei 1200° wird der Schwellenwert praktisch Null.

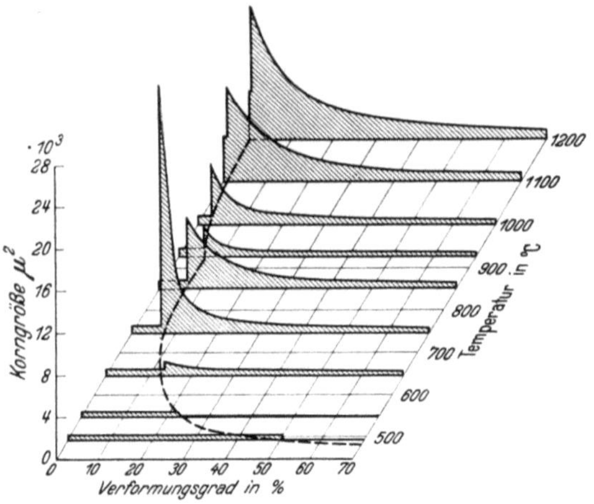

Die Zusammenfassung der in Abb. 444 und 445 dargestellten Abhängigkeiten führt zur Aufstellung des vollständigen Rekristallisationschaubildes in Abb. 446. Die gestrichelte Linie ist die Rekristallisationskurve. Rechts von ihr liegt das Gebiet der Rekristallisation, das infolge der Modifikationsänderung des Eisens in die beiden Rekristallisationsgebiete des α- und des γ-Eisens zerfällt. Es ist auffallend, daß im α-Gebiet die maximale Korngröße besonders nach kritischer Verformung (= Schwellenwert) nicht bei der höchsten Rekristallisationstemperatur, sondern bei etwa 750° (kritische Temperatur) erreicht wird. Diese

Abb. 446. Rekristallisation von Weicheisen nach Warmverformung [Hanemann (5)].

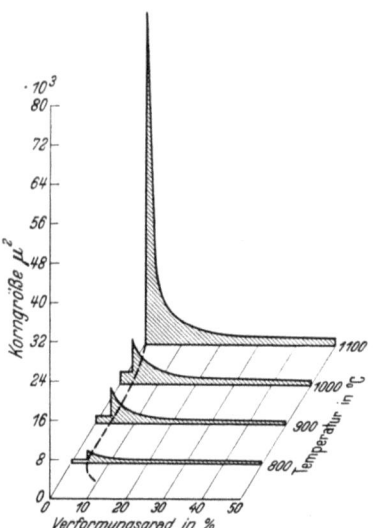

Abb. 447. Rekristallisation bei Warmverformung von Stahl mit 0,49% C und 0,67% Mn [Hanemann (5)].

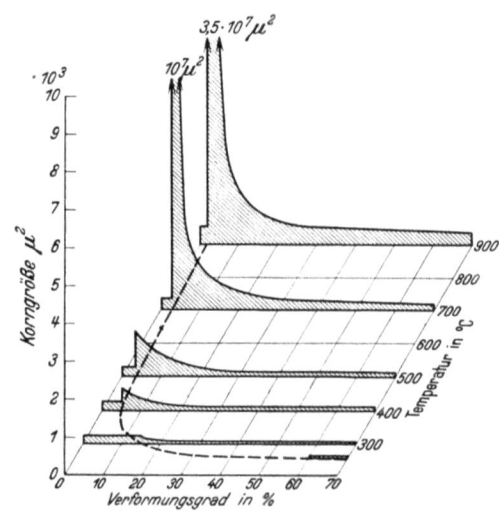

Abb. 448. Rekristallisationsschaubild von Kupfer [Hanemann (5)].

Anomalie zeigt das γ-Eisen offenbar nicht, wie auch aus dem Rekristallisationsschaubild des Stahles mit 0,49% C und 0,67% Mn nach Warmverformung oberhalb der Umwandlungstemperatur hervorgeht (Abb. 447). Auch bei der Rekristallisation von Kupfer (Abb. 448) steigt die Korngröße für alle Verformungsgrade mit der Höhe der Rekristallisationstemperatur an. Demnach verhält sich der γ-Mischkristall bezüglich der Rekristallisation wie das reine Kupfer.

Es ist möglich, aus den Rekristallisationsschaubildern für jeden Verformungsgrad und für jede Temperatur zu entnehmen, wie groß die Korngrößen bei der Rekristallisation ausfallen werden, da die Ausgangskorngröße nach Czochralski und Hanemann ohne Bedeutung für die Größe des neugebildeten Kornes ist, diese vielmehr nur von Reckgrad und Glühtemperatur abhängt.

Nach Vorstehendem ist durch die Rekristallisationskurve die Möglichkeit gegeben, die Grenze zwischen Warm- und Kaltverformungsgebiet zu ziehen. Während oberhalb der Rekristallisationskurve nach einer Verformung Rekristallisation eintritt (Warmverformung), bleibt sie unterhalb auch nach langem Halten der Temperatur aus (Kaltverformung). Wie aber die Rekristallisationsschaubilder zeigen, kann man auch im Warmverformungsgebiet schwache Verformungen (Schwellenwert) ausführen, ohne daß Rekristallisation eintritt. Hier verhält sich also ein Metall nach Warmverformung ähnlich wie nach Kaltverformung, es wird gereckt ohne zu rekristallisieren. In dem Gebiet links und unterhalb der Rekristallisationskurve findet die Erholung von den Folgen der Kaltbearbeitung statt. Das Ende der Kristallerholung wird für viele Eigenschaften (vgl. Festigkeitseigenschaften) überdeckt von der beginnenden Rekristallisation.

Bei Kaltverformung mit nachfolgender Glühung und bei Warmverformung sind Verformungsgrade in der Nähe des Schwellenwertes zu vermeiden,

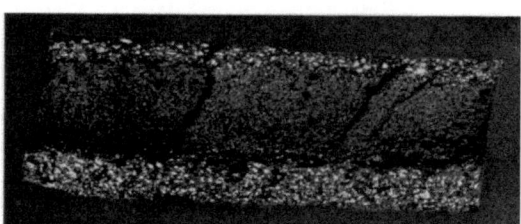

Abb. 449. Grobkornbildung in einem Kesselblech, $\times$ 1.

da in beiden Fällen bei Erreichung oder geringer Überschreitung des Schwellenwertes grobes Korn entsteht. Man beobachtet bei warmgewalzten Kesselblechen häufig sogenannte Grobkornbildung, d. h. an den Oberflächen des Bleches in größerer oder geringerer Tiefe sehr grobes, in der Mitte sehr feines Korn, wie z. B. aus der Bruchprobe eines solchen Bleches, Abb. 449, hervorgeht. Die Entstehung dieser Grobkornzonen ist zweifellos auf eine unter kritischen Bedingungen (Schwellenwert, kritische Temperatur) erfolgte Formänderung zurückzuführen.

Untersuchungen über die Rekristallisation eines Flußstahles mit 1,2% C wurden von A. Pomp durchgeführt. Der Stahl wurde mit Querschnittsabnahmen von 0—21,8% kaltgezogen und anschließend bei 700° (also zur Vermeidung von Umkristallisation unterhalb Ac_1) geglüht. Es wurde ähnlich wie bei weichem Flußstahl ein kritischer Verformungsbereich (5—15%) festgestellt. Nach Glühen in diesem Bereich findet mit der ausgeprägten Kornvergröberung eine Verschlechterung der Elastizitäts- und Streckgrenze statt. Die Bedingung für das Auftreten einer grobkörnigen Rekristallisation ist außer einer Verformung von 5—15% und Glühung unterhalb Ac_1 ein aus Ferrit und körnigem Zementit bestehendes Gefüge.

Die Rekristallisation ist ein wichtiges Mittel zur Beeinflussung des Gefügezustandes umwandlungsfreier Stähle, d. h. solcher Stähle, die in Systemen mit abgeschnürtem γ-Gebiet rein ferritisch sind oder in Systemen mit erniedrigter

378　Der Einfluß der Weiterverarbeitung auf Gefüge und Eigenschaften des Stahles.

α/γ-Umwandlung einem Konzentrationsbereich angehören, in dem diese Umwandlung unterhalb Raumtemperatur liegt (austenitische Stähle). Für alle diese Stähle ist die Rekristallisationstemperatur nach oben hin erst durch die Schmelztemperatur begrenzt. Die Rekristallisationsschaubilder für ferritische Siliziumstähle (Dynamo- und Transformatorenstahl) stellten A. Wimmer und P. Werthebach (4) auf. Sie sind deshalb von Bedeutung, weil die Wattverluste offenbar mit steigender Korngröße sinken. In einem Stahl mit 0,016% C und 2,75% Si (Dynamostahl) traten nach kritischer Verformung und geeigneter Glühung Körner bis zu 6—7 cm Durchmesser auf. Mit höherem Si-Gehalt (4,3% Si = Transformatorenstahl) nahm die Neigung zur grobkörnigen Rekristallisation wieder ab. Die untere Rekristallisationstemperatur lag nach 20%iger Längenänderung bei 650°, nach 4%, etwa kritischer Längenänderung, zwischen 700 und 750°.

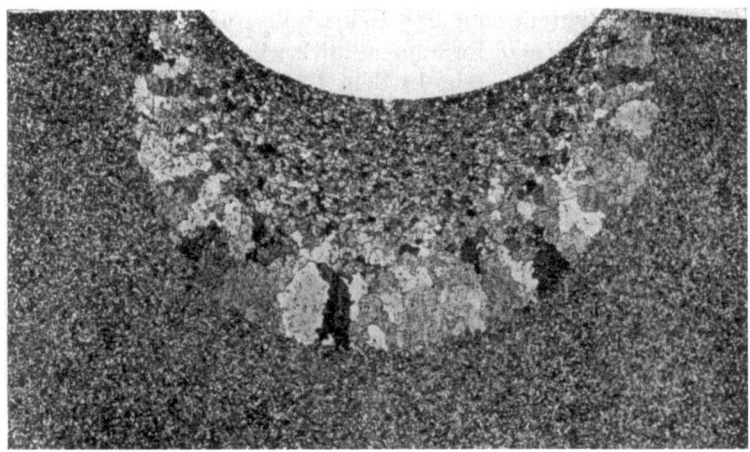

Abb. 450. Rekristallisation unterhalb eines Kugeleindruckes [Hanemann und Schrader (4)].

Der Umstand, daß die Rekristallisation zu größerer, gleichbleibender und kleinerer Korngröße führen kann, als sie das Ausgangskorn besaß, gibt ein Mittel an die Hand, die Verteilung der Spannungen, soweit sie zu plastischen Deformationen geführt haben, in einem ebenen Schnitt wenigstens qualitativ zu bestimmen. Abb. 450[1] vermittelt hiervon eine Vorstellung an dem Schnitt durch einen Kugeleindruck in einen Stahl mit 0,04% C. Die Gebiete starker Verformung sind nach ½stündiger Glühung bei 750° feinkörnig rekristallisiert. Mit abnehmendem Verformungsgrad, also nach dem Innern zu, nimmt die Korngröße zu und erreicht im Gebiet der kritischen Verformung ein Maximum. Bei Verformungen unterhalb des Schwellenwertes (scharfe Grenze in Abb. 450) hat keine Rekristallisation stattgefunden.

In Abb. 451 und 452 erscheinen die Zonen kritischer Verformung, also groben Kornes, dunkel.

Ebenso wie die Kristallisation aus dem Schmelzfluß in bevorzugter Richtung, und zwar entgegen dem Wärmefluß, stattfinden kann (Transkristallisation), beobachtet man bei der Rekristallisation häufig die Entstehung mit ihren Haupt-

---

[1] Hanemann und Schrader (4).

Die Kaltverformung, Kristallerholung und Rekristallisation des Stahles. 379

achsen parallel gelagerter, von den Stellen höchster zu denjenigen niedrigster Spannung sich erstreckender, säulenförmiger Kristalle.

Die durch Rekristallisation erreichbare Vergröberung des Ferrits ist in hohem Maße von der Reinheit, also im wesentlichen von der chemischen Zusammensetzung des Materials abhängig. Eine große Bedeutung kommt offenbar dem Kohlenstoffgehalt zu. Größere Mengen von Perlit hindern das Anwachsen der Ferritkörner bei der Rekristallisation. Aber auch in perlitarmen Proben wirkt

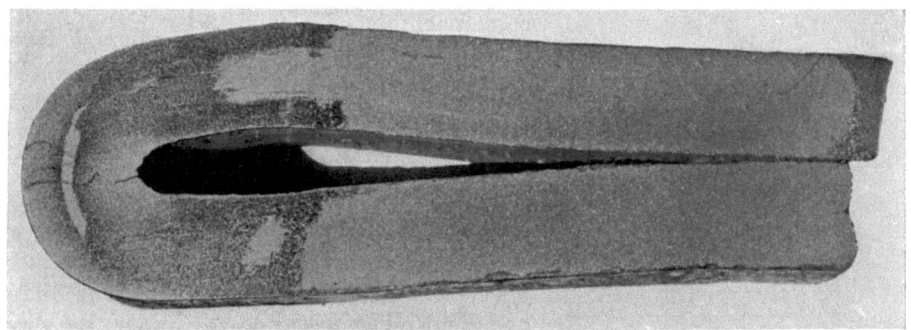

Abb. 451. Um 180° kaltgebogene Kesselblechprobe, bei 750° geglüht, Ätzung II, × 1.

unterschiedlicher Kohlenstoffgehalt und wahrscheinlich auch ein verschiedener Gehalt an anderen Bestandteilen stark auf die Korngröße ein. Das α-Korn ist daher nach Rekristallisation im reinsten Eisen am größten. Es nimmt mit steigendem C-Gehalt ab.

Auf die Höhe der Rekristallisationstemperatur ist der Kohlenstoff praktisch ohne Einfluß. Wird aber bei der Rekristallisation Ac_1 erreicht oder überschritten, so bildet sich feste Lösung, deren Menge mit zunehmender Überschreitung dieser Temperatur zunimmt. Dies ist von doppeltem Einfluß auf das Resultat der Rekristallisation.

Abb. 452. Gestanztes (links) und gebohrtes (rechts) Nietloch; die Probe wurde nach der Herstellung der Nietlöcher bei 750° geglüht, Ätzung II, × 1.

Einmal hindert die feste Lösung den noch vorhandenen Ferrit bis zu einem gewissen Grade am Wachstum, ferner aber kristallisiert bei der Abkühlung die feste Lösung zu einem äußerst feinkörnigen Gemisch der Zerfallsprodukte (vgl. Umkristallisation) um, und es entstehen hiernach relativ große Ferritkörner (deren Menge und Größe mit der Temperatur und dem Kohlenstoffgehalt abnehmen), die in einem feinkörnigen Gemisch von Ferrit und Perlit eingebettet sind.

A. Pomp (7) fand in kritisch behandeltem, weichem Flußstahl den Perlit, der im normal geglühten Stahl in den Ecken der Körner erscheint, entmischt, das heißt als Zementit in Form von dünnen Schnüren um die Korngrenzen verteilt. Nach A. Pomp und Holweg (8) tritt der „Korngrenzen- oder Schnürenzementit" in weichem Flußstahl nach Kaltziehen und anschließender Glühung

380 Der Einfluß der Weiterverarbeitung auf Gefüge und Eigenschaften des Stahles.

zwischen Ac_1 und Ac_3, sowie auch nach Kaltziehen, Normalisieren und nun erst erfolgender Glühung zwischen Ac_1 und Ac_3 auf. Grobes Korn, das die Entstehung des Schnürenzementits begünstigt, bewirkt bei normaler Perlitausbildung noch keine Verringerung der Kerbschlagzähigkeit. Tritt aber neben grobem Korn noch Schnürenzementit auf, so wird die Kerbschlagzähigkeit stark beeinträchtigt.

Bei der Kaltverarbeitung übereutektoidischer Stähle (z. B. Bandstahl) wird der spröde Zementit stark gebrochen und hierdurch die Entstehung des körnigen Zementits beim nachfolgenden Glühen begünstigt. Dieser Umstand äußert sich, wie später erörtert werden soll, in den Festigkeitseigenschaften von Bandstahl in hervorragender Weise.

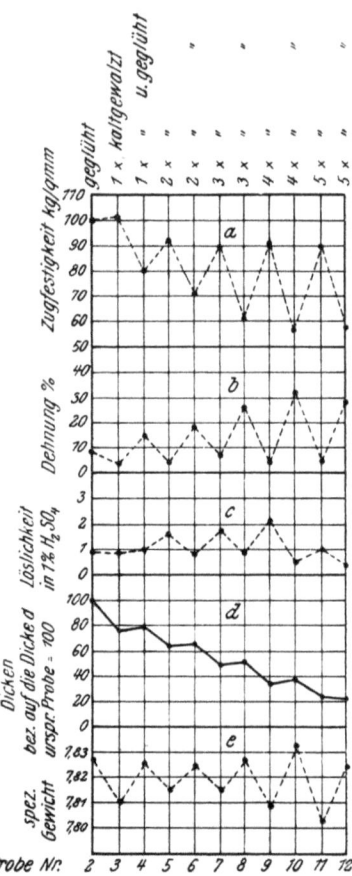

Abb. 453. Veränderung einiger Eigenschaften von Bandstahl durch Kaltwalzen und Glühen [Hanemann und Lind (6)].

Bei der in der Praxis geübten Kaltbearbeitung werden Zwischenglühungen vorgenommen, um den Werkstoff jeweils wieder in den weichen, also leichter kaltverformbaren Zustand zu überführen und die Bearbeitung so ohne Bildung von Fehlstellen zu Ende zu führen. Bei diesen Zwischenglühungen wird die Temperatur weit über die gesteigert, die zur Erholung der Eigenschaften erforderlich ist, da es sich gezeigt hat, daß bei Glühen bei zu tiefen Temperaturen Fehlstellen bei der weiteren Kaltbearbeitung viel häufiger auftreten als nach Zwischenglühungen bei erheblich höheren Temperaturen. Die Gründe hierfür sind noch unbekannt. Natürlich sind bei den praktisch geübten Zwischenglühungen die Eigenschaftsänderungen anders geartet, als den im vorigen Abschnitt gegebenen Erholungskurven entsprechend.

Als Beispiel für die Eigenschaftsänderung durch Zwischenglühen bei der Kaltwalzung von Bandstahl mit 1% C seien die von H. Hanemann und Lind (6) durchgeführten Untersuchungen angeführt. Ihre Ergebnisse sind in Abb. 453 dargestellt, aus der die nach jeder Glühung erfolgende Steigerung der Dehnung, Löslichkeit, des spezifischen Gewichtes und die Abnahme der Festigkeit zu ersehen ist. Besonders bemerkenswert ist die kontinuierliche Abnahme der Festigkeit, die Zunahme der Dehnung in den geglühten Proben und der außergewöhnlich hohe Betrag der Dehnung. Diese Tatsachen finden bei der Gefügeuntersuchung ihre Erklärung im Auftreten des körnigen Zementits, dessen Bildung durch das Kaltwalzen mit darauffolgendem Glühen (zwischen 600 und 700°) begünstigt wird.

Die unter kritischen Bedingungen erzeugte Grobkörnigkeit kommt in den Eigenschaften deutlich zum Ausdruck. Bei der Beurteilung der durch die Grobkörnigkeit bedingten Eigenschaftsänderungen ist zu berücksichtigen, daß unter kritischen Bedingungen Korngrenzenzementit entsteht, auf dessen verschlech-

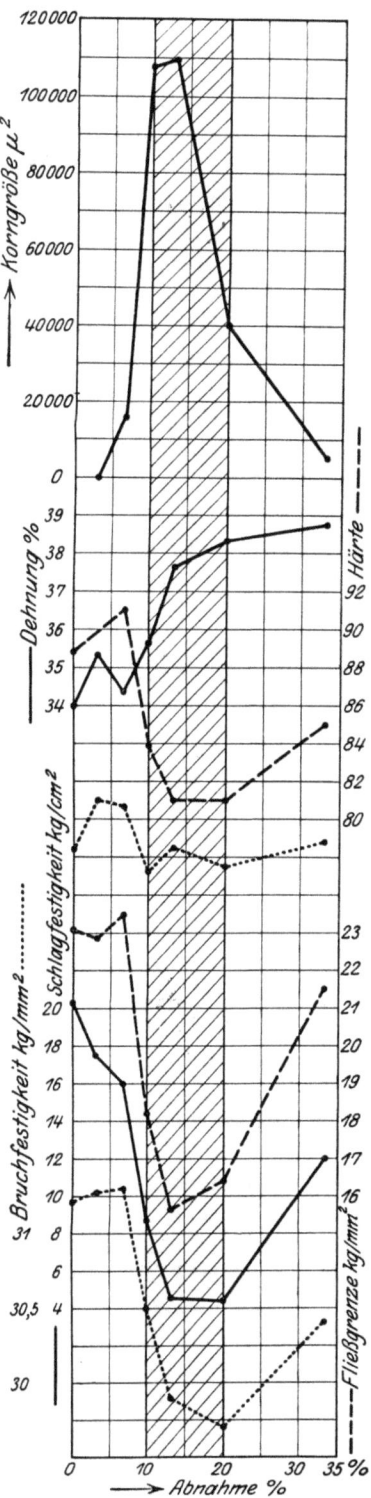

Abb. 454. Einfluß kritischer Verformung mit nachfolgendem kritischen Glühen auf die Eigenschaften von Kruppschem Weicheisen [Pomp (7)].

ternden Einfluß auf die Kerbzähigkeit schon hingewiesen wurde. A. Pomp (7) walzte normalgeglühtes Weicheisen* mit einem Ausgangsquerschnitt von 30 × 15 mm kalt auf 14,5, 14, 13,5, 13, 12 und 10 mm Dicke herunter. In Prozenten ausgedrückt betrugen also die Deformationsgrade (Dickenabnah-

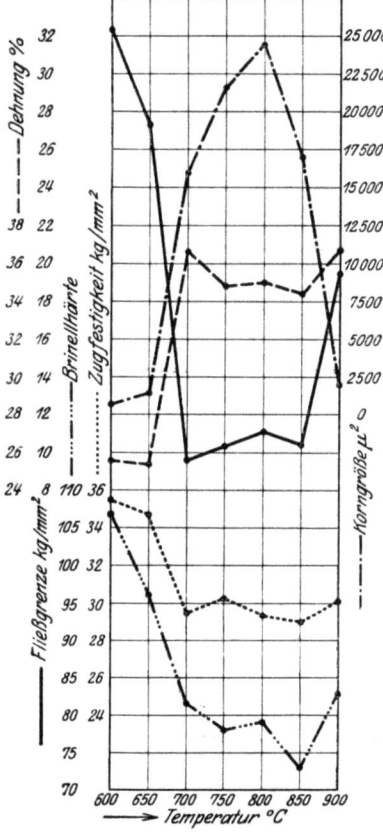

Abb. 455. Wie Abb. 454 [Körber (13)].

men) 3,3, 6,7, 10, 13,3, 20 und 33,3%. Die durch nachträgliches Glühen bei kritischer Temperatur erzielten Eigenschaftsänderungen waren deutlich ausgeprägt bei der zweiten bis vierten Deformationsstufe und am deutlichsten bei der dritten, d. h. bei 10% Dickenabnahme. Diese Ergebnisse sind von Körber (13) an gleichem Material nachkontrolliert worden, indem er das Weicheisen

* Etwa: 0,08% C; 0,025% Si; 0,15% Mn; 0,08% P; 0,03% S.

in der Zerreißmaschine um 10% streckte. (Körber hatte durch Vorversuche festgestellt, daß es gleichgültig ist, ob die Deformation durch Walzen oder Ziehen erfolgt.) Hierauf wurden die Proben bei Temperaturen zwischen 500 und 1000° geglüht. Die Abb. 454 und 455 enthalten die wesentlichen Ergebnisse beider Arbeiten und zeigen den Einfluß kritischer Behandlung auf die Eigenschaften. Das Körbersche Diagramm besitzt eine Depression der Eigenschaftskurven zwischen 700 und 850°, der im Diagramm der Korngrößen ein spitz zulaufendes Maximum bei 800° gegenübersteht. Bemerkenswert ist ferner, daß die Eigenschaftswerte nach Erreichen von Ac_3, also nach Umkristallisation, nicht gleich denen des Ausgangs-, also normalisierten Materials sind. Endlich macht Körber darauf aufmerksam, daß das grobkörnige, durch kritische Behandlung erzeugte Eisen lediglich „kerbspröde", jedoch nicht spröde im eigentlichen Sinne ist, wie der Umstand beweist, daß einer Abnahme der Kerbschlagzähigkeit im gekerbten Stab von 94% nur eine solche von 4% im ungekerbten Stab gegenübersteht. Im übrigen gibt die nachfolgende Tabelle einige Anhaltszahlen von Pomp und von Körber über die maximalen Eigenschaftsänderungen dem normalisierten Metall gegenüber.

Eigenschaft	Eigenschaftsänderung in Prozenten gegenüber dem normalisierten Metall		
	durch kritische Behandlung nach		durch Glühen bei 1200° nach Körber
	Pomp	Körber	
Elastizitätsgrenze . .	—	— 84	— 61
Streckgrenze .	— 35 bis 47	— 60	— 46
Festigkeit . .	— 4 „ 11	— 7	— 1
Dehnung . .	+ 9 „ 25	± 0	+ 1
Härte	— 9 „ 14	— 17	— 11
Kerbzähigkeit	— 84 „ 93	— 94	—
Korngröße . .	+22000 bis 240000	+ 4200	+ 650

Körber stellt den durch kritische Behandlung erzeugten Eigenschaftsänderungen solche gegenüber, die er durch einfaches Glühen des normalisierten Metalls bei 1200° erhielt. Durch eine solche Glühbehandlung erreicht man, wie später gezeigt wird, ebenfalls eine bedeutende Kornvergrößerung. Wie aus der Zusammenstellung ersichtlich ist, wirken beide Behandlungsarten im gleichen Sinne. Als praktisch wichtige Schlußfolgerung ergibt sich jedenfalls hieraus, bei weichem Flußeisen kritische Formänderungen (8—12%) zu vermeiden, wenn im kritischen Intervall (650 bis 850°) geglüht werden muß oder aber, wenn kritische Formänderungen wie beim Drahtziehen (vgl. Pomp) unvermeidlich sind, über Ac_3 zu glühen.

Für das Gefüge ist bereits festgestellt worden, daß kritische Kaltverformung und anschließende Glühung bei der kritischen Temperatur in der Wirkung gleichzusetzen sind einer kritischen Verformung bei der kritischen Temperatur. Der letzteren Behandlung entspräche für Weicheisen z. B. das Walzen bei etwa 800°, wobei die durch das Walzen bedingte Verformung (Dickenabnahme) etwa 10% betragen müßte. Es darf als sicher hingestellt werden, daß auch bezüglich der Eigenschaftsänderungen eine gleichzeitige Einwirkung von kritischer Verformung und kritischer Temperatur zu dem gleichen Ergebnis führt wie Einwirkung der kritischen Temperatur nach kritischer Verformung in der Kälte. Es dürfte sich also praktisch als richtig erweisen, das Walzen von weichem Flußstahl nach Möglichkeit oberhalb A_3 zu beenden.

C. Die Verformungs-, Erholungs- und Rekristallisationshypothesen.

Für die Deutung der vorstehend beschriebenen Erscheinungen sind eine Reihe von Hypothesen aufgestellt worden. Es kann nicht der Zweck des vorliegenden Buches sein, alle diese Hypothesen im einzelnen und kritisch zu erörtern. Es genüge vielmehr eine kurze Wiedergabe der wesentlichen Grundlagen der wichtigsten Hypothesen. Die Anschauungen über das Wesen der bei der Kaltverformung eintretenden Verfestigung weichen besonders stark voneinander ab. Eine einheitliche Auffassung über das Wesen von Verformung und Verfestigung[1] besteht also keinesfalls.

a) Der kaltverformte Zustand.

Unterwirft man einen Einkristall einer Zugspannung, so dehnt er sich zunächst elastisch. Die elastische Dehnung ist der angelegten Spannung proportional (Hookesches Gesetz). Bei weiterer Erhöhung der Spannung tritt von einer ziemlich genau bestimmten Spannung ab zu der elastischen Dehnung die bleibende Dehnung hinzu. Die Entstehung der letzteren ist verbunden mit dem Auftreten von Gleitungen. Es hat sich gezeigt, daß in Kristallen Ebenen besonders geringer Schubfestigkeit vorliegen. Derartige Ebenen sind meist* die am dichtesten mit Atomen besetzten Ebenen. Die Höhe der Spannung, bei der in einem Einkristall ausgiebiges Gleiten eintritt, ergibt sich aus dem „Gesetz der kritischen Schubspannung"**. Zerlegt man die angelegte Spannung in eine in der Gleitebene und in der Gleitrichtung wirkende Schubspannung τ und eine senkrecht dazu wirkende Normalspannung τ', so zeigt sich, daß der Beginn der Gleitung stets weitgehend bei der gleichen Schubspannung, aber unabhängig von der gleichzeitig wirksamen Normalspannung eintritt. Die Gleitebenen äußern sich auf ebenen Schnitten als dunkle Linien (s. Abb. 412). Bei Überschreitung der kritischen Schubspannung kann gemäß Abb. 456 einfache Gleitung dadurch eintreten, daß die beiden Teilkristalle A und A_1 gegeneinander verschoben werden, wobei sie die gleiche optische Orientierung bewahren. Gemäß Abb. 457 kann aber auch unter Einwirkung der Schubspannung neben der Gleitung eine Drehung der Lamelle Z in die Zwillingsstellung erfolgen, ein Vorgang, der von Reusch (1, 2) entdeckt und einfache Schiebung genannt wurde. Nach Mügge ist die Ebene einfacher Schiebung die Ikositetraederfläche***. Von der Zahl der Gleitebenensysteme und von der Zahl der pro Kristall gebildeten Gleitebenen hängt zunächst die Plastizität eines Metalles ab.

Da die technischen Metalle Konglomerate von verschieden orientierten Kristallen darstellen, erfolgt die Ausbildung von Gleitebenen nicht in allen Kristallen

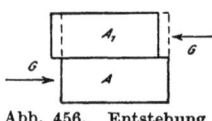

Abb. 456. Entstehung der Translationslinien, schematisch.

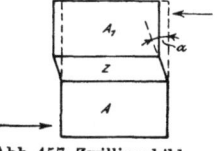

Abb. 457. Zwillingsbildung, schematisch.

---

[1] Siehe H. Reischauer und F. Sauerwald (1).
* Eine Ausnahme bilden die kubisch raumzentrierten Kristalle.
** Siehe Schmid (1).
*** Vgl. a. Linck (1), sowie Osmond und Cartaud (6, 7); nach letzterem ist durchaus nicht das Einschnappen der Lamelle in die Zwillingsstellung erforderlich, vielmehr können alle sog. banale Zwischenlagen zwischen dem Winkel 0 und α durchlaufen werden.

gleichzeitig, sondern zunächst nur in den Kristallen, in denen auf Grund ihrer Orientierung zur angelegten Spannung die Schubkomponente zuerst die Schubfestigkeit übertrifft. (Gleitebene unter 45° zur angelegten Spannung.)

Neben der Gleitung auf ebenen Flächen, die die Grundlage der Tammannschen Theorie der Verformung („Translationstheorie") bildet, wurde von M. Polanyi (1), und gleichzeitig, aber unabhängig von ihm von R. Groß (1), ausgehend von Versuchsergebnissen der Begriff der Biegegleitung eingeführt. Hierunter hat man sich eine Gleitung vorzustellen, die von einer elastischen Biegung der gleitenden Schichten (Abb. 458) begleitet wird. Die Biegung bringt Spannungen in das Gitter hinein und führt zur Entstehung einer Gittertrennung entlang den Gleitflächen. Die Gitterspannungen und Gittertrennungen erhöhen den Energieinhalt des verformten Kristalles.

Im folgenden sollen zunächst einige ältere Versuche zur Deutung der vom Normalzustand abweichenden Eigenschaften verformter Metalle angeführt werden:

Nach Tammann folgt dem Auftreten der ersten Gleitlinien, das dem Beginn der bleibenden Deformation entspricht und daher zur Bestimmung der Elastizitätsgrenze herangezogen werden kann, bei weiterer Steigerung der angelegten Spannung die Entstehung von weiteren Gleitebenen, und es nehmen allmählich auch die ungünstiger orientierten Kristalle am Vorgang teil. Ist eine genügend große Zahl von Kristallen beteiligt, so tritt Fließen ein, das Kraftfeld wird homogenisiert. Die Erhöhung der Elastizitätsgrenze durch eine vorangehende Kaltverformung ist eine Folge hiervon sowie der Tatsache, daß infolge der Unterteilung der einzelnen Körner durch die Gleitebenen die Korngröße sinkt. Gleichzeitig mit der Elastizitäts- und Streckgrenze steigt auch die am Kristallhaufwerk ermittelte technologische Härte (Brinell, Shore), da sie ja auch von der Gleitebenenbildung abhängig sein muß, während die absolute Härte (z. B. Ritzhärte) unverändert bleibt. Oberhalb der Streckgrenze, und zwar im Diagramm der wahren Spannungen von dem Punkte an, wo die Spannungskurve den geradlinigen Verlauf annimmt, beginnt nach Körber (14) in Erweiterung der Tammannschen Hypothese eine Drehung der Kristallteile gegen die Deformationsrichtung, indem die Gleitebenen in eine möglichst ungünstige (Diatrop-)Stellung gedreht werden. Diese Stellung ist nach röntgenographischen Feststellungen von Körber und Wever dann erreicht, wenn die dichtest besetzte Gitterebene, auf der die Gleitung am leichtesten erfolgt, senkrecht zur Zugrichtung steht. Beim α-Eisen ist dies dann erreicht, wenn eine der Rhombendodekaederflächen parallel zur Zugrichtung wird, die demnach dann mit einer Flächendiagonale des Würfels zusammenfällt. Die steigende Verfestigung erklärt sich also dadurch, daß immer zahlreichere Kristallteile in die vorbeschriebene Stellung gebracht werden, bis schließlich die von Polanyi (1), an stark deformierten Drähten röntgenographisch definierte Faserstruktur entsteht, die also durch gleiche Orientierung praktisch aller Kristallteile gekennzeichnet wäre. Dies würde erklären, warum ein stark deformiertes Metall beim Ätzen keine Helligkeitsdifferenzen mehr aufweist (nach Czochralski: dis-

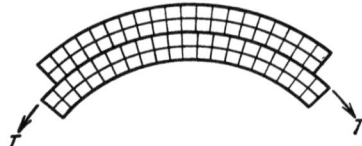

Abb. 458. Schema zweier benachbarter elastisch gebogener Gleitschichten. (Das Gitter ist durch ein Netz angedeutet, an dem man merkt, daß die konvexe Seite gedehnt, die konkave gepreßt ist. Entlang der Berührungsfläche T—T sind die Gittergeraden bzw. Gitterflächen unterbrochen. Sie stellt eine „innere Trennungsfläche" des Kristalles dar.) [Groß (1)].

lozierte Reflexion). Zur Erklärung der Abnahme des spezifischen Gewichtes durch die Kaltverformung greift Tammann auf einen Versuch von Rose zurück, wonach bei der Zwillingsbildung in Kalkspatkristallen Hohlkanäle gebildet werden. Aber auch bei der Translation würde nach Tammann der Zusammenhang gelockert, und endlich glaubt Tammann auch an die Entstehung von Lücken an den Kristallgrenzen sowie von Rissen bei sehr starken, insbesondere Biegungsbeanspruchungen. Durch alle diese Tatsachen würde die Dichte infolge der Kaltdeformation abnehmen müssen. Die Zunahme des elektrischen Leitwiderstandes infolge von Kaltverformung (z. B. bei Kupfer) ist nach Tammann an die Entstehung der Faserstruktur (Gleichrichtung der Kristallteile) gebunden und hängt zusammen mit der Verschiedenheit dieser Eigenschaft in den verschiedenen kristallographischen Achsenrichtungen. Die Änderung der magnetischen Eigenschaften ist auf die Lockerung des Zusammenhanges zurückzuführen. Die Zunahme der Löslichkeit ist eine Folge größerer Löslichkeit der Zwillingslamellen (festgestellt am Meteoreisen). Die Grundlage der Tammannschen Anschauungen über die Deformation ist die aus vorstehendem hervorgehende Tatsache, daß das Raumgitter keine Veränderung erfährt. Auch H. Reischauer und F. Sauerwald (1) kommen zu dem Schluß, daß das „Raumgitter bei der Deformation wesentlich erhalten bleibt". Auf die nähere Begründung dieser Feststellung ist weiter unten noch einzugehen.

Wie weiter oben schon gezeigt wurde, wird bei Annahme der Biegegleitung bei der Deformation (Polanyi) der Energieinhalt des Kristalles erhöht. Damit ergibt sich unter Beibehaltung eines streng kristallographischen Gleitungsmechanismus ein Begriff des verformten Kristalles, nach dem sich dieser in seinen Eigenschaften von denen des unverformten unterscheidet. Gleichzeitig ist der verformte Kristall in einem instabilen Zustand, so daß die Erholung und Rekristallisation bei Erwärmung erklärlich ist. Die Ursache der bei der Verformung eintretenden Eigenschaftsänderungen, insbesondere die der Verfestigung, läßt sich auf Grund der Annahme der Biegegleitung nicht klären.

Der Grundgedanke der von Czochralski (3) aufgestellten und ausgebauten Verlagerungshypothese ist im Gegensatz zur Translationshypothese (Tammann) der, daß bei der Deformation eine wesentliche Störung des Raumgitters stattfindet. Nach dieser Hypothese kommt der Gleitflächenbildung nur der Wert einer unwirksamen Nebenscheinung zu, die auf den Fließ- und Verfestigungsverlauf ohne nennenswerten Einfluß ist und jedenfalls nur die Anfangsstufen der bleibenden Deformationen begleitet. Schon kurz oberhalb der Elastizitätsgrenze wird nach den ersten Darlegungen Czochralskis die gleichmäßige Verkettung der kleinsten Teilchen gestört. Die Moleküle werden aus ihrer normalen Lage gedreht unter Bildung mehr oder weniger verlagerter Übergangszonen, bis im Endzustand die (ungleichachsigen) Moleküle sich mit ihren Hauptachsen quer zur Schubrichtung eingestellt haben. Größe und Richtung der Kraft sind ausschlaggebend. Diesen Zustand nennt Czochralski nach dem Vorgang von O. Lehmann (1) den erzwungenen Homöotropie (Gleichrichtung). Er ist weder mit dem hoch dispersen noch mit dem amorphen identisch. In ersterem bilden die kleinsten Teilchen alle möglichen Winkel mit ihren Nachbarn, der letztere weist keine axiale Bevorzugung auf. Wesentlich für die Charakteristik des Zustandes der verlagerten Teilchen ist der Umstand, daß sie ihr Orientierungsbestreben behalten haben. Sie befinden sich eben nur in einem Zwangszustand, von dem sie durch Wärmezufuhr wieder befreit und in neue, aber Gleichgewichtslagen überführt werden können. Hierin besteht das Wesen der Rekristallisation, und es ist begreiflich, daß diese bei um so tieferer Temperatur und in um so zahlreicheren Zentren einsetzen wird, je stärker und vollständiger die Teilchen aus ihrer Gleichgewichtslage herausgedreht worden waren, je größer also die Verlagerung war. Hierdurch wird auch zwanglos erklärt, warum das Resultat der Rekristallisation unabhängig von der Ausgangskorngröße und -gestalt ist. Maßgebend für die Richtung des Fortschreitens der Rekristallisation ist einzig und allein die Spannungsverteilung im deformierten Metallstück, und zwar schreitet sie von den Stellen höchster Spannung zu solchen geringerer fort.

Czochralski hat durch umfangreiche mechanische und röntgenographische Untersuchungen an Kupfer- und Aluminium-Einkristallen seine Hypothese erweitert und gegen die Translationshypothese Stellung genommen. Die Grundfrage: findet eine Störung des Raumgitters statt oder nicht, glaubt Czochralski eindeutig im positiven Sinne mit dem Hinweis erledigt zu haben, daß bei starker Verformung eines Haufwerks von Kristallen die Helligkeitsdifferenzen (dislozierte Reflexion) verschwinden. Wir haben aber gesehen, daß dieses Argument auch von Tammann als Beweis für die Verdrehung und Gleichrichtung der Kristallteile bei starker Verformung herangezogen wird. Durch seine Zerreißversuche an orientierten Kristallen hat Czochralski (2) eine Reihe von weiteren Argumenten gegen die Translationshypothese aufgebracht. So fand er bei der Ermittlung der Festigkeit, Dehnung und Härte von orientierten Kupfer-Einkristallen, daß die größte Dehnung in den Achsenrichtungen auftritt, in denen die Möglichkeit der Gleitflächenbildung am kleinsten ist. Die bisher als Ebene geringsten Schubwiderstandes angesehene Gleitebene im kristallographischen Sinne (beim Kupfer die Oktaederfläche) erwies sich in Wirklichkeit als Ebene größten Schubwiderstandes, als „Hemmungsebene", während als Fläche geringsten Schubwiderstandes sich hier die Richtung parallel zur Würfelfläche als eigentliche Gleitebene ergab. Im übrigen aber verlaufen in einem Streuungsbereich von etwa 30° noch ganze Scharen von Ebenen mit fast ebenso günstiger Orientierung. Auch die Tatsache, daß die Festigkeit in den einzelnen Kristallrichtungen verschieden war (12,9—35 kg/mm^2) beweist nach Czochralski die Haltlosigkeit der Verdrehungstheorie der Kristallteile (Körber), da ja nach dieser Vorstellung der Bruch unabhängig von der Orientierung stets bei konstanter Spannung vor sich gehen müßte. Es ergab sich im übrigen die auffallende und unerwartete Tatsache, daß die Höchstwerte der Festigkeit und Dehnung einander zugeordnet sind. Ferner zeigte sich, daß die mit Atomen am dichtesten besetzte Netzebene (Oktaederfläche) die höchste Festigkeit aufweist, die mit Atomen am geringsten besetzte (Dodekaederfläche) dagegen die größte Dehnung, dazwischen liegt die Fläche mittlerer Atombesetzung (Würfelfläche).

Die Umgestaltung des Raumgitters besteht nach Czochralski vielleicht darin, daß die Atome nach und nach in der Weise verlagert werden, daß die Abstände der Gitterpunkte in den verschiedenen Netzebenen zunächst einmal mehr oder weniger weitgehend ausgeglichen werden. Dadurch würde die Symmetrie der Netzebenen und damit des Raumgitters zerstört. Zusammenfassend läßt sich sagen: Nach Czochralski sind es nicht die kristallgeometrischen, sondern vielmehr die kräftegeometrischen Beziehungen, auf die es ankommt, etwa: Beziehungen zwischen Aufbau des Gitters und Gitterkräften, Verhalten eines Atoms zu der Lage der Nachbaratome.

Die von Beilby (1) zuerst aufgeworfene und u. a. auch von Rosenhain (3) aufgenommene Ansicht, daß die Metalle durch Kaltverformung in den amorphen Zustand übergehen, soll hier nur erwähnt werden. Die amorphe Substanz soll in den Korngrenzen undeformierter Metalle auftreten und sich bei der Kaltverformung auf den Gleitebenen bilden. Ihre Sprödigkeit soll die Ursache der Verfestigung, ihre geringe Dichte die der Abnahme des spezifischen Gewichtes bei der Kaltverformung sein.

Die von Jeffries und Archer (1, 2) vertretene Gleitstörungshypothese wurde schon zur Erklärung der Härte gehärteten Stahles und des Härteanstieges bei der Ausscheidungshärtung herangezogen. Die Formänderung plastischer Metalle erfolgt nach Jeffries und Archer durch Ausbildung von Gleitebenen, also Ebenen geringen Schubwiderstandes. Die Härtung (Verfestigung) bei Kaltverformung oder beim Härten des Stahles (s. a. Ausscheidungshärtung) erfolgt durch Behinderung des Gleitens (Gleitstörung). Bei der Kaltverformung ist der Grund der Behinderung das Auftreten der amorphen Schicht nach kurzer Gleitung, wodurch die Bewegung zum Stillstand kommt, indem die anfangs infolge der Reibungswärme erweichte Schicht wegen mangelnder Wärmeabfuhr erhärtet, so daß der Schubwiderstand wächst und die Bewegung sich infolgedessen auf eine andere Gleitebene überträgt. Mit steigender Beanspruchung treten Drehungen einzelner Teile der Kristalle gegeneinander auf, besonders an den Korngrenzen. Hierdurch werden neue Gleitebenen geschaffen, und die Kalthärtung nimmt auch noch durch Verminderung der Korngröße zu. Kleine Korngröße bedingt höhere Festigkeit, nicht nur wegen der wechselnden Richtung der Gleitebenen, sondern auch wegen der in den Korngrenzen von den Verfassern angenommenen amorphen Substanz. Diese Darstellung des Kalthärtungsvorganges deckt sich weitgehend mit Ansichten von Ludwik (1), der ebenfalls eine „Blockierung" der Gleitebenen, jedoch durch örtliche Verzerrung des Raumgitters annimmt.

Faßt man die neueren Arbeiten über die Kaltverformung zusammen, so ergibt sich nach H. Reischauer und F. Sauerwald (1) die Möglichkeit, den kaltverformten Zustand einmal vom Standpunkt der Gittergeometrie, zum andern vom Standpunkt der kinetischen Theorie, der Elektronentheorie und der Atomphysik zu erklären.

Vom Standpunkt der Gittergeometrie ergeben sich bei der Kaltverformung folgende Änderungen der Konstitution:

Die Änderung der Orientierung der Kristalle, auf die weiter oben bereits eingegangen wurde, ist offenbar die am wenigsten tiefgreifende Veränderung. Die nächste mögliche Veränderung, die zur Deutung der vom Normalzustand abweichenden Eigenschaften eines verformten Kristalles herangezogen werden kann, betrifft die Schwerpunktslage der Atome. Diese kann nur dann verändert sein, wenn die Spannungsverteilung im Raumgitter von der normalen verschieden ist. Es sind nun zwei Hauptarten von Spannungen und Deformationen zu unterscheiden. Die erste Gruppe sind die homogenen Deformationen, die sich gleichmäßig über eine große Anzahl von Atomen erstrecken, und bei deren Vorliegen jedes Atom die gleiche relative Verschiebung in einer Spannungsrichtung erfährt. Zu den homogenen Deformationen gehören auch gleichmäßige Verbiegungen über große Bereiche. Erstrecken sich die homogenen Spannungen über besonders große Bereiche, so liegen die sogenannten Heynschen inneren Spannungen vor. Die zweite Gruppe umfaßt Spannungshäufungen an örtlich begrenzten Gitterpunkten, also an Gleitebenen, Korngrenzen, Einschlüssen oder anderen Fehlstellen.

Reischauer und Sauerwald begründen ihre Ansicht, daß das Raumgitter bei der Kaltverformung wesentlich unverändert bleibt, wie folgt: Die homogenen Spannungen sind sowohl Druck- wie Zugspannungen. Wirkten die homogenen Spannungen nur in einem Sinne, so würden sie eine einsinnige Änderung des Raumgitters bewirken, d. h., auf den Laue- bzw. Debye-Röntgenogrammen müßte eine Verschiebung der Punkte bzw. Ringe eintreten. Das ist aber nicht der Fall, vielmehr tritt lediglich eine Verbreiterung der Ringe und Punkte ein, wobei das Intensitätsmaximum in erster Näherung nicht verschoben wird. Dies ist dann erklärlich, wenn Zug- und Druckspannungen, sowie Verbiegungen in großen Bereichen vorliegen, die im übrigen unversehrt sind.

Die homogenen und Biegespannungen führen also im Röntgenbild zu Verbreiterung der Debye-Ringe. Aus den Bedingungen, die maßgebend für die Entstehung des Debye-Röntgenogrammes sind, hat Dehlinger (1) abgeleitet, daß wirklich nur in größeren, einheitlichen Bereichen vorliegende oder periodisch angeordnete Spannungen eine Verbreiterung der Debye-Linien bewirken können. Nach Becker (2) und van Arkel und Burgers (3) beträgt die durch die homogenen Spannungen bewirkte Streuung des Gitterparameters um seinen Mittelwert $\pm 0,1\%$. Es erscheint also die Feststellung gerechtfertigt, daß das Raumgitter wesentlich unverändert bleibt.

Neben den Heynschen Spannungen, die über sehr große Bereiche wirksam sind, sind in Polykristallen noch die Spannungen zwischen einzelnen Kristalliten zu erwähnen, die von Masing und Mauksch (4) als innere Spannungen 2. Art bezeichnet worden sind, und die sich zumindest über ganze Kristallite erstrecken.

Die Auswertung von Debye-Scherrer-Aufnahmen hat bezüglich der zweiten Spannungshauptgruppe (örtliche Spannungsanhäufung) ergeben, daß bei einer Druckverformung von 3,6% 2,25% der Atome um maximal $^1/_8$ ihres Atomabstandes aus ihrer Lage verschoben waren[1].

Welche der Spannungen bedingt nun die Verfestigung? Es erscheint ohne weiteres einleuchtend, daß gebogene Gitterbereiche eine Erhöhung der Schubspannung mit sich bringen. Desgleichen darf als gesichert angenommen werden, daß die homogenen Spannungen wesentlich zu Verfestigung beitragen. Daß neben Biegungs- und homogenen Spannungen noch weitere Einflüsse die Verfestigung bedingen, geht daraus hervor, daß die Verfestigung oberhalb mittleren Verformungsgraden weiter zunimmt, während die homogenen Spannungen, gemessen an der Linienverbreiterung im Debye-Bild, oberhalb mittlerer Verformungsgrade keine Zunahme mehr erfahren. Der Anteil der lokalen Spannungen an der Verfestigung ergibt sich aus der parallel laufenden Intensitätsänderung der Debye-Linien und der Verfestigung.

Versuche zur Erklärung des kaltverformten Zustandes vom Standpunkt der

---

[1] Siehe Hengstenberg (1), Hengstenberg und Mark (2).

kinetischen Theorie gingen von F. Sauerwald (2, 3) aus. Nach F. Sauerwald müssen sich die Schwankungen des Gitterparameters (s. o.) auch auf den Schwingungszustand der Atome auswirken. Daher wird man sich für die Deutung der Änderung der Eigenschaften durch Kaltverformung, die auch sonst kinetisch aufgefaßt werden, folgerichtig auf die Änderung des Schwingungszustandes der Atome beziehen. Zu den kinetisch bedingten Eigenschaften, die durch Kaltverformung beeinflußt werden, gehören die Verdampfungsgeschwindigkeit und die Diffusionsgeschwindigkeit.

Da bei der Kaltverformung auch Eigenschaften sich ändern, die durch das Atom bedingt sind (Farbe und elektrochemisches Potential), hält Tammann auch eine Änderung des Atoms durch Kaltbearbeitung für wahrscheinlich. Diese Veränderung soll das Potential des Atoms betreffen.

Vom Standpunkt der Atomphysik ist es bedeutsam, ob eine Kaltverformung lediglich die Elektronenbahnen beeinflußt, oder ob sie eine Veränderung der Konzentration der freien Elektronen (die die elektrische Leitfähigkeit bedingt) bewirkt. Van Liempt (1) vertritt die erste, Agte und Becker (1) neigen zu der zweiten Auffassung.

b) Kristallerholung und Rekristallisation.

Eine Rückkehr von Metallen aus dem kaltverformten in den normalen Zustand kann bei Erwärmung ohne Kristallisation als Erholung oder unter Kritallneubildung als Rekristallisation stattfinden.

Bei der Erholung kann ein Ausgleich der den kaltverformten Zustand kennzeichnenden Spannungen einmal dadurch ablaufen, daß die Atome infolge der Zunahme ihrer kinetischen Energie und der Abnahme der Elastizitätsgrenze bei der Erwärmung in ihre normale Lage zurückkehren oder daß ganze Gitterbereiche zurückgleiten. Da bei der Erholung gerade die nicht lokalen Spannungen aufgelöst werden, ist es wahrscheinlich, daß das Zurückgleiten ganzer Gitterbereiche die Hauptrolle spielt. Bei der Auflösung von Biegespannungen werden die lokalen Störungen an den Grenzen der gebogenen Bereiche und die hiermit verknüpfte Verfestigung ebenfalls bestehen bleiben. Über die Entfestigung lediglich als Folge der Erholung liegen kaum Versuchsergebnisse vor, da eine genaue Trennung von Erholung und Rekristallisation experimentell schwer durchführbar ist. Vollkommene Entfestigung als Erholung ist, wie Polanyi und Schmid (2) an Zinnkristallen gezeigt haben, höchstens nach geringen und gleichmäßigen Deformationen möglich. Nach Sauerwald, Scholz und Globig (4) findet bei Rekristallisation vorher und gleichzeitig stets die Kristallerholung statt. Über den Ablauf der Kristallneubildung bestehen heute etwa folgende Vorstellungen: Die den kaltverformten Zustand kennzeichnenden Eigenspannungen sind gleichbedeutend mit Energieanhäufungen im Gitter. Bei der Erhitzung führen Wärmeschwingungen an den stärkst verspannten, also energiereichsten Gitterpunkten zu einer Loslösung und Entspannung kleiner Gitterbereiche. Diese nunmehr nahezu ungestörten Gitterbereiche wirken als Rekristallisationskeime und lagern benachbarte, noch unter Spannung stehende, also weniger stabile Bereiche verhältnismäßig rasch an. Die Zunahme der Kornzahl bei Rekristallisation nach starken Verformungen und die gleichzeitige Erniedrigung der Temperatur der beginnenden Rekristallisation ist darauf zurückzuführen, daß die im Kristallgitter aufgespeicherte Energie um so stärker und ungleichmäßiger ist, je höher der Verformungsgrad ist. Um so zahlreicher und früher bilden sich daher die Keime aus.

Nach den vorstehenden Ausführungen ist zu erwarten, daß die Orientierung des rekristallisierten Kornes übereinstimmt mit der Orientierung der stärkst verspannten Gitterbereiche im kaltverformten Metall. Es gelang Burgers (1), den Nachweis hierfür an Aluminiumkristallen zu erbringen. Die große Ähnlichkeit zwischen der Anordnung der Kristallite im verformten und rekristallisierten Zustand ist nach Kurdjumow und Sachs (1) sowie Caglioti und Sachs (1) auf die gleiche Ursache zurückzuführen.

Tammann hat über die Rekristallisation Anschauungen entwickelt, die zu den obigen Ausführungen in einem gewissen Gegensatz stehen. Nach Tammann üben zwei sich berührende Kristalle von gleicher Orientierung oder in Zwillingsstellung aufeinander keinen Einfluß aus, verhalten sich also so, als ob sie ein einziger Kristall wären. In allen anderen Fällen erfolgt eine Einwirkung (selbstverständlich erst bei den Temperaturen merklichen Platzwechsels der Atome), indem entweder ein Kristall neuer Orientierung oder ein Wachsen des einen Kristalls auf Kosten des anderen erfolgt. Es ist wahrscheinlich, daß im letzteren Falle die dichter mit Atomen besetzte Ebene die maßgebende ist. Wenn dem nun so ist, so müßte in einem aus dem Schmelzfluß erstarrten, aus vielen verschiedenartig orientierten Kristallen bestehenden Metallstück durch Erhitzung auf geeignete Temperatur ein einziger Kristall zu erzeugen sein. Die Erfahrung lehrt aber, daß die Korngröße und -anordnung eines solchen Metalls praktisch unveränderlich ist. Das rührt nach Tammann daher, daß die Kristalle infolge der an den Korngrenzen in Form von Häutchen sich ansammelnden Verunreinigungen nicht isomorpher Natur, der sogenannten Zwischensubstanz, sich nicht berühren. Die Dicke der Zwischensubstanz braucht nur einige Atomschichten zu betragen und unter dem Mikroskop nicht erkennbar zu sein. Die Zwischensubstanz ist beim Kadmium durch Anwendung eines geeigneten Lösungsmittels experimentell festgestellt worden. Da durch die Deformation die Zwischensubstanz zerrissen wird, gelangen die Kristalle miteinander in Berührung, und der Anreiz zur Rekristallisation ist auf diesem Wege gegeben. Je geringer die Zahl der Orte ist, wo Zerreißung stattgefunden hat, je kleiner also die Deformation war, um so geringer ist die Zahl der möglichen Rekristallisationsorte, um so größer also das entstehende Korn und umgekehrt.

Für das Kornwachstum spielen die Zwischenhäute sicherlich eine wichtige Rolle. Bei der Verformung werden sie aber Anlaß geben zur Ausbildung lokaler Spannungen (s. o.) und daher bei der Erwärmung, im Gegensatz zu gelösten Verunreinigungen, die Keimbildung verstärken.

D. Blaubrüchigkeit und Alterung.

Es wurde bereits an anderer Stelle gezeigt (vgl. ,,Einfluß der Temperatur auf die Eigenschaften''), daß das Eisen bei der Temperatur der blauen Anlauffarbe, also etwa zwischen 200—300°, höhere Härte und Festigkeit, aber geringere Dehnung und Einschnürung aufweist als bei Raumtemperatur, und daß erst oberhalb dieser Anomalien der zu erwartende Abfall von Härte und Festigkeit und der Anstieg von Dehnung und Kontraktion eintreten. Die Kerbzähigkeit durchläuft mit steigender Temperatur ein Minimum, das aber oberhalb des Blaubruchgebietes bei etwa 400—500° liegt. Zunächst seien einige noch nicht besprochene Tatsachen erörtert.

1. Die Lage des Festigkeitsmaximums auf der Kurve der Temperaturabhängigkeit dieser Eigenschaft ist von der Versuchsgeschwindigkeit abhängig. Der mit normaler, d. h. niedriger Versuchsgeschwindigkeit durchgeführte Warmzerreißversuch zeigt das Maximum zwischen 200 und 300°. Durch Steigerung der Versuchsgeschwindigkeit verschiebt es sich nach höheren Temperaturgraden. Der mit hoher Versuchsgeschwindigkeit durchgeführte Schlagversuch zeigt das Minimum erst zwischen 400 und 500°. Wird die Versuchsgeschwindigkeit dadurch erniedrigt, daß das Eisen durch wiederholte Schläge zu Bruch gebracht wird, so tritt das Minimum bereits bei 200—300° auf. Hiernach ist der Schluß nahegelegt, daß die Anomalien der Festigkeitseigenschaften im Blaubruchgebiet und die der Kerbschlagzähigkeit bei 400—500° auf die gleiche Ursache zurückgehen, und daß für die verschiedene Temperaturlage die Verschiedenheit der Verformungsgeschwindigkeit verantwortlich ist.

2. Die gleichen Eigenschaftsveränderungen (Anstieg der Zugfestigkeit, Abfall der Dehnung usw.) wie bei Prüfung im Temperaturgebiet der Blaubrüchigkeit und außerdem ein starker Abfall der Kerbschlagzähigkeit treten dann auf, wenn der Stahl im Blaubruchgebiet verformt und sodann bei Raumtemperatur geprüft wird.

3. Zu demselben Ergebnis wie unter 2 gelangt man, wenn man die Deformation bei Raumtemperatur vornimmt und die verformten Proben bei 200—300° anläßt und nach Abkühlung bei Raumtemperatur der Prüfung unterwirft.

4. Auch nach längerem Lagern bei Raumtemperatur zeigt kaltdeformiertes Eisen die Eigenschaftsänderungen, die die Blaubrüchigkeit kennzeichnen.

Das Sprödewerden von Flußstahl bei und nach Verformung im Blaubruchgebiet (vgl. 2) wird als eigentliche Blaubrüchigkeit oder Blausprödigkeit bezeichnet. Das Auftreten der Sprödigkeit nach Verformung und Lagerung bei Raumtemperatur (vgl. 4) heißt natürliche Alterung. Wird das Eintreten der Alterung nach Kaltverformung bei Raumtemperatur durch Erwärmung beschleunigt, so liegt künstliche Alterung vor (vgl. 3). Natürliche und künstliche Alterung werden in dem Sammelbegriff mechanische Alterung zusammengefaßt, da ihr Auftreten an das Vorliegen einer Kaltverformung gebunden ist.

Aus den unter 1 bis 4 angeführten Tatsachen schließt Fettweis (1), daß Blaubruch und Altern auf die gleiche Ursache zurückzuführen sind. Dann darf deformiertes und vollständig gealtertes (längere Zeit gelagertes) Eisen z. B. auf der Kurve der Temperaturabhängigkeit der Festigkeit kein Maximum aufweisen, vielmehr muß mit steigender Glühtemperatur die Festigkeit kontinuierlich abnehmen. Der Versuch bestätigte dies.

Der Fettweisschen Auffassung widersprechen Körber und Dreyer (15) auf Grund eines umfangreichen Versuchsmaterials. Sie stellten zunächst an drei verschiedenen weichen Materialien fest, daß sowohl die Festigkeit wie die elastischen Eigenschaften durch Verformung in der Blauwärme steigen, Dehnung und Kontraktion sinken. Erhitzen des bei 20°, also kaltverformten Eisens (einstündige Erhitzung genügt) ruft zwischen 100 und 300° eine Verstärkung der Verformungswirkung hervor, nur ist die Wirkung des ersten Vorganges etwa doppelt so groß wie die des zweiten. Körber und Dreyer bestätigten ferner, daß durch Lagern (Altern) kaltverformter Proben die Festigkeit und die elastischen Eigenschaften steigen, Dehnung und Kontraktion sinken, und daß dies in der ersten Zeit viel rascher erfolgt als später. Altern und Erhitzen kaltverformten Eisens sind nach den Verfassern im großen und ganzen von ähnlichen Wirkungen begleitet und daher als wesensgleich anzusehen. Für Kerbzähigkeit und Härte fanden sie beim Vergleich der Wirkung der Verformung in der Blauwärme mit der des Erhitzens kaltverformten Eisens auf diese Temperaturen wie bei den schon erwähnten Eigenschaften einen Unterschied des Grades und schließen hieraus, daß beide Wirkungen andre Ursachen besitzen müssen und demnach im Gegensatz zu Fettweis die Frage nach der Wesensgleichheit der Verformung bei Blauwärme einerseits und der Erhitzung kaltverformten Eisens auf diese Temperatur sowie des Alterns anderseits verneint werden muß. Dieser Schlußfolgerung tritt Fettweis (2) entgegen. Der Unterschied des Grades ist eine notwendige Folge der unterschiedlichen Behandlung. Durch die Prüfung bei Blauwärme wird schon gleich bei der ersten bleibenden Formänderung Altern eintreten. Die folgenden Formänderungen treffen also auf ein Material, das infolge dieses Alterns schon mehr Formänderungsfähigkeit eingebüßt hat, als dem wirklichen Formänderungsgrad entspricht. So kommt es, daß beim (vorübergehenden) Erhitzen von kaltverformtem Eisen auf Blauwärme eine geringere Festigkeitssteigerung erzielt wird als durch Prüfen bei Blauwärme. Man kann dem letzteren Vorgang unter Beibehaltung des ersteren Weges nahekommen durch intermittierendes, allmählich gesteigertes Kaltverformen und Erhitzen auf Blauwärme. Hierdurch gelang es Fettweis in der Tat mehr als die doppelte Festigkeitssteigerung wie bei gewöhnlichem Altern zu erreichen.

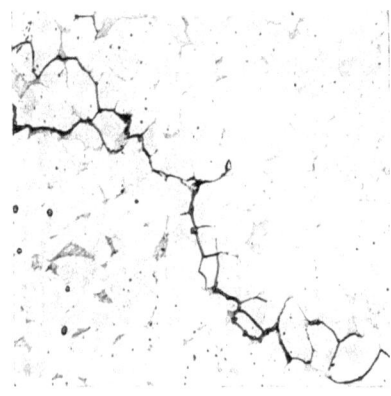

Abb. 459. Interkristalline Korrosionserscheinungen.

Die Alterungserscheinungen treten vorwiegend an weichem Flußstahl auf. Daher ist die Verschlechterung der Eigenschaften, vor allem der Kerbzähigkeit, im Kesselbau von besonderer, praktischer Bedeutung. Da bei der Herstellung der Kessel (Schneiden, Biegen, Vernieten der Bleche) und bei ihrem Zusammenbau (Einwalzen der Rohre) Kaltverformungen nicht immer vermieden oder durch Glühen wieder beseitigt werden können, besteht die Gefahr des Auftretens natürlicher oder künstlicher Alterung, damit der Sprödigkeit und des Versagens im Betriebe. Letzteres kann auch durch eine zweite Erscheinungsart der Alterung hervorgerufen werden, nämlich durch interkristalline Korrosion (Korngrenzenkorrosion oder, weniger zutreffend, Laugensprödigkeit), die insbesondere dann auftritt, wenn die kaltverformten Werkstücke mit schwach korrodierenden Flüssigkeiten (alkalische Speisewässer, gewisse Salzlösungen usw.) in Berührung stehen. Die interkristalline Korrosion führt zur Entstehung interkristalliner Risse (Abb. 459)[1].

---

[1] Friedr. Krupp A.G., „Alterungsbeständige Izettstähle" (1934).

Den Abfall der Kerbzähigkeit infolge Alterung zeigt Abb. 460. Der Einfluß der mechanischen Alterung kommt außerdem deutlich in der Verlagerung des Steilabfalles der Kerbschlagzähigkeit zum Ausdruck (Abb. 461)[1]. Als Grad der

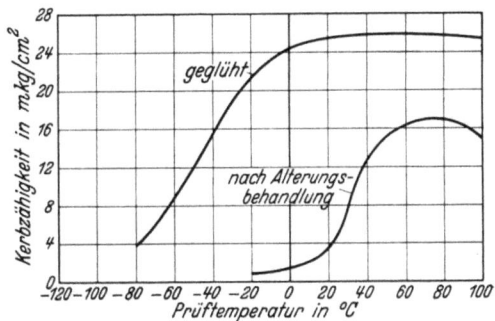

Abb. 461. Verlagerung des Steilabfalles durch Alterung.

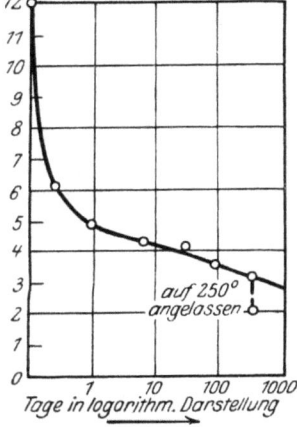

Abb. 460. Einfluß des Alterns auf die Kerbzähigkeit von Kesselblechflußstahl.

Alterung ist der Unterschied in der Kerbschlagzähigkeit des normalisierten und des gealterten Werkstoffes bei Raumtemperatur anzusehen. Die geringe Kerbschlagzähigkeit im gealterten Zustande läßt sich durch Glühung oberhalb des Blaubruchgebietes (Erholung) teilweise, durch normalisierende Glühung vollständig wieder beseitigen.

Wie aus vorstehendem ersichtlich ist, ist die Verminderung der Alterungsneigung des Stahles von großer praktischer Bedeutung. Durch die grundlegenden Arbeiten von A. Fry aus dem Jahre 1926 ist bekannt geworden, daß sorgfältig erschmolzener und mit Aluminium desoxydierter Stahl einen hohen Grad von Alterungsbeständigkeit besitzt. (Izett-Stahl.) Die Kerbschlagzähigkeit wird durch Alterung nur unwesentlich beeinträchtigt (Abb. 462)[1] und die Beständigkeit unter Bedingungen, die das Eintreten interkristalliner Korrosion begünstigen, ist gut. Die Festigkeitsanomalien im Blaubruchgebiet sind nur schwach ausgeprägt. Außerdem unterscheidet sich der alterungsbeständige von dem alterungsempfindlichen Flußstahl in den meisten Fällen dadurch,

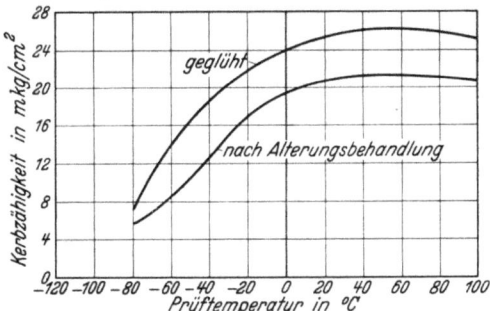

Abb. 462. Kerbschlagzähigkeit von alterungsbeständigem Stahl im geglühten und gealterten Zustande in Abhängigkeit von der Temperatur.

daß er nach Kaltverformung, Anlassen bei 200—300° und Fryscher Ätzung keine Kraftwirkungsfiguren zeigt.

Die Ursache für das Auftreten der Blaubrucherscheinungen und der mechanischen Alterung ist noch nicht bekannt. Die Übereinstimmung des Verlaufs der isothermen Eigenschaftsänderungen kaltverformten Stahles mit denen, die bei der Ausscheidungshärtung zu beobachten sind (siehe weiter unten), legt den Schluß nahe, daß auch an der mechanischen Alterung Zerfallsvorgänge fester Lösungen

---

[1] Friedr. Krupp A.-G., „Alterungsbeständige Izettstähle" (1934).

beteiligt sind. Durch die Tatsache, daß durch Desoxydation mit Aluminium, also Überführung des Sauerstoffs in eine im Eisen mit Sicherheit unlösliche Form, die mechanische Alterung vermindert wird, ist es nahegelegt, im Sauerstoff den Urheber der Alterung zu erblicken. Indessen hat es sich gezeigt (siehe weiter oben), daß eine Löslichkeit von FeO im festen Eisen sehr unwahrscheinlich ist. Zudem wird durch Aluminiumzusatz zum flüssigen Stahl auch dessen Stickstoffgehalt in eine unlösliche Form überführt. Untersuchungen von W. Eilender, H. Cornelius und H. Knüppel (4) über den Einfluß von Sauerstoff und Stickstoff auf die mechanische Alterung weichen Stahles haben ergeben, daß Sauerstoff keinen Einfluß besitzt, während bei bis zur maximalen Löslichkeit im festen Eisen ansteigenden Stickstoffgehalten die Alterungsneigung zunimmt. Indessen zeigten Versuche an sehr stickstoffarmem Stahl, daß Stickstoff allein nicht der Urheber der mechanischen Alterung ist.

E. Der Dauer- oder Ermüdungsbruch.

Man kann einen Eisenstab ohne wesentliche Formänderung durch eine Beanspruchung zu Bruch bringen, die weit unter seiner Bruchfestigkeit, ja sogar unter seiner Elastizitätsgrenze liegt, wenn diese Beanspruchung häufig erfolgt und ihre Richtung wechselt. Zahlreiche Vorrichtungen sind zu dem Zwecke gebaut worden, um wiederholte, von Null auf ein Maximum steigende und wieder auf Null abnehmende Beanspruchung zu erzeugen, bzw. das Vorzeichen dieser maximalen Beanspruchung zu ändern. Die Analogie des bei der Dauerbruchprobe erzeugten charakteristischen Bruchgefüges mit dem praktisch vielfach beobachteten führte zu dem Rückschluß, daß die Ausbildung des Bruches in ähnlicher Weise wie bei der Dauerbruchprobe erfolgt. Der typische Dauerbruch findet sich bei Wellen und ähnlichen, umlaufenden, auf Biegung bzw. Torsion beanspruchten Maschinenteilen. Abb. 463 ist ein Teil des Bruchquerschnittes einer geschmiedeten Feinblechwalze von 0,8 m Durchmesser in natürlicher Größe. Das Bruchgefüge ist im dunkleren Teil äußerst feinkörnig, der Bruch fast glatt bis muschelig. Von einer an der untersten Grenze dieser Zone gelegenen Stelle (durch einen Pfeil gekennzeichnet), die sich bei der mikroskopischen Untersuchung als Schlackeneinschluß von größerer Ausdehnung erwies, gehen zahlreiche Kurven* aus, deren Ausbildung mit der jeweiligen Verteilung der Spannungen zusammenhängt. In dem helleren Bereich, der den überwiegenden Teil des Querschnitts ausmacht, ist der Bruch normal, d. h. ziemlich grobkristallin.

Nach diesem Befund dürfte wohl im vorliegenden Falle die Schlackenansammlung als Ursache oder vielmehr als Erreger des Dauerbruchs anzusehen sein. Diese Schlußfolgerung kann aber nicht verallgemeinert werden, und es gelingt bei Dauerbrüchen durchaus nicht immer, den Erreger in dieser prägnanten Form zu finden. Der künstlich erzeugte Dauerbruch von vollkommen einwandfreiem Material wäre ja auch sonst unerklärlich. Es ist aber festzustellen, daß die Entstehung eines Dauerbruches durch Poren und Fremdeinschlüsse sowie durch Verletzungen der Oberfläche begünstigt wird.

Die Ansichten über die Entstehung des Dauerbruchs stimmen darin überein,

---

* Kardioiden mit gleicher Spitze.

Die Kaltverformung, Kristallerholung und Rekristallisation des Stahles. 395

daß eine Umkristallisation, wie dies früher angenommen wurde, nicht stattfindet. Beobachtungen an polierten Proben zeigen, daß lokal kleine bleibende Formänderungen auftreten können. Dies ist z. B. der Fall dort, wo die Spannungen am höchsten sind (äußerste Faser eines auf Biegung beanspruchten Stabes) oder wo sie sich infolge einer Kerbe makroskopischer oder auch mikroskopischer (Drehriefe) Größenordnung verdichten, oder wo eine solche Verdichtung infolge einer Materialungleichmäßigkeit (Schlackeneinschluß, schlecht geschweißte Gasblase, Spannungsrisse u. dgl.) stattfindet. Diese ersten Formänderungen lassen

Abb. 463. Dauerbruch einer Feinblechwalze, × 1.

sich meist mit Feinmeßmitteln gar nicht feststellen und äußern sich mikroskopisch zunächst als Gleitlinien. Bei häufigem Spannungswechsel bildet sich ein feiner Riß aus, falls ein solcher nicht schon vorhanden war, der sich schnell vertieft. Die Rißwände schleifen sich aneinander ab, bis schließlich der rißfreie Teil des Stückes nicht mehr standhält und plötzlich bricht. Daher unterscheidet man gemäß Abb. 463 bei einem Dauerbruch stets einen glatten, dem allmählichen Rißvorgang entsprechenden und einen mehr kristallinen Teil, der dem plötzlichen Bruch entspricht. Die Form und Verteilung der beiden Brucharten kann je nach der Bruchursache und der Beanspruchung stark wechseln.

Es empfiehlt sich also zur Vermeidung des Dauerbruchs in erster Linie,

396   Der Einfluß der Weiterverarbeitung auf Gefüge und Eigenschaften des Stahles.

scharfe Kerben bei solchen Konstruktionsteilen zu vermeiden, die wechselnden Beanspruchungen unterworfen sind. So können unerheblich scheinende Anlässe wie eingeschlagene Buchstaben und Zahlen zum Dauerbruch führen. Bearbeitungsriefen können das gleiche veranlassen, weshalb z. B. fertig bearbeitete Federn mit gutem Erfolg zur Entfernung der Bearbeitungsriefen mit dem Sandstrahlgebläse behandelt werden. Außer durch Fremdeinschlüsse, Ungänzen und Oberflächenfehler wird die Neigung zum Dauerbruch (= Erniedrigung der Dauerfestigkeit) erheblich durch während der Dauerbeanspruchung wirkende Korrosionseinflüsse begünstigt. Der Korrosionseinfluß läßt sich durch Oberflächenschutz oder z. B. durch Zusatz von geeignetem Öl zum Kühlwasser weitgehendst einschränken. Die Zahl der Lastwechsel in der Zeiteinheit ist, solange sie 5000/min nicht überschreitet, ohne Einfluß auf die Dauerfestigkeit.

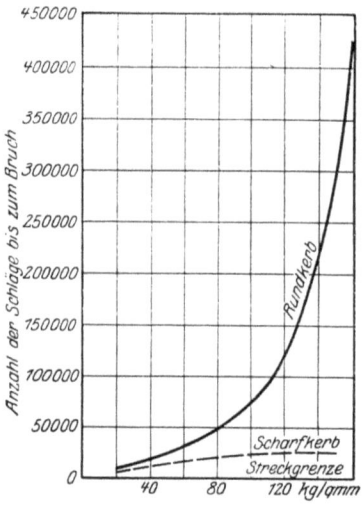

Abb. 464. Abhängigkeit der Schlagzahl beim Dauerschlagversuch von der Streckgrenze der Stähle [Rittershausen und Fischer (1)].

Die Abhängigkeit der Schlagzahl beim Dauerschlagversuch mit dem Kruppschen Schlagwerk und gleichzeitig den Einfluß der Kerbform zeigt Abb. 464 nach Rittershausen und Fischer (1). Die Beziehungen zwischen Streckgrenze und Zugfestigkeit einerseits und Schwingungsfestigkeit und Ursprungsfestigkeit andererseits sind bereits behandelt worden. (Vgl. „Einfluß des Kohlenstoffs auf die Eigenschaften.") Auf die Dauerstandfestigkeit (= Dauerfestigkeit bei statischer Belastung) ist ebenfalls bereits eingegangen worden.

Entsprechend der Beziehung zwischen der Dauerfestigkeit und der Streck- und Bruchgrenze wird die Dauerfestigkeit durch Wärmebehandlung im allgemeinen im gleichen Sinne wie die Streck- und Bruchgrenze beeinflußt. Durch Eigenspannungen wird anscheinend die Dauerfestigkeit stärker beeinträchtigt als die Zugfestigkeit, so daß das Verhältnis Dauerfestigkeit zu Zugfestigkeit für Stähle mit hohen Eigenspannungen (gehärtete und bei niedrigen Temperaturen vergütete Stähle) geringer ist als der Durchschnittswert. In einem gewissen

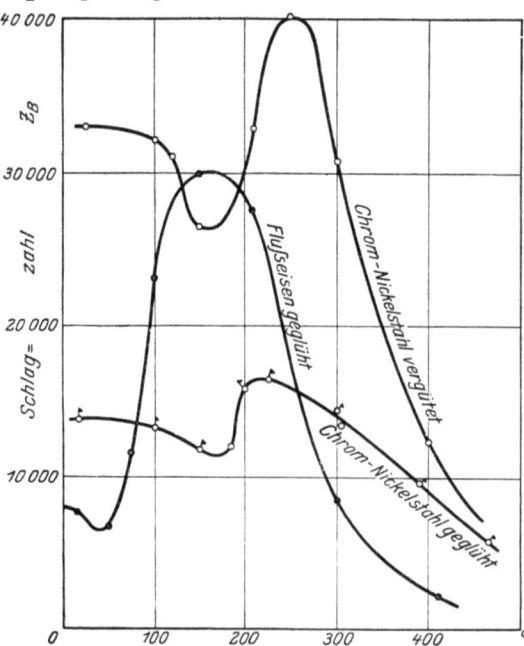

Abb. 465. Abhängigkeit der Dauerschlagzahl von der Temperatur [W. Müller und H. Leber (1, 2, 3)].

Gegensatz zu diesem Einfluß der Eigenspannungen steht die Feststellung, daß durch Kaltbearbeitung die Dauerfestigkeit erhöht wird. Im entgegengesetzten Sinne wirkt eine Entkohlung der Oberfläche.

Durch Einsatzhärten und Nitrieren wird der Einfluß von Oberflächenfehlern auf die Dauerfestigkeit ausgeschaltet oder zumindest verringert. So stellten Rittershausen und Fischer eine Zunahme der Schlagzahl von ½ auf 11 Millionen durch Einsatzhärtung fest.

Den Einfluß der Temperatur auf die Dauerschlagzahl von geglühtem Flußeisen, geglühtem und vergütetem Chrom-Nickelstahl zeigt Abb. 465 nach W. Müller und H. Leber (*1, 2, 3*). Hiernach sinkt zunächst die Schlagzahl, um sich dann zu einem Maximum zu erheben und wieder abzufallen. Das Maximum verschiebt sich mit der Zusammensetzung, scheint aber mit dem Blaubruchintervall zusammenzuhängen.

Stahl	C-Gehalt %	Zug-festigkeit	Biege-schwingungs-festigkeit
		kg/mm²	
Unlegiert, geglüht	0,33	58	26
	0,33	62	30
	0,35	57	23
	0,44	63	28
	0,47	74	43
	0,50	70	31
Mn-Si-Stahl: geglüht	0,5	88	40
vergütet	0,5	80	40

In der nebenstehenden Tabelle ist neben der Zugfestigkeit die Biegeschwingungsfestigkeit für einige Stähle wiedergegeben.

4. Die Warmverformung des Stahles.

In dem Abschnitt „Rekristallisation" wurde als untere Grenze des Gebietes der Warmformgebung die Rekristallisationskurve gewählt. Praktisch erfolgt jedoch die Warmverarbeitung von Stahl im allgemeinen beträchtlich oberhalb dieser unteren Grenze, und zwar zumeist oberhalb A_3, also im Temperaturgebiet der homogenen festen Lösung. In besonderen Fällen wird die Warmbearbeitung auch unterhalb A_3 vorgenommen, so z. B. wenn die Einhaltung besonders kleiner Fertigmaß-Abweichungen erforderlich ist. Weiterhin soll Warmverformung unterhalb A_3 bei geeigneten Verarbeitungsgraden dem Stahl eine erhöhte Alterungsbeständigkeit verleihen.

Das Wesentliche an der praktisch geübten Warmverformung oberhalb A_3 ist, daß nicht wie bei der Kaltverformung die Zerfallsprodukte der festen Lösung Ferrit bzw. Zementit und Perlit, sondern die feste Lösung selbst von der Verformung betroffen wird. Ein weiterer Unterschied der beiden Verformungsarten besteht darin, daß die Körner oder Kristallite der festen Lösung bei der Warmverformung keine Veränderung der Gestalt, im besonderen keine Streckung erleiden. Dies ist darauf zurückzuführen, daß die hohe Temperatur bei der Warmverformung bei Überschreitung des Schwellenwertes — der infolge der hohen Temperatur bei sehr geringen Verformungsgraden liegt und daher praktisch stets überschritten wird — die sofortige Rekristallisation der festen Lösung, also die Bildung nach allen Richtungen gleich ausgedehnter Körner, veranlaßt. Die Gesetzmäßigkeiten einer derartigen Rekristallisation wurden bereits besprochen.

Es darf nicht vergessen werden, daß während der Abkühlung des warmverformten Stahles zwischen *GOSE* und *PSK* der Zerfall der festen Lösung stattfindet. Für die Korngröße dieser Zerfallsprodukte ist nun, wie im Kapitel Umkristallisation gezeigt wurde, die Korngröße der festen Lösung bis zu einem gewissen Grade maßgebend. Die Veränderung der Korngröße durch die Warmverarbeitung läßt sich beurteilen durch den Vergleich der Korngrößen von nicht verarbeitetem, sondern lediglich auf die Verarbeitungstemperaturen erhitztem Material, mit der Korngröße des gleichen, aber warmverformten Materials. Derartige Versuche haben ergeben, daß erhebliche Kornverkleinerung erfolgt, wie der Vergleich der Kurven *1* und *4* bzw. *2* und *4a* der Abb. 466 lehrt. Als Abszissen sind, da es sich um Schmiedeversuche handelt und die Verarbeitung in einem Temperaturintervall erfolgt, die Ausgangsschmiedetemperaturen eingetragen. Mit langsamer Abkühlung ist Abkühlung in Kieselgur, mit rascher, Luftabkühlung gemeint. Das Versuchsmaterial (*I*) war weicher Flußstahl mit 0,1% Kohlenstoff, 0,4% Mangan, 0,02% Silizium, 0,012% Phosphor und 0,024% Schwefel (Tiefziehqualität). Der Verarbeitungsgrad ist für alle geschmiedeten Proben gleich, und zwar betrug der Anfangsquerschnitt 50×50, der Endquerschnitt 25×25 mm, so daß die Querschnittsverminderung $= 75\%$, die Streckung $F_0/F = 4$ war. Ähnliche Beziehungen, wie die in Abb. 466 dargestellten, erhält man auch für die Korngröße des Ferrits von Stahl mit 0,4% Kohlenstoff. Über das Verhalten von durchweg aus Perlit aufgebautem Stahl liegen keine Beobachtungen vor. Die Hauptschwierigkeit nämlich, durch geeignete Ätzmittel die Korngröße, also die Bereiche gleicher Orientierung des Perlits festzustellen, ist noch nicht überwunden.

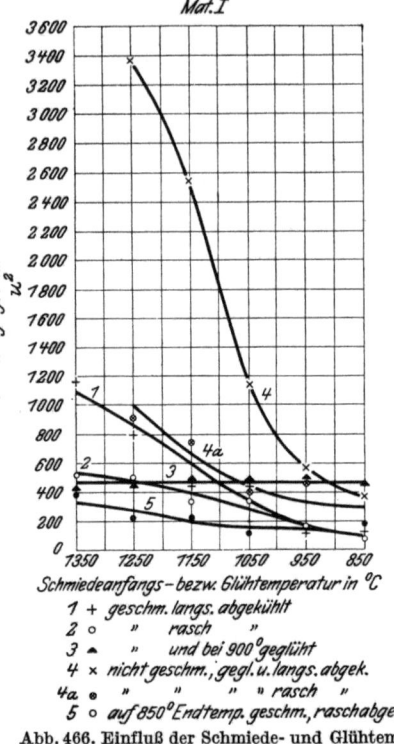

Abb. 466. Einfluß der Schmiede- und Glühtemperatur auf die Korngröße von weichem Flußstahl [Oberhoffer, Lauber und Hammel (27)].

Der Einfluß des Schmiedens auf die Festigkeitseigenschaften unter den oben angegebenen Versuchsbedingungen ergibt sich aus dem Vergleich der am Material *I* ermittelten Kurven *1* und *4* der Abb. 467. Zwischen dem Gefüge und den Eigenschaften des weichen Materials *I* besteht beim geschmiedeten Material (Kurven *1* und *2*) die allgemeine Beziehung, daß Streckgrenze, Festigkeit und Härte mit abnehmender Korngröße zunehmen, daß die Dehnung abnimmt und Kontraktion und Schlagfestigkeit nicht beeinflußt werden. Beim ungeschmiedeten Werkstoff (Kurve *4*) besteht in großen Zügen dieselbe Beziehung, nur die Dehnung schließt sich dem Verhalten von Kontraktion und Schlagfestigkeit an und wird durch die Korngröße nicht beeinflußt, doch muß berücksichtigt werden, daß beim nichtverarbeiteten Stahl die Gefahr der mangelnden Quasiisotropie und der Einfluß geringer Verunreinigungen (Schlacken- und Phosphoransammlungen) größer ist als beim verarbeiteten und die beim nicht verarbeiteten Material erhaltenen Werte daher im allgemeinen un-

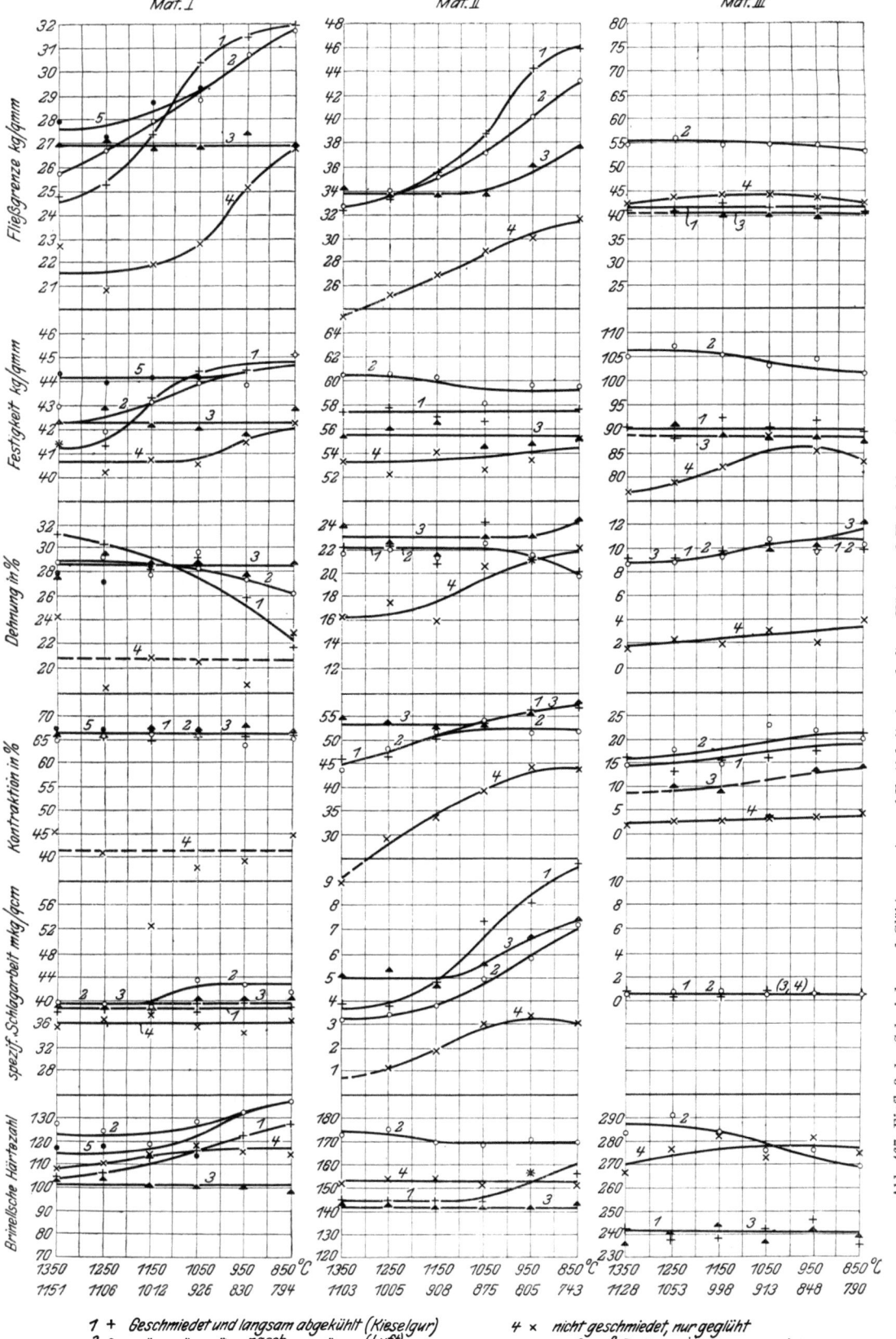

Abb. 467. Einfluß der Schmiede- und Glühtemperatur auf Festigkeitseigenschaften, Härte und Kerbschlagzähigkeit dreier verschiedener Stähle.

1 + Geschmiedet und langsam abgekühlt (Kieselgur)
2 ○ „ „ „ rasch „ (Luft)
3 ▲ „ „ dann geglüht
4 × nicht geschmiedet, nur geglüht
5 • auf 850° Endtemperatur geschmiedet

zuverlässiger sind als die am verarbeiteten ermittelten. Vergleicht man nun die Beziehung der zugehörigen Eigenschaftskurven mit denen der Korngröße, ein Vergleich, der den reinen Einfluß des Schmiedens lehrt, so müßte man einen um so größeren Unterschied zwischen den Eigenschaften des verarbeiteten und nicht verarbeiteten Materials erwarten, je höher die Verarbeitungstemperatur liegt, da ja der Unterschied der Korngröße in gleichem Sinne wächst. Diesem Verhalten entspricht nur die Dehnung, so daß man annehmen muß, daß für die übrigen Eigenschaften noch andere, unbekannte Faktoren maßgebend sind. Als praktische Schlußfolgerung ergäbe sich aus diesen Versuchen für Werkstoff *I*, daß zur Erzielung größter Weichheit und Zähigkeit die höchsten Verarbeitungstemperaturen und zur Erzielung bester magnetischer Eigenschaften, wie Abb. 468 zeigt, mittlere Verarbeitungstemperaturen anzuwenden sind. Als Qualitätsmaterial wird aber dieses weiche Eisen u. a. zur Erzeugung hochwertiger Feinbleche (Tiefstanz) verwendet, die aus andern Gründen kalt fertiggewalzt werden müssen.

Gleiche Versuche wie mit den vorhergehenden sind mit zwei weiteren, mit *II* und *III* bezeichneten Materialien höheren Kohlenstoffgehaltes aufgestellt worden, deren Zusammensetzung nebenstehende war.

	% C	% Mn	% Si	% P	% S
Material *II*.	0,40	0,70	0,09	0,014	0,031
„ *III*.	0,77	1,28	0,21	0,03	0,029

Die Ergebnisse sind ebenfalls in Abb. 467 graphisch dargestellt. Das Material *II* verhält sich bis auf Kontraktion und Kerbschlagzähigkeit in großen Zügen wie das weiche Material. Bei der Erzeugung von Qualitäts-Schmiedestücken wie Achsen, Wellen und ähnlichen Teilen, sind hohe Verarbeitungstemperaturen wegen der mit ihnen verbundenen, durch Abnahme der Kontraktion und der Kerbschlagzähigkeit sich äußernden Sprödigkeit zu vermeiden.

Der Werkstoff *III* nimmt bezüglich aller Eigenschaften eine Sonderstellung insofern ein, als Streckgrenze, Festigkeit, Kerbschlagzähigkeit und Härte im verarbeiteten Material kaum durch die Höhe der Schmiedetemperatur beeinflußt werden, während Dehnung und Kontraktion

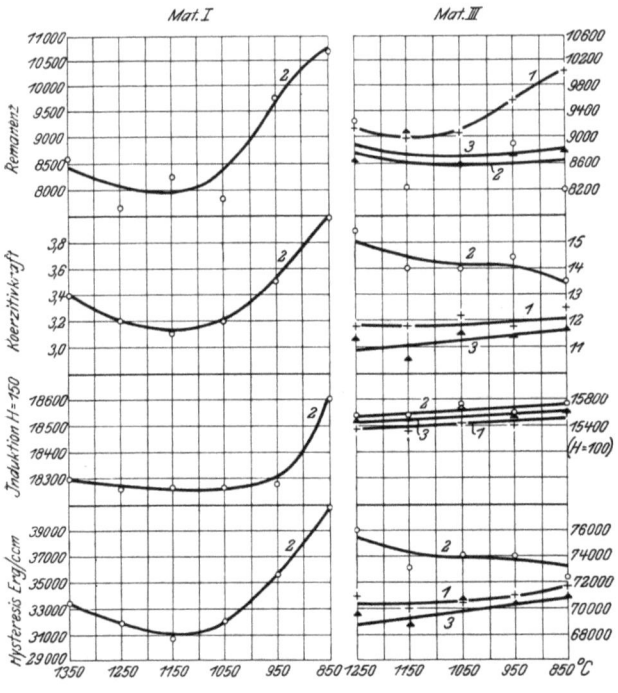

Abb. 468. Einfluß der Schmiedetemperatur auf die magnetischen Eigenschaften von weichem Flußstahl und hartem Stahl [Oberhoffer, Lauber und Hammel (27)].

mit abnehmender Schmiedetemperatur deutlich ansteigen, im Gegensatz zum Verhalten der Materialien *I* und *II*. Zur Erzielung höchster Zähigkeit ist also auch dieses Material bei nicht zu hohen Temperaturen zu verarbeiten.

Im Gegensatz zu den meisten untereutektoidischen und eutektoidischen Stählen werden die übereutektoidischen mit Absicht und im Hinblick auf ihre Verwendung als Werkzeugstähle zwischen Ar_{cm} und Ar_1 verarbeitet. Der hierbei verfolgte Zweck ist die Zerstörung des groben Zementitnetzwerks bzw. der Zementitnadeln und die Erzeugung punktförmiger Ansammlungen von Zementit (**körniger Zementit**). Hierdurch wird der Stahl für das Härten in geeigneter Weise vorbereitet. Der Zweck des Härtens solcher Stähle ist nicht etwa die Überführung des gesamten Zementits in Lösung, vielmehr soll nur die Grundmasse, der Perlit in Martensit verwandelt und damit härter gemacht werden, der an sich harte Zementit soll dagegen als solcher erhalten bleiben, vorausgesetzt, daß seine Form und Verteilung zweckmäßig ist. Das ist zweifellos nicht der Fall, wenn er in Form von Netzwerken und Nadeln vorliegt, wohl aber dann, wenn er in feiner und gleichmäßiger Verteilung, also in körniger Form vorhanden ist. Diese zu erzielen, ist einer der Zwecke des Schmiedens.

Besonders wichtig ist dieser Umstand auch für die Stähle mit Karbideutektikum, also z. B. die Schnellarbeitsstähle. Zunächst sei betont, daß der Schmiede- und überhaupt der Verarbeitungstemperatur des Stahles nach oben hin eine Grenze gesetzt ist, die im System Eisen-Kohlenstoff bei der Temperatur beginnenden Schmelzens (Soliduslinie) liegt. Wird aber die Erstarrung, wie es ja in den hier unter Betrachtung stehenden komplexen Systemen vorkommen kann, durch die Bildung eines binären oder ternären Eutektikums abgeschlossen, so kommt natürlich die Erstarrungs- bzw. Schmelztemperatur dieses Eutektikums als obere Grenze für die Schmiedetemperatur in Frage. Es ist nämlich leicht einzusehen, daß die Verflüssigung des meist in Zellenform vorliegenden Eutektikums den Zusammenhang so bedenklich lockern muß, daß ein Verschmieden unmöglich wird. Die genaue Kenntnis der Schmelztemperaturen der hier in Betracht kommenden Eutektika ist daher von großer praktischer Bedeutung. Aber noch ein anderer Umstand ist bei den Stählen erwähnter Art zu berücksichtigen. Wie schon im Kapitel Kristallisation gezeigt wurde, ist die Größe des Primärkorns eine Funktion der Erstarrungsgeschwindigkeit, und zwar sinkt jene, wenn diese steigt. Demnach muß auch die Größe des vom Eutektikum gebildeten Netzwerkes mit der Erstarrungsgeschwindigkeit abnehmen. Dies wurde von Oberhoffer (25) bestätigt, wie die Abb. 469 und 470 lehren, die keiner besonderen Erläuterungen bedürfen. Es muß ferner in ein und demselben Block auf Grund der verschiedenen Erstarrungsgeschwindigkeiten in den einzelnen Blockteilen die Größe des Netzwerks verschieden sein, unten bzw. am Rande kleiner als oben bzw. in der Mitte. Eine dahinzielende Untersuchung von Rapatz hat dies gemäß Abb. 471 bestätigt*. Da nun einer der Zwecke des Schmiedens auch hier die gleichmäßige Verteilung des Karbides ist, so ist leicht einzusehen, daß die Erreichung dieses Zweckes nicht nur von der Ausgangskorngröße des Netzwerks, sondern auch von der Durchschmiedung oder Streckung abhängig ist. Abb. 472 und 473 zeigen

---

* Diss. Aachen 1924; die Punkte der Abb. 471 deuten die Stellen an, wo Messungen vorgenommen wurden; die Zahlen über den Punkten sind die Netzwerkdurchmesser in μ.

402 Der Einfluß der Weiterverarbeitung auf Gefüge und Eigenschaften des Stahles.

die in den Abb. 469 und 470 dargestellten Stähle im Querschnitt nach dem Schmieden von 45 auf 15 mm ⃞, was einer 9fachen Streckung entspricht. Der rasch erstarrte Stahl weist gleichmäßige Karbidverteilung auf im Gegensatz zum langsam erstarrten Stahl. Als weitere Folge aus dem Gesagten ergibt sich, daß die

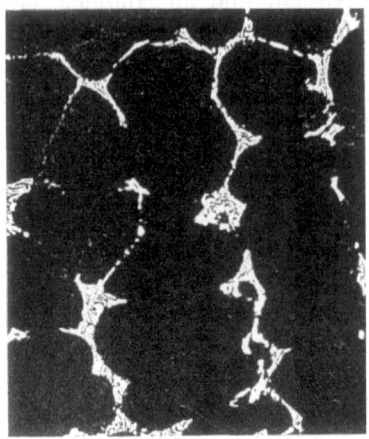 

Abb. 469. Gegossener Chromstahl mit 1,1%C und 6% Cr, im Magnesittiegel erstarrt. Ätzung II, × 100.

Abb. 470. Wie Abb. 469, jedoch in einer Eisenkokille erstarrt.

einzelnen Blockteile nach dem Verschmieden verschiedenartige Form der Karbide aufweisen müssen, da ja das Netzwerk von Anfang an verschieden war. So berichtet Rapatz (3) über einen Rundblock von 140 mm ⌀ aus Chromstahl mit 12,8% Chrom, der trotz 6facher Verschmiedung in der Mitte noch grobes, kaum deformiertes Netzwerk aufwies. In solchen Fällen wird häufig und fälschlich die Diagnose auf Karbidseigerungen gestellt, während es sich in Wirklichkeit um ungenügende Verschmiedung handelt. Rapatz berechnet die Verschmiedung aus der Streckung des Netzwerkes, wenn das Endprodukt einen dem Block ähnlichen Querschnitt hat und die Streckung nicht zu stark war. Ist b die Anzahl der in der Längsrichtung, l die der in der Querrichtung geschnittenen Zellen, so ist die Streckung oder Verschmiedung

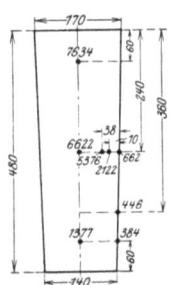

Abb. 471. Einfluß der Lage der Probe (in mm) auf die Netzwerkgröße (in μ^2) in einem Rundblock (1000 kg) Schnellarbeitsstahl mit 0,91% C, 4,61% Cr, 19,82% W [Rapatz (3)].

$$S = \sqrt[3]{\frac{l^2}{b}}.$$

Die Frage der Abhängigkeit der Arbeitseigenschaften von der Verschmiedung ist für Schnellarbeitsstahl durch Andrew und Green (4) angeschnitten worden. Sie stellten zunächst fest, daß eine 9fache Verschmiedung bei 150 mm ⃞-Blöcken stets zur weitgehenden Zertrümmerung des Ledeburit-Netzwerkes genügt, und fanden eine deutliche Abhängigkeit der Arbeitseigenschaften von Schneidmessern, Bohrern und Fräsern von der Karbidverteilung. Je feiner letztere war, um so besser war die Haltbarkeit des Werkzeuges. Die Lösungsgeschwindigkeit der Karbide beim Härten steigt und damit nimmt die erforderliche Erhitzungsdauer und mit ihr die Gefahr der Kornvergrößerung ab.

Wenn die Verarbeitung wie beim Schmieden in einem Temperaturintervall erfolgt, so entsteht die Frage, welche Bedeutung der Endtemperatur beizumessen ist, i. a. W., ob bei gleichem Grad der Verarbeitung (prozentuale Querschnittsverminderung oder Streckung) die Größe des Temperaturintervalls, in dem die Verarbeitung erfolgt, von Bedeutung ist. Es hat sich gezeigt, daß unter den eingehaltenen Versuchsbedingungen der Einfluß der Endtemperatur bei weitem überwiegt. Dies lehrt ein Vergleich der Kurven 2 und 5 (Mat. I) der Abb. 467.

Der Einfluß der Abkühlung der verarbeiteten Stücke (Vergleich der Kurven 1 und 2 der Abb. 467) ist ähnlicher Art, wie im Kapitel Umkristallisation geschildert wurde. Er wird im nächsten Kapitel noch eingehender berücksichtigt werden.

Die bisherigen Ausführungen beziehen sich ausschließlich auf Schmiedeversuche. Da das Schmieden in einem Temperaturintervall erfolgt, so ist die

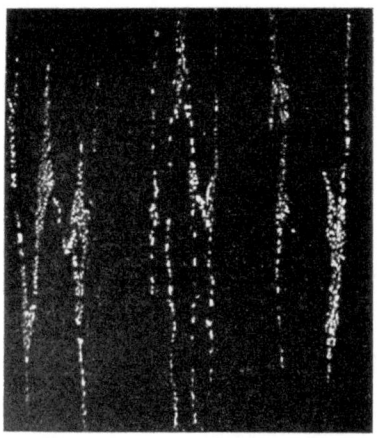

Abb. 472. Wie Abb. 469, jedoch neunfach gestreckter Querschnitt, Ätzung II, × 100.

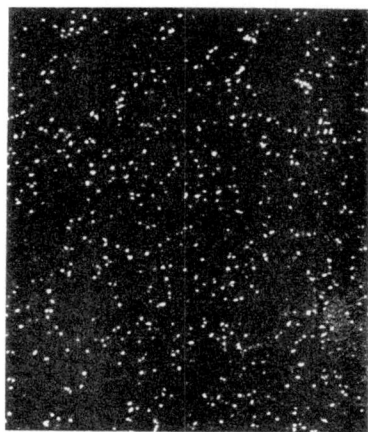

Abb. 473. Wie Abb. 470, jedoch neunfach gestreckter Querschnitt, Ätzung II, × 100.

Gesamtwirkung gleich einer Reihe von bei verschiedenen Temperaturen erfolgten Einzelwirkungen, die sich überdecken und verwischen können. Viel zweckmäßiger zur Ermittelung des Einflusses der Warmformgebung ist daher der Walzversuch, bei dem die gesamte Einwirkung wenigstens annähernd bei gleicher Temperatur erfolgt. A. Pomp und E. Fangmeier (9) führten Versuche durch über den Einfluß des Walzgrades, der Walztemperatur und der Abkühlungsbedingungen auf die mechanischen Eigenschaften von kohlenstoffarmem Flußstahl (0,08% C). Die Ergebnisse der in Abb. 474 wiedergegebenen Versuchsreihe beziehen sich auf Walzstäbe, die von verschiedenen Ausgangsdicken (30—22 mm) je in einem Stich auf die gleiche Endabmessung von 20 mm, entsprechend Stichabnahmen von 33—9%, gewalzt worden sind. Die Abkühlung der Walzstäbe, deren Walzung bei 700—1200° vorgenommen wurde, geschah einmal ziemlich rasch auf einer 10 mm dicken Gußeisenplatte, das andere Mal verhältnismäßig langsam in Kieselgur.

Abb. 475 bezieht sich auf 10-mm-Walzstäbe, die von Ausgangsdicken zwischen 20 und 12 mm, also mit Stichabnahmen von 50—17% gewalzt worden sind.

Die Abb. 474 und 475 bedürfen keiner ins einzelne gehenden Erläuterung. Sie zeigen, daß Walztemperaturen von etwa 900—1000° bei Stichabnahmen über 25% und dem Walzen folgender Abkühlung auf der Platte die besten Werte für

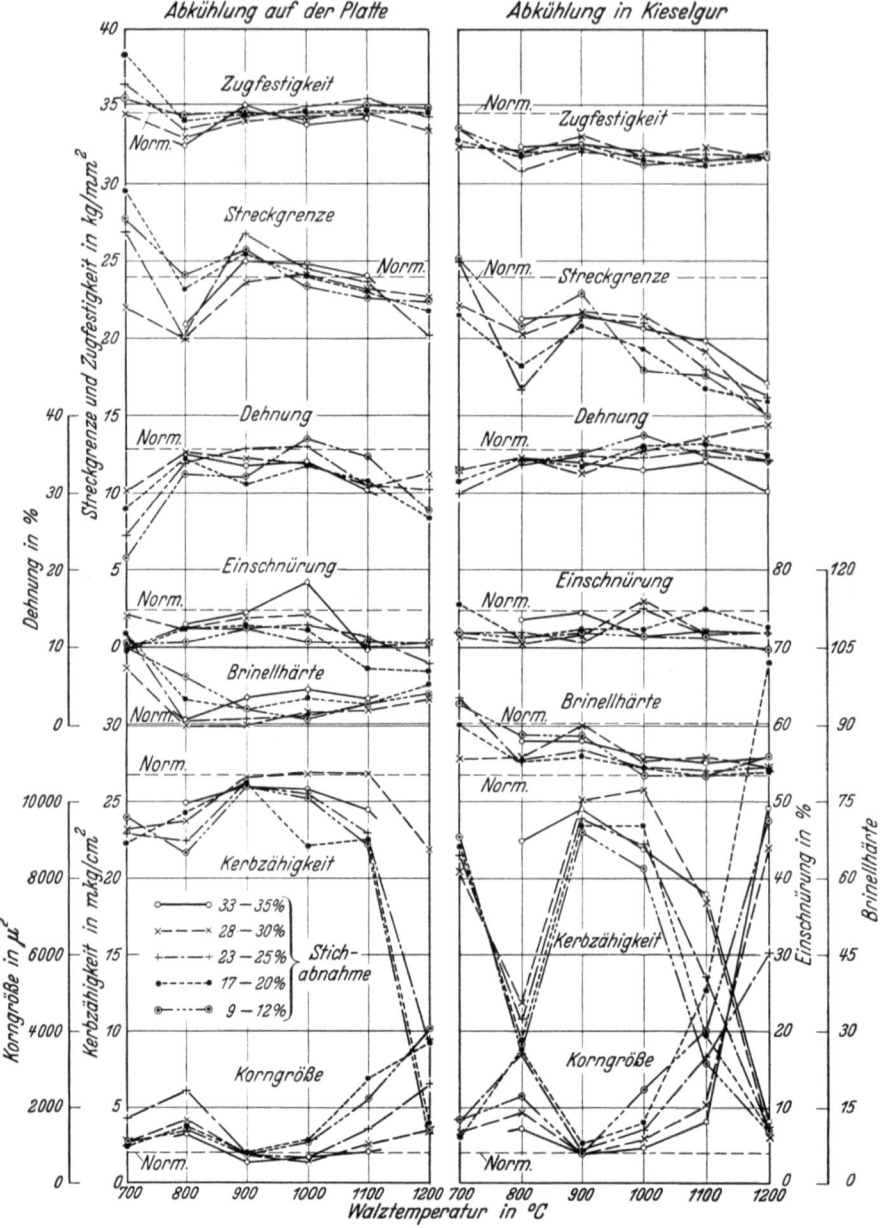

Abb. 474. Mechanische Eigenschaften und Korngröße von warm gewalztem, kohlenstoffarmem Flußstahl in Abhängigkeit von der Temperatur bei verschiedenen Verformungsgraden und Abkühlungsbedingungen [Pomp und Fangmeier (9)].

die mechanischen Eigenschaften des Walzmaterials hervorrufen. Auch bei langsamer Abkühlung werden die günstigsten mechanischen Eigenschaften nach

Walzung bei 900—1000° mit mehr als 25%iger Stichabnahme gefunden. Die langsame Abkühlung führt aber gegenüber der rascher erfolgenden eine Verschlechterung der mechanischen Eigenschaften herbei.

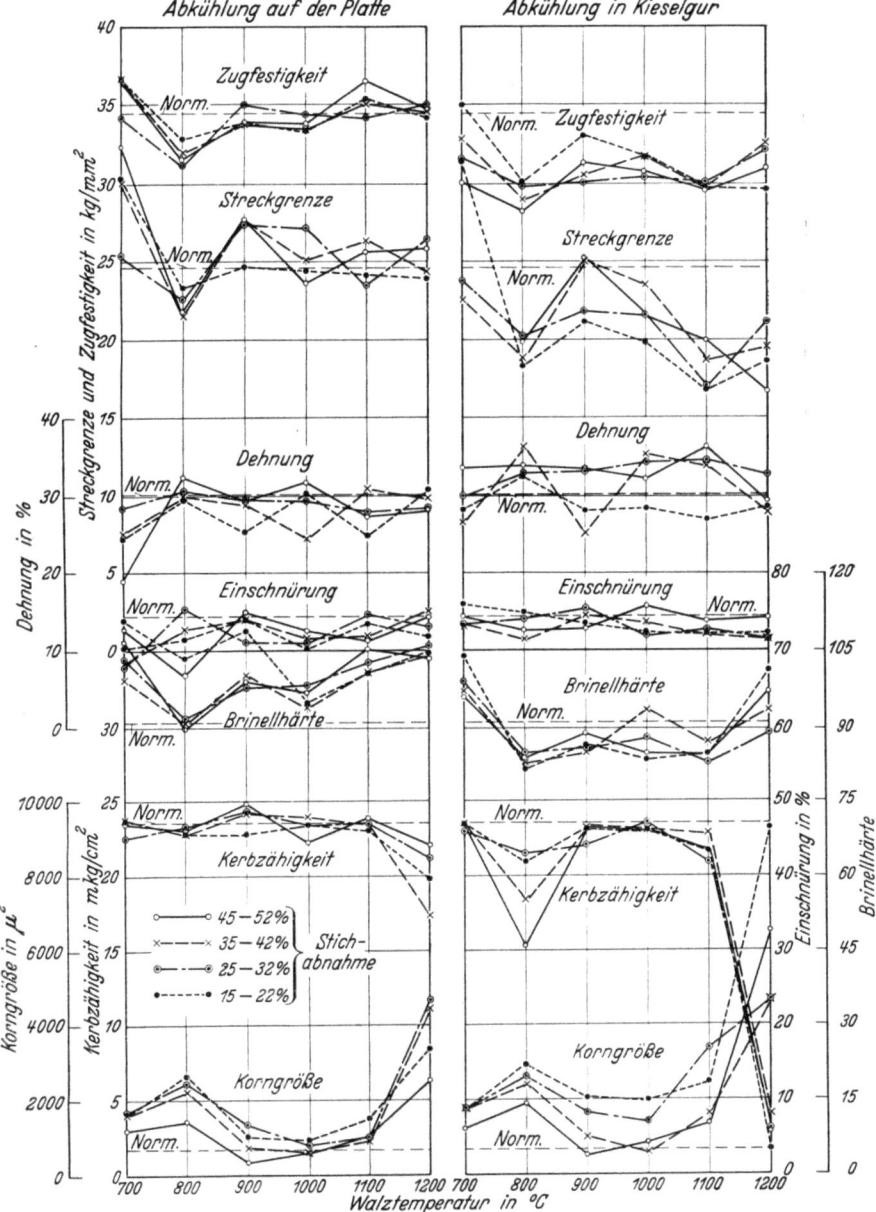

Abb. 475. Mechanische Eigenschaften und Korngröße von warm gewalztem, kohlenstoffarmen Flußstahl in Abhängigkeit von der Temperatur bei verschiedenen Verformungsgraden und Abkühlungsbedingungen [Pomp und Fangmeier (9)].

F. Körber und K. Wallmann (16) stellten die mechanischen Eigenschaften von vier Stählen mit 0,09—0,41% C nach dem Walzen zu Grobblechen fest. Die

406 Der Einfluß der Weiterverarbeitung auf Gefüge und Eigenschaften des Stahles.

Walzungen wurden bei etwa 900, 800 und 700° zu Ende geführt. Die Untersuchungen hatten folgendes Ergebnis: Die Elastizitäts- und Streckgrenze werden durch weitgehende Walzverformung und niedrige Walzendtemperatur erhöht, während die Zugfestigkeit nicht wesentlich beeinflußt wird. Niedrige Walzendtemperaturen verschlechtern die Kerbschlagzähigkeit des weichen Stahles, während die der Stähle mit höherem Kohlenstoffgehalt nicht verschlechtert, z. T. sogar erhöht wird. Als bedeutsames Ergebnis zeigten die Versuche eine mit zunehmender Walzverformung abnehmende Alterungsneigung.

Ältere Versuche von I. R. Freeman und A. T. Derry (1) ergaben in Übereinstimmung mit den vorstehend angeführten Arbeiten, daß die Walzabnahme und die Walzendtemperatur die mechanischen Eigenschaften des Walzgutes ausschlaggebend beeinflussen (Stahl mit 0,46% C; 0,66% Mn; 0,23% Si). Walzanfangstemperatur und Walzgeschwindigkeit waren von untergeordneter Bedeutung. Durch das nur in einer Richtung vorgenommene Walzen wurden in der Querrichtung etwas ungünstigere Eigenschaften als in der Längsrichtung erzielt. Diese Unterschiede konnten durch Glühung bei 800° nahezu vollkommen beseitigt werden. Die Dichte wurde durch das Walzen praktisch nicht geändert.

Über Unterschiede in den Festigkeitseigenschaften in den verschiedenen Teilen von Walzprofilen hat F. Sauerwald (5) berichtet. Derartige Unterschiede können auf folgende Ursachen zurückgehen:

1. Ungleichmäßige Werkstoffzusammensetzung über den Querschnitt (siehe unter Seigerung).

2. Innere Spannungen, die im Werkstoff nach ungleichmäßigem Werkstofffluß bei der Verformung oder nach ungleichmäßiger Abkühlung verblieben sind.

3. Ungleiche Verfestigung, die durch Verformung bei zu tiefen, schon ins Gebiet der Kaltverformung gehörenden Temperaturen hervorgerufen wird.

4. Ungleichmäßige Ausbildung des Gefüges, die insbesondere durch ungleichmäßige Abkühlung entstehen kann.

Die folgende Tabelle gibt Mittelwerte von Festigkeitseigenschaften in verschiedenen Teilen von Walzprofilen wieder. Die angegebenen größten Abweichun-

Tabelle 23. Mittelwerte von Festigkeitseigenschaften in verschiedenen Teilen von Walzprofilen.

Profil	Profilteil	Streckgrenze kg/mm²	Zugfestigkeit kg/mm²	Dehnung %	Einschnürung %	Brinellhärte kg/mm²
Schiene S 8	Kopf	33,3 ± 0,4	71,9 ± 1,2	17,6 ± 2,1	32,0 ± 3,0	196
	Steg	34,2 ± 1,5	74,4 ± 1,1	16,2 ± 0,5	35,3 ± 1,0	208
	Fuß	34,8 ± 1,0	71,8 ± 0,4	17,2 ± 1,6	37,8 ± 3,2	188
Schiene S 49	Kopf	32,6 ± 1,6	67,4 ± 1,2	18,1 ± 2,1	32,6 ± 2,5	190
	Steg	33,0 ± 2,4	65,4 ± 1,1	19,1 ± 2,1	39,3 ± 3,0	195
	Fuß	32,6 ± 1,0	66,4 ± 1,2	18,9 ± 0,6	37,2 ± 2,3	184
NP 8/8 ⊥	Steg	27,5 ± 1,5	39,8 ± 1,3	27,1 ± 2,2	55,9 ± 4,1	93,3
	Fuß	27,0 ± 1,1	38,8 ± 1,1	26,7 ± 1,8	56,0 ± 1,5	84,9
NP 20 I	Flansch 1	24,3 ± 1,6	34,7 ± 0,4	31,5 ± 3,3	61,6 ± 3,1	—
	Steg	25,3 ± 1,5	35,2 ± 0,8	27,9 ± 2,0	60,7 ± 2,9	—
	Flansch 2	24,4 ± 1,1	33,7 ± 0,6	31,9 ± 1,1	65,4 ± 2,9	—
NP 20 ⊏	Flansch 1	25,6 ± 1,2	37,5 ± 0,6	24,7 ± 1,8	55,2 ± 5,7	99,8
	Steg	27,4 ± 1,4	39,1 ± 1,2	25,2 ± 2,4	60,1 ± 3,1	98,5
	Flansch 2	25,6 ± 0,8	37,5 ± 0,8	24,3 ± 1,8	53,9 ± 6,0	98,5

gen vom Mittelwert geben einen Überblick über die Schwankungen der Einzelwerte.

Im allgemeinen wiesen die Profile im Steg höhere Zugfestigkeit als in den übrigen Profilteilen auf. Desgleichen lag die Streckgrenze im Steg meist höher. Dehnung und Einschnürung verhalten sich nicht immer umgekehrt wie die Festigkeiten, während die Härte sich entsprechend den Festigkeiten verhält. Die Kerbschlagzähigkeit war im Steg zumeist geringer.

Festigkeitsunterschiede nach 1 lassen sich durch Glühen nicht beseitigen (siehe auch weiter oben), wohl dagegen nach 2 (Spannungsfreiglühen), nach 3 (rekristallisierende Glühung) und nach 4 (Umkristallisation). Unter Berücksichtigung dieses Einflusses des Glühens zeigte sich, daß die Unterschiede in den Festigkeitseigenschaften über den Profilquerschnitt in erster Linie durch Seigerungen und ungleichmäßig wirkende Verformung bedingt sind, die verschieden große Verfestigungsreste hinterläßt. Diese beiden Ursachen können sich so überlagern, daß im voraus nicht zu sagen ist, welcher Profilteil der Gesamtfestigkeit des Profils am nächsten kommt.

Von größter praktischer Bedeutung für die Eigenschaften der warmverarbeiteten Erzeugnisse sind die im Kapitel Kristallisation besprochenen, die Gleichmäßigkeit des Erzeugnisses störenden Faktoren: Lunker, Gasblasen sowie Seigerungen der drei dort erwähnten Arten.

Bei der Warmverarbeitung eines lunkerhaltigen Blockes werden die Innenflächen des Hohlraums zusammengepreßt und unter günstigen Umständen zusammengeschweißt. Erste Bedingung für das Zusammenschweißen ist Verarbeitung bei genügend hoher (Schweiß-)Temperatur. Aber selbst bei hoher Temperatur wird das Zusammenschweißen nur dann leicht erfolgen, wenn die Lunkerwände blank und frei von störenden, insbesondere von nichtmetallischen Verunreinigungen sind. Beides ist selten der Fall. Meist steht der Lunker mit der Luft in Verbindung, und seine Wände sind mit Glühspan überzogen. Nun hat zwar Stead (6, 7) nachgewiesen, daß auch solche Wände zusammenschweißen können, falls der Kohlenstoffgehalt des Eisens genügend hoch ist, um die Reduktion der Oxyde zu ermöglichen. Stead stellte künstlich in Eisenstücken Hohlräume mit oxydierten Innenflächen her, schmiedete die Stücke und erhitzte sie verschieden lang auf verschiedene Temperaturen. Das Oxyd wird bei genügend langer Erhitzung durch den umliegenden Kohlenstoff reduziert, und es bleibt schließlich als charakteristisches Merkmal solcher mit Reduktion verbundener Schweißungen eine Anhäufung von punktförmig verteilten, feinen (Oxyd?) Einschlüssen, umgeben von einer perlitfreien, entkohlten Zone zurück. (Vgl. Abb. 476.) Häufig genug sind aber die Forderungen: Zeit, Temperatur und Kohlenstoffgehalt nicht erfüllt, so daß der Lunker stets das Auftreten von Unganzheiten im verarbeiteten Stück begünstigen wird. Dies ist um so mehr der Fall, als sich an den Wänden des Lunkerhohlraums Stoffe ansammeln, die das Zusammenschweißen in weit höherem Grade verhindern als Glühspan, weil sie durch Kohlen-

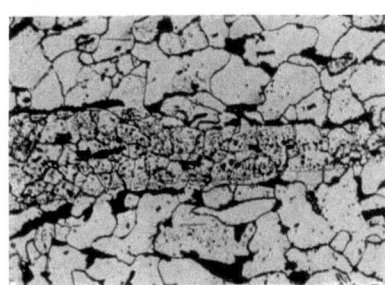

Abb. 476. Zusammengeschweißter Hohlraum mit innen oxydierten Wänden, Ätzung II, × 100.

408 Der Einfluß der Weiterverarbeitung auf Gefüge und Eigenschaften des Stahles.

stoff nicht reduziert werden können. Es sind dies spezifisch leichtere Stoffe schlackenartiger Natur, die sich ja schon während des Gießens großer Blöcke teilweise an der Oberfläche des flüssigen Stahls als Blockschaum und auch nach beendetem Gießen, soweit sie noch nicht zur Ausscheidung gelangt sind, dort ansammeln, wo der Block am längsten flüssig bleibt, d. h. am Lunker.

Abb. 477 nach Heyn und Bauer zeigt

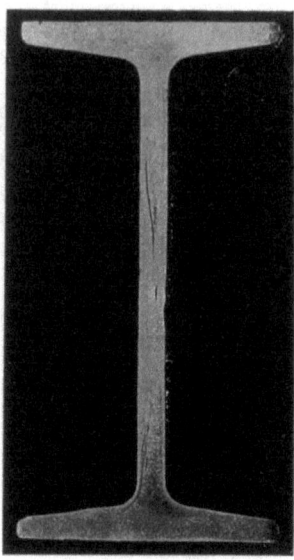

Abb. 477. Träger mit unvollständig zusammengeschweißtem Lunker.

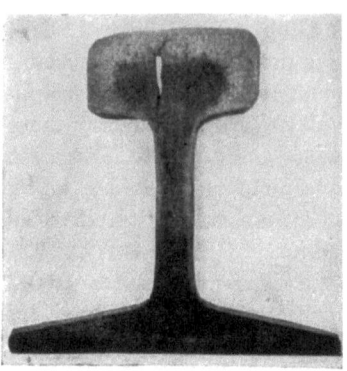

Abb. 478. Schiene mit unvollständig zusammengeschweißtem und durch das Befahren wieder aufgequetschtem Lunker [Wickhorst (1, 2)].

einen Träger aus dem lunkerhaltigen Teil eines Blockes. Die Überreste des nicht zusammengeschweißten Lunkers sind deutlich zu erkennen. Aus lunkerfreien, nach dem Harmetschen Verfahren komprimierten Blöcken gleichzeitig hergestellte Träger waren frei von derartigen Rissen. Wickhorst (1, 2) bringt als Beispiel von nicht zusammengeschweißtem Lunker bei Schienen die Abb. 478. Bei dieser Schiene öffnete sich unter dem Druck der Fahrlast der Lunker im Schienenkopf. Bei der Herstellung von einseitig geschlossenen Hohlkörpern (z. B. Stahlflaschen) führt die Anwesenheit von Lunkerresten zum Aufplatzen des Bodens. Ein typisches Beispiel für die Gefährlichkeit von schlecht geschweißtem Lunker in einer Kurbelwelle ist in den Abb. 479 bis 482 nach Untersuchungen von Oberhoffer dargestellt. Den Bruch der Welle zeigt Abb. 479. Er erfolgte dort, wo Wange und Wellenende zusammenstoßen, wie dies in Abb. 480 durch die punktierte Linie RR angedeutet ist. Die Linie mm deutet

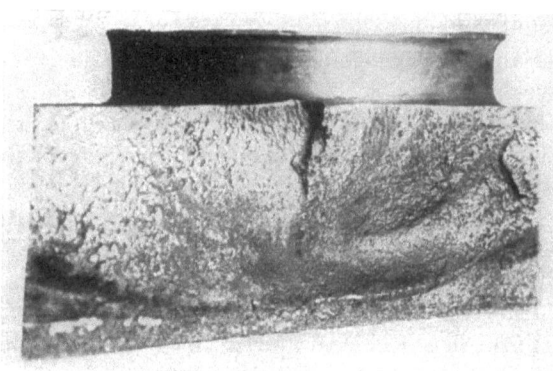

Abb. 479. Kurbelwelle mit unvollständig zusammengeschweißtem Lunker.

die Achse des Blockes an, aus dem die Welle herausgearbeitet wurde. Demnach tritt der Lunker an recht unzweckmäßiger, weil hochbeanspruchter Stelle aus der Wange heraus. Daß er nicht zugeschweißt war und ein Riß klaffte, beweist Abb. 481, eine Ansicht des bei AA Abb. 480 geschliffenen Wellenquerschnitts; ferner zeigt Abb. 482, daß dort, wo die Lunkerwände nicht mehr klafften, durch den umliegenden Kohlenstoff unreduziertes Oxyd vorhanden war. Hieraus geht hervor, daß man nach Möglichkeit die Herausarbeitung der Kurbeltriebe vermeiden und solche Wellen aus vorgebogenen Stäben im Gesenk schmieden oder aus einzelnen Teilen zusammensetzen soll. Leider sind diese Verfahren nicht immer anwendbar.

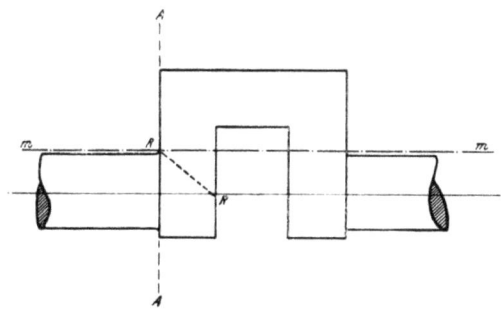

Abb. 480. Erläuterung zu Abb. 479.

Im übrigen zeigen die umfangreichen Untersuchungen von Wickhorst (1, 2) an durchgeschnittenen Schienenblöcken, daß nach 9facher Streckung der Lunker bei weitem noch nicht geschlossen war, und selbst in der fertigen Schiene stets Überreste des Lunkers auftraten.

Bei der Warmverarbeitung gasblasenhaltiger Blöcke sind bezüglich des Schließens bzw. Zusammenschweißens die bei der Besprechung des Lunkers angeführten Gesichtspunkte maßgebend. Das Schließen erfolgt natürlich erst bei genügend hohem Verarbeitungsgrad und besonders dann leicht, wenn die Hohlräume nicht oxydiert sind. Letzteres ist für die im Blockinnern befindlichen Blasen, da sie ja mit reduzierenden Gasen gefüllt sind, der Fall. Selbst oxydierte Hohlräume können aber, wie wir sahen, vollständig verschweißen, wenn

Abb. 481. Querschnitt durch die Kurbelwelle AA, vgl. Abb. 480 × ¼.

zur Reduktion der Oxyde Kohlenstoff in genügenden Mengen zugegen ist und die zur Reduktion erforderliche Zeit und Temperatur gegeben ist. Die Spuren solcher Schweißnähte entsprechen durchaus dem in Abb. 476 dargestellten Beispiel. Oxydation der Blasen wird erfolgen, wenn sie zu nahe oder vollkommen an der Blockoberfläche liegen (Randblasen). Die Oberfläche aus derartigen Blöcken hergestellter Walzprodukte ist mit Schuppen, Rissen u. dgl. bedeckt. Abb. 483 zeigt die Oberfläche eines Schienenkopfes mit derartigen, von Randblasen herrührenden Schuppen.

Die in den Gasblasen enthaltenen Gase müssen bei der Verarbeitung des Eisens von diesem aufgenommen werden (Wasserstoff und Stickstoff) bzw. unter Volumenverminderung zerfallen

$$(\text{Fe} + \text{CO} \rightarrow \text{FeO} + \text{C} \quad \text{bzw.} \quad 4\,\text{Fe} + \text{CO} \rightarrow \text{Fe}_3\text{C} + \text{FeO}).$$

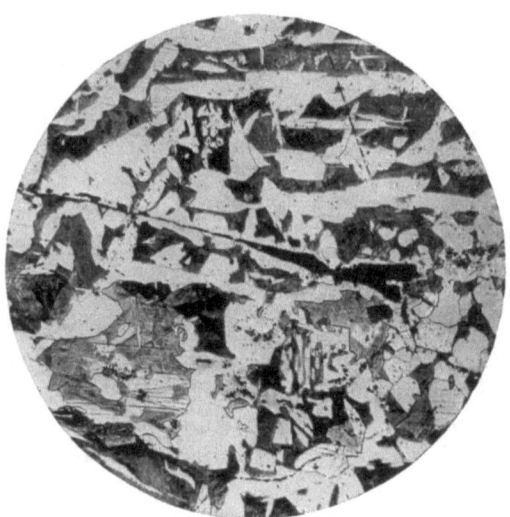

Abb. 482. Oxydreste am Ausläufer des Risses, Ätzung II, × 100.

Die anschließend an Gasblasen auftretenden Anreicherungen an Schwefel, Phosphor und Kohlenstoff, die unter dem Namen Gasblasenseigerungen beschrieben wurden, bleiben auch nach der Warmverarbeitung dort erhalten, wo sie im Gußblock schon vorlagen, vielleicht mit der Einschränkung, daß bei genügend hoher Temperatur und genügender Erhitzungsdauer der Kohlenstoff sich in Anbetracht seiner hohen Diffusionsfähigkeit gleichmäßiger verteilt, was für Phosphor und Schwefel jedoch keinesfalls zutrifft. Beim Schließen der Gasblasen gelangen also Stellen stärkster Anreicherungen in Anbetracht ihrer meist asymmetrischen Lage zur Gasblase mit normalen, also nicht angereicherten Stellen zur Berührung, bzw. sie sind von diesen durch eine Schweißnaht getrennt. Abb. 484 veranschaulicht den Vorgang schematisch. Aus dieser Abbildung geht ferner hervor, daß die angereicherte Zone

Abb. 483. Schienenlauffläche mit schuppiger Oberfläche, herrührend von Randblasen.

auch ihre Form ändern muß, und zwar ist leicht einzusehen, daß dies nach Maßgabe der Art und Verteilung der formändernden Kräfte geschieht. Denkt man sich eine solche Zone etwa würfelförmig, so wird, wenn beim Walzen Druck von allen Seiten gegeben wird, wie dies z. B. für kreisrunde Querschnitte der Fall ist, aus dem Würfel entsprechend Abb. 485 ein Prisma entstehen, das im Querschnitt durch das Walzprodukt etwa punktförmig, im Längsschnitt dagegen langgestreckt ist. Wird aber gemäß Abb. 486 nur Druck von oben und unten gegeben, wie etwa beim Walzen eines Bleches, so entsteht aus dem Würfel ein plattgedrücktes Prisma, das im Längs- und Querschnitt langgestreckt ist. Starke

Die Warmverformung des Stahles. 411

lokale Schwefel- und Phosphoranreicherung, entsprechend z. B. Abb. 487 und 488 (aus dem Längsschnitt durch die Blasenzone eines Kesselblechs), rührt von der Gasblasenseigerung her und ist daher das Charakteristikum ursprünglich hier vorhanden gewesener Gasblasen. Beide Abbildungen stellen die gleiche Stelle dar, nur die Ätzung ist verschieden.

Parallel zur Richtung stärkster Streckung kommt der Einfluß der stets von Schlackeneinschlüssen begleiteten Gasblasenseigerungen beim Zerreißversuch nur dann

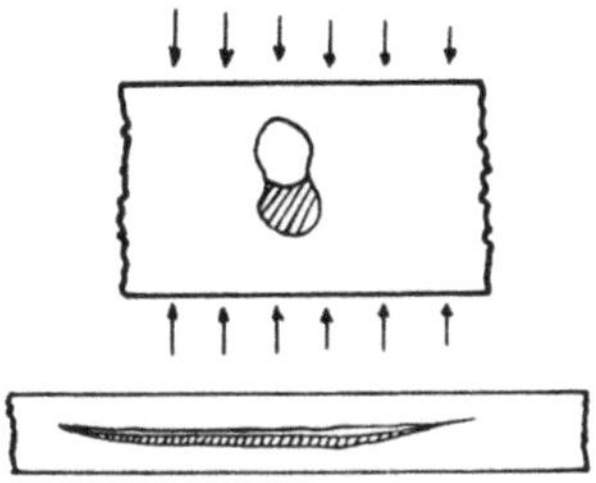

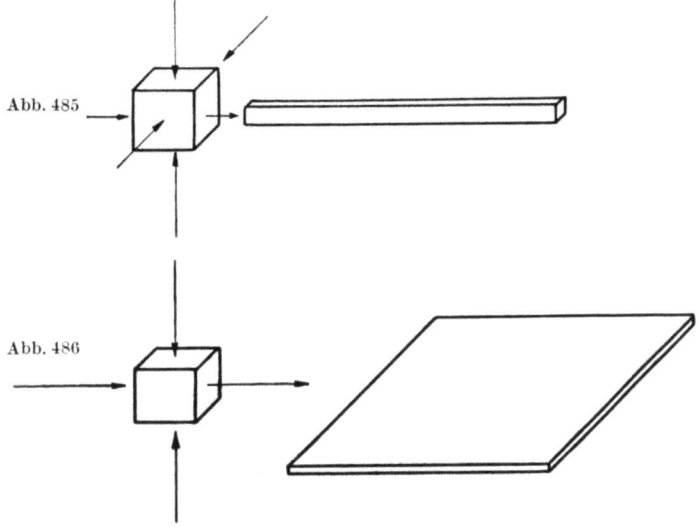

Abb. 484. Schematische Darstellung des Vorganges beim Zusammendrücken einer Gasblase mit anschließender Gasblasenseigerung.

Abb. 485. Schematische Gestaltsveränderung eines würfelförmigen Einschlusses bei der Streckung unter allseitigem Druck.

Abb. 486. Schematische Gestaltsveränderung eines würfelförmigen Einschlusses bei der Streckung unter Druck von oben und unten.

zur Geltung, wenn ihre Ausdehnung gegenüber der Stärke des Zerreißstabes erheblich ins Gewicht fällt, was nur bei geringen Streckungsgraden der Fall ist, oder wenn die Anreicherung ungünstig, etwa exzentrisch im Querschnitt

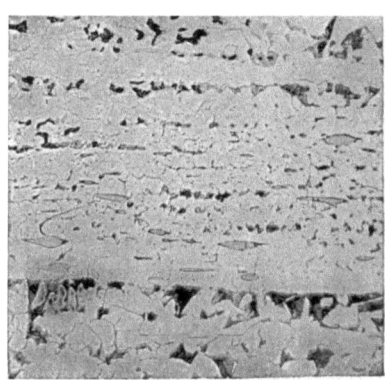

Abb. 487. Gasblasenzone, Schnitt durch ein Kesselblech, Ätzung II, ×80.

Abb. 488. Dieselbe Stelle wie Abb. 487, jedoch Ätzung I, × 80.

des Stabes gelagert ist. Quer zur vorgenannten Richtung beobachtet man jedoch je nach dem Streckungsgrad in der Querrichtung oder der Breitung und zwar, wenn diese gering ist im Vergleich zur Streckung, in der Walzrichtung abweichendes Verhalten. Weil die Ansammlungen sich meist über den ganzen Probestab-

412 Der Einfluß der Weiterverarbeitung auf Gefüge und Eigenschaften des Stahles.

querschnitt erstrecken, fallen Festigkeit und Dehnung erheblich niedriger aus. Dann aber weist der Bruch ein eigentümliches, an Schiefer erinnerndes Aussehen auf, weshalb er häufig Schieferbruch genannt wird. In den Grenzschichten der quer über den ganzen Zerreißstabquerschnitt sich erstreckenden, fast immer mit nichtmetallischen Einschlüssen angefüllten und noch dazu phosphorreicheren Ansammlungen entstehen hohe Schubspannungen, die zum vor-

 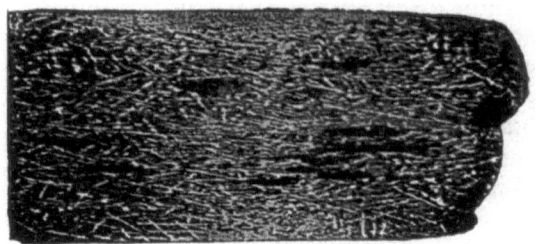

Abb. 489. Zerreißstab mit Schieferbruch, × 3.

Abb. 490. Längsschnitt quer zum Schiefer der Abb. 489 mit Gasblasenseigerung, Ätzung I, × 3.

zeitigen, fast dehnungslosen Bruch führen. Abb. 489 ist ein Zerreißstab mit Schieferbruch (Material mit 0,8% Kohlenstoff), Abb. 490 ein Längsschnitt quer zum Verlauf des Schiefers primär geätzt. Den einzelnen Absätzen des Bruches entsprechen Phosphoransammlungen, hier offenbar Gasblasenseigerungen (vgl. auch später).

Die Ansammlungen zahlreicher, durch den Formänderungsvorgang analog den Gasblasenseigerungen beeinflußter, also z. B. in der Längsrichtung gestreckter Schlackeneinschlüsse führen besonders dann oft zur

Abb. 491. Innenwand eines nahtlos gezogenen Rohres mit Längsrissen.

Abb. 492. Längsschnitt zu Abb. 491 mit zahlreichen Schlackeneinschlüssen, ungeätzt, × 50.

lokalen Lösung des Materialzusammenhanges während der Warm- oder Kaltverarbeitung, wenn senkrecht zu ihrer Streckrichtung bei der Verarbeitung erhebliche Beanspruchungen auszuhalten sind. So zeigen sich beim Ziehen nahtloser Rohre und ähnlich hergestellter Gegenstände öfter zahlreiche kurze Längsrisse an der Innenwand des Hohlkörpers, wie sie in Abb. 491 an einem nahtlosen Rohre aus weichem Flußeisen* zu erkennen sind. Der Längsschnitt Abb. 492 zeigt die zahlreichen Schlackenansammlungen.

---

* Dieselbe Erscheinung tritt auch bei nahtlosen Hohlkörpern aus härterem Material, wie Geschossen, Geschützrohren und Gasflaschen, auf. Die Ursache ist die gleiche.

Die Warmverformung des Stahles. 413

Bei der Formänderung durch Walzen, Schmieden, Pressen und Ziehen verändern die im Gußblock vorhandenen Seigerungszonen im wesentlichen ihre Form entsprechend der Formänderung des ganzen Querschnitts, also in ähnlicher

Abb. 494. Quadrateisen mit Seigerungszone, Ätzung I, × 1.

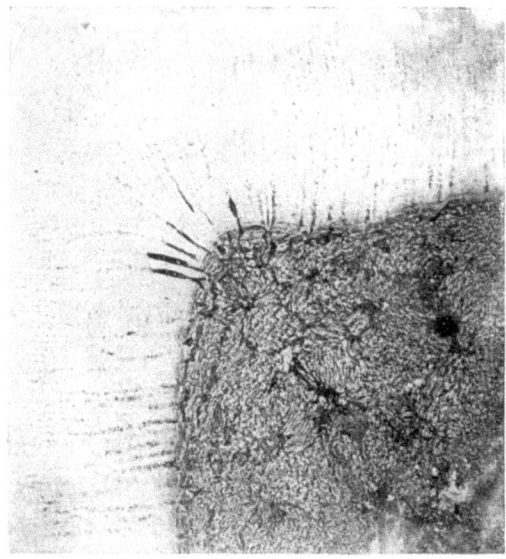

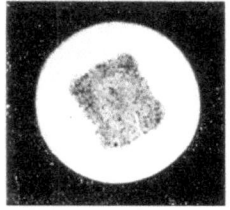

Abb. 493. ¼ Querschnitt aus einem Riegel von weichem, unberuhigtem Flußstahl, entsprechend der ursprünglichen Blockmitte. Ätzung I, × 1.

Abb. 495. Rundeisen mit Seigerungszone, Ätzung I, × 1.

Weise wie die Gasblasenseigerungen. Im fertigen Stück sind daher die Phosphor- und Schwefelansammlungen mit Hilfe einer der bekannten Ätzmethoden auf Schwefel und Phosphor leicht zu ermitteln. Abb. 493 zeigt in einem vorgewalzten Riegel aus weichem Flußstahl (etwa 0,1% Kohlenstoff) die dem un-

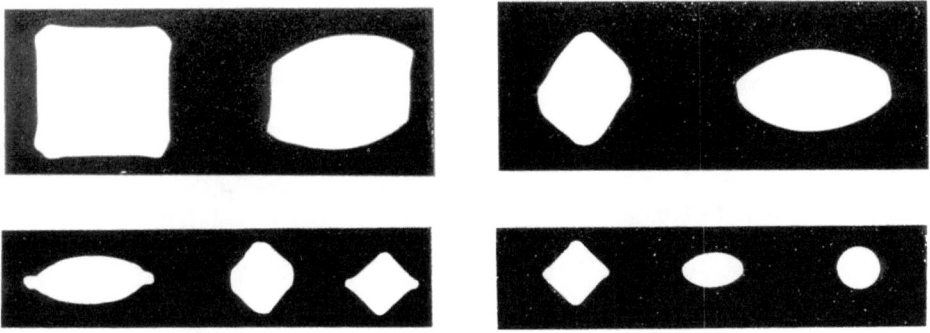

Abb. 496. ⌀-Eisenkalibrierung, Querschnitte ungeätzt (Gredt).

beruhigten Flußstahl eigentümliche, scharfe Abgrenzung der Seigerungszonen in primärer Ätzung*. Ist die Form des bei der Verarbeitung erzeugten End-

---

* Es mag hier darauf hingewiesen werden, daß nach H. Meyer (6) das Ätzbild oder der Baumannabdruck nicht immer eine sichere Beurteilung der Seigerungsverhältnisse gestatten. So zeigte der Querschnitt eines Walzstabes im Baumannabzug große Helligkeitsunterschiede,

414   Der Einfluß der Weiterverarbeitung auf Gefüge und Eigenschaften des Stahles.

querschnitts dieselbe wie die des Blockquerschnitts (wie z. B. beim Quadrateisen), so ist auch die Form der Seigerungszone ungefähr dieselbe wie die des Endquerschnitts (Abb. 494). Ist aber die Form des Endquerschnitts von der

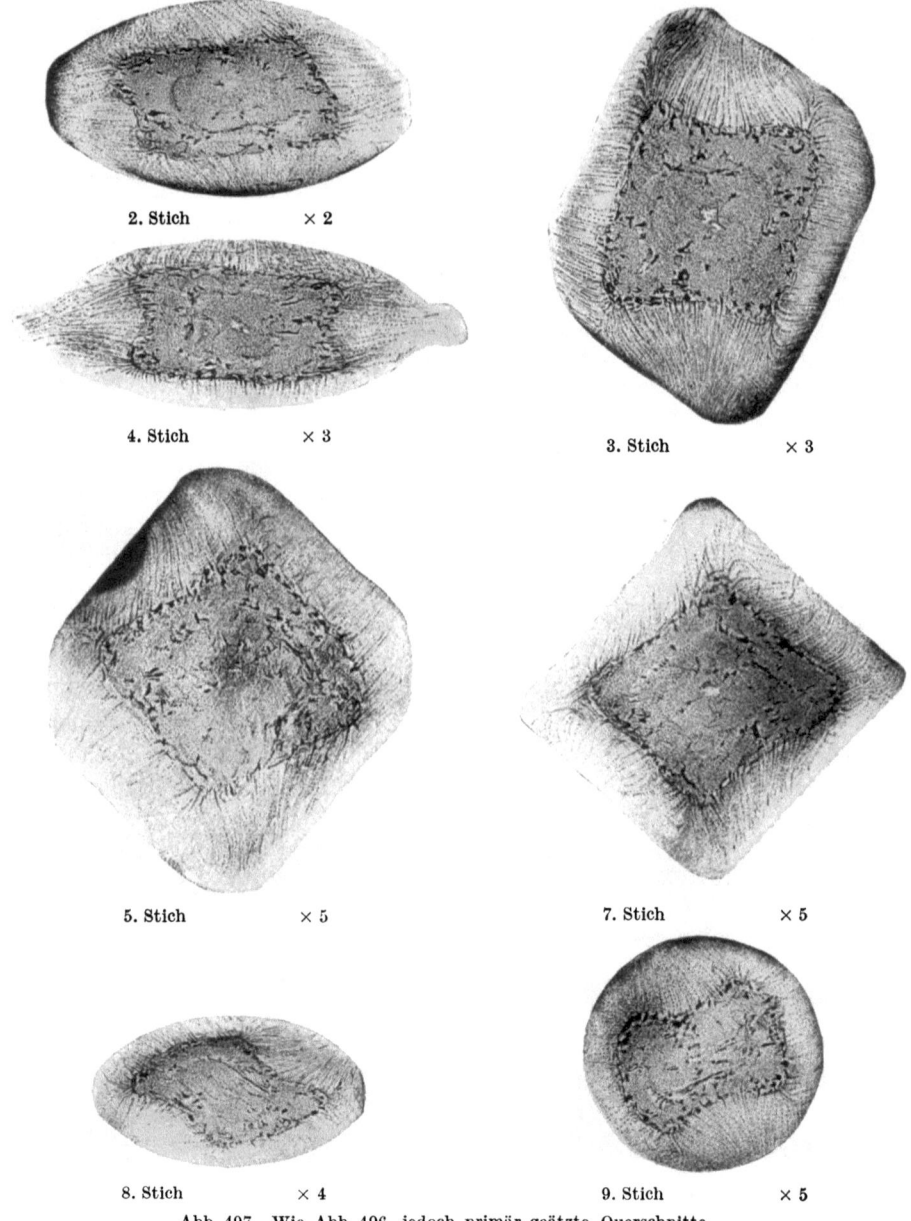

Abb. 497. Wie Abb. 496, jedoch primär geätzte Querschnitte.

während die analytisch ermittelten S-Gehalte zwischen 0,032 und 0,035% lagen. Da auch der Phosphor für die Helligkeitsunterschiede nicht verantwortlich gemacht werden konnte, wurde ihre Entstehung mit dem unterschiedlichen Verteilungsgrade der Sulfide erklärt. Viele kleine Sulfidteilchen bewirken eine stärkere Dunkelung, als wenige gröbere. So können Unterschiede im S-Gehalt vorgetäuscht werden.

des Blockquerschnitts verschieden, so besitzt auch die Seigerungszone eine andere Form als der Endquerschnitt*. Dies ist z. B. beim Rundeisen der Fall, in dem gemäß Abb. 495 die Seigerungszone vom Kreisumfang weniger weit entfernt ist als die Mitte der Quadrat- (bzw. Rechteck-)Seiten, während im Rohblock bzw. im Riegel oder Knüppel umgekehrte Verhältnisse herrschen. Dies beweist, daß von den Ecken des Riegelquerschnitts Material nach den Mitten der Quadratseiten „verdrängt" wird. Die leichte Eindrückung der Quadratseiten rührt offenbar von der Einwirkung des Ovalkalibers her. Des besseren Verständnisses halber sind in Abb. 496 die zehn ungeätzten Querschnitte einer Rundeisen-Kalibrierung und in Abb. 497 sieben Querschnitte derselben Kalibrierung in primärer Ätzung und stärker vergrößert (man beachte die Verschiedenheit der Vergrößerungen) nach Gredt (1) wiedergegeben. Aus Abb. 497, ist die jeweilige Deformation der Seigerungszone zu ersehen. Gredt fand u. a., daß das Verhältnis: $\dfrac{\text{Querschnitt der Seigerungszone}}{\text{Gesamtquerschnitt}}$ sich beim Walzen nicht verändert, und er zieht aus seinen mikroskopischen Untersuchungen interessante Schlußfolgerungen bezüglich des Walzvorganges.

Wird ein Kaliber zu stark „gefüllt", d. h. tritt z. B. Material beim Ovalkaliber über die beiden Spitzen heraus, was bei falscher Kalibrierung (zu geringe Abnahme), falscher Stellung der Walzen zueinander, zu starker Breitung infolge zu niedriger Walztemperatur der Fall sein kann, so werden beim näch-

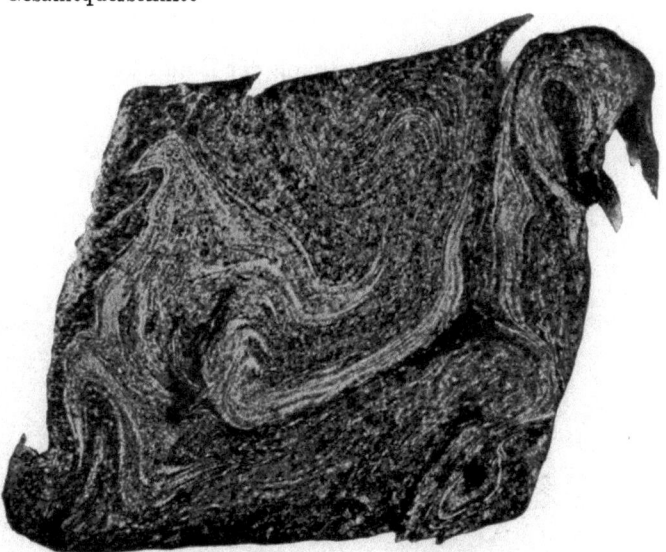

Abb. 498. ☐-Drahtquerschnitt mit Überwalzungen, Ätzung I, × 20.

sten Kaliber die überstehenden Teile (vgl. Abb. 497 Stich Nr. 4) umgebogen, und es entsteht an beiden Längsseiten eine Naht oder Überwalzung. Die Qualität gewisser Walzprodukte (z. B. Draht oder andere weiterzuverarbeitende kleine Querschnitte) wird hierdurch sehr beeinträchtigt. Der Vorgang des Umbiegens der überstehenden Teile ist im Querschnitt Abb. 498 an der Form der Seigerungszone deutlich zu erkennen. Auch die beiden Längsnähte sind zu sehen.

Das beim Walzen von Profileisen häufig beobachtete, in Abb. 499 an einer Schwelle dargestellte Auftreten von Querrissen wird erklärt durch die Primärätzung, Abb. 500, eines Querschnittes durch dieses Profil. In den beiden Ecken der oberen Profilseite (und nur dort) tritt die geseigerte Zone mit der Walze in Berührung, das Material der Randzone ist also nach diesen Stellen verdrängt. Ob dies auf zu geringen Durchmesser oder zu große Umdrehungsgeschwindigkeit

---

* D. h. Seigerungszone und Endquerschnitt sind nicht ähnlich im geometrischen Sinne.

416 Der Einfluß der Weiterverarbeitung auf Gefüge und Eigenschaften des Stahles.

der Oberwalze oder auf zu große Ausdehnung der Seigerungszone zurückzuführen ist, läßt sich ohne eingehendes Studium dieser und ähnlicher Fragen nicht entscheiden. Tatsache ist jedenfalls, daß die an Phosphor und Schwefel angereicherte Zone gegenüber der Randzone weit geringere Warmbildsamkeit besitzt und daher

Abb. 499. Schwelle mit Querrissen.

aufreißt. Die Zusammensetzung der Rand- bzw. der Kernzone ist in diesem Falle ermittelt worden und war folgende:

	% C	% P	% S
Randzone . .	0,09	0,067	0,04
Kernzone . .	0,13	0,133	0,16

Nach dem Ehrhardtschen Verfahren hergestellte Hohlkörper aus weichem wie aus hartem Stahl (Rohre, Stahlflaschen u. dgl.) weisen häufig einen der

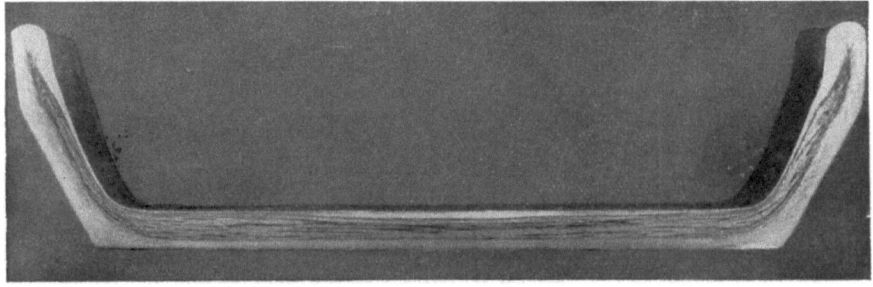

Abb. 500. Querschnitt durch die Schwelle Abb. 490, Ätzung I, × 1.

Abb. 499 ähnlichen Fehler auf, d. h. es treten an der dem Loch-, bzw. Ziehdorn zugekehrten Seite Querrisse auf, wie dies Abb. 501 an einem Längsschnitt durch ein Flußeisenrohr zeigt. Die Primärätzung Abb. 502 zeigt, daß die Ursache der Querrisse die gleiche ist wie die in Abb. 500 erkennbare, nämlich die geringere Warmbildsamkeit der Seigerungszone, die nun hier gerade am stärksten vom Verarbeitungsvorgang betroffen wird. Überhaupt kann man sagen, daß die Seigerungszone auf den Verarbeitungsvorgang ohne wesentlichen Einfluß ist, wenn sie ständig vom reineren Randzonenmaterial umschlossen bleibt (vgl. Abb. 493, 494, 495); dagegen zu Lösungen des Materialzusammenhanges führt, wenn sie direkt am Vorgang beteiligt ist (vgl. Abb. 499—502).

Im härteren Stahl ist der Übergang zwischen Rand- und Kernzone weniger scharf ausgeprägt als beim unberuhigten, weichen Flußstahl. Dies äußert sich

Die Warmverformung des Stahles.

in den primär geätzten Schliffen, so z. B. in den Abb. 503—505, die Querschnitte je einer aus Kopf, Mitte und Fuß eines Blockes stammenden Schiene zeigen.

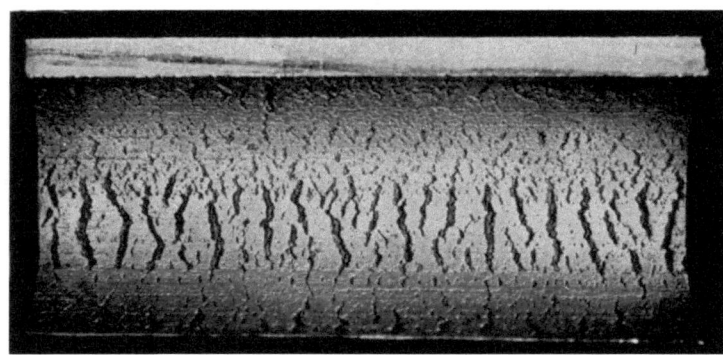
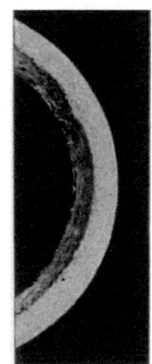

Abb. 501. Abb. 502.
Abb. 501. Nahtlos gezogenes Rohr aus weichem Flußeisen mit Querrissen an der Innenwand.
Abb. 502. Querschnitt zu Abb. 501, Ätzung I, × 1.

Schon mit Rücksicht auf die beträchtlichen Schwankungen der chemischen Zusammensetzung im Gußblock ist zu erwarten, daß ein Einfluß der Seigerungen auf die Festigkeitseigenschaften besteht. Während der Verarbeitung des Stahles kann höchstens der Kohlenstoff in Anbetracht seines hohen Diffusionsvermögens zu gleichmäßigerer Verteilung gelangen; für Phosphor und Schwefel ist dies nicht der Fall. Phosphor erniedrigt aber Dehnung, Kontraktion und Schlagfestigkeit und erhöht Festigkeit und Streckgrenze, während Schwefel insbesondere die Schlagfestigkeit erniedrigt. Der Einfluß der Seigerungszone ist indessen nicht ohne weiteres

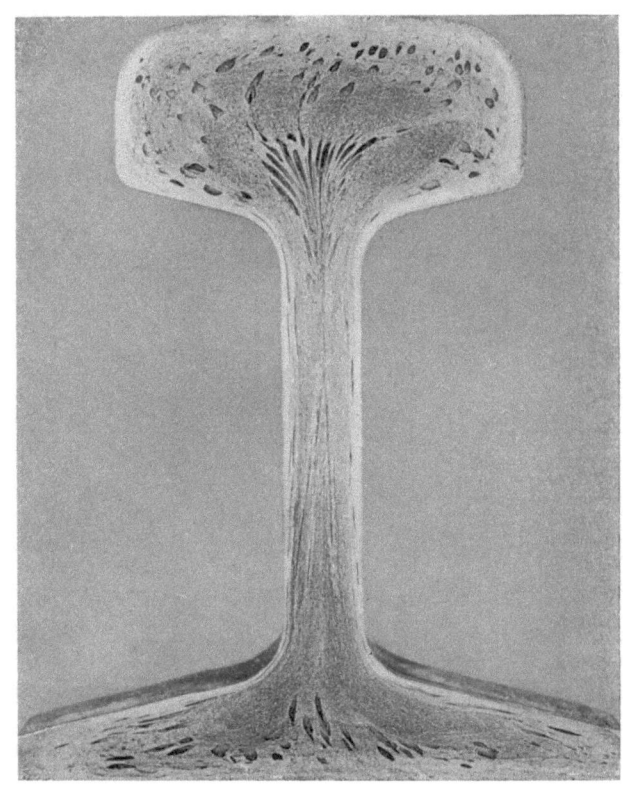

Abb. 503. Schienenquerschnitt aus dem Kopf eines Blockes, Ätzung I, × 1.

vorauszusagen. Nicht allein die prozentuale Höhe der Anreicherung, auch der Anteil der Seigerungszone am Gesamtquerschnitt ist, falls sich die Prüfung über diesen erstreckt, von Bedeutung, ferner aber auch die Form des Querschnitts,

418 Der Einfluß der Weiterverarbeitung auf Gefüge und Eigenschaften des Stahles.

Blockteil der Probe-entnahme	Festigkeit kg/mm²	Dehnung %	Kontraktion %	Kerbschlag-zähigkeit mkg/cm²
Kopf....	42,8	26,0	39,2	6,9
Mitte { oben .	41,7	28,2	38,5	10,1
{ unten .	40,7	30,5	43,6	12,0
Fuß	38,9	30,0	44,6	13,2

der Grad der Streckung und die Richtung, in der die Probe genommen wird. Die nebenstehenden Zahlen sind von Wüst und Felser (10) an 34 mm ⌀-Eisen erhaltene Mittelwerte, doch ist zu berücksichtigen, daß die Stäbe von 20 mm ⌀ aus dem Walzmaterial durch Abdrehen hergestellt wurden. Trotzdem sind die Zahlen für weichere Stähle mit scharfgetrennter Rand- und Kernzone typisch.

Ähnliche, an Schienen gewonnene Zahlen teilt Wickhorst (1, 2) mit. Eigene Zahlenmittelwerte aus Versuchen an vier Schienen von der Art der in Abb. 503 bis 505 dargestellten enthält die untenstehende Tabelle.

Man sieht, daß wesentliche Abweichungen nur bei der Dehnung und Kontraktion bestehen. Die Proben waren wie üblich aus dem Kopf des Schienenprofils hergestellt.

Im allgemeinen stellt bei härteren Stählen das obere Blockdrittel keinen vollwertigen Werkstoff dar und ist daher bei der Herstellung von Gegenständen für hohe Beanspruchung auszuschalten.

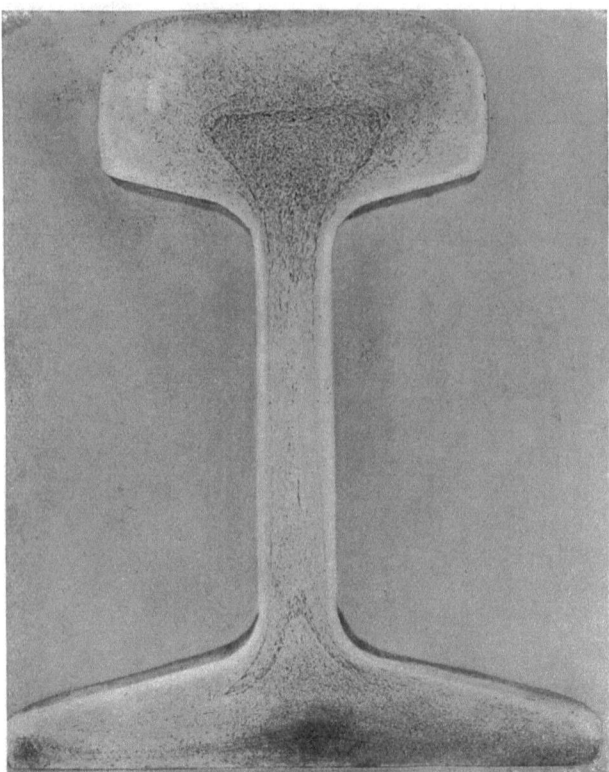

Abb. 504. Wie Abb. 503, jedoch Mitte des Blockes.

Beim Bördeln von Kessel- und ähnlichen Blechen bzw. bei der Herstellung von Preßteilen aus Blech treten innerhalb des Querschnitts starke Schubbeanspruchungen auf. Liegen stärkere Seigerungen vor, so ist der Zusammen-

	Streckgrenze kg/mm²	Festigkeit kg/mm²	Dehnung % (200 mm)	Kontraktion	Durchbiegung in mm nach dem sechsten Schlag bei der normalen Schlagprobe
Kopf . . .	38,5	68,0	10,6	23,0	108
Mitte . . .	37,8	68,4	16,6	36,6	104
Fuß. . . .	38,0	67,9	16,8	41,8	102

hang zwischen den einzelnen Schichten mit Rücksicht auf die zahlreichen nichtmetallischen Einschlüsse, die sich in den geseigerten Zonen vorfinden, so gering, daß bei der Bördelbeanspruchung diese Schichten wie die Blätter eines ähnlich beanspruchten Kartenspiels aneinander vorbeigleiten.

In Grobblechen, die zur Herstellung geschweißter Rohre von größerem Durchmesser benutzt werden sollen, spielt die Seigerungszone eine besondere Rolle. Wenn das Blech die Fertigwalze verläßt, liegt die Seigerungszone symmetrisch zum Querschnitt entsprechend der schematischen Abb. 506. (Die Seigerungszone ist schraffiert.) Die beiden seigerungsfreien und daher gut schweißenden Enden aa gelangen aber nicht immer zur Schweißung, vielmehr kann es vorkommen, und zwar bei ungleichmäßigem Beschneiden oder Säumen der Bleche bzw., wenn die beiden aa entsprechenden Rechteckseiten, was fast

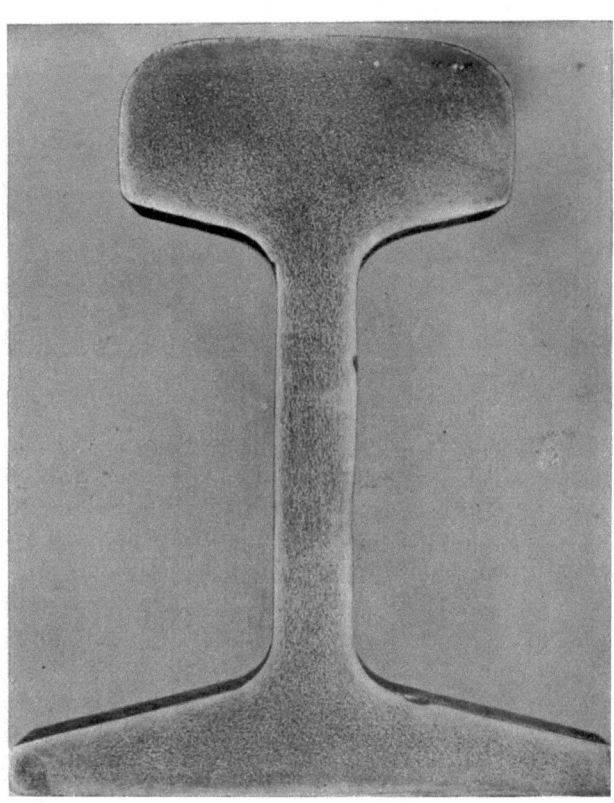

Abb. 505. Wie Abb. 503, jedoch Fuß des Blockes.

immer zutreffen dürfte, nicht parallel bzw. geradlinig verlaufen, daß der Scherenschnitt entsprechend bb durch die Seigerungszone hindurchgeht. Dann gelangt eine in Anbetracht der in der Seigerungszone angehäuften Fremdkörper schlecht schweißende mit einer gut schweißenden Fläche zur Berührung und die Schweißung kann mißlingen. Abb. 507 zeigt eine so zustande gekommene und beim Schweißen (z. T. auch später) gerissene Schweißstelle.

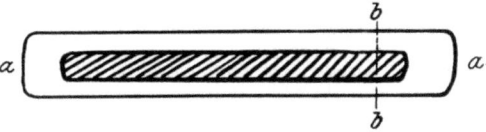

Abb. 506. Schematische Darstellung der Lage der Seigerungszone in einem Grobblech.

Wenn der Verarbeitungsgrad sehr hoch ist, wie z. B. bei Feinblechen, so ist die absolute Dicke der reineren Randzone sehr gering, die Seigerung liegt praktisch an der Oberfläche. Entstehung von Blasen und rauhen Stellen beim Beizen sowie Auftreten von Rissen bei der Stanzprobe sind die Folgeerscheinungen. Stark geseigertes Material ist daher zur Herstellung von Tiefstanzblech ungeeignet. Im übrigen spielt bei Feinblechen die Blasenfrage eine große Rolle. Die Blasen zeigen sich mit-

420　Der Einfluß der Weiterverarbeitung auf Gefüge und Eigenschaften des Stahles.

unter beim Glühen, beim Beizen oder gar erst beim Verzinnen. Die beim Glühen entstehenden Blasen sind auf Schlackeneinschlüsse zurückzuführen, die häufig in der Nähe der Seigerungen liegen. Sie sind meist oxydischer Natur und setzen sich beim Glühen mit dem Karbid des Stahles zu Kohlenoxyd um. Da der Stahl infolge der weitgehenden Verarbeitung und Verdichtung der Oberfläche dem

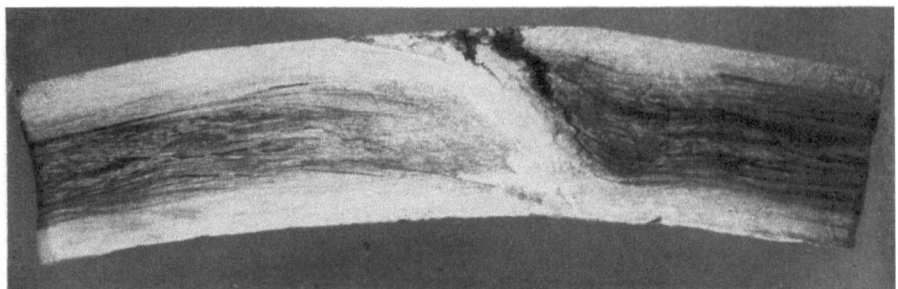

Abb. 507. Gerissene Schweißstelle aus einem preßgeschweißten Behälter. Querschnitt, Ätzung I, × 1.

entstehenden Gase keine Möglichkeit zu entweichen bietet, treibt es die Oberfläche örtlich auf. Beizblasenbildung ist nach F. Körber (17) dann zu erwarten, wenn der beim Beizen entstehende Wasserstoff beim Diffundieren in den gebeizten Stahl eine Unterbrechung des metallischen Gefügezusammenhanges antrifft. In solchen Stellen sammelt sich der im Metall atomar vorliegende Wasserstoff als molekularer Wasserstoff unter Druck an und treibt das Blech zur Blase auf (Abb. 508). Letzteres geschieht zuweilen erst bei schneller Erhitzung (Emaillieren, Verzinnen usw.) infolge der dabei auftretenden Drucksteigerung des Gases und der Verminderung der Festigkeit des Metalles. Ähnlich wie eindiffundierter Wasserstoff können natürlich andere, im Stahl eingeschlossene Gase wirken. (Gasreste in nicht gänzlich verschweißten Gasblasen.)

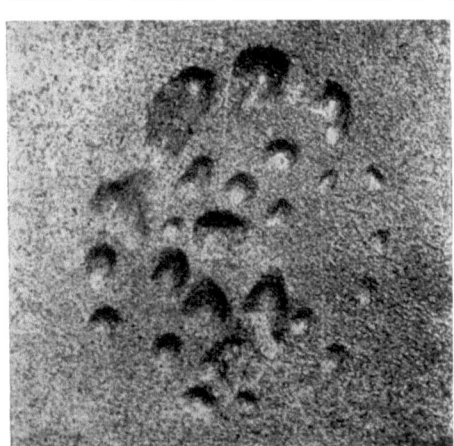

Abb. 508. Beizblasen auf einem gebeizten Blech [F. Körber (17)].

Wir sahen im Kapitel Kristallisation, daß die Verteilung des Phosphors, Schwefels und vielleicht noch anderer Elemente innerhalb des primären Einzelkristalles keine gleichmäßige ist und eine gleichmäßige Verteilung nur sehr schwer herbeizuführen ist. Diese „Kristallseigerung" wird durch die Warmformgebung in ähnlicher Weise wie die Gasblasenseigerung beeinflußt, und es ist unter Zugrundelegung der hierauf bezüglichen Erläuterungen leicht einzusehen, daß aus dem Dendriten- bzw. Globulitengefüge bei genügendem Verformungsgrade ein Abb. 509 entsprechendes entsteht, das man Zeilenstruktur genannt hat. Die Zeilenstruktur kann man demnach immer in Schnitten parallel zur Richtung starker Streckung feststellen, z. B. in Blechen im Längs- und Querschnitt, im Draht- oder Rundeisen dagegen im Längsschnitt, wogegen hier im Querschnitt körnige Struktur auftritt. Zwischen den beiden Möglichkeiten, daß in Längs- und Querrichtung annähernd gleich starke Streckung oder aber nur in einer Richtung Streckung erfolgt, liegt eine große Mannigfaltigkeit von Möglichkeiten, und es kann jedenfalls die Untersuchung des Primärgefüges in den verschiedenen Richtungen durch Schaffung eines räumlichen Vorstellungsbildes Einblick in die Art der Verformung gewähren. Ein gewisses Interesse verdient bei Blechen u. dgl. der Schnitt parallel zur Blechoberfläche. Dieser Schnitt zeigt die plattgedrückten Anreicherungen in ihrer größten Ausdehnung, falls annähernde Parallelität der Schichten vorliegt, wie dies z. B. beim gewalzten Blech der Fall ist. Sind die Schichten aber nicht parallel, sondern verlaufen sie wie z. B. bei handgeschmiedeten Messerklingen infolge lokaler Verschiedenheit des Formänderungsgrades wellenförmig, so ergibt der

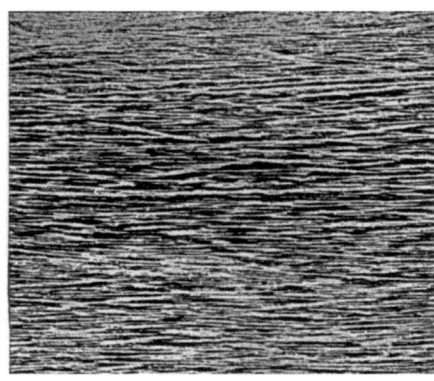

Abb. 509. Primäre Zeilenstruktur, Ätzung I, × 4.

Flachschnitt das Damastgefüge entsprechend Abb. 510. Die mit Primärätzmitteln ermittelte Zeilenstruktur kann als primäre Zeilenstruktur bezeichnet werden, weil sie von der primären Kristallisation herrührende Ungleichmäßigkeiten der Zusammensetzung anzeigt. Im verarbeiteten und im unverarbeiteten Material

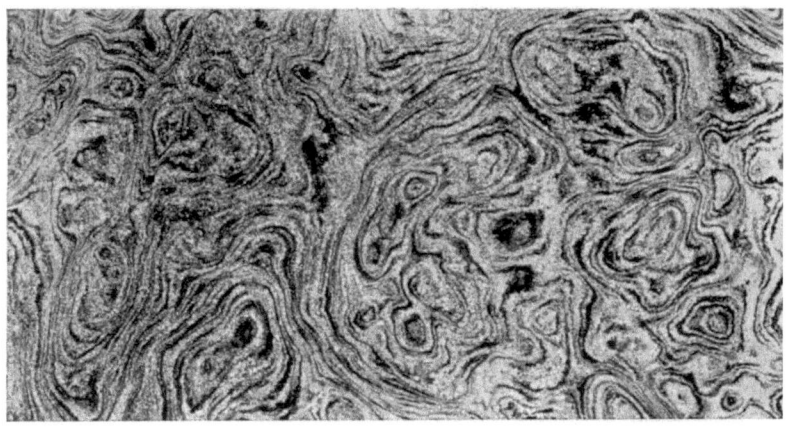

Abb. 510. Künstlich in einem Kesselblech erzeugtes Damaszenergefüge, Ätzung I, × 2.

verhalten sich die von der Kristall- und Gasblasenseigerung herrührenden und durch die Primärätzung aufgedeckten Ungleichmäßigkeiten bezüglich ihrer Ausdehnung ähnlich, d. h. letztere überwiegen stets an Ausdehnung. Demnach stellen die bei der Primärätzung erscheinenden Anreicherungen größerer Ausdehnung, die aber durch die Formänderung im übrigen in gleicher Weise wie die von der Kristallseigerung herrührenden, beeinflußt wurden, die Spuren von im

422   Der Einfluß der Weiterverarbeitung auf Gefüge und Eigenschaften des Stahles.

unverarbeiteten Material ursprünglich vorhandenen Gasblasen dar. In diesem Sinne ist die als Beispiel herangezogene Abb. 511 zu deuten.

Die einseitige Streckung der Kristallseigerungen durch Walzen bedingt unterschiedliche Festigkeitseigenschaften quer und längs zur Verarbeitungsrichtung. Sehr stark ausgeprägte Seigerungen können nach der Warmstreckung zur Ausbildung eines stark faserigen Bruches führen, der bei grober Faser als Schiefer- oder Holzfaserbruch (vgl. Gasblasenseigerungen), bei feiner Faser als Sehne bezeichnet wird. Sehniger Bruch ist erwünscht z. B. bei Blattfedern. Von großer Bedeutung für die Ausbildung der Faser ist die Menge und Verteilung der im Stahlblock vorhandenen Einschlüsse.

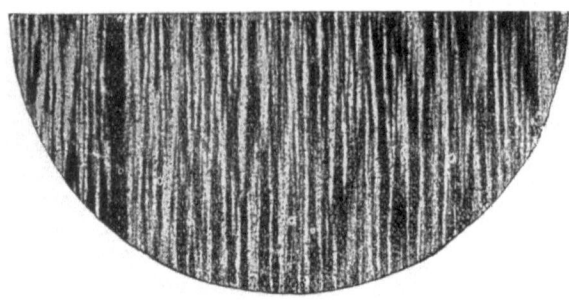

Abb. 511. ½ Querschnitt durch einen Abb. 490 entsprechenden Zerreißstab mit primärer Zeilenstruktur und gestreckter Gasblasenseigerung, Ätzung I, × 3.

Besitzen die Einschlüsse genügende Plastizität, was im Warmformgebungsgebiet meist der Fall ist, so verändern sie ihre Form in ähnlicher Weise wie die Kristallseigerungen, erscheinen also, beispielsweise im Längsschnitt, etwa durch ein Blech, in langgestreckter Form, vgl. z. B. Abb. 492. Nicht alle Einschlüsse

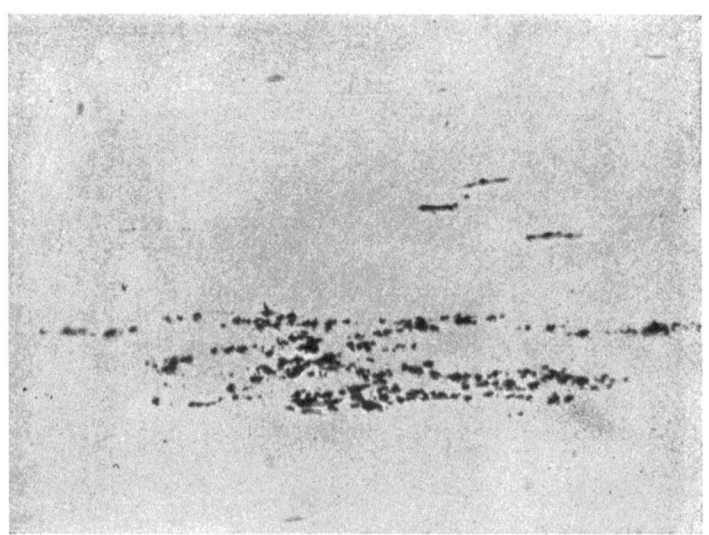

Abb. 512. Tonerdeeinschlüsse.

sind aber bei den Temperaturen der Wärmeverarbeitung plastisch, so daß häufig nebeneinander gestreckte und in mehrere Teile zerfallene Einschlüsse beobachtet werden können. Tonerdeeinschlüsse, die beim Aluminiumzusatz entstehen, sind, wie Abb. 512 zeigt, überhaupt nicht plastisch und finden sich in Form von dunklen, zwar in ihrer Gesamtheit, aber nicht einzeln gestreckten Anhäufungen von Einschlüssen von bemerkenswerter Kleinheit vor.

Der Einfluß der Einschlüsse auf die Festigkeitseigenschaften richtet sich nach ihrer Zahl, Größe und Form sowie nach ihrer Lage im Querschnitt. Eingehende Beziehungen fehlen jedoch. Fällt die Zerreißstabachse mit der Richtung stärkster Streckung zusammen, so bedarf es schon zahlreicher und räumlich ausgedehnter Einschlüsse, um auf Festigkeit und Dehnung einen merklich erniedrigenden Einfluß auszuüben. In der Querrichtung dagegen üben solche Einschlüsse insbesondere auf die Kerbschlagzähigkeit, aber auch auf die Festigkeit und Dehnung einen erniedrigenden Einfluß aus. Ein typischer Fall hierfür ist das Schweißeisen. Aber auch Einschlüsse von sehr geringer Teilchengröße können die Eigenschaften beeinflussen. So scheint die Warmformänderungsfähigkeit nach Versuchen von Oertel und Richter (3) durch derartige, auf ungenügende oder unzweckmäßige Desoxydation zurückzuführende Einschlüsse beeinträchtigt zu werden. Die Blöcke zeigen beim Schmieden dann häufig die sogenannte Kantenrissigkeit, sie reißen an den Kanten auf, was zum Zerfall des ganzen Blockes führen kann.

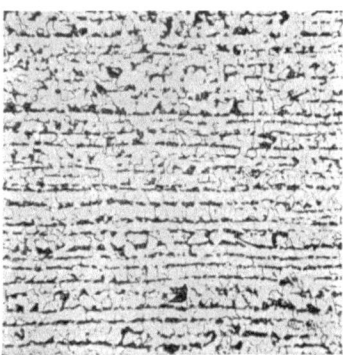

Abb. 513. Sekundäre Zeilenstruktur, Ätzung II, × 50.

Die magnetischen Eigenschaften von Transformatorenstahl werden durch feine Einschlüsse verschlechtert. (Zunahme der Hysteresisverluste.)

Der Einfluß von Einschlüssen auf die Stahlbeschaffenheit ist nicht in allen Fällen klar zu bestimmen, da es nicht ohne weiteres möglich ist, Stähle mit und ohne Schlackeneinschlüsse in ihren Eigenschaften miteinander zu vergleichen. Jedoch darf man annehmen, daß die Eigenschaften der Einschlüsse, wie z. B. Schmelzbarkeit, Härte, Dehnbarkeit, Widerstand gegen chemische Angriffe, von Bedeutung sind für das Verhalten des Stahles beim Schmieden, bei der spanabhebenden Bearbeitung und bei der Beanspruchung durch chemischen Angriff. Es ist leicht einzusehen, daß Schlackeneinschlüsse ähnlich wie ausgewalzte Gasblasen- und Kristallseigerungen zum Auftreten vom Schieferbruch führen können.

Das in Abb. 105 dargestellte Dendritengefüge bzw. das durch Warmformänderung aus diesem hervorgegangene Zeilengefüge (Abb. 509) ist an Werkstoff mit etwa 0,8% Kohlenstoff gewonnen, der demnach

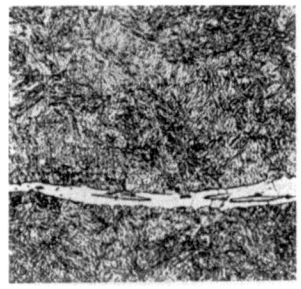

Abb. 514. Einfluß der Streckung der Schlackeneinschlüsse auf die Form der Ferritausscheidung bei der sekundären Zeilenbildung, Stahl mit 0,4% C bei 750° abgeschreckt, Ätzung II, × 150.

praktisch nur aus Perlit besteht. Die beiden Abbildungen sind aber Primärätzungen. Bei der Benutzung eines sekundären Ätzmittels würde das Gesichtsfeld gleichmäßig dunkel erscheinen. Ist nun neben Perlit noch Ferrit vorhanden, so kann auch die sekundäre Ätzung Zeilenstruktur entwickeln und demnach ein mit der Primärätzung qualitativ übereinstimmendes Bild ergeben (Abb. 513). Die Ursachen hierfür sind die gleichen, die im unverarbeiteten Material (Stahlguß) das Netz- und Dendritengefüge in beiden Ätzungen erscheinen lassen, und zwar vornehmlich die

424 Der Einfluß der Weiterverarbeitung auf Gefüge und Eigenschaften des Stahles.

Keimwirkung der Schlackeneinschlüsse, ferner auch die ungleichmäßige Verteilung des Phosphors bzw. anderer, in ihrer Wirkung noch unbekannter Faktoren. Die gestreckten Einschlüsse bewirken bei der Ferritbildung die Bildung entsprechend gestreckter Ferritabscheidungen, wie Abb. 514 im Längsschnitt durch eine bei 750°, also zwischen A_3 und A_1 während der Ferritbildung abgeschreckte Probe eines gewalzten Stahles mit 0,4% Kohlenstoff zeigt.

Die durch sekundäre Ätzung entwickelte Zeilenstruktur ist wegen ihres Zusammenhanges mit der sekundären Kristallisation ein sekundäres Gefüge, braucht daher mit der primären nicht identisch zu sein, bzw. kann trotz der Anwesenheit der letzteren überhaupt fehlen. Die bei der sekundären Ätzung entwickelte Struktur ist nämlich von der Wärmebehandlung abhängig (s. nächstes Kapitel), was für die bei der Primärätzung entwickelte nicht oder nur in unbedeutendem Maße der Fall ist. Diese hängt vielmehr ausschließlich von der Art und dem Grade der Verarbeitung ab. Die durch die Breite der Zeilen gekennzeichnete Feinheit der in diesem Sinne aufgefaßten primären Zeilenstruktur steigt mit der Durcharbeitung, ist also unter sonst gleichen Bedingungen z. B. abhängig von der Blockgröße. Bei gleicher Wärmebehandlung müssen daher auch die bei der sekundären Ätzung entwickelten Zeilen mit zunehmender Durcharbeitung schmäler werden.

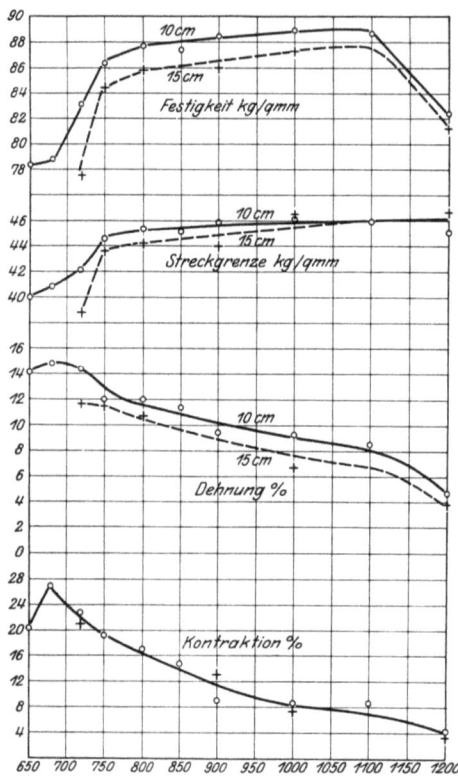

Abb. 515. Vergleich der Eigenschaften von 150 bzw. 100 mm Hohlkörpern aus dem gleichen Block hergestellt.

Je stärker die Streckung ist, um so höher ist die Kerbzähigkeit der Längsproben und die Kontraktion, während Streckgrenze, Festigkeit und Dehnung weniger beeinflußt werden. Dies geht aus den nachfolgenden Zahlen von Charpy (5) hervor.

Daß aber eine deutliche, wenn auch geringe Beeinflussung der Streckgrenze,

Material	Streckung $\frac{F_0}{F}$	Festigkeit kg/mm²	Dehnung %	Kontraktion %	Kerbschlagzähigkeit mkg/cm²
Saurer Siemens-Martin-Stahl für Geschütze bei 950° abgeschreckt bei 650° angelassen	1,7 3,2 6,1	91,2 91,6 90,3	20 20 22	11 40 70	6,5 7,9 9,9
Basischer Siemens-Martin-Stahl für Granaten, halbhart	1,7 6,1	70,1 72,7	18 23	33 60	5,5 9,1

Festigkeit und Dehnung besteht, die auch durch Wärmebehandlung nicht zu überdecken ist, lehrt Abb. 515 nach Versuchen von Oberhoffer. Aus einem 2 t-Block von 500 mm ⌀ wurde je ein Riegel von 150 ⌀ und 80 ⌀ mm hergestellt, demnach mit $\frac{F_0}{F} \cong 2{,}8$ und 10 wobei darauf geachtet wurde, daß beide Riegel aus dem Fußende des Blockes stammten. Der Werkstoff war harter Stahl mit etwa 0,8% Kohlenstoff, 1,0% Mangan, 0,3% Silizium, 0,1% Phosphor und 0,04% Schwefel. Nun wurden aus dem ersten Riegel nach dem Ehrhardtschen Verfahren Hohlkörper von 150 mm äußerem ⌀ und etwa 25 mm Wandstärke, aus dem zweiten Riegel solche von 75 mm ⌀ und etwa 15 mm Wandstärke hergestellt. Auch die weitere Durcharbeitung war also bei den Hohlkörpern zweiter Art größer als bei ersteren. Darauf wurden aus den Hohlkörpern Probestäbe für Zerreißversuche in der Längsrichtung hergestellt und bei verschiedenen Temperaturen geglüht. Die Ergebnisse der Zerreißversuche sind in Abb. 515 in Abhängigkeit von der Glühtemperatur dargestellt. Sie lehren, daß selbst nach der Wärmebehandlung ein Unterschied in den Eigenschaften besteht. Das Sekundärgefüge war für beide Verarbeitungsfälle gleich, das Primärgefüge dagegen gemäß Abb. 516 wesentlich feiner bei der höheren Bearbeitungsstufe, so daß der Schluß wohl berechtigt erscheint, der geschilderte Einfluß sei ausschließlich dem Primärgefüge zuzuschreiben. Umfassendere zahlenmäßige Zusammenhänge fehlen leider noch.

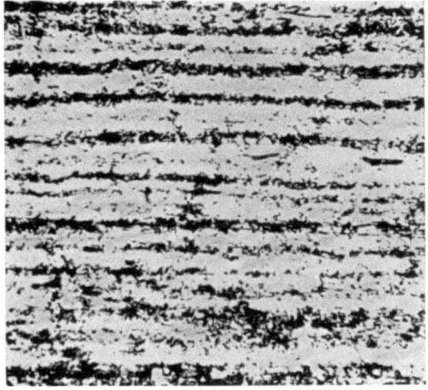
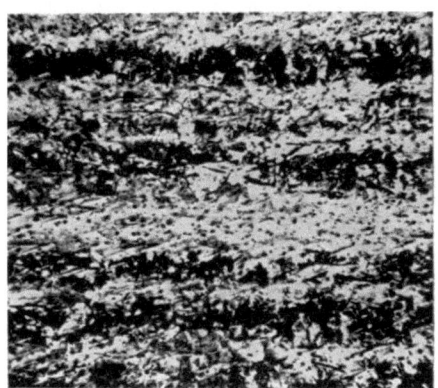

Abb. 516. Primärzeile der 100 mm (oben) und 150 mm (unten) Hohlkörper, Ätzung I, × 100.

Ist die Streckung nach verschiedenen Richtungen nicht gleich, so äußert sich dies in einem Unterschied der Festigkeitseigenschaften in verschiedenen Richtungen. Im allgemeinen kann zunächst festgestellt werden, daß in Schmiedestücken, bei denen also die Streckung vornehmlich in einer bevorzugten Richtung erfolgt, die Kerbschlagzähigkeit in der Längsrichtung zunimmt. Dafür aber nimmt sie in der Querrichtung ab. Dies zeigt deutlich Abb. 517 nach Descolas[*] (1). Die Abbildung lehrt ferner, daß in der Längsrichtung die Proben aus der Mitte (die Abszissen sind die Abstände der Proben vom Rand des Schmiedestückes) geringere Kerbzähigkeit aufweisen als die Randproben. Sowohl die Unterschiede des primären und sekundären Gefüges wie die der Durcharbeitung können hierfür verantwortlich gemacht werden.

---

[*] Es handelt sich um einen mittelharten Stahl für Schmiedestücke. Alle Proben sind vergütet worden.

Die Querproben weisen ein dem der Längsproben entgegengesetztes Verhalten auf. Sehr eingehend haben sich mit dieser Frage Oertel und Richter (3) beschäftigt. Sie benutzten einen Chrom-Nickelstahl für Einsatzzwecke mit etwa 0,1% Kohlenstoff, 4% Nickel und 1,2% Chrom. Sie änderten das Blockgewicht, die Streckung und die Breitung. Ihren Ergebnissen verleiht Abb. 518 Ausdruck. Alle Proben sind vergütet (830° Öl/580°). Die Ordinaten geben einen Begriff vom Unterschied zwischen Längs- und Querprobe. Man sieht auch hier, daß dieser Unterschied mit steigender Verschmiedung wächst. Die Breitung ist bei dem kleinen Block (220 mm ⌀) so gut wie ohne Einfluß auf den erwähnten Unterschied. Dagegen steigt er beim 600 kg-Block (380 mm ⌀). Die Blockgröße erniedrigt ihn bei starker und erhöht ihn bei geringer Breitung. Man erkennt ferner, daß der Unterschied zwischen Längs- und Querprobe auch negativ werden kann, und zwar im großen Block, bei starker Breitung und geringem Durcharbeitungsgrad. Die absoluten Zahlen bewegten sich (große Charpy-Probe) bei den Längsproben zwischen 23 und 33, bei den Querproben zwischen 16 und 26 mkg/cm². Vom Standpunkt des Primärgefüges kann man sagen, daß der Unterschied zwischen Längs- und Querprobe um so größer ist, je mehr sich die Feinheit der Zeile (etwa Anzahl der Zeilen pro Längeneinheit quer zur Zeile gemessen) in beiden Richtungen unterscheidet. Allgemein gültige Angaben über das Verhältnis der Eigenschaften von Quer- zu denen von Längsproben lassen sich nicht machen. Wegen der großen Zahl von Einflußgrößen ist in jedem Falle nur der Versuch maßgebend.

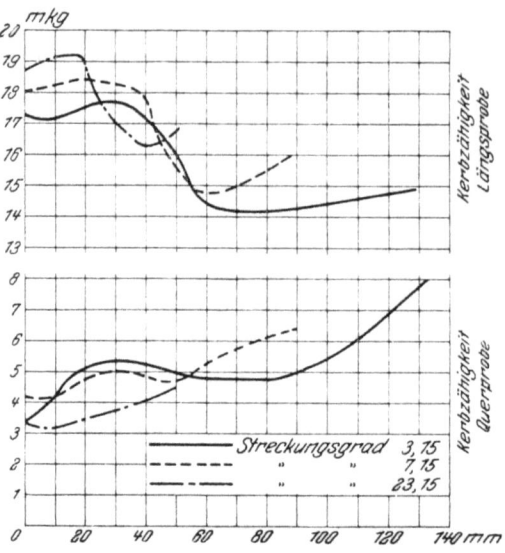

Abb. 517. Einfluß der Streckung und der Lage der Probestäbe auf die Kerbzähigkeit [Descolas (1)].

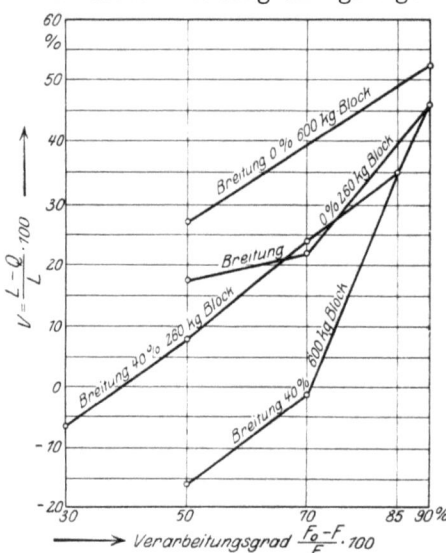

Abb. 518. Einfluß des Verarbeitungsgrades, der Breitung und des Blockgewichtes auf den Unterschied zwischen Längs- und Querprobe bei Chrom-Nickel-Einsatzstahl [Oertel und Richter (3)].

Über den Einfluß der Richtung der Zeile oder Faser auf andere Eigenschaften ist wenig bekannt. Ein geschlossener Verlauf der Faser ist vorteilhaft. Aus diesem Grunde ist der im Gesenk geschlagenen Kurbelwelle (Abb. 519)* der aus dem Vollen herausgearbeiteten (Abb. 520)*

---

* Vgl. P. Goerens (8).

der Vorzug zu geben. Hochbeanspruchte Zahnräder für Automobilgetriebe sollen nicht aus Stangen durch Herausarbeitung der Zahnlücken hergestellt werden, weil hierbei die Faser zerschnitten wird. Zweckmäßig ist es, die Zahnräder im Gesenk zu schmieden oder zum mindesten sie aus allseitig überschmiedeten Scheiben herzustellen. Ringventilscheiben, die ebenfalls starker Abnutzung unter-

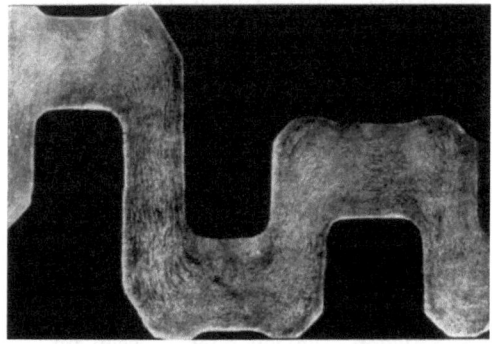

Abb. 519. Geschmiedete Kurbelwelle.

Abb. 520. Aus dem Vollen gearbeitete Kurbelwelle.

worfen sind, werden besser aus Blechen als aus Stangen hergestellt, weil die Faser im letzteren Falle günstiger zur Richtung der abnützenden Kräfte liegt*.

Man findet zuweilen in der Praxis die Ansicht vertreten, daß die Art der Formgebung auf die Eigenschaften des Fertigerzeugnisses von größtem Einfluß sei. Im besonderen wird geschmiedetes Material gewalztem gegenüber als Qualitätsmaterial deshalb bezeichnet, weil die Durcharbeitung eine weit intensivere sei und die inneren Teile des Querschnittes erfasse, während beim Walzen

Ergebnisse von Versuchen an Probestäben von geschmiedeten und gewalzten Blöcken.

Versuchsproben	Zugproben mit 13 mm Durchmesser und 60 mm Körnerabstand, entnommen:						Schlagproben mit Stäben 24 × 9 mm Querschnitt, Länge 60 mm senkrecht zur Streckrichtung, freies Fallgewicht 10 kg, Fallhöhe 0,50 m	
	in der Streckrichtung			senkrecht zur Streckrichtung				
	Elastizitätsgrenze kg/mm²	Festigkeit kg/mm²	Dehnung %	Elastizitätsgrenze kg/mm²	Festigkeit kg/mm²	Dehnung %	Anzahl der Schläge ohne Brucherzeugung	Biegewinkel in Grad
Rundgeschmiedet:								
1. Versuchsreihe	51,5	69,4	25	52,15	67,75	20	20	73,5
2. „	54,8	72,0	26	55,15	70,40	17	26	76,0
Rundgeschmiedet:								
1. Versuchsreihe	53,5	71,3	25	52,10	68,10	19,5	26	70,5
2. „	55,5	72,7	26	54,85	70,10	20	26	73,5
Rundgewalzt:								
1. Versuchsreihe	52,8	71,3	26	52,15	69,40	20	25,5	75,0
2. „	56,1	73,4	24	55,80	71,00	19,5	25,5	79,5
Rundgewalzt:								
1. Versuchsreihe	54,2	72,3	26	53,80	69,4	26	26	73,0
2. „	58,1	75,0	25	57,80	72,7	18	26	86,5

* Vgl. Meyer und Nehl (5).

428 Der Einfluß der Weiterverarbeitung auf Gefüge und Eigenschaften des Stahles.

hauptsächlich die äußeren Querschnittsteile durchgearbeitet würden. Man kann auch durch Untersuchung des Primärgefüges entsprechende Unterschiede in der Durcharbeitung des Werkstoffes durch Schmieden und Walzen bei bezüglich der Querschnittsverminderung gleichen Bedingungen feststellen. Diese Gefügeunterschiede sind jedoch anscheinend ohne Einfluß auf die Eigenschaften. Diese Erfahrung wird bestätigt durch die Untersuchungen Charpys (6), von dessen zahlreichen Ergebnissen (siehe Seite 427) zur Stütze der hier ausgesprochenen Ansicht wiedergegeben seien. Die Versuche sind an Stäben von 175 mm Durchmesser aus mittelhartem Stahl gemacht. Die Rohblöcke wogen 1100 kg bei 300 × 300 mm Querschnitt.

Bezüglich des Pressens gilt im großen und ganzen das gleiche wie für das Schmieden, so daß unter gleichen Bedingungen auch dem gepreßten Material gegenüber dem gewalzten bezüglich der Eigenschaften keine Überlegenheit zuerkannt werden kann.

A. Rotbruch und Heißbruch.

Der Rotbruch besteht darin, daß beim Schmieden, Walzen oder Pressen im Rotglut-Temperaturintervall Risse auftreten, die hauptsächlich senkrecht zur Streckrichtung verlaufen. Als Erreger des Rotbruches kommen zunächst Schwefel und Sauerstoff in Betracht. Über den Einfluß dieser beiden Elemente wurden

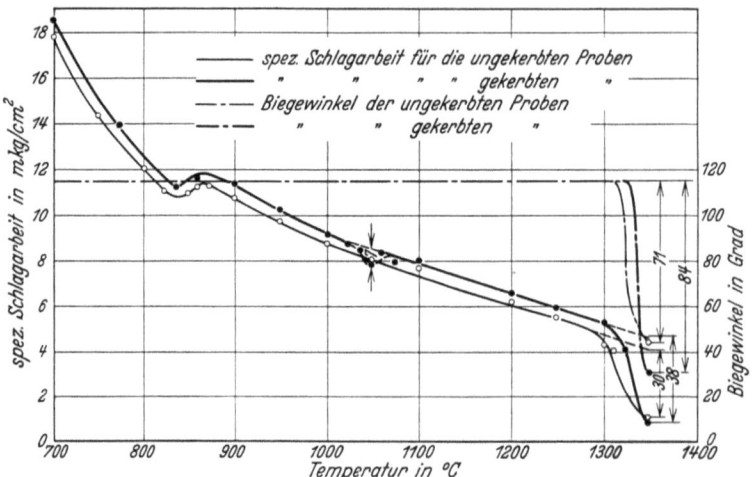

Abb. 521. Schlagarbeit und Biegewinkel eines Stahles mit 0,185 % S in Abhängigkeit von der Temperatur [Niedenthal (1)].

zahlreiche Untersuchungen durchgeführt, von denen eine noch auf Anregung von P. Oberhoffer in neuerer Zeit durchgeführte, umfangreiche Arbeit von A. Niedenthal (1) besondere Beachtung verdient. Die Versuche wurden als Warmschlagbiegeversuche mit dem Pendelschlagwerk an Proben von 10 × 10 × 80 mm durchgeführt, die ungekerbt und mit Scharfkerb von 0,5 mm Tiefe zur Anwendung gelangten. Neben der spezifischen Schlagarbeit wurde der Biegewinkel der geschlagenen Proben bestimmt. Als Maß für die Rotbrüchigkeit sollte die mit 10 multiplizierte, diskontinuierliche Abnahme der spezifischen Schlagarbeit in mkg/cm² und die Abnahme des Biegewinkels in Grad dienen. Abb. 521 zeigt spezifische Schlagarbeit und Biegewinkel in Abhängigkeit von der Temperatur für einen Stahl mit 0,11% C, 0,47% Mn, 0,185% S und 0,016% Sauerstoff. Das Rotbruchgebiet wird lediglich durch einen Abfall der spezifischen Schlagarbeit der gekerbten Proben zwischen 1000 und 1100° angezeigt, während ein weiteres Temperaturgebiet der Brüchigkeit des Stahles weit deutlicher oberhalb

Abb. 522. Stahl entsprechend Abb. 521, zum Teil im, zum Teil oberhalb des Rotbruch-, aber unterhalb des Heißbruchgebietes geschmiedet [Niedenthal (1)].

1350° sowohl in der spezifischen Schlagarbeit wie auch im Biegewinkel der ungekerbten und gekerbten Proben zum Ausdruck kommt (Heißbruch). Zwischen Rotbruch- und Heißbruchgebiet besteht, wie die Abb. 521 erkennen läßt, offenbar ein Gebiet guter Verformbarkeit. Dies wurde durch Schmiedeversuche bestätigt, die auch den Nachweis dafür erbrachten, daß die geringfügige diskontinuierliche Änderung der spezifischen Schlagarbeit bei 1050° tatsächlich das Rotbruchgebiet andeutet (Abb. 522). Daß aber diese Änderung kein quantitatives Maß für die Rotbrüchigkeit ist, ist daraus zu ersehen, daß ein Stahl mit 0,125% S und 0,47% Mn zwar beim Schmieden rotbrüchig war, auf der spezifische-Schlagarbeit-Temperaturkurve aber keine Anzeichen der Rotbrüchigkeit auftraten. Mit steigenden Schwefelgehalten prägte sich das

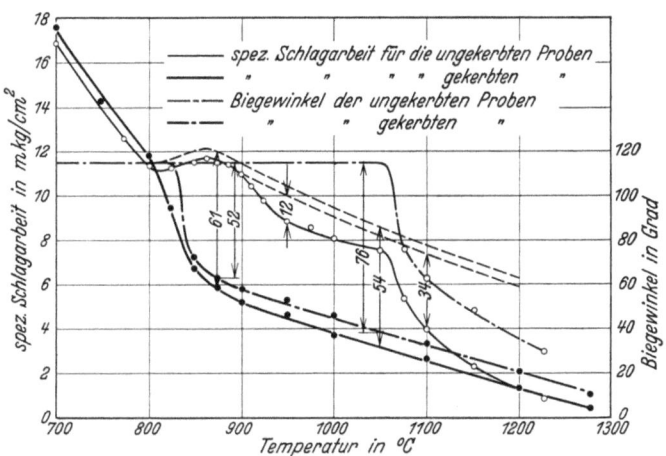

Abb. 523. Wie Abb. 521, aber 0,28% S. (Die gestrichelten Linien deuten den Kurvenverlauf für den rot- und heißbruchfreien Stahl an.) [Niedenthal (1)].

Rotbruchgebiet deutlicher aus. Es begann bei einem Stahl mit 0,11% C; 0,46% Mn; 0,26% S und 0,014% O_2 kurz unterhalb A_3 und reichte bis zum Heißbruchgebiet, dessen Beginn mit zunehmenden S-Gehalten nach tieferen Temperaturen verschoben wird (Abb. 523). Mit zunehmendem Mn-Gehalt dagegen scheint der Heißbruch erst bei höheren Temperaturen einzutreten. Bei besonders hohen Schwefelgehalten tritt demnach zwischen Rot- und Heißbruchgebiet kein Gebiet guter Verformbarkeit mehr auf. Abb. 524 zeigt den Abfall der spezifischen Schlagarbeit in Abhängigkeit vom Schwefelgehalt, Abb. 525 die Abhängigkeit der Temperatur des Heißbrucheintrittes ebenfalls vom Schwefelgehalt. Beide Abbildungen lassen klar einen Einfluß des Mangangehaltes erkennen.

Die Tatsache, daß bei niedrigen Schwefelgehalten nur Heißbruch, bei steigenden Schwefelgehalten aber Heißbruch und Rotbruch auftreten und schließlich bei hohen Schwefelgehalten Rot- und Heißbruchgebiet ineinander übergehen, legt den Schluß nahe, daß der Rotbruch durch eine spröde, der Heißbruch aber durch eine flüssige Schwefelverbindung hervorgerufen wird. Im schwefelreichen Stahl liegt der Schwefel als Sulfidnetzwerk auf den Korngrenzen und ruft in dieser Anordnung Rotbruch hervor. Wird das Netzwerk durch Vorschmieden im Gebiet guter Warmbildsamkeit oder durch Glühen zerstört und das Sulfid in eine kugelige Form überführt, so kann jetzt der schwefelreiche Stahl auch im Rotbruchgebiet ohne Vorsichtsmaßregeln geschmiedet werden. Es zeigt sich also, daß die Art der Ausbildung der Schwefeleinschlüsse von großer Bedeutung dafür

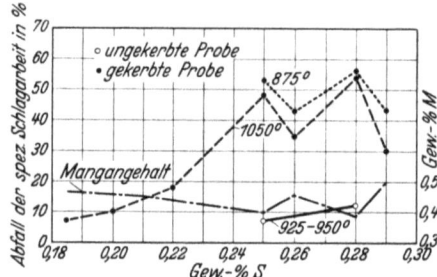
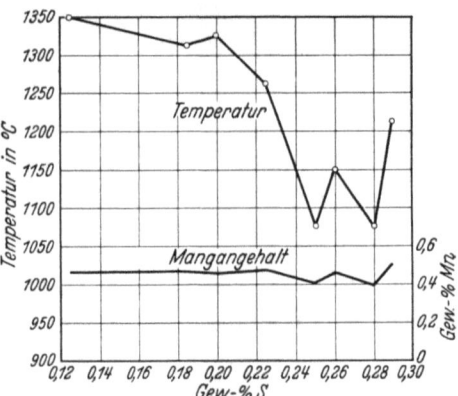

Abb. 524. Abfall der spezifischen Schlagarbeit in Abhängigkeit vom S-Gehalt [Niedenthal (1)].

Abb. 525. Abhängigkeit der Temperatur des Heißbrucheintrittes vom S-Gehalt. (Ungekerbte Proben.) [Niedenthal (1)].

ist, ob Rotbruch eintritt oder nicht. Nach Vorstehendem ist es nicht angängig, einen bestimmten Schwefelgehalt anzugeben, von dem ab Rotbruch auftritt, da der Mn-Gehalt sowie der Zustand des Stahles (gegossen, bei hoher Temperatur vorgeschmiedet oder geglüht) von großer Bedeutung für die durch Schwefel bedingten Rotbrucherscheinungen sind. Nach Vogel und Bauer ist der Einfluß eines Manganzusatzes auf die Rotbrüchigkeit durch die Bildung des MnS—FeS-Mischkristalles bedingt, der im Gegensatz zu FeS bei den Warmverarbeitungstemperaturen plastisch ist.

Der durch Sauerstoff erzeugte Rotbruch zeigt sich nach Niedenthal auf der Temperaturkurve der spezifischen Schlagarbeit und des Biegewinkels. Der Grad der Rotbrüchigkeit läßt sich in den weiter oben angegebenen Größen (Abnahme der Schlagarbeit in mkg/cm² × 10 und Biegewinkelabnahme) ausdrücken. Den Eintritt der Rotbrüchigkeit durch Sauerstoff fand Niedenthal bei der Temperatur der A_3-Umwandlung. Ein getrenntes Heißbruchgebiet wurde nicht beobachtet. Ein Stahl mit 0,03% C; 0,1% Mn, 0,092% O_2 und 0,022% S zeigte ausgeprägte Rotbrüchigkeit in dem Temperaturgebiet von rund 900—1200° (Abb. 526). Bei 0,125% O_2, aber einem gleichzeitig auf 0,43% erhöhten Mangangehalt, wurde nur noch eine geringfügige Rotbrüchigkeit bei 1100—1200° festgestellt. Die rotbruchvermindernde Wirkung des Mangans geht auch klar aus der Abb. 527 hervor, die den Rotbruchgrad (Abnahme der spez. Schlagarbeit in mkg/cm² × 10) in Abhängigkeit vom Sauerstoff- und Mangangehalt zeigt.

Auch Stahl, der auf Grund seines Sauerstoffgehaltes rotbrüchig ist, kann nach starker Verschmiedung oberhalb des Rotbruchgebietes in diesem fertig geschmiedet werden. Es zeigt sich also, daß auch der Sauerstoff, wenn er in Form von nicht zusammenhängenden FeO-Einschlüssen überführt wird, unschädlich ist. Niedenthal schließt sich der Ansicht von P. Goerens (8) und P. Oberhoffer (22) an, nach der oxydische Zwischenhäute (vgl. Sulfidnetzwerk) zwischen den Primärkristallen die Ursache der schlechten Walz- und Schmiedbarkeit im Rotbruchgebiet

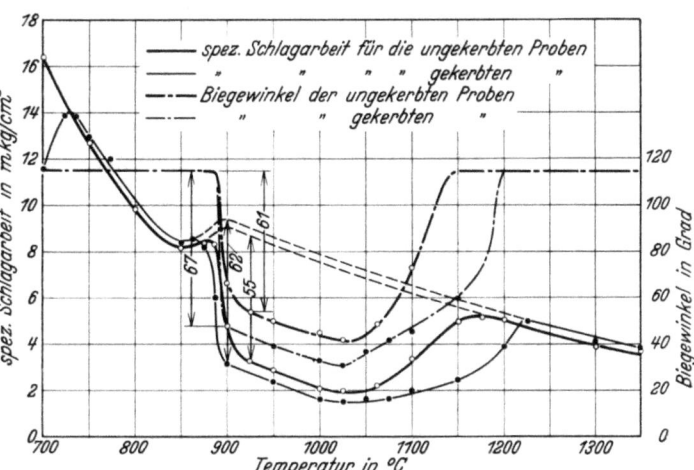

Abb. 526. Schlagarbeit und Biegewinkel für Stahl 0,092 % O₂ in Abhängigkeit von der Temperatur [Niedenthal (1)].

sind. Bezüglich des Zusammenhanges zwischen Sauerstoff und Rotbruch sei auf die Arbeiten von Monden (1) und Jansen (1) nur noch hingewiesen. Beide versuchten auf versuchsmäßig einfachere Art als Niedenthal den Grad des durch Sauerstoff hervorgerufenen Rotbruches quantitativ zu erfassen. Wie besonders aus Abb. 527 hervorgeht, ist es nicht möglich, einen allgemeingültigen niedrigsten Sauerstoffgehalt anzugeben, der zum Rotbruch führt.

Nach Niedenthal fällt der Beginn des Rotbruchgebietes für Schwefel und Sauerstoff sowie für Schwefel + Sauerstoff mit der A_3-Umwandlung zusammen. Die unterhalb dieser Temperatur (z. B. bei 700°) beobachtete Brüchigkeit ist nach seinen Versuchen eine Blaubrucherscheinung.

Neben Schwefel und Sauerstoff können auch Arsen und Kupfer Rotbruch hervorrufen. Näheres ist bekannt über die Wirkung des Kupfers. Aus dem älteren Schrifttum läßt sich der Schluß ziehen, daß Eisen-Kupferlegierungen schon bei Kupfergehalten unter 0,5 %, mit Kupfer legierter Stahl dagegen keinen oder erst bei hohen Gehalten (mehr als 4,5 %) Rotbruch zeigen. Das Rotbruchgebiet ist um so ausgedehnter, je höher der Kupfergehalt ist. Unterhalb und oberhalb des Gebietes sind die Legierungen oder Stähle schmiedbar. Versuche von E. A. Richardson und L. T. Richardson (2) zeigten bei Zusatz von nur 0,04 % Cu zu reinem Eisen bereits Rotbruch an.

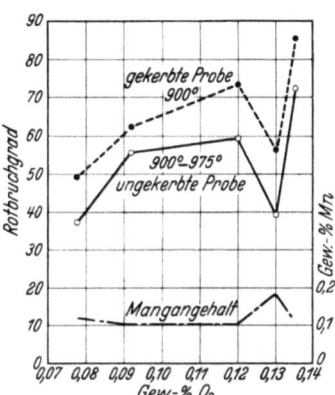

Abb. 527. Rotbruchgrad in Abhängigkeit von Sauerstoff und Mangangehalt [Niedenthal (1)]

Legierungen mit beispielsweise 0,62% Cu und 0,48% Mn oder 1,53% Cu und 1,13% Mn waren dagegen rotbruchfrei. Aus dieser Wirkung des Mangans erklärt sich die obige Feststellung, daß manganfreie Eisen-Kupferlegierungen schon bei geringen Kupfergehalten Rotbruch aufweisen, der stets manganhaltige Stahl dagegen erst bei, je nach der Höhe des Mangangehaltes, höheren Kupfergehalten rotbrüchig ist. Chrom wirkt nach den obigen Verfassern im gleichen Sinne wie Mangan. So war eine Eisen-Kupferlegierung mit 3,22% Cu sehr stark rotbrüchig, eine Legierung mit 3,81% Cu und 2,03% Cr dagegen bei allen Temperaturen schmiedbar.

Von dem durch im Stahl enthaltene Rotbruchträger erzeugten Rotbruch ist der zu unterscheiden, der durch eine nachträgliche Aufnahme des Rotbruch erzeugenden Elementes entsteht. Im letzteren Falle ist das Entstehen von Rotbruch an folgende Bedingungen gebunden[1]:

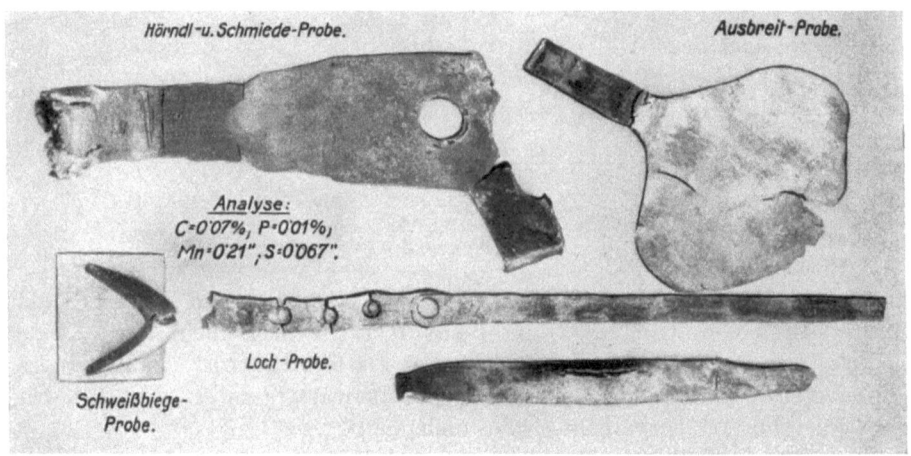

Abb. 528. Ausführungsbeispiele für technologische Rotbruchproben.

1. Der Stahl muß mit einem flüssigen Metall (oder Legierung) in Berührung stehen.

2. Die Schmelze (oder deren Hauptbestandteil) muß in Eisen oder das Eisen in der Schmelze löslich sein.

3. An der Berührungsstelle zwischen Stahl und Schmelze muß eine genügend hohe Zugspannung vorliegen.

Der Bruch erfolgt z. B. bei einer Warmbiegeprobe, wenn die obigen Bedingungen erfüllt sind, an der Zugseite infolge des interkristallinen Eindringens des Metalles in den Stahl. Vor allem Kupfer und Zink (Messing) erzeugen so Rotbruch, der mit steigender Temperatur zunimmt und bei unlegierten Stählen vom C-Gehalt unabhängig ist. Die beim Hartlöten zu beobachtende „Lötbrüchigkeit" ist ebenfalls auf interkristallines Eindringen des Lotes in den Stahl zurückzuführen.

Zur raschen Prüfung von Stahl, in dem Rotbrucherreger zu vermuten sind, auf Rotbrüchigkeit dienen die in der Abb. 528 dargestellten, rein qualitativen

---

[1] Vgl. H. Schottky, K. Schichtel und R. Stolle (2).

Rotbruchproben, die für den praktischen Betrieb von Bedeutung sind. Eine nähere Erläuterung dieser technologischen Proben dürfte sich erübrigen.

B. Flocken im Stahl.

Bei einer Reihe von Stählen verschiedenster Zusammensetzung, und zwar bei unlegierten Stählen bis herunter zu 0,2% Kohlenstoff wie auch bei den verschiedensten legierten Stählen, insbesondere bei wolframhaltigen Stählen, treten häufig innere Risse auf, die unabhängig von den Korngrenzen verlaufen und erst nach der Warmformgebung entstanden sind. Diese Risse, die nicht mit den Primärkorngrenzenrissen im unverarbeiteten Gußblock verwechselt werden dürfen, werden als Flocken bezeichnet. Ihre Kenntlichmachung geschieht zweckmäßig durch Ätzen von Beizscheiben mittels verdünnter Salzsäure. Abb. 529 zeigt eine derartige Beizscheibe eines Cr—Ni-Stahles mit Flocken. Im Bruch sind die Flocken kenntlich durch ihre zumeist nahezu kreisförmige Gestalt und ein im Gegensatz zur übrigen Bruchfläche glitzerndes Aussehen (Abb. 530).

Abb. 529. Beizscheibe eines Co-Ni-Stahles mit Flocken [P. Goerens (8)].

Nach einer neueren Arbeit von E. Houdremont und H. Korschan (3), deren Ergebnisse auch den folgenden Ausführungen zugrunde gelegt sind, wurde bisher keine Flockenbildung beobachtet in solchen hochlegierten, lufthärtenden Stählen, deren Lufthärtbarkeit durch karbidbildende Elemente verursacht wird, wie z. B. in Schnellarbeitsstählen und 12—13%-igen Chromstählen. Desgleichen sind austenitische Stähle flockenfrei.

Die Schädlichkeit der Flocken führte dazu, daß ein umfangreiches Schrifttum[1] über ihre Entstehungsbedingungen und Ursachen entstand. Da die Flocken als nach der Warmformgebung entstandene Risse erkannt worden waren, lag es nahe, jede Art von Spannungserzeugung zur Erklärung der Flockenbildung heranzuziehen, so z. B. Abkühlungs- und Umwandlungsspannungen, zu denen nach W. Eilender und H. Kießler (5) noch Schmiedespannungen hinzutreten müssen. Neben Spannungen sollen sich nach

Abb. 530. Aufgebrochene Flocken der Beizscheibe aus Abb. 529 [P. Goerens (8)].

---
[1] Siehe Houdremont und Korschan (3).

anderen Schrifttumsangaben gleichzeitig die Einflüsse von Seigerungen und Einschlüssen auswirken. Die Annahme, daß nichtmetallische Einschlüsse die Ursache der Flockenbildung darstellen, erledigt sich durch die Feststellung, daß im basischen Ofen sehr sorgfältig hergestellte Stähle besonders stark zur Flockenbildung neigen. Auch die im Stahle vorhandenen Gase wurden bereits mit der Flockenbildung in Zusammenhang gebracht. So soll nach J. H. Whiteley (2) durch Reaktion von Kohlenstoff mit Oxyden bei der Warmformgebung entstandenes Kohlenoxyd bei der Abkühlung zu so hohen Drücken führen, daß die Korngrenzen gesprengt werden. Indessen zieht sich das Kohlenoxyd bei der Abkühlung stärker zusammen als der Hohlraum im Eisen, in dem es eingeschlossen ist. Es entsteht also ein Unterdruck und nicht ein Überdruck.

Houdremont und Korschan haben in ihrer bereits genannten Arbeit die Bedingungen noch einmal zusammengestellt, unter denen Flocken entstehen. Sie sollen im folgenden kurz wiedergegeben werden.

Die Neigung zur Flockenbildung hängt auch von den Herstellungsverfahren ab. Tiegelstahl, saurer Martinstahl und saurer Hochfrequenzofenstahl sind weniger flockenempfindlich als basischer Martinstahl und basischer Lichtbogenofenstahl.

Eine Erniedrigung der Gießtemperatur, die aber aus metallurgischen Gründen nicht ohne weiteres anwendbar ist, vermindert ein wenig die Neigung zur Flockenbildung. Im gleichen Sinne wirkt abnehmende Gießgeschwindigkeit.

Die Flockenempfindlichkeit ist unabhängig von der Art der Blockform, nimmt aber mit der Blockgröße etwas zu. Ein Anstrich der Kokilleninnenwand (außer Graphitanstrich) führt gegenüber der anstrichfreien Kokille zu erhöhter Flockenanzahl.

Langsame Abkühlung nach dem Schmieden führt zur Vermeidung der Flockenbildung. So flockenfrei abgekühlte Schmiedestücke zeigen auch nach erneuter Erwärmung mit nachfolgender rascher Abkühlung keine Flocken. Hieraus schließen Houdremont und Korschan, daß die meisten über die Flockenbildung aufgestellten Theorien eine einwandfreie Erklärung für die Flockenbildung nicht geben können. Durch eine langsame Abkühlung können keine so grundlegenden Änderungen eintreten, daß durch sie bei der folgenden rascheren Abkühlung der Einfluß der Abkühlungs- und Umwandlungsspannungen, der Seigerungen und Verunreinigungen, und damit der Flockenbildung, vermieden würde.

Es ist sicher, daß Flocken erst bei der dem Schmieden folgenden Abkühlung entstehen, und zwar, wie aus den Versuchen von Houdremont und Korschan hervorgeht, in der Umgebung von 200°. Da die Umwandlungstemperaturen der untersuchten Stähle erheblich oberhalb dieser Temperatur lagen, war somit der Nachweis erbracht, daß nicht Umwandlungsspannungen für die Flockenbildung verantwortlich zu machen sind. Aus der Tatsache, daß auch ein Temperaturausgleich nach dem Schmieden nicht zur Vermeidung der Flockenbildung führte, erscheint es unwahrscheinlich, daß Wärmespannungen oder Schmiedespannungen allein die Flockenbildung herbeiführen.

Verschmiedungsversuche ergaben die Feststellung, daß mit steigendem Verformungsgrade die Neigung zur Flockenrißbildung abnahm. Indessen ist bei Wolframmagnetstahl selbst bei einem Verschmiedungsgrad von 1:100 nicht mit Sicherheit Flockenfreiheit zu erzielen. Wichtig ist langsame Abkühlung nach dem Schmieden. Sie führt auch bei schwach verschmiedeten Stücken zur Vermeidung der Flocken.

W. Eilender und H. Kießler (5) wiesen darauf hin, daß flockenhaltige Stähle durch erneutes Schmieden wieder flockenfrei gemacht werden können. Die Risse verschweißen häufig bereits bei einem Verformungsgrade von 1:1,2 wieder. Neue Flocken entstehen nun auch bei rascher Abkühlung nicht wieder, der Stahl ist, ähnlich wie nach voraufgegangener, langsamer Abkühlung, flockenunempfindlich geworden. Durch all diese Versuche ist die Unhaltbarkeit der reinen Spannungstheorien erwiesen.

Aber auch Seigerungen können nicht zur Erklärung der Flockenbildung herangezogen werden, da bei den zahllosen metallographischen Untersuchungen über Flockenbildung im Stahl nur in Einzelfällen ein Zusammenhang zwischen Flockenbildung und Seigerungen gefunden werden konnte. Dies gilt ebenso für die Einschlüsse. Auch hier wäre es unerklärlich, warum nicht Flockenbildung auch bei einer einer langsamen Abkühlung folgenden raschen Abkühlung auftritt, da doch die Einschlüsse durch mehrfaches Erwärmen nicht verändert werden.

Fast gleichzeitig, aber unabhängig voneinander und auf verschiedenen Wegen kamen E. Houdremont und Korschan (3), H. Bennek, H. Schenk und H. Müller (5) einerseits sowie H. Esser, W. Eilender und A. Bungeroth (9) anderseits zu der Feststellung, daß an der Entstehung der Flocken der Wasserstoff maßgebend beteiligt ist. Dem Erstgenannten gelang es, durch Regelung der Wasserstoffzufuhr in Versuchsgüssen Flocken willkürlich zu erzeugen und zu vermeiden. Sie führen die Entstehung der Flocken im warm verarbeiteten Stahl ausschließlich auf die bei der Ausscheidung von Wasserstoff aus der festen Lösung entstehenden Drücke zurück. Auch die Entstehung der Primärkorngrenzenrisse und Spannungsrisse schreiben sie der gleichen Ursache zu. Abkühlungs- und Umwandlungsspannungen sollen die Entstehung der Flocken nur begünstigen und maßgebend sein für die charakteristische Richtung und Lage der Flocken in Schmiedestücken.

Die bekannten Maßnahmen zur Einschränkung der Flockengefahr bewirken entweder eine Verminderung des Wasserstoffgehaltes im flüssigen Stahl (entsprechende Schmelzführung, kaltes Gießen, wasserstoffarmer Kokillenanstrich) oder sie begünstigen die Diffusion des Wasserstoffs im Schmiedestück (langsame Abkühlung).

Nach H. Esser, W. Eilender und A. Bungeroth scheidet sich nicht elementarer, sondern gebundener Wasserstoff (beispielsweise als Chromhydrid) aus. Die Hydride zerfallen teilweise während der Abkühlung nach dem Schmieden irreversibel und führen so zu hohen Wasserstoffdrücken, die die Flockenrisse herbeiführen. Die Rißbildung wird erleichtert durch die Anwesenheit eines Teils der nichtzerfallenen Hydride, deren Anwesenheit den Materialzusammenhang verschlechtert. Die Ausscheidung der Hydride dürfte vorwiegend auf den Korngrenzen stattfinden und hier auch den ersten Anriß hervorrufen, der sich dann durch die benachbarten Körner hindurch (intrakristallin) fortpflanzt.

Nach Vorstehendem erscheint die wesentliche Mitwirkung des Wasserstoffs bei der Entstehung der Flocken gesichert. Man darf aber sicherlich nicht so weit gehen, in ihm den alleinigen Urheber zu sehen. Vielmehr ist anzunehmen, daß auch auf anderem Wege entstehende Spannungen, vielleicht auch Seigerungen und Einschlüsse mitwirken.

436 Der Einfluß der Weiterverarbeitung auf Gefüge und Eigenschaften des Stahles.

5. Die Umkristallisation (Glühen) des warm verarbeiteten Stahles.

Das Glühen des vorher warm verarbeiteten Stahles erfolgt zwar im allgemeinen nach ähnlichen Grundsätzen wie das Glühen von Stahlformguß, d. h. auch hier sind Höhe der Glühtemperatur, Glühdauer und Abkühlungsgeschwindigkeit die maßgebenden Faktoren. Dennoch bestehen einige grundsätzliche Verschiedenheiten, die eine getrennte Behandlung des Stoffes erfordern. So besitzt der Stahlguß meist das von der primären Kristallisation noch vorhandene grobe Kristallkorn, das im warm verarbeiteten Material nicht mehr vorhanden und sogar häufig durch ein sehr feines ersetzt ist. Dann aber ist die Zahl der für die Glühbehandlung in Frage kommenden Stähle weit größer als die der Stahlgußqualitäten. Nicht nur alle Kohlenstoffgehalte vom weichsten, praktisch aus Ferrit bestehenden Eisen bis zum übereutektoidischen Stahl, auch zahlreiche Sonderstähle unterliegen der Glühbehandlung. Eine getrennte Besprechung nach einzelnen Gruppen empfiehlt sich daher.

A. Sehr weiche, hauptsächlich aus Ferrit bestehende Stähle.

Glühtemperatur. Glühen unter Ac_1 führt, insbesondere wenn der Perlit in sorbitischer Form vorlag, zur Bildung von körnigem Zementit, ohne daß das Restgefüge beeinflußt wird. Die besonderen Bedingungen wurden bereits an anderer Stelle erörtert. Wird auf eine Temperatur zwischen Ac_1 und Ac_3 erhitzt, so geht nach Maßgabe der Hebelbeziehung ein Teil des Ferrits mit dem Perlit in Lösung, ein Teil des Ferrits bleibt unbeeinflußt zurück. Bei der Abkühlung scheidet sich zunächst aus der festen Lösung wieder Ferrit ab, und bei Ar_1 wird dann der Perlit zurückgebildet. Der in Lösung gewesene Ferrit erscheint dann bei stärkerer Vergrößerung, Abb. 531, in Form eines Hofes um die Perlitinsel. Diese Höfe sind bei weichem Flußeisen ein sicheres

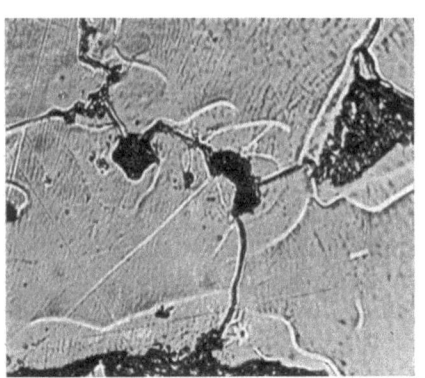

Abb. 531. Flußeisen zwischen A_1 und A_3 geglüht, Ferrithofbildung. Ätzung II, × 300.

Kennzeichen für eine Glühbehandlung zwischen A_1 und A_3. Sie entstehen offenbar, weil in der festen Lösung die Konzentration des Kohlenstoffs infolge mangelnder Diffusion nicht ausgeglichen ist, und der Kohlenstoffgehalt an den äußeren Begrenzungen der gelösten Anteile daher niedriger ist als im Zentrum, wo die Perlitinsel war. Vielleicht bleiben auch an der Peripherie Ferritkeime zurück oder der hier vorhandene ungelöste Ferrit wirkt als Keim. Jedenfalls beginnt hier die Ferritbildung unter Anreicherung des Kohlenstoffs nach der Mitte zu.

Eine vollständige Umkristallisation findet erst dann statt, wenn die Glühtemperatur Ac_3 überschreitet. Der Einfluß der Umkristallisation auf die Korngröße ist abhängig vom Anfangszustand des Glühgutes. — Die Kurve *1* der Abb. 466 veranschaulicht, wie früher gezeigt wurde, die Abnahme der Korngröße des Ferrits von Stahleisen mit 0,1% Kohlenstoff mit sinkender

Die Umkristallisation (Glühen) des warm verarbeiteten Stahles. 437

Schmiedetemperatur. Glüht man die geschmiedeten Proben, deren Schmiedetemperaturen aus der Abszisse zu entnehmen sind, und die sich daher in verschiedenen Anfangszuständen befinden, bei 900°, so erhält man für die Korngröße der so behandelten Proben die mit *3* bezeichnete Horizontale der Abb. 466, die von 1350—1100° unterhalb und von 1100—850° oberhalb der Kurve *1* verläuft. Das grobe Anfangskorn überhitzten oder bei sehr hoher Temperatur verarbeiteten Ferrits wird demnach verfeinert (regeneriert), während das durch Verarbeitung bei niedrigeren Temperaturen bei 900° stark verfeinerte Korn vergröbert wird. So erklärt es sich, daß durch Glühen mitunter Erhöhung, mitunter Erniedrigung der Festigkeit und der Streckgrenze bei umgekehrtem Verhalten der Dehnung, Kontraktion und Kerbschlagzähigkeit erzielt wird (vgl. hierzu Abb. 467).

Abb. 532 veranschaulicht nach Ergebnissen von Pomp (*10*) die Abhängigkeit der Korngröße (Kurve *3*) von der Glühtemperatur bei einer Glühdauer von sechs Stunden. Das benutzte Material war sehr reiner Flußstahl mit

0,08% Kohlenstoff,   0,01 % Phosphor,
0,02% Silizium,   0,002% Schwefel,
0,07% Mangan,   0,04 % Kupfer.

Von 600 bis 1100° steigt die Korngröße langsam und von dieser Temperatur an außerordentlich rasch. Der plötzliche Anstieg bei 1100° ist auch von zahlreichen anderen Forschern beobachtet worden. Er ist verknüpft mit der Anordnung von Ferrit und Perlit nach kristallographischer Orientierung wie beim Widmannstättenschen Gefüge. Man könnte die Anordnung auch als intragranular bezeichnen.

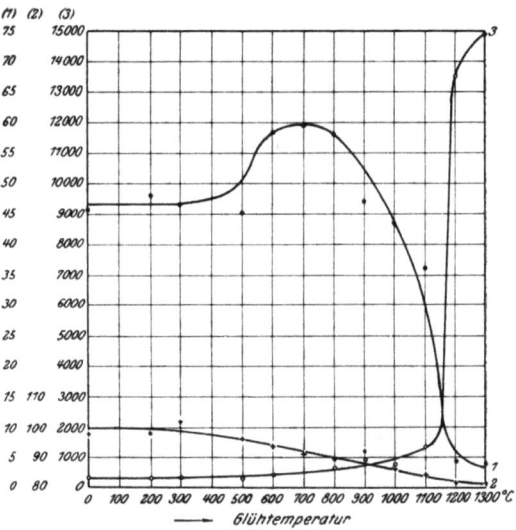

Abb. 532. Einfluß der Glühtemperatur auf spezifische Schlagarbeit, Härte und Korngröße von weichem Flußstahl [Pomp (*10*)].

Eine Diskontinuität der Kurve Abb. 532 bei Ac_3 ist nicht vorhanden und bei der geringen Anfangskorngröße auch nicht zu erwarten. Die von Stead (*5*) und später von Joisten (*1*) beobachtete Vergröberung des Ferrits bei 650—750° findet Pomp nicht, in Übereinstimmung mit den Ergebnissen zahlreicher anderer Forscher. Pomp glaubt, daß Stead und Joisten durch Rekristallisationsvorgänge getäuscht worden sind. Es liegt aber an sich kein Grund dagegen vor, dem Korn des α-Eisens ein mit steigender Temperatur zunehmendes Wachstumsbestreben zuzuschreiben, das ja im übrigen auch Pomp beobachtet (Zunahme der Korngröße zwischen 600 und 900°).

Den Zusammenhang zwischen Glühtemperatur einerseits, Kerbschlagzähigkeit (Kurve *1*) und Härte (Kurve *2*) andererseits, vermittelt ebenfalls die Abb. 532 für eine Glühdauer von 6 Stunden. Bemerkenswert ist die rasche Abnahme der Kerbschlagzähigkeit in dem Gebiet der raschen Kornzunahme, also von etwa 1100° an. Die hohen Werte der Kerbschlagzähigkeit zwischen 600 und 800° sind vorderhand nicht zu erklären.

438 Der Einfluß der Weiterverarbeitung auf Gefüge und Eigenschaften des Stahles.

Die Härte nimmt mit steigender Glühtemperatur ab, ohne daß aber ein scharfer Richtungswechsel wie in den beiden andren Kurven bei etwa 1100° vorhanden wäre. Immerhin würde der an andrer Stelle bereits angeführte Satz bestätigt sein, daß großem Kristallkorn des Ferrits niedrige Härte entspricht. Indessen ist auch diese Regel offenbar nicht ohne Ausnahme. Vielmehr zeigten Oberhoffer und Oertel (26), daß ein Unterschied zwischen der Härtezahl von sehr feinkörnigem und sehr grobkörnigem Elektrolyteisen praktisch nicht besteht. Dabei schwankten die beobachteten Korngrößen zwischen wenigen hundert und rd. $100 000 \mu^2$.

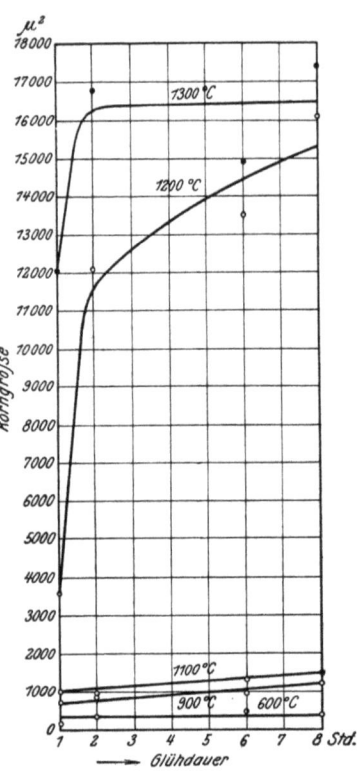

Abb. 533. Einfluß der Glühdauer bei verschiedenen Temperaturen auf die Korngröße von weichem Flußstahl [Pomp (10)].

Auf die Möglichkeit des Regenerierens von überhitztem weichen Flußstahl durch Glühen bei oder wenig oberhalb Ac_3 wurde bereits hingewiesen.

Glühdauer. Mit steigender Glühdauer nimmt die Kristallgröße zu, und zwar um so rascher, je höher die Glühtemperatur ist, wie Abb. 533 nach Ergebnissen von Pomp (10) zeigt. Dementsprechend verändern sich auch die Festigkeitseigenschaften. Gefüge und Eigenschaften sind zweckmäßig durch richtige Wahl der Glühtemperatur, nicht der Glühdauer zu beherrschen. Die Glühdauer muß nur der Masse des zu glühenden Gutes entsprechend mindestens so zu wählen sein, daß eine gleichmäßige Durchwärmung gewährleistet ist.

Abkühlungsgeschwindigkeit. Von einer oberhalb Ac_3 gelegenen Temperatur rasch abgekühlter weicher Flußstahl besitzt feineres Ferritkorn als langsam abgekühlter. Dies geht deutlich aus Abb. 466 durch Vergleich der Kurven 1 und 2 hervor. Die Kurven stellen die Korngröße von weichem Flußstahl mit etwa 0,1% Kohlenstoff in Abhängigkeit von der Schmiedetemperatur dar, und zwar bedeutet Kurve 1 (langsame) Abkühlung der geschmiedeten Proben in Kieselgur, 2 (rasche) an der Luft. Der Einfluß der Abkühlungsgeschwindigkeit nimmt mit steigender Temperatur zu. Zur Erklärung des Einflusses der Abkühlungsgeschwindigkeit braucht man sich nur zu erinnern, daß mit ihr auch die Größe der Unterkühlung wächst. Mit steigender Unterkühlung nimmt anscheinend KZ rascher zu als KG. Besonders ausgeprägt ist dieses Verhalten beim Elektrolyteisen, das bei langsamer Abkühlung von einer oberhalb Ac_3 gelegenen Temperatur grobkörnig, bei rascher Abkühlung (Abschrecken) dagegen feinkörnig wird. In den Festigkeitseigenschaften gelangt der in Abb. 466 veranschaulichte, auf Unterschiede der Abkühlungsgeschwindigkeit beruhende Unterschied der Korngröße des Ferrits kaum zum Ausdruck (vgl. Abb. 467).

Obwohl durch das Hinzutreten von Kohlenstoff zum Eisen insofern eine grundsätzliche Änderung erfolgt, als die Umwandlung nicht mehr wie beim praktisch reinen Eisen bei einer Temperatur, sondern in einem vom Kohlenstoffgehalt ab-

Die Umkristallisation (Glühen) des warm verarbeiteten Stahles. 439

hängigen Temperaturintervall stattfindet, ist bei den niedrigen Kohlenstoffgehalten des weichen Flußstahles der in großen Mengen vorhandene Ferrit von überragender Bedeutung, so daß auch die im wesentlichen von den im vorhergehenden entwickelten Faktoren beherrschte Korngröße dieses Gefügebestandteils die Hauptrolle spielt.

B. Stahlsorten mit Kohlenstoffgehalten von etwa 0,2 bis etwa 0,75 %.

Bei Anwesenheit größerer Kohlenstoff- und merklicher Ferritmengen, also bei Kohlenstoffgehalten von etwa 0,2—0,75 %, gelten die S. 348 entwickelten Gesichtspunkte insofern, als

1. Glühen unterhalb Ac_1 nur den Charakter des Perlits zu verändern vermag. Der durch vorhergehende rasche Abkühlung gebildete, sorbitische Perlit kann durch Koagulierung des in ultramikroskopischen Ausscheidungen vorhandenen Zementits in körnigen Zementit verwandelt werden, oder die Zementit-

 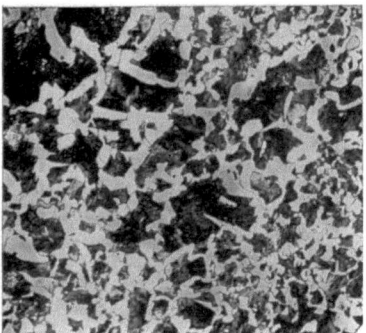

Abb. 534. Stahl mit 0,45 % C bei 1250° geglüht, beginnende Überhitzung. Ätzung II, × 100.

Abb. 535. Derselbe Stahl wie Abb. 534, bei 730° geglüht. Ätzung II, × 100.

lamellen des fertig gebildet vorliegenden, lamellaren Perlits werden ebenfalls durch Koagulierung in körnigen Zementit übergeführt. Erniedrigung der Festigkeit und Steigerung der Dehnung sind die Folge dieses Vorganges.

2. Wird Ac_1 beim Glühen erreicht, so geht der Perlit in feste Lösung und kristallisiert bei der Abkühlung um. Die Wirkung eines derartigen Glühens ist abhängig vom Anfangszustand, d.h. von der ursprünglichen Ausbildung des Perlits.

3. Durch Glühen bei Temperaturen zwischen Ac_1 und Ac_3 wird nur ein Teil des Ferrits in feste Lösung übergeführt, und zwar um so mehr, je näher die Temperatur bei Ac_3 liegt. Die Umkristallisation ist daher nur örtlich und unvollständig. Dabei ist das Ferrit-Perlitgemisch in Anbetracht der niedrigen Bildungstemperatur der festen Lösung äußerst feinkörnig dort, wo Umkristallisation erfolgte, und grobkörniger, wo dies nicht der Fall war. Abb. 534 zeigt einen auf 1250° erhitzten Stahl mit 0,45 % Kohlenstoff. Die Kennzeichen der Überhitzung, grobes Ferritnetzwerk und Andeutungen von Widmannstättenschen Figuren, sind vorhanden. Dasselbe Stück auf 730°, also zwischen Ac_1 und $Ac_{3,2}$ erhitzt, zeigt noch Überreste der großen, aber auch viele umkristallisierte und sehr kleine Kristallite, wie Abb. 535 lehrt.

4. Erst nach Erreichung von Ac_3 bei der Erhitzung ist bei der nachfolgenden

Abkühlung die Umkristallisation vollständig. Ob aber Verfeinerung oder Vergröberung des Gefüges, Verbesserung oder Verschlechterung der Eigenschaften eintritt, hängt auch hier vom Ausgangszustand ab. Je höher die Glühtemperatur über Ac_3 liegt, um so stärker wird das Gefüge vergröbert, und zwar gleichgültig, ob es, wie bei niedrigeren Kohlenstoffgehalten körnig oder, wie bei höheren, zellen- bzw. netzwerkförmig ist. Im ersten Falle nimmt mit steigender Glühtemperatur die Größe der körnigen Bestandteile Ferrit und Perlit, im zweiten die des Netzwerkdurchmessers zu. Die Zunahme der Größe der Gefügebestandteile bei der körnigen Struktur erklärt sich aus der Tatsache, daß oberhalb Ac_3 mit der Temperatur die Kristallgröße der festen Lösung zunimmt und diese die Kristallisationskerne für die Zerfallsprodukte liefert, doch bleibt es bei der Netzwerkstruktur an sich bemerkenswert, daß der zeitlich zuerst gebildete Bestandteil sich in Zellenform ablagert, während doch bei der primären Kristallisation der zeitlich zuletzt gebildete Bestandteil, z. B. ein Eutektikum, in Zellenform in den

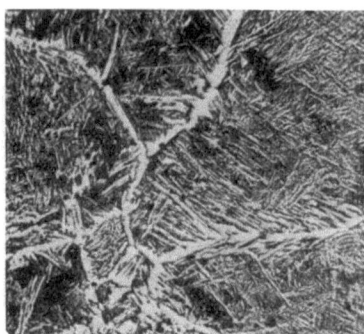

Abb. 536. Überhitzter Stahl mit 0,25 % C. Ätzung II, × 50.

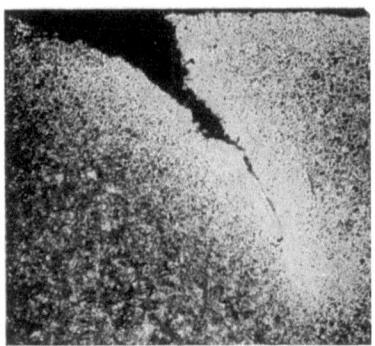

Abb. 537. Am Rande bzw. an den Rißwänden entkohlter Stahl. Ätzung II, × 50.

Zwischenräumen der primären Kristalle auftritt. Vielleicht läßt sich dies durch Ungleichmäßigkeiten des Kohlenstoffgehaltes in den Kristallen der festen Lösung erklären. Je größer der Kristall ist, um so schwieriger wird der Ausgleich des Kohlenstoffgehaltes durch Diffusion, weil die Diffusionswege wachsen. Eine Abnahme des Kohlenstoffgehaltes vom Mittelpunkt nach dem Rand des Kristalles ist daher denkbar. Dies bedingt aber bei der Abkühlung den Beginn der Ausscheidung des Ferrits am Umfang des Kristalls und damit die Bildung des Ferritnetzwerkes. Diese Annahme gewinnt dadurch an Wahrscheinlichkeit, daß bei mittleren Kohlenstoffgehalten sowohl körnige als auch Netzwerkstruktur beobachtet wird*. Je niedriger der Kohlenstoffgehalt ist, um so höher muß die Glühtemperatur und um so größer also der Kristall der festen Lösung sein, bevor Netzwerkstruktur auftritt. Diese Struktur und die Widmannstättenschen Figuren bilden daher die Kennzeichen der Überhitzung, doch kann man erst dann von regelrechter Überhitzung reden, wenn diese Kennzeichen durchweg das ganze Stück in nicht zu verkennender Form durchsetzen. Deutlich überhitzten Stahl mit 0,25% Kohlenstoff zeigt Abb. 536.

---

* Vielleicht ist es aber auch lediglich die an andrer Stelle herangezogene Instabilität des Raumgitters in den Korngrenzen der festen Lösung, auf die die Entstehung des Ferritnetzwerks zurückzuführen ist.

Je höher die Glühtemperatur, um so größer ist neben der Gefahr der Überhitzung die der Entkohlung oder Entfernung des Kohlenstoffs in den der Luft oder oxydierenden Gasen ausgesetzten Teilen. Der Kohlenstoff verbrennt hierbei (aus der festen Lösung), und es bleibt das mehr oder minder reine, entkohlte Eisen zurück. Abb. 537 zeigt die Randzone eines Stahlstückes mit Riß. Die entkohlten Stellen sind an ihrer helleren Färbung zu erkennen. Überhitzter Stahl wird in der bekannten Weise durch Glühen bei Ac_3 regeneriert. Die Entkohlung kann natürlich nicht rückgängig gemacht werden.

Nach Ergebnissen von W. Campbell (1) verändern sich die Festigkeitseigenschaften eines Stahls mit 0,5% Kohlenstoff und 0,98% Mangan den Kurven Abb. 538 und 539 entsprechend. Durch Haltepunktsbestimmungen wurde Ac_1 bei 710°, Ac_3 bei 745—750° gefunden. Betrachtet man die Kurven der an der Luft abgekühlten Proben (die langsam abgekühlten ergeben Ähnliches), so zeigt sich, daß mit dem Glühen unterhalb Ac_1 Erhöhung der Dehnung und Kontraktion, Erniedrigung der Streckgrenze und der Festigkeit dem ungeglühten Material gegenüber verbunden ist. Dies wurde auf die Bildung von körnigem Zementit zurückgeführt.

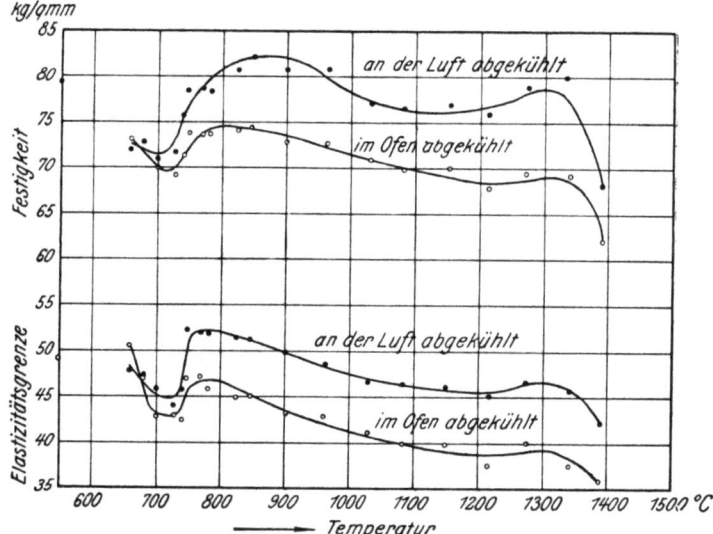

Abb. 538. Einfluß der Glühtemperatur und der Abkühlungsgeschwindigkeit auf Streckgrenze und Festigkeit von Stahl mit 0,5% C [Campbell (1)].

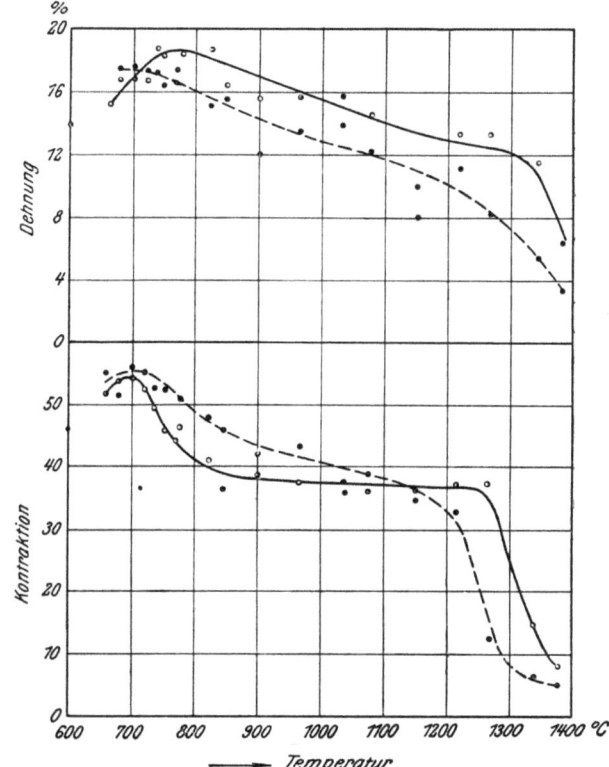

Abb. 539. Einfluß der Glühtemperatur auf Dehnung und Kontraktion von Stahl mit 0,5% C [Campbell (1)].

Nach der Gefügeuntersuchung war der Stahl im Anlieferungszustand ziemlich feinkörnig, jedenfalls nicht überhitzt. Durch

Glühen bei 720⁰ ist nach Campbells Angabe im wesentlichen nur der Perlit verfeinert worden. Mit Erreichung von Ac_3 steigen Festigkeit und Streckgrenze wesentlich, Dehnung und Kontraktion nehmen unwesentlich ab. Aus den Gefügebildern Campbells ergibt sich, daß bei 745⁰ das Gefüge als Ganzes verfeinert wurde. Es ist bemerkenswert, daß innerhalb eines Temperaturintervalls von schätzungsweise mindestens 200⁰ (750—950⁰) keine ausgeprägte Veränderung der Eigenschaften erfolgt. Erst von 965⁰ an bemerkt man deutliche Verschlechterung der Eigenschaften mit Ausnahme der Festigkeit, die sogar bis 1340⁰ nahezu noch unverändert bleibt, um dann allerdings sehr rasch zu sinken. Dagegen sinken Kontraktion und Dehnung rasch mit der Glühtemperatur, und zwar erstere weit rascher als letztere und insbesondere zwischen 1150 und 1270⁰. Die Streckgrenze sinkt kontinuierlich aber langsam. Leider fehlte bei diesen Untersuchungen die Ermittlung der Kerbschlagzähigkeit, die jedenfalls einen empfindlichen Maßstab für die Größe der Gefügebestandteile abgegeben hätte.

Es empfiehlt sich, in diesem Zusammenhange an den Einfluß des Anfangszustandes zu erinnern, insbesondere daran, daß durch Glühen eines gänzlich überhitzten Materials bei Ac_3 (Regenerieren) eine Steigerung sämtlicher Festigkeitszahlen bis zu den ursprünglichen Werten hervorgerufen wird.

Mit der Glühdauer steigt bei den oberhalb Ac_3 gelegenen Temperaturen die Korngröße, und zwar um so rascher, je höher die Glühtemperatur ist. Jede überflüssige Ausdehnung der Glühdauer ist also nicht nur Brennstoffverschwendung, sondern führt auch zu unnötiger Vergröberung des Gefüges. Einige Kerbschlagzähigkeitszahlen nach Meyer zeigen den geringen Einfluß der Glühdauer bei der aus der Zusammensetzung errechneten Temperatur $Ac_3 = 780^0$. Der Stahl enthielt 0,42 % Kohlenstoff, 3,02 % Nickel und 0,44 % Mangan. Die Behauptung, jede überflüssige Ausdehnung der Glühdauer sei Brennstoffvergeudung, steht in Widerspruch mit der in den Kreisen der Praxis früher

Behandlung	Kerbschlagzähigkeit mkg/cm²
Langsam auf 780⁰ erhitzt . .	12,9
½ Std. bei 780⁰ geglüht. . .	12,9
1 ,, ,, 780⁰ ,, . . .	11,6
2 ,, ,, 780⁰ ,, . . .	12,0
6 ,, ,, 780⁰ ,, . . .	11,0

vertretenen Anschauung, je länger man glühe, um so weicher und zäher werde der Stahl. Der Widerspruch ist aber nur ein scheinbarer. Die Erkenntnis, daß die zweckmäßigste Glühtemperatur bei etwa Ac_3 liegt, d. h. daß zweckmäßiges Glühen einer Umkristallisation gleichkomme, die (natürlich nur bei verhältnismäßig grobem Anfangskorn) alle Werte der Festigkeitseigenschaften hebt, diese Erkenntnis ist noch nicht sehr alt. Der wesentliche Zweck des Glühens ist auch früher nicht dieser gewesen. Man wollte vielmehr durch das Glühen lediglich die Spannungen beseitigen, allenfalls die durch die meist an der Luft erfolgte Abkühlung der Stücke entstandene, bei der Bearbeitung störende Härte vermindern. Hierzu genügen aber Temperaturen, die weit unter Ac_3 liegen, und zwar für die Beseitigung der Spannungen die Temperatur, bei der die Elastizitätsgrenze dem Grenzwert Null zustrebt, also für Kohlenstoffstähle dunkle Rotglut und für die Erniedrigung der Härte die Temperatur, bei der die Bildung des körnigen Zementits erfolgt, das ist: wenig unter Ac_1. Insbesondere der letztere Zweck

Die Umkristallisation (Glühen) des warm verarbeiteten Stahles.

ist im Gegensatz zur wirklichen Umkristallisation an die Zeit gebunden, und die oben erwähnte praktische Erkenntnis vom Einfluß dieses Faktors beruht daher, aber nur für diese Art des Glühens, auf Richtigkeit. Die Bildung des körnigen Zementits durch Glühen unterhalb Ac_1 ist in der Tat um so vollkommener, nicht allein, je weniger die Glühtemperatur unterhalb Ac_1 liegt, sondern auch je länger die Glühdauer ist. Streckgrenze und Festigkeit (Härte) sinken mit der Glühdauer, wogegen Dehnung und Kontraktion zunehmen, wie das nachfolgende Beispiel nach Hanemann und Morawe (7) zeigt:

	Streckgrenze kg/mm²	Festigkeit kg/mm²	Dehnung %
Stahl mit 0,9% C bei 800° ¼ Std. geglüht, an der Luft abgekühlt	86,8	89,3	12,5
Derselbe Stahl 1 Std. bei 670° geglüht	46,0	77,6	18,5
„ „ 5 „ „ 670° „	45,0	69,5	21,3

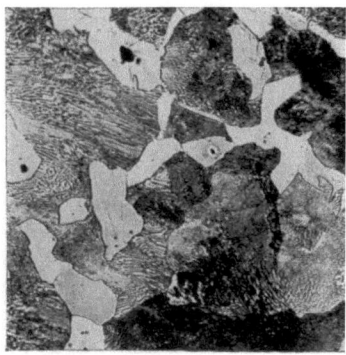
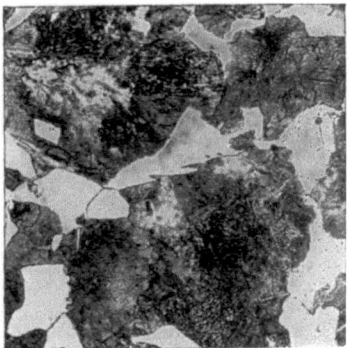

Abb. 540. Stahl mit 0,46% C in Kieselgur abgekühlt. Perlit lamellar. Ätzung II, ×300.

Abb. 541. Wie Abb. 540, jedoch rasch abgekühlt, Perlit sorbitisch. Ätzung II, ×300.

Von größerer Bedeutung als bei den weichsten Eisensorten ist bei der Stahlgruppe 0,2—0,75% Kohlenstoff der Einfluß der **Abkühlungsgeschwindigkeit**. Die Steigerung der Abkühlungsgeschwindigkeit bewirkt nicht nur wie bei den weichsten Eisensorten und aus denselben Gründen Verfeinerung des Kornes, es wird auch die Ausbildung des Perlits beeinflußt. Je langsamer in der Tat die Abkühlung, im besonderen der Durchgang durch Ar_1 erfolgt, um so vollkommener ist die Trennung der Bestandteile des Perlits, je rascher sie stattfindet (ohne daß dabei jedoch eine Abschreckwirkung wie beim Härten vorliegen soll), um so feiner wird das Gemisch, das Ferrit und Zementit bilden. Über die zahlenmäßige Abhängigkeit der Ausbildungsform des Perlits (körnig, lamellar, sorbitisch) von der Abkühlungsgeschwindigkeit ist an anderer Stelle bereits berichtet worden. Es sei daran erinnert, daß z. B. Hanemann und Morawe (7) als Mindestgeschwindigkeit für die Entstehung von körnigem Zementit 2°/min, Babochine (1) für Stähle mit etwa 0,2% Kohlenstoff und nicht über 0,6% Mangan 1°/min angeben. In Abb. 540 ist ein Stahl mit 0,46% Kohlenstoff nach langsamer, in Abb. 541 derselbe Stahl nach rascher Abkühlung in einem Preßluftstrom dargestellt. Im ersten Falle wurde feinlamellarer Perlit, im zweiten sorbitischer Perlit gebildet. Die

444 Der Einfluß der Weiterverarbeitung auf Gefüge und Eigenschaften des Stahles.

Steigerung der Abkühlungsgeschwindigkeit bewirkt Erhöhung der Festigkeit und der Streckgrenze und Erniedrigung der Dehnung, und zwar steigt die Größe des Einflusses mit der Höhe des Kohlenstoffgehaltes. Dies geht deutlich aus dem Vergleich der Kurven für Luft- und Ofenabkühlung Abb. 538 und 539 (vgl. auch Abb. 467, Mat. II und III, Kurven *1* und *2*), wenigstens soweit Glühtemperaturen über Ac_3 in Frage kommen, hervor. Beim Glühen unter Ac_1 kann natürlich die Abkühlungsgeschwindigkeit keinen Einfluß auf die Ausbildung des Perlits ausüben, da dieser ja nicht umkristallisiert.

C. Stähle mit 0,75 bis 1,0% Kohlenstoff.

In dieser Stahlgruppe überwiegt der Einfluß des Perlits; Korngröße und Ausbildung des Perlits sind die Faktoren, die durch Wärmebehandlung veränderungsfähig sind, und es gelten auch hier die teilweise schon bekannten Grundsätze, daß Glühen unterhalb Ac_1 die Bildung des körnigen Zementits mit niedriger

Abb. 542. Stahl mit 0,9% C bei 800° geglüht, Perlitkorn fein. Ätzung II, ×100.

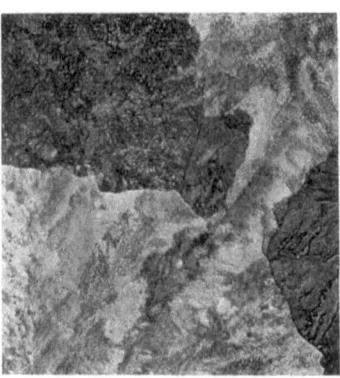

Abb. 543. Wie Abb. 542, jedoch bei 1200° geglüht, Perlitkorn sehr grob. Ätzung II, × 100.

Festigkeit, Härte und Streckgrenze, sowie hoher Dehnung und Kontraktion, befördert und außer der Höhe der Glühtemperatur die Dauer des Glühens eine hervorragende Rolle spielt, und daß ferner durch Glühen oberhalb Ac_1 die Korngröße mit der Temperatur zunimmt und gleichzeitig die Festigkeit wächst, während Dehnung und Kontraktion abnehmen. Im Gebiet der Überhitzung sinkt die Festigkeit, Dehnung und Kontraktion weisen äußerst niedrige Werte auf. Die Streckgrenze bleibt nahezu unverändert. Dieses Verhalten erhellt aus dem nachfolgenden Beispiel eines Stahls mit 0,8% Kohlenstoff, 1,00% Mangan und 0,2% Silizium.

Glüh-temperatur °C	Streckgrenze kg/mm²	Festigkeit kg/mm²	Dehnung in % (Meßlänge 100 mm)
700	50,9	89,9	11,8
750	54,1	99,9	10,2
800	51,8	103,3	9,2
900	53,0	105,5	7,6
1000	51,3	103,2	5,8
1100	50,7	102,4	5,4
1200	52,5	87,7	1,8

Die Proben sind an der Luft abgekühlt. Abb. 542 zeigt das bei 800°, Abb. 543 das bei 1200° geglühte Material zur Veranschaulichung des Unterschiedes der Korngröße des (sorbitischen) Perlits.

Die Glühdauer ist auch hier, d. h. wenn die Glühtemperatur über Ac_1 liegt, von geringem Einfluß, wie die nachfolgenden Zahlen beweisen. Sie wurden gewonnen an einem dem vorhergehenden ähnlichen, jedoch nach dem Glühen bei 750° sehr langsam in angewärmter Kieselgur abgekühlten Material.

Mit steigender Abkühlungsgeschwindigkeit nimmt nicht allein die Größe des Perlitkorns ab, sondern auch die Feinheit des Perlitgemisches bis zur Sorbitbildung zu. Dabei steigen Streckgrenze

Glühdauer Std.	Streckgrenze kg/mm²	Festigkeit kg/mm²	Dehnung in % (Meßlänge 100 mm)
¼	38,2	79,8	15,2
1	40,2	82,9	16,0
4	40,2	85,4	13,7

und Festigkeit (Härte), und die Dehnung nimmt ab, wie das nachfolgende Beispiel eines bei 750° geglühten und in Kieselgur, Luft und Preßluft abgekühlten Stahls mit 0,76% Kohlenstoff und 1,10% Mangan zeigt.

Dauer der Abkühlung von 720 auf 400° i. sek	Streckgrenze kg/mm²	Festigkeit kg/mm²	Dehnung in % (Meßlänge 100 mm)	Kontraktion %
705	48,9	86,5	14,0	46,0
188	59,7	93,9	9,1	35,2
68	79,9	120,7	6,9	7,0

Mit steigender Abkühlungsgeschwindigkeit wird Ac_1 zu tieferen Temperaturen verschoben.

Für einen Stahl mit 0,82% Kohlenstoff und 0,2% Gesamtverunreinigungen ergibt sich folgendes Bild:

Abkühlungsgeschwindigkeit zwischen 800 und 700°	Temperaturlage von Ac_1
0,08°/sek	703° C
103°/sek	612° C
197°/sek	532° C

Wird die Abkühlungsgeschwindigkeit nur noch wenige °/sek über den letzteren Wert gesteigert, so tritt teilweise Martensitbildung, also Härtung ein.

D. Stähle mit mehr als 1% Kohlenstoff.

Die übereutektoidischen Stähle werden der Glühbehandlung zum Zwecke der Veränderung der Festigkeitseigenschaften seltener unterworfen. Die Glühbehandlung unterhalb Ac_1 dient vielmehr der Verbesserung der Bearbeitbarkeit und der Erzeugung des für eine nachfolgende Härtung geeigneten Gefügezustandes (körniger Zementit). Die Veränderungen unterhalb Ac_1 beziehen sich auch hier lediglich auf den Perlit. Erhitzen auf Temperaturen zwischen Ac_1 und Ac_{cm} bewirkt teilweise Auflösung des Zementits und dessen Wiederabscheidung bei der Abkühlung. Bei Ac_{cm} ist die Auflösung vollständig. Je höher die Glühtemperatur über Ac_{cm} liegt, um so gröber ist das bei der Umkristallisation entstehende Zementitnetzwerk. Je rascher die Abkühlung stattfindet, um so zahlreicher sind die Kristallisationszentren. Dementsprechend finden Howe und Levy (3) bei langsamer Abkühlung den Zementit fast ausschließlich in Form von Zellen, bei rascher Abkühlung innerhalb der Zellen, und zwar in den Spaltflächen der Perlitkörner Zementitnadeln. Abb. 544—547 zeigen typische Gefügeänderungen nach Howe und Levy an einem Stahl mit 1,45% Kohlenstoff und 0,16% Mangan. Die Zunahme des in Nadelform ausgeschiedenen Zementits mit

446 Der Einfluß der Weiterverarbeitung auf Gefüge und Eigenschaften des Stahles.

der Geschwindigkeit der Abkühlung lehrt der Vergleich der Abb. 544 und 545. Interessant ist endlich die Möglichkeit der Ausscheidung des Zementits in körniger Form (Abb. 547) durch Luftabkühlung des auf 1200° erhitzten Stahls. Zu ähnlichen Ergebnissen wie Howe und Levy gelangt auch Iljin (1).

Das Glühen übereutektoidischer Stähle bietet im übrigen noch eine Reihe von Besonderheiten. Allerdings

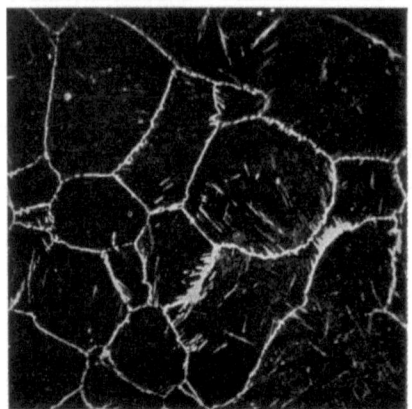

Abb. 544. Stahl mit 1,45% C auf 1200° erhitzt, bis 790° langsam abgekühlt, 75 Minuten bei 790° gehalten, dann in Wasser abgeschreckt, Zementit hauptsächlich in Form von groben Zellen. Ätzung II, × 40 [Howe und Levy (3)].

Abb. 545. Wie Abb. 544, jedoch von 1200 auf 785° rasch abgekühlt, 33 Minuten auf 785° gehalten und in Wasser abgeschreckt, kein Zementitnetzwerk. Ätzung II, × 40 [Howe und Levy (3)].

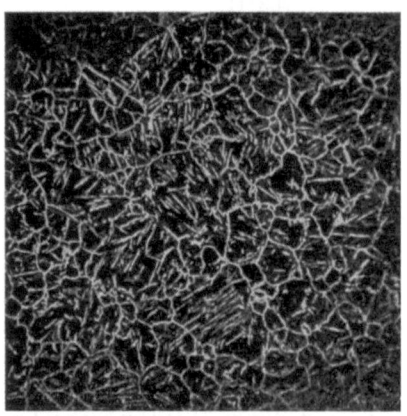

Abb. 546. Wie Abb. 544, jedoch auf 1100° erhitzt, bis 800° rasch abgekühlt, 108 Minuten auf 800 gehalten, dann in Wasser abgeschreckt, feines Zementitnetzwerk. Ätzung II, ×40. [Howe und Levy (3)].

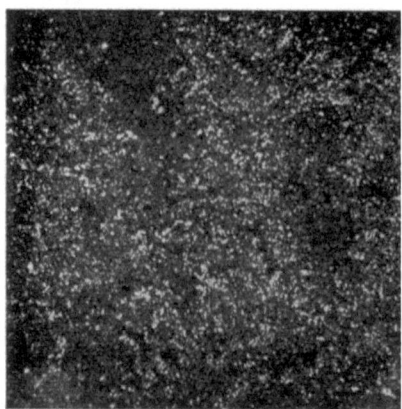

Abb. 547. Wie Abb. 544, jedoch auf 1200° erhitzt und an der Luft abgekühlt. Ätzung II, × 40. [Howe und Levy (3)].

ist das hierbei einzuhaltende Verfahren etwas verschieden von dem in diesem Kapitel besonders hervorgehobenen, das sich ja mehr auf die Beschreibung der bei wirklicher Umkristallisation erfolgenden Gefügeänderungen bezieht. Dagegen steht es in Zusammenhang mit der Frage des körnigen Zementits. Erhitzt man einen im Anfangszustande etwa gemäß Abb. 544 vorliegenden übereutektoidischen Stahl wenig über Ac_1, so geht der Perlit in

Lösung und scheidet sich gemäß den Darlegungen S. 52 bei der Abkühlung in körniger Form ab. Erhitzt man ein zweites Mal auf dieselbe Temperatur, jedoch nur kurze Zeit, so gehen die vorhandenen Zementitkügelchen nicht vollständig in Lösung, und bei der Abkühlung scheiden sich die in Lösung gegangenen Zementitanteile an den bereits vorhandenen Kügelchen ab. Diese wachsen, weil von dem übereutektoidischen Zementit ein Teil in Lösung gegangen war. Bei genügend häufiger Wiederholung gelingt es, wie Portevin und Bernard (2) zeigten, den gesamten (also nicht nur den perlitischen) Zementit in die körnige Form zu verwandeln. Um anderseits einen solchen Stahl wieder in den Normalzustand zu überführen, genügt eine kurze Erhitzung auf $Ac_{\overline{cm}}$ nicht, denn die verhältnismäßig starken Zementitansammlungen lösen sich langsam. Ferner aber muß zum Zwecke des vollständigen Konzentrationsausgleichs Diffusion des Kohlenstoffs in hohem Maße stattfinden. Auch hierfür sind die Bedingungen in bezug auf Temperatur und Zeit ganz andere als beim normalen Glühen. Die Temperatur muß weit in das Gebiet der festen Lösung hinein gesteigert werden und erhebliche Zeit aufgewendet werden, wenn man in einem solchen Falle alle Zementitkerne zerstören und den Kohlenstoffgehalt ausgleichen will.

E. Legierte Stähle.

Es würde zu weit führen, den Einfluß der Legierungselemente im einzelnen zu erörtern. Soweit die Stähle perlitischer Natur sind, und nur diese kommen hier in Betracht, gelten die allgemeinen Grundsätze für das Glühen. Ausgangspunkt sämtlicher Betrachtungen und Untersuchungen sind auch hier die kritischen Punkte, deren Lage bei der Erhitzung durch besondere Laboratoriumsversuche (Abschreckversuche oder Aufnahme von Erhitzungs- und Abkühlungskurven) zu ermitteln ist. Indessen sei noch besonders betont, obwohl es ja selbstverständlich ist, daß bei untereutektoidischen Stählen Ac_3 in Frage kommt. Endlich sei noch an den Umstand erinnert, daß weitaus die Mehrzahl der Legierungselemente die kritische Abschreckgeschwindigkeit erniedrigt, worauf bei der Abkühlung nach dem Glühen Rücksicht zu nehmen ist (s. u. Härten).

Im übrigen aber spielt das bloße Glühen heute bei weitem nicht die Rolle wie das später zu besprechende Vergüten. Dies gilt insbesondere für die legierten Stähle für Konstruktionszwecke. Trotzdem erfordern auch diese Stähle eine Vorbehandlung durch Glühen, die einerseits für Gleichmäßigkeit des Produktes, günstigen Anfangszustand für das Härten und leichte Bearbeitbarkeit Gewähr leisten soll, letzteres, weil viele Stücke vor dem Härten zum mindesten vorbearbeitet werden. Bei einzelnen Stählen ist der Zweck des Glühens lediglich das Weichmachen, d. h. bearbeitbar machen. Es handelt sich oft dabei um Stähle, die selbst bei sehr langsamer Abkühlung martensitisch werden (z. B. martensitische Chromstähle). Würde man solche Stähle über ihren Ac_1-Punkt erhitzen, so würden sie bei der Abkühlung wieder hart werden. Hier besteht die Behandlung daher in einem Anlassen, d. h. Erhitzen unter Ac_1.

Zahlenmäßige Angaben für die Wärmebehandlung der gebräuchlichen legierten Stähle finden sich im Werkstoffhandbuch Stahl und Eisen.

448 Der Einfluß der Weiterverarbeitung auf Gefüge und Eigenschaften des Stahles.

F. Zeilenstruktur.

Es seien hier noch der Beeinflussung der Zeilenstruktur durch das Glühen einige Worte gewidmet. Ein Stahl kann bei der Primärätzung Zeilenstruktur zeigen, bei der Sekundärätzung dagegen kann sie fehlen. Letzteres trifft in zwei Fällen zu, einmal wenn die Zahl der natürlicherweise vorhandenen Kristallisationszentren bereits so groß ist, daß es eines besonderen Anstoßes zur Kristallisation, etwa der Keimwirkung der Schlackeneinschlüsse nicht bedarf; dann aber auch, wenn bei geringer Zahl von Kristallisationszentren die Kristallisationsgeschwindigkeit sehr groß ist. Im ersten Falle entsteht ein sehr feinkörniges, im zweiten ein sehr grobkörniges Gefüge. Ersteres ist der Fall, wenn bei Temperaturen geglüht wird, bei denen das Korn der festen Lösung sehr fein ist, also in nächster Umgebung von Ac_3, letzteres bei gröbstem Korn der festen Lösung, also, beim Glühen im Temperaturgebiet der Überhitzung. In beiden Fällen begünstigt rasche Abkühlung das Ausbleiben der Zeilenstruktur im

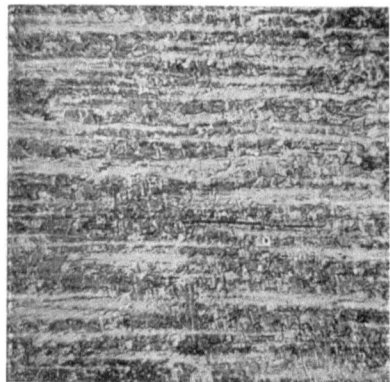 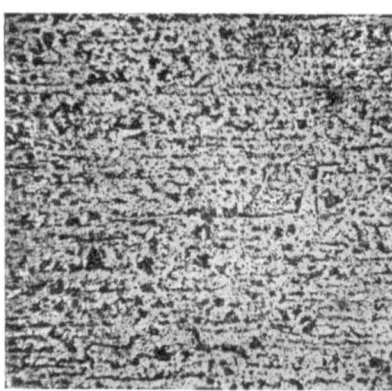

Abb. 548. Kesselblech, im Anlieferungszustand, Ätzung I, × 50.　　Abb. 549. Dieselbe Stelle wie Abb. 548, jedoch Ätzung II, × 50.

Ferrit-Perlitgefüge. Zeilenstruktur entsteht durch Glühen oberhalb Ac_3 bis zu den an der Grenze der Überhitzung gelegenen Temperaturen und bei gleichzeitiger langsamer Abkühlung während des Durchganges durch das kritische Intervall Ar_3—Ar_1. Die Breite der Zeilen steigt dann mit der Glühtemperatur und der Dauer der Abkühlung. Abb. 548 ist Kesselblechmaterial mit Zeilenstruktur im Anlieferungszustand in primärer, Abb. 549 in sekundärer Ätzung. Dasselbe Material auf 1250° erhitzt und an der Luft abgekühlt, zeigt Abb. 550 in primärer, Abb. 551 in sekundärer Ätzung. Man sieht, daß am primären Gefüge nichts geändert ist, daß dagegen die Zeilenstruktur im Ferrit-Perlitgefüge verschwunden und durch das Überhitzungsgefüge ersetzt ist. Abb. 552 ist dasselbe Stück nach der Erhitzung auf 1050° langsam abgekühlt. Die langsame Abkühlung bewirkt wieder sekundäre Zeilenbildung. Abb. 553 endlich ist dasselbe Stück auf 870° (Ac_3) erhitzt und sehr rasch abgekühlt. Die sekundäre Zeilenstruktur ist durch körniges Gefüge ersetzt. Diesen Darlegungen wäre bezüglich des Verhaltens der sekundären Zeile noch folgendes hinzuzufügen. Die sekundäre Zeile erfährt durch eine dicht oberhalb Ac_1 erfolgende Wärmebehandlung keine merkbare Veränderung, dagegen tritt bei höheren Glühtemperaturen innerhalb des kritischen Intervalls

Die Umkristallisation (Glühen) des warm verarbeiteten Stahles. 449

zwischen Ac_1 und Ac_3 entsprechend dem wachsenden Anteil von fester Lösung Umkristallisation ein, die bei rascher Abkühlung zur Homogenisierung des Gefüges und Kornverfeinerung führt. Breite, als Gasblasenzeilen anzusprechende Ferritbänder, die durch eine derartige Wärmebehandlung nicht völlig in Lösung ge-

Abb. 550. Dasselbe Stück wie Abb. 548, auf 1250° erhitzt, an der Luft abgekühlt, Ätzung I, × 50.

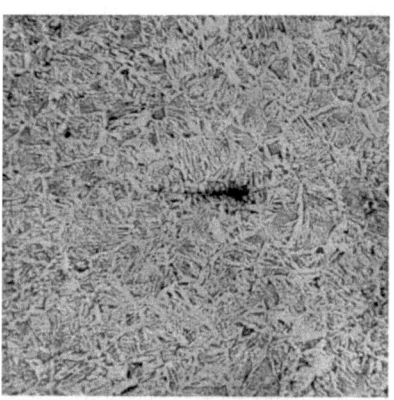

Abb. 551. Dieselbe Stelle wie Abb. 550, jedoch Ätzung II, × 50.

gangen sind, treten in dem verfeinerten Gefüge um so charakteristischer hervor; in diesem Falle kommt es auch leicht zur Ferrithofbildung in den ungelösten Ferritbändern (vgl. Abb. 531). Auch nach Erhitzung kurz oberhalb Ac_3 und

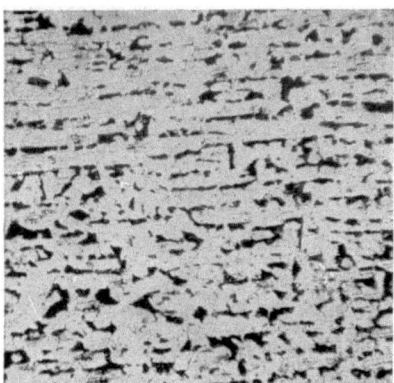

Abb. 552. Dasselbe Stück wie Abb. 548, nach Behandlung wie Abb. 550, auf 1050° erhitzt und langsam abgekühlt, Ätzung II, × 50.

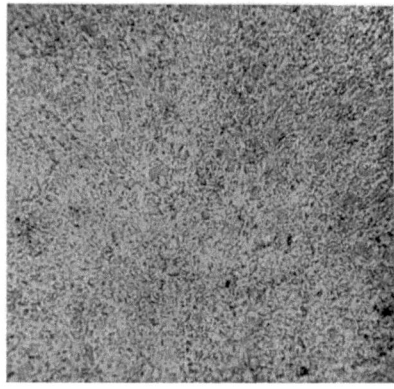

Abb. 553. Dasselbe Stück wie Abb. 548, jedoch nach Behandlung wie Abb. 550, auf 870° erhitzt und sehr rasch abgekühlt, Ätzung II, × 50.

rascher Abkühlung durch das kritische Intervall bleibt an den Stellen stärkster Phosphorseigerung diese noch erhalten. Bei weiterer Temperatursteigerung und rascher (Luft- bzw. Preßluft-)Abkühlung verschwindet in den schlackenarmen Gebieten mit lediglich Schichtkristallzeilen jegliche sekundäre Zeilenstruktur. Trotz langsamer (Ofen-)Abkühlung verschwindet sie schon nach sehr kurzem Glühen bei Temperaturen oberhalb etwa 1270°. Die Keimwirkung der Schlackeneinschlüsse bleibt auch bei rascher Abkühlung von hohen Temperaturen stellenweise noch erhalten und kann zur Ausbildung einer Sekundärzeile führen. Der

450 Der Einfluß der Weiterverarbeitung auf Gefüge und Eigenschaften des Stahles.

Einfluß der Glühdauer macht sich in allen Fällen in dem Sinne bemerkbar, daß der einer höheren Temperatur, aber kürzeren Behandlungsdauer zukommende Gefügezustand dem einer größeren Glühdauer bei niedrigerer Temperatur entspricht, gleiche Behandlungsweise im übrigen (z. B. Abkühlungsverhältnisse) vorausgesetzt.

Man erkennt aus Vorstehendem, daß das Sekundärgefüge durch Wärmebehandlung sehr veränderungsfähig ist, was für das Primärgefüge nicht zu-

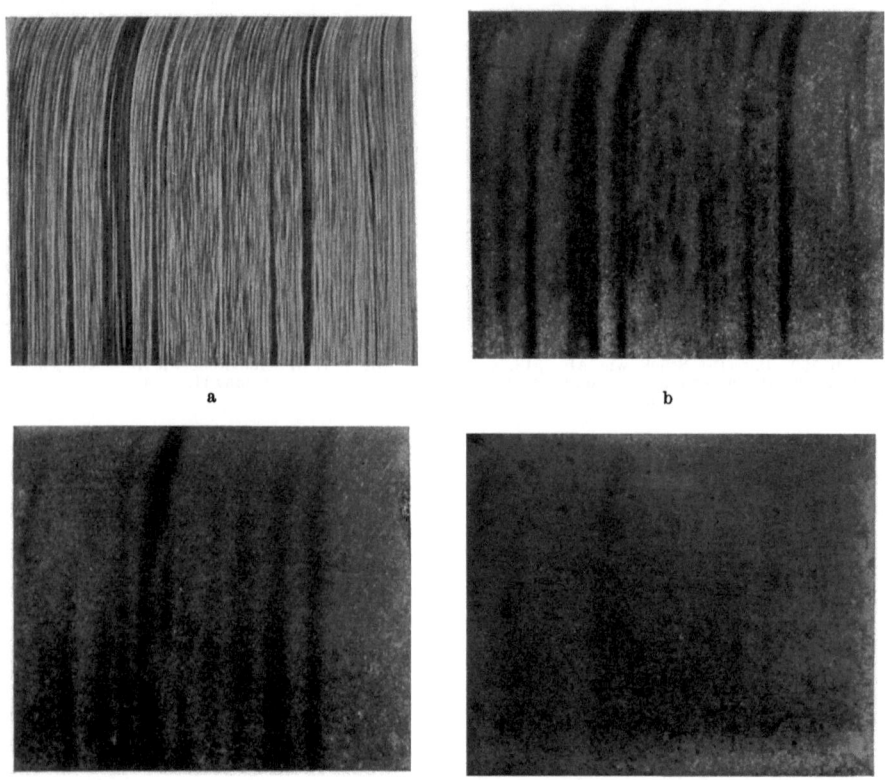

Abb. 554. Entfernung des Primärgefüges in Kesselblechmaterial durch langandauerndes Glühen bei 1300°, Ätzung I, × 1 [Oberhoffer und Heger (4)].
a = Anlieferungszustand; c = 107 st bei 1300° geglüht;
b = 23 st bei 1300° geglüht; d = 205 st bei 1300° geglüht.

trifft. Es wurde an anderer Stelle bereits betont, daß nur unter Anwendung sehr hoher Glühtemperaturen und sehr langer Glühzeiten ein vollständiger Ausgleich zu erzielen ist. Zwar gelingt dieser Ausgleich verhältnismäßig leicht in reinen Eisen-Phosphorlegierungen, die Gegenwart von Kohlenstoff hindert ihn aber sehr stark[1]. Heger gelangt auf Grund umfangreicher Versuche zu folgenden Schlüssen. Die Zerstörung des Primärgefüges technischer Eisensorten gelingt bei Glühtemperaturen zwischen 1100 und 1300° erst nach verhältnismäßig langer Glühdauer. Diese hängt in erster Linie von der Größe der Heterogenität ab. Am langwierigsten ist es, Gasblasenseigerungen zum Verschwinden zu bringen (vgl. Abb. 554). Leichter gelingt die Homogenisierung bei dem von der Kristallseige-

---

[1] Vgl. Oberhoffer und Knipping (19).

rung herrührenden primären Zeilengefüge. Je feiner die Zeile ist, desto eher erfolgt ihre Zerstörung. Globulitisches und dendritisches Gefüge läßt sich schneller als das primäre Zeilengefüge homogenisieren. Bei der Ermittlung des Einflusses des Primärgefüges auf die Festigkeitseigenschaften machte sich der Einfluß des trotz Glühen im Stickstoffstrom erfolgten Kohlenstoffverlustes besonders nachteilig bemerkbar, so daß die Erreichung eines einwandfreien Ergebnisses außerordentlich erschwert wurde. Unter Berücksichtigung dieses Einflusses kann über die Wirkung des Primärgefüges auf die Festigkeitseigenschaften technischer Eisensorten folgendes ausgesagt werden: Die homogenisierende Wärmebehandlung führt bei dendritischem und globulitischem Gefüge zu einer merklichen Steigerung der Bruchfestigkeit und Kerbschlagzähigkeit und zu einer wesentlichen Erhöhung der Dehnung und Querschnittsverminderung. Die Bildsamkeit von gegossenem, unverarbeitetem Material wird bedeutend verbessert. Die Zerstörung des primären Zeilengefüges in verarbeitetem Material scheint auf die Festigkeitseigenschaften einen ähnlichen, nur geringfügigeren Einfluß auszuüben. Am wenigsten wird die Kerbschlagzähigkeit gewalzten Materials beeinflußt.

Zu einem ähnlichen Ergebnis gelangten Giolitti und Forcella (2, 3), welche feststellten, daß das Verschwinden des Tannenbaumgefüges ohne Einfluß auf die Höhe der Festigkeit zu sein scheint, die Querschnittsverminderung, die Dehnung und die Kerbschlagzähigkeit eine geringe Verbesserung erfahren. In einer späteren Abhandlung legt Giolitti (4) dem Einfluß der Homogenisierung auf die Dehnbarkeit und Zähigkeit mehr Bedeutung bei. Emicke (1), der die physikalischen Eigenschaften eines homogenisierten Magnetstahls (1% C, 1,7% Cr) untersuchte, fand, daß durch die Zerstörung der Primärstruktur eine Steigerung weder der magnetischen noch der Festigkeitseigenschaften erfolgte.

G. Das Verbrennen des Stahles.

Bei der Weiterverarbeitung von Stahl durch Walzen, Schmieden, Pressen und Schweißen gelangen sehr hohe Temperaturen zur Anwendung, die bei gleichzeitiger Anwesenheit von Sauerstoff zum Verbrennen des Stahles führen können. Entgegen der früheren Auffassung[1] ist die Überschreitung der Soliduslinie, also teilweises Schmelzen des Stahles, keine Vorbedingung für das Eintreten einer Verbrennung. Diese ist beim Stahl im festen Zustande gekennzeichnet durch das Eindringen von Sauerstoff vorwiegend entlang den Korngrenzen und die damit verbundene Oxydation von den Korngrenzen aus. Abb. 555 zeigt einen Schnitt durch ein stark verbranntes Stahlblech. Die dunklen Oxydadern kennzeichnen die Größe des γ-Kornes bei der Verbrennungstemperatur. Der aus dem Austenit bei der Abkühlung nach der Verbrennung entstandene Ferrit trägt die ausgeprägten Merkmale der Überhitzung.

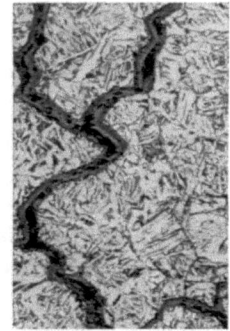

Abb. 555. Verbranntes Stahlblech, Ätzung II, ×5.

Es fällt auf, daß nach Abb. 555 der Sauerstoff lediglich entlang den Korngrenzen eingedrungen ist, während bekannt ist, daß beim Glühen von Stahl in

---

[1] Vgl. Stansfield (1).

sauerstoffabgebenden Mitteln der Sauerstoff auch in die Körner eintritt. Dagegen erfolgt das Eindringen von flüssigem Kupfer z. B. in Stahl ganz vorwiegend entlang den Korngrenzen. Damit ist der Analogieschluß nahegelegt, daß bei der Verbrennung des Bleches nach Abb. 555 die Temperatur so hoch lag, daß die gebildeten Oxyde in flüssiger Form vorlagen und aus diesem Grunde ihren Weg in den Stahl fast ausschließlich entlang den Korngrenzen wählten. Tatsächlich ist die Verbrennung des Bleches bei sehr hoher Temperatur (Schweißen) erfolgt.

Da die Eisen-Sauerstoffverbindungen im Stahl nur bei Abwesenheit von Kohlenstoff in größerer Konzentration beständig sind, tritt Verbrennung erst nach weitgehender Entkohlung ein.

Die Verbrennung tritt daher bei sehr kohlenstoffarmen Stählen eher auf (Elektrolyteisen) als bei höhergekohlten Stählen[1]. So zeigte Elektrolyteisen bei einstündiger Glühdauer an Luft bei 1300° bereits Verbrennungserscheinungen, während 3 Stähle mit bis zu 0,14% C diese erst nach einstündiger Glühung bei 1350° aufwiesen. Die drei Stähle zeigten eine Sauerstoffaufnahme bis zu einer Tiefe von 0,2 mm. Bei 5stündiger Glühdauer lagen die Temperaturen, bei denen die ersten Verbrennungserscheinungen beobachtet wurden, um 150° tiefer als nach einstündiger Glühung. Die Eindringtiefe der Oxydation nach 5 Stunden Glühung bei 1300° betrug 0,8—0,9 mm. Ein wesentlicher Einfluß des Schwefel- und Phosphorgehaltes scheint in weichem Flußstahl nicht vorzuliegen. Dagegen ist grobkörniger Werkstoff stärker als feinkörniger der Verbrennung unterworfen. Verbrannter Stahl bricht beim Schmieden oder Walzen, da die Oxyde auf den Korngrenzen selbst spröde (Rotbruch) oder flüssig (Heißbruch) sind und ein Verschweißen der Körner verhindern.

Ist bei der primären Kristallisation wegen mangelnden Ausgleichs der Konzentrationen durch Diffusion, was zumeist zutrifft, Kristallseigerung eingetreten, so liegt die Temperatur, bei der das Schmelzen beginnt, um so tiefer unter der normalen, je stärker die Kristallseigerung ausgeprägt ist. Jedenfalls beginnt der Schmelzvorgang in den angereicherten Schichten. Die Beobachtung, daß beim autogenen Schneiden häufig Löcher in der Schnittfläche entstehen und deren Sauberkeit beeinträchtigen, ist auf diesen Umstand zurückzuführen. (Ähnliches gilt auch für das Schweißen.) In derartigen Querschnitten sind dann meist starke Seigerungszonen mit entsprechend niedriger Temperatur des beginnenden Schmelzens aufzufinden.

Die Schnittfläche autogen geschnittener Stähle ist zunächst deswegen häufig sehr hart, weil hier die Abkühlung des hocherhitzten Stahls in Anbetracht der raschen Wärmeableitung sehr rasch erfolgt und ein dem Härten ähnlicher Vorgang stattfindet. Es ist aber noch ein anderer Grund für eine Härtesteigerung vorhanden. Der geschmolzene und rasch wiedererstarrte Teil ist an Kohlenstoff angereichert. (Vgl. Abb. 32. Ein Stahl mit 1% Kohlenstoff besteht nach Erhitzung auf 1250° aus etwa 93% γ-Mischkristallen mit 0,83% Kohlenstoff und etwa 7% Schmelze mit 3,9% C. Bei der raschen Erstarrung kann ein wesentlicher Ausgleich durch Diffusion nicht stattfinden.) Abb. 556 ist ein Schnitt senkrecht zur autogen geschnittenen Fläche eines Quadratstahles mit 0,8% Kohlenstoff. Man erkennt vier Zonen. 1. Die untere, aus dem normalen Gefügebestandteil Perlit bestehende. (Zur Erzeugung besserer Kontraste ist das Stück nur sehr

---

[1] Vgl. Pohl, Krieger und Sauerwald (1).

schwach angeätzt.) 2. Eine dunkle, aus Troostit bestehende, der bemerkenswerterweise dem Wärmefluß folgend auskristallisierte. 3. Eine aus Troostit-Martensit-Zementit (letzterer bei der schwachen Vergrößerung nicht sichtbar) bestehende und 4. eine schmale, zum Teil abgebröckelte Zone, die in Abb. 557 in 500facher

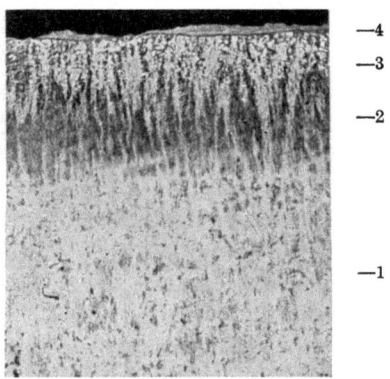

Abb. 556. Stahl mit 0,8 % C mit dem Schweißbrenner geschnitten, Schnitt senkrecht zur Schnittfläche, Ätzung II, × 50.

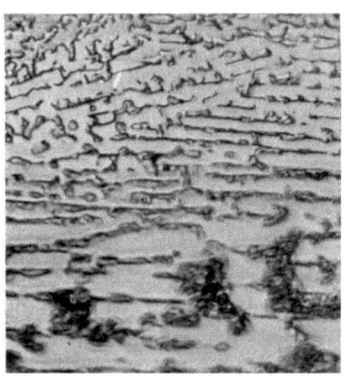

Abb. 557. Wie Abb. 556, jedoch starke Vergrößerung der äußersten Randzone (Ledeburit), Ätzung II, × 500.

Vergrößerung dargestellt ist. Nach dem Rande zu besteht sie aus Ledeburit (4,2 % Kohlenstoff), nach dem Innern zu aus einem Gemisch gesättigter Mischkristalle und Ledeburit.

H. Der Schwarzbruch.

Bei Werkzeugstählen tritt mitunter folgende eigentümliche Erscheinung auf. Infolge teilweisen Zerfalls von gebundenem Kohlenstoff unter Abscheidung von Graphit oder Temperkohle erscheint der Bruch der gewalzten Stangen oder der Schmiedestücke an diesen Stellen dunkel, während in den helleren Zonen der Kohlenstoff noch vorwiegend in gebundener Form vorhanden ist (vgl. Abb. 558). Howe (4) führt als Ursache zu niedrige Temperatur beim Fertigschmieden oder -walzen oder zu lange und zu hohe Erhitzung beim Ausglühen an. Mit dieser Auffassung decken sich auch die anderorts gemachten Erfahrungen. Green (1) beobachtete Schwarzbruch an einem Stahl mit 1,16 % C, 0,3 % Mn,

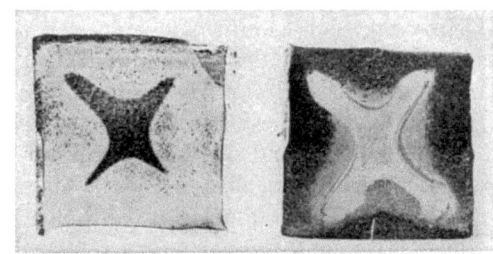

Abb. 558. Schwarzbruch in Tiegel-Stahl mit 1,15 % C, 0,2 % Si, 0,2 % Mn.

0,024 % P, 0,02 % S und 0,025 % Si, der zum Zwecke der Zusammenballung des Zementits bei 700—730° C geglüht worden war. In einer Zuschrift zur letztgenannten Arbeit ist Schwarz (1) der Ansicht, daß die Ursache des Schwarzbruchs im Block noch nicht gegeben war, sondern die Temperkohle sich erst in einem späteren Verarbeitungszustand bildete. Honda (10) führt den Zerfall des Zementits auf die katalytische Wirkung von Kohlenoxyd oder -dioxyd zurück, Gase, die sich durch Einwirkung von gebundenem oder gelöstem Kohlenstoff auf die oxydischen

Einschlüsse des Stahls bilden, weshalb vorwiegend Seigerungszonen zur Schwarzbruchbildung neigen sollen. Diese Auffassung gibt aber keine Erklärung für die Tatsache, daß der Schwarzbruch mitunter in der Kernzone, mitunter in der Randzone auftritt (vgl. Abb. 558). Auch die Auffassung von Heike (2), daß der mechanische Druck bei Entstehung der Temperkohle im Kern des Materials die Karbidzerlegung in den Randschichten verhindere, läßt sich angesichts der Abb. 558 nicht aufrechterhalten. Maurer (7) sieht die Ursache des Schwarzbruchs in der Keimwirkung von bereits im Guß vorhandenen Graphitspuren. Es gelang ihm durch Glühen in kohlenoxyd- bzw. -dioxydhaltiger Atmosphäre (in Anlehnung an die Auffassung Hondas über die Mitwirkung der Gasphase) künstlich die Erscheinung des Schwarzbruches zu erzeugen. Allerdings waren bei den Maurerschen Versuchen infolge des hohen Siliziumgehalts (1,35—1,7%) der Versuchsstäbe die Vorbedingungen besonders günstig.

Die Frage des Schwarzbruches wurde durch Untersuchungen von R. Rapatz und H. Pollack (1) weitgehend geklärt. Hiernach ist Vorbedingung für das Auftreten von Schwarzbruch das Vorhandensein von Temperkohle. Sie entsteht in Stählen, vor allem in übereutektoidischen, wenn diese von hohen Temperaturen ($\sim 1000^0$) langsam bis 760^0 abgekühlt oder hier lange gehalten werden. Hierbei findet ein teilweiser Übergang aus dem metastabilen in das stabile System statt. Die Anwesenheit von Temperkohle allein genügt bei Stählen (wohl natürlich bei Grauguß, da hier ein sehr hoher Graphitgehalt vorliegt) nicht zur Erzielung eines schwarzen Bruchaussehens. Dies tritt erst auf, wenn der Temperkohle enthaltende Stahl bei Temperaturen, bei denen die Temperkohle sich noch nicht wieder auflöst (etwa 760^0), geschmiedet wird. Hierbei werden die Temperkohleteilchen gestreckt und nehmen nun im Bruch, der an ihnen, ähnlich wie an Schlackeneinschlüssen, entlang läuft, eine große Fläche ein. Hierauf ist das schwarze Bruchaussehen zurückzuführen.

Die Frage, wann Kern oder Rand einer Probe schwarzbrüchig sind, ist eine Frage der Temperaturverteilung im temperkohlehaltigen Stahlstück bei der Verschmiedung. Ist die Temperatur außen hoch, innen niedrig, so wird durch Einwirkung der Temperatur und der Verschmiedung die Temperkohle außen aufgelöst und bei der Abkühlung als Zementit wieder ausgeschieden werden. Infolgedessen wird der Kern schwarzbrüchig. Ist die Temperaturverteilung umgekehrt, so tritt der Schwarzbruch am Rande auf.

Durch Erhitzung oberhalb der Linie $E'S'$ allein kann die Temperkohle nur langsam wieder aufgelöst werden. Der Schwarzbruch ist am besten zu beseitigen durch gute Durchschmiedung bei hoher Temperatur. Die Durchschmiedung begünstigt durch Vergrößerung der Oberfläche der Temperkohle ihre Auflösung. Die Abkühlung nach dem Schmieden darf nicht zu langsam erfolgen.

Die Entstehung von Schwarzbruch wird durch Silizium begünstigt, durch Chrom erschwert.

6. Das Härten und Anlassen des Stahles.
A. Die Theorie des Härtens und Anlassens.

Die Abkühlungsgeschwindigkeit beschäftigte uns bisher nur so weit, als sie zur Erniedrigung von Ar_1 bis zu etwa 660^0 und zur Ausbildung des sorbitischen Gefüges führte. Dies tritt bei nicht zu großen Proben etwa bei Abkühlung an Luft ein. Es ist klar, daß größere Geschwindigkeiten erzeugt werden können, etwa durch Eintauchen der Proben in Flüssigkeiten, wie Wasser, Öl, Salzlösungen. Quecksilber, oder Abkühlen in einem gut leitenden Gas, wie Wasserstoff. Es wurde schon erwähnt, daß durch ein solches Verfahren grundsätzlich neue Verhältnisse geschaffen werden. Der Vorgang heißt dann Härten, weil mit ihm eine so deutlich zutage tretende Eigenschaftsänderung, nämlich die Entstehung der Glashärte, verknüpft sein kann, daß man diese Tatsache als neue und spezifische Eigenschaft des Stahls schon seit langen Zeiten erkannt hatte. Die Eigenschaft selber nannte man die Härtbarkeit. Das Problem des Härtungsvorganges hat, wie kaum ein anderes, die Fachwelt beschäftigt. Erst die neueste Zeit mit ihren wesentlich verfeinerten Meßmitteln hat einen gewissen Abschluß gebracht. Zunächst soll nur die wissenschaftliche, später die technische Seite des Problems erläutert werden. Es wird sich allerdings bei der umfassenden Natur der Frage nicht vermeiden lassen, daß manches vorweggenommen wird, doch werden sich dadurch viele Hinweise ersparen lassen.

Wir wollen zunächst untersuchen, welchen Einfluß die Steigerung der Abkühlungsgeschwindigkeit auf die Lage der Haltepunkte, insbesondere Ar_1, ausübt.

Die Steigerung der Abkühlungsgeschwindigkeit könnte etwa dadurch vorgenommen werden, daß man das Volumen der Proben verschiedenartig wählt und, wie Portevin und Garvin (*3, 4*) dies taten, Zylinder von steigendem Durchmesser anwendet und diese in der gleichen Flüssigkeit, etwa in Wasser, „abschreckt". Man kann aber auch statt dessen, bei gleichen Abmessungen der Probekörper, Flüssigkeiten oder Gase verschiedener Abkühlungsfähigkeit anwenden. Letzteren Weg beschritt Schneider (*3*), indem er Wasser von steigender Temperatur zwischen 10 und 90° benutzte, Chevenard (*1, 2, 3*), indem er Gemische des die Wärme gut leitenden Wasserstoffs mit dem schlecht leitenden Stickstoff in verschiedenen Verhältnissen anwandte. Unter Verwendung von Gasen als Abschreckmittel wurden auch die neueren Arbeiten von F. Wever und N. Engel (*12*) sowie H. Esser, W. Eilender und E. Spenlé (*10*) durchgeführt. Letztere nahmen neben Zeit-Temperaturkurven gleichzeitig Zeit-magnetische Induktionskurven während des Abschreckvorganges auf. Der Einfluß der Abkühlungsgeschwindigkeit auf die Ar_1-Umwandlung eines Stahles mit 0,905% C und nur etwa 0,03% Gesamtverunreinigungen ist in Abb. 559 dargestellt. Die Abkühlungsgeschwindigkeit ist in dem Gebiet zwischen 800 und 700° gemessen worden. Bei einer Abkühlungsgeschwindigkeit von 88°/sek tritt die stark unterkühlte Ar_1-Umwandlung in dem Temperaturintervall von 603—585° auf. Mit steigender Abkühlungsgeschwindigkeit (158°/sek) wird das Umwandlungsgebiet stärker auseinandergezogen und gleichzeitig weiter erniedrigt (575—470°). Bei 165°/sek tritt eine Spaltung von Ar_1 auf. Die Umwandlung verläuft zum Teil bei 570—400° (Ar'), zum Teil erst bei 208—168° (Ar''). Mit zunehmender Abkühlungsgeschwindigkeit (260°/sek) nimmt Ar'' auf Kosten von Ar' zu und tritt schließlich nur noch allein auf (630°/sek). Eine weitere Zunahme der Abkühlungsgeschwindigkeit bedingt nunmehr nur noch einige geringfügige Erniedrigung von Ar'' (4500°/sek). Abb. 559 läßt deutlich die Bedeutung der Aufnahme der Zeit-magnetischen Induktionskurven erkennen. Sie zeigen Ar' und Ar'' noch an, wenn die Zeit-Temperaturkurve schon längst versagt hat.

456 Der Einfluß der Weiterverarbeitung auf Gefüge und Eigenschaften des Stahles.

In Abb. 560 ist die Abhängigkeit der Ar_1- bzw. Ar'- und Ar''-Umwandlungsgebiete von der Abkühlungsgeschwindigkeit für einen Stahl mit 0,905% C dargestellt. In dem Gebiet *I*, in dem der Umwandlungspunkt Ar_1 mit steigender Abkühlungsgeschwindigkeit zu einem Umwandlungsintervall auseinandergezogen

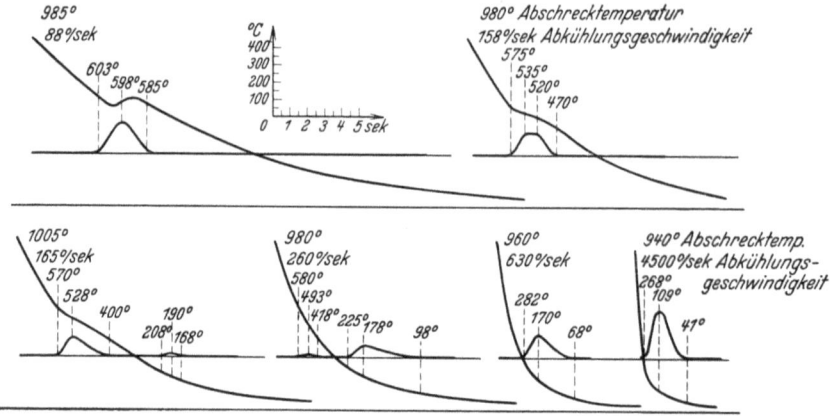

Abb. 559. Einfluß der Abkühlungsgeschwindigkeit auf Ar_1 (0,9 % C) [Esser, Eilender und Spenlé (*10*)].

wird, geht das Gefüge mit zunehmender Erniedrigung der Umwandlung aus dem lamellar-perlitischen in den sorbitisch bis troostitischen Zustand über. In dem Gebiet *II* tritt Ar' neben Ar'' auf. Während bei Ar' ein von links nach rechts abnehmender Teil des Austenits zu Troostit zerfällt, entsteht aus dem bei Ar' nicht zerfallenen Austenit, soweit er bei der Abkühlung überhaupt zerfällt, bei Ar''

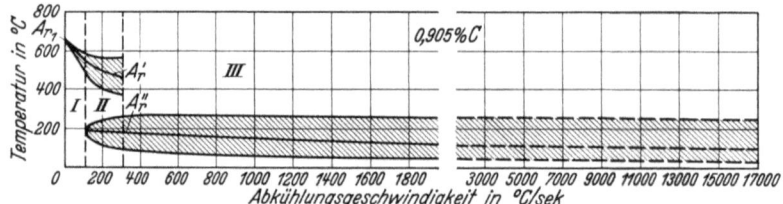

Abb. 560. Abhängigkeit der Temperaturlage der Ar_1- bzw. Ar'- und Ar''-Umwandlungsgebiete von der Abkühlungsgeschwindigkeit [Esser, Eilender und Spenlé (*10*)].

Martensit in von links nach rechts zunehmender Menge. An der linken Begrenzung von *II* besteht daher das Gefüge vorwiegend aus Troostit mit wenig Martensit, an der rechten dagegen aus Martensit mit wenig Troostit. Im Gebiet *III* schließlich tritt nur noch Ar'' auf, d. h. aus dem Austenit entsteht Martensit. Die Abkühlungsgeschwindigkeit, bei der Ar' gerade unterdrückt wird und zum ersten Male Ar'' allein auftritt, wird als kritische Abschreckgeschwindigkeit bezeichnet. Soweit der Austenit bei der Abschreckung auch bei Ar'' nicht zerfällt, bleibt er als Restaustenit im Gefüge erhalten. Nach vorstehendem findet im Gebiet *I* keine, im Gebiet *II* teilweise und im Gebiet *III* vollständige Härtung statt.

Die kritische Abschreckgeschwindigkeit, also die Abkühlungsgeschwindigkeit, die eben zur vollständigen Härtung ausreicht, ist ebenso wie die Abschreckgeschwindigkeit, bei der die teilweise Härtung beginnt (Grenze zwischen den Gebieten I und II: vorkritische Abschreckgeschwindigkeit) in hohem Maße vom Kohlenstoffgehalt des Stahles und auch von der Abschrecktemperatur abhängig. Bei Versuchen von H. Esser und H. Majert (11) wurden die Stähle von Temperaturen entsprechend den Linien I, II und III in Abb. 561 abgeschreckt und dabei die in Abb. 562 zusammengestellten Ergebnisse erhalten. Hier entsprechen die Kurven Ia, IIa und IIIa der vorkritischen Abkühlungsgeschwindigkeit, d. h. dem erstmaligen Auftreten von Martensit, bei Abschrecken von den Temperaturen I, II und III nach Abb. 561, während die oberen Kurven Ib, IIb und IIIb der kritischen Abkühlungsgeschwindigkeit, d. h. der reinen Martensitbildung, zukommen. Unterhalb der a-Kurven befindet sich das Zustandsfeld Perlit-(Sorbit-)Ferrit bzw. Zementit, oberhalb der b-Kurve das Feld der martensitischen Stähle mit wechselndem Austenitgehalt, dazwischen liegen die Stähle mit troostitisch-martensitischem Mischgefüge.

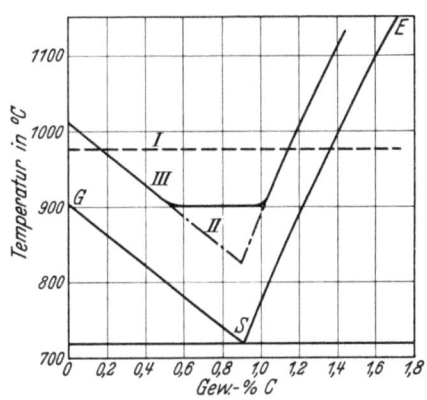

Abb. 561. Kennzeichnung der bei Abschreckversuchen gewählten Abschrecktemperaturen [Esser und Majert (11)].

Die Kurven Ia und Ib, die der Abschreckung von stets 980° entsprechen, haben bei rd. 0,9% C einen Tiefstwert. Wird von Temperaturen parallel GOSE abgeschreckt, so zeigt sich bis rd. 0,7% C kein wesentlicher Unterschied in dem Verlauf der vorkritischen und kritischen Abkühlungsgeschwindigkeitskurven (IIa und IIb). Dagegen ist wohl ein Unterschied oberhalb 1,1% C festzustellen; während bei Härtung parallel PSK (stets von 980°) die vorkritische und kritische Abkühlungsgeschwindigkeit bis rd. 1,7% C zunehmen, bleibt in diesem Falle die vorkritische Abkühlungsgeschwindigkeit gleichbleibend bei 200°/sek. Dagegen nimmt die kritische Abkühlungsgeschwindigkeit zwar mit steigendem Kohlenstoffgehalt zu, aber in wesentlich geringerem Maße als im ersten Falle. Zwischen 0,7 und 1,1% C weisen die Kurven der kritischen Abschreckgeschwindigkeit und der ersten Zweiteilung ausgeprägte Höchstwerte auf. Zur Erklärung dieser Erscheinung muß man berücksichtigen, daß die Temperaturspanne zwischen der Härtungstemperatur und dem A_1-Punkt von der eutektoidischen Konzentration nach links und rechts stets zunimmt, obwohl der Unterschied zwi-

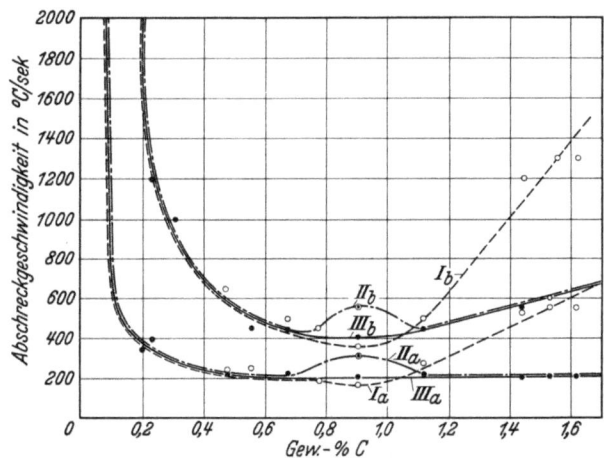

Abb. 562. Abhängigkeit der vorkritischen und kritischen Abkühlgeschwindigkeit für Stähle von Kohlenstoffgehalt und Abschrecktemperatur [Esser und Majert (11)].

schen Abschrecktemperatur und A_3 bzw. Ac_{cm} gleichbleibt. Da für die Zerstörung der Keime oberhalb Ac_1 nicht so sehr die Glühzeit als vielmehr die Temperatur ausschlaggebend ist, erklärt sich die zur vollkommenen Härtung bei ungefähr eutektoidischen Konzentrationen höhere kritische Abschreckgeschwindigkeit. Außerdem kann aus diesen Beobachtungen gefolgert werden, daß es sich bei diesen Keimen wahrscheinlich um Zementitreste oder um örtliche Kohlenstoffanreicherungen innerhalb des γ-Mischkristalls handelt, die erst bei höheren Temperaturen auf dem Wege der Diffusion verschwinden. Um die in der Nähe der eutektoidischen Konzentration infolge Keimwirkung in den Kurven IIa und IIb auftretenden Höchstwerte zu beseitigen, wurde in Reihe III die Härtung zwischen 0 und rd. 0,6 % C bzw. 1 und 1,7 % C parallel $GOSE$ und zwischen 0,6 und 1,0 % C paralle PSK vollzogen. Wie Abb. 562 zeigt, verschwindet bei dieser Wärmebehandlung der Höchstwert in den beiden Kurven ($IIIa$ und $IIIb$).

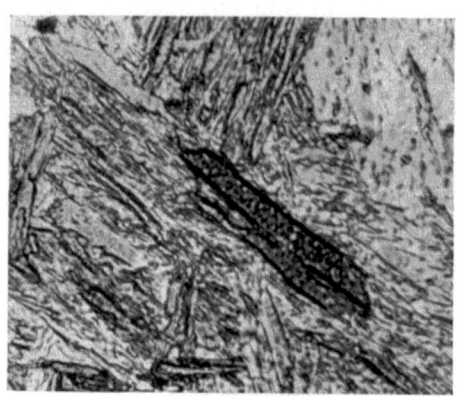

Abb. 563. Martensitisches Gefüge in einem Stahl mit 0,075 % C, Ätzung II, × 1500.

Abb. 562 stellt auch eine Stütze dar für die heutige Auffassung, nach der es ungerechtfertigt ist, Eisen-Kohlenstofflegierungen bis etwa 0,3 % C als (nicht härtbares) Eisen, Legierungen mit über 0,3—1,72 % C dagegen als (härtbaren) Stahl zu bezeichnen. Die Härtbarkeit ist nach Abb. 562 lediglich eine Funktion der erzielbaren Abschreckgeschwindigkeit. Auch Stähle mit sehr niedrigen Kohlenstoffgehalten sind härtbar, wenn es durch Wahl äußerst kleiner Proben und geeigneter Abkühlungsmittel gelingt, ihre hochliegende, kritische Abschreckgeschwindigkeit zu erreichen. Auf diesem Wege gelang es Wever und Engel (12) in einem Stahl mit nur 0,037 % C und Esser und Majert (11) in einem Stahl mit 0,075 % C martensitisches Gefüge zu erzielen (Abb. 563).

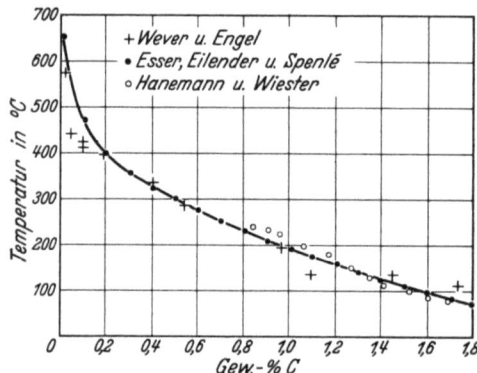

Abb. 564. Das Härtungsschaubild der Eisen-Kohlenstoff-Legierungen [Esser, Eilender und Spenlé (10)].

Faßt man die von verschiedenen Forschern über die Temperaturlage von Ar'' von Stählen mit unterschiedlichen Kohlenstoffgehalten bei Erreichung oder Überschreitung der kritischen Abschreckgeschwindigkeit zusammen, so ergibt sich das in Abb. 564 dargestellte Härtungsschaubild. Die Ergebnisse von Wever und Engel (12), Hanemann und Wiester (8) sowie Esser, Eilender und Spenlé (10) zeigen eine gute Übereinstimmung. Der Kurvenzug in Abb. 564 gibt die Temperaturen an, bei denen bei mindestens kritischer Abschreckgeschwindigkeit der unterkühlte Austenit zu Martensit zerfällt. Das von K. Gebhard,

H. Hanemann und A. Schrader (1) früher aufgestellte Härtungsschaubild, das sich mit seiner Annahme mehrerer Phasen verschiedenen Kohlenstoffgehaltes sehr wesentlich von dem hier wiedergegebenen unterschied, ist nun auch von Hanemann und Wiester (8) fallengelassen worden.

Es wurde bereits darauf hingewiesen, daß bei der Härtung nicht der gesamte Austenit zu Martensit zerfällt, sondern eine vom Kohlenstoffgehalt abhängige Menge Restaustenit bei Raumtemperatur erhalten wird. Die mit Hilfe der Messung der magnetischen Sättigung in abgeschreckten Stählen festgestellte Austenitmenge zeigt Abb. 565 nach Untersuchungen von H. Esser und G. Ostermann (12). Die angegebenen Werte gelten für Abschrecktemperaturen kurz oberhalb $GOSE$. Außer vom Kohlenstoffgehalt ist der Restaustenitgehalt abhängig von Abschrecktemperatur und Abkühlungsgeschwindigkeit. Untereutektoidische Stähle zeigen oberhalb GOS bei steigenden Abschrecktemperaturen einen leicht abnehmenden Restaustenitgehalt. Da die Austenit-Martensitumwandlung mit einer Volumenvergrößerung verbunden ist, wirken Zugspannungen nach E. Scheil (3, 4) begünstigend auf den Martensitzerfall. Die Ausbildung von Wärme-(Zug-)Spannungen nimmt aber mit steigender Abschrecktemperatur zu.

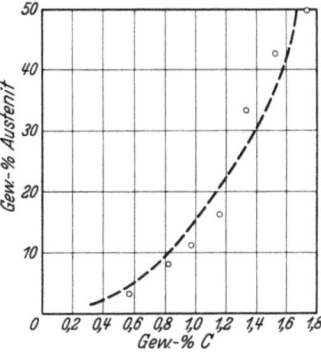

Abb. 565. Austenitgehalte in Abhängigkeit vom Kohlenstoffgehalt bei abgeschreckten Eisen-Kohlenstoff-Legierungen [Esser und Ostermann (12)].

Die Restaustenitmenge in übereutektoidischen Stählen [H. Esser u. G. Ostermann (12)] nimmt bei Steigerung der Abschrecktemperatur zwischen PSK und SE zu, oberhalb SE aber wiederum ab (Abb. 566). Der anfängliche Anstieg und der spätere Abfall der Restaustenitmengen läßt vermuten, daß die Abhängigkeit von zwei Einflüssen bestimmt wird. 1. Die Auflösung des Sekundärzementits zwischen PSK und SE erhöht die Beständigkeit und Menge des Austenits. 2. Mit der Abschrecktemperatur nehmen die austenitzersetzend wirkenden Wärmespannungen zu. Ihr Einfluß wächst mit steigender Abschrecktemperatur auch oberhalb der ES-Linie weiter und verkleinert nach Überschreitung dieser Linie den Restaustenitgehalt.

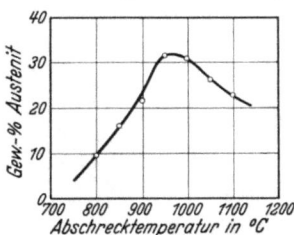

Abb. 566. Restaustenitgehalt eines Stahles mit 1,33 % C in Abhängigkeit von der Abschrecktemperatur [Esser und Ostermann (12)].

Nach H. Esser und H. Cornelius (13) findet man die größte Austenitmenge bei Stählen gleichen Kohlenstoffgehaltes und bei gleicher Abschrecktemperatur nach Abschreckung mit kritischer Abkühlungsgeschwindigkeit, bei der also eben das Auftreten von Troostit verhindert wird. Bei unterkritischer Abkühlung sinkt die Austenitmenge infolge der geringen Unterkühlung, bei überkritischer Abkühlung nimmt sie infolge der mit der Abschreckgeschwindigkeit zunehmenden Wärmespannungen ab. Die häufig behandelte Frage, ob durch Öl- oder durch Wasserabschreckung höhere Austenitgehalte erzielt werden, ist daher in dieser allgemeinen Fassung gegenstandslos geworden. Die größte Austenitmenge wird bei einer gegebenen Probengröße durch Abkühlung in dem Abschreckmittel erreicht, das in der Probe zur kritischen Abkühlungsgeschwindigkeit führt.

460 Der Einfluß der Weiterverarbeitung auf Gefüge und Eigenschaften des Stahles.

Die Restaustenitmenge oberhalb GOS abgeschreckter, untereutektoidischer und eutektoidischer Stähle sowie der oberhalb PSK abgeschreckten, übereutektoidischen Stähle, die nicht mehr als etwa 10% beträgt, ist im Gefüge nur schwer feststellbar (vgl. Abb. 567) und wird am besten auf magnetischen Wege be-

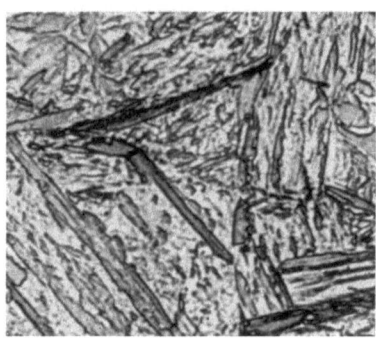

Abb. 567. Stahl mit 0,55% C, 0,26% Si und 0,61% Mn, nach überkritischer Abschreckung, Ätzung II, ×1500 [Esser und Engelhardt (14)].

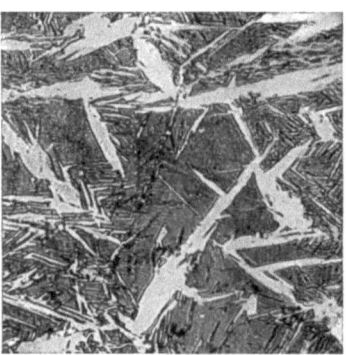

Abb. 568. Gemisch von Austenit (dunkel) — Martensit (hell), Ätzung II, × 200.

stimmt. In übereutektoidischen Stählen, die noch kurz oberhalb SE beträchtliche Austenitmengen aufweisen, ist dagegen der Restaustenit im Gefüge unschwer erkennbar, wie Abb. 568 zeigt. Die in den Abb. 567 und 568 wiedergegebenen Gefüge gehören dem Gebiet III in Abb. 560 an. Ein dem Gebiet II entsprechendes Gefüge (Martensit und Troostit) ist in Abb. 569 dargestellt. Der

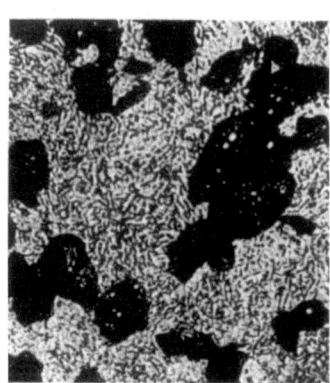

Abb. 569. Martensit und Troostit, Ätzung II, × 300.

Troostit ist ein gleichmäßig dunkel gefärbter Bestandteil des geätzten Schliffes, läßt also keinen heterogenen Aufbau erkennen. Er besteht aus einem hochdispersen, mikroskopisch nicht auflösbaren Gemenge von α-Eisen und Zementit. Dem Martensit wird zumeist eine nadelförmige Struktur zugeschrieben (vgl. Abb. 569). Unter dem Mikroskop ist es indessen meist schwierig, in vorwiegend aus Martensit bestehendem Stahl eine scharfe Ausbildung von Nadeln zu erkennen (vgl. Abb. 567). Der Martensit tritt in Korneinheiten auf, d. h. in Einheiten, in denen die gleiche Orientierung herrscht. Die Ausbildung des Martensits kann recht verschieden sein. Nach kurzer Erhitzung oberhalb Ac_1 und Abschreckung tritt ein Martensit auf, dem das nadelige Gefüge überhaupt fehlt. Dieser völlig strukturlose, durch Ätzung schwer zu färbende Martensit wird nach Hanemann (9) Hardenit genannt. Je höher die Abschrecktemperatur gewählt wird, um so gröber werden die Korneinheiten, und um so gröber wird auch die Kornstruktur, da letztere von der Größe des Austenitkornes abhängt, die mit steigender Temperatur zunimmt. In gleichem Sinne, allerdings weniger stark, wirkt sich die Dauer der Erhitzung aus.

Bevor die Zweiteilung der A_1-Umwandlung an Kohlenstoffstählen festgestellt wurde, war sie für einige legierte Stähle bereits bekannt. H. Esser, W. Eilender und H. Majert (6) untersuchten neuerdings den Einfluß verschiedener Legierungselemente auf die vorkritische (Bildung von Troostit und Martensit) und die kritische Abkühlungsgeschwindigkeit. Die Abb. 570 zeigt das ermittelte Härtungsschaubild der Manganstähle. Die Spanne zwischen vorkritischer und kritischer Abkühlungsgeschwindigkeit, die bei Kohlenstoffstählen sehr groß ist, wird mit steigendem Mangangehalt stark verkleinert. Bei sehr hohen Mangangehalten ist der Unterschied praktisch Null. Geringe Manganzusätze vermindern vorkritische und kritische Abkühlungsgeschwindigkeit etwa im Verhältnis zu diesen. Die Wirkung höherer Mangangehalte ist nicht mehr so stark; die zur Martensitbildung erforderliche Abkühlungsgeschwindigkeit wird allmählich kleiner, bis schließlich der Austenit auch bei langsamer Abkühlung erhalten bleibt. Ein Vergleich der drei Schaubilder in Abb. 570 für Stähle mit unterschiedlichen Kohlenstoffgehalten zeigt, daß die vorkritische und kritische Abkühlungsgeschwindigkeit für Stahl mit 0,4% C bei niedrigeren Mangangehalten praktisch Null wird als bei den Werkstoffen mit 0,95 und 1,3% C. Das bedeutet, daß bei den kohlenstoffärmeren Stählen zur Erzeugung von rein martensitisch-austenitischem Gefüge bei gleicher Abschreckgeschwindigkeit geringere Mangangehalte erforderlich sind als bei den höher gekohlten, obwohl der unlegierte Stahl mit 0,4% C die höhere kritische Abkühlungsgeschwindigkeit hat.

In Abb. 571 ist die Abhängigkeit der kritischen Abkühlungsgeschwindigkeit eines Stahles mit 0,9% C von verschiedenen Legierungselementen schematisch dargestellt.

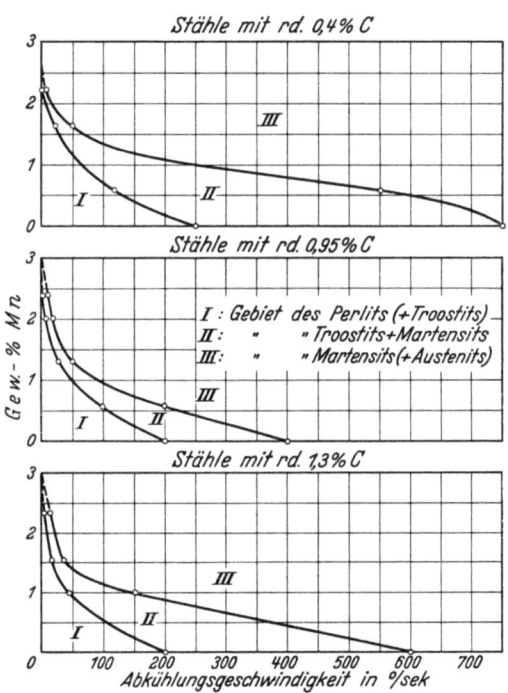

Abb. 570. Härtungsschaubild der Manganstähle [Esser, Eilender und Majert (6)].

Hiernach wirkt Nickel im gleichen Sinne wie Mangan, allerdings weniger stark. Beide Elemente erweitern das γ-Gebiet des Eisens, d. h. sie erhöhen die Stabilität des γ-Mischkristalles. Die Eisen-Mangan- bzw. Eisen-Nickel- und besonders die Eisen-Mangan- (bzw. Nickel-) Kohlenstoff-γ-Mischkristalle besitzen eine geringe Umwandlungsgeschwindigkeit, wodurch die Erniedrigung und Unterdrückung der Haltepunkte bei der Abschreckung begünstigt wird.

Chrom und Wolfram wirken nicht bei zu hohen Gehalten wie Mangan und Nickel stark erniedrigend auf die kritische Abkühlungsgeschwindigkeit. Während z. B. bei 0,35% C und 4% W eine Abkühlungsgeschwindigkeit von 200°/sek zur Erzielung völliger Härtung ausreicht, ist dies bei einem Stahl mit 0,35% C und 11% W erst bei einer Abschreckgeschwindigkeit von 550°/sek der Fall. Auch

462   Der Einfluß der Weiterverarbeitung auf Gefüge und Eigenschaften des Stahles.

Silizium erniedrigt bei geringen Gehalten (bis etwa 1%) die kritische Abschreckgeschwindigkeit und erhöht sie mit über 1% ansteigenden Gehalten.

Chrom, Wolfram und Silizium schnüren das γ-Gebiet des Eisens ab, d. h. sie verringern die Beständigkeit der γ-Modifikation. Die Ac_1- und Ac_3-Punkte werden in fast allen Fällen mit steigenden Gehalten an Cr, W und Si zu höheren Temperaturen verschoben und hierdurch die Temperaturspanne zwischen der Abschrecktemperatur und den $Ac_{1,3}$-Umwandlungen verkleinert. Dies wirkt im Sinne einer Erhöhung der kritischen Abkühlungsgeschwindigkeit (vgl. Abb. 562). Weiterhin treten schwer lösliche Karbide oder bei Siliziumstählen beträchtliche Mengen Graphit auf, die den Kohlenstoffgehalt des γ-Mischkristalles verringern und damit die Härtbarkeit (s. Abb. 562) stark beeinträchtigen. Bei den Chrom- und Wolframstählen ist bei geringen Zusätzen die Wirkung des in der Grundmasse gelösten Elementes, d. h. die Erniedrigung der Umwandlungsgeschwindigkeit des γ-Mischkristalls, wesentlich größer als die der vorher angeführten Umstände. Bei höheren Gehalten an Chrom und Wolfram überwiegen jedoch mehr und mehr die die Unterkühlbarkeit hemmenden Einflüsse und bewirken so eine Zunahme der kritischen Abschreckgeschwindigkeit. Bei sehr hohen Gehalten an Chrom und Wolfram, ebenso an Silizium und Vanadin geht die Härtbarkeit bei geringen Kohlenstoffgehalten vollständig verloren, da einerseits das γ-Gebiet abgeschnürt ist, anderseits mit einer starken Löslichkeit der Karbide im α-(δ-)Eisen nicht zu rechnen ist. Bei den Siliziumstählen ist es ähnlich, nur ist es hier nicht die Bildung schwer löslicher Karbide, sondern die starke Graphitisierung, die eine starke härteverminderande Wirkung ausübt.

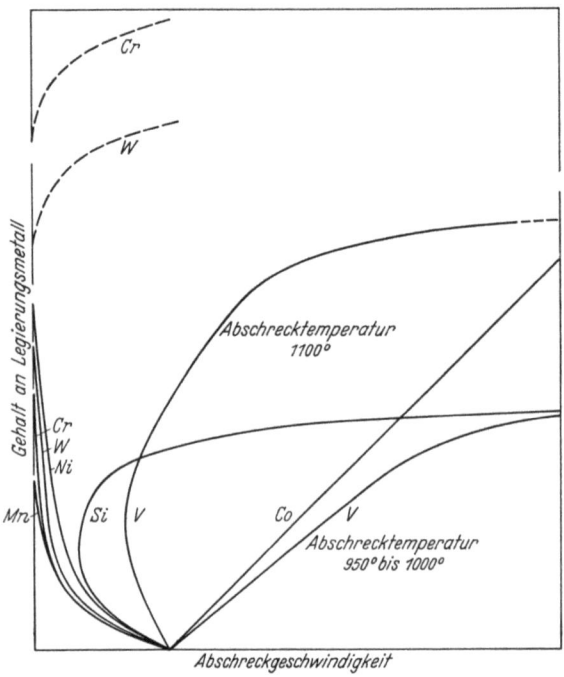

Abb. 571. Abhängigkeit der kritischen Abkühlungsgeschwindigkeit eines Stahles mit 0,9% C von verschiedenen Legierungselementen [Esser, Eilender und Majert (6)].

Die Vanadinstähle nehmen insofern eine Sonderstellung ein, als sie, von Temperaturen von etwa 100° oberhalb Ac_3 abgeschreckt, mit steigendem Vanadingehalt eine Erhöhung der kritischen Abkühlungsgeschwindigkeit aufweisen. Dies ist darauf zurückzuführen, daß das Karbid V_4C_3 nur bei sehr hohen Temperaturen in Lösung geht und ein Eintritt des Vanadins in die Eisengrundmasse, wegen seiner hohen Verwandtschaft zum Kohlenstoff erst dann in Frage kommt, wenn der gesamte Kohlenstoff an Vanadin gebunden ist. Hierdurch wird entsprechend den Feststellungen an unlegierten Stählen die kritische Abkühlungsgeschwindigkeit eines Stahles mit 0,9% C bei steigendem Vanadinzusatz fortlaufend erhöht. Diese Erhöhung der kritischen Abkühlungsgeschwindigkeit wird noch durch die Keimwirkung des Vanadinkarbids unterstützt. Wird der Stahl dagegen von 1100° abgeschreckt, so geht dieses in starkem Maße in Lösung und erhöht hierdurch die Härtbarkeit. Erst mit zunehmendem Vanadingehalt biegen die Kurven ebenso wie bei den Chrom-, Wolfram- und Siliziumstählen wieder nach rechts ab, da die Eisengrundmasse allmählich den für die Unterdrückung der γ-Phase notwendigen Betrag an Legierungselementen in Lösung aufgenommen hat und das Vanadinkarbid in α- (δ-)Eisen praktisch unlöslich ist.

Der Kobaltstahl nimmt unter allen Proben eine Sonderstellung ein. Für die Erhöhung der Abschreckgeschwindigkeit kann wahrscheinlich eine Bildung von Kobaltkarbid nicht verantwortlich gemacht werden; dagegen spricht die Neigung dieser Stähle zur Graphitbildung. Andererseits sollte auch durch eine Graphitisierung diese Erhöhung nicht hervorgerufen werden können, da bei den untersuchten Kobaltgehalten die gebildete Menge an Graphit gering war. Es bleibt also lediglich übrig, bei Kobalt ein dem Nickel und den anderen verwandten Legierungselementen entgegengesetztes Verhalten anzunehmen, das dadurch gekennzeichnet ist, daß die Umwandlungsgeschwindigkeit des ternären Mischkristalles in der Perlitstufe erhöht wird.

Im vorstehenden ist nur von einer Zweiteilung der Umwandlungsvorgänge in dem Gebiet zwischen vorkritischer und kritischer Abkühlungsgeschwindigkeit die Rede gewesen. Bereits A. Portevin und P. Chevenard (4, 5) konnten aber an bestimmten Stählen auch eine Dreiteilung bei der Härtung beobachten. Diese Feststellung wurde durch neuere Untersuchungen von F. Wever und W. Jellinghaus (13) an Chrom-Nickel-Stählen bestätigt. Wever und Jellinghaus nehmen an, daß die zwischen den Ar'- und Ar''-Umwandlungen beobachtete Zwischenstufe auch bei unlegierten Stählen vorliegt, aber hier wegen der um Größenordnungen höheren Umwandlungsgeschwindigkeit von der ersten Stufe überdeckt und daher experimentell nicht zu ermitteln sei. Das von Esser, Eilender und Majert (6) angewandte Meßverfahren besitzt aber eine sehr hohe Empfindlichkeit, so daß auf Grund deren Untersuchungen an Kohlenstoffstählen mit Sicherheit anzunehmen ist, daß diese nur eine Zweiteilung aufweisen. Das gleiche gilt für die Silizium- und Manganstähle, — was für die letzteren auch von W. Jellinghaus (1) festgestellt wurde — die etwa die gleiche Umwandlungsgeschwindigkeit wie die Chrom-Nickel-Stähle besitzen. Wahrscheinlich tritt die Dreiteilung nur bei Stählen mit solchen Legierungselementen auf, die stark karbidbildend wirken. Diese Annahme wird durch die Beobachtung erhärtet, daß an Wolfram-, Molybdän- und Vanadinstählen, allerdings ohne feststellbare Gesetzmäßigkeit, Dreiteilungen der Umwandlungen beobachtet werden konnten. So zeigte eine Probe mit 1,1% C und 1,69% V beim Abschrecken von 900° keine, dagegen beim Abschrecken von 1100° eine deutliche Dreiteilung der Umwandlung; anscheinend wird also die Dreiteilung sehr stark durch den erst bei hohen Temperaturen erfolgenden Eintritt von V_4C_3 in die feste γ-Lösung beeinflußt. Nach H. Döpfer und H. I. Wiester (1) ist die Dreiteilung nur auf Chrom-Nickel-Stähle beschränkt und durch den Einfluß des Chroms bedingt.

Über die Natur der Umwandlung im Temperaturgebiet zwischen Ar' und Ar'' ist Endgültiges noch nicht bekannt.

Nachdem die Entstehung der Bestandteile des Härtungsgefüges (Martensit und Austenit) eingehend beschrieben worden ist, ist eine kurze Besprechung der Eigenschaften gehärteter Stähle erforderlich, bevor die Härtungstheorien behandelt werden können.

Besonders die Röntgentechnik hat in den letzten Jahren wertvolle Aufschlüsse über die Natur der Gefügebestandteile gehärteter Stähle erbracht. Es gelang zuerst Jeffries und Archer (3), später Westgren und Lindh (1) nachzuweisen, daß das Röntgenspektrum austenitischer Stähle identisch ist mit dem des Eisens im γ-Gebiet. Diesen Befund bestätigten Westgren und Phragmén (9) sowie Wever (14). Erstere fanden ferner in einem Gemisch von

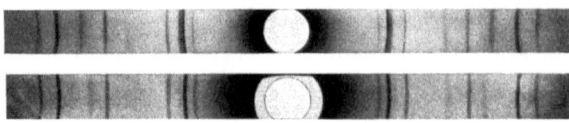

Abb. 572. Röntgenspektrum eines Stahles mit 1,98% C bei 1100° in Wasser abgeschreckt (oben); zum Vergleich Spektrum des γ-Eisens (unten) [Westgren und Phragmén (9)].

vorwiegend Austenit und weniger Martensit (Stahl 1,98% Kohlenstoff bei 1100° in Wasser abgeschreckt) neben den deutlichen Linien des γ-Eisens (Abb. 572) verwaschen die des α-Eisens. In vorwiegend aus Martensit bestehendem Stahl (0,8 bzw. 1,25% Kohlenstoff von 760° in Wasser abgeschreckt) waren die verwaschenen Linien des α-Eisens sehr deutlich. Hiermit ist der Beweis erbracht, daß in abgeschreckten Stählen tatsächlich Austenit vorkommt, und daß der Martensit eine Form des α-Eisens darstellt. Nach neueren Untersuchungen von N. Seljakow und G. Kurdjumow (1) unterscheidet sich das Martensitgitter von dem des Ferrits dadurch, daß das Achsenverhältnis c/a nicht wie bei diesem gleich 1, sondern etwas größer als 1, und zwar maximal 1,06 bis 1,07 ist. Das Martensitgitter ist demnach tetragonal. Das Parameterverhältnis c/a des tetragonalen Gitters nimmt mit steigendem Kohlenstoffgehalt bei gleichen Härtebedingungen und bei gleichem Kohlenstoffgehalt mit der Erhöhung der Abschrecktemperatur zu. Die tetragonale Struktur wird als feste Lösung des Kohlenstoffs im α-Eisen und ihre Entstehung als Erhaltung einer Übergangsform zwischen der γ- und α-Struktur gedeutet. Man hat sich das

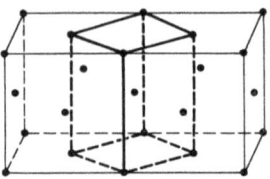

Abb. 573. Kubisch-flächenzentriertes Gitter des γ-Eisens in tetragonaler Auffassung.

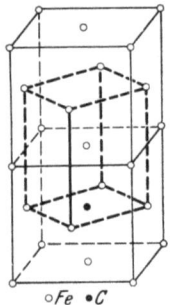

Abb. 574. Übergang von γ-Eisen in Martensit nach Seljakow und Kurdjumow (1).

Zustandekommen der tetragonalen Struktur also etwa so vorzustellen, daß der bei der niedrigen Temperatur der Ar''-Umwandlung ablaufende Zerfall des Austenits vor Erreichung des Endzustandes (α-Eisen) einfriert. Bain gibt folgende Darstellung des Mechanismus des Überganges kubisch-flächenzentriert zu tetragonal-raumzentriert: Das flächenzentriert kubische Gitter kann als ein raumzentriert tetragonales Gitter (s. Abb. 573) mit einem Achsenverhältnis 1,42 und mit den Parametern 3,60 und 2,54 Å angesehen werden. Das raumzentrierte kubische Gitter kann als Sonderfall des raumzentrierten tetragonalen Gitters mit dem Achsenverhältnis 1 und den Parameterwerten 2,86 Å angesehen werden. Dann kann man sich den Mechanismus der Härtung des Stahles als Bildung einer Übergangsstruktur vorstellen, die ebenfalls tetragonal ist, aber ein Achsenverhältnis zwischen 1 und 1,06 besitzt. Dieser

Erklärungsversuch weist den Mangel auf, daß er auf die Anwesenheit und den Verbleib des Kohlenstoffs keine Rücksicht nimmt.

Das Schema in Abb. 574 nach Seljakow und Kurdjumow (1) stellt den Umbau der Austenitstruktur in eine zentriert tetragonale Struktur unter Berücksichtigung der Anwesenheit von Kohlenstoff dar. Hiernach soll der Kohlenstoff im tetragonalen Martensitgitter in der Mitte der kleineren Fläche des Prismas verbleiben. Auf diese Möglichkeit der Unterbringung des Kohlenstoffs im Martensitgitter wird noch zurückzukommen sein.

Die magnetischen Eigenschaften der den gehärteten Stahl aufbauenden Bestandteile Austenit und Martensit lassen sich grundsätzlich mit wenigen Worten kennzeichnen: Unabhängig von der Herkunft ist Martensit magnetisierbar, da er eine Form des α-Eisens darstellt, während der Austenit als γ-Eisen praktisch unmagnetisierbar ist. Trotzdem unterscheiden sich die magnetischen Eigenschaften des Martensits nicht unwesentlich von denen der ebenfalls α-Eisen enthaltenden Gefügekomplexe: Perlit — Sorbit — Troostit. Während letztere eine hohe maximale Induktion aufweisen, zeichnet sich der Martensit besonders aus durch hohe Remanenz und Koerzitivkraft bei niedrigerer maximaler Induktion.

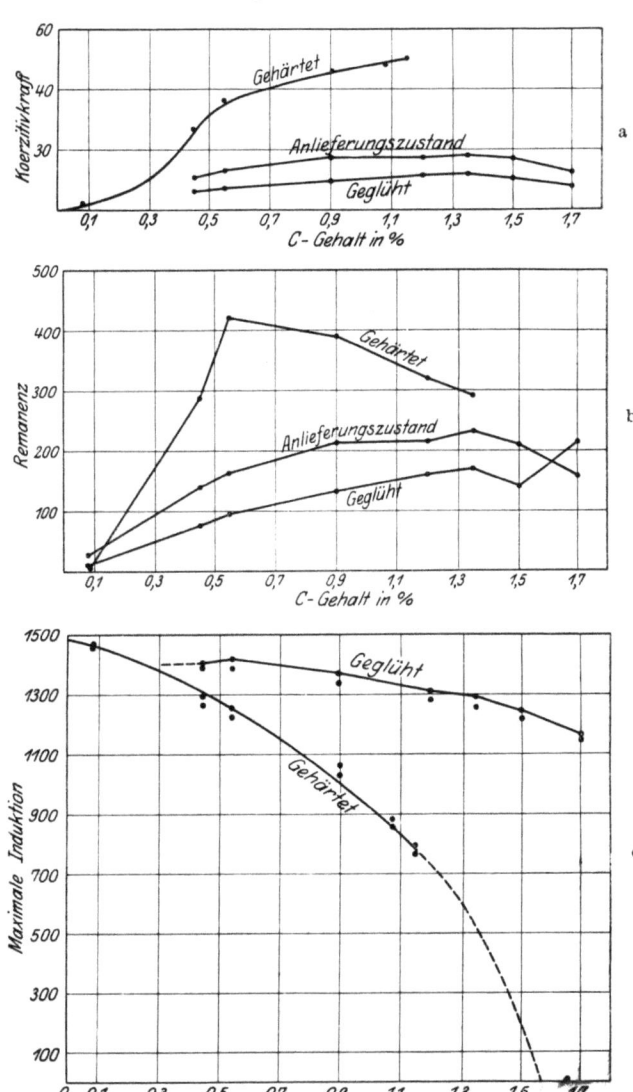

Abb. 575 a—c. Einfluß des Härtens auf die magnetischen Eigenschaften von C-Stählen [Benedicks (8)].

Dieser Umstand ist in technischer Beziehung wichtig bei der Auswahl und Behandlung der Stähle für permanente Magnete. Die durch Erzeugung von Martensit (im wesentlichen also durch Härten) hervorgerufene Steigerung der Koerzitivkraft und Remanenz steigt mit zunehmendem Kohlenstoffgehalt, wie aus Abb. 575 nach Benedicks (8) hervorgeht. Die gleiche Abbildung lehrt ferner,

466 Der Einfluß der Weiterverarbeitung auf Gefüge und Eigenschaften des Stahles.

daß für die maximale Induktion umgekehrte Verhältnisse vorliegen. McCance (1) fand beim Härten (auf Martensit) folgende Abnahme der maximalen Induktion in Abhängigkeit vom Kohlenstoffgehalt:

% Kohlenstoff	Verlust an maximaler Induktion in %
0,69	6,3%
0,86	9,4%
1,18	17,0%

Der Verlust nimmt also mit steigendem Kohlenstoffgehalt zu.

Die Zunahme der Koerzitivkraft gehärteter Stähle mit dem Kohlenstoffgehalt hängt nach Gumlich (6) beträchtlich von der Härtungstemperatur ab (Abb. 576). Es ist demnach von Bedeutung, ob die Härtung zu ferritfreiem Gefüge führt (untereutektoidische Stähle), und in welchem Maße der Zementit bei der Härtetemperatur in feste Lösung übergeführt war (übereutektoidische Stähle). Durch den letzteren Faktor wird wiederum die bei der Abschreckung gebildete Austenitmenge bestimmt.

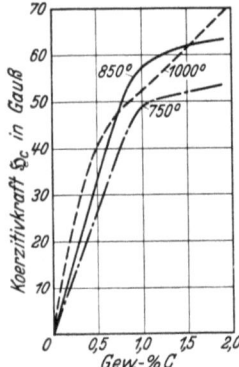

Abb. 576. Abhängigkeit der Koerzitivkraft abgeschreckter Stähle vom Kohlenstoffgehalt und der Härtetemperatur [Gumlich (6)].

Zur Entscheidung der Frage, ob der Martensit eine feste Lösung von Kohlenstoff im tetragonal verzerrten α-Eisen oder ein Gemenge des letzteren mit hochdispers verteiltem Zementit darstellt, erscheint die Untersuchung der elektrischen Leitfähigkeit geeignet. Die elektrische Leitfähigkeit ist seit den klassischen Untersuchungen von Matthiessen (1) ein sicheres Kennzeichen für die Entscheidung der Frage, ob ein Element sich in fester Lösung befindet oder nicht. Bei der Ermittlung von Mischungslücken in binären Systemen beispielsweise ist dieser Weg mit Vorteil begangen worden. Man beobachtet nun beim Härten eine wesentliche und diskontinuierliche Abnahme der Leitfähigkeit bzw. Zunahme des Widerstandes. Während also der Widerstand von Perlit, Sorbit und Troostit der Definition dieser Bestandteile gemäß praktisch der gleiche ist, steigt er beträchtlich beim Übergang in Martensit, wie folgende Zahlen nach McCance lehren:

% Kohlenstoff	Maximale Zunahme des elektr. Leitwiderstandes in Mikroohm/cm^3
0,49	10
0,69	13
0,86	20

Mit wachsendem Kohlenstoffgehalt steigt die Zunahme des Widerstandes. Die Änderung der Leitfähigkeit ist so scharf ausgeprägt, daß sie nach Portevin (6) einen äußerst empfindlichen Maßstab für die erforderliche Zeit zur Überführung des Zementits in Lösung und damit für die technisch wichtige Ermittlung der Dauer der Erhitzung auf Härtetemperatur abgibt. An sich ist die Tatsache des plötzlichen Anstiegs des Widerstandes als Bestätigung der Anschauung aufzufassen, daß beim Martensit der Kohlenstoff im α-Eisen in gelöster Form zugegen ist. Da definitionsgemäß der Austenit ebenfalls eine feste Lösung ist, mit dem Unterschied, daß hier das Lösungsmittel γ-Eisen ist, so muß auch der Anstieg des Widerstandes beim Übergang des heterogenen Gemisches in homogenen Austenit zu beobachten sein. Dies trifft auch zu. Endlich sollte man erwarten, daß vom resistometrischen Standpunkt Martensit und Austenit, wenn beide feste Lösungen darstellen, auch untereinander gleich sind, d. h. also, daß z. B. beim Überführen von Martensit in homogenen Austenit keine Veränderung der Leitfähigkeit erfolgt. Auch dies trifft zu, wie Maurer (8) und Benedicks (9) zeigten.

Die Härte ist eine der Eigenschaften, deren Verhalten die meisten Schwierigkeiten bei der Deutung verursacht hat. An sich ist sowohl α- wie γ-Eisen verhältnismäßig weich (etwa 90 Brinelleinheiten). Der Martensit ist nun außerordentlich hart (über 600 Brinelleinheiten), während Austenit wiederum weich ist (im austenitischen Nickelstahl z. B. etwa 150 Brinelleinheiten). Zwar findet auch schon innerhalb des Gefügekomplexes Perlit-Sorbit-Troostit eine Härtesteigerung um etwa 100—120 Brinelleinheiten statt, wobei die Härte in der obigen Reihenfolge ansteigt, aber diese Steigerung ist kontinuierlich und geringfügig im Vergleich zur diskontinuierlichen und bedeutenden Härtesteigerung beim Übergang von Troostit zum Martensit, der Härtung im eigentlichen Sinne. Daß aber Abschrecken und Härten nicht gleichbedeutend ist, lehrt eben die Tatsache, daß vom Erscheinen des Austenits ab, also z. B. in Kohlenstoffstählen beim Steigern der Härtetemperatur bis zur Linie SE oder in Nickel- und Manganstählen beim Steigern des Kohlenstoffgehaltes, keine Zunahme, sondern eine Abnahme der Härte infolge zunehmender Austenitbildung erfolgt. Die Härte der Eisenmodifikationen bietet keinen Anhalt für die Erklärung dieser Tatsache, es sei denn, daß man ihnen im gehärteten Stahl neue Eigenschaften beilegt, wozu aber kein Grund vorliegt, solange eine einfachere Deutung möglich ist. Anderseits kann man nicht an der Tatsache vorübergehen, daß die α- und γ-Modifikationen am Härtungsvorgang beteiligt sind, wie insbesondere das Verhalten des Magnetismus lehrt. Eine ausschließlich auf der Annahme aufgebaute Härtungstheorie, daß der Übergang des ausgeschiedenen Kohlenstoff (Karbidkohlenstoff) in gelösten (Härtungskohlenstoff) die Verschiedenheit der Eigenschaften bedinge, vermag auch nicht, wie Maurer (1) im einzelnen zeigt, den Verhältnissen gerecht zu werden. Desgleichen kann die früher vertretene Annahme, die Steigerung der Härte sei ausschließlich auf die Entstehung von Wärmespannungen zurückzuführen, nicht ernst genommen werden, weil sie dann auch in jedem beliebigen Metall ohne Umwandlungen wie Kupfer oder Gold entstehen würde. Ferner sind Spannungen in diesem Sinne überhaupt nur möglich, wenn ein Stück ungleichmäßig abgekühlt wird. Ein dünner Draht wäre nach dieser Theorie nicht härtbar. Aus dem gleichen Grunde ist auch die Theorie nicht haltbar, deren einzige Grundlagen die Unterdrückung der γ-α-Umwandlung und der hiermit verknüpften Ausdehnung bei Ar_1 sowie die als Folge hiervon entstehenden Spannungen bilden. Härtesteigerung auf die Deformation des α-Eisens zurückzuführen, die ja tatsächlich eintritt, wie die Struktur des Martensits und das Röntgenspektrum lehren, geht auch nicht an. Wenn auch, wie später zu zeigen sein wird, die Eigenschaften des α-Eisens sich bei der Deformation in gleichem Sinne ändern wie beim Härten die des Stahls, d. h. die Remanenz und die Koerzitivkraft zu-, die maximale Induktion ab- und die Härte zunehmen, so müßte mit steigendem Kohlenstoffgehalt der Grad der Veränderung dieser Eigenschaften wegen der geringer werdenden α-Eisenmenge abnehmen. Tatsächlich aber nimmt er zu, wie für die magnetischen Eigenschaften bereits gezeigt wurde, und wie Abb. 577 nach Maurer (1) für die Härte lehrt. Das Konstantbleiben der Härte oberhalb der eutektoidischen Konzentration ist darauf zurückzuführen, daß die Abschreckung der übereutektoidischen Stähle gleichmäßig von 800° vorgenommen wurde. Bei Abschreckung oberhalb SE würde sich, mit oberhalb 0,9% ansteigendem C-Gehalt, infolge zunehmenden Austenitgehaltes, eine fallende Tendenz der Härte gezeigt haben. Es würde hier zu weit führen, auf die zahlreichen älteren Härtungstheorien und ihre Widerlegung im einzelnen einzugehen. Es sei vielmehr auf die ausführlichen Erörterungen Maurers (1) hingewiesen. Die neuzeitlichen Theorien werden dagegen noch zu behandeln sein. Aus dem Gesagten geht bereits hervor, daß eine einwandfreie Härtungstheorie sowohl auf die Rolle der γ—α-Umwandlung, als auch auf die des Kohlenstoffs Rücksicht nehmen muß.

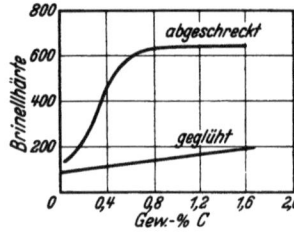

Abb. 577. Brinellhärte von geglühten und abgeschreckten Stählen [Maurer (1)].

Bei der Härtung eines Stahles auf Martensit beobachtet man eine Zunahme des spezifischen Volumens und der Länge bzw. eine Abnahme des spezifischen Gewichts, wobei die Änderung mit zunehmendem Kohlenstoffgehalt an Stärke zunimmt.

So geben z. B. Oknof (1) bzw. Maurer (1) folgende Zahlen an:

Beobachter	% Kohlenstoff	% Mangan	Prozentuale Volumenzunahme beim Härten von 800°
Oknof:	0,58	0,90	0,46
	0,70	0,39	0,75
	0,83	0,28	0,99
Maurer:	0,83	0,11	0,48
	1,20	0,20	0,60

Wenn ein auf Martensit gehärteter Stahl ein größeres Volumen besitzt als ein ungehärteter, so ist anderseits das Volumen des Austenits kleiner als das des ungehärteten Stahls, so daß in bezug auf das Volumen folgende Reihenfolge in ansteigender Richtung bestände:

Austenit,
Perlit—Sorbit—Troostit,
Martensit,

bezüglich des spezifischen Gewichtes also das Umgekehrte, wobei der Austenit der dichteste aller Bestandteile wäre. Verständlich werden diese Tatsachen durch die Erinnerung daran, daß die Packung der Atome im flächenzentrierten Gitter des γ-Eisens eine dichtere ist als in dem des raumzentrierten α-Eisens, und daß das Martensitgitter sich von dem des α-Eisens durch eine tetragonale Aufweitung unterscheidet, die ebenso wie das spezifische Volumen des Martensits mit steigendem C-Gehalt zunimmt.

Die Versuche, die Eigenschaften des Martensits und die Erscheinungen bei seiner Entstehung unter einheitlichen Gesichtspunkten zu erklären, führten zur Aufstellung von zahlreichen Härtungstheorien. Zwei hiervon sind heute von Bedeutung, von denen die eine noch grundsätzlich der Maurerschen Theorie (1) entspricht. Die von Maurer aufgestellte Theorie wurde nach seinen Angaben schon

Das Härten und Anlassen des Stahles. 469

1898, allerdings rein gefühlsmäßig, von Thallner (1) vertreten. Die Lösung des Kohlenstoffs im α-Eisen (Martensit) bedingt die Beibehaltung des dem gelösten oder Härtungskohlenstoff im γ-Eisen zukommenden Volumens; nur unter dieser Bedingung vermag der Kohlenstoff in Lösung zu bleiben. Hierdurch wird dem α-Eisen ein größeres als das normale Volumen aufgezwungen. Es entstehen zwei entgegengesetzt wirkende Kräfte: das α-Eisen ist bestrebt, sich zusammenzuziehen, aber die Gegenwart des Härtungskohlenstoffs hindert es hieran und zwingt es, ein größeres Volumen beizubehalten. Die dabei erfolgende Kaltverformung im Verein mit den verbleibenden Molekularspannungen führen zur Härtung.

Nach dieser Theorie muß ein Zusammenhang bestehen zwischen Härte und spezifischem Volumen, der tatsächlich im Sinne der obigen Theorie durch Maurer und Heger (1) nachgewiesen wird. Im Gegensatze zu allen andern Theorien erklärt nach Maurer die vorstehende Theorie alle bisher der Erklärung schwer zugänglichen Erscheinungen, so auch vor allem die beim Anlassen beobachteten.

Diese von Maurer begründete Auffassung vom Martensit als einer Zwangslösung von atomarem Kohlenstoff im (tetragonal verzerrten) α-Eisen ist heute die weitestgehend anerkannte Härtungstheorie. Sie stützt sich im wesentlichen auf die

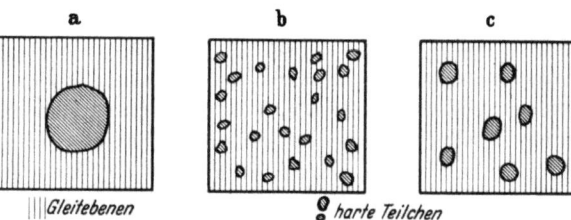

Abb. 578. Schematische Darstellung der Blockierung von Gleitebenen.

weiter oben angeführten Röntgenbefunde, die Messungen der elektrischen Leitfähigkeit und die Abwesenheit des A_0- (Zementit-) Effektes in oberhalb $GOSE$ abgeschreckten Stählen. Die Auffassung hingegen, daß der Martensit aus einem hochdispersen, heterogenen Gemenge von Zementit und tetragonal verzerrten α-Eisenteilchen bestehe, wird u. a. von H. Esser und W. Eilender vertreten (15). Die hohe Härte des abgeschreckten Stahles wird somit weniger durch Gitterverspannung und Kaltverformung, sondern in erster Linie durch Blockierung der Gleitebenen des verzerrten α-Eisens durch die ausgeschiedenen Zementitteilchen erklärt. Eine Härtesteigerung durch Gleitebenenblockierung wird an Hand der schematischen Darstellung in Abb. 578 verständlich. Fall a, die Einlagerung eines einzigen, harten Teilchens in einer weichen Grundmasse, bedeutet geringe Härte, da nur ein geringer Teil der Gleitebenen blockiert ist, auf den übrigen aber Gleitung ungehindert stattfinden kann. Wird das Teilchen durch Erwärmen in Lösung gebracht und bei nachfolgender rascher Abkühlung in feinstverteilter Form wieder ausgeschieden (Fall b), so sind praktisch sämtliche Gleitebenen blockiert, die Gleitung ist stark behindert, die Härte liegt hoch. Durch Erwärmen unterhalb der Auflösungstemperatur der harten Teilchen kann durch Koagulation eine erhöhte Teilchengröße und verringerte Teilchenzahl eintreten (Fall c). Die Intensität der Gleitebenenblockierung ist eine geringere als in Fall b und größer als in Fall a. Es liegt also eine mittlere Härte vor.

Der wesentliche Unterschied zwischen den beiden Auffassungen über die Natur des Martensits liegt darin, daß der den Kohlenstoff gelöst enthaltende Martensit eine neue Phase darstellt, während der heterogen aufgebaute Martensit eine von Perlit, Sorbit oder Troostit nur durch den Zerteilungsgrad von Zementit und Ferrit unterschiedene Zwischenstufe der Austenit-Perlit-Umwandlung darstellt, d. h. bei rascher Abkühlung, die zur Bildung von Martensit führt, laufen grundsätzlich die gleichen Vorgänge ab wie bei langsamer Abkühlung.

H. Esser und E. Engelhardt (*14*) haben eine Reihe von Gründen vorgebracht, die für die Annahme der Heterogenität des Martensits sprechen, und die, da sie beide Härtungstheorien beleuchten, im folgenden wiedergegeben werden sollen:

1. Die Lösungsfähigkeit des α-Eisens für Kohlenstoff ist bei langsamer Abkühlung äußerst gering, und es erscheint wenig wahrscheinlich, daß durch alleinige Erhöhung der Abkühlungsgeschwindigkeit dem α-Eisen die Fähigkeit verliehen werden kann, Kohlenstoff in einem außerordentlich weit über dem Sättigungswert bei Gleichgewichtseinstellung liegenden Betrage zu lösen.

2. Gegen die Aufnahme des Kohlenstoffs durch das tetragonale α-Eisengitter, etwa in der in Abb. 574 dargestellten Art, spricht die Feststellung, daß der im Gitter zur Verfügung stehende, kugelige Raum geringer ist als das Volumen des Kohlenstoffatoms. Das Kohlenstoffatom müßte demnach, wenn es gelöst, also in den Gitterverband unter Bildung eines Einlagerungsmischkristalles aufgenommen werden sollte, entweder eine sehr hohe Kompressibilität besitzen oder fähig sein, sein Volumen durch Ablösung von Elektronen aus der äußeren Schale zu verkleinern (Ionisation). Die Annahme einer sehr hohen Kompressibilität des Kohlenstoffatoms kann bis heute versuchsmäßig nicht belegt werden. Andererseits müßte für den Fall der Ionisation des Kohlenstoffatoms die elektrische Leitfähigkeit infolge Zunahme der freien Elektronen für den Martensit größer sein als für das α-Eisen. Das Entgegengesetzte ist aber der Fall, wie wir weiter oben gesehen haben.

3. Weiterhin wurde gegen die Auffassung des Martensits als Zwangslösung eine Beobachtung von Wever und Engel (*12*) herangezogen, wonach das Achsenverhältnis des Martensits auch dann noch von der Abkühlungsgeschwindigkeit abhängig ist, wenn die kritische Abkühlungsgeschwindigkeit, die bekanntlich zur Bildung von Martensit (neben Restaustenit) bereits ausreicht, überschritten ist. Diese Beobachtung läßt nicht auf einen eindeutigen Zusammenhang zwischen Kohlenstoffgehalt und Achsenverhältnis des tetragonalen Martensits schließen.

4. Nach R. F. Mehl (*1*) besitzt Stahl mit 0,89% Kohlenstoff im angelassenen und abgeschreckten Zustand praktisch die gleiche Kompressibilität. Diese Feststellung führt zu der Annahme, daß der Stahl im angelassenen wie auch im abgeschreckten Zustand den gleichen Gefügeaufbau besitzt, nämlich Ferrit + Zementit.

5. Die hohe Härte des Martensits läßt sich durch Gitterverspannungen nicht erklären. Es ist röntgenographisch nachgewiesen worden, daß die Gitterverspannungen beim Erhitzen des Stahles auf 150—200° verschwinden, während die Härte erhalten bleibt.

Die von K. Gebhardt, H. Hanemann und A. Schrader (*1*) vertretenen Anschauungen, wonach der Martensit aus Phasen verschiedenen Kohlenstoffgehaltes aufgebaut sein sollte, sind inzwischen durch die Arbeiten von F. Wever und N. Engel (*12*), H. Esser, W. Eilender und E. Spenlé (*10*), H. Esser und H. Majert (*11*), sowie H. Esser und E. Engelhardt (*14*) widerlegt worden.

Aus der Arbeit von H. Hanemann, U. Hofmann und H. Wiester (*10*) geht schließlich hervor, daß Hanemann selbst die häufig nach ihm benannte Härtungstheorie hat fallen lassen und nunmehr sich der Auffassung angeschlossen hat, nach der der Martensit als Zwangslösung von Kohlenstoff in α-Eisen anzusehen ist.

Die vorstehenden Ausführungen über die Natur des Martensits lassen erkennen, daß eine allgemein anerkannte Härtungstheorie noch nicht besteht. Zweifellos bestehen sowohl für die Auffassung des Martensits als Zwangslösung wie auch als heterogenes Gemenge gewichtige Gründe und nur weitere Forschung kann entscheiden, welche der beiden Auffassungen die richtige ist.

Die bei der Abschreckung erhaltenen Gefügebestandteile Martensit und Austenit entsprechen nicht dem für Raumtemperatur gültigen Gleichgewichtszustand. Bei der Erhitzung abgeschreckter Stähle auf Temperaturen weit unterhalb der Umwandlungstemperaturen finden die Umwandlungsvorgänge statt bzw. verlaufen zu Ende, die bei langsamer Abkühlung schon während des Abkühlungsvorganges eingetreten wären. Eine Erhitzung, die einen derartigen Einfluß auf abgeschreckte Stähle ausübt, wird als Anlassen bezeichnet. Durch Anlassen werden ganz allgemein die durch Abschrecken erhaltenen instabilen Gefügebestandteile ohne Überschreitung der kritischen Temperaturen dem Gleichgewichtszustand wieder angenähert.

Die im abgeschreckten Stahl beim Anlassen ablaufenden Vorgänge lassen sich durch Festlegung der Änderung von Eigenschaften mit der Temperatur erkennen. Nimmt man z. B. mit Hilfe der thermischen Differentialanalyse Anlaßkurven auf, so finden sich auf diesen Anzeichen für drei verschiedene Wärmetönungen. Abb. 579 zeigt thermische Differentialkurven von oberhalb *GOSE* abgeschreckten Kohlenstoffstählen nach H. Esser und H. Cornelius (*13*). Die drei thermischen Effekte

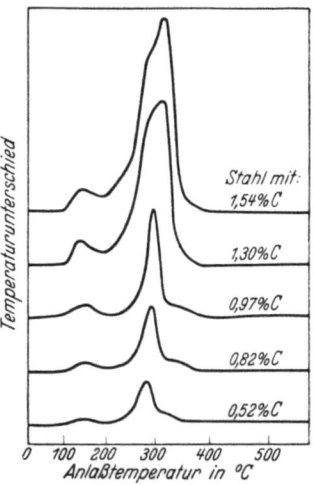

Abb. 579. Anlaßtemperatur-Temperaturunterschiedskurven einiger oberhalb *GOSE* abgeschreckter Stähle [Esser und Cornelius (*13*)].

entsprechen drei mit positiver Wärmetönung ablaufenden Anlaßvorgängen. Das Maximum des ersten Effektes liegt bei etwa 150°. Röntgenographische Untersuchungen zeigen bei dieser Temperatur das Verschwinden der tetragonalen Verzerrung des α-Eisens, dilatometrische Messungen eine Verkürzung der Proben an. Demnach darf der erste Effekt einer Wärmetönung beim Übergang des tetragonalen Gitters des α-Eisens in das kubische zugeschrieben werden. Dieser Vorgang des Verschwindens der Gitterspannungen muß auch mit einer Verringerung des spezifischen Volumens (Kürzung bei Längenmessungen) verbunden sein. Die mit steigendem Kohlenstoffgehalt zunehmende Stärke des ersten Anlaßeffektes ist auf die mit steigendem Kohlenstoffgehalt zunehmende Erhöhung des Achsenverhältnisses c/a zurückzuführen. Diese überwiegt den Einfluß der mit steigendem Kohlenstoffgehalt auf Grund des zunehmenden Austenitgehaltes abnehmenden Martensitmenge.

Bei der Annahme, daß im Martensit der Kohlenstoff atomar in die Lücken des tetragonal verzerrten α-Eisens eingebaut sei, wird der erste Anlaßeffekt außer mit der Entspannung des Gitters mit der Bildung des Eisenkarbides aus Eisen und Kohlenstoff in Verbindung gebracht[1].

Der zweite Anlaßeffekt, dessen Maximum bei 250—280° liegt, wird von den verschiedensten Forschern übereinstimmend auf den Zerfall des im gehärteten Stahl vorhandenen Restaustenits zu α-Eisen und Eisenkarbid zurückgeführt. Diese Auffassung ist durch zahlreiche versuchsmäßige Unterlagen gefestigt. Der zweite Anlaßeffekt zeigt sich außer als Wärmetönung als Längenzunahme bzw. Abnahme des spezifischen Volumens und als Zunahme der Magnetisierbarkeit[2]. Er ist ferner erkennbar an seinem Einfluß auf Gefüge und Härte (siehe weiter unten) und an dem Verschwinden der γ-Linien aus dem Röntgenogramm des angelassenen Stahles.

Die starke Zunahme der Intensität des zweiten Anlaßeffektes mit steigendem Kohlenstoffgehalt ist zurückzuführen auf die Zunahme des Restaustenitgehaltes.

Der dritte Anlaßeffekt ist in Abb. 579 nur dei den untereutektoidischen Stählen deutlich für sich erkennbar. Er wird bei den übereutektoidischen Stählen weitgehend überdeckt von dem zweiten, so daß nur Beginn und Ende als Knicke im Verlauf der Anlaßkurve erkennbar sind. Nach der Auffassung von Honda ist die thermische Anlaßkurve bezüglich des dritten Effektes folgendermaßen zu deuten (vgl. Abb. 580):

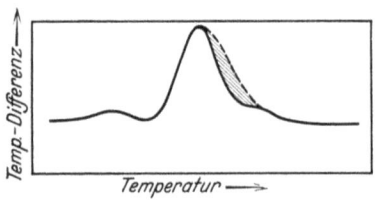

Abb. 580. Deutung der Anlaßeffekte nach Honda (11).

Dem Austenitzerfall mit positiver Wärmetönung überlagert sich die mit Wärmebindung verknüpfte Bildung von Zementit, deren Wärmeverbrauch die in Abb. 580 gestrichelte Fläche entspricht. Demnach ist die dritte Wärmetönung nach Honda nur das Ende der zweiten. Die Kurven in Abb. 579 lassen indessen erkennen, daß diesem Erklärungsversuch wenig Wahrscheinlichkeit zukommt.

Unter Zugrundelegung der Auffassung, daß der Martensit aus einem submikroskopisch feinen Gemenge von tetragonal aufgeweitetem α-Eisen und Zementit besteht, kommt der dritte Anlaßeffekt nach Esser und Cornelius (13) dadurch zustande, daß aus den im Martensit und in dem Zerfallsprodukt des Austenits in feinster Verteilung vorhandenen Eisenkarbidteilchen, die aus einem oder mehreren Molekülen bestehen mögen, das dem Zementitkristall eigene Gitter aufgebaut wird. Dieser Vorgang, vergleichbar mit einem Kristallisationsvorgang, muß unter Freiwerden von Wärme ablaufen. Der hier gegebene Erklärungsversuch für den dritten Anlaßeffekt begegnet auch dem gegen die Auffassung des Martensits als heterogenes Gemenge gemachten Einwand, wonach auf Grund des Nichtvorhandenseins der A_0-Wärmetönung die Abwesenheit von Zementit in abgeschreckten Stählen wahrscheinlich gemacht werde, durch die Annahme, daß die magnetische Umwandlung nur im Zementitkristall erfolge. Dieser liegt im abgeschreckten Stahl noch nicht vor, sondern bildet sich erst beim Anlassen. Dieser Erklärungsversuch setzt eine Abhängigkeit der A_0-Umwandlungsintensität von der Teilchengröße des Zementits voraus.

---

[1] Vgl. Schrifttumsangaben bei G. Kurdjumow (2), H. Hanemann, Hofmann und Wiester (10) und F. Wever und G. Naeser (15).

[2] Vgl. H. Esser und G. Momm (16).

Es sei noch erwähnt, daß sich der dritte Anlaßeffekt bis zur Temperatur der Ac_1-Umwandlung erstreckt, da erst durch deren Ablauf die Zusammenballung des Zementits zu größeren Einheiten abgeschnitten wird. Durch die mit dieser Koagulation des Zementits verbundene Verringerung der Oberflächenenergie muß eine geringe Wärmetönung eintreten. Der Vorgang läßt sich thermisch kaum verfolgen, auf Längenänderungs-Temperaturkurven wirkt er sich jedoch merklich aus.

Auch im Gefüge der abgeschreckten Stähle sind die Anlaßvorgänge deutlich wahrnehmbar. Während im abgeschreckten Stahl der Martensit im geätzten Gefüge heller als der Austenit erscheint (Abb. 581), ätzt er sich schon nach dem Anlassen bei der Temperatur der ersten Anlaßwärmetönung rasch schwarz,

Abb. 581. Stahl mit 1,66 % C bei 1050° abgeschreckt, ⅔ Austenit, ⅓ Martensit, Ätzung II, × 400 [Maurer (8)].

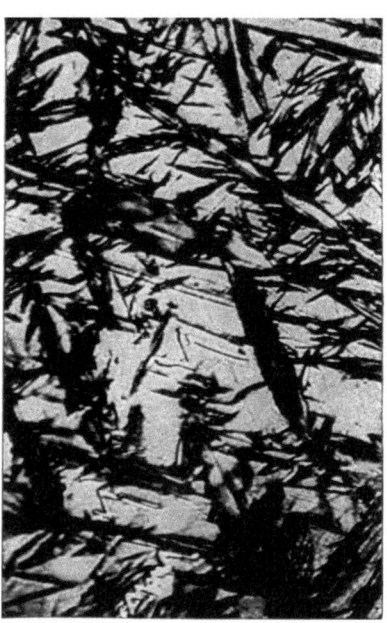

Abb. 582. Wie Abb. 581 jedoch auf 150° angelassen, Austenit noch nicht zerfallen, Ätzung II, × 400 [Maurer (8)].

woraus zu entnehmen ist, daß der erste Anlaßeffekt wirklich von einem Vorgang innerhalb des Martensits herrührt. Der Austenit verändert sich beim kurzzeitigen Anlassen auf 150° noch nicht (Abb. 582). Er zerfällt erst bei der Temperatur der zweiten Wärmetönung. Das Gefüge besteht alsdann aus Ferrit und feinsten Zementitteilchen, in dem Einzelheiten nicht zu erkennen sind (Troostit). Erst bei steigenden Anlaßtemperaturen wird im Gefüge allmählich der Zementit in mit der Anlaßtemperatur und Anlaßdauer zunehmender Teilchengröße sichtbar, bis nach längerem Anlassen bei 650—700° der körnige Zementit im Ferrit eingebettet auftritt.

Ein besonderer Abschnitt muß den Härteänderungen beim Anlassen abgeschreckter Stähle gewidmet werden. Im gleichen Sinne wie die Härte ändern sich die Zug- und Druckfestigkeit und in etwa auch Elastizitäts- und Streckgrenze, während Bruchdehnung und Einschnürung sich im entgegengesetzten Sinne ändern. Abb. 583 zeigt den Härteverlauf abgeschreckter Stähle mit verschiedenen Kohlenstoffgehalten nach 10 minutigem Anlassen bei Temperaturen bis 350°. Bei der Temperatur der ersten Anlaßwärmetönung tritt eine kleine Härtesteigerung ein. Diese Tatsache spricht gegen die Auffassung des Martensits als einer Zwangslösung von Kohlenstoff im α-Eisen, nach der die Härte des Martensits zum großen Teil durch Gitterverspannung zu erklären wäre. Da, wie wir früher bereits festgestellt haben, die Gitterverspannungen bereits bei Anlassen auf 150° verschwinden, sollte durch Anlassen bei dieser Temperatur die Härte bereits beträchtlich abnehmen. Eine sichere Erklärung für den Härteanstieg bei 100—150° kann noch nicht gegeben werden. Bei Anlaßtemperaturen bis 280° fällt die Härte mit zunehmendem Kohlenstoffgehalt der Stähle immer langsamer, bei den höheren Kohlenstoffgehalten von 1,4 und 1,65% bleibt sie gleich und steigt schließlich bei 1,75% C erneut an. Diese Härteänderungen sind eine Folge des Austenitzerfalles. Das Zerfallsprodukt des Austenits besteht aus

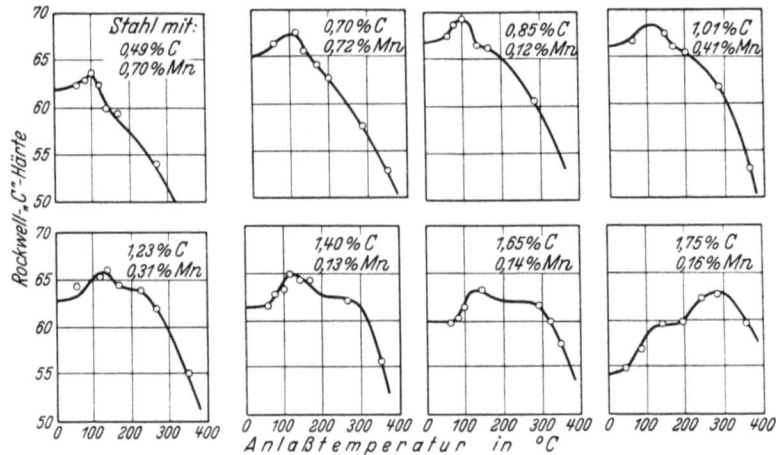

Abb. 583. Härteänderungen beim Anlassen abgeschreckter Stähle [Esser und Cornelius (13)].

feinverteiltem Zementit in α-Eisen [nach Honda (11) β-Martensit = kubischer Martensit], das sich von dem bei der Abschreckung erhaltenen Martensit nach der Härtungstheorie von Esser und Eilender nur durch die Abwesenheit der tetragonalen Verzerrung unterscheidet. Da das Zerfallsprodukt des Austenits eine hohe Härte besitzt und der Austenitgehalt abgeschreckter Stähle mit dem Kohlenstoffgehalt zunimmt, ist es erklärlich, daß bei niedrigen Kohlenstoffgehalten der Abfall der Härte beim Anlassen nur verzögert wird, bei hohen Gehalten dagegen sogar ein Härteanstieg feststellbar ist. Nach dem Anlassen bei 350° fällt die Härte bei sämtlichen Kohlenstoffgehalten. Hierin drückt sich auch der dritte Anlaßeffekt aus: Das Zusammentreten des Zementits zu größeren Einheiten vermindert infolge verringerter Gleitebenenblockierung die Härte, bis bei der Erreichung von grobkörnigem Zementit durch Anlassen kurz unterhalb Ac_1 der Zustand geringster Härte erreicht wird.

Wie aus Vorstehendem hervorgeht, erfolgen die Eigenschaftsänderungen beim Anlassen nicht stufenweise [vgl. dagegen Träger (1)], sondern kontinuierlich.

Von außerordentlicher Bedeutung für den Ablauf der Anlaßvorgänge ist neben der Anlaßtemperatur die Anlaßdauer. Der Einfluß der Zeit ist allgemein derartig, daß eine Steigerung der Anlaßdauer im gleichen Sinne wirkt wie eine Erhöhung der Anlaßtemperatur. So ist auch die starke Abhängigkeit der Temperaturlage der Anlaßeffekte von der Erhitzungsgeschwindigkeit bzw. Anlaßdauer zu verstehen, wie sie aus Abb. 584 hervorgeht, die mit zunehmender Anlaßdauer eine Verschiebung des Austenitzerfalles zu niedrigeren Temperaturen und allgemein eine Verstärkung der Anlaßwirkung (s. Härteabfall nach Anlassen bei 350°) zeigt. Während bei einer Erhitzungsgeschwindigkeit von etwa 6°/min die Temperatur des Austenitzerfalles etwa 280° beträgt, konnten H. Esser und H. Cornelius (13) durch Messung der Härte und H. Esser und G. Momm (16) durch Messung der magnetischen Sättigung zeigen, daß bei sehr langer Anlaßdauer der Austenitzerfall beispielsweise schon bei 135° eintritt (vgl. Abb. 585). Aus Untersuchungen von Barus und Strouhal (1, 2), Brant (1) und F. Wever und G. Naeser (15) geht endlich hervor, daß auch schon bei Raumtemperatur, allerdings erst in großen Zeitabschnitten, das Härtungsgefüge merklich zerfällt. Man kann also für die Eigenschaftsänderungen abgeschreckter Stähle beim Anlassen bei verschiedenen Temperaturen ($T_1 < T_2 < T_3$) in Abhängigkeit von der Zeit das in Abb. 586 wiedergegebene Schema aufstellen, das besagt, daß sich für jede Anlaßtemperatur nach verschiedenen Zeiten der gleiche (stabile) Endzustand einstellt.

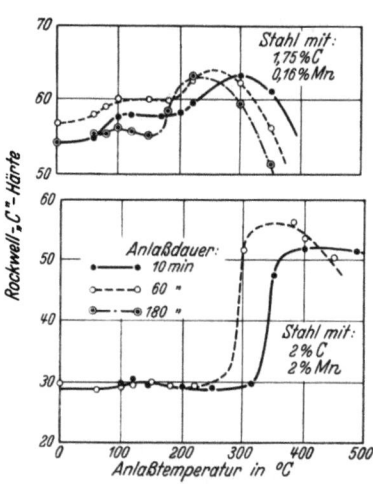

Abb. 584. Einfluß der Anlaßdauer auf die Härteänderungen beim Anlassen abgeschreckter Stähle [Esser und Cornelius (13)].

Im Vorstehenden wurde das Verhalten abgeschreckter Kohlenstoffstähle beim Anlassen behandelt. Die Vorgänge beim Anlassen legierter Stähle unterscheiden sich zwar nicht grundsätzlich von denen, die beim Anlassen von Kohlenstoffstählen vor sich gehen; jedoch bestehen Abweichungen, die eine eingehende Besprechung erfordern.

So zeigt sich beim Anlassen des sogenannten Maurerstahls ($\sim 2\%$ C; $\sim 2\%$ Mn), der nach Abschreckung von hohen Temperaturen rein austenitisches Gefüge aufweist (Abb. 587), daß der Zerfall des Austenits erst bei höherer Temperatur eintritt als beim Kohlenstoffstahl (s. Abb. 584). Die Anlaßbeständigkeit des Austenits wird demnach durch Mangan erhöht. In gleicher Weise wirkt auch Nickel. Die Mangan- (bzw. Nickel-) Eisenlegierungen und Mangan- (bzw. Nickel-) Eisen-Kohlenstofflegierungen, deren α/γ-Umwandlung in der Nähe oder unterhalb Raumtemperatur liegt, die also selbst bei langsamster Abkühlung bei Raum-

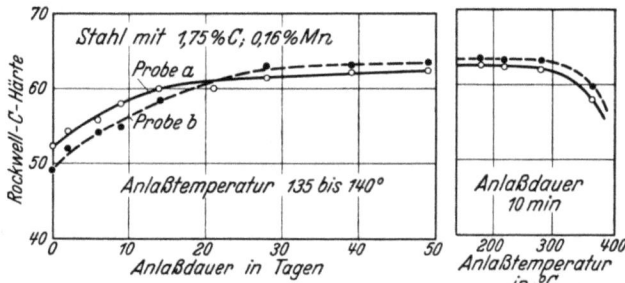

Abb. 585. Härteänderungen beim langzeitigen Anlassen eines von 1100° abgeschreckten unlegierten Stahles mit 1,75 % C [Esser und Cornelius (13)].

temperatur im austenitischen Zustande vorliegen, können selbstverständlich durch Anlassen nicht zum Zerfall gebracht werden, da der austenitische Zustand für diese Legierungen bei Raumtemperatur und bei jeder Anlaßtemperatur dem Gleichgewichtszustand entspricht. Der Zusatz von karbidbildenden Elementen (Cr, W, Mo, V u. a.) wirkt sich vor allem in einer Steigerung der Anlaßbeständigkeit des Martensits aus, die darin zum Ausdruck kommt, daß beispielsweise der Härteabfall beim Anlassen infolge der geringen Ballungsfähigkeit der Sonderkarbide im Vergleich zum Kohlenstoffstahl nach höheren Anlaßtemperaturen verschoben wird. E. Houdremont (4) führt die Anlaßbeständigkeit der

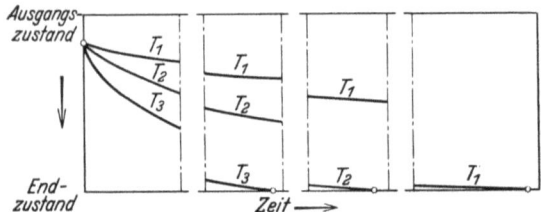

Abb. 586. Schematische Darstellung der Eigenschaftsänderungen abgeschreckter Stähle beim Anlassen in Abhängigkeit von der Zeit und Temperatur [Esser und Cornelius (13)].

Abb. 587. Stahl mit 1,94 % C, 2,24 % Mn bei 1050° abgeschreckt, reiner Austenit, Ätzung II, × 400 [Maurer (8)].

Stähle mit Sonderkarbiden vorwiegend auf eine Ausscheidungshärtung (s. weiter unten) durch die sich aus dem α-Mischkristall abscheidenden Karbide zurück. Diese Auffassung setzt voraus, daß der Martensit den Kohlenstoff gelöst enthält. Nach Houdremont kann die Ausscheidung der Karbide nicht nur den Härteabfall beim Anlassen verlangsamen, sondern bei den Vanadinstählen bei Anlaßtemperaturen von 450—550° sogar zu einem Härteanstieg führen. Der Zerfall des Restaustenits wird durch die karbidbildenden Elemente, soweit niedrige und mittlere Gehalte in Frage kommen, zu höheren Anlaßtemperaturen verschoben.

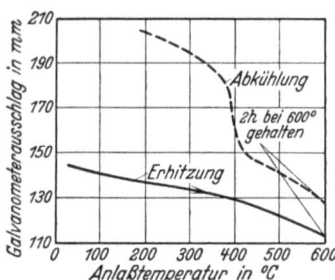

Abb. 588. Magnetischer Sättigungswert in Abhängigkeit von der Anlaßtemperatur bei einem hochlegierten Schnelldrehstahl [Eilender, Klinar und Cornelius (6)].

Die Erhöhung der Stabilität des Austenits durch hohe Gehalte an karbidbildenden Elementen kann dazu führen, daß der Restaustenit nicht beim Anlassen zerfällt, was bei den bisher besprochenen Stählen eintritt, sondern erst während der dem Anlassen folgenden Abkühlung. Ein Beispiel für diesen Fall stellen, wie V. Ehmke (1) u. a. gezeigt hat, die Schnelldrehstähle dar. Abb. 588 zeigt den Verlauf der magnetischen Sättigung während des Anlassens eines von 1350° abgeschreckten, hochlegierten Schnelldrehstahles mit 0,81 % C, 0,22 % Si, 0,29 % Mn, 4,24 % Cr, 20,2 % W, 1,81 % V, 5,50 % Co und 0,57 % Mo nach W. Eilender, H. Klinar und H. Cornelius (6). Der dem Austenitzerfall entsprechende Anstieg der magnetischen Sättigung tritt erst bei der dem Anlassen folgenden Abkühlung auf. Gleichzeitig macht sich eine Härtesteigerung bemerkbar. Eine Erklärung dafür, daß der Austenitzerfall erst während der Abkühlung nach dem Anlassen auftritt, dürfte vielleicht darin zu erblicken sein, daß der Austenit beim Anlassen durch Karbidausscheidung instabiler wird und nun bei der anschließenden Abkühlung der Teil der Ar''-Umwandlung auftritt, der bei der Abschreckung unterdrückt worden ist. Es sei hier noch einmal wiederholt, daß der Martensit des Schnellstahles eine außerordentliche Anlaßbeständigkeit besitzt, und seine Härte durch Anlassen bei dunkler Rotglut nicht wesentlich vermindert wird. Gleichzeitig besitzt der Schnellstahlmartensit eine so hohe Warmfestigkeit, daß er auch bei dunkler Rotglut zur spanabhebenden Verformung mit hoher Schnittgeschwindigkeit verwendet werden kann.

Den Ausführungen über das Härten und Anlassen des Stahles ist hinzuzufügen, daß Analogien bestehen zwischen dem Verhalten härtbarer Eisenlegierungen und dem gewisser Metallegierungen. Die Härtbarkeit des Stahls beruht auf der Voraussetzung des Vorhandenseins eines homogenen Gebietes über einem heterogenen Gebiet im Zustandsdiagramm Fe-Fe$_3$C und dem Einfluß rascher Abkühlung bei dem Übergang aus dem homogenen in das heterogene Gebiet. Es ist also zu vermuten, daß die Härtbarkeit sich auch bei den Metallegierungen vorfindet, deren Zustandsdiagramm einen Phasenwechsel im festen Aggregatzustand aufweist, wie er dem System Eisen-Kohlenstoff eigen ist. In der Tat sind bei einer Reihe technisch wichtiger Metallegierungen die erwarteten Analogien bestätigt worden, so bei den Kupfer-Zinn-, Kupfer-Zink- und Kupfer-Aluminiumlegierungen.

B. Die Technik des Härtens und Anlassens des Stahles.

Eine Wärmebehandlung, die sich aus Härten und nachfolgendem Anlassen zusammensetzt, wird als Vergütung bezeichnet. Das technische Ergebnis des Härtens und Anlassens hängt von folgenden Faktoren ab:

1. von der chemischen Zusammensetzung des Stahls,
2. von der Höhe der Härtetemperatur,
3. von der Dauer der Erhitzung auf diese Temperatur,
4. von der Abkühlungsgeschwindigkeit beim Härten (im wesentlichen von der Natur des Abkühlungsmittels),
5. von der Anlaßtemperatur,
6. von der Anlaßdauer,
7. in besonderen Fällen von der Abkühlungsart nach dem Anlassen.

Die Härtbarkeit prägt sich mit zunehmendem Kohlenstoffgehalt immer deutlicher aus, wird bei unlegierten Stählen aber praktisch erst von etwa 0,3 % Kohlenstoffgehalt an ausgenutzt. Damit ist durchaus nicht gesagt, daß Stahl mit geringerem Kohlenstoffgehalt nicht härtbar ist (vgl. S. 458). Die Gegenwart der Elemente Nickel, Mangan, Molybdän und Chrom u. a. erleichtert die Härtung, und bei genügenden Mangan-, Nickel- und Chrommengen kann sogar selbst bei langsamster Abkühlung Härtung stattfinden, d. h. Martensit gebildet werden. Solche Stähle, die wir bei der Besprechung der legierten Stähle bereits kennenlernten, wurden als selbsthärtend bezeichnet. Die selbsthärtenden Stähle stehen nur dem Grade nach im Gegensatz zu den lufthärtenden Stählen, bei denen Luftabkühlung zur Härtung genügt. Zwischen diesen und den reinen Kohlenstoffstählen besteht ein allmählicher Übergang, indem die niedriger legierten Mangan-,

Nickel-, Chrom-, Wolfram-, Molybdän- und Vanadiumstähle unter sonst gleichen Verhältnissen, insbesondere bezüglich der Abkühlungsgeschwindigkeit, höhere Härte annehmen als die Kohlenstoffstähle.

Die Erniedrigung der kritischen Abschreckgeschwindigkeit durch die bereits mehrfach erwähnten Legierungselemente bringt den großen Vorteil mit sich, daß bei gleichem Querschnitt in entsprechend legierten Stählen die Durchhärtung (Eindringtiefe der Härtung) größer ist als in Kohlenstoffstählen.

Da in reinen Kohlenstoffstählen mit dem Kohlenstoffgehalt die Temperatur des Übergangs in den Zustand der festen Lösung (Ac_3) sich ändert, muß sich mit dem Kohlenstoffgehalt auch die Härtetemperatur verschieben, und es ergeben sich wie beim Glühen eine Reihe von Grundregeln. So kann Härten unterhalb Ac_1 nur insofern einen Einfluß ausüben, als durch das dem Härten vorangehende Glühen (Bildung von körnigem Zementit) eine Veränderung eintritt, die aber ebensogut bei langsamer als bei rascher Abkühlung erfolgen würde. Erst beim Härten aus dem Temperaturgebiet der festen Lösung erfolgt eine Änderung. Liegt die Härtetemperatur zwischen Ac_1 und Ac_3, so wird neben Ferrit bzw. Zementit feste Lösung in einer der beschriebenen Erscheinungsformen, und zwar desto mehr feste Lösung vorhanden sein, je höher die Abschrecktemperatur ist. Abb. 589 zeigt ein Kesselblechflußeisen mit etwa 0,15 % Kohlenstoff, etwas über Ac_1 abgeschreckt. Der Härtetemperatur entsprechend ist praktisch nur der Perlit in Lösung gegangen und als Martensit mit Troostitsaum neben Ferrit zugegen. Ferrit ist ein sehr weicher, Zementit dagegen ein sehr harter Gefügebestandteil. Die Brinellhärte des reinen Ferrits

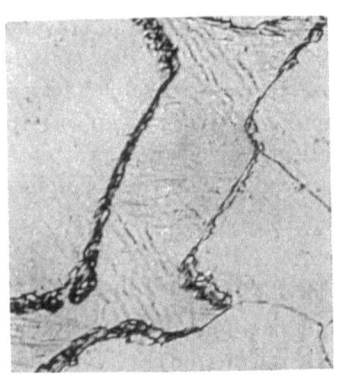

Abb. 589. Stahl mit 0,15 % C wenig über Ac_1 in Wasser abgeschreckt, Ätzung II, × 50.

dürfte etwa 50 bis 60 Einheiten betragen, während die Brinellhärte des Zementits sich aus Messungen von Tamaru (3) sowie H. Cornelius und H. Esser (2) zu rund 650 Einheiten ergibt. Demnach ist die Härte des Zementits etwa gleich der des Martensits des sogenannten „glasharten" Werkzeugstahles. Während untereutektoidische Stähle zur Erzielung maximaler Härte oberhalb Ac_3 gehärtet werden müssen, um das Auftreten des weichen Ferrits zu vermeiden, genügt bei übereutektoidischen Stählen, unabhängig vom Kohlenstoffgehalt, die Härtung von einer Temperatur etwa 50° oberhalb Ac_1, also von etwa 780°. Hierbei bleibt der Sekundärzementit fast vollständig erhalten. Jedoch wird hierdurch die Härte des gehärteten Stahles nicht ungünstig beeinflußt, da, wie oben gezeigt wurde, die Härte des Zementits der des Martensits entspricht. Voraussetzung für ein günstiges Ergebnis der Härtung ist, daß der Sekundärzementit vor der Härtung nicht als Netz, sondern in feinkörniger Form vorliegt, da die netzartige Zementitausbildung infolge der Sprödigkeit des Zementits den Kornzusammenhang gefährdet.

Wir sahen in dem Glühen gewidmeten Abschnitten, daß die Korngröße der festen Lösung bei ihrer Bildungstemperatur ein Minimum besitzt. Geht man bei der Härtung von dieser minimalen Korngröße aus, so erhält man einen feinnadeligen Martensit mit den besten Festigkeitseigenschaften. Bei steigender Härtetemperatur nimmt mit der Korngröße der festen Lösung auch die Größe der aus ihr entstandenen Martensitnadeln zu. Gleichzeitig tritt bei den übereutektoidischen Stählen auch bis zur Temperatur der SE-Linie ein steigender Anteil an Austenit auf. Austenit ist aber im Gegensatz zu Martensit und Zementit verhältnismäßig weich (180—240 Brinelleinheiten), daher nimmt die Härte mit steigender Härtetemperatur ab. Abb. 590 zeigt die Gegenläufigkeit zwischen Härte und Austenitgehalt an einem Stahl mit 1,52% Kohlenstoff. Einen sicheren Maßstab für

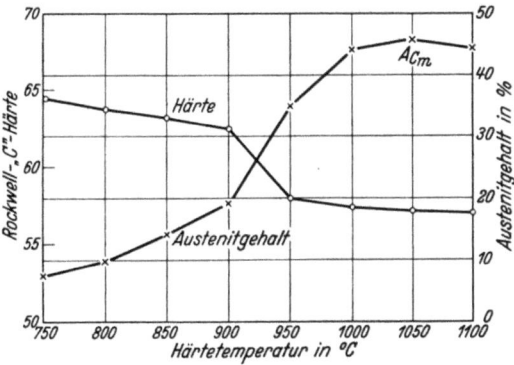

Abb. 590. Gegenläufigkeit von Härte und Austenitgehalt bei einem Stahl mit 1,52% Kohlenstoff.

die Beurteilung der richtigen Härtetemperatur bietet nach Matsushita (1) auch die magnetische Untersuchung, wie Abb. 591 zeigt. Insbesondere bei hohen Kohlenstoffgehalten zeigt das Abfallen der Kurve der Koerzitivkraft das steigende Auftreten des unmagnetischen Austenits deutlich an. Würde man übereutektoidischen Stahl etwa bei Ac_{cm} härten, so wäre zweifellos die feste Lösung weit über ihre Bildungstemperatur hinaus erhitzt und das Korn bereits sehr grob geworden, der Stahl wäre überhitzt. Auch für das Härten untereutektoidischer Stähle gilt wie beim Glühen dieser Stähle der Grundsatz, daß jede unnötige Steigerung der Temperatur über Ac_3 zu vermeiden ist. Die Überhitzung äußert sich auf dem Bruch des Stahls und unter dem Mikroskop durch grobes Bruchgefüge sowie grobes Korn und grobe Martensitnadeln. Ein einfaches Mittel zur Bestimmung der richtigen Härtetemperatur auf Grund des Bruchkorns ist die Metcalfsche Härtungsprobe. Eine Stahlstange von 15 bis 20 mm Stärke wird alle 15 mm, etwa im ganzen 8 mal, eingekerbt. Der eingekerbte Teil wird

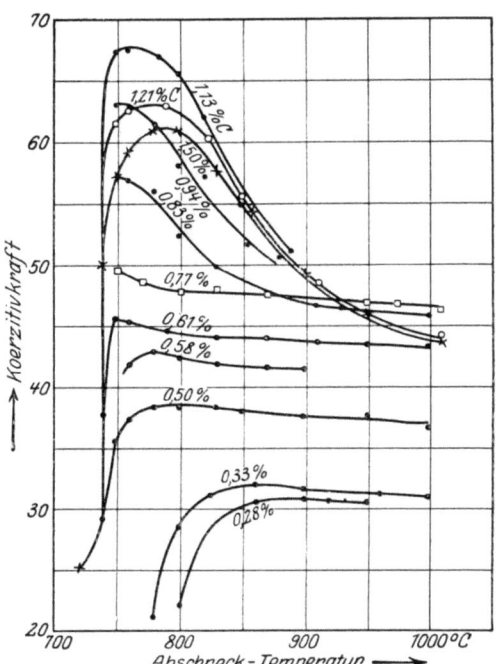

Abb. 591. Veränderung des Magnetismus mit der Härtetemperatur [Matsushita (1)].

dann in einem Schmiedefeuer erhitzt, bis das äußerste Ende, Funken sprüht (Kennzeichen der Verbrennung). Das andere Stabende ist kalt, so daß alle Temperaturgrade zwischen Raum- und Verbrennungstemperatur auf dem Stabe vorhanden sind. Der Stab wird nach dem Härten abgetrocknet und bei

480 Der Einfluß der Weiterverarbeitung auf Gefüge und Eigenschaften des Stahles.

jeder Kerbe gebrochen. Das Stück mit feinem, mattglänzenden, samtartigen Bruch hat die richtige Härtetemperatur gehabt. Abb. 592 ist eine der Metcalfschen ähnliche Härteprobe. Man erkennt deutlich den Bereich feinsten Bruch-

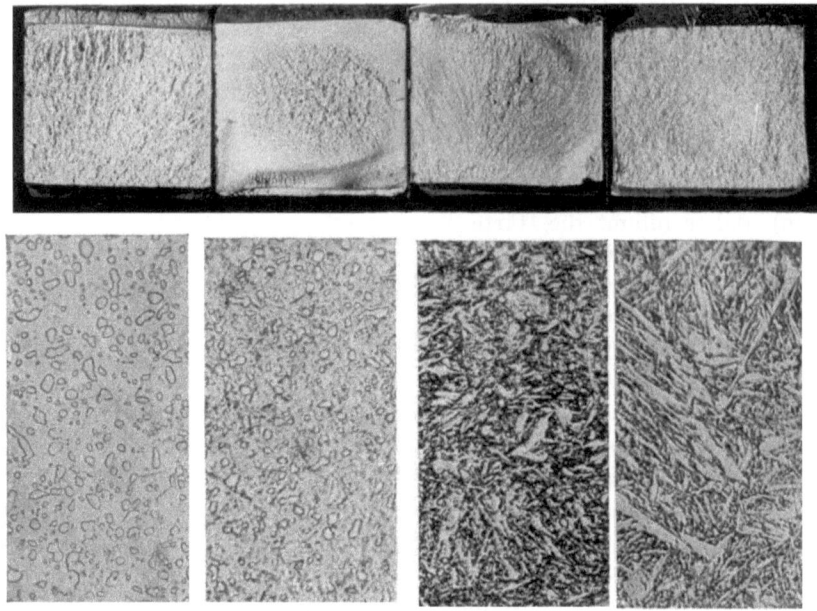

Abb. 592. Härteprobe eines Stahls mit 1 % C.
Von links nach rechts: bei 700, 750, 800, 950° in Wasser gehärtet;
oben: Bruchproben; unten: Gefügebilder. Ätzung II, × 500.

korns (750°). Da die Neigung zur Überhitzung nicht bei allen Stählen gleich ist, kann man auf diesem Wege den sog. Härtebereich oder Bereich zweckmäßiger Härtetemperatur ermitteln. Den Bruchproben Abb. 592 ist jeweils ein sekundäres Gefügebild beigefügt. Aus diesem geht hervor, daß der Martensit mit steigender Härtetemperatur immer gröber wird und die doppelte Natur des Gefüges immer deutlicher hervortritt. Außerdem lassen die Schliffbilder die mit der Härtetemperatur zunehmende Auflösung des Sekundärzementits klar erkennen. Den durch Abschrecken bei der niedrigsten Bildungstemperatur der festen Lösung bei kürzester Erhitzungsdauer und demzufolge mit feinstem Korn erhaltenen Martensit nennt Hanemann (9) Hardenit. Der Hardenit erscheint gemäß Abb. 593 unter dem Mikroskop vollkommen strukturlos. Sind außer Kohlenstoff in den zu härtenden Stählen noch Legierungselemente vorhanden, so müssen zur Ermittelung der richtigen Härtetemperatur die Haltepunkte (bei der Erhitzung) durch besondere Versuche, wie dies auch im vorhergehenden Kapitel zur Ermittelung

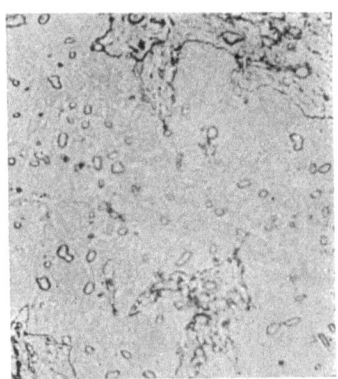

Abb. 593. Stahl mit 0,85 % C einige Sekunden über Ac_1 erhitzt, breite, mittlere Fläche Hardenit, tiefer geätzte Fläche Ferrit, in beiden Zementitkörner. Ätzung II, × 1200.

Das Härten und Anlassen des Stahles.

der zweckmäßigsten Glühtemperatur empfohlen wurde, bestimmt werden. Bei den nah- und übereutektoidischen Stählen (Werkzeug-, Magnet-, Kugellagerstählen) kommt es im wesentlichen auf Ac_1 an. Eine mit einfachen Mitteln aufgenommene Erhitzungskurve führt also hier rasch und leicht zum Ziele. Bei den untereutektoidischen Baustählen dagegen, bei denen es auf Ac_3 ankommt, versagt dieses Verfahren, wenn nicht besondere Kunstgriffe (thermische oder dilatometrische Differentialmethoden) angewandt werden. Hier leistet der Abschreckversuch an kleinen Stückchen mit nachfolgender mikroskopischer Untersuchung sehr gute Dienste.

Die Veränderung der Festigkeitseigenschaften zweier Stähle mit 0,3 bzw. 0,5% Kohlenstoff mit der Härtetemperatur zeigt Abb. 594 nach Versuchen von Kühnel (1). Man erkennt, daß das Maximum der Festigkeit bei dem Stahl mit 0,5% Kohlenstoff bei niedrigerer Temperatur erreicht wird als bei dem weicheren Stahl, entsprechend der Tatsache, daß in ersterem Ac_3 niedriger liegt als in letzterem.

Die Härtetemperaturen der Stähle, die solche Legierungselemente, die schwerlösliche Sonderkarbide bilden, in größerer Menge enthalten, bewegen sich in anderen Grenzen als die der Kohlenstoff- und niedrig legierten Stähle. Die hervorragendsten Vertreter dieser

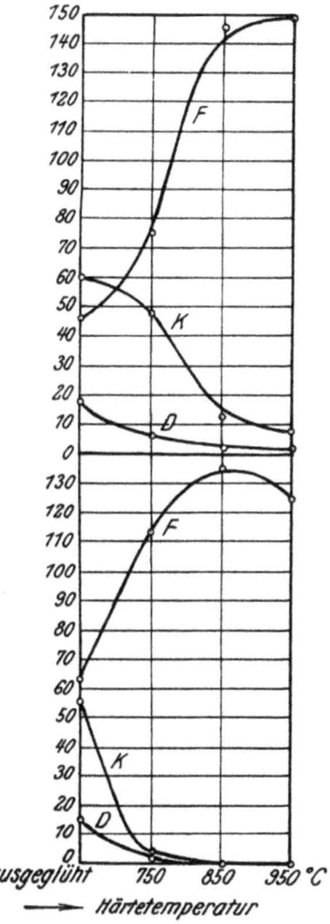

Abb. 594. Abhängigkeit der Festigkeitseigenschaften untereutektoidischer Stähle von der Härtetemperatur [Kühnel (1)].
Oben: Stahl mit 0,34% C, 0,05% Si, 0,63% Mn, 0,06% P, 0,035% S.
Unten: Stahl mit 0,5% C, 0,21% Si, 0,46% Mn, 0,06% P, 0,04% S.

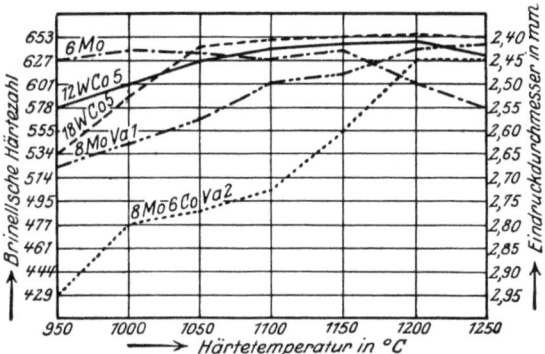

Abb. 595. Einfluß der Härtetemperatur auf die Härte von Schnellarbeitsstählen [Pölzguter (1)].

Stahlgruppe sind die Schnelldrehstähle. Ihr Gefüge besteht im geschmiedeten Zustand nach langsamer Abkühlung aus Cr—W—(Mo—V—Co-) Ferrit und eingelagerten Sonderkarbiden, die eutektoidischer, übereutektoidischer und eutektischer Natur sind. Bei der Erhitzung erfolgt die Auflösung der eutektoidischen und übereutektoidischen Karbide, ist aber erst bei sehr hohen Temperaturen (1200—1300°) vollständig. Die eutektischen Karbide werden natürlich erst bei Überschreitung der Solidusfläche aufgelöst. Die zunehmende Auflösung der Karbide mit steigenden Temperaturen führt bei der Härtung, bei der die Temperaturen unterhalb des Schmelzbeginns liegen müssen, zu größerer Härte. Abb. 595 zeigt den Einfluß der Härtetemperatur auf die Härte verschieden

482 Der Einfluß der Weiterverarbeitung auf Gefüge und Eigenschaften des Stahles.

legierter Schnelldrehstähle nach Pölzguter (1). Die Zusammensetzung der Stähle erhellt aus den den chemischen Symbolen vorgesetzten Zahlen. Mit steigender Härtetemperatur nimmt außerdem der Austenitgehalt der Schnelldrehstähle zu, wie die folgende Zusammenstellung für einen Stahl mit 0,84% C, 4% Cr, 19% W, 1,92% V, 10,2% Co und 0,6% Mo nach W. Eilender, Klinar und Cornelius zeigt:

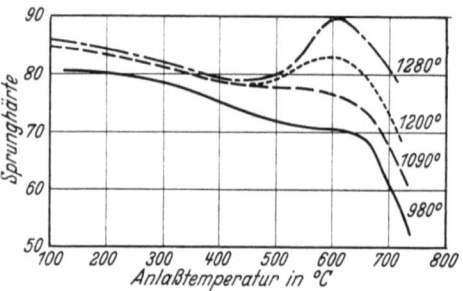

Abb. 596. Härteverlauf von gehärtetem Schnellstahl beim Anlassen nach Großmann. Eingetragene Zahlen bedeuten die Härtetemperaturen.

Härtetemperatur °C	Austenitgehalt in %
1100	10,6
1200	19,8
1250	29,6
1300	42,5

Da dieser Austenit bei der dem Anlassen auf 550—620° folgenden Abkühlung zu Martensit zerfällt, und außerdem die Härte des Martensits durch das erwähnte Anlassen nicht beeinträchtigt wird, tritt bei geeignetem Anlassen des gehärteten Schnellstahles eine Härtesteigerung ein, die häufig als Sekundärhärte bezeichnet wird. Diese Härtesteigerung beim Anlassen nimmt mit der Abschrecktemperatur (vgl. Abb. 596) zu. Wie aus vorstehendem zu entnehmen ist, besitzt also ein Schnelldrehstahl seine größte Härte nach Abschreckung von einer Temperatur kurz unterhalb des Schmelzbeginnes und anschließendem Anlassen auf etwa 580°.

Das Gefüge des richtig gehärteten Schnelldrehstahles ist in Abb. 597 wiedergegeben. Die nicht aufgelösten Karbidteilchen (vorwiegend eutektische Karbide) liegen in einer einheitlich erscheinenden Grundmasse. Wie die magnetische Analyse nachweist, besteht diese Grundmasse nur teilweise aus Austenit (s. weiter oben). Zum größeren Teil dürfte sie hardenitisch sein. Als Beweis für diese Auffassung ist das Gefüge des schwach überhitzt gehärteten Stahles (Abb. 598) heranzuziehen, dessen Grundmasse deutlich martensitischen Charakter besitzt. Nach starker Überhitzung bis in das Gebiet Liquidus + Solidus erhält man beim nachfolgenden Härten Körner, in denen grober Martensit und Austenit deutlich erkennbar sind; außerdem liegt auf den Korngrenzen Ledeburiteutektikum

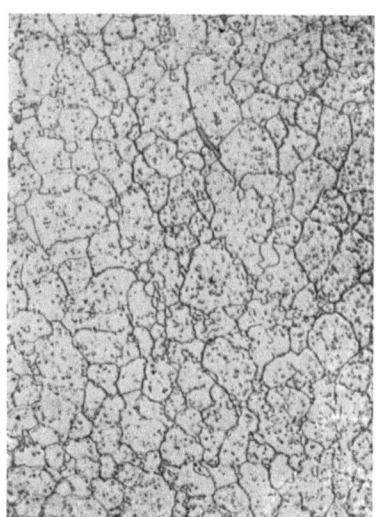

Abb. 597. Schnellarbeitsstahl, richtig gehärtet, Ätzung II, × 500 [Pölzguter (1)].

vor, das in Abb. 598 nur andeutungsweise erkennbar ist. Sowohl Abb. 598 wie Abb. 599 lassen als weitere nachteilige Folge der Überhitzung eine starke Kornvergröberung erkennen. Mit dem Eintreten der Überhitzung nehmen Härte und Zähigkeit ab, der Bruch erhält gemäß Abb. 600 ein grobkörniges Aussehen.

Aus den Kurven Abb. 595 ist zu ersehen, daß ein reiner Molybdänstahl die maximale Härte schon nach einer Härtung von ca. 1000⁰ C erreicht, die niedrig legierten Wolframstähle erreichen die höchste Härte bei etwa 1150⁰, die höher legierten bei 1270⁰ C, jedoch sind die Härteunterschiede der innerhalb dieses Temperaturbereiches gehärteten Proben nicht sehr beträchtlich. Bei 1250⁰ hat der reine Molybdänstahl seine Härte schon beträchtlich verringert. Ein Abweichen von diesem Kurvenverlauf zeigen die mit Vanadium legierten Stähle, deren Härte gegenüber den anderen Stählen zurückbleibt. Dies ist darauf zurückzuführen, daß die Vanadinkarbide erst bei sehr hohen Temperaturen in Lösung gehen, und bei niedrigeren Temperaturen infolge dieser Schwerlöslichkeit der Vanadinkarbide der festen Lösung der zur völligen Härtbarkeit erforderliche Kohlenstoffgehalt fehlt. Vanadinhaltige Schnellstähle erfordern daher erhöhte Kohlenstoffgehalte, durch die das Vanadin abgesättigt

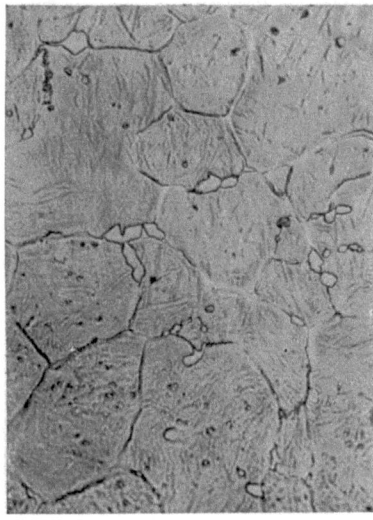
Abb. 598. Schnellarbeitsstahl, schwach überhitzt, Ätzung II, × 500 [Pölzguter (1)].

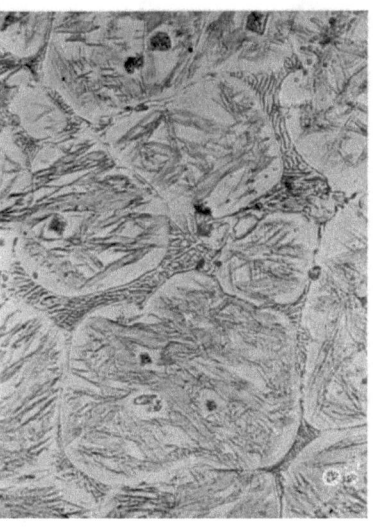
Abb. 599. Schnellarbeitsstahl, stark überhitzt, Ätzung II, × 500 [Pölzguter (1)].

wird und der festen Lösung der zur Härtbarkeit erforderliche Kohlenstoff zur Verfügung gestellt wird, und hohe Härtetemperaturen (1250—1300⁰).

Die Dauer der Erhitzung auf Härtetemperatur ist so kurz wie möglich zu bemessen. Um kurze Zeit zu langes Verweilen kann bei überhitzungsempfindlichen Stählen zur Grobkörnigkeit führen. Bei den Stählen mit schwerlöslichen Sonderkarbiden, besonders bei Stücken mit scharfen Schneiden, ist wegen der erforderlichen hohen Härtetemperaturen die Gefahr der Entkohlung und des damit verknüpften Auftretens einer weichen Oberfläche besonders groß. Die Verwendung von Salzbadöfen zur Erhitzung auf Härtetemperatur vermindert die Entkohlungsgefahr. Die zur gleichmäßigen Durchwärmung eines Stückes erforderliche Zeit ist natürlich von den Abmessungen und von der Form der Stücke abhängig. Systematische Versuche hierüber stammen von Portevin (6). Sie beziehen sich auf den Einfluß des Probendurchmessers von zylindrischen Stücken auf die zur Erhitzung (im Salzbad) auf verschiedene Temperaturen erforderliche Zeit. Das Diagramm Abb. 601 zeigt, daß die zur Durchwärmung erforderliche Zeit nicht

484 Der Einfluß der Weiterverarbeitung auf Gefüge und Eigenschaften des Stahles.

allein mit zunehmender Erhitzungstemperatur, sondern auch ganz besonders rasch mit abnehmendem Probendurchmesser abnimmt. So wären zur Erhitzung

Abb. 600. Abhängigkeit des Bruchgefüges von der Härtetemperatur von Schnellarbeitsstahl [Pölzguter (1)].
Von links nach rechts: 950, 1000, 1050, 1100, 1150, 1200, 1250°.
Obere Reihe: 13% W, 0,4% V;
mittlere Reihe: 12% W, 0,4% V, 5% Co;   untere Reihe: 8% Mo, 1,0% V.

einer zylindrischen Probe von 10 mm Durchmesser auf 800° ½ Minute, zur Erhitzung einer Probe von 60 mm Durchmesser auf die gleiche Temperatur dagegen 6 Minuten erforderlich. Ist einmal das Stück gleichmäßig durchgewärmt, so wird jede Verlängerung der Erhitzung zur Steigerung der Korngröße führen, vorausgesetzt, daß in untereutektoidischen Stählen die Zeit zur gleichmäßigen Verteilung des Kohlenstoffs und in übereutektoidischen zur Auflösung derjenigen Zementitmengen ausreicht, die dem Gleichgewichtszustand bei dieser Temperatur entsprechen. Überhitzter, grobkörnig gewordener Stahl muß ausgeglüht, und falls dies durchführbar ist, zwecks Zertrümmerung etwa gebildeter grober Zementitansammlungen und Überführung dieser in die körnige Form, geschmiedet werden.

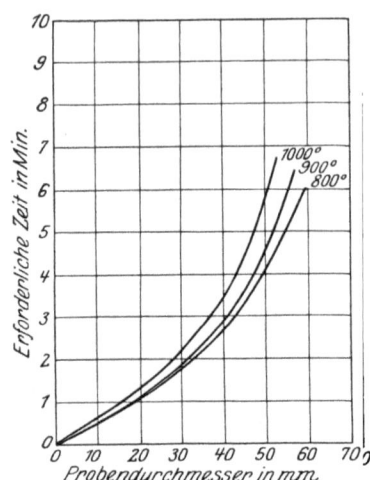

Abb. 601. Abhängigkeit der zur Durchwärmung erforderlichen Zeit vom Probendurchmesser [Portevin (6)].

Die Geschwindigkeit der Abkühlung ist gemäß früheren Ausführungen (vgl. Härtungstheorie) von größter Bedeutung. Das vollständige Zurückhalten des bei der Härtetemperatur vorliegenden Zustandes ist nur in Ausnahmefällen, und zwar bei Gegenwart von Legierungselementen durchführbar. Die Abkühlung beansprucht meßbare Zeiträume, in denen teilweise Umwandlung nach den bei gewöhnlicher Temperatur stabilen Phasen α-Eisen und Zementit erfolgen kann und in Kohlenstoffstählen auch erfolgt. Die Größe dieser Umwandlungen ist der Abkühlungsgeschwindigkeit umgekehrt proportional, und letztere hängt in erster Linie von der Art des Mittels ab, in dem die Härtung stattfindet. Von den zahlreichen, nach dieser Richtung hin durchgeführten Versuchen seien die Le Chatelierschen (5), von Haedicke (1) zusammengestellten, in Abb. 602 graphisch veranschaulicht. Die Kurven dieser Abbildung sind auf photographischem Wege registrierte Abkühlungskurven kleiner Probestückchen. Die Abbildung zeigt, daß die Abschreckwirkung der Flüssigkeiten sehr verschieden ist und bestätigt z. B. die längst bekannte Tatsache, das Wasser „schroff", Öl dagegen „milde" härtet.

Bei der Stahlhärtung kommt es im wesentlichen auf die Abschreckwirkung in zwei Temperaturgebieten an:

erstens auf die zwischen 720 und 550° erreichte Abkühlungsgeschwindigkeit, die den Grad der Unterdrückung der Perlitumwandlung bestimmt;

zweitens auf die Abkühlungsgeschwindigkeit zwischen 250° und 0°, wo sich die Martensitbildung vollzieht.

Neuere Untersuchungen von F. Wever (16) haben gezeigt, daß ein und dasselbe Abschreckmittel in den beiden Temperaturgebieten eine verschiedene Wirkung ausüben kann. In den Abb. 603 und 604 ist daher eine große Zahl von Abkühlungsmitteln nach ihrer Wirkung einmal zwischen 720 und 550° (stark ausgezogene Linie in Abb. 603) und zum andern bei 200° (stark ausgezogene Linie in Abb. 604 geordnet. Die in die Abbildungen eingeschriebenen Zahlen geben die Temperaturen an, bei denen die Abkühlungsgeschwindigkeit gemessen wurde.

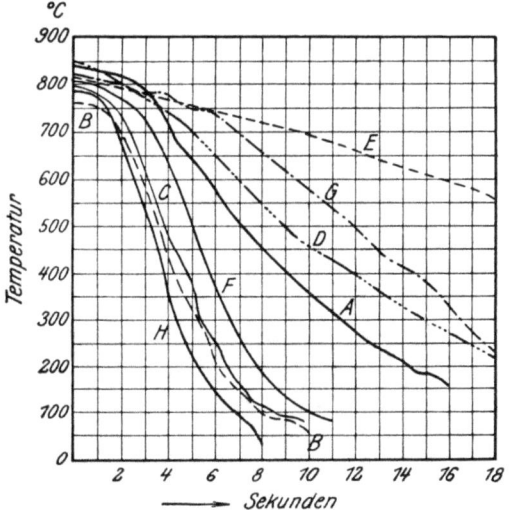

Abb. 602. Einfluß des Härtemediums auf die Abkühlungsgeschwindigkeit [Le Chatelier (5) und Haedicke (1)].
A = Quecksilber, B = Wasser von 20° C, C = Salzwasser, D = Leinöl, E = Blei, F = Wasser von 50° C, G = Wasser von 100° C, H = Sprühregen.

Man sollte zunächst annehmen, daß die Abschreckwirkung einer Härteflüssigkeit mit ihrer Wärmeleitfähigkeit zunehme. Obwohl aber die Wärmeleitfähigkeit des Quecksilbers (0,018) mehr als zehnmal größer als die des Wassers (0,0016) ist, erfolgt unter sonst gleichen Bedingungen die Abkühlung weit rascher in Wasser als in Quecksilber. Diese schon von Heyn und Bauer und von Benedicks beobachtete Tatsache wurde von Le Chatelier dem Umstande zugeschrieben, daß nicht die Wärmeleitfähigkeit, sondern die spezifische Wärme der Abschreckflüssigkeit für ihre Wirkung ausschlaggebend sei. Die spezifische Wärme des Quecksilbers ist etwa 30 mal kleiner als die des Wassers. Benedicks gelangt auf Grund seiner ausgedehnten Versuche zu der Ansicht, daß die latente Verdampfungswärme den Ausschlag gebe, wenn auch niedrige spezifische Wärme und hohe Wärmeleitfähigkeit die Geschwindigkeit der Ab-

486 Der Einfluß der Weiterverarbeitung auf Gefüge und Eigenschaften des Stahles.

kühlung begünstigen; die hohe Verdampfungswärme des Wassers (536 WE) werde durch den Wärmeinhalt des Metalls gedeckt und sei die Ursache der großen Abschreckwirkung dieses Härtemittels. Wäre weiter, wie Le Chatelier

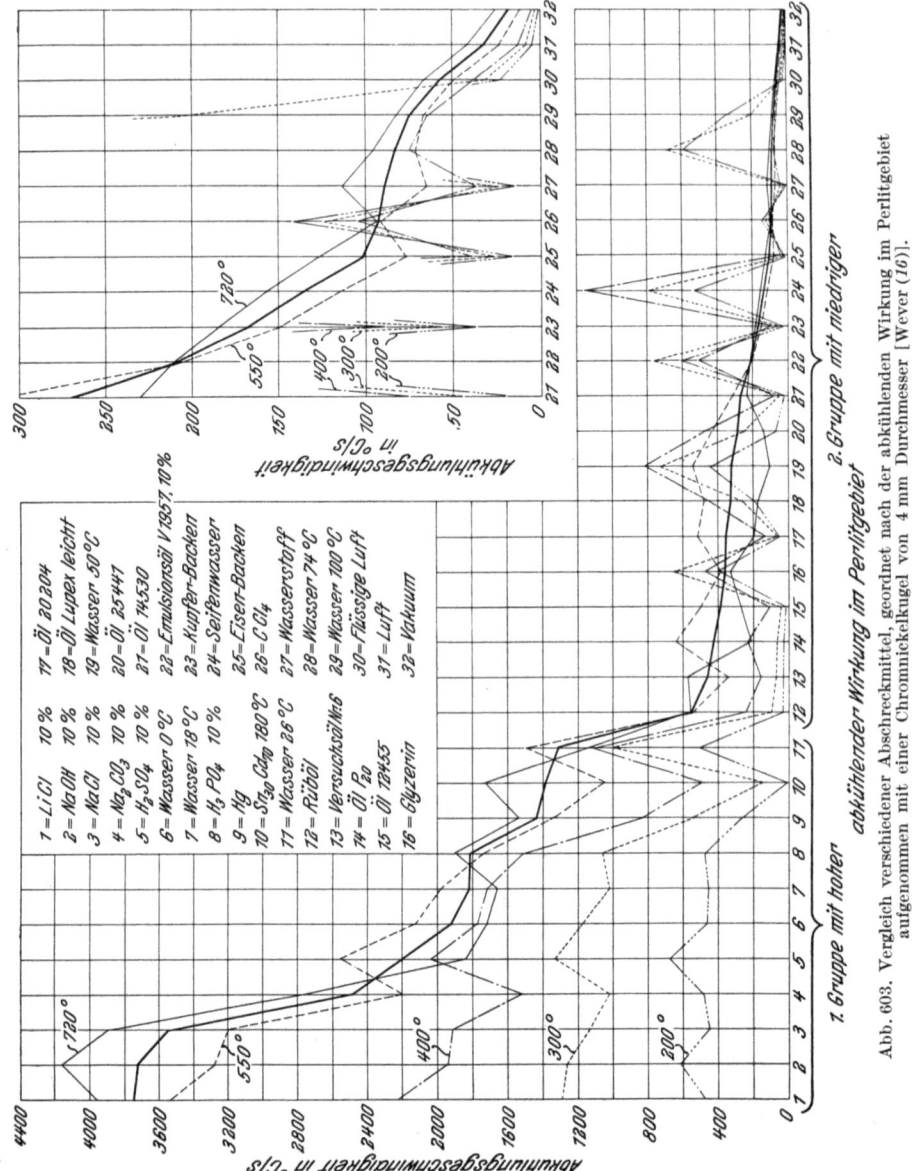

Abb. 603. Vergleich verschiedener Abschreckmittel, geordnet nach der abkühlenden Wirkung im Perlitgebiet aufgenommen mit einer Chromnickelkugel von 4 mm Durchmesser [Wever (16)].

glaubt, die Bewegung der Flüssigkeit infolge der Dampfbildung die einzige Ursache der guten Abschreckwirkung des Wassers, so müßte künstliche Bewegung des Bades oder des Stückes die Geschwindigkeit der Abkühlung fördern. Dies ist aber nach eigenen Versuchen Le Chateliers nicht der Fall (vgl. später). Die wahrscheinlichere Erklärung ist vielmehr nach Benedicks, daß der an der

Oberfläche des zu härtenden Stückes gebildete Dampf entweicht und die Oberfläche demnach ständig mit neuen wärmeentziehenden Flüssigkeitsschichten in Berührung kommt. Hieraus ergibt sich aber auch die für Öl wichtige Tatsache,

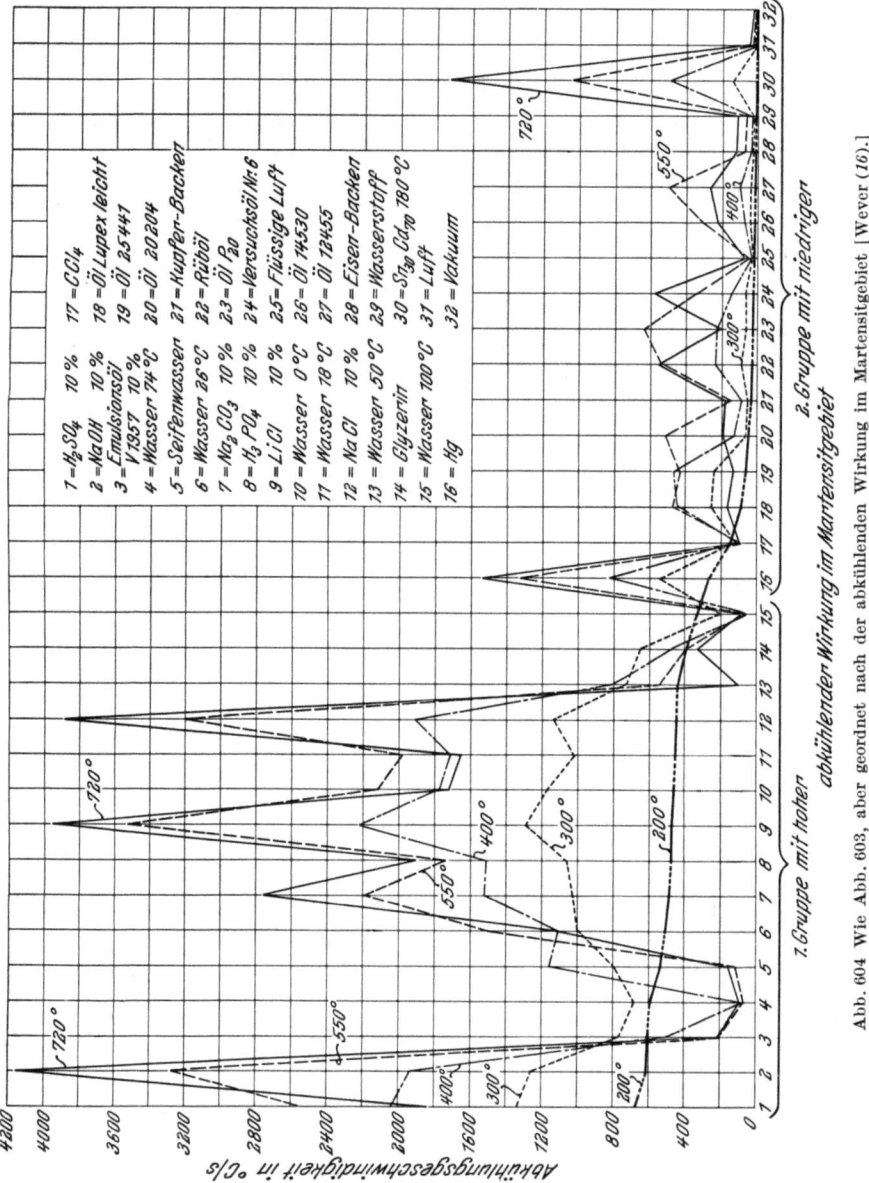

Abb. 604 Wie Abb. 603, aber geordnet nach der abkühlenden Wirkung im Martensitgebiet [Wever (16).]

daß die Zähflüssigkeit eine gewisse Rolle insofern spielen muß, als von ihr die Geschwindigkeit jeder Bewegung innerhalb des Härtebades abhängig ist. Le Chatelier glaubt endlich, die zur Abkühlung eines Gegenstandes erforderliche Zeit sei der Masse des Stückes direkt und seiner Oberfläche umgekehrt proportional. Aus eigenen, allerdings wenig umfangreichen Versuchen schließt dagegen

Benedicks, daß der Masse die bei weitem ausschlaggebende Rolle zukomme.

Von wesentlicher Bedeutung ist bei der Beurteilung der in einem Stahlstück bei Verwendung eines bestimmten Abschreckmittels zu erwartenden Abkühlungsgeschwindigkeit die chemische Zusammensetzung des Stahles. Nach Benedicks steigt die Abkühlungsdauer mit dem Kohlenstoffgehalt, wie aus der nebenstehenden Zahlentafel hervorgeht.

Zusammensetzung			Dauer der Abkühlung sek
% C	% Mn	% Si	
0,21	0,26	0,02	4,43
1,00	0,25	0,15	4,76
1,33	0,43	0,16	6,05
1,99	0,42	0,15	7,04

Da mit dem Kohlenstoffgehalt des Stahles sein Wärmeinhalt und damit unter gleichen übrigen Bedingungen die zu entziehende Wärmemenge steigt, ist dies Verhalten erklärlich. Außerdem dürfte, wie die folgenden Ausführungen zeigen werden, die mit zunehmendem Kohlenstoffgehalt abnehmende Wärmeleitfähigkeit eine Rolle spielen.

Die Untersuchung der Temperaturverteilung vom Rande zur Mitte einer Probe bei der Abschreckung ist wichtig für das Verständnis der Eindringtiefe

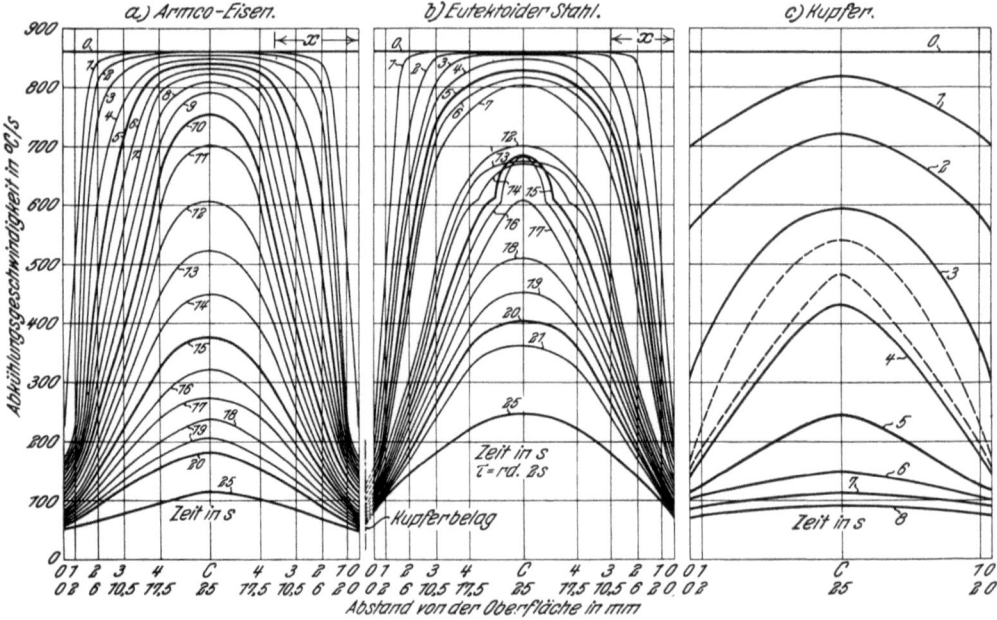

Abb. 605. Temperaturverteilungskurven in Halbkugeln von 50 mm Durchmesser aus Armcoeisen, eutektoidischem Stahl und Kupfer. (Die an die Kurven angeschriebenen Zahlen geben die Zeit in sek an, die seit dem Beginn der Abschreckung verstrichen ist) [Wever (16)].

der Härtung. Bei der Abschreckung in Wasser z. B. wird die Oberflächenschicht rasch auf die Temperatur des siedenden Wassers abgekühlt, wogegen im Innern der Probe gleichzeitig noch sehr hohe Temperaturen vorliegen können. Der Temperaturunterschied zwischen Rand und Mitte wird, wie die Abb. 605 zeigt, sich um so rascher ausgleichen, je größer die Wärmeleitfähigkeit des abgeschreckten Werkstoffes ist. So ist der Temperaturunterschied beim Abschrecken von

Das Härten und Anlassen des Stahles. 489

Halbkugeln mit 50 mm ⌀ in Wasser von 18⁰:
bei Kupfer nach 8 sek etwa 15⁰,
bei eutektoidischem Stahl nach 8 sek etwa 600⁰.
Während im Armcoeisen der Temperaturunterschied nach 25 sek nur noch etwa 60⁰ ausmacht, beträgt er nach der gleichen Zeit beim eutektoidischem Stahl noch etwa 160⁰ (vgl. Abb. 605).

Über das Anlassen sind grundsätzliche Ausführungen weiter oben bereits

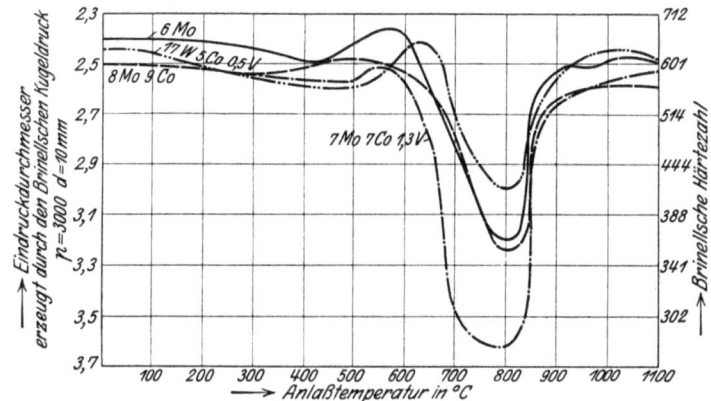

Abb. 606. Einfluß des Anlassens auf die Härte von Schnellarbeitsstahl [Pölzguter (1)].
——— 6 Mo,   —··— 17 W 5 Co 0,5 V,   ——— 8 Mo, 9 Co,   —·—·— 7 Mo, 7 Co, 1,3 V.

gemacht worden. Im folgendem soll der Einfluß des Anlassens auf die Festigkeitseigenschaften einiger Stähle noch näher beschrieben werden.

Bei den Kohlenstoffwerkzeugstählen spielen die Festigkeitseigenschaften eine untergeordnete Rolle. Es kommt vielmehr auf hohe Härte, verbunden mit genügender Zähigkeit an. Letztere wird durch das Anlassen vermittelt, dessen Temperaturhöhe demnach je nach den Anforderungen schwankt, aber eine gewisse obere Grenze besitzt, bei deren Überschreitung die notwendige Härte verlorengehen würde. Anlaßtemperaturen von mehr als

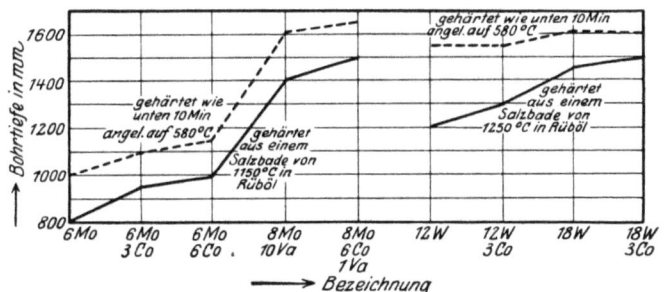

Abb. 607. Einfluß des Anlassens auf die Bohrleistung von Schnellarbeitsstahl [Pölzguter (1)].

300⁰ kommen hier praktisch nicht in Betracht. Das Gefüge ist vornehmlich troostitisch. Schnellarbeitsstähle dagegen vertragen Anlaßtemperaturen bis 600⁰, wie Abb. 606 nach Pölzguter (1) lehrt. Die Härte sinkt erst nach Überschreiten einer Anlaßtemperatur von 600⁰. Von 800⁰ an tritt dann wieder Lufthärtung ein. Abb. 607 zeigt, ebenfalls nach Pölzguter, den günstigen Einfluß des Anlassens auf die durch den Bohrversuch ermittelte Leistung verschiedener Schnelldrehstähle, deren Verbesserung auf den durch das Anlassen herbeigeführten Zerfall des Restaustenits zu Martensit zurückzuführen ist (s. weiter oben).

Die Zusammensetzung der Stähle erhellt aus den den chemischen Symbolen vorgesetzten Zahlen (in Prozent).

Bei den Baustählen werden ebenfalls hohe Anlaßtemperaturen angewandt, die oberhalb der Temperatur des Maximums des dritten Anlaßeffektes liegen, jedoch ist der Zweck des Anlassens hier ein anderer als bei den beiden vorgenannten Stahlgruppen.

Der Kohlenstoffgehalt einer ersten Unterabteilung von Baustählen, deren Glieder in der Hauptsache zur Herstellung von Wellen, Achsen und zahlreichen, auch blechförmigen Automobilteilen Verwendung finden, bewegt sich meist in den Grenzen 0,3—0,5%, gleichgültig ob, wie dies häufig der Fall ist, neben Kohlenstoff noch eines der Legierungselemente Nickel, Chrom, Vanadium, Wolfram, Molybdän oder mehrere vorhanden sind. Die Behandlung dieser Stähle besteht meist in einer Härtung bei einer wenig oberhalb Ac_3 gelegenen Temperatur, im Mittel etwa 800—850° und nachfolgendem Anlassen bis zu relativ hohen, jedenfalls erheblich höher als bei den Werkzeugstählen gelegenen Temperaturen von 500—700°. Die Gesamtheit dieser Behandlung wird im allgemeinen Vergüten genannt. Das Vergüten bewirkt vornehmlich die Hebung der Streckgrenze, in geringerem Maße auch der Festigkeit und der Dehnung und ganz besonders der Kontraktion und der Kerbschlagzähigkeit, wie das folgende Beispiel an einem Stahl mit 0,65% C, 0,93% Mn, 0,21% Si, 0,041% P und 0,048% S zeigt:

Behandlung	Festigkeit kg/mm	Dehnung %/100 mm	Kontraktion %	Kerbschlag-zähigkeit mkg/cm²
Anlieferungszustand	70,3	10,2	9,0	0,8
Bei 770° ½ Std. geglüht, a. d. Luft erkaltet	83,2	12,0	17,4	3,1
Bei 800° in Öl gehärtet, ½ Std. bei 630° angelassen	85,2	12,5	35,5	16,5

Die hohen Anlaßtemperaturen bewirken die Bildung eines feinkörnigen Zementits in ferritischer Grundmasse.

Die nachfolgenden, an einem Stahl mit 0,5% C; 0,86% Mn, 0,24% Si, 0,06% P und 0,04% S gewonnenen Festigkeitswerte zeigen ebenfalls den Einfluß höherer Anlaßtemperaturen:

Behandlung	Streckgrenze kg/mm²	Festigkeit kg/mm²	Dehnung %/100 mm
Anlieferungszustand	42,0	76,5	15,0
In Öl gehärtet bei 800°, ½ Std. bei 650° angelassen . .	54,8	87,3	13,1
In Öl gehärtet bei 800°, ½ Std. bei 600° angelassen . .	59,0	97,2	10,7
In Öl gehärtet bei 800°, ½ Std. bei 550° angelassen . .	64,1	99,4	10,9

Um die mit dem Vergüten verbundene Verbesserung der Werkstoffeigenschaften auch in größeren Querschnitten zu erreichen, müssen legierte Stähle verwandt werden, in denen die kleinere kritische Abschreckgeschwindigkeit eine große Eindringtiefe der Härtung zuläßt. (Bezüglich des Einflusses niederer Anlaßtemperaturen sei auf den voraufgehenden Abschnitt verwiesen.)

Die ungefähre Höhe der Anlaßtemperatur (hart vergütet: niedrige, zähhart vergütet: mittlere, zäh vergütet: hohe Anlaßtemperatur) richtet sich nach den

Anforderungen an die Eigenschaften und wird in jedem besonderen Falle am besten durch den Laboratoriumsversuch ermittelt. Beispiele für das Vergüten von legierten Stählen sind in Abb. 608—612 nach H. J. French (2) wiedergegeben. Diese Abbildungen beziehen sich auf die nachfolgenden, bei 800° in Öl gehärteten Nickelchromstähle:

Abb.	C %	Mn %	Ni %	Cr %	Herkunft
608	0,35	0,64	1,47	0,50	Basischer Siemens-Martin-Stahl
609	0,43	0,52	1,16	0,72	
610	0,45	0,51	1,19	0,98	
611	0,39	0,36	2,56	1,01	Saurer Siemens-Martin-Stahl
612	0,24	0,36	3,19	0,98	

(Vgl. zu obiger Tabelle die Cr—Ni-Vergütungsstähle nach DIN 1662.)

Eine zweite Gruppe von Konstruktionsstählen, die sog. Einsatzstähle, unterscheidet sich von der vorstehenden lediglich durch niedrigeren Kohlenstoffgehalt; grundsätzlich ändert dies aber nichts an der Anlaßbehandlung. Diese Stähle werden im übrigen im Abschnitt Zementation noch eingehender behandelt. Stähle für besondere Zwecke vgl. am Schluß dieses Abschnittes.

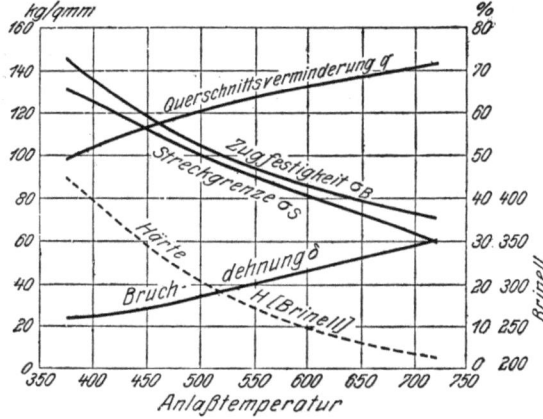

Abb. 608. Abhängigkeit der Festigkeitseigenschaften und der Härte ven Chrom-Nickelstahl von der Anlaßtemperatur [French (2)]

Mangan-Chrom- und Chrom-Nickel-Baustähle werden häufig spröde, wenn sie nach dem dem Härten folgenden Anlassen langsam abgekühlt werden. Man hat die Erscheinung selbst, d. h. das Auftreten erhöhter Sprödigkeit bei langsamer Abkühlung von der Anlaßtemperatur, die Anlaßsprödigkeit genannt. Die nachfolgende Tabelle nach Greaves (2) belegt die Erscheinung zahlenmäßig an einem Stahl mit 0,26% C, 0,7% Si, 0,66% Mn, 3,53% Ni, 0,84% Cr, 0,026% P.

	Behandlung			Streck-grenze kg/mm²		Festigkeit kg/mm²		Dehnung %/50 mm		Brinell-Härte		Izod-Kerbzähigkeit mkg/cm²	
	Öl-Härte-temp.	Anlaß-temp.	Ab-kühlung	quer	längs	quer	längs	quer	längs	quer	längs	quer	längs
1.	850°	650°	Ofen	60	60	75,6	75,6	22,5	25	237	240	1,3	2,0
2.	850°	650°	Wasser	61	61	77,0	77,1	21,0	25	240	248	10,0	14,3
3.	1000°	650°	Luft	81	62	72,7	78,0	21,0	25	247	250	9,5	7,0
4.	1000°	650°	Wasser	58	60	75,6	76,0	21,0	25	239	240	10,0	15,3
5.	1000°	650°	Ofen	60	60	74,0	75,6	20,0	27	238	239	0,9	1,3
6.	wie 4. jedoch wieder auf 650° erhitzt		Ofen	58	58	75,6	75,0	12,5	25	234	236	0,6	1,3
7.			Wasser	57	58	74,0	76,0	20,0	28	233	236	10,0	13,6

Um den Einfluß der Höhe der Anlaßtemperatur festzustellen, hat Greaves folgende Versuche mit dem gleichen Stahl wie oben durchgeführt:

Behandlung	Brinellhärte	Izod-Kerbzähigkeit mkg/cm²
Abgeschreckt in Öl bei 1000°, auf 670° 2 Std. angelassen, abgekühlt in Wasser	247	11,6
Wieder erhitzt auf 450°, langsam abgekühlt	248	10,8
„ „ „ 508°, „ „	245	5,6
„ „ „ 554°, „ „	232	4,6
„ „ „ 598°, „ „	236	5,1

Behandlung	Brinellhärte	Izod-Kerbzähigkeit mkg/cm²
Abgeschreckt in Öl bei 1000°, auf 670° 2 Std. angelassen, langsam abgekühlt	234	2,0
Wieder erhitzt auf 675°, abgeschreckt in Wasser ..	228	11,0
„ „ „ 600°, „ „ „ ..	223	11,1
„ „ „ 556°, „ „ „ ..	228	6,6
„ „ „ 517°, „ „ „ ..	233	2,5
„ „ „ 500°, „ „ „ ..	232	3,1

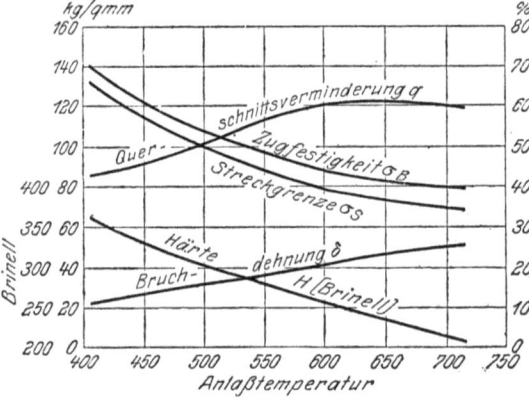

Abb. 609. Wie Abb. 608.

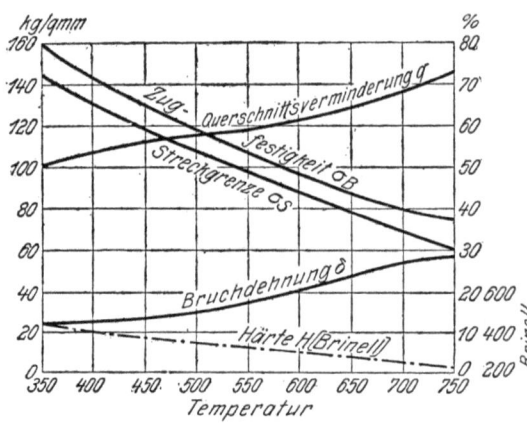

Abb. 610. Wie Abb. 608.

Aus diesen Zahlen geht deutlich hervor, daß eine kritische Temperatur besteht, oberhalb der rasch abgekühlt werden muß, wenn die Anlaßsprödigkeit vermieden werden soll. Diese Temperatur beträgt etwa 500—550°. Ist umgekehrt die Anlaßtemperatur unter 450—500° gelegen, so ist es gleichgültig, ob die Abkühlung rasch oder langsam erfolgt.

Eine allgemein anerkannte Erklärung für das Auftreten der Anlaßsprödigkeit besteht nicht. Maurer und Hohage (9) sehen die Ursache in einer physikalischen Änderung der Sonderkarbide. Für diese Deutung besteht aber wenig Wahrscheinlichkeit. H. H. Dickie (1) bringt das Auftreten der Anlaßsprödigkeit in Verbindung mit der Ausscheidung von Karbiden aus dem Ferrit. Bei sehr langsamer Abkühlung sollen sich die Karbide als Netzwerk auf den Korngrenzen sammeln und hierdurch die Sprödigkeit bedingen. Mit der Ausscheidung ist eine Ausdehnung sowie eine Änderung der magnetischen und elektrischen Eigenschaften verbunden. Zu ähnlichen Schlüssen wie Dickie gelangten auch Honda und Yamada (12). H. Esser und W. Eilender (15) sehen die Ursache der Anlaßsprödigkeit in dem Zerfall von Austenitanteilen bei der langsamen Abkühlung nach dem Anlassen (vgl. Anlaßvorgänge bei Schnellstahl). In einer neueren Arbeit behandeln E. Houdremont und H. Schrader (5) noch einmal eingehend die Frage der Anlaßsprödigkeit. Sie stellen fest, daß längeres Anlassen in einem kritischen Temperaturbereich eine stärkere Neigung zur Anlaßsprödigkeit entwickelt als langsames Abkühlen nach dem Vergütungsanlassen. Anlaßspröde Stähle, wie z. B. Chrom-Nickelstähle, verlieren nach langem Anlassen auf hohe Anlaßtemperaturen (650°) ihre Empfindlichkeit gegen langsame Abkühlung. Folgt aber dieser langsamen Abkühlung wiederum ein Anlassen im kritischen

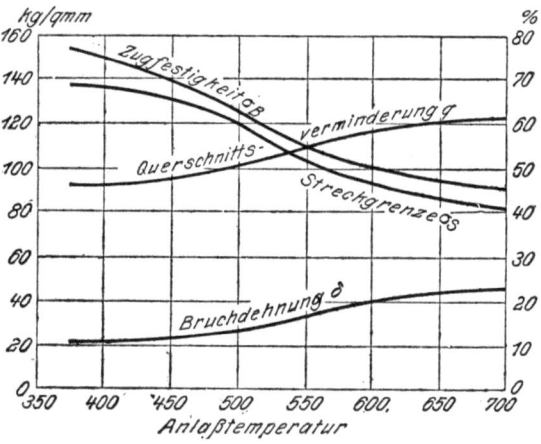

Abb. 611. Wie Abb. 608.

Temperaturgebiet (etwa bei 500°), so tritt wiederum Anlaßsprödigkeit auf. Da die Kurven über die Abnahme der Kerbschlagzähigkeit mit der Anlaßzeit und Anlaßtemperatur große Ähnlichkeit mit den Kurven für den Abfall der Kerbschlagzähigkeit durch Alterung haben, letztere aber durch Ausscheidungen verursacht wird, sehen Houdremont und Ehmke die Ursache der Anlaßsprödigkeit ebenfalls in Ausscheidungsvorgängen. (Hierüber s. den Abschnitt „Ausscheidungshärtung".) Hiermit werden Auffassungen, die im Schrifttum wiederholt geäußert wurden, bestätigt. Über die Natur des sich ausscheidenden Bestandteiles wurde noch kein sicherer Anhalt gewonnen. Nach neueren Untersuchungen von Benneck (1) handelt es sich um Phosphidausscheidungen. Da die Löslichkeit des Phosphors im

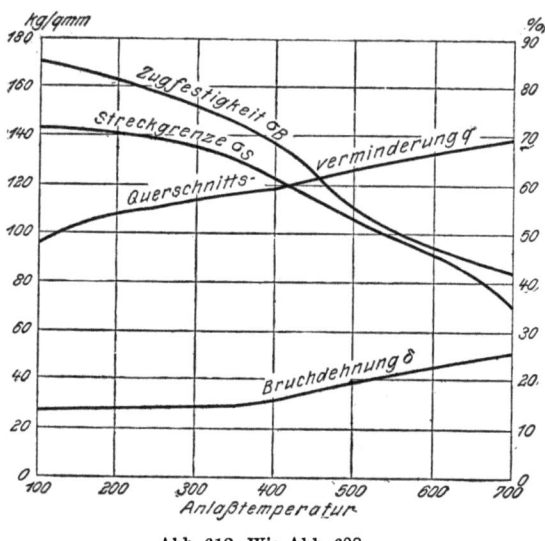

Abb. 612. Wie Abb. 608.

α-Eisen durch Legierungselemente verringert wird, kann Anlaßsprödigkeit durch Phosphidausscheidungen in legierten (Mn-Cr-Ni-)Stählen schon ab 0,03% P auftreten.

Auf Grund der Tatsache, daß Stähle gleicher Zusammensetzung und verschiedener Herstellungsart, und sogar gleicher Legierung und Erschmelzungsart

494 Der Einfluß der Weiterverarbeitung auf Gefüge und Eigenschaften des Stahles.

in verschiedenen Schmelzungen erhebliche Abweichungen in dem Grade ihrer Neigung zur Anlaßsprödigkeit aufweisen können, erscheint die Annahme gerechtfertigt, daß die Begleitelemente des Stahles, die wie Stickstoff und Sauerstoff bei der üblichen Stahlanalyse nicht mitbestimmt werde als Verbindungen zur Ausscheidung gelangen oder aber einen Einfluß auf die Ausscheidung von Karbiden oder Phosphiden ausüben.

Wenig empfindlich gegen Anlaßsprödigkeit erwiesen sich Chrom-Molybdän- und Chrom-Molybdän-Vanadinstähle. Zusatz von Molybdän und Wolfram zu Chrom-Nickelstählen verhindert das Auftreten von Anlaßsprödigkeit bei normalen Anlaßzeiten. Bei längerem Anlassen zeigte sich, daß ein Molybdänzusatz das Auftreten von Anlaßsprödigkeitserscheinungen stärker verzögert als ein Wolframzusatz.

C. Störende Nebenerscheinungen.

Eine Reihe von störenden Nebenerscheinungen beeinträchtigt die Gleichmäßigkeit der dem Härten unterworfenen Stücke.

Eine erste Quelle solcher Ungleichmäßigkeit ist die Tatsache, daß es bei größeren Stücken nicht gelingt, die Abkühlungsgeschwindigkeit in allen Punktten der Stücke auf gleicher Höhe zu halten. Abb. 613 nach F. Wever (16) zeigt die Verteilung der Abkühlungsgeschwindigkeit in einer Halbkugel aus Armcoeisen bei verschiedenen Temperaturen während der Abschreckung in Wasser.

Eine Folge der ungleichmäßigen Abkühlungsgeschwindigkeit ist aber das Auftreten von Spannungen, Volumenänderungen (Verziehen), Rissen (Härterissen), wobei die Abkühlungsgeschwindigkeit nach zwei Richtungen hin wirksam ist. Einmal entstehen Spannungen, Volumenänderungen und Härterisse lediglich auf Grund der Tatsache, daß die Abkühlung ungleichmäßig erfolgt, und wegen ihres Zusammenhängens die rascher abkühlenden Teile (Oberfläche, dünnere Querschnitte) ein größeres, die langsamer abkühlenden (Inneres, dickere Querschnitte) ein kleineres Volumen einzunehmen gezwungen sind als ihnen zusteht und als sie einnehmen würden, wenn jeder Teil für sich abkühlen würde. Es ist bei der Besprechung der Spannungen in Gußstücken schon gezeigt worden, daß in einem solchen Falle Wärmespannungen entstehen können, die im rascher abgekühlten Teil Druck-, im langsamer abgekühlten Teil Zugbeanspruchung entsprechen. Solange der Körper sich im Temperaturgebiet vorwiegend plastischer Formänderungen befindet, gleichen sich die Spannungen durch bleibende Formänderungen aus; nur wenn dies nicht der Fall ist,

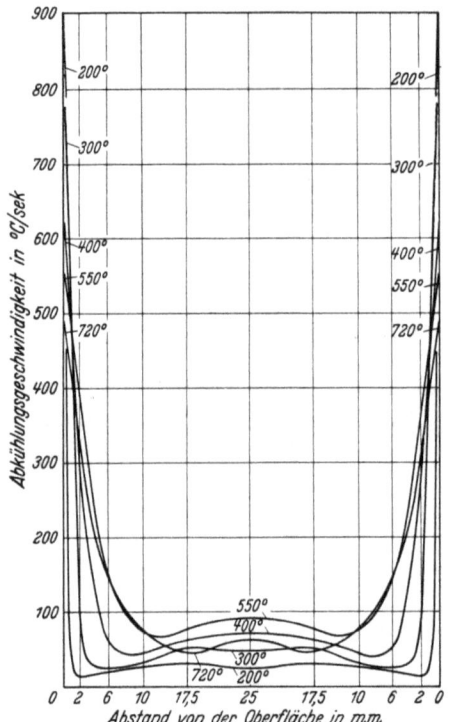

Abb. 613. Verteilung der Abkühlungsgeschwindigkeit in einer Halbkugel aus Armcoeisen beim Abschrecken in Wasser [Wever (16)].

treten elastische Formänderungen auf. Beides ist beim Härten nachteilig, indem Verziehen eintritt bzw. die Anfangsspannungen keine volle Ausnutzung der Festigkeitseigenschaften zulassen. Das Verziehen ist für manche Gegenstände (Lehren, Matrizen usw.) sehr nachteilig und macht eine umständliche und manchmal gefährliche Nachbehandlung durch Richten, Schleifen usw. zur Notwendigkeit. Hinzu kommt noch, daß die Spannungen sich fortschreitend mit der Zeit auswirken, und daher oft die Nachbehandlung unwirksam wird. Besonders unangenehm ist aber die Wirkung der Spannungen, wenn sie so hoch sind, daß sie Risse im Gefolge haben, da hierdurch der betreffende Gegenstand völlig unbrauchbar wird. Die Härterisse haben gemäß Abb. 614 ein typisches Aussehen und folgen meist den Kornbegrenzungen des Martensits. Die Rißbildung erfolgt nicht immer sofort nach dem Härten. Die Verteilung der Spannungen und damit die Formänderung des Stückes ist eine Funktion der Gestalt des Gegenstandes. Besonders einfach liegen die Verhältnisse bei der Kugel. Hier nehmen sie von einem negativen Höchstwert (Druck) an der Oberfläche über Null bis zu einem positiven Höchstwert (Zug) im Mittelpunkt zu. Verwickelter liegen schon die Verhältnisse beim Würfel. Infolge der besseren Wärmeentziehungsmöglichkeit an den Würfelecken kühlen diese erheblich rascher ab; sie bleiben bei wiederholtem Härten gegenüber den Seitenmitten zurück, und so erklärt es sich, daß durch sehr häufiges Härten eines Würfels schließlich ein kugelförmiges Gebilde entstehen kann. Noch verwickelter ist der Fall des Zylinders. Hier kommt es zunächst auf das Verhältnis Länge: Durchmesser, ferner darauf an, ob die Abkühlung der Mantelfläche ebenso schroff wie die der Stirnfläche erfolgt.

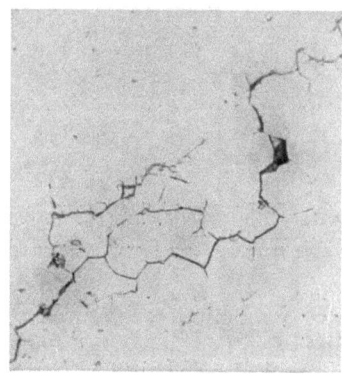

Abb. 614. Härteriß ungeätzt, × 50.

Bei kompliziert geformten Gegenständen ist vollends eine Voraussage der Verhältnisse unmöglich.

Zu den reinen Wärmespannungen, die bei rascher Abkühlung entstehen, treten noch Spannungen, deren Entstehung bedingt wird durch die Ungleichartigkeit in der Verteilung der Gefügebestandteile und durch die Tatsache, daß diese Gefügebestandteile ganz verschiedene spezifische Volumina besitzen. Letzten Endes ist die Ursache dieser Gefügespannungen ebenfalls die Ungleichmäßigkeit der Abkühlungsgeschwindigkeit in ein und demselben Querschnitt. Wir sahen früher, daß je nach der Stahlzusammensetzung, Abkühlungsgeschwindigkeit und Härtetemperatur beim Abschrecken Troostit, Martensit und Austenit gebildet werden. Bezüglich der spezifischen Volumina dieser Gefügebestandteile besteht die Beziehung:

$$\text{Martensit} > \begin{matrix} \text{Troostit} \\ \text{Sorbit} \\ \text{Perlit} \end{matrix} > \text{Austenit}$$

Die Erfahrung lehrt nun, daß die Gefügebestandteile in einem und demselben Querschnitt sehr ungleichmäßig verteilt sein können. Die Verteilung ist in erster Linie abhängig von den Querschnittsabmessungen, von der chemischen

Zusammensetzung und von der Abkühlungsgeschwindigkeit. So fand z. B. Schneider (3) in Zylindern von 1 cm Durchmesser eines eutektoiden Stahls beim Abschrecken in Wasser von 18° nur Martensit, beim Abschrecken in Wasser von 80° nur Troostit. Bei dazwischenliegenden Temperaturen fand sich außen Martensit, innen Troostit, und zwar um so mehr Troostit, je höher die Wassertemperatur war. Nicht immer liegen die Verhältnisse so einfach. So zeigt Abb. 615 nach Hanemann und Schulz (11) das Auftreten von mehreren Martensit- und Troostitringen und einem Troostitkern. Honda und Idei (13) stellten durch Härteuntersuchung über den ganzen Querschnitt für Würfel von 2 cm Kantenlänge bzw. Zylinder von 2 cm Durchmesser folgende, für Kohlenstoffstähle geltende Beziehungen auf. Die Härte ist an der Oberfläche größer als im Kern, wenn die Abschreckung milde ist, also

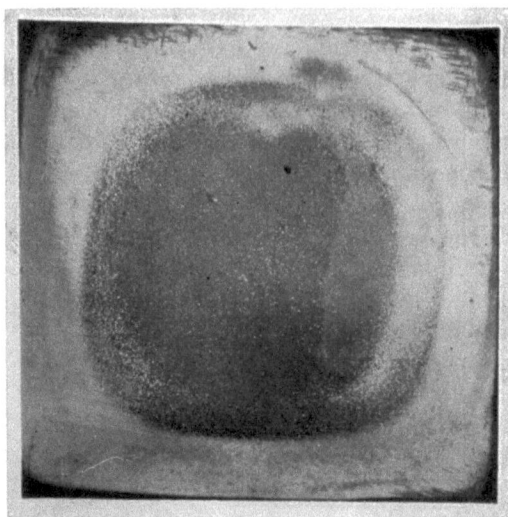

Abb. 615. Querschnitt eines abgeschreckten Stahlwürfels mit Martensitzonen (hell) und Troostitzonen (dunkel), oben rechts Härteriss, Ätzung II, × 1,5 [Hanemann und Schulz (11)].

z. B. von mittlerer Temperatur, etwa 800°, in Öl erfolgt. Bei mittlerer Härtung, also beispielsweise eines Stahles mit 0,9% Kohlenstoff bei 780° in Wasser oder mit 1,5% bei 900° in Öl ist die Härte über den ganzen Querschnitt gleich. Bei schroffer Härtung, z. B. eines Stahls mit mehr als 0,7% Kohlenstoff von mehr als 800° in Wasser ist die Härte am Rande immer geringer als in der Mitte. Die Verfasser fanden ferner, daß die Härterisse stets senkrecht zu den Kurven gleicher Härte verlaufen, die in zylindrischen Stücken konzentrische Kreise sind, in Würfeln sich mehr oder minder zu Ellipsen verzerren. Diese Schlußfolgerung kann aber nicht verallgemeinert werden, wie der Verlauf des Härterisses in Abb. 615 beweist. Das Auftreten von Martensit am Rande und Troostit im Kern bedingt auf Grund des höheren spezifischen Volumens des ersteren das Auftreten von Spannungen, die zu Härterissen führen können.

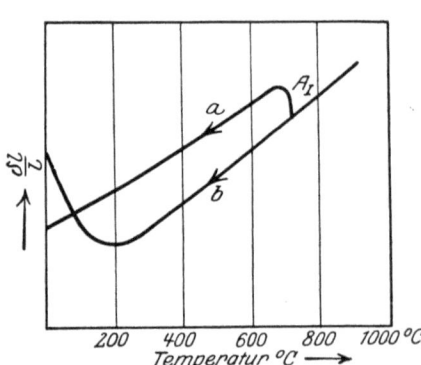

Abb. 616. Ausdehnungskurve eines eutektoiden Kohlenstoffstahls bei langsamer (a) und bei rascher Abkühlung (b) [Honda und Idei (13)].

In Abb. 616 nach Honda und Idei gibt die Kurve a die Verhältnisse bei langsamer Abkühlung wieder, die im wesentlichen identisch sind mit den Verhältnissen bei der Troostitbildung, also im Kern der betrachteten Probe, Kurve b dagegen die Verhältnisse bei rascher Abkühlung, also bei der Martensitbildung an der Oberfläche der Probe. Beide Teile werden sich auf einer mittleren Basis einigen und im Kern wird Zug-, in der Schale Druckspannung entstehen, während gemäß Abb. 616 oberhalb der Temperatur des Schnittpunktes beider Kurven entgegengesetzte Verhältnisse bestehen. Nähert sich also der Körper der Raumtemperatur, so addieren sich die Gefügespannungen zu den Wärmespannungen. Wie man sieht, können Härterisse sowohl bei hoher als auch bei Raumtemperatur auftreten, doch ist letzteres wahrscheinlicher, weil sich hier die Spannungen addieren.

Für das Auftreten der konzentrischen Martensit- und Troostitringe geben Hanemann und Schulz (11) folgende Erklärung. Martensit besitzt ein größeres Volumen als Troostit. Eine erste Martensitschicht bildet sich unter dem Einfluß der raschen Abkühlung am Umfang der Probe. Die Abkühlungsgeschwindigkeit nimmt nach innen zu ab und erreicht schließlich einen Wert, bei dem sich Troostit bildet. Die Bildung des Troostits bewirkt das Auftreten von Zugspannungen im Innern des Stückes, da die äußere Schicht nicht nachgeben kann. Unter dem Einfluß der Zugspannung gelangt aber die Troostitbildung zum Stillstand, und es wird wieder Martensit gebildet. Dieser Vorgang wiederholt sich öfter und das Ergebnis ist die Ausbildung einer Reihe von konzentrischen Schichten, deren innerste trotz geringster Abkühlungsgeschwindigkeit aber mit Rücksicht auf die Spannungsverteilung aus Martensit bestehen kann.

Daß die Spannungs- und Gefügeverteilung von der chemischen Zusammensetzung abhängig sein muß, ist bereits angedeutet worden. Im besonderen sei noch daran erinnert, daß die Gegenwart der härtenden Legierungselemente die kritische Abkühlungsgeschwindigkeit wesentlich beeinflußt, d. h. diejenige Geschwindigkeit, bei der Härtung stattfindet. Der Wert dieser Elemente ist also ein mehrfacher. Einmal werden die Festigkeitseigenschaften günstig beeinflußt, sodann aber ist die Möglichkeit größerer „Durchhärtung" gegeben, d. h. selbst in größeren Querschnitten werden die langsamer abkühlenden inneren Querschnittsteile noch gehärtet und daher hochwertiger gemacht, was bei gewöhnlichen Kohlenstoffstählen nicht zutrifft; schließlich kann, besonders bei den höher legierten Stählen, die Abkühlung in Öl oder Luft vorgenommen werden, wodurch die Gefahr des Verziehens und des Auftretens von Härterissen wegen der gegenüber Wasserabschreckung verringerten Wärmespannungen vermindert wird.

Bezüglich der Vermeidung von Formänderungen und von Härterissen gelten einige Grundsätze von allgemeiner Bedeutung. Schroffe Querschnittsübergänge und Kerben sind wegen der an den Übergängen auftretenden Spannungshäufungen zu vermeiden. Das Eintauchen der zu härtenden Stücke muß so erfolgen, daß die einzelnen Teile möglichst gleichmäßig abkühlen. Lange Gegenstände müssen also entweder senkrecht eingetaucht werden oder auf einer schrägen Ebene in das Härtebad rollen. Keinesfalls darf schiefes Eintauchen erfolgen. In manchen Fällen, z. B. bei Sägeblättern, Ringen usw., läßt sich das Verziehen nur durch festes Einspannen der Stücke vermeiden. Zweckmäßige Bewegung des zu härtenden Stückes bzw. des Härtebades führt zur Vermeidung des Anhaftens von Dampfblasen (weiche Stellen!) und damit zur Erzielung einer gleichmäßigen Oberflächenhärte. Im allgemeinen sind dünne flache Gegenstände (kleinere Kreissägen) senkrecht zur Achse vor- und rückwärts, lange

498 Der Einfluß der Weiterverarbeitung auf Gefüge und Eigenschaften des Stahles.

zylindrische dagegen auf- und abwärts zu bewegen, oder um ihre Achse zu drehen. Durch zweckmäßige Bemessung der Dauer des Eintauchens kann den Spannungen wirksam begegnet werden. Läßt man nämlich das Stück nicht bis zur vollständigen Abkühlung in der Härteflüssigkeit, so genügt unter Umständen die aus dem nicht völlig abgekühlten Innern des Stückes nach außen strömende Wärme, um die Spannungen ganz oder teilweise aufzuheben. Zur richtigen Bemessung der Zeit gehört große Erfahrung. Bei zu langer Eintauchdauer entstehen Risse, bei zu kurzer wird das Stück nicht hart. Ähnliches gilt auch für das häufig angewendete Verfahren, den ersten Teil des Abschreckens schroff, z. B. in Wasser, den zweiten dagegen milde, z. B. in Öl vorzunehmen. Auch hierdurch lassen sich Spannungsrisse vermeiden.

Ein neuartiges Mittel zur Verringerung der Gefahr des Verziehens oder Reißens bei der Härtung steht mit der von F. Wever (16) angegebenen, gestuften Härtung und Vergütung zur Verfügung. Bei den beim Stahl üblichen Wärmebehandlungsverfahren wird fast in allen Fällen die Abkühlungsgeschwindigkeit entweder so gering gewählt, daß der Stahl bereits in der ersten Stufe (Ar_1) in Perlit übergeht, oder so hoch, daß die Ar_1- bzw. Ar'-Umwandlung völlig unterdrückt wird und sich der Austenit erst am Martensitpunkt (Ar'') umwandelt. Die verhältnismäßige Beständigkeit des Austenits in den Temperaturbereichen zwischen den Umwandlungsstufen macht es jedoch möglich, einen Stahl zuerst mit

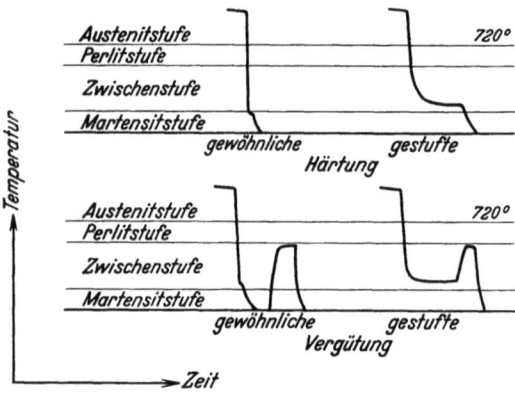

Abb. 617. Gewöhnliche und gestufte Härtung und Vergütung [Wever (16)].

überkritischer Geschwindigkeit über die Stufe der Perlitumwandlung bis oberhalb der Ar''-Umwandlung, also in ein Gebiet kleiner Zerfallsgeschwindigkeit des Austenits, abzukühlen und dann verschiedenen Wärmebehandlungen zu unterwerfen. In Abb. 617 sind gewöhnliche und gestufte Härtung und Vergütung an Hand von Zeit-Temperaturkurven erläutert. Die gestufte Härtung unterscheidet sich von der üblichen dadurch, daß die Abschreckung zunächst nur bis auf eine Temperatur kurz oberhalb Ar'' (Abschreckung in Metallbädern) durchgeführt wird. Bei dieser Temperatur wird der Stahl eine Zeitlang gehalten, wobei der Austenit bestehen bleibt, und dann weiter abgekühlt. Hierdurch wird erreicht, daß die Austenit-Martensit-Umwandlung erst nach vollständigem Temperaturausgleich, das heißt an allen Stellen des Werkstückes gleichzeitig erfolgt, und daher die Gefahr des Verziehens oder Reißens wesentlich verringert ist. Während die gewöhnliche Vergütung darin besteht, daß die bei der Abschreckung gebildeten Gefügeelemente durch einen zweiten Wärmebehandlungsvorgang, das Anlassen, wieder zum Zerfall gebracht werden, ist die gestufte Vergütung von dem Gesichtspunkt beherrscht, den für den Vergütungserfolg unnötigen Durchgang durch die Martensitstufe mit seinen bekannten Gefahren zu vermeiden. Der Stahl wird wie bei der gestuften Härtung bis oberhalb Ar'' abgeschreckt, nach Halten bei dieser Temperatur jedoch nicht weiter abgekühlt, sondern vielmehr auf die Vergütungsanlaßtemperatur erhitzt und nach einer gewissen Anlaßdauer abgekühlt. Härten und Anlassen bilden also einen nicht unterbrochenen Prozeß. Die praktische Bedeutung der gestuften Vergütung ist nach Döpfer und Wiester (1) dadurch beeinträchtigt, daß die erzielbaren Eigenschaften den bei der normalen Vergütung erreichbaren im allgemeinen nicht gleichwertig sind.

Zu den störenden, die Gleichmäßigkeit des Produktes herabmindernden Nebenerscheinungen gehört auch die ungleichmäßige oder unzweckmäßige Verteilung der Legierungselemente in dem zu härtenden Stahl, und zwar einmal bezüglich der an der Härtung direkt beteiligten Stoffe, also im wesentlichen des Kohlenstoffs oder besser der Karbide, und anderseits der von der Härtung unabhängigen Stoffe, wie Phosphor und Schwefel, also der Seigerungen.

Was die Karbide betrifft, so wurde schon darauf hingewiesen daß es Aufgabe der Warmverformung sei, sowohl in übereutektoidischen, wie in Stählen mit Sonderkarbiden für eine möglichst geringe Korngröße der Karbide und für deren gleichmäßige und feine Verteilung zu sorgen. Die Bedeutung dieses Umstandes erhellt ohne weiteres aus dem Grundsatz, daß von der Gleichmäßigkeit des Anfangsgefüges auch die des Härtungsgefüges in dem Sinne abhängt, daß gleichmäßigstes Härtungsgefüge durch um so geringere Überhitzung über die theoretische Härtetemperatur (z. B. Ac_1) und in um so geringerer Zeit erreicht wird, je kleiner die Diffusionswege und die diffundierenden Mengen des aufzulösenden Karbides sind. Je niedriger aber die Härtetemperatur und je kürzer die Zeit der Erhitzung auf Härtetemperatur gewählt werden kann, um so feiner wird das Korn des Härtungsgefüges ausfallen. Denken wir uns einen Stahl mit Korngrenzenzementit, oder einen übereutektoidischen Stahl mit fast vollständiger Entmischung von Ferrit und Zementit (Stahl mit anormaler Gefügeausbildung) und Anhäufung des letzteren in groben Zellen, so erkennt man ohne weiteres, daß hier die gestellte Forderung keinesfalls erfüllt ist, d. h. zum Ausgleich der Konzentration der festen Lösung eine längere Erhitzung auf hohe Temperatur erforderlich ist. Portevin und Bernard (2) zeigten, daß sich der Anfangszustand des Gefüges, im besonderen die Tatsache, ob in einem eutektoidischen Stahl körniger Zementit oder lamellarer Perlit vorliegt, beim Härten in den Eigenschaften deutlich bemerkbar macht. Die Verfasser untersuchten den Einfluß mehrerer aufeinanderfolgender Härtungen auf die Eigenschaften ein und desselben Stahls im körnigen und lamellaren Zustand. Die Untersuchungen beziehen sich auf einen Stahl mit 0,98% Kohlenstoff einmal im körnigen und einmal im lamellaren Zustand. Versuchsproben mit geeigneten Abmessungen für die mikroskopische, elektrische, magnetische und Härteuntersuchung wurden viermal nacheinander von 800⁰ in Wasser von 20—24⁰ abgeschreckt. Die mikroskopische Untersuchung ergab: Der ursprünglich körnige Stahl verliert allmählich im Verlaufe der aufeinanderfolgenden Härtungen den Zementit, indessen bleiben selbst nach der vierten Härtung Spuren von Zementit sichtbar. Der ursprünglich lamellare Stahl zeigt nach dem ersten Abschrecken ein feines Zementitnetzwerk, das nach der zweiten Härtung verschwindet, um nicht wieder zu erscheinen. Die übrigen Eigenschaften sind aus der nachfolgenden Tabelle ersichtlich.

Ursprünglicher Gefügezustand	Nr. der Härtung	Wärmebehandlung					⌀ des Kugeleindrucks 5-mm-Kugel 500 kg Druck	Elektr. Widerstand in Mikroohm cm³	Magnetismus	
		Erhitzungsdauer vor dem Härten sek	Gesamte Erhitzungsdauer sek	Temperatur des Bleibades		Wassertemperatur °C			Max. Induktion Gauß	Remanenz Gauß
				Beginn °C	Ende °C					
Lamellar	1. Härtung	45	45	800	798	23	1,02	32,07	83	6,5
Körnig		45	45	803	798	23	1,16	29,77	98,5	11,0
Lamellar	2. Härtung	45	90	808	804	24	0,99	35,60	81,0	6,5
Körnig		45	90	807	802	24	1,27	30,40	91,5	9,5
Lamellar	3. Härtung	120	210	800	800	24	1,03	33,96	80,5	6,0
Körnig		120	210	803	800	24	1,03	33,06	85,5	7,6
Lamellar	4. Härtung	300	510	803	800	20	—	36,27	84,0	7,0
Körnig		300	510	806	800	20	—	35,60	86,5	7,5

Der elektrische Widerstand steigt mit wachsender Auflösung des Zementits, abgesehen von der Anomalie des lamellaren Stahls bei der zweiten Härtung, und strebt für die beiden Ausgangszustände einem gemeinsamen Grenzwert zu, wobei das langsamere Ansteigen im körnigen Stahl die geringere Auflösungsgeschwindigkeit des Zementits zur Genüge kennzeichnet. In magnetischer Beziehung ergab sich, daß die Hysteresiskurven der beiden Stähle im körnigen und lamellaren Zustand sich zunächst nicht decken, aber allmählich einem gemeinsamen Grenzwert zustreben. Die Untersuchung der Härte zeigt, daß der Einfluß des Ausgangsgefüges erst nach der dritten Härtung verschwindet.

Wenn sich also offenbar der körnige Zementit langsamer löst als der lamellare, so bedeutet dies keinesfalls immer die Unzweckmäßigkeit des ersteren, vielmehr wird die Geschwindigkeit der Lösung von der Größe der Zementitteilchen und von ihrem Abstand abhängen. Für Kugel- und Kugellagerstahl mit 0,8—0,9% Kohlenstoff und 1% Chrom, der bei 830—860° in Öl oder bei 770—810° in Wasser zu härten ist, verlangt man, allerdings hier in erster Linie wegen der leichteren Bearbeitbarkeit, körnigen Zementit als Anfangsgefüge mit einer Brinellhärte von ≤ 180, die sich mit lamellarem Perlit nicht erzielen läßt. Bei der Härtung übereutektoidischer Stähle wählt man stets körnigen Zementit als Ausgangsgefüge, da ein Zementitnetzwerk bei der Härtung oberhalb PSK bestehen bleiben und infolge seiner Sprödigkeit die Eigenschaften des Stahles beeinträchtigen würde.

Anreicherungen an Phosphor und Schwefel bzw. an Schlackeneinschlüssen üben bei der Behandlung durch Härten und Vergüten einen nachteiligen Einfluß aus. Einmal kann die Gegenwart solcher Stoffe an und für sich die Sprödigkeit des Stahls erhöhen und daher die Neigung zum Auftreten von Härterissen begünstigen. Dies trifft zweifellos für den Phosphor zu. Die Gegenwart von Sulfiden und von anderen Einschlüssen kann natürlich ebenfalls die Neigung zur Rißbildung bedeutend steigern. Dies wird besonders dann zutreffen, wenn die Richtung der Spannungen zur Hauptrichtung der Einschlüsse (Streckrichtung) besonders günstig liegt. Unvollständig zusammengeschweißte Lunker und Gasblasen, womöglich mit Oxydansammlungen, auch **Karbidanhäufungen in Stählen mit Sonderkarbiden** können ebenfalls die Neigung zur Rißbildung verstärken. Abb. 618 zeigt einen Teilquerschnitt eines vergüteten Rohres aus Chrom-Nickelstahl mit 0,4% C, 2% Ni und 1% Cr. Die Phosphoransammlungen sind als Gasblasenseigerung aufzufassen. Die abgedrehte Oberfläche des Rohres zeigte zahlreiche kurze, parallel zur Längsachse des Rohres verlaufende Risse. Die mikroskopische Untersuchung ergab, daß die Risse stets in den Phosphoransammlungen auftraten, wie z. B. Abb. 619 zeigt.

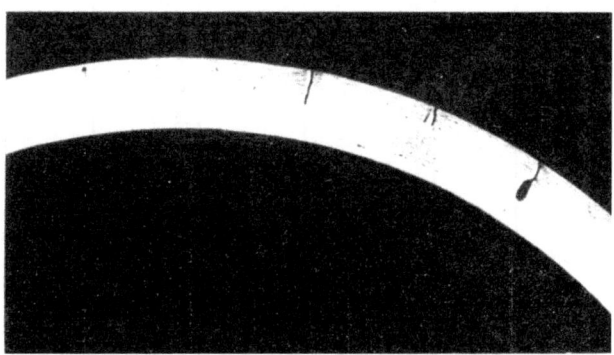

Abb. 618. Teilquerschnitt eines vergüteten Rohres aus Chrom-Nickelstahl mit Phosphoransammlung (Gasblasenseigerung), Ätzung I, × ½.

Mitunter beobachtet man, insbesondere bei legierten Stählen, eine grobkristalline, weiche Haut, wie sie in Abb. 600 besonders deutlich bei der unteren Reihe im zweiten Stück von rechts zu erkennen ist. Diese Erscheinung ist auf Entkohlung, in andern Fällen auch vielleicht auf Verdampfen eines Legierungselementes (so neigt insbesondere Molybdän zum Verdampfen) zurückzuführen. An und für sich ist die Entkohlung insbesondere für Gegenstände mit scharfen Schneidkanten, wie Fräser, Gewindeschneider, Feilen usw. so nachteilig, daß sie die Verwendungsfähigkeit dieser Gegenstände in Frage stellen kann. Jede überflüssige Zeit- und Temperatursteigerung beim Härten soll daher vermieden werden. Die Anwendung von Salzbädern zur Erhitzung auf Härtetemperatur schränkt natürlich die Gefahr wesentlich ein, ohne sie, insbesondere nach längerem Gebrauch der Bäder (wohl infolge gelöster Metalloxyde) gänzlich zu beseitigen. Man setzt daher den Bädern mit Vorteil kohlenstoffabgebende (CN-haltige) Salze zu, natürlich nur in solchen Mengen, daß keine Zementation eintritt, oder versieht die zu härtenden Gegenstände mit dünnen Kupferüberzügen, was aber nur bei den Werkzeugstählen anwendbar ist, deren Härtetemperaturen nicht über dem Schmelzpunkt des Kupfers liegen. Feilen werden zur Vermeidung der Entkohlung mit Überzügen, z. B. von Hufmehl und Salz oder 1 Teil Lederkohlenpulver und je 2 Teilen Mehl und Kochsalz versehen.

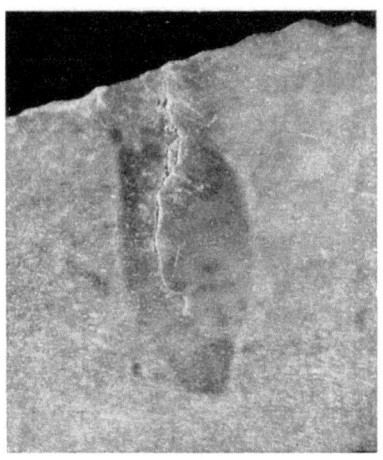

Abb. 619. Stärkere Vergrößerung einer Phosphoransammlung aus Abb. 618 mit Riß. Ätzung I, × 10.

Können diese Wege nicht eingeschlagen werden, so hat man zum mindesten für reduzierende Atmosphäre im Härteofen bzw. möglichst weitgehende Fernhaltung oxydierender Gase zu sorgen.

Liberty-Flugmotor.

Verwendungszweck	Analyse	Eigenschaften							Behandlung und Bemerkungen
		StrGr kg/mm²	F kg/mm²	D %	K %	H	
Schrauben (C-Stahl)	0,15—0,25 C, 0,5—0,8 Mn < 0,045 P < 0,06—0,09 S S.-M.-Qualität	35	—	10	35	—	Kalt gezogen
Gehärtete Teile (C-Stahl): 1. Steuerwelle 2. Schwinghebelwelle 3. Stößel 4. Zahnradbolzen	0,15—0,25 C, 0,3—0,6 Mn < 0,045 P < 0,05 S	—	—	—	—	—	Zu 1. Zementieren bei 900—930° langsam abkühlen. Wieder erhitzen auf 750—780°, in H₂O abschrecken. Zu 2.—4. Wie oben, aber in H₂O abschrecken. Auf 750—780° erhitzen, in H₂O abschrecken
Schmiedestücke, 1. Vergaserhebel u. a. Regelgestänge, die wenig beansprucht werden (C-Stahl):	0,25—0,35 C, 0,5—0,8 Mn < 0,045 P < 0,05 S	—	—	—	—	Br 177 bis 217	Bei 860—885° glühen, in H₂O abschrecken, auf 535—590° anlassen, lgs. abkühlen oder abschrecken
Schmiedestücke, die hoch beansprucht werden: Zylinder, Naben, Flanschen f. Luftschrauben	0,4—0,5 C, 0,5—0,8 Mn < 0,045 P < 0,05 S	49	—	18	45	Br 217 bis 255	Bei 815—845° in H₂O abschrecken, auf 625—650° anl., lgs. abkühlen oder abschrecken
Preßteile (C-Stahl), Wassermäntel der Zylinder, Auspuffkrümmer	0,05—0,15 C, 0,3—0,6 Mn < 0,045 P < 0,045 S	—	—	—	—	—	Schwierigkeiten: Ermüdungsbrüche im oberen Teil d. Kühlwassermäntel. Ursachen: Kratzer von der Bearbeitung, ungenügendes Ausglühen zwischen den einzelnen Preßstufen
Hochbeanspr. Teile: Pleuelstangenschrauben, Hauptlagerbolzen, Keile f. Luftschraubennaben usw.	Ni-Stahl: 3,25—3,75% Ni; Cr-Ni-Stahl: 1—1,5 Ni, 0,45—0,75 Cr Cr-V-Stahl: 0,8—1,1 Cr, ≧ 0,15 V	70	—	16	45	Sk 40—50	Bei 830—860° in Öl abschrecken, auf 495—525° anlassen. Schwierigkeiten: Abbrennen am Gewinde, geringe Toleranzen f. Gewinde. Bolzen daher vielfach aus fertig vergüt. kaltgezog. Stangen Bei 10 mm ⌀: Walzen; sofort glühen; bei 830 bis 860° in Luft abkühlen; kalt ziehen. Bei > 10 mm vor d. Ziehen vergüten. Cr-V-Stahl ist am leichtesten zu bearbeiten, dann Ni-, dann Cr-Ni-Stahl. Keine Kratzer, keine schroffen Querschnittsänderungen, Anlaßsprödigkeit entsteht beim Anl. auf 205—590° und langsamer Abkühlung, z. B. Öl 5,9 mkg/cm² Ofen 1,2 mkg/cm² H₂O 6,9 „ Luft 4 „

Das Härten und Anlassen des Stahles.

Verwendungszweck	Analyse	Eigenschaften					Behandlung und Bemerkungen
		StrGr kg/mm²	F kg/mm²	K %	D %	H	
Zahnräder (Z.R.)	2,75—3,25 Ni; 0,7—0,95 Cr oder 0,8—1,1 Cr; ≧ 0,15 V bei 0,35—0,45 C	—	—	—	—	Sk 55—65 Br 177 bis 217	Für Schmiedestücke: Bei 845—875° in Öl abschrecken oder auf 705—735° anlassen für größere u. komplizierte Z.R. — Von 845—875° abkühlen lassen mit < 25°/st für kleine Z.R. Für fertig bearbeitete Z.R.: Für Cr-Ni: bei 770—780°, für Cr-V bei 815—840° abschrecken in Öl, auf 345—375° anlassen
Pleuelstangen	wie Z.R., jedoch 0,3 bis 0,4 % C	75	—	17,5	50	Br 241 bis 277	Bei 845—875° Glühen; abkühlen i. Ofen oder a. d. Luft. Dann für Cr-Ni bei 770—780°, für Cr-V bei 815—830° in Öl abschrecken. Auf 580—620° anlassen oder zur Erleichterung der Bearbeitung: Bei 845—875° in Öl abschr., auf 705—730° anl., dann jedoch nach Bearbeit. nochm. vergüten. Bei 160—260° aus dem Öl nehmen, damit keine Risse entstehen. Vorsicht vor dem Verbrennen beim Schmieden. Probe anschmieden
Kurbelwellen: Höchst beanspruchter Teil des Flugmotors	0,35—0,45 C; 0,3—0,6 Mn; ≦ 0,04 P; ≦ 0,045 S; 1,75—2,25 Ni; 0,7—0,9 Cr	81,5 Kerbzähigkeit ≧ 4,7 mkg/cm² Je 0,14 mkg/cm² werden ersetzt durch 2,8 kg/mm² Streckgrenze mehr		16	50	Br 266 bis 321	Schmiedestücke: Bei 845—875° glühen, dann bei 800—830° in H₂O abschrecken, damit keine Risse entstehen. bei 280° aus d. Öl nehmen u. sofort auf 340—590° anlassen. Probe anschmieden. Für Zerreiß- u. Kerbschlagprobe 2 mal auf Brinellhärte prüfen. Wird die Welle unter 260° gerichtet, so muß sie wieder auf etwa 110° unter d. 1. Anl.-Temp. angelassen werden. Keine scharfen Querschnittsübergänge oder Verletzungen d. Oberfläche. Besondere Schwierigkeit: Haarrisse, deren Ursache Schlackeneinschl. sind, die dann besonders gefährlich, wenn in der Abrundung. Die Kerbzähigkeit gibt keinen Anhalt für Dauerfestigkeit. Sowohl bei 1,3—2 wie bei 7 mkg/cm² kann die Ermüdungsfestigkeit genügen
Kolbenbolzen: Beansprucht auf Abnutzung, Ermüdung	0,1—0,2; 0,5—0,8 Mn; ≦ 0,045 S < 0,04 P 3,25—3,75 Ni	—	—	—	—	Sk Oberfläche 70 Kern 35—55	Bei 910—915°, 0,5—1 mm zementieren; lgs. abkühlen; ausbohren, auf Länge schmieden; bei 830—860° in Öl abschrecken, auf 725—750° anlassen, dann abschrecken, auf 190—205° anlassen Jeder Bolzen wird auf Skleroskophärte untersucht

Kraftwagen, Zugmaschinen (sinngemäß wie bei Flugmotoren).

Verwendungszweck	Analyse	Eigenschaften					Behandlung und Bemerkungen
		StrGr kg/mm²	F kg/mm²	D %	K %	H	
Schraubenbolzen	0,15—0,25 C, 0,5—0,8 Mn ≦0,045 P 0,075—0,15% S	—	—	—	—	—	Gleichförmig u. leicht schmiedbar
Zahnräder	0,47—0,52 C, 0,5—0,8 Mn ≦{0,04 P, 0,04 S} 2,75—3,25 Ni; 0,7—0,95 Cr. Dieser Stahl ist ein Lufthärter. Kann ersetzt werden durch: 0% Ni, 0,8 bis 1,1% Cr mit Fe-V desoxydiert	—	—	—	—	Br 512 bis 560	Schmiedestücke: Bei 845—875° glühen, mit 25°/st auf 595° abkühlen a. d. Luft oder in H_2O abschrecken. Br 177—217, muß leicht zu bearbeiten sein. Dann fertige Räder bei 815—840° in Öl abschrecken, auf 190—220° in Öl anlassen. Br 512—560; Sk 72—80
Zahnkränze ohne Naben, Ritzel	0,1—0,2 C, 0,35—0,65 Mn <0,045 P, ≦0,04 S; 0,55—0,75 Cr, 0,4—0,6 Ni leichter zu vergüten oder besser 4,5±0,25% Ni sonst w. o.	—	—	—	—	—	Bei 900—925°; 0,8—1,2 mm zementieren, in Öl abschrecken. Bei 755—795° in Öl abschrecken, u. zw. gegen Verziehen in Gleason-Presse eingespannt, auf 190—220° anlassen. Bei 870—900° zementieren, bei 815—830° abschrecken, auf 725—740° anlassen und abschrekken. Dieser Stahl hat häufig Fehler
Hinterachsen, Ausgleichwellen, Lenkhebel (Ermüdung)	1,1—1,5 Ni, 0,45—0,75 Cr oder 0,8—1,1 Cr, ≧0,15 V	80,5	—	16	50	Br 277 bis 321	Bei 825—840° in H_2O abschrecken, auf 525—550° anlassen. Vor dem Schmieden bei 840—870° glühen

Im Flugzeugbau findet in letzter Zeit der Cr-Mo-Stahl mit 0,20—0,32% C, 1% Cr und 0,2—0,3 Mo auch in Deutschland für Konstruktionsrohre und Bleche (Verbindung durch Autogenschweißung) weitgehende Anwendung.

Weitere Angaben s.: Werkstoffhandbuch Stahl und Eisen, Verlag Stahleisen, Düsseldorf. — Desgl. Ausführungsblätter zu DIN 1662 (Ni- und Cr-Ni-Einsatz- und Vergütungsstähle).

D. Das Härten und Vergüten der wichtigsten Stahlgruppen.

Es kann nicht die Aufgabe dieses Abschnittes sein, Einzelangaben über die Wärmebehandlung aller in Frage kommenden Stähle zu machen. Die allgemeinen Gesichtspunkte sind in den Abschnitten A und B gegeben worden. Im übrigen sind an den einschlägigen Stellen dieses Buches genügend viele Einzelangaben gemacht worden. Die nachfolgenden Erörterungen sollen daher nur zur Ausfüllung etwaiger Lücken dienen.

1. **Die Konstruktionsstähle.** Als Beispiel für Vorschriften über Auswahl, Zusammensetzung, Eigenschaften und Behandlung von Baustählen für den Flugzeug- und Automobilbau mögen die Angaben von Wood (*1*) über den Liberty-Flugmotor und Kraftwagen dienen, die in der vorstehenden Tabelle zusammengestellt sind.

2. **Die Werkzeugstähle.** Die Wahl der geeigneten Härtetemperatur bereitet bei den Kohlenstoff-Werkzeugstählen sowie bei den niedrig legierten Stählen dieser Art keine Schwierigkeiten. Sie bewegt sich im übrigen in einem verhältnismäßig kleinen Temperaturintervall, nämlich etwa zwischen 740 bis 850°. Manche Stähle sind besonders wärmeempfindlich, d. h. sie vertragen nur schwache Überhitzung von etwa 20—30° über die theoretische Härtetemperatur, während trotz gleicher chemischer Zusammensetzung andre Stähle sich um 100° überhitzen lassen, ohne grobkörnig zu werden. Es wird behauptet, dies hänge mit dem Herstellungsverfahren zusammen und sei eine Frage der Desoxydation. So wird dem Tiegelstahl ein großer Härtebereich zugeschrieben, weil hier die Desoxydation durch Silizium aus der Tiegelwand besonders wirksam sei. Zahlenmäßige Belege für diese Anschauung fehlen aber noch. Bei der Erhitzung von Gegenständen mit scharfen Kanten ist darauf zu achten, daß letztere nicht zu rasch erhitzt und überhitzt werden. Mehrmaliges Herausnehmen aus dem Härteofen zum Zwecke des Temperaturausgleichs empfiehlt sich in solchen Fällen. Die Wahl des Härtemittels hängt von der Form des Gegenstandes und der zu erzielenden Härte ab. Gegenstände mit scharfen Kanten werden, wie schon erwähnt, zweckmäßig zunächst bis zum Verschwinden der Rotglut in Wasser, dann in Öl getaucht. Über die Eintauchdauer ist an anderer Stelle berichtet worden. Besondere Aufmerksamkeit ist dem Anlassen zu widmen. Wird das Anlassen nicht, wie es unbedingt anzustreben ist, in einem flüssigen, thermometrisch kontrollierten Anlaßbade vorgenommen, so kann die beim Anlassen auftretende Veränderung der Farbe der Oxydhaut ein geeignetes, jedoch nicht unbedingt zuverlässiges Mittel abgeben. Die Reihenfolge der Anlaßfarben und die ihnen entsprechenden Temperaturen werden im allgemeinen folgendermaßen angegeben:

Dabei ist aber der Faktor Zeit in dem Sinne zu berücksichtigen, daß die erwähnten Temperaturen nur für den Moment ihres Erscheinens gelten. Jedes Verweilen bei der betreffenden Temperatur vermag die Anlaßfarbe zu verändern. Für den unter stets gleichen Bedingungen Arbeitenden ist die Beurteilung der Temperatur aus der Anlaß-

Anlauffarbe	Temperatur °C
hellgelb	220
gelbbraun	250
rotbraun	265
violett	285
hellblau	310
grau bis grün	330

farbe ein wertvolles Hilfsmittel. Die in der Praxis eingebürgerten Anlaßtemperaturen für eine Reihe wichtiger Werkzeuge gibt die nachfolgende Zusammenstellung:

Anlaßtemperatur °C	Werkzeug
100—150	Meßwerkzeuge (angelassen 10 Stunden oder länger), Stahlwalzen
150—170	Stahlkugeln
160—200	Alle Schneidwerkzeuge aus Kohlenstoffstahl, wie Dreh- und Hobelstähle, Bohrer, Fräser, Reibahlen, Kreissägen, Sägeblätter, Schaber usw.
200—260	Alle obigen Werkzeuge, wenn sie durch ihre Form oder Arbeit dem Brechen sehr ausgesetzt sind, wie dünne Bohrer, Gewindebohrer, Schaftfräser, feine Schneideisen
220—260	Werkzeuge für Holzbearbeitung
220—250	Stempel, Meißel u. dgl. an der Schneide
300—350	Stempel, Meißel u. dgl. am Kopf
280—360	Schraubenzieher, Schnitte, Nadeln, Bandsägen
350—550	Federn und federnde Teile

Während bei den Kohlenstoff- und niedrig legierten Werkzeugstählen die Härtetemperaturen verhältnismäßig niedrig liegen, und das Härtemittel sowie die Anlaßtemperatur einen großen Einfluß ausüben, liegen bei Werkzeugstählen aus Schnelldrehstahl die Verhältnisse anders. Was zunächst die Härtetemperatur betrifft, so lautet der oberste Grundsatz, sie so hoch zu wählen, wie eben zulässig, um die höchste Schneidhaltigkeit und Härtebeständigkeit zu erzielen. Niedrigere Temperaturen werden nur dann angewendet, wenn die Form der Schneide es verlangt, d. h. Überhitzungs- und Verbrennungsgefahr für sie vorliegt. Letzteres ist z. B. der Fall für Formfräser und ähnliche Werkzeuge. Das Abschrecken erfolgt am zweckmäßigsten in Preßluft. Bei niedriger legierten Stählen oder solchen mit geringerem Kohlenstoffgehalt wählt man auch wohl Tran, Talg, schwere Öle oder Gemische von Petroleum und Paraffin. Wasser vermeidet man lediglich wegen der Rißgefahr. Da die Härtetemperatur der Schnellarbeitsstähle häufig über der Schmelztemperatur des ledeburitähnlichen Eutektikums liegt, so liegt die Gefahr der Zurückbildung dieses Eutektikums vor, wenn die Erhitzung zeitlich zu lange ausgedehnt wird. Diese Gefahr wächst, wie Rapatz (3) zeigte, mit dem Kohlenstoffgehalt des Stahls. Fräser, Bohrer und Gewindeschneidwerkzeuge, die aus oben angegebenen Gründen von verhältnismäßig niederen Temperaturen abgeschreckt werden und daher nur geringe Mengen Austenit enthalten, werden lediglich zum Ausgleich der Härtespannungen auf 220—275° angelassen. Von hohen Temperaturen gehärtete Gegenstände werden dagegen auf Temperaturen bis zu 600° angelassen, um den Zerfall des Restaustenits und damit die günstigsten Eigenschaften zu erreichen.

Schließlich sei auch hier bezüglich der technischen Einzelheiten des Härtens und Anlassens auf die Werke von Simon, Brearley-Schäfer, Hofman und Schiefer und Grün, E. Houdremont (Sonderstahlkunde. Berlin: Julius Springer 1935) sowie auf das schon mehrfach erwähnte Werkstoffhandbuch „Stahl und Eisen" verwiesen.

3. Die Magnetstähle. An die Stähle für Dauermagnete (Zündmagnete für Automobile, elektrische Zähler usw.) werden Anforderungen anderer Art als an die vorhergehenden gestellt, weshalb diese Stähle hier im Zusammenhang behandelt seien. Neben hoher magnetischer Induktion werden hohe Remanenz und Koerzitivkraft bzw. ein hohes Produkt beider Eigenschaften verlangt. Ferner muß die magnetische Haltbarkeit, d. h. der Widerstand gegen den Verlust

obiger Eigenschaften mit der Zeit oder durch leichte Erhitzung (100⁰) oder durch Erschütterungen, ein sehr großer sein. Die quaternären und komplexen Chrom-Kobalt-, Chrom-Kobalt-Molybdän- und Chrom-Kobalt-Molybdän-Wolfram-Stähle wurden in dem Abschnitt „Quaternäre und komplexe Stähle" bereits mit ihren Eigenschaften aufgeführt. Diese Stähle erreichen ihre besten Werte, wenn die Härtung so durchgeführt wird, daß im Gefüge möglichst unaufgelöste Karbide bei hardenitischer Grundmasse auftreten. Der von Honda (*14*) entwickelte Magnetstahl mit 15—36% Co, 10—25% Ni und 8—25% Ti ist bei seinen ausgezeichneten magnetischen Eigenschaften nicht schmiedbar.

Die Härtung der einzelnen Magnetstahlgruppen erfolgt je nach der Lage der Umwandlungspunkte wie folgt:

Stähle mit hohen Chrom- und Kobaltgehalten werden zwecks Erreichung der günstigsten Eigenschaften wie folgt behandelt: Zur Auflösung der Karbide erfolgt eine kurze Glühung bei 1150—1200⁰. Nach der anschließenden Abkühlung an Luft ist der Stahl

Stahlart	Kühlmittel	Härtetemperatur
Kohlenstoffstähle	Wasser	750—770⁰
Chromstähle	Wasser	790—810⁰
Chromstähle	Öl	810—850⁰
Wolframstähle	Wasser	800—860⁰
Wolframstähle	Öl*	840—900⁰
niedriglegierte Kobaltstähle bis 6% Co	Öl	850—930⁰

fast austenitisch und nur wenig magnetisierbar. Eine nun folgende, ½stündige Glühung bei 740—780⁰ führt zum Zerfall des Austenits. Infolge der kurzen Glühdauer liegen die Karbide in der nun ferritischen Grundmasse in hochdisperser Form vor. Sie lösen sich daher bei der Erhitzung auf Härtetemperatur (970 bis 1000⁰) leicht auf. Von der Härtetemperatur werden die Magnete an Luft abgekühlt, bis sie von einem starken Magneten angezogen werden. (Beginn des Austenitzerfalls.) Die weitere Abkühlung erfolgt alsdann in Öl.

Über einen Chrom-Magnetstahl mit 1% Kohlenstoff und 1,6% Chrom haben P. Oberhoffer und Emicke (*28*) eingehende Untersuchungen angestellt, deren Ergebnisse hier etwas eingehender behandelt werden sollen.

Emicke stellte zunächst fest, daß die Kristallseigerung ohne Einfluß auf die magnetischen Eigenschaften ist, indem er den durch längeres Glühen der Knüppel von 60 mm ☐ bei sehr hoher Temperatur (1150—1200⁰, 10—20 st) homogenisierten, sodann auf 7 mm gewalzten und auf 6 mm gezogenen Stahl mit normal geglühtem verglich. Lediglich zur Vermeidung schädlicher Entkohlung ist das Blockmaterial so kurz wie möglich vorzuwärmen und bei mittlerer Temperatur (etwa 1000⁰) zu walzen, jedenfalls aber so, daß der Stahl über Ar_1 (690⁰ bei $v = 2⁰$/min) die Walze verläßt.

Der Einfluß der Härtetemperatur, der Erhitzungsdauer sowie des Härtemittels ist in Abb. 620 a, b dargestellt. Jeder Diagrammpunkt stellt das Mittel aus 30 Werten dar. Zu diesen Abbildungen ist folgendes zu bemerken. Was zunächst die Härtetemperatur betrifft, so erkennt man, daß mit steigender Härtetemperatur alle Eigenschaftswerte einem Maximum zustreben, um dann wieder abzufallen. Die Lage bzw. absolute Höhe des Maximums ist abhängig von der Erhitzungsdauer (2, 4, 10 min) und der Abschreckgeschwindigkeit (Öl, Wasser).

---

* Nur bei kleinen Abmessungen.

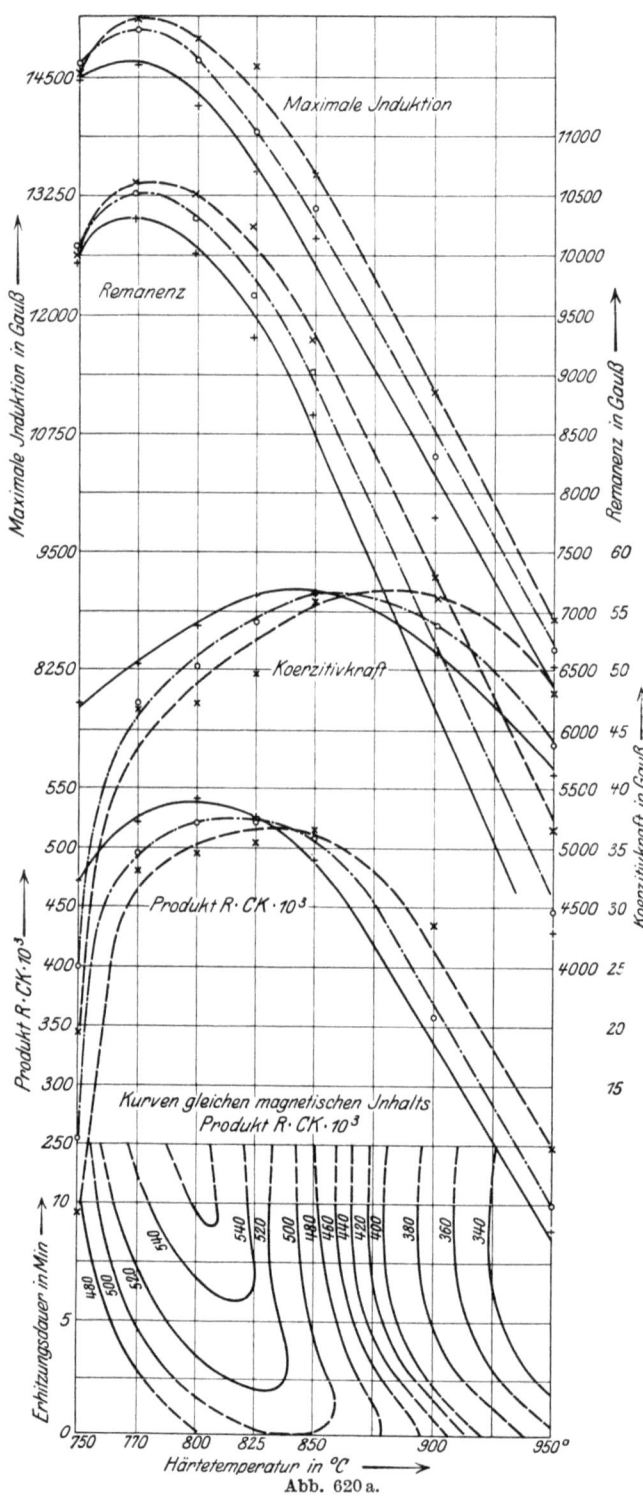

Abb. 620a.

Bezüglich der Ölhärtung gilt folgendes. Maximale Induktion (M.I.) und Remanenz (R.) verlaufen ähnlich. Die Maxima verschieben sich nur unwesentlich mit der Härtetemperatur, und zwar für die R. 780, 775, 770° bei 2, 4, 10 min Erhitzungsdauer, jedoch überlagern sich die Kurven, indem der längsten Dauer die niedrigste M.I. bzw. R. entspricht. Dahingegen überschneiden sich die Kurven der Koerzitivkraft (CK.), ohne daß die Höhe des Maximums sich wesentlich ändert. Das Maximum der CK. findet sich aber bei wesentlich höheren Härtetemperaturen als das der M.I. und R., und zwar je nach der Erhitzungsdauer bei 880, 860 bzw. 840° für 2, 4, 10 min Erhitzungsdauer. Dementsprechend überschneiden und überlagern sich die Kurven des Produktes R.CK. 10^3. Die Maxima liegen bei mittleren Temperaturen, nämlich: 830, 815, 800° für 2, 4, 10 min Erhitzungsdauer. Eine Steigerung der CK. läßt sich durch Änderung der Härtetemperatur und Erhitzungsdauer nicht erzielen, während die R. sich steigern läßt durch Erniedrigung der Härtetemperatur und der Erhitzungsdauer. Das Produkt R.CK. 10^3 ist in engen Grenzen steigerungsfähig durch Erniedrigung der Härtetemperatur und

Erhöhung der Erhitzungsdauer, wie die Kurven gleichen Produktes R.CK. 10^3 Abb. 620a lehren. So klar wie bei der Ölhärtung liegen die Verhältnisse bei der Wasserhärtung nicht. Dies scheint wohl daher zu rühren, daß die Stähle schon bei niedrigen Härtetemperaturen Härterisse aufwiesen. Alle Kurven überschneiden sich. Die Maxima der R. liegen bei 800, 790, 780° für 2, 4, 10 min Erhitzungsdauer, anscheinend ohne wesentlichen Unterschied in der Höhe des Maximums. Dafür sind aber die R_{max} für Wasserhärtung nicht unerheblich höher als die für Ölhärtung. Die Maxima der CK. liegen bei 880, 890, 865°(?) für 2, 4, 10 min Erhitzungsdauer, auch hier anscheinend ohne wesentlichen Unterschied in der Höhe von CK_{max}. Während die R_{max} für Ölhärtung höher liegen als für Wasserhärtung, ist für K_{max} das Umgekehrte der Fall. Wie aus dem Kurvenverlauf von R.CK. 10^3 hervorgeht, liegen die Maxima bei 855, 840, 825° für 2, 4, 10 min Erhitzungsdauer, und

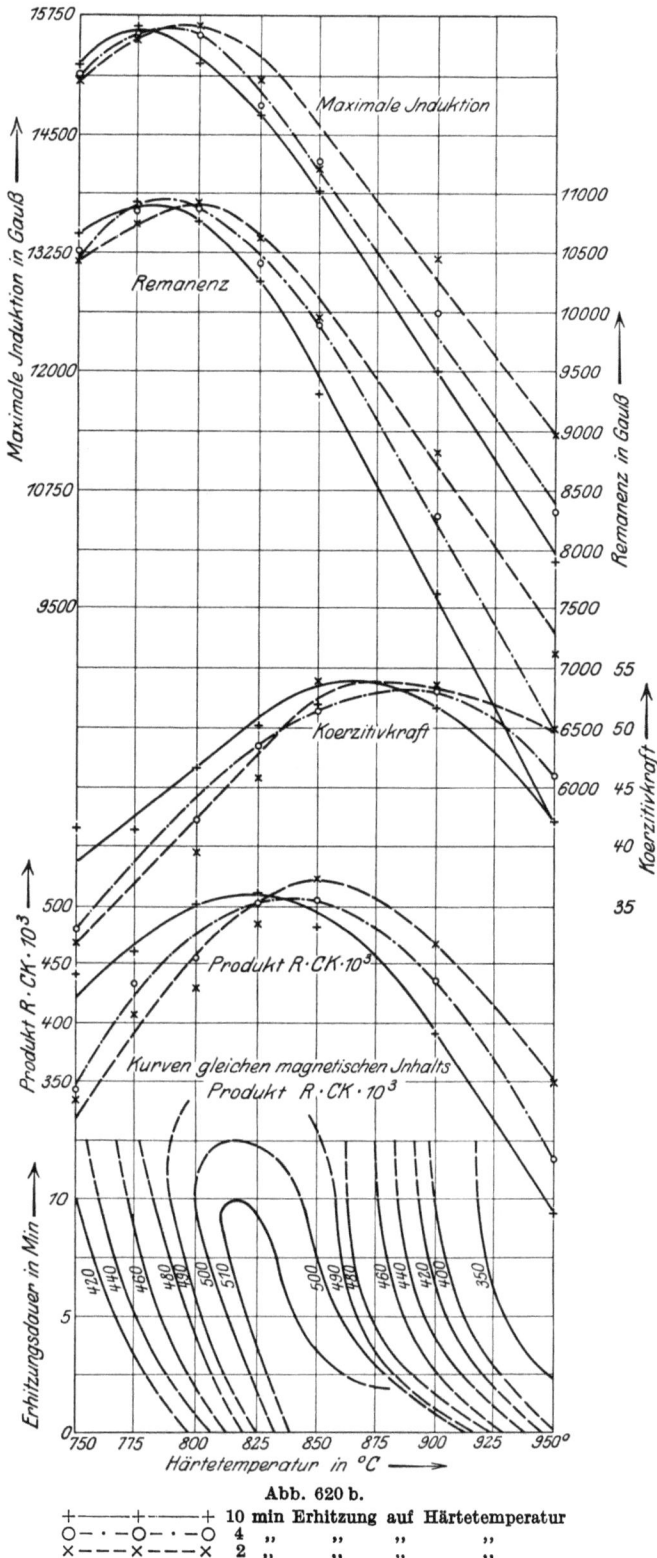

Abb. 620a u. b. Einfluß der Abschreckungsgeschwindigkeit, der Härtetemperatur sowie der Dauer der Erhitzung auf Härtetemperatur auf die magnetischen Eigenschaften von Chrom-Magnetstahl mit 1,05% C und 1,6% Cr a = Öl-, b = Wasserhärtung [Oberhoffer und Emicke (28)].

Abb. 620 b.

+——+——+ 10 min Erhitzung auf Härtetemperatur
○-·-○-·-○ 4 ,, ,, ,, ,,
×----×----× 2 ,, ,, ,, ,,

zwar unter den bei der Ölhärtung erreichten. Gemäß den Kurven gleichen Produktes R.CK. 10^3 läßt sich bei der Wasserhärtung, umgekehrt wie bei der Ölhärtung, nur durch **Verkürzung der Erhitzungsdauer** unter gleichzeitiger **Steigerung der Härtetemperatur** in engen Grenzen eine Verbesserung von R.CK. 10^3 erzielen. Der besseren Übersicht halber sind die wichtigsten Zahlenwerte noch einmal in der nachfolgenden Tabelle zusammengestellt.

Eigenschaft	Härtetemperaturen in ^{0}C zur Erreichung der Maxima von R., CK., R. CK. $\cdot 10^3$ (eingeklammert) bei verschiedener Erhitzungsdauer auf Härtetemperatur für Öl- und Wasserhärtung					
	Öl			Wasser		
	2 min	4 min	10 min	2 min	4 min	10 min
Remanenz . .	780 (10600)	775 (10500)	700 (10300)	800 (10800)	790 (10940)	780 (10800)
Koerzitivkraft	880 (56,6)	860 (56,4)	840 (56,8)	880 (53,8)	890 (53,2)	865 (53,8)
R. CK. 10^3 . .	830 (516)	815 (524)	800 (538)	855 (526)	840 (510)	825 (512)

Die aus Abb. 620 sich ergebenden Tatsachen wären nun vom Standpunkte der Konstitution aus zu erklären.

Es sei zunächst daran erinnert, daß Gumlich (7) in den ungeglühten Kohlenstoffstählen eine ziemlich deutlich ausgeprägte Unabhängigkeit der R. vom Kohlenstoffgehalt fand. Auch Cheney (1) konnte für geglühte und langsam abgekühlte reine Kohlenstoffstähle keine eindeutige Abhängigkeit der Remanenz vom Kohlenstoffgehalt feststellen. In Abb. 621 sind einige Ergebnisse von Gumlich unter Benutzung der Härtetemperatur als Abszisse dargestellt. Man erkennt zunächst, daß die höchste R. erreicht wird bei einem Stahl mit etwa 0,5% Kohlenstoff, eine Tatsache, die noch der Erklärung harrt. Ferner zeigt sich, daß bis zu einem Gehalt von 1,1% Kohlenstoff mit steigender Härtetemperatur die R. um so stärker ansteigt, je niedriger der Kohlenstoffgehalt ist. Man kann offenbar aus dem Verlauf der Kurven schließen, daß die R. in gleichem Maße ansteigt, wie sich die Bildung der festen Lösung vollzieht. Von 1,1% Kohlenstoff an tritt aber das Gegenteil ein, besonders deutlich bei dem Stahl mit 1,7% Kohlenstoff. Das Verhalten der R. ist also nicht eindeutig, und es kann jedenfalls nicht als gekennzeichnet gelten lediglich durch den Satz, daß die Austenitbildung die R. erniedrigt. Das Verhalten der CK. ist klarer. Sie steigt in den ungehärteten Stählen mit dem Kohlenstoffgehalt. Ob der schwache Knick bei rd. 1% Kohlenstoff wesentlich ist oder nicht, läßt sich nicht entscheiden. Die beim Härten erreichbare maximale CK. steigt ebenfalls mit dem Kohlenstoffgehalt, und der Anstieg ist am steilsten bei 1,1% Kohlenstoff. Offenbar besteht Proportionalität zwischen der Menge des in Lösung gegangenen Kohlenstoffs einerseits und der CK. anderseits. Aber auch auf sie übt die Austenitbildung einen ähnlichen Einfluß aus wie auf die R., was aus dem abfallenden Ast der Kurven zu schließen ist.

Die günstige Wirkung des Chroms und Wolframs wird darauf zurückgeführt, daß diese Elemente in hohem Maße an der Karbidbildung beteiligt sind, und hierdurch dem Stahl das magnetisch wirksame Eisen in geringerem Umfang entzogen wird, als dies durch Steigerung des Kohlenstoffgehaltes der Fall ist, die ja eine Abnahme der Remanenz mit sich bringt.

Betrachtet man die in Abb. 620 niedergelegten Kurven, so erkennt man, daß die vorstehenden Ausführungen für die Deutung der Ergebnisse wertvolle Fingerzeige geben, die durch die mikroskopische Untersuchung gestützt werden. So wird z.B. der Verlauf der CK.-Kurven erklärlich. Mit steigender Härtetemperatur und Erhitzungsdauer wächst die Menge des in Lösung übergeführten Kohlenstoffs und demnach auch CK., ohne daß R. wie in den Kohlenstoffstählen schon bei niedriger Härtetemperatur abfällt. Vielleicht kann dies so gedeutet werden, daß die Chromkarbide langsamer in Lösung gehen. An und für sich ist ja die Tatsache bemerkenswert, daß, trotzdem Ac_1 bei 735° liegt, zur Erzielung der höchsten CK. eine mindestens 100° höhere Härtetemperatur erforderlich ist. Dies hängt nun keinesfalls allein mit der Gegenwart des Chroms in dem Sinne zusammen, daß durch dieses Element der eutektoidische Punkt nach links verschoben wird und der vorliegende Stahl also übereutektoidisch ist (vgl. auch Abb. 621), sondern es ist auch der Anfangszustand des Stahls zu berücksichtigen. Bereits **Portevin** und **Bernard** (2) hatten an eutektoidischem Stahl festgestellt, daß der

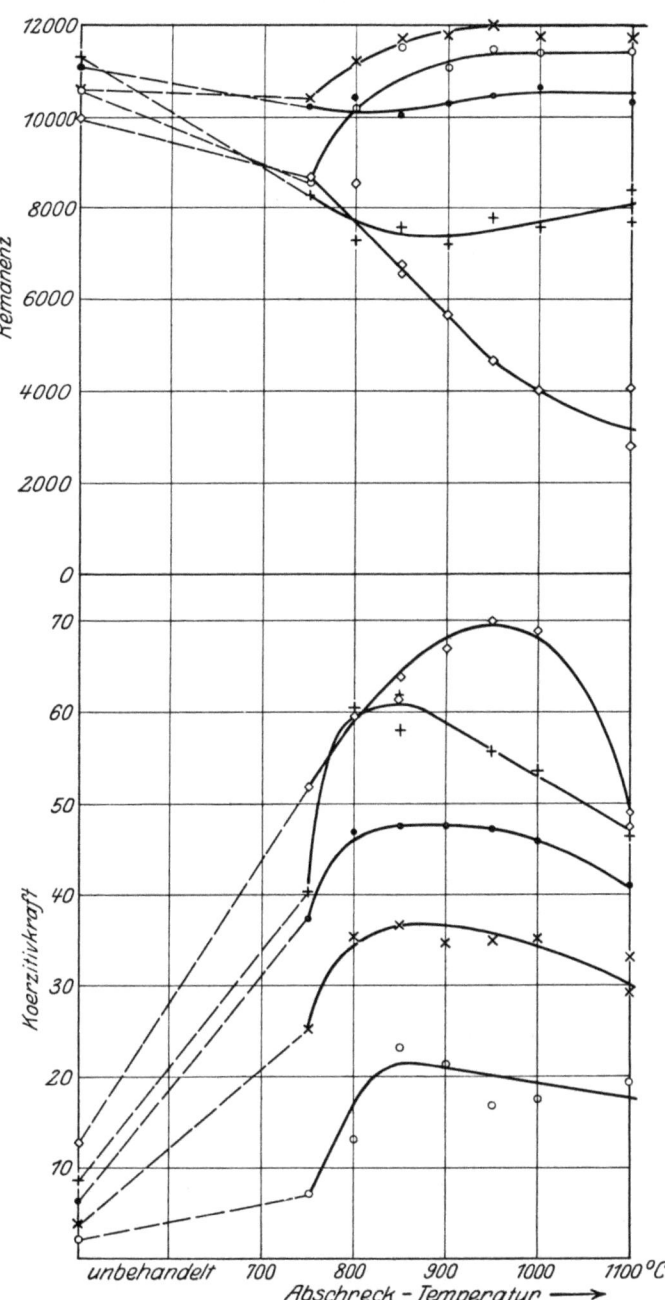

Abb. 621. Einfluß der Härtetemperatur auf R. und CK. von in Wasser abgeschreckten C-Stählen [Gumlich (7)].
○-○-○ 0,234 % C, ×-×-× 0,445 % C, ·-·-· 0,695 % C,
+-+-+ 1,105 % C, ◇-◇-◇ 1,775 % C.

512 Der Einfluß der Weiterverarbeitung auf Gefüge und Eigenschaften des Stahles.

körnige Zementit sich schwieriger auflöst als der lamellare oder sorbitische Perlit und leichter dazu neige, infolge örtlichen Überschreitens der Konzentration des eutektoidischen Punktes den Zementit, wie sie sich ausdrücken, vorzeitig wieder abzuscheiden. Unter sonst gleichen Verhältnissen läßt sich daher mit sorbitischem Perlit als Anfangsgefüge eine höhere CK. erzielen als mit körnigem Zementit. Dies geht deutlich aus der nachfolgenden Übersicht nach

Behandlung	Anfangsgefüge	Maximale Induktion	Remanenz R.	Koerzitivkraft CK.	R.CK. 10³
Ungeglüht . .	Sorbit	15 700	13 300	20,9	278
Gehärtet . . .	—	13 450	10 100	60,2	608
Geglüht . . .	körniger Zementit	15 000	12 900	10,7	138
Gehärtet . . .	—	14 200	10 000	53,9	539

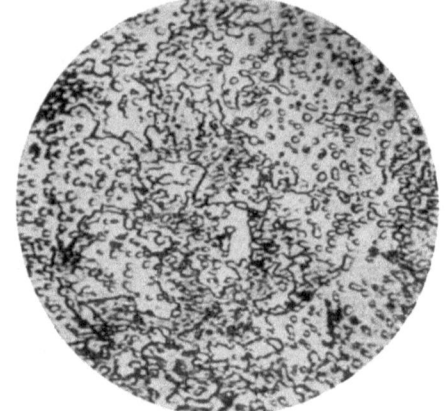

Abb. 622. Stahl mit 1,05 % C, 1,6 % Cr, 2 min auf 750° erhitzt, in Wasser abgeschreckt, Ätzung II, × 1000 [Oberhoffer und Emicke (28)].

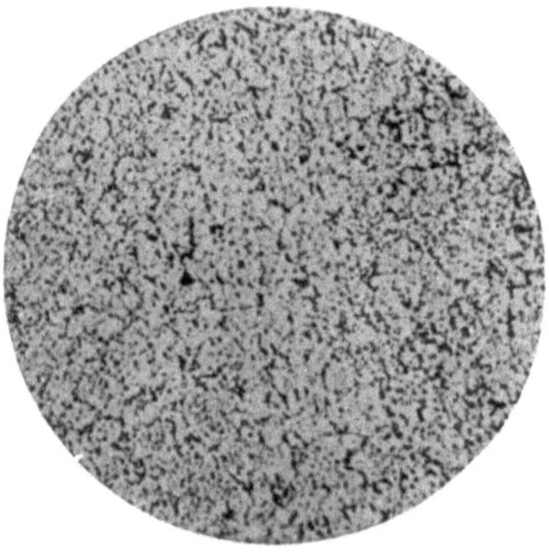

Abb. 623. Stahl mit 1,05 % C, 1,6 % Cr, 10 min auf 800° erhitzt, in Öl abgeschreckt, Natriumpikratätzung. × 500 [Oberhoffer und Emicke (28)].

Emicke hervor, die auch lehrt, daß das mit sorbitischem Perlit als Anfangsgefüge erzielbare Produkt R.CK. 10³ höher liegt als die beste der Zahlen in Abb. 620. Glühen ist demnach bei Magnetstählen zu vermeiden.

Leider lag in dem der Abb. 620 zugrunde liegenden Ausgangsmaterial der Perlit in körniger und nicht in sorbitischer Form vor. Weder der Verlauf der Kurven Abb. 620 noch die aus den Ergebnissen gezogenen Schlußfolgerungen können daher verallgemeinert werden. Die zahlreichen, z. B. bei Wasserhärtung und 2 min Erhitzungsdauer auf 750° neben Martensit (dunkel) und Ferrit (hell) ungelöst zurückbleibenden Karbidkörnchen sind deutlich in Abb. 622 zu erkennen. Aber selbst nach 10 min langem Erhitzen auf 800° und Ölhärtung, wodurch das beste Produkt R.CK. 10³ erzielt wird, bleiben, wie die Natriumpikratätzung Abb. 623 lehrt, noch ungelöste Karbidteilchen zurück. Es geht schon aus dieser Abbildung die merkwürdige Tendenz der Karbidkörnchen hervor, sich zu Netzwerken zusammenzuschließen, und zwar sowohl bei Öl- als auch bei Wasserhärtung. Mit steigender Härtetemperatur schließen sich die Netzwerke und ihre Durchmesser nehmen zu, wie die Natriumpikratätzung des 10 min auf 825° erhitzten, in Wasser gehärteten Stahls (Abb. 624) bzw. die gleiche Ätzung des auf 950° 10 min erhitzten und in Öl gehärteten Stahls (Abb. 625) lehrt*. Diese Tatsache, sowie die mit steigender Temperatur in vermehrtem Maße auftretenden Austenitmengen, erklären den Abfall der CK.-Kurven.

In großen Zügen bestätigt die mikroskopische Untersuchung also die Ergebnisse der magnetischen bzw. die herrschende Auffassung, doch bleibt die Klärung einer ganzen Reihe von Einzeltatsachen, wie z. B. das Auftreten eines Maximums in den R.-Kurven noch weiterer Forschung vorbehalten.

Der Einfluß der Anlaßtemperatur auf den ölgehärteten Stahl erhellt aus Abb. 626. Praktisch läßt sich sagen, daß das Anlassen trotz der erzielten Steigerung der Remanenz wegen des gleichzeitigen Abfalls der Koerzitivkraft keinen Vorteil bedeutet, es sei denn, daß die Anlaßtemperatur 100° nicht überschreitet. Im übrigen ist die rasche Änderung der magnetischen Eigenschaften zwischen 150 und 350° bemerkenswert, deren Sinn für R. und CK. entgegengesetzt gerich-

Abb. 624. Stahl mit 1,05% C, 1,6% Cr, 10 min auf 825° erhitzt, in Wasser abgeschreckt. Natriumpikratätzung × 500 [Oberhoffer und Emicke (28)].

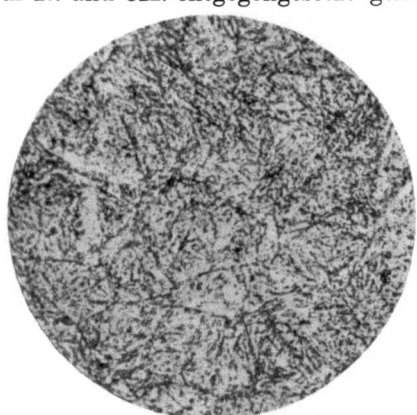

Abb. 625. Stahl mit 1,05% C, 1,6% Cr, 10 min auf 950° erhitzt, in Öl abgeschreckt. Natriumpikratätzung × 500 [Oberhoffer und Emicke (28)].

tet ist, bei ersterer einem Ansteigen und bei letzterer einem Sinken entspricht. Das Produkt R.CK. 10^3 richtet sich im wesentlichen nach der CK. Bemerkenswert ist ferner, daß die Kurven der bei hohen Temperaturen, 900—950°, gehärteten Stähle nicht unwesentlich von den übrigen abweichen. Auch diese Tatsachen lassen sich vom Standpunkt der Konstitution aus in großen Zügen erklären. Der Abfall der CK. bis 300° wird bedingt durch die Ausscheidung des Karbides (Troostitbildung), wenn die Auffassung des Martensits als Zwangslösung zutrifft oder durch die Gitterbildung des Zementits, wenn man sich auf den Standpunkt stellt, daß der Martensit ein heterogenes Gemenge ist (vgl. Härtungstheorien). Die Einwirkung des Anlassens auf die R. ist am deutlichsten ausgeprägt bei den hoch (900—950°) gehärteten Stählen, weil hier die beim Anlassen erfolgende Umwandlung von γ- in α-Eisen zur Karbidausscheidung wirksam hinzutritt.

Emicke untersuchte ferner den Einfluß von Erschütterungen auf die Eigen-

---

* Es ist anzunehmen, daß die Karbidnetzwerkbildung bei der Abkühlung erfolgt, und zwar in den Korngrenzen, weil hier die Stabilität des Raumgitters am geringsten ist.

514 Der Einfluß der Weiterverarbeitung auf Gefüge und Eigenschaften des Stahles.

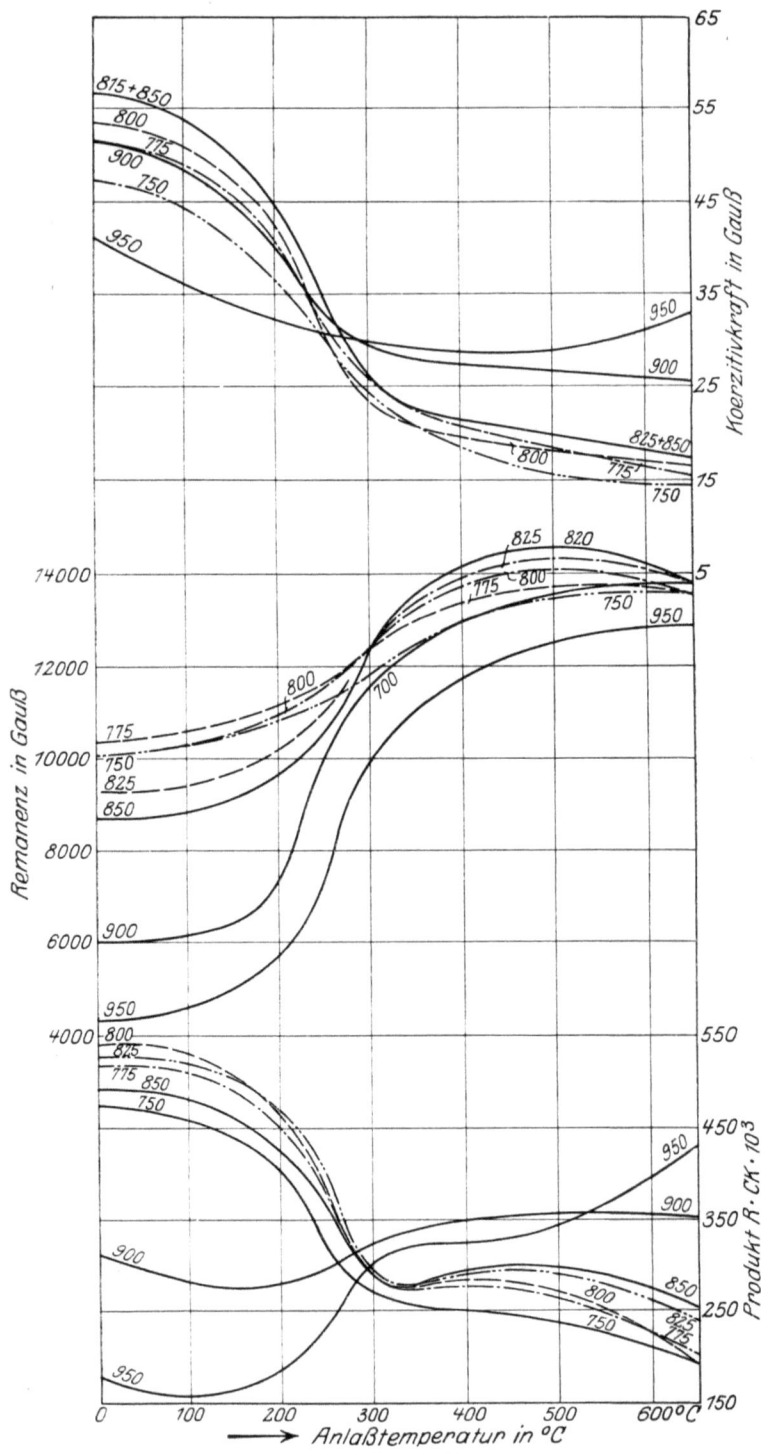

Abb. 626. Einfluß der Anlaßtemperatur auf die magnetischen Eigenschaften eines bei verschiedenen Temperaturen in Öl gehärteten Chromstahls mit 1,05% C und 1,6% Cr [Oberhoffer und Emicke (28)].

schaften der gehärteten Stähle. Die technische Bedeutung solcher Untersuchungen, z. B. für die im Automobilbau verwendeten Magnetstähle, leuchtet ohne weiteres ein. Es ergaben sich durch 20 maliges Herabfallen der Stäbe aus 2,5 m Höhe auf einen mit Linoleum belegten Steinfußboden bzw. durch 5 min langes Schlagen mit dem Holzhammer Ab- und Zunahme von R. und CK. bzw. von R.CK. 10^3, die bei letzterem Produkt zwischen $+ 9,2$ und $- 4,5\%$ des Anfangswertes lagen, ohne daß aber eine gesetzmäßige Abhängigkeit von Erhitzungsdauer oder Härtetemperatur hervorgetreten wäre.

Ähnliches ergaben Versuche zur Ermittelung der magnetischen Konstanz durch zyklisches (6 ×) Erhitzen auf 100^0. Die erzielten Änderungen lagen zwischen $+$ und $- 4,5\%$ der Anfangswerte, ohne eine Gesetzmäßigkeit aufzuweisen.

Für die Verwendung von Dauermagneten ist es von größter Bedeutung, daß sie unter den Betriebsbeanspruchungen (geringe Erwärmung, Erschütterungen und Einwirkung geringer magnetischer Streufelder) keine Änderung ihrer magnetischen Eigenschaften erfahren. Die Magnete werden daher vor ihrem Gebrauch einer Behandlung unterworfen (Altern), durch die die durch die Betriebsbeanspruchungen zu erwartenden Änderungen vorweggenommen werden. Zweckmäßig wird stets eine thermische und eine Alterungsbehandlung im magnetischen Gegenfeld vorgenommen. Die letztere setzt die magnetische Stärke etwas herab. In der Praxis werden u. a. folgende Alterungsverfahren angewandt:

Längeres Lagern gehärteter und magnetisierter Magnete, evtl. unter gleichzeitiger Anwendung von Erschütterungen.

Erwärmen auf $80—120^0$ mit vielfacher Magnetisierung vor und nach dem Erwärmen.

Teilweise Entmagnetisierung unter Einwirkung eines Gleichstromgegenfeldes oder Wechselstromfeldes oder künstliche Schwächung dadurch, daß man die Magnete gleichpolig in einem Abstand von 10 mm gegenüberlegt.

4. **Die martensitischen und austenitischen Stähle.** Die im vorhergehenden besprochenen Stahlgruppen sind ausschließlich perlitisch bzw. können leicht durch Anlassen in diesen Zustand übergeführt werden. Nur dem Grade nach besteht ein Unterschied zwischen diesen letzteren Stählen (Lufthärter) und den als martensitisch bezeichneten Stählen (Selbsthärter). In der Tat können selbst die als sehr stabil angesehenen martensitischen Nickelstähle durch genügend langes Anlassen auf geeignete Temperatur, die in jedem Falle unter Ac_1 liegt, weich und damit bearbeitbar gemacht werden.

Es ist, wie Maurer und Hohage (9) mit Recht betonen, nicht so sehr die durch hohe Festigkeit und Härte (bei martensitischen Nickelstählen mit 12 bis 14% Ni, $130—140$ kg/mm², bzw. $300—400$ Brinellhärte) verursachte schwere Bearbeitbarkeit, die das Anwendungsgebiet einschränkt, als vielmehr die Tatsache, daß die Streckgrenze dieser Stähle verhältnismäßig tief liegt (bei den oben erwähnten Nickelstählen $68—75$ kg/mm²), während z. B. im Automobil- und Flugzeugbau nebenstehende Zahlen verlangt werden.

	Streckgrenze kg/mm²	Festigkeit kg/mm²	Dehnung %	Kerbschlagzähigkeit mkg/cm²
	90—100	100—110	10—15	10—15

Diese Zahlen lassen sich leicht und in bezug auf den Legierungszusatz billiger mit den verschiedenen niedrig legierten Stählen, z. B. mit etwa 4,5% Ni und 1,5% Cr, erreichen.

516 Der Einfluß der Weiterverarbeitung auf Gefüge und Eigenschaften des Stahles.

Martensitische Stähle haben bisher lediglich als nichtrostende Stähle Anwendung gefunden. Als Beispiel sei der Kruppsche V3M-Stahl mit 0,4 % C, 14% Cr und 0,4% Ni erwähnt. Um die martensitischen Stähle in den weichen Zustand zu überführen, sind lediglich Anlaßglühungen geeignet. Die relativ große Stabilität des Martensits zwingt dabei häufig zur Anwendung hoher Temperaturen und großer Anlaßdauer, obwohl dies nicht immer die Regel darstellt.

Angaben über die wichtigsten austenitischen Stähle sind in der folgenden Tabelle 24 enthalten.

Tabelle 24.

	Zusammensetzung	Besondere Eigenschaften und daraus folgende Verwendungszwecke	Streckgrenze kg/mm²	Festigk.	Dehnung %	Wärmebehandlung, häufig als Vergütung bezeichnet
1.	1,2% C; 12—14% Mn	Große Zähigkeit, hohe Verschleißfestigkeit, daher für Gegenstände, die starkem Verschleiß unterworfen sind	30—50	70—100	50—35	Ablöschen von 1000° in Wasser
2.	0,2—0,5% C; 25% Ni; als weiterer Zusatz kann vorliegen: 2 bis 3% Cr. Ni kann z. T. durch Mn ersetzt werden, z. B.: 15% Ni, 5% Mn	Unmagnetisch. Konstruktionsteile für elektrische Masch., Kompaßgehäuse u. dgl.	25—55	60—90	50—25	Ablöschen von 850—900° in Öl
3.	0,1% C; 18% Cr; 8—10% Ni	Rostsichere u. säurebeständige Gegenstände	20—35	60—75	60—45	Ablöschen von 1150° in Wasser

Stahl 1, der sogenannte Hadfieldsche Manganstahl, ist kein sonderlich stabiler Austenitstahl. Sein Gefüge ist in hohem Maße von der Art der Erstarrung und Abkühlung abhängig. Bei sehr langsamer Erstarrung und Abkühlung treten außer Austenit je nach dem Mangan- und Kohlenstoffgehalt, Ledeburit, Zementit, Martensit, Troostit, Sorbit und lamellarer Perlit auf. In diesem Falle erweisen sich die magnetischen und die Festigkeitseigenschaften als in hohem Grade abhängig von der Wärmebehandlung, und der Stahl besitzt eine Reihe von kritischen Punkten. Dies alles ist nicht der Fall, wenn der Stahl von vornherein so behandelt wurde (bei der Erstarrung und Abkühlung), daß er gleichmäßiges Austenitgefüge besitzt. Abb. 627 zeigt den von 1000° in Wasser abgeschreckten Stahl, der ausschließlich aus Austenit besteht, Abb. 628 den von 900° an verhältnismäßig langsam abgekühlten Stahl, der an den Austenitkorngrenzen Zementitausscheidungen aufweist*.

Anders verhält sich der 25%ige Nickelstahl, dessen Austenit stabiler zu sein scheint, wobei aber zu berücksichtigen ist, daß dieser Stahl nie so hohe Kohlenstoffgehalte aufweist wie der Manganstahl. Abb. 629 zeigt einen 25%igen Nickelstahl im Anlieferungszustand. Innerhalb der Austenitkörner erkennt man Translationsstreifung, die jedenfalls von der Kaltverarbeitung her etwas verzerrt und

---

* Für die Überlassung der beiden Bilder sei auch an dieser Stelle Herrn Dr. Rapatz bestens gedankt.

Das Härten und Anlassen des Stahles. 517

verbogen ist. Glühen bei 1000° mit nachfolgender langsamer Abkühlung bewirkt, wie Abb. 630 zeigt, außer beträchtlicher Zunahme der Korngröße (man beachte den Unterschied zwischen den Vergrößerungen von Abb. 629 und 630) auch eine

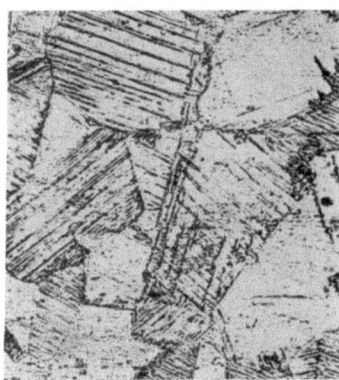

Abb. 627. Austenitischer Manganstahl, bei 1000° in Wasser abgeschreckt, Ätzung II, × 200 (Rapatz).

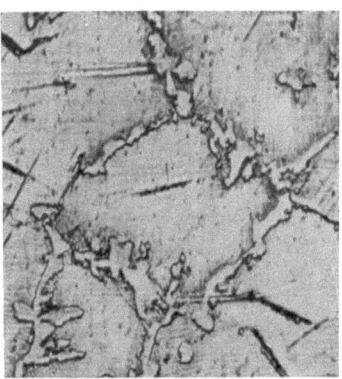

Abb. 628. Austenitischer Manganstahl auf 900° erhitzt und verhältnismäßig langsam abgekühlt, Ätzung II, × 200 (Rapatz).

merkwürdige Veränderung der Translationslinien, die, statt innerhalb eines und desselben Kornes parallel zu sein, sich kreuzen und ein dem Martensit nicht unähnliches Gefügebild ergeben. Über die Natur dieser Gefügeänderung besteht noch keine Klarheit. Wie aus den nachfolgend mitgeteilten Härtezahlen hervor-

Abb. 629. Austenitisch. Nickelstahl (25% Ni), Anlieferungszustand, Ätzung Ammonium-Persulfat, × 500.

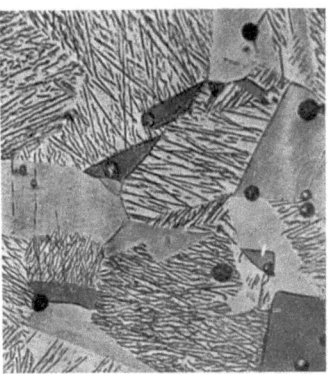

Abb. 630. Wie Abb. 629, jedoch ½ Stunde bei 1000° geglüht und langsam abgekühlt, × 250.

geht, spricht die niedrige Härte des geglühten und langsam abgekühlten Stahles und ihre fast völlige Übereinstimmung mit der des rasch abgekühlten Stahles gegen die Annahme von Martensit. Abschrecken des Stahles bei 1000° bewirkt, wie Abb. 631 zeigt, die Entstehung vorzüglich ausgebildeter Translations- und Zwillingsstreifung. Der Unterschied zwischen den Härtezahlen abgeschreckter und langsam abgekühlter Proben ist unerheblich. Erheblich ist dagegen die Härteabnahme mit steigender Temperatur, die wohl eine Erweiterung des für reine Metalle bereits aufgestellten Grundsatzes auf die den reinen Metallen vom Stand-

518 Der Einfluß der Weiterverarbeitung auf Gefüge und Eigenschaften des Stahles.

punkt des Gefüges sehr nahestehenden festen Lösungen darstellt, daß mit steigender Korngröße die Härte abnimmt.

Temperatur °C	Brinellsche Härtezahl des bei nebenstehender Temperatur geglühten bzw. abgeschreckten ( ) Stahls
Anlieferungszustand	137 (...)
600	— (134)
800	119 (129)
1000	112 (110)
1200	108 (102)

Sowohl der Austenit des Hadfieldschen Manganstahles wie der des 25%igen Nickelstahles kann durch Anlassen auf 400—500° in Martensit umgewandelt werden. Hierbei tritt eine beträchtliche Härtesteigerung ein. Gleichzeitig erreicht die Magnetisierbarkeit nicht zu unterschätzende Werte.

Der Austenit des Chrom-Nickelstahles vom Typus des Kruppschen V 2 A-Stahles ist gegenüber Anlassen sehr beständig. Nach etwa 50stündigem Anlassen bei 680° beginnt der Zerfall an den Korngrenzen mit der Ausscheidung von Karbiden.

Abb. 631. Wie Abb. 629, jedoch ½ Stunde bei 1000° geglüht und abgeschreckt, × 250.

7. Die Ausscheidungshärtung.

A. Das System Aluminium-Kupfer.

Die Ausscheidungshärtung wurde vor rund 35 Jahren von A. Wilm am Duralumin entdeckt. Sie wird häufig auch als Vergütung oder Veredelung bezeichnet; doch empfiehlt es sich, diese Ausdrücke im Hinblick auf die Verwechslungsmöglichkeit mit anderen, durch sie schon gekennzeichneten Prozessen zu vermeiden.

Das Duralumin stellt eine neben Magnesium, Mangan und Silizium im wesentlichen Kupfer enthaltende Aluminiumlegierung dar. Die Entdeckung von Wilm bestand darin, daß diese Legierung nach Abschreckung von bestimmten Temperaturen und anschließendem Lagern bei Raumtemperatur oder Anlassen bei Temperaturen unterhalb der Abschrecktemperatur eine höhere Härte annimmt. Diese Art der Härtung wird als Ausscheidungshärtung bezeichnet.

Die Möglichkeit der Ausscheidungshärtung ist an zwei Voraussetzungen geknüpft[1]:

1. Die Zusammensetzung eines gesättigten Mischkristalles muß sich mit der Temperatur derart ändern, daß ein im Grundmetall löslicher Zusatzstoff bei höheren Temperaturen stärker löslich ist als bei niederen. Die ausscheidungshärtbaren Legierungen liegen innerhalb des heterogenen Gebietes. Die Ausscheidungshärtbarkeit ist für eine bestimmte Legierung am größten, wenn die Abkühlung von so hohen Temperaturen erfolgt, daß die Sättigungslinie der festen Lösung geschnitten wird.

2. Der bei erhöhten Temperaturen in feste Lösung übergegangene Betrag muß durch beschleunigte Abkühlung in Lösung erhalten bleiben.

---
[1] Vgl. W. Köster (2).

Bei Raumtemperatur liegt demnach ein instabiler, übersättigter Mischkristall vor, der das Bestreben hat, durch Ausscheidung des überschüssig gelösten Betrages den Gleichgewichtszustand zu erreichen. Hierbei wird ein Zustand durchlaufen, der mit erhöhter Härte verknüpft ist. Physikalische Messungen lassen erkennen, daß diese Härtesteigerung auf den Zerfall der festen Lösung, also auf den Übergang aus dem homogenen in den heterogenen Gefügeaufbau zurückzuführen ist. Im Zustande der höchsten Härte ist diese Heterogenität mikroskopisch nicht erkennbar. Hieraus hat man geschlossen, daß die Härtesteigerung auf den feinen Verteilungsgrad der Ausscheidungen zurückzuführen ist.

Bevor hier auf die ausscheidungshärtbaren Eisenlegierungen eingegangen wird, soll die Ausscheidungshärtung an dem System besprochen werden, an dem sie entdeckt wurde. Abb. 632 gibt die maßgebliche Ecke des Systems Aluminium-Kupfer wieder. Das Aluminium besitzt für Kupfer eine mit der Temperatur stark zunehmende Löslichkeit, der Mischkristall I ist unterkühlbar. Demnach sind die Voraussetzungen für eine Ausscheidungshärtung erfüllt.

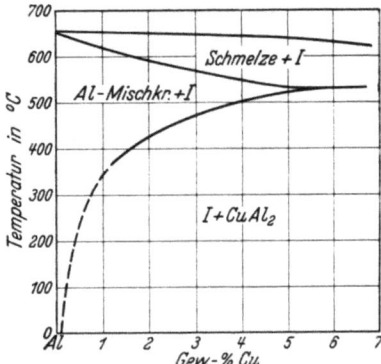

Abb. 632. Teilschaubild des Zweistoffsystems Aluminium—Kupfer.

Schreckt man eine Legierung mit 5% Cu von einer Temperatur unterhalb der Soliduslinie ab, so erhält man bei Raumtemperatur einen übersättigten Mischkristall I mit 5% Cu, während die Gleichgewichtslöslichkeit nur Bruchteile eines Prozentes beträgt. Den Zerfall des instabilen Mischkristalles mit 5% Cu bei Raumtemperatur und erhöhten Temperaturen, ausgedrückt durch die mit dem Zerfall verbundenen Härteänderungen, zeigt Abb. 633. Die Höchsthärte wird bei Raumtemperatur erst nach mehr als 10 Tagen, bei 200° dagegen nach wenigen Stunden und bei 270° bereits nach wenigen Minuten erreicht. Bei dieser letzteren Temperatur folgt dem Härteanstieg rasch ein Härteabfall. Wählt man als Anlaßtemperatur 350°, so ist schon nach kürzester Zeit nur noch ein schwacher Härteabfall feststellbar. Hieraus geht der Einfluß der Temperatur auf den Ausscheidungsvorgang hervor.

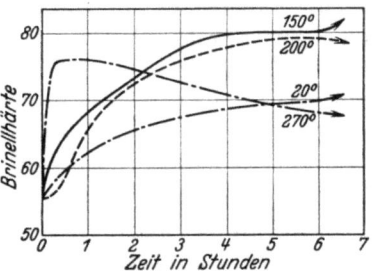

Abb. 633. Ausscheidungshärtung einer 5% Kupfer enthaltenden Aluminiumlegierung bei verschiedenen Temperaturen.

Im gleichen Sinne wie eine Erhöhung der Anlaßtemperatur wirkt eine Verlängerung der Anlaßdauer. Der Einfluß der Zeit ist kurz folgendermaßen zu kennzeichnen: Bei niedrigen Anlaßtemperaturen stellt sich nach längerer Zeit ein bestimmter Härtehöchstwert ein, der mit der Höhe der Anlaßtemperatur zunächst zunimmt. Bei Erhöhung der Anlaßtemperatur über einen bestimmten Wert nimmt nach Erreichung eines Maximums die Härte wieder ab. Die mit steigender Anlaßtemperatur zunehmende Zerfallsgeschwindigkeit der festen Lösung bewirkt dabei, daß, je höher die Anlaßtemperatur ist, um so rascher der Härtehöchstwert erreicht wird, die Zeit bis zum Beginn des Härteabfalles verkürzt und dieser selbst beschleunigt wird.

Bestimmte Temperaturen führen zur Erreichung eines Härtebestwertes. (siehe Kurve für 150⁰ in Abb. 633.) Bei ihrer Überschreitung sinkt der Härtehöchstwert auf den Zeit-Härte-Kurven dauernd ab.

Neben dem System Al—Cu sind die Systeme Al—Si; Al—Zn; Al—Mg und Al—Li auf Grund ihrer Ausscheidungshärtbarkeit von größter technischer Bedeutung. Das gleiche gilt für eine große Zahl ternärer und komplexer Aluminium- (und auch Magnesium-)Legierungen, von denen erwähnt seien Konstruktal (Al—Si—Zn—Mg) und Scleron (Al—Si—Zn—Li).

B. Die Systeme Fe—Mo, Fe—W, Fe—Be, Fe—Ti.

Die Ausscheidungshärtbarkeit von Eisenlegierungen wurde erst im Jahre 1926 von P. Sykes (1) an Eisen-Wolfram- und Eisen-Molybdänlegierungen festgestellt. Diesen Systemen ist eine von Raumtemperatur bis zum Schmelzbeginn um mehr als 20% zunehmende Löslichkeit des α-Mischkristalls für Molybdän bzw. Wolfram eigen. Daher sind starke Ausscheidungseffekte zu erwarten. Die Abschreckung kann, da Systeme mit abgeschnürtem γ-Gebiet vorliegen, von Temperaturen bis zur Soliduslinie durchgeführt werden. Durch derartiges Abschrecken mit nachfolgendem, zweistündigem Anlassen bei 700⁰ ergab sich bei einer 30%igen Eisen-Wolframlegierung eine Ausscheidungshärtung von 186 auf 458 Brinelleinheiten.

Die Ausscheidungshärtbarkeit von Eisen-Berylliumlegierungen wurde von G. Masing (5), die der Eisen-Titanlegierungen von R. Wasmuth (3) nachgewiesen. Die Löslichkeit des Eisens für Titan beträgt 6,3% bei 1300⁰. Der Verlauf der Löslichkeitslinie war unbekannt. Es war jedoch eine mit fallender Temperatur abnehmende Löslichkeit zu erwarten. In diesem Falle wäre ein Titangehalt von etwa 6% für die Erzielung der Ausscheidungshärtung erforderlich. Da aber ein so hoher Ti-Gehalt Kosten, Bearbeitbarkeit und Schmiedbarkeit der Stähle ungünstig beeinflußt, kommen für die praktische Verwendung erst Stähle mit weniger als 3% Titan in Frage. Um schon bei diesen Titangehalten Aushärtung zu erzielen, machte Wasmuth den Versuch, die Löslichkeit des α-Eisens für Titan durch Zusatz von Fremdelementen zu erniedrigen. Dieser Weg führte zum Ziel und erwies die praktische Möglichkeit der Ausscheidungshärtung von Eisen durch Titan. Als die Löslichkeit des Titans erniedrigende Legierungselemente erwiesen sich Silizium und Nickel am geeignetsten.

Die bisher erwähnten Eisenlegierungen besitzen ein abgeschnürtes γ-Feld. Das α-Gebiet reicht also bis zur Soliduskurve. Die Systeme Eisen-Kohlenstoff, Eisen-Stickstoff und Eisen-Kupfer dagegen, die ebenfalls die Vorbedingungen für die Ausscheidungshärtbarkeit des α-Mischkristalls erfüllen, besitzen ein offenes γ-Feld, d. h. die Löslichkeitslinie des Zusatzstoffes im α-Eisen wird bei der Temperatur der beginnenden $\alpha \rightarrow \gamma$-Umwandlung abgeschnitten. Reine Ausscheidungshärtung tritt daher nur nach Abschreckung von Temperaturen unterhalb des Beginns der α/γ-Umwandlung auf.

C. Das System Eisen-Kohlenstoff.

Der genaue Verlauf der Löslichkeitslinie des Kohlenstoffs im α-Eisen wurde von W. Köster (2, 7) mit Hilfe des Eggertzschen kolorimetrischen Kohlenstoffbestimmungsverfahrens festgelegt. Hiernach nimmt die Löslichkeit des Kohlen-

Die Ausscheidungshärtung.

stoffs im α-Eisen von Raumtemperatur bis 500°, von 500—650°, von 650—695° und von 695—710° um je etwa 0,01% zu, das heißt, die Aufnahmefähigkeit des α-Eisens für Kohlenstoff wächst mit der Temperatur beschleunigt an (Abb. 634). Da der α-Mischkristall übersättigt bei Raumtemperatur erhalten werden kann, ist Ausscheidungshärtung zu erwarten. Da aber die Löslichkeitszunahme absolut gering ist, werden auch die Ausscheidungseffekte bei weitem nicht das beispielsweise bei den Eisen-Wolframlegierungen beobachtete Ausmaß erlangen.

In der folgenden Tabelle ist der Einfluß einer Ausscheidungshärtung auf einige Festigkeitseigenschaften eines Stahles mit 0,04% C nach G. Masing und L. Koch (5) wiedergegeben:

Abschrecktemp. °C	Zustand		Brinellhärte	Zugfestigkeit kg/mm²	Dehnung %
660°	vor	Ausscheidungshärtung	119	40	25
	nach		172	55	13
700°	vor	Ausscheidungshärtung	121	40,3	27
	nach		185	57,5	14

Abb. 634 läßt erkennen, daß die günstigste Abschrecktemperatur für die Erzielung der Ausscheidungshärtung durch Kohlenstoff kurz unterhalb A_1 liegt, da bei A_1 die maximale Löslichkeit erreicht ist. Würde man oberhalb A_1 abschrecken, so würden die Ausscheidungshärtungseffekte überdeckt durch die der Abschreckhärtung.

Im folgenden wird der Einfluß einer Wärmebehandlung unterhalb A_1 auf die Eigenschaften von Kohlenstoffstählen nach W. Köster (2, 7) wiedergegeben. [Da für die Untersuchungen technische Stähle zur Verwendung gelangten, ist es nicht ausgeschlossen, daß die beschriebenen Erscheinungen außer dem Kohlenstoff auch teilweise dem Stickstoff

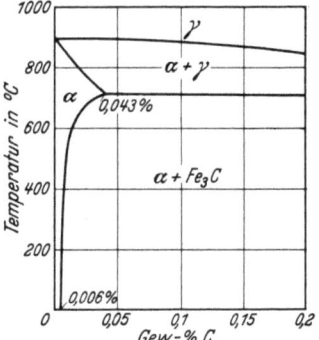

Abb. 634. Löslichkeit des Kohlenstoffs im α-Eisen [Köster (2, 7)].

zugeschrieben werden müssen (hierüber siehe den folgenden Abschnitt), der ebenfalls im α-Eisen mit steigender Temperatur in zunehmendem Maße gelöst wird.] Die angeführten Eigenschaftsänderungen gelten gegenüber dem ausgeglühten Zustande.

Die elektrische Leitfähigkeit nimmt mit steigender Abschrecktemperatur entsprechend der zunehmenden Mischkristallbildung ab. Beim Anlassen nimmt die Leitfähigkeit entsprechend der Wiedereinstellung des heterogenen Zustandes ab 50° zu, bis zur Wiedererreichung des für den ausgeglühten Zustand maßgebenden Wertes. Diese Änderungen sind

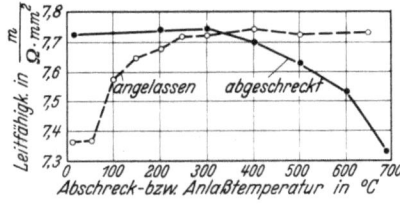

Abb. 635. Einfluß des Abschreckens und Anlassens unterhalb A_1 auf die Leitfähigkeit eines Stahles mit 0,08% Kohlenstoff [Köster (2, 7)].

für einen Stahl mit 0,08% C in Abb. 635 wiedergegeben. Ein grundsätzlich gleiches Verhalten zeigt das spezifische Gewicht.

Die Säurelöslichkeit zeigt nach Abschrecken unterhalb A_1 und anschließendem

Anlassen ein Maximum bei 300° Anlaßtemperatur. Die Erklärung hierfür ergibt sich aus der Beobachtung des Gefüges, das von I. H. Whiteley (3) eingehend untersucht wurde. Beim Anlassen dicht unterhalb A_1 abgeschreckter kohlenstoffarmer Stähle treten ab 260° Anlaßtemperatur im ursprünglich homogenen α-Mischkristall kleine Zementitpünktchen auf, die bei weiterer Steigerung der Anlaßtemperatur an die Korngrenzen wandern. Bei 500° verläuft diese Bil-

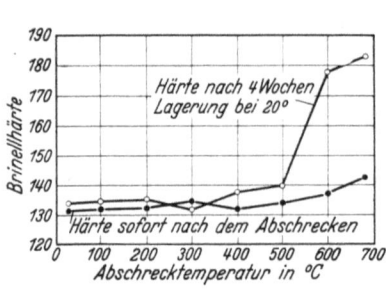

Abb. 636. Härtezunahme eines Stahles mit 0,13 % Kohlenstoff nach Abschreckung unterhalb A_1 und anschließendem Lagern bei Raumtemperatur [Köster (2, 7)].

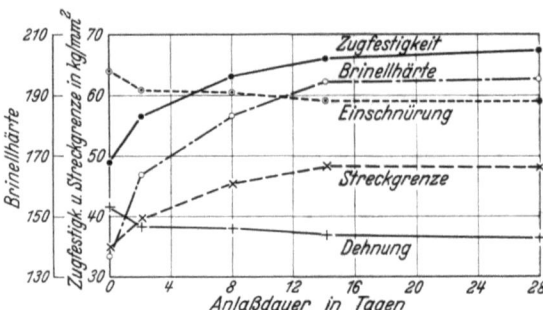

Abb. 637. Zeitliche Änderungen der Festigkeitseigenschaften eines von 680° abgeschreckten Stahles mit 0,06% Kohlenstoff [Köster (2, 7)].

dung von Korngrenzenzementit sehr rasch. Die mikroskopische Untersuchung bestätigt somit die Tatsache, daß der Kohlenstoff durch Abschrecken im α-Eisen in Lösung gehalten werden kann und sich beim Anlassen wieder ausscheidet. Bezüglich der Erklärung der maximalen Säurelöslichkeit nach Anlassen in der Umgebung von 300° geht aus den Gefügeuntersuchungen hervor, daß sich in der Nähe dieser Anlaßtemperatur die für die Ausbildung zahlloser Lokalelemente günstigste Größe und Verteilung der Zementitausscheidungen ergibt.

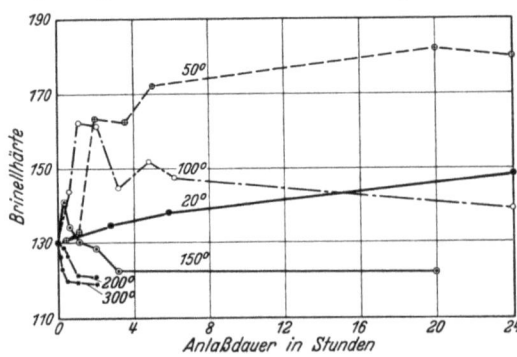

Abb. 638. Zeitliche Härteänderung eines von 680° abgeschreckten Stahles mit 0,07% Kohlenstoff bei verschiedenen Temperaturen [Köster (2, 7)].

In Abb. 636 ist der Einfluß der Abschreckung und des Lagerns bei 20° nach der Abschreckung von Temperaturen unterhalb A_1 für einen Stahl mit 0,13% C, 0,01% Si, 0,36% Mn, 0,014% P und 0,052% S dargestellt. Entsprechend der erst ab 500° stärker zunehmenden Löslichkeit des Kohlenstoffs im α-Eisen tritt eine deutliche Ausscheidungshärtung auch erst nach Abschreckung oberhalb 500° ein. Der mit der Abschrecktemperatur zunehmende C-Gehalt des Ferrits kommt in einer geringfügigen Härtesteigerung unmittelbar nach der Abschreckung zum Ausdruck.

Einen Überblick über die zeitlichen Änderungen der Festigkeitseigenschaften infolge der Ausscheidung des Kohlenstoffs in einem von 680° abgeschreckten Stahl mit 0,06% Kohlenstoff vermittelt Abb. 637. Die zeitliche Änderung der Härte bei verschiedenen Anlaßtemperaturen für einen in der gleichen Weise abgeschreckten Stahl mit 0,07% Kohlenstoff zeigt Abb. 638. Sie bestätigt die weiter

Die Ausscheidungshärtung.

vorn über den Einfluß der Temperatur und der Zeit beim Anlassen gemachten Ausführungen. Die Höchsthärte wurde mit 193 Brinelleinheiten bei 20⁰ nach 9 Tagen erreicht. Mit steigender Anlaßtemperatur setzt die Härtesteigerung früher ein, erreicht aber geringere Werte. So beträgt der Höchstwert bei 50⁰:182 B.E. nach 20 Std., bei 100⁰:164 B.E. nach 2 Std., bei 150⁰:140 B.E. nach 15 Min., bei 200⁰:134 B.E. nach 5 Min. Bei noch höheren Anlaßtemperaturen ist nur noch ein leichter Abfall der Härte schon zu Beginn des Anlassens festzustellen.

Von besonderer praktischer Bedeutung ist die mit der Ausscheidungshärtung verknüpfte Verlagerung des Steilabfalles der Kerbschlagzähigkeit zu höheren Temperaturen, die die Fragwürdigkeit der Bezeichnung der Ausscheidungshärtung des Stahles als „Vergütung" oder „Veredelung" beleuchtet. Wie Abb. 639 an einem Stahl mit 0,17% Kohlenstoff zeigt, wird die Kerbschlagzähigkeit allein durch Abschrecken unterhalb A_1 nicht beeinflußt; jedoch tritt nach ausreichend langer Lagerung bei Raumtemperatur eine empfindliche Verschiebung des Steilabfalles zu höheren Temperaturen hin ein, wodurch die Kerbschlagzähigkeit bei Raumtemperatur auf sehr niedrige Werte absinken kann. Im gleichen Sinne wie die Lagerung bei Raumtemperatur wirkt natürlich eine Erwärmung auf wenig erhöhte Temperaturen bei entsprechender Bemessung der Erwärmungsdauer. Wird das Anlassen bei einer Temperatur durchgeführt, die zur raschen Erweichung führt, so wird der Steilabfall wieder auf die ursprüngliche Temperatur zurückverlegt.

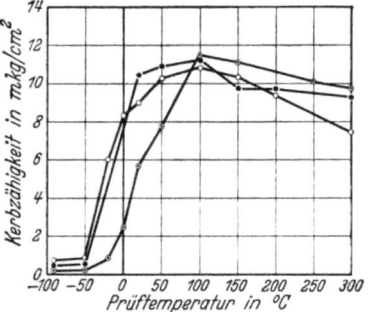

Abb. 639. Einfluß des Abschreckens von 680⁰ und anschließender Lagerung bei 20⁰ auf die Kerbschlagzähigkeit eines Stahles mit 0,17% Kohlenstoff [Köster (2, 7)].
○----○ Anlieferungszustand, ●---● von 680⁰ abgeschreckt und sofort geprüft, ○--○ von 680⁰ abgeschreckt und 14 Tage bei 20⁰ gelagert.

Schließlich ist noch zu erwähnen, daß die Biege-, Tiefzieh- und Verwindefähigkeit während der Ausscheidungshärtung stark abnehmen.

Während die Hauptänderung der bisher besprochenen Eigenschaften der unterhalb A_1 abgeschreckten Kohlenstoffstähle mit Ausnahme der Säurelöslichkeit bereits bei genügend langer Lagerung bei Raumtemperatur stattfindet, spricht eine andere Eigenschaftsgruppe, die hauptsächlich die magnetischen Eigenschaften umfaßt, erst nach Einstellung des Gleichgewichtszustandes bei höherer Temperatur an. Einen Überblick über die Änderungen der magnetischen Eigenschaften beim Anlassen erhält man bei der Prüfung des Zeiteinflusses bei verschiedenen Anlaßtemperaturen. Abb. 640 gibt die zeitliche Änderung der magnetischen Eigenschaften eines von 680⁰ abgeschreckten Stahles mit 0,08% Kohlenstoff bei verschiedenen Anlaßtemperaturen wieder. Die zeitliche Änderung der magnetischen Eigenschaften folgt hiernach den gleichen Gesetzen wie die Änderung der Härte mit der Zeit, d. h. der Anstieg der betreffenden magnetischen Eigenschaft erfolgt von einer bestimmten Temperatur ab langsam, wird dann aber mit steigender Anlaßtemperatur stark beschleunigt. In Abhängigkeit von der Zeit wird ein Höchstwert für jede Anlaßtemperatur durchlaufen, der mit steigender Anlaßtemperatur geringer wird.

Beim Lagern des von 680⁰ abgeschreckten Stahles bei Raumtemperatur nimmt

524 Der Einfluß der Weiterverarbeitung auf Gefüge und Eigenschaften des Stahles.

die Koerzitivkraft kaum merklich ab, die Remanenz und Maximal-Permeabilität steigen langsam an. Demnach wird die Induktionsschleife mit der Zeit aufgerichtet, ohne daß sich ihre Breite merklich ändert.

Die Koerzitivkraft erfährt auch nach 80stündigem Lagern bei 110° noch keine

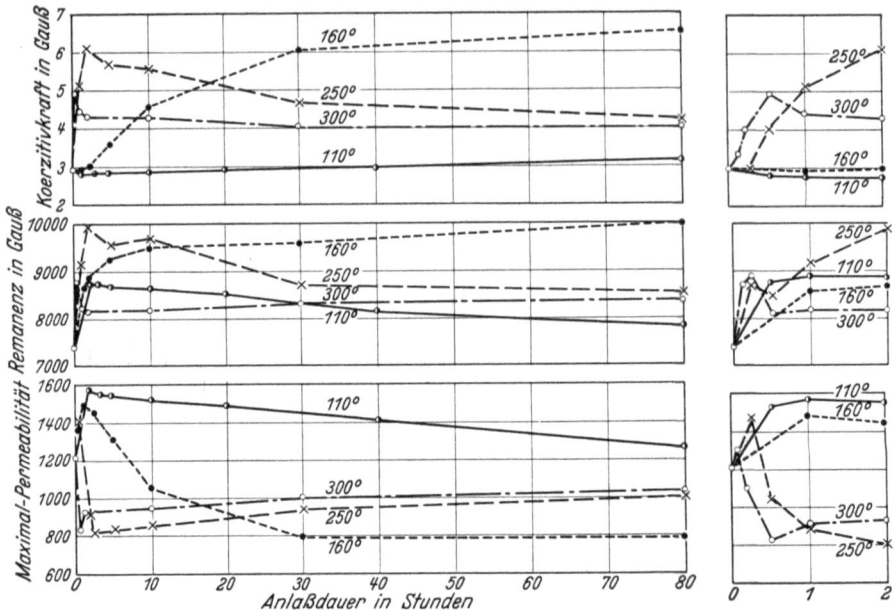

Abb. 640. Zeitliche Änderung der magnetischen Eigenschaften eines von 680° abgeschreckten Stahles mit 0,08% Kohlenstoff bei verschiedenen Anlaßtemperaturen [Köster (2, 7)].

wesentliche Änderung, während die Remanenz schon nach einer Stunde einen Höchstwert erreicht und dann langsam wieder abfällt.

Bei 160° Anlaßtemperatur steigen Koerzitivkraft und Remanenz mit der Zeit stark an, die Remanenz wesentlich rascher als die Koerzitivkraft. Die hieraus folgenden Änderungen der Hysteresisschleife zeigt Abb. 641. Nach 120stündigem Anlassen bei 160° ist der Höchstwert der Koerzitivkraft noch nicht erreicht.

Bei 250° und 300° Anlaßtemperatur erreichen Remanenz und Koerzitivkraft rasch ihr Maximum, worauf ein langsamer Abfall folgt. Die Form der Induktionsschleifen läßt sich ohne weiteres aus diesen Änderungen ableiten. Die Ursache für den Abfall der Koerzitivkraft ist die mit der Zeit fortschreitende Zusammenballung der ausgeschiedenen Zementitteilchen.

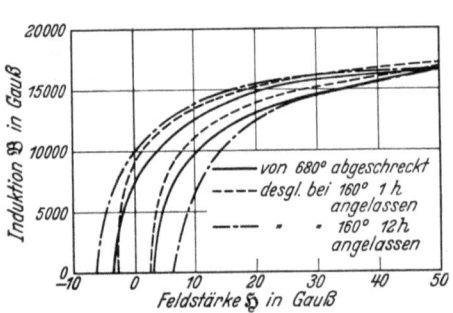

Abb. 641. Änderung der Induktionsschleife eines von 680° abgeschreckten Stahles mit 0,08% Kohlenstoff beim Anlassen bei 160° [Köster (2. 7)].

Aus der Beobachtung, daß die verschiedenen Eigenschaften bei gleicher Anlaßdauer bei verschiedenen Anlaßtemperaturen ihre Änderungen erfahren, ist der Schluß zu ziehen, daß die einzelnen Eigenschaften auf unterschiedliche Teilchengrößen des sich ausscheidenden Stoffes ansprechen. Während die Härte einen

Höchstwert in einem Stadium des Mischkristallzerfalls erreicht, in dem die Teilchengröße noch weit unter der mikroskopischen Auflösbarkeit liegt, spricht die Koerzitivkraft erst an, wenn der Koagulationsvorgang schon so weit vorangeschritten ist, daß die Teilchen anfangen im Mikroskope sichtbar zu werden. Die Änderung der Koerzitivkraft tritt daher bei einer bestimmten Anlaßtemperatur zu einer Zeit auf, wo die Änderung der Phasen (s. Leitfähigkeit) bereits lange beendet ist und die Ausscheidungshärte schon wieder zurückgeht.

Bei dem von Köster durchgeführten Vergleich zwischen Stählen, die einmal im ausgeglühten und einmal im vergüteten Zustande dem Abschrecken von 680° und anschließendem Lagern unterworfen wurden, zeigte es sich, daß der vergütete Stahl

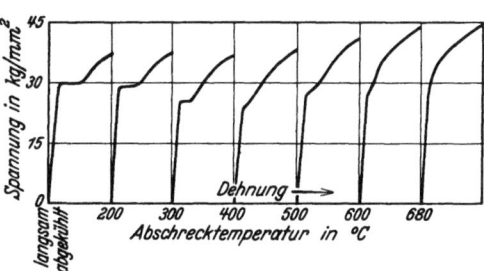

Abb. 642. Einfluß des Abschreckens unterhalb A_1 auf die Ausbildung des Knickes an der Streckgrenze [Köster (2, 7)].

so gut wie keine Ausscheidungshärtung zeigte. Die Abschreckwirkung wird bei dem vergüteten und von 680° abgeschreckten Stahl durch Anlassen rückgängig gemacht, ohne daß Härte, Festigkeit und Kerbzähigkeit sich ändern, während die Leitfähigkeit, das spezifische Gewicht und die magnetischen Eigenschaften sich ändern wie bei dem vor der Abschreckung ausgeglühten Stahl. Köster sieht die Erklärung für diese Erscheinung darin, daß der Gefügeaufbau des vergüteten Stahles für sein verändertes Verhalten verantwortlich ist. Die feinere Verteilung des Zementits, soweit er durch Abschrecken nicht in Lösung gebracht wurde, bedingt, daß beim Zerfall der festen Lösung der ausscheidende Zementit sich größtenteils an die zahlreich in gleichmäßiger Verteilung im Ferrit vorhandenen Karbidkörnchen anlagert und so die Entstehung einer so feinen Verteilung des ausgeschiedenen Zementits, wie sie zur Erhöhung der Härte er-

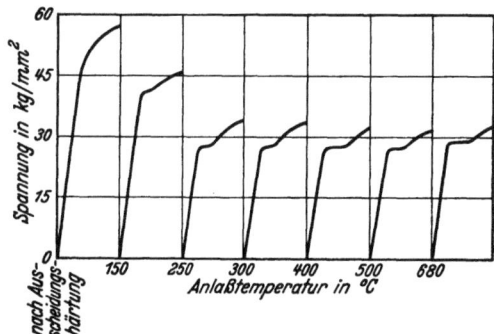

Abb. 643. Einfluß des Anlassens nach Abschreckung unterhalb A_1 auf die Ausbildung des Knickes an der Streckgrenze [Köster (2, 7)].

forderlich ist, unterbunden wird. Demgemäß ist nach Köster die dritte Vorbedingung für die Ausscheidungshärtung neben der Forderung mit der Temperatur abnehmender Löslichkeit und der Unterkühlbarkeit des bei der Abschrecktemperatur gesättigten Mischkristalls, daß der nicht in feste Lösung eingehende Betrag der löslichen Phase in nicht zu feiner Verteilung in der Grundmasse vorliegen darf.

Wird der vergütete Stahl ausgeglüht und dann der Ausscheidungshärtung unterworfen, so erweist er sich wieder als ausscheidungshärtbar.

Aus den Abb. 642 und 643, die den Einfluß des Abschreckens unterhalb A_1 und des nachfolgenden Anlassens auf den Knick an der Streckgrenze zeigen, geht hervor, daß dessen Auftreten unzweifelhaft an einen heterogenen Gefügeaufbau gebunden ist. Der heterogene Aufbau des Stahles aus Ferrit, Perlit (Zementit) und Schlackeneinschlüssen allein reicht aber nicht zur Erzeugung des Knickes aus. Vielmehr müssen die heterogenen Bestandteile hinsichtlich ihrer Verteilung bestimmte Vorbedingungen erfüllen. Nach Köster wird der Knick hervorgerufen durch den sich aus dem α-Eisen in gleichmäßiger Verteilung ausscheidenden Zementit. Weitgehend reines Eisen zeigt daher, wie andere reine Metalle, den Knick nicht. Desgleichen ist er nicht vorhanden, wenn der Zementit durch Abschrecken kurz unterhalb A_1 in Lösung gebracht wird (Abb. 642), erscheint aber wieder bei der dem Zerfall der festen Lösung folgenden Zusammenballung der Karbidteilchen bei höheren Anlaßtemperaturen (Abb. 643).

Die Ausscheidungshärtbarkeit von Stahl durch Kohlenstoff nimmt von praktisch 0% Kohlenstoff bis zu dem Kohlenstoffgehalt, der der maximalen Löslichkeit des Kohlenstoffs im α-Eisen entspricht, rasch zu. Bei weiterer Zunahme des Kohlenstoffgehaltes nimmt die Ausscheidungshärtbarkeit rasch ab und verschwindet fast vollständig ab 0,6% Kohlenstoff. Damit verhalten sich die Eisen-Kohlenstofflegierungen ganz ähnlich wie andere ausscheidungshärtbare Legierungsreihen, die stets die größte Aushärtbarkeit in der Nähe der Konzentration aufweisen, die der größten Löslichkeit des Mischkristalls entspricht. Die anfängliche Zunahme der Ausscheidungshärtbarkeit ist auf die mit wachsendem Kohlenstoffgehalt zunehmende Konzentration der übersättigten festen Lösung zurückzuführen. Die Abnahme der Aushärtbarkeit bei Kohlenstoffgehalten oberhalb der maximalen Löslichkeit des α-Mischkristalls geht zum Teil auf die mit zunehmendem Kohlenstoffgehalt abnehmende Ferritmenge, zum andern Teil auf die Keimwirkung des ungelösten Karbides (Perlit) beim Anlassen zurück. Der letztere Einfluß wurde bereits weiter oben behandelt.

In gleicher Weise wie auf die Aushärtbarkeit wirkt der Kohlenstoffgehalt auf die Größe der magnetischen Unregelmäßigkeit ein.

D. Das System Eisen-Stickstoff.

Die Löslichkeit des Stickstoffs im α-Eisen, die im Abschnitt II, 31 bereits besprochen worden ist, ist in Abb. 644 nach W. Köster (8) wiedergegeben. Die Löslichkeit beträgt nach Köster bei Raumtemperatur 0,001%, bei 400° etwa 0,02% und bei 580° 0,4% N_2. Entlang der Löslichkeitslinie scheidet sich der Stickstoff bei langsamer Abkühlung in Nadelform (s. II, 31) als Nitrid Fe_4N aus. Durch Abschrecken von Temperaturen unterhalb des Beginns der α → γ-Umwandlung läßt sich der Stickstoff in Lösung halten. Somit erfüllen die Eisen-Stickstofflegierungen die Vorbedingung zur Ausscheidungshärtung. Diese wurde eingehend untersucht von W. Köster (6). Die Härte einer nitrierten Probe wurde durch Abschrecken von 100 auf 180 Brinelleinheiten gesteigert und stieg durch dreiwöchentliches Lagern weiter an auf 270 Brinelleinheiten. In Abb. 645 ist die prozentuale Härtesteigerung von Stählen mit nur 0,01—0,015% Kohlenstoff und 0,004—0,040% N_2 nach Abschreckung von 680° und anschließendem Lagern bei Raumtemperatur in Ab-

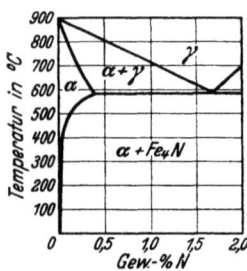

Abb. 644. Löslichkeit des Stickstoffs im α-Eisen [Köster (8)].

Die Ausscheidungshärtung.

hängigkeit vom Stickstoffgehalt nach Versuchsergebnissen von W. Eilender und R. Wasmuth (7) wiedergegeben[1]. Durch die Ausscheidungshärtung werden die Eisen-Stickstofflegierungen sehr spröde; ein Zerreißstab bricht ohne Einschnürung (s. Abb. 646).

Die Untersuchung der Ausscheidungshärtung des Eisens durch Stickstoff wird bei gleichzeitiger Anwesenheit von Kohlenstoff dadurch ermöglicht, daß sich der Kohlenstoff bei Abkühlungsgeschwindigkeiten, bei denen der Stickstoff noch sicher in fester Lösung bleibt, bereits ausscheidet. Der Stickstoff scheidet sich erst nach längerem Anlassen aus.

Als Beispiel dafür, daß bei der gleichen Zustandsänderung verschiedene Eigenschaften ganz verschieden ansprechen können, seien hier die Änderungen von elektrischer Leitfähigkeit und Koerzitivkraft beim Abschrecken einer langsam erkalteten Eisen-Stickstofflegierung angeführt (Abb. 647). Die elektrische Leitfähigkeit nimmt mit steigender Abschrecktemperatur beschleunigt ab, entsprechend der mit der Temperatur zunehmenden Stickstofflöslichkeit. Die Koerzitivkraft hingegen fällt zwischen 150—300° Abschrecktemperatur rasch ab und ändert sich nach Abschreckung von höheren Temperaturen praktisch nicht mehr. Die Erklärung für dieses Verhalten der Koerzitivkraft ergibt sich aus mikroskopischen Untersuchungen. Nach langsamer Abkühlung zeigen sich im α-Eisen neben großen Nitridnadeln sehr viel feine Nädelchen.

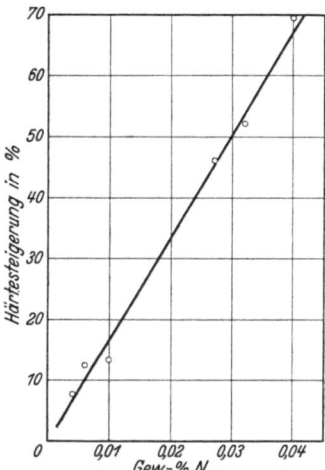

Abb. 645. Prozentuale Härtesteigerung durch Ausscheidungshärtung in Abhängigkeit vom Stickstoffgehalt [W. Eilender und R. Wasmuth (7)].

Die letzteren scheiden sich bei der Abkühlung erst ab 300° aus und gehen beim Abschrekken von steigenden Temperaturen zuerst wieder in Lösung, und zwar gerade in dem Temperaturbereich, in dem die Koerzitivkraft stark abfällt. Bei den

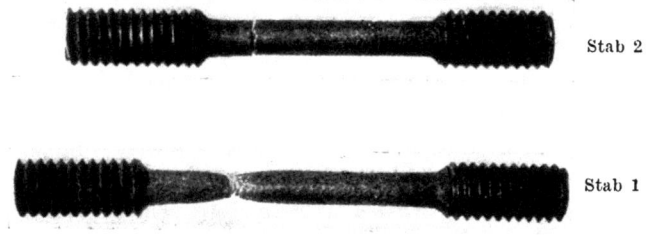

Abb. 646. Zerreißproben einer Schmelze mit 0,032 % N. Stab 1: abgeschreckt, Stab 2: 14 Tage gelagert [W. Eilender und R. Wasmuth (7)].

Eisen-Stickstofflegierungen bestätigt sich also die an den Eisen-Kohlenstofflegierungen gemachte Feststellung, wonach die Koerzitivkraft am empfindlichsten anspricht auf Teilchengrößen, die an der Grenze der mikroskopischen Auflösbarkeit liegen. Aus Vorstehendem ergibt sich, daß für die Verfolgung der Ausscheidung der Nitride aus dem übersättigten α-Mischkristall, die Messung der Koerzitivkraft besser geeignet ist als die Messung der elektrischen Leitfähigkeit.

Die auffälligste Änderung bei der Ausscheidung des Stickstoffs aus dem α-Eisen ist das Auftreten der magnetischen Alterung. Hierunter versteht man die

---

[1] Die Versuchsergebnisse wurden von den Bearbeitern dieses Buches neu ausgewertet.

528 Der Einfluß der Weiterverarbeitung auf Gefüge und Eigenschaften des Stahles.

Änderung der magnetischen Eigenschaften eines langsam abgekühlten (z. B. normalisierten Stahles) Stahles bei der Erwärmung auf niedere Temperaturen, beispielsweise auf 100°. Die magnetische Alterung bedeutet eine Verschlechterung der magnetischen Eigenschaften und damit eine Beeinträchtigung der Leistungsfähigkeit elektrischer Maschinen. Sie wurde bereits von Gumlich (6) dem Übergang eines instabilen Zustandes in einen stabilen zugeschrieben.

Der Verlauf der magnetischen Alterung ist nach Köster an einem normalisierten Thomasstahl[1] durch die Anlaßisothermen der Koerzitivkraft in Abb. 648 wiedergegeben. Die Normalisierung setzt sich bekanntlich zusammen aus einer Glühung oberhalb Ac_3 und anschließender Abkühlung an Luft. Die letztere reicht aus, um den Stickstoff in Lösung zu halten, während sich der Kohlenstoff ausscheidet. Bei dem nun fol-

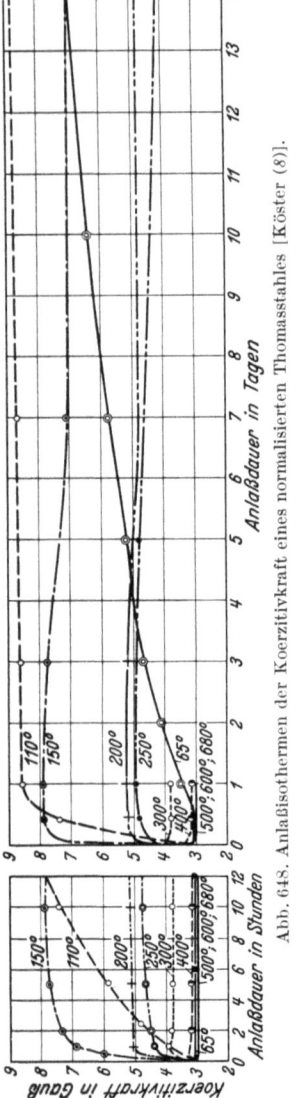

Abb. 648. Anlaßisothermen der Koerzitivkraft eines normalisierten Thomasstahles [Köster (8)].

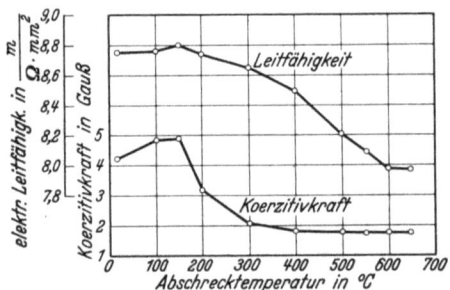

Abb. 647. Einfluß des Abschreckens auf Koerzitivkraft und Leitfähigkeit einer langsam erkalteten Eisen-Stickstofflegierung [Köster (6)].

genden Anlassen sind daher die Ausscheidungseffekte dem Stickstoff zuzuschreiben. Bei der Verfolgung der magnetischen Alterung erfährt die Koerzitivkraft entsprechend Abb. 648 im einzelnen folgende Änderungen: Die Koerzitivkraft steigt mit der Zeit um so rascher an, je höher die Anlaßtemperatur ist. Der stärkste Anstieg wird bei etwa 100° erhalten. Mit weiter steigenden Anlaßtemperaturen nehmen die Endwerte ab. Sobald die Anlaßtemperatur so hoch liegt, daß die Löslichkeit des α-Eisens für Stickstoff bei der Anlaßtemperatur dem Gesamtstickstoffgehalt des Stahles entspricht, tritt keine Änderung der Koerzitivkraft mehr ein.

Während der durch die Ausscheidung von Fe_3C aus dem α-Eisen bedingten Erhöhung der Koerzitivkraft bei genügend hohen Anlaßtemperaturen (z. B. 250°) sehr bald ein beträchtlicher Abfall folgt, nimmt die Koerzitivkraft bei der Stickstoffausscheidung nur sehr allmählich ab. Das bedeutet, daß das Wachstum der ausgeschiedenen Nitridteilchen im Gegensatz zu dem der Karbidteilchen nur sehr langsam voranschreitet.

---

[1] Der Stickstoffgehalt von Thomasstahl beträgt normalerweise etwa 0,015—0,03%.

Die Ausscheidungshärtung.

Die Zunahme der Koerzitivkraft ist von einer Zunahme der Leitfähigkeit begleitet. Letztere ist bei 100° am stärksten und bleibt von der gleichen Anlaßtemperatur an aus wie die Koerzitivkrafterhöhung. Die Änderung der Koerzitivkraft ist der der Leitfähigkeit und damit der ausgeschiedenen Stickstoffmenge weitgehend proportional. Die durch die Mengeneinheit ausgeschiedenen Stickstoffs bewirkte Koerzitivkraftänderung nimmt jedoch mit der Anlaßtemperatur infolge Zunahme der Teilchengröße rasch ab.

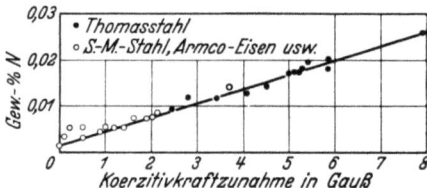

Abb. 649. Beziehung zwischen Stickstoffgehalt und Koerzitivkraftzunahme bei der magnetischen Alterung [Köster (8)].

Abb. 649 stellt den Beweis dafür dar, daß die magnetische Alterung auf Stickstoffausscheidung beruht. Die durch eine gleiche Anlaßbehandlung hervorgerufene Änderung der Koerzitivkraft von Stählen unterschiedlichen Stickstoff-

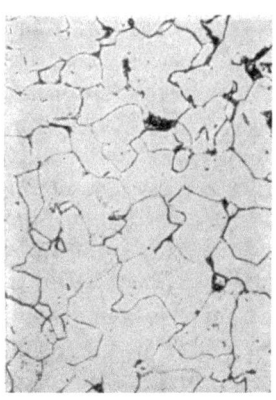

Abb. 650.

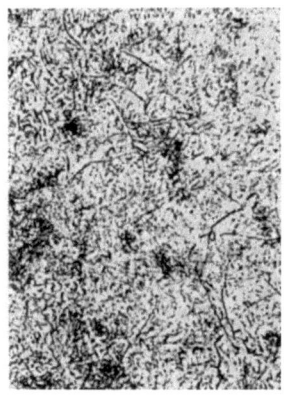

Abb. 651.

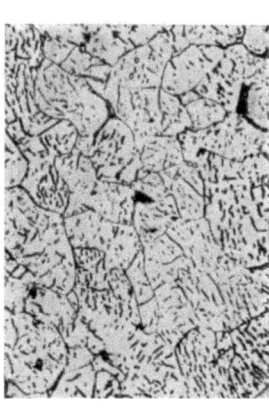

Abb. 652.

Abb. 650—653. Gefügeänderungen eines Thomasstahles bei der Stickstoffausscheidung [Köster (8)].

gehaltes (Siemens-Martinstähle enthalten gewöhnlich 0,005—0,008, Thomasstähle 0,01—0,03% N_2) ist nach Abb. 649 proportional dem Stickstoffgehalt.

Einige weitere Eigenschaften ändern sich gleichlaufend mit der Koerzitivkraft und in Übereinstimmung mit dem Verhalten des Kohlenstoffs in der Richtung, wie sie sich dort in dem Stadium der gröberen Ausscheidungen, in dem die Koerzitivkraft erhöht wird, ändern würden.

Es gibt Stahlsorten, die auch magnetisch nicht altern, so z. B. der Kruppsche Izett-Stahl, bei dessen Desoxydation mit Aluminium der Stickstoff in das im Eisen unlösliche Aluminiumnitrid überführt wird, so daß die Voraussetzungen für die Ausscheidungshärtung nicht mehr erfüllt sind.

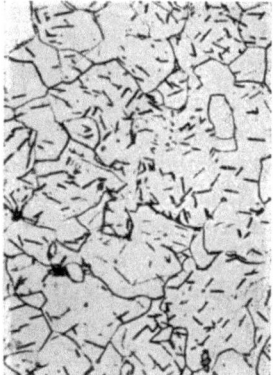

Abb. 653.

In den Abb. 650—653 sind die Gefügeänderungen eines Thomasstahles bei der Stickstoffausscheidung nach W. Köster wiedergegeben. Abb. 650

zeigt den übersättigten α-Mischkristall, der nach achttägigem Anlassen bei 100⁰ (Abb. 651) eine Menge punktförmiger Nitridausscheidungen aufweist. Die Ausscheidungen sind nach achttägigem Anlassen bei 150⁰ wesentlich gröber und zeigen bereits Annäherung an die Nadelform (Abb. 652). Nach nur sechsstündigem Anlassen bei 250⁰ schließlich liegen die Ausscheidungen in ausgeprägter Nadelform vor (Abb. 653).

W. Köster konnte auf Grund seiner Untersuchungen über die Stickstoffausscheidung auch eine Klärung über das Wesen der Kraftwirkungsfiguren herbeiführen. Für die Annahme, daß ausscheidungsfähiger Stickstoff im Zusammenhang stehe mit der Möglichkeit der Entwicklung von Kraftwirkungsfiguren durch das Frysche Ätzmittel in kaltverformtem Stahl, gaben vor allem die Feststellungen Anlaß, daß dieses Ätzmittel auf heterogen im Eisen verteilten Stickstoff besonders gut anspricht, und daß vor allem magnetisch nicht alternder Stahl, der also über keinen ausscheidungsfähigen Stickstoff verfügt, keine Kraftwirkungsfiguren zeigt. Köster konnte eindeutig nachweisen, daß die Stickstoffausscheidung durch Kaltverformung beschleunigt wird, und daß die Entstehung der Kraftwirkungsfiguren sich aus dem Unterschied der Entmischungsgeschwindigkeit im verformten und unverformten Teil der Probe ergibt. Die Ausbildung der Kraftwirkungsfiguren muß man sich also so vorstellen, daß an den verformten Stellen die Ausscheidung des Stickstoffs rascher verläuft als an den unverformten Stellen, und daher an ersteren das Frysche Ätzmittel stärker anspricht. Aus diesem Zusammenhang zwischen Ausscheidung von Stickstoff und Entstehung der Kraftwirkungsfiguren wird nachträglich die Bedeutung des vor der Anwendung des Fryschen Ätzmittels vorzunehmenden Anlaßbehandlung klar.

Abb. 654. Stahl mit Stickstoff von 930⁰ luftabgekühlt, gebogen und je 1 st angelassen auf 100 bis 800⁰, dann geätzt nach Fry [Eilender, Fry und Gottwald (8)].

Die Intensität der Kraftwirkungsfiguren bei der Fryschen Ätzung hängt, ganz ähnlich wie beispielsweise die Koerzitivkraft bei der magnetischen Alterung, von Anlaßtemperatur und Dauer ab. Der Einfluß der ersteren geht hervor aus der Abb. 654 nach W. Eilender, A. Fry und A. Gottwald (8). Die den Stickstoff gelöst enthaltende, nicht angelassene Probe zeigte keine Kraftwirkungsfiguren. Schon nach 1stündigem Anlassen bei 100⁰ traten sie auf, waren am deutlichsten nach dem Anlassen auf 200⁰ und verblaßten bei 300 und 400⁰ wieder. Nach Anlassen bei 500⁰ und darüber traten keine Kraftwirkungsfiguren mehr auf, weil bei diesen Temperaturen im vorliegenden Falle der Gesamtstickstoffgehalt kleiner als die Löslichkeit im α-Eisen oberhalb 500⁰ war und der Stickstoff bei der Abkühlung nach dem Anlassen in fester Lösung verblieb.

Abb. 655 zeigt den Einfluß der Anlaßdauer nach W. Köster. Die Kalt-

Die Ausscheidungshärtung.

verformung wurde durch Einschlagen einer Zahl erzeugt, das Anlassen bei 100° 0—8 Tage lang durchgeführt. Die Schwärzung im Bereich der Verformung nahm im Laufe des ersten Tages bis zu einem tiefen Schwarz zu und wurde dann mit zunehmender Anlaßzeit wieder schwächer. Die Figuren hoben sich zu Beginn des Anlassens von dem hellen Untergrund stark ab. In dem Maße, in dem die Stickstoffausscheidung auch im unverformten Probenteil bei zunehmender Anlaßdauer stattfand, ätzte sich die gesamte Probe dunkler, so daß die Kraftwirkungsgebiete weniger hervortraten, ohne aber, selbst bei der längsten Anlaßzeit bei 100°, gänzlich zu verschwinden.

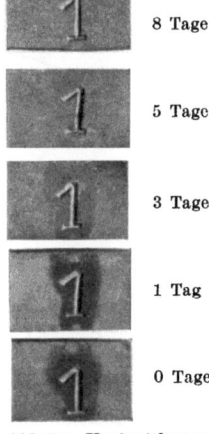

Abb.655. Kraftwirkungsfiguren nach 0- bis 8tägigem Anlassen bei 100° [Köster (8)].

Die beschleunigte Ausscheidung des Stickstoffs infolge Kaltverformung ist im Gefüge an der bevorzugten Ausscheidung des Stickstoffs auf den Gleitebenen kenntlich.

Nach Köster steht das Auftreten von Kraftwirkungsfiguren (und damit der magnetischen Alterung) in keinem Zusammenhang mit der mechanischen Alterung, die sich bekanntlich u. a. in einem starken Abfall der Kerbzähigkeit nach Kaltverformung und anschließendem Anlassen auf niedrige Temperaturen (künstliche Alterung) oder Lagern bei Raumtemperatur (natürliche Alterung) äußert. Die früher vertretene Auffassung, wonach ein Stahl, der Kraftwirkungsfiguren zeigt, auch eine starke Neigung zur mechanischen Alterung besitze, ist daher nicht zutreffend. Immerhin zeigten Untersuchungen von W. Eilender, H. Cornelius und H. Knüppel (9), daß die Neigung weicher Kohlenstoffstähle zur mechanischen Alterung mit dem Stickstoffgehalt bei gleichbleibendem Kohlenstoffgehalt zunimmt, während sie bei gleichem Stickstoffgehalt mit zunehmendem Kohlenstoffgehalt abnimmt. Abb. 656 zeigt eine zusammen-

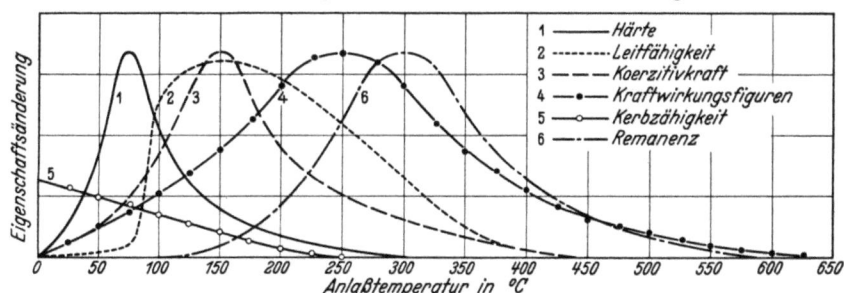

Abb. 656. Anlaßwirkung bei stickstoffhaltigem Eisen [Eilender, Fry und Gottwald (8)].

fassende Darstellung der Eigenschaftsänderungen beim Anlassen von Eisen mit ausscheidungsfähigem Stickstoff nach W. Eilender, A. Fry und A. Gottwald (8). Aus der Lage der Maxima der Eigenschaftsänderungen bei verschiedenen Temperaturen ist zu folgern, daß jede Eigenschaft auf eine andere Teilchengröße anspricht.

E. Das System Eisen-Kupfer.

Auch im System Eisen-Kupfer nimmt die Löslichkeit des Kupfers im α-Eisen mit der Temperatur zu. Da außerdem der α-Mischkristall unterkühlbar ist, sind auch hier die Voraussetzungen für die Ausscheidungshärtung erfüllt, die von

532 Der Einfluß der Weiterverarbeitung auf Gefüge und Eigenschaften des Stahles.

H. Buchholtz und W. Köster (1) eingehend untersucht wurde. Die α-Eisen-Ecke des Systems Eisen-Kupfer ist in Abb. 657 wiedergegeben. Die wesentliche Zunahme der Löslichkeit setzt erst ab 600° ein. Daher ist eine merkliche Ausscheidungshärtung auch erst bei oberhalb 600° liegenden Abschrecktemperaturen zu erwarten. Abb. 658 zeigt den Einfluß des Anlassens auf die Härte einer von ver-

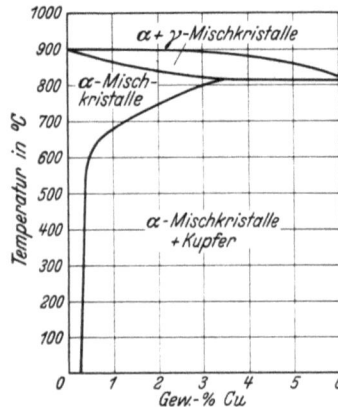

Abb. 657. Löslichkeit des Kupfers im α-Eisen (Buchholtz und Köster (1)).

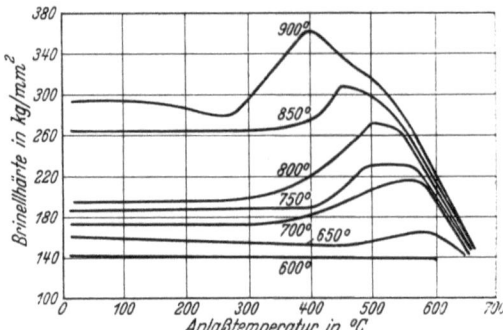

Abb. 658. Einfluß des Anlassens auf die Härte einer von verschiedenen Temperaturen abgeschreckten, 5%igen Kupfer-Eisenlegierung [Buchholtz und Köster (1)].

schiedenen Temperaturen abgeschreckten 5%igen Eisen-Kupferlegierung. Hiernach verläuft die Ausscheidung des Kupfers erst bei Anlaßtemperaturen von 400—550°. Die Leitfähigkeit steigt bei Anlaßtemperaturen oberhalb 500° rasch auf ihren Endwert an, während die Koerzitivkraft gleichzeitig abfällt (Abb. 659) und erst nach längerer Anlaßdauer ganz allmählich ansteigt, wobei

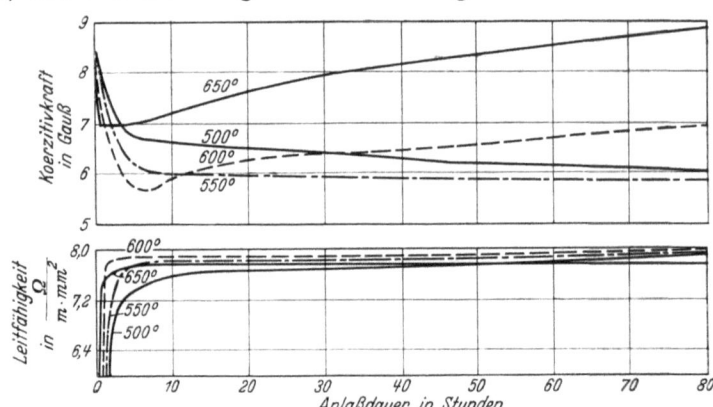

Abb. 659. Zeitliche Änderungen von Leitfähigkeit und Koerzitivkraft einer von 900° abgeschreckten, 5%igen Kupfer-Eisenlegierung bei verschiedenen Anlaßtemperaturen [Buchholtz und Köster (1)].

sie schließlich den Ausgangswert überschreitet. Da während dieser ständigen Änderungen die Leitfähigkeit konstant bleibt, kann die Änderung der Koerzitivkraft nur durch Änderungen der Teilchengröße des ausgeschiedenen Kupfers erklärt werden. Die Abnahme entspricht einem feineren, die Zunahme einem gröberen Verteilungsgrad des Kupfers. Die Eisen-Kupferlegierungen verhalten sich entsprechend den Eisen-Kohlenstofflegierungen. Die bei ständig wachsender

Teilchengröße unter Wechsel des Vorzeichens erfolgende Beeinflussung der Koerzitivkraft tritt nur deswegen mehr in Erscheinung, weil die Zusammenballungsfähigkeit der Kupferteilchen äußerst gering ist. Die Kupferausscheidung erfolgt also unter den gleichen Eigenschaftsänderungen wie die anderer Stoffe.

F. Das System Eisen-Sauerstoff.

Die Frage, ob im System Eisen-Sauerstoff die Vorbedingungen für die Ausscheidungshärtung gegeben sind oder nicht, ist noch umstritten (s. auch II, 30). Durch die Mehrzahl der neueren Arbeiten wird diese Frage verneint, so z. B. auch durch die Untersuchungen von W. Eilender, A. Fry und A. Gottwald (8), die auch nähere Schrifttumsangaben bringen. Da nach neueren Untersuchungen die Löslichkeit des Sauerstoffs im α-Eisen 0,01% und weniger betragen dürfte, sollte bei einem Stahl mit 0,047% Sauerstoff und 0,006% Kohlenstoff, wenn überhaupt, bereits Ausscheidungshärtung zu erwarten sein. Wie indessen der Verlauf von Härte und Leitfähigkeit beim Anlassen bzw. Lagern des von 930° abgeschreckten Stahles mit 0,047% Sauerstoff zeigt, ist dies nicht der Fall (Abb. 660). Die von den oben genannten Forschern auch an Stählen mit wesentlich höheren Sauerstoffgehalten (bis zu 0,21%) durchgeführten Untersuchungen ergaben ebenfalls keine Berechtigung zur Annahme einer Ausscheidungshärtung des Eisens durch Sauerstoff, so daß diese als höchst unwahrscheinlich anzusehen ist.

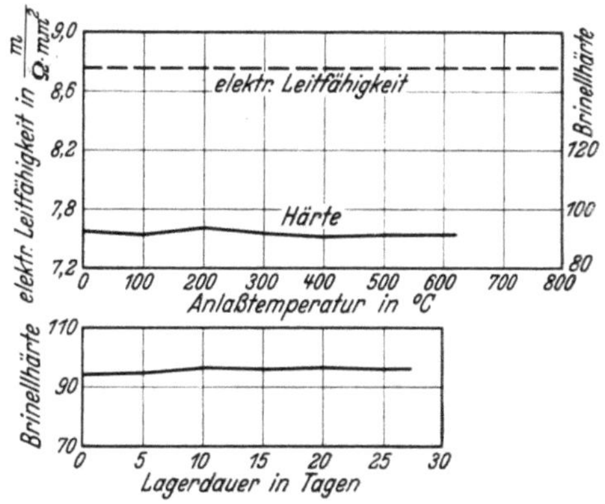

Abb. 660. Einfluß des Anlassens auf eine von 930° abgeschreckte Eisen-Sauerstoff-Legierung mit 0,047% Sauerstoff [Eilender, Fry und Gottwald (8)].

G. Das System Eisen-Kohlenstoff-Kupfer.

Da die technischen Eisenlegierungen in der Regel Mehrstoffsysteme darstellen, ist es von Bedeutung, die Beeinflussung der Ausscheidungsvorgänge

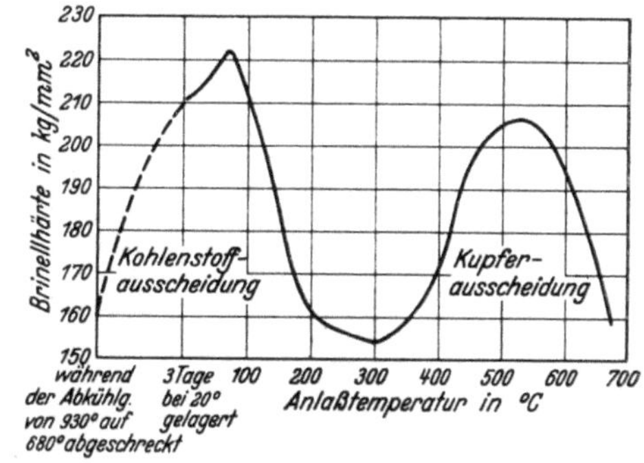

Abb. 661. Änderung der Härte eines an Kohlenstoff und Kupfer übersättigten Stahles beim Anlassen [Buchholtz und Köster (1)].

durch Aufnahme mehrerer Stoffe in die feste Lösung zu untersuchen. Die Ausscheidung aus der doppelt übersättigten α-Eisen-Kohlenstoff-Kupfer-Lösung wurde von H. Buchholtz und W. Köster (1) untersucht. Abb. 661 zeigt den Verlauf der Härte beim Anlassen eines bei 930° geglühten und langsam auf 680° abgekühlten, dann von dieser Temperatur abgeschreckten Stahles mit 0,05% C, 0,32% Si, 0,21% Mn, 0,037% P, 0,04% S und 2,0% Cu. Die Abkühlung auf 680° reicht aus, das Kupfer in Lösung zu halten, während die Erzielung der auch an Kohlenstoff übersättigten α-Lösung bekanntlich eine Abschreckung unterhalb A_1 erforderlich macht. Bei der Lagerung bei Raumtemperatur und bei

534 Der Einfluß der Weiterverarbeitung auf Gefüge und Eigenschaften des Stahles.

weiterem Anlassen auf 75° erfolgte eine Härtesteigerung infolge der Kohlenstoffausscheidung. Dann ging die Härte in bekannter Weise beim Anlassen bei höheren Temperaturen (bis 300°) wieder zurück. Beim Anlassen ab 400° erfolgte eine neue Härtung mit einem Höchstwert bei 500°, die auf die Kupferausscheidung zurückzuführen ist. Die Härteänderungen zeigen, daß die Kohlenstoff- und Kupferausscheidungen sich bei gleichzeitiger Anwesenheit beider Stoffe in der festen Lösung gegenseitig nicht beeinflussen. Diese Feststellung wird auch bestätigt durch den in Abb. 662 wiedergegebenen Verlauf der elektrischen Leitfähigkeit beim Anlassen. Auf der Leitfähigkeitskurve prägt sich die Ausscheidung des Kohlenstoffs und des Kupfers durch zwei deutlich voneinander getrennte Bereiche aus, in denen die Leitfähigkeit ansteigt.

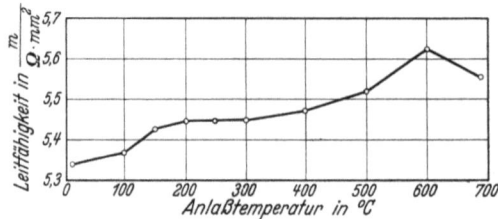

Abb. 662. Änderung der elektrischen Leitfähigkeit eines an Kohlenstoff und Kupfer übersättigten Stahles durch Anlassen [Buchholtz und Köster (1)].

H. Das System Eisen-Kohlenstoff-Stickstoff.

Ein Beispiel dafür, daß die Ausscheidung eines Stoffes durch die Anwesenheit eines zweiten in der festen Lösung in zunächst nicht vorauszubestimmender Weise beeinflußt werden kann, gibt das an Kohlenstoff und Stickstoff gleichzeitig übersättigte α-Eisen, wie es bei Abschreckung z. B. eines weichen Thomasstahles von 680° erhalten wird. Die Zerfallsvorgänge einer an Stickstoff und Kohlenstoff übersättigten α-Eisen-Lösung hat W. Köster(9) eingehend erforscht.

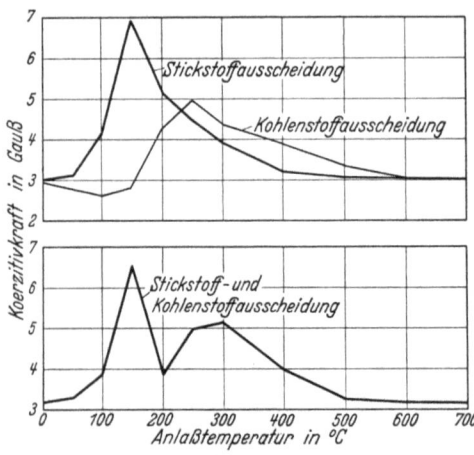

Abb. 663. Einfluß des Anlassens bei einstündiger Anlaßdauer auf die Koerzitivkraft [Köster (8)].

Trägt man die Koerzitivkraft in Abhängigkeit von der Anlaßtemperatur für einstündige Anlaßdauer auf, so erhält man bei einem Stahl, der nur Stickstoff auszuscheiden vermag, ein Maximum bei 150°, für einen Stahl, der nur Kohlenstoff auszuscheiden vermag, dagegen ein Maximum bei 250°. Geht man dagegen von einer doppelt übersättigten Lösung aus, so werden zwei Maxima aufgefunden, eins bei 150, das andere bei 250°. Hieraus erkennt man, daß die Ausscheidung eines jeden Stoffes im wesentlichen wie bei Abwesenheit des anderen erfolgt (Abb. 663). Bei Anlaßtemperaturen unterhalb 150° dagegen tritt eine gegenseitige Beeinflussung bei der Ausscheidung ein, die besonders bei wochenlanger Verfolgung der Koerzitivkraftänderungen bei 100° deutlich wird. Abb. 664 zeigt die Änderungen von Leitfähigkeit und Koerzitivkraft eines Thomasstahles und eines magnetisch nicht alternden Sonderstahles einmal nach langsamer Abkühlung und das andere Mal nach Abschreckung von 700°. Im ersten Falle bleibt nur der Stickstoff, im zweiten Falle dagegen außerdem noch der Kohlenstoff in fester

Lösung. Beim langsam abgekühlten Thomasstahl steigt die Koerzitivkraft beim Anlassen auf 100° infolge Stickstoffausscheidung stark an; wogegen der ebenfalls langsam abgekühlte Sonderstahl keine Änderung der Koerzitivkraft zeigt, da er über ausscheidungsfähigen Stickstoff nicht verfügt, und die Abkühlungsgeschwindigkeit zu gering war, um den Kohlenstoff in Lösung zu halten. Dementsprechend bleibt auch die Leitfähigkeit des Sonderstahles unverändert, während die des Thomasstahles in dem gleichen Zeitintervall wie die Koerzitivkraft ansteigt.

Nach Vorstehendem kann der Sonderstahl nach Abschreckung von 680° nur Kohlenstoff ausscheiden. Entsprechend zeigt die Leitfähigkeit in der ersten Woche durch ihren Anstieg den Mischkristallzerfall an, dem nach Erreichung der für die Koerzitivkraft kritischen Teilchengröße nach der zweiten Woche der Anstieg der Koerzitivkraft folgt. Beim abgeschreckten Thomasstahl, bei dem Kohlenstoff und Stickstoff ausscheiden können, steigt die Koerzitivkraft beim Anlassen auf 100° ebenso an, wie bei der Ausscheidung aus einer nur mit Stickstoff übersättigten α-Eisenlösung. Der Anstieg ist aber wesentlich geringer als bei dieser. Mit dem Anstieg der Koerzitivkraft verläuft gleichzeitig der Anstieg der Leitfähigkeit. Ein zweiter Anstieg der Koerzitivkraft tritt nach der zweiten Woche ein, genau zu dem gleichen Zeitpunkt wie bei dem abgeschreckten Sonderstahl der erste und einzige Anstieg. Die erste Änderung der Koerzitivkraft geht auf die Ausscheidung des Stickstoffs, die zweite auf die des Kohlenstoffs zurück.

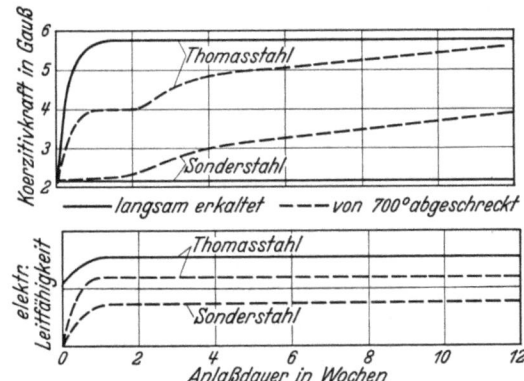

Abb. 664. Einfluß des Kohlenstoffgehaltes einer festen Lösung auf die Stickstoffausscheidung bei 100° [Köster (9)].

Über die Beeinflussung und schließliche Unterdrückung der Ausscheidungshärtung von Eisen-Kohlenstoff-, Eisen-Stickstoff- und Eisen-Kupferlegierungen durch Legierungszusätze enthält die bereits mehrfach erwähnte Arbeit von W. Eilender, A. Fry und A. Gottwald (8) ein umfangreiches Zahlenmaterial. Hervorzuheben ist, daß die Elemente, die eine hohe Affinität zum Kohlenstoff bzw. Stickstoff haben und mit ihnen unlösliche bzw. schwerstlösliche oder erst bei sehr hohen Temperaturen lösliche Karbide (Vanadin, Titan, Molybdän, Wolfram, Chrom) oder Nitride (Aluminium, Titan) oder beides bilden (z. B. Titan, Zirkon, Vanadin), den Stahl schon bei geringen Zusätzen in den nicht ausscheidungshärtbaren (alterungsunempfindlichen) Zustand überführen. Die Ursachen für die Beeinflussung der Ausscheidung von Kohlenstoff, Stickstoff und Kupfer durch Elemente wie Nickel und Mangan, sind dagegen noch nicht mit Sicherheit anzugeben. Die Beeinflussung der Ausscheidung bzw. ihre Unterdrückung durch diese Elemente erfordert höhere Zusätze.

Die vorstehenden Ausführungen dürften die Zusammenhänge zwischen den Alterungserscheinungen und der Ausscheidung beispielsweise von Kohlenstoff und besonders Stickstoff aus übersättigten Lösungen deutlich aufgezeigt haben. Damit ist auch die praktische Bedeutung der Erforschung der Ausscheidungshärtbarkeit des Eisens wenigstens auf einem Teilgebiet erwiesen. Darüber hinaus sind aber auch einige ausscheidungshärtbare Eisenlegierungen zu technischer Bedeutung gelangt. Es sei hier verwiesen auf die ausscheidungshärtbaren Schneid- und Magnetlegierungen nach W. Köster und vor allem auf den K. S.-Stahl von Honda. Diese Legierungen wurden mit ihren Eigenschaften in dem Abschnitt „Komplexe Stähle" bereits erwähnt. Die Untersuchungen von Köster (5), die zu den angeführten Schneid- und Magnetlegierungen führten, geben einen weiteren Einblick in die mechanische und magnetische Ausscheidungshärtung in Dreistoffsystemen (Eisen-Kobalt-Wolfram- und Eisen-Kobalt-Molybdänlegierungen).

J. Theorie der Ausscheidungshärtung.

Im Verlauf der vorstehenden Ausführungen wurde schon mehrfach darauf hingewiesen, daß die stärkste magnetische Alterung dann auftritt, wenn die vom Zerfall des übersättigten Mischkristalls herrührenden Teilchen durch Ballung eine derartige Größe erreicht haben, daß sie mikroskopisch eben erkannt werden können.

Die Erhöhung der Härte durch Ausscheidung hingegen erreicht ihr größtes Maß dann, wenn mikroskopisch noch keine Anzeichen für den Zerfall der festen Lösung auffindbar sind. Werden die ausgeschiedenen Teilchen erst im Mikroskop sichtbar, so ist die Härte bereits wieder stark abgesunken, d. h. die Teilchengröße, die zur maximalen Härte führt, ist bereits bei weitem überschritten. Die bekannteste Deutung für die Härtung bei der Ausscheidung ist gegeben durch die Annahme einer Gleitebenenblockierung durch die sich ausscheidenden feinsten Teilchen. Die Abnahme der Härte bei steigender Anlaßtemperatur oder -dauer wird zurückgeführt auf die Zusammenballung der Ausscheidungen und die damit zunehmende Aufhebung der Gleitebenenblockierung. Nach Tammann kann bei niedrigen Anlaßtemperaturen keine Koagulation stattfinden, weil die ausgeschiedenen Teilchen sich nicht berühren. Er führt das Eintreten der Entfestigung darauf zurück, daß die zunächst nadelig ausgeschiedenen Teilchen sich zu kugeligen Teilchen zusammenziehen. Koagulation findet anschließend erst bei höherer Temperatur statt.

Fränkel hat auf eine Anomalie bei der Aushärtung hingewiesen, die darin besteht, daß nach Lagerung bei Raumtemperatur und anschließender Erwärmung auf höhere Temperatur die Härte zunächst abnimmt und dann erst ansteigt. Rosenhain erklärt die Erscheinung wie folgt: Die erste und rasche Wirkung der Temperatursteigerung führt zu einer Zusammenballung der bereits ausgeschiedenen Teilchen und damit zu einem Härteabfall. Erst nach einiger Zeit findet erneute Ausscheidung hochdisperser Teilchen und damit wiederum ein Härteanstieg statt.

Neben der Erklärung der Härtesteigerung durch eine Ausscheidung hochdisperser Phasen, kann noch eine andere Erscheinung für diese Eigenschaftsänderung verantwortlich gemacht werden, und zwar das Sichsammeln der überschüssig gelösten Atome auf bestimmten Netzebenen oder Gittergeraden. Durch dieses Sichsammeln der Atome, das der Ausscheidung voraufgeht und den Übergang aus der regellosen (statistischen) Verteilung der gelösten Atome zwischen den Atomen des Lösungsmittels zu einer geordneten Verteilung darstellt, wird die

Kraft zur Verschiebung längs der Gleitebenen wesentlich erhöht. So steigt, in Übereinstimmung mit der hier gegebenen Erklärung, die Härte kupferreicher Kupfer-Eisenmischkristalle schon an, wenn eine Ausscheidung der eisenreichen Kristallart noch nicht stattgefunden hat[1]. Für ein derartiges Sichsammeln der Atome spricht auch die Tatsache, daß die chemischen Eigenschaften sich mit der Atomverteilung in den Mischkristallen ändern.

8. Die Oberflächenhärtung des Stahles.
A. Die Oberflächenhärtung durch Kohlenstoff.

Bei der Glühung von Stahl in Kohlenstoff abgebenden Mitteln reichern sich die Oberflächenschichten an Kohlenstoff an. Dieser Vorgang wird als Einsetzen bzw. Zementieren bezeichnet. Unter dem Begriff Einsatzhärtung (Zementationshärtung) ist der genannte Glühvorgang einschließlich der darauf folgenden Härtung (Schlußhärtung) zu verstehen.

Die Tatsache, daß festes Eisen bei geeigneten Temperaturen Kohlenstoff durch Diffusion aufnimmt, wurde ursprünglich ausgenützt, um Platten oder Stangen aus kohlenstoffarmem Stahl in höher gekohlten Stahl zu verwandeln. Das als Ausgangsprodukt für die Tiegelstahlfabrikation benutzte, wegen seiner Feinheit sehr hochwertige, aber auch sehr teure Erzeugnis heißt Zement- oder Blasenstahl. Die Zuführung des Kohlenstoffs erfolgt durch Glühen des festen Eisens unter Luftabschluß in Holzkohle oder in anderen, Kohlenstoff abgebenden Zementationsmitteln. Die 1,5—2 cm starken Platten oder Stangen werden meist so lange erhitzt, bis der Kohlenstoff den ganzen Querschnitt gleichmäßig bis zu einem Gehalte von 1—2% durchdrungen hat, wovon man sich durch Entnahme von Bruchproben überzeugt, wie denn überhaupt das Erzeugnis lediglich nach dem Aussehen des Bruches beurteilt wird. Als Ausgangspunkt wird bestes schwedisches Schweißeisen von etwa folgender Zusammensetzung benutzt:

0,05 % C   0,007% S
0,045% Si   0,010% P
0,025% Mn

Heute wird die Einsatzhärtung dagegen hauptsächlich benutzt, um

1. in der Form fertig vorliegende Gegenstände aus weichen Stahlsorten mit einer glasharten, verschleißfesten Oberfläche zu versehen, während der Kern des Werkstoffes seine ursprüngliche Zähigkeit und damit seine Widerstandsfähigkeit gegen Stoß- und Biegebeanspruchungen behalten soll. Die Einsatztiefe, d. h. die Tiefe, bis zu der der Kohlenstoff in das Innere des Werkstückes eindringt, beträgt hierbei selten mehr als 1—2 mm.

2. Ein Sonderzweck, den die Einsatzhärtung zu erfüllen hat, ist der, Panzerplatten an der dem Geschoß zugekehrten Seite durch Zementation widerstandsfähig gegen das Eindringen des Geschosses zu machen, während der gegenüberliegende, nicht zementierte Teil hohe Zähigkeit besitzen und dadurch verhindern soll, daß die Platte beim Auftreffen des Geschosses zerspringt. Die Zementationstiefen sind hier wesentlich beträchtlicher als für den bereits erwähnten Zweck.

---

[1] Vgl. Tammann und Oelsen (6).

3. Weiterhin wird von der Fähigkeit des Stahles, Kohlenstoff im festen Zustande aufzunehmen, Gebrauch gemacht, um die während der Wärmebehandlung der Werkzeugstähle häufig auftretende **Entkohlung und damit das Weichwerden der Oberfläche dieser Stähle wieder rückgängig zu machen**; da es sich hier meist nur um geringe Bruchteile eines Millimeters (0,1—0,2 mm) handelt, genügt es, das Kohlenstoff abgebende Mittel in Form von schmelzbaren, kohlenstoffhaltigen Bestandteilen, z. B. Ferrozyankalium in Gemisch mit Ruß, Hornmehl, Harz, Salz, Weinsäure, Holzteer und Kornmehl auf die Oberfläche des auf Härtetemperatur gebrachten Stahls aufzustreuen, weshalb diese Gemische auch wohl „Aufstreupulver" genannt werden, während das Verfahren mit „Einbrennen" bezeichnet wird.

Das Hauptinteresse beansprucht die Einsatzhärtung von in der Form fertig vorliegenden Gegenständen (s. 1). Sie wird angewendet auf hochbeanspruchte Konstruktions- insbesondere Automobil- und Flugzeugteile, wie Zahnräder des Wechselgetriebes, Differentials und Hinterachsenantriebes; Wellen, wie Schiebe-, Nocken- und Kurbelwellen; Spindeln, Konusse, Kolbenbolzen, Bolzen, Büchsen, Achszapfen, Kettenstifte, Rollen u. dgl. Da der nicht zementierte „Kern" möglichst zäh sein soll, wählt man, soweit Kohlenstoffstähle[1] den gestellten Anforderungen genügen können, weiche Sorten mit weniger als 0,2% Kohlenstoff, nicht mehr als 0,04% Phosphor und Schwefel, wobei die Summe Phosphor und Schwefel nicht über 0,07% liegen darf, höchstens 0,4—0,5% Mangan und höchstens 0,35% Silizium. Für höhere Anforderungen werden legierte Stähle verwendet, die Nickel allein[2] in Gehalten von 1—3% oder neben 2,5—4,5% Nickel 0,7—1,2% Chrom[2] bei 0,1—0,17% Kohlenstoff enthalten. Infolge der Armut Deutschlands an Nickel ist hier das Bestreben festzustellen, die nickelhaltigen Einsatzstähle auszuschalten und an ihrer Stelle Stähle von der S. 258 (Abschnitt „Komplexe Stähle") aufgeführten Art auf der Legierungsbasis Chrom-Vanadin und Chrom-Molybdän zu verwenden. Die legierten Stähle besitzen gegenüber den Kohlenstoffstählen den Vorteil der höheren Streckgrenze und einer geringeren Neigung zum Grobkörnigwerden während des Einsetzens.

Die Beurteilung des Erfolges der Zementation geschieht nicht allein auf Grund der erreichten Zementationstiefe in mm ausgedrückt, sondern auch nach der maximalen Höhe und der Verteilung des Kohlenstoffgehaltes in der zementierten Schicht. Letztere lassen sich nach dem Bruchaussehen der Stücke nicht schätzen, weshalb empfindlichere Verfahren herangezogen werden müssen. Die Bestimmung des Kohlenstoffgehaltes auf chemischem Wege ist das sicherste Mittel zur Beurteilung des Erfolges, vorausgesetzt, daß die Bestimmung in genügend vielen und dünnen Schichten erfolgt, so daß die Ergebnisse etwa in graphischer Darstellung ein genaues Bild vom Eindringen des Kohlenstoffs in das Material geben. Dieses Verfahren ist aber sehr umständlich und daher für praktische Zwecke nicht so geeignet wie das mikroskopische Verfahren, das darin besteht, einen Schnitt durch den zementierten Gegenstand zu schleifen, zu polieren, zu ätzen und mikroskopisch zu untersuchen. Viele Mißerfolge bei im Einsatz gehärteten Stücken, insbesondere das gefürchtete „Abblättern" der zementierten Schicht, z. B. bei Zahnrädern, sind auf unzweckmäßige (maximale) Höhe und

---

[1] Vgl. Normblatt DIN 1661.   [2] Vgl. Normblatt DIN 1662.

Verteilung des Kohlenstoffgehaltes in der zementierten Schicht zurückzuführen. Zur Vermeidung von Erscheinungen der genannten Art ist es notwendig:

1. daß der Kohlenstoffgehalt in der äußersten Schicht den eutektoidischen Gehalt nicht übersteigt, hier also kein freier Zementit vorhanden ist. Sind nämlich die Zementationsbedingungen in diesem Sinne unzweckmäßig gewählt, so tritt der Zementit nicht wie im richtig warmbehandelten Werkzeugstahl feinverteilt, sondern in groben Nadeln und als Netzwerk auf. Besonders das letztere gefährdet auf Grund der Sprödigkeit des Zementits den Werkstoffzusammenhang. Der übereutektoidische Zementit löst sich bekanntlich erst bei so hohen Temperaturen im γ-Eisen auf, daß die Härtung von diesen Temperaturen zwecks Beseitigung des Netzwerkes die Gefahr starker Überhitzung mit sich bringt,

2. daß der Kohlenstoffgehalt möglichst allmählich vom Rande der zementierten Schicht zum nicht zementierten Kern abnehme. Schroffe Übergänge führen bei der Härtung wegen des Auftretens von Spannungen zwischen Rand und Kern zur Lösung des Materialzusammenhanges zwischen beiden, d. h. zum Abspringen der zementierten Schicht.

Abb. 665 zeigt zementierte Schichten von weichem Flußstahl. In diesem Zustande, also nach langsamer Abkühlung von der Einsatztemperatur, ist die Härte der Randschichten zwar schon höher als die des Kernes, doch ist zur Erzielung der glasharten Oberfläche noch eine Härtung erforderlich. Der Kohlenstoffgehalt der Oberflächenschichten in Abb. 665 erreicht etwa die eutektoidische Konzentration.

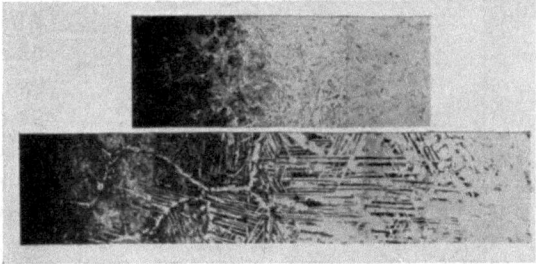

Abb. 665. Zementierte Schichten von weichem Flußeisen im unvergüteten Zustande, Ätzung II, × 100.

Die Tiefe der zementierten Schicht sowie die maximale Höhe und die Verteilung des Kohlenstoffgehaltes in der zementierten Schicht sind abhängig von den folgenden Faktoren:

1. Temperatur der Zementation,
2. Dauer der Zementation,
3. Art des Zementationsmittels,
4. Art der Abkühlung nach dem Zementieren,
5. Natur des zementierten Stahls.

1. **Temperatur der Zementation.** Der Durchführbarkeit der Zementation sind sowohl nach oben wie nach unten bezüglich der Temperatur Grenzen gesetzt. Nimmt man an, daß in der äußersten Randschicht der Kohlenstoffgehalt 1,0% nicht übersteigen soll, so dürfte bei der Zementation 1240° nicht überschritten werden, weil nach dem Zustandsdiagramm der Eisen-Kohlenstofflegierungen bei dieser Temperatur eine 1%ige Eisen-Kohlenstofflegierung zu schmelzen beginnt. In Wirklichkeit dürfte bei diesem Kohlenstoffgehalt die Temperatur des beginnenden Schmelzens noch niedriger liegen, weil die der Zementation unterliegenden technischen Eisensorten außer Kohlenstoff noch andere den Schmelzpunkt erniedrigende Elemente enthalten. Bei höheren Kohlenstoffgehalten in der äußersten Randschicht erniedrigt sich die obere Grenz-

temperatur dementsprechend noch weiter. Zu hohe Einsatztemperatur birgt aber nicht nur die Gefahr des Schmelzens der aufgekohlten Schicht, sondern führt auch rasch zu Kohlenstoffgehalten weit oberhalb der eutektoidischen Konzentration, damit bei langsamer Abkühlung zur Ausbildung eines Zementitnetzwerkes und zu grobem Korn.

Charpy (7, 8) beobachtete eine Zementation des α-Eisens von 640° an. Vom praktischen Standpunkt gesehen liegt die untere Grenze bei etwa 800°, da unterhalb dieser Temperatur die Zementation viel zu langsam verläuft. Die gebräuchlichsten Zementationstemperaturen liegen zwischen 800 und 900°.

Die Dicke der zementierten Schicht steigt innerhalb der genannten praktischen Temperaturgrenzen für ein und dasselbe Zementationsmittel mit der Höhe der Temperatur, wie z. B. aus Abb. 666 nach Versuchen von Giolitti (5) hervorgeht. Das Zementationsmittel war eins der gebräuchlichsten und bestand aus pulverförmiger Holzkohle mit 5% Ferrozyankalium zu gleichen Teilen vermischt mit trockenem Bariumkarbonat. Abgesehen von der genauen Regelung bzw. Registrierung ist auch der Konstanz der Temperatur während des Zementierens die größte Beachtung zu schenken. Temperaturschwankungen führen nach den Beobachtungen von Osmond (8), Charpy (7), Benedicks (10) sowie Giolitti und Scapia (6) zu der, wie erwähnt, zu vermeidenden Bildung von Zementit, wo diese nicht zu erwarten steht und bei konstanter Temperatur auch nicht eintreten würde. Benedicks gibt hierfür folgende Erklärung: Sind die Mischkristalle bei einer bestimmten Temperatur mit Kohlenstoff gesättigt, so wird bei der Abkühlung (z. B. unter A_{cm}) Zementit ausgeschieden werden. Wenn dann die Temperatur wieder steigt (z. B. über A_{cm}), so ist die Möglichkeit vorhanden, daß dieser Zementit langsamer gelöst wird als aus dem Zementationsmittel Kohle in Lösung geht. Bei wiederholten Temperaturschwankungen dürfte sich demgemäß die ausgeschiedene Zementitmenge unbegrenzt vermehren können. Für diesen Erklärungsversuch sprechen die an anderer Stelle bereits erwähnten Arbeiten von Portevin und Bernard (2) sowie von Piwowarsky (4).

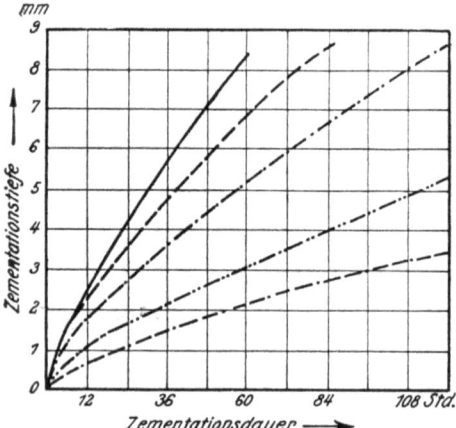

Abb. 666. Abhängigkeit der Zementationstiefe von der Zeit [Giolitti (5)].
—— über 1000°, ---- 950—1000°,
—·—·— 850—900°, —··—··— 700—800°,
—·—·—·— 700°.

2. Dauer der Zementation. Daß die Dicke der zementierten Schicht mit steigender Zementationsdauer wächst, erhellt für das erwähnte Zementationsmittel ebenfalls aus Abb. 666. Über die maximale Höhe und die Verteilung des Kohlenstoffgehaltes in der zementierten Schicht sagt dieses Diagramm natürlich nichts aus.

Das erstrebenswerte Ziel ist die Auffindung eines Zementationsmittels, dessen Anwendung bei möglichst niedriger Temperatur (800—900°) und Dauer die Anforderungen an die Dicke und Beschaffenheit der Schicht erfüllt. Je geringer nämlich Temperatur und Dauer der Erhitzung bei der Zementation sind, um so geringer ist die Gefahr der Gefügevergröberung und damit um so einfacher die der Zementation folgende Wärmebehandlung.

3. **Art der Zementationsmittel.** Man kann die zur Verfügung stehenden Zementationsmittel einteilen in

a) feste; c) gasförmige;
b) flüssige; d) gemischte.

Bevor in die Besprechung der gebräuchlichen Zementationsmittel eingetreten wird, sei die Wirkungsweise der in Frage kommenden Elemente dieser Zementationsmittel besprochen. Diese Elemente sind:

elementarer Kohlenstoff,
Kohlenoxyd,
Kohlenwasserstoffe,
Cyan.

Die Frage, ob elementarer Kohlenstoff, der hauptsächlich in Form von Holzkohle lange Zeit hindurch das gebräuchlichste Zementationsmittel bildete und auch heute noch vielfach angewendet wird, zu zementieren vermag, ist in der Fachwelt Gegenstand lebhaften Meinungsaustausches gewesen. Unter anderen erbrachten insbesondere die Versuche Weyls (1) den Nachweis, daß die von ihm untersuchten Formen des elementaren Kohlenstoffs: Garschaum-, Ceylongraphit und Diamant über 750^0 (von 900^0 an beobachtet) zu zementieren vermögen, doch beweisen sowohl diese Versuche, wie die zu gleichen Schlußfolgerungen führenden von Giolitti und Astorri (7), von Guillet und Griffith (14) und nicht zum mindesten auch die zur entgegengesetzten Schlußfolgerung führenden von Charpy und Bonnerot (9), daß die direkte zementierende Wirkung des festen elementaren Kohlenstoffs so gering ist, daß sie keine praktische Bedeutung besitzt. Damit dürfte nachgewiesen sein, daß die Wirksamkeit der technischen Zementationsmittel nicht auf der Gegenwart des festen Kohlenstoffs beruht, vielmehr die kohlenstoffhaltigen Gase die Hauptrolle spielen.

Die Wirksamkeit des Kohlenoxydes als Zementationsmittel beruht auf der Tatsache, daß dieses Gas bei Gegenwart von Eisen in Kohlenstoff und Kohlensäure zerlegt wird nach dem Gleichgewicht: $2\,CO \rightleftarrows C + CO_2$. Der Grad der Zerlegung ist von der Temperatur und dem Drucke abhängig. Unter Atmosphärendruck beträgt der CO_2-Gehalt bei 1000^0 weniger als 1%, bei 700^0 aber bereits rund 40 und bei 550^0 fast 90%. Mit steigendem Druck nimmt der CO_2-Gehalt zu. Das mit dem Eisen in Berührung gelangende Kohlenoxyd wird also unter Bildung von Kohlenstoff zerlegt, und dieser im Entstehungszustand befindliche Kohlenstoff zementiert das Eisen offenbar leichter als der normale, elementare Kohlenstoff. Eine Diffusion von Kohlenoxyd und eine erst innerhalb des Eisens erfolgende Zersetzung nach der Gleichung $3\,Fe + 2\,CO \rightleftarrows Fe_3C + CO_2$ dürfte zu der Zementation nicht wesentlich beitragen[1]. Mit zunehmender Temperatur nimmt trotz zunehmender Dicke der zementierten Schicht die maximale Höhe des Kohlenstoffgehaltes in dieser ab, während sie mit steigendem Druck wächst, wie Giolitti und Carnevali (8) beobachteten. Die gleichen Verfasser stellten

---
[1] Vgl. Takahashi (1).

542 Der Einfluß der Weiterverarbeitung auf Gefüge und Eigenschaften des Stahles.

ferner fest, daß mit zunehmender Menge des übergeleiteten Kohlenoxydes, also mit der Geschwindigkeit des Gasstromes, der Kohlenstoffgehalt der zementierten Schicht ebenfalls zunimmt. Diese Tatsachen sind folgendermaßen zu erklären. Die Diffusionsgeschwindigkeit des Kohlenstoffs im Eisen wächst mit der Temperatur rascher als die Zerfallsgeschwindigkeit des Kohlenoxyds. Mit diesem Gase zementierte Gegenstände weisen daher blanke Oberfläche, jedenfalls keine Kohlenstoffablagerung auf, wie man sie bei der Zementation mit Kohlenwasserstoffen beobachtet. Aus Abb. 667 geht die Verteilung des Kohlenstoffs innerhalb der zementierten Schicht für mehrere typische Gasarten nach den Versuchen von Giolitti und Carnevali hervor. Außer der geringen Höhe des Kohlenstoffgehaltes zeichnen sich die durch Kohlenoxyd zementierten Schichten durch schwache und allmähliche Abnahme des Kohlenstoffgehaltes aus.

Die Wirksamkeit der reinen Kohlenwasserstoffe Äthylen und Methan ist gänzlich verschieden von der des Kohlenoxyds. Wie Abb. 667 lehrt, übersteigt die maximale Höhe des Kohlenstoffgehaltes den eutektoidischen, und die Abnahme des Kohlenstoffgehaltes in der zementierten Schicht erfolgt weit rascher und schroffer als in den mit Kohlenoxyd erzeugten Schichten. Erstere neigen daher leichter zum Abblättern. Es wird jedoch gezeigt werden, daß außer der Natur des Gases noch andere Faktoren die Verteilung des Kohlenstoffs in der zementierten Schicht beeinflussen. Je höher Temperatur und Zeit sind, um so dicker ist nach Giolitti und Carnevali bei der Zementation mit Äthylen und Methan die übereutektoidische Schicht. Die eutektoidische übersteigt dagegen 0,5 mm nicht, und der Kohlenstoff der untereutektoidischen nimmt stets sehr rasch ab. Mit steigendem Druck wächst unter 1000° die

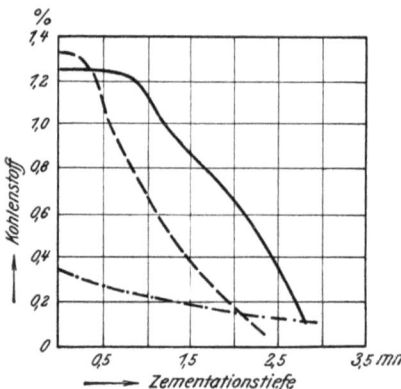

Abb. 667. Zementierende Wirkung von Methan, Äthylen und Kohlenoxyd [Giolitti und Carnevali (8)].
— 5 Liter Methan, 1100°, 3 Stunden,
– – – 7 Liter Äthylen, 1100°, 5 Stunden,
–·–·– 9 Liter Kohlenoxyd, 1100°, 10 Stunden.

Zementationstiefe, mit steigender Gasmenge die Dicke der übereutektoidischen Schicht. Auf der Oberfläche der mit Kohlenwasserstoffen der genannten Art zementierten Gegenstände lagert sich Kohlenstoff in reichlichen Mengen ab. Man nimmt daher an, daß die Zersetzungsgeschwindigkeit dieser Kohlenwasserstoffe größer als die Diffusionsgeschwindigkeit des Kohlenstoffs im Eisen ist.

Unter bestimmten Bedingungen bezüglich der Zusammensetzung der zementierenden Gase wird das Eisen bei der Zementation oberflächlich in freien Zementit verwandelt. So berichtet Zingg (1), daß ein aus Leuchtgas durch Entfernung von Kohlensäure, Wasserdampf und Stickstoffverbindungen hergestelltes Gasgemisch aus Kohlenoxyd, Kohlenwasserstoffen und Stickstoff sowohl mit dem α-Eisen von 600° an aufwärts als auch bei höheren Temperaturen mit dem Austenit unter Bildung von freiem Zementit reagiert. Diese Reaktion trat nicht ein, wenn sich infolge des Zerfalls der Kohlenwasserstoffe eine gasundurchlässige Schicht auf dem Stahl bildete. Zingg, P. Oberhoffer und Piwowarski (2) erzielten mit einem Gasgemisch von 3% C_nH_m, 9,4% CO, 35,2% CH_4, 45,2% H_2 und

7,2% N_2 bei unlegierten und niedriglegierten Stählen zwischen 650 und 800° stets Randzonen aus freiem Karbid. Zyan und Zyanverbindungen wirken ebenfalls zementierend, und man nutzt diese Fähigkeit auch durch Zugabe von Zyanverbindungen zu den gebräuchlichen Zementationsmitteln aus. Darüber hinaus sind gerade in den letzten Jahren besondere Zyaneinsatzbäder geschaffen worden (s. weiter unten). Durch Verwendung von Zyanverbindungen sowie ammoniakhaltigen Zusätzen findet neben der Zementation auch eine Stickstoffaufnahme des Eisens statt. Feschtschenko-Tschopowski (1) stellte fest, daß Gemische von Holzkohle und Ferrozyankalium die maximale Stickstoffaufnahme bei 700° bewirken und diese mit steigendem Stickstoffgehalt des Zementiermittels zunimmt. Stickstoff steigert die Härte der zementierten Schicht, doch ist bei 850°—1000°, d. h. bei den praktisch üblichen Zementationstemperaturen, die Härtesteigerung durch Stickstoff zu vernachlässigen gegenüber der durch Kohlenstoff herbeigeführten.

Die in der Industrie üblichen Zementiermittel bestehen aus Gemischen der im vorhergehenden besprochenen Zementationsmittel oder besser aus Körpern, die während ihrer Anwendung zur Bildung solcher Gemische Anlaß geben. Allerdings ist der Zweck mancher in technischen Zementiermitteln befindlichen Körper wie Glas, Sand, Kochsalz usw. rätselhaft, wenn auch nach den Untersuchungen von Fry (4) die Möglichkeit ihrer Mitwirkung bei den Zementationsvorgängen nicht ohne weiteres von der Hand zu weisen ist. Der von Giolitti vertretene Grundsatz, nur solche Zementiermittel genau bekannter Zusammensetzung anzuwenden, deren Einzelbestandteile in ihrer Wirkung wenigstens einigermaßen bekannt sind, kann nicht nachdrücklich genug empfohlen werden. Die einfachsten Zementiermittel haben sich noch stets als die besten herausgestellt. Sie haben noch dazu den Vorzug der Billigkeit, weil man in der Lage ist, sie selbst herzustellen.

a) **Feste Zementiermittel.** In der nachfolgenden Zusammenstellung sind eine Reihe bewährter fester Zementiermittel enthalten. Obwohl alle als Basis Kohlenstoff enthalten, beruht ihre Wirkung nicht auf der dieses Elementes, das, wie gezeigt wurde, praktisch wegen seiner geringen Wirksamkeit als Zementiermittel nicht in Frage kommt. Wirksam sind vielmehr die in Berührung mit dem Luftsauerstoff bzw. aus den Zementiermitteln entwickelten Gase in Verbindung mit Kohlenstoff. Als solche kommen in Frage: bei der Kohle das mit dem Luftsauerstoff gebildete Kohlenoxyd; bei Leder, Knochen, Sägemehl und dgl. in der Hauptsache Kohlenwasserstoffe; bei den Karbonaten das in Berührung mit Kohle entstehende Kohlenoxyd und bei Zyanverbindungen das Zyan.

1. Pulverisierte Eichenholzkohle . . . . 5 Tle.
   Lederkohle . . . . 2 „
   Ruß . . . . 3 „
2. Pulverisierte Buchenholzkohle . . . . 3 „
   Verkohlte Hornabfälle . . . . 2 „
   Pulverisierte Knochenkohle . . . . 2 „
3. Holzkohle . . . . 90 „
   Kochsalz . . . . 10 „
4. Holzkohle . . . . 60 „
   Bariumkarbonat . . . . 40 „
5. Mit schweren mineralischen Ölen imprägnierter Koks . . . . — „

6. Pulverisierte Holzkohle . . . . 10 Tle.
   Kochsalz . . . . 1 „
   Sägemehl . . . . 15 „
7. Steinkohle mit 30% flüchtigen Bestandteilen . . . . 5 „
   Lederabfälle . . . . 5 „
   Kochsalz . . . . 1 „
   Sägemehl . . . . 15 „
8. Lederabfälle . . . . 10 „
   Ferrozyankalium . . . . 2 „
   Sägemehl . . . . 10 „

Man kann die Zementierungsmittel einteilen in „milde" und „schroffe". Erstere ergeben bei genügender Zementationsdauer tiefe Schichten (bis 30 mm), ohne daß die maximale Höhe des Kohlenstoffgehaltes den eutektoidischen Gehalt übersteigt. Die Gefahr des Abblätterns ist bei Anwendung dieser Mittel demnach gering, und man verwendet sie zur Zementation hochbeanspruchter Teile. In diese Klasse gehören die mit 3, 4 und 6 bezeichneten Typen. Die übrigen wirken schroff, d. h. sie ergeben in kurzen Zeiten dünne Schichten mit sehr hohen Kohlenstoffgehalten und werden dort angewendet, wo möglichst harte Oberfläche (hohe Abnutzungshärte) verlangt wird, jedoch stoßweise Beanspruchungen nicht zu befürchten sind, z. B. bei dauernd im Eingriff befindlichen Zahnrädern.

Wenn im großen und ganzen die erwähnten Zementatiermittel auch durch diese Klassifikation gekennzeichnet sind, so ist dennoch die Unsicherheit bei ihrer Anwendung aus meist ungeklärten Gründen mitunter recht groß, und die in der Industrie vielfach verwendeten Zementationskurven haben infolgedessen nur einen bedingten Wert.

Das unter 4 erwähnte, weit verbreitete Zementiermittel, dessen Erfindung aus dem Jahre 1861 von Caron stammt, besitzt noch eine besonders wertvolle Eigenschaft; es regeneriert sich durch Kohlendioxydaufnahme aus der Luft und wird daher als „unerschöpflich" bezeichnet. Feschtschenko-Tschopowski (1) hat die Wirkungsweise dieses wichtigen Zementiermittels näher untersucht. Er gelangte zu folgender Auffassung der Vorgänge:

$$BaCO_3 + C \rightarrow BaO + 2\,CO$$

$$2\,CO \rightarrow C + CO_2$$
$$\downarrow \qquad \qquad \downarrow$$
$$C + 3\,Fe \rightarrow Fe_3C \quad CO_2 \begin{cases} + C \rightarrow 2\,CO \\ + BaO \rightarrow BaCO_3 \end{cases}$$

Bei gleicher Zementationstemperatur und -dauer ist das Verhältnis des unverbrauchten zum ursprünglich vorhandenen $BaCO_3$ konstant. Mit der Zunahme des letzteren steigt auch die Menge des ersteren. Das vorgenannte Verhältnis nimmt mit steigender Zementationsdauer und -temperatur ab. Ebenso verhält sich der Quotient $\frac{BaCO_3}{BaO}$. Mit der Zunahme des BaO-Gehaltes im Zementiermittel nimmt seine zementierende Wirkung ab, insbesondere leidet dadurch die Gleichmäßigkeit der zementierten Schicht.

Während des Verlaufs der Zementation mit festen Zementiermitteln treten mitunter heftige Explosionen auf, deren Ursache de Nolly und Veyret (1) erforschten. Sie fanden, daß die aus Zementiermitteln, die Tier- oder Pflanzenstoffe enthalten, bei relativ niedriger Temperatur entweichenden Gase sowie zu rasche Erhitzung die Schuld an den Explosionen tragen. Es ist daher die Verwendung von Holzkohle mit Bariumkarbonat und langsame Erhitzung wenigstens bis 700° zu empfehlen.

b) **Flüssige Zementationsmittel.** Die bei den üblichen Zementationstemperaturen flüssigen Zementationsmittel dienen im allgemeinen zur raschen Erzeugung dünner (0,1—0,2 mm) sehr hoch gekohlter Schichten. Diese Zementationsmittel werden entweder auf den erhitzten Gegenstand aufgestreut und schmelzen, oder sie werden in besonderen, mit Gas oder elektrisch geheizten Tiegelöfen geschmolzen. Man verwendet nach Giolitti (5) folgende Gemische:

1. Pulverisiertes Ferrozyankalium . . . . 2 Tle.
   ,,   Kaliumbichromat . . . . 1 ,,
   Dextrin zur Erzeugung einer teigigen Masse.
2. Zyankalium . . . . 5 ,,
   Natriumborat . . . . 2 ,,
   Kaliumnitrat . . . . 2 ,,
   Bleiazetat . . . . 1 ,,
3. Tierkohle . . . . 20 ,,
   Hornspäne . . . . 6 ,,
   Kaliumnitrat . . . . 8 ,,
   Kochsalz . . . . 40 ,,
   Leim . . . . 5 ,,
4. Hornspäne . . . . 16 ,,
   Chinarinde . . . . 8 ,,
   Ferrizyankalium . . . . 4 ,,
   Kaliumnitrat . . . . 2 ,,
   Kochsalz . . . . 2 ,,
   grüne Seife . . . . 30 ,,

Die aus diesen geschmolzenen Zementiermitteln entweichenden Gase sind mehr oder minder giftig und die Arbeiter müssen daher durch besondere Vorrichtungen geschützt werden.

Die Verwendung von Zyankalium und Zyannatrium ist nur bis zu Temperaturen von 850° möglich, und die so erreichten Zementationstiefen überschreiten daher 0,3 mm kaum. Neuerdings haben sich dagegen in Deutschland[1] ebenfalls auf der Zyanidbasis hergestellte Salze für das Zementieren in der Praxis erfolgreich durchgesetzt, die infolge ihrer besonderen Zusammensetzung höhere Einsatztemperaturen zulassen, damit größere Härtetiefen ergeben und die Überkohlung der Randschicht weitgehend vermeiden lassen. Abb. 668 zeigt eine in einem derartigen Salzbade in 6 Std. bei 930° erzeugte Einsatzschicht. Die den Bädern entweichenden Gase sind nicht giftig.

Die Herstellung von Zementiersalzen mit der durch Abb. 668 belegten günstigen Wirkung ermöglicht die Ausnutzung der Vorteile, die der Zementation mit flüssigen gegenüber der mit festen Einsatzmitteln an sich eigen sind. Bei der Zementation mit festen Einsatzmitteln ist es schwierig, die Temperatur im Innern der Einsatzkästen genau zu messen. Außerdem erfolgt deren Erhitzung vom Rande aus, und, da das Einsatzmittel selbst isolierend wirkt, geht die Durchwärmung langsam vor sich. Daher werden die an der Kastenwandung liegenden Teile stärker zementiert als die im Innern des Kastens untergebrachten Teile.

---

[1] Durferrit-Ges. m. b. H., Frankfurt a. M.

546 Der Einfluß der Weiterverarbeitung auf Gefüge und Eigenschaften des Stahles.

Abb. 668. In einem neuen, auf Zyanidbasis beruhenden, flüssigen Zementiersalz zementierter Rundstahl [Durferrit-Ges.].

Zur Erzielung gleichmäßiger Eindringtiefe muß man daher für Massenartikel eine große Zahl kleiner Kästen anwenden. Alle diese Schwierigkeiten fallen dagegen bei der Zementation in Salzbädern fort.

c) Gasförmige Zementationsmittel. Die Wirkung der beiden wichtigsten Elemente gasförmiger Zementiermittel, des Kohlenoxydes und der Kohlenwasserstoffe, wurde bereits beschrieben. Durch Mischen beider Gasarten in geeigneten Mengenverhältnissen läßt sich nach Giolitti und Astorri ein Gemisch erzielen, dessen Zersetzungsgeschwindigkeit gerade gleich der Diffusionsgeschwindigkeit des Kohlenstoffs im Eisen ist. Noch bequemer ist die Verwendung von Leuchtgas, das selbst ein Gemisch von Kohlenoxyd und Kohlenwasserstoffen darstellt, jedoch in solchen Verhältnissen, daß es noch als schroff wirkendes Zementationsmittel angesehen werden muß. Die Zementation mit gasförmigen Mitteln wird mit Vorteil z. B. bei kleinen Fahrradteilen angewandt, deren Einzelbehandlung zu kostspielig würde.

d) Gemischte Zementationsmittel. Leitet man über erhitzte pulverisierte Kohle technische Kohlensäure, so erhält man nach der Gleichung $CO_2 + C \rightleftarrows 2\,CO$ ein der Temperatur und dem Druck entsprechendes Gleichgewicht von Kohlenoxyd und Kohlendioxyd, dessen Zusammensetzung man durch zweckmäßige Regelung der Geschwindigkeit des Gasstromes so zu wählen imstande ist, daß innerhalb bestimmter Zeiten Zementationsschichten von bestimmter Tiefe erreicht werden können. Bei Anwendung dieses Zementiermittels soll man gleichmäßige, stets zu reproduzierende Ergebnisse erzielen können, wobei die Kosten der Zementation wesentlich zurückgehen. Einzelheiten des Verfahrens teilt Giolitti (5) mit. Teile von zu zementierenden Gegenständen, die nicht hart zu werden und daher keinen Kohlenstoff aufzunehmen brauchen, bedeckt man zum Schutze gegen Zementation mit Lehm, oder man erzeugt an diesen Stellen festhaftende Kupferniederschläge, oder man stellt, wenn dies wie z. B. bei Zahnrädern angängig ist, die Gegenstände so aufeinander, daß die nicht zu zementierenden Flächen sich berühren. Bezüglich der Kupferniederschläge stellte Zimmer (1) fest, daß eine Dicke von 0,01 mm vollständig ausreicht.

4. Art der Abkühlung der zementierten Gegenstände. Giolitti und Tavanti (9) beobachteten, daß in langsam abgekühlten zementierten Gegenständen schroffe Übergänge von der übereutektoidischen zur eutektoidischen und von dieser zur untereutektoidischen Schicht entstehen, während bei rascher Abkühlung die Übergänge allmählich waren. Man kann diese Erscheinung so erklären, daß bei langsamer Abkühlung der zuerst abgeschiedene, primäre Bestandteil: Zementit oder Ferrit, Gelegenheit hat, eine Keimwirkung auszuüben, und damit eine Anhäufung dieser Gefügebestandteile bewirkt wird, was bei rascher Abkühlung nicht der Fall ist. Wie mehrfach erwähnt wurde, sind wegen der Gefahr des Abspringens der zementierten Kruste beim Härten schroffe Übergänge der Zonen zu vermeiden, und es empfiehlt sich daher, der Zementation keine übermäßig langsame Abkühlung folgen zu lassen. Natürlich muß bei der Wahl der Abkühlungsgeschwindigkeit auf die Gefahr etwa auftretender Spannungen Rücksicht genommen werden.

5. Art des zu zementierenden Stahls. Die zur Zementation häufig verwendeten legierten Stähle zeigen bei der Zementation kein grundsätzlich anderes Verhalten als die unlegierten Kohlenstoffstähle. Mit dem Nickelgehalte nimmt die Zementationstiefe unerheblich zu; ferner verhindert Nickel bis zu einem gewissen Grade das unerwünschte Auftreten schroffer Übergänge in der zementierten Schicht. Die Gegenwart von Chrom dagegen erhöht den maximalen Kohlenstoffgehalt in der zementierten Schicht. Stähle mit Chromgehalten von mehr als 4—5%, die allerdings keine praktische Bedeutung haben, weisen bei Anwendung eines Kohlenoxyd-Kohlendioxydgemisches oxydierte Oberfläche auf, die bei anderen Stählen nur bei Anwendung höherer Drucke zu beobachten ist. Eingehend hat sich Tammann (7) mit dem Einfluß von Legierungselementen auf die Zementationstiefe beschäftigt. Seinen Ergebnissen verleihen die Abb. 669—675 Ausdruck. Die Angaben der Abbildungen beziehen sich auf ein 2stündiges Glühen in einem Hexan-Wasserstoffgemisch. Der von Guillet aufgestellte Satz, alle karbidbildenden Elemente beförderten die Zementationstiefe, findet keine Betätigung. Vanadin z. B. verringert die Einsatztiefe. Kobalt und Nickel, als nichtkarbidbildende Elemente, erhöhen sie bis zu Gehalten von etwa 10%[1].

Die Tatsache, daß zwei Stähle gleicher oder wenig abweichender chemischer Zusammensetzung verschiedene Zementationstiefen aufweisen können, wird von Tammann auf die Gegenwart der Zwischensubstanz zurückgeführt, d. h. der zwischen den Kristallen angesammelten Verunreinigungen. Diese Annahme erscheint dann besonders wahrscheinlich, wenn oxydische Stoffe hier angesammelt sind, die den eindringenden Kohlenstoff vergasen.

Besonders eingehend hat sich zuerst Ehn (1) mit dieser Frage beschäftigt. Nach seinen Untersuchungen verhalten sich die Stähle beim Zementieren be-

---

[1] Neuere Ergebnisse über den Einfluß von Legierungselementen bei der Zementation finden sich bei E. Houdremont, Sonderstahlkunde. Berlin: Julius Springer 1935.

548 Der Einfluß der Weiterverarbeitung auf Gefüge und Eigenschaften des Stahles.

sonders bis zu übereutektoidischen Kohlenstoffgehalten verschieden in Bezug auf die Ausbildung des Gefüges in der übereutektoidischen Zone und die Korn-

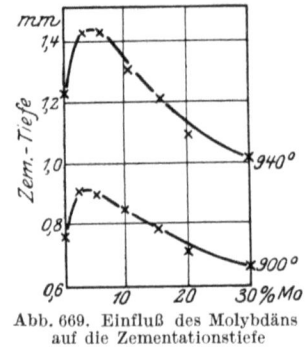
Abb. 669. Einfluß des Molybdäns auf die Zementationstiefe [Tammann (7)].

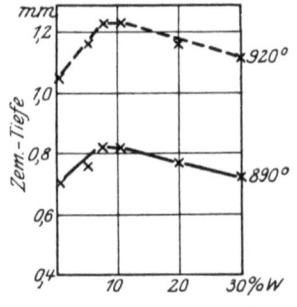
Abb. 670. Einfluß des Wolframs auf die Zementationstiefe [Tammann (7)].

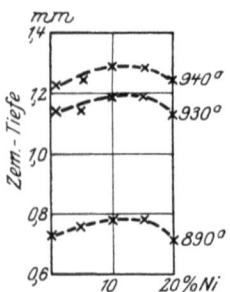
Abb. 671. Einfluß des Nickels auf die Zementationstiefe [Tammann (7)].

größe und Kornbeschaffenheit in der Kernzone. Da ein ausgesprochener Zusammenhang zwischen der Ausbildung des Gefüges und der Neigung der Stähle zur Ausbildung weicher Flecken bei der Härtung beobachtet wurde, wurden die Stähle, die diese Neigung zur Bildung weicher Flecken aufwiesen, als „anormal", die übrigen als „normal" bezeichnet. Diese Bezeichnungen sind insofern nicht gut gewählt, als es naheliegt, sie ungerechtfertigt mit schlecht und gut gleichzusetzen.

Die Anormalität kann
1. in der Korngröße,
2. in der Gefügeausbildung liegen.

Entgegen der Auffassung von

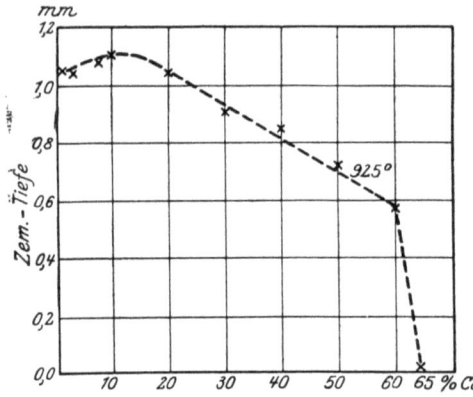
Abb. 672. Einfluß des Kobalts auf die Zementationstiefe [Tammann (7)].

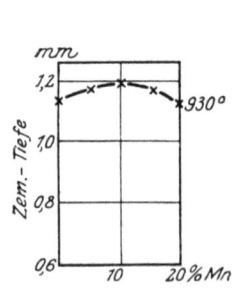
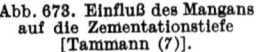
Abb. 673. Einfluß des Mangans auf die Zementationstiefe [Tammann (7)].

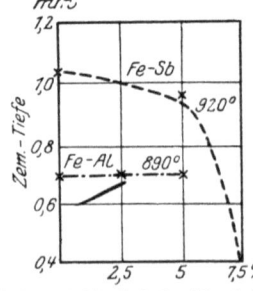
Abb. 674. Einfluß des Aluminiums und Antimons auf die Zementationstiefe [Tammann (7)].

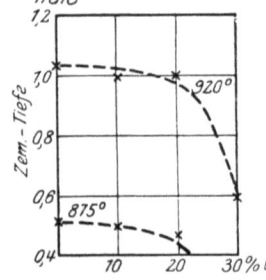
Abb. 675. Einfluß des Vanadiums auf die Zementationstiefe [Tammann (7)].

Ehn dürften beide Arten der Anormalität nicht auf die gleiche Ursache zurückzuführen sein.

Normaler Stahl ist gekennzeichnet durch größeres Korn und gut ausgebildete, geradlinige Zementitadern in der übereutektoidischen Zementationszone. In der Kernzone besitzt er grobes Korn und feineren lamellaren Perlit.

Anormaler Stahl hingegen weist in der übereutektoidischen Zone ein feineres Korn auf, und die Zementitadern sind weniger scharf ausgebildet und häufig stark eingeschnürt, so daß sie aus rundlichen Teilen zusammengesetzt erscheinen. Ein weiteres, nicht immer vorhandenes Kennzeichen der Gefügeanormalität ist der Zerfall des Perlits in Zementit und Ferrit. Ersterer kristallisiert an den sekundären Korngrenzenzementit an, so daß dieser von einem Ferrithof umgeben ist. Die Kernzone des anormalen Stahles zeigt feineres, aber schlecht ausgebildetes Korn; der Perlit ist teils lamellar, teils körnig. Abb. 676 zeigt die übereutektoidische Zone eines normalen und Abb. 677 die eines anormalen Stahles.

Nach E. Houdremont und H. Müller (6) ist die Korngrößenanormalität kein vollkommen zuverlässiges Kennzeichen für Anormalität (ungenügende Härtbarkeit). Stähle mit Korngrößenanormalität gleichen sich bei hohen Zemen-

 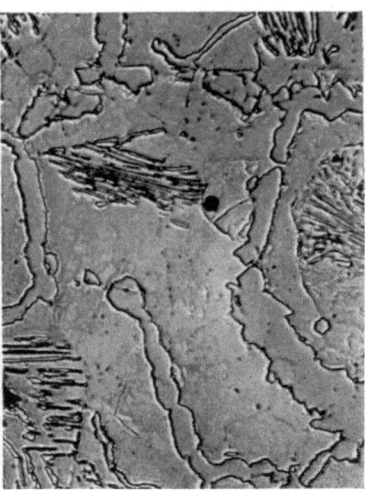

Abb. 676. Normaler Stahl, Ätzung II, ×500 (unveröffentlichte eigene Versuche).

Abb. 677. Anormaler Stahl, Ätzung II, × 500 (unveröffentlichte eigene Versuche).

tationstemperaturen schnell den normalen Stählen an. Außerdem ist es möglich, diese anormalen Stähle durch eine der Zementation voraufgehende Warmbehandlung (Glühung bei 1000—1100°) oder durch eine nach der Zementation erfolgende Glühung in normale Stähle zu verwandeln.

E. Houdremont und H. Müller behandeln in ihrer schon mehrfach angeführten Arbeit das gesamte über die Gefügeanormalität der Stähle vorhandene Schrifttum. Auf diese Arbeit sei zu eingehenderem Studium verwiesen.

Über die Ursachen der Gefügeanormalität sind die verschiedensten Theorien entwickelt worden. Eine größere Zahl von Forschern sieht diese Ursachen in dem Einfluß des Sauerstoffs. Der von diesen Forschern für den anormalen Stahl angenommene, höhere Sauerstoffgehalt wurde aber durch Arbeiten von S. Epstein und H. S. Rawdon (1), sowie vor allem auch von F. Duftschmid und E. Houdremont (1) in Frage gestellt. Letztere stellten fest, daß auch aus Eisencarbonyl hergestellte, sehr reine Stähle mit nur 0,001% Sauerstoff eine ausgesprochene Anormalität aufweisen, daß die Anormalität also eine Eigenschaft reinsten Stahles ist, und daher auch aus diesem Grunde die Begriffe normal und anormal nicht mit gut und schlecht gleichgestellt werden dürfen. Duftschmid und Houdremont sehen, im wesentlichen in Übereinstimmung mit Epstein und Rawdon sowie Herty (4), die Ursache für die Entmischung des Perlits in einer hohen Diffusionsgeschwindigkeit des Kohlenstoffs im α-Eisen kurz unterhalb Ar_1. Nach ihren Feststellungen weisen anormale Stähle eine hochliegende Ar_1-Umwandlung, eine geringe Hysteresis zwischen Ar_1 und Ac_1 [vgl. auch H. Cornelius (3)] und große Kristallisationsgeschwindigkeit auf. Die kritische Abkühlungsgeschwindigkeit liegt höher als die der normalen Stähle. Ein Stickstoffgehalt bis zu 0,02%, wie er auch in Carbonyleisen vorkommt, ist nach H. Cornelius und H. Esser (4) ohne Einfluß auf die Anormalität.

Die Entstehung des zerrissenen Zementitnetzwerkes hängt wahrscheinlich mit einer ebenfalls großen Beweglichkeit des Kohlenstoffs im γ-Eisen zusammen. Der Kohlenstoff wandert aus dem Korn an die Stellen der Korngrenzen, an denen sich zuerst Zementitkeime gebildet haben. Dagegen bleiben andere Stellen der Korngrenzen, an denen eine Keimbildung nicht frühzeitig einsetzte, frei von Zementit.

B. Die Rückfeinung und Prüfung einsatzgehärteten Stahles.

Durch das langzeitige Erhitzen bei hohen Temperaturen wird das Gefüge zementierter Gegenstände mehr oder minder vergröbert, und die Festigkeitseigenschaften, insbesondere die Kerbschlagzähigkeit, werden beeinträchtigt. Durch zweckmäßige Wärmebehandlung (Rückfeinen) können die alten Eigenschaften wiedergewonnen werden.

Man kann sich den zementierten Gegenstand aus zwei Teilen aufgebaut denken, dem weichen Kern mit 0,1—0,2% und der harten Schale mit 0,9% Kohlenstoff. Die für das Härten und Anlassen entwickelten Grundsätze lassen sich daher ohne weiteres auf zementierte Gegenstände übertragen. Um den beiden Teilen die zweckmäßigsten Eigenschaften zu erteilen, wendet man folgende Wärmebehandlungsverfahren an:

I. Die Härtung unmittelbar aus dem Einsatz führt, da die Einsatztemperatur oberhalb der Härtetemperatur für die aufgekohlte Schale liegt, zu einer überhitzten Einsatzschicht. Dieses Verfahren ist daher nur für wenig wichtige Teile anwendbar oder für legierte Stähle.

II. Die Härtung erfolgt ohne Rückfeinung nach langsamer Abkühlung von der Einsatztemperatur und erneuter Erhitzung oberhalb PSK. Dieses Verfahren ist zur Härtung von solchen Stücken geeignet, die sich nicht verziehen sollen. Dies wird erreicht durch die Wahl einer niedrigen Abschrecktemperatur.

III. Verfahren der Doppelhärtung. Mit der ersten, meist bei 900—920° (Ac_3 des Kerns) vorzunehmenden Härtung regeneriert man den überhitzten und gegen stoßweise Beanspruchung daher wenig widerstandsfähigen Kern des Stückes und erteilt ihm seine ursprüngliche Zähigkeit wieder, wie aus folgenden an weichem Einsatzmaterial mit Nickel und Chrom gewonnenen Zahlen nach Giolitti (5) hervorgeht:

Kerbschlagzähigkeit
mkg/cm²

Ausgangsmaterial bei 925° geglüht, an der Luft abgekühlt 28
Ausgangsmaterial bei 925° in Wasser gehärtet 32
4 Stunden bei 1000° zementiert, nicht gehärtet 10
Desgl. bei 1025° in Wasser gehärtet 30

Am aussichtsreichsten erscheint zunächst Abkühlung des zementierten Gegenstandes unter Ar_3 und Wiedererhitzung auf eine wenig oberhalb Ac_3 gelegene Temperatur zwecks Härtung. Aus bekannten Gründen soll nach dem Zementieren rasch abgekühlt werden. Die erste Härtung erfolgt in Öl oder in Wasser. Im letzteren Falle ist es zweckmäßig, zur Verringerung der Gefahr des Verziehens die Härtung zu unterbrechen, wenn die Temperatur unter die der Rotglut entsprechende sinkt. Nach Brearley (2) genügt sogar Abkühlung an der Luft. Die zweite Härtung dient zur Erzeugung maximaler Härte in der Randschicht und wird daher zweckmäßig bei 750—800° (oberhalb Ac_1 der Randschicht) vorgenommen. Um Spannungen in dieser Schicht zu vermeiden und das Abspringen der Schicht im Betriebe zu verhindern, läßt man zweckmäßig dieser Härtung ein Anlassen auf etwa 200° folgen. Die Gegenwart von Nickel in den gebräuchlichen Nickel- und Nickelchromstählen bewirkt, wie mehrfach erwähnt wurde, daß die mit dem Zementieren verbundene Erhitzung fast ohne Einfluß auf die Gefügevergröberung ist. Man kann daher in diesen Stählen mit einer einzigen Härtung auskommen, was um so vorteilhafter ist, als die wiederholte Härtung das Verziehen der Stücke im Gefolge haben kann, das bei manchen Gegenständen wie Laufringen von Kugellagern, Zahnrädern und dgl. vermieden werden muß. Die erwähnte einfache Härtung kann entweder bei 850° in Öl oder Wasser erfolgen und dient dann gleichzeitig zur Regenerierung des Kerns und zur Härtung der Schale.

IV. Die Härtung wird aus dem Einsatz vorgenommen. Es folgt sodann eine einstündige Zwischenglühung bei 600—650° und dann die Schlußhärtung der Schale oberhalb Ac_1. Die erste Härtung führt zu einer Rückfeinung des Kernes und zu feinster Verteilung des Zementits im Martensit der Randschicht. Letzteres wird auch dann erreicht, wenn infolge Überschreitung der Einsatztemperatur, mit deren Möglichkeit bei der laufenden Herstellung zu rechnen ist, der eutektoidische Kohlenstoffgehalt der Randschicht etwas überschritten wird. Durch das Anlassen bei 600—650° wird feinkörniger Zementit erhalten, so daß bei der Schlußhärtung von 760—780°, auch bei übereutektoidischem Kohlenstoffgehalt der Randschicht, ein günstiges Härtungsgefüge in der Schale (feiner Martensit bzw. feiner Martensit + feinverteilter, körniger Zementit) erzielt wird.

Für die Prüfung zementierter Gegenstände gibt es keine einheitlichen Gesichtspunkte. Im allgemeinen wird ein Stahl von bestimmter Festigkeit, Dehnung, häufig auch Kontraktion und Kerbschlagzähigkeit (letzteres bei Automobilteilen) vorgeschrieben, wobei sich die Zahlen auf den geglühten Stahl beziehen. Besondere Proben dieses Stahls, deren Form je nach den Grundsätzen des betreffenden Werkes sehr verschieden sein kann, werden mit dem Gegenstande zementiert und in der Weise behandelt, wie man den fertigen Gegenstand zu behandeln beabsichtigt. Der Erfolg der Zementation (Dicke der Schicht und zweckmäßig auch mikroskopisch Höhe und Verteilung des Kohlenstoffs) wird festgestellt, sodann die Härte der Randschicht[1] und die Eigenschaften der Gesamtprobe oder des von der Randschicht befreiten Kerns bestimmt. Die Härte kann ermittelt werden durch Bestimmung der Kugeldruck- oder Sprunghärte (Skleroskop), sowie der

---

[1] Vgl. W. Oertel (4).

Pendel- oder Rockwellhärte. Bei der Ermittlung der Kugeldruckhärte muß in Anbetracht der geringen Dicke der Randschicht vorsichtig verfahren werden bezüglich des Durchmessers der Kugel, um zu vermeiden, daß diese in die nicht zementierte Schicht eindringt und ein falsches Bild der Härte entsteht. Zur Ermittlung der Eigenschaften des ganzen Stückes wird recht verschieden verfahren. Manche Werke brechen eine an beiden Seiten aufgelagerte Platte unter langsamem Druck, bestimmen letzteren und beobachten die Art und Weise, wie der Bruch erfolgt, etwa den Biegewinkel sowie die Bruchfläche des Stückes. Andere Werke stellen zementierte Schlagproben her und messen die spezifische Schlagarbeit, wobei die Ergebnisse natürlich untereinander nur dann vergleichbar sind, wenn die Form der Proben und des Schlagwerkes gleich sind. Giolitti verwirft die Prüfung der Probe einschließlich der zementierten Randschicht und will die Schlagfestigkeit stets am reinen Kernmaterial ermittelt wissen. Auch Baumann (1) gelangt zu diesem Ergebnis. Oertel (5) dagegen prüfte nach Ausschal-

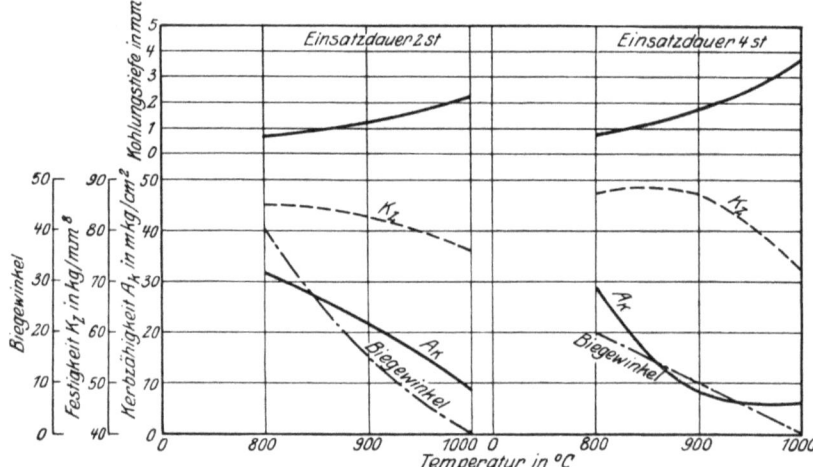

Abb. 678. Einfluß der Einsatzdauer und -temperatur auf die Zementationstiefe und die Festigkeitseigenschaften von weichem Flußeisen mit 0,1 % C [Oertel (5)].

tung aller Fehlerquellen seine Proben mit der Schale und gelangte so zu vergleichbaren Ergebnissen. In Abb. 678 sind eine Reihe von auf diesem Wege gewonnenen Ergebnissen dargestellt, die die Abhängigkeit der Zementationstiefe, der Festigkeit, der Kerbschlagzähigkeit und des Biegewinkels von der Einsatztemperatur und -dauer zeigen. Die Wärmebehandlung der Proben geschah durch Regenerieren bei 900°, Abkühlen an der Luft, sodann Härtung bei 770° in Wasser. Man erkennt den nachteiligen Einfluß hoher Zementiertemperatur. Man ging dann auch dazu über, zementierte Proben mit der Schale auf einem Dauerschlagwerk zu prüfen. Hierbei wurde übereinstimmend beobachtet, daß die Dauerschlagzahl zementierter Proben erheblich gehoben wird. Über den Wert einer oder der anderen Probe läßt sich nichts aussagen, jedenfalls sind aber diejenigen die zuverlässigeren, die ein zahlenmäßiges Ergebnis liefern, wobei natürlich die Erfahrung erst einen Maßstab für die Beurteilung dieser Zahlen liefern kann.

C. Die Zementation mit anderen Stoffen als Kohlenstoff.

Außer Kohlenstoff können auch andere Elemente durch ein der Zementation ähnliches Verfahren in das Eisen bis zu einer gewissen Tiefe eingeführt werden. Versuche hierüber sind schon frühzeitig angestellt worden. Fry (4) untersuchte das Diffusionsvermögen von Phosphor, Schwefel, Silizium, Mangan und Nickel in Form von festen Verbindungen, Legierungen bzw. reinen Metallen. Zur Ausschaltung aller störenden Nebenerscheinungen, insbesondere der Oxydation, arbeitete Fry im Vakuum. Seinen Ergebnissen verleiht Abb. 679 Ausdruck, aus der zu ersehen ist, daß der Höchstgehalt an Phosphor etwa gleich dem Gehalt des gesättigten Mischkristalls ist. Wenn dies bei Silizium nicht zutrifft, so ist hieran eine störende Nebenerscheinung, nämlich die Bildung einer die weitere Siliziumaufnahme verhindernden dünnen SiO_2-Schicht schuld, die auch Schmitz (1) beobachtet hatte. An und für sich sprechen alle Ergebnisse dafür, daß Guillets Anschauung richtig ist: Voraussetzung für die Diffusion sei das Vorhandensein einer Löslichkeit der beiden Stoffe im festen Zustande, und der Diffusion sei durch die Konzentration der maximalen Löslichkeit eine Grenze gesetzt. Daher schließt auch Fry aus seinen Versuchen über die Diffusion des Schwefels, daß dieser bis zu 0,025%, der erreichten Höchstgrenze, im festen Eisen löslich sei. Der obigen Anschauung von Guillet steht aber z. B. die von Charpy (8) entdeckte Tatsache gegenüber, daß weit unter Ac_1 bis zu 6,72% Kohlenstoff vom Eisen aufgenommen werden kann. Aus der Tatsache, daß in Abb. 679 die Kurven derjenigen Elemente, die eine beschränkte Löslichkeit im Eisen aufweisen, einen Wendepunkt besitzen im

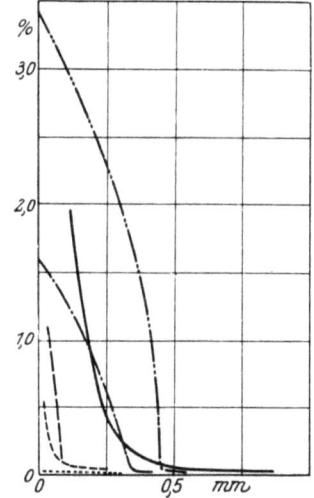

Abb. 679. Diffusion von Phosphor, Schwefel, Silizium, Mangan und Nickel im Eisen bei 950° während 50 Stunden [Fry (4)].
— · — · — P aus 24%igem Ferrophosphor,
· · · · · S ,, 34%igem FeS,
— — — Si ,, 21%igem Ferrosilizium,
– – – – Mn ,, 27%igem Ferromangan,
——— Mn ,, 97%igem Mangan,
- - - - - Ni ,, 100%igem Nickelpulver.

Gegensatz zu den vollkommen löslichen Elementen, zieht Fry folgenden Schluß.

Es ist bei der Diffusion im Eisen streng zu unterscheiden zwischen reiner Diffusion und einem Vorgang, der als Reaktionsdiffusion zu kennzeichnen wäre. Die reine Diffusion hat ihre Ursache lediglich in einer Art von osmotischem Druck der festen Stoffe, während die Reaktionsdiffusion dadurch gekennzeichnet ist, daß der diffundierende Stoff mit dem Eisen in Reaktion tritt. Reine Diffusion kann nur bis zum Gehalt der gesättigten Mischkristalle stattfinden. Dagegen läßt sich durch Reaktionsdiffusion bei geeigneten Versuchsbedingungen der Gehalt der höchsten chemischen Verbindung des betreffenden Elements mit dem Eisen erreichen. Die Reaktionsdiffusion ist von besonderer praktischer Bedeutung, da sie weitgehende Wandlungsfähigkeit besitzt und daher durch Veränderung der Versuchsbedingungen dem jeweiligen Zweck in hohem Maße angepaßt werden kann. Die in der Literatur über Diffusion vorhandenen Widersprüche lassen sich größtenteils mit Hilfe der von Fry vertretenen Anschauung erklären.

Fry stellt endlich folgende allgemeingültige Sätze auf. Auf die Diffusionsgeschwindigkeit wirken ein:

a) Der Zustand der Moleküle und der Kristallelemente des aufnehmenden Stoffes (Modifikation, „Porosität" der Kristallelemente).

b) Die Größe der Moleküle des diffundierenden Stoffes.

Auf die durch Diffusion erreichte Höchstkonzentration wirken ein:

a) Die chemische Verwandtschaft des diffundierenden zu dem aufnehmenden Stoffe.

b) Der Höchstgehalt der bei der jeweiligen Temperatur beständigen Mischkristalle.

c) Die Zeit.

d) Die Temperatur.

e) Bei diffundierenden Verbindungen, ihre Zersetzungsfähigkeit unter Berücksichtigung von Druck, Temperatur, Konzentration und chemischer Verwandtschaft.

Neben den bereits angeführten Elementen diffundiert eine große Anzahl weiterer Elemente in Eisen, so Aluminium, Chrom, Wolfram (bei sorgfältiger Ausschaltung oxydierender Einflüsse), Molybdän, Vanadin, Kobalt, Kupfer, Antimon, Zinn, Zink, Arsen, Titan, Bor, Iridium und nach W. D. Jones (1) auch Silber. Jones konnte bei den folgenden Elementen keine Diffusion in Eisen beobachten: Barium, Blei, Kadmium, Kalium, Kalzium, Magnesium, Quecksilber, Schwefel (!), Selen, Tantal, Tellur, Wismut und Zer.

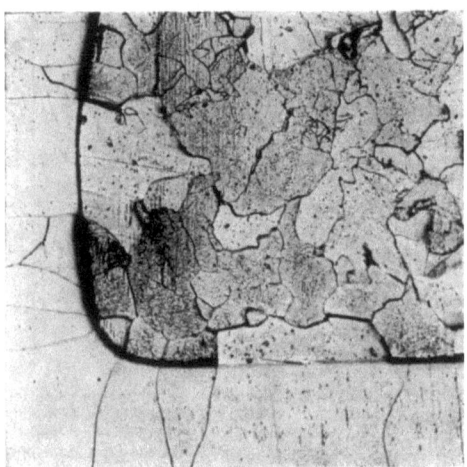

Abb. 680. Diffusionssaum, entstanden bei 10 stündiger Glühung von Elektrolyteisen in reinem Molybdänpulver bei 1200° im Hochvakuum. Ätzung II [Esser und Cornelius*].

Bei der Diffusion von Fremdelementen in Eisen treten häufig sogenannte Diffusionssäume auf, d. h. in der Randschicht der Eisenprobe treten durch die Diffusionsrichtung bedingte, säulenförmige Kristalle in mehr oder minder regelmäßiger Ausbildung auf. Einen bei der Diffusion von Molybdän in Elektrolyteisen im Hochvakuum entstandenen Diffusionssaum gibt Abb. 680 nach H. Esser und H. Cornelius* wieder. Eine grundsätzliche Klärung der Voraussetzungen für die Entstehung von Diffusionssäumen gibt W. D. Jones (1). Nach ihm führen alle Elemente bei der Einwanderung in Eisen zur Ausbildung eines Diffusionssaumes, wenn während der Diffusion eine Phasenänderung eintritt. Wird z. B. durch Diffusion eines Elementes A, das den γ-Raum erweitert, die Temperatur der A_3-Umwandlung also herabsetzt, entsprechend der Linie $1-1'$ in Abb. 681 (links) der Probenrand aus dem α- in den γ-Zustand übergeführt, so unterscheiden sich Rand und Kern nach der Abkühlung deutlich durch ihr Gefüge. Im Grunde das-

---

* Unveröffentlichte Versuche.

selbe ist der Fall, wenn bei der Einwanderung eines das γ-Gebiet abschnürenden Elementes B, das also die A_3-Umwandlung erhöht, entsprechend $2-2'$ in Abb. 681 (rechts) am Rande aus dem Austenit Ferrit gebildet wird. Nach der Abkühlung zeigt hier der ferritische Rand die durch die Diffusionsrichtung bedingten, säulenförmigen Kristalle im Gegensatz zu Fall $1-1'$ in sehr regelmäßiger Ausbildung (s. Abb. 680), da er bei der Abkühlung keine Umwandlung durchläuft. Daß Diffusion bei den Temperaturen $3-3'$ und $4-4'$ in Abb. 681 nicht zur Entstehung von Diffusionssäumen führt, ist darauf zurückzuführen, daß keine Phasenänderung während der Diffusion stattfindet. Allgemein gilt, daß bei Temperaturen oberhalb des A_3-Punktes von reinem Eisen ein Diffusionssaum nur durch solche Elemente hervorgerufen werden kann, die die A_3-Umwandlung erhöhen (Wolfram, Molybdän, Silizium usw.) und demnach — mit Ausnahme von Bor — das γ-Gebiet abschnüren. Anderseits führen bei der Diffusion unterhalb A_3 des reinen Eisens nur die Elemente zu einem Diffusionssaum, die A_3 erniedrigen und demnach das γ-Gebiet stark erweitern (z. B. Mangan und Nickel).

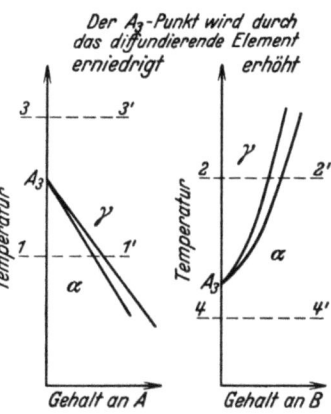

Abb. 681. Phasenumwandlung ($\alpha \rightleftarrows \gamma$-Umwandlung des Eisens) bei der Diffusion [Jones (1)].

D. Die Nitrierhärtung.

Beim Glühen von Eisen in Ammoniak wird der bei dem Zerfall des Ammoniaks entstehende atomare Stickstoff vom Eisen aufgenommen. Die bei dieser Diffusion des Stickstoffs in reines Eisen entstehenden Randschichten wurden bereits an anderer Stelle (Abschnitt II 31) an Hand von Gefügeaufnahmen in Anlehnung an das Zustandsschaubild Eisen-Stickstoff besprochen. Die als Nitrierung bezeichnete, beim Glühen im Ammoniakstrom vor sich gehende Stickstoffaufnahme durch das Eisen ist mit einer beträchtlichen Härtesteigerung der Oberflächenschichten verbunden. Ausgehend von dieser Feststellung, entwickelte A. Fry (5) die Nitrierung zu einem Verfahren zur Oberflächenhärtung legierter Stähle.

Wird die Nitrierung bei Temperaturen oberhalb der Bildungstemperatur des Eutektoides Braunit (etwa 580°) durchgeführt, so entstehen Nitridrandschichten, die äußerst spröde sind und die Oberfläche somit für technische Zwecke unbrauchbar machen. Die Nitrierung unterhalb 580°, der Temperatur der eutektoidischen Umwandlung, führt indessen zwar zu der gewünschten Steigerung der Oberflächenhärte, vermeidet aber die Ausbildung wesentlicher, unerwünschter Nitridrandschichten. Reines Eisen und Kohlenstoffstähle zeigen bei einer unterhalb 580° durchgeführten Nitrierung zwar eine Steigerung der Oberflächenhärte, aber keine eigentliche Härtung. Der von Fry durchgeführte Versuch, eine höhere Oberflächenhärte durch Nitrierung von Stählen zu erreichen, denen solche Legierungselemente zugesetzt wurden, die harte Nitride bilden, z. B. Chrom und Titan, führte zum Erfolg. Nach W. Eilender und O. Meyer (10) weisen die in der Praxis hauptsächlich verwendeten Nitriersonderstähle, die sich bezüglich ihrer Festigkeitseigenschaften den verschiedensten Verwendungszwecken anpassen lassen und eine besonders hohe Nitrierhärte annehmen, folgende Zusammensetzungen auf:

Kohlenstoff . . 0,01—0,4%, Aluminium . . 0,8—1,6%, Chrom . . 0,8—1,6%
außerdem zum Teil:
Molybdän . . 0,2—0,5%, Vanadin . . 0,2—0,6%
oder auch geringe Mengen Nickel.

In nitrierten Stahlstücken fällt die Härte vom Rand zum Kern hin allmählich ab. Die Oberflächenhärte ist höher, als sie bei irgendeinem anderen Härtungsverfahren erreicht wird. So kann die Rücksprunghärte nach Fry bis zu 110 Shoreeinheiten betragen. Bei der Brinellhärtemessung mit einer Kugel von 2,5 mm Durchmesser und 187,5 kg Belastung ergab sich eine Härte von 750 Brinelleinheiten. Die Genauigkeit der Brinellhärtemessung ist indessen stark beeinträchtigt durch die bei der Messung eintretende Abplattung der Kugel. Die hohe Oberflächenhärte nitrierten Sonderstahles geht besonders klar hervor aus dem Vergleich der Ritzbreite von geglühtem und ungeglühtem Kohlenstoffstahl mit nitriertem Sonderstahl bei der Ritzhärteprüfung (Diamantspitze mit 20 g Belastung):

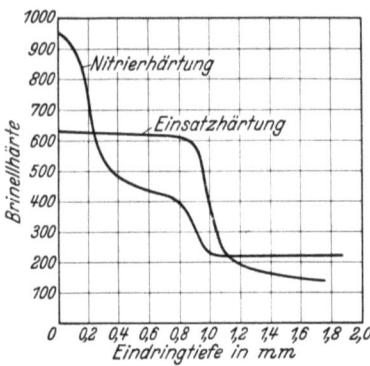

Abb. 682. Härtevergleich zwischen Nitrier- und Einsatzhärtung. (Die Härtemessung erfolgte nach Brinell-Vickers) [Fry (5)].

Kohlenstoffstahl (0,97% C): Brinellhärte 160, Ritzbreite 0,02 mm
„   (0,97% C):   „   632,   „   0,011 „
Sonderstahl, nitriert: —   „   0,004 „

Die Kanten nitrierter Stücke schneiden Glas und ritzen sogar Quarz (Härte 7 der Mohsschen Härteskala).

Einen Vergleich zwischen dem Härteverlauf vom Rand zur Mitte bei Einsatz- und Nitrierhärtung bietet Abb. 682. Während die Einsatzhärtung bekanntlich die Erzeugung einer sehr großen Eindringtiefe der Härtung bei einer Oberflächenhärte von 630 Brinelleinheiten gestattet, liefert die Nitrierhärtung geringere Eindringtiefen der Härte, wobei aber die Oberflächenhärte 950—1100 Brinelleinheiten aufweist, gleichzeitig übertreffen nitrierte Stähle bezüglich der Verschleißfestigkeit bei weitem die einsatzgehärteten Stähle.

Der größte Vorteil der Nitrierhärtung gegenüber der Einsatzhärtung liegt neben der höheren Oberflächenhärte in der Möglichkeit der verziehungsfreien Härtung. Nimmt man die Nitrierung an durch Glühen bei 500—550° spannungsfrei gemachten Stücken vor, so wird durch die Nitrierung keinerlei Verziehung hervorgebracht, da die Härtung der Oberfläche keine Abschreckung erfordert, vielmehr nach langsamer Abkühlung eintritt. Die bei der Nitrierung eintretende geringe Volumenzunahme, die bei schwereren Stücken eine Dickenzunahme bis zu 0,02 mm hervorruft, erfolgt gesetzmäßig und kann daher bei der Bearbeitung durch Wahl eines Untermaßes berücksichtigt werden.

Eine Besonderheit nitrierter Randschichten liegt darin, daß sie ihre Härte bis zu einer Temperatur von etwa 500° beibehalten. Nitrierte Werkstücke sind daher bis zu dieser Temperatur noch sehr verschleißfest, während einsatzgehärtete Oberflächen schon ab 250° merklich an Härte und Verschleißfestigkeit verlieren.

Abb. 683 zeigt die Oberflächenhärte eines einsatzgehärteten Cr—Ni-Stahles und eines nitrierten Cr—Al-Stahles in Abhängigkeit von der Anlaßtemperatur.

Auf Grund der Tatsache, daß die Nitrierung gestattet, Werkstücke unter Vermeidung der Verziehung mit äußerst harten Oberflächen zu versehen, können die Werkstücke im ungehärteten Zustande fertig bearbeitet und dann erst gehärtet werden, ohne daß ein Nachschleifen, das zudem häufig nicht durchführbar ist, erforderlich wird. Die Hauptanwendung findet die Nitrierhärtung daher für hochbeanspruchte Getriebe, insbesondere Stirnräder mit Schraubenverzahnung, hochbeanspruchte Maschinenteile (Laufflächen, Lagerbüchsen), schnellaufende oder hochbeanspruchte Kleinmaschinenteile für Schreibmaschinen, Spinnereimaschinen usw., sodann für Lehren und Meßwerkzeuge.

Die Vorgänge bei der Nitrierung weisen eine große Ähnlichkeit mit den Vorgängen bei der Kohlenstoffzementation auf. Bei der Nitrierung des reinen Eisens sind nach W. Eilender und O. Meyer (10) drei Vorgänge zu unterscheiden, die nebeneinander ablaufen.

1. Das Eisen wirkt als Kontaktsubstanz für die Zersetzung des Ammoniaks:
$$2 NH_3 = N_2 + 3 H_2.$$
Der vorübergehend im atomaren Zustand befindliche Stickstoff verbindet sich mit dem Eisen zu Fe_2N. Bei Drücken von etwa einer Atmosphäre und Temperaturen unterhalb 400° ist die Zersetzungsgeschwindigkeit des Ammoniaks kleiner, als die Bildungsgeschwindigkeit von Fe_2N. Von den Zerfallsprodukten des Ammoniaks, Wasserstoff und Stickstoff, ist also nur Wasserstoff neben Ammoniak in den den

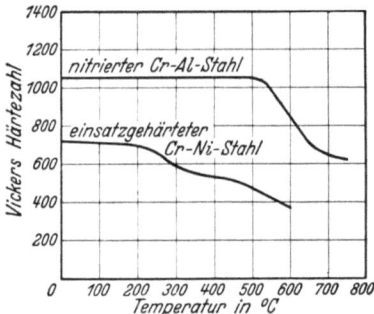

Abb. 683. Einfluß des Anlassens auf die Oberflächenhärte eines einsatzgehärteten und eines nitrierten Stahles [Fry (5)].

Nitrierofen verlassenden Abgasen enthalten. Bei Temperaturen oberhalb 400° ist dagegen die Reaktionsgeschwindigkeit $2 Fe + N = Fe_2N$ geringer als die Zerfallsgeschwindigkeit des Ammoniaks, so daß die Abgase aus Ammoniak, Wasserstoff und Stickstoff bestehen.

2. Das gebildete Fe_2N dissoziiert nach $Fe_2N \to 2 Fe + N$.

3. Der aus der Dissoziation von Fe_2N herrührende Stickstoff wandert durch Platzwechselreaktion* nach innen. Die Bildungsgeschwindigkeit der Nitridschichten an der Oberfläche überwiegt hierbei den entgegengesetzten Vorgang des Nitridzerfalles.

Der Diffusionskoeffizient beträgt für grobkörniges Elektrolyteisen 2,14 $\cdot 10^{-8}$ cm²/sek bei 550°. Er ist für feinkristallines Elektrolyteisen infolge des hemmenden Einflusses der Korngrenzenzwischensubstanz geringer. Sehr stark wird die Diffusionsgeschwindigkeit des Stickstoffs durch die Anwesenheit von Kohlenstoff vermindert. Abb. 684 zeigt die starke Abhängigkeit der Diffusionsgeschwindigkeit vom Kohlenstoffgehalt nach W. Eilender und O. Meyer.

Bei Verwendung legierter Stähle verläuft der Nitriervorgang wesentlich anders als bei reinem Eisen. Wie schon erwähnt, kommen als Legierungselemente Alu-

---

* Die Diffusion von Stickstoff in Eisen erfolgt nicht unter Substitution der Eisenatome, sondern sehr wahrscheinlich unter wechselweiser Abgabe der lockergebundenen Stickstoffatome von einer gesättigten zu einer weniger gesättigten Gruppe von Eisenatomen. J. Runge (1); desgl. Tammann u. Schönert (8); A. Bramley (1).

minium, Chrom, Molybdän und Vanadin in Frage. Diese Legierungselemente führen zu folgenden Erscheinungen: Die Ausbildung spröder Randschichten wird vermieden. Die γ-Phase wird völlig unterdrückt, die ε-Phase nur schwach ausgebildet.

Der Braunitpunkt wird erhöht (s. Abb. 685) und auch hierdurch die Gefahr der Bildung abbröckelnder Schichten vermieden.

Es werden sehr stabile und unlösliche Nitride von hoher Härte gebildet. Trifft der diffundierende Stickstoff z. B. im Eisen-Aluminium Mischkristall auf Aluminium, so kommt es zur Bildung der im festen und flüssigen Eisen unlöslichen schwerzersetzlichen Verbindung AlN.

Die Ursachen der hohen Härte der Nitrierschicht ergeben sich nach Untersuchungen und Überlegungen von O. Meyer und R. H. Hobrock (2) wie folgt: Die Höchsthärte von Eisen-Aluminiumlegierungen liegt nicht unmittelbar an der Oberfläche, sondern in einer Tiefe von 0,1—0,2 mm. Dabei ist auffällig, daß das Gebiet der Höchsthärte nicht mit dem Gebiet starker Gitterverspannung zusammenfällt. Im Gegenteil liegen die Bestwerte der Härte dort, wo die Röntgenaufnahmen nur das Vorhandensein eines normalen, ungestörten Eisengitters anzeigen. Hiernach hat es den Anschein, als ob die Ursache der Härte weniger die durch die im Mischkristall befindlichen Nitridmoleküle hervorgerufenen Gitterverspannungen sind, als vielmehr die durch Einlagerung feinstverteilter Nitridteilchen bewirkten Gleitebenenstörungen. Die auf dem Begriff der Gleitebenenblockierung aufgebauten Härtungsvorstellungen erscheinen daher für die Erklärung der Härte in Übereinstimmung mit dem experimentellen Befund am besten geeignet. Ein Teil der Härte dürfte auch zu erklären sein durch Reaktion des Stickstoffs mit der Eisengrundmasse, vor allem in den Gebieten geringer Stickstoffkonzentration, also in größeren Tiefen der nitrierten Stücke. Dieser Härteanteil ergibt sich aus dem Härteabfall beim Anlassen der nitrierten Eisen-Aluminiumlegierungen. Hierbei zerfällt das Eisennitrid, während das Aluminiumnitrid bestehen bleibt.

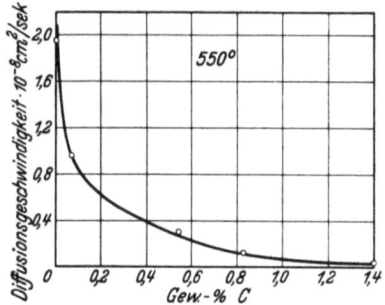

Abb. 684. Abhängigkeit der Diffusionsgeschwindigkeit des Stickstoffs vom Kohlenstoffgehalt des Stahles [Eilender u. Meyer (2)].

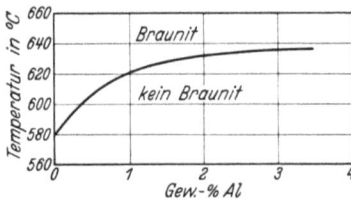

Abb. 685. Verschiebung der Bildungstemperatur des Eutektoides Braunit bei steigenden Aluminiumgehalten.

Beim Erhitzen oberhalb 550° tritt eine Zusammenballung des stabilen Nitrides und damit, in Übereinstimmung mit den Vorstellungen über den Mechanismus der Gleitebenenblockierung, ein Abfall der Härte ein. Dieser Vorgang ist im Gegensatz zur Abschreckhärtung von Stahl und zur Ausscheidungshärtung nicht umkehrbar, da das Aluminiumnitrid in der Eisengrundmasse unlöslich ist, also nicht über einen Lösungsvorgang mit anschließender Ausfällung wieder in feinste Verteilung überführt werden kann. Die harten und im Gegensatz zu dem leicht zersetzlichen Eisennitrid erst bei hohen Temperaturen zerfallenden Nitride der übrigen Legierungselemente der Nitriersonderstähle verhalten sich wahrscheinlich ähnlich wie das Aluminiumnitrid.

Es wurde schon darauf hingewiesen, daß die Nitrierschichten verhältnismäßig dünn und zu ihrer Erzeugung lange Zeiten erforderlich sind. Es ist daher erklärlich, daß der Erzielung stärkerer Nitrierschichten und der Verkürzung der Nitrierdauer besondere Aufmerksamkeit zugewandt wurde. O. Meyer, W. Eilender und W. Schmidt (3) haben sich in dieser Richtung mit der Doppelnitrierung und der Nitrierung unter Hochfrequenzbeheizung befaßt.

Die Doppelnitrierung kann in einer Nitrierung zunächst bei hoher Temperatur (z. B. 620°) und einer anschließenden bei der üblichen Temperatur von 500° bestehen. Bei der ersten Nitrierung werden in den Oberflächenschichten hohe Stickstoffgehalte bei großen Eindringtiefen erzielt, bei der zweiten tritt eine gleichmäßige Verteilung nach innen auf. Die erste Nitrierung führt aber zu einer Bildung von gröberen Nitridteilchen und damit zu einer Härteminderung. Wird die Nitrierung zunächst bei 500° und dann bei 600° durchgeführt, so wird die Einsatztiefe bei gleichzeitig hoher Härte vergrößert. Hieraus ist zu schließen, daß die einmal gebildeten feinen Nitride nur sehr langsam koagulieren. Den Einfluß der Temperaturführung bei der Verstickung eines Stahles mit 0,52% C, 1,24% Cr, 0,93% Al und 0,34% Mo auf die Rockwellhärte (Diamant, 60 kg Last) zeigt Abb. 686.

Führt man die Erwärmung bei der Nitrierung induktiv in einer mit hochfrequentem Wechselstrom beschickten Spule durch, so läßt sich eine Beschleunigung der Diffusion erreichen, die wahrscheinlich mit der Magnetostriktion in Zusammenhang zu bringen ist. Die Hochfrequenzbeheizung ist aber technisch kaum verwertbar, da sie nur bei einfach geformten Stücken anwendbar und auch zu kostspielig ist.

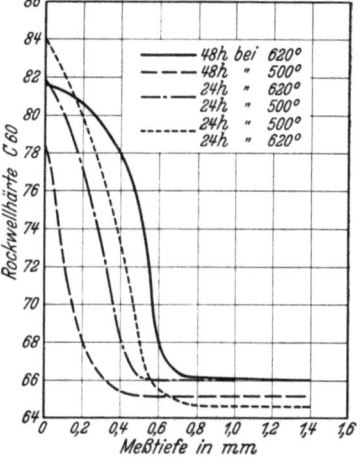

Abb. 686. Einfluß der Temperaturführung bei der Verstickung auf die Härte-Tiefe-Kurven [Meyer, Eilender und Schmidt (3)].

Zur Abkürzung der Nitrierdauer erscheinen folgende Verfahren geeignet:

1. Statt Ammoniak allein werden stärker aktive Gemische von Ammoniak (40%) und Stickoxyden (60%) verwendet. Nach etwa 45 Std. ergibt sich so eine ausreichende Nitriertiefe.

2. Als Katalysatoren werden Späne und Pulver einer nitrierfähigen Eisenlegierung im nitrierten Zustande benutzt, in die die zu nitrierenden Stücke eingepackt werden[1]. Von Wichtigkeit ist ferner die Beobachtung, daß Einpacken in Oxyde oder Kupferpulver ebenfalls Anlaß zu beschleunigter und gleichmäßiger Verstickung geben soll[2].

3. Der in gleicher Richtung wirkende Einfluß stickstoffhaltiger, organischer Verbindungen dürfte auf Abspaltung von Stickoxyden bei der Erwärmung zurückzuführen sein. Die Wirkungsweise der angeführten „Beschleuniger" ist im einzelnen noch nicht geklärt.

---

[1] Vgl. Kinzel und Egan (1).

V. Der Temperguß.

Der Zweck des Temperns und Glühfrischens ist, aus dem zwar gut vergießbaren, aber nicht bearbeitbaren weißen Roheisen durch Glühen in annähernd neutraler oder in oxydierender Umgebung ein leicht bearbeitbares Erzeugnis zu schaffen. Findet das Glühen in annähernd neutraler Umgebung statt (z. B. Sand), so bezeichnet man das Verfahren als das amerikanische oder auch kurzweg Temperverfahren; ist die Umgebung dagegen stark oydierend (z. B. Eisenerz, Hammerschlag), so spricht man vom europäischen oder Glühfrischverfahren. Das Erzeugnis heißt in beiden Fällen Temperguß, und zur

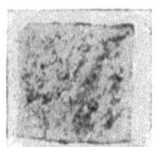  

Abb. 687. Natürlicher Bruch von a = weißem Temperguß, b = Schwarzguß, c = Schwarzkernguß [1].

Kennzeichnung des Herstellungsverfahrens bezeichnet man wohl gemäß dem Bruchaussehen den amerikanischen Temperguß als „Schwarzguß", den europäischen als „weißen Temperguß". Eine Abart des Schwarzgusses ist der „Schwarzkernguß" („black-heart"), dessen Bruch einen scharf begrenzten weißen Rand um einen tiefschwarzen Kern aufweist. Zwischen den in Abb. 687 nach dem Bruchaussehen wiedergegebenen drei Tempergußarten kommen alle möglichen Übergangsformen vor.

Der Ausgangswerkstoff beider Verfahren zur Erzeugung von Temperguß ist weißes, untereutektisches Roheisen, dessen Kohlenstoffgehalt ausschließlich in gebundener Form, also als Fe_3C vorliegt. Das Gefüge

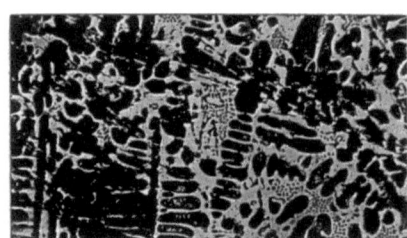

Abb. 688. Gefüge von Temperrohguß, Ätzung II, ×100.

besteht gemäß Abb. 688 aus primären (bei der Abkühlung zerfallenen) γ-Mischkristallen und Ledeburit.

Das für die Herstellung von weißem Temperguß bestimmte Roheisen enthält 3—3,2% Kohlenstoff und 0,5—0,7% Silizium. Das Ausgangsmaterial für den Schwarzguß hingegen weist neben 2,6—2,9% Kohlenstoff einen Siliziumgehalt von 0,9—1,1% auf. Nach K. Roesch (1) entspricht die Zusammensetzung des für Temperguß bestimmten Roheisens der Formel: % C + % Si = 3,7—3,8%.

Der Siliziumgehalt des Tempergusses ist von größter Bedeutung. Während die Zerlegung von Eisenkarbid in Temperkohle und Eisen bei den beim Tempern angewendeten Temperaturen in reinen Eisen-Kohlenstofflegierungen nur träge

---

[1] Entnommen aus dem Werkstoffhandbuch Stahl und Eisen.

verläuft, wird die Temperkohlebildung durch Zusatz von Silizium wesentlich beschleunigt. So zeigten Charpy und Cornu (10), daß für einen Stahl mit nur 0,15% Kohlenstoff aber 3,8% Silizium ein 3stündiges Glühen bei 800° genügte, um allen Zementit zu zerlegen. Abb. 689 nach Roesch (1) zeigt die Erniedrigung der Temperatur durch steigende Siliziumgehalte, bei der Tempergußproben gleichen Kohlenstoff- und Mangangehaltes nach 5stündiger Glühung keinen freien Zementit mehr enthielten. Man sieht, daß mit steigendem Siliziumgehalt die Graphitisierungstemperatur weitgehend erniedrigt wird. Abb. 689 läßt auch die starke, der des Siliziums entgegengerichtete Wirkung des Schwefels erkennen. Die genaue Kenntnis der Kurven in Abb. 689 ist insofern wichtig, als sie die untere Grenze der Glühtemperatur bei der Temperung darstellen. Wird diese Grenze unterschritten, so bleiben Reste von freiem Zementit zurück, die die Bearbeitbarkeit der getemperten Stücke verschlechtern.

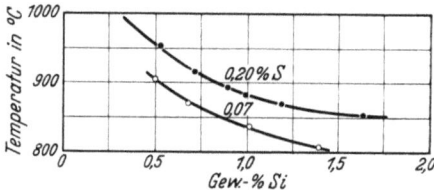

Abb. 689. Einfluß von Glühtemperatur, Silizium- und Schwefelgehalt auf die Temperkohlebildung [Roesch (1)].

Die obere Grenze für den Siliziumgehalt liegt dort, wo die Höhe des angewendeten Siliziumgehaltes bereits Graphitbildung im Rohguß herbeiführt. Da die Graphitbildung aber auch von der Erstarrungsgeschwindigkeit abhängt, ist es klar, daß die Höchstgrenze mit steigender Wandstärke abnehmen muß. Man vermeidet die Graphitbildung, weil die räumlich ausgedehnten Graphitblättchen bei einseitiger Orientierung im Gegensatz zu den punktförmigen Temperkohleausscheidungen wesentliche Unterbrechungen des Materialzusammenhanges darstellen und daher Festigkeit und Dehnung erniedrigen.

Mangan erhöht die Temperatur der Zementitzerlegung, wie Abb. 690 für Tempergußproben mit gleichbleibendem Kohlenstoffgehalt (3,05%) und Silizium-

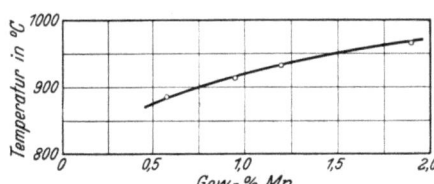

Abb. 690. Einfluß des Mangangehaltes auf die günstigste Temperatur bei der Temperung [Roesch (1)].

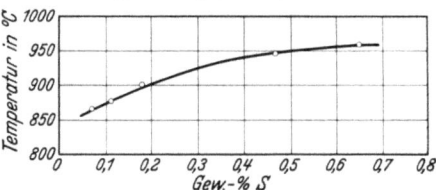

Abb. 691. Einfluß des Schwefelgehaltes auf die Graphitisierung bei 5stündiger Glühung [Roesch (1)].

gehalt (0,51%) zeigt. Trotzdem kann der Mangangehalt nicht beliebig niedrig gewählt werden. Die unterste Grenze des Mangangehaltes ist vielmehr bestimmt durch den Schwefelgehalt. Wüst und Miny (6) haben gezeigt, daß der nachteilige Einfluß des Schwefels auf die Temperkohlebildung dadurch gemildert werden kann, daß der Schwefel in die Form des schwer schmelzbaren, jedenfalls vor der Temperatur der beginnenden Ausscheidung der Mischkristalle erstarrenden Mangansulfides (wahrscheinlich MnS—FeS-Mischkristall) überführt wird. Um den Schwefel als Mangansulfid zu binden, muß die 1,7fache (sicherheitshalber die 2fache) Menge Mangan vorhanden sein. Die Erhöhung der Graphitisierungstemperatur durch Schwefel zeigt Abb. 691 für ein Roheisen mit 3,15% Kohlenstoff, 0,61% Silizium und 0,35% Mangan. Der Kurvenverlauf gibt die Ursache dafür an, daß zur Graphitisierung von Kupolofenguß mit etwa 0,2% Schwefel (Schwefelaufnahme aus dem Umschmelzkoks) eine um etwa 60° höhere Temperatur erforderlich ist als zur Graphitisierung von Temperguß beispielsweise aus dem Flammofen, der nur 0,07% Schwefel aufweist.

Der günstigen Wirkung des Mangangehaltes im Hinblick auf die Milderung des Einflusses des Schwefels durch seine Bindung als Mangansulfid steht als Nachteil gegenüber, daß die in der Schmelze ausgeschiedenen Mangansulfidteilchen nach Wimmer (5) deren Viskosität erhöhen und somit die an sich äußerst leichte und saubere Vergießbarkeit des Temperrohgusses wahrscheinlich etwas beeinträchtigen. Es erscheint daher am zweckmäßigsten, den Schwefelgehalt so niedrig wie möglich zu halten. Als obere Grenze findet man für europäischen Guß 0,25% angegeben, doch muß dieser Gehalt als reichlich hoch bezeichnet werden, wenn auch in Europa die Verwendung von schwefelreichem Koks bei der Herstellung des Tempergusses im Kupolofen einen höheren Schwefelgehalt zweifellos zur Folge haben muß als in Amerika, wo der niedrige Schwefelgehalt des Koks nur etwa 0,07% Schwefel im Rohguß bedingt. Indessen würde zweifellos eine noch in weiten Grenzen mögliche Verbesserung des Kupolofenbetriebes in Bezug auf Konstruktion (richtige Bemessung und Anordnung der Blasquerschnitte), Koksverbrauch und Durchsatzzeit auch in Europa eine Verringerung des Schwefelgehaltes bei gleichzeitiger Verringerung der Gestehungskosten ermöglichen. Auch die Anwendung von Entschwefelungsmitteln wäre hier am Platze. Der niedrige Schwefelgehalt des amerikanischen Tempergusses bedingt eine große Leichtigkeit der Temperkohlebildung, die sich in kürzerer Glühdauer und niedrigerer Glühtemperatur auswirkt.

Der Phosphor ist innerhalb weiter Grenzen ohne Einfluß auf die Graphit- und daher auch auf die Temperkohlebildung. Es besteht aber die Neigung des Phosphors, den Stahl kaltbrüchig zu machen und im Gußeisen, nach anfänglicher geringer Verbesserung der Eigenschaften, schon von niedrigen Gehalten an (etwa 0,2—0,3%), wahrscheinlich infolge der Einlagerung des spröden Phosphideutektikums, eine Verschlechterung der Eigenschaften herbeizuführen (vgl. Grau-Guß). Man hat daher für europäischen Guß als obere zulässige Grenze des Phosphorgehaltes etwa 0,12% festgesetzt, und für amerikanischen Guß hat Touceda (1) gezeigt, daß 0,25% Phosphor keinen Einfluß auf die Eigenschaften des Gusses ausüben.

Chrom bewirkt nach K. Roesch (1) schon in Gehalten von wenigen zehntel Prozent eine starke Erhöhung der Temperatur der Graphitisierung. Über den qualitativen Einfluß weiterer Legierungselemente gibt eine Arbeit von Sawamura (1) Aufschluß. Hiernach wird die Graphitisierung mit in folgender Reihenfolge abnehmender Intensität gefördert durch: Silizium, Aluminium, Titan, Nickel, Kupfer, Kobalt, Gold, Platin, (Phosphor), gehemmt dagegen durch: Schwefel, Chrom, Vanadin, Mangan, Molybdän, Wolfram.

Neben dem vorstehend geschilderten Einfluß der chemischen Zusammensetzung auf die Entstehung der Temperkohle infolge Karbidzersetzung sind als weitere Faktoren Temperatur und Zeit zu behandeln. Abb. 692 nach K. Roesch gibt den Einfluß der Temperatur auf die Graphitisierungsgeschwindigkeit für Temperrohguß mit verschiedenen Kohlenstoff- und Siliziumgehalten wieder. Allgemein verläuft der Zerfall des Karbides um so schneller, je höher die Temperatur ist. Die Graphitisierung ist bei um so niedrigerer Temperatur bei gleicher Temperdauer beendet, je höher der Siliziumgehalt und je höher der gleichzeitig anwesende Kohlenstoffgehalt ist.

Nach A. Merz und A. Schuster (1) hat man sich den Vorgang der Graphitisierung des weißen Gußeisens wie folgt vorzustellen:

Die Glühung führt zu um so zahlreicheren Graphitkeimen, je höher die Temperatur ist. Hohe Temperaturen sind also Gebiete hoher Keimzahl. Daß auch die Graphitisierungsgeschwindigkeit bei hohen Temperaturen groß ist, zeigt Abb. 693. Die bei hohen Temperaturen gebildeten Temperkohleflocken sind nur von geringer Größe, da der gesamte aus den freien Karbiden gebildete Kohlenstoff sich an sehr viele Keime gleichmäßig anlagert, während die entsprechend der Neigung der $E'S'$-Linie bei tieferen Temperaturen nur wenig geringere

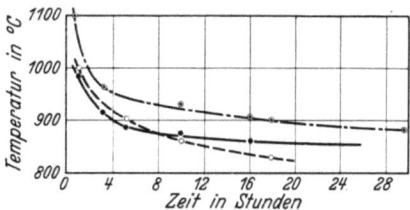

Abb. 692. Einfluß der Temperatur auf die Graphitisierungsgeschwindigkeit [Roesch (1)].

Menge Kohlenstoff an wenigen Keimen zur Ablagerung kommt. Bei hohen Temperaturen bildet die gleiche Kohlenstoffmenge also zahlreiche kleine, bei tieferen Temperaturen dagegen wenige große Temperkohleflocken. Bei Temperaturen oberhalb A_1 kann selbstverständlich nur der zunächst als freier Zementit vorliegende Kohlenstoff in Temperkohle überführt werden. Der entsprechend dem Verlauf der Linie $E'S'$ in Lösung gehaltene Kohlenstoff scheidet sich erst bei langsamer Abkühlung in elementarer Form aus. Da die Linie $E'S'$ mit steigenden Siliziumgehalten zu niedrigeren Kohlenstoffgehalten verschoben wird, steigt die bei einer bestimmten Temperatur oberhalb A_1 nach Einstellung des stabilen Gleichgewichtes aus freiem Zementit bei gleichem Gesamtkohlenstoffgehalt des Temperrohgusses gebildete Menge Temperkohle mit steigendem Siliziumgehalt, während mit steigendem Siliziumgehalt die bei der langsamen Abkühlung längs $E'S'$ ausgeschiedene Temperkohlemenge abnimmt.

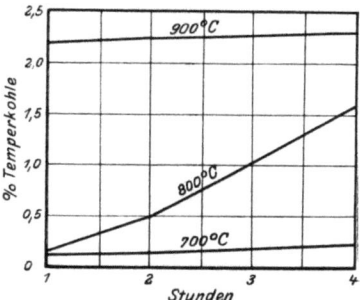

Abb. 693. Einfluß von Temperatur und Zeit auf die Temperkohlebildung in einem Material mit 3,2% C und 1,2% Si [Charpy und Grenet (11)].

Aus Vorstehendem ergibt sich für die praktische Temperung folgende günstigste Temperaturführung:

Die Glühung erfolgt zunächst bei hoher Temperatur so lange (s. Abb. 693), bis sämtliche Karbide zerlegt sind, d. h. bis sich das stabile Gleichgewicht eingestellt hat. Infolge der hohen Temperatur erfolgt die Gleichgewichtseinstellung in wenigen Stunden, die Temperkohleteilchen sind von geringer Größe. Bei der anschließenden, langsamen Abkühlung, deren zulässige Geschwindigkeit von der chemischen Zusammensetzung (Siliziumgehalt) abhängig ist, scheidet sich längs $E'S'$ Temperkohle ab. Die Graphitisierung des Perlits bei weiterer Abkühlung ist ebenfalls eine Frage der chemischen Zusammensetzung und der Zeit, die zur Einstellung des stabilen Gleichgewichts erforderlich ist. Ein kürzeres oder längeres Glühen oberhalb der Perlitumwandlung ist zwecklos, da bei der langsamen Abkühlung bereits der Gleichgewichtszustand bei allen unter der Anfangstemperatur liegenden Temperaturen erreicht wurde, und eine weitere Glühung den späteren Perlitzerfall nicht beeinflußt. Über den Mechanismus der Graphitisierung bestehen verschiedene Auffassungen. Schüz (1) und Hayes (2) nehmen an, daß die Graphitisierung stets mit dem Zerfall der freien Karbide beginnt. Schwartz (1) dagegen vertritt die Ansicht, daß der Zementitzerfall über die Graphitisierung der γ-Mischkristalle durch ständiges Auflösen von Karbiden erfolgt. Sawamura (1) läßt beide Auffassungen gelten und gibt an, daß die eine oder andere Art der Graphitisierung je nach der chemischen Zusammensetzung vorherrsche.

Das bei eintretender Karbidzersetzung nach der Gleichung $Fe_3C = 3\,Fe + C$ gebildete Eisen wird sich stets wieder gemäß dem bei der betreffenden Temperatur herrschenden Gleichgewicht mit Kohlenstoff sättigen, und zwar wahrscheinlich vorzugsweise mit dem leichter löslichen, unzersetzten Karbid. Es wird demnach, auch wenn die Temperkohlebildung hauptsächlich infolge des Zerfalls der freien Karbide eintritt, eine ständige Abscheidung von Temperkohle, Wiederauflösung von Karbid und eine Wanderung des Kohlenstoffs durch Diffusion von Stellen höheren zu solchen niedrigeren Kohlenstoffgehaltes stattfinden.

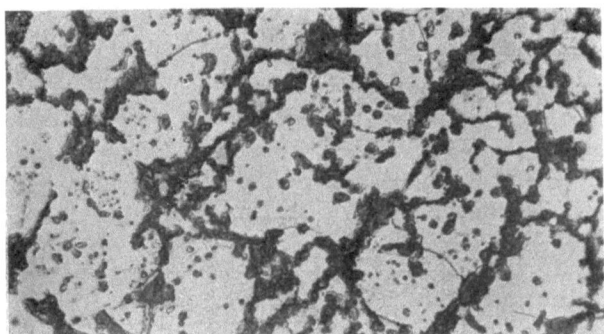

Abb. 694. Keimwirkung des Graphits auf die Temperkohle in einem Tempergußstück mit 1,38% Ges.-C, 0,87% Graphit + Temperkohle und 1,68% Si, ungeätzt × 400.

Daß die zuerst gebildeten Temperkohleteilchen als Keime für die sich in der Folge (wohl auch die sich längs $E'S'$) abscheidenden Temperkohleteilchen wirken, wurde bereits erwähnt. Eine Bestätigung hierfür bietet die Feststellung, daß auch die Graphitblätter von teilweise grau erstarrtem Guß bei der Glühbehandlung als Keime für die gebildete Temperkohle wirken. Dies veranschaulicht die Abb. 694, ein Tempergußstück, das bereits im Rohguß Graphit enthalten hatte. Die Keimwirkung des Graphits ist deutlich zu erkennen.

Der weiße Temperrohguß weist einen höheren Kohlenstoff- und einen niedrigeren Siliziumgehalt auf als der amerikanische oder schwarze Temperguß. Der Unterschied in der Zusammensetzung wirkt sich bei der Temperung so aus, daß beim schwarzen Temperguß lediglich durch die Glühung der Zementit zu Ferrit und Temperkohle abgebaut wird und letztere ein dunkles Bruchaussehen hervorruft. Die Glühung des weißen Tempergusses in oxydierender Umgebung führt zur teilweisen Entfernung des Kohlenstoffs und damit zu fast weißem Bruchaussehen. Da der Kohlenstoff teilweise entfernt wird, darf der Rohguß für weißen Temperguß einen höheren Kohlenstoffgehalt aufweisen als der für schwarzen Temperguß. Bei letzterem würde ein höherer Kohlenstoffgehalt und der hierdurch bedingte höhere Gehalt an Temperkohle die Festigkeitseigenschaften beeinträchtigen. Der niedrigere Siliziumgehalt des weißen Tempergusses führt dazu, daß der Zementit nur bis zum Perlit und zur Temperkohle abgebaut wird.

Beim amerikanischen Temperguß ist das Endgefüge also Temperkohle und Ferrit (Abb. 695). Dabei ist ein wesentliches, mit der Herstellung dieses Gusses in annähernd neutraler Atmosphäre zusammenhängendes Kennzeichen die gleichmäßige Verteilung der Gefügeelemente über den ganzen Querschnitt, wenn man von einer mehr oder minder breiten, entkohlten Randzone absieht, die auf den unvermeidlichen, schwach oxydierenden Einfluß der im Packmittel (Sand) bzw. im Glühraum enthaltenen Luft zurückzuführen ist. Die analytische und mechanische Prüfung von Gußstücken aus amerikanischem Temperguß begegnet daher auch keinen Schwierigkeiten, weil der Guß bis auf die meist sehr schmale, entkohlte Randzone homogen ist. Der Einfluß der Beimengungen Silizium, Mangan, Phosphor und Schwefel läßt sich im Sinne des direkten Einflusses dieser Elemente als Legierungselemente leicht und zuverlässig ermitteln, ebenso der Einfluß der Glühdauer, der dann in Abhängigkeit

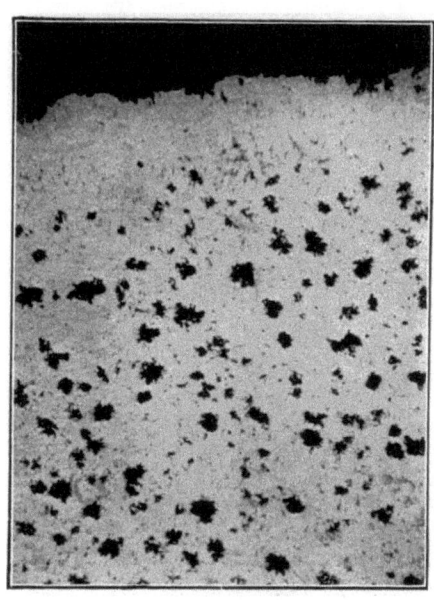

Abb. 695. Gefüge von schwarzem Temperguß.

vom Gehalt an Temperkohle und gebundener Kohle zum Ausdruck kommt. Auch die Einwirkung der von der Glühtemperatur in erster Linie abhängigen Größe und Zahl der Temperkohleeinschlüsse auf die Eigenschaften läßt sich hier leicht ermitteln. Leider fehlt es in der Literatur in dieser Hinsicht an Unterlagen. Man sagt im allgemeinen dem amerikanischen Temperguß sehr große Zähigkeit nach, wie die nachfolgenden, von Stotz (1) mitgeteilten Zahlen lehren.

Bruch	Kerbschlagzähigkeit mkg/cm²
vollkommen schwarz	> 14,6
ganz dünner weißer Rand	13,4
starker weißer Rand	10,8
kleiner schwarzer Kern	7,2
vollkommen weiß	6,0

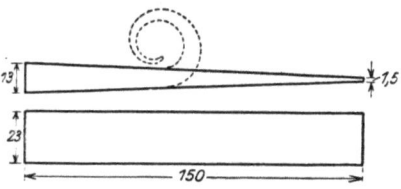

Abb. 696. Amerikanisches Prüfverfahren für Temperguß.

Da das Gefüge des schwarzen Tempergusses fast nur aus Ferrit und Graphit besteht, liegt die Dehnung[1] hoch. Sie beträgt 10—16%. Die Zugfestigkeit[1] beträgt 35—38 kg/mm².

Abb. 696 stellt eine sehr viel angewendete, einfache und zuverlässige Prüfungsmethode dar. Das dünne Schneidenende des Keils wird durch Schläge von Hand oder mittels eines Fallhammers von 10 mkg zu einer Spirale geformt, und es werden die Schläge bis zum Auftreten des Bruches gezählt.

---
[1] Siehe DIN 1692.

Ganz anders liegen bezüglich der Homogenität die Verhältnisse beim europäischen Guß. An und für sich erfolgt zwar beim Glühen in oxydierender Umgebung zunächst die Karbidzerlegung in gleicher Weise wie in neutraler Atmosphäre, nur beim europäischen Guß in Anbetracht des hohen Schwefelgehaltes langsamer als beim amerikanischen, doch werden die Vorgänge sehr bald gestört und verwickelt, weil neben dem Einfluß der Glühtemperatur sich der des Sauerstoffs bemerkbar macht. In der Tat ist beim Glühfrischen der Hauptträger der Reaktion die Gasphase, wie Wüst einwandfrei dadurch nachwies, daß er im Glühraum räumlich getrennt voneinander Eisenoxyd auf Gußeisen einwirken ließ. Es trat Entkohlung ebensogut ein, wie wenn das Eisenoxyd sich in Berührung mit dem Gußeisen befand.

Die Vorgänge bei der Glühung des weißen Temperrohgusses wurden von R. Schenk (3) eingehend erforscht, jedoch soll hierauf im einzelnen nicht eingegangen werden.

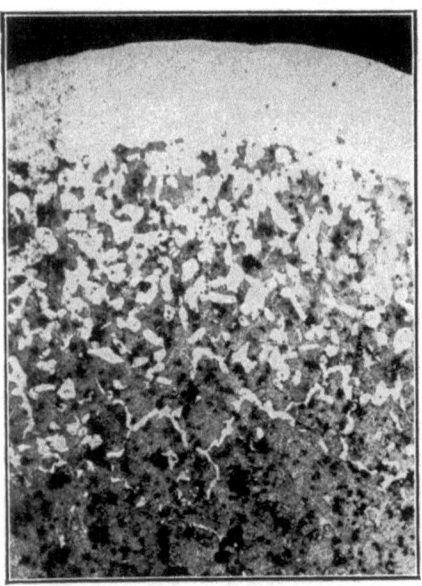

Abb. 697. Gefüge von weißem Temperguß, Ätzung II, × 50.

Der Rohguß für den weißen Temperguß wird in ein Gemisch aus schon gebrauchtem und frischem Roteisenerz eingepackt. Dieses spaltet beim Glühen Sauerstoff ab, der mit dem Kohlenstoff des Rohgusses CO_2 bildet. Die so gebildete Kohlensäure wird wiederum durch weiteren Kohlenstoff aus dem Rohguß reduziert: $C + CO_2 = 2\,CO$, d. h. die Temperkohle wird entfernt. Da einmal ausgeschiedene Temperkohle sich nicht mehr leicht oxydieren läßt, ist es notwendig, die Geschwindigkeit der Temperkohlebildung durch Temperatur und Siliziumgehalt so einzuregeln, daß Oxydations- und Zerfallsgeschwindigkeit möglichst übereinstimmen, so daß der Graphit im Augenblick des Entstehens oxydiert wird. Das Kohlenoxyd setzt sich mit dem Erzsauerstoff wiederum zu Kohlendioxyd, das den aus dem Innern des Temperrohgusses zum entkohlten Rand hin diffundierenden Kohlenstoff wiederum oxydiert. Die Kohlensäure oxydiert nicht nur die Temperkohle, sondern der Zementit kann auch direkt entkohlt werden:

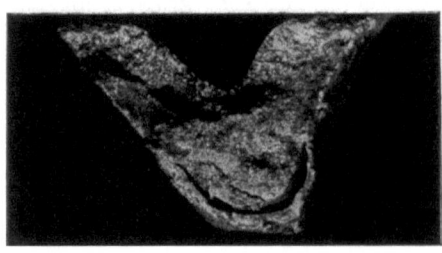

Abb. 698. Bruch eines Tempergußstückes mit starker Schalc.

$$Fe_3C + CO_2 = 2\,CO + Fe.$$

Die Entkohlung kann bei dünnwandigen Stücken bis fast zum rein ferritischen Gefüge gehen. Bei dickeren Stücken dagegen tritt nur ein ferritischer Rand auf, an den sich nach innen eine Übergangszone aus Ferrit-Perlit, wenig Temperkohle und hieran schließlich ein perlitisches Gefüge mit Temperkohleeinlagerungen anschließt (s. Abb. 697).

Wirkt das Erzgemisch zu stark oxydierend, was dann der Fall sein kann, wenn der Anteil an frischem Erz zu groß ist, oder die Temperung zu lange fortgesetzt wurde, so tritt eine Erscheinung auf, die als Haut- oder Schalenbildung bezeichnet wird und darauf zurückzuführen ist, daß nach starker Entkohlung nicht genügend Kohlenstoff vom Kern aus nachdiffundieren kann, und die Kohlensäure das Eisen am Rande oxydiert:

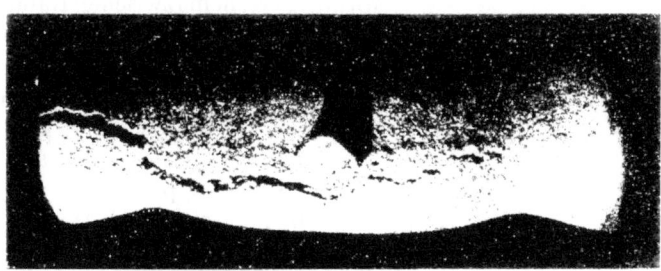

Abb. 699. Rohr aus Temperguß mit Schale.

$Fe + CO_2 = FeO + CO$.

Stotz (1) unterscheidet verbrannten Temperguß und Temperguß mit Schalenbildung. Bei ersterem ist die Oberfläche rauh, und das Eisen ist in geringerer oder größerer Tiefe regelrecht verbrannt, d. h. es besteht aus mehr oder minder reinem Fe_3O_4, auch sind Teile des Tempermittels fest verbunden mit dem Gußstück, so daß stellenweise ein kontinuierlicher Übergang zwischen Tempermittel und Gußstück besteht. Bei Haut- oder Schalenbildung hingegen ist die Oberfläche des Gußstückes sauber. Die Haut tritt entweder gemäß Abb. 698 erst auf dem Bruch oder gemäß Abb. 699 beim Deformieren des Stückes in Erscheinung.

Sauerstoffbestimmungen in der Haut und im Gesamtquerschnitt ergaben in vier verschiedenen Proben:

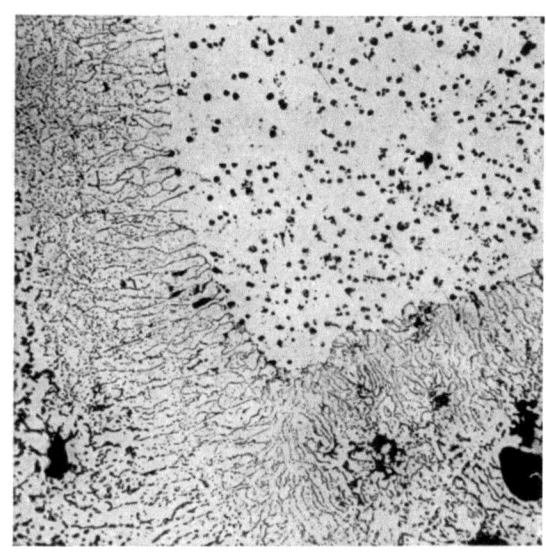

Abb. 700. Haut des Stückes Abb. 698, ungeätzt, × 200.

% O_2 im Gesamtquerschnitt	% O_2 in der Haut
0,042	0,142
0,050	0,192
0,047	0,240
0,053	0,306

Lehrreichere Aufschlüsse über die Natur der Haut vermittelt die mikroskopische Untersuchung. Abb. 700 zeigt eine Ecke des Stückes in Abb. 698, mit starker Haut. Man erkennt eine scharf abgegrenzte Randzone und die Kernzone mit den schwarzen Temperkohlepünktchen. Die ebenfalls schwarzen Einschlüsse der Randzone, die am äußersten Rande gröber, gegen die Mitte feiner ausgebildet erscheinen, sind Oxydeinschlüsse. Die mittlere Zusammensetzung des Tempergusses war folgende:

% Ges.-C	% T.-K.	% Si	% Mn	% P	% S
0,6	0,58	*1,59*	0,25	0,108	*0,353*

Mitunter erscheint zwischen Rand- und Kernzone noch eine temperkohlefreie Zone. Abb. 701 zeigt eine wesentlich schwächere Randzone in einem Material mit

% Ges.-C	% T.-K.	% Si
0,48	0,16	*0,79*

% Mn	% P	% S
0,57	0,035	*0,37*

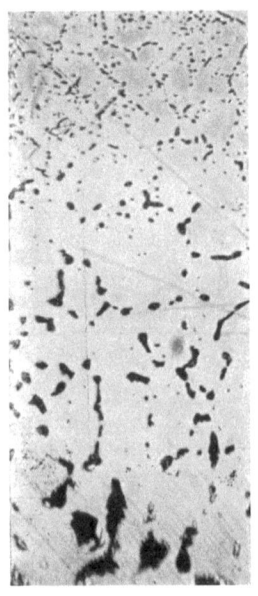
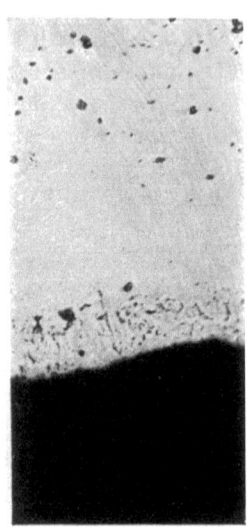

Auch hier erkennt man am äußersten Rande gröbere, nach der Mitte zu feinere Oxydeinschlüsse, die teils den Ferritbegrenzungen folgen, teils im Ferrit eingebettet sind. Schließlich zeigt Abb. 702 eine sehr dünne Randzone mit geringfügiger Oxydbildung.

Die für die Stärke der Hautbildung maßgebenden Faktoren sind: Natur des Tempermittels, Natur des Tempergusses und Temperatur.

Abb. 701. Schwächere Hautbildung als Abb. 698, ungeätzt, × 200.

Abb. 702. Sehr schwache Haut, ungeätzt, × 200.

Zingg (*1*) hat gezeigt, daß das Verhältnis $\frac{FeO}{Fe_2O_3}$ im Tempermittel an erster Stelle die Hautbildung beeinflußt und unter sonst normalen Verhältnissen eine Hautbildung nicht eintritt, wenn $\frac{FeO}{Fe_2O_3} = \frac{90}{10}$ ist. Dieser Forderung entspricht z. B. Walzensinter, der auch den Vorteil besitzt, daß er sich durch Lagern an Luft regenerieren läßt.

Die Bedeutung der Wandstärke für die Schalenbildung liegt darin, daß dünne Stücke rascher entkohlt werden als dicke und daher der Gefahr der Schalenbildung stärker ausgesetzt sind. Zur Erprobung der Wirkung eines Tempermittels eignet sich daher vorzüglich eine keilförmige Probe. Bleibt bei genügend rascher Entkohlung der dickeren Teile die dünne Schneide frei von Hautbildung, so entspricht das Tempermittel den Anforderungen.

Die chemische Zusammensetzung des Tempergusses ist ferner von

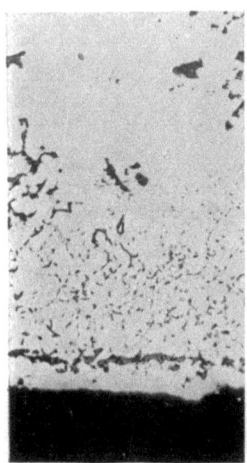
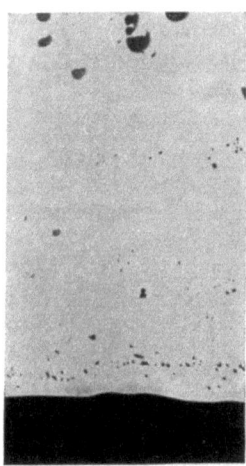

Abb. 703. Einfluß des Siliziums auf die Schalenbildung. Links 1,26, rechts 0,27 % Si.

großem Einfluß auf die Hautbildung. Die Analyse der in Abb. 698 bzw. 700 dargestellten Probe ist bemerkenswert wegen des hohen Siliziumgehaltes. In der Tat begünstigt ein Siliziumgehalt von mehr als 0,7% die Schalenbildung sehr stark. Bestätigt wurde dies noch dadurch, daß reinstes Elektrolyteisen und kohlenstofffreies Transformatorenmaterial mit 4% Silizium unter sonst gleichen Bedingungen in einem Tempermittel unter Luftabschluß geglüht wurden, und zahlreiche Versuche übereinstimmend ergaben, daß das Transformatorenmaterial viel stärker zundert als Elektrolyteisen. Zur weiteren Begründung des Gesagten zeigt ferner Abb. 703 rechts die Haut eines Gusses mit niedrigem, links mit hohem Siliziumgehalt, bei gleichzeitig niedrigem Mangan-, Schwefel- und Phosphorgehalt. Die Analysen lauten:

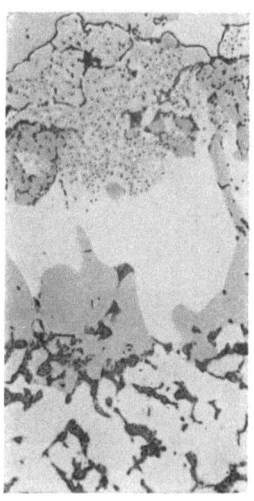

% Si	% Mn	% P	% S
0,27	0,25	0,025	0,02
1,26	0,24	0,027	0,02

Auch dieses Ergebnis wurde wiederholt erhalten. Auf dem Wege der Verflüchtigung im Chlorstrom fand Zingg, daß in der Haut eines Gußstückes mit 1,14 bzw. 0,9% Silizium 2,43 bzw. 1,9% SiO_2 vorhanden waren, d. h. der gesamte Siliziumgehalt des Gußstückes in diesem Teil der Probe zu Kieselsäure oxydiert ist.

Abb. 704. Schwefelreiche Zone an der inneren Hautbegrenzung, ungeätzt, × 200.

Nach K. Roesch tritt die Schalenbildung besonders dann ein, wenn neben einem Siliziumgehalt von mehr als 0,7% auch ein hoher Schwefelgehalt von mehr als 0,23—0,25% vorliegt. Der Schwefel behindert stark die Kohlenstoffdiffusion, so daß dieser der Oxydation des Eisens nicht Einhalt gebieten kann. Oberhoffer und Welter (6) stellten fest, daß bei schwefelreichem Temperguß und schwefelarmem Tempermittel neben der Entkohlung auch eine Entschwefelung der Randschicht auftritt. Die entschwefelte Zone geht aber nicht kontinuierlich in den schwefelreichen Kern

Abb. 705. Querschnitt durch einen richtig getemperten Schlüssel. Ätzung II, × 3.

über, sondern auf die völlig entschwefelte Zone folgt zunächst eine stark an Schwefel angereicherte, schmale Zone. Diese sehr spröden Sulfidanreicherungen finden bei Schalenbildung an der inneren Begrenzung der Oxydhaut statt (Abb. 704) und bedingen an dieser Stelle schlechten Materialzusammenhang und damit das leichte Abspringen der Haut.

Als letzter für die Schalenbildung wichtiger Faktor wurde die Temperatur erwähnt. Es ist leicht nachzuweisen, daß die Schalenbildung sich mit steigender Temperatur verstärkt.

Es liegt in der Natur des europäischen Tempergusses, daß die Kohlenstoffverteilung im Querschnitt ungleichmäßig ist, und der Kohlenstoffgehalt vom Rande nach der Mitte hin zunimmt. Daher gibt eine Analyse der einzelnen

570 Der Temperguß.

Kohlenstofformen über den ganzen Querschnitt eines Stückes nur eine unvollkommene Vorstellung, die zweckmäßig zu ergänzen ist durch die mikroskopische Untersuchung. Man kann sich jedenfalls leicht vorstellen, daß bei gleichem Gesamt-C-Gehalt der Gehalt zweier Stücke an Temperkohle und daher auch an gebundener Kohle verschieden ist. Indessen kann auch bei gleichem Gehalt an diesen

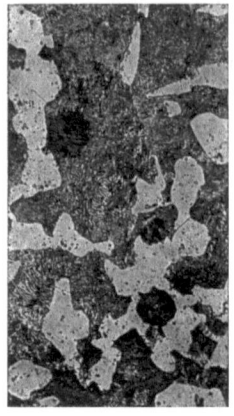
Abb. 706. Stelle 1 Abb. 705.

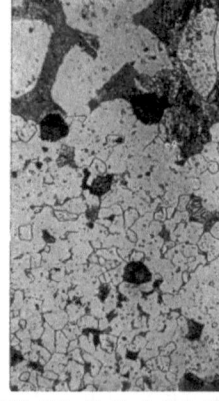
Abb. 707. Stelle 2 Abb. 705.

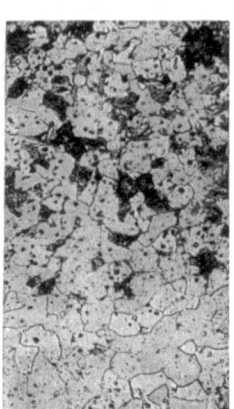
Abb. 708. Stelle 3 Abb. 705.

beiden Kohlenstofformen ihre Verteilung und ihre Korngröße recht verschieden sein.

Auf Grund aller dieser Tatsachen bietet der technische Temperguß eine Mannigfaltigkeit, wie sie kaum ein anderes technisches Erzeugnis aufweist und die im Rahmen dieses Buches nicht erschöpfend behandelt werden kann.

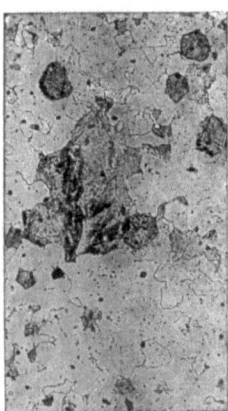
Abb. 709. Stelle 4 Abb. 705.

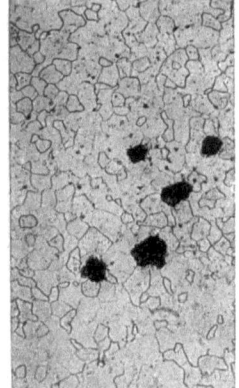
Abb. 710. Stelle 5 Abb. 705.

Die obenstehenden Abbildungen sollen einen kleinen Einblick in die Kohlenstoffverteilung der Tempergußstücke geben. In Abb. 705 ist ein Querschnitt durch einen richtig getemperten Schlüssel in dreifacher Vergrößerung dargestellt. Die Abb. 706—710 zeigen in sekundärer Ätzung und 100facher Vergrößerung mehrere Stellen des geätzten Querschnittes. In Zone I, der Mitte des Schlüsselbartes, finden sich neben relativ viel Perlit noch Ferrit und Temperkohle, in der Zone 2 weniger Perlit, außerdem Ferrit und Temperkohle. Die Randzone 3 ist entkohlt und besteht nahezu aus reinem Ferrit. Zone 1 ist in Abb. 706, der Übergang von Zone 1 zu Zone 2 in Abb. 707 und der Übergang von Zone 2 zu 3 in Abb. 708 veranschaulicht. Im Schlüsselschaft liegen ähnliche Verhältnisse vor, nur ist die Oxydation stärker gewesen, wie Abb. 709, Mitte des Schaftes (Zone 4), zeigt. Im dünnsten Teile des Querschnittes, an der Übergangsstelle vom Bart zum Schaft (Zone 5) ist die Oxydationswirkung so stark gewesen, daß neben

Der Temperguß. 571

Ferrit nur noch Temperkohle erkennbar ist, wie aus Abb. 710 ersichtlich ist. Abb. 711 zeigt in zehnfacher Vergrößerung einen geätzten Querschnitt durch den Schlüsselschaft. Hier sind die gleichen Zonen erkennbar wie in Abb. 706. Zone *1* entspricht im Gefüge Abb. 707, Zone *2* Abb. 708 im unteren Teil, während

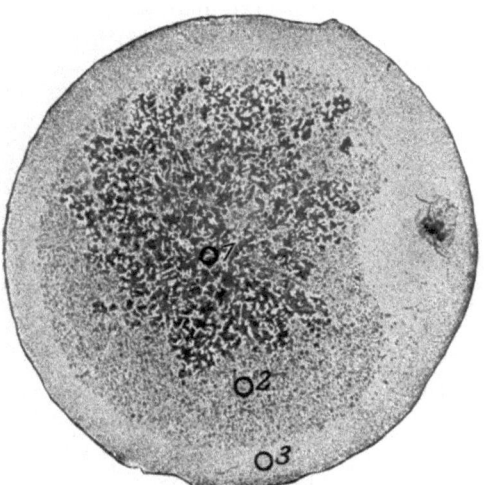
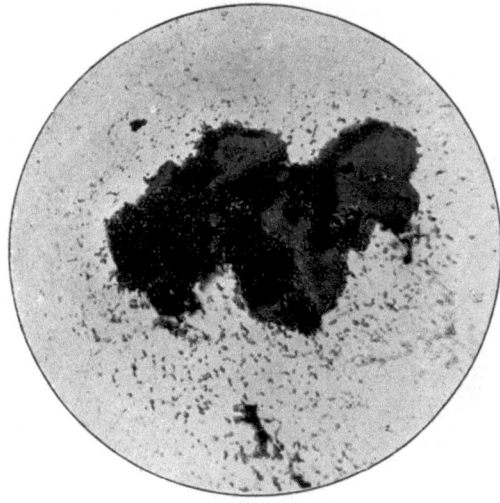

Abb. 711. Querschnitt durch den Schlüsselschaft, Ätzung II, × 10.

Abb. 712. Oxydeinschluß von Abb. 711, Ätzung II, ×100.

Zone *3* aus reinem Ferrit besteht. Der dunkle Fleck im rechten Teile der Abb. 711 ist ein größerer oxydischer Einschluß, der, wie Abb. 712 in 100facher Vergrößerung zeigt, durch den umgebenden Kohlenstoff zum Teil zu Eisen reduziert ist.

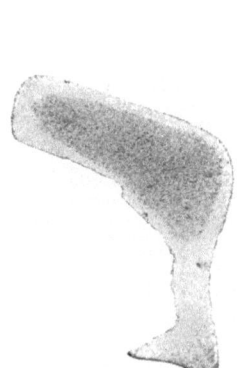
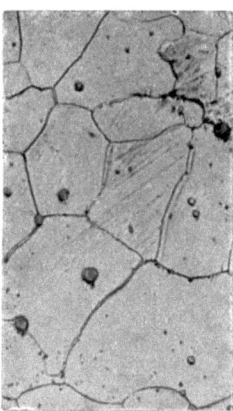
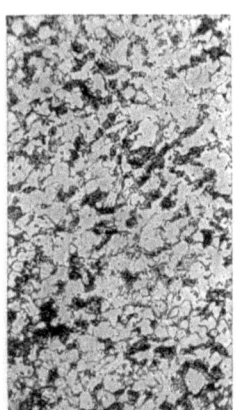

Abb. 713. Querschnitt durch eine richtig getemperte Gewindemuffe, Ätzung II, × 2.

Abb. 714. Dünnste Stelle des Querschnitts von Abb. 713, Ätzung II, × 300.

Abb. 715. Mitte des dicksten Querschnittteils, Ätzung II, × 100.

Die oxydierende Wirkung dieses Einschlusses erhellt auch aus der Betrachtung der Abb. 711. Ein breites Ferritband umgibt den Einschluß auch nach innen.

In Abb. 713 ist ein Schnitt durch eine Gewindemuffe dargestellt. Im Gewinde, dem dünneren Teil, ist die Entkohlung vollkommen. Das Gefüge besteht, wie Abb. 714 zeigt, lediglich aus Ferrit. Im stärkeren Muffenbund dagegen ist außer der vollständig entkohlten Randzone eine weniger vollständig entkohlte Zone, die aus Ferrit und Perlit besteht, zu erkennen. Abb. 715 zeigt diese Zone in 100facher Vergrößerung.

Abb. 716 zeigt in dreifacher Vergrößerung einen Querschnitt durch ein zu hartes Tempergußstück, in dem verschiedene Zonen zu erkennen sind. Die mittlere größere Zone *1* besteht noch aus Mischkristallen und Ledeburit neben Temperkohle, entsprechend der 100fachen Vergrößerung Abb. 717. In der Zone *2* (Abb. 718, × 100) finden sich Temperkohleausscheidungen in einer perlitischen Grundmasse. Zone *3* (Abb. 719, × 100), weist Ferrit und Perlit auf. Zone *4* ist temperkohlefreier Ferrit.

Abb. 716. Zu hartes Tempergußstück, Ätzung II, × 3.

Bei der Bestimmung der Festigkeitseigenschaften des weißen Tempergusses ist zu berücksichtigen, daß über den Stückquerschnitt ein sehr ungleichmäßiger Gefügeaufbau vorliegt. Aus fertig getemperten Stücken herausgearbeitete Proben ergeben daher Werte, die für das gesamte Stück nicht zutreffend sind. Die Festigkeitseigenschaften sind vielmehr an unbearbeiteten Zugproben von 12 mm Durchmesser und 60 mm Meßlänge[1] zu bestimmen, die mit den Gußstücken aus der gleichen Schmelze gegossen werden und dieselbe Glühbehandlung erfahren. Guß-

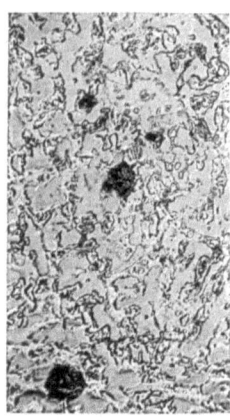
Abb. 717. Stelle *1* Abb. 716.

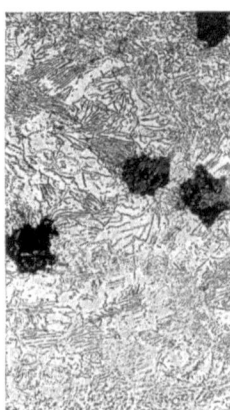
Abb. 718. Stelle *2* Abb. 716.

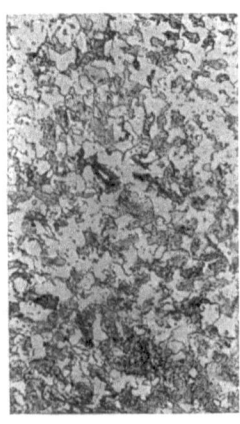
Abb. 719. Stelle *3* Abb. 716.

stücke haben nur dann etwa die gleichen Festigkeitseigenschaften wie die zugehörigen Probestäbe, wenn sie die gleiche Dicke, also etwa 10—12 mm Wandstärke aufweisen.

Im allgemeinen ist bei Stücken aus weißem Temperguß die Festigkeit um so größer und die Dehnung um so kleiner, je größer die Wandstärke ist, da mit steigender Wandstärke der perlitische Gefügeanteil am Querschnitt größer wird.

---

[1] Vgl. DIN 1692.

Der Temperguß.

Die Festigkeit und Dehnung von weißem Temperguß nach Häufigkeitsuntersuchungen zeigt Abb. 720 nach Roesch. Es zeigt sich, daß die Normenvorschriften nach DIN 1692 in allen Fällen überschritten wurden.

Den Einfluß von Silizium und Schwefel auf die Zugfestigkeit und die Dehnung von weißem Temperguß zeigt die Abb. 721. Ein Schwefelgehalt bis 0,25% beeinträchtigt demnach die Festigkeitseigenschaften nicht. Ein derartiger Gehalt ist

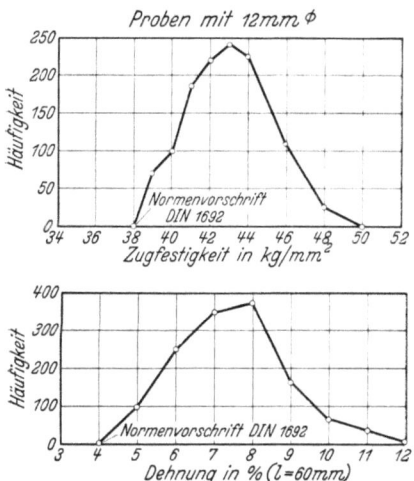

Abb. 720. Häufigkeit der Zugfestigkeit und Dehnung von weißem Temperguß [Roesch (1)].

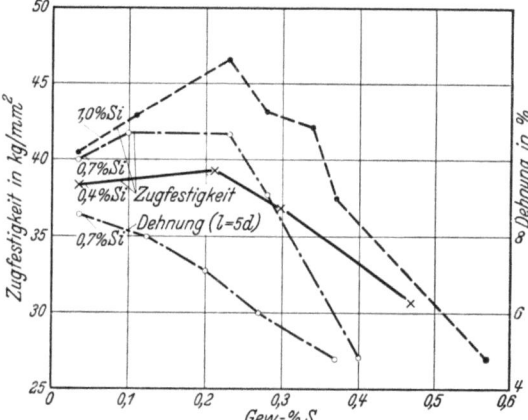

Abb. 721. Einfluß des Silizium- und Schwefelgehaltes auf Zugfestigkeit und Dehnung von weißem Temperguß [Roesch (1)].

sogar, gebunden an Mangan, insofern erwünscht, als er eine wesentliche Erleichterung der spanabhebenden Verformung wie bei den Automatenstählen bedingt und so die saubere Herstellung beispielsweise von Gewinden ermöglicht.

In Abb. 722 ist die Temperaturführung bei der Glühung von weißem und schwarzem Temperguß wiedergegeben. Hieraus geht hervor, daß die Gesamtglühdauer 120—140 Stunden beträgt. Es ist daher begreiflich, daß Bemühungen zur Abkürzung der Temperdauer einsetzten, die zu der Entwicklung von Schnelltemperverfahren führten. Derartige Verfahren sind für Schwarzguß in Deutschland durch E. Piwowarski (8) sowie A. Merz und H. Schuster (1), in Amerika von A. Hayes und W. I. Diedrichs (3) sowie durch die Arbeiten der General Electric Comp.[1] entwickelt worden. Für die Schnelltemperung (s. Abb. 723) werden Rohgüsse mit geringem Kohlenstoff- bei erhöhtem Siliziumgehalt verwendet. Bei dem Verfahren von Piwowarski geht man zur kräftigen Einleitung der Graphitisierung zunächst auf Temperaturen oberhalb 1000°. Anschließend wird die Temperatur rasch gesenkt, und es wird mehrmals

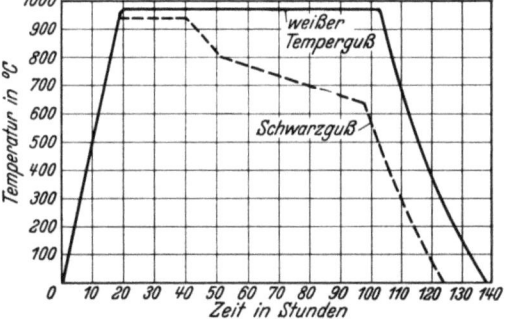

Abb. 722. Temperaturführung bei der Temperung.

___
[1] Vgl. Gießerei Bd. 18 (1931) S. 1—8 und 19—24.

574   Der Temperguß.

um die A_1-Umwandlung gependelt. Auf Grund der Erkenntnis, daß die Graphitisierung oberhalb 1000° in kurzer Zeit verläuft, kürzte Schuster die Glühdauer bei dieser Temperatur noch ab. Die zahlreichen von Schuster vorgesehenen Pendelglühungen dürften in der Praxis bei größeren Ofeneinheiten nur schwer durchzuführen sein. Die amerikanischen Schnelltemperverfahren sehen statt der Pendelglühungen um A_1 zur Erreichung des stabilen Gleichgewichts stufenweises Glühen innerhalb des Umwandlungsintervalls beim Abkühlen vor.

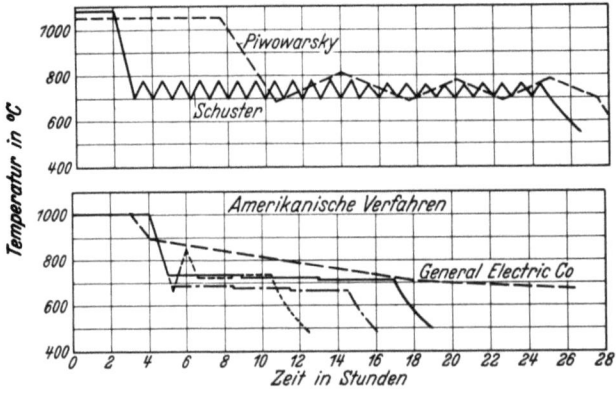

Abb. 723. Temperaturführung bei Schnelltemperverfahren.

Zur Vermeidung von Grobkornbildung beim Tempern wurde von Loepelmann (1) eine Pendelglühung zwischen 700 und 900° angewandt, wodurch eine Kornverfeinerung von 12000 auf 1000 μ^2 herbeigeführt wurde. Das von Loepelmann entwickelte Kurzverfahren entspricht im übrigen weitgehend dem der General Electric Comp. Es ist einleuchtend, daß die Schnelltemperverfahren eine wesentliche Verbilligung bei der Herstellung des Tempergusses mit sich bringen.

Eine recht unangenehme Eigenschaft des technischen Tempergusses ist die infolge der starken Schwindung des weißen Roheisens beobachtete reichliche Lunkerbildung. In den Lunkern sammeln sich die nichtmetallischen Einschlüsse, deren Zusammensetzung in einem untersuchten Falle folgende war:

% SiO_2 26,1
% Ges.-Fe 51,5
% Al_2O_3 2,6
% CaO. . . . . . . Sp.

Abb. 724. ,,Schwarze Stelle" am Lunker eines Tempergußstückes, Ätzung II, × 10.

Der verhältnismäßig hohe Tonerdegehalt beweist, daß die Einschlüsse bereits zum mindesten teilweise im Rohguß vorhanden waren und aus dem Ofen- oder Pfannenfutter bzw. aus der Formmasse stammen. Die Erscheinungsform der durch die Einschlüsse veranlaßten ,,schwarzen Stellen" ist mannigfach. Abb. 724 zeigt eine typische Erscheinungsform. Die ausgezeichnete Kristallisation der Einschlüsse ist wohl als Beweis für ihr Vorhandensein im Rohguß aufzufassen. Nicht immer weisen die schwarzen Stellen diese Kristallisationserscheinung auf, vielmehr entspricht das Gefüge häufig dem der ,,Haut". In solchen Fällen ist anzunehmen, daß es sich um Mikrolunker (poröse Stellen) handelt, in die das Gasgemisch leicht eindringt und oxydierend wirkt.

VI. Der Grauguß.
A. Konstitution und chemische Zusammensetzung.
Wie bereits im Kapitel Konstitution gezeigt wurde, ist im technischen grauen Roheisen und Grauguß der Kohlenstoff zum Teil als Graphit, zum Teil als Eisenkarbid zugegen. Man kann den Grauguß in erster Annäherung als Stahl mit eingelagerten Graphitblättern ansehen und kann in dieser Kennzeichnung des Graugusses noch weitergehen, indem man unterscheidet:

1. Untereutektoidischen Stahl mit weniger als 0,86% gebundenem Kohlenstoff + Graphit. Das Grundgefüge kann bestehen aus Ferrit und Ferrit + Perlit.

2. Eutektoidischen Stahl mit 0,86 gebundenem Kohlenstoff + Graphit. Die Grundmasse ist rein perlitisch.

3. Übereutektoidischen Stahl mit 0,86 bis etwa 1,7% gebundenem Kohlenstoff + Graphit. Das Grundgefüge besteht aus Perlit und übereutektoidischem Zementit.

Es wird einleuchten, daß die Eigenschaften des Graugusses vom Graphitgehalt und vom Gehalt an gebundener Kohle abhängen. Beide Kohlenstoffformen sind durch die Beziehung verknüpft: Geb. C + Gr. = Ges. C. Es kommt aber nicht nur auf die absolute Menge Graphit bzw. geb. C an, vielmehr spielen die **Größe, Form und Verteilung der Graphitblätter und der Gefügeeinheiten der gebundenen Kohle** eine hervorragende Rolle.

Die Graphitbildung hängt ab von der chemischen Zusammensetzung, von der Erstarrungsgeschwindigkeit und der Gießtemperatur. Den Einfluß der chemischen Zusammensetzung auf das Temperaturintervall, in dem die Graphitisierung abläuft, und auf den Gehalt an gebundenem Kohlenstoff geben die Abb. 725a und 725b nach Sawamura (1) wieder. Er zieht aus seinen Versuchen den Schluß, daß die Elemente mit flächenzentriertem Gitter (Al—Ni—Cu—Co—Au—Pt) die Graphitisierung begünstigen, wogegen die mit raumzentriertem Gitter (Cr—V—W—Mo) sie hemmen. Die beiden Abbildungen bedürfen keiner Erläuterung. Titan wirkt nach Untersuchungen von Piwowarsky (5) in ähnlichem Sinne wie Silizium und Aluminium. Das Höchstmaß der Wirkung liegt bei etwa 0,1% Titan. Wüst und Miny (6) zeigten, daß bei Anwesenheit von Mangan durch die Bildung von MnS, das nach Wimmer vor den Mischkristallen abgeschieden wird, die Wirkung des Schwefels auf die Graphitisierung teilweise aufgehoben wird. So ist es zu erklären, daß Zusätze von Mangan zu schwefelhaltigen aber manganarmen Legierungen die Neigung zur Graphitisierung erhöhen. Erst Zusätze von mehr Mangan, als zur Bindung des Schwefels erforderlich ist, setzen die Graphitisierbarkeit herab.

Wie schon erwähnt, kommt es außer auf die Menge noch auf die Form und Größe der Graphitblätter an. Als oberster Grundsatz für die Gießereitechnik gilt, daß die Garschaumgraphitbildung, wegen der dadurch hervorgerufenen starken Lockerung des Materialzusammenhanges, zu vermeiden ist. Da die Kohlenstoffkonzentration des binären Eutektikums durch Silizium stark nach links, d. h. nach niedrigeren Gehalten verschoben wird, muß dieser Umstand bei Bemessung des Kohlenstoff- und Siliziumgehaltes von Grauguß berücksichtigt werden. Die Form des gießereitechnisch wichtigen eutektischen Graphits scheint im übrigen durch Silizium nicht beeinflußt zu werden. Mangan dagegen übt einen Einfluß auf die Form der Graphitausscheidungen aus; sie werden kleiner und geradliniger. Phosphor endlich beeinflußt Form und Verteilung des Graphits in besonderer Weise. Es tritt die Neigung der Graphitblättchen hervor, sich in einzelnen Nestern anzusammeln. Diese Neigung ist bei etwa 2% Phosphor sehr deutlich ausgeprägt.

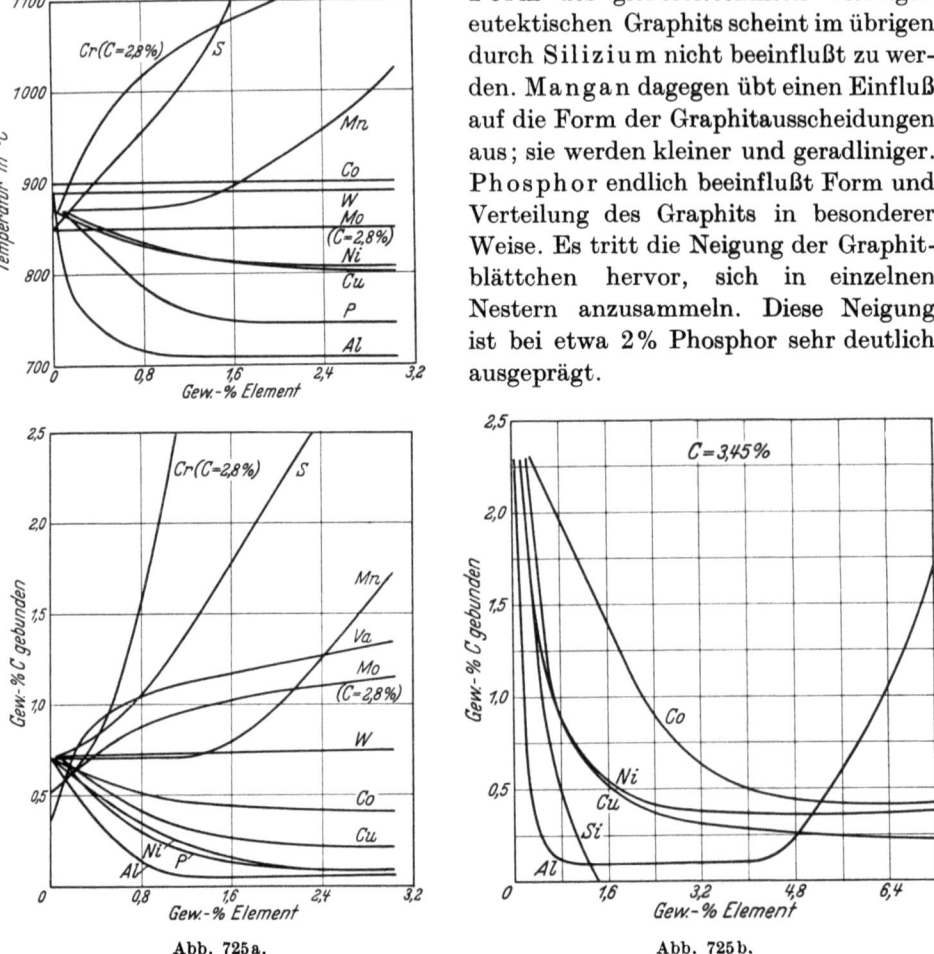

Abb. 725a.   Abb. 725b.

Abb. 725a und b. Einfluß verschiedener Elemente auf den Beginn der Graphitisierung in Legierungen mit 2,8% C und 0,8% Si Sawamura (1)].

Mit Ausnahme von Phosphor, Schwefel und Titan gibt keines der vorgenannten Elemente, soweit wenigstens unsere Erfahrungen reichen, Anlaß zur Bildung eines neuen Gefügebestandteils. Insbesondere Mangan und Silizium befinden sich in fester Lösung, genau wie wir dies beim Stahl sahen, und zwar Silizium im Ferrit gelöst, Mangan auf Ferrit und Zementit verteilt in Lösung. Phosphor dagegen führt zur Bildung des ternären Eutektikums: Mischkristalle—Fe_3C—Fe_3P (s. weiter oben). Da der technische Grauguß fast immer größere Phosphormengen enthält, ist das Phosphideutektikum ein fast ständig auftretender Gefügebestandteil. Da er ferner als ternäres Eutektikum die Erstarrung abschließt, vermag seine Verteilung und Anordnung gewisse Kennzeichen für die Art der Erstarrung zu geben. Auch der Schwefel gibt Anlaß zur Bildung eines neuen Gefügebestandteils, und zwar entsteht beim Fehlen von Mangan das Eisensulfid FeS, kenntlich an seiner bräunlich- bis rötlichgelben Färbung, das ziemlich wahllos im übrigen Gefüge verteilt ist. Die rundlichen Formen der Einschlüsse sprechen dafür, daß sie zuletzt zur Abscheidung gelangen. Bei Gegenwart von genügend viel Mangan sind die Einschlüsse taubengrau (MnS—FeS-Mischkristalle) und besitzen gut ausgebildete Kristallformen, ein Beweis dafür, daß sie zuerst zur Abscheidung gelangen. Vogel (10) stellte das Titan neben Titannitrid als Titankarbid fest. Die Erscheinungsform als rötliches Zyanstickstofftitan bzw. messinggelbes Titannitrid ist schon länger bekannt. Beide Erscheinungsformen kristallisieren gut. Das Karbid erscheint in bleigrauen, größeren Kristallskeletten mit würfelförmigem Aufbau und ist bei geringen Gehalten in ziemlich gleichmäßiger Verteilung zugegen, bei höheren Gehalten lokal angehäuft. Metallisches Titan ist offenbar im Grauguß nicht vorhanden. Piwowarsky nimmt an, daß die nichtmetallischen Titanverbindungen, die bereits oberhalb der beginnenden Mischkristallbildung in ausgeschiedener Form zugegen sind, in Verbindung mit dem Titankarbid im Augenblick der eutektischen Erstarrung als Kristallisationskeime wirken.

Der Einfluß der Begleitelemente des Graugusses ist also dreierlei Art:

1. Beeinflussung der Menge, Form und Größe der Graphitausscheidungen.
2. Beeinflussung der Grundmasse (Stahl) infolge der Aufnahme der Elemente in feste Lösung.
3. Beeinflussung durch Bildung neuer Gefügebestandteile.

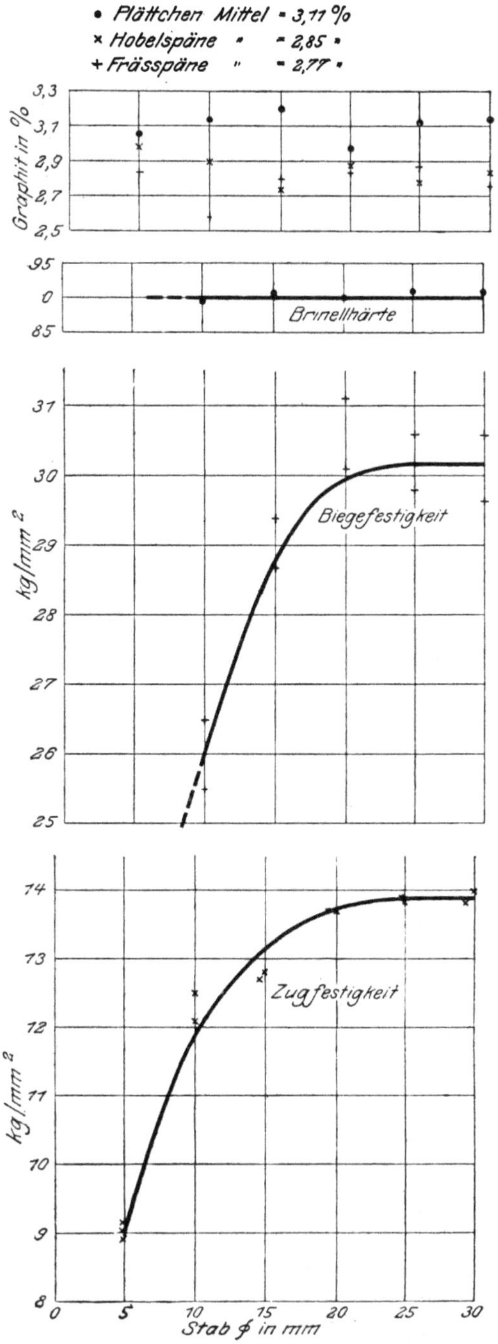

Abb. 726. Einfluß des Probestabquerschnitts auf Zug- und Biegefestigkeit in einem Grauguß mit 3,24% Ges.-C, 2,75% Gr., 1,78% Si, 0,55% Mn, 0,38% P, 0,08% S. [Oberhoffer und Poensgen (29)].

B. Die Eigenschaften in Abhängigkeit von der chemischen Zusammensetzung.

Bevor der Einfluß der wichtigsten und im Grauguß nie fehlenden Elemente Silizium, Mangan, Phosphor und Schwefel auf die technisch wichtigen Eigenschaften von Grauguß näher erörtert wird, seien der Ermittlung dieser Eigenschaften einige Worte gewidmet.

Die sogenannte Quasiisotropie*, d. h. die Gleichartigkeit der Eigenschaften nach allen Richtungen, leidet beim Grauguß sehr unter der Tatsache, daß die wenig widerstandsfähigen Graphitlamellen in einer stahlartigen Grundmasse liegen. Mehr als bei andern metallischen Stoffen ist daher bei der Prüfung von Grauguß Rücksichtnahme auf das Verhältnis des Probestabquerschnittes zur Größe und Zahl der Graphitlamellen geboten. Dies geht einwandfrei aus Abb. 726 nach Oberhoffer und Poensgen (29) hervor. Es zeigt sich, daß erst von einem Durchmesser 20—25 mm an konstante Werte der Biege- und Zugfestigkeit erreicht werden. Es war natürlich bei der Auswahl des Probematerials darauf geachtet worden, daß nicht nur die chemische Zusammensetzung, sondern auch der Gefügezustand, Zahl, Größe, Form und Verteilung der Graphitlamellen, sowie Form und Verteilung des Phosphideutektikums in allen Probestäben gleich waren. Schließlich bleibt noch zu betonen, daß Abb. 726 nur gültig ist für die untersuchten Verhältnisse, daß also eine andere Art der Graphitausscheidung bzw. der Bildung des Phosphideutektikums einen anderen Probestabdurchmesser bedingen kann, bei dem Quasiisotropie eintritt. Um einen ungefähren zahlenmäßigen Anhalt zu gewinnen, sei noch erwähnt, daß in dem zu Abb. 726 gehörigen Versuchsmaterial pro cm^2 etwa 100 Graphitblättchen von rd. 2 mm Länge gezählt wurden. Hier war also Quasiisotropie erreicht worden, als das Verhältnis der Länge des Graphitblättchens zum Stabdurchmesser etwa wie 1:100 war**.

Mittlere chemische Zusammensetzung der Proben.

Nr.	Anzahl der Schmelzungen	Ges.-C %	Graphit %	Gebund. C %	Mn %	P %	S %	Si %
\multicolumn{9}{c}{1. Versuchsreihen zur Erforschung des Einflusses von Kohlenstoff und Silizium.}
1	20	2,00—3,80	0,80—2,47	0,79—1,56	0,14	0,051	0,011	0,45—3,24
2	20	2,60—4,00	1,25—2,81	0,27—1,76	0,13	0,045	0,010	0,54—3,23
\multicolumn{9}{c}{2. Versuchsreihen zur Erforschung des Einflusses von Mangan.}
3	10	2,79	2,06	0,73	0,093—1,55	0,030	0,005	1,56
4	10	3,08	2,29	0,79	0,23—1,71	0,061	0,010	1,47
5	10	3,39	2,67	0,72	0,17—1,93	0,035	0,010	1,58
6	10	3,89	3,21	0,68	0,32—2,46	0,033	0,011	1,72
\multicolumn{9}{c}{3. Versuchsreihen zur Erforschung des Einflusses von Phosphor.}
7	13	3,28	1,80	1,48	0,12	0,09—2,04	0,014	1,12
8	13	3,27	1,83	1,44	0,12	0,09—1,98	0,013	1,15
9	14	3,53	2,19	1,34	0,11	0,10—1,90	0,010	1,34
10	10	3,27	2,12	1,15	0,11	0,03—1,0	0,005	2,10
11	15	3,19	2,70	0,49	0,10	0,04—1,7	0,010	2,56
12	13	3,22	2,64	0,58	1,04	0,04—1,3	0,010	1,94
13	9	3,37	2,92	0,45	1,26	0,03—1,0	0,004	1,63

* Vgl. Piwowarsky und Söhnchen (6).
** P. A. Heller und A. Jungbluth (1) setzten die zwischen Stäben verschiedenen Durchmessers bestehenden Unterschiede durch mathematische Gleichungen in Beziehung. Damit ergibt sich ein Mittel zur kritischen Prüfung der Ergebnisse von Biegeversuchen.

Die Eigenschaften in Abhängigkeit von der chemischen Zusammensetzung. 579

Der Einfluß der chemischen Zusammensetzung, insbesondere der wichtigsten Elemente Kohlenstoff, Silizium, Phosphor und Schwefel ist durch Wüst und seine Mitarbeiter (3, 4, 6, 11) sehr eingehend untersucht worden. Die nachfolgende Tabelle gibt Aufschluß über die Zusammensetzung der untersuchten Reihen.

Die Entnahme der Proben sowie deren Abmessungen gehen aus Abb. 727 hervor. Zur Vermeidung des einseitigen Reißens, das besonders leicht bei sprödem Material eintritt, wurde bei den Phosphorreihen 7—13 der Zerreißstab Abb. 728 benutzt. Jeder Punkt der nachfolgenden

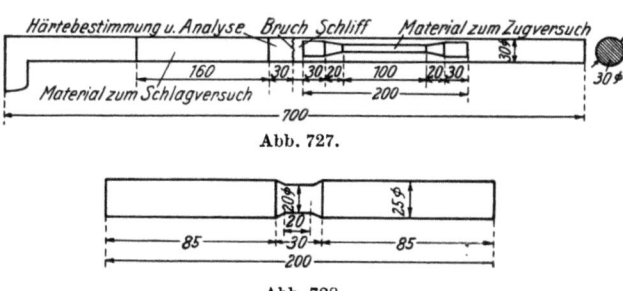

Abb. 727 u. 728. Probenahme und Probestabform bei den Versuchen von Wüst u. M. (3, 4, 6, 11).

Diagramme ist der Mittelwert aus fünf Versuchen, wobei offenkundig fehlerhafte Stäbe weggelassen wurden. Bei den Versuchsreihen 2—13 wurde der Tiegelinhalt durch die Form durchgeschüttet. Dies bedingte eine gewisse Vorwärmung der Formen, die eine größere Gleichmäßigkeit der einzelnen Stabreihen zur Folge hatte.

Was nun den Einfluß von Kohlenstoff und Silizium betrifft, so stellten Wüst und Kettenbach fest, daß die Menge und Form des Graphits den aus-

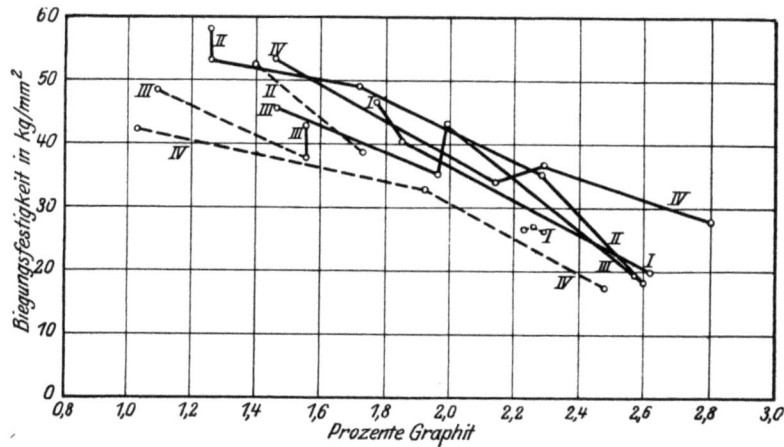

Abb. 729. Abhängigkeit der Biegefestigkeit des Graugusses vom Graphitgehalt bei gleichem Siliziumgehalt [Wüst und Kettenbach (11)]. ---- Versuchsreihe 1, —— Versuchsreihe 2.

schlaggebenden Einfluß ausübt, dessen Natur aus den Abb. 729—733 hervorgeht. Reihe 2 unterscheidet sich von Reihe 1 lediglich dadurch, daß bei letzterer im Gegensatz zur ersteren durch die Form durchgeschüttet wurde. Die hierdurch bei Reihe 2 bewirkte langsamere Abkühlung hat im allgemeinen eine Erniedrigung der Härte und eine Erhöhung der Durchbiegung sowohl wie der Zug- und Biegefestigkeit zur Folge. Die römischen Zahlen in den Abb. 729—733 entsprechen

580   Der Grauguß.

einer Einteilung der sämtlichen Reihen in vier Gruppen mit:

0,8—1,0% Si in Gruppe *I*   1,5—1,9% Si in Gruppe *III*
1,1—1,4% Si ,,   ,, *II*   2,1—2,4% Si ,,   ,, *IV*

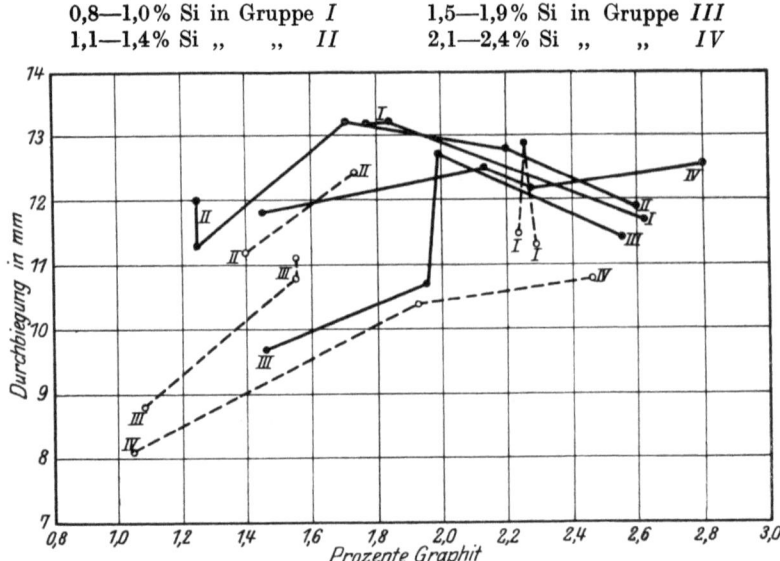

Abb. 730. Abhängigkeit der Durchbiegung des Graugusses vom Graphitgehalt bei gleichem Siliziumgehalt [Wüst und Kettenbach (*11*)].

Man erkennt also, daß nicht der Siliziumgehalt, sondern der Graphitgehalt den überragenden Einfluß ausübt. Ordnet man anderseits das Material in Gruppen gleichen Graphitgehaltes, so ergeben sich große Abweichungen der Eigenschaften

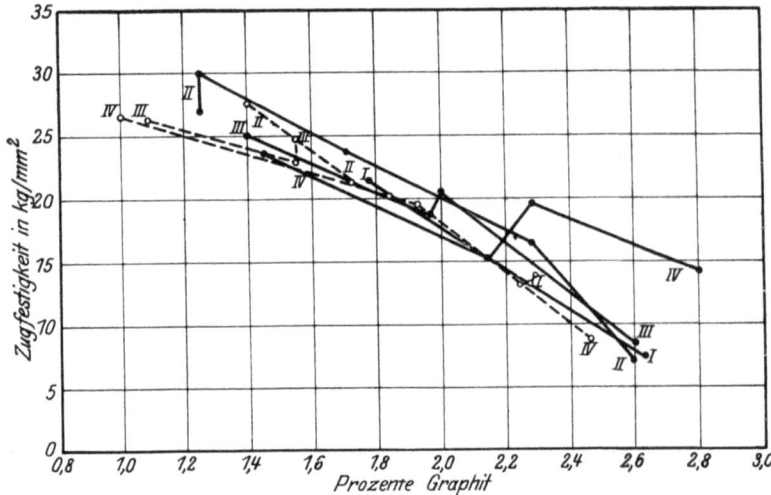

Abb. 731. Abhängigkeit der Zugfestigkeit des Graugusses vom Graphitgehalt bei gleichem Siliziumgehalt [Wüst und Kettenbach (*11*)].   — — — Versuchsreihe 1,   ———— Versuchsreihe 2.

bei gleichem Graphitgehalt. Die mikroskopische Untersuchung lehrte, daß in solchen Fällen große Abweichungen in der Form und Größe der Graphitblätter bestanden, eine Bestätigung des bereits ausgesprochenen Grundsatzes, daß es nicht allein auf die Menge des Graphits ankommt. Als besonders günstig für die

Die Eigenschaften in Abhängigkeit von der chemischen Zusammensetzung. 581

Festigkeitseigenschaften erwies sich ein Kohlenstoffgehalt in Form von Temperkohle, deren Entstehung durch das Durchschütten begünstigt wurde. Je mehr sich der Kohlenstoffgehalt dem eutektischen nähert, desto gröber werden die Lamellen. Damit sinkt dann aber auch die Festigkeit.

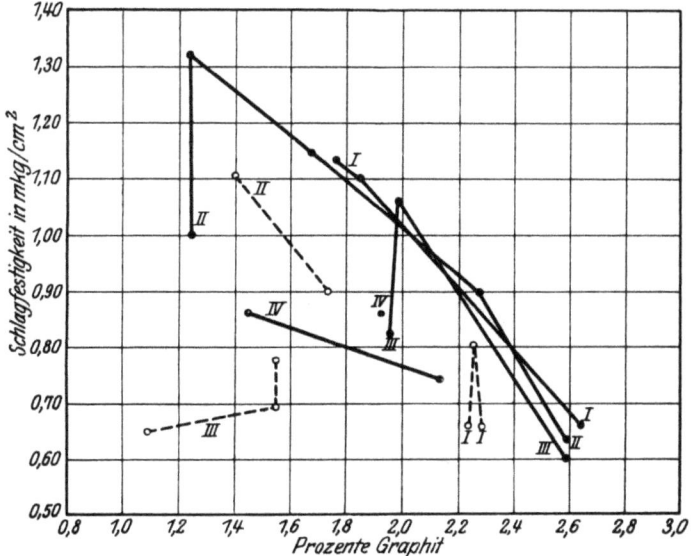

Abb. 732. Abhängigkeit der Kerbzähigkeit des Graugusses vom Graphitgehalt bei gleichem Siliziumgehalt [Wüst und Kettenbach (*11*)].

Den Einfluß des Mangans erläutern die Abb. 734—738. Hiernach erhöht Mangan bis etwa 1% die Zug- und Biegefestigkeit, und zwar ist dieses Verhalten um so ausgeprägter, je niedriger Gesamtkohlenstoff- und Graphitgehalt sind; bei sehr hohem Gehalt ist die Beeinflussung der an sich sehr niedrigen Festigkeiten

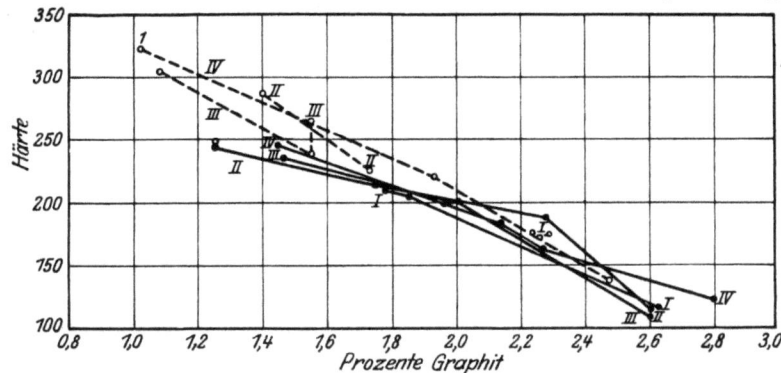

Abb. 733. Abhängigkeit der Härte des Graugusses vom Graphitgehalt bei gleichem Siliziumgehalt [Wüst und Kettenbach (*11*)]. ---- Versuchsreihe 1, ──── Versuchsreihe 2.

gering. Die Kurven der Durchbiegung verlaufen analog denen der Biegefestigkeit, d. h. bei niedrigem Gesamtkohlenstoffgehalt steigt zunächst die Durchbiegung, um von etwa 1% Mangan an zu sinken. Bemerkenswert ist noch, daß die Kurve der Durchbiegungen der Schmelzen mit hohem Gesamtkohlenstoffgehalt bei an-

582   Der Grauguß.

nähernd konstantem Verlauf nicht wie die Kurven der Festigkeit wesentlich unter den Kurven der Schmelzen mit niedrigem Kohlenstoffgehalt verläuft. Die

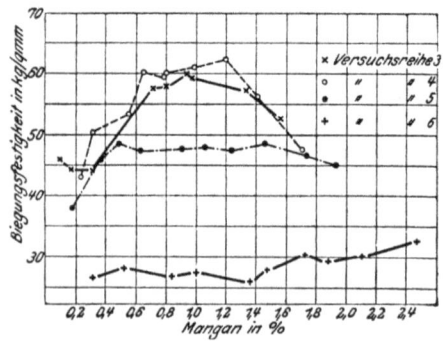

Abb. 734. Abhängigkeit der Biegefestigkeit des Graugusses vom Mangangehalt bei gleichem Siliziumgehalt [Wüst und Meißner (3)].

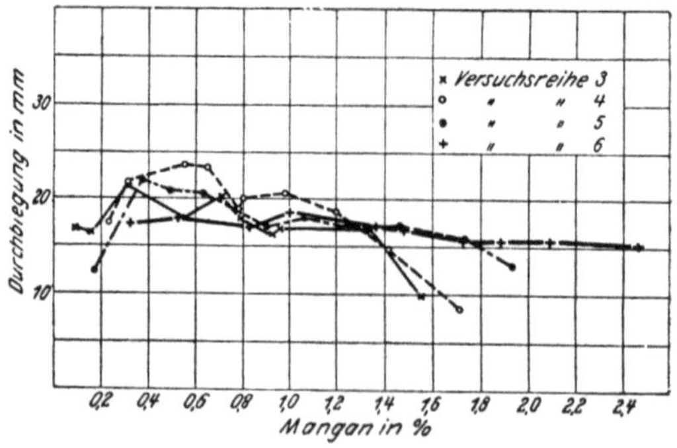

Abb. 735. Abhängigkeit der Durchbiegung des Graugusses vom Mangangehalt bei gleichem Siliziumgehalt [Wüst und Meißner (3)].

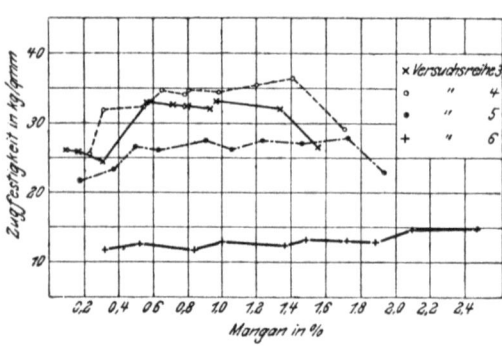
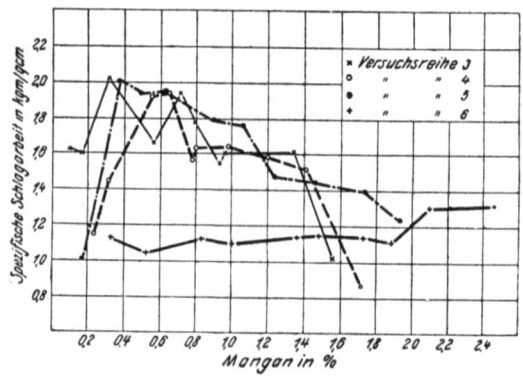

Abb. 736. Abhängigkeit der Zugfestigkeit des Graugusses vom Mangangehalt bei gleichem Siliziumgehalt [Wüst und Meißner (3)].

Abb. 737. Abhängigkeit der Kerbzähigkeit des Graugusses vom Mangangehalt bei gleichem Siliziumgehalt [Wüst und Meißner (3)].

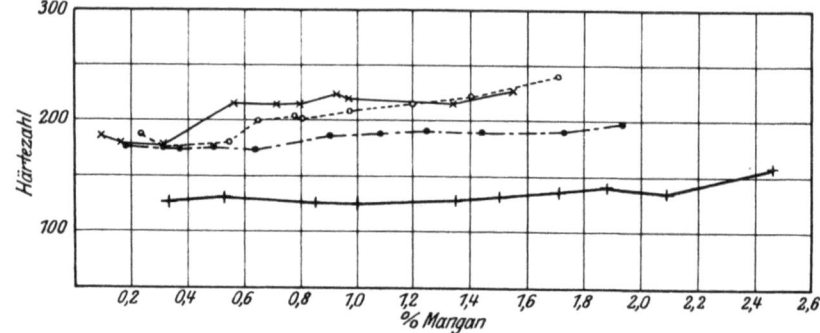

Abb. 738. Abhängigkeit der Härte des Graugusses vom Mangangehalt bei gleichem Siliziumgehalt [Wüst und Meißner (3)].

Kerbzähigkeitskurven der Schmelzen mit hohem Kohlenstoffgehalt steigen bis etwa 0,3—0,6% an, um dann zu sinken. Bei hohem Kohlenstoffgehalt ist die Kerbzähigkeit an sich niedrig, und sie verändert sich auch nur unwesentlich mit steigendem Mangangehalt. Die Härte steigt mit dem Kohlenstoffgehalt, und zwar

Die Eigenschaften in Abhängigkeit von der chemischen Zusammensetzung. 583

bei allen Reihen langsam und kontinuierlich und ferner anscheinend um so langsamer, je niedriger der Kohlenstoffgehalt ist. Reihe 4 weist die günstigsten Festigkeitseigenschaften auf, trotzdem sie nicht den niedrigsten Gesamtkohlen-

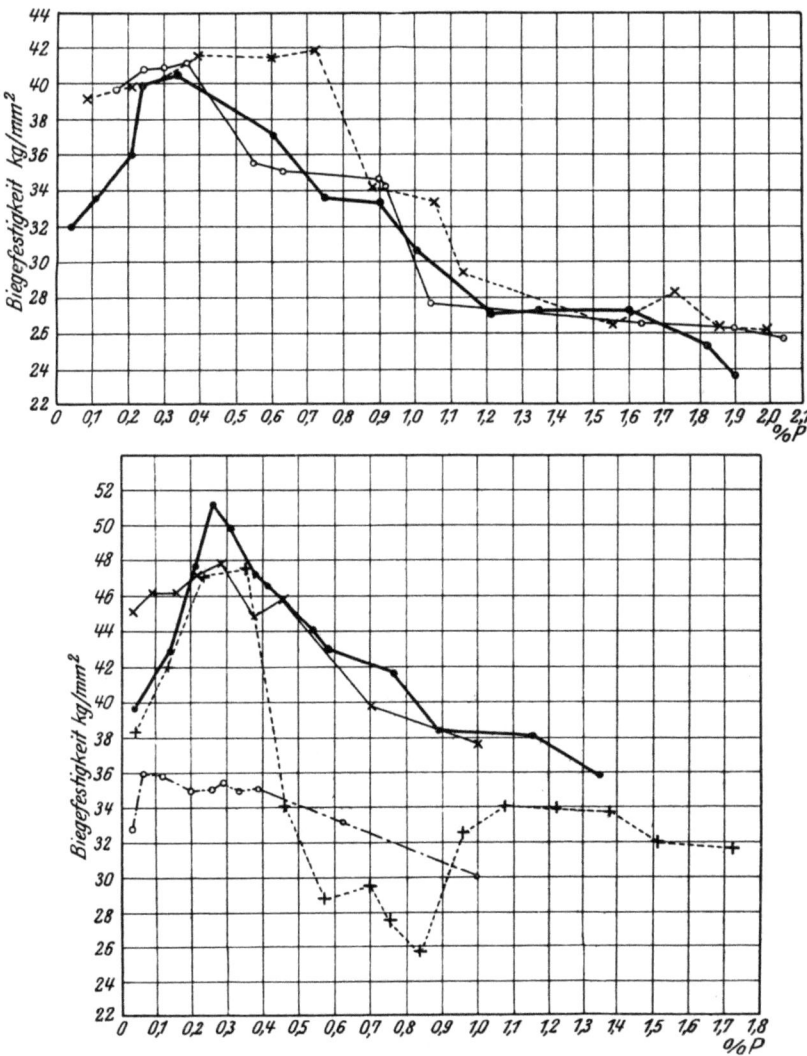

Abb. 739. Abhängigkeit der Biegefestigkeit des Graugusses vom Phosphorgehalt bei gleichem Siliziumgehalt [Wüst und Stotz (4)].
Versuchsreihe 7—13; zu Abb. 739—743.
•——•——• Versuchsreihe 7, ×——×——× Versuchsreihe 8, ○————○ Versuchsreihe 9,
○—·—○—·—○ Versuchsreihe 10, +——+——+ Versuchsreihe 11, ×————×————× Versuchsreihe 12,
·————·————· Versuchsreihe 13.

stoff- und Graphitgehalt besitzt. Durch diese Angaben allein wird also die Qualität des Graugusses nicht gekennzeichnet, vielmehr scheint auch der absoluten Höhe der gebundenen Kohle eine Bedeutung in dem Sinne zuzukommen, daß die Festigkeit um so höher ausfällt, je mehr sich der Gehalt an gebundener Kohle dem eutektoiden Gehalt (0,86%) nähert (vgl. Perlitguß).

Die Abb. 739—743 veranschaulichen den Einfluß des Phosphors. Die

584   Der Grauguß.

Reihen 7, 8 und 9 sind in Bezug auf die chemische Zusammensetzung fast identisch. Reihe 9 hat einen etwas höhern Gesamtkohlenstoff-, Graphit-, gebundenen Kohlenstoff- und Siliziumgehalt. Der Gehalt an gebundener Kohle übersteigt bei diesen drei Reihen das übliche Maß. Die Reihen 10 und 11 haben wesentlich höheren Siliziumgehalt als 7, 8 und 9. Reihe 10 und 11 unterscheiden sich insbesondere durch den Gehalt an gebundener Kohle, 10 hat den höheren, 11 den

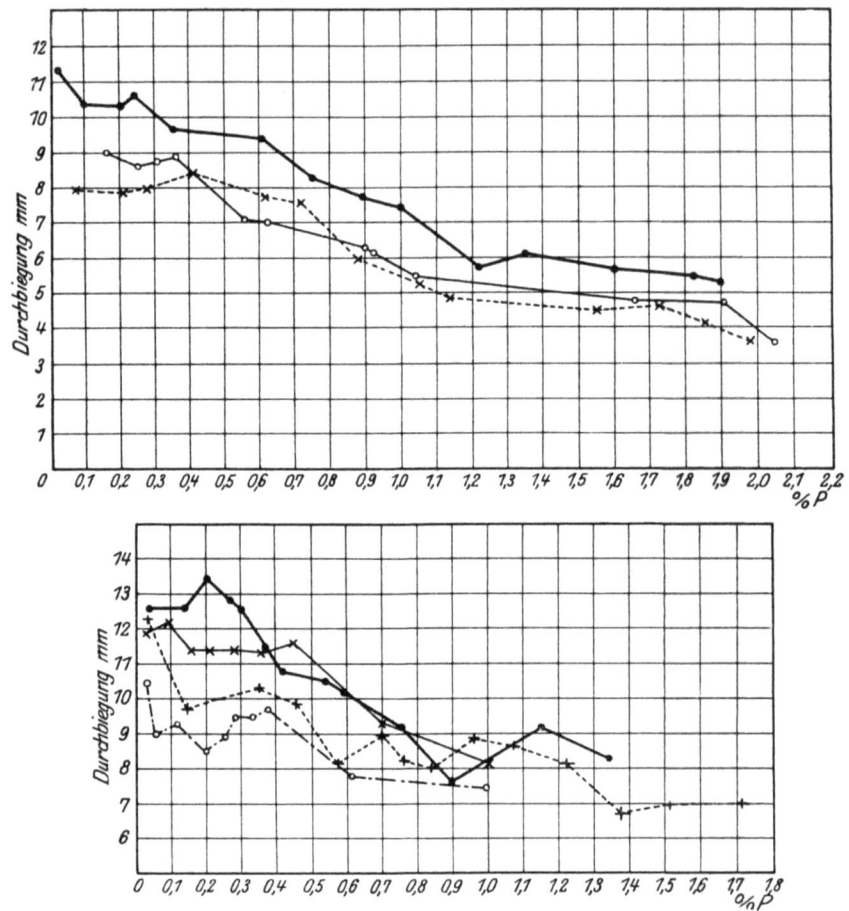

Abb. 740. Abhängigkeit der Durchbiegung des Graugusses vom Phosphorgehalt bei gleichem Siliziumgehalt [Wüst und Stotz (4)].

niedrigeren Gehalt. Die Reihen 12 und 13 haben höheren Mangangehalt als alle übrigen Reihen. In großen Zügen kann man sagen, daß Phosphor bis zu einem Gehalt von etwa 0,3% die Zug- und Biegefestigkeit hebt[1]. Der Abfall der Biegefestigkeit bei mehr als 0,3—0,4% Phosphor dürfte darauf zurückzuführen sein, daß sich von diesen Gehalten ab die Phosphide zu einem Netzwerk zusammenschließen. Der steigernde Einfluß des Mangans ist auch bei Gegenwart von Phosphor deutlich zu erkennen. Die Durchbiegung sinkt mit steigendem

---

[1] Vgl. M. Hamasumi (1); F. Wüst und P. Bardenheuer (12); P. Bardenheuer und L. Zeyen (8); J. Dessent und W. Kagan (1).

Die Eigenschaften in Abhängigkeit von der chemischen Zusammensetzung. 585

Phosphorgehalt[1] ebenso wie die Härte ansteigt. Die Zähigkeit wird durch Phosphor stark beeinträchtigt. Sie sinkt rasch bis 0,6%, darüber langsamer. Die Biegewechselfestigkeit des Gußeisens wird durch Phosphor eindeutig erniedrigt[2].

In der nachfolgenden Tabelle ist die chemische Zusammensetzung einer Anzahl von Versuchsreihen mitgeteilt, die Wüst und Miny zwecks Untersuchung

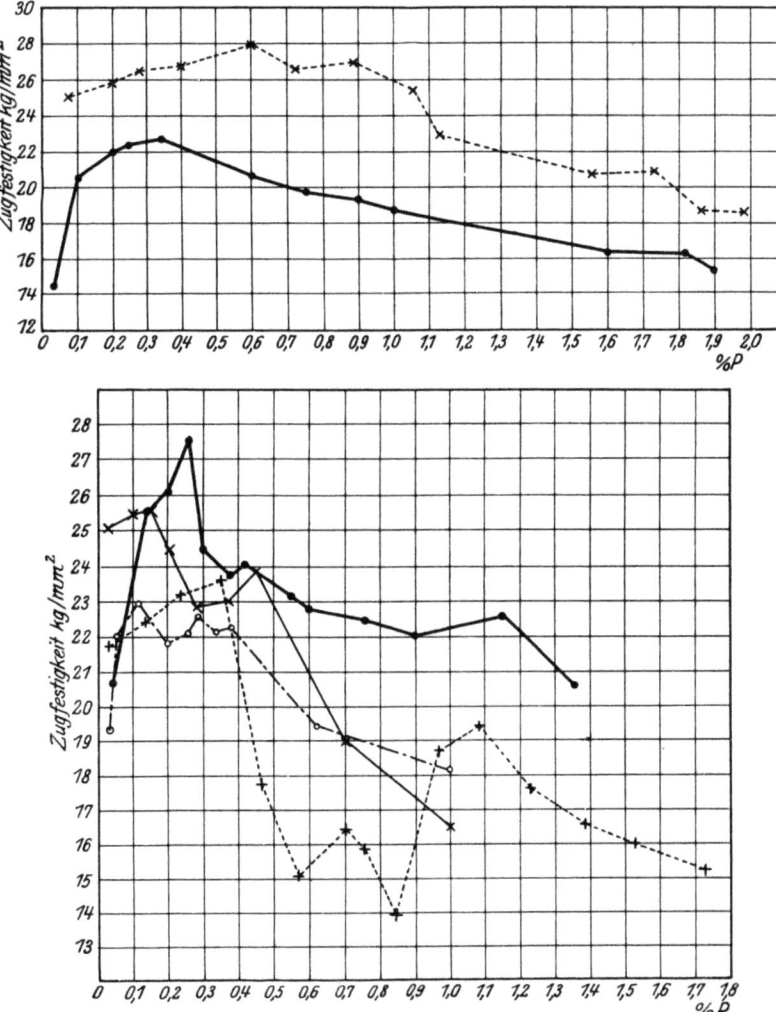

Abb. 741. Abhängigkeit der Zugfestigkeit des Graugusses vom Phosphorgehalt bei gleichem Siliziumgehalt [Wüst und Stotz (4)].

des Einflusses von Schwefel auf die Eigenschaften von Grauguß anfertigten. Die Reihen C und D unterscheiden sich von A und B durch höheren Mangangehalt. Die manganreichen Reihen enthalten entsprechend dem über die Wirkung des Schwefelmangans Gesagten mehr Graphit und weniger gebundene Kohle als die manganarmen Reihen.

---

[1] Vgl. J. T. Mac Kenzie (1).   [2] Vgl. P. Heller (1).

Reihe	% Ges.-C	% Graphit	% Geb. C	% P	% Mn	% Si	% S
A	3,27	2,03	1,24	0,032	0,09	1,66	0,013—0,103
B	3,47	2,11	1,36	0,034	0,09	1,67	0,01 —0,173
C	3,21	2,41	0,80	0,033	0,64	3,21	0,037—0,25
D	3,4	2,58	0,82	0,030	0,85	1,75	0,018—0,303

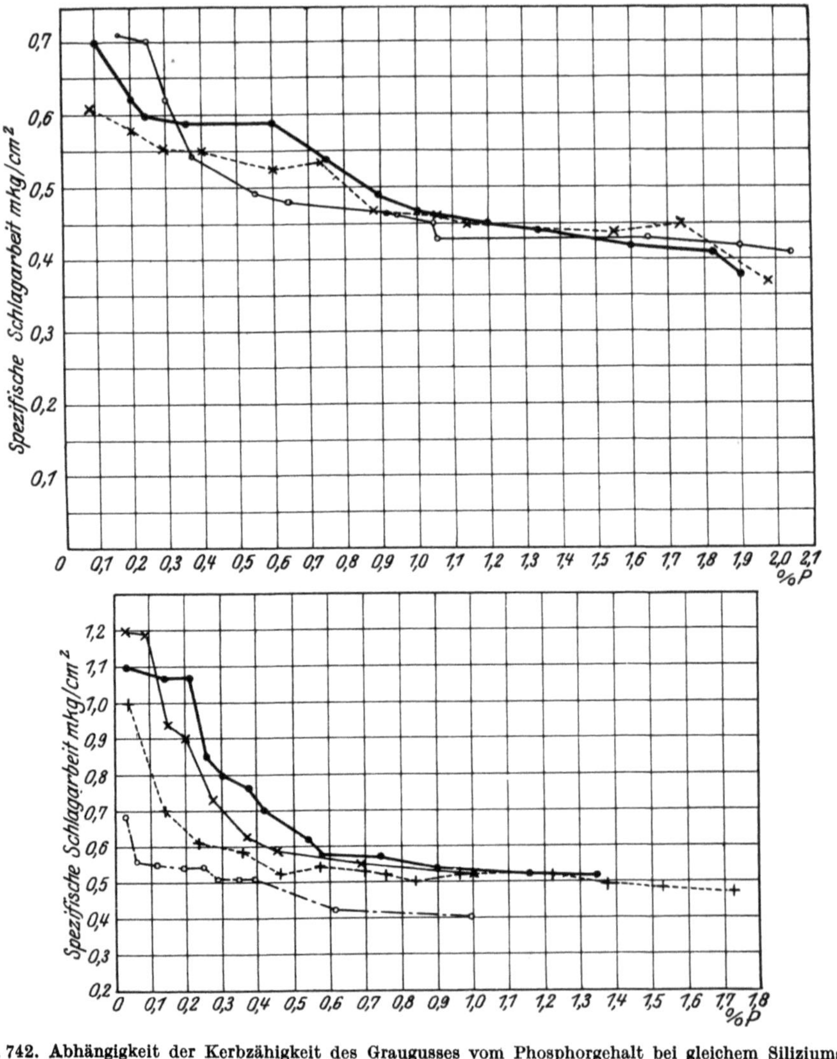

Abb. 742. Abhängigkeit der Kerbzähigkeit des Graugusses vom Phosphorgehalt bei gleichem Siliziumgehalt [Wüst und Stotz (4)].

Die Abb. 744 zeigt den Einfluß des Schwefels in den beiden Formen, d. h. als Eisen- und als Mangansulfid (bzw. FeS—MnS-Mischkristall). Wenn auch, wie Wüst und Miny betonen, der Einfluß des Schwefels anscheinend durch andere Faktoren, wie insbesondere die Gießtemperatur und die Schmelzüberhitzung, leicht überdeckt wird, so ist doch nicht zu verkennen, daß in großen Zügen:

1. die Härte (H) unabhängig von der Schwefelform ansteigt;
2. die Durchbiegung (D_b) mit steigendem Eisensulfidgehalt langsam, Zug-

Die Eigenschaften in Abhängigkeit von der chemischen Zusammensetzung. 587

(K_b) und Biegefestigkeit (K_z) zum mindesten von etwa 0,1% Schwefel an rasch ansteigen, während die an sich niedrige Kerbschlagzähigkeit (S_f) sich kaum ändert;

3. bei Gegenwart von Mangansulfid die an sich höhere Kerbschlagzähigkeit mit steigendem MnS-Gehalt sinkt, die Biegefestigkeit und die Durchbiegung ebenfalls sinken und die Zugfestigkeit ohne ausgesprochene Tendenz stark schwankt.

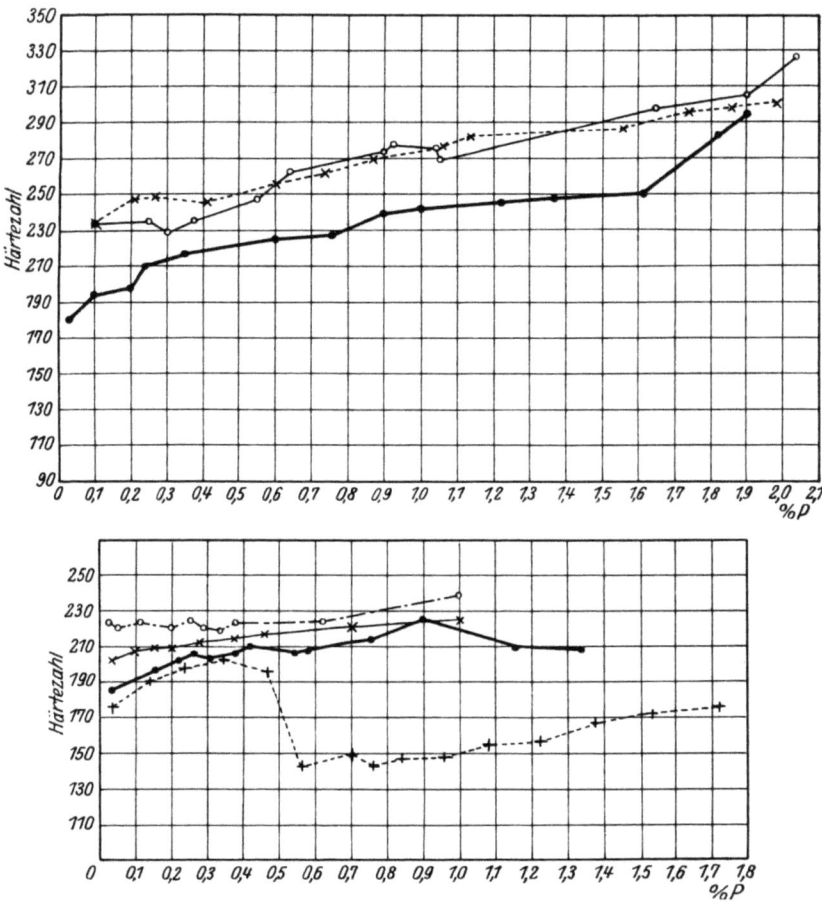

Abb. 743. Abhängigkeit der Härte des Graugusses vom Phosphorgehalt bei gleichem Siliziumgehalt [Wüst und Stotz (4)].

Im großen und ganzen üben also abgesehen von der Härte Eisen- und Manganschwefel einen entgegengesetzten Einfluß aus. Trotzdem bleibt in dieser Frage noch vieles zu klären.

Abb. 745 ist ein weiterer wertvoller Beitrag von Schmauser (1) zu ihrer Lösung, der den Vorzug besitzt, sich auf ein sehr umfangreiches Versuchsmaterial zu stützen. Es wurden drei Reihen mit wachsendem Schwefelgehalt untersucht, und zwar bestand der Unterschied zwischen den einzelnen Reihen im Siliziumgehalt, der 1,98, 2,17 bzw. 2,35% betrug. Die übrige Analyse war etwa 3% Ges.-C, 0,5% Mn und 0,7% P. Zur Untersuchung wurden zylindrische Probestäbe in ungeteilten Formen von unten gegossen, und zwar je einmal in getrockneten Masseformen und das andere Mal in grünen Sandformen. Der Durchmesser der Stäbe betrug 20, 30, 50 und 80 mm. Die mechanische Untersuchung erstreckte sich auf die Bestimmung der Biegefestigkeit, wobei die Stützweite zu 10d gewählt wurde, der Durchbiegung und der Härte nach Brinell, wobei allerdings einzelne Werte für weiß erstarrte Proben ausfallen mußten (wie auch z. B. in Abb. 745 für

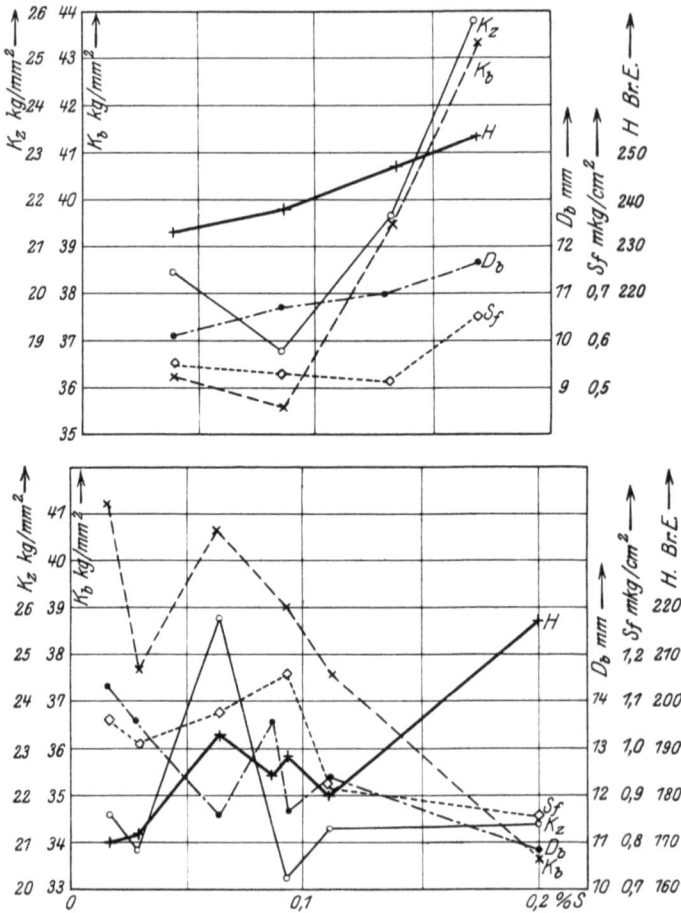

Abb. 744. Einfluß des Eisen- (oben) und Manganschwefels (unten) auf die Eigenschaften von Grauguß [Wüst und Miny (6)].

0,32% S). Sämtliche Kurven verlaufen für die verschiedenen Wandstärken annähernd parallel, und zwar sind die absoluten Werte für die niedrigste Wandstärke bei der Festigkeit und Härte am höchsten. Der Einfluß des Siliziumgehaltes ist nicht bemerkenswert. Es wurde deshalb nur die Versuchsreihe mit 2,17% Si, und zwar die Gruppe mit dem Durchmesser 20 mm herausgegriffen und in Abb. 745 dargestellt. Man sieht, daß in Übereinstimmung mit Abb. 744 die Biegefestigkeit mit steigendem Schwefelgehalt fällt, die Härte ansteigt, im Gegensatz zu Abb. 744 dagegen die Durchbiegung erst oberhalb 0,3% Schwefel abfällt.

Wichtige Eigenschaften von Grauguß sind seine geringe Kerbempfindlichkeit bei Dauerbeanspruchung und seine hohe Dämpfungsfähigkeit.

Zuverlässige Angaben über den Einfluß der Gase auf die Festigkeitseigenschaften von Gußeisen liegen nicht vor. Die von Oberhoffer, Piwowarsky, Pfeiffer-Schießl und Stein (12) mitgeteilten Zusammenhänge zwischen Sauerstoffgehalt und mechanischen Eigenschaften von Grauguß waren, wie Piwowarsky (7) später feststellte, unzutreffend infolge eines schwerwiegenden Fehlers bei der Sauerstoffbestimmung. Die Sauerstoffgehalte im Gußeisen betragen etwa 0,001—0,01 %.

Eine technisch äußerst wichtige Eigenschaft ist die Schwindung. Man muß drei Arten von Schwindung unterscheiden, die im flüssigen Zustande (von der Gießtemperatur bis zur Temperatur des Erstarrungsbeginns), die Erstarrungsschwindung (von Beginn bis Ende der Erstarrung) und die Schwindung im festen Zustande. Für das Auftreten von Lunkern und porösen Stellen ist, wie früher schon gezeigt wurde, die Schwindung im flüssigen Zustande hauptsächlich verantwortlich.

Wüst und Schitzkowski (13) haben sich mit der Erforschung der Schwindungsvorgänge eingehend befaßt. Sie nahmen neben Zeit-Schwindungskurven gleichzeitig Zeit-Temperaturkurven auf. Hierdurch ist neben der Messung der Gesamtschwindung die Möglichkeit gegeben, die Volumenanomalien mit der Konstitution in engsten Zusammenhang zu bringen. Abb. 746 und 747 zeigen einige Schwindungs- (S) und Temperatur-

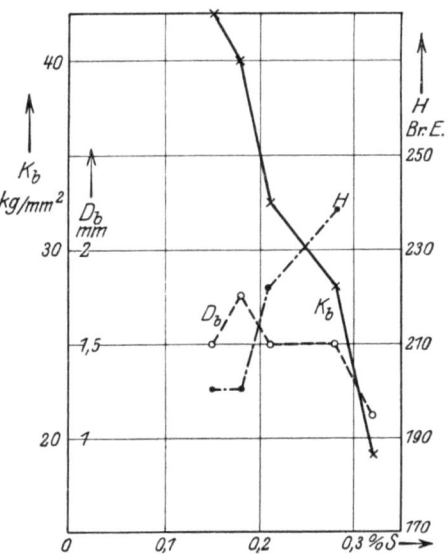

Abb. 745. Einfluß des Schwefels auf einige Eigenschaften von Grauguß [Schmauser (1)].

Zeitkurven (T) nach Wüst und Schitzkowski. Die dazugehörigen Analysen lauteten:

Abb.	Gieß-temper. °C	Bezeichnung	Ges.-C %	Gr %	Si %	Mn %	P %	S %	Gesamt-Schwindg. %
746a	1205	Hämatit	3,68	3,05	2,28	1,25	0,19	0,025	1,21
746b	1290	Deutsch III	3,77	3,06	1,91	0,57	0,64	n. b.	1,05
746c	1200	Deutsch III	3,54	2,77	1,64	0,85	1,01	,,	1,23
747a	1105	Maschinenguß	3,59	2,86	1,93	0,52	0,54	,,	1,17
747b	1110	Zylinderguß	3,55	2,40	1,22	0,54	0,44	,,	1,31

Wüst und Schitzkowski beobachteten eine Gesetzmäßigkeit zwischen der anfänglichen Ausdehnung (s. Abb. 746 und 747) und der Größe des Erstarrungsintervalles. P. Bardenheuer und C. Ebbefeld (9) konnten diese Gesetzmäßigkeit nicht bestätigen. Aus ihren Untersuchungen ging hervor, daß die anfängliche Ausdehnung sowohl des grauen als auch des weißen Eisens in enger Beziehung zum Gasgehalt der Schmelze steht, und demnach die diskontinuierliche Abnahme der

Gaslöslichkeit des Eisens bei seiner Erstarrung eine der Ursachen der anfänglichen Ausdehnung ist. Dieser Befund wurde durch eine neuere Arbeit von P. Bardenheuer und W. Bottenberg (10) bestätigt. So zeigt Abb. 748 eine klare Abhängigkeit der anfänglichen Ausdehnung vom Gasgehalt für ein graues Roheisen mit 3,75% Kohlenstoff, 2,6% Silizium, 0,85% Mangan, 0,75% Phosphor und 0,017% Schwefel.

Abb. 749 zeigt den idealisierten Verlauf einer Temperatur-, Zeit- und Schwindungskurve für einen untereutektischen Grauguß nach Bardenheuer und Ebbefeld (9) (vgl. die Abb. 746 und 747). A' ist die Temperatur der beginnenden Erstarrung. Von A' bis B' verläuft die Ausscheidung der primären Mischkristalle, bei B' die Erstarrung des Eutktikums. Der Erstarrung entspricht die bereits behandelte anfängliche Ausdehnung $AB**$. Bei der Abkühlung zwischen B' und C' (d. h. zwischen $E'C'F'$ und $P'S'K'$ des Eisen-Kohlenstoff-Diagrammes) läuft die vorperlitische Schwindung ab, die durch die mit Volumenvergrößerung verbundene Graphitisierung beeinträchtigt wird. Diese Beeinträchtigung fehlt natürlich bei der Erstarrung nach dem metastabilen System. (Weißes Gußeisen.) Bei der Perlitumwandlung C' findet infolge der mit der γ/α-Umwandlung verbundenen Ausdehnung eine

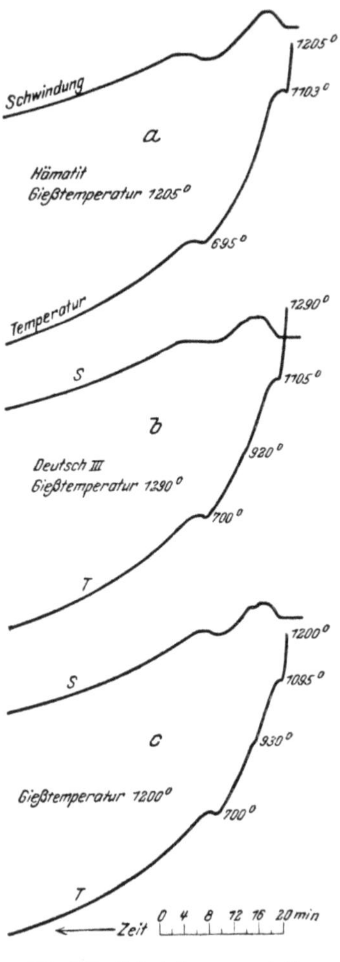

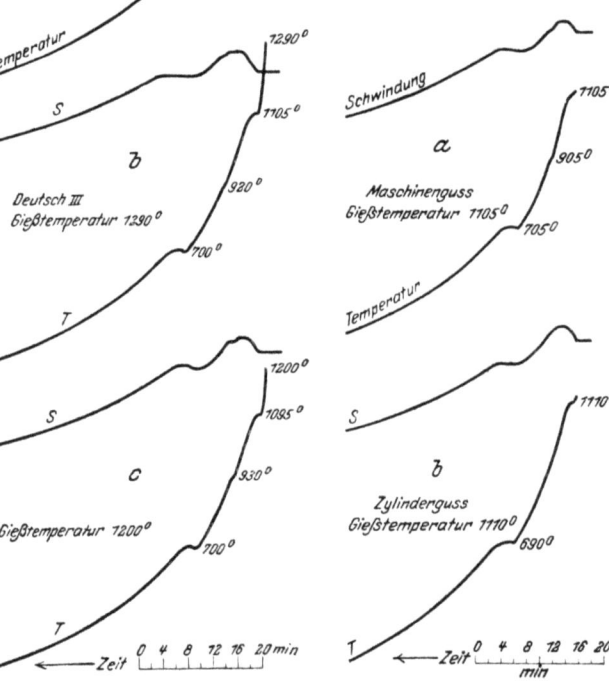

Abb. 746. Schwindungs- und Temperatur-Zeitkurven einiger Graugußsorten [Wüst und Schitzkowski (13)]*.

Abb. 747. Schwindungs- und Temperatur-Zeitkurven einiger Roheisensorten [Wüst und Schitzkowski (13)]*.

---

* Da die Abkühlungskurve in der Mitte des 350 mm langen Stabes aufgenommen wird und ein Temperaturunterschied von 200° und mehr zwischen Probestabmitte und -enden besteht, setzt die Verzögerung auf den Schwindungskurven in einem früheren Zeitpunkt ein, als dem Beginn des Perlitpunktes auf der Abkühlungskurve entspricht. An den Stabenden hat die Perlitbildung und die damit zusammenhängende Verzögerung der Schwindung schon eingesetzt, bevor die Abkühlungskurve den Perlitpunkt anzeigt.

** Wie weit der erste Abschnitt der Schwindungskurve erfaßt wird, ist ungewiß, da der Schwindungsmesser erst zu arbeiten beginnt, wenn der Guß so weit erstarrt ist, daß die Reibung des Übertragungsgerätes der Schwindung von der Zugfestigkeit des erstarrenden Probestabes überwunden wird.

starke Verzögerung der Schwindung C statt. Die Strecke CD entspricht der (nachperitischen) Schwindung bei Temperaturen unterhalb Ar_1. Über den Einfluß der Legierungselemente auf die Schwindung gilt nach Bardenheuer und Ebbefeld folgendes: Legierungselemente und Einflüsse, die die Abscheidung von (sekundärem) Graphit fördern, bewirken eine Verminderung, solche, die die Graphitisierung erschweren, eine Vergrößerung der vorperlitischen und damit auch der Gesamtschwindung. Je mehr Phosphor in der untersuchten Legierung enthalten ist, um so deutlicher äußert sich parallel zu dem auf der Abkühlungs-

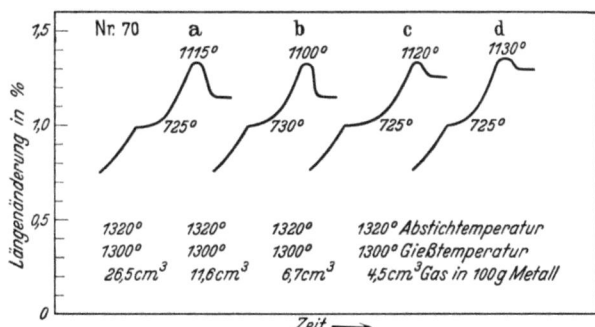

Abb. 748. Schwindungsverlauf und Gasgehalt von wiederholt umgeschmolzenem Roheisen [Bardenheuer und Bottenberg (10)].

kurve auftretenden, die Erstarrung des Phosphideutektikums anzeigenden Haltepunktes (s. Abb. 746 und 747), eine weitere Verzögerung der Schwindung. In der Vergrößerung des Erstarrungsintervalles durch Phosphor und der damit verbundenen Zunahme der Zeitdauer, während der die Schwindung behindert ist, ist nach Bardenheuer und Ebbefeld der Grund für die gute Ausfüllung der Form durch Güsse mit höherem Phosphorgehalt (Kunstguß) zu erblicken.

Das Auftreten von Spannungen ist für Grauguß an ähnliche Voraussetzungen geknüpft wie für Stahlguß, und es gelten daher die in Abschnitt IV angestellten Überlegungen.

C. Einfluß der Abkühlungsgeschwindigkeit, der Gießtemperatur und der Schmelzüberhitzung.

Wie schon betont wurde, ist Grauguß in ganz besonderem Maße dem Einfluß der Abkühlungsgeschwindigkeit aus dem Schmelzfluß unterworfen, weil diese von bedeutendem Einfluß auf die Graphitbildung ist, und letztere ja ihrerseits wieder die Eigenschaften des Graugusses in überragender Weise beeinflußt. Die Erstarrungsgeschwindigkeit findet zunächst ein Maß in

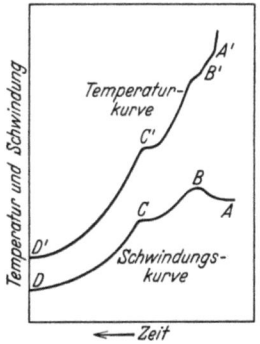

Abb. 749. Temperatur- und Schwindungskurve eines abkühlenden Gußeisenstabes [Bardenheuer und Ebbefeld (9)].

der Natur der Formmasse, deren Wärmeleitfähigkeit, Temperatur und Feuchtigkeitsgehalt von Einfluß sind. Der erste dieser Faktoren ist bisher kaum berücksichtigt worden, insofern als Untersuchungen über die Wärmeleitfähigkeit der üblichen Formmassen bisher nicht angestellt wurden. Der Temperatur der Formmasse wird bei der Herstellung des sogenannten Perlitgusses (s. d.) gesteigerte Aufmerksamkeit geschenkt. Es wurde bereits das Durchschütten durch die Formen erwähnt, das nichts anderes als ein Anwärmen der Formen ist. Es ist klar, daß hierdurch die Erstarrungsgeschwindigkeit, insbesondere der Durchgang durch die für die Graphitbildung wichtige eutektische Temperatur verlangsamt und die Graphitbildung also begünstigt wird, endlich nasse Formen infolge der Wärmeentziehung durch Verdampfung der Feuchtigkeit im entgegengesetzten Sinne wirken wie trockene Formen, letztere daher die Graphitbildung im Gegensatz zu ersteren begünstigen. Wegen der Gefahr der Gasentwicklung in den Formen verwendet man aber die (billigeren) nassen Formen meist nur bei dünnwandigen Gußstücken.

Je dünner ferner der Querschnitt eines Gußstückes ist, um so rascher erfolgt die Erstarrung, um so geringer fällt also die Graphitbildung aus. Die Wandstärke muß also hiernach von hervorragendem Einfluß auf die Festigkeitseigenschaften sein, was denn auch durch Versuche von Reusch (1) und von Leyde (1) bestätigt worden ist. Ersterer zeigte, daß die Biegefestigkeit mit steigendem Querschnitt abnimmt. Zu einem ähnlichen Ergebnis gelangte Leyde. Heyn (3) ergänzte die Feststellungen von Leyde durch die mikroskopische Untersuchung und fand gemäß Abb. 750, daß dem Sinken der Biegefestigkeit mit zunehmendem Stabquerschnitt eine Abnahme der Zahl der Graphitblättchen bei zunehmender Größe der einzelnen Blättchen entspricht. Einer Zunahme der Querschnittskante von 10 auf 55 mm entsprach eine Zunahme des Graphitgehaltes von 2,5 auf 3,0%, bei weiterer Querschnittszunahme blieb der Graphitgehalt konstant. A. Koch und E. Piwowarsky (1) fanden eine ähnliche Zunahme des Graphitgehaltes mit der Wandstärke bei Gußeisen mit unterschiedlichen Kohlenstoff- und Siliziumgehalten. Allerdings war selbst mit Erreichung eines Durchmessers von 67 mm der maximale Graphitgehalt bei allen Kohlenstoffgehalten noch nicht erreicht. Es ergab sich mit steigenden Kohlenstoffgehalten eine Verschiebung der Wandstärke, bei der der maximale Graphitgehalt erreicht wird, zu niedrigeren Werten. Wahrscheinlich wirken die die Graphitbildung begünstigenden Faktoren (hoher Siliziumgehalt, hohe Gießtemperatur)

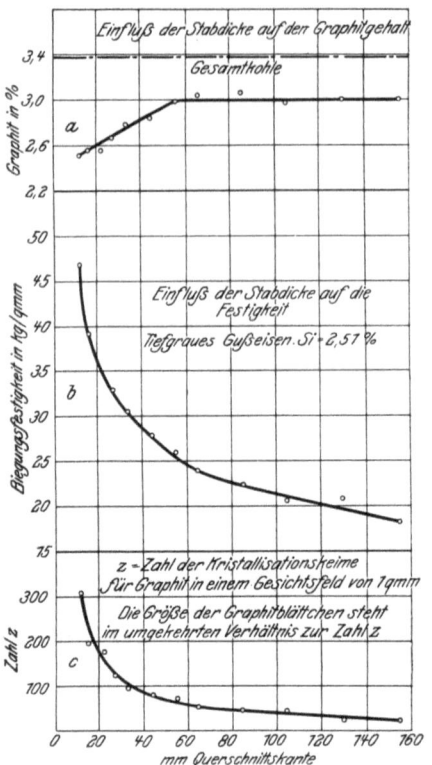

Abb. 750. Einfluß der Stabdicke auf Graphitausbildung und Biegefestigkeit von Grauguß [Leyde (1), Heyn (3)].

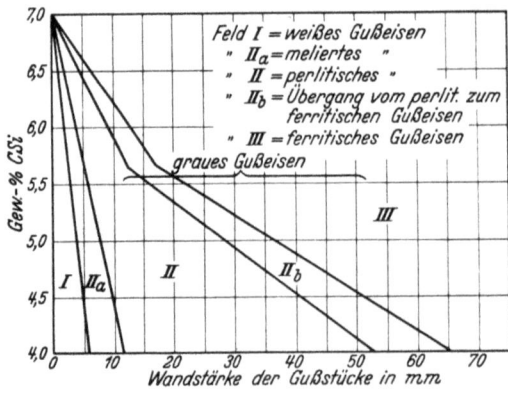

Abb. 751. Gußeisendiagramm nach Greiner und Klingenstein (1).

Einfluß der Abkühlungsgeschwindigkeit, der Gießtemperatur und Schmelzüberhitzung. 593

im gleichen Sinne. Man begegnet dem auf Verminderung der Graphitbildung gerichteten Einfluß abnehmender Wandstärke daher zumeist durch Steigerung des die Graphitbildung fördernden Gehaltes an Silizium. Abb. 751 zeigt die Gefügeausbildung in Abhängigkeit von C + Si-Gehalt und Wandstärke.

Da die Schwindung, wie gezeigt wurde, in direkter Abhängigkeit vom Graphitgehalt steht, muß auch die Querschnittsgröße diese Eigenschaft beeinflussen. Daß dies tatsächlich zutrifft und mit steigendem Querschnitt infolge der reichlichen Graphitbildung die Schwindung abnimmt, zeigt für mehrere Siliziumgehalte Abb. 752 nach Keep.

Die Graphitbildung wird auch in beträchtlichem Maße durch die Gießtemperatur beeinflußt. Je höher die Gießtemperatur unter sonst gleichbleibenden Verhältnissen über der für die Graphitbildung maßgebenden eutektischen Temperatur liegt, um so mehr Gelegenheit ist zum Vorwärmen der Formen gegeben, um so langsamer wird die eutektische Temperatur durchlaufen und um so reichlicher ist die Graphitbildung. Heiß vergossenes Eisen neigt also mehr zur Graphitbildung als kalt vergossenes. Abb. 753 zeigt diesen Einfluß der Gieß-

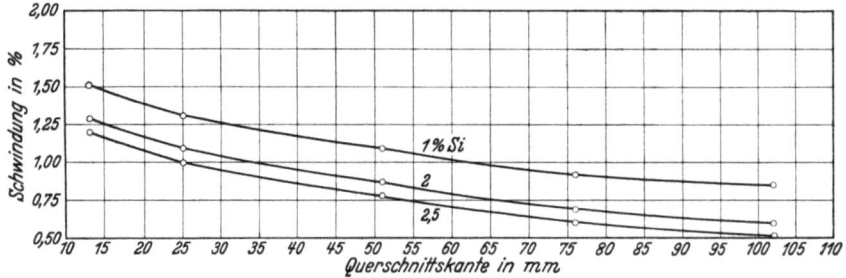

Abb. 752. Einfluß der Stabdicke auf die Schwindung von Grauguß [Keep (1)].

temperatur auf den Graphitgehalt verschieden zusammengesetzten Graugusses für Stabdurchmesser von 22, 37, 52 und 67 mm nach A. Koch und E. Piwowarsky (1). Entsprechend dem mit der Gießtemperatur zunehmenden Graphitgehalt liegen die Biegefestigkeit (Abb. 754), die Zugfestigkeit (Abb. 755), die Durchbiegung und die Brinellhärte bei der höheren Gießtemperatur durchweg wesentlich niedriger als bei der niedrigeren. Die aus Abb. 754 für den kleinsten Stabdurchmesser ersichtlichen Abweichungen von dieser Regel führt Piwowarsky darauf zurück, daß bei den mit der geringen Gießtemperatur von unten gegossenen Stäben die Gießtemperatur nur wenige Grad über dem Erstarrungsbeginn lag. Bei dem durch das Gießen von unten bedingten langen Weg des Eisens bis in die Form schreitet die Kristallisation in der Bewegung fort, bis, insbesondere bei den dünnen Stäben, die Erstarrung eintritt, ehe die Form ganz gefüllt ist. Die Verschweißung der Kristallite wird bei solchen im Fluß erstarrten Stäben unvollkommen sein, und die mechanischen Eigenschaften werden daher stark zurückgehen.

Besonders stark wirkt sich eine Erhöhung der Gießtemperatur in der Erniedrigung der Dauerschlagfestigkeit aus.

Mit Rücksicht auf die Erzielung günstiger mechanischer Eigenschaften empfiehlt sich nach Vorstehendem die Anwendung möglichst niedriger Gießtemperaturen. Die untere Grenze ist dadurch gegeben, daß die Erstarrung nicht vor dem vollständigen Auslaufen aller Teile der Form beginnen darf, da, wie oben für die dünnen Stäbe schon gezeigt wurde, vorzeitige Ausscheidung der Mischkristalle die mechanischen Eigenschaften des Gußstückes beeinträchtigt.

Außer von der Abkühlungsgeschwindigkeit ist die Graphitabscheidung nach Menge und Form von der Schmelzüberhitzung abhängig. Von zwei Gußeisenschmelzen völlig gleicher Zusammensetzung, Gießtemperatur und Abkühlungsgeschwindigkeit scheidet diejenige beim Erstarren die geringere Menge

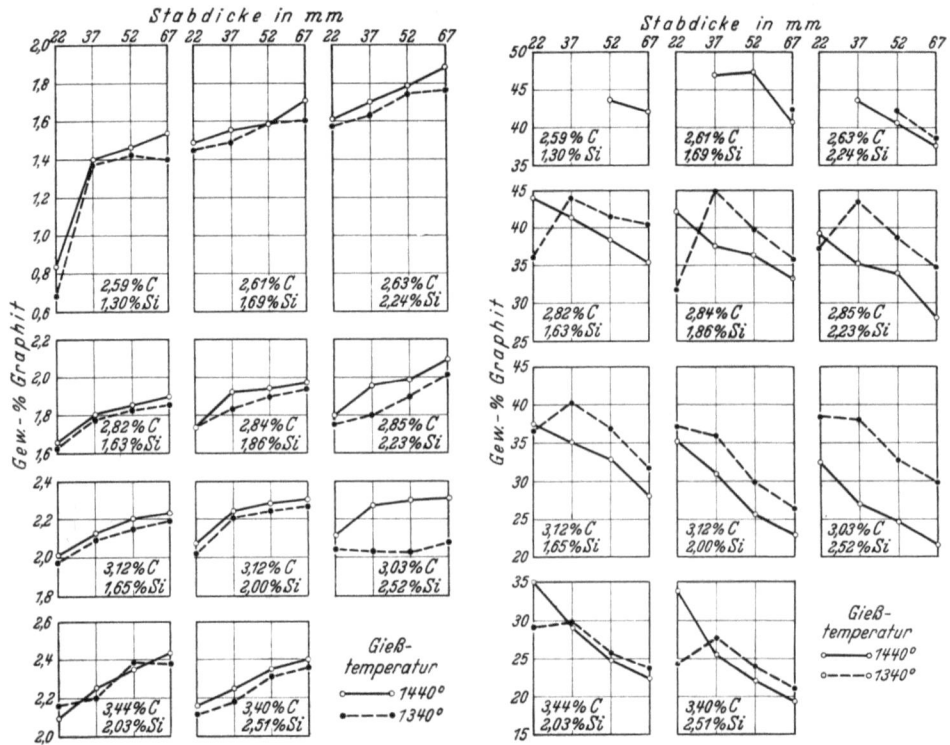

Abb. 753. Einfluß der Gießtemperatur auf den Graphitgehalt [Koch und Piwowarsky (1)].

Abb. 754. Einfluß der Gießtemperatur auf die Biegefestigkeit [Koch und Piwowarsky (1)].

Kohlenstoff als Graphit aus, die im flüssigen Zustande auf die höhere Temperatur erhitzt wurde. Nach den Ergebnissen verschiedener Forscher erscheint die Frage, ob dieser Effekt mit zunehmender Überhitzung dauernd ansteigt, noch nicht eindeutig geklärt. Nach v. Kerpely (1), Hanemann (1) und besonders Bardenheuer und Zeyen (8) nimmt die Graphitbildung mit steigender Überhitzung dauernd ab, während nach Piwowarsky (9) bei etwa 1500° ein Umkehrpunkt gemäß Abb. 756 auftritt, d. h. bei Überschreitung dieser Temperatur nimmt die bei der Abkühlung gebildete Graphitmenge wieder zu. Nach Piwowarsky wirkt längeres Halten der Schmelze bei einer bestimmten Temperatur im gleichen Sinne auf die Graphitbildung ein wie eine Temperatursteigerung.

Die bei zunehmender Überhitzung und bei verlängerter Schmelzdauer beobachtete Abnahme der bei der Abkühlung gebildeten Graphitmenge dürfte der zunehmenden Auflösung der Graphitkeime und der damit verknüpften Verminderung des Anreizes zur Graphitbildung zuzuschreiben sein. Auf die Wiedergabe

Einfluß der Abkühlungsgeschwindigkeit, der Gießtemperatur und Schmelzüberhitzung. 595

der Erklärungsversuche für das Auftreten des Wendepunktes soll hier verzichtet werden, da seine Existenz wie seine theoretische Begründung noch nicht genügend gesichert erscheinen.

Wichtig ist die Feststellung von Piwowarsky (9), die durch v. Kerpely und Hanemann bestätigt wurde, daß mit steigender Überhitzungstemperatur die Graphitausbildung feiner wird. Piwowarsky konnte nachweisen,

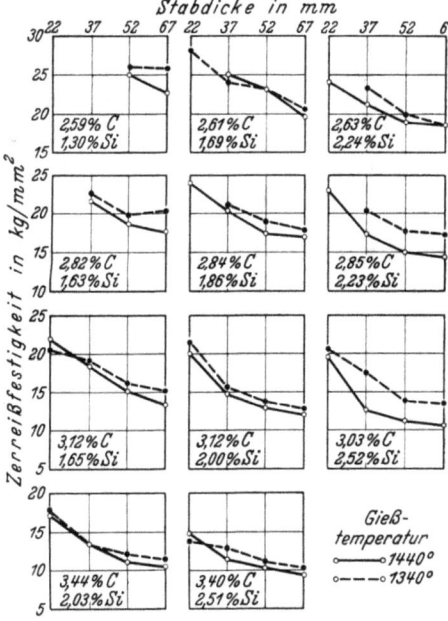

Abb. 755. Einfluß der Gießtemperatur auf die Zugfestigkeit [Koch und Piwowarsky (9)].

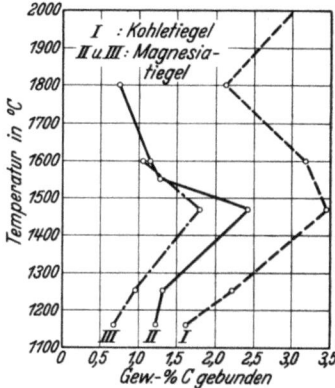

Abb. 756. Einfluß der Erhitzungstemperatur der Schmelze auf den Karbidkohlenstoffgehalt [Piwowarsky (9)].

daß die Ursache der mit steigender Überhitzung abnehmenden Graphitteilchengröße eine zunehmende Unterkühlung der eutektischen Erstarrung ist. Diese Unterkühlung kommt zustande durch die Beseitigung der Graphitkeime infolge der Über-

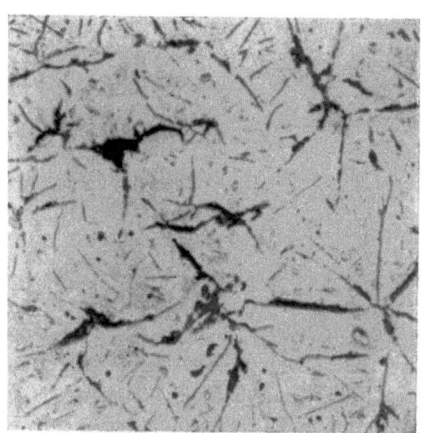 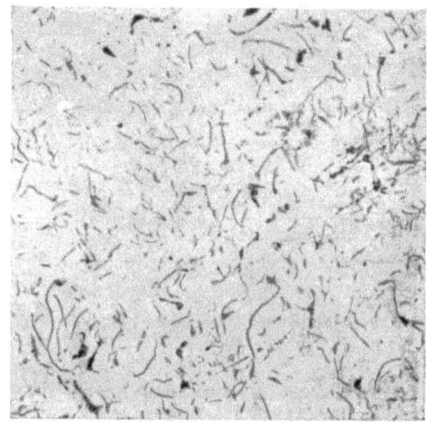

Abb. 757. Gußeisen auf 1250° (links) und auf 1400° (rechts) erhitzt.

hitzung. Die durch die Unterkühlung bedingte spontane Kristallisation in Gebieten hoher Keimzahl führt zu der Ausbildung des feinen Graphits. Stark überhitztes Gußeisen ist weniger empfindlich gegen Änderung der Abkühlungsgeschwindig-

38*

keit, d. h. es behält auch bei großer Wandstärke leichter ein feingraphitisches Gefüge bei. Desgleichen ist bei schmelzüberhitztem Gußeisen die Gießtemperatur für die Ausbildungsform des Graphits kaum von Bedeutung.

Der angeführte, günstige Einfluß der Überhitzung tritt jedoch nicht bei jedem Gußeisen ein[1]. Kohlenstoffarmes Gußeisen zeigt mit steigender Überhitzungstemperatur zwar auch Graphitverfeinerung, jedoch tritt gleichzeitig eine Neigung zu Dendritenbildung hervor, die, im Gegensatz zur Graphitverfeinerung, sich ungünstig auf die mechanischen Eigenschaften auswirkt. Abb. 757 zeigt den Einfluß einer Überhitzung auf die Ausbildung des Graphits.

D. Einfluß der Temperatur auf die Eigenschaften von Grauguß.

Campion und Donaldson (1) haben den Einfluß der Temperatur auf die Eigenschaften von Grauguß untersucht. Ihren Ergebnissen verleiht Abb. 758 Ausdruck. Der mechanischen Prüfung wurden folgende Roheisensorten unterzogen:

Bezeichnung	Ges.-C %	Gr %	Si %	S %	P %	Mn %
A 1	3,28	2,71	1,74	0,110	1,541	0,155
A 2	3,14	2,33	1,84	0,110	0,868	0,51
A 3	2,84	1,95	1,44	0,155	1,036	0,46

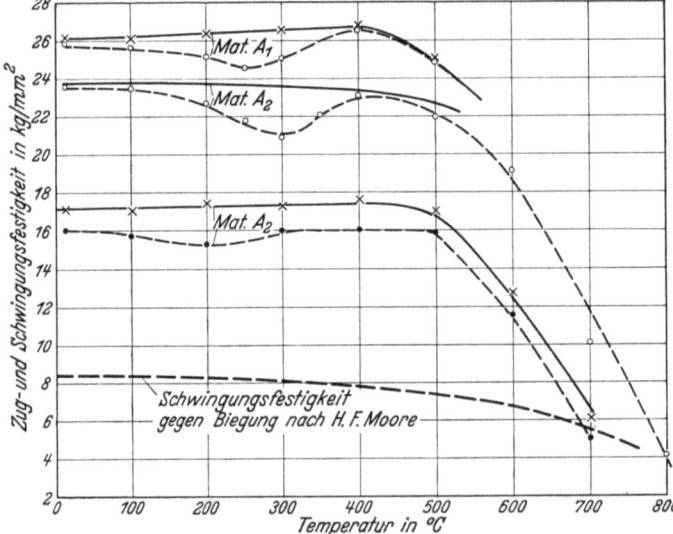

Abb. 758. Einfluß der Temperatur auf die Festigkeit von drei Graugußsorten [Campion und Donaldson (1)].

Die Probestäbe wurden einmal im Anlieferungszustand und ein zweites Mal nach einem vierstündigen Glühen auf 400° zerrissen. Es zeigte sich hierbei, daß die Festigkeitswerte des geglühten Materials stets etwas oberhalb der Werte des nicht geglühten Materials lagen, daß vor allem das Festigkeitsminimum der nicht geglühten Stäbe im Temperaturbereich 200—400° durch das Glühen beseitigt wurde, vielleicht eine Wirkung des Auslösens der Gußspannungen. In die Abb. 758 wurde miteingezeichnet die Biegewechselfestigkeit von Gußeisen nach H. F. Moore (2).

C. Pardun und E. Vierhaus (1) untersuchten einige Eigenschaften des Gußeisens in der Kälte. Während der Stahl bei tiefen Temperaturen ein ausgespro-

---

[1] Vgl. Bardenheuer und Zeyen (8).

chenes Sprödigkeitsgebiet besitzt (s. Steilabfall der Kerbschlagzähigkeit), zeigte das Gußeisen noch bei — 80° C die gleiche Kerbzähigkeit wie bei Raumtemperatur. Die Biegefestigkeit blieb bis — 35° C annähernd konstant, die Zugfestigkeit stieg bis zur Temperatur der flüssigen Luft ebenso wie die Kugeldruckhärte langsam an.

Bei wiederholtem Erhitzen von Grauguß auf Temperaturen über Ac_1 und nachfolgendem Abkühlen unter Ar_1, haben u. a. Rugan und Carpenter (1) ein beträchtliches Wachsen, d. h. eine irreversible Volumenzunahme festgestellt, die meist auf Oxydation zurückgeführt wird. Die obengenannten Verfasser fanden eine Volumenzunahme von rd. 35% nach 94maligem Erhitzen und Abkühlen. Parallel damit geht eine Gewichtszunahme. Die Gegenwart von elementarem Kohlenstoff ist Vorbedingung für das Wachsen. Die beobachtete Volumenzunahme übersteigt bei weitem die aus der Zerlegung des Eisenkarbides berechnete. Volumen- und Gewichtszunahme verlaufen analog und nehmen mit steigendem Siliziumgehalt zu. An der Oxydation sind also außer Graphit auch Silizium und Eisen beteiligt (vgl. Temperguß). Der mikroskopische Befund der wiederholt erhitzten Proben lehrt, daß die Graphitblätter durch entsprechende Hohlräume ersetzt wurden. Mit Hilfe des Dilatometers von Chevenard untersuchten Okochi und Sato (1) den Vorgang des Wachsens. Sie gelangen zur Auffassung, daß der Vorgang der Oxydation für das Wachsen unwesentlich ist. Bei der ersten Erhitzung über 600° erfolgt zunächst ein Wachsen infolge der Zementitzerlegung; bei den nachfolgenden Erhitzungen finden wesentliche Volumenänderungen bei A_1 und bei höherer Temperatur statt. **Der Druck der eingeschlossenen Gase ist nach Okochi und Sato der eigentliche Grund des Wachsens, eine bereits von Outerbridge geäußerte Ansicht.** Hiernach ist das Wachsen bei A_1 als Gegenwirkung des Gasdruckes auf die mit A_1 verknüpfte Kontraktion bei der Erhitzung aufzufassen und das Wachsen bei höherer Temperatur eine reine Folge des Druckes der eingeschlossenen Gase. Um das kontinuierliche Wachsen zu erklären, nehmen Okochi und Sato an, daß bei niedriger Temperatur die Gase längs der Graphitblätter infolge des verminderten Druckes im Innern des Eisens eindringen, und daß bei hoher Temperatur das Gußeisen gasundurchlässig wird. Diese Erklärung erscheint unbefriedigend, und Kikuta (1) hat daher eine Reihe von neuen Versuchen zur Klärung der Frage unternommen. Er evakuierte einen Hohlzylinder aus Gußeisen und stellte dessen Durchlässigkeit für Luft fest. Hierbei ergab sich, daß die Theorie von der Wirksamkeit des Gasdruckes nicht haltbar ist. Sodann fand Kikuta, daß die Volumenänderung auch bei der wiederholten Erhitzung im Vakuum stattfindet, allerdings kleiner ist als in oxydierender Atmosphäre. Endlich nahm Kikuta kontinuierliche Dilatationskurven auf. Bei der ersten Erhitzung findet sich eine bedeutende Volumenzunahme bei A_1, die zweifellos auf Karbidzersetzung zurückzuführen ist. Dies wurde übrigens auch direkt durch Untersuchung eines weißen Roheisens festgestellt. Bei weiterer Erhitzung und Abkühlung ergab sich bei Ac_1 eine Volumenverminderung, bei Ar_1 eine Volumenvergrößerung. Der Betrag der letzteren war immer größer als der der ersteren, doch nahmen die Volumenänderungen mit steigender Zahl der Erhitzungen ab. Die vorstehenden Beobachtungen beziehen sich auf Versuche im Vakuum. Fand der Versuch an der Luft statt, so war die erste Volumenzunahme bei Ac_1

die gleiche wie im Vakuum. In der Folge aber änderten sich die Verhältnisse derart, daß die Kontraktion bei Ac_1 kleiner war als im Vakuum und viel rascher abnahm. Auch die Ausdehnung bei Ar_1 nahm rascher ab als im Vakuum, aber das Gesamtresultat war doch ein bedeutendes Überwiegen der Ausdehnung, so daß also das Wachsen an der Luft rascher erfolgte als im Vakuum. Kikuta erklärt diese Beobachtungen wie folgt. Bei Ac_1 wird eine gewisse Menge des bei der ersten Erhitzung gebildeten elementaren Kohlenstoffs im Siliziumferrit unter Volumenverminderung gelöst. Die Lösungsgeschwindigkeit ist abhängig von der Teilchengröße. Die großen Graphitlamellen werden daher im Gegensatz zu den feineren, bei der ersten Erhitzung gebildeten Temperkohlepünktchen bzw. noch übriggebliebenen Zementitteilchen des Perlits nicht gelöst. Die Volumenänderungen sind also lokal verschieden, hierdurch entstehen Spannungen, die zu feinen Rissen an den schwächsten Stellen, d. h. längs der Graphitblätter führen. So entsteht eine irreversible Dehnung und damit das Wachsen. Bei Luftzutritt bilden sich feine Oxydschichten um die Graphitteilchen, die dadurch noch besser vor der Auflösung geschützt sind. **Die Wirkung des Sauerstoffs ist also nur eine sekundäre.**

Benedicks und Löfquist (11) führen das Wachsen auf Rißbildung infolge Umwandlungsspannungen zurück, die dadurch entstehen, daß infolge von Temperaturunterschieden zwischen Kern und Rand die Umwandlungen nicht in allen Teilen des Stückes gleichzeitig ablaufen. Diese Theorie dürfte einen Teil der Wachstumsvorgänge erklären.

Über die Wachstumsvorgänge unterhalb A_1 liegen nicht sehr zahlreiche Arbeiten vor. Nach Schwinning und Flößner (1) laufen die Hauptwachstumsvorgänge unterhalb A_1 zwischen 550 und 650° ab. Nach etwa 10 dreistündigen Erhitzungen auf 650° betrug die Längenzunahme etwa 0,8%. Aus Versuchen von Wüst und Leihener (14) geht ein starker Einfluß der Gase auf die Wachstumsvorgänge auch unterhalb A_1 hervor. Versuche von Piwowarsky (7) zeigten, daß das Wachsen von Gußeisen mit wechselndem Silizium-, Phosphor-, Schwefel- und Chromgehalt im Dampfstrom von 300—450° sowohl auf Karbidzerfall als auch auf die Oxydation der Grundmasse und der Begleitelemente zurückzuführen ist. Nach Bardenheuer (11) wächst das Gußeisen bei niedrigen Temperaturen und Fernhaltung oxydierender Einflüsse nur um den dem Karbidzerfall entsprechenden Betrag.

Auf Grund des Schrifttums und eigener Beobachtungen gibt Piwowarsky (7) folgende zusammenfassende Darstellung über den Wachstumsmechanismus [vgl. auch Bardenheuer (11) und Roll (1)]:

1. Ein beträchtlicher Teil der erstmalig auftretenden Volumenvergrößerung ist auf den Zerfall des freien und perlitischen Zementits zurückzuführen.

2. Eine weitere Ursache liegt in der Gefügeauflockerung durch Spannungen (vgl. Kikuta, Benedicks), wodurch Oxydation und damit verstärktes Wachsen eintritt. Eisen und Silizium sollen vor dem Kohlenstoff oxydiert werden.

3. Reaktionsgase und eingeschlossene Gase können mechanisch nur sehr wenig zum Wachsen beitragen. Dagegen können katalytische Wirkungen auf den Karbidzerfall (sowie physikalische oder molekulare Beeinflussungen noch zu klärender Natur) in Frage kommen.

4. Hohe spezifische Dichte begünstigt die Volumenbeständigkeit durch Behinderung des Karbidzerfalls und des Gaszutritts zum Innern.

5. Feine Graphitausbildung behindert den Gasaustausch zwischen Gußstück und Atmosphäre und damit das Wachsen.

Über das Wachsen von Gußeisen unter Zugbeanspruchung wurden Untersuchungen von E. Piwowarsky und O. Bornhofen ausgeführt. Die Zugbeanspruchung führte zu keiner wesentlichen Erniedrigung der Temperaturschwelle beginnenden Wachsens. 2 × 10stündige Glühungen bei 650° unter mäßigem Luftzutritt sollen als Wachstumskurzversuch geeignet sein, die Wachstumsneigung eines Gußeisens zu kennzeichnen.

Ein Beispiel für die Entwicklung eines wachstumsfesten Gußeisens geben R. Mitsche und O. v. Keil (1). Sie stellten für die Herstellung eines derartigen Gußeisens folgende Grundsätze auf:

1. Der Karbidzerfall ist bei wiederholten Glühungen praktisch unvermeidbar. Die Legierung darf daher kein Karbid (frei oder als Perlit) enthalten.
2. Da die (α/γ)-Umwandlung zur Gefügeauflockerung führt, muß ihr Auftreten innerhalb der Betriebstemperaturen vermieden werden.
3. Da grober Graphit das Eindringen von Gasen begünstigt, muß er in feiner Ausbildung vorliegen.
4. Die Grundmasse muß dicht, widerstandsfähig gegen Oxydation sein und darf keine Gase eingeschlossen enthalten.

Eine Legierung mit 6% Silizium, die den aufgestellten Richtlinien entsprach, zeigte kein Wachstum.

Die Volumenzunahme durch Wachsen unterhalb A_1 erreicht zumeist nur wenige zehntel Prozent. Der Wachstumsvorgang verläuft unterhalb A_1 langsam. Das Gegenteil ist oberhalb Ac_1 der Fall. Hier kann außerdem die Volumenzunahme 3—5%, zuweilen 30% und mehr erreichen. Praktisch ist das Wachsen unterhalb A_1 für Dampfmaschinenzylinder, Dampfturbinengehäuse u. a., oberhalb Ac_1 für Kokillen, Roststäbe, Auspuffrohre u. a. bedeutsam.

E. Störende Nebenerscheinungen.

Beim Vergießen des Graugusses ist im allgemeinen mit denselben störenden Nebenerscheinungen zu rechnen wie beim Stahl. Es treten also hier wie dort Lunker, Seigerungserscheinungen, Gasblasen und Spannungen auf. Die Mittel zur Verhütung dieser unangenehmen Erscheinungen sind grundsätzlich dieselben, und es kann daher auf den einschlägigen Abschnitt IV hingewiesen werden.

Eine für Gußeisen typische Art von Seigerungserscheinungen sind die sogenannten Schwitzkugeln, eine charakteristische Bezeichnung für kugelförmige Absonderungen, die sich häufig an der Oberfläche, manchmal aber auch im Innern von Gußstücken, und zwar in Gashohlräumen eingeschlossen finden. Ihre Zusammensetzung nähert sich meist der des Phosphideutektikums, also: 2% Kohlenstoff, 7% Phosphor. Ihre Entstehung wird wohl auf ähnliche Vorgänge wie bei der Gasblasenseigerung zurückzuführen sein. Typisch ist hierfür ein von Stotz (2) erwähnter Fall, wonach beim Guß von Hartgußwalzen ein ringförmiger Kranz von kleinen Tropfen am Übergang zum nicht abgeschreckten Zapfen und dicht hinter der abgeschreckten Lauffläche erscheint. Stotz fand, daß die Tröpfchen 6,12% Phosphor und 2,16% Kohlenstoff enthielten in hinreichender Annäherung an die oben mitgeteilte Zusammensetzung des Phosphideutektikums.

Die Druckwirkung der rasch erstarrten Lauffläche auf den noch flüssigen Kern ist hier die Ursache des Auftretens der Schwitzkugeln.

Eine recht unangenehme, in Gießereien mitunter beobachtete Erscheinung ist das Auftreten harter, weißer Stellen, und zwar häufig inmitten von Graugußstücken, wodurch deren mechanische Eigenschaften und die Bearbeitbarkeit stark beeinträchtigt werden. Der Name „umgekehrter Hartguß" rührt daher, daß im Gegensatz zum normalen Hartguß die Randzone stets eine mehr oder weniger starke Schicht grauen Eisens aufweist. Derartige fehlerhafte Gußstücke sind erstmalig von Keep (2) beobachtet worden, später auch in deutschen Eisengießereien, und zwar besonders häufig während der Kriegsjahre 1914—1918. Die künstliche Darstellung dieser Erscheinung gelang zuerst West dadurch, daß er aus einem Eisen von folgender Analyse:

$$C = 2{,}75\text{—}3{,}25\% \qquad S = \text{ca. } 0{,}07\%$$
$$Si = 1{,}75\text{—}2{,}00\% \qquad P = \text{ca. } 0{,}04\%$$

Stäbe von 44 × 29 mm in Sandformen abgoß, sofort nach dem Beginn der Erstarrung aus der Form zog und in Wasser abschreckte. Abb. 759 zeigt den Bruch zweier Graugußstäbe, von denen der linke die weiße Stelle in der Mitte, der rechte zahlreiche weiße Stellen über den Querschnitt verteilt enthält. Osann (1) sieht die Ursache in einem durch Verschmelzen stark rostigen Schrotts im Kupolofen bedingten hohen Eisenoxydulgehalt des Eisens, begünstigt durch niedrige Gießtemperatur. Das im Grauguß enthaltene FeO bewirkt infolge der endothermen Reaktion: $FeO + C = Fe + CO (-240 \text{ Cal/kg Fe})$ eine rasche Abkühlung im Temperaturbereich der Graphitausscheidung, die den Zerfall des Eisenkarbids beeinträchtigt. Eine bezüglich des Sauerstoffgehaltes ähnliche Auffassung vertritt Nielsen (1). Er nimmt jedoch an, daß das FeO weniger durch rostigen Schrott als vielmehr durch Oxydation vor den Formen in das Eisen gelangt und empfiehlt, als Gegenmaßnahme einen höheren Mangangehalt in der Gattierung vorzusehen. Teichmüller (1) sowie Harnecker (1) stellen die Anwesenheit von viel Schwefel und Phosphor in den weißen Stellen des umgekehrten Hartgusses fest. Frei (1) glaubt an eine Gasentwicklung beim Erstarren des Eisensulfids, die eine örtliche Unterkühlung hervorruft und das Eisen weiß macht. Bardenheuer (12) sieht in einer „kritischen Zusammensetzung" des Eisens (mäßiger Si- und C-Gehalt bei meist hohem S-Gehalt) die Vorbedingungen für das Auftreten von umgekehrtem Hartguß. Die Neigung des Eisens, grau oder weiß zu erstarren, ist in diesem Falle praktisch gleich groß, und eine nur geringe Verschiebung in Richtung der Stabilität nach einem der beiden Systeme ist ausschlaggebend für den Erstarrungsvorgang des Eisens. An der Außenzone wird durch die impfende Wirkung der in der Formmasse enthaltenen Fremdkörper, vor allem der organischen, die durch die Sulfide bzw. eine niedrige Gießtemperatur begünstigte Unterkühlung zugunsten der größeren Stabilität des graphitischen Systems bis zu einer gewissen Tiefe des Gußstückes aufgehoben. Eine ähnliche Auffassung

Abb. 759. Umgekehrter Hartguß.
Links: Weiße Stellen in der Mitte.
Rechts: Weiße Stellen über dem Querschnitt verteilt.

vertritt Piwowarsky (10). Die Auffassungen von Bardenheuer und Piwowarsky haben die größte Wahrscheinlichkeit für sich.

Wie Harnecker zeigte, wird durch Glühen bei 1050° das Eisenkarbid der weißen Stellen unter Temperkohlebildung zerlegt und das ursprünglich fehlerhafte Gußstück noch verwendbar gemacht.

F. Veredelung des Graugusses.

Zur Verbesserung der Eigenschaften des Graugusses hat man verschiedene Wege eingeschlagen, die sich nach dem zu erreichenden Zweck richten. Ein Weg, auf dem zumeist eine Verbesserung der Festigkeitseigenschaften angestrebt wird, ist der Zusatz von Legierungselementen. Dieser kommt nur dann zur vollen Wirkung, wenn er zu einem niedriggekohlten, feingraphitischen Eisen erfolgt. Erfolgt der Zusatz von Legierungselementen zu höhergekohlten, grobgraphitischen Eisensorten, so wird eine durchschnittliche Festigkeitssteigerung von 50% und bei gleichzeitigem Zusatz beispielsweise von Chrom und Nickel von 120% erreicht. Derartige und größere Festigkeitssteigerungen lassen sich aber ohne Legierungszusätze durch Herabsetzung des Kohlenstoffgehaltes oder Graphitverfeinerung erzielen, wie Piwowarsky (11) gezeigt hat.

Die bisher wichtigsten Legierungszusätze zum Gußeisen sind Nickel sowie Nickel + Chrom. Der Einfluß des Nickels ist eingehend erforscht worden. Schon 0,5—1% Ni sind von größter Wirkung. Nickel wirkt graphitisierend, läßt aber den Graphit in feiner Form auskristallisieren. Infolge der graphitisierenden Wirkung des Nickels kann bei seiner Anwesenheit im Gußeisen der Siliziumgehalt erniedrigt werden.

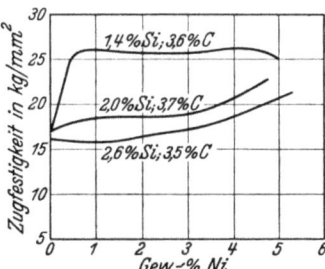

Abb. 760. Einfluß von Nickel auf die Zugfestigkeit von Gußeisen.

Auch siliziumfreies Eisen wird bei genügendem Nickelgehalt grauen Bruch aufweisen. Die Natur der Grundmasse ändert sich infolge Übergangs des Perlits mit steigendem Nickelgehalt zunächst in Sorbit, dann in Troostit, Martensit und Austenit. Martensit tritt erst ab 7% Ni auf. Nach Guillet (15) bestand ein Gußeisen bei einem Gehalt von 12—20% Ni lediglich aus Austenit und Graphit. Nach Hanson und Everest (1) ist das Nickel vornehmlich zur Erreichung folgender Ziele geeignet: Nickel führt zu feinkörnigem, gleichmäßigem und dichtem Gefüge. Die Beeinflussung der Härte kann nach zwei Richtungen gehen. Einmal werden harte Stellen durch die Zersetzung der freien proeutektoiden Karbide (graphitisierende Wirkung) weicher gemacht, und so die Bearbeitbarkeit erhöht, zum andern wird die Grundmasse als Ganzes durch Perlitverfeinerung und Sorbitbildung härter gemacht. Die Festigkeit wird erhöht. Eine hohe Festigkeit kann bei Gußeisen nur erreicht werden, wenn die Grundmasse feinperlitisch oder sorbitisch ist. Da hohe Siliziumgehalte infolge weitgehender Ferritbildung (Graphitisierung auch des Perlits) in Richtung einer Festigkeitserniedrigung wirken, ist eine Festigkeitssteigerung bei gewöhnlichem Grauguß nur dann zu erreichen, wenn gleichzeitig mit dem Nickelzusatz der Siliziumgehalt erniedrigt wird. Eine Bestätigung für diese Forderung stellt die Abb. 760 dar. Diese läßt gleichzeitig erkennen, daß bei geeigneter Bemessung des Siliziumgehaltes eine Erhöhung des Nickelgehaltes über 1% in Übereinstimmung mit Bauer und Piwowarsky (4) sowie Piwowarsky und Ebbefeld (12) im Hinblick auf die Festigkeit zwecklos ist.

Ein wichtiger Einfluß eines Nickelzusatzes ist die Verminderung der Empfindlichkeit des Gußeisens gegen Abschreckwirkungen. Daher wird besonders für Güsse mit dünnen Wandstärken ein Nickelzusatz verwendet, um einen gut bearbeitbaren Guß zu erzielen.

Ein Zusatz von 1—2% Nickel erhöht die Beständigkeit des Gußeisens gegenüber Alkalien.

Chrom besitzt eine ausgesprochene Neigung zur Karbidbildung. Es macht das Gußeisen feinkörnig und erhöht seine Härte durch Vermehrung des Gehaltes an gebundenem Kohlenstoff. Da aber Chrom gleichzeitig eine Erhöhung der Empfindlichkeit des Gußeisens gegen Abschreckwirkungen mit sich bringt, führt es zur Ausbildung harter Stellen und damit zur Verschlechterung der Bearbeitbarkeit. Infolgedessen wird Chrom allein als Legierungszusatz zum Grauguß nicht verwendet (Ausnahme s. w. u.).

Nickel behält indessen seine die Abschreckung vermindernde Wirkung auch bei Gegenwart von Chrom bei, so daß bei Gegenwart von Nickel und Chrom die Bearbeitbarkeit gewahrt bleibt. Man benutzt Zusätze von Nickel und Chrom zur Erhöhung der Härte und des Verschleißwiderstandes. Nach J. S. Vanick (1) erhält man ein besonders verschleißfestes Eisen, wenn der Nickelgehalt das 3fache des Chromgehaltes ausmacht. Den Einfluß von Nickel und Chrom auf Härte und Festigkeit von Automobilzylindereisen mit 2,9—3,0% Kohlenstoff, 0,85% Mangan, 0,1% S und 0,17% P zeigt die folgende Tabelle nach Hanson und Everest (1):

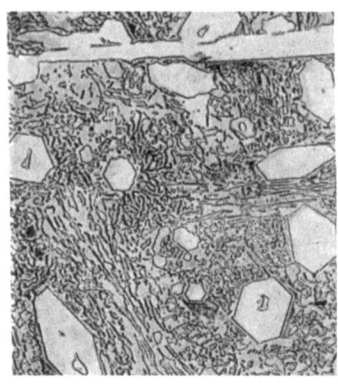

Abb. 761. Gefüge von nichtrostendem Gußeisen mit 3,1% C und 34% Cr, × 200 [Houdremont und Wasmuth (7)].

Ni	Cr	Brinellhärte Wandstärke		Biegefestigkeit	Zugfestigkeit
		25	6 mm	kg/mm²	kg/mm²
0	Spur	199	228	58,5	30,1
1,02	Spur	210	235	56,0	29,5
1,10	0,27	228	238	58,9	32,2
1,14	0,41	230	258	58,5	35,3

Höhere Zusätze von Chrom und Nickel werden gegeben zur Steigerung der Korrosions- und Hitzebeständigkeit des Gußeisens (z. B. 3,3% Kohlenstoff, 1,75—2,0% Silizium, 2,5—3,0% Nickel und 0,75—1,0% Chrom). Über ein nichtrostendes und hitzebeständiges Gußeisen haben E. Houdremont und R. Wasmuth (7) berichtet. Es enthält 2,3—3,1% Kohlenstoff, 1,3% Silizium, 0,4% Mangan und etwa 34% Chrom. Das in Abb. 761 wiedergegebene Gefüge eines derartigen Gusses mit 3,1% Kohlenstoff besteht aus übereutektischem Zementit in einer eutektischen Grundmasse. Kobalt hat nach Bauer und Piwowarsky (4) keinen günstigen Einfluß auf Grauguß, weil es die Graphitbildung hindert.

Molybdän steigert wie im Stahl so auch im Gußeisen die Festigkeitseigenschaften in der Wärme[1]. Nach J. Cournot und J. Challansonnet (1) er-

---

[1] Vgl. Lorig und Dahle (1).

geben sich bei Molybdänzusätzen bis zu 2% zum Gußeisen Verbesserungen der Festigkeitseigenschaften von 40—60%. Ein Zusatz von 0,25% Molybdän zu Nickel-Chrom-Gußeisen soll sich besonders günstig auswirken.

Vanadin soll als Zusatz zu nickelhaltigem Gußeisen zu hoher Verschleißfestigkeit und Volumenbeständigkeit führen. Molybdän, Vanadin und auch Wolfram dürften als Legierungselemente des Gußeisens noch zu besonderer Bedeutung gelangen.

Über die Wirkung von Titan und Aluminium scheint noch keine sichere Kenntnis erlangt worden zu sein.

Zur Erhöhung der Dünnflüssigkeit, wie dies z. B. für Kunstguß in Frage kommt, wird der Phorphorgehalt erhöht. Dabei ist darauf zu achten, daß Schwefel und Mangan, die nach allgemeiner Erfahrung im Gegensatz zu Silizium den Flüssigkeitsgrad vermindern, in nicht zu hohen Prozentsätzen zugegen sind.

Stark erhöhte Siliziumgehalte verbessern die an sich geringe Säurebeständigkeit des Graugusses, setzen aber die Bearbeitbarkeit herab. Ab 6—7% Silizium ist die Bearbeitung von Gußstücken durch spanabhebende Werkzeuge nicht mehr möglich. Wirklich säurebeständiger Guß enthält 12—18% Silizium. Praktisch vollständige Säurebeständigkeit liegt bei 18% Silizium vor. Jedoch sind die Güsse bei diesem Gehalt so spröde, daß man sich meist mit Siliziumgehalten von 14% begnügt, die eine ausreichende Säurebeständigkeit noch gewährleisten.

Auf andere Wege zur Veredelung des Graugusses ist bereits hingewiesen worden. Es handelt sich um die Erniedrigung des Kohlenstoffgehaltes und die Graphitverfeinerung.

Einen Grauguß erhöhter Festigkeit stellt schließlich der sogenannte Perlitguß dar. Es handelt sich lediglich um ein nur aus Perlit und Graphit bestehendes Gußeisen, dessen stahlartige Grundmasse das Maximum der Festigkeit besitzt. Die Schwierigkeit der Herstellung liegt in der Wahl der geeigneten Zusammensetzung. Mit steigendem Siliziumgehalt nimmt der Perlitgehalt der Grundmasse ab. Bei niedrigem Siliziumgehalt ist die Gefahr des Auftretens von übereutektoidischem Zementit vorhanden, der zur Bildung der gefürchteten harten Stellen führt. Es ist das Verdienst von Diefenthäler[1], gezeigt zu haben, daß es durch richtige Wahl des Siliziumgehaltes in Verbindung mit der Einhaltung einer geeigneten Abkühlungsgeschwindigkeit durch zweckmäßiges Anwärmen der Formen gelingt, ein reines Perlit-Graphitgemisch zu erzeugen. Für die Wahl des Siliziumgehaltes und der Anwärmetemperatur der Formen ist die Wandstärke maßgebend. Die Inhaberin des Diefenthälerschen Patentes, die Firma Lanz-Mannheim, gibt eine hierauf bezügliche Betriebsvorschrift heraus. Die Zusammensetzung des Gusses bewegt sich in folgenden Grenzen:

2,5—3,0% Ges.-C,   0,6—1,5% Si,   0,4—0,8% Mn,
rd. 0,1% P,   rd. 0,1% S

Wie man sieht, ist der Kohlenstoffgehalt niedrig. Es ist wohl kaum möglich, ein solches Eisen aus dem Kupolofen zu vergießen. Am besten eignet sich nach Frei (1) der Elektroofen. Frei erzielte folgende Zahlen mit Perlitguß:

Biegefestigkeit kg/mm² . . . . 32— 36
Zugfestigkeit kg/mm² . . . . . 50— 55
Druckfestigkeit kg/mm² . . . . 100—112

---

[1] D.R.P. 301913.

Tabelle 25.

Klassen	Verwendungsbeispiele	Annähernde Zusammensetzung					
		Ges. Kohlenstoff %	Silizium %	Mangan %	Phosphor %	Schwefel %
Bauguß und Handelsguß	a) Säulen	3,3—3,6	2,0—2,5	0,5—0,8	0,6	0,10
	b) Fenster usw. in Kasten- oder Herdguß	3,3—3,6	2,2—2,6	0,6	1,0	0,10
	c) Bau- und Unterlegplatten, Zwischenstücke für Eisen- und Straßenbahnen	3,3—3,6	1,5—2,0	0,6	1,0	0,10
	d) Herde, Öfen, sowie Geschirrguß, roh, emailliert, inoxydiert oder sonstwie verfeinert.	3,2—3,8	2,2—2,8	0,6	1,0—1,5	0,10
	e) Heizkörper (Radiatoren), Rippenrohre, Heizkessel, Feuerungsteile dazu, hohle Bügeleisen, Gas-, elektrische und Spirituskocher	3,2—3,8	2,0—2,2	0,6	0,8—1,2	0,06
	f) Zubehörteile für Haus- und Straßenentwässerung	3,5—3,8	1,8—2,2	0,8	1,0—1,2	0,10
	g) Abflußrohre und Formstücke dazu	3,5—3,8	2,0—2,4	0,6	1,0—1,2	0,10
	h) Muffen und Flanschenrohre	3,2—3,6	1,5—2,0	0,8	0,8—1,0	0,08
	i) Formstücke dazu	3,5—3,8	2,4—2,8	0,6—0,8	0,7—0,9	0,06
	k) Piano- und Flügelplatten			0,8	0,3	
Feinguß	Zierguß für Säulen, Türen und Möbel, Schmuckkästen, Bilderrahmen, Beleuchtungskörper und ähnliche einfache, kunstgewerbliche Gebrauchsgegenstände	3,5—4,5	2,0—2,5	0,60	0,80—1,2	0,10
Kunstguß	Kunstgegenstände nach besonderen Entwürfen, wie Statuen, Büsten, Reliefs, Tierfiguren, Schalen, Vasen usw.	3,5—4,5	2,0—2,5	0,90	0,80—1,0	0,10
Maschinenguß ohne besondere Gütevorschriften	für den allgemeinen Maschinenbau, einschließlich Schiffbau · Werkzeugmaschinen . . . . Maschinen der Textilindustrie	je nach Form, Größe und Wandstärke der Gußstücke sehr verschieden				
	für die elektrotechnische Industrie	3,2—3,6	1,8—2,2	0,8	0,8	0,8
	Apparate der Gasindustrie	3,4—3,6	2,0—2,8	0,6	1,0	0,10
	Land-Maschinen, Haus-Maschinen (Nähmaschinen) Schreib- und Rechenmaschinen, Registerkassen	3,4—3,6	2,5—2,8	0,6	1,0—1,2	0,10
Maschinenguß mit besonderen Gütevorschriften	für den allgemeinen Maschinenbau, Schiffbau usw.	nach vorgeschriebener Festigkeit s. DIN 1691				
	für Dampf, Gas- und Wasser-Armaturen	3,5	1,5—2,0	0,6—0,8	0,5	0,08
	Dampf-, Gas- und Wasserzylinder	2,8—3,3	1,0—1,5	1,00	0,5	0,10
	Zylinder für Kraftfahrzeuge, Flug-, Schiffs- und Pflugmotoren	2,8—3,3	1,5—2,0	0,60	0,5	0,06

Veredelung des Graugusses.

		2,8—3,3	0,6—1,2	0,4—1,2	0,50	0,10
	Elektrische Maschinen					
Maschinenguß mit besonderen magnetischen Eigenschaften						
Weißhartguß (ohne Schale durchgehend hart gegossen)	Ringe für Dampfstraßenwalzen (in Sand gegossen, weiße Bruchfl.), Laufräder für Dampfpflüge und Straßenlokomotiven, hydraulische Kolben, gezahnte Walzen für Koks- und Kohlenbrechmaschinen	3,0—3,6	0,5—1,00	0,4—1,4	0,10	0,05
Schalenguß mit abgeschreckter Oberfläche	Kollergangsringe und -platten, Kugelmühlplatten, Steinbrecherplatten, Eisenbahnräder (Griffin), Stempel und Ziehringe, sowie ähnliche Verschleißteile	2,8—3,0	0,5—1,0	0,5—0,8	0,03	0,05
Walzenguß	Hartgußwalzen, halbharte Walzen und Lehmgußwalzen für Walzenstraßen (Eisenbleche-Formeisen)	3,0—3,2	1,0—1,5	0,5—0,8	0,03	0,05
	Walzen für Druckerei, Müllerei, Papier- und Textilmaschinen, Zuckermühlen usw.					
Säurebeständiger Guß	Rohre, Schalen, Töpfe, Hähne, Kessel, Säurepumpen für die Aufnahme und Verarbeitung aller Arten Säuren	2,8—3,5	2,0—18,0[1]	0,6—1,20	0,50	0,05
Alkalibeständiger Guß	Sodaschmelzkessel, Natronkessel, widerstandsfähig gegen alkalische Laugen	3,5	1,2—1,7	1,20	0,20	0,05
Feuerbeständiger Guß, a) ohne besondere Vorschrift	Zubehörteile für Feuerungen, Platten usw., Roststäbe aller Art	3,5—4,0	1,0—2,0	0,5—0,8	0,30	0,08
b) mit besonderer Vorschrift	Schmelzkessel für Nichteisenmetalle, Retorten, Glühtöpfe usw.	3,5—4,5	1,50—2,80	0,5—1,2	0,20	0,06

(Spaltenüberschriften: nach vorgeschriebener magnetischer Induktion s. DIN 1691)

[1] Die Legierungen von 4—10% Silizium werden wenig verwendet.

Versuche, eine Vergütung des Graugusses ähnlich der von Stahl durch Härten und nachfolgendes Anlassen durchzuführen, sind seit einer der ersten Veröffentlichungen über diesen Gegenstand von Botchvar und Kalinnikof (1) wiederholt durchgeführt worden. Die praktische Bedeutung der Graugußvergütung ist jedoch gering, da einerseits die durch dieses Verfahren erzielbaren Verbesserungen der mechanischen Eigenschaften nicht nennenswert sind, was nach P. Bardenheuer (5) darauf zurückgeführt werden muß, daß die mechanischen Eigenschaften des Graugusses in viel höherem Maße durch die Graphiteinlagerungen als durch die Struktur des metallischen Grundgefüges bestimmt werden, und anderseits die Gefahr des Auftretens von Härterissen die Wirtschaftlichkeit in Frage stellt. F. Grotts (1) erzielte durch Abschrecken eines Gußeisens mit 3,5% C, 2,75% Si und 0,35% Mn von 845° und Anlassen folgende Werte der Zugfestigkeit:

Unbehandelt: 14,7 kg/mm²
Abgeschreckt: 16,8 ,,
Angelassen: 15,7 ,,

Während die meisten der vorstehend angegebenen Mittel zur Veredelung des Graugusses sich auf die Erhöhung der Festigkeit beziehen, bezweckt man mitunter das Gegenteil, nämlich das Weichmachen des Gragusses durch eine besondere Art der Wärmebehandlung. Bei diesen Gußstücken kommt es weniger auf die Festigkeitseigenschaften an als vielmehr auf billige Bearbeitung. Bei der Herstellung von Textilmaschinenteilen, Polschuhen, kleinen Töpfen usw. wird dieses Verfahren vielfach angewandt.

Der Zweck des Weichglühens ist, den gebundenen Kohlenstoff des Graugusses zum Zerfall zu bringen. Dieses Ziel wird nach den auch heute noch maßgebenden Feststellungen von Piwowarsky (13) und Schüz (2) durch Erhitzen oberhalb Ac_1 und langsame Abkühlung durch Ar_1 erreicht. Der Zerfall der Perlitkarbide tritt bei der Abkühlung durch Ar_1 ein. Diese ist also maßgebend für den Erfolg der Glühung. Die Geschwindigkeit des Perlitkarbidzerfalls beim Glühen unterhalb A_1 reicht für praktische Zwecke nicht aus.

Durch das Weichglühen wird die Brinellhärte nach Piwowarsky von etwa 220 auf 115 Einheiten erniedrigt. Desgleichen nehmen nach J. W. Bolton (1) Zugfestigkeit, Biegefestigkeit und Durchbiegung stark ab, während die Schlagfestigkeit eine geringe Verbesserung erfährt.

G. Zusammensetzung, Verwendungszweck und Festigkeitseigenschaften technischer Graugußsorten.

Die in der nachfolgenden Tabelle enthaltene Klasseneinteilung des Graugusses entspricht der nach DIN 1691. Die in die Tabelle aufgenommenen Analysenbeispiele sind im Normenblatt DIN 1691 nicht enthalten.

Markenbezeichnung	Zugfestigkeit	Biegefestigkeit	Durchbiegung
	kg/mm²		mm
	Mindestwerte		
Ge 14.91	14	28	7
Ge 18.91	18	34	7
Ge 22.91	22	40	8
Ge 26.91	26	46	8

Die Festigkeitseigenschaften für ,,Maschinenguß mit besonderen Gütevorschriften" sind nach DIN 1691 in der Tabelle 25 auf S. 604 und 605 wiedergegeben. Die Zugfestigkeitswerte gelten für einen angegossenen Probestab, dessen Rohdurchmesser der mittleren Wandstärke des Gußstückes angepaßt ist, 30 mm aber nicht zu überschreiten braucht. Biegefestigkeit und Durchbiegung gelten für einen getrennt gegossenen, in unbearbeitetem Zustand geprüften Biegestab von 30 mm Durchmesser und 600 mm Stückweite. Der Guß muß gut bearbeitbar sein.

Nachfolgend werden noch einige Angaben über Zusammensetzung und Verwendungszweck mit Nickel und Nickel + Chrom legierter Sondergußeisensorten[1] gemacht:

---
[1] Vgl. Piwowarsky (7).

Zusammensetzung, Verwendungszweck, Festigkeitseigenschaften techn. Graugußsorten.

Verwendungs-zweck	Vorteile des Nickel- bzw. Nickel- und Chromzusatzes	Chemische Zusammensetzung %						
		C ges.	Si	Mn	P	S	Ni	Cr
Dampfzylinder, Dampfschaufeln	Verbesserung d. Verschleißwiderstandes bei unverminderter Bearbeitbarkeit	3,1—3,2	1,2—1,3	—	—	—	0,6—0,7	0,2—0,3
Laufbüchsen für Dieselmaschinenzylinder	Zähigkeit des Gusses, gute Bearbeitbarkeit in allen Wandstärken	3,35—3,45	0,4—0,6	0,8—0,9	0,2	0,12	1,0—1,5	0,3—0,4
Motorkolben	Möglichkeit der Verringerung d. Wandstärke bei ausreichenden Festigkeitseigenschaften	3,35—3,40	2,4—2,5	0,6—0,7	0,16	0,07	0,6	
Verschleißfeste Getriebeteile	Erhöhter Verschleißwiderstand	3,35—3,45	1,2—1,3	0,7—0,8	0,2	0,08	3,0	1,0
Kolbenringe im Zentrifugalguß	gleichmäßiges Gefüge und gute Bearbeitbarkeit auch bei Brinellhärten bis 250 Einheiten	3,2—3,35	—	0,4—0,5	0,2	0,1—0,12	0,20	—

VII. Der Hartguß.

Der Zweck des Hartguß-Verfahrens, auch Schalen- oder Kokillenhartguß genannt, ist, durch entsprechende Leitung des Abkühlungsprozesses gewissen Graugußstücken oberflächlich ganz oder teilweise eine Zone harten, weißen Eisens zu verleihen, die allmählich in das zähere Gefüge des grauen Eisens übergeht (vgl. Abb. 762). Die chemische Zusammensetzung des Gußeisens muß demnach eine solche sein, daß es unter normalen Abkühlungsverhältnissen, etwa als Sand- oder gewöhnlicher Formguß, mit Sicherheit grau zur Erstarrung käme. Die Ausbildung der weißen Schicht ist eine Folge der beschleunigten Wärmeentziehung an den Schreckplatten im Erstarrungsintervall. Die beiden, den Hartguß besonders kennzeichnenden Eigenschaften sind die Oberflächenhärte und die Dicke der weißen Zone, die Schrecktiefe. Beide sind sowohl von chemischen als auch von thermischen Einflüssen abhängig. Eine neuzeitliche Arbeit von F. Pohl und E. Schüz (2) über diese Einflüsse erbrachte in vielen Punkten eine Klärung.

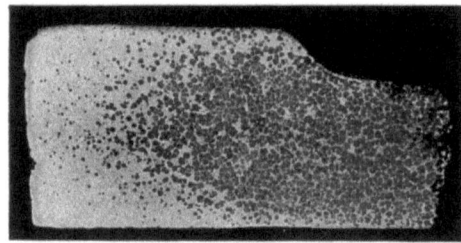

Abb. 762. Schnitt durch ein Hartgußstück, Ätzung II, × 1.

Die Oberflächenhärte des Schalenhartguß nimmt, wie vor Pohl und Schüz schon Goerens und Jungbluth (9) feststellten, mit steigendem Kohlenstoffgehalt linear zu. Nach den beiden Erstgenannten steigt die Shorehärte von 54,7 Einheiten bei 2,5% Kohlenstoff auf 81,4 Einheiten bei 4,1% Kohlenstoff. Mit zunehmendem Kohlenstoffgehalt und zunehmender Härte wächst der Zementitanteil.

E. Schüz (3) sowie P. Goerens und H. Jungbluth (9) beobachteten an Hartgußeisen mittleren Kohlenstoffgehaltes, Pohl und Schüz (2) an hochgekohltem Hartgußeisen keinen Einfluß des Siliziums auf die Oberflächenhärte. Die Ursache hierfür liegt darin, daß das Silizium eine Härtung des Ferrits bewirkt, dieser aber in dem aus Zementit und Perlit bestehenden Hartguß eine untergeordnete Rolle spielt. Er ist lediglich im Perlit vorhanden.

Mangan ruft in Mengen von 0,3—1,5% nur eine geringfügige Steigerung der Härte hervor.

Wachsender Phosphorgehalt bedingt ein Ansteigen der Oberflächenhärte. Diese Härtesteigerung ist auf die Bildung von Eisenphosphideutektikum zurückzuführen. Mit diesem tritt neben das Eisenkarbid im Hartguß eine weitere Kristallart von hoher Härte.

Der Hartguß. 609

An Proben mit 2,64 bis 4,12% Kohlenstoff und 0,80—0,89% Silizium bestätigten Pohl und Schüz die von Goerens und Jungbluth vertretene Abhängigkeit der Schrecktiefe vom Kohlenstoffgehalt. Bei einer Zunahme des Kohlenstoffgehaltes jeweils um 0,1% nimmt die Schrecktiefe um etwa 5 mm ab. Von Bedeutung ist auch der Graphitgehalt des Ausgangsmaterials für den Hartguß. Mit abnehmendem Graphitgehalt der Gattierung nimmt die Schrecktiefe zu.

Mit wachsendem Siliziumgehalt nimmt die Schrecktiefe auch bei hochgekohltem Gußeisen ab. Bei der Herstellung von Hartgußrädern in Amerika wurden folgende Werte über den Einfluß des Siliziums auf die Abschrecktiefe festgestellt:

        0,3   0,4   0,52   0,7   1% Silizium
        38   25   16   6   3 mm Abschrecktiefe.

Mangan vermindert nach Pohl und Schüz (2) zunächst die Schrecktiefe, die bei 0,4—0,6% Mangan ein Minimum durchläuft, dann aber mit weiter steigenden Mangangehalten stetig zunimmt. Mangan entzieht der Schmelze Schwefel, der sonst durch Bildung von Eisensulfid die Karbidbildung begünstigt hätte. Erst wenn mehr Mangan als zur Schwefelabbindung erforderlich zugegen ist, kommt seine die Karbidbildung fördernde Wirkung zur Geltung. Für die Ausbildung der Schrecktiefe ist also nicht allein der Mangangehalt, sondern auch das Verhältnis Mangan zu Schwefel von Bedeutung.

Phosphor vermindert die Abschrecktiefe wesentlich. Einer Phosphorzunahme um 0,1% entspricht eine Verringerung der Schrecktiefe um rund 2 mm. Die Wirkung von Phosphor ist etwa halb so groß wie die von Silizium und Kohlenstoff.

Bei Anwendung unterschiedlicher Gießtemperaturen fanden Pohl und Schüz bei den heiß vergossenen Proben eine wenig höhere Härte als bei den kalt vergossenen. Die Ursache hierfür sehen sie in dem feineren Korn der heiß vergossenen Proben. Die Ausbildung eines feineren Gefüges führt auch bei gleicher Gießtemperatur bei kleineren Stücken zu höherer Härte als bei größeren. So zeigte ein Block von 175 mm Durchmesser bei feinem Randgefüge eine Härte von 82,7 Shoreeinheiten, ein Block von 600 mm Durchmesser bei gröberem Randgefüge eine Härte von 80,3 Shoreeinheiten.

Die Schrecktiefe nimmt mit wachsender Berührungsdauer zwischen Schreckplatte und Guß unabhängig von der chemischen Zusammensetzung des Gusses und von der Gießtemperatur zu. Hieraus erklärt es sich auch, daß die auf waagerechte Schreckplatten gegossenen Güsse eine größere Schrecktiefe haben, als die gegen senkrechte Schreckplatten gegossenen Stücke. Heiß vergossene Proben schrecken stärker als kalt vergossene.

Den Einfluß der Schmelzüberhitzung läßt die folgende Tafel nach Pohl und Schüz erkennen. Das Eisen wurde nach Erhitzung auf die gewünschten Temperaturen auf die stets gleiche Gießtemperatur abgekühlt und in gleiche Formen vergossen.

Probe Nr.	Erhitzt auf °C	Gießtemperatur °C	Schrecktiefe mm
1	1220	1180	18
2	1355	1185	31
3	1463	1190	46

In gleicher Richtung wie eine Überhitzung wirkt längeres Halten der Schmelze bei einer bestimmten Temperatur.

An einer großen Anzahl von Hartgußwalzen, die teils aus dem Flamm- und Kupolofen, teils aus dem Flammofen allein, stehend gegossen wurden, beobachtete Schüz (3) die Vorgänge bei der Erstarrung. Am Wärmefluß in den gußeisernen Kokillen zeigte er, daß von einer bestimmten Dicke ab eine weitere Erhöhung der seitlichen Wandstärke ohne Einfluß auf die Schreckung ist, da infolge der schlechten Leitfähigkeit der gußeisernen Kokillen nach erfolgtem Guß die Walze sich von der Kokille löst, bevor der Wärmefluß die Kokillenoberfläche erreicht hat.

Die nachfolgende Tabelle enthält Angaben über Analyse und Verwendungszweck von Hartguß:

	Ges. C %	Si %	Mn %	S %	P %
Für guten Hartguß allgemein . .	3—3,5	0,5—0,7	0,4—0,8	mögl. <0,10	0,2—0,4
Gute Hartgußräder	—	0,63	0,59	0,125	0,42
Hartgußwalze (Gruson)	3,82	0,74	1,34	—	0,44
Kugeln für Hartmühlen	—	0,5	—	—	0,20
Amerik. Hartgußwalze	3,00	0,71	0,39	0,058	0,54
Feinblechwalze.	3,25	0,67	0,76	0,08	0,26
Steinbrecherplatte	—	0,8—1,0	0,8—1,2	0,08—0,1	0,2—0,4

Weitere Verwendungsgebiete für Hartguß sind: Ziehringe für Granaten und nahtlose Rohre, Platten für Panzertürme, Plunger, Fallbären usw.

Für das Legieren von Hartguß[1] sind andere Umstände maßgebend als für Grauguß. Da z. B. Nickel ähnlich wie Silizium die Schreckfähigkeit von Gußeisen vermindert, schied es, wenigstens als alleiniger Legierungszusatz, für den Hartguß von vornherein aus. Die Zugabe von 0,2—0,5% Chrom zu Walzenguß führte zwar zu der angestrebten Härtesteigerung, jedoch führten die auch in den Zapfen und im Ballenkern eintretenden Karbidausscheidungen zu Brüchen der Walzen nach kurzer Betriebsdauer. Das gleiche trat ein bei Zusatz von Chrom und Molybdän. Zur Vermeidung der Zementitausscheidungen bis in den Kern wurde neben Chrom und Molybdän noch Nickel als drittes Legierungselement oder auch nur Chrom und Nickel gewählt. Die Überlegenheit derartig legierten Eisens besteht vor allem in der erhöhten Abnutzungsfestigkeit. Für die Herstellung von Hartgußkaltwalzen kommt unter Umständen ein martensitischer Guß in Betracht. Nach E. Schüz und Pohl[2] wird die höchste Härte von 665 Brinelleinheiten bei martensitischer Grundmasse durch Zulegieren von etwa 1,3% Chrom und 4,3% Nickel erreicht. Höhere Nickelgehalte führen bereits zu wesentlichen Austenitmengen und damit wieder zu fallender Härte.

---

[1] Vgl. Scharfenberg (1).   [2] Vgl. Diss. E. Pohl. Clausthal 1932.

Literatur- und Namenverzeichnis[1].

A.

Adcock, F.: (1) J. Iron Steel Inst. Bd. 114 (1926) S. 117 [234].
Agte, C., u. K. Becker: (1) Physik. Z. Bd. 32 (1931) S. 65 [389].
Alibone, T. E., u. C. Sykes: (1) J. Inst. Met., Lond. Bd. 39 (1928) S. 173 [203].
Allen, E. T., J. L. Crenshaw u. J. Johnston: (1) Amer. J. Sci. Ser. 4 Bd. 33 (1912) S. 169 [104].
Allison, F. H.: (1) Trans. Amer. Inst. min. metallurg. Engr. Bd. 75 (1927) S. 234 [142].
Alsén, N.: (1) Geol. For. Förhandl. Bd. 45 (1923) S. 606 [104].
d'Amico, E.: (1) Ferrum Bd. 10 (1912/13) S. 289 [101, 102].
Ammermann, E., s. Royen u. Ammermann (1).
Amstel, van, s. Burgers, Ploos u. van Amstel (2).
Andrew, J. H., u. A. I. K. Honeyman: (1) Carnegie Scholarship Mem. Bd. 13 (1924) (S. 253 [61]. — u. J. B. Peile: (2) J. Iron Steel Inst. Bd. 128 (1933) S. 193 [196]. — (3) J. Iron Steel Inst. Bd. 86 (1912) S. 210 [218]. — u. G. W. Green: (4) J. Iron Steel Inst. Bd. 99 (1919 I) S. 305 [402].
Archer, R. S., s. Jeffries u. Archer (1), (2).
Arend, J. P.: (1) Stahl u. Eisen Bd. 37 (1917) S. 393 [303, 356].
Arkel, A. E. van: (1) Naturwiss. Bd. 13 (1925) S. 662 [370]. — (2) Physica Bd. 5 (1925) S. 208. — u. W. G. Burgers: (3) Z. Physik Bd. 48 (1928) S. 590 [388].
Arnfelt, A.: (1) J. Iron Steel Inst. Carnegie Scholarsh. Mem. Bd. 17 (1928) S. 1 [160]. — s. Bjurström u. Arnfelt (1) [200].
Arnold, H. D., u. G. W. Elmen: (1) J. Franklin Inst. Bd. 195 (1923) S. 621 [135].
— I. O. u. A. M'William: (1) J. Iron Steel Inst. Bd. 55 (1899) S. 85 [104]. — u. G. B. Waterhouse: (2) J. Iron Steel Inst. Bd. 63 (1903) S. 136 [111]. — u. A. A. Read: (3) Proc. Instn. mech. Engr. 1914 S. 223 [164].
Aston, J., s. Burgeß u. Aston (6), (7), (8).
Astorri, L., s. Giolitti u. Astorri (7).
Austin, W.: (1) J. Iron Steel Inst. Bd. 92 (1915 II) S. 157 [215].

B.

Babochine: (1) Rev. Métallurg. 1917 Extr. S. 81 [443].
Bach, R.: (1) Helv. phys. Acta Bd. 2 (1929) S. 95 [17].
Badenheuer, F.: (1) Stahl u. Eisen Bd. 48 (1928) S. 713 [314, 339].
Bain, E. C.: (1) Chem. metallurg. Engng. Bd. 28 (1923) S. 21 [82, 161]. — E. S. Davenport u. W. S. N. Waring: (2) Techn. Publ. Am. Inst. min. metallurg. Engr. 1932 Nr. 467 [86, 87]. — u. W. E. Griffiths: (3) Trans. Amer. Inst. min. metallurg. Engr. Bd. 75 (1927) S. 166 [145]. — (4) Trans. Amer. Soc. Stl. Treat. Bd. 9 (1926 I) S. 9 [158].
Baker, Th.: (1) J. Iron Steel Inst. Bd. 64 (1903) S. 312 [67].
Balley, M., s. Guillet u. Balley (13) [370].
Bamberger, M., O. Einerl u. J. Nußbaum: (1) Stahl u. Eisen Bd. 45 (1925 I) S. 141 [67].
Bandel, G., s. Tammann u. Bandel (3).
Bardenheuer, P., u. H. Schmidt: (1) Mitt. Kais. Wilh.-Inst. Eisenforschg., Düsseld. Bd. 10 (1928) S. 193 [63]. — u. Chr. A. Müller: (2) Arch. Eisenhüttenwes. Bd. 1 (1927/28)

---

[1] Die schrägen Zahlen (6) beziehen sich auf die im Text hinter den Verfassernamen stehenden Hinweisnummern. Die in eckigen Klammern stehenden [233] geben die Seiten des vorliegenden Buches an, in denen die betreffende Literatur erwähnt ist.

S. 707 [233]. — u. G. Thanheiser: (3) Mitt. Kais. Wilh.-Inst. Eisenforschg., Düsseld. Bd. 15 (1933) S. 311 [234]. — (4) Stahl u. Eisen Bd. 53 (1933) S. 488 [234]. — (5) Mitt. Kais. Wilh.-Inst. Eisenforschg., Düsseld. Bd. 9 (1927) S. 215 [295, 605]. — u. Chr. A. Müller: (6) Mitt. Kais. Wilh.-Inst. Eisenforschg., Düsseld. Bd. 11 (1929) S. 273 [336, 337]; (7) Bd. 11 (1929) S. 255 [336, 337]. — u. K. L. Zeyen: (8) Gießerei Bd. 15 (1928) S. 1124) [584, 594, 596]. — u. C. Ebbefeld: (9) Mitt. Kais. Wilh.-Inst. Eisenforschg., Düsseld. Bd. 6 (1925) S. 45 [589, 590, 591]. — u. W. Bottenberg: (10) Gießerei Bd. 19 (1932) S. 201 [590, 591]. — (11) Stahl u. Eisen Bd. 50 (1930) S. 71 [598]. — (12) Bd. 41 (1921) S. 569 [600]. — s. Wüst u. Bardenheuer (12).
Barnes, E. J., s. McWilliam u. Barnes (1).
Barus u. Strouhal: (1) Bull. U.S. Geol. Survey Nr. 14 (1885) [475]; (2) Physik. Rev. Bd. 29 (1909) S. 485 [475].
Bauer, O.: (1) Mitt. dtsch. Mat.-Prüf.-Anst. H. 13 (1930) S. 58 [117]. — (2) Stahl u. Eisen Bd. 41 (1921) S. 37 [121]. — u. H. Arndt: (3) Z. Metallkde. Bd. 13 (1921) S. 497 [339]. — u. E. Piwowarsky: (4) Stahl u. Eisen Bd. 40 (1920) S. 1300 [602]. — s. Heyn u. Bauer (2).
Baumann, R.: (1) Jb. schiffbautechn. Ges. 1915 S. 156 [552].
Baur, H., s. Vogel u. Baur (4).
Beck, P. N., s. Weiss u. Beck (5).
Becker, E., s. Loebe u. Becker (1).
— K.: (1) Z. Physik Bd. 40 (1926) S. 37 [163]; (2) Bd. 42 (1927) S. 222 [163, 388]; (3) Bd. 51 (1928) S. 481 [163]. — (4) Z. Elektrochem. Bd. 34 (1928) S. 640 [163]. — (5) Z. Metallkde. Bd. 20 (1928) S. 437 [163]. — u. F. Ebert: (6) Z. Physik Bd. 31 (1925) S. 268 [177]. — s. Agte u. Becker (1).
— M. L., s. Haugthon u. Becker (1).
Becket, F. M.: (1) American Iron and Steel Inst. (1930) Frühjahrsvers. [256].
Behrens, L., u. A. R. v. Linge: (1) Rec. Trav. chim. Pays-Bas. Bd. 13 (1894) S. 155 [161].
Beilby, G. T., u. H. N.: (1) Aggregation and flow of solids. London: McMillan & Co. 1921 [387].
Beitter, F.: (1) Stahl u. Eisen Bd. 53 (1933) S. 369 [236].
Belaiew, N. T.: (1) Engineering Bd. 113 (1922) S. 634 [43]. — (2) Rev. Métallurg. 1910 S. 510 [303]. — Crystallisation of metals. London 1922 [304].
Bénazet, P., s. Michel u. Bénazet (1).
Benedicks, C.: (1) J. Iron Steel Inst. Bd. 89 (1914) S. 407 [13]. — (2) Rev. Métallurg. Bd. 12 (1915) Mém. S. 1015 [15]. — (3) Metallurgie Bd. 5 (1908) S. 41 [59]. — u. H. Löfquist: (4) Non-metallic inclusions in iron and steel 1930 [103, 108, 112]. — u. H. Löfquist: (5) Z. VDI (1927 II) S. 1576 [210, 212]; (6) Jernkontorets Ann. Bd. 112 (1928) S. 348 [210]. — N. Ericsson u. G. Ericson: (7) Arch. Eisenhüttenwes. Bd. 3 (1929/30) S. 473 [310]. — (8) Diss. Upsala 1904 [465]. — (9) J. Iron Steel Inst. Bd. 77 (1908 II) S. 153 [467]. — (10) Metallurgie Bd. 3 (1906) S. 393 [540]. — u. H. Löfquist: (11) J. Iron Steel Inst. Bd. 113 (1927) S. 603 [598].
Bennek, H.: (1) Arch. Eisenhüttenwes. Bd. 9 (1935/36) S. 147 [103, 493]. — u. P. Schafmeister: (2) Arch. Eisenhüttenwes. Bd. 5 (1931/32) S. 123 [122, 123]; (3) Arch. Eisenhüttenwes. Bd. 5 (1931/32) S. 615 [194, 203]. — u. C. G. Holzscheiter: (4) Arch. Eisenhüttenwes. Bd. 9 (1935/36) S. 193 [210]. — H. Schenck u. H. Müller: (5) Stahl u. Eisen Bd. 55 (1935) S. 321 [435]. — s. Houdremont, Bennek u. Schrader (4).
Bernard, V., s. Portevin u. Bernard (2).
Beutell, A., s. Oberhoffer u. Beutell (13).
Biren, J., s. Ruer u. Biren (4).
Bjurström, T., u. A. Arnfelt: (1) Z. phys. Chem. Bd. 4 (1929) S. 469 [200].
Blake, K. B., s. Kalmus u. Blake (1).
Boecker, G.: (1) Metallurgie Bd. 9 (1912) S. 296 [140].
Boeke, H. E., s. Rinne u. Boeke (1).
Bogitsch, B.: (1) C. R. Acad. Sci., Paris Bd. 182 (1926) S. 217 [103, 107].
Böhler, O.: (1) Über Wolfram- und Rapidstahl. Diss. T. H. Berlin 1903 [164].
Bokhorst, S. C., s. Smits u. Bokhorst (1).
Bollenrath, F., u. W. Bungardt: (1) Arch. Eisenhüttenwes. Bd. 9 (1935/36) S. 253 [283].

Bolton, J. W.: (1) Iron Age Bd. 114 (1924) S. 820 [606].
Bonnerot, S., s. Charpy u. Bonnerot (9) [541].
Bormann, W., s. Ruff u. Bormann (1).
Botschnivar, A. A., u. Kalinnikof: (1) Communic. trav. techn. scientif. effectués dans la républ. russe Bd. 5 (1921) S. 125 [605].
Bottenberg, W., Bardenheuer u. Bottenberg (10).
Bradley, A. I.: (1) Philos. Mag. Ser. 6 Bd. 50 (1925 II) S. 1018 [84]. — u. J. Thewlis: (2) Proc. Roy. Soc. Lond. Abt. A Bd. 115 (1927) S. 456 [84].
Bragg, W. H.: (1) X-Rays and Crystal-Structure. London 1915 [16].
— W. L.: (2) Philos. Mag. Bd. 40 (1920) S. 177 [26].
Braithwaite, A., s. Whiteley u. Braithwaite (1).
Bramley, A.: (1) Carnegie Scholarship Mem. Bd. 15 (1926) S. 127 [557].
Brant, L. C.: (1) Physic. Rev. Bd. 29 (1909) S. 485 [475].
Brearley, A. W., u. H.: (1) Ingots and ingots moulds. London: Longmans, Green & Co. y 1918.
— H. u. R. Schäfer: (2) Die Werkzeugstähle und ihre Wärmebehandlung, 3. Aufl. Berlin 1922 [551].
Brenscheidt, W., s. Heike u. Brenscheidt (1).
Breuil, P.: (1) C. R. Acad. Sci., Paris Bd. 142 (1906) S. 1421 [119, 121]. — (2) J. Iron Steel Inst. Bd. 74 (1907 II) S. 1 [120].
Brill, R.: (1) Naturwiss. Bd. 16 (1928) S. 593 [218].
Briner, E., u. R. Seuglet: (1) J. chim. phys. Bd. 13 (1915) S. 351 [129].
Brüninghaus, A., u. Fr. Heinrich: (1) Stahl u. Eisen Bd. 41 (1921) S. 497 [315].
Buchholtz, H., u. W. Köster: (1) Stahl u. Eisen Bd. 50 (1930) S. 687 [119, 121, 532, 533, 534].
Buck, D. M.: (1) Proc. Amer. Soc. Test. Mat. Bd. 19 (1919) S. 224 [121].
Bungardt, W. s. Esser u. Bungardt (1). — s. Bollenrath u. Bungardt (1).
Bungeroth, A., s. Esser, Eilender u. Bungeroth (9).
Burgers, W. G.: (1) Z. Physik Bd. 59 (1930) S. 651 [390]. — (2) J. J. A. Ploos u. van Amstel: Z. Physik Bd. 81 (1933) S. 43.
Burgess, G. K., u. J. N. Kellberg: (1) Bull. Bur. Stand. Bd. 11 (1914) S. 457 [13]. — u. H. Scott: (2) Bull. Bur. Stand. Bd. 14 (1918/19) S. 15 [13]; (3) J. Iron Steel Inst. Bd. 94 (1916 II) S. 258 [13]; (4) C. R. Acad. Sci., Paris, Bd. 163 (1916) S. 30 [13]. — (5) u. J. J. Crowe: Bull. Bur. Stand. Bd. 10 (1914) S. 315 [9]. — u. J. Aston: (6) Iron Age (1909 II) S. 1476 [118, 120]; (7) Electrochem. and metallurg. industry Bd. 7 (1909) S. 276 u. 403 [196]; (8) Electrochem. and met. industry Bd. 7 (1909) S. 436 [192, 196].
Byrus, J. M., s. Herty, Fitterer u. Byrus (2).

C.

Caglioti, V., u. G. Sachs: (1) Metallwirtschaft Bd. 11 (1932) S. 1 [390].
Campbell, T. P., u. H. Fay: (1) Ind. engg. Chem. Bd. 16 (1924) S. 719 [203].
— W.: (1) Metallurgie 1911 S. 772 [441].
Campion, A., u. J. W. Donaldson: (1) Foundry Trade J. 1922 S. 32 [596].
Carius, C.: (1) Z. Metallk. Bd. 22 (1930) S. 337 [121].
Carnevali, F., s. Giolitti u. Carnevali (8).
Carnot, A., u. E. Goutal: (1) Metallographist Bd. 4 (1901) S. 286 [111]; (2) C. R. Acad. Sci., Paris Bd. 125 (1897) S. 213 [161, 164]; (3) Bd. 128 (1899) S. 208 [164].
Carpenter, H. C. H., s. Rugan u. Carpenter (1).
Cartaud, G., s. Osmond u. Cartaud (6).
Castro, R. J., s. Meyer u. Castro (1).
Challansonnet, J., s. Cournot u. Challansonnet (1).
Chalmot, G. de: (1) Z. Elektrochem. Bd. 3 (1896) S. 85 [69].
Chapell, F.: (1) Ferrum Bd. 13 (1915) S. 6 [374].
Charpy, G., u. L. Grenet: (1) C. A. Acad. Sci., Paris Bd. 134 (1903) S. 598 [13, 285]. — (2) C. R. Acad. Sci., Paris Bd. 145 (1907) S. 1277 [59]. — u. A. Cornu: (3) C. R. Acad. Sci., Paris Bd. 156 (1913) S. 1240 [74]; (4) Bd. 157 (1913) S. 319 [74]. — (5) Engineering. Bd. 106 (1918 II) S. 310 [424]. — (6) Génie civ. 1917 S. 109 [428]. — (7) C. R. Acad.

Sci., Paris Bd. 136 (1903) S. 1000 [540]; (8) Bd. 137 (1903) S. 120 [540, 553]. — u. S. Bonnerot: (9) C. R. Acad. Sci., Paris 1910 S. 173 [541]. — u. A. Cornu: (10) C. R. Acad. Aci., Paris Bd. 156 (1913) S. 1616 [561]. — u. L. Grenet: (11) Bull. Encour. Bd. 102 (1922) S. 399 [563]. — s. Moissan u. Charpy (5).
Cheney, W. L.: (1) Sci. Pap. Bur. Stand. 1922 Nr. 463 [63, 510].
Chevenard, P.: (1) Rev. Métallurg. Bd. 14 (1917) Mém. S. 610 [455]; (2) Bd. 16 (1919) Mém. S. 17 [455]; Bd. 19 (1922) Mém. S. 546 [455]. — s. Portevin u. Chevenard (4), (5).
Christen, K.: (1) Berg u. Hütte Bd. 1 (1924) S. 2 [102].
Christopher, C. F., s. Herty, Christopher, Lightener u. Freeman (3).
Colby, A. L.: (1) Stahl u. Eisen Bd. 27 (1907) S. 54 [120].
Collart, L., s. Goerens u. Collart (6).
Comstock, G. F.: (1) Met. and chem. Eng. 1914 S. 577 [187]. — (2) Met. Ind. Lond. Bd. 23 (1923) S. 515 [245]. — (3) Stahl u. Eisen Bd. 37 (1917) S. 383 [327].
Cornelius, H., u. H. Esser: (1) Arch. Eisenhüttenwes. Bd. 9 (1935/36) S. 367 [21]; (2) Bd. 8 (1934/35) S. 125 [478]; (3) Bd. 8 (1934/35) S. 461 [550]; (4) Bd. 9 (1935/36) S. 367 [550]; — s. Esser u. Cornelius (3), (8), (13); s. Eilender, Klinar u. Cornelius (6); s. Eilender, Cornelius u. Knüppel (4), (9).
Cornu, A., s. Charpy u. Cornu (3), (4), (10).
Cournot, J., u. J. Challansonnet: (1) C. R. Acad. Sci., Paris Bd. 195 (1932) S. 139 [602].
Crenshaw, J. L., s. Allen, Crenshaw u. Johnston (1).
Cristopher, C. F., s. Herty, Christopher, Leightener u. Freeman (3).
Crowe, J. J., s. Burgeß u. Crowe (5).
Curie, S.: (1) Bull. Soc. Encour. Ind. nat. 1898 S. 36 [156].
Czermak, E., u. O. v. Keil: (1) Arch. Eisenhüttenwes. Bd. 6 (1932/33) S. 145 [233].
Czochralski, J.: (1) Z. Metallkde Bd. 15 (1923) S. 7 [307]. — (2) Z. VDI 1923 S. 531 [368, 386]. — (3) Int. Z. Metallogr. Bd. 8 (1916) S. 36 [374, 385]. — s. v. Moellendorf u. Czochralski (1).

D.

Daeves, K.: (1) Stahl u. Eisen Bd. 44 (1924) S. 1283 [78]. — (2) Z. Elektrochem. Bd. 32 (1926) S. 479 [79]. — (3) Stahl u. Eisen Bd. 46 (1926) S. 1857 [121, 122]. — (4) Stahl u. Eisen Bd. 50 (1930) S. 1353 [222] (5) Stahl u. Eisen Bd. 52 (1932) S. 1162 [245]. — s. Oberhoffer u. Daeves (9). — s. Oberhoffer, Daeves u. Rapatz (10).
Dahle, F. B., s. Lorig u. Dahle (1).
Dahmen, A., s. Pomp u. Dahmen (3).
Dannöhl, W., s. Vogel u. Dannöhl (5).
Davenport, E. S., s. Bain, Davenport u. Waring (2).
Davey, W. P.: (1) Gen. electr. Rev. Bd. 28 (1925) S. 588 [370].
Debye, P., u. P. Scherrer: (1) Physikal. Z. Bd. 17 (1916) S. 277 [16, 57]; (2) Bd. 18 (1917) S. 291 [16, 57].
Dehlinger, U.: (1) Z. Kristallogr. Bd. 65 (1927) S. 615 [370, 388].
Dejean, P.: (1) Rev. Métallurg. Bd. 14 (1917) Mém. S. 652 [13]. — (2) C. R. Acad. Sci., Paris Bd. 171 (1920) S. 791 [82, 88]. — (3) Rev. Métallurg. Mém. Bd. 14 (1917) S. 641.
Derry, A. T., s. Freemann u. Derry (1).
Desch, C. H., u. B. S. Smith: (1) J. Iron Steel Inst. Bd. 117 (1929) S. 358 [310]; Stahl u. Eisen Bd. 49 (1929) S. 1276 [310].
Descolas, J.: (1) Rev. Métallurg. 1920 Mém. S. 16 [425, 426].
Dessent, J., u. M. Kagan: (1) Trans. Amer. Foundrym. Ass. Bd. 39 (1932) S. 923 [584].
Dickenson, J. H. S.: (1) J. Iron Steel Inst. Bd. 113 (1926) S. 177 [335].
Dickie, H. A.: (1) Stahl u. Eisen Bd. 48 (1928) S. 50 [492].
Diederichs, W. J., s. Hayes u. Diederichs (3).
Diegel, C.: (1) Stahl u. Eisen Bd. 29 (1909) S. 776 [92, 102].
Diergarten, H.: (1) Arch. Eisenhüttenwes. Bd. 2 (1928/29) S. 813 [232]; (2) Bd. 3 (1929/30) S. 583 [337]. — u. W. Eilender: (3) Stahl u. Eisen Bd. 51 (1931) S. 231 [337]. — s. Eilender u. Diergarten (3).
Dillner, G.: (1) Stahl u. Eisen Bd. 26 (1906) S. 1493 [120].
Dingmann, Th., s. Schenck, Dingmann, Kirschl u. Wesselkock (2).

Dittrich, K., s. Eucken u. Dittrich (*1*).
Döpfer, H., u. H. J. Wiester: Arch. Eisenhüttenw. Bd. 8 (1934/35) S. 541 [463, 499].
Donaldson, J. W.: (*1*) J. Iron Steel Inst. Bd. 129 (1934) S. 289 [63]; (*2*) Bd. 128 (1933) S. 255 [286]. — s. Campion u. Donaldson (*1*).
Dornhecker, K., s. Levin u. Dornhecker [*2*].
Dorsey, H. G.: (*1*) Phys. Rev. Bd. 30 (1910) S. 271 [284].
Dreyer, A., s. Körber u. Dreyer (*15*).
Driesen, J.: (*1*) Ferrum Bd. 11 (1913/14) S. 129 [13, 61, 271]; (*2*) Bd. 13 (1915/16) S. 27 [13, 271].
Duftschmid, F., u. E. Houdremont (*1*) Stahl u. Eisen Bd. 51 (1931) S. 1613 [549]. — s. Schlecht, Schubardt u. Duftschmid (*1*), (*2*).
Duhr, J., s. Wüst u. Duhr (*8*), (*9*).
Dumas, L.: (*1*) C. R. Acad. Sci., Paris Bd. 129 (1899) S. 42 [139, 140, 142].
Dumont, E.: (*1*) C. R. Acad. Sci., Paris Bd. 126 (1898) S. 741 [124].
Dünwald, H., u. C. Wagner: (*1*) Z. anorg. allg. Chem. Bd. 199 (1931) S. 321 [212].
Dupuy, L.: (*1*) Engineering Bd. 112 (1921) S. 391 [270].
Durrer, R., s. Wüst, Meuthen u. Durrer (*7*).

E.

Ebbefeld, C., s. Bardenheuer u. Ebbefeld (*9*). — s. Piwowarsky u. Ebbefeld (*12*).
Ebert, F., s. Becker u. Ebert (*6*).
Eckman, J. R., s. Jordan u. Eckman (*1*).
Edwards, C. A., u. A. Preece: (*1*) J. Iron Steel Inst. Bd. 124 (1931) S. 41 [194]. — u. H. N. Jones: (*2*) 5. Rep. on the heterogeneity of steel ingots = Iron and Steel Inst. Spe. Rep. Nr. 4, 1933 S. 39 [324].
Egan, J. J., s. Kinzel u. Egan (*1*).
Ehmcke, V.: (*1*) Arch. Eisenhüttenwes. Bd. 4 (1930/31) S. 23 [476]. — s. Houdremont u. Ehmcke (*2*).
Ehn, E. W.: (*1*) J. Iron Steel Inst. Bd. 105 (1922 I) S. 157 [547].
Eichenberg, G., u. W. Oertel: (*1*) Stahl u. Eisen Bd. 47 (1927) S. 262 [79, 217].
Eichholz, W., u. J. Mehovar: (*1*) Arch. Eisenhüttenwes. Bd. 5 (1931/32) S. 449 [316, 323, 338]. — s. Meyer u. Eichholz (*4*).
Eilender, W., u. W. Oertel: (*1*) Stahl u. Eisen Bd. 47 (1927) S. 1558 [79, 216, 217]. — u. O. Meyer: (*2*) Arch. Eisenhüttenwes. Bd. 4 (1930/31) S. 343 [221, 558]. — u. H. Diergarten: (*3*) Arch. Eisenhüttenwes. Bd. 4 (1930/31) S. 587 [232]. — H. Cornelius u. H. Knüppel: (*4*) Arch. Eisenhüttenwes. Bd. 8 (1934/35) S. 507 [394]. — u. H. Kießler: (*5*) Z. VDI 1932 S. 729 [433, 435]. — H. Klinar u. H. Cornelius: (*6*) Arch. Eisenhüttenwes. Bd. 6 (1932/33) S. 563 [482, 476]. — u. R. Wasmuht: (*7*) Arch. Eisenhüttenwes. Bd. 3 (1929/30) S. 659 [527]. — A. Fry u. A. Gottwald: (*8*) Stahl u. Eisen Bd. 54 (1934) S. 554 [530, 531, 533, 535]. — H. Cornelius u. H. Knüppel: (*9*) Arch. Eisenhüttenwes. Bd. 8 (1934/35) S. 507 [531]. — u. O. Meyer: (*10*) Arch. Eisenhüttenwes. Bd. 4 (1930/31) S. 343 [555, 557]. — s. Meyer, Eilender u. Schmidt (*3*). — s. Esser, Eilender u. Bungeroth (*9*). — s. Diergarten u. Eilender (*3*). — s. Esser u. Eilender (*15*). — s. Esser, Eilender u. Majert (*6*). — s. Esser, Eilender u. Spenlé (*10*).
Einerl, O., s. Bamberger, Einerl u. Nußbaum (*1*).
Eisenhut, O., u. E. Kaupp: (*1*) Z. Elektrochem. Bd. 36 (1930) S. 392 [218, 219, 220].
Elmen, G. W., s. Arnold u. Elmen (*1*).
Emicke, O.: (*1*) Diss. T. H. Aachen 1923 [451]. — s. Oberhoffer u. Emicke (*28*).
Enders, W., s. Pomp u. Enders (*4*), (*5*).
Engel, N., s. Wever u. Engel (*12*).
Engelhardt, E., s. Esser u. Engelhardt (*14*).
Epstein, S., u. H. S. Rawdon: (*1*) Bur. Stand. J. Res. Bd. 1 (1928) S. 423 [549].
Ericson, G., s. Benedicks, Ericsson u. Ericson (*7*).
Ericsson, N., s. Benedicks, Ericsson u. Ericson (*7*).
Esser, H., u. W. Bungardt: (*1*) Arch. Eisenhüttenwes. Bd. 8 (1934/35) S. 37/38 [11]. — u. G. Müller: (*2*) Arch. Eisenhüttenwes. Bd. 7 (1933/34) S. 265 [17]. — u. H. Cornelius: (*3*) Stahl u. Eisen Bd. 53 (1933) S. 532 [20, 49]. — (*4*) Arch. Eisenhüttenwes. Bd. 4 (1930/31)

S. 199—206 [23]. — u. P. Oberhoffer: (5) Werkstoffaussch. Ver. dt. Eisenhüttenl. Bericht Nr. 69 (1925); s. a. Stahl u. Eisen Bd. 46 (1926) S. 1291 [67, 82, 93, 94]. — W. Eilender u. H. Majert: (6) Arch. Eisenhüttenwes. Bd. 7 (1933/34) S. 367 [169, 461, 462, 463]. — (7) Z. anorg. allg. Chem. Bd. 202 (1931) S. 73 [212]. — u. H. Cornelius: (8) Stahl u. Eisen Bd. 53 (1933) S. 885 [213, 227]. — W. Eilender u. A. Bungeroth: (9) Arch. Eisenhüttenwes. Bd. 8 (1934/35) S. 419 [435]. — W. Eilender u. E. Spenlé: (10) Arch. Eisenhüttenwes. Bd. 6 (1932/33) S. 389 [455, 456, 458, 470]. — u. H. Majert: (11) Arch. Eisenhüttenwes. Bd. 7 (1933/34) S. 319 [457, 458, 470]. — u. G. Ostermann: (12) Arch. Eisenhüttenwes. Bd. 8 (1934/35) S. 173 [459]. — u. H. Cornelius: (13) Arch. Eisenhüttenwes. Bd. 7 (1933/34) S. 693 [459, 471, 474, 475, 476]. — u. E. Engelhardt: (14) Arch. Eisenhüttenwes. Bd. 6 (1932/33) S. 395 [460, 470]. — u. W. Eilender: (15) Arch. Eisenhüttenwes. Bd. 4 (1930/31) S. 113 [493, 469]. — u. G. Momm: (16) Arch. Eisenhüttenwes. Bd. 8 (1934/35) S. 177 [472, 475]. — s. Oberhoffer u. Esser (8). — s. Cornelius u. Esser (1), (2), (3). — s. Gries u. Esser (1).
Eucken, A., u. K. Dittrich: (1) Z. physik. Chem. 125 (1927) S. 211 [21].
Everest, A., B. u. D. Hanson: (1) Foundry Trade J. Bd. 40 (1929) Nr. 646 S. 5 [601].
Ewig, K., s. Tammann u. Ewig (2) [73].

F.

Fangmeier, E., s. Pomp u. Fangmeier (9).
Fay, H., s. Campbell u. Fay (1).
Fechtchenko-Tschopovsky, J. A.: (1) Sammelschrift d. math.-naturwiss.-ärztl. Sektion d. ukrain. Sevcenko-Ges. d. Wissensch. in Lemberg Bd. 25 (1926) [203, 543, 544].
Feild, L.: (1) Trans. Amer. min. metallurg. Engr. Augustvers. 1923 [206].
Felser, L., s. Wüst u. Felser (10).
Fettweis, F.: (1) Stahl u. Eisen Bd. 39 (1919) S. 1 [391]; (2) Bd. 42 (1922) S. 744 [392].
Fick, K., s. Ruer u. Fick (8). — s. Rümelin u. Fick (2).
Fischer, Fr. P., u. K. Schleip: (1) Kruppsche Mh. Bd. 6 (1925) S. 185 [272].
Fitterer, G. R., s. Herty, Fitterer u. Byrus (2).
Flößner, H., s. Schwinning u. Flößner (1).
Foehr, Th., s. Ruff u. Foehr (5).
Foex, G., s. Weiß u. Foex (1).
Forcella, P., s. Giolitti u. Forcella (2), (3).
Förster, F., s. Mylius, Förster u. Schoene (1).
Fraenkel, W., u. W. Gödecke: (1) Z. Metallkde. Bd. 21 (1929) S. 322 [339].
Freeman, J. R., u. A. T. Derry: (1) Techn. Pap. Bur. Stand. Wash. 1924 Nr. 267 [406].
—, I. R., s. Hanson u. Freeman (1).
—, H., s. Herty, Christopher, Lightener u. Freeman (3).
Frei, H.: (1) Gießerei-Ztg. Bd. 17 (1920) S. 109 [600, 603].
French, H. J.: (1) Mech. Engng. 1920 S. 501 [279]. — (1) Stahl u. Eisen Bd. 39 (1919) S. 179 [491].
Frerich, R., s. Schulz u. Frerich (2).
Friederich, E., u. L. Sittig: (1) Z. anorg. allg. Chem. Bd. 144 (1925) S. 169 [163]. — (2) Bd. 143 (1925) S. 293 [233].
Friedrich, K.: (1) Metallurgie Bd. 4 (1907) S. 129 [103, 116]. — u. A. Leroux: (2) Metallurgie Bd. 7 (1910) S. 10 [128, 129].
—, W., s. Laue, Friedrich u. Knipping (1).
Friemann, E., u. F. Sauerwald: (1) Z. anorg. allg. Chem. Bd. 203 (1932) S. 64 [146, 147].
Fry, A.: (1) Stahl u. Eisen Bd. 43 (1923) S. 1039 [104, 107, 214, 300]. — (2) Kruppsche Mh. Bd. 4 (1923) S. 137 [218]. — (3) Stahl u. Eisen Bd. 41 (1921) S. 1093. — (4) Diss. T. H. Breslau 1919 [543, 553]. — (5) Kruppsche Mh. Bd. 4 (1923) S. 141 [555, 556, 557]. — s. Eilender, Fry u. Gottwald (8).

G.

Gallaschik, A., s. Oberhoffer u. Gallaschik (7).
Garvin, M., s. Portevin u. Garvin (3), (4).
Gayler, M.: (1) J. Iron Steel Inst. Bd. 115 (1927) S. 393 [84].

Gebhard, K., H. Hanemann u. A. Schrader: *(1)* Stahl u. Eisen Bd. 49 (1929) S. 940 [459, 470].
Geiger: *(1)* Gießereikde. Bd. 1 S. 240 [346].
Gercke, E.: *(1)* Metallurgie Bd. 5 (1908) S. 604 [93].
Gersten, E., s. Ruff u. Gersten *(3)*.
Giani, P.: *(1)* Dipl.-Arb., T. H. Aachen 1922 [106, 107]. — s. Wever u. Giani *(5)*.
Giolitti, F.: *(1)* Stahl u. Eisen Bd. 38 (1918) S. 340 [299]. — u. P. Forcella: *(2)* Metallurg. ital. 1914 S. 616 [302, 451]; *(3)* Stahl u. Eisen Bd. 36 (1916) S. 874 [302, 451]. — *(4)* Chem. metallurg. Engng. 1920 S. 921 [451]. — *(5)* La cémentation de l'acier. Paris: Hermann & fils 1914 [540, 545, 546, 550]. — u. G. Scavia: *(6)* Metallurg. ital. 1911 S. 332 [540]. — u. L. Astorri: *(7)* Gaz. chim. ital. Bd. 40 (1910) S. 1 [541]. — u. F. Carnevali: *(8)* Gaz. chim. ital. Bd. 38 (1908 II) S. 258 u. 309 [541, 542]. — u. G. Tavanti: *(9)* Gaz. chim. ital. Bd. 39 (1911) S. 29 [547].
Gledhill, J. M.: *(1)* J. Iron Steel Inst. 1904 S. 127 [257].
Globig, W., s. Sauerwald, Scholz u. Globig *(4)*.
Gödecke, W., s. Fraenkel u. Gödecke *(1)*.
Goerens, F., s. Ruer u. Goerens *(1)*, *(3)*, *(9)*.
— P.: *(1)* Ferrum Bd. 10 (1912/13) S. 65 [64, 65, 368, 369, 372, 373]. — *(2)* Metallurgie Bd. 6 (1909) S. 537 [86]. — u. A. Stadeler: *(3)* Metallurgie Bd. 4 (1907) S. 18. — *(4)* Stahl u. Eisen Bd. 30 (1910) S. 1514 [232]. — u. J. Paquet: *(5)* Ferrum 1914/15 S. 57 [232]. — u. L. Collart: *(6)* Ferrum 1915/16 S. 145 [232]. — *(7)* Ferrum Bd. 10 (1912/13) S. 226 [370, 372, 373]. — *(8)* Einführung in die Metallographie. 6. Aufl. Halle: Knapp 1932 [426, 431, 433]. — u. H. Jungbluth: *(9)* Stahl u. Eisen Bd. 45 (1925) S. 1110 [608].
Goetz, A.: *(1)* Physikal. Z. Bd. 25 (1924) S. 562 [13].
Goldschmidt, V. M.: *(1)* Geochemische Verteilungsgesetze der Elemente VII: Die Gesetze der Kristallchemie: Skrifter Norske Videnskab. Akad., Matem. Naturwid. Kl. 1926, Nr. 2 [26].
— M. V.: *(2)* Z. physik. Chem. Bd. 133 (1928) S. 397 [26].
Gontermann. W.: *(1)* Z. anorg. allg. Chem. Bd. 59 (1908) S. 373 [69].
Goodtzow, N., s. Seljakow, Kurdjumow u. Goodtzow *(1)*.
Gottwald, A., s. Eilender, Fry u. Gottwald *(8)*.
Goutal, E., s. Carnot u. Goutal *(1)*, *(2)*, *(3)*.
Grahl, H.: *(1)* Arch. Eisenhüttenwes. Bd. 4 (1930/31) S. 593 [81].
Greaves, R. H., u. I. A. Jones: *(1)* Stahl u. Eisen Bd. 45 (1925) S. 1443 [103]. — *(2)* Stahl u. Eisen Bd. 40 (1920) S. 984 [491].
Gredt, G.: *(1)* Diss. T. H. Aachen 1922 [415].
Green, G. W.: *(1)* Chem. Metallurg. Engng. 1922 S. 265 [453]. — s. Andrew u. Green *(4)*.
Greiner, F., u. Th. Klingenberg: *(1)* Stahl u. Eisen Bd. 45 (1925) S. 1173; Z. VDI 1926 S. 388 [592].
Grenet, L., s. Charpy u. Grenet *(1)*, *(11)*.
Gries, H., u. H. Esser: *(1)* Arch. Eisenhüttenwes. Bd. 2 (1928/29) S. 749 [307].
Griffith, Ch., s. Guillet u. Griffith *(14)*.
Griffiths, W. E., s. Bain u. Griffiths *(3)*.
Grigorjew, A., s. Kurnakow, Urasow u. Grigorjew *(2)*.
Groß, R.: *(1)* Z. Metallkde. Bd. 16 (1924) S. 18 [384].
Grosse, W., s. Oberhoffer u. Grosse *(1)*.
Großmann, M. A., s. Krivobok u. Großmann *(1)*.
Grotts, F.: *(1)* Trans. Amer. Soc. Stl. Treat. Bd. 7 (1925) S. 735 [605].
Grunert, A., W. Hessenbruch u. K. Ruf: *(1)* Heraeus-Vakuumschmelt S. 169 [280, 282).
Grützner, B., s. Poleck u. Grützner *(1)*.
— A., s. Hohage u. Grützner *(1)*.
Guertler, W., u. G. Tammann: *(1)* Z. anorg. allg. Chem. Bd. 47 (1905) S. 163 [67]; *(2)* Bd. 45 (1905) S. 205 [122]. — *(3)* Int. Z. Metallogr. Bd. 4 (1913) S. 167 [305].
Guillaume, Ch.-Ed.: *(1)* C. R. Acad. Sci., Paris Bd. 124 (1897) S. 176 u. 1515 [124]; *(2)* Bd. 125 (1897) S. 235 [124]; *(3)* Bd. 126 (1898) S. 738 [124].
Guillet, L., u. A. Portevin: *(1)* Précis de Métallographie. Paris: Dunod 1924 [74, 80, 90, 134, 169, 173, 184, 187]. — *(2)* Rev. Métallurg. Bd. 1 (1904) Mém. S. 46 [77]; *(3)* Bd. 3

(1906) S. 271 [88, 89]; *(4)* Bd. 22 (1925) Mém. S. 88 [139, 142]; *(5)* Bd. 1 (1904) Mém. S. 506 [142]; *(6)* Bd. 1 (1904) Mém. S. 155 [155]; *(7)* Bd. 1 (1904) Mém. S. 263 [164]; *(8)* Bd. 2 (1905) Mém. S. 312 [191]; *(9)* Bd. 4 (1907) Mém. S. 784. — *(10)* C. R. Acad. Sci., Paris Bd. 153 (1913) S. 1774 [246]; *(11)* Bd. 158 (1914) S. 412 [246]. — *(12)* J. Iron Steel Inst. Bd. 70 (1906 II) S. 1 [247]. — u. M. Balley: *(13)* C. R. Acad. Sci., Paris Bd. 176 (1923) S. 1800. — u. Ch. Griffith: *(14)* Rev. Métallurg. Bd. 6 (1909) Mém. S. 1013 [541]. — *(15)* Rev. Métallurg. Bd. 5 (1908 Mém. S. 306 [601].

Gumlich, E.: *(1)* Wiss. Abh. physik.-techn. Reichsanst. Bd. 4 (1904/18) S. 287 [21, 61, 63, 71, 72]. — *(2)* Rly. Age. 1918 S. 271 [88, 89]. — *(3)* Stahl u. Eisen Bd. 42 (1922) S. 41 [156]. — *(4)* Wiss. Abh. physik.-techn. Reichsanst. Bd. 4 (1918) S. 271 [190, 191]. — *(5)* Stahl u. Eisen Bd. 39 (1919) S. 469 [216]. — *(6)* Wiss. Abh. physik.-techn. Reichsanst. Bd. 4 (1918) S. 267 [528, 466]; *(7)* Bd. 4 (1918) S. 338 [510, 511].

Gutowsky, N.: *(1)* Metallurgie Bd. 6 (1909) S. 737 vgl. Stahl u. Eisen Bd. 29 (1909) S. 2066 [59]. — *(2)* Metallurgie Bd. 5 (1908) S. 463 [101].

Gwyer, A. G. C.: *(1)* Z. anorg. Chem. Bd. 57 (1908) S. 113 [188]. — u. H. W. L. Phillips: *(2)* J. Inst. Met., Lond. Bd. 38 (1927) S. 29 [188, 189].

H.

Haase, C., s. Masing u. Haase *(2)*.

Hadfield, R. A. *(1)* J. Iron Steel Inst. 1889 S. 233 [80]; *(2)* Bd. 112 (1927) S. 297 [82]; *(3)* Bd. 33 (1888 II) S. 41 [92]; *(4)* 1903 II S. 14 [164]; *(5)* 1890 II S. 161 [191].

Haedicke, S.: *(1)* Stahl u. Eisen Bd. 24 (1904) S. 1239 [485].

Hägg, G.: *(1)* Z. Kristallogr. Bd. 71 (1929) S. 134 [116, 200]. — *(2)* Z. physik. Chem. B Bd. 11 (1930) S. 152. — *(3)* Nova acta regiae Soc. sci. Upsaliensis Ser. 4 Vol. 7 (1929) Nr. 1 [208, 218].

Hague, A., u. Th. Turner: *(1)* J. Iron Steel Inst. Bd. 82 (1910 II) S. 72 [74].

Hahn, P.: *(1)* Stahl u. Eisen Bd. 25 (1925) S. 7 [92].

Hall, E. H.: *(1)* Physik. Z. Bd. 1 (1900) S. 544 [283].

Hamasumi, M.: *(1)* Sci. Rep. Tôhoku Univ. Bd. 13 (1924) S. 133 [584].

Hamilton, N.: *(1)* Techn. Publ. Amer. Inst. min. metallurg. Engr. Bd. 540 (1934) [234].

Hammel, H., s. Oberhoffer, Lauber u. Hammel [27].

Handforth, J. R.: *(1)* J. Iron Steel Inst. Bd. 126 (1932) S. 93 [264].

Hanemann, H.: *(1)* Mbl. Berlin. Bez.-Ver. dtsch. Ing. (1926) S. 31 [58, 594]. — u. A. Schildkötter: *(2)* Arch. Eisenhüttenwes. Bd. 3 (1929/30) S. 427 [108, 109, 110]. — u. R. Hinzmann: *(3)* Stahl u. Eisen Bd. 47 (1927) S. 1657 [306]. — u. A. Schrader: *(4)* Atlas metallographicus 1933 [363, 364, 378]. — *(5)* Stahl u. Eisen Bd. 47 (1927) S. 481 [373, 374, 75, 376]. — u. Ch. Lind: *(6)* Stahl u. Eisen Bd. 33 (1913) S. 551 [380]. — u. Fr. Morawe: *(7)* Stahl u. Eisen Bd. 33 (1913) S. 1350 [443]. — u. H. J. Wiester: *(8)* Arch. Eisenhüttenwes. Bd. 5 (1931/32) S. 377 [458, 459]. — *(9)* Stahl u. Eisen Bd. 32 (1912) S. 1397 [460, 480]. — U. Hofmann u. H. J. Wiester: *(10)* Arch. Eisenhüttenwes. Bd. 6 (1932/33) S. 199 [471, 472]. — u. E. H. Schulz: *(11)* Stahl u. Eisen Bd. 34 (1914) S. 450 [496, 497]. — s. Gebhard, Hanemann u. Schrader *(1)*.

Hannesen, G.: *(1)* Z. anorg. allg. Chem. Bd. 89 (1915) S. 257 [199].

Hanson, D., u. I. R. Freeman: *(1)* J. Iron Steel Inst. (1923 I) S. 300 [122]. — u. Hilda E. Hanson: *(2)* J. Iron Steel Inst. Bd. 102 (1920) S. 39 [124]. — s. Everest u. Hanson *(1)*.

— Hilda E., s. Hanson, D., u. H. E. Hanson *(2)*.

Harbord, F. W., u. A. E. Tucker: *(1)* J. Iron Steel Inst. Bd. 33 (1888 I) S. 181 [117].

Harkort, H.: *(1)* Metallurgie Bd. 4 (1907) S. 617, 639, 673 [159].

Harnecker, K.: *(1)* Stahl u. Eisen Bd. 39 (1919) S. 1307 [600].

Hartmann, F.: *(1)* Arch. Eisenhüttenwes. Bd. 4 (1930/31) S. 601 [245].

Hashimoto, U.: *(1)* Mitt. Kais. Wilh.-Inst. Eisenforsch., Düsseldorf Bd. 11 (1929) S. 295 [144].

— K., s. Honda u. Hashimoto *(3)*.

Hatfield, W. H.: *(1)* J. Iron Steel Inst. Bd. 70 (1906 II) S. 157 [74]. — *(2)* Proc. Instn. mech. Engr. (1919) S. 347 [368].

Hattori, D.: *(1)* J. Iron Steel Inst. Bd. 129 (1934) S. 289 [286].

Haugthon, J. L., u. M. L. Becker: *(1)* J. Iron Steel Inst. Bd. 121 (1930) S. 315 [67]; *(2)* Bd. 115 (1927 I) S. 417 [93, 94].
Hawdon, W., s. Stead u. Hawdon *(4)*.
Hayes, A., u. H. Wakefield: *(1)* Trans. Amer. Soc. Stl. Treat. Bd. 10 (1926) S. 214 [71]; *(2)* Bd. 10 (1926) S. 59 [564]. — u. W. J. Diederichs: *(3)* Trans. Amer. Soc. Stl. Treat. Bd. 6 (1924) S. 491 [573].
Heger, A.: *(1)* Diss. T. H. Aachen 1922 [309]. — s. Oberhoffer u. Heger *(4)*, *(20)*.
Heike, W., u. W. Brenscheidt: Arch. Eisenhüttenwes. Bd. 4 (1930/31) S. 99 [103]. — *(2)* Stahl u. Eisen Bd. 42 (1922) S. 325 [454].
Heinrich, Fr., s. Brüninghaus u. Heinrich *(1)*.
Heller, P. A.: *(1)* Gießerei Bd. 19 (1932) S. 325. — s. Jungbluth u. Heller.
Hengler, E., s. Schenck u. Hengler *(1)*.
Hengstenberg, J.: *(1)* Metallwirtsch. Bd. 9 (1930) S. 465 [388]. — u. H. Mark: *(2)* Z. Physik Bd. 61 (1930) S. 435 [388].
Henning, F., s. Holborn, Scheel u. Henning *(1)*.
Herdt, A., s. Tschischewsky u. Herdt *(2)*.
Herty, C. H.: *(1)* Stahl u. Eisen Bd. 50 (1930) S. 1782 [237, 238, 239]. — G. R. Fitterer u. J. M. Byrus: *(2)* Min. Metallurg. Invest. Bull. Bd. 46 [237, 238, 240, 247]. — C. F. Christopher, M. W. Lightener u. H. Freeman: *(3)* Min. metallurg. Invest. (1932) Nr. 58 [240]. — *(4)* Min. metallurg. Invest. Bd. 34 (1927) S. 1 [550].
Herzog, E.: *(1)* Stahl u. Eisen Bd. 51 (1931) S. 458 [322].
Hessenbruch, W. u. P. Oberhoffer: *(1)* Arch. Eisenhüttenwes. Bd. 1 (1927/28) S. 583 [232]. — s. Grunert, Hessenbruch u. Ruf *(1)*. — s. Oberhoffer, Schiffler u. Hessenbruch *(11)*.
Heyn, E.: *(1)* Stahl u. Eisen Bd. 20 (1900) S. 832 [227]. — u. O. Bauer: *(2)* Mitt kgl. Mat.-Prüf.-Anst. Bd. 30 (1912) S. 1 [317]. — *(3)* Stahl u. Eisen Bd. 26 (1906) S. 1295 [592]. — s. Martens u. Heyn *(1)*.
Hidnert, P.' s. Souder u. Hidnert *(1)*.
Hilpert, S., u. M. Ornstein: *(1)* Ber. dt. chem. Ges. Bd. 46 (1913) S. 1669 [162].
Hindrichs, G., s. Wever u. Hindrichs *(6)*.
Hinzmann, R., s. Hanemann u. Hinzmann *(3)*.
Hobrock, R., s. Meyer u. Hobrock *(2)*.
Hofmann, U., s. Hanemann, Hofmann u. Wiester *(10)*.
Hoenigschmid, O.: *(1)* Karbide und Silizide. Halle 1914. S. 212 [69].
Hohage, R., u. A. Grützner: *(1)* Stahl u. Eisen Bd. 44 (1924) S. 171 [259]. — s. Maurer u. Hohage *(9)*.
Holborn, L., K. Scheel u. F. Henning: *(1)* Wärmetabellen 1919 [284].
Holtz, A.: *(1)* Stahl u. Eisen Bd. 32 (1912 I) S. 319 [115].
Holtzhausen, P., s. Maurer u. Holtzhausen *(3)*.
Holweg, E., s. Pomp u. Holweg *(8)*.
Holzscheiter, C. G.: *(4)* s. Bennek u. Holzscheiter [210].
Honda, K.: *(1)* J. Iron Steel Inst. 1918 II S. 375 [56]. — *(2)* Japan. J. Physics. Bd. 1 (1922) S. 71 [61]. — u. K. Hashimoto: *(3)* Sci. Rep. Tôhoku Univ. Ser. 1 Bd. 10 (1921) S. 75 [63]. — u. R. Yamada: *(4)* Sci. Rep. Tôhoku Univ. Bd. 17 (1928) S. 723 [64]. — u. T. Murakami: *(5)* Sci. Rep. Tôhoku Univ. Ser. 1 Bd. 12 (1923/1924) S. 257 [70]. — u. S. Miura: *(6)* Sci. Rep. Tôhoku Univ. Bd. 16 (1927) S. 745 [124]. — u. T. Murakami: *(7)* Sci. Rep. Tôhoku Univ. Bd. 6 (1918) S. 235 [160]; *(8)* Bd. 6 (1918) S. 23, 53 [164]. — *(9)* Metallwirtsch. Bd. 13 (1934) S. 425 [263]. — *(10)* Chem. metallurg. Engng. 1922 S. 114 [453]. — *(11)* Arch. Eisenhüttenwes. Bd. 1 (1927/28) S. 527 [472, 474]. — u. R. Yamada: *(12)* Sci. Rep. Tôhoku Univ. Bd. 16 (1927) S. 307 [493]. — T. Matsushita u. S. Idei: *(13)* Stahl u. Eisen Bd. 41 (1921) S. 1867 [496]. — *(14)* Sci. Rep. Tohoku Univ. 1920 S. 221 [507].
Honeyman, A. I. K., s. Andrew u. Honeyman *(1)*.
Hopkinson, J.: *(1)* Proc. Roy. Soc. London Bd. 47 (1890) S. 23 u. 138 [124]; *(2)* Bd. 48 (1891) S. 1 [124]; *(3)* Bd. 50 (1892) S. 121 [124].
Houdremont, E.: *(1)* Stahl u. Eisen Bd. 50 (1930) S. 1517 [158]. — u. V. Ehmcke: *(2)* Arch. Eisenhüttenwes. Bd. 3 (1929/30) S. 49 [273, 275, 276, 277, 278]. — u. H. Korschan:

(3) Stahl u. Eisen Bd. 55 (1935 I) S. 297 Erörterung S. 328 [433, 435]. — H. Bennek u. H. Schrader: *(4)* Arch. Eisenhüttenwes. Bd. 6 (1932/33) S. 24 [476]. — u. H. Schrader: *(5)* Arch. Eisenhüttenwes. Bd. 7 (1933/34) S. 49 [493]. — u. H. Müller: *(6)* Stahl u. Eisen Bd. 50 (1930) S. 1321 [549]. — u. R. Wasmuht: *(7)* Kruppsche Mh. Bd. 12 (1931) S. 331 [602]. — s. Duftschmid u. Houdremont *(1)*. — s. Schneider u. Houdremont *(2)*.
Hougardy, H.: *(1)* Arch. Eisenhüttenwes. Bd. 4 (1930/31) S. 497 [185].
Howe, H. M., u. B. Stoughton: *(1)* Metallurgie 1907 S. 793 [313]. — *(2)* Bull. Am. Inst. Min. Eng. 1909 S. 909 [338]. — u. A. G. Levy: *(3)* Ferrum Bd. 10 (1912) S. 381 [445]. — *(4)* Metallurgie Bd. 6 (1909) S. 65 [453].
Hultgren, A.: *(1)* A metallographic study of tungsten steels. London 1920 [162, 164].
Humfrey, J. C. W., s. Rosenhain u. Humfrey *(2)*.

I.

Jakob, M.: *(1)* Z. Metallkde. Bd. 16 (1924) S. 353 [63].
Jänecke, E.: *(1)* Z. Elektrochem. Bd. 23 (1917) S. 49 [143].
Jansen, F.: *(1)* Arch. Eisenhüttenwes. Bd. 1 (1927/28) S. 147 [431].
Idei, S., s. Honda, Matsushita u. Idei *(13)*.
Jeffries, Z., u. R. S. Archer: *(1)* Chem. metallurg. Engng. Bd. 24 (1921) S. 1057 [387]. — *(2)* Werkstoffausschußbericht VDE Nr. 25 (1922) [387]. — *(3)* Chem. metallurg. Engng. Bd. 24 (1921) S. 779 [464].
Jellinghaus, W.: *(1)* Mitt. Kais. Wilh.-Inst. Eisenforschg., Düsseld. Bd. 15 (1933) S. 15 [463]. — s. Wever u. Jellinghaus *(3)*, *(7)*, *(8)*, *(13)*.
Jenge, W., s. Schulz u. Jenge *(1)*.
Iljine, N. G.: *(1)* Rev. Métallurg. 1917 Extr. S. 83 [446].
Iljin, N.: *(5)* s. Ruer u. Iljin.
Inouye, K.: *(1)* Mem. Coll. Eng. Kyoto Bd. 5 (1928) S. 1 [215].
Joisten, A.: *(1)* Diss. T. H. Aachen 1911 [437].
Johnston, J., s. Allen, Crenshaw u. Johnston *(1)*.
Jones, H. N., s. Edwards u. Jones *(2)*.
— I. A., s. Greaves u. Jones *(1)*. — *(1)* J. Iron Steel Inst. Bd. 121 (1930) S. 209 [251].
— W. D.: *(1)* Stahl u. Eisen Bd. 54 (1934) S. 1341 [554, 555].
Jordan, L., u. J. R. Eckman: *(1)* Sci. Pap. Bur. Stand Bd. 20 (1925) Nr. 514 S. 445 [233].
Irresberger, K.: *(1)* Stahl u. Eisen Bd. 46 (1926) S. 1708 [102].
Isaak, E., u. G. Tammann: *(1)* Z. anorg. allg. Chem. Bd. 53 (1907) S. 281 [194, 209]; *(2)* Bd. 55 (1907) S. 58 [209].
Ishigaki, T., s. Ishiwara, Yonekura u. Ishigaki *(2)*.
Ishiwara, T.: *(1)* Sci. Rep. Tôhoku Univ. Ser. 1 Bd. 19 (1930) S. 499 [83]. — T. Yonekura u. T. Ishigaki: *(2)* Sci. Rep. Tôhoku Univ. Bd. 15 (1926) S. 81 [119, 120].
Jungbluth, H., u. P. A. Heller: *(1)* Arch. Eisenhüttenwes. Bd. 5 (1931/32) S. 519 [578]. — s. Schottky u. Jungbluth *(1)*. — s. Goerens u. Jungbluth *(9)*.
Jungwirth, O., s. v. Keil u. Jungwirth *(4)*.

K.

Kagan, M., s. Dessent u. Kagan *(1)*.
Kahrs: *(1)* Chem. Physik. Versuchsanstalt Friedr. Krupp A.-G., Essen 1906 [231].
Kalinnikof, s. Botschnivar u. Kalinnikof *(1)*.
Kalmus, H. T., u. K. B. Blake: *(1)* Iron Age Bd. 99 (1917) S. 201 [121].
Kaneko, K., s. Ruer u. Kaneko *(11)*.
Kasé, T.: *(1)* Sci. Rep. Tôhoku Univ. Bd. 14 1925) S. 173 [123, 124]; *(2)* Bd. 14 (1925) S. 537 [123, 124, 304]; *(3)* Bd. 16 (1927) S. 491 [123, 124]; *(4)* Bd. 14 (1925) S. 197 [128, 129, 130, 131, 133].
Kaupp, E., s. Eisenhut u. Kaupp *(1)*.
Kawai, T.: *(1)* Sci. Rep. Tôhoku Univ. Bd. 19 (1930) S. 209 [369].
Kaye, G. W. C.: *(1)* Proc. Roy. Soc., Lond. A Bd. 85 (1911) S. 430 [284].
Keep, W. J.: *(1)* Cast Iron New York 1902 [593]. — *(2)* in: Martens, A.: Stahl u. Eisen Bd. 4 (1894) S. 801 [600].

Keil, O. von: *(1)* Arch. Eisenhüttenwes. Bd. 4 (1930/31) S. 245 [58]. — u. F. Kotyza: *(2)* Arch. Eisenhüttenwes. Bd. 4 (1930/31) S. 295 [90]. — u. R. Mitsche: *(3)* Stahl u. Eisen Bd. 49 (1929) S. 1041 [101]. — u. O. Jungwirth: *(4)* Arch. Eisenhüttenwes. Bd. 4 (1930/31) S. 221 [190, 191]. — u. A. Wimmer: *(5)* Stahl u. Eisen Bd. 45 (1925) S. 835 [326]. — s. Mitsche u. von Keil *(1)*. — s. Czermak u. von Keil *(1)*.
Keilig, F. s. Ruff u. Keilig *(4)*.
Kellberg, I. N., s. Burgess u. Kellberg *(1)*.
Kempkens, J., s. Krings u. Kempkens *(1)*.
Kerpely, K. von: *(1)* Gießerei-Ztg. Bd. 23 (1926) S. 435 [594].
Kerr, W., s. Mellanby u. Kerr *(1)*.
Kettenbach, K., s. Wüst u. Kettenbach *(11)*.
Keutmann, J.: *(1)* Dipl.-Arb., T. H. Aachen 1922 [106].
Kido, K.: *(1)* Sci. Rep. Tôhoku Univ. Ser. 1 Bd. 9 (1920) S. 305 [86].
Kießler, H., s. Eilender u. Kießler *(5)*.
Kikuta, T.: *(1)* Sci. Rep. Tôhoku Univ. Ser. 1 Bd. 11 (1922) S. 1 [597].
Killing, E., s. Latta, Killing u. Sauerwald *(1)*.
Kinzel, A. B., u. J. J. Egan: *(1)* Trans. Amer. Soc. Stl. Treat. Bd. 18 (1930) S. 459 [559].
Kirschl, P. H., s. Schenck, Dingmann, Kirschl u. Wesselkock *(2)*.
Klesper, R., s. Ruer u. Klesper *(7)*.
Klinar, H., s. Eilender, Klinar u. Cornelius *(6)*.
Klingenberg, Th., s. Greiner u. Klingenberg *(1)*.
Klinger, P.: *(1)* Stahl u. Eisen Bd. 46 (1926) S. 1353 [227, 231]; *(2)* Bd. 45 (1925) S. 1640 [228, 229, 230]; *(3)* Bd. 46 (1926) S. 1245 [232, 233].
Klinkhardt, H.: *(1)* Ann. Physik Bd. 84 (1927) S. 167 [11].
Knipp, E.: *(1)* Stahl u. Eisen Bd. 54 (1934) S. 777 [268, 270].
Knipping, P., s. Laue, Friedrich u. Knipping *(1)*.
— A., s. Oberhoffer u. Knipping *(19)*.
Knüppel, H., s. Eilender, Cornelius u. Knüppel *(4)*, *(9)*.
Koch, A., u. E. Piwowarsky: *(1)* Gießerei Bd. 20 (1933) S. 26 [592, 593, 594].
Konstantinow, N.: *(1)* Z. anorg. allg. Chem. Bd. 66 (1910) S. 209 [93].
— N. S., s. Kurnakow u. Konstantinow *(3)*.
Körber, F., u. H. Schottky: *(1)* Werkstoffausschuß d. Ver. Dt. Eisenhüttenleute. Bericht Nr. 180 (1933) [47]. — u. W. Köster: *(2)* Mitt. Kais. Wilh.-Inst. Eisenforschg., Düsseld. Bd. 5 (1934) S. 145 [51]. — *(3)* Z. Elektrochem. Bd. 32 (1926) S. 371 [67]. — u. G. Thanheiser: *(4)* Mitt. Kais. Wilh.-Inst. Eisenforschg., Düsseld. Bd. 14 (1932) S. 205 [234]. — *(5)* Stahl u. Eisen Bd. 52 (1932) S. 133 [238, 240]; *(6)* Bd. 54 (1934) S. 535; *(7)* Bd. 49 (1929) S. 273 [269]. — u. A. Pomp: *(8)* Mitt. Kais. Wilh.-Inst., Eisenforschg., Düsseld. Bd. 7 (1925) S. 43 [269, 270]; *(9)* Bd. 7 (1925) S. 21 [272]. — *(10)* Arch. Eisenhüttenwes. Bd. 5 (1931/32) S. 350 [292]. — u. W. Oelsen: *(11)* Arch. Eisenhüttenwes. Bd. 5 (1931/32) S. 569 [349]. — *(12)* Mitt. Kais. Wilh.-Inst. Eisenforschg., Düsseld. Bd. 3 (1922) H. 2, S. 1 [367]; *(13)* Bd. 4 (1922) S. 31 [381]. — *(14)* Stahl u. Eisen Bd. 42 (1922) S. 365 [384]. — u. A. Dreyer: *(15)* Mitt. Kais. Wilh.-Inst. Eisenforschg., Düsdeld. Bd. 2 (1921) S. 59 [391]. — u. K. Wallmann: *(16)* Mitt. Kais. Wilh.-Inst. Eisenforschg., Düsseld. Bd. 12 (1930) S. 171 [405]. — *(17)* Stahl u. Eisen Bd. 47 (1927) S. 1157 [420].
Korschan, H., s. Houdremont u. Korschan *(3)*.
Köster, W., u. W. Tonn: *(1)* Arch. Eisenhüttenwes. Bd. 7 (1933/34) S. 193/200 [24, 28, 32, 33, 34]. — *(2)* Arch. Eisenhüttenwes. Bd. 2 (1928/29) S. 503 [518, 520, 521, 522, 523, 524, 525]. — u. W. Tonn: *(3)* Arch. Eisenhüttenwes. Bd. 5 (1931/32) S. 627 [170]. — *(4)* Arch. Eisenhüttenwes. Bd. 4 (1930/31) S. 537 [219]; *(5)* Bd. 6 (1932/33) S. 17 [263, 536]; *(6)* Bd. 3 (1929/30) S. 553 [526, 528]; *(7)* Bd. 2 (1928/29) S. 194 [520, 521, 522, 523, 524, 525]. — u. W. Tonn: *(8)* Arch. Eisenhüttenwes. Bd. 3 (1929/30) S. 637 [526, 528, 531, 534]; *(9)* Bd. 4 (1930/31) S. 145 [534, 535]. — s. Körber u. Köster *(2)*.
— s. Buchholtz u. Köster *(1)*.
Kotyza, F., s. v. Keil u. Kotyza *(2)*.
Kraiczek, R., u. F. Sauerwald: *(1)* Z. anorg. allg. Chem. Bd. 185 (1929/30) S. 193 [146].
Kreutzer, C.: *(1)* Z. Physik Bd. 48 (1928) S. 556 [145]. — s. Oberhoffer u. Kreutzer *(5)*.

Krieger, E., s. Pohl, Krieger u. Sauerwald (1).
— R.: (1) Stahl u. Eisen Bd. 38 (1918) S. 349 [317, 318, 319, 320].
Krings, W., u. J. Kempkens: (1) Z. anorg. allg. Chem. Bd. 183 (1929) S. 235 [212].
Krivobok, V. N., u. M. A. Großmann: (1) Trans. Amer. Soc. Stl. Treat. Bd. 18 (1930) S. 760 [149, 151]. — (2) Trans. Amer. Soc. Stl. Treat. Bd. 7 (1925) S. 457 [304].
Kriz, A., u. F. Poboril: (1) Stahl u. Eisen Bd. 50 (1930) S. 1725 [70]. — (2) J. Iron Steel Inst. Bd. 122 (1930) S. 13 [338]. — (3) Stahl u. Eisen Bd. 50 (1930) S. 1682 [338].
Kroll, W.: (1) Wiss. Veröff. Siemens-Konz. Bd. 8 (1929) S. 220 [193].
Kühnel, P.: (1) Diss. Berlin 1913 [481].
Künkele, M.: (1) Mitt. Kais. Wilh.-Inst. Eisenforschg., Düsseld. Bd. 12 (1930) S. 23 [101].
— (2) Stahl u. Eisen Bd. 50 (1930) S. 1207 [101].
Kurdjumow, G., u. G. Sachs: (1) Z. Physik Bd. 62 (1930) S. 592 [390]. — (2) Arch. Eisenhüttenwes. Bd. 6 (1932/33) S. 117 [472].
— S., s. Seljakow, Kurdjumow u. Goodtzow (1).
Kurnakow, N., u. G. Urasow: (1) Z. anorg. allg. Chem. Bd. 123 (1922) S. 89 [67]. — G. Urasow u. A. Grigorjew: (2) Z. anorg. allg. Chem. Bd. 125 (1922) S. 207 [188].
— u. N. S. Konstantinow: (3) Z. anorg. allg. Chem. Bd. 58 (1908) S. 1 [208].

L.

Laissus, J.: (1) Rev. Métallurg. Bd. 24 (1927) Mém. S. 591 [203].
Lamort, J.: (1) Ferrum 1913/14 S. 225 [186, 187].
Lang, G.: (1) Metallurgie Bd. 8 (1911) S. 15 [90].
Lange: (1) Z. Metallkde. Bd. 23 (1931) S. 165 [288].
Latta, F., E. Killing u. F. Sauerwald: (1) Stahl u. Eisen Bd. 53 (1933) S. 313 [242, 246].
Lauber, L., s. Oberhoffer, Lauber u. Hammel (27).
Laue, M. von, W. Friedrich u. P. Knipping: (1) Ann. Physik Bd. 41 (1913) S. 917 [16].
Lea, F. C.: (1) Engineering Bd. 124 (1927) S. 797 u. 831 [276, 372].
Leber, H., s. Müller u. Leber (1), (2), (3).
Le Chatelier, H.: (1) Rev. Métallurg. Bd. 1 (1904) S. 214 [10]. — u. M. Ziegler: (2) Bull. Soc. Encour. Ind. nat. 1902 S. 368 [103, 111].
— A.: (3) Rev. Métallurg. Bd. 8 (1909) Mém. S. 914 [270].
— H.: (4) C. R. Acad. Sci., Paris Bd. 129 (1899) S. 331 [284]. — (5) Rev. Métallurg. Bd. 1 (1904) Mém. S. 473 [485].
Ledebur, A.: (1) Handbuch der Eisenhüttenkunde Bd. 1—3 [80, 92, 102].
Lee, D. C., s. Sauveur u. Lee (1).
Lehmann, O.: (1) Die neue Welt der flüssigen Kristalle. Leipzig 1911 [287, 385].
Lehrer, E.: (1) Z. Elektrochem. Bd. 36 (1930) S. 460 [218, 219].
Leihener, P., s. Wüst u. Leihener (14).
Leitner, F.: (1) Stahl u. Eisen Bd. 46 (1926) S. 525 [294].
Leroux, A., s. Friedrich u. Leroux (2).
Letixerant, E.: (1) Stahl u. Eisen Bd. 50 (1930) S. 1801 [314].
Levin, M., u. H. Schottky: (1) Ferrum Bd. 10 (1912/13) S. 193 [61]. — u. K. Dornhecker: (2) Ferrum Bd. 11 (1913/14) S. 321 [61]. — u. G. Tammann: (3) Z. anorg. allg. Chem. Bd. 47 (1905) S. 136 [82, 300, 301].
Levy, A. G., s. Howe u. Levy (3).
— D. M.: (1) J. Iron Steel Inst. Bd. 77 (1908) S. 33 [107].
Leyde, O.: (1) Stahl u. Eisen Bd. 24 (1904) S. 94 [592].
Liedgens, J.: (1) Stahl u. Eisen 1912, S. 2109 [116, 117].
Liempt, J. A. M. van: (1) Z. anorg. allg. Chem. Bd. 195 (1931) S. 366 [389].
Liesching, Th.: (1) Metallurgie Bd. 7 (1910) S. 565.
Lightener, M. W., s. Herty, Cristopher, Lightener u. Freeman (3).
Linck, G.: (1) Z. Kristallogr. Bd. 20 (1892) S. 209 [383].
Lind, Ch., s. Hanemann u. Lind (6).
Lindh, A. E., s. Westgren u. Lindh (1).
Linge, A. R. v., s. Behrens u. v. Linge (1).
Lipin, W.: (1) Stahl u. Eisen Bd. 20 (1900) S. 536 [120].

Loebe, R., u. E. Becker: (*1*) Z. anorg. allg. Chem. Bd. 77 (1912) S. 301 [103].
Loepelmann, F.: (*1*) Gießerei Bd. 20 (1933) S. 366 [574].
Löfquist, H., s. Benedicks u. Löfquist (*4*), (*5*), (*6*), (*11*).
Löhberg, K., s. Vogel u. Löhberg (*13*).
Lorig, C. H., u. F. B. Dahle: (*1*) Met. & Alloys 1931, S. 229 [602].
Lowzow, A. T.: (*1*) Rev. Métallurg. Bd. 19 (1922) S. 13, Extr. [67].
Luckemeyer-Hasse, L., u. H. Schenck: (*1*) Arch. Eisenhüttenwes. Bd. 6 (1932/33) S. 209 [226].
Ludwik, P.: (*1*) Z. VDI Bd. 63 (1919) S. 142 [387].
Lütke, H.: (*1*) Metallurgie Bd. 7 (1910) S. 268 [86].

M.

McCance, A.: (*1*) J. Iron Steel Inst. (1914 I) S. 192 [466].
McKeehan, L. W.: (*1*) Physic. Rev. Bd. 21 (1923) S. 402 [125].
MacKenzie, J. T.: (*1*) Trans. Amer. Foundrym. Ass. Bd. 34 (1927) S. 986 [585].
McPherran, R. S.: (*1*) Chem. met. Engg. 1921 S. 1153 [272, 273].
McWilliam, A., u. E. J. Barnes: (*1*) J. Iron Steel Inst. 1910 S. 246 [150].
M'William, A. M., s. Arnold u. M'William (*1*).
Maire, R., s. Rümelin u. Maire (*1*).
Majert, H., s. Esser u. Majert (*11*). — s. Esser, Eilender u. Majert (*6*).
Maltitz, E. von: (*1*) Bimonthly Bull. Amer. Inst. Min. Eng. 1907 S. 691 [231].
Mark, H., s. Hengstenberg u. Mark (*2*).
Mars, G.: (*1*) Die Spezialstähle, S. 237. Stuttgart 1922 [75, 80]. — (*2*) Stahl u. Eisen Bd. 38 (1918) S. 567 [90, 91]; (*3*) 1909 S. 1771 [156].
Martens, A., u. E. Heyn: (*1*) Handbuch der Materialkunde Bd. 1 u. 2 [305, 344, 345, 346, 347, 360, 373].
Martin, E.: (*1*) Arch. Eisenhüttenwes. Bd. 3 (1929/30) S. 407 [226, 227, 230]. — s. Vogel u. Martin (*9*), (*15*).
— W., s. Ruff u. Martin (*2*).
Masing, G.: (*1*) Z. Metallkde. Bd. 14 (1922) S. 204 [339]. — u. C. Haase: (*2*) Wiss. Veröff. Siemens-Konz. Bd. 4 (1925) S. 113 [339]; Bd. 6 (1927) S. 211 [339]. — u. M. Polanyi: (*3*) Erg. exakt. Naturwissensch. Bd. 2 (1923) S. 177 [370]. — u. W. Mauksch: (*4*) Wiss. Veröff. Siemens-Konz. Bd. 4 (1925) I S. 74, II S. 244 [388]. — (*5*) Z. Metallkde. Bd. 20 (1928) S. 19 [520, 521].
Masumoto, H.: (*1*) Sci. Rep. Tôhoku Univ. Bd. 15 (1926) S. 449 [138, 139]; (*2*) Ser. 1 Bd. 18 (1929) S. 229) [143].
Mathesius, H.: (*1*) Stahl u. Eisen Bd. 48 (1928) S. 853 [187].
Matsushita, T.: (*1*) Sci. Rep. Tôhoku Univ. Ser. 1 Bd. 11 (1922) S. 471 [479]. — s. Honda, Matsushita u. Idei (*13*).
Matthießen, A.: (*1*) Ann. Physik Bd. 186 (1860) S. 190 [466].
Matuschka, B.: (*1*) Stahl u. Eisen Bd. 54 (1934) S. 845 [6]. — (*2*) Arch. Eisenhüttenwes. Bd. 2 (1928/29) S. 405 [340].
Matweieff, M.: (*1*) Rev. Métallurg. Bd. 7 (1910) Mém. S. 447 u. 848 [107].
Maurer, E.: (*1*) Mitt. Kais. Wilh.-Inst. Eisenforschg., Düsseld. Bd. 1 (1920) S. 39 [10, 13, 14, 15, 49, 50, 467, 468, 469]. — u. W. Schmidt: (*2*) Mitt. Kais. Wilh.-Inst. Eisenforschg., Düsseld. Bd. 2 (1922) S. 5 [61, 264, 265, 266]. — u. P. Holtzhaußen: (*3*) Stahl u. Eisen Bd. 47 (1927) S. 1805 u. 1977 [74]. — u. G. Schilling: (*4*) Stahl u. Eisen Bd. 45 (1925) S. 1152 [174]. — (*5*) Stahl u. Eisen Bd. 45 (1925) S. 1629 [174, 177]; (*6*) Bd. 42 (1922) S. 447 [228]. — (*7*) Kruppsche Mh. Bd. 4 (1923) S. 117 [454]. — (*8*) Metallurgie Bd. 6 (1909) S. 33 [467, 473, 476]. — u. R. Hohage: (*9*) Mitt. Kais. Wilh.-Inst. Eisenforschg., Düsseld. Bd. 2 (1921) S. 91 [492, 515].
Mehl, R. F.: (*1*) Techn. Publ. Amer. Inst. Min. Met. Engs. Nr. 57 (1928) S. 1 [470].
Mehovar, J., s. Eichholz u. Mehovar (*1*).
Meißner, H., s. Wüst u. Meißner (*3*).
Mellanby, A. L., u. W. Kerr: (*1*) Engineering Bd. 119 (1925) S. 301 [276, 278].
Merz, A., u. H. Schuster: (*1*) Gießerei Bd. 20 (1933) S. 145 [563, 573].
Messkin, W. S., s. Stogoff u. Messkin (*1*), (*2*).

Meuthen, A., s. Wüst, Meuthen u. Burrer (7).
Meyer, H.: (1) Stahl u. Eisen Bd. 48 (1928) S. 506 [333, 335]; (2) Bd. 54 (1934) S. 597 [333, 335, 339]; (3) Bd. 34 (1914) S. 1395 [350]. — u. W. Eichholz: (4) Werkstoffaussch. Ver. dt. Eisenhüttenl. Bericht Nr. 20 (1922) [366]. — u. F. Nehl: (5) Stahl u. Eisen Bd. 44 (1924) S. 463 [427]. — (6) Stahl u. Eisen Bd. 54 (1934) S. 597 [413].
— O., u. R. J. Castro: (1) Arch. Eisenhüttenwes. Bd. 6 (1932/33) S. 189 [232]. — u. R. Hobrock: (2) Arch. Eisenhüttenwes. Bd. 5 (1931/32) S. 251 [558]. — W. Eilender u. W. Schmidt: (3) Arch. Eisenhüttenwes. Bd. 6 (1932/33) S. 241 [559]. — s. Eilender u. Meyer (2) (10).
Michel, A., u. P. Bénazet: (1) Chim. Ind. Bd. 23 (1930) S. 237 [186].
Miny, J., s. Wüst u. Miny (6).
Mitsche, R., u. O. von Keil: (1) Gießerei Bd. 17 (1930) S. 200 [599]. — s. von Keil u. Mitsche (3).
Mittasch, A.: (1) Z. anorg. allg. Chem. Bd. 41 (1928) S. 827 [21]. — (2) Stahl u. Eisen Bd. 45 (1928) S. 979 [21].
Miura, S., s. Honda u. Miura (6).
Moellendorf, W. v., u. J. Czochralski: (1) Z. VDI 1913 S. 1017 [366].
Moissan, H.: (1) C. R. Acad. Sci., Paris Bd. 119 (1894) S. 185 [146]; (2) Bd. 123 (1896) S. 13 [162]; (3) Bd. 116 (1893) S. 1225 [177]; (4) Bd. 122 (1896) S. 1297 [177]. — u. G. Charpy: (5) C. R. Acad. Sci., Paris Bd. 120 (1890) S. 130 [201].
Momm, G., s. Esser u. Momm (16).
Monden, H.: (1) Stahl u. Eisen Bd. 43 (1923) S. 745 u. 782 [431].
Monnartz, Ph.: (1) Metallurgie Bd. 8 (1911) S. 162 [143].
Moore, H.: (1) J. Iron Steel Inst. 1910 S. 268 [150]. — (2) Univ. Illinois Bull. Nr. 165 (1927) [596].
Moos, M. von, P. Oberhoffer u. W. Oertel: (1) Stahl u. Eisen Bd. 48 (1928) S. 393 [79]. — W. Oertel u. R. Scherer: (2) Stahl u. Eisen Bd. 48 (1928) S. 477 [79].
Morawe, Fr., s. Hanemann u. Morawe (7).
Mügge, O.: (1) Nachr. Ges. Wiss. Göttingen Math.-nat. Kl. 1922 S. 108 [369].
Müller, A.: (1) Z. anorg. allg. Chem. Bd. 162 (1927) S. 231 [118, 120]; (2) Bd. 169 (1928) S. 272 [118, 120]. — s. Wever u. Müller (9).
— Chr. A., s. Bardenheuer u. Müller (2), (6), (7).
— F. C. G.: (1) Stahl u. Eisen Bd. 2 (1882) S. 537 [229, 231]; (2) Bd. 3 (1883) S. 443 [229, 231]; (3) Bd. 4 (1884) S. 69 [229, 231].
— G., s. Esser u. Müller (2).
— H., s. Bennek, Schenck u. Müller (5). — s. Sauerwald, Seemann, Rögner u. Müller (5). — s. Houdremont u. Müller (6). — s. Wever u. Müller (9).
— W., u. H. Leber: (1) Stahl u. Eisen Bd. 41 (1921) S. 1752 [396, 397]; (2) Bd. 42 (1922) S. 1218 [396, 397]; (3) Bd. 43 (1923) S. 735 [396, 397].
Münker, E.: (1) Stahl u. Eisen Bd. 24 (1904) S. 23 [231].
Murakami, T.: (1) Sci. Rep. Tôhoku Univ. Ser 1 Bd. 10 (1921) S. 79 [67]; (2) Bd. 7 (1918) S. 217 [143, 150]. — K. Oka, S. Nishigori: (3) Technol. Rep. Tôhoku Univ. Bd. 9 (1930) S. 59 [149, 153]. — u. T. Takai: (4) Sci. Rep. Tôhoku Univ. Bd. 19 (1930) S. 175 [172, 173]. — s. Takai u. Murakami (1). — s. Honda u. Murakami (5), (7), (8). — s. Ogawa u. Murakami (1).
Mylius, F., F. Förster u. G. Schoene: (1) Z. anorg. allg. Chem. Bd. 13 (1896) S. 38 [35].

N.

Naeser, G., s. Wever u. Naeser (15).
Naumann, F. K., s. Schafmeister u. Naumann (1).
Negresco, Tr., s. Westgren, Phragmén u. Negresco (5).
Nehl, F.: (1) Stahl u. Eisen Bd. 50 (1930) S. 678 [121]. — s. Meyer u. Nehl (5).
Nemilow, V. A.: (1) Ann. Inst. Platine 1929 Lfg. 7 S. 1 [210].
Nicolardot: (1) Les métaux secondaire 1908 S. 124 [177].
Niedenthal, A.: (1) Arch. Eisenhüttenwes. Bd. 3 (1929/30) S. 79 [115, 215, 428, 429, 430, 431].
Nielsen, P. K.: (1) Gießerei-Ztg. Bd. 15 (1918) S. 299 [600].

Nishigori, S., s. Murakami, Oka u. Nishigori (3).
Nolly, H. de, u. L. Veyret: (1) J. Iron Steel Inst. Bd. 90 (1914) S. 165 [544].
Nußbaum, J., s. Bamberger, Einerl u. Nußbaum (1).

O.

Oberhoffer, P., u. W. Grosse: (1) Stahl u. Eisen 1927 S. 576 [10, 11]. — (2) Metallurgie Bd. 6 (1909) S. 554 [20]. — (3) Stahl u. Eisen Bd. 35 (1915) S. 93 [64, 65]. — u. A. Heger: (4) Stahl u. Eisen Bd. 43 (1923) S. 1474 [67, 450]. — u. C. Kreutzer: (5) Arch. Eisenhüttenwes. Bd. 2 (1928/29) S. 449 [67, 93]. — u. J. Welter: (6) Stahl u. Eisen Bd. 43 (1923) S. 105 [111, 569]. — u. A. Gallaschik: (7) Stahl u. Eisen Bd. 43 (1923) S. 398 [116]. — u. H. Esser: (8) Stahl u. Eisen Bd. 47 (1927) S. 2021 [143, 144, 189]. — u. K. Daeves: (9) Stahl u. Eisen Bd. 40 (1920) S. 1515 [164]. — K. Daeves u. F. Rapatz: (10) Stahl u. Eisen Bd. 44 (1924) S. 432 [164]. — H. J. Schiffler u. W. Hessenbruch: (11) Arch. Eisenhüttenwes. Bd. 1 (1927/28) S. 57 [212, 217]. — E. Piwowarsky, A. Pfeifer-Schießl u. H. Stein: (12) Stahl u. Eisen Bd. 44 (1924) S. 113 [228, 232, 233, 589]. — u. A. Beutell: (13) Stahl u. Eisen Bd. 29 (1919) S. 1584 [232]. — u. E. Piwowarsky: (14) Stahl u. Eisen Bd. 42 (1922) S. 801 [232]. — (15) Stahl u. Eisen Bd. 46 (1926) S. 1045 [233]. — (16) Das technische Eisen, 2. Aufl. (1925) [264]. — u. F. Weisgerber: (17) Stahl u. Eisen Bd. 40 (1920) S. 1433 [290, 305, 356, 357]. — (18) Stahl u. Eisen Bd. 36 (1916) S. 798 [299]. — u. A. Knipping: (19) Stahl u. Eisen Bd. 41 (1921) S. 253 [301, 450]. — u. A. Heger: (20) Stahl u. Eisen Bd. 43 (1923) S. 1151 [302]. — (21) Stahl u. Eisen Bd. 35 (1915) S. 93 [307]. — (22) Rev. techn. Luxemb. Bd. 19 (1927) S. 99 [336, 431]. — (23) Stahl u. Eisen Bd. 47 (1927) S. 1782 [338]. — (24) Stahl u. Eisen Bd. 35 (1915) S. 93 [354]. — (25) Stahl u. Eisen Bd. 42 (1922) S. 1240 [401]. — u. W. Oertel: (26) Stahl u. Eisen Bd. 39 (1919) S. 1061 [438]. — L. Lauber u. H. Hammel: (27) Stahl u. Eisen Bd. 36 (1916) S. 234 [398, 400]. — u. O. Emicke: (28) Stahl u. Eisen Bd. 45 (1925) S. 537 [506, 509, 512, 513, 514]. — u. W. Poensgen: (29) Stahl u. Eisen Bd. 42 (1922) S. 1189 [577, 578]. — s. Pakulla u. Oberhoffer (1). — s. Zingg, Oberhoffer u. Piwowarsky (2). — s. Esser u. Oberhoffer (5). — s. Hessenbruch u. Oberhoffer (1). — s. v. Moos, Oberhoffer u. Oertel (1).
Oehman, E.: (1) Z. physik. Chem. Abt. B Bd. 8 (1930) S. 81 [83, 84, 85, 87, 113]. — u. Persson u. Oehman (1).
Oelsen, W.: s. Koerber u. Oelsen (11). — s. Tammann u. Oelsen (6).
Oertel, W., u. E. Pakulla: (1) Stahl u. Eisen Bd. 44 (1924) S. 1717 [261]. — u. F. Pölzguter: (2) Stahl u. Eisen Bd. 44 (1924) S. 1708 [260]. — u. A. Richter: (3) Stahl u. Eisen Bd. 44 (1924) S. 169 [423, 426]. — (4) Ber. Werkstoffaussch. VDE Bd. 97 (1926) [551]. — (5) Stahl u. Eisen Bd. 43 (1923) S. 494 [552]. — s. Eichenberg u. Oertel (1) [79, 217]. — s. v. Moos, Oberhoffer u. Oertel (1). — s. v. Moos, Oertel u. Scherer (2). — s. Eilender u. Oertel (1). — s. Oberhoffer u. Oertel (26).
Oesterheld, G.: (1) Z. anorg. allg. Chem. Bd. 97 (1916) S. 1 [192, 193].
Ogawa, Y., u. T. Murakami: (1) Techn. Rep. Tôhoku Univ. Bd. 8 (1928) S. 53 [196, 197]. — u. A. Osawa: (2) Sci. Rep. Tôhoku Univ. Bd. 18 (1929) S. 165 [196, 197].
Oka, K., s. Murakami, Oka u. Nishigori (3).
Oknoff, B.: (1) Rev. Métallurg. Bd. 14 (1917) Extr. S. 85 [468].
Okochi, u. S. Sato: (1) Sci. Rep. Tôhoku Univ. Bd. 10 (1920) S. 3 [597].
Ornstein, M., s. Hilpert u. Ornstein (1).
Osann, B.: (1) Gießerei-Ztg. Bd. 15 (1918) S. 33 [600].
Osawa, A.: (1) Sci. Rep. Tôhoku Univ. Ser. 1 Bd. 19 (1930) S. 247 [83]. — (2) Sci. Rep. Tôhoku Univ. Bd. 15 (1926) S. 387 [126]. — (3) Sci. Rep. Tôhoku Univ. Bd. 19 (1930) S. 109 [139]. — u. M. Oya: (4) Sci. Rep. Tôhoku Univ. Bd. 19 (1930) S. 95 [177, 178]. — s. Ogawa u. Osawa (2).
—, S.: (1) Sci. Rep. Tôhoku Univ. Bd. 11 (1922) S. 333 [159].
Osmond, F.: (1) Transformation du fer et du carbones dans les aciers. Paris 1887 [9]. — (2) C. R. Acad. Sci., Paris Bd. 110 (1890) S. 346 [26]. — (3) J. Iron Steel Inst. Bd. 36 (1890) S. 38 [164]. — (4) C. R. Acad. Sci., Paris Bd. 118 (1894) S. 532 [124, 132]. — (5) Cristallographie du fer, S. 25 Paris 1900. — u. G. Cartaud: (6) Metallurgie Bd. 3

(1906) S. 522 [361, 383]. — u. G. Cartaud: (7) Rev. Métallurg. Mém. Bd. 1 (1904) S. 69 [383]. — (8) J. Iron Steel Inst. (1897 II) S. 142 [540].
Ostermann, F.: (1) Z. Metallk. Bd. 17 (1925) S. 278 [118].
— G.: s. Esser u. Ostermann (12).
Oya, M.: (1) Sci. Rep. Tôhoku Univ. Bd. 19 (1930) S. 235 [174]. — (2) Sci. Rep. Tôhoku Univ. Bd. 19 (1930) S. 331, 449 [180]. — s. Osawa u. Oya (4).

P.

Pacher, F.: (1) Stahl u. Eisen Bd. 42 (1922) S. 485 [242, 315, 316, 341].
Paglianti, P.: (1) Metallurgie Bd. 9 (1912) S. 217 [77, 79].
Pakulla, E., u. P. Oberhoffer: (1) Werkstoffaussch. Ver. dt. Eisenhüttenl. Bericht Nr. 68 (1925) [143]. — s. Oertel u. Pakulla (1).
Pardun, C., u. E. Vierhaus: (1) Gießerei 1928 S. 99 [596].
Paquet, J., s. Goerens u. Paquet (5).
Peile, J. B., s. Andrew u. Peile (2).
Persoz, L.: (1) Aciers spéciaux Bd. 3 (1928) S. 256 [208].
Persson, E., u. E. Oehman: (1) Nature, Lond. Bd. 124 (1929 II) S. 333 [84].
Petersen, O., s. Wüst u. Petersen (1).
Pfarr, B., s. Wever u. Pfarr (11).
Pfeifer-Schießl, A., s. Oberhoffer, Piwowarsky, Pfeifer-Schießl u. Stein (12).
Pfeil, L. B.: (1) J. Iron Steel Inst. Bd. 123 (1931) S. 257 [211]. — (2) J. Iron Steel Inst. Bd. 118 (1928 II) S. 167 [368].
Phillips, H. W. L., s. Gwyer u. Phillips (2).
Phragmén, G.: (1) Jernkont. Ann. Bd. 107 (1923) S. 121 [67]. — (2) Stahl u. Eisen Bd. 45 (1925 I) S. 229 [67]. — s. Westgren u. Phragmén (2), (4), (6), (7), (8), (9). — s. Westgren, Phragmén u. Negresco (5).
Pick, W.: (1) Diss. Karlsruhe 1906 [69].
Pilz, M., s. Quadrat u. Pilz (1).
Piwowarsky, E.: (1) Ber. Fachausschüsse Ver. dtsch. Eisenhüttenleute, Nr. 33 Düsseldorf 1924 [54, 55]. — (2) Stahl u. Eisen Bd. 43 (1923) S. 1491 [187]. — (3) Stahl u. Eisen Bd. 40 (1920) S. 773 [228]. — (4) Berichte Fachaussch. VDE Werkstoffausschuß Bericht Nr. 33 [540]. — (5) Stahl u. Eisen Bd. 43 (1923) S. 1491 [575]. — u. E. Söhnchen: (6) Gießerei Bd. 18 (1931) S. 533 [578]. — (7) Hochwertiger Grauguß. Berlin 1929 [589, 598, 606]. — (8) Gießerei Bd. 18 (1931) S. 19 [573]. — (9) Stahl u. Eisen Bd. 45 (1925) S. 1455 [594, 595]. — (10) Gießerei-Ztg. Bd. 18 (1921) S. 356 [601]. — (11) Stahl u. Eisen Bd. 45 (1925) S. 289 [601]. — u. K. Ebbefeld: (12) Stahl u. Eisen Bd. 43 (1923) S. 967 [602]. — (13) Stahl u. Eisen Bd. 42 (1922) S. 1481 [606]. — s. Bauer u. Piwowarsky (4). — s. Koch u. Piwowarsky (1). — s. Oberhoffer u. Piwowarsky (14). — s. Oberhoffer, Piwowarsky, Pfeifer-Schießl u. Stein (12). — s. Schichtel u. Piwowarsky (1), (2). — s. Söhnchen u. Piwowarsky (1). — s. Zingg, Oberhoffer u. Piwowarsky (2).
Ploos, J. J. A., s. Burgers, Ploos u. van Amstel (2).
Poboril, F., s. Kriz u. Poboril (1).
Poensgen, W., s. Oberhoffer u. Poensgen (29).
Pohl, E., E. Krieger u. F. Sauerwald: (1) Stahl u. Eisen Bd. 51 (1931) S. 324 [452]. — u. E. Schüz: (2) Mitt. Forsch.-Anst. Gutehoffnungshütte Bd. 2 (1932/33) S. 145 [608, 609]. — s. Prömper u. Pohl (1).
— H., H. Pollack u. R. Scherer: (1) Stahl u. Eisen Bd. 55 (1935) S. 1001 [259].
Polanyi, M.: (1) Werkstoffausschußbericht d. VDE (1926) Nr. 85 [384]. — u. E. Schmid: (2) Z. Physik Bd. 32 (1925) S. 684 [389]. — s. Masing u. Polanyi (3).
Poleck, Th., u. B. Grützner: (1) Ber. dt. chem. Ges. Bd. 26 (1893) S. 35 [161].
Pollack, H., s. Pohl, Pollack u. Scherer (1). — s. Rapatz u. Pollack (4).
Polushkin, E. P.: (1) Stahl u. Eisen Bd. 42 (1922) S. 467 [210].
Pölzguter, F.: (1) Diss. T. H. Aachen 1923 [274, 481, 482, 483, 484, 489]. — s. Oertel u. Pölzguter (2).
Pomp, A.: (1), (2) Mitt. Kais. Wilh.-Inst. Eisenforschg., Düsseldorf Bd. 7 (1925) S. 105 [76, 272]. — u. A. Dahmen: (3) Mitt. Kais. Wilh.-Inst. Eisenforschg., Düsseldorf S. 33

[277]. — u. W. Enders: (4) Mitt. Kais. Wilh.-Inst. Eisenforschg., Düsseldorf Bd. 12 (1930) S. 127 [277, 279]; (5) Bd. 14 (1932) S. 268 [277, 279]. — u. S. Weichert: (6) Mitt. Kais. Wilh.-Inst. Eisenforschg., Düsseldorf Bd. 10 (1928) S. 301 [369]. — (7) Stahl u. Eisen Bd. 40 (1920) S. 1261 [379, 381]. — u. E. Holweg: (8) Mitt. Kais. Wilh.-Inst. Eisenforschg., Düsseldorf Bd. 13 (1931) S. 1 [379]. — u. E. Fangmeier: (9) Mitt. Kais. Wilh.-Inst. Eisenforschg., Düsseldorf Bd. 12 (1930) S. 245 [403, 404, 405]. — (10) Ferrum 1915/16 S. 65 [437, 438]. — s. Körber u. Pomp (8), (9).
Portevin, A.: (1) Rev. Métallurg. Bd. 6 (1909) Mém. S. 1264 [174]. — u. V. Bernard: (2) Stahl u. Eisen Bd. 42 (1922) S. 268 [447, 499, 511, 540]. — u. M. Garvin: (3) Rev. Métallurg. Bd. 14 (1917) Mém. S. 604 [455]; (4a) J. Iron. Steel Inst. (1919 I) S. 469 [455]. — u. P. Chevenard: (4b) J. Iron Steel Inst. Bd. 104 (1921) S. 117 [463]; (5) Stahl u. Eisen Bd. 42 (1922) S. 270 [463]. — (6) Bull. d'Enc. Bd. 121 (1914) S. 207 [466, 483, 484]. — s. Guillet u. Portevin (1).
Preece, A., s. Edwards u. Preece (1).
Preston, G. F.: (1) Philos. Mag. Ser. 7 Bd. 5 (1928 II) S. 1198 u. 1207 [84].
Prömper, P., u. E. Pohl: (1) Arch. Eisenhüttenwes. Bd. 1 (1927/28) S. 785 [173, 272, 273].
Pütz, P.: (1) Metallurgie Bd. 3 (1906) S. 635, 649, 677, 714 [174, 177].

Q.

Quadrat, O., u. M. Pilz: (1) Chim. et Industrie Bd. 29 (1933) S. 694 [234].

R.

Rapatz, F.: (1) Stahl u. Eisen Bd. 40 (1920) S. 1240. — (2) Ber. Werkstoffaussch. V. d. Eis. Bd. 64 (1925) [339]. — (3) Diss. T. H. Aachen 1924 [402, 506]. — u. H. Pollack: (4) Stahl u. Eisen Bd. 44 (1924) S. 1509 [454]. — s. Oberhoffer, Daeves u. Rapatz (10).
Rawdon, H. S., s. Epstein u. Rawdon (1).
Raydt, U., u. G. Tammann: (1) Z. anorg. allg. Chem. Bd. 83 (1913) S. 257 [196].
Read, A. A., s. Arnold u. Read (3).
Reinecken, W., s. Wever u. Reinecken (10).
Reischauer, H., u. F. Sauerwald: (1) Metallwirtsch. Bd. 11 (1932) S. 579 [383, 385, 387].
Reschka, J., E. Scheil u. E. H. Schulz: (1) Arch. Eisenhüttenwes. Bd. 6 (1932/33) S. 105 [217].
Reusch, E.: (1) Poggendorfs Annalen Bd. 132 (1867) S. 441 [383]; (2) Bd. 147 (1872) S. 307 [383].
— P.: (1) Stahl u. Eisen Bd. 23 (1903) S. 1185 [592].
Richardson, E. A., u. L. T. Richardson: (1) Trans. Amer. electrochem. Soc. Bd. 30 (1916 II) S. 379. — (2) Chem. metallurg. Engng. Bd. 24 (1921) S. 565 [121, 431]. — s. Richardson, E. A. (1), (2).
Richter, A., s. Oertel u. Richter (3).
Ridsdale, C. H.: (1) Stahl u. Eisen Bd. 50 (1930) S. 1684 [342].
Riedrich, G., s. Scherer u. Riedrich (2).
Riemer, J.: (1) Stahl u. Eisen Bd. 23 (1903) S. 1196 [314]; (2) Bd. 24 (1904) S. 392 [314].
Rinne, F., u. H. E. Boeke: (1) Z. anorg. allg. Chem. Bd. 53 (1907) S. 338 [104].
Rittershausen, F., u. F. P. Fischer: (1) Kruppsche Mh. Bd. 1 (1920) S. 93 [396].
Ritzau, G., s. Vogel u. Ritzau (3).
Roberts-Austen, W. C.: (1) Proc. Inst. Mech. Eng. 1895 S. 238 [188].
Roesch, K.: (1) Stahl u. Eisen Bd. 54 (1934) S. 305 [560, 561, 562, 563, 573].
Rögner, F., s. Sauerwald, Seemann, Rögner u. Müller (5).
Röhl, G.: (1) Diss., T. H. Dresden 1913 [111].
Rohland, W.: (1) Diss. Aachen 1923 [368].
Roll, F.: (1) Gießerei Bd. 17 (1930) S. 995 [598].
Rosenhain, W.: (1) J. Iron Steel Inst. Bd. 110 (1924) S. 85 [213, 215, 216]. — u. J. C. W. Humfrey: (2) J. Iron Steel Inst. Bd. 87 (1913 I) S. 219 [268, 360]. — (3) Int. Z. Metallogr. Bd. 5 (1914) S. 65 [305, 387].
Royen, J. van, u. E. Ammermann: (1) Stahl u. Eisen Bd. 47 (1927) S. 631 [111].
Royston, B.: (1) J. Iron Steel Inst. Bd. 51 (1897) S. 166 [59].

Ruer, R., u. F. Goerens: (*1*) Ferrum 1915/16 S. 1 [9]. — (*2*) Z. anorg. allg. Chem. Bd. 117 (1921) S. 249 [35, 36, 38, 56]. — u. F. Goerens: (*3*) Ferrum 1916/17 S. 161 [50, 57, 59]. — u. J. Biren: (*4*) Z. anorg. u. allg. Chem. Bd. 113 (1920) S. 98 [58,59]. — u. N. Iljin: (*5*) Metallurgie Bd. 8 (1911) S. 97 [59]. — (*6*) Stahl u. Eisen Bd. 46 (1926) S. 918 [59]. — u. Klesper: (*7*) Ferrum Bd. 11 (1913/14) S. 257 [67]. — u. K. Fick: (*8*) Ferrum Bd. 11 (1913/14) S. 39 [118]. — u. F. Goerens: (*9*) Ferrum Bd. 14 (1916/17) S. 49 [118]. — u. E. Schüz: (*10*) Metallurgie Bd. 7 (1910) S. 415 [122]. — u. K. Kaneko: (*11*) Ferrum Bd. 11 (1913/13) S. 33 [122, 138].
Ruf, W., s. Grunert, Hessenbruch u. Ruf (*1*).
Ruff, O., u. W. Bormann: (*1*) Z. anorg. allg. Chem. Bd. 88 (1914) S. 386 [128, 129]. — u. W. Martin: (*2*) Metallurgie Bd. 9 (1912) S. 143 [128]. — u. E. Gersten: (*3*) Ber. dt. chem. Gesellsch. Bd. 46 I (1913) S. 394, 400 [129]. — u. F. Keilig: (*4*) Z. anorg. allg. Chem. Bd. 88 (1914) S. 410 [140]. — u. Th. Foehr: (*5*) Z. anorg. allg. Chem. Bd. 104 (1918) S. 27 [146]. — u. R. Wunsch: (*6*) Z. anorg. allg. Chem. Bd. 85 (1914) S. 292 [162].
Rugan, H. F., u. H. C. H. Carpenter: (*1*) J. Iron Steel Inst. Bd. 80 (1909 II) S. 29 (597).
Rümelin, G., u. R. Maire: (*1*) Ferrum Bd. 12 (1914/15) S. 141 [12]. — u. K. Fick: (*2*) Ferrum Bd. 12 (1915) S. 41 [82, 85].
Runge, J.: (*1*) Z. anorg. allg. Chem. Bd. 115 (1921) S. 293 [557].
Russell, T. F.: (*1*) J. Iron Steel Inst. Bd. 104 (1921) S. 247 [150].

S.

Sachs, G., s. Kurdjumow u. Sachs (*1*). — s. Caglioti u. Sachs (*1*).
Sahmen, R.: (*1*) Z. physik. Chem. Bd. 79 (1912) S. 421 [73, 118].
Saklatwalla, B.: (*1*) J. Iron Steel Inst. Bd. 77 (1908) S. 92 [93].
Sanfourche, A.: (*1*) Rev. Métallurg. Bd. 16 (1919) S. 217, Mém. [67].
Saniter, E. H.: (*1*) J. Iron Steel Inst. Bd. 52 (1897) S. 115 [56].
Sasagawa, M. K.: (*1*) Rev. Métallurg. 1925 S. 92 [142].
Satô, S.: (*1*) Sci. Rep. Tôhoku Univ. Ser. 1 Bd. 14 (1925) S. 513 [14, 18]. — (*2*) Technol. Rep. Tôhoku Univ. Bd. 9 (1931) S. 53 [70]. — s. Okochi u. Sato (*1*).
Sauerwald, F.: (*1*) Stahl u. Eisen Bd. 45 (1925) S. 1274/76 [23]. — (*2*) Z. Elektrochem. Bd. 29 (1923) S. 79 [389]. — (*3*) Z. Metallkde. Bd. 15 (1923) S. 184 [389]. — W. Scholz u. W. Globig: (*4*) Z. Elektrochem. Bd. 37 (1931) S. 531 [389]. — E. Seemann, F. Rögner u. H. Müller: (*5*) Arch. Eisenhüttenwes. Bd. 4 (1930/31) S. 431 [406]. — s. Friemann u. Sauerwald (*1*). — s. Reischauer u. Sauerwald (*1*). — s. Pohl, Krieger u. Sauerwald (*1*). — s. Kraiczek u. Sauerwald (*1*). — s. Latta, Killing u. Sauerwald (*1*). — s. Widawski u. Sauerwald (*1*).
Sauveur, A., u. D. C. Lee: (*1*) J. Iron Steel Inst. Bd. 112 (1925 II) S. 323 [268].
Sawamura, H.: (*1*) Mem. Coll. Engng., Kyoto Bd. 4 (1926) S. 159 [74, 562, 564, 575, 576].
Scavia, G., s. Giolitti u. Scavia (*6*).
Scott, F. W.: (*1*) J. ind. engg. Chem. Bd. 23 (1931) S. 1036 [234].
— H., s. Burgess u. Scott (*2*), (*3*), (*4*).
Sedström: (*1*) Diss. Stockholm 1924 [283].
Seemann, E., s. Sauerwald, Seemann, Rögner u. Müller (*5*).
Sekito, S.: (*1*) Z. Kristallogr. Bd. 72 (1929) S. 406 [84].
Seljakow, N., S. Kurdjumow u. N. Goodtzow: (*1*) Z. Physik Bd. 45 (1927) S. 384 [464, 465].
Seuglet, R., s. Briner u. Seuglet (*1*).
Sieverts, A.: (*1*) Z. Metallkde. Bd. 21 (1929) S. 37 [227, 228]. — (*2*) Ber. Dtsch. Chem. Ges. Bd. 43 (1910) S. 893 [226]. — (*3*) Z. Elektrochem. 1910 S. 707 [226].
Sittig, L., s. Friederich u. Sittig (*1*), (*2*).
Smith, B. S., s. Desch u. Smith (*1*), (*2*).
Smits, A., u. S. C. Bokhorst: (*1*) Z. phys. Chem. Bd. 88 (1914) S. 611 [15].
Söhnchen, E., u. E. Piwowarsky: (*1*) Arch. Eisenhüttenwes. Bd. 5 (1931/32) S. 112 [59].
— s. Piwowarsky u. Söhnchen (*6*).
Souder, W., u. P. Hidnert: (*1*) Sci. Pap. Bur. Stand. Bd. 17 (1922) S. 611 [284, 185].
Spenlé, E., s. Esser, Eilender u. Spenlé (*10*).
Sundermann, W., s. Bogel u. Sundermann (*7*).

Svetschnikoff, V. N.: (1) Rev. Métallurg. Bd. 25 (1928) S. 212 u. 289 [234].
Swinden, Th.: (1) J. Iron Steel Inst. Bd. 1 (1907) S. 291 [161]; (2) Bd. 1 (1909 II) S. 223 [164]. — (3) Carnegie Scholarship Mem. Bd. 5 (1913) S. 100 [171].
Sykes, C., s. Alibone u. Sykes (1).
— W. P.: (1) Trans. Amer. Inst. Min. Met. Eng. Bd. 7 (1926) S. 968 [159, 520]. — (2) Trans. Amer. Soc. Stl. Treat. Bd. 10 (1926) S. 839 [170, 171]; (3) Bd. 17 (1930) S. 280 [170, 171].
Schäfer, R., s. Brearley u. Schäfer (2).
Schafmeister, P., u. F. K. Naumann: (1) Techn. Mitt. Krupp Bd. 3 (1935) S. 100 [158]. — s. Bennek u. Schafmeister (2), (3).
Scharffenberg, E.: (1) Gießerei Bd. 22 (1935) S. 31 [610].
Scheel, K., s. Holborn, Scheel u. Henning (1).
Scheil, E.: (1) Mitt. Forsch.-Inst. Ver. Stahlwerke, Dortmund Bd. 1 (1928/30) S. 1/12 [29, 70, 71]. — u. E. H. Schulz: (2) Arch. Eisenhüttenwes. Bd. 6 (1932/33) S. 155 [279, 281, 282]. — (3) Z. anorg. allg. Chem. Bd. 183 (1929) S. 98 [459]. — (4) Z. Elektrochem. Bd. 38 (1932) S. 554 [459]. — s. Reschka, Scheil u. Schulz (1).
Schenck, H., u. E. Hengler: (1) Arch. Eisenhüttenwes. Bd. 5 (1931/32) S. 210 [212]. — s. Bennek, Schenck u. Müller (5). — s. Luckemeyer-Hasse u. Schenck (1).
— R.: (1) Z. anorg. allg. Chem. Bd. 166 (1927) S. 145 u. 313 [212]. — Th. Dingmann, P. H. Kirschl u. H. Wesselkock: (2) Z. anorg. allg. Chem. Bd. 183 (1929) S. 235. — (3) Stahl u. Eisen Bd. 46 (1926) S. 665 [566].
Scherer, R.: (1) Arch. Eisenhüttenwes. Bd. 1 (1927/28) S. 325 [142]. — u. G. Riedrich: (2) Techn. Zentralblatt Bd. 42 (1932) S. 308) [278, 280]. — s. Pohl, Pollack u. Scherer (1). — s. v. Moos, Oertel u. Scherer (2). — s. Debye u. Scherrer (1), (2).
Schichtel, K., u. E. Piwowarsky: (1) Stahl u. Eisen Bd. 49 (1929) S. 1341 [75]; (2) Bd. 50 (1930) S. 1092. — s. Schottky, Schichtel u. Stolle (2).
Schiffler, H. J., s. Oberhoffer, Schiffler u. Hessenbruch (11).
Schildkötter, A., s. Hanemann u. Schildkötter (2).
Schilling, G., s. Maurer u. Schilling (4).
Schitzkowski, G., s. Wüst u. Schitzkowski (13).
Schlecht, L., W. Schubardt u. F. Duftschmid: (1) Z. Elektrochem. Bd. 37 (1931) S. 485 [21]. — (2) Stahl u. Eisen Bd. 52 (1932) S. 845 [21].
Schleip, K., s. Fischer u. Schleip (1).
Schlesinger, G.: (1) Stahl u. Eisen Bd. 33 (1913) S. 929.
Schmauser, J.: (1) Gießerei-Ztg. Bd. 17 (1920) S. 355 [587, 589].
Schmid, E.: (1) Metallwirtsch. Bd. 7 (1928) S. 1011 [383]. — s. Polanyi u. Schmid (2).
— H., s. Bardenheuer u. Schmidt (1).
— W.: (1) Ergebn. d. techn. Röntgenkde. Bd. 3 (1923) S. 194 [17]. — (2) Arch. Eisenhüttenwes. Bd. 3 (1929) S. 293 [82]. — s. Meyer, Eilender u. Schmidt (3) — s. Maurer u. Schmidt (2).
Schmitz, F.: (1) Stahl u. Eisen Bd. 39 (1919) S. 373 u. 406 [553].
Schneider, W.: (1) Stahl u. Eisen Bd. 42 (1922) S. 1577 [49]. — u. E. Houdremont: (2) Stahl u. Eisen Bd. 44 (1924) S. 1681 [374]. — (3) Diss. T. H. Breslau 1921 [455, 496].
Schoene, G., s. Mylius, Förster u. Schoene (1).
Scholz, W., s. Sauerwald, Scholz u. Globig (4).
Schönert, K., s. Tammann u. Schönert (8).
Schottky, H., u. H. Jungbluth: (1) Kruppsche Mh. Bd. 4 (1923) S. 197 [274]. — K. Schichtel u. R. Stolle: (2) Arch. Eisenhüttenwes. Bd. 4 (1930/31) S. 541 [432]. — s. Levin u. Schottky (1). — s. Körber u. Schottky (1).
Schrader, A., s. Gebhard, Hanemann u. Schrader (1). — s. Hanemann u. Schrader (4).
— H., s. Houdremont, Bennek u. Schrader (4). — s. Houdremont u. Schrader (5).
Schubardt, W., s. Schlecht, Schubardt u. Duftschmid (1), (2).
Schulgin, N., s. Tschischewsky u. Schulgin (1).
Schüller, A., s. Wüst u. Schüller (5).
Schulz, E. H., u. W. Jenge: (1) Werkstoffhandbuch Stahl u. Eisen H. 71 [143]. — u. R. Frerich: (2) Mitt. Versuchsanst. Dortmunder Union Bd. 1 (1925) S. 251 [234]. — (3) Stahl u. Eisen Bd. 48 (1928) S. 849 [251]. — (4) Z. Metallkde. Bd. 16 (1924) S. 337

[261]. — s. Scheil u. Schulz (2). — s. Hanemann u. Schulz (11). — s. Reschka, Scheil u. Schulz (1).
Schuster, H., s. Merz u. Schuster (1).
Schüz, E.: (1) Gießerei Bd. 16 (1929) S. 1185 [564]. — (2) Stahl u. Eisen Bd. 44 (1924) S. 116 [606]; (3) Bd. 42 (1922) S. 1610, 1773 u. 1900 [608, 610]. — s. Pohl u. Schüz (2). — s. Ruer u. Schüz (10).
Schwartz, H. A.: (1) Trans. Amer. Soc. Stl. Treat. Bd. 9 (1926) S. 883 [564].
Schwarz, C.: (1) Chem. metallurg. Engng. 1922 S. 774 [453]. — (2) Z. angew. Math. Mech. Bd. 13 (1933) S. 202 [340, 341].
Schwarze, H. von: (1) Diss. Aachen 1924 [94].
Schwinning, W., u. H. Flößner: (1) Stahl u. Eisen Bd. 47 (1927) S. 1075 [598].
Stäblein, F.: (1) Z. Physik Bd. 20 (1923) S. 209 [63]. — (2) Arch. Eisenhüttenwes. Bd. 3 (1929/30) S. 301 [153, 166].
Stadeler, A.: (1) Metallurgie Bd. 5 (1908) S. 260 [86, 87]. — u. H. J. Thiele: (2) Stahl u. Eisen Bd. 51 (1931) S. 449 [321, 324, 338]. — s. Goerens u. Stadeler (3).
Stansfield, A.: (1) J. Iron Steel Inst. Bd. 64 (1903) II S. 433 [451].
Stead, J. E.: (1) Stahl u. Eisen Bd. 37 (1917) S. 290 [102]. — (2) J. Iron Steel Inst. Bd. 47 (1895 I) S. 77 [117]; (3) J. Iron Steel Inst. Bd. 59 (1901) S. 89 [120]. — u. W. Hawdon: (4) J. Iron Steel Inst. Bd. 14 (1883) S. 114 [231]. — (5) J. Iron Steel Inst. (1898 I) S. 145 [373, 437]; (6) (1912 I) S. 104 [407]; (7) (1911 I) S. 54 [407].
Stein, H., s. Oberhoffer, Piwowarsky, Pfeifer-Schießl u. Stein (12).
Steinhaus, W.: (1) Handbuch d. Physik Bd. 15 S. 182—188. Berlin 1927 [73].
Steinmetz, Ch. P.: (1) Elektrotechn. Z. Bd. 12 (1891) S. 62 [78]; (2) Bd. 13 (1892) S. 43 [78].
Stogoff, A. F., u. W. S. Messkin: (1) Arch. Eisenhüttenwes. Bd. 2 (1928/29) S. 321 [120, 121]; (2) Bd. 2 (1928/29) S. 595 [119, 174].
Stolle, R., s. Schotty, Schichtel u. Stolle (2).
Stotz, R.: (1) Gießerei-Ztg. Bd. 17 (1920) S. 305 [565, 567]; (2) Bd. 18 (1921) S. 325 [599]. — s. Wüst u. Stotz (4).
Stoughton, B., s. Howe u. Stoughton (1).
Strauß, B.: (1) Stahl u. Eisen Bd. 34 (1914) S. 1817 [218].
Strouhal, s. Barus u. Strouhal (1), (2).

T.

Takahashi, G.: (1) Sci. Rep. Tôhoku Univ. Ser. 1. Bd. 17 (1928) S. 761 [541].
Takai, T., u. T. Murakami: (1) Trans. Amer. Soc. Stl. Treat. Bd. 16 (1929) S. 339 [170]. — s. Murakami u. Takai (4).
Takeda, B.: (1) Techn. Rep. Tôhoku Univ. Bd. 9 (1930) S. 447 (160, 161); (2) Bd. 10 (1931) S. 42 [163, 164, 165, 166, 167, 168]; (3) Bd. 9 (1930) S. 483, 627 [164, 165, 166, 167, 168].
Talbot, B.: (1) J. Iron Steel Inst. Bd. 87 (1913) S. 30 [316, 331, 333, 334].
Tamaru, K.: (1) Sci. Rep. Tôhoku Univ. Bd. 15 (1926) S. 73/80 [187]; (2) Bd. 19 (1930) S. 437 [369]; (3) Bd. 15 (1926) S. 848 [478].
Tammann, G.: (1) Stahl u. Eisen Bd. 42 (1922) S. 772 [56, 196]. — u. K. Ewig: (2) Z. anorg. allg. Chem. Bd. 167 (1927) S. 385 [73]. — u. G. Bandel: (3) Arch. Eisenhüttenwes. Bd. 7 (1933/34) S. 571 [271, 310]. — (4) Lehrbuch der Metallkunde 1932 [288]. — (5) Z. Metallkde. Bd. 26 (1934) S. 97 [371, 372]. — u. W. Oelsen: (6) Z. anorg. allg. Chem. Bd. 186 (1930) S. 257 [537]. — (7) Fachber. VDE. Werkstoffaussch.-Ber. Nr. 14 1922 [547, 548]. — u. K. Schönert: (8) Z. anorg. allg. Chem. Bd. 122 (1922) S. 27 [557]. — s. Treitschke u. Tammann (1), (2). — s. Guertler u. Tammann (1), (2). — s. Levin u. Tammann (3). — s. Vogel u. Tammann (8), (11). — s. Isaak u. Tammann (1), (2). — s. Raydt u. Tammann (1).
Tavanti, G., s. Giolitti u. Tavanti (9).
Teichmüller, J.: (1) Gießerei-Ztg. Bd. 15 (1918) S. 382 [600].
Thallner, O.: (1) Stahl u. Eisen Bd. 18 (1898) S. 935 [469].
Thanheiser, G., s. Körber u. Thanheiser (4). — s. Bardenheuer u. Thanheiser (3).
Thewlis, J., s. Bradley u. Thewlis (2).
Thiele, H. J., s. Stadeler u. Thiele (2).

Thomsen, K.: *(1)* Diss. Techn. Hochsch. Berlin 1910, vgl. Stahl u. Eisen Bd. 31 (1911) S. 1061 [59].
Tonn, W., s. Vogel u. Tonn *(12)*. — s. Köster u. Tonn *(1)*, *(3)*, *(8)*, *(9)*.
Touceda, E.: *(1)* Foundry Bd. 43 (1915) S. 446.
Traeger, L.: *(1)* Forsch.-Arb. Ing.-Wes. H. 294 (1927) [474].
Treitschke, W., u. G. Tammann: *(1)* Z. anorg. allg. Chem. Bd. 49 (1906) S. 320 [103]; *(2)* Bd. 55 (1907) S. 402 [143].
Tschischewsky, N., u. N. Schulgin: *(1)* Stahl u. Eisen Bd. 37 (1917) S. 1033 [48]. — u. A. Herdt: *(2)* J. Russ. Met. Ges. 1915 [199]. — *(3)* J. Iron Steel Inst. Bd. 95 (1917 I) S. 185 [203].
Tucker, A. E., s. Harbord u. Tucker *(1)*.
Turner, Th., s. Hague u. Turner *(1)*.

U.

Umino, S.: *(1)* Sci. Rep. Tôhoku Univ. Ser. 1 Bd. 18 (1929) S. 91 [11]; *(2)* Bd. 16 (1927) S. 775 [271, 272].
Unger, J. S.: *(1)* Stahl u. Eisen Bd. 37 (1917) S. 592 [115]. — *(2)* Amer. Mach. 1916 S. 191 [115].
Urasow, G., s. Kurnakow u. Urasow *(1)*. — s. Kurnakow, Urasow u. Grigorjew *(2)*.

V.

Valentiner, S., u. J. Wallot: *(1)* Ann. Physik Bd. 46 (1915) S. 837 [284].
Vanick, J. S.: *(1)* Trans. Amer. Foundrym. Ass. Bd. 1 (1930) S. 64 [602].
Vegesack, A. v.: *(1)* Z. anorg. allg. Chem. Bd. 154 (1926) S. 30 [143, 144, 147]; *(2)* Bd. 52 (1907) S. 30 [196].
Veyret, L., s. Nolly, de u. Veyret *(1)*.
Vierhaus, E., s. Pardun u. Vierhaus *(1)*.
Vigouroux, E.: *(1)* C. R. Acad. Sci., Paris Bd. 4 (1906) S. 1197 [161].
Vogel, R.: *(1)* Arch. Eisenhüttenwes. Bd. 3 (1929/30) S. 369/81 [29, 93, 94, 95, 96, 97, 98]. — u. W. Tonn: *(2)* Arch. Eisenhüttenwes. Bd. 3 (1929/30) S. 769 [104]. — u. G. Ritzau: *(3)* Arch. Eisenhüttenwes. Bd. 4 (1930/31) S. 549 [108, 109, 110]. — u. H. Baur: *(4)* Arch. Eisenhüttenwes. Bd. 6 (1932/33) S. 495 [111, 112, 113, 114]. — u. W. Dannöhl: *(5)* Arch. Eisenhüttenwes. Bd. 8 (1934/35) S. 39 [118, 119, 208]. — *(6)* Z. anorg. allg. Chem. Bd. 142 (1925) S. 193 [122]. — u. W. Sundermann: *(7)* Arch. Eisenhüttenwes. Bd. 5 (1932/33) S. 35 [139, 141, 142]. — u. G. Tammann: *(8)* Z. anorg. allg. Chem. Bd. 58 (1908) S. 73 [174]. — u. E. Martin: *(9)* Arch. Eisenhüttenwes. Bd. 4 (1930/31) S. 487 [178, 179, 182, 183, 184]. — *(10)* Ferrum 1916/17 S. 177 [187, 577]. — u. G. Tammann: *(11)* Z. anorg. allg. Chem. Bd. 123 (1922) S. 225 [200]. — u. W. Tonn: *(12)* Arch. Eisenhüttenwes. Bd. 5 (1931/32) S. 387 [203, 204, 205]. — u. K. Löhberg: *(13)* Arch. Eisenhüttenwes. Bd. 7 (1933/34) S. 473 [205, 206, 207]. — *(14)* Z. anorg. allg. Chem. Bd. 99 (1917) S. 25 [210]. — u. E. Martin: *(15)* Arch. Eisenhüttenwes. Bd. 6 (1932/33) S. 109 [210, 211].
Voigt, W.: *(1)* Ann. Physik Bd. 68 (1899) S. 573 [307].

W.

Wadell, J. A. L.: *(1)* Génie civ. 1920 S. 74 [256].
Waggoner, C. W.: *(1)* Physic. Rev. Bd. 28 (1909) S. 393 [63].
Wagner, C., s. Dünwald u. Wagner *(1)*.
Wakefield, H., s. Hayes u. Wakefield *(1)*.
Wallmann, K., s. Körber u. Wallmann *(16)*.
Wallot, J., s. Valentiner u. Wallot *(1)*.
Walter, R.: *(1)* Z. Metallkde. Bd. 13 (1921) S. 225 [82].
Waring, W. S. N., s. Bain, Davenport u. Waring *(2)*.
Wark, N. I.: *(1)* Metallurgie Bd. 8 (1911) S. 731 [48].
Wasmuht, R.: *(1)* Arch. Eisenhüttenwes. Bd. 5 (1931/32) S. 45 [186]; *(2)* Bd. 5 (1931/32) S. 261 [201, 202]; *(3)* Bd. 5 (1931/32) S. 45 [520]. — s. Houdremont u. Wasmuht *(7)*. — s. Eilender u. Wasmuht *(7)*.
Wasum, A.: *(1)* Stahl u. Eisen Bd. 2 (1882) S. 192 [121].

Waterhouse, G. B., s. Arnold u. Waterhouse (2).
Weichert, S., s. Pomp u. Weichert (6).
Weisgerber, F., s. Oberhoffer u. Weisgerber (17).
Weiß, P., u. G. Foex (1) J. physique Bd. 1 (1911) S. 745 [12]. — (1) C. R. Acad. Sci., Paris Bd. 145 (1907) 1417 [15]. — (2) Rev. Métallurg. Mém. Bd. 6 (1909) S. 680 [15]. — (3) Physikal. Z. 1908 S. 362 [15]; (4) 1911 S. 935 [15]. — u. P. N. Beck: (5) J. physique théor. Bd. 7 (1908) S. 249 [15].
Welter, J., s. Oberhoffer u. Welter (6).
Wendt, K.: (1) Kruppsche Mh. Bd. 3 (1922) S. 153 [192]; Bd. 3 (1922) S. 121.
Werthebach, P., s. Wimmer u. Werthebach (4).
Wesselkock, H., s. Schenck, Dingmann, Kirschl u. Wesselkock (2).
Westgren, A., u. A. E. Lindh: (1) Z. physik. Chem. Bd. 98 (1921) S. 181 [16, 464]. — u. W. Phragmén: (2) Z. phys. Chem. Bd. 102 (1922) S. 564 [16]. — (3) J. Iron Steel Inst. Bd. 105 (1922) S. 241 [35]. — u. G. Phragmén: (4) Z. Physik Bd. 33 (1925) S. 777 [84]. — G. Phragmén u. Tr. Negresco: (5) J. Iron Steel Inst. Bd. 117 (1928) S. 383 [143, 147, 148, 152, 153]. — u. G. Phragmén: (6) Z. anorg. allg. Chem. Bd. 187 (1930) S. 401 [146]; (7) Trans. Am. Soc. Steel Treat. Bd. 13 (1928) S. 539 [161, 165]; (8) Z. anorg. allg. Chem. Bd. 156 (1926) S. 27 [162]; (9) Z. physik. Chem. Bd. 102 (1922) S. 1 [464].
Wever, F.: (1) Arch. Eisenhüttenwes. Bd. 2 (1928/29) S. 739 [24, 26, 27, 208]. — (2) Mitt. Kais. Wilh.-Inst. Eisenforschg., Düsseldorf Bd. 13 (1931) S. 183/86 [24, 26, 27]. — u. W. Jellinghaus: (3) Mitt. Kais. Wilh.-Inst. Eisenforschg., Düsseldorf Bd. 13 (1931) S. 93/108 [29]. — (4) Mitt. Kais. Wilh.-Inst. Eisenforschg., Düsseldorf Bd. 4 (1922) S. 67 [35, 36, 57]. — u. P. Giani: (5) Mitt. Kais. Wilh.-Inst. Eisenforschg., Düsseldorf Bd. 7 (1925) S. 59 [67]. — u. G. Hindrichs: (6) Mitt. Kais. Wilh.-Inst. Eisenforschg., Düsseldorf Bd. 12 (1931) S. 273 [73, 80, 191]. — u. W. Jellinghaus: (7) Mitt. Kais. Wilh.-Inst. Eisenforschg., Düsseldorf Bd. 13 (1931) S. 143 [143, 144, 145, 152]; (8) Bd. 12 (1930) S. 317 [174, 175, 176, 177]. — u. A. Müller: (9) Mitt. Kais. Wilh.-Inst. Eisenforschg., Düsseldorf Bd. 11 (1929) S. 193 [188, 189, 192, 199]. — u. W. Reinecken: (10) Z. anorg. allg. Chem. Bd. 151 (1926) S. 349 [194].—u. B. Pfarr: (11) Mitt. Kais. Wilh.-Inst. Eisenforschg., Düsseldorf Bd. 15 (1933) S. 141 [370, 371, 373]. — u. N. Engel: (12) Mitt. Kais. Wilh.-Inst. Eisenforschg., Düsseldorf Bd. 12 (1930) S. 93 [455, 458, 470]. — u. W. Jellinghaus: (13) Mitt. Kais. Wilh.-Inst. Eisenforschg., Düsseldorf Bd. 14 (1932) S. 105 [463]. — (14) Mitt. Kais. Wilh.-Inst. Eisenforschg., Düsseldorf Bd. 3 (1921) S. 45 [464]. — u. G. Naeser: (15) Stahl u. Eisen Bd. 53 (1933) S. 511 [472, 475]. — (16) Arch. Eisenhüttenwes. Bd. 5 (1931/32) S. 367 [485, 486, 487, 488, 494, 498].
Weyl, F.: (1) Stahl u. Eisen Bd. 30 (1910) S. 1417 [541].
Whiteley, J. H., u. A. Braithwaite: (1) J. Iron Steel Inst. Bd. 107 (1923) S. 161 [196]. — (2) Trans. Am. Soc. Steel Treat. 1927 S. 208 [434]. — (3) J. Iron Steel Inst. Bd. 116 (1927 II) S. 293 [522].
Wickhorst, H. M.: (1) Proc. Railw. Eng. 1911 S. 797 [408, 409, 418]; (2) 1912 S. 753 [408, 409, 418].
Widawski, E., u. F. Sauerwald: (1) Z. anorg. allg. Chem. Bd. 192 (1930) S. 145 [310].
Wiester, H. J., s. Hanemann u. Wiester: (8).—s. Hanemann, Hofmann u. Wiester (10). — s. Döpfer u. Wiester (1).
Wigham, F. H.: (1) J. Iron Steel Inst. Bd. 69 (1906) S. 222 [121].
Willey, E.: (1) J. Soc. chem. Ind. Bd. 43 (1924) S. 263 u. 267 [234].
Williams, P.: (1) C. R. Acad. Sci., Paris Bd. 126 (1898) S. 1722 [162].
Wimmer, A.: (1) Stahl u. Eisen Bd. 45 (1925) S. 73 [215, 216]; (2) Bd. 47 (1927) S. 781 [326]; (3) Bd. 46 (1926) S. 1227 [335]. — u. P. Werthebach: (4) Stahl u. Eisen Bd. 54 (1934) S. 385 [378]. — (5) Diss. T. H. Aachen 1927 [562]. — s. von Keil (5).
Wolff, K.: (1) Diss. T. H. Breslau 1920 [217].
Wologdine, P. S.: (1) C. R. Acad. Sci., Paris Bd. 148 (1909) S. 776 [36].
Wood, H. F.: (1) Stahl u. Eisen Bd. 40 (1920) S. 1279 [505].
Woronoff, S. M.: (1) Z. Métallkde. Bd. 21 (1929) S. 310 [339].
Wunsch, R., s. Ruff u. Wunsch (6).
Wüst, F., u. O. Petersen: (1) Metallurgie Bd. 3 (1906) S. 811 [71, 74]. — (2) Metallurgie Bd. 6 (1909) S. 3 [86, 87]. — u. H. Meißner: (3) Ferrum Bd. 11 (1913/14) S. 97 [90, 579,

582]. — u. R. Stotz: *(4)* Ferrum Bd. 12 (1914/15) S. 89 [101, 579, 583, 584, 585, 586, 587]. — u. A. Schüller: *(5)* Stahl u. Eisen Bd. 23 (1903) S. 1128 [107]. — u. J. Miny: *(6)* Ferrum Bd. 14 (1916/17) S. 97 [114, 561, 575, 579, 588]. — A. Meuthen u. R. Durrer: *(7)* Forsch.-Arb. Ing.-Wes. H. 204 (1918) [139]. — u. J. Duhr: *(8)* Mitt. Kais. Wilh.-Inst. Eisenforschg., Düsseldorf Bd. 2 (1921) S. 39 [233]; *(9)* Bd. 2 (1921) S. 95 [234]. — u. H. L. Felser: *(10)* Stahl u. Eisen Bd. 30 (1910) S. 2154 [332, 418]. — u. K. Kettenbach: *(11)* Ferrum (1913/14) S. 51 [579, 580, 581]. — u. P. Bardenheuer: *(12)* Mitt. Kais. Wilh.-Inst. Eisenforschg., Düsseldorf Bd. 4 (1922) S. 125 [584]. — u. G. Schitzkowski: *(13)* Mitt. Kais. Wilh.-Inst. Eisenforschg., Düsseldorf Bd. 4 (1922) S. 105 [589, 590]. — u. P. Leihener: *(14)* Forsch.-Arb. Ing.-Wes. H. 295 [598].

Y.

Yamada, R., s. Honda u. Yamada *(4)*, *(12)*.
Yensen, T. D.: *(1)* Stahl u. Eisen Bd. 36 (1916) S. 1256 [21]. — *(2)* Trans. Am. Inst. Electr. Engr. Bd. 43 (1924) S. 145 [64, 78]. — *(3)* J. Franklin Inst. 1925 S. 333 [135]. — *(4)* Stahl u. Eisen Bd. 36 (1916) S. 1256 [143].
Yonekura, T., s. Ishiwara, Yonekura u. Ishigaki *(2)*.

Z.

Zeyen, K. L., s. Bardenheuer u. Zeyen *(8)*.
Ziegler, M.: *(1)* Rev. Métallurg. Bd. 6 (1909) Mém. S. 457 [104, 212]. — s. Le Chatelier u. Ziegler *(2)*.
— N. A.: *(1)* Trans. Am. Soc. Steel Treat. Bd. 20 (1932) S. 73 [214, 215].
Zieler, W.: *(1)* Arch. Eisenhüttenwes. Bd. 5 (1931/32) S. 167 u. 299 [208].
Zimmer: *(1)* Mech. Engng. Bd. 42 (1920) S. 1859.
Zingg, E.: *(1)* Stahl u. Eisen Bd. 46 (1926) S. 776 [542, 568]. — P. Oberhoffer u. E. Piwowarsky: *(2)* Stahl u. Eisen Bd. 49 (1929) S. 721 [542].

Sachverzeichnis.

Abblättern 538.
Abkühlungsgeschwindigkeit, Einfluß des Härtemittels 485.
—, Einfluß des Probenquerschnittes 484.
—, kritische 456.
—, —, Einfluß von Chrom 155.
—, —, Einfluß von Vanadin 185.
—, —, Einfluß von Wolfram 169.
Akrit 143.
Alitieren 192.
Alterung 391.
—, künstliche 391.
—, mechanische 393.
—, natürliche 391.
Aluminium, Zweistoffsystem Eisen-Aluminium 188.
—, Einfluß auf die Graphitbildung 191.
—, Einfluß auf die Hitzebeständigkeit 192.
—, Einfluß auf die Seigerungen 192.
—, Einfluß auf die physikalischen Eigenschaften 191.
—, Einfluß auf die technologischen Eigenschaften 191.
—, Einfluß auf die Wattverluste 191.
— in ternären Legierungen 190.
—, Verwendung bei der Herstellung von Dynamo- und Transformatoreneisen 191.
Ammoniumpersulfat 18.
Anfangspermeabilität s. physikalische Eigenschaften.
Anlaßbeständigkeit, Einfluß von Mangan 475.
—, Einfluß von Uran 210.
—, Einfluß von Wolfram 169.
—, Einfluß der Wärmebehandlung 273.

Anlassen 471.
Anlaßsprödigkeit 491.
—, theoretische Deutung 492.
—, Einfluß der Anlaßdauer 493.
—, Einfluß der Anlaßtemperatur 491.
—, Einfluß von Molybdän 494.
—, Einfluß von Phosphor 103, 493.
—, Einfluß von Wolfram 494.
Antimon, Zweistoffsystem Eisen-Antimon 208.
Arsen, Zustandsschaubild Eisen-Arsen 116.
—, Einfluß auf die physikalischen Eigenschaften 117.
—, Einfluß auf die technologischen Eigenschaften 117.
—, Einfluß auf die Umwandlungen des Eisens 116.
Atomradien der Elemente 26.
Ätzmittel 18.
Ätzung s. Heißätzung beim reinen Eisen.
—, s. Kornfärbungsätzung beim reinen Eisen.
—, s. Korngrenzenätzung beim reinen Eisen.
—, s. Tiefätzung beim reinen Eisen.
Ätzverfahren nach Fry 365.
Aufstreupulver 538.
Ausdehnungskoeffizient in der Wärme, Einfluß der Legierungselemente 284.
—, s. physikalische Eigenschaften.
Ausscheidungshärtung 518.
— in Bohrstählen 202.
—, System Aluminium-Kupfer 518.
—, System Eisen-Beryllium 520.
—, System Eisen-Kohlenstoff 520.

Ausscheidungshärtung, System Eisen-Kohlenstoff-Kupfer 533.
—, System Eisen-Kohlenstoff-Stickstoff 534.
—, System Eisen-Kupfer 531.
—, System Eisen-Molybdän 520.
—, System Eisen-Sauerstoff 533.
—, System Eisen-Stickstoff 526.
—, System Eisen-Titan 520.
—, System Eisen-Wolfram 520.
—, Theorie 536.
Automatenstahl 116.

Baggerbolzen 93.
Baggerbüchsen 93.
Bauguß 7.
Baustähle 248.
—, Einteilung 3.
—, Wärmebehandlung 490.
Beizblasen 420.
Beizbrüchigkeit 227.
Beryllium, Zweistoffsystem Eisen-Beryllium 192.
—, Einfluß auf den Korrosionswiderstand 194.
—, Einfluß auf die technologischen Eigenschaften 194.
Bessemerroheisen 5.
Biegeleitung 384.
Bildungswärme von Mn_3C 129.
— von Fe_3C 129.
Blaubrüchigkeit 269, 390.
Blei und Eisen 210.
Blockierung von Gleitflächen 387.
Blockseigerung 327.
—, Einfluß der Blockgröße 338.
—, umgekehrte 339.
Bor, Zweistoffsystem Eisen-Bor 199.

Sachverzeichnis.

Bor als Desoxydationsmittel 203.
—, Dreistoffsystem Eisen-Bor-Kohlenstoff 200.
—, Einfluß auf den Korrosionswiderstand 203.
—, Einfluß auf die physikalischen Eigenschaften 200.
—, Einfluß auf die technologischen Eigenschaften 200.
— in rostfreien Stählen 202.
Braggsche Beziehung 16.
Brammen 2.
Braunit 555.
Brechbacken 93.
Brechringe 93.
Bruch, intergranularer 305.
—, intragranularer 305.
Brückenbildung 311.

Carboloy 261.
Caronsches Zementationsmittel 544.
Celsit 143.
Cer und Eisen 210.
Chrom, Zweistoffsystem Eisen-Chrom 143.
—, Zweistoffsystem Chrom-Kohlenstoff 146.
— in Baustählen 155.
—, Dreistoffsystem Eisen-Chrom-Kohlenstoff 147.
—, Einfluß auf die interkristalline Korrosion 159.
—, Einfluß auf den Korrosionswiderstand 157.
—, Einfluß auf die physikalischen Eigenschaften 153.
—, Einfluß auf die technologischen Eigenschaften 153.
—, Einfluß auf die Tiefziehfähigkeit 159.
— in Einsatzstählen 155.
—-karbide in Kugellagerstählen 150.
—-Kupfer-Stahl 251.
—-Magnetstähle, Einfluß eines geringen Siliziumgehaltes 157.
— in Magnetstählen 154, 156.
—, physikalische Eigenschaften kohlenstoffarmer Eisen-Chrom-Legierungen 153.
— in rostfreien Stählen 158.
—, Strukturdiagramm 153.
— in Vergütungsstählen 155.

Chrom in Werkzeugstählen 155.
Chromstähle, physikalische Eigenschaften 154.
—, technologische Eigenschaften 154.
—, Verwendungsgebiete 155, 159.
Climax 136.
Conpernik 136.

Damaszenergefüge 421.
Dauerbruch 394.
Dauermagnete aus Chromstählen 154, 156.
Dauermagnetstahl 263.
Dauerschlagversuch 396.
Dauerstandfestigkeit 276.
—, Einfluß von Molybdän 277.
Deltametall 199.
Dendriten 289.
Desoxydation 236.
— mit Aluminium 238.
—, wichtige Bedingungen für eine gute 241.
— mit mehreren Desoxydationsmitteln 239.
— mit Mangan 238.
— mit Silizium 237.
Doppelkarbide 148.
Doppelnitrierung 559.
Durchhärtung, Einfluß von Legierungselementen 497.
Dünnflüssigkeit 603.
Durferritsalz 545.

Einbrennen 538.
Einsatzhärtung 537.
Einsatzstähle, Wärmebehandlung 491.
Einschlüsse 243.
Eisen, chemisch-reines, s. Unterteilung 2.
—, reines 8.
—, —, Atomanordnung 16.
—, —, Atomwärme 11.
—, —, Differential-Ausdehnungskurve 14.
—, —, Einfluß der Temperatur auf den Ausdehnungskoeffizienten 13.
—, —, Einfluß der Abkühlungsgeschwindigkeit auf die Hysteresis 9.
—, —, Einfluß der Orientierung auf die Ätzung 18.

Eisen, reines, Einfluß der Temperatur auf den Atomabstand 17.
—, —, Einfluß der Temperatur auf den Temperaturkoeffizienten der elektrischen Leitfähigkeit 12.
—, —, Einfluß der Temperatur auf den elektrischen Leitwiderstand 13.
—, —, Einfluß der Temperatur auf die Magnetisierungsintensität 12.
—, —, Modifikationen 9.
—, —, Einfluß der Temperatur auf die physikalischen Eigenschaften 8.
—, —, Schmelzwärme 10.
—, —, Einfluß der Temperatur auf die Thermokraft 13.
—, —, Einfluß der Temperatur auf die magnetische Suszeptibilität 12.
—, —, Einfluß der Temperatur auf den Wärmeinhalt 10.
—, —, Erhitzungs- und Abkühlungskurve 8, 9.
—, —, Ferrit 18.
—, —, spontaner Ferromagnetismus 15.
—, —, Heißätzung 19.
—, — Kornfärbungsätzung 19.
—, —, Korngrenzenätzung 18.
—, —, Kristallisationszentren 19.
—, —, kritische Punkte 9.
—, —, Magnetostriktion 15.
—, —, metallographische Untersuchung bei hohen Temperaturen 20.
—, —, physikalische und technologische Eigenschaften 20.
— —, Tiefätzung 19.
—, —, Umwandlungswärme 10.
—, —, Zwillingsbildung 20.
Eisenbahnoberbaustoffe 3.
Eisenkarbonyl 21.
Eisen-Nickel-Legierungen 134.
Eisensulfid 106.
Elektroroheisen 4.

Erichsen-Prüfer 65.
Ermüdungsbruch 394.
Erstarrungsverlauf 340.

Fahrzeugbaustoffe 3.
Faserstruktur 385.
Feinguß 7.
Ferrit 18.
Ferrolegierungen, Zusammensetzung 6.
Ferromagnetismus, s. Eisen, reines.
Ferromangan, Zusammensetzung 6.
Ferroperlit 305.
Ferrophosphor, Zusammensetzung 6.
Ferrosilizium, Zusammensetzung 6.
Fertigschlacken, Zusammensetzung 244.
Festigkeitseigenschaften, Einfluß der Korngröße 305.
—, s. technologische Eigenschaften.
—, Temperaturabhängigkeit 267.
—, Temperaturabhängigkeit bei legierten Stählen 272.
—, Temperaturabhängigkeit bei unlegierten Stählen 267.
Fließfiguren 364.
Flocken 433.
— in Chromstählen 154.
—, Einfluß von Wasserstoff 435.
—, Entstehungsbedingungen 433.
Fluß-Stahl für Bleche, Rohre 3.
—, Einteilung nach DIN 1600 3.
Formänderungswiderstand, Einfluß der Zustandsform 274.

Garschaumgraphit 60.
Gasabgabe bei der Erstarrung 228.
Gasbestimmungsverfahren 232.
Gasblasen 230, 320.
—, Anordnung in Blöcken 321.
—, Einfluß von Aluminium 321.

Gasblasen, Einfluß verschiedener Faktoren 322.
—, Einfluß von Silizium 321.
—, Einfluß von Titan 321.
—, Zusammensetzung der eingeschlossenen Gase 231.
Gasblasenseigerung 320.
Gase im Stahl 223.
Gießfehler 341.
Gleichrichtung 385.
Gleitlinien 361.
—, banalisierte 362.
Gleitstörungshypothese 387.
Globuliten 290.
Gold, Zweistoffsystem Eisen-Gold 209.
Graphit, graupeliger 58.
—, nadeliger 58.
Graphitblättchen 59.
Grauguß 5, 575.
—, Einfluß der Abkühlungsgeschwindigkeit 591.
—, Einfluß der Gießtemperatur 591.
—, Einfluß der Schmelzüberhitzung 591.
—, Einfluß der Temperatur auf die Eigenschaften 596.
—, Einfluß der Zusammensetzung auf die Graphitisierung 575.
—, Festigkeitseigenschaften 578.
—, Verwendungsgebiete 606.
Guß, feuerbeständiger 7.
—, säurebeständiger 7, 82.
Gußblockseigerung 327.
Gußeisen, Unterteilung nach DIN 1691 7.
Gußeisendiagramm 592.
Gußeisenveredelung 601.
Gußspannungen 343.

Handelsguß 7.
Hardenit 460.
Harmet-Verfahren 315.
Härten 454.
—, kritische Abkühlungsgeschwindigkeit 456.
—, Einfluß der Abkühlungsgeschwindigkeit 455.
—, Einfluß der Abschrecktemperatur 457.
—, Einfluß der Abschrecktemperatur auf den Austenitgehalt 459.

Härten, Einfluß auf das Gefüge 460.
—, Einfluß des Kohlenstoffgehaltes auf den Restaustenit 459.
—, Einfluß von Legierungselementen 461.
—, Einfluß auf die magnetischen Eigenschaften 465.
—, Einfluß von Seigerungen 499.
—, Theorie 454.
Härterisse 494.
Härtespannungen 494.
Hartguß 608.
—, umgekehrter 600.
Hartmannsche Linien 365.
Härtung, gestufte 498.
Härtungsschaubild 458.
Heißbruch 428.
Heißextraktionsverfahren 232.
Hipernik 136.
Hitzebeständigkeit 277.
—, Einfluß von Aluminium 278.
—, Einfluß von Chrom 278.
—, Einfluß von Silizium 278.
Hochbaustähle, s. Baustähle.
Hochlage 270.
Holzkohlenroheisen 4.
Homöotropie, erzwungene 385.
Hysteresisverluste bei Dynamo- und Transformatoreneisen 77.
—, s. physikalische Eigenschaften.
—, s. Silizium.

Interkristalline Korrosion in Chromstählen 159.
—, Einfluß von Tantal 159.
Invarstahl 138.
Isomorphie 25.
Izettstahl 393.

Kaltbruch 102.
Kaltrisse 346.
Kaltverformung 360.
—, Ausbildung von Fließfiguren 364.
—, Ausbildung von Gleitlinien 361.
—, Einfluß der Beanspruchungsrichtung auf die Korngestalt 362.

Kaltverformung, Einfluß auf die chemischen Eigenschaften 371.
—, Einfluß auf die Festigkeitseigenschaften 367.
—, Einfluß auf die physikalischen Eigenschaften 369.
—, Einfluß von Zwischenglühungen 380.
—, von Perlit 363.
—, theoretische Betrachtungen 383.
Kantenrisse bei Blöcken 342.
Karbidseigerungen 500.
Karbonyleisen, s. Eisenkarbonyl.
Kernzahl 288.
Kesselbaustähle, s. Baustähle
Kjeldahlsche Verfahren zur Stickstoffbestimmung 233.
Knüppel 2.
Kobalt, Zweistoffsystem Eisen-Kobalt 138.
—, Dreistoffsystem Eisen-Kobalt-Kohlenstoff 139.
—, Einfluß auf die Graphitbildung 140.
—, Einfluß auf die physikalischen Eigenschaften 142.
—, Einfluß auf die Schneidhaltigkeit 142.
—, Einfluß auf die technologischen Eigenschaften 142.
Koerzitivkraft, s. physikalische Eigenschaften.
Kohlendioxyd, Löslichkeit im Eisen 227.
Kohlenoxyd, Löslichkeit im Eisen 227.
Kohlenstoff, Zustandsschaubild Eisen-Eisenkarbid 35.
—, Zustandsschaubild, Eisen-elementarer Kohlenstoff 55.
—, Einfluß auf die Gefügeausbildung bei Eisen-Kohlenstoff-Legierungen 42.
—, Einfluß auf die physikalischen Eigenschaften der Kohlenstoffstähle 61.
—, Einfluß auf die technologischen Eigenschaften der Kohlenstoffstähle 61.
Kokillenanstrich 343.
Kokillenhartguß 608.

Koksroheisen 4.
Konode 30.
Konodendreieck 30.
Kopf, verlorener 317.
Korngrenzenfestigkeit 305.
Korngrenzenzementit 55, 379.
Korrosion, interkristalline 392.
Kraftwirkungsfiguren 530.
Kriechfestigkeit 280.
Kristallerholung 360, 375.
—, theoretische Betrachtungen 389.
Kristallisation, primäre 287.
—, —, Anordnung des Eutektikums 295.
—, —, Kristallisationszonen 290.
—, —, Einfluß der Wandstärke auf die Erstarrungsgeschwindigkeit 290.
—, sekundäre 302.
—, —, Einfluß von Einschlüssen 308.
—, —, Einfluß von Phosphor 309.
Kristallisationsgeschwindigkeit 19, 288.
Kristallisationszentren 19.
Kristallseigerung 296.
—, Einfluß verschiedener Faktoren 300.
Kupfer, Zweistoffsystem Eisen-Kupfer 118.
—, Dreistoffsystem Eisen-Kupfer-Kohlenstoff 119.
—, Einfluß auf die Graphitbildung 119.
—, Einfluß auf den Korrosionswiderstand 121.
—, Einfluß auf die physikalischen Eigenschaften 120.
—, Einfluß auf die technologischen Eigenschaften 120.
Kupferammoniumchlorid 18.

Laufschlacke 243.
Laugensprödigkeit 392.
Ledeburit 46.
Leitwiderstand, elektrischer, Einfluß von Legierungselementen 282.
—, spezifischer, s. physikalische Eigenschaften.
Lunkerbildung 310.
—, Einfluß der Blockgröße 315.

Lunkerbildung, Einfluß der Gießgeschwindigkeit 313.
—, Einfluß des Kokillenquerschnittes 315.
—, Einfluß der Konizität 314.
—, Einfluß von Lunkermitteln 314.
Lunkermittel 314.

Magnetische Eigenschaften, s. physikalische Eigenschaften.
Magnetischer Sättigungswert, s. physikalische Eigenschaften.
Magnetostriktion, s. Eisen, reines.
Mangan, Zustandsschaubild Eisen-Mangan 82.
—, Einfluß auf die Graphitbildung 90.
—, Einfluß auf die physikalischen Eigenschaften 90.
—, Einfluß auf die technologischen Eigenschaften 90.
—, Einfluß auf die Umwandlungen 88.
—, Eisen-Mangan-Kohlenstoff 86.
—, Gitterstruktur 84.
—, Strukturdiagramm 89.
—, Verwendungsgebiete der Manganstähle 92.
Manganstähle, Strukturdiagramm 89.
Martensit, tetragonale Struktur 464.
Maschinenbaustähle, siehe Baustähle.
Maschinenguß 7.
Massekopf 315.
Mattschweiße 342.
Mechanische Eigenschaften, s. technologische Eigenschaften.
Megaperm 136.
Metallmikroskopie bei hohen Temperaturen 20.
Metcalfsche Härtungsprobe 479.
Mikrolunker 320.
Miramant 261.
Mischkristallkarbide 148.
Mischungslücke 25.
Modifikationen, s. Eisen, reines.

Molybdän, Zweistoffsystem Eisen-Molybdän 170.
—, Dreistoffsystem Eisen-Molybdän-Kohlenstoff 171.
—, Einfluß auf die physikalischen Eigenschaften 173.
—, Einfluß auf die technologischen Eigenschaften 173.
— im Stahlguß 174.
Mumetall 136.
Mushetstahl 257.

Netzgefüge 45.
Nickel, Zustandsschaubild Eisen-Nickel 122.
—, Bildungswärme von Ni_3C 129.
—, in Baustählen 137.
—, Dreistoffsystem Eisen-Nickel-Kohlenstoff 130.
—, Einfluß auf die Anlaßsprödigkeit 137.
—, Einfluß auf die Graphitbildung 130.
—, Einfluß auf das Kornwachstum 137.
—, Einfluß auf die physikalischen Eigenschaften 134.
—, Einfluß auf die technologischen Eigenschaften 134.
— in Einsatzstählen 137.
—, irreversible und reversible Eisen-Nickel-Legierungen 126.
— im Stahlguß 138.
—, Teilsystem Nickel-Kohlenstoff 128.
— in Vergütungsstählen 137.
Nickelstahl, Strukturdiagramm 133.
—, unmagnetischer 138.
Nimol 136.
Ni-Resist 136.
Nitrierhärtung 555.
Nitriersonderstähle 555.
Nomag 136.
Nonvariant 30.

Oberflächenfehler 341.
Oberflächenhärtung 537.
—, Einfluß der Abkühlung 547.
—, Einfluß der Stahlzusammensetzung 547.
—, Einfluß der Temperatur 539.

Oberflächenhärtung, Einfluß der Zementationsdauer 540.
—, Einfluß des Zementationsmittels 541.
— durch verschiedene Elemente 553.
— durch Kohlenstoff 537.
— durch Stickstoff 555.
Ofenatmosphäre, Zusammensetzung bei verschiedenen metallurgischen Verfahren 225.
Ofenschlacke 242.

Pendelglühung 51.
Percit 143.
Periodisches System der Elemente 27.
Perlitguß 603.
Permeabilität, s. physikalische Eigenschaften.
Permenorm 136.
Perminvar 136.
Phosphideutektikum 100.
Phosphor, Zustandsschaubild Eisen-Phosphor 93.
—, Diffusionsgeschwindigkeit des Phosphors 98.
—, Dreistoffsystem Eisen-Phosphor-Kohlenstoff 97.
—, Einfluß auf die Anlaßsprödigkeit 103.
—, Einfluß auf die Graphitbildung in technischen Stählen 101.
—, Einfluß auf die Korngröße 99.
—, Einfluß auf die physikalischen Eigenschaften 101.
—, Einfluß auf die Schichtkristallbildung 99.
—, Einfluß auf die technologischen Eigenschaften 101.
—, Randsystem Fe_3C—Fe_3P 95.
—, Verwendung für Preßmuttereisen 102.
Physikalische Eigenschaften von Chromstählen 154.
— — von kohlenstoffarmen Eisen-Chrom-Legierungen 153.
— — von kohlenstoffarmen Eisen-Wolfram-Legierungen 166.

Physikalische Eigenschaften Einfluß des Aluminiums 191.
— —, Einfluß des Arsens 117.
— —, Einfluß des Berylliums 194.
— —, Einfluß des Bors 200.
— —, Einfluß des Chroms 153.
— —, Einfluß des Kobalts 142.
— —, Einfluß des Kohlenstoffs 61.
— —, Einfluß des Kupfers 120.
— —, Einfluß d. Mangans 90.
— —, Einfluß des Molybdäns 173.
— —, Einfluß des Nickels 134.
— —, Einfluß des Phosphors 101.
— —, Einfluß des Sauerstoffs 214.
— —, Einfluß des Schwefels 115.
— —, Einfluß des Siliziums 75.
— —, Einfluß des Vanadins 184.
— —, Einfluß des Wolframs 166.
— —, Einfluß des Zinks 198.
— —, Einfluß des Zinns 196.
— —, Einfluß des Zirkons 206.
— — des reinen Eisens 20.
— — von Nickelstählen 135.
— —, spezifischer Einfluß der Legierungselemente 264.
— —, Temperaturabhängigkeit bei legierten Stählen 272.
— —, Temperaturabhängigkeit bei unlegierten Stählen 267.
— — von Wolframstählen 168.
Platin, Zweistoffsystem Eisen-Platin 209.
Platinen 2.
Preßmuttereisen 102.
Preßschweißbarkeit des reinen Eisens 23.
Puddelroheisen 5.
Pyrophorität bei Eisen-Cer-Legierungen 210.

Sachverzeichnis.

Quasiisotropie 307.
Randblasen 322.
Raumgitter, s. Eisen, reines.
Reaktionsdiffusion 214, 553.
Reflexion, dislozierte 18.
Regelfläche 30.
Rekristallisation 360, 373.
—, Abhängigkeit der Korngröße vom Verformungsgrad 375.
—, Abhängigkeit der Kornzahl von der Zeit 374.
—, Abhängigkeit der Rekristallisationsgeschwindigkeit von der Temperatur 375.
—, theoretische Betrachtungen 389.
— von Weicheisen 374.
Rekristallisationsschaubild von Weicheisen 376.
— von Kupfer 376.
— von Stahl 376.
Remanenz, s. physikalische Eigenschaften.
Restaustenit 459.
Rhometall 136.
Roheisen, Unterteilung in graues und weißes — 1.
—, synthetisches 4.
—, Zusammensetzung verschiedener Gießereieisensorten 5.
Rotbruch 428.
— durch Arsen 117, 431.
— durch Kupfer 431.
— durch Sauerstoff 431.
— durch Schwefel 428.
— durch Zinn 196.
Rückfeinung 550.

Sandeinschlüsse 245.
Sättigung, magnetische, siehe physikalische Eigenschaften.
Sättigungsfläche 33.
Sauerstoff, Zweistoffsystem Eisen-Sauerstoff 210.
—, Dreistoffsystem Eisen-Sauerstoff-Kohlenstoff 214.
—, Diffusionsvermögen 213.
—, Einfluß auf die physikalischen Eigenschaften 214.
—, Einfluß auf die technologischen Eigenschaften 214.

Sauerstoff, echte Gaslöslichkeit 228.
—, Löslichkeit im Eisen 212.
Sauerstoffgehalte technischer Eisenlegierungen 235.
Seigerung, negative 332.
Sekundärlunker 312.
Sekundärzementit 47.
Siebbleche 93.
Silber und Eisen 210.
Silikospiegel, Zusammensetzung 6.
Silizium, Zustandsschaubild Eisen-Silizium 67.
—, Bedeutung im Temperguß 75.
—, im Dynamo- und Transformatoreneisen 77.
—, Einfluß auf A_1 71.
—, Einfluß auf die Dichte von Gußstücken 82.
—, Einfluß auf den eutektischen Kohlenstoffgehalt 72.
—, Einfluß auf die Graphitbildung 74.
—, Einfluß der Kohlenstoffform auf die Wattverluste 79.
—, Einfluß auf den Korrosionswiderstand 81.
—, Einfluß auf das Lösungsvermögen des flüssigen Eisens für Kohlenstoff 75.
—, Einfluß von Mangan auf die Hysteresisverluste 79.
—, Einfluß auf den Perlitkohlenstoffgehalt 72.
—, Einfluß von Phosphor auf die Hysteresisverluste 79.
—, Einfluß auf die physikalischen Eigenschaften 75.
—, Einfluß von Sauerstoff auf die Hysteresisverluste 79.
—, Einfluß von Schwefel auf die Hysteresisverluste 79.
—, Einfluß auf die technologischen Eigenschaften 75.
—, Einfluß auf die Wattverluste 80.
—, Eisen-Silizium-Kohlenstoff 69.
—, Glühbehandlung von Dynamo- und Transformatoreneisen 79.

Silizium, Silizide 69.
—, Verbesserung der Wattverluste durch Desoxydation mit Aluminium 80.
—, Verwendungsanalyse 82.
—, Zusammensetzung zwischen Verlustziffer und Korngröße 79.
Sonderstahl, legiert 3.
—, unlegiert 3.
Spezifisches Gewicht, s. physikalische Eigenschaften.
Spezifische Wärme, s. physikalische Eigenschaften.
Spiegeleisen, Zusammensetzung 6.
System, s. Zustandsschaubild.
Systematik der Zustandsschaubilder 23.
Schalenbildung bei Temperguß 569.
Schalenhartguß 608.
Schichtkristalle 299.
Schieferbruch 412.
Schienen 3.
Schlackeneinschlüsse, Einfluß auf die Festigkeitseigenschaften 246.
— im Stahl 223.
Schmelzüberhitzung 591.
Schmiedeeisen 2.
Schneidlegierungen 143.
Schneidmetall 260.
Schnürenzementit 379.
Schreckplatte 318.
Schrumpfungshohlraum 311.
Schrecktiefe 609.
Schwalbungen 93.
Schwarzbruch 453.
Schwarzguß 4, 560.
Schwarzkernguß 560.
Schwefel, Zweistoffsystem Eisen-Schwefel 103.
—, Diffusionsvermögen 107.
—, Dreistoffsystem Eisen-Schwefel-Kohlenstoff 107.
—, Einfluß auf die Graphitbildung in Gegenwart von Mangan 114.
—, Einfluß des Mangans auf schwefelhaltige Stähle 111.
—, Einfluß auf die physikalischen Eigenschaften 115.
—, Einfluß auf die technologischen Eigenschaften 115.

Schwefel im Roheisen 111.
—, Zustandsschaubild FeO—FeS 106.
Schwefelmangan 111.
Schweißeisen, Einteilung nach Festigkeitseigenschaften und Verwendungszweck 2.
Schweißstahl 1.
Schwellenwert 375.
Schwindung 589.
Schwindungshohlraum 311.
Schwindungsrippe 346.
Schwitzkugeln 599.
Stahl, anormaler 548.
—, beruhigter 230.
—, Definition 1.
—, Einteilung nach Herstellungsverfahren 2.
—, halbberuhigter 229.
—, unberuhigter 229.
Stähle, komplexe 263.
Stahleisen 5.
Stahlguß, Einteilung in Güteklassen nach DIN 1681 2.
Steilabfall der Kerbschlagzähigkeit 269.
Steinmetzscher Wert 78.
Stellit 143, 260.
Stengelkristalle 293.
Stickstoff, Zweistoffsystem Eisen-Stickstoff 218.
—, Einfluß auf das Eisengitter 219.
—, Einfluß von Silizium auf die Löslichkeit 230.
—, Einfluß auf die technologischen Eigenschaften 222.
—, Gefügeaufbau nitrierter Schichten 220.
—, Löslichkeit im Eisen 227.
Stickstoffbestimmungsverfahren 233.
Stickstoffgehalte verschiedener Stahlsorten 234.

Tannenbaumkristalle 19, 330.
Technologische Eigenschaften von Chromstählen 154.
— —, Einfluß des Aluminiums 191.
— —, Einfluß des Arsens 117.
— —, Einfluß des Berylliums 194.
— —, Einfluß des Bors 200.
— —, Einfluß des Chroms 153.

Technologische Eigenschaften, Einfluß des Kobalts 142.
— —, Einfluß des Kohlenstoffs 61.
— —, Einfluß des Kupfers 120.
— —, Einfluß des Mangans 90.
— —, Einfluß des Molybdäns 173.
— —, Einfluß des Nickels 134.
— —, Einfluß des Phosphors 101.
— —, Einfluß des Sauerstoffs 214.
— —, Einfluß des Schwefels 115.
— —, Einfluß des Siliziums 75.
— —, Einfluß des Stickstoffs 222.
— —, Einfluß des Titans 187.
— —, Einfluß des Urans 210.
— —, Einfluß des Vanadins 184.
— —, Einfluß des Wolframs 166.
— —, Einfluß des Zinks 198.
— —, Einfluß des Zinns 196.
— —, Einfluß des Zirkons 206.
— —, des reinen Eisens 20.
— — von Nickelstählen 135.
— — von Nickelstahlguß 138.
— —, spezifischer Einfluß der Legierungselemente 264.
— — von Wolframstählen 169.
Temperaturkoeffizient des elektrischen Widerstandes, s. physikalische Eigenschaften.
Temperguß 7, 560.
—, Einfluß des Chroms 562.
—, Einfluß des Mangans 561.
—, Einfluß des Phosphors 562.
—, Einfluß des Schwefels 561.
—, Einfluß des Siliziums 560.
—, Einfluß der Temperatur 562.
—, Einfluß der Temperaturführung 573.

Temperguß, Einfluß der Wandstärke 568.
—, Einfluß der Zeit 562.
—, Herstellung 4.
—, amerikanisches Verfahren 4.
—, europäisches Verfahren 4.
Temperroheisen 5.
Thermalloy 136.
Tieflage 270.
Tiefziehfähigkeit 65.
Thomasroheisen 5.
Titan, Zweistoffsystem Eisen-Titan 186.
—, Bedeutung als Entschwefelungsmittel 188.
—, Dreistoffsystem Eisen-Titan-Kohlenstoff 187.
—, Einfluß auf die Blockseigerung 188.
—, Einfluß auf Eisen-Kohlenstoff-Legierungen 187.
—, Einfluß auf die technologischen Eigenschaften 187.
—, Einfluß auf die Graphitbildung 187.
—, Verwandtschaft zum Stickstoff 187.
Tonerdeeinschlüsse 422.
Transkristallisation 290.
—, Einfluß der Gießgeschwindigkeit 295.
—, Einfluß der Gießtemperatur 295.
—, Einfluß der Kokillenwandstärke und -temperatur 295.
—, Einfluß der Querschnittsgröße der Kokille 295.
Translationslinien 361.
Translationstheorie 384.
Trivariant 30.
Troostit 460.

Überglühungen 79.
Überhitzungsgefüge 440.
— von Stahlguß 353.
Überschläge 322.
Überwalzung 415.
Umkristallisation 348, 436.
—, Einfluß der Abkühlungsgeschwindigkeit 359.
—, Einfluß auf die Festigkeitseigenschaften 354.
—, Einfluß der Glühdauer 358.

Sachverzeichnis.

Umkristallisation, Einfluß der Glühtemperatur 348.
—, Einfluß von Phosphor u. Schwefel 357.
— von ferritischen Stählen 436.
— von legierten Stählen 447.
— von Stählen mit über 1% C 445.
— von Stählen mit 0,75 bis 1% C 444.
— von Stählen mit 0,2 bis 0,75% C 439.
Umwandlung, eutektische 29.
—, peritektische 29.
Univariant 30.
Uran, Einfluß auf die technologischen Eigenschaften 210.
—, Einfluß auf das Gefüge 210.
—, Einfluß auf die Härtbarkeit 210.

Vanadin, Zweistoffsystem Eisen-Vanadin 174.
—, Zweistoffsystem Vanadin-Kohlenstoff 177.
—, Dreistoffsystem Eisen-Vanadin-Kohlenstoff 179.
— in Baustählen 185.
—, Bedeutung als Desoxydationsmittel 184.
—, Einfluß auf die physikalischen Eigenschaften 184.
—, Einfluß auf die technologischen Eigenschaften 184.
—, Einfluß auf die Warmfestigkeit 185.
— in Einsatzstählen 185.
— in Kesselbaustoffen 185.
— im Stahlguß 185.
—, Strukturdiagramm 182.
Ventilstahl 263.
Verbrennen des Stahles 451.
Verdrehungstheorie 386.
Vergütung 477.
—, Einfluß der Abkühlungsart nach dem Anlassen 477.
—, Einfluß der Abkühlungsgeschwindigkeit 477.
—, Einfluß der Anlaßdauer 477.
—, Einfluß der Anlaßtemperatur 477.
—, Einfluß der chemischen Zusammensetzung 477.

Vergütung, Einfluß der Dauer des Haltens auf Härtetemperatur 477.
—, Einfluß der Höhe der Härtetemperatur 477.
—, gestufte 498.
— von Konstruktionsstählen 505.
— von Magnetstählen 506.
— von Werkzeugstählen 505.
Verlagerungshypothese 385.
Verziehen 346, 494.
Vielhärtung, Einfluß auf die Eigenschaften 499.

Wachsen von Gußeisen 597.
Wärmeabfluß bei der Erstarrung 340.
Wärmeausdehnungszahl, s. physikalische Eigenschaften.
Wärmeleitfähigkeit, s. physikalische Eigenschaften.
—, Abhängigkeit von der Korngröße 21.
—, Einfluß von Legierungselementen 283.
—, Einfluß des Reinheitsgrades 21.
Wärmespannungen 344.
Warmfestigkeit, Einfluß der Legierungselemente 274.
Warmhärte 260.
Warmrisse 346.
Warmstreckgrenze 269.
Warmverformung 397.
—, Einfluß auf die Festigkeitseigenschaften 398, 403.
—, Einfluß auf das Gefüge 401.
—, Einfluß der Streckung auf die Eigenschaften 425.
—, Einfluß der Temperatur auf die Korngröße 398.
—, Einfluß des Verschmiedungsgrades 402.
—, Verhalten von Lunker, Gasblasen und Seigerungen 407.
Warmzerreißversuch 269.
Wasserstoff, Löslichkeit im Eisen 226.
—, Einfluß von Silizium auf die Löslichkeit 230.
—, Einlagerung in das Eisengitter 227.

Wasserstoff, Einfluß der Umwandlungen auf die Löslichkeit 227.
—, Einfluß auf die Zähigkeitseigenschaften 227.
Wasserstoffgehalte verschiedener Stähle 233.
Wasserstoffreduktionsverfahren 233.
Wattverluste, Definition 77.
—, Einfluß des Aluminiums 191.
—, Einfluß des Sauerstoffs 216.
—, Einfluß des Siliziums 77.
—, Weichglühen 447.
Weißguß 4, 560.
Werkzeugstähle 3, 257.
Widia 261.
Widmannstätten-Struktur 303.
Wirbelstromverluste 77.
—, s. Silizium.
Wismut und Eisen 210.
Witterungsbeständigkeit 121.
Wolfram, Zweistoffsystem Eisen-Wolfram 159.
—, Dreistoffsystem Eisen-Wolfram-Kohlenstoff 164.
—, Einfluß auf die Anlaßbeständigkeit 169.
—, Einfluß auf die physikalischen Eigenschaften 166.
—, Einfluß auf die technologischen Eigenschaften 166.
—, physikalische Eigenschaften kohlenstoffarmer Eisen-Wolfram-Legierungen 166.
— in Magnetstählen 170.
—, Zweistoffsystem Wolfram-Kohlenstoff 162.
Wolframstähle, physikalische Eigenschaften 168.
—, technologische Eigenschaften 169.
—, Verwendungsgebiete 169.

Zeilenstruktur 420, 448.
Zellengefüge 45.
Zementation 527.
Zementit, körniger, Bildungsbedingungen 51.
Zementitnadeln 445.
Zink, Zweistoffsystem Eisen-Zink 196.

Zink, Einfluß auf die physikalischen Eigenschaften 198.
—, Einfluß auf die technologischen Eigenschaften 198.
Zinn, Zweistoffsystem Eisen-Zinn 194.
—, Einfluß auf das Lösungsvermögen des γ-Eisens für Kohlenstoff 196.
—, Einfluß auf die physikalischen Eigenschaften 196.
—, Einfluß auf die technologischen Eigenschaften 196.
Zirkon, Zweistoffsystem Eisen-Zirkon 203.
— als Desoxydationsmittel 206.
—, Dreistoffsystem Eisen-Zirkon-Kohlenstoff 205.
—, Einfluß auf die Graphitbildung 206.
—, Einfluß auf die physikalischen Eigenschaften 206.
—, Einfluß auf die technologischen Eigenschaften 206.
— als Entschwefelungsmittel 207.
Zunderbeständigkeit von Aluminiumstählen 279.
— von Chromstählen 279.
— von Chrom-Aluminium-Stählen 279.
— von Chrom-Nickelstählen 280.
— von Chrom-Silizium-Stählen 281.

Zustandsschaubild Chrom-Kohlenstoff 146.
— Eisen-Aluminium 188.
— Eisen-Antimon 208.
— Eisen-Arsen 116.
— Eisen-Beryllium 192.
— Eisen-Blei 210.
— Eisen-Bor 199.
— Eisen-Bor-Kohlenstoff 200.
— Eisen-Cer 210.
— Eisen-Chrom 142.
— Eisen-Chrom-Kohlenstoff 147.
— Eisen-Eisenkarbid 35.
— Eisen-elementarer Kohlenstoff 55.
— Eisen-Gold 209.
— Eisen-Kobalt 138.
— Eisen-Kohlenstoff 35.
— Eisen-Kohlenstoff-Kobalt 139.
— Eisen-Kohlenstoff-Kupfer 119.
— Eisen-Mangan 82.
— Eisen-Mangan-Kohlenstoff 86.
— Eisen-Molybdän 170.
— Eisen-Molybdän-Kohlenstoff 171.
— Eisen-Nickel 123.
— Eisen-Nickel-Kohlenstoff 130.
— Eisen-Phosphor 93.
— Eisen-Phosphor-Kohlenstoff 97.
— Eisen-Platin 209.

Zustandsschaubild Eisen-Sauerstoff 210.
— Eisen-Sauerstoff-Kohlenstoff 214.
— Eisen-Schwefel 103.
— Eisen-Schwefel-Kohlenstoff 107.
— Eisen-Schwefel-Mangan 111.
— Eisen-Silber 210.
— Eisen-Silizium 67.
— Eisen-Silizium-Kohlenstoff 69.
— Eisen-Stickstoff 218.
— Eisen-Titan 186.
— Eisen-Uran 210.
— Eisen-Vanadin 174.
— Eisen-Vanadin-Kohlenstoff 179.
— Eisen-Wismut 210.
— Eisen-Wolfram 159.
— Eisen-Wolfram-Kohlenstoff 164.
— Eisen-Zink 196.
— Eisen-Zinn 194.
— Eisen-Zirkon 203.
— Eisen-Zirkon-Kohlenstoff 205.
— Eisen-Kupfer 118.
— Eisenkarbid-Eisenphosphid 95.
— Nickel-Kohlenstoff 128.
— Vanadin-Kohlenstoff 177.
— Wolfram-Kohlenstoff 162.
Zwillingsbildung, s. Eisen, reines.
Zwischenglühung 380.

Einführung in die Sonderstahlkunde. Von Dr.-Ing. Ed. Houdremont, Betriebsdirektor der Friedr. Krupp A.-G., Essen. Mit 577 Textabbildungen und 138 Zahlentafeln. XII, 566 Seiten. 1935. Gebunden RM 52.50

Die Edelstähle. Von Dr.-Ing. Franz Rapatz, Düsseldorf. Zweite, gänzlich umgearbeitete Auflage. Mit 163 Abbildungen und 112 Zahlentafeln. VIII, 386 Seiten. 1934. Gebunden RM 22.80

E. Preuß, Die praktische Nutzanwendung der Prüfung des Eisens durch Ätzverfahren und mit Hilfe des Mikroskopes. Für Ingenieure, insbesondere Betriebsbeamte. Dritte, vermehrte und verbesserte Auflage. Bearbeitet von Professor Dr. G. Berndt, Dresden, und Professor Dr.-Ing. M. v. Schwarz, München. Mit 204 Figuren im Text und auf einer Tafel. VIII, 198 Seiten. 1927. RM 7.02; gebunden RM 8.28

Die ferromagnetischen Legierungen und ihre gewerbliche Verwendung. Von Dipl.-Ing. W. S. Messkin, Leningrad. Umgearbeitet und erweitert von Regierungsrat Dr. phil. A. Kußmann, Berlin. Mit 292 Textabbildungen. VIII, 418 Seiten. 1932. Gebunden RM 44.50

Der Aufbau der Zweistofflegierungen. Eine kritische Zusammenfassung. Von Dr. phil. habil. M. Hansen, Düren. Mit 456 Textabbildungen. XV, 1100 Seiten. 1936. Gebunden RM 87.—

Die Theorie der Eisen-Kohlenstoff-Legierungen. Studien über das Erstarrungs- und Umwandlungsschaubild nebst einem Anhang: Kaltrecken und Glühen nach dem Kaltrecken. Von E. Heyn †. Herausgegeben von Professor Dipl.-Ing. E. Wetzel. Mit 103 Textabbildungen und 16 Tafeln. VIII, 185 Seiten. 1924. Gebunden RM 10.80

Der Aufbau der Kupfer-Zinklegierungen. Von Professor Dr.-Ing. e. h. O. Bauer und Dr. phil. M. Hansen. (Zugleich Mitteilungen der deutschen Materialprüfungsanstalten, Sonderheft IV.) Mit 172 Abbildungen. IV, 150 Seiten. 1927. RM 16.20; gebunden RM 18.—

C. J. Smithells, Beimengungen und Verunreinigungen in Metallen. Ihr Einfluß auf Gefüge und Eigenschaften. Erweiterte deutsche Bearbeitung von Dr.-Ing. W. Hessenbruch, Hanau/M. Mit 248 Textabbildungen. VII, 246 Seiten. 1931. Gebunden RM 29.—

Lehrbuch der Metallkunde, des Eisens und der Nichteisenmetalle. Von Professor Dr. phil. Franz Sauerwald, Breslau. Mit 399 Textabbildungen. XVI, 462 Seiten. 1929. Gebunden RM 26.10

Praktische Metallkunde. Schmelzen und Gießen, spanlose Formung, Wärmebehandlung. Von Professor Dr.-Ing. G. Sachs. Frankfurt a. M.
Erster Teil: Schmelzen und Gießen. Mit 323 Textabbildungen und 5 Tafeln. VIII, 272 Seiten. 1933. Gebunden RM 22.50
Zweiter Teil: Spanlose Formung. Mit 275 Textabbildungen. VIII, 238 Seiten. 1934. Gebunden RM 18.50
Dritter Teil: Wärmebehandlung. Mit einem Anhang: „Magnetische Eigenschaften" von Reg.-Rat Dr. A. Kußmann.. Mit 217 Textabbildungen. V, 203 Seiten. 1935. Gebunden RM 17.—

Verlag von Julius Springer in Berlin

Die Konstruktionsstähle und ihre Wärmebehandlung. Von Dr.-Ing. **Rudolf Schäfer**. Mit 205 Textabbildungen und einer **Tafel**. VIII, 370 Seiten. 1923. Gebunden RM 13.50

Rostfreie Stähle. Berechtigte deutsche Bearbeitung der Schrift: „Stainless Iron and Steel" von **J. H. G. Monypenny**, Sheffield. Von Dr.-Ing. **Rudolf Schäfer**. Mit 122 Textabbildungen. VIII, 342 Seiten. 1928. Gebunden RM 24.30

Die Werkzeugstähle und ihre Wärmebehandlung. Berechtigte deutsche Bearbeitung der Schrift: „The Heat Treatment of Tool Steel" von **H. Brearley**, Sheffield. Von Dr.-Ing. **Rudolf Schäfer**. Dritte, verbesserte Auflage. Mit 226 Textabbildungen. X, 324 Seiten. 1922. Gebunden RM 10.80

Die Einsatzhärtung von Eisen und Stahl. Berechtigte deutsche Bearbeitung der Schrift: „The Case Hardening of Steel" von H. **Brearley**, Sheffield. Von Dr.-Ing. **Rudolf Schäfer**. Mit 124 Textabbildungen. VIII, 250 Seiten. 1926. Gebunden RM 17.55

Handbuch der Eisen- und Stahlgießerei. Unter Mitarbeit von zahlreichen Fachleuten herausgegeben von Professor Dr.-Ing. C. **Geiger**. Zweite, erweiterte Auflage.
Erster Band: Grundlagen. Mit 278 Abbildungen im Text und auf 11 Tafeln. X, 661 Seiten. 1925. Gebunden RM 44.55
Zweiter Band: Formen und Gießen. Von Ing. C. Irresberger, Gießerei-Direktor a. D. in Salzburg. Mit 1702 Abbildungen im Text. X, 584 Seiten. 1927. Gebunden RM 51.30
Dritter Band: Schmelzen, Nacharbeiten und Nebenbetriebe. Mit 967 Abbildungen im Text. IX, 747 Seiten. 1928. Gebunden RM 61.65
Vierter Band: Betriebswissenschaft, Bau von Gießereianlagen, Nachträge. Mit 526 Abbildungen im Text und auf 5 Tafeln. IX, 618 Seiten. 1931. Gebunden RM 72.—

Moderne Stahlgießerei für Unterricht und Praxis. Von Geh. Bergrat Professor Dr.-Ing. e. h. **Bernhard Osann**, Clausthal. Mit 216 Textabbildungen. VIII, 261 Seiten. 1936. Gebunden RM 26.70

Hochwertiger Grauguß und die physikalisch-metallurgischen Grundlagen seiner Herstellung. Von Professor Dr.-Ing. **Eugen Piwowarsky**, Aachen. Mit 297 Textabbildungen. V, 336 Seiten. 1929. Gebunden RM 37.80

Der Temperguß. Ein Handbuch für den Praktiker und Studierenden. Von Dr.-Ing. **E. Schüz** und Dr.-Ing. **R. Stotz**. Mit 366 Abbildungen im Text und auf 3 Tafeln. VII, 390 Seiten. 1930. Gebunden RM 35.10

Handbuch der Spritzgußtechnik der Metallegierungen einschließlich **des Warmpreßgußverfahrens**. Grundlagen des Spritzgußvorganges. Konstruktionsprinzipien der Spritzgußmaschinen und Formen nebst Ausführungsbeispielen. Werkstoffkunde. Werkstattpraxis. Von Dr.-Ing. **Leopold Frommer**, Beratender Ingenieur. Mit 244 Abbildungen sowie 36 Zahlentafeln im Text und auf 6 Tafeln. XVII, 686 Seiten. 1933. Gebunden RM 66.—

Zu beziehen durch jede Buchhandlung

MIX
Papier aus verantwortungsvollen Quellen
Paper from responsible sources
FSC® C105338

If you have any concerns about our products,
you can contact us on
ProductSafety@springernature.com

In case Publisher is established outside the EU,
the EU authorized representative is:
**Springer Nature Customer Service Center GmbH
Europaplatz 3, 69115 Heidelberg, Germany**

Printed by Libri Plureos GmbH
in Hamburg, Germany